人工智能 前沿技术丛书

国家出版基金项目
NATIONAL PUBLICATION FOUNDATION

总主编 焦李成

# 人工智能、类脑计算与图像解译前沿

焦李成 侯 彪 唐 旭 刘 芳 等著
杨淑媛 陈 莉 马文萍

西安电子科技大学出版社
http://www.xduph.com

# 内 容 简 介

本书立足于西安电子科技大学人工智能学科优势，对人工智能、类脑计算与图像解译三个前沿领域进行了详细的论述，主要内容包括进化计算、人工免疫系统、量子计算智能、多智能体系统、多目标进化优化、非线性逼近理论、多尺度几何分析、多尺度变换域图像感知与识别、图像的高维奇异性检测、图像去噪的阈值方法、SAR 图像理解与解译。该书在对上述领域的国内外发展现状进行系统总结的同时，还重点阐述了作者对相关领域未来发展的研究心得和成果。希望本书能为推进我国人工智能学术研究和实际应用起到一定的促进作用，为相关领域人才培养提供有效的学习内容。

本书可以为计算机科学、信息科学、人工智能自动化技术等领域从事自然计算、机器学习、图像处理研究的相关专业的技术人员提供参考。

**图书在版编目(CIP)数据**

人工智能、类脑计算与图像解译前沿/焦李成等著. —西安：西安电子科技大学出版社，2020.1
ISBN 978 - 7 - 5606 - 5499 - 7

Ⅰ. ① 人… Ⅱ. ① 焦… Ⅲ. ① 人工智能—研究 ② 数值计算—研究 ③ 图像解译—研究
Ⅳ. ① TP18 ② O241 ③ TP753

**中国版本图书馆 CIP 数据核字(2019)第 252619 号**

策划编辑 人工智能前沿技术丛书项目组
责任编辑 高维岳 许青青
出版发行 西安电子科技大学出版社(西安市太白南路 2 号)
电 话 (029)88242885 88201467 邮 编 710071
网 址 www.xduph.com 电子邮箱 xdupfxb001@163.com
经 销 新华书店
印刷单位 北京虎彩文化传播有限公司
版 次 2020 年 1 月第 1 版 2020 年 1 月第 1 次印刷
开 本 787 毫米×960 毫米 1/16 印 张 52
字 数 1050 千字
定 价 268.00 元
ISBN 978 - 7 - 5606 - 5499 - 7/TP

XDUP 5801001 - 1

＊＊＊如有印装问题可调换＊＊＊

    人工智能（Artificial Intelligence）简称 AI，此概念由麦肯锡等人在 1956 年的达特茅斯会议上首次提出。近十多年来，随着人机交互的优化、大数据的支持、模式识别技术的提升，人工智能的发展一日千里，小到我们手机里的计算器、Siri 语音助手、人脸识别，大到无人驾驶汽车、航空卫星数据智能解译，都依赖于人工智能技术。人工智能已经深入我们的生活。人们总希望使计算机或者机器能够像人一样合理地思考、合理地行动，并帮助人们解决现实中实际的问题，而要达到以上的功能，则需要计算机（机器人或者机器）具有知识表示、自动推理、计算机视觉、机器学习等能力。虽然人工智能正在各行各业中给人们带来惊喜，但其距离人类的智慧水平还有相当的距离。

    类脑智能是以神经科学和人类认知行为机理为理论基础，以计算模型为引擎，结合软硬件加速共同形成的机器智能。类脑智能具有信息处理机制类脑、认知行为类人的特点，其最终目标是使机器通过模仿人脑的思维模式获得各种人类认知和相互协同的能力，甚至超越人类的智能水平。类脑智能的研究范围包括神经科学、类脑模型训练及处理算法和类脑硬件三个方面，它充分体现了脑科学、计算机科学、信息科学和人工智能等多学科的高度融合，其发展将会促进人工智能从专用型向通用型转变，并向超越人类智能的方向逐步逼近。脑神经科学被视为科学界"皇冠上的明珠"，近 20 年来成为发展最快的学科之一。一些传统人工智能研究者目前已经意识到借鉴脑信息处理的机制可能带来的好处，而脑与神经科学的进展也为人工智能借鉴脑信息处理机制提供了必要的基础。脑与神经科学的研究者们正在力图将对脑信息处理的认识应用于更广泛的科学领域。该学科的发展得益于信息技术与智能技术的发展，而反过来脑与神经科学也将启发下一代信息技术的变革。

    从 1990 年开始，在国家 973 计划项目（2013CB329402，2006CB705707），国家 863 计划（863 - 306 - ZT06 - 1、863 - 317 - 03 - 99、2002AA135080、2006AA01Z107、2008AA01Z125 和 2009AA12Z210），国家自然科学基金创新研究群体科学基金（61621005），国家自然科学基金重点项目（60133010、60703107、60703108、60872548 和 60803098）及面上项目（61272279、61473215、61371201、61373111、61303032、61271301、61203303、61522311、61573267、61473215、61571342、61572383 、61501353、61502369、61271302、61272282、61202176、61573267、61473215、61573015、60073053、60372045 和 60575037），国家部委科技项目资助项目（XADZ2008159 和 51307040103），高等学校学科创新引智计划（111 计划）（B07048），重大研究计划（91438201 和 91438103），教育部"长江学者和创新团队发展计划"（IRT_15R53 和 IRT0645），陕西省自然科学基金（2007F32 和

2009JQ8015)，国家教育部博士点基金（20070701022 和 200807010003），中国博士后科学基金特别资助项目（200801426），中国博士后科学基金资助项目（20080431228 和 20090451369）及教育部重点科研项目（02073）的资助下，我们对人工智能、类脑智能理论、算法及其在复杂影像解译中的应用进行了较为系统的研究，尤其对神经网络优化、学习及其在复杂影像内容理解中的应用等进行了较为深入的探讨。

　　本书内容分为复杂影像内容解译、高光谱数据解译、计算智能与多目标优化、稀疏认知与神经网络四篇，共包含 26 章。第一篇包含 6 章，首先在"遥感脑"一章中详细介绍遥感领域的类脑计算，之后各章分别介绍若干复杂影像内容解译的相关工作，例如"复杂影像语义分析""高分辨率遥感图像理解"等；第二篇针对高光谱数据的解译工作，用 5 章介绍了混合像元分解、多示例目标特性学习以及维数约减等方法；第三篇共包括 9 章，分别从多目标进化优化、协同进化计算与多智能体系统、量子计算智能前沿与进展、人工免疫系统等方面阐述了计算智能与多目标优化的理论方法以及发展前沿；第四篇以"多尺度几何逼近与分析"开篇，之后从神经网络、稀疏认知、智能机器人等方面分别介绍了类脑智能的相关工作，共包含 6 章。希望本书能为读者呈现出人工智能、类脑计算与图像解译较为全面的脉络、趋势和图景。

　　本书是西安电子科技大学智能感知与图像理解教育部重点实验室、智能感知与计算国际联合实验室、国家"111 计划"创新引智基地、国家 2011 信息感知协同创新中心、大数据智能感知与计算协同创新中心、智能信息处理研究所等集体智慧的结晶。感谢集体中每一位同仁的奉献。特别感谢保铮院士多年来的悉心培养和指导，感谢中国科学技术大学陈国良院士的指导和帮助，感谢国家自然科学基金委员会信息科学部的大力支持，感谢陈莉教授、韩军伟教授、张智军教授、李军教授、程塨研究员的帮助，感谢焦李成、唐旭、王丹等智能感知与图像理解教育部重点实验室成员所付出的辛勤劳动，感谢西安电子科技大学对本书的主持，感谢人工智能学院全体老师对本书的付出，感谢西安电子科技大学出版社胡方明社长、阔永红总编、毛红兵副总编、高维岳社长助理、马乐惠编辑的辛苦付出。

　　由于作者水平有限，书中不妥之处在所难免，恳请读者批评指正。

作　者
2019 年 7 月 21 日

# 目录 CONTENTS

## 第一篇　复杂影像内容解译

# 第二篇　高光谱数据解译

# 第三篇　计算智能与多目标优化

## 第四篇 稀疏认知与神经网络

# 第一篇

## 复杂影像内容解译

# 第1章 遥感脑

## 1.1 遥感数据的特点

近年来，对地观测技术得到了长足发展，空间分辨率正在以每 10 年一个数量级的速度迅速提高，高分辨率、超高分辨率已经成为新一代遥感卫星的发展方向。遥感技术作为一种重要的对地观测技术，能够通过航空、航天传感器在不直接接触地物表面的情况下获取地物的信息。卫星遥感成像能实时、精确、直观地获得场景信息，是目前大空间范围内唯一可行的监测手段。我国幅员辽阔，和其他国家相比，面临更多的环境问题、资源问题、城市建设问题和国防安全问题，在环境、交通、海洋、农业、水利、测绘、地质、安全等领域，都迫切需要卫星遥感影像为经济建设与政府决策提供数据支持。

各种遥感平台下雷达、红外、光电、卫星、电视摄像、扫描成像等宏观与微观传感器的综合使用，使得遥感数据的数量、维度和复杂性都在飞快地增长。随着对地观测技术的进步以及人们对地球资源和环境认识的不断深化，用户对高分辨率遥感数据的质量和数量的要求不断提高。为了使得观测系统能够对多种目标进行探测（看得到），同时能够对不同类型的目标进行成像（看得清），提高观测分辨率是必须采取的手段。卫星所携带的传感器工作波段覆盖了从可见光、红外到微波的全波段范围，实现了全天时、全天候的对地观测。

遥感影像是遥感技术的主要分支之一，具有"三高"的特点：① 高空间分辨率，如 QuickBird、IKONOS、中国高分系列遥感卫星；② 高光谱分辨率，如 Hyperion、AVIRIS 和 ROSIS；③ 高时间分辨率，如 MODIS。遥感影像的这些特点为其广泛应用提供了可能。一方面，这些丰富的影像为遥感应用带来了更高质量、更加多样化的数据源；另一方面也使得数据的维数空前增长，表现出高分辨、高维性、海量性、动态性、异构性与混杂性等特性。

（1）高分辨。随着高精度、大范围探测应用需求的急剧增长（如军事侦测、目标识别等），高频率采样所引起的传输和存储负担变得难以承受，成像的高精度与采样的高频率和系统的高复杂性之间形成了严重冲突。因而，天基环境下的智能感知所面临的主要挑战是如何利用较少的感知器、较低频率（稀疏）的采样，依据特定任务的环境来低成本、高精度地重建与任务相关的场景环境。

（2）高维性。光学成像与微波成像是两种主要的遥感成像方式。目前国内光学遥感成

3

像朝着高空间分辨率、高光谱分辨率、高辐射灵敏度和宽视场的趋势发展，合成孔径雷达（Synthetic Aperture Radar，SAR）成像系统的研制也朝着高分辨、大观测带宽、多波段、多极化、多视角和多工作模式的趋势发展，使得获取到的遥感数据的维数空前增加。例如，一幅影像大小为 614 像素×512 像素、波长范围为 380～2500 nm 的高光谱影像，其数据维度达到 $7 \times 10^8$，辐射场景为 60 km×60 km、分辨率为 2 m 的一幅全色遥感影像，其大小能达到 24000×24000＝$5.76 \times 10^8$ 像素单位。

（3）海量性。截至 2018 年 8 月，共有 4857 颗卫星在地球轨道上运行，我国的在轨卫星也达到了 250 颗，在各个领域执行不同的遥感探测与监控任务，产生了规模庞大的海量数据。考虑 100 km×100 km 的辐射场景，25 m 分辨率的全分辨 SAR 成像，如果每小时对场景成像，一天所获取的数据大小就达到 25 GB，长期的观测任务会产生海量的遥感数据。一般的传输型遥感卫星每周都有高达几 TB 的数据量下载到地面存储，在航空航天遥感领域每天产生的数据量更是难以想象。

（4）动态性。在环境污染监测、天气监测、军事目标侦查与跟踪等长期、动态、实时的监控任务中，需要实时地获取与处理动态变化的遥感数据，为观测任务作出及时、准确的综合决策。例如，在气象卫星进行气候灾害与极端天气等预报时，需要实时处理一些高时间密度的动态遥感数据。例如，我国中央气象台每小时都要处理"风云二号"气象卫星的数据，包括温度和气压读数、风速、影像等 TB 级实时气象数据。如何实时处理这些动态的遥感数据，是目前遥感数据分析中面临的一个新的挑战。

（5）异构性。在同一遥感平台下往往装载有多种成像设备，如光学成像仪、红外成像仪、超光谱成像仪等，所采集的遥感影像具有不同的结构与特点。最近几年，小卫星技术的发展使得低造价的卫星网络计划顺利实施。我国在 2012 年 11 月发射了首颗民用合成孔径雷达卫星——环境一号 C 星，与在轨的 A、B 星形成了"2＋1"星座系统，共同执行环境与灾害监测预报任务。利用 C 星所获得的 S 波段 SAR 影像，与 A、B 星所获得的光学、红外、超光谱影像，形成具备高分辨率和宽覆盖的对地观测遥感系统。这些不同种类的异构遥感数据增加了数据分析与信息提取的难度。

（6）混杂性。由于场景的复杂性与成像机理的限制，遥感影像中包含的目标信息混杂，例如，高光谱影像中存在混合像元现象，SAR 影像中存在固有的相干斑噪声等，因此加大了从这些高维数据中提取信息的困难。

由于场景的复杂性，所获得的海量遥感数据呈现出高度的非结构化特点。与"能够用有限规则完全表征与刻画且在可接受时间内处理"的结构化数据不同，多源遥感数据已经被认为是一种典型的非结构化数据。这种非结构化数据的特点可以总结为：形式上高维、海量、异构与动态；内容上不完整、不确定、无序与歧义；表达上难以用有限的规则来刻画；解译与应用上依赖于主体对信息的感知；等等。因此，如何有效地获取、表征、度量这类信息并进行有效利用，已成为当前多源遥感数据协同认知领域的瓶颈问题。

## 1.2　遥感影像解译存在的问题

在高分辨成像系统的基础上，为了使观测系统能够准确地确定目标的形状和类别（分得清、辨得明），提高观测系统目标识别的能力是必要的手段。自动目标识别与解译是对地观测中一个必须面对的重要课题，在高分辨观测系统中具有非常重要的意义。例如，高分辨雷达系统需要能够看到目标详细的形状、结构和纹理信息。在未来 5～10 年，和高分辨成像系统相关的自动目标识别与解译将由理论研究迈向工程实用化，以上目标能否实现取决于可靠、高效、鲁棒、快速的自动目标识别理论和解译的发展。"三高"遥感影像的出现，使得遥感影像解译难度越来越高，传统的遥感影像解译方法难以满足对遥感影像处理质量、效率的要求。如何充分利用这些遥感数据解决目前国民生产和军事应用领域[1-6]的一些实际问题，已经逐渐显现出瓶颈，主要体现在以下两个方面：

（1）传统的遥感图像处理以变换为主，缺乏知识的有效表示方法，学习和推广能力差。

传统的信息处理通常采用特征表示＋学习算法的浅层学习模式。特征表示通常采用变换的形式，通过合适的变换，如小波变换、多尺度几何变换等，描述出我们的视觉系统在观察目标时提取的用于区分目标的特征以及目标之间的连接关系。对于学习算法而言，对图像的最直观的描述方法就是 Pixels，传统的方法为有监督学习，即给定一组正样本和一组负样本，通过提取特征训练进行学习，并进行识别测试。由于地面环境背景与观测目标复杂多样，导致遥感图像的处理缺乏明确的数学模型，对不同的目标，难以保证提取特征的有效性，增加了遥感图像解译的难度。针对目标残缺、遮挡等引起的信息缺失和信息不可靠，特征表示将会非常复杂，这种人为设定的变换模式难以适应各种复杂的目标。另外，传统的学习算法需要训练样本，样本的选择直接影响识别结果，而且对特征太敏感。由于单一特征难以有效描述目标，特征组合的方法通常用来表示目标，因而会形成一个高维特征空间，对学习算法而言，即为维数灾难问题。如何突破传统机器学习算法基于浅层特征表示的局限性，发现遥感图像复杂的、高级的特征表示，捕获数据中的潜在规律，成为遥感图像解译和目标高效认知的关键问题。

（2）遥感图像模型和处理算法没有考虑图像结构的并行性和算法的并行性，因而费时费力，信息提取的时效性较差，难以满足实际应用需求。

目前，遥感的数据获取能力不断增强，空间分辨率为从十米级到米级甚至厘米级。相对于不断增强的遥感数据获取能力，数据自动化处理水平还较低，从数据获取到信息提取再到应用产品过程中人工干预较多，一些信息提取和目标识别等应用工作还主要以人工辅助和解译为主，信息服务难以保障时效性。遥感图像的一个突出特点就是海量的数据对象，其数据规模已经达到 TB 量级甚至 PB 量级，相应的图像解译、目标检测与识别的运行时间长，与军事领域的高速处理要求差距很大。当前遥感图像模型和处理算法并没有考虑图像结构的并行性，很多算法都是以整幅图像作为处理对象，而且算法本身的并行性也很少考虑，因而信息提取的时效性较差，难以满足实际应用需求。随着并行计算体系和相关技术的不断成熟，并行计算相比串行计算在计算效率上的飞跃为解决上述问题提供了良好的平台。为了实现快捷的遥感图像目标识别和信息共享，需要有海量数据的存储和处理能力。因此，如何基于高性能计算平台，利用并行中的分布式计算功能缩短算法的运行时间成为遥感图像实用化的关键问题。

针对以上问题，很多学者在 SAR、可见光、红外、高光谱等遥感影像解译方面进行了深入的工作[7-20]。目前遥感影像解译主要面临以下三个问题。

**1. 遥感影像的奇异性检测问题**

图像特征提取实际上就是图像奇异性检测的问题，随着图像处理和调和分析的飞速发展，产生了很多有用的工具。这里奇异性检测包含了点、线、面三种基本元素的奇异性检测。点、线、面的奇异性表现在图像上即为我们常用的灰度、边缘、纹理、区域、形状和方向等特征，更多的算法设计则是从这些特征的检测和描述入手的。

近年来，很多学者意识到提取图像特征的过程实际上就是对图像进行稀疏逼近的过程。研究表明，在高维情况下，小波分析并不能充分利用数据本身所特有的方向特征和几何特征，小波变换在高维情况下并不是最优的或者说最稀疏的函数表示方法。多尺度几何分析（Multiscale Geometric Analysis，MGA）[21]方法解决了小波变换所不能处理的高维奇异性问题，在稀疏逼近的框架下，建立了图像方向特征提取的新方法。多尺度几何方法为图像，特别是背景复杂的图像，提供了很好的方向信息特征抽取工具，尤其是在处理高维奇异性方面体现出了优点。

另外，我们注意到，生物现象和自然科学理论有着千丝万缕的联系，几乎所有的生物现象均可以还原成化学、数学和力学的模型。小波早期工作的灵感就是受到生物学中视觉的主要现象的激发而产生的。如果说具有时频局域化的小波函数很好地模拟了视网膜上的多分辨视觉神经元的特性，显然这种模拟是不够的。神经生理学家的研究表明：视觉神经元的接收场不仅具有局部和多分辨特性，还具有方向性[22-23]。也就是说，在大脑的视皮层内有专门的神经元负责特定的方向，不但能通过尺度、位置信息辨认物体，而且对特定方向上的目标有最佳反应。换句话说，神经元是有方向特性的，这一生物学上的结论将有助于建立更完善的自然科学理论。随着生物科学的发展，诸多研究成果表明，人眼对于视觉图像各区域的关注程度是不均等的。对于刺激较强的图像区域，人眼总是投入更多的视觉注意[24-29]；而对于平滑区域，人眼投入的视觉注意较少，这正是人类视觉拥有高效的信息处理功能和目标捕获功能的主要原因所在。这一点引起了遥感影像解译领域对于生物视觉的研究兴趣，如果目标识别系统能较精确地仿真生物视觉的注意机制，只对图像中可能存在感兴趣目标的显著区域进行关注，而对于平滑区域则不予关注，那么图像中的冗余信息就可以被提前舍弃，而可能的目标区域则能得到重点关注。许多学者就此展开了研究，并取得了一些初步成果[30-32]。

要完全有效地提取图像中的所有信息目前还有困难，但是对图像中的灰度、边缘、纹理、区域形状、方向等特征的提取和利用都已有相当深入的研究工作。实现遥感影像解译，必须根据某一领域的需要，高度综合地利用图像中包含的信息，而如何将纹理、灰度、边缘和方向信息在图像识别中合理有效地综合利用起来，还有待进一步研究。

**2. 多元特征选择问题**

从理论上来讲，特征数目越多，越有利于目标的分类，但实际情况并非如此。在样本数目有限的情况下，利用过多特征进行分类器设计，无论从计算的复杂程度还是分类器性能来看都是不适宜的。而且对特定的识别任务来说，众多特征中有许多是冗余的，这些特征的存在反而会使学习算法得出不正确的决策，导致识别样本的错误分类。因而通过特征选择剔除冗余特征，是提高分类精度的有效途径。

特征选择是分类识别一个关键的预处理环节。从应用的角度看，特征选择的必要性可以体现在学习算法的时间、分类的正确率、分类器的紧凑性和易理解性三个方面。因此，正确有效的特征选择是模式识别中一个重要的环节。提取并选择哪些特征作为后续分类的依据会直接影响到分类和识别的时间及分类精度。

对于特征选择方法，我们可以采用多元特征分析法，即采用与主成分分析法、相关分析法相似的思想，从特征向量中提取信息，使得多元问题降维。该法从一定模型出发，找出几个反映原有特征向量的公共因子，并力求使它们有较为合理的物理解释。同样也可以通过考察两个特征向量之间的相关性来达到降维的目的。其基本思路是：分别从每组特征向量中提取综合变量，它们为原有特征向量的线性组合，并且它们之间具有最大的相关性；然后从两组特征向量中提取另一对综合特征向量，各综合特征向量与本组已有的综合特征向量之间互不相关；重复这样的过程，直到两组特征向量之间的相关性被提尽为止。这样两组变量之间的相关性就可以用若干对综合特征向量的相关性代表，多对多的问题就能转化为若干个一对一的问题，以达到特征选择的目的。

对于特征选择方面的研究，主要集中在两个方面：最优特征子集的搜索方式和特征评价函数的选择。针对前者，学者们作了大量的研究。一般来说，搜索算法要适合大规模数据，且对于特征间复杂的关系不敏感。顺序搜索算法容易陷入局部极值，加入一定随机性的模拟退火算法具有较强的局部搜索能力，并能避免搜索过程陷入局部最优解。模拟退火算法对整个搜索空间的状况了解不多，不便于使搜索过程进入最有希望的搜索区域，因此，运算效率不高。相对而言，遗传算法对问题的依赖性小，全局搜索能力强，适合大规模复杂问题的优化，因而遗传算法在特征选择中表现出了极大的潜力，得到了广泛应用。但是遗传算法中的交叉、变异算子都是在一定发生概率的条件下，随机地、没有指导性地迭代搜索，从而在为群体中的个体提供了进化机会的同时，也不可避免地有产生早熟、种群多样性减少等"退化"现象的可能。因此，遗传算法存在如下缺点：收敛速度慢，在有限代数内，往往得不到问题的最优解。更重要的是，实际问题自身一些潜在的先验信息在遗传算法中得不到有效的应用，因而不能发挥问题的特征信息在求解问题时的指导作用。免疫克隆算法是模拟自然免疫系统功能的一种新的智能方法，具有学习记忆功能，为信息处理提供了新的方法。该法同时兼顾局部寻优与全局搜索，因而在解决优化问题中表现出良好的性能，我们可利用其快速收敛到全局最优解的性能进行最优特征子集的选择。实验结果表明，该算法具有有效性，在性能上优于基于遗传算法的特征选择方法。

**3. 高维数据学习与理解问题**

地物分类和目标识别中的"维数灾难"问题、小样本问题和计算复杂度问题成为当前学习机关注的焦点问题，也是遥感图像分类与识别的关键问题。

对于高维样本（多数情况下，即使经过成功降维，样本的维数仍是低维样本无法比拟的），我们经常遇到的情况是：样本数一般与样本维数相当或者比样本维数略多，很少有远远多于样本维数的，甚至有些较为恶劣的情况是样本数远少于样本维数（如图像目标识别）。所以实际中高维数据学习问题都属于相对小样本问题，而在小样本学习中经常会出现如下两种情况，极大地降低了学习机的推广能力。第一，训练不足问题。由于样本太少，训练获得的模型往往只适用于训练样本及其附近区域的样本，而对其他只具有较少训练样本的区域往往不适用。这就导致了学习机的训练结果不能很好地推广。第二，训练过拟合问题。由于训练样本太少，而选择的假设空间本身又很大，因此从一个大的假设空间挑一些假设完全拟合少量的训练样本（训练误差为0）是很容易的，如果此时训练样本包含噪声或者不具有全局代表性，那么学习机就会因为过度拟合训练样本而没有捕获数据中所隐藏的本质规律，从而缺乏推广能力。

随着样本维数和样本数的增加，学习机计算复杂度的增加是必然的，算法复杂度的问题将更加凸现。例如，一个样本维数为 $10^4$、样本数也为 $10^4$ 的学习问题，一般的机器学习算法都需要至少考察一次样本的各个属性，所以算法复杂度一般都为样本维数 $d$ 的线性关系，即 $O(d)$。同时一般的学习算法还需要至少扫描一遍所有样本，所以计算复杂度与样本数 $n$ 为1次以上的关系。这样总的复杂度为 $O(dn)$（如最近邻和 $k$-近邻算法），这样的算法推广到高维情况，我们基本能接受。如果算法复杂度与样本数变为平方关系，即总复杂度为 $O(dn^2)$，则以目前计算机的计算能力这样的算法基本到了不能接受的边缘了。但是实际中许多著名的低维学习算法都与样本数呈立方关系，即总复杂度为 $O(dn^3)$，显然这样的算法直接用于高维数据学习并不可行。

针对这些问题，目前已经有很多学者进行了研究[33-53]。目前的研究大都采用如下思路：先用数据挖掘技术抽取特征[54-57]，再利用机器学习方法完成处理与解译[58-60]。但是，一些常用的数据挖掘和机器学习方法基本上都是以数据结构和产生数据的物理机制为基础的，所获得的数据处理结果通常不具有认知意义。因此，这些常见的方法难以高效地描述与处理非结构化的多源遥感数据，表现在：在特征提取中，传统的基于概率或基于统计的数据挖掘方法往往失效；在学习中，在不同假设下建立起来的学习模型或者不够准确，或者虽准确但应用效果不佳。因此，面向非结构化的多源遥感数据，我们需要更加先进的数据建模、分析技术乃至获取技术，以发现、提取并充分利用其中隐含的信息，从而实现高效率、高质量、高可靠性的多源遥感数据感知、学习与解译系统。

总而言之，海量遥感信息所导致的网络传输与数据处理的瓶颈，与用户对多源遥感信息和知识的迫切需要之间已形成突出的矛盾。为了提高空间信息的服务能力，2012 年年底美国国家航空航天局(NASA)启动"遥感大数据计划"，旨在高效处理海量空间信息，挖掘海量空间信息的价值，增强空间信息网络扩展与协同应用能力。我国的遥感技术经过几十年的积累，在遥感数据获取方面与国际水平的距离正在不断缩小，我们逐渐进入一个遥感数据的海洋。面对海量、多维、多尺度、动态的复杂空天地多源信息，如何进行有效的处理，从中挖掘与提取信息，既是我国当前空天地信息应用中提高精准测量和应用能力的迫切需求，也是当前信息科学领域的难题与挑战。

## 1.3　海量遥感数据在轨处理

据统计，我国卫星遥感数据量正在呈几何级数增加，大约每 5 年增加 1 个量级，对数据传输速率的要求提高到几千兆比特每秒，而目前最高传输速率才几百兆比特每秒。随着处理海量信息的新的卫星数据业务和新型高分辨率传感器的发展，新一代遥感卫星对于数据传输率的要求越来越高，需要实时传输几百兆比特每秒至几吉比特每秒量级以上的超高码速率的海量数据。由于我国暂时还没有足够的能力在全球均匀布设必需的地面接收站，因此获取到的遥感数据必须先在星上计算机存储，待到飞越设有地面接收站的上空时才能传输到地面，导致数据不能及时下传。换言之，星载高分辨率、宽覆盖的多传感器所产生的海量数据，与当前有限的数据传输能力之间，已经形成了突出的矛盾。

一方面，星载高分辨率、宽覆盖的多传感器所产生的海量数据能够为遥感应用带来质量更高、更加多样化的数据源；另一方面，也带来了大量无效和重复的信息，给遥感信息的存储、传输、提取与应用带来了极大的挑战。首先，相比于遥感信息的获取，信息处理尤其是知识的获取（解译）面临更大的挑战——各式各样的感知设备在天、地、空、海组成了天罗地网，为环境观测收集海量的遥感影像数据，感兴趣的少量目标隐含在海量、多维、多尺度、非结构化的数据中，大大增加了对其进行快速定位与信息提取的难度；其次，遥感卫星在在轨成像过程中会受到各种随机因素的影响，引入各种系统误差，从而降低了影像定位的精度。在几何定位中，如果没有足够的遥感影像信息提供给成像几何模型，则会导致线阵 CCD 遥感影像成像几何模型误差方程具有病态性，使得在进行定向参数解算的时候结果较差，甚至会出现无法求解的情况。控制点选择不当也会导致定向参数求解的误差，加上控制点匹配的误差，这些因素都将大大影响影像定位的精度。此外，各种载荷具有不同的工作原理和应用范围，在多载荷进行协同工作时也需要对多传感器的时空信息进行精确配准。另外，多载荷星载高分辨率卫星获得的多维复杂异构数据，即使是单一类型的数据，由于场景的复杂性与成像机理的限制，遥感影像中包含的目标信息也是混杂的。例如，光学影像中含有大量的云雾遮挡，高光谱影像中存在混合像元现象，SAR 影像中存在固有的相干斑噪声，等等。这些均会导致在轨实时处理与后续应用中无法获得准确有效的空间信息，严重影响目标信息的准确提取。因此，从海量卫星遥感数据中快速准确定位目标并提取目标相关信息，是遥感信息在轨应用面临的严峻挑战。

在轨遥感影像解译与目标识别应用对原理样机的研制也提出了新的挑战。当前卫星获取到的图像分辨率越来越高，而下传数据的带宽有限，导致现有卫星的高数据获取量和低下传带宽之间的矛盾越来越严重。因此，迫切需要提高星载计算机的处理能力，让卫星具有在轨数据处理能力，提升现有卫星的自主性与灵活性。目前遥感影像解译技术得到了广泛的研究，但对于核心算法和专用算法的研究（如核心技术的 DSP、FPGA、嵌入式等的设计与实现，尤其是原理样机的研制）非常少。如何与现有卫星系统有效结合，解决现有星载计算机处理能力不足的问题，并设计适用的硬件支持平台，成为遥感影像自动解译与目标识别实用化的一个关键问题。随着星载处理芯片性能的大幅提升，在轨独立完成数据处理和传输成为可能，可代替地面处理中心的职能，大大提高了信息的时效性，为在轨的遥感影像解译与目标识别带来了新的机遇。

随着计算机技术与超大规模集成电路技术的不断发展，遥感卫星在轨自动信息处理的工程化应用逐步成为可能。美国"空间中段试验"卫星（MSX）上的天基可见光（SBV）相机的在轨技术演示成功验证了星上信号处理技术的可行性。在利用卫星等遥感手段获取地球空间信息的过程中，云是光信号传播的严重障碍，覆盖了地球表面的 50% 以上，在很大程度上影响了获取的遥感信息的质量。这些无效与重复的海量遥感数据会严重降低数据的利用率，不仅增加了在轨处理设备的复杂度，给遥感应用系统的小型化、轻型化带来了困难，而且直接影响在轨处理的有效性与可靠性。目前，在轨数据处理得到了诸多国家的技术研发部门与理工科大学等科研机构越来越多的重视。

## 1.4　类脑计算理论

类脑计算是通过生物信息处理机制的研究，建立具有自主思考等多种能力的模拟人脑思维的人工智能算法，可以从动态、混杂、复杂的非结构化环境数据中进行鲁棒与快速的学习、优化与解译。

大脑使得人类具有思维、记忆、推理、决策等高级智能，人类一直致力于研究脑的结构和工作方式，试图将脑处理的方式用现代机器模拟出来。近几年，很多公司和科研者尝试构建生物计算机技术来模仿人脑分析和归纳认知的过程。例如，IBM和康奈尔大学合作完成了一个叫作 SyNAPSE(Systems of Neuromorphic Adaptive Plastic Scalable Electronics)的项目，该项目旨在将人脑计算的方式转化为机器实现，使得机器能够模仿人的思维去感知、理解、交互，实现对数据的认知。

通过对视皮层和大脑其他区域的研究，我们可以知道，大脑的皮层区域都是由大量神经元($10^{10} \sim 10^{12}$个)组成的[61]。这些神经元内部存储着人类记忆的信息，彼此通过神经突触进行相互关联来传递这些信息。Hubel和Wiesel指出，大脑皮层是由一些简单细胞神经元和复杂细胞神经元分层次构成的，不同层次实现不同级别的信息表示和处理，这样获取到的信息能够从底层皮层逐层前向传播到高层皮层，每一层都能提取更高级的特征表示。例如，视皮层中，视觉信息首先通过外侧膝状体(LGN)传递到初级视皮层(V1)，然后依次前馈传播到V2、V4皮层区域，最后到达下颞叶皮质(IT)区域，同时信息还从IT区域逐层反馈回V1区域[62]。

对于不同功能的大脑皮层，它们通过各自的传感器(如眼、耳、皮肤等)获取不同模态的信息，然后对这些多源信息按照上面描述的方式逐层以特定功能方式传递来得到不同层次的表示。在这个过程中，不仅有信息的前馈和反馈传播，还有同层次之间的水平传播。不同模态的高层特征最终汇总到前额皮层进行信息的多源竞争或互补的融合处理，从而实现最终的系统性决策。研究表明，这种分层结构使得一些有监督学习任务更适合在高层大脑皮层区域来完成，如前额皮层等，而一些简单的无监督学习任务通常在低级的感知皮层区域来完成。

在高层皮质区域内，这些高级的有监督学习任务根据难易程度，按照一定的顺序逐层实现，即对于简单的任务用较少的序列就可以完成，而复杂的任务需要通过增加层数来依次实现。整个大脑的决策机制可以归纳为一个贝叶斯网络，通过大脑皮层进行多层多模态的特征感知与融合，得到数据的似然函数表征，然后通过加入人类归纳的各种先验知识，来实现最终的推理与决策分类。简而言之，人脑作为一个高智能体，具有多模感知、分层表征、因果归纳、多源融合、并行处理和快速推理的能力。

以人工神经网络为代表的连接主义的出发点正是对脑神经系统结构及其计算机制的初步模拟。感知器(Perceptron)是浅层人工神经网络的代表，由于其具有权值(权重)自学习能力，因而引起了研究人员的极大关注。但是当时计算能力的提升不足以支持大规模神经网络训练的问题，长期限制了人工神经网络的发展。由于神经网络在隐含层扩大到两层以上的训练速度会非常慢，因此神经网络曾经在20世纪90年代发展缓慢。然而，加拿大多伦多大学的 Geoffrey Hinton 一直没有放弃对神经网络的研究，2006年 Geoffrey Hinton 在 *Science* 上发表的文章论证了两个观点：① 由较多隐含层构造的深层神经网络模型具有优异的特征学习能力，学习得到的特征对数据有更本质的刻画，从而有利于可视化或分类；② 深度神经网络在训练上的难度，可以通过逐层初始化来有效克服。这样不仅解决了神经网络在计算上的难度，同时也说明了深层神经网络在学习上的优异性。从此，神经网络重新成为了机器学习界主流的强大的学习技术。神经网络是一种不需要广泛领域知识的通用技术，自 2006 年以来，深度学习神经网络已经发展为机器学习领域一个备受关注的研究方向。

神经生物学领域对认知的研究分为微观、介观和宏观三个层面。

**1. 微观层面的稀疏感知建模**

在微观层面，神经元的响应与连接具有稀疏性的特点，可以帮助我们更好地理解人类感知目标的高效性。很多研究发现，视皮层中每个神经元有三种连接：自下而上的前馈连接（Bottom-up）、自上而下的反馈连接（Top-down）以及同层内的水平侧向连接（Lateral Competition）。其中，同一层级内的水平连接导致同层神经元之间发生相互抑制作用，出现侧抑制（Lateral Inhibition）现象。侧抑制的表现是：基于神经元之间的侧向连接，与当前神经元邻近的少数神经元获得较大的正向激励，而有些较远处的神经元受到抑制，经过这样激励和抑制的平衡作用，获得多个稀疏连接的稳定的神经元域。现有实验结果表明，少量的兴奋性神经元在模式分类和识别中表现出较好的效果，远优于结构更加多样和功能更加复杂的抑制性神经元。突触方面，如时序依赖的突触可塑性（Spike-Timing Dependent Plasticity，STDP），是一类依赖时序的连接权重学习规则，突触权值的变化主要依赖于细胞放电发生于突触前神经元和突触后神经元的先后时刻，通过对放电时间差与权重更新建立数学映射关系来描述网络中神经连接强度的变化情况。该规则的生物基础已经在众多生物实验中被证实，可以分为二相 STDP、三相 STDP 以及部分类 STDP 机制，如电压依赖的 STDP 等。

生理学实验发现，V1 区的细胞数远远多于外侧膝状体（LGN）细胞内的神经节细胞数，信息从神经节细胞传递到 V1 区的过程是从较低维的输入空间转换到较高维的表达空间的过程。在数学上低维信息表达成高维信息称为过完备表达。视觉系统的稀疏编码就是建立在这种过完备表达基础上的稀疏表示。不同视皮层的神经细胞以不同的方式实现稀疏编码策略。在初级视皮层 V1 区，简单细胞的感受野对某一特定位置上的方向比较敏感，稀疏编码通过神经细胞简单的、精确的选择性反映出来。现实中的图像一般包含大量的平滑曲线和直线，变化剧烈的曲线较少，即尖锐曲线很少见，V4 区的神经细胞对尖锐曲线具有选择性，可以说，V4 区神经细胞对目标的轮廓进行高效、稀疏的编码，响应尖锐曲线正是 V4 区神经细胞稀疏编码策略的体现。另外，人类具有出色的辨别、分类、理解、记忆等能力，也离不开对视觉信息进行稀疏编码。在视觉认知过程中，稀疏编码不但能够去除冗余的视觉信息，实现最低冗余的编码，使得信息达到一个易于处理的水平，而且能够使得大脑利用最少的能量消耗，有效地表示所见的外部世界。因此，基于稀疏编码的特性，可同时考虑微观层面的多尺度几何方向的感知基元，使得编码数学模型不仅能够近似地反映 V1 区上简单细胞的感受野的多尺度和方向特性，还具备局部化方向的分析能力。

## 2. 介观层面的选择注意建模

在介观层面，视觉神经元在高层体现出选择性、可塑性等特性。视觉神经元和突触的类型、数目等在不同位置具有较大差异，且能够根据任务的复杂性实现结构和功能的动态适应。这种特性普遍存在于视觉认知系统的多个层次中，是一种神经交互作用，它能增强输入的对比度并对输出归一化，还在很多视觉现象中发挥作用，比如高层的注意力机制。此外，神经元之间构成的网络基序及基序结构的组合对神经信息处理过程也发挥着决定性作用。由于神经元类型的不同，使得神经元之间的网络连接更为复杂。例如，实验表明，有些神经元倾向于与同类型的神经元相连接，有些神经元倾向于与其他类型的神经元连接，而有些神经元则只与其他类型的神经元连接。值得思考的问题是：不同的连接模式对应的功能差异是什么？对于认知功能的实现具有何种意义？实践表明，这些结论都对类脑智能计算网络的设计有重要的启发。

选择性（Selectivity）也可称作敏感性（Sensitivity）或特异性（Specificity）。选择性通过神经细胞对特定刺激的调谐（Tuning）来反映，或者说神经细胞只响应其偏好的特定刺激。简单细胞的选择性具有严格的限制：刺激不但要覆盖感受野的中心给光区，还不能超过一定的宽度，而且要有一定的方向。只有当一个宽度适合的光条出现在与其方向一致的给光区中心时，神经元的响应才最大。FMRI 的研究揭示出 V 区对边缘所有权具有选择性，可以确定边缘属于图像中的哪个物体。Pasupathy 和 Connor 通过记录 109 个 V4 区的神经元对人工合成的复杂形状的响应，认为 V4 区的神经元可以响应特定位置的轮廓信息。因此，可将 V 区的边缘、颜色选择性进行模拟，以曲率、目标轮廓、方向、目标相关的位置等作为选择注意刺激建立模型，期望这一系列的选择性可以为各类复杂环境信息的感知提供灵活的基础，从而支持从粗略到精细的信息处理。

## 3. 宏观层面的分布式编码

在宏观层面，神经网络具有层次化与协同处理的特点。神经元连接构成的网络结构以及局部协作对认知功能的实现具有决定性的支撑作用。不同脑区之间的协同使得高度智能的类人认知功能得以实现。例如，哺乳动物脑的强化学习认知功能，长时、短时记忆功能等都是通过不同脑区功能的协同来实现的更为复杂的认知功能。脑区之间的连接不仅决定信号的传递，而且反映了信息处理的机制。例如，脑区之间的前馈连接可能反映了信息的逐层抽象机制，而反馈连接则反映了相对抽象的高层信号对低层信号的指导或影响。此外，有些脑区负责融合来自不同脑区的信号，从而对客观对象的认识更为全面（如颞极对多模态感知信号的融合），而有些脑区在接收到若干脑区的输入后则负责在问题求解的过程中屏蔽来自问题无关脑区的信号。

视觉感知不仅具有微观层面的几何方向感知和介观层面的稀疏性与层次化处理特性，

而且宏观上在大脑各个视皮层中还存在分布式编码与协同等特性。不同区域之间的功能部件的协同使得高度智能的类人视觉认知功能得以实现。基于视觉认知的这种特点，在微观层面的几何方向感知与稀疏性模拟的基础上，模拟生物视觉感知与认知中宏观层面的多通道融合特点，可建立稀疏几何编码进行模拟。基于 V1 区复杂细胞的稀疏性学习与建模，通过引入局部的拓扑结构特性，即稀疏表示系数的结构信息，便可实现更为合理的模型。

除了大脑在微观、介观与宏观层面上的上述计算特征之外，特异性的脑区内部的连接模式和随机性的网络背景噪声的有效融合，使得生物神经网络在保持了特定的认知功能的同时，兼顾了动态的网络可塑性。例如，生物神经网络中的泊松背景噪声对生物神经网络的学习和训练过程起到了极大的促进作用，这对于我们发展非结构化目标信息的类脑智能处理模式具有指导意义。总之，要实现人类水平的智能，需要计算模型能够融合来自微观、介观、宏观的多尺度脑结构、稀疏信息处理机制、选择性注意等的启发，进一步建立有效的机器学习模型。

## 1.5  遥 感 脑

海量的卫星遥感数据使得从中提取所需知识非常困难。层层叠叠、结构各异的数据与信息，既让问题本质结构的析出变得极为困难，又带来了令人困扰的信息过载问题，即不知道分析哪些数据能够获取所需要的知识。而更令人困扰的是，传统的数据分析与处理方法常常失效，对于复杂数据的重要结构信息（例如，可观测到的视觉数据中的空间结构，隐含的语义概念之间的关联结构，由环境所造成的多场景、多数据源结构等）通常无能为力或者不能有效表达。

如何将遥感数据转化为低维且不丢失高维数据中包含的感兴趣信息，是绝大多数数据处理任务的核心目标，也是高效准确地进行信息规律挖掘的关键[63-69]。稀疏性（Sparsity）是信息表示的一种普遍属性，统指信息的表示常常由大量疑似因素中的少数因素所决定的现象。最近许多研究结果指出，稀疏认知是目前机器智能与生物智能所存在的"质"的差距。由 Barlow 提出的有效编码理论最早解释了复杂多变的外部环境和有限的神经元个数之间的矛盾，为理解稀疏认知机制奠定了理论[70]。1996 年，Olshausen 和 Field 在 *Nature* 上发文首次提出神经元稀疏编码学说。2007 年，Svoboda 和 Brecht 在 *Science* 上发表论文，用白鼠实验验证了神经元稀疏编码假说。2012 年，Xilin Zhang 在《神经元》上发文提出，视觉信息加工的初期具有稀疏感知机制。人类认知过程中，高维信息一般嵌于一个低维流形中，而认知过程在很大程度上就是通过这种低维流形来识别各种事物的[71]。2011 年，美国MIT 著名学者 Tenenbaum 与 CMU、Berkeley、Stanford 等的研究人员在 *Science* 上总结了近几十年来人类认知研究成果后，认为人类能从少量的稀疏数据获得一般化的知识，依赖于人类所具有的"稀疏认知"的能力。

人脑有效感知外部环境的选择性注意也印证了视觉认知的稀疏特性[72-73]。稀疏认知是生物感知/认知中的最新成果，是实现海量信息高效处理的关键、机遇与挑战。人脑作为一个高智能体，具有多模感知、分层表征、因果归纳、多源融合、并行处理和快速推理的能力。传统的遥感图像解译方法采取分步或分治的策略，通过人为地分步骤或者划分子问题来解决复杂的解译问题，而深度类脑计算首先强调端到端的学习，即不去人为地分步骤或者划分子问题，而是完全交给神经网络直接学习从原始输入到期望输出的映射。同时通过模拟人类高级感知决策过程，能够很好地加入各种先验信息作为辅助决策手段。通过逐层的特征学习，能够得到比传统浅层模型更抽象、更本质的特征。相比传统策略，端到端的学习具有协同增效的优势，有更大的可能获得全局上更优的解，具有满足在轨实时处理需求的潜力。

本章作者在多年研究的基础上，面向资源勘测、灾害评估、成像侦察、地理测绘等领域对卫星在轨遥感影像感知与解译的迫切需求，针对遥感影像解译的奇异性建模与表示、高维数据学习与理解等若干瓶颈问题，借鉴视觉感知机理和脑认知机理，建立了遥感脑模型，在遥感影像的感知、认知、推理、决策等方面建立了系统的类脑解译理论和方法。如图1.1所示，该模型利用脑信息处理的稀疏特性，构建遥感影像的稀疏描述模型和方法；利用脑信息处理的选择性，建立遥感影像知识提取的理论与方法；利用大脑的可塑性，建立遥感影像知识学习与推理方法；利用脑信息处理的并行性，设计大规模遥感影像的快速处理方法，提高信息处理的时效性，最终通过软硬件协同处理实现遥感影像的在轨实时处理。

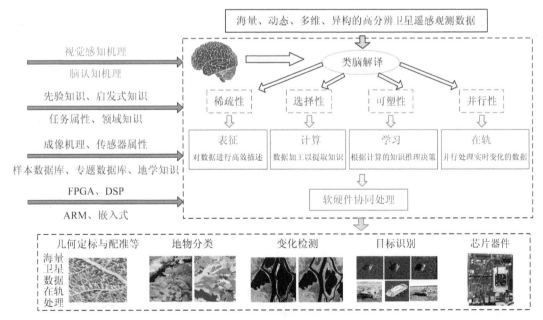

图 1.1　遥感脑模型

遥感影像的类脑解释，是在众多复杂的非结构化环境中对获取的各种高分辨率多源遥感大数据自动进行有效处理，通过先进的信号处理技术和人工智能技术去认知环境，采集数据，处理信息，达到目标环境的稳定、可认知、可描述，实现非结构化环境中的结构化信息获取和智能感知，为解译和目标识别提供可靠的手段，同时这也是一个海量数据中的信息挖掘问题。它不仅是有噪的、不完全的、模糊的，也是非高斯的、非平稳的，已有的方法还不能解决这些问题。实现多源遥感大数据的自动理解、感知、分析、处理和解译，以提高对地观测系统的综合利用能力已成为遥感技术发展的必然趋势。

（本章作者：侯彪，唐旭，焦李成，刘芳）

# 本章参考文献

[1] 魏钟铨. 合成孔径雷达卫星[M]. 北京：科学出版社，2001.

[2] LILLESAND T M，KIEFER R W. 遥感与图像解译[M]. 4 版. 彭望璟，等译. 北京：电子工业出版社，2003.

[3] 袁孝康. 星载合成孔径雷达导论[M]. 北京：国防工业出版社，2003.

[4] MAITRE H. 合成孔径雷达图像处理[M]. 孙洪，等译. 北京：电子工业出版社，2005.

[5] 焦李成，张向荣，侯彪，等. 智能 SAR 图像处理与解译[M]. 北京：科学出版社，2008.

[6] 焦李成，侯彪，王爽，等. 雷达图像解译技术[M]. 北京：国防工业出版社，2017.

[7] 焦李成，侯彪，尚荣华，等. 智能 SAR 影像变化检测[M]. 北京：科学出版社，2017

[8] HOU B，WEN Z D，JIAO L C，et al. Target-Oriented High-Resolution SAR Image Formation via Semantic Information Guided Regularizations[J]. IEEE Transactions on Geoscience and Remote Sensing，2018，56(4)：1922 – 1939.

[9] DOMÍNGUEZ E M，MAGNARD C，MEIER E，et al. A Back-Projection Tomographic Framework for VHR SAR Image Change Detection[J]. IEEE Transactions on Geoscience and Remote Sensing，57(7)：4470 – 4484.

[10] CORCIONE V，GRIECO G，PORTABELLA M，et al. A Novel Azimuth Cutoff Implementation to Retrieve Sea Surface Wind Speed From SAR Imagery[J]. IEEE Transactions on Geoscience and Remote Sensing，2018. DOI：10. 1109/TGRS. 2018. 2883364.

[11] RODRIGUEZ-CASSOLA M，PRATS-IRAOLA P，DE ZAN F，et al. Doppler-Related Distortions in TOPS SAR Images[J]. IEEE Transactions on Geoscience and Remote Sensing，2015，53 (1)：25 – 35.

[12] HOU B，ZHOU K，JIAO L C. Adaptive Super-Resolution for Remote Sensing Images Based on Sparse Representation With Global Joint Dictionary Model[J]. IEEE Transactions on Geoscience and Remote Sensing，2018，56(4)：2312 – 2327.

[13] LI Y S, ZHANG Y J, HUANG X, et al. Large-Scale Remote Sensing Image Retrieval by Deep Hashing Neural Networks[J]. IEEE Transactions on Geoscience and Remote Sensing, 2018, 56(2): 950 – 965.

[14] WANG B, MOTAI Y C, DONG L L, et al. Detecting Infrared Maritime Targets Overwhelmed in Sun Glitters by Anti-jitter Spatiotemporal Saliency[J]. IEEE Transactions on Geoscience and Remote Sensing, 2019. DOI: 10. 1109/TGRS. 2019. 2897251

[15] HALL J L, BOUCHER R H, BUCKLAND K N, et al. MAGI: A New High-Performance Airborne Thermal-Infrared Imaging Spectrometer for Earth Science Applications[J]. IEEE Transactions on Geoscience and Remote Sensing, 2015, 53(10): 5447 – 5457.

[16] ÖZSARAÇS, AKAR G B. Atmospheric Effects Removal for the Infrared Image Sequences[J]. IEEE Transactions on Geoscience and Remote Sensing, 2015, 53(9): 4899 – 4909.

[17] HOU B, ZHANG X R, YE Q, et al. A Novel Method for Hyperspectral Image Classification Based on Laplacian Eigenmap Pixels Distribution-Flow[J]. IEEE Journal of Selected Topics in Applied Earth Observations and Remote Sensing, 2013, 6(3): 1602 – 1618.

[18] FU W, LI S T, FANG L Y, et al. Adaptive Spectral-Spatial Compression of Hyperspectral Image With Sparse Representation[J]. IEEE Transactions on Geoscience and Remote Sensing, 2017, 55 (2): 671 – 682.

[19] WANG Q, HE X, LI X L. Locality and Structure Regularized Low Rank Representation for Hyperspectral Image Classification[J]. IEEE Transactions on Geoscience and Remote Sensing, 2019, 57(2): 911 – 923.

[20] ZHANG L F, ZHANG L P, TAO D C, et al. Hyperspectral Remote Sensing Image Subpixel Target Detection Based on Supervised Metric Learning[J]. IEEE Transactions on Geoscience and Remote Sensing, 2014, 52(8): 4955 – 4965.

[21] 焦李成, 侯彪, 王爽, 等. 图像多尺度几何分析理论与应用[M]. 西安: 西安电子科技大学出版社, 2008.

[22] HUBEL D H, WIESEL T N, FIELDS R. binocular interaction and functional architecture in the cat's visual cortex[J]. Journal of Physiology, 1962, 160: 106 – 154.

[23] OLSHAUSEN B A, FIELD D J. Emergence of simple cell receptive field properties by learning a sparse code for natural images[J]. Nature, 1996, 381: 607 – 609.

[24] ITTI L, KOUCH C. A comparison of feature combination strategies for saliency-based visual attention systems[J]. Proc. SPIE-Human Vision and Electronic Imaging, 1999, 3644: 473 – 482.

[25] ITTI L. Visual attention and target detection in cluttered natural scenes[J]. Optical Engineering, 2001, 40(9): 1784 – 1793.

[26] SILITO A M, GRIEVE K L, JONES H E. Visual cortical mechanisms detecting focal orientation discontinuities[J]. Nature, 1995, 378: 492 – 496.

[27] ITTI L, KOCH C. Computational modeling of visual attention[J]. Nature Reviews Neuroscience, 2001, 2(3): 194 – 203.

[28] FRINTROP S. VOCUS: A Visual Attention System for Object Detection and Goal-Directed Search [M]. Berlin: Springer, 2005.

[29] ITTI L, KOCH C, NIEBUR E. A model of saliency-based visual attention for rapid scene analysis [J]. IEEE Transactions on Pattern Analysis and Machine Intelligence, 1998, 20 (11): 1254-1259.

[30] ACHANTAY R. Frequency-tuned salient region detection [C]. 2009 IEEE Computer Society Conference on Computer Vision and Pattern Recognition Workshops, CVPR Workshops, 2009: 1597-1604.

[31] HAREL J, KOCH C, PERONA P. Graph-based visual saliency[M]. Cambridge, MA: MIT Press, 2007: 545-552.

[32] ROSIN P L. A simple method for detecting salient regions[J]. Pattern Recognition, 2009, 42(11): 2363-2371.

[33] INAMDAR S, BOVOLO F, BRUZZONE L, et al. Multidimensional Probability Density Function Matching for Preprocessing of Multitemporal Remote Sensing Images[J]. IEEE Transactions on Geoscience and Remote Sensing, 2008, 46(4): 1243-1252.

[34] TUIA D, CAMPS-VALLS G. Semi-supervised Remote Sensing Image Classification With Cluster Kernels[J]. IEEE Geoscience and Remote Sensing Letters, 2009, 6(2): 224-228.

[35] MELGANI F, BRUZZONE L. Classification of hyperspectral remote sensing images with support vector machines[J]. IEEE Transactions on Geoscience and Remote Sensing, 2004, 42(8): 1778-1790.

[36] HAN J, et al. Efficient, simultaneous detection of multi-class geospatial targets based on visual saliency modeling and discriminative learning of sparse coding. ISPRS J. Photogramm. Remote Sens. , 2014, 89: 37-48.

[37] BRUZZONE L, CHI M M, MARCONCINI M. A Novel Transductive SVM for Semi-supervised Classification of Remote-Sensing Images[J]. IEEE Transactions on Geoscience and Remote Sensing, 2006, 44(11): 3363-3373.

[38] LIU X P, LI X, LIU L, et al. An Innovative Method to Classify Remote-Sensing Images Using Ant Colony Optimization[J]. IEEE Transactions on Geoscience and Remote Sensing, 2008, 46(12): 4198-4208.

[39] FAUVEL M, CHANUSSOT J, BENEDIKTSSON J A. Decision Fusion for the Classification of Urban Remote Sensing Images[J]. IEEE Transactions on Geoscience and Remote Sensing, 2006, 44(10): 2828-2838.

[40] CHENG G, et al. Object detection in remote sensing imagery using a discriminatively trained mixture model. ISPRS J. Photogramm. Remote Sens. , 2013, 85: 32-43.

[41] BAZI Y, MELGANI F. Toward an Optimal SVM Classification System for Hyperspectral Remote Sensing Images[J]. IEEE Transactions on Geoscience and Remote Sensing, 2006, 44(11) : 3374-3385.

[42] MUNOZ-MARF J, BRUZZONE L, CAMPS-VAILS G. A Support Vector Domain Description

Approach to Supervised Classification of Remote Sensing Images [J]. IEEE Transactions on Geoscience and Remote Sensing, 2007, 45(8): 2683 - 2692.

[43] ZHU H W, BASIR O. An adaptive fuzzy evidential nearest neighbor formulation for classifying remote sensing images[J]. IEEE Transactions on Geoscience and Remote Sensing, 2005, 43(8): 1874 - 1889.

[44] NISHII R. A Markov random field-based approach to decision-level fusion for remote sensing image classification[J]. IEEE Transactions on Geoscience and Remote Sensing, 2003, 41(10): 2316 - 2319.

[45] TUIA D, VOLPI M, COPA L, et al. A Survey of Active Learning Algorithms for Supervised Remote Sensing Image Classification[J]. IEEE Journal of Selected Topics in Signal Processing , 2011, 5(3): 606 - 617.

[46] CHANUSSOT J, BENEDIKTSSON J A, FAUVEL M. Classification of remote sensing images from urban areas using a fuzzy possibilistic model[J]. IEEE Geoscience and Remote Sensing Letters, 2006, 3(1): 40 - 44.

[47] BAZI Y, MELGANI F. Gaussian Process Approach to Remote Sensing Image Classification[J]. IEEE Transactions on Geoscience and Remote Sensing, 2010, 48(1): 186 - 197.

[48] BAI X, ZHANG H, ZHOU J. VHR object detection based on structural feature extraction and query expansion[J]. IEEE Trans. Geosci. Remote Sens. , 2014, 52(10): 1 - 13.

[49] MELGANI F, BRUZZONE L. Classification of hyperspectral remote sensing images with support vector machines[J]. IEEE Transactions on Geoscience and Remote Sensing, 2004, 42(8): 1778 - 1790.

[50] MUNOZ-MARF J, BRUZZONE L, CAMPS-VAILS G. A Support Vector Domain Description Approach to Supervised Classification of Remote Sensing Images [J]. IEEE Transactions on Geoscience and Remote Sensing, 2007, 45(8): 2683 - 2692.

[51] CAMPS-VALLS G, SHERVASHIDZE N, BORGWARDT K M. Spatio-Spectral Remote Sensing Image Classification With Graph Kernels[J]. IEEE Geoscience and Remote Sensing Letters, 2010, 7(4): 741 - 745.

[52] ZHANG P, LYU Z, SHI W. Object-based spatial feature for classification of very high resolution remote sensing images[J]. IEEE Geosci. Remote Sens. Lett. , 2013, 10(6): 1572 - 1576.

[53] MA H C, YANG Y. Two Specific Multiple-Level-Set Models for High-Resolution Remote-Sensing Image Classification[J]. IEEE Geoscience and Remote Sensing Letters, 2009, 6(3): 558 - 561.

[54] CHANG Y L, CHEN K S, HUANG B, et al. A Parallel Simulated Annealing Approach to Band Selection for High-Dimensional Remote Sensing Images [J]. IEEE Journal of Selected Topics in Applied Earth Observations and Remote Sensing, 2011, 4(3): 579 - 590.

[55] ZORTEA M, HAERTEL V, CLARKE R. Feature Extraction in Remote Sensing High-Dimensional Image Data[J]. IEEE Geoscience and Remote Sensing Letters, 2007, 4(1): 107 - 111.

[56] BRUZZONE L. An approach to feature selection and classification of remote sensing images based on

the Bayes rule for minimum cost[J]. IEEE Transactions on Geoscience and Remote Sensing, 2000, 38(1): 429 - 438.

[57] BENEDIKTSSON J A, PESARESI M, AMASON K. Classification and feature extraction for remote sensing images from urban areas based on morphological transformations[J]. IEEE Transactions on Geoscience and Remote Sensing, 2003, 41(9): 1940 - 1949.

[58] HUANG X, ZHANG L. An SVM ensemble approach combining spectral, structural, and semantic features for the classification of highresolutionremotely sensed imagery[J]. IEEE Trans. Geosci. Remote Sens. , 2013, 51(1): 257 - 272.

[59] BENGIO Y, COURVILLE A, VINCENT P. Representation learning: A review and new perspectives[J]. IEEE Trans. Pattern Anal. Mach. Intell. , 2013, 35(8): 1798 - 1828.

[60] SHAO L, WU D, LI X. Learning deep and wide: A spectral method for learning deep networks[J]. IEEE Trans. Neural Netw. Learn. Syst. , 2014, 25(12): 2303 - 2308.

[61] FOREMAN N. Spatial and attentional functions of the midbrain visual system[D]. University of Nottingham, 1980.

[62] HALLONET M, HOLLEMANN T, PIELER T, et al. Vax1, a novel homeobox-containing gene, directs development of the basal forebrain and visual system[J]. Genes Development, 1999, 13(23): 3106 - 3114.

[63] HOU Y X, ZHANG P, YAN T X, et al. Beyond Redundancies: A Metric-Invariant Method for Unsupervised Feature Selection[J]. IEEE Transactions on Knowledge and Data Engineering, 2010, 22(3): 348 - 364.

[64] MO D Y, HUANG H S. Fractal-Based Intrinsic Dimension Estimation and Its Application in Dimensionality Reduction[J]. IEEE Transactions on Knowledge and Data Engineering, 2012, 24(1): 59 - 71.

[65] NIE F P, XU D, LI X L, et al. Semi-supervised Dimensionality Reduction and Classification Through Virtual Label Regression[J]. IEEE Transactions on Systems, Man, and Cybernetics, Part B: Cybernetics, 2011, 41(3): 675 - 685.

[66] CARTER K M, RAICH R, FINN W G, et al. Information-geometric Dimensionality Reduction[J]. IEEE Transactions on Signal Processing, 2011, 28(2): 89 - 99.

[67] GAO X B, WANG X M, TAO D C, et al. Supervised Gaussian Process Latent Variable Model for Dimensionality Reduction[J]. IEEE Transactions on Systems, Man, and Cybernetics, Part B: Cybernetics, 2011, 41(2): 425 - 434.

[68] VILLE V D, DIMITRI V, KOCHER M. Nonlocal Means With Dimensionality Reduction and Sure-based Parameter Selection[J]. IEEE Transactions on Image Processing, 2011, 20(9): 2683 - 2690.

[69] LIN Y Y, LIU T L, FUH C S. Multiple Kernel Learning for Dimensionality Reduction[J]. IEEE Transactions on Pattern Analysis and Machine Intelligence, 2011, 33(6): 1147 - 1160.

[70] BARLOW H B. Possible Principles Underlying the Transformation of Sensory Messages [M]. Sensory communication. ROSENBLITH W A, ed. Cambridge, MA: MIT Press, 1961: 217 - 234.

[71] SEUNG H S, LEE D D. The Manifold Ways of Perception[J]. Science, 2000, 290: 2268-2269.

[72] TENENBAUM J B, KEMP C, GRIFFITHS T L, et al. How to Grow a Mind: Statistics, Structure, and Abstraction[J]. Science, 2011, 331: 1279-1285.

[73] ZHANG X L, LI Z P, ZHOU T G. Neural Activities in V1 Create a Bottom-up Saliency Map[J]. Neuron, 2012, 73(1): 183-192.

## 第2章 复杂影像语义分析

## 2.1 引　言

近年来，本书作者团队在提出层次视觉语义模型、语义空间和像素空间信息交互联合推理框架的基础上，在高分辨 SAR 图像相干斑抑制、目标检测、语义分割及解译方面做了一些有特色的研究工作，相关研究成果发表在 *IEEE Transactions on Geoscience and Remote Sensing*、*Pattern Recognition*、*IEEE Geoscience and Remote Sensing Letters* 等国内外该领域的主流期刊上。本章主要描述了我们将 Marr 的视觉计算理论框架引入到抑制 SAR 图像相干斑的动机。通过借鉴朱松纯团队提出的初始素描模型和初始素描图提取方法的研究思路，我们针对 SAR 图像所具有的统计分布特性、成像时固有的相干特性和不同于一般光学图像的几何特征，在研究 SAR 图像边、线检测方法的基础上，给出了 SAR 图像的素描模型，设计并实现了 SAR 图像素描图的提取方法。在不同分辨率 SAR 图像的实验中，该方法所提取的 SAR 图像素描图可以有效地表示 SAR 图像中场景目标亮度变化处的几何结构特性。同时，实验结果还表明，该方法对 SAR 图像中所存在的相干斑噪声具有一定的鲁棒性。

## 2.2　研究现状和研究动机

SAR 系统是主动式成像系统，它通过主动发射电磁波并接收后向散射电磁波来实现对场景目标的观测。由于 SAR 系统所采用的电磁波具有较大的波长，因此它可以穿透云层及烟雾，且不受光照条件的限制，做到全天时、全天候地在目标地域上空工作。SAR 图像是利用成像过程中的距离向和方位向信息将 SAR 系统的回波信号进行处理所得到的关于照射场景的二维图像数据。通常雷达的回波数据是由实部和虚部两部分组成的，其幅值信息体现了每一个分辨单元内多个散射元后向散射电磁波的平均能量强度，用来形成可视的 SAR 图像[1-2]，因此同一分辨单元内不同散射元的回波信号之间或同一散射元具有不同路径的回波信号之间会产生相互干涉作用。例如，具有相同相位的回波信号叠加会产生强化作用，而具有相反相位的回波信号叠加会产生抵消作用。正是这些强化和抵消导致在生成的 SAR 图像中出现一系列明暗剧烈变化的斑点[1]，这就是 SAR 图像因成像机制带来的相干斑。图像中相干斑的存在降低了地面目标的可检测性，模糊了表面特征的空间模式，降低了自动图像分类的精度。在数字图像处理和视觉图像解译中，雷达相干斑通常被认为是干扰噪声，因此，出现了许多抑制 SAR 图像相干斑的方法[2-5]。

要抑制相干斑，就需要研究相干斑的特性。针对中低分辨 SAR 图像，一个分辨单元内所包含的散射元在统计上呈现随机游走的特性[6]，因此，对相干斑的研究主要是基于相干斑的统计分布特性进行的。依据 SAR 图像相干斑的产生机理，基于完全发展相干斑的假设条件[1]，通过分析 SAR 图像中的一阶统计量与二阶统计量之间的相关性，参考文献[7]和[8]指出，SAR 图像中匀质区域内的方差与均值成正比，因此，SAR 图像中的相干斑与其真实的后向散射值之间具有乘性关系。随着 SAR 图像分辨率的提高，高分辨 SAR 图像(分辨率为 1～3 m)已经不能满足完全发展相干斑的假设条件了，超高分辨的 SAR 图像就更不用说了。在这些高分辨 SAR 图像中，匀质区域、不匀质区域和极不匀质区域中的相干斑与其真实的后向散射值之间还是严格的乘性关系吗？到目前为止，还没有看到正式研究报道证明高分辨 SAR 图像的相干斑与其真实的后向散射值之间应该满足什么样的关系。在理论上，虽然没有得到高分辨 SAR 图像的相干斑与其真实的后向散射信号之间的明确关系，但丝毫不影响大家研究高分辨 SAR 图像相干斑抑制方法的热情。一个设计良好的相干斑抑制方法必须具备如下条件：① 有效抑制匀质区域内的相干斑；② 有效保持 SAR 图像中的细节特征(如点、边、线、面等)；③ 有效保持 SAR 图像的散射特性。在空域滤波中，鉴于均值滤波和中值滤波对噪声具有很强的抑制能力，这两种滤波方法也常用于 SAR 图像相干斑的抑制[9-10]。然而，由于没有考虑图像噪声的统计特性，上述滤波算法往往不能在有效抑制相干斑的同时还能有效保持 SAR 图像中的细节信息。Lee 等人[11]针对上述问题，基于局部平稳性假设，用一阶泰勒展开式对 SAR 图像的乘性噪声模型进行了分析，实现了对 SAR 图像真实信号的有效估计。Kuan 等人[12]直接利用局部线性最小均方误差(Local Linear Minimum Mean Square Error，LLMMSE)准则来设计 SAR 图像相干斑抑制方法。Frost[13]则通过分析 SAR 图像中像素之间的自相关特性，指出负指数函数可以较好地模拟 SAR 图像中像素间的自相关性，并采用负指数加权求平均的方法来估计 SAR 图像的真实值。虽然这些滤波器能够对 SAR 图像的相干斑进行很好的抑制，但由于局部平稳性假设在 SAR 图像的不匀质区域和极不匀质区域中不再适用，因此上述方法都会不同程度地造成 SAR 图像细节信息如点目标、线目标和边缘等的模糊和泛化。

为了在抑制相干斑的同时很好地保持 SAR 图像中的点目标、线目标和边缘等细节信息，我们必须知道点目标、线目标和边缘等在高分辨 SAR 图像的什么位置，它们与我们要抑制的相干斑有什么不同的特性。我们注意到，在这些点目标、线目标和边缘附近的像素与其邻域像素之间一定会出现亮度发生突变的现象，而 D. Marr 的视觉计算理论指出，视觉是一个信息处理任务[14-15]，视觉对图像所作的第一个运算是把它转换成一些原始符号构成的描述，这些描述所反映的不是亮度的绝对值大小，而是图像的亮度变化和局部的几何特征。我们能不能引入 D. Marr 的视觉计算理论框架，从视觉计算的角度将高分辨 SAR 图像中的细节信息用原始符号描述出来，进而考虑这些细节信息的局部几何特性，并有针对性地设计相关滤波方法，从而达到在抑制相干斑的同时很好地保持 SAR 图像中的细节信息呢？答案是肯定的，我们不但是这么想的，也是这么做的，相关成果发表在期刊 *IEEE Transactions on Geoscience and Remote Sensing* 上的有 3 篇，发表在期刊 *IEEE Geoscience and Remote Sensing Letters* 上的有 1 篇。其中，2014 年 9 月发表的题目名为"Local Maximal Homogeneous Region Search for SAR Speckle Reduction With Sketch-Based Geometrical Kernel Function"的文章中的第二部分主要描述了如何获得高分辨 SAR 图像的素描图，后续可以看到我们如何将素描图作为初级视觉语义层来为高分辨 SAR 图像构造具有层次结构的语义空间。鉴于素描图的重要性，下面主要介绍高分辨 SAR 图像的素描模型和素描图的获取方法。

## 2.3　高分辨 SAR 图像的素描图

### 2.3.1　Marr 的视觉计算理论

20 世纪 80 年代，来自美国麻省理工学院(MIT)人工智能实验室的 D. Marr 教授，立足于传统的逻辑和计算理论，通过总结当时基于心理物理学、神经生理学及解剖学的关于人类视觉的研究成果，指出人类视觉本质上是一种信息处理的过程，并提出了视觉计算理论框架。这一理论框架对于后续计算机视觉的研究和发展起到了巨大的推动作用。在 Marr 的论著[14]中，他认为对于视觉的研究应当从信息计算理论、算法设计和实现算法的硬件三个方面来展开。同时，他还指出，视觉研究不仅仅要讨论如何从外部环境中获取我们所关注的表示信息，还要分析表示信息内部所存在的相关性。按照这种设想，Marr 将从图像中获得场景物体信息的过程分为如下三个阶段：

**1. 初始素描图**

这一阶段是视觉计算的第一阶段，通过对图像中变化的检测获取关于图像二维性质的表示信息，如图像中的亮度变化、局部的几何结构等。其本质是对图像中边、脊和点特征的检测过程。经过这一阶段，原始图像被抽象成为初始素描图。

**2. 2.5 维素描图**

这一阶段是建立在上一阶段的基础之上的，通过对初始素描图的一系列操作(如体视分析、运动分析、遮挡、轮廓等)，推导出图像场景中物体表面的几何特征信息，如图像中物体的表面朝向和深度、物体与观察者的距离等。

**3. 3 维模型**

这一阶段主要分析场景中物体的 3 维组织结构，获得 3 维坐标系下场景物体的结构表示信息以及物体表面的描述信息。可以看出，这一阶段以场景物体为中心来构建坐标系，而前两个阶段以观察者为中心来构建坐标系。

## 2.3.2 光学图像的初始素描模型

从本质上来说，初始素描图是对图像灰度变化、几何特征分布和结构信息组合的一种符号表示。它以线、点等作为基元实现图像内容的稀疏表示，不仅有效地表示了图像的结构信息，还为图像分析和图像理解提供了新的手段和平台。然而，Marr 和他的学生并没有给出显式的数学模型和图像基元字典的数学定义。

后来，有众多学者沿着 Marr 所提出的视觉计算理论研究图像中初始素描图的提取方法[16-23]。朱松纯团队（C. E. Guo 和 S. C. Zhu 等人）于 2003 年和 2007 年分别在"Proceeding Ninth IEEE International Conference on Computer Vision"和 *Computer Vision and Image Understanding* 上发表了题目为"Towards a Mathematical Theory of Primal Sketch and Sketchability"和"Primal sketch: Integrating structure and texture"的文章。这些文章通过分析基于稀疏编码（Sparse Coding）理论的生成模型和基于马尔可夫随机场（Markov Random Field，MRF）理论的描述模型，指出了初始素描图在图像表示上的重要性。同时，他们还给出了初始素描的数学理论模型，设计实现了初始素描图的提取算法，并利用初始素描图将基于 Sparse Coding 理论的生成模型和基于 MRF 理论的描述模型进行无缝组合，提出了一种具有高压缩比的光学图像压缩与重构方法。

在参考文献[24]中，Guo 和 Zhu 等人指出基于稀疏编码理论的图像生成模型对于包含图像结构信息的低信息熵区域具有很好的表示能力，而基于 MRF 理论的描述模型则对具有高信息熵的纹理区域具有很好的表示能力。因此，通过将图像分为可素描部分和不可素描部分，并对每一部分采用不同的模型建模可以更好地实现图像内容表达。同时，为了提升基于稀疏编码模型对图像结构信息的表示能力，Guo 和 Zhu 等人将格式塔场（Gestalt Field）作为先验引入到初始素描模型中，通过建立二维属性图 $G = (V, E)$ 来描述基原子间的相关性。在参考文献[25]中，他们借鉴 Mumford-Shah 模型[26]，给出了光学图像初始素描模型的解析表达式：

$$p(\boldsymbol{I}, S) = \frac{1}{Z}\exp\left\{-\sum_{i=1}^{n}\sum_{(x, y)\in \boldsymbol{I}_{\mathrm{sk}, i}}\frac{1}{2\sigma^2}(\boldsymbol{I}(x, y) - B_i(x, y \mid \theta_i))^2 - \gamma_{\mathrm{sk}}(\boldsymbol{I}_{\mathrm{sk}})\right.$$
$$\left. - \sum_{j=1}^{m}\sum_{(x, y)\in \boldsymbol{I}_{\mathrm{nsk}, j}}\sum_{k=1}^{K}\varphi_{j, k}(F_k * \boldsymbol{I}(x, y)) - \gamma_{\mathrm{nsk}}(\boldsymbol{I}_{\mathrm{nsk}})\right\} \tag{2-1}$$

其中，$S$ 表示提取的初始素描图；$\boldsymbol{I}$ 表示原图像；$\boldsymbol{I}_{\mathrm{sk}}$ 表示图像的可素描区域；$\boldsymbol{I}_{\mathrm{nsk}}$ 表示图像的

不可素描区域；$B_i(x, y|\theta_i)$，$i=1$，$\cdots$，$n$，表示对边、线和点的编码函数（如图 2.1 所示），$\theta_i$ 表示该编码函数的几何光照参数；$\{F_k, k=1, \cdots, K\}$ 表示滤波器组；$m$ 表示不可素描区域的分类个数；$\gamma_{sk}(\cdot)$ 和 $\gamma_{nsk}(\cdot)$ 分别表示可素描区域与不可素描区域的正则约束项。

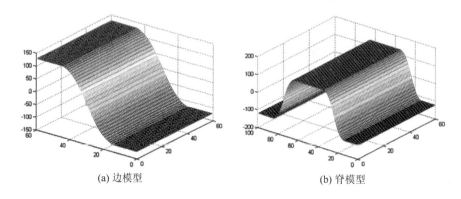

(a) 边模型　　　　　　　　　　　　(b) 脊模型

图 2.1　边-脊模型的编码函数

### 2.3.3　初始素描图的提取方法

在文献[25]中，Guo 和 Zhu 等人指出最大化公式(2-1)所需要的计算量非常大，因此，他们对光学图像构造了一种有效的近似初始素描算法。该算法主要由两部分组成：第一部分是基于稀疏编码理论的初始素描图的提取；第二部分是以初始素描图为条件的不可素描区域的表示。需要说明的是，Gestalt 准则描述人类视觉感知中对外部世界感知基元的组织特性（如相似性、封闭性、连续性等），因此，他们设计了一系列成对可逆的图操作算子（如表 2.1 所示）来对获得的初始素描图进行修正，以获得更好地满足 Gestalt 准则的初始素描图。在这里，我们概括地描述了 Guo 和 Zhu 等人构造的初始素描图的提取方法，关于第二部分对图像不可素描区域的表示方法没有进行说明，具体内容可参见参考文献[25]。

**表 2.1　Guo 和 Zhu 等人初始素描图提取方法中设计的成对可逆图操作算子**

| 操作子 | 图操作 | 图示说明 |
|---|---|---|
| $O_1$, $O_1'$ | 创建/删除 | $\Phi$　⟺　•—• |
| $O_2$, $O_2'$ | 生长/收缩 | •—•　⟺　•—•—• |
| $O_3$, $O_3'$ | 连接/不连接 | •—<　⟺　•—< |
| $O_4$, $O_4'$ | 延伸连接/收缩断开 | •—│　⟺　•—•—┤ |

| 操作子 | 图操作 | 图示说明 |
|---|---|---|
| $O_5$, $O_5'$ | 延伸铰链/收缩断开 | |
| $O_6$, $O_6'$ | 共线合并/共线断开 | |
| $O_7$, $O_7'$ | 平行合并/平行分开 | |
| $O_8$, $O_8'$ | 节点合并/节点分开 | |
| $O_9$, $O_9'$ | 创建斑点/移除斑点 | $\Phi$ ⟺ ● |
| $O_{10}$, $O_{10}'$ | 斑点与素描线之间变换 | ⟺ ● |

初始素描图的提取方法如下：

（1）基于边、脊、点检测的素描图初始化。利用如图 2.2(a)所示的具有多尺度多方向特性的滤波器组实现边、脊、点的检测，分别获取边-脊响应图和点响应图。对于边-脊响应图，利用非极大值抑制和双阈值连边提取边-脊草图，并用直线段逼近边-脊草图中的每一条曲线，获得边-脊草图的建议素描图；对于点响应图，则采用非极大值抑制确定"点"状特征的位置和尺度。

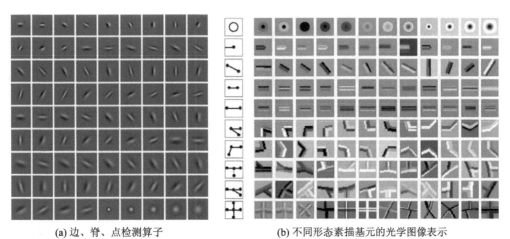

(a) 边、脊、点检测算子　　　　　(b) 不同形态素描基元的光学图像表示

图 2.2　Guo 和 Zhu 等人工作中采用的边、脊、点检测算子及不同形态素描基元的光学图像表示

第 2 章　复杂影像语义分析

27

（2）基于假设检验方法计算建议素描图中每条素描线的编码长度，利用贪婪的匹配追踪算法获得素描图。这里所采用的矛盾性假设的定义如下：

$$H_0 : \boldsymbol{I}(x, y) = \mu + N(0, \sigma^2)$$
$$H_1 : \boldsymbol{I}(x, y) = B(x, y \mid \theta) + N(0, \sigma^2)$$

其中，$N(0, \sigma^2)$ 表示零均值、方差为 $\sigma^2$ 的高斯噪声。假设 $H_0$ 把该可素描区域表示成平滑区域（均值为 $\mu$）和高斯噪声的叠加，$H_1$ 把该可素描区域表示成边-脊-点模型（$B(x, y \mid \theta)$）与高斯噪声的叠加。利用上式，可以得到如下编码长度增益的计算公式：

$$\Delta L(B) = \sum \left[ (\boldsymbol{I}(x, y) - \mu)^2 - (\boldsymbol{I}(x, y) - B(x, y \mid \theta))^2 \right]$$

（3）采用表 2.1 所示的图操作算子，以下面的公式为目标函数，采用贪婪方式修正素描图中素描线段的空间排列组合，以更好地满足 Gestalt 准则。

$$L(S_{sk}) = \sum_{i=1}^{n} \Delta L(B_i) - \sum_{d=0}^{4} \lambda_d \mid V_d \mid$$

其中，$\mid V_d \mid$ 表示素描图 $S_{sk}$ 中连通度为 $d$ 的节点的个数；$\lambda_d$ 表示相应的惩罚系数。

从初始素描图提取方法的步骤可以看出：设计具有多尺度多方向的边、脊、点检测算子对于提取初始素描图具有重要的作用；通过构造理想模型（如图 2.1 所示的边-脊模型）来对每一条素描线段进行匹配有利于提取有意义的初始素描图。此外，Guo 和 Zhu 等人还给出了不同形态下素描基元所对应的光学图像块（如图 2.2(b) 所示），从中我们可以看出，素描线可以有效地描述光学图像中的局部几何特性。图 2.3 显示了用 Guo 和 Zhu 等人构造的初始素描图提取方法获得光学图像 CAMERA 的初始素描图。

(a) 光学图像CAMERA

(b) 初始素描图

图 2.3　用 Guo 和 Zhu 等人构造的初始素描图提取方法获得光学图像的初始素描图

### 2.3.4  高分辨 SAR 图像的素描模型

众所周知，合成孔径雷达通过主动发射电磁波并接收后向散射电磁波来获得关于目标场景的影像。然而，由于场景目标之间存在表面粗糙度、材质和介电常数等方面的差异性，因此雷达所接收到关于场景目标后向散射电磁波的强弱也呈现出差异性。与此同时，反向传播的电磁波之间的相干作用和雷达所采用的侧视成像方式也会导致回波信号强度存在差异性。总而言之，这些差异性都与场景中目标的物理特性、目标本身的几何形状、目标与目标之间的几何空间关系和阴影等相关。它们体现在 SAR 图像中就是一些灰度明暗变化的特性。从这一点上来说，SAR 图像具有与光学图像相似或相近的物理属性，即图像中的明暗变化与现实世界的物理变化存在着对应关系。因此，Marr 所提出的视觉计算理论对于 SAR 图像的处理与解译同样具有很好的指导意义。

我们注意到 Guo 和 Zhu 等人提出的初始素描模型，如式(2-1)所示，是由两部分组成的。第一部分是基于稀疏编码理论的可素描区域的表示，该部分的表示可稀疏地描述光学图像中亮度变化可辨识的区域。针对这部分素描模型，他们构造了适合光学图像的初始素描图的提取方法。从获取的光学图像的初始素描图中，可以感受到初始素描图对光学图像中边、线、点和局部几何特征具有很强的稀疏表征能力，如图 2.3(b)所示。而我们在抑制高分辨 SAR 图像的相干斑时，又要很好地保持 SAR 图像中的点目标、线目标和边缘等细节信息不被模糊和泛化，同时，这些细节信息所在的区域又是高分辨 SAR 图像中亮度变化可辨识的区域，因此，我们把式(2-1)的第一部分作为高分辨 SAR 图像的素描模型，具体公式如式(2-2)所示。所以，通过最大化式(2-2)可以获得 SAR 图像的素描图。

SAR 图像的素描模型如下：

$$p(\boldsymbol{I}_{\mathrm{sk}}, S) = \frac{1}{Z}\exp\Big\{\sum_{i=1}^{n}\sum_{(x, y)\in \boldsymbol{I}_{\mathrm{sk}, i}}\ln p(\boldsymbol{I}(x, y)\mid B_i(x, y\mid \theta_i)) - \gamma_{\mathrm{sk}}(\boldsymbol{I}_{\mathrm{sk}})\Big\} \quad (2-2)$$

其中，$\boldsymbol{I}_{\mathrm{sk}}$ 表示 SAR 图像的可素描区域；$S$ 表示提取的 SAR 图像素描图；$p(\cdot\mid\cdot)$ 表示基于 SAR 图像统计分布函数的编码增益；$B_i(x, y\mid\theta_i)$，$i=1, \cdots, n$，表示对边、线的编码函数(如图 2.1 所示)，$\theta_i$ 表示该编码函数的几何参数；$\gamma_{\mathrm{sk}}(\cdot)$ 表示基于 SAR 图像素描图的正则约束项。

### 2.3.5  高分辨 SAR 图像素描图的提取方法

对于含加性噪声模型的光学图像来说，在计算图像亮度变化信息时，可以采用梯度算子(如 Sobel、Prewitt 等)来完成边缘等的检测。但对 SAR 图像来说，由于采用相干方式成像，因此 SAR 图像中存在大量的相干斑噪声，并且这种噪声模型与光学图像的加性噪声模型具有完全不同的统计特性。Touzi 等人[27]基于 SAR 图像的统计分布特性，从理论上证明了传统基于差分的梯度算子对于 SAR 图像边缘信息检测的虚警率与真实信号的强度有关。

因此，传统基于差分的梯度算子并不适用于 SAR 图像的边缘检测。与此同时，参考文献[27]还提出了适用于 SAR 图像、具有恒虚警率(Constant False Alarm Ratio，CFAR)的均值比(Ratio of Average，RoA)边缘检测算子(简称 RoA 算子)，并且给出了 RoA 算子的虚警率的计算方法。然而，由于 RoA 算子在计算时一般都采用如图 2.4 所示的模板，并假设模板中除中心像素所在直线区域外的两个区域均为匀质区域，因此该检测算子对 SAR 图像中的边缘信息具有定位精度低的问题。Tupin 等人[28]考虑到强散射点对 RoA 算子的影响，提出将 RoA 算子与基于互相关的检测算子相结合来实现 SAR 图像中路网信息的提取。

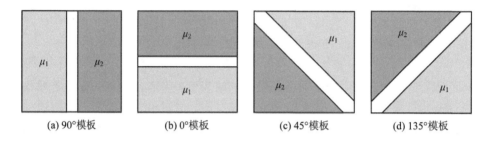

(a) 90°模板　　(b) 0°模板　　(c) 45°模板　　(d) 135°模板

图 2.4　SAR 图像边缘检测中常用的模板

**1. SAR 图像的边-线模板及检测算子**

从本质上来说，线模型可以看作由两条距离很近且具有共同区域的边模型组成，如图 2.5(b)所示。为了检测 SAR 图像中所包含的边-线特征，我们选择 RoA 算子和基于互相关的算子来计算具有 CFAR 特性的响应图。

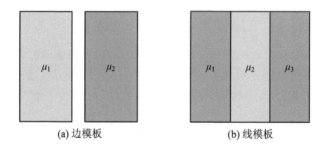

(a) 边模板　　　　　　(b) 线模板

图 2.5　边-线检测中模板的区域划分

1) 基于 RoA 的边-线检测算子的响应值

基于 RoA 的边-线检测算子的响应值为

$$R_{\text{edge}(i,\,j)} = 1 - \min\left(\frac{\mu_i}{\mu_j},\ \frac{\mu_j}{\mu_i}\right) \tag{2-3}$$

$$R_{\text{line}(i,\,j,\,q)} = \min\{R_{\text{edge}(i,\,j)},\ R_{\text{edge}(j,\,q)}\} \tag{2-4}$$

其中，$\mu_k$ 表示模板中第 $k$ 个区域所估计的均值，$R_{\text{edge}(i,j)}$ 表示基于 RoA 的边检测响应值，$R_{\text{line}(i,j)}$ 表示基于 RoA 的线检测响应值。从定义中我们可以看出，基于 RoA 算子的边（线）响应值的取值范围为 $[0,1]$，并且响应值越大，表示该点属于边（线）的概率越大。

2）基于互相关的边-线检测算子的响应值

基于互相关的边-线检测算子的响应值为

$$C_{\text{edge}(i,j)} = \sqrt{\dfrac{1}{1 + (N_i + N_j)\dfrac{N_i\sigma_i^2 + N_j\sigma_j^2}{N_i N_j(\mu_i - \mu_j)^2}}} \qquad (2-5)$$

$$C_{\text{line}(i,j,q)} = \min\{C_{\text{edge}(i,j)}, C_{\text{edge}(j,q)}\} \qquad (2-6)$$

其中，$N_i$ 和 $\sigma_i$ 分别表示模板中第 $i$ 个区域的像素个数和标准差，$C_{\text{edge}(i,j)}$ 表示基于互相关的边检测[29]响应值，$C_{\text{line}(i,j)}$ 表示基于互相关的线检测响应值。从公式中我们可以看出，基于互相关的检测算子是利用模板中不同区域间的统计相似性来进行边缘检测的。

由于图像中边-线特征的方向信息具有多样性，因此需要设计具有多方向特性的检测算子来准确检测图像中的边-线特征。考虑到 SAR 图像通常是对地观察所成的影像，其场景信息具有目标繁杂和尺度不一的特点，因此，我们设计了如图 2.6(a)所示的具有多尺度多方向的边-线检测模板。

 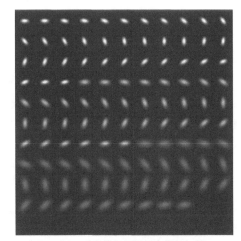

(a) 边-线检测模板　　　　　　　(b) 与(a)对应的各向异性高斯加权核

图 2.6　针对 SAR 图像设计的边-线检测模板以及相应的各向异性高斯加权核

另外，从文献[30]和[31]中我们知道，通过引入加权机制可以有效提高检测算子对于复杂边-线特征的检测精度。这里，考虑到高斯函数的可控性和易变性，我们设计了具有不同尺度、不同方向的各向异性高斯函数来计算边-线检测中的加权系数，其计算公式如下：

$$W_G(x, y, x_0, y_0, \theta, \delta, \lambda)$$

$$= \frac{1}{2\pi\sigma^2}\exp\left(-\frac{(f_1(x, y, x_0, y_0, \theta)/l)^2 + f_2^2(x, y, x_0, y_0, \theta)}{2\sigma^2}\right) \tag{2-7}$$

其中，$(x, y)$ 表示以 $(x_0, y_0)$ 为中心的邻域像素，$\sigma$ 表示高斯函数的标准方差(尺度因子)，$l$ 表示高斯函数的延长因子，$f_1(x, y, x_0, y_0, \theta) = (y-y_0)\sin\theta + (x-x_0)\cos\theta$，$f_2(x, y, x_0, y_0, \theta) = (y-y_0)\cos\theta + (x-x_0)\sin\theta$。通过改变 $\sigma$ 的取值，我们就能得到一组与多尺度模板相对应的高斯核函数，如图 2.6(b)所示。同时，由于高斯加权归一化操作的引入，式 (2-3)和式(2-5)分别变为

$$R_{\text{edge}(i, j)} = 1 - \min\left(\frac{\tilde{\mu}_i}{\tilde{\mu}_j}, \frac{\tilde{\mu}_j}{\tilde{\mu}_i}\right) \tag{2-8}$$

$$C_{\text{edge}(i, j)} = \sqrt{\frac{1}{1 + 2\frac{\tilde{\sigma}_i^2 + \tilde{\sigma}_j^2}{(\tilde{\mu}_i - \tilde{\mu}_j)^2}}} \tag{2-9}$$

其中，$\tilde{\sigma}_k$ 和 $\tilde{\mu}_k$ 分别表示模板中第 $k$ 个区域采用加权方式计算得到的标准方差和均值。

### 2. 基于融合策略的 SAR 图像强度图

由式(2-8)和式(2-9)可以看出，基于 RoA 的检测算子和基于互相关的检测算子具有相同的取值范围和变化趋势，且对于 SAR 图像都具有 CFAR 特性。因此，我们将这两种算子进行融合得

$$f = \sqrt{\frac{R^2 + C^2}{2}} \tag{2-10}$$

其中，$f$ 表示两个算子的融合值，$R$ 和 $C$ 分别表示基于 RoA 和互相关的边-线检测算子的响应值。也就是说，式(2-10)所定义的融合操作是针对如图 2.6(a)所示的每一个模板来进行的。由于采用加权归一化的方式计算不同尺度、不同方向下边-线检测模板的响应值，因此，我们在不同方向、不同尺度的边-线检测模板之间，只保留最大的响应值及其对应模板的方向信息来构造具有 CFAR 特性的响应图和方向图。

此外，参考文献[32]指出，对于真实的边-线特征来说，其局部梯度值也应该具有较大的响应值；我们在实验中也发现 SAR 图像的梯度图在边-线特征的检测上是具有一定判别性的。因此，为了获得具有最大判别性的边-线响应图，我们将基于差分的梯度算子引入到素描图提取算法中，其边和线的响应值分别计算如下：

$$\text{Grad}_{\text{edge}(i, j)} = |\tilde{R}_i - \tilde{R}_j| \tag{2-11}$$

$$\text{Grad}_{\text{line}(i, j, q)} = \min\{\text{Grad}_{\text{edge}(i, j)}, \text{Grad}_{\text{edge}(j, q)}\} \tag{2-12}$$

其中，$\text{Grad}_{\text{edge}(i, j)}$ 和 $\text{Grad}_{\text{line}(i, j, q)}$ 分别表示基于梯度的边和线的响应值，$|\cdot|$ 表示求绝对值操作。对于图像中的每一个像素，利用具有 CFAR 特性的检测算子所选择的模板进行计算

时，其相应的梯度响应值也被计算并形成基于梯度的响应图。换句话说，梯度响应图中每一点的值都是利用具有 CFAR 特性的检测算子所选的模板进行计算的。然而，考虑到具有 CFAR 特性的响应图与梯度响应图之间的差异性，我们选择具有相干特性的融合公式 (2-13)来融合这两个响应图。

$$\varphi(x, y) = \frac{xy}{1 - x - y + 2xy}, \quad x, y \in [0, 1] \qquad (2-13)$$

其中，$x$ 和 $y$ 分别表示具有 CFAR 特性的响应值和基于梯度的响应值，$\varphi(x, y)$ 表示融合后的强度值。从参考文献[33]中我们知道，当被融合的值都大于(或小于)0.5 时，得到的融合值也会大小(或小于)0.5；当被融合的值一个大于 0.5，另一个小于 0.5 时，得到的融合值是位于 0.5 附近的折中值。因此，我们分别将具有 CFAR 特性的响应图和基于梯度的响应图的数值归一化到[0, 1]，并采用式(2-14)对归一化的响应图进行偏移操作。其目的是充分利用式(2-13)在 0.5 位置处的融合特性，提升融合后强度图的判别性。

$$z = \max\{0, \min\{1, z - z_0 + 0.5\}\} \qquad (2-14)$$

其中，$z$ 表示利用具有 CFAR 特性的检测算子或基于梯度方式得到的归一化后的响应值，$z_0$ 是利用 OSTU(最大类间方差法)[34]在相应的响应图中得到的基于两类划分的阈值。将处理后的响应图带入到式(2-13)中，我们就可以得到最终融合后的强度图。接下来，为了更好地对边缘像素进行定位并抑制由噪声引起的虚警响应，我们选择 Canny 检测算子中所采用的非极大值抑制操作和双阈值连接操作，从融合后的强度图中获得关于 SAR 图像的边-线图。

**3. SAR 图像中的假设检验**

用假设检验方法可以计算建议素描图中每条素描线的编码长度，在 2.3.3 节的初始素描图的提取方法中，Guo 和 Zhu 等人设计的矛盾性假设是：假设 $H_0$ 把可素描区域表示成平滑区域的信号和高斯噪声的叠加，$H_1$ 把该可素描区域表示成边-脊-点模型($B(x, y|\theta)$)的奇异信号与高斯噪声的叠加。大家已经知道，SAR 图像存在相干斑，依据 SAR 图像相干斑的产生机理，由于低分辨 SAR 图像满足完全发展相干斑的假设条件，因此低分辨 SAR 图像中的相干斑与其真实的后向散射信号之间具有乘性关系，而高分辨 SAR 图像和超高分辨 SAR 图像已经不满足完全发展相干斑的假设条件，这些高分辨 SAR 图像中的相干斑与其真实的后向散射信号之间是否还具有严格的乘性关系目前在理论证明上还没有相关的结论。需要说明的是，我们在构造高分辨 SAR 图像素描图的提取方法时，如在设计一对矛盾性假设时，将高分辨 SAR 图像中的可素描区域的相干斑噪声与其真实的后向散射信号之间看成是乘性关系。因此，我们建立如下两个相互矛盾的假设[35]，并依据所构建的一对矛盾性假设 ($H_0$ 和 $H_1$) 对提取的每一条素描线计算其编码长度增益。其中，矛盾性假设的含义如下：

$H_0$：提取的曲线不能作为构成素描图的素描线；

$H_1$：提取的曲线可以作为构成素描图的素描线。

上述矛盾性假设的数学表达形式如下：

$$\begin{cases} H_0 : \boldsymbol{I}(x,\,y) = \mu \times Z \\ H_1 : \boldsymbol{I}(x,\,y) = B(x,\,y\,|\,\theta) \times Z \end{cases} \qquad (2-15)$$

其中，$Z$ 表示 SAR 图像中的乘性相干斑，$\mu$ 表示当前素描线所在区域的均值，$B(x,\,y\,|\,\theta)$ 表示如图 2.1 所示的边-线模型。利用所建立的矛盾性假设，我们可以用式（2-15）来对所提取的每一条素描线计算其编码长度增益：

$$F = \sum_m (\ln p(S_{\text{sk},\,i}^m \mid H_1) - \ln p(S_{\text{sk},\,i}^m \mid H_0)) \qquad (2-16)$$

其中，$F$ 表示第 $i$ 个素描线所在局部邻域分别满足 $H_0$ 假设和 $H_1$ 假设的差异性，其值越大，表示当前检测出的曲线满足 $H_1$ 假设的能量越大，即具有越大的概率作为素描图中素描线来表示图像中的结构信息；$S_{\text{sk},\,i}^m$ 是素描图中第 $i$ 个素描线中的第 $m$ 个直线段；$p(S_{\text{sk},\,i}^m\,|\,H_j)$，$j \in \{0,\,1\}$ 表示直线段 $S_{\text{sk},\,i}^m$ 满足假设 $H_j$ 的概率。这里考虑到幅度 SAR 图像的统计分布特性（如 $L$ 视幅度 SAR 图像的统计分布服从 Nakagami 分布），我们将 $p(S_{\text{sk},\,i}^m\,|\,H_j)$，$j \in \{0,\,1\}$ 定义为

$$\begin{aligned} p(S_{\text{sk},\,i}\mid H_j) &= \sum_{k=1}^{n} p(A_k\mid H_j) \\ &= \frac{2^n L^{nL}}{\Gamma(L)^n}\exp\left\{\sum_{k=1}^{n}\left[-L\frac{A_k^2}{\hat{A}_k^2} + (2L-1)\ln(A_k^2) - L\ln(\hat{A}_k^2)\right]\right\} \\ &= \frac{2^n L^{nL}}{\Gamma(L)^n}\exp\left\{-L\sum_{k=1}^{n}\left[\frac{A_k^2}{\hat{A}_k^2} - \left(2-\frac{1}{L}\right)\ln(A_k^2) - \ln(\hat{A}_k^2)\right]\right\} \\ &= \exp\left\{-L\sum_{k=1}^{n}\left[\frac{A_k^2}{\hat{A}_k^2} - \left(2-\frac{1}{L}\right) - \ln(A_k^2) - \ln(\hat{A}_k^2)\right] + C(n,\,L)\right\} \quad (2-17) \end{aligned}$$

其中，$L$ 表示 SAR 图像的视数，$n$ 表示直线段邻域中像素的个数，$A_k$ 表示直线段邻域内像素的灰度值，$\hat{A}_k$ 表示基于假设 $H_i$ 所获得的像素的估计值，$C(n,\,L)$ 表示只与像素个数 $n$ 和视数 $L$ 有关的常数。从式（2-17）中，我们可以看出

$$\ln p(S_{\text{sk},\,i}^m\mid H_j) \propto -\sum_{k=1}^{n}\left[\frac{A_k^2}{\hat{A}_k^2} - \left(2-\frac{1}{L}\right)\ln(A_k^2) - \ln(\hat{A}_k^2)\right] \qquad (2-18)$$

将式（2-18）代入式（2-16）中，我们就可以对每一条素描线计算其编码长度增益。需要说明的是，在 $H_0$ 假设下，所提取的素描线属于虚警响应，其局部邻域属于同质区域，因此，我们利用该邻域内所有像素的平均值作为该区域内像素的估计值；对于 $H_1$ 假设，则考虑到边-线特征具有很强的几何方向特性，我们利用分解得到的每一条直线段，沿素描线段的方向对该区域内的像素值进行估计。这样就可以得到式（2-18）中 $\hat{A}_k$ 在不同假设前提下的

估计值，进而实现对每条素描线的显著性进行计算。对于强度 SAR 图像来说，我们同样也可以采用上述方法得到相应的显著性测度。

**4. SAR 图像素描图提取方法描述**

基于 Marr 视觉计算理论框架的素描理论[14]，借鉴 Guo 和 Zhu 等人[24-25]提出的初始素描模型和初始素描图提取方法的研究思路，我们针对 SAR 图像所具有的统计分布特性、成像时固有的相干特性和不同于一般光学图像的几何特征，在研究 SAR 图像边-线检测方法的基础上，建立了 SAR 图像的素描模型，并设计实现了 SAR 图像素描图的提取方法，如算法 2.1 所示。在实验中，对不同分辨率下的 SAR 图像，用算法 2.1 获取的 SAR 图像素描图用线段作为基元（符号）可以有效地表示 SAR 图像中场景目标的几何结构特性（如位置、方向信息等）。同时，实验结果还表明，该算法对 SAR 图像中所存在的相干斑噪声具有一定的鲁棒性。如图 2.7 所示，我们以一幅真实的 SAR 图像（中国山东黄河入海口附近，成像设备为 RadarSat-2，C 波段，8 m 分辨率，有效视数为 4，简称 Yellow River）为例，给出了提取素描图过程中得到的中间结果图。对比图 2.7(b)和图 2.7(c)可以看出，通过将基于梯度的响应图与具有 CFAR 特性的响应图进行融合，可以有效提升边-线特征的区分度，有利于提取真正表示 SAR 图像结构信息的素描图。图 2.8 给出了在编码长度增益阈值 $F_T=5$ 时，中低分辨 SAR 图像 Yellow River 的素描图。需要说明的是，我们通过对编码长度增益 $F$ 的直方图进行统计分析来确定阈值 $F_T$ 的数值，$F_T$ 的值越大，素描线段就越少，即素描图也越稀疏。图 2.9 Nordlinger Ries 是高分辨 SAR 图像（图像大小为 $1506\times1506$，X 波段，1 m 分辨率，有效视数为 4，德国 Nordlinger Ries 地区，成像设备为 TerraSAR）。图 2.10 是 Gate 超高分辨 SAR 图像（美国怀俄明州某大街，Mini-SAR，Ka 波段，图像大小为 $2510\times1638$，0.1 m 分辨率，有效视数为 3）。

---

**算法 2.1** SAR 图像素描图的提取方法

---

（1）设计具有多尺度、多方向的边-线模板，采用基于 RoA、互相关和梯度的检测算子，计算具有 CFAR 特性的响应图和基于梯度的响应图，并采用式(2-13)和式(2-14)融合所得到的响应图以获得最终的强度图。

（2）采用非极大值抑制操作和双阈值连边操作，从强度图中提取边-线图。

（3）以直线段逼近方式将边-线图中的每一条曲线素描化，并利用式(2-16)基于图 2.1 所示的边-线模型计算每一条素描线的编码长度增益，通过素描追踪的方法获得 SAR 图像的素描图。

（4）利用式(2-16)所定义的素描线编码长度增益和表 2.1 所示的操作算子修剪素描图中的素描线段。

---

(a) SAR图像

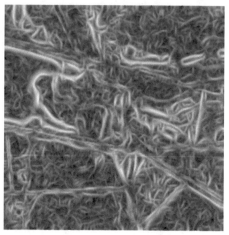

(b) 利用基于RoA和互相关的检测算子
得到的具有CFAR特性的响应图

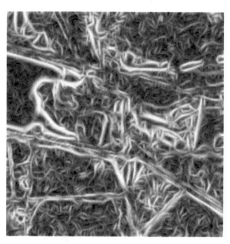

(c) 融合具有CFAR特性的响应图和基于
梯度的响应图所得到的强度图

(d) 边-线检测过程中所得到的方向图

图 2.7　对名为 Yellow River 的 SAR 图像在提取素描图过程中得到的中间结果图

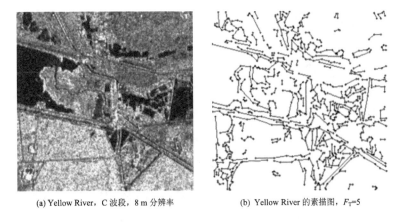

(a) Yellow River，C 波段，8 m 分辨率　　　(b) Yellow River 的素描图，$F_T=5$

图 2.8　Yellow River 的中低分辨 SAR 图像及其素描图

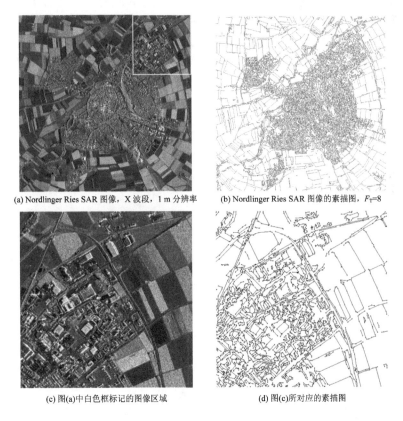

(a) Nordlinger Ries SAR 图像，X 波段，1 m 分辨率　　(b) Nordlinger Ries SAR 图像的素描图，$F_T=8$

(c) 图(a)中白色框标记的图像区域　　　　　(d) 图(c)所对应的素描图

图 2.9　Nordlinger Ries 高分辨 SAR 图像及其素描图

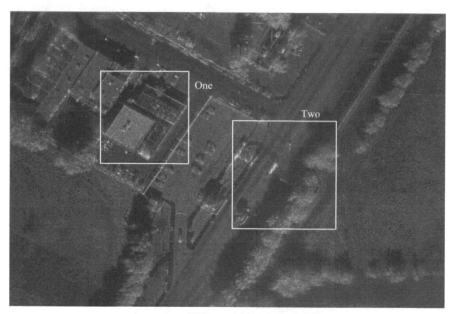

(a) Gate SAR 图像，Ka 波段，0.1 m 分辨率

(b) Gate SAR图像的素描图，$F_T=8$

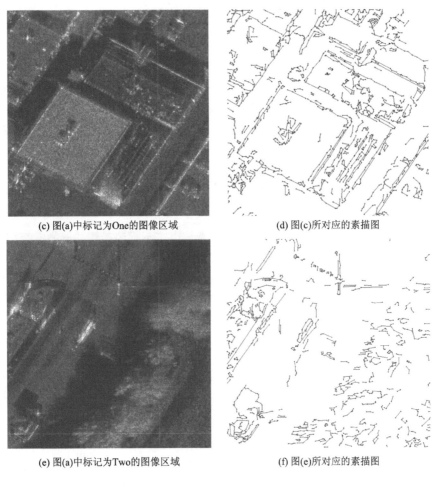

(c) 图(a)中标记为One的图像区域　　　　　　(d) 图(c)所对应的素描图

(e) 图(a)中标记为Two的图像区域　　　　　　(f) 图(e)所对应的素描图

图 2.10　Gate 超高分辨 SAR 图像及其素描图

## 2.4　结构区域图及其在 SAR 图像相干斑抑制中的应用

### 2.4.1　高分辨 SAR 图像的初级视觉语义层

在雷达成像中，目标的位置在方向上按雷达飞行的时序记录成像，而在距离向是按目标反射信息先后来记录成像及斜距成像的，因而它有不同于一般光学图像的几何特征。例如，阴影、雷达成像是侧视的，发射的电磁波沿直线传播，因此，高的物体阻挡雷达发射的电磁波，而位于高物体之下的地物不能反射电磁波，不能成像，从而形成阴影。阴影的大小与物体的高度、雷达天线的俯角以及背坡坡角有关。通过分析可以发现：由于我们面对的高分辨 SAR 图像属于对地观测的遥感图像并且雷达成像是侧视的，因此，它们的素描图中的素描线段不仅仅表示 SAR 图像中亮度变化可辨识的位置和方向这些低级的属性特征，还能够表示与雷达成像机制有关的高级语义信息[36]。素描线段可以表示：① 两个不同地物的边界（或是目标与地物的边界）；② 线目标，如桥梁、道路等；③ 高于地面的目标，如一棵树的亮斑和阴影形成的明显边界，一栋建筑物的亮斑和阴影形成的明显边界等。因此，我们给描述亮度变化的素描线段赋予了三种不同含义的语义信息[36-37]，称这样的素描线段为语义素描线段，即语义基元，并将含有语义基元的素描图称为语义空间中的初级视觉语义层，也称语义素描图。

### 2.4.2 抑制相干斑任务驱动的结构区域图的产生

虽然素描图来自于 SAR 图像且它们的大小是相等的，但它们的基元不同，更重要的是它们表示的信息不能相互替代，即它们是互补的关系。由于素描图是用线段来表示图像中亮度变化处的位置和方向等信息的，换句话说，可辨识亮度变化的目标（或地物）边界都可以在素描图中用线段来表示，但目标（或地物）上的面信息只有像素空间的高分辨 SAR 图像上才有，因此要识别一个目标既要有形状轮廓信息，也要有目标上的面信息，缺一不可。这也是我们建立具有不同层次结构的语义空间的原因。我们认为，高分辨 SAR 图像中的语义信息是有层次的，任务驱动是产生语义信息的原动力，任务由抽象、复杂到具体、简单，进而会出现语义由低到高的不同语义层次。在语义层次的作用下，像素空间中判别式模型的数据驱动是完成该任务不可或缺的计算环节，更高层的能表示地物类型和目标类别的语义信息不是一次获得的，需要由不同层次的语义基元组合生成更高层次的语义表示，在这个过程中离不开 SAR 图像像素空间和语义空间信息的交互作用。因此，针对高分辨 SAR 图像的解译，我们提出了语义空间中任务驱动的语义层信息和像素空间中数据驱动的判别式信息交互联合推理框架。

基于以上想法和提出的框架，我们首先针对抑制高分辨 SAR 图像相干斑噪声的任务，提出了在语义空间的初级视觉语义层上建立结构区域图的想法[35, 38]，该结构区域图由结构区域和无素描区域组成。我们通过构造具有方向属性的矩形窗口来提取包含在初级视觉语义层语义线段的邻近区域来形成结构区域。该矩形窗口的具体定义如下：

$$W(\theta, x_0, y_0, s_1, s_w)$$

$$= \left\{ (x, y) \mid \mid f_1(x, y, x_0, y_0, \theta) \mid \leqslant \frac{s_1}{2}, \mid f_2(x, y, x_0, y_0, \theta) \mid \leqslant \frac{s_w}{2} \right\} \quad (2-19)$$

其中，$(x_0, y_0)$ 表示矩形窗口的中心点；$(x, y)$ 表示中心点 $(x_0, y_0)$ 的邻近点；$\theta$ 表示矩形窗长边所对应的方向；$s_1$ 和 $s_w$ 分别表示矩形窗口的长和宽；$\mid \cdot \mid$ 表示求绝对值操作；$f_1$ 和 $f_2$ 表示一对旋转函数，其定义如下：

$$\begin{cases} f_1(x, y, x_0, y_0, \theta) = -(y - y_0)\sin\theta + (x - x_0)\cos\theta \\ f_2(x, y, x_0, y_0, \theta) = (y - y_0)\cos\theta - (x - x_0)\sin\theta \end{cases} \quad (2-20)$$

通过将矩形窗口的中心点与每一条素描线段上的素描点对齐，并将该矩形窗口的方向设为相应素描线段的方向，我们就可以获得结构区域。这里，我们选择 $s_l = 7$ 和 $s_w = 5$ 来提取结构区域。

### 2.4.3 基于几何核函数测度和匀质区域搜索的 SAR 图像相干斑抑制

#### 1. 方法描述

针对基于图像块的像素间相似性测度忽略了图像块内几何结构特性的问题，该方法用我们提出的语义空间的结构区域图把 SAR 图像划分为属于结构区域的像素子空间（简称结构像素子空间）和属于匀质区域的像素子空间（简称匀质像素子空间）。如图 2.11 所示，图(a)为英

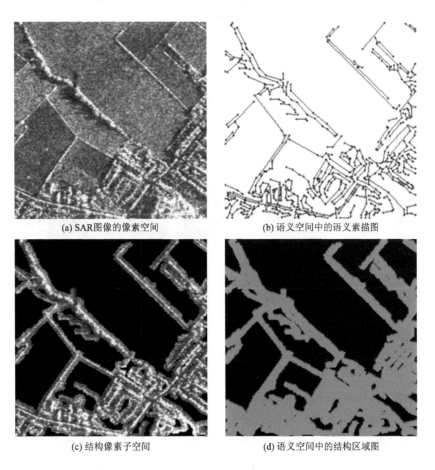

(a) SAR图像的像素空间

(b) 语义空间中的语义素描图

(c) 结构像素子空间

(d) 语义空间中的结构区域图

图 2.11　SAR 图像 Field 语义空间中的语义素描图和结构区域图（语义空间作用于像素空间后得到了 SAR 图像结构像素子空间的关系示意图）

格兰 Bedfordshire 的农业场景，英国国防研究局机载 SAR 图像，图像大小为 256×256，X 波段，3 m 分辨率，有效视数为 3.2，简称为 Field；图(b)是 SAR 图像 Field 的语义素描图；图(d)是在 Field 语义素描图的基础上构造出的语义空间中的结构区域图；图(c)是结构像素子空间。语义素描图的相关参数为 $F_T = 7$，高、低阈值系数分别是 1.6 和 0.45。

这样我们可以自适应地为 SAR 图像中的每一个像素构造几何核函数。对于结构像素子空间中的像素，由于其局部具有显著的方向特性，因此需要构造具有各向异性的核函数来表示该像素邻域内的空间相关性，即像素间沿着局部方向具有很强的相关性；而对于匀质像素子空间中的像素，则需要具有各向同性的核函数来说明像素间相关性随着距离的增大而减小。这里考虑到二维高斯函数的易变性和可操作性，我们定义几何核函数为

$$\text{Kernel}_{(x_0, y_0)}(x, y) = \exp\left\{-\frac{f_1^2(x, y, x_0, y_0, \theta) + l^2 f_2^2(x, y, x_0, y_0, \theta)}{\sigma^2}\right\}$$

$$(2-21)$$

其中，$(x_0, y_0)$ 表示当前的像素，$(x, y)$ 表示该局部图像块内的像素，$\theta$ 和 $l$ 分别表示几何核函数的方向和延长因子，$f_1$ 和 $f_2$ 表示式(2-20)所定义的旋转函数，$\sigma$ 表示该函数的平滑因子。图 2.12 中分别给出了 $l$ 和 $\theta$ 取不同值时所得到的核函数的二维表示。可以看出，当 $l=1$ 时，该核函数是各向同性的；而当 $l>1$ 时，该核函数是各向异性的，且其方向与 $\theta$ 相一致。

(a) $l=1, \theta=30°$      (b) $l=3, \theta=30°$      (c) $l=3, \theta=90°$

图 2.12　参数 $l$ 和 $\theta$ 分别取不同值时利用式(2-21)所得到的核函数

考虑到 SAR 图像中的相干斑噪声具有乘性特性，传统的基于欧氏距离的测度不再适用于 SAR 图像中的相似性度量。从测度论[39]的角度来说，所构造的相似性测度需要具有对称性和自相似性最大的特性，而 Feng 等人提出的测度并不具有这些特性。因此，我们设计了一种简单的比值算子来计算两个像素之间的相似性。其具体定义如下：

$$R(Y_i, Y_j) = \min\left\{\frac{Y_i}{Y_j}, \frac{Y_j}{Y_i}\right\}$$

$$(2-22)$$

其中，$Y_i$ 和 $Y_j$ 分别表示两个受相干斑影响的像素；$R(Y_i, Y_j)$ 表示 $Y_i$ 和 $Y_j$ 之间基于比值

的相似度，并且 $R(Y_i, Y_j)$ 的取值范围是 $[0, 1]$，$R(Y_i, Y_j)=R(Y_j, Y_i)$，$R(Y_i, Y_i)=1$。

将基于 SAR 图像素描信息所构建的几何核函数（如式(2-21)所定义）与具有对称性和自相似性最大的特性的比值距离（如式(2-22)所定义）相结合，我们就得到了包含局部几何空间相关性的块相似性测度。其具体定义如下：

$$\mathrm{Sim}(Y_p, Y_q) = \frac{\sum \mathrm{Kernel}_p(\cdot) R(V_p(\cdot), V_q(\cdot))}{\sum \mathrm{Kernel}_p(\cdot)} \qquad (2-23)$$

其中，$\mathrm{Sim}(Y_p, Y_q)$ 表示像素 $Y_p$ 和 $Y_q$ 之间基于块的相似度，$\mathrm{Kernel}_p(\cdot)$ 表示针对当前像素 $p$ 所定义的几何核函数；$V_k(\cdot)$ 表示以像素 $k$ 为中心的局部块内邻域像素。

利用式(2-23)定义的块相似性测度，以 SAR 图像中的每一个像素作为起点，搜索其局部最大的匀质区域，并利用匀质区域内的像素来估计当前像素。这里考虑到匀质区域形状的多样性，我们选择区域生长的方法来搜索其局部匀质区域。同时，鉴于块相似性测度的鲁棒性，我们选择极大似然准则(ML)来对当前像素值进行估计。其具体定义如下(这里只考虑幅度格式的 SAR 图像)：

$$\hat{X}_{\mathrm{ML}} = \sqrt{\frac{1}{n} \sum_{i=0}^{n} Y_i^2} \qquad (2-24)$$

其中，$\hat{X}_{\mathrm{ML}}$ 表示利用 ML 准则估计得到的像素值；$Y_i(i=0, \cdots, n)$ 表示搜索得到的局部最大匀质区域内的像素。

---

**算法 2.2**　基于几何核函数测度和匀质区域搜索的 SAR 图像相干斑抑制

(1) 利用算法 2.1 提取输入 SAR 图像的素描图，并给每个线段基元赋予三个含义的语义信息，构建由语义素描图作为初级视觉语义层的语义空间。

(2) 在语义素描图上，设计具有方向属性的矩形窗口(式(2-19))来提取所有语义线段的邻近区域作为结构区域，并与除结构区域以外的无素描区域构成语义空间中的结构区域图。

(3) 将结构区域图作用到 SAR 图像上，使 SAR 图像划分为结构像素子空间和匀质像素子空间。

(4) 对 SAR 图像中的每一个像素根据其所属的像素子空间，通过式(2-21)构造相应的几何核函数，利用式(2-23)计算块相似性测度，并采用区域生长方法搜索其局部最大的匀质区域。

(5) 在所获得的匀质区域中，利用式(2-24)估计当前像素的真实值。

---

需要说明的是，在步骤(4)中，为了更好地搜索当前像素的局部匀质区域，我们通过设定阈值的方式来控制匀质区域的搜索，同时，考虑到算法的时效性，我们将搜索得到的匀

质区域限定在以当前像素为中心的方形窗口内，即最终搜索到的匀质区域内的像素可以表示成如下定义的集合：

$$\Omega = \{Y_i \mid N_{Y_i} \bigcap \Omega \neq \varnothing, \ \mathrm{Sim}(Y_i, Y_k) > T, \ Y_i \in \varPi\} \qquad (2-25)$$

其中，$\Omega$ 表示匀质区域内像素组成的集合，$N_{Y_i}$ 表示像素 $Y_i$ 的 8-邻域，$T$ 表示匀质区域搜索过程使用的相似度阈值，$\varPi$ 表示以当前像素为中心的方形窗口。这里借鉴 Feng 等人[40]给出的比值距离概率密度函数，我们将阈值 $T$ 的计算方法定义如下：

$$T = K \cdot \sqrt{\frac{2L-1}{2L+1}} \qquad (2-26)$$

其中，$L$ 表示 SAR 图像中相干斑的视数，$K$ 表示尺度因子。

**2. 实验结果与分析**

1）参数选择及对比方法说明

在这里，我们只给出两幅真实的幅度 SAR 图像来比较不同算法的性能。

（1）英国国防研究局机载 SAR，X 波段，3 m 分辨率，英格兰 Bedfordshire 地区的农业场景（Field，256×256，有效视数为 3.2）。

（2）Ku 波段，1m 分辨率，Horse Track，在美国新墨西哥州的 Albuquerque 附近（Hippodrome，500×390，有效视数大约为 4）。

我们提出的算法 2.2（LHRS-SK）的降斑结果分别与 Refined-Lee 滤波（Ref-Lee）[41]、AGK-MMSE 滤波[42]、IDAN 滤波[43] 以及 LHRS-PRM 滤波[44] 的结果进行比较。在所有的实验中，算法 2.2 对相关参数的选择是：当相干斑视数 $L > 4$ 时，$K$ 取 0.81，反之 $K$ 取 0.77；参数 $l$ 为 3；参数 $\sigma$ 为 3，具体细节见参考文献[35]和[38]。对于 Ref-Lee 滤波和 AGK-MMSE 滤波，采用 9×9 的滑动窗口进行估计，并且 AGK-MMSE 滤波中平滑因子设置为 1.4。在 IDAN 滤波中，两次区域扩展所采用的尺度因子分别设为 1.2 和 2.0，同时，其第一次区域扩展时所能包含的最大像素个数为 50。

2）对比结果及分析

需要说明的是，对于真实 SAR 图像，由于无法得到无相干斑噪声的理想信号，因此，通常利用其滤波前后的图像特性来分析算法的有效性。这里我们选择边缘保持指数 EPI、SAR 图像滤波前后比值图的均值（Mean）和方差（Var），以及比值图的相干斑视数（Speckle's Looks, SL）来作为数值指标分析算法的性能，其结果如表 2.2 所示。同时，在人工选择的几个匀质区域（如图 2.13(a)和图 2.14(a)中标记的区域）上，通过计算其等效视数（Equivalent Number of Looks, ENL）来评价对比算法的相干斑抑制能力，其结果如表 2.3 所示。

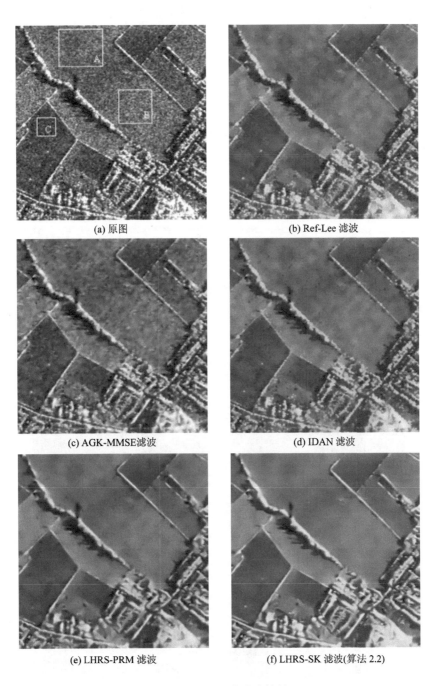

(a) 原图

(b) Ref-Lee 滤波

(c) AGK-MMSE滤波

(d) IDAN 滤波

(e) LHRS-PRM 滤波

(f) LHRS-SK 滤波(算法 2.2)

图 2.13　Field 的滤波结果

从图 2.13(b)和(c)中可以看出，尽管在 Ref-Lee 滤波和 AGK-MMSE 滤波的降斑结果中残留了一些相干斑噪声，但是 SAR 图像中的细节信息得到了较好的保持，如图 2.13 中 Field 左下部的点目标。在 IDAN 滤波的降斑结果中，虽然存在一些小黑斑（如图 2.13(d)中部和图 2.14(d)左部），但是 SAR 图像中所包含的结构信息得到了较好的保持。在 LHRS-PRM 滤波和 LHRS-SK 滤波的降斑结果中，由于采用了基于块的相似性测度，因此 SAR 图像中的相干斑噪声得到了很大程度的抑制，如图 2.13(e)中部和图 2.14(e)左部。然而，通过仔细对比这两个滤波器的降斑结果可以看出，我们所提的滤波方法对于图像中的细节信息具有更好的保持特性。这一点从表 2.2 中两个滤波器的 EPI 指数中也可以看出。同时，由于采用结构区域图对 SAR 图像像素空间进行划分，我们的方法 LHRS-SK 滤波对匀质区域的相干斑具有比其他对比算法更强的抑制效果。这一结论从表 2.3 中所给出的 ENL 指标也可以得到。

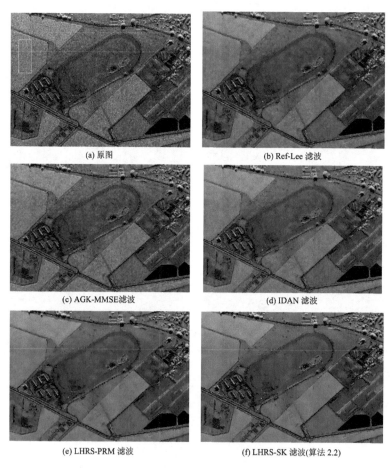

(a) 原图

(b) Ref-Lee 滤波

(c) AGK-MMSE滤波

(d) IDAN 滤波

(e) LHRS-PRM 滤波

(f) LHRS-SK 滤波(算法 2.2)

图 2.14　Hippodrome 的滤波结果

表 2.2  真实 SAR 图像的数值评价指标

| | Mean | Var | EPI$_H$ | EPI$_V$ | SL |
|---|---|---|---|---|---|
| | Field | | | | |
| Ref-Lee | 0.9851 | 0.0578 | 0.4213 | 0.3884 | 4.586 |
| AGK-MMSE | 0.9881 | 0.0367 | **0.4711** | **0.4331** | 7.275 |
| IDAN | 1.0361 | 0.0718 | 0.3299 | 0.2986 | 4.086 |
| LHRS-PRM | **0.9790** | 0.0862 | 0.2973 | 0.2570 | **3.037** |
| LHRS-SK | 0.9368 | 0.0707 | 0.3226 | 0.3011 | 3.391 |
| **Idea** | **0.9594** | **0.0809** | **1.0000** | **1.0000** | **3.2** |
| | Hippodrome | | | | |
| Ref-Lee | **0.9743** | 0.0442 | 0.4639 | 0.4892 | 4.986 |
| AGK-MMSE | 0.9887 | 0.0270 | **0.5053** | **0.5354** | 9.904 |
| IDAN | 1.0297 | 0.0541 | 0.3558 | 0.3828 | 5.357 |
| LHRS-PRM | 0.9764 | 0.0684 | 0.3288 | 0.3786 | **3.416** |
| LHRS-SK | 0.9610 | 0.0517 | 0.3779 | 0.4321 | 4.885 |
| **Idea** | **0.9693** | **0.0643** | **1.0000** | **1.0000** | **4** |

表 2.3  真实 SAR 图像的 ENL 评价指标

| | Hippodrome | Filed(A) | Field(B) | Field(C) |
|---|---|---|---|---|
| Original | 4.4092 | 2.9462 | 3.1644 | 2.6557 |
| Ref-Lee | 72.5956 | 29.4791 | 49.6434 | 49.7820 |
| AGK-MMSE | 26.8675 | 12.0773 | 17.2671 | 10.1576 |
| IDAN | 73.2353 | 30.1008 | 66.7748 | 52.9918 |
| LHRS-PRM | 119.8494 | 50.8351 | 105.8297 | 159.7322 |
| LHRS-SK | **135.0742** | **70.2878** | **154.5343** | **309.4576** |

## 2.5　语义素描图及其在 SAR 图像相干斑抑制中的应用

2.4 节我们描述了如何在语义素描图上构造结构区域图，并将结构区域图作用到 SAR 图像空间完成相干斑抑制的任务。读者可能会问：语义素描图本身就有许多值得利用的信息（如每个语义基元代表边界、线目标和高于地面目标三个含义中的任意一种语义信息），都会要求在抑制相干斑噪声的同时很好地保持这些语义基元所对应位置处的像素空间的局部细节信息，语义基元符号本身也提供了许多属性特征，如线段的位置和方向等，那么能不能直接利用这些属性特征去抑制 SAR 图像的相干斑呢？我们的回答是当然可以。下面我们描述的方法是题目为 "A Hybrid Method of SAR Speckle Reduction Based on Geometric-Structural Block and Adaptive Neighborhood"（发表在 *IEEE Transactions on Geoscience and Remote Sensing*，2018 年 2 月第 56 卷第 2 期 730～748 页）的一篇文章中所做的工作。

### 2.5.1　研究动机

随着非局部（Non-local）策略[45]在滤波方法中的成功应用，基于非局部的 SAR 图像相干斑抑制方法也引起了众多学者的关注[46-50]。按照 Non-local 的思想[51]，非局部均值滤波算法中的相似样本应该在整个图像中进行搜索。考虑到算法的实时性和有效性，现有的非局部均值滤波算法基本上都只在局部较大的方形窗内搜索相似性样本。这一策略对于在局部方形窗内具有较高冗余度的图像特征是适用的。对于边、线等具有各向异性特性且在局部方形窗内具有稀疏特性的图像结构特征来说，则需要更大的窗口来搜索其相似样本。需要说明的是，随着窗口的增大，许多不相关的样本也会进入到窗口中，从而导致估计误差的增大。为此，我们提出用语义素描图作用于原 SAR 图像空间，使刻画边、线等局部结构特征的那些像素具有方向属性。对于具有方向特性的像素，我们设计了能表示方向特性的几何结构块。这样一来，在搜索相似的几何结构块时，以像素的方向信息作为条件，我们不仅能做到在整个图像中进行搜索，而且能做到快速和有效。

在基于非局部均值的 SAR 图像相干斑抑制方法中，由于采用基于图像块的相似性准则，因此更多有效的相似样本被用来进行估计。这对于 SAR 图像细节信息的保持是有效的，但与此同时也会增加匀质区域内的噪声模式，引入不必要的人工痕迹。也就是说，我们认为在抑制匀质区域内的相干斑噪声时，应强调局部集聚性关系，而不是非局部关系，基于局部均值滤波估计的方法就可以得到很好的效果。因此，对于不具有方向特性的像素，我们设计了一种基于统计分布的相似性测度来搜索当前像素的自适应邻域，并采用基于自适应邻域的滤波方法进行估计。对于包含在几何结构块内不具有方向特性的像素，我们采用基于统计加权的方式融合其所得到的估计值。

## 2.5.2 语义素描图中方向信息的传递

正如大家知道的那样，语义素描图的大小和产生它的 SAR 图像的大小是一样的，语义素描图的基元符号是线段，而线段由起始素描点和终止素描点组成。SAR 图像的基元是像素，而像素只不过是图像离散化后最基本的处理单元，像素的灰度值是像素仅有的信息。在 SAR 图像的像素空间中，我们只能感受到像素亮度（灰度值）的绝对值大小，不能获得像素亮度变化处的相关信息，而语义素描图中的线段描述了像素亮度变化处的位置和方向信息。因此，我们自然而然地想到了把素描线段上每个素描点的方向传递到像素空间中对应位置处的像素点上，使该像素点不仅具有灰度值，更重要的是它有了方向信息。这为后续我们设计几何结构块和提出基于几何结构块的 SAR 图像非局部均值滤波方法起到了关键性的作用。

图 2.15 给出以 Field 为例，基于 GB 的 NLM 滤波方法的示意图。图中，相似的几何结构块在集合 $\Omega$ 中搜索，如 $B_p$ 和 $B_q$ 进行比较；同时，由于较大的方向差异性，$B_p$ 和 $B_m$ 是不进行比较的。需要说明的是，具有相同颜色的图像块表示具有相近的局部方向，它们之间将进行相似度计算。

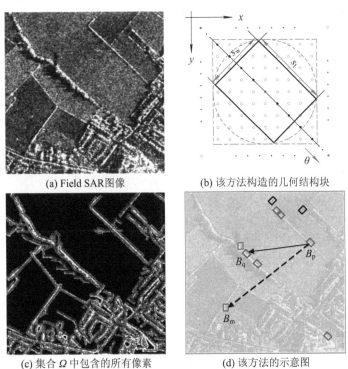

(a) Field SAR图像

(b) 该方法构造的几何结构块

(c) 集合 $\Omega$ 中包含的所有像素

(d) 该方法的示意图

图 2.15 以 Field 为例，基于 GB 的 NLM 滤波方法的示意图

### 2.5.3　基于几何结构块相似性测度的非局部均值滤波方法

#### 1. 构造几何结构块

从本质上来说，基于块的相似性测度是通过比较块内所包含的结构信息来提高相似性测度的鲁棒性以获得更多有效的相似样本。这对于包含结构信息（如边、线等）的图像块是非常重要的。同时，参考文献[52]指出，较小的图像块有利于滤波过程中图像细节信息的保持。其主要原因在于：采用较小的图像块有利于块内结构信息的比较。

这里考虑到 SAR 图像中的边、线等结构信息具有显著的几何方向特性，我们设计具有方向特性的矩形窗口来提取图像块，其支撑域的定义如下：

$$W(x_0, y_0, \theta, s_1, s_w)$$
$$= \left\{ (x, y) \mid \mid f_1(x, y, x_0, y_0, \theta) \mid \leqslant \frac{s_1}{2}, \mid f_2(x, y, x_0, y_0, \theta) \mid \leqslant \frac{s_w}{2} \right\} \quad (2-27)$$

其中，$(x_0, y_0)$ 表示矩形窗口的中心点；$(x, y)$ 表示中心点 $(x_0, y_0)$ 的邻近点；$\theta$ 表示矩形窗长边所对应的方向；$s_1$ 和 $s_w$ 分别表示矩形窗口的长和宽（$s_1 > s_w$）；$\mid \cdot \mid$ 表示求绝对值操作；$f_1$ 和 $f_2$ 表示一对旋转函数，其定义如下：

$$\begin{cases} f_1(x, y, x_0, y_0, \theta) = -(y - y_0)\sin\theta + (x - x_0)\cos\theta \\ f_2(x, y, x_0, y_0, \theta) = (y - y_0)\cos\theta + (x - x_0)\sin\theta \end{cases} \quad (2-28)$$

通过将该矩形窗口的中心点 $(x_0, y_0)$ 与具有方向信息的像素对齐，并将 $\theta$ 设为其所对应的方向值，我们就可以从 SAR 图像中获得集合 $\Omega = \{B_k(x_k, y_k, \theta_k, s_w, s_1)\}$。这里，$B_k(x_k, y_k, \theta_k, s_w, s_1)$ 表示矩形的图像块，$(x_k, y_k)$ 表示具有方向特性的像素，$\theta_k$ 表示该像素所具有的方向，$s_1$ 和 $s_w$ 分别表示该图像块的长和宽。由于这里设计的矩形窗具有方向特性，因此我们将所得到的图像块定义为几何结构块（Geometric-structural Block，GB）。在实验中，$s_w$ 和 $s_1$ 分别设为 5 和 7。

下面以一幅真实的 SAR 图像（见图 2.15(a)）为例进行分析。利用图 2.15(b)所构造的几何结构块，我们可以获得图像块集 $\Omega$。图 2.15(c)给出了集合 $\Omega$ 中所有像素组成的区域，从中可以看出，该 SAR 图像中所包含的结构信息可以通过我们设计的几何结构块提取出来。鉴于所提取的图像块具有显著的方向特性，可以利用图像块之间的方向差异性作为约束条件提高相似样本的搜索效率，如图 2.15(d)所示，即只有具有相近方向的图像块之间才进行相似度计算。

#### 2. 算法描述

综上所述，我们用算法 2.3 描述了基于几何结构块的 SAR 图像非局部均值滤波方法。

**算法 2.3** 基于几何结构块的 SAR 图像非局部均值滤波

---

（1）从集合 $\Omega$ 中选择一个没有估计的 GB（如 $B_i(x_i, y_i, \theta_i, s_{\mathrm{w}}, s_{\mathrm{l}})$）作为当前块。

（2）从集合 $\Omega$ 中选择满足 $|\theta_j - \theta_i| \leqslant \delta_{\mathrm{orient}}$ 的 GB（如 $B_j(x_j, y_j, \theta_j, s_{\mathrm{w}}, s_{\mathrm{l}})$），并在原图中重新提取 $B_j^*(x_j, y_j, \theta_i, s_{\mathrm{w}}, s_{\mathrm{l}})$）作为对比块。同时，$B_i(x_i, y_i, \theta_i, s_{\mathrm{w}}, s_{\mathrm{l}})$ 与 $\boldsymbol{B}_j^*(x_j, y_j, \theta_j, s_{\mathrm{w}}, s_{\mathrm{l}})$）之间的距离计算为

$$\mathrm{Dist}_{i,j} = \frac{1}{N} \sum_{k=1}^{N} \log\left( \frac{B_j^{*\,2}(k) + B_i^*(k)}{2 \cdot B_j^*(k) \cdot B_i(k)} \right) \qquad (2-29)$$

其中，$N$ 表示图像块 $B_i$ 中像素的总数，$B_i(k)$ 表示图像块 $B_i$ 中所包含的第 $k$ 个像素。需要说明的是，$B_j^*$ 与 $B_i$ 具有相同形状的支撑。

（3）利用满足条件 $\mathrm{Dist}_{i,k} < T_{\mathrm{Dist}}$ 的对比块来估计当前块，其估计公式为

$$\hat{B}_i = \frac{1}{Z} \sum_k w_{i,k} \cdot B_k^* \qquad (2-30)$$

其中，$Z$ 表示归一化因子，$w_{i,k} = \exp\{-(2L-1) \cdot \mathrm{Dist}_{i,k}\}$。从式（2-27）中可以看出这是一个逐块估计的方法。

（4）重复步骤（1）到（3），直到集合 $\Omega$ 中的图像块均估计完。对于块之间重叠的像素，这里采用平均的方式进行估计值的融合。

---

## 2.5.4 基于像素分类和自适应邻域搜索的 SAR 图像相干斑抑制

### 1. 算法描述

不具有方向信息的像素大多属于匀质区域或者较小的点目标。对于处于匀质区域的像素，由于受乘性相干斑噪声的影响，需要搜索更多的相似样本来估计其真实信号；而对于 SAR 图像中的点目标，则需要进行有效的保持，以便于后续 SAR 图像的理解与解译。由于相干斑噪声的影响，利用像素灰度值的测度准则[43]所得到的邻域太小，不足以有效地估计其真实值。因此，为了获得较大的局部邻域来估计当前像素的真实值，我们引入了一个预滤波的策略，利用滤波估计后的结果来确定其局部邻域。下面给出算法 2.4 和算法 2.5。

---

**算法 2.4** 基于自适应邻域搜索的 SAR 图像相干斑抑制

---

（1）对于每一个不具有方向特性的像素，分别采用式（2-31）和式（2-32）来计算其相应的预估计值和等效视数：

第 2 章 复杂影像语义分析

$$\hat{Y} = \bar{Y} + \xi \cdot (Y_0 - \bar{Y}) \tag{2-31}$$

$$L^* = \frac{n}{(n-1)\xi^2 + 1} \cdot L \tag{2-32}$$

（2）对于某一个不具有方向特性的像素，采用

$$\mathrm{Sim}(\hat{A}_i, \hat{A}_j) = \frac{f(\hat{r})}{f(\hat{r}^*)}$$

$$= \left[ \frac{(2L_j^* - 1) \cdot L_i^*}{2(L_i^* - 1) \cdot L_j^*} \cdot \hat{r}^2 \right]^{L_i^* - 0.5} \cdot \left[ \frac{(L_i^* \cdot \hat{r}^2 + L_j^*)(2L_j^* - 1)}{2L_j^* \cdot (L_i^* + L_j^* - 1)} \right]^{1 - L_i^* - L_j^*} \tag{2-33}$$

所给出的相似性测度，通过在已标记的像素与其 8-邻域像素间采用类标传递的方式获得其局部自适应邻域。接着利用已得到的局部邻域，采用式(2-31)和式(2-32)更新其相应的预估计值和等效视数。

（3）将更新后的预估计值和等效视数代入式(2-33)中，重新评价当前像素局部邻域搜索过程中访问过但没有包含在已获得邻域内的像素，实现对已获得的局部邻域进行进一步扩展，并基于最终获得的局部邻域，采用极大似然的准则来估计当前像素的真实值。

（4）重复步骤(2)和(3)，对所有不具有方向特性的像素进行估计。

对于用算法 2.3 和算法 2.4 这两种方法重复估计的像素，需要设计一种有效的融合算子来获得最终的估计值。因此，通过利用当前像素的观测值，我们设计了基于加权平均的融合算子。算法 2.5 是我们对整体方法的描述。

**算法 2.5** 基于像素分类和自适应邻域搜索的 SAR 图像相干斑抑制

（1）利用算法 2.1 获得输入 SAR 图像的素描图，通过将每条素描线段上的每个素描点的方向信息传递给像素空间中对应位置处的像素点，完成把 SAR 图像中的像素点分为具有方向特性的像素和不具有方向特性的像素。

（2）对于具有方向特性的像素，利用算法 2.3 估计其真实值。

（3）对于不具有方向特性的像素，利用算法 2.4 估计其真实值。

（4）采用公式(2-34)融合步骤(2)和(3)中所得到的关于重叠像素的估计值作为其最终的估计值：

$$\hat{A} = \frac{1}{\zeta} \sum_i p_z\left(\frac{A}{\hat{A}_i}\right) \cdot \hat{A}_i \tag{2-34}$$

其中，$p_z(z) = \frac{2L^L}{\Gamma(L)} z^{2L-1} \exp(-Lz^2)$，$z \geqslant 0$，表示 SAR 图像中相干斑的概率密度函数。

**2. 实验结果与分析**

为了验证本章算法的有效性，这里选择了五幅具有不同分辨率的真实 SAR 图像进行定量与定性分析。它们分别为：

① 英国国防研究局机载 SAR，X 波段，3m 分辨率，英格兰 Bedfordshire 地区的农业场景（Field，256×256，有效视数为 3.2，见图 2.16(a)）；

② X 波段，3 m 分辨率，中国西安附近某城镇（Town，300×300，有效视数为 4，见图 2.16(b)）；

③ 德国 TerraSAR，X 波段，1 m 分辨率，德国 Nordlinger Ries 附近的小镇（Village，512×512，有效视数为 4，见图 2.16（c））；

④ 德国 TerraSAR，X 波段，1 m 分辨率，德国 Nordlinger Ries 附近的商业区（Downtown，512×512，有效视数为 4，见图 2.16(d)）；

⑤ 机载 MiniSAR，Ka 波段，0.1 m 分辨率，美国 Wyoming 的一个公路收费站（Gate，1638×2510，有效视数为 3，见图 2.16（e））。

需要说明的是，考虑到图 2.16（e）的尺寸比较大，这里截取如图 2.16（e）中所标记的两个子区域（分别记为 Gate_One 和 Gate_Two）进行定量和定性分析。

由于本章所提算法是由基于几何结构块（GB）的非局部均值滤波方法和基于自适应邻域（Adaptive Neighbor，AN）搜索的滤波方法整合而成的，为了便于分析与说明，我们将本章算法简称为 GBAN 滤波。参与比较降斑效果的其他方法分别是 IDAN 滤波[43]、LHRS-SK 滤波、PPB 滤波[53]（非迭代的 PPB 滤波，PPB-nonit）、迭代 25 次的 PPB 滤波（PPB-it25）和 PEAN 滤波。为了说明基于几何结构块的非局部均值滤波方法在本章所提算法中的重要性，我们单独将算法 4 用于实现 SAR 图像的相干斑抑制，并简称为 PEAN 滤波。

从图 2.17 到图 2.22 的降斑结果中我们可以看出，IDAN 滤波方法比 LHRS-SK 滤波和 PPB-nonit 滤波具有更好的细节信息保持能力，如 Field 左下方的点目标和右下方的建筑物。然而，一些边、线特征在 IDAN 滤波的结果中被模糊了，如 Field 中部的栅栏和 Downtown 上部的道路。同时，由于 IDAN 滤波所采用的基于像素的相似性测度易于受噪声的影响，因此，在其降斑结果中常常会出现一些异常的小黑斑，如 Field 的中部和 Town 的左下部。在 PEAN 的降斑结果中，由于采用我们设计的测度，SAR 图像的边、线特征得到了有效的保持。同时，在 Field 的降斑结果中，我们发现采用 PEAN 滤波方法仍会导致一些斑点的存在。需要说明的是，采用 PEAN 滤波所导致的斑点不同于 IDAN 滤波所产生的小黑斑。这一点从 Town 的降斑结果中可以看出。因此，可以将 PEAN 降斑结果中的斑点认为是由于其局部信息的变化而产生的。在 LHRS-SK 滤波和 PPB-nonit 滤波的降斑结果中，由于采用基于块的相似性测度，因此这些斑点得到了有效的抑制。但是，对于匀质区域间的弱边缘（两匀质区域具有相近的真实信号），这两种滤波方法的结果则有些模糊，如 Downtown 的右上部和 Gate_Two 的左下部。这一点从图 2.23 中所给出的局部剖面图（对

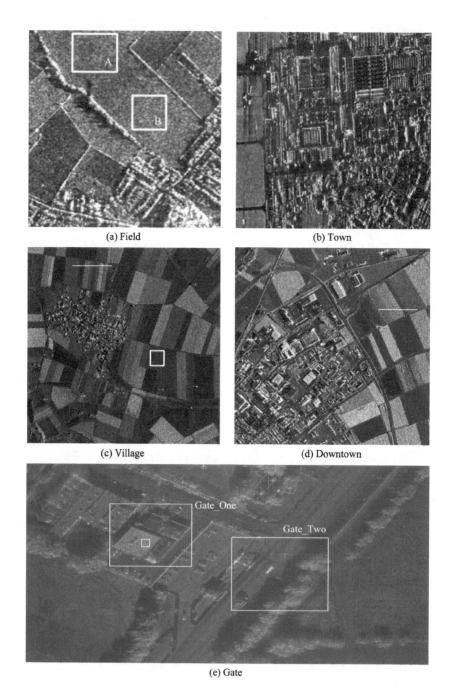

(a) Field

(b) Town

(c) Village

(d) Downtown

(e) Gate

图 2.16　五幅真实的 SAR 图像

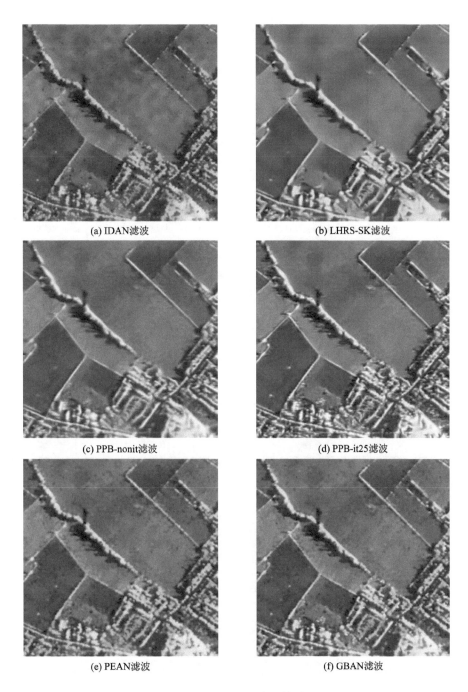

(a) IDAN滤波        (b) LHRS-SK滤波

(c) PPB-nonit滤波        (d) PPB-it25滤波

(e) PEAN滤波        (f) GBAN滤波

图 2.17　Field 的降斑结果

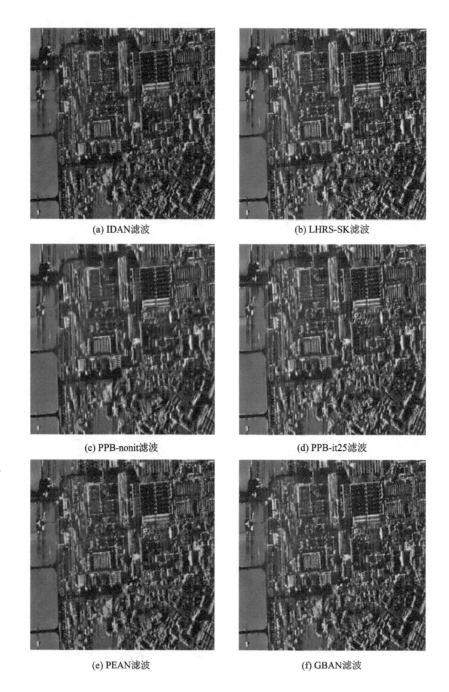

(a) IDAN滤波

(b) LHRS-SK滤波

(c) PPB-nonit滤波

(d) PPB-it25滤波

(e) PEAN滤波

(f) GBAN滤波

图 2.18　Town 的降斑结果

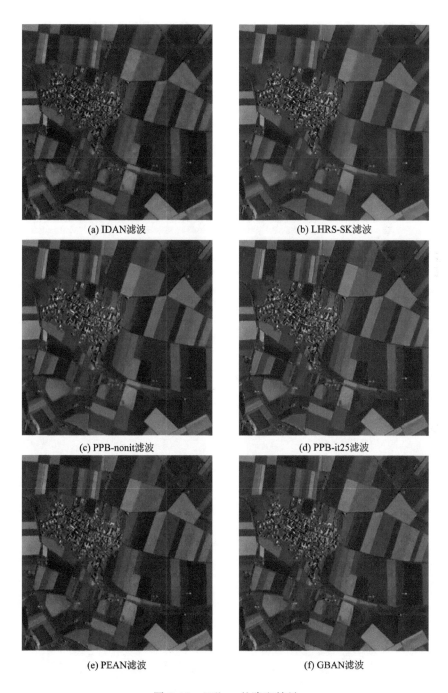

(a) IDAN滤波

(b) LHRS-SK滤波

(c) PPB-nonit滤波

(d) PPB-it25滤波

(e) PEAN滤波

(f) GBAN滤波

图 2.19　Village 的降斑结果

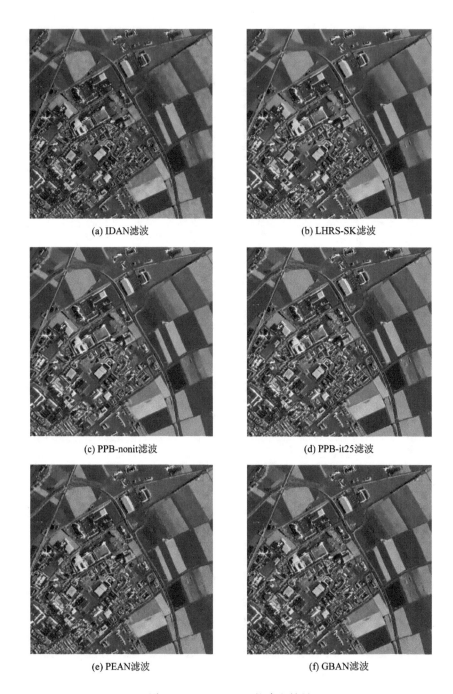

(a) IDAN滤波

(b) LHRS-SK滤波

(c) PPB-nonit滤波

(d) PPB-it25滤波

(e) PEAN滤波

(f) GBAN滤波

图 2.20　Downtown 的降斑结果

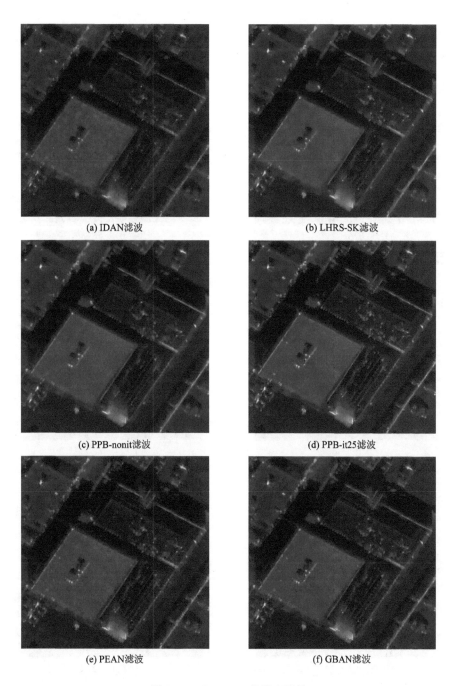

(a) IDAN滤波

(b) LHRS-SK滤波

(c) PPB-nonit滤波

(d) PPB-it25滤波

(e) PEAN滤波

(f) GBAN滤波

图 2.21　Gate_one 的降斑结果

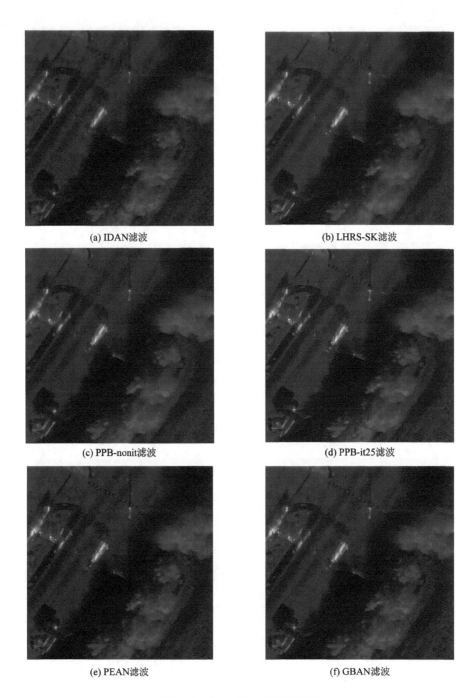

(a) IDAN滤波

(b) LHRS-SK滤波

(c) PPB-nonit滤波

(d) PPB-it25滤波

(e) PEAN滤波

(f) GBAN滤波

图 2.22　Gate_Two 的降斑结果

应于图 2.16(c)和(d)中白线所标记的部分)也可以看出。从图 2.23 中我们可以看到，在 PEAN 滤波和 GBAN 滤波的降斑结果中，这些弱边缘得到了有效的保持。由于采用迭代的方式对真实信号进行估计，因此 SAR 图像中的边缘细节信息在 PPB-it25 滤波的降斑结果中得到了增强。这不仅体现在图 2.17 到图 2.22 所给出的视觉结果中，从图 2.23 所给出的局部剖面图中也可以看出。然而，经过仔细观察，我们发现在 PPB-nonit 滤波和 PPB-it25 滤波的降斑结果中常常伴随有一些人工痕迹，如 Field 中部的匀质区域和边缘附近，以及 Town 左下部的匀质区域。

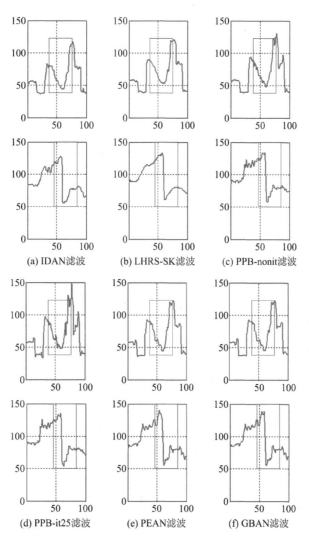

图 2.23　对应图 2.16(c)和(d)中白线标记的剖面图

另外，我们在图 2.24 中给出了 PEAN 滤波和 GBAN 滤波对 SAR 图像 Field、Village 和 Downtown 降斑结果的比值图。可以看出，PEAN 滤波得到的比值图中包含大量的结构信息，尤其是 Downtown 中建筑物的结构信息。这说明，基于几何结构块的非局部均值滤波方法和素描图中方向信息的融合策略对于 SAR 图像结构信息的保持具有较为重要的贡献。

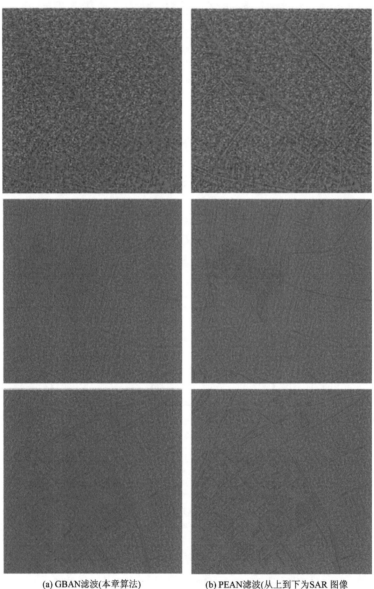

(a) GBAN滤波(本章算法)　　　　(b) PEAN滤波(从上到下为SAR 图像
　　　　　　　　　　　　　　　　Field、Village和Downtown)

图 2.24　降斑结果的比值图

在客观数值评价中，我们选择边缘保持指数（EPI，沿水平方向 $EPI_H$，沿垂直方向 $EPI_V$）、SAR 图像滤波前后图像的均值之比（RoM），以及比值图的视数（SL）[44]来作为数值指标分析算法的性能，其结果参见文献[52]。同时，在人工选择的几个匀质区域（如图2.16(a)和图 2.16(e)中方框标记的区域）上，通过计算其均值（Mean）、方差（Var）和均值保持与相干斑抑制指标（Mean Preservation and Speckle Suppression Index, MPSSI）[54]来评价算法的性能，其结果参见文献[53]。

（本章作者：刘芳，武杰，袁嘉林，焦李成）

# 本章参考文献

[1]  MAÎTRE H. 合成孔径雷达图像处理[M]. 孙洪，等译. 北京：电子工业出版社，2005.

[2]  孙强. 基于统计模型的 SAR 图像处理和解译[D]. 西安电子科技大学，2007. 4.

[3]  田小林. SAR 图像降斑与分割研究[D]. 西安电子科技大学，2008. 9.

[4]  焦李成，张向荣，侯彪，等. 智能 SAR 图像处理与解译[M]. 北京：科学出版社，2008.

[5]  凤宏晓，侯彪，焦李成，等. 基于非下采样 Contourlet 域局部高斯模型和 MAP 的 SAR 图像相干斑抑制 [J]. 电子学报，2010，38(4)：811 – 816.

[6]  保铮，邢孟道，王彤. 雷达成像技术[M]. 北京：电子工业出版社，2005.

[7]  LEE J S, HOPPEL K. Noise modeling and estimation of remotely sensed images [C]. In Proc. IGARSS'89，1989，2：1005 – 1008.

[8]  LEE J S. Speckle suppression and analysis for synthetic aperture radar images [J]. Optical Engineering，1986，25：636 – 643.

[9]  EZHILALARASI M，UMAMAHESWARI G，VANITHAMANI R. Modified Hybrid Median Filter for Effective Speckle Reduction in Ultrasound Images [C]. ICNVS'10 Proceedings of the 12th International Conference on Networking，VLSI and Signal Processing，2010：166 – 171.

[10]  BHATEJA V，TRIPATHI A，GUPTA A. An Improved Local Statistics Filter for Denoising of SAR Images [C]. Proceedings of the Second International Symposium on Intelligent Informatics，2013：23 – 29.

[11]  LEE J S. Digital image enhancement and noise filtering by use of local statistics [J]. IEEE Trans. Pattern Anal. Mach. Intell. ，1980，2(2)：165 – 168.

[12]  KUAN D T，SAWCHUK A A，STRAND T C，et al. Adaptive noise smoothing filter for images with signal-dependent noise [J]. IEEE Trans. Pattern Anal. Mach. Intell. ，1985，7(2)：165 – 177.

[13]  FROST V S，STILES J A. A model for radar images and its application to adaptive digital filtering of multiplicative noise [J]. IEEE Trans. Pattern Anal. Mach. Intell. ，1982，4(2)：157 – 166.

[14]  MARR D. Vision：A Computational Investigation into the Human Representation and Processing of Visual Information [M]. New York：W. H. Freeman and Company，1982.

[15]  POGGIO T. Marr's Computational Approach to Vision[R]. Trends in Neurosciences，1981，4：

258 – 262.

[16] LEE T S, MUMFORD D, ROMERO R, et al. The role of the primary visual cortex in higher level vision [J]. Vision Research, 1998, 38(15): 2429 – 2454.

[17] RICHETIN M, SAINT-MARC P, LAPRESTE J T. Describing grey level textures through curvature primal sketching [C]. In Proc. IEEE ICASSP'86, 1986, 11: 1433 – 1436.

[18] ASADA H, BRADY M. The curvature primal sketch [J]. IEEE Trans. Pattern Anal. Mach. Intell. , 1986, 8(1): 2 – 14.

[19] CHEN H, ZHENG N N, XU Y Q, et al. An example-based facial sketch generation system [J]. Chinese Journal of Software, 2003, 14(2): 202 – 208.

[20] XUE X H, WU X L. Directly Operable Image Representation of Multiscale Primal Sketch [J]. IEEE Transaction on Multimedia, 2005, 7(5): 805 – 816.

[21] FANG D, ZHENG N N, XUE J R. Primal sketch of images based on empirical mode decomposition and Hough transform [C]. 3rd IEEE Conference on Industrial Electronics and Applications, ICIEA 2008, 2008, 2521 – 2524.

[22] LINDEBERG T, JAN-OLOF E. Construction of a Scale-Space Primal Sketch [C]. Proc. British Machine Vision Conference, 1990, 97 – 102.

[23] LINDEBERG T. Discrete Scale-Space Theory and the Scale-Space Primal Sketch [R]. Department of Numerical Analysis and Computer Science, Royal Institute of Technology, 1991.

[24] GUO C E, ZHU S C, WU Y N. Towards a Mathematical Theory of Primal Sketch and Sketchability [C]. Proceeding of Ninth IEEE International Conference on Computer Vision, 2003.

[25] GUO C E, ZHU S C, WU Y N. Primal sketch: Integrating structure and texture [J]. Computer Vision and Image Understanding, 2007, 106(1): 5 – 19.

[26] MUMFORD D, SHAH J. Optimal approximation by piecewise smooth functions and association variational problems[J]. Comm. Pure Appl. Math. , 1989, 42 (5): 577 – 685.

[27] TOUZI R, LOPES A, BOUSQUET P. A statistical and geometrical edge detector for SAR images [J]. IEEE Trans. Geosci. Remote Sens. , 1988, 26(6): 764 – 773.

[28] TUPIN F, ECOLE N, MAITRE H, et al. Detection of linear features in SAR images: application to road network extraction [J]. IEEE Trans. Geosci. Remote Sens. , 1998, 36(2): 434 – 453.

[29] CANNY J. A computational approach to edge detection [J]. IEEE Trans. Pattern Anal. Mach. Intell. , 1986, 8(6): 679 – 698.

[30] FJORTOFT R, LOPES A, MARTHON P, et al. An optimal multiedge detector for SAR image segmentation [J]. IEEE Trans. Geosci. Remote Sens. , 1998, 36(3): 793 – 802.

[31] CANNY J. Finding edges and lines in image [R]. MIT Artifical Intelligence Labertory, 1983.

[32] BAI Z Y, YANG J, LIANG H, et al. An optimal edge detector for bridge target detection in SAR images [C]. In Proc. 2005 International Conference on Communications, Circuits and Systems, 2005.

[33] BLOCH I. Information combination operators for data fusion: A comparative review with

classification [J]. IEEE Trans. Syst. Man. & Cybern. , Part A Syst. & Humans, 1996, 26(1):
52 - 67.

[34] OTSU N. A threshold selection method from gray-level histograms [J]. IEEE Trans. Syst. , Man,
Cybern. , 1979, 9(1): 62 - 66.

[35] WU J, LIU F, JIAO L C, et al. Local Maximal Homogeneous Region Search for SAR Speckle
Reduction with Sketch-based Geometrical Kernel Function[J]. IEEE Transactions on Geoscience and
Remote Sensing, 2014, 53(9) : 5751 - 5764.

[36] 袁嘉林. 基于 Primal Sketch Map 和语义信息分类的 SAR 图像分割 [D]. 西安电子科技大学, 2013.

[37] LIU F, SHI J F, JIAO L C, et al. Hierarchical semantic model and scattering mechanism based
PolSAR image classification[J]. Pattern Recognition, 2016, 59:325 - 342.

[38] 武杰. 基于素描模型和可控核函数的 SAR 图像相干斑抑制[D]. 西安电子科技大学, 2015.

[39] DELEDALLE C A, DENIS L, TUPIN F, et al. How to Compare Noisy Patches? Patch Similarity
Beyond Gaussian Noise [J]. International Journal of Computer Vision, 2012, 99(1): 86 - 102.

[40] FENG H X, HOU B, GONG M G. SAR image despeckling based on local homogeneous region
segmentation by using pixel relativity measurement [J]. IEEE Trans. Geosci. Remote Sens. , 2011,
49(7): 2724 - 2737.

[41] LEE J S. Refined filtering of image noise using local statistics [J]. Computer Graphics and Image
Processing, 1981, 15(4): 380 - 389.

[42] D'HONDT O, FERRO-FAMIL L, POTTIER E. Nonstationary spatial texture estimation applied to
adaptive speckle reduction of SAR data [J]. IEEE Geosci. Remote Sens. Lett. , 2006, 3(4): 476 -
480.

[43] TROUVE E, LEE J S, BUZULOIU V. Intensity-driven adaptive neighborhood technique for
polarimetric and interferometric SAR parameters estimation [J]. IEEE Trans. Geosci. Remote Sens.
, 2006, 44(6): 1609 - 1621.

[44] JIAN J, LI C. SAR image despeckling based on bivariate threshold function in NSCT domain [J].
Journal of Electronics & Information Technology, 2011, 33(5): 1088 - 1094.

[45] BUADES A, COLL B, MOREL J M. A non-local algorithm for image denoising [C]. In IEEE
Comput. Soc. Conf. Comput. Vis. Pattern Recogn. , 2005, 2: 60 - 65.

[46] DELEDALLE C A, DENIS L, TUPIN F. Iterative weighted maximum likelihood denoising with
probabilistic patch-based weights [J]. IEEE Trans. Image Process. , 2009, 18(12): 2661 - 2672.

[47] COUPE P, HELLIER P, KERVRANN C, et al. Nonlocal means-based speckle filtering for
ultrasound images [J]. IEEE Trans. Image Process. , 2009, 18(10): 2221 - 2229.

[48] ZHONG H, LI Y W, JIAO L C. SAR image despeckling using bayesian nonlocal means filter with
sigma preselection [J]. IEEE Geosci. Remote Sens. Lett. , 2011, 8(4): 809 - 813.

[49] PARRILLI S, PODERICO M, ANGELINO C V, et al. A nonlocal SAR image denoising algorithm
based on LLMMSE wavelet shrinkage [J]. IEEE Transactions on Geoscience and Remote Sensing. ,
2011, 50(2):606 - 616.

[50] COZZOLINO D, PARRILLI S, SCARPA G, et al. Fast Adaptive Nonlocal SAR Despeckling [J]. IEEE Geosci. Remote Sens. Lett. , 2014, 11(2): 524 – 528.

[51] DUVAL V, AUJOL J F, GOUSSEAU Y. A Bias-Variance Approach for the Nonlocal Means [J]. SIAM J. Imaging Sciences, 2011, 4(2):760 – 788.

[52] LIU F, WU J, LI L L, et al. A Hybrid Method of SAR Speckle Reduction Based on Geometric-Structural Block and Adaptive Neighborhood[J]. IEEE Transactions on Geoscience and Remote Sensing, 2018, 56(2): 730~748.

[53] DELEDALLE C A, DENIS L, TUPIN F. Iterative weighted maximum likelihood denoising with probabilistic patch-based weights [J]. IEEE Trans. Image Process. , 2009, 18(12): 2661 – 2672.

[54] DELLEPIANE S, ANGIATI E. Quality assessment of despeckled SAR images [J]. IEEE Journal of Selected Topics in Applied Earth Observations and Remote Sensing, 2013, 7(2): 691 – 707.

# 第3章 压缩表示学习与深度推断

认知(Cognition)是一种大脑行为，旨在获取与感知信息和知识，并通过学习、注意、记忆、判断、解释、计算等行为实现对问题的理解、求解与决策①。"一花见春，一叶知秋""窥一斑而见全豹，观滴水可知沧海"揭示了一个现象：人类在对世界进行理解和决策认知的过程中，一方面总能根据过去积累、学习到的经验，利用事件(物)的一些少量"片段特征"见微知著。春暖花会开，秋寒叶会落，"开花"和"落叶"这两个现象使人类感知到潜在的四季更迭。豹子身上规律且有代表性的花纹能使人类仅通过一个局部的斑纹进行正确的识别。另一方面，因为客观条件与代价等，人类在面对浩瀚的沧海时并不能获取其中每一滴水来研究其性质；然而由于其性质的相似性，人类可以通过少量采集的水滴样本来进行学习，实现对海洋的认知。这种从少量压缩的采样片段(样本)中感知信息，然后通过学习等高级认知活动来完成对客观世界的理解和做出相应的决策，是人类认识、发展、改造世界的一个基本旋律。

在这个过程中，人类总期望利用最小的代价来完成尽可能多的任务，压缩并降低在认知活动中的能量消耗。而大脑对实现这种压缩的感知、学习与认知起到了至关重要的作用。大脑作为目前宇宙中已知的具有最复杂结构的活体造就了人类②，它通过多源传感器官，如眼睛(视觉)、耳朵(听觉)、鼻子(嗅觉)、皮肤(触觉)等，来感受并获取外界客观事物的不同模态的信息。这些多模态信息随后在大脑皮层中进行融合、表征、并行化学习与处理、快速推理，并能利用因果关系进行归纳、联想与演绎，最终实现理解与决策[1]。因此，除了对世界进行认知以外，人类从未停止过对大脑自身的认知机理研究，以此来思考和探索这些人类特有的高级智能认知行为。然后试图和其他方法论科学一样，建立一定的理论来模拟实现人工智能[2-6]。在西方，Aristotle提出的三段论的逻辑理论构成了一个基本的演绎推理法[7]，奠定了早期模拟人类认知方式的基础，并创立了联想主义(Associationism)。然而由于当时科技的限制，这种早期的思想只停留在文字基础上而无法落实，使得类脑的人工智能仅是一个美好的幻想。随着科技的发展与近代几次工业革命的推动，20世纪以Shannon

---

① https://en.wikipedia.org/wiki/Cognition。

② 来源于Society of Neuroscience，Brain Facts 2006，"Brain is the most complex living structure known in the universe … The brain is what makes us human"的直译。

为奠基人的信息论(Information Theory)[8]、以 Wiener 为奠基人的控制论(Cybernetics)[9]以及以 Turing 为奠基人的计算机科学与人工智能(Computer Science and Artificial Intelligence)[2, 10]得到了突飞猛进的革命性进展。这些理论伴随着电子计算机与各种传感器的快速发展，重新让当代人类看到了实现人工智能的曙光[11]。人类开始希望这些工业革命产生的机器设备除了具有高速的机械处理与计算能力以外，还能够模拟大脑从外部客观世界中进行信息感知与学习来认知世界，辅助或代替人类完成一些复杂或自身无法实现的任务，实现"弱人工智能"①。这种期望促进了信息感知、信息处理、机器学习、类脑认知等人工智能相关基础理论的广泛研究[12-16]。在以上大背景下，在理论上如何模拟人脑实现对信息的压缩感知、学习、认知决策过程，将信息论、控制论、计算机科学与人工智能等基础理论有机融合，是相关理论发展的必然要求。本章将重点介绍在类脑智能的背景下，压缩的采样感知与深度学习推断的理论脉络。

## 3.1　压缩的采样与感知理论基础

在对客观世界的认知过程中，人类能通过获取到的少量信息，结合自身后天学习积累的经验，利用一些先验信息来完成许多感知与认知任务。根据生物神经认知科学的研究，大脑通常仅能够感知到部分显著的视觉信息，这种视觉显著性的注意机制为压缩感知理论提供了生物学基础的支撑和指导[17]，同时也始终在生物认知科学与计算机视觉等领域备受关注[18-19]。在自然科学与数学领域中，压缩的感知思想也早已存在于很多具体理论中。

追溯历史，在 18 世纪后期，Prony 提出了从少量含噪声数据中进行参数估计与数据感知的算法[20]。在 20 世纪初期，Carathéodory 指出 $k$ 个任意频率正弦信号的锥组合能够被 $2k+1$ 个时间点样本唯一确定[21]。当 $k$ 很小的时候，任意频率的叠加信号能够从极少量的时间采样样本中恢复，而不需要考虑叠加信号本身的带宽。在 20 世纪中期到 21 世纪初期之间诞生的一批算法和理论直接为压缩感知理论提供了雏形。例如，Claerbout 和 Muir 提出了一种特殊的最小二乘解对地震信号进行建模[22]；Santosa 和 Symes 利用最小化 $l_1$ 范数恢复稀疏脉冲序列[23]；Pinkus 提出从最优恢复的概念[24]；Traub 与 Wozniakowski 提出了类似的信息复杂度的概念[25]；Rudin、Osher 与 Fatemi 利用最小化图像总变差来进行图像降噪等纯净图像感知的基本任务[26]；Bresler 和 Feng 提出了一种欠采样的算法来进行多信号联合恢复与谱估计；Gorodnitsky 和 Rao 提出了一个 FOCUSS(FOCal Undetermined System Solver)算法，利用再加权(Reweighted)最小化的方式，从有限的数据样本中感知稀疏信号[27]，并用于波达方向估计(Direction of Arrival，DoA)[28]和核磁共振成像(Magnetic

---

① 与之相对的"强"人工智能，是指期望开发出和人类大脑一样智能化甚至比人类更高级的智能体。

Resonance Imaging，MRI）；Donoho 和 Stark 推广了不确定性原理，能够针对稀疏的带宽有限信号进行欠定恢复[29]；Çetin 和 Karl 针对 SAR 成像任务，通过最小化组合的 $l_p$ 范数和总变分来增强 SAR 图像的散射点与边缘特征，从而提高成像的分辨率与对噪声的鲁棒性[30]。

除此之外，近代函数逼近与调和分析等理论的发展也为压缩感知直接提供了支撑[31]。在 20 世纪 50 年代到 80 年代之间，函数逼近理论作为数学领域中重要的研究分支之一取得了许多突飞猛进的成果[32-33]。该研究方向旨在利用一些相对简单的元函数，通过某种组合、变换来逼近一个复杂的目标函数，同时保证在某测度（Metric）下的逼近误差尽量小。早期以三角函数为元函数的傅里叶分析，在函数逼近与处理中占有绝对重要的地位[34]。随着小波分析理论的快速发展，由于小波基函数是很多函数空间的无条件基[35-36]，因此利用小波作为元函数进行非线性逼近被证明具有最优逼近的性能[37]。在非线性逼近理论中，最初的元函数是从某正交小波基库中在某基准下选择"最优基"进行逼近。为了进一步提高逼近的鲁棒性，正交基库逐渐被推广为一个包含更广函数类的元函数字典（Dictionary），其中元函数在字典中具有冗余性。在这种条件下会造成目标函数在该字典函数族下的逼近方式不唯一，于是产生了针对冗余字典的稀疏表示问题，即如何在字典中选择尽量少的元函数对目标函数进行最优逼近。该问题通常可以建模为如下的优化：令 $\boldsymbol{D}=\{g_j:1\leqslant j\leqslant p\}$ 为包含 $p$ 个元函数 $g_j$ 的字典，其中这些元函数可以位于不同的子空间中以针对非线性逼近的情形。给定一个目标函数 $g\in H=\mathbf{R}^n$，当 $p\geqslant n$ 时，该函数在字典 $\boldsymbol{D}$ 下的稀疏逼近（表示）可以通过求解如下的优化问题来实现：

$$\boldsymbol{\alpha}(g)_p \in \arg \min_{\boldsymbol{\alpha}} \| \boldsymbol{\alpha} \|_q^q, \text{ s. t. } g = \sum_j \alpha_j g_j \qquad (3-1)$$

式中，利用 $l_q$ 范数，即 $\| \boldsymbol{\alpha} \|_q^q = \sum_j | \alpha_j |^q$，$0\leqslant q\leqslant 2$ 衡量表示系数向量 $\boldsymbol{\alpha} \in \mathbf{R}^p$ 的稀疏性①。针对该函数稀疏逼近问题，研究者主要将精力集中于以下几个方向：① 字典具有冗余性质，能否施加一定的条件，使得式（3-1）存在唯一且不依赖于 $q$ 的最优解；② 目标函数 $g$ 性质各异，小波作为元函数能够对"点奇异"函数很好地逼近，然而对二维"线奇异"或更高维的函数逼近效率并不高，如何自适应地构造更好的元函数字典来适应性质各异的复杂函数；③ 如何设计优化方法求解式（3-1）得到函数 $g$ 的稀疏表示向量 $\boldsymbol{\alpha}(g)_q$。于是，在这三个方向的研究进程中逐渐涌现了一大批关于欠定线性方程组稀疏求解[37-38]、多尺度几何分析[39-43]、字典学习[44]与稀疏优化理论[45-47]的研究。在它们的带动下，压缩感知理论（Compressed Sensing，Compressive Sampling，CS）自 2006 年正式在信息论权威期刊发表

---

① 值得注意的是，式（3-1）仅在数学形式上与后续提出的 CS 的某种情况保持一致，无论从产生动机与广义形式上二者都有很大差异，具体细节将在后文论述。

后登上了历史舞台，并成为至今最热门的理论研究之一[47-54]。与此同时，该理论的提出也进一步促进了相关科研领域的发展，如稀疏逼近理论，稀疏优化理论，信号、语音、图像、视频处理[55]，天文学[56]等。同时由莱斯大学根据 CS 理论研发的单像素相机[57]，为 CS 从数学理论走向实际应用迈出了新的步伐，并成功推动了相关成像设备与应用的变革，包括压缩光谱成像[58]、压缩雷达成像[59-65]、声呐领域[59,62]、医学成像[66]等。

不同于函数稀疏逼近（表示）的动机，CS 从信息感知的角度指出，对于具有满足某种稀疏化模型的信号 $x \in X_S$，能够通过非自适应的、全息方式（holographic）的观测算子进行压缩采样 $r \leftarrow \Phi_m(x)$①，其中 $r \in \mathbf{R}^m$ 表示得到的观测（采样）向量或 $m$ 个采样样本点，$\Phi_m: x \rightarrow \mathbf{R}^m$ 表示产生 $m$ 个样本的采样算子，$X_S$ 为满足某稀疏模型的信号族。如果压缩采样算子 $\Phi$ 满足某条件保证 $x$ 中的信息在 $r$ 中不会丢失，则可以通过求解一个类似于式（3-1）的稀疏恢复的问题（但不局限于此），从 $r$ 中正确感知被采样的信号 $x$[49]。然而值得注意的是，在 CS 中，$x$ 对于观测者来说始终是未知的。相反，在式（3-1）对应的稀疏逼近优化中，目标函数 $g$ 是已知可处理的，所以 CS 与稀疏表示存在着动机与物理意义的差异。事实上，在后面将指出，稀疏表示仅为 CS 提供了一种信号稀疏化模型 $X_S$，用于信号的感知。

CS 理论的提出不仅成为信息论与数学领域发展过程的一个里程碑，其类脑感知的采样思想更为信息处理与应用开启了一扇新的大门。人类通过自身各种传感器将采集的信号转化为自身的生物电信号，完成从外界到大脑的信息传递。自 Shannon-Nyquist 提出针对模拟信号的采样定理以来[67]，研究者就能够将传感器获取的现实世界连续时间信号通过模拟/数字转换器（A/D）进行采样，得到离散时间的数字信号，建立起现实空间与赛博空间信息传递的桥梁，并奠定了当代数字信号（图像）处理的基础[68-69]。该定理针对一族带宽有限的时间连续信号 $x \in X_B$，利用等间隔离散化的方式对这个域的信号进行采样。只要离散间隔不大于 $1/(2B)$ 就能保证采样向量 $r = x \in \mathbf{R}^n$ 不会丢失 $x$ 中的信息，其中 $B$ 为 $X$ 中信号的带宽，$r$ 此时对应为 $x$ 的离散向量。

如果利用 CS 的思想，即在采样过程中利用 $\Phi_m$ 且满足 $m \ll n$，则可以认为 CS 能对 Nyquist 的采样数目（次数）进行压缩，从而能够高效地降低采样（A/D）设备的代价。CS 理论的提出将信息处理相关领域研究者的视线从信号频域的带宽性质转向更广变换域下的稀疏性质②。如果粗略地认为 $X_B \subset X_S$，则该理论提供了一条异于 Nyquist 的新途径来扩大可以感知的信号域与手段。从这个意义上讲，CS 的产生将能带动一系列信号硬件感知与处理算法的革新，从处理对 $X_B$ 进行 Nyquist 采样的数字离散信号转变为处理对 $X_S$ 进行压缩采样的压缩离散信号，实现从数字信号处理到压缩信号处理的转变[70-72]。具体来讲，既然满

---

① 在本文中信号或图像都可以理解为一维或二维函数，因此在后文中将根据上下文混用。

② 严格意义上讲，有限带宽也可以理解为频域的稀疏性，即非零频率都集中在有限的基带中而其余为 0。

足条件的压缩观测信号 $r$ 能够包含 $x$ 的全部信息，那么就总能利用 $r$ 来实现处理与认知任务，而无需从 $r$ 首先重构 $x$ 再按照当代数字信号处理与解译的方式进行，实现从压缩感知任务到压缩检测、压缩分类与识别等高级认知任务[73]。作为一种额外的优势，针对 $r$ 的传输、处理、存储的代价相比于针对传统 Nyquist 采样的 $x$，随着采样数的减小而降低，从而使采样、传输、处理大规模高维度的大数据变得更加容易①。

　　Donoho 在文献[49]中正式提出压缩感知理论(CS)，该理论针对一个研究域 $X$ 中的 $n$ 维样本 $x \in X$，利用一个信息压缩的采样算子 $\Phi_m: X \rightarrow \mathbf{R}^m$，通过获取 $m \leqslant n$ 个非自适应的观测(采样)样本来"感知"未知的 $x$。在信号处理任务中，"感知"通常被定义为针对 $x$ 的重构或恢复任务，它对应为设计一个感知映射函数 $\mathcal{G}_m: \mathbf{R}^m \rightarrow \mathbf{R}^n$ 来实现信息的可逆。如果用 $l_2$ 范数来衡量该任务的性能，即重构误差，则该理论的基本思想可以建模为如下的数学表达式[49]：

$$E_m(X) = \inf_{S_m, \Phi_m} \sup_{x \in X} \| x - R_m(\Phi_m(x)) \|_2 \qquad (3-2)$$

　　同人类认知世界的方式一样，CS 理论试图利用尽可能少量数目的采样来完成足够精确或满足需求的感知任务，即要求 $m \ll n$，从而降低其中信息获取、处理与感知的代价。CS 理论的产生将处理信号的频域性质扩大到更广变换域的稀疏性质，使其能够被一个非自适应的算子进行观测。相较于基准 Nyquist 的观测数目，CS 能够保证从更低数目的采样中正确感知出被观测的信号。通过式(3-2)可以看到，CS 的核心研究内容可以归结为以下三个方面：信息采样算子 $\Phi_m: X \rightarrow \mathbf{R}^m$ 的构造，待研究域 $X$ 的性质，感知函数 $\mathcal{G}_m: \mathbf{R}^m \rightarrow \mathbf{R}^n$ 的设计。

### 3.1.1　压缩采样算子

　　采样操作构建了现实空间与赛博空间的桥梁，使得人类能够利用计算机来完成对现实世界的信息理解。在数学上对于一个待研究的信号 $x \in X$，采样过程通常建模为如下的线性过程：

$$r(i) = \langle x, \varphi_i \rangle + \varepsilon_i, \quad i = 1, \cdots, n \qquad (3-3)$$

式中，$\varphi_i$ 表示第 $i$ 个已知的基准采样核函数，$n$ 表示采样次数，$\varepsilon_i$ 表示第 $i$ 次采样过程的误差。在当代信号处理领域中，如果 $x$ 表示为连续时间信号，采样核函数 $\varphi_i = \delta(t - i\Delta_t)$，$\delta(x) = \begin{cases} 1, & x=0 \\ 0, & x \neq 0 \end{cases}$ 为指示函数，则式(3-3)可实现从模拟时间连续信号到数字时间离散信号 $r$ 的转换，其中采样速率定义为 $1/\Delta_t$(样本/秒)。在数字图像的采样中，如果采样核函数为关于像素的 δ 指示函数，则式(3-3)实现了数字照相机获取图像的过程，而采样的 $r$ 就形成了数字图像。如果用信息保真度(Fidelity)来衡量观测向量 $r$ 与原始连续信号 $x$ 的信息

――――――――――――――――――

① 通过后文的介绍可知，这种方式其实理解为机器学习中判别式模型的认知过程。

一致性，则人们总希望该采样方式不会损失太多关于信号的原始信息。为了实现这个目的，Nyquist 和 Shannon 提出了如下关于模拟信号的采样定理：对于带宽为 $B$ 的一族连续时间（空间）函数 $x \in X_B$，如果对其进行上述等间隔离散化且间隔不大于 $1/(2B)$，则离散化的 $r \in \mathbf{R}^n$ 能够保持 $x$ 的信息不丢失。该采样方式为当代数字信号处理奠定了基础，使得数字信号的感知和处理系统能够具有比模拟信号处理更鲁棒、更灵活且代价更小等优点[34, 68]。当采样速率满足 Nyquist 采样定理要求时，通过式(3-4)描述的方式能实现对模拟信号的精确重构，即高保真度的信息感知：

$$x(t) = \sum_{N=-\infty}^{\infty} r(N)\operatorname{sinc}\left(\frac{t}{\Delta_t} - N\right) = \Big(\sum_{N=-\infty}^{\infty} r(N)\delta(t - N\Delta_t)\Big) * \operatorname{sinc}\left(\frac{t}{\Delta_t}\right) \quad (3-4)$$

其中，"$*$"为线性卷积算子，$\operatorname{sinc}(x) = \dfrac{\sin(\pi x)}{\pi x}$。在实际应用中，在采样设备允许的条件下，通常采用过采样(Over-Sampling)的方式来保证采样信号具有高保真度，即采样速度超过奈奎斯特标准速率；相反，当采样速度低于标准速率时，称为欠采样(Under-Sampling)，此时采样后的离散信号通常将会发生混叠效应(Aliasing)，导致许多 $x$ 同时对应同一个 $r$，从而无法正确感知。

对于 $n$ 维离散信号，如果不考虑采样误差和采样算子的扰动，式(3-3)描述的采样过程可以用如下线性方程组来表示：

$$r = \Phi x \quad (3-5)$$

其中，$\Phi \in \mathbf{R}^{m \times n}$ 定义为离散形式的采样矩阵，其第 $i$ 行向量表示离散化的采样核函数 $\varphi_i$。根据这种采样模型，对信号 $x$ 的基本感知任务将等价于求解该线性方程组，即从采样向量 $r$ 中恢复 $x$。当 $\Phi$ 为非奇异方阵时，该方程的唯一解可以直接由 $x = \Phi^{-1} r$ 得到[74-75]；然而当 $\Phi$ 为奇异矩阵或 $m < n$ 时，$\Phi$ 存在非平凡的零空间 $\text{Null}(\Phi)$，使得该方程组的可行解空间为式(3-6)定义的非平凡仿射子空间，导致该方程存在无穷个可行解：

$$x \in \{\Phi^+ r + x_0 \mid \forall x_0 \in \text{Null}(\Phi)\} \quad (3-6)$$

在这种压缩采样的条件下，正确实现该感知任务等价于从欠定方程组的无穷解中找到真实的 $x$，这犹如大海捞针。为了使这个感知任务变得可行且能够找到正确的被采样信号，一方面需要对"针"进行更准确的描述，另一方面需要对采样矩阵 $\Phi$ 的 $\text{Null}(\Phi)$ 增加限制，从而缩小"捞针"的范围。在 CS 理论提出之前，该问题在稀疏逼近理论中就已经被广泛研究[46, 76]，但很显然，这并不是唯一必要的途径与手段。

令 $\|x\|_0$ 或 $l_0(x)$ 表示 $x$ 中的非零元素的个数[①]，$\Phi$ 的最小线性相关列数记作 $\text{spark}(\Phi)$，则有如下的性质来刻画 $\Phi$ 的非平凡零空间性质：

$$\text{spark}(\Phi) \leqslant \|x\|_0, \ \forall x \in \text{Null}(\Phi) - \mathbf{0} \quad (3-7)$$

---

① 值得注意的是，函数 $l_0$ 并不是严格意义上的范或伪范数，然而为了方便起见，在此处记为 $l_0$ 范数。

根据这个性质，Donoho 与 Elad 在文献[38]中指出，如果采样矩阵满足式(3-8)定义的充分条件，则式(3-6)的解能够唯一确定。

$$\| \boldsymbol{x}^* \|_0 < \frac{\mathrm{spark}(\boldsymbol{\Phi})}{2} \leqslant \frac{m+1}{2} \tag{3-8}$$

其中，$\boldsymbol{x}^*$ 表示真实解，$m+1$ 为采样矩阵 spark 的上界。然而对于任意一个矩阵 $\boldsymbol{\Phi}$，计算它的 spark 需要考虑其全部列向量的组合来判断它们是否线性相关，这是一个 NP 难问题。因此通常引入它的一个下界，即自相关系数 $\mu(\boldsymbol{\Phi})$ 来代替它，其定义为[37-38]

$$\sqrt{\frac{n-m}{m(n-1)}} \leqslant \mu(\boldsymbol{\Phi}) = \max_{\forall i \neq j} \frac{|\langle \boldsymbol{\Phi}_{:,i}, \boldsymbol{\Phi}_{:,j} \rangle|}{\| \boldsymbol{\Phi}_{:,i} \|_2 \| \boldsymbol{\Phi}_{:,j} \|_2} \tag{3-9}$$

式(3-9)左边定义了 $\mu(\boldsymbol{\Phi})$ 的 Welch 下界[77]。根据上面的定义不难发现，自相关系数利用列向量之间的余弦距离的绝对值来衡量 $\boldsymbol{\Phi}$ 的性质，该数值确定了关于 spark($\boldsymbol{\Phi}$) 一个下界，即

$$\mathrm{spark}(\boldsymbol{\Phi}) \geqslant 1 + \frac{1}{\mu(\boldsymbol{\Phi})} \tag{3-10}$$

将式(3-10)代入式(3-8)可以得到如下由 $\mu(\boldsymbol{\Phi})$ 确定式(3-5)存在唯一解的一个充分条件为

$$\| \boldsymbol{x}^* \|_0 \leqslant 0.5 + \frac{1}{2\mu(\boldsymbol{\Phi})} \tag{3-11}$$

以上两个充分条件(式(3-8)与式(3-11))都将 $l_0(\boldsymbol{x})$ 与采样矩阵的性质联系起来。这种关联为一些特殊的观测域内的信号压缩采样与感知任务提供了相应的数学理论保证和启示。直观上说，这两个条件指出，越稀疏的信号且采样矩阵的自相关系数越小，就越可能被采样向量 $r$ 唯一地确定。

基于以上的充分条件，考虑到实际采样过程会受到加性随机噪声向量 $e_r$ 以及由观测算子扰动 $\boldsymbol{\Phi}_\Delta$ 带来的乘性噪声[78-79]的影响，在这种环境下，实际的采样向量将为

$$\boldsymbol{r} = (\boldsymbol{\Phi} + \boldsymbol{\Phi}_\Delta)\boldsymbol{x} + \boldsymbol{e}_r = \boldsymbol{\Phi}\boldsymbol{x} + \hat{\boldsymbol{e}} \tag{3-12}$$

式中，$\hat{\boldsymbol{e}}$ 包括了加性和乘性等多种随机噪声。此时通常转为寻求更鲁棒的采样矩阵，来保证在待观测域 $\boldsymbol{x}$ 的两个向量不会得到相同的采样向量[80-81]。在 CS 中这个要求是通过 $\boldsymbol{\Phi}$ 的受限等距条件(RIP)来保证的[47-48]。具体来说，对于所有的 $\boldsymbol{x}$ 且 $\| \boldsymbol{x} \|_0 \leqslant K$，$\boldsymbol{x} \in X$，若 $\boldsymbol{\Phi}$ 能满足式(3-13)，则称 $\boldsymbol{\Phi}$ 具有 $K$ 阶 RIP 性质。

$$(1-\delta_K) \| \boldsymbol{x} \|_2^2 \leqslant \| \boldsymbol{\Phi}\boldsymbol{x} \|_2^2 \leqslant (1+\delta_K) \| \boldsymbol{x} \|_2^2, \text{ s.t. } \delta_K < 1 \tag{3-13}$$

满足式(3-13)的最小的 $\delta_K$ 被定义为 $\boldsymbol{\Phi}$ 的 $K$ 阶受限等距常数(RIC)。该常数越小，称矩阵 $\boldsymbol{\Phi}$ 的 RIP 性质越强，然而在通常情况下估计任意矩阵的 $K$ 阶 RIC 是 NP 难问题。Cai 等研究者指出如果 $\boldsymbol{\Phi}$ 具有单位 $l_2$ 范数的列向量，则其 $K$ 阶 RIC 的一个上界 $\delta_K < (K-1)\mu(\boldsymbol{\Phi})$ [82]，这将自相关系数与 $K$ 阶 RIC 联系起来。通过选择具有较小自相关系数的矩阵，同样将保证

其采样的鲁棒性①。根据式(3-13)可以得出如下推论，即 $\| \boldsymbol{\Phi} x \|_2^2 \approx \| x \|_2^2$，可以将 $\boldsymbol{\Phi}$ 理解为类似于正交变换一样，能够保持对应信号的"长度"，从而实现信息的不过度损失。

为了满足上述对采样矩阵的要求，通常在理论上可以通过以下三种方式构造合适的 $\boldsymbol{\Phi}$。第一种最常见的方式是采用一些随机矩阵[83-85]，即 $\boldsymbol{\Phi}$ 的每个元素从同一随机高斯分布、伯努利分布等独立采样得到，这种随机矩阵高概率地保证 $spark(\boldsymbol{\Phi})=m+1$。此外，这种随机矩阵能够高概率地保证与大部分信号表示空间的基具有较小的互相关系数，从而不会造成信息的干扰。第二种方式是采用一些具有小的自相关系数、低 spark 或者小的 $K$ 阶 RIC 常数的确定性矩阵[86-90]。第三种方式是根据待观测信号空间的性质或一些现有的经验样本，自适应地通过优化得到具有较小自相关系数的观测矩阵。值得注意的是，信号自适应的采样算子相对于非自适应的采样算子并不能对感知任务提供显著的性能提升的帮助[49]。但是对于很多人类的高级认知任务，采样过程除了根据信号性质自底向上完成数据驱动的信息感知外，还能自顶向下按照任务驱动的方式，选择性地自适应采样。这种根据认知任务设计的自适应采样算子，更能模拟人脑信息的获取方式，将为后续特定的决策任务产生相对更好的性能帮助。

总之，CS 通过压缩观测算子 $\Phi_m$ 对位于某稀疏域的未知信号 $x \in X_S$ 进行 $m$ 次采样得到一个 $m$ 维观测向量 $r$，即 $r \leftarrow \Phi_m(x)$。如何设计更高效的采样算子，使得在尽可能低维的 $r$ 中仍然保持 $x \in X_S$ 的信息用于正确感知，始终是 CS 的一个核心的研究②。在大部分 CS 的相关文献中，$\Phi_m$ 通常建模为一个线性非自适应的采样（观测）矩阵，即 $\boldsymbol{\Phi} \in \mathbf{R}^{m \times n}$ 并满足 $m \ll n$，其中 $n$ 表示基准 Nyquist 采样数。为了保证 $x$ 的信息在压缩采样的过程中不丢失，$\boldsymbol{\Phi}$ 通常在理论上选择为高斯随机矩阵，因为其高概率地满足相关条件要求[83-85]。然而在实际应用中，考虑到硬件设计的可行性与成本代价等因素，也可以用一些确定性的矩阵来对硬件系统矩阵进行建模，再利用二值随机矩阵进行采样[86-90]。除此之外，在很多图像处理的逆问题中，等效意义下的采样算子并不知道，如图像降噪、去模糊、超分辨中的模糊核算子和下采样算子等。在这些应用中，如何盲估计对应的算子并完成图像的感知任务，也一直占有很重要的地位[91-92]。除了线性采样算子，一些非线性的压缩采样也逐步受到研究者的关注。例如，在 1 bit CS[93]中，如何从量化为 1 比特位的压缩采样向量中感知原始信号成为很多工程应用中关注的问题，即 $r = sign(\boldsymbol{\Phi} x + e_r)$。其中，$sign(x)$ 表示非线性的符号函数，用来构建采样算子。

### 3.1.2　稀疏化信号表示模型

早在 CS 理论正式产生之前，信号的稀疏化模型就已经被广泛研究，并被用在逼近理

---

① 在后续的讨论中将展示不同重构算法 $G_m$ 的性能也将受到该常数的影响。

② 在这里只讨论在采样端的信息保持，解的唯一性不代表能够正确感知。是否能够正确感知还取决于后续感知算法所需求的 $m$。

论、机器学习、神经认知科学、信号处理等许多领域中[27, 37, 94-95]。从针对带宽有限信号域到针对更广义的变换稀疏域是 CS 与 Nyquist 采样最显著的差别之一。这种稀疏的特性是对该域内的信号实现压缩采样并正确感知的一个充分条件，它决定了信号的本征信息或大部分信息只集中于少量的方向（维度）。这种性质使得在压缩的采样中保持这些信息完整成为可能。例如，为了确定 $n > 2$ 维空间内嵌入的某直线，仅需要两个点就可以完成该感知任务，而直线上的其余点均可以利用这两个点来表示。

在数学理论中，用于刻画离散信号 $x \in \mathbf{R}^n$ 稀疏性的一个典型方式是度量其在某组基下表示向量的稀疏度（Sparsity），即表示向量中非零分量的个数，定义为 $l_0(x) = \| x \|_0$。稀疏度越大，则代表 $x$ 的稀疏性越弱；反之，则越强。例如，当基选择为规范基组成单位矩阵 $I$ 时，则有 $x = Ix$。所以值得注意的是，$x$ 的稀疏度取决于基的选择而非固定不变，然而其本征稀疏度（某个基下具有最稀疏的表示）却是唯一的。对于严格稀疏的信号，即非零分量很少的信号，CS 可以保证它能够在一定的采样条件下通过感知算法从其压缩采样中高概率地实现精确重构。然而在实际问题中通常处理的信号是可压缩的（Compressible），其信号的分量幅度从大到小呈指数级衰减。在这种条件下，CS 通常能保证重构解与真实解的误差能量上界很小[96]。然而值得强调的是，在很多实际任务中，由于 $x$ 对于观测者是未知的，因此无法衡量也没必要衡量感知误差。例如，在成像任务中，其目的是得到一张更清晰、更易于理解的图像，因此需要利用图像质量评价的指标来衡量其成像性能而非重构误差[97]。伴随着框架理论与调和分析的发展，正交基逐渐向一些冗余变换的稀疏模型发展，其中最典型的两种称为合成稀疏逼近模型（Synthesis Sparse Model）[98-100]和分析协同稀疏模型（Analysis Cosparse Model）[101-102]。传统的余弦变换（基）、小波变换（基）等逐渐发展为多尺度几何变换[55]与冗余过完备字典表示，使得合成/分析字典中元函数的自由度与信号自适应程度愈来愈高，模型的表达能力也随之不断提升。为了进一步刻画稀疏信号的性质，很多 CS 学者将研究目光投向具有结构的稀疏化模型来挖掘表示向量中分量之间的相关性，希望提供更多的信息以提高感知的能力[103]，如组（Group）/块（Block）稀疏化模型[104-108]、分层稀疏模型[109]、树稀疏模型[110]、随机场模型[111]等。

除了针对向量的稀疏化模型外，研究者还关注针对分布式多向量、矩阵、张量的稀疏模型，包括联合稀疏（行/列稀疏）模型（Joint Sparse Model，JSM）或多观测向量模型（Multiple Measurement Vectors，MMV）[112-113]。这种模型不仅在信号处理领域中具有很长的研究历史[114]，而且在脑成像[115]、信道分析[116]等应用中也受到研究者的青睐。如果矩阵的奇异值向量是稀疏的，则对应的矩阵将服从低秩模型，其研究的发展方向主要沿着以下几个感知任务展开：低秩矩阵，张量的逼近、恢复与补全等。这些方向在图像修复、推荐系统、机器学习等领域中都占有重要的地位[117-123]。

在神经科学领域中，研究者发现大脑视皮层只用少量神经元就能对视觉信息进行编码[95]，并可以对历史信息进行学习，抽象出一些"通用"的基来稀疏地编码大脑感知到的信息。这种脑稀疏编码学习的方式逐渐掀起了根据数据自适应地学习合成/分析字典元函数的风潮，并将类脑学习的思想渗透在感知、处理和稀疏表达等理论中[44, 124-127]。通过学习，稀疏化模型除了能完成底层的感知任务以外，在许多高层决策认知任务上也能取得显著提高的性能[117, 128-136]。

根据前面的描述，压缩采样矩阵 $\boldsymbol{\Phi}$ 需要有较小的自相关系数、spark 或 RIC 常数才能保证对于满足 $\|\boldsymbol{x}\|_0 \leqslant K$ 的信号实现鲁棒的压缩采样，从而避免信息丢失。这些条件意味着能够进行压缩采样的信号域 $X$ 需要事先满足该稀疏性质的要求。这种在观测之前就满足的性质通常被称为信号域的先验性质，或称该域中的信号服从某先验模型。这种先验属性刻画了"针"的性质，使得捞针的任务变得有的放矢。在数学中，对于离散信号稀疏性的衡量是通过统计其非零元素的个数来实现的，记作 $\|\boldsymbol{x}\|_0$ 并定义为 $\boldsymbol{x}$ 的稀疏度。如果 $\|\boldsymbol{x}\|_0 \leqslant K \ll n$，则称 $\boldsymbol{x}$ 为 $K$-稀疏向量，其中非零元素索引组成的集合定义为 $\boldsymbol{x}$ 的支撑集，记作 $\mathrm{supp}(\boldsymbol{x})$。在这个度量下，关于 $X$ 最基本的稀疏化模型就定义为

$$X_{S,K} = \{\boldsymbol{x} : \|\boldsymbol{x}\|_0 \leqslant K \ll n, \boldsymbol{x} \in \mathbf{R}^n\} \tag{3-14}$$

如果信号 $\boldsymbol{x}$ 服从该先验模型，即 $\boldsymbol{x} \in X_{S,K}$，则从其采样向量 $\boldsymbol{r}$ 中感知该信号的任务，将通过求解如下的两种优化问题来实现①：

$$\begin{cases} P_0(\boldsymbol{\Phi}, K) : \boldsymbol{x} \leftarrow \arg\min_{\boldsymbol{x}} \|\boldsymbol{r} - \boldsymbol{\Phi}\boldsymbol{x}\|_2, \ \text{s.t.} \ \|\boldsymbol{x}\|_0 \leqslant K \\ P_0(\boldsymbol{\Phi}, \varepsilon) : \boldsymbol{x} \leftarrow \min_{\boldsymbol{x}} \|\boldsymbol{x}\|_0, \ \text{s.t.} \ \|\boldsymbol{r} - \boldsymbol{\Phi}\boldsymbol{x}\|_2 \leqslant \varepsilon \end{cases} \tag{3-15}$$

式中，$P_0(\boldsymbol{\Phi}, K)$ 问题为已知稀疏度 $K$ 的先验来实现信号感知的优化问题。该问题旨在从集合 $\boldsymbol{x} \in X_{S,K}$ 中寻找使 $\|\boldsymbol{r} - \boldsymbol{\Phi}\boldsymbol{x}\|_2$ 最小的解。如果 $\boldsymbol{\Phi}$ 满足 $K$ 阶 RIP，则根据前面的讨论可知，仅有一个 $K$-稀疏信号对应着 $\boldsymbol{r}$，因此求解该优化问题能实现信号的正确感知；相反，$P_0(\boldsymbol{\Phi}, \varepsilon)$ 问题则是在满足容许感知误差为 $\varepsilon$ 的所有可行解的集合中找到一个最稀疏的 $\boldsymbol{x}$。以此类推，根据 RIP 准则，不存在比真实 $\boldsymbol{x}$ 更稀疏的信号对应同一个 $\boldsymbol{r}$，从而保证了该优化能够正确感知到真实信号②。综上所述，求解 $P_0(\boldsymbol{\Phi}, K)$ 问题的算法需要以稀疏度 $K$ 作为参数，而 $P_0(\boldsymbol{\Phi}, \varepsilon)$ 问题的求解需要以 $\varepsilon$ 为参数，具体优化算法将在后面详细讨论。

在实际应用中，通常处理的信号并非严格的 $K$-稀疏信号，而是一些可压缩的信号，即信号 $\boldsymbol{x}$ 中仅存在 $K$ 个较大模值的分量，其余 $n-K$ 个值都相对很小。在这种情况下，$\boldsymbol{x}$ 可以用一个严格 $K$-稀疏信号在某种测度下逼近，因此这种信号将服从以下模型：

$$X_{S,K-\varepsilon} = \{\boldsymbol{x} \mid \hat{\boldsymbol{x}} \in X_{S,K}, \|\boldsymbol{x} - \hat{\boldsymbol{x}}\| \leqslant \varepsilon\} \tag{3-16}$$

式中，$\varepsilon$ 衡量了逼近误差。如果待采样的信号域为 $X_{S,K-\varepsilon}$，对其中信号的感知问题可以通过将式（3-15）中 $l_0$ 松弛为 $l_q$，$0 < q \leqslant 1$ 来进行求解。当 $\boldsymbol{\Phi}$ 满足更严格的 RIP 条件时，$l_q$ 问题

---

① 信号感知不仅局限于这种方式，例如可以直接通过构造一个复杂的非线性函数实现从 $\boldsymbol{r}$ 到 $\boldsymbol{x}$ 的映射。

② 由于存在噪声的影响，这里的正确感知是利用任务的允许误差范围来衡量的。

的解将与 $l_0$ 问题的解一致，而不依赖于 $q$ 的选择①。然而当 $q=1$ 时，将对应为一个凸优化问题，由于其具有良好的全局最优收敛性，因此在数学领域中存在许多现有的优化算法可进行求解。而在这种条件下，对于服从式（3-14）的信号，同样可以通过求解如下的凸问题实现进行正确感知：

$$\begin{cases} P_1(\boldsymbol{\Phi},\beta): \boldsymbol{x} \leftarrow \arg\min_{\boldsymbol{x}} \|\boldsymbol{r}-\boldsymbol{\Phi x}\|_2, \text{ s. t. } \|\boldsymbol{x}\|_1 \leqslant \beta \\ P_1(\boldsymbol{\Phi},\varepsilon): \boldsymbol{x} \leftarrow \min_{\boldsymbol{x}} \|\boldsymbol{x}\|_1, \text{ s. t. } \|\boldsymbol{r}-\boldsymbol{\Phi x}\|_2 \leqslant \varepsilon \end{cases} \tag{3-17}$$

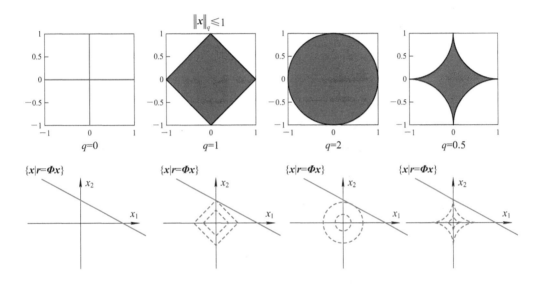

图 3.1　不同 $l_q$ 范数的几何展示图

为了更直观地展示解的等价性，考虑在二维空间的 $P_q(\boldsymbol{\Phi}, \varepsilon=0)$ 问题。图 3.1 中第一行展示了不同 $q$ 值对应的 $l_q$ 单位范数球。可以看到，$\|\boldsymbol{x}\|_0 \leqslant 1$ 的集合对应两个坐标轴（包括原点），随着 $q$ 值增加，该区域逐渐对外膨胀，当 $q=2$ 时变成该二维平面上的圆。在第二行中，$\boldsymbol{r}=\boldsymbol{\Phi x}$ 的解空间在二维空间中为一条直线，$P_q(\boldsymbol{\Phi}, \varepsilon)$ 感知问题通过逐渐地扩大每个 $l_q$ 球的半径，第一次触及直线对应的点即为最小 $l_q$ 范数解。如图 3.1 所示，只有当 $q \leqslant 1$ 时，得到的解才可能与 $l_0$ 相应的解一致②。Candes 等指出，如果观测矩阵的 RIC 常数满足 $\delta_{2K} \leqslant \sqrt{2}-1^{[96]}$，则 $P_1(\boldsymbol{\Phi}, \varepsilon)$ 的解 $\hat{\boldsymbol{x}}$ 与真实解 $\boldsymbol{x}$ 满足：

$$\|\boldsymbol{x}-\hat{\boldsymbol{x}}\|_2 \leqslant C_0 \frac{\|\boldsymbol{x}-\boldsymbol{x}_K\|_1}{\sqrt{K}} + C_1 \varepsilon \tag{3-18}$$

① 在第 1 章中曾指出，该问题也是函数逼近领域中一个重要的研究问题，因此具有相似的结论。

② 由于稀疏解一定位于某坐标轴上，因此在二维情况下只有 $x_2$ 非 0，$l_2$ 的解两个坐标都非 0。推广到高维空间时，$l_q$ 能够得到较 $l_2$ 稀疏度更小的解。

其中，$C_0$ 与 $C_1$ 为两个常数，$\varepsilon$ 为整个采样模型与稀疏化模型总误差的一个上界。该结论保证了信息感知的保真性。

**1. 结构化稀疏模型**

在以上两种基本的离散稀疏化模型中，稀疏向量的支撑都假设随机独立分布而没有关联关系。如果支撑呈现出某种规律的结构先验性质，例如根据某种准则潜在地形成交叠或非交叠的组结构，使得支撑集仅由少量的组构成，则这种结构化的模型被定义为如下的组（块）稀疏模型，而 $x$ 中非零组的个数类似地定义为组稀疏度。

$$X_{S,K}^{g} = \Big\{ x : \sum_{i=1}^{|G|} \delta(\parallel x_{\Omega_i} \parallel_q) \leqslant K,\ g = \{\Omega_i\}_{i=1}^{|G|},\ K \ll |G| \Big\} \qquad (3-19)$$

其中，$g$ 定义了组的结构。为了直观解释组的概念，假设 $x$ 表示句子"这是篇博士论文"，用一个 7 维向量，其中每一个字对应一个该信号的一个分量，根据先验知识可知，这个信号中有些分量是具有内在关联性的，如"这是""博士论文"。利用这种结构，$x$ 只需要用 3 组词语（组函数）表示，相比原始的 7 个字表达理解性更强。针对组稀疏模型，由于利用了额外的结构信息，使得对采样算子 $\boldsymbol{\Phi}$ 的条件能有所松弛。考虑如下定义的组间相关性（block-coherence）：

$$\mu_B(\boldsymbol{\Phi}) = \max_{\forall i \neq j} \frac{1}{d} \parallel \boldsymbol{\Phi}_{:,\Omega_i}^{\mathrm{T}} \boldsymbol{\Phi}_{:,\Omega_j} \parallel_2 \leqslant \mu(\boldsymbol{\Phi}) \qquad (3-20)$$

其中，为了简单起见，每个组的大小均假设为 $d$。当 $d=1$ 时，$\mu_B(\boldsymbol{\Phi})$ 将等于其上界，即 $\mu(\boldsymbol{\Phi})$，因此普通稀疏模型可以理解为组大小为 1 的特殊组稀疏模型。$\mu_B(\boldsymbol{\Phi})$ 用来描述组间的相关性，用于衡量 $\boldsymbol{\Phi}$ 的全局性质。除此之外，对于组内的相关性，通常用如下指标来描述：

$$\upsilon(\boldsymbol{\Phi}) = \max_i \max_{\forall p \neq q} | \boldsymbol{\phi}_p^{\mathrm{T}} \boldsymbol{\phi}_q | \qquad (3-21)$$

其中，$\boldsymbol{\phi}_p$ 为 $\boldsymbol{\Phi}_{:,\Omega_i}$ 中的第 $p$ 列向量。根据这两个衡量指标，Eldar 等指出，如果对于信号 $x$ 服从 $K$-组稀疏化模型，$\boldsymbol{\Phi}$ 满足如下式（3-22），则 $x$ 可以从 $r$ 中正确感知[105]。

$$K < \frac{1}{2} \Big( \frac{1}{d \cdot \mu_B(\boldsymbol{\Phi})} + 1 + \Big( \frac{1}{d} - 1 \Big) \frac{\upsilon(\boldsymbol{\Phi})}{\mu_B(\boldsymbol{\Phi})} \Big) \qquad (3-22)$$

根据这个条件能够得出以下两个典型结论：

（1）当 $d=1$ 时，式（3-22）将变成 $K < \frac{1}{2} \Big( \frac{1}{\mu_B(\boldsymbol{\Phi})} + 1 \Big)$，与式（3-11）针对普通稀疏化模型的条件一致。

（2）当 $\upsilon(\boldsymbol{\Phi})=0$ 时，式（3-22）将变成 $K < \frac{1}{2} \Big( \frac{1}{d\mu(\boldsymbol{\Phi})} + 1 \Big)$，较式（3-11）松，这从理论上说明利用额外的组结构信息能够辅助感知。

如果 $x \in X_{S,K}^{g}$，其对应的感知过程可以利用求解如下的混合范数最小化问题来实现：

$$\begin{cases} P_{q,2}^s(\boldsymbol{\Phi}, g, \varepsilon): x \leftarrow \arg\min_x \parallel x \parallel_{g,q,2},\ \text{s.t.}\ \parallel r - \boldsymbol{\Phi}x \parallel_2 \leqslant \varepsilon \\ P_{q,2}^s(\boldsymbol{\Phi}, g, K): x \leftarrow \arg\min_x \parallel r - \boldsymbol{\Phi}x \parallel_2,\ \text{s.t.}\ \parallel x \parallel_{g,q,2} \leqslant K \end{cases} \qquad (3-23)$$

当 $q=0$ 时，对应的混合范数统计了组稀疏度；当 $q=1$ 时，$\|x\|_{g,1,2}=\sum_i\|x_{\Omega_i}\|_2$ 为组稀疏诱导范数，具体作用如图 3.2 所示。通过最小化该混合范数，可以促使某些组内的分量同时为 0，从而实现组稀疏。

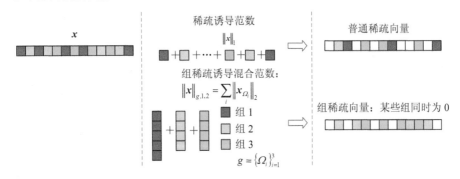

图 3.2　组稀疏诱导范数示意图

除了用支撑集的组结构之外，还有其他复杂的结构信息被用来描述支撑之间的关系。例如，小波多尺度分解系数的稀疏模式呈现树状分布，即如果父节点不属于支撑集，则其所有的子节点都为非支撑，其结构如图 3.3 所示。

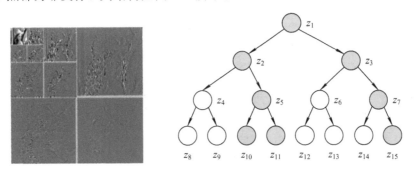

图 3.3　小波树结构稀疏化模型示意图

### 2. 多向量联合稀疏化模型

以上回顾的稀疏化模型都用来刻画单一向量的稀疏性质与支撑间的结构，对应的 CS 感知任务被称为单观测向量问题（Single Measurement Vector，SMV）。然而在许多实际应用中，研究者更关心针对多信号的分布式采样、联合感知问题。如果这些信号之间独立且没有关联，则多信号感知问题通常只能通过多次求解 SMV 问题来实现。相反，如果这组信号之间满足某种关联性质，则大脑通过联想机制，利用该关联性同样能降低整体感知的代价，实现举一反三。因此，多信号的稀疏模型反映出一种类脑联想建模的思想，并在实际应用中占有很重要的地位。

最典型的多信号稀疏化模型为联合稀疏模型（Joint Sparse Model，JSM）。令 $X=[x_1,\cdots,x_N]\in \mathbf{R}^{n\times N}$，表示 $N$ 个信号组成的信号矩阵，如果这组信号的支撑集相同，则 JSM 可以建模为

$$X_{S,K}^{X}=\left\{X:\sum_{i=1}^{n}\delta(\parallel X_{i,:}\parallel_q)\leqslant K, X\in \mathbf{R}^{n\times N}\right\} \tag{3-24}$$

即矩阵 $X$ 中非零行的个数不超过 $K$，呈现出行稀疏的特性。因此联合稀疏模型通常也被称为行稀疏结构化模型。如图 3.4 所示，JSM 可以转化为单向量的组稀疏化模型。

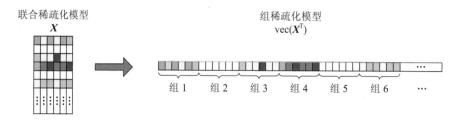

图 3.4　联合稀疏模型与组稀疏模型转换示意图

关于 $X$ 的联合感知问题称为多观测向量（Multiple Measurement Vectors，MMV）或者联合稀疏恢复（Joint Sparse Recovery，JSR）问题。文献[113]和[137]给出了关于该问题存在唯一确定解的充要条件，即

$$\mid \text{supp}(X)\mid =K<\frac{\text{spark}(\boldsymbol{\Phi})-1+\text{rank}(X)}{2} \tag{3-25}$$

根据该充要条件，能够得到以下几个重要结论：

（1）当 rank($X$)=1 时，即 $N=1$ 或这些样本全部线性相关时，条件式（3-25）将变成 $K<\text{spark}(\boldsymbol{\Phi})/2$，与式（3-8）针对 SMV 问题感知的充分条件一致。

（2）当 rank($X$)=$K$ 时，如果 spark($\boldsymbol{\Phi}$)=$m+1$，则条件式（3-22）将变成 $m\geqslant K+1$，MMV 所需的采样数目能够达到理论下界①，该条件远低于 SMV 问题所需的采样数目，而且在理想条件下能够通过算法在该采样数目下实现精确重构，这说明联想机制在感知任务中具有很重要的意义。

如果定义矩阵的 $l_{p,q}$ 混合范数为 $\parallel X\parallel_{p,q}=(\sum_i\parallel X_{i,:}\parallel_p^q)^{1/q}$，$X\in X_{S,K}^{X}$，则关于 $X$ 的感知问题可以通过求解如下的优化来实现：

$$\begin{cases} P_{p,q}^{S}(\boldsymbol{\Phi}, X, \varepsilon): X\leftarrow \arg\min_{X}\parallel X\parallel_{p,q}, \text{ s.t. }\parallel R-\boldsymbol{\Phi}X\parallel_F\leqslant \varepsilon \\ P_{p,q}^{S}(\boldsymbol{\Phi}, X, K): X\leftarrow \arg\min_{X}\parallel R-\boldsymbol{\Phi}X\parallel_F, \text{ s.t. }\parallel X\parallel_{p,q}\leqslant K \end{cases} \tag{3-26}$$

式中，$R=[r_1,\cdots,r_N]$ 表示采样向量组成的矩阵。

---

① 采样数目必须大于稀疏度才能保证信息不丢失。

以上都是定义在规范基(Canonical Basis)下的稀疏化模型，类似地可以将稀疏的性质推广到更广的变换域中。

### 3. 分析协同稀疏模型

自傅里叶分析发展到小波分析，分析模型就已经在数学和信号领域中成为一个重要的研究数据的工具。它通过一组分析元函数(或称为滤波器)$\{a_i\}_{i=1}^p$对信号 $x$ 进行分解，根据研究对应的分解系数(或滤波响应)来对 $x$ 进行建模，即

$$z(i) = \langle x, a_i \rangle, \ i = 1, \cdots, p \tag{3-27}$$

当 $a_i = e^{i2\pi it}$ 时，式(3-27)就表示傅里叶分解。随着理论的发展，$a_i$ 的选择从傅里叶基元函数发展为小波函数[33-35]、多尺度几何分析函数[39-42]等。如果考虑离散化的分析模型，则式(3-27)可以写为矩阵表示形式 $z = Ax$①。其中，$A_{i,:} = a_i^T \in \mathbf{R}^n$，为第 $i$ 个离散化的分析元函数，$A \in \mathbf{R}^{p \times n}$，$p \geqslant n$ 称为线性(冗余)分析字典。如果分析系数向量 $z$ 是稀疏的，则称 $x$ 服从关于 $A$ 的分析协同稀疏模型或稀疏变换模型[101, 138-139]，定义为

$$X_{S,K}^A = \{x : \| z \|_0 \leqslant K, z = Ax, A \in \mathbf{R}^{p \times n}\} \tag{3-28}$$

其中，$z$ 中零元素的个数定义为协同稀疏度(co-sparsity)，对应的索引集合定义为协同支撑集(co-support)，记作 cosupp($z$)。从几何角度上看，该模型利用分析字典 $A$ 确定了一族位于 $A_{\text{cosupp}(z),:}$ 零空间的信号。

对于服从分析协同稀疏模型的信号，其感知问题可以通过求解如下优化问题来实现：

$$\begin{cases} P_1^A(\boldsymbol{\Phi}, A, \varepsilon): x \leftarrow \arg\min_x \| Ax \|_1, \text{s. t.} \| r - \boldsymbol{\Phi}x \|_2^2 \leqslant \varepsilon \\ P_1^A(\boldsymbol{\Phi}, A, K): x \leftarrow \arg\min_x \| r - \boldsymbol{\Phi}x \|_2^2, \text{s. t.} \| Ax \|_1 \leqslant K \end{cases} \tag{3-29}$$

在一些特定应用场合，如 SAR 成像或核磁共振成像中，分析字典是由系统矩阵确定的，使得采样的对象是变换域($k$ 空间)的协同稀疏变换系数。在这种场合下，CS 感知问题"形式上"是对信号 $x$ 先进行协同分析变换 $Ax$，然后利用 $\boldsymbol{\Phi}$ 进行压缩采样，即

$$x \leftarrow \arg\min_x \| r - \boldsymbol{\Phi}Ax \|_2^2, \text{s. t.} \| Ax \|_q \leqslant K \tag{3-30}$$

该问题"等同于"利用 $\boldsymbol{\Phi}A$ 对信号 $x$ 进行压缩采样，然后通过求解 $P_1^A(\boldsymbol{\Phi}A, A, K)$ 实现信号的感知。

### 4. 合成稀疏模型

除了分析协同稀疏模型以外，另外一种变换域稀疏化模型源于函数逼近理论，称为线性合成稀疏模型(Synthesis Sparse Model)[113]。这种模型假设待采样的信号 $x$ 由一系列基本元函数的线性组合逼近。考虑离散信号的形式，如果 $x \in \mathbf{R}^n$ 能够利用字典库中的 $K$ 个函数进行最优逼近，则合成稀疏模型定义了如下的信号族：

---

① 此时与信号线性采样模型在数学表达形式上一致，但是对应的动机与物理意义不同。

$$X_{S,K}^D = \{ \boldsymbol{x} : \boldsymbol{x} = \boldsymbol{D}\boldsymbol{z} + \boldsymbol{e}_x , \ \| \boldsymbol{z} \|_0 \leqslant K , \ \boldsymbol{D} \in \mathbf{R}^{n \times p} \} \qquad (3-31)$$

其中，$\boldsymbol{e}_x$ 为模型对 $\boldsymbol{x}$ 的逼近误差。从几何意义上分析，合成稀疏表示模型定义了由 $\boldsymbol{D}_{:,\mathrm{supp}(\boldsymbol{z})}$ 张成空间内的一族信号。如果待采样的信号服从合成稀疏模型，则可以理解为对变换域的稀疏向量 $\boldsymbol{z}$，利用 $\tilde{\boldsymbol{\Phi}} = \boldsymbol{\Phi}\boldsymbol{D}$ 进行压缩采样，即

$$\boldsymbol{r} = \boldsymbol{\Phi}\boldsymbol{x} + \boldsymbol{e}_r = \boldsymbol{\Phi}(\boldsymbol{D}\boldsymbol{z} + \boldsymbol{e}_x) + \boldsymbol{e} = \boldsymbol{\Phi}\boldsymbol{D}\boldsymbol{z} + (\boldsymbol{\Phi}\boldsymbol{e}_x + \boldsymbol{e}_r) = \tilde{\boldsymbol{\Phi}}\boldsymbol{z} + \hat{\boldsymbol{e}} \qquad (3-32)$$

因此对应的感知问题将类似于式(3-17)，即

$$\begin{cases} P_q^S(\boldsymbol{\Phi}, \boldsymbol{D}, \varepsilon) : \boldsymbol{x} \leftarrow \boldsymbol{D} \cdot \arg\min_{\boldsymbol{z}} \| \boldsymbol{z} \|_q, \ \mathrm{s.\,t.} \ \| \boldsymbol{r} - \boldsymbol{\Phi}\boldsymbol{D}\boldsymbol{z} \|_2 \leqslant \varepsilon \\ P_q^S(\boldsymbol{\Phi}, \boldsymbol{D}, K) : \boldsymbol{x} \leftarrow \boldsymbol{D} \cdot \arg\min_{\boldsymbol{z}} \| \boldsymbol{r} - \boldsymbol{\Phi}\boldsymbol{D}\boldsymbol{z} \|_2, \ \mathrm{s.\,t.} \ \| \boldsymbol{z} \|_q \leqslant K \end{cases} \qquad (3-33)$$

然而根据前面讨论可知，如果利用式(3-33)来进行信号 $\boldsymbol{x}$ 的感知，则针对 $\boldsymbol{z}$ 的等效压缩采样算子 $\boldsymbol{\Phi}\boldsymbol{D}$ 就需要满足相应的条件才能保证解的正确感知。一方面，如果 $\boldsymbol{D}$ 是高度冗余字典而存在大量线性相关的列向量，则通常 $\boldsymbol{\Phi}\boldsymbol{D}$ 无法严格满足相应的条件。另一方面，即使 $\boldsymbol{\Phi}\boldsymbol{D}$ 能够满足解唯一性的条件，在感知任务中真正关心的是信号 $\boldsymbol{x}$ 而非 $\boldsymbol{z}$。由于 $\| \boldsymbol{x} - \hat{\boldsymbol{x}} \| \leqslant \| \boldsymbol{D} \| \cdot \| \boldsymbol{z} - \hat{\boldsymbol{z}} \|$，因此当 $\boldsymbol{D}$ 呈现病态时，$\| \boldsymbol{z} - \hat{\boldsymbol{z}} \|$ 即使存在少量扰动也会导致信号的感知误差增大[99,138]。从这种意义上分析，针对合成稀疏模型的信号感知对优化算法要求更高。图 3.5 分别对分析协同稀疏模型和合成稀疏模型进行了对比展示，当且仅当 $\boldsymbol{A}$ 与 $\boldsymbol{D}$ 为正交矩阵且 $\boldsymbol{A}^{-1} = \boldsymbol{D}$ 时，两种模型可以相互转换。这两种模型在机器学习里能够分别推广

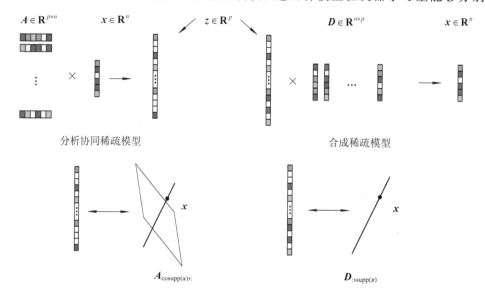

图 3.5　分析协同稀疏模型与合成稀疏模型对比示意图

为参数化的判别式模型（Discriminative Model）和参数化的生成式模型（Generative Model），为隐变量的后验分布推理和数据分布建模提供了保证。这两个模型为 CS 从完成底层的信号感知任务到实现高层的认知任务架起了学习的桥梁，本节后面内容将详细讨论这种联系，并在后续的章节中利用这两种学习模型处理更复杂的分类认知任务。

**5. 矩阵低秩模型**

JSM 模型通过挖掘矩阵的行稀疏性质，利用样本间支撑集的结构关系对信号矩阵进行建模。除此之外，还有一种直接刻画矩阵稀疏性的模型，称为低秩模型，定义如下：

$$X_{\mathrm{LR}, K} = \{X: \mathrm{rank}(X) \leqslant K\} = \{X: X = U \mathrm{diag}(s) V^{\mathrm{T}}, s \in X_{S, K}\} \quad (3-34)$$

式中，$X = U \mathrm{diag}(s) V^{\mathrm{T}}$ 表示 $X$ 的奇异值分解（Singular Value Decomposition，SVD）。通过这种分解形式，低秩模型可以理解为矩阵 $X$ 服从 $U$ 和 $V$ 这两个正交基下的合成稀疏表示模型。如果 $X \in X_{\mathrm{LR}, K}$，则低秩逼近、恢复对应的感知可以统一建模为如下优化问题：

$$\begin{cases} P_{p, q}^{\mathrm{LR}}(\boldsymbol{\Phi}, K): X \leftarrow \arg \min_{X} \| R - \boldsymbol{\Phi} X \|_q^q, \ \mathrm{s.t.} \ \| \mathrm{diag}(s) \|_p \leqslant K \\ P_{p, q}^{\mathrm{LR}}(\boldsymbol{\Phi}, \varepsilon): X \leftarrow \arg \min_{X} \| \mathrm{diag}(s) \|_p, \ \mathrm{s.t.} \ \| R - \boldsymbol{\Phi} X \|_q^q \leqslant \varepsilon \end{cases} \quad (3-35)$$

当 $p=1$ 时，又记作 $\| X \|_*$ 并称为矩阵的核范数。当 $\boldsymbol{\Phi}=I$ 时，$P_{p, q}^{\mathrm{LR}}(\boldsymbol{\Phi}, K)$ 旨在找到一个秩为 $K$ 的矩阵 $X$ 在 $\| \cdot \|_q^q$ 范数测度下逼近 $R$。如果选择为矩阵 Frobenius 范数测度，则该逼近问题等价于 PCA[139]。如果 $\| \cdot \|_q^q$ 选择为 $l_1$ 范数，则对应 RPCA[140]。当 $\boldsymbol{\Phi}$ 为压缩采样算子时，式（3-35）通常又称为针对低秩矩阵的压缩感知问题或矩阵恢复问题。如果在 $\boldsymbol{\Phi}$ 中采样核函数选择为 $\delta(\cdot)$，即 $R$ 中仅包含 $X$ 中的少许分量，则该恢复问题被专门称为矩阵补全（Matrix Completion）。如果待感知的低秩矩阵与采样矩阵满足一定的条件，则可以通过求解式（3-35）实现正确矩阵感知[140]。此外，类似于合成稀疏表示模型，基于矩阵的低秩表示模型（Low Rank Representation，LRR）也受到了广泛关注，其定义如下：

$$X_{\mathrm{LR}, D, K} = \{X: X = DZ + E_X, \mathrm{rank}(Z) \leqslant K\} \quad (3-36)$$

当 $D=X$ 时，该表示模型通常用来恢复 $X$ 中信号的独立低秩子空间结构[141]。如果这些信号的子空间完全独立，则对应的低秩表示矩阵 $Z$ 将呈现块对角稀疏化结构，因此被广泛地应用在子空间聚类、分类等计算机视觉领域中[118-121, 131, 142-144]。

## 3.1.3 信号感知算法

根据前面描述，CS 的基本任务是从压缩采样向量 $r$ 中感知被采样的信号 $x$ 的信息。该任务通常等价于以下的信号重构问题：

$$\inf_{\mathcal{G}_m} \sup_{x \in X} \| x - \mathcal{G}_m(r) \|_2, \ \mathrm{s.t.} \ r \leftarrow \boldsymbol{\Phi} x \quad (3-37)$$

对于感知函数$\mathscr{G}_m$，通常采用两种思路设计：第一种从类脑机器学习角度出发，将$\mathscr{G}_m$用一个参数化的复杂函数来建模。然后通过一组训练样本$\{(x_i, r_i)\}_{i=1}^N$来学习对应的参数化函数$\mathscr{G}_m(r|\Theta)$，从而得到最优参数$\Theta^*$。对于测试样本的采样向量$r$，直接利用$x \leftarrow \mathscr{G}_m(r|\Theta^*)$来实现对信号的感知。第二种最常用的思路就是根据$x$服从的稀疏化模型，将感知问题建立成一个数学优化。$\mathscr{G}_m$对应为某个广义的数学优化算法，实现信号的感知。3.1.2节已经回顾了稀疏化模型并给出了每种信号模型对应的优化问题，接下来将针对这些问题讨论几种典型求解优化算法。以下内容将根据针对$l_0$或$l_1$的问题的求解算法展开回顾①。

由于该感知信号的过程通常对应一个基本优化问题，并与式（3-1）在数学形式上保持一致，因此传统用于稀疏逼近的算法同样能继承在 CS 中，大体包括贪婪类[31,46,105,112,145-152]、凸优化类[153-160]以及平滑逼近类[161-163]等。该方向的研究重点除了考虑收敛精度与速度等常规优化算法的指标外，还需要考虑 CS 特定的场合，即在尽可能低的采样条件下提高正确感知的概率与效率。在这几类算法中，凸优化算法具有良好的全局收敛性质，一直在优化领域中占据着很重要的地位。然而贪婪算法因其简单性也在很多应用中占有一席之地，这类算法主要集中在设计贪婪策略来估计稀疏向量中非零分量的索引，即其支撑集合，然后将求解问题转化成一个简单的超定最小二乘问题。平滑逼近方法旨在利用一个平滑代理函数来逼近稀疏度度量函数，即$l_q$，$0 \leqslant q \leqslant 1$，然后利用平滑代理函数的梯度来完成目标函数的优化，实现信号的感知任务。因此这类算法的核心是如何选择合适的平滑代理函数。

**1. $l_0$ 问题的感知算法**

由于$l_0$为非凸函数，因此服从对应模型的信号感知通常需求解一个非凸优化的问题，从而很难得到全局最优解。在 CS 和稀疏逼近领域中，通常会利用一些贪婪算法得到逼近的$K$-稀疏局部最优解。这些算法在满足一定的条件下，能够保证该局部最优解高概率地实现正确感知。对于$P_0(\boldsymbol{\Phi}, K)$信号感知问题，最典型的一个贪婪优化算法称为正交匹配追踪（Orthogonal Matching Pursuit，OMP）[31,46,150]。该算法的核心旨在通过$K$次迭代过程，选择与当前残差最匹配的$\boldsymbol{\Phi}$中列向量（原子）的索引加入支撑集。然后在当前估计的支撑集下，求解一个超定的最小二乘问题更新重构误差。相较于传统的匹配追踪算法（Matching Pursuit）[164]，OMP 在误差更新过程利用了正交投影算子，使得误差向量与当前支撑集对应的原子张成的空间正交，因此在下一次迭代中这些原子不会被重复选择，从而提高了效率，并得名为"正交匹配"。OMP 算法的详细步骤总结在算法 3.1 中。值得注意的是，$P_0(\boldsymbol{\Phi}, \varepsilon)$感知问题也可以利用 OMP 进行求解，此时算法并不需要稀疏度先验作为参数。

---

① 即$l_0$或$l_1$范数及其对应的结构化模型优化问题。

---

**算法 3.1　正交匹配追踪算法**

---

**Input**：观测向量 $r$，采样矩阵 $\boldsymbol{\Phi}$，稀疏度 $K(P_0(\boldsymbol{\Phi}, K))$ 或允许误差 $\varepsilon(P_0(\boldsymbol{\Phi}, \varepsilon))$

**Output**：$x$

　初始化：$t=0$，$\boldsymbol{x}^t=0$，$\mathrm{supp}(\boldsymbol{x})^t=\varnothing$，$\boldsymbol{e}^t=\boldsymbol{r}$

　**repeat**

　　支撑集贪婪匹配：$\mathrm{supp}(\boldsymbol{x})^{t+1}\leftarrow\mathrm{supp}(\boldsymbol{x})^t\bigcup\arg\max\limits_{i}\|\langle\boldsymbol{\Phi}_{:,i},\boldsymbol{e}^t\rangle\|_q$

　　感知信号：$\boldsymbol{x}^{t+1}_{\mathrm{supp}(\boldsymbol{x})^{t+1}}\leftarrow\boldsymbol{\Phi}^+_{:,\mathrm{supp}(\boldsymbol{x})^{t+1}}\boldsymbol{r}$

　　更新残差：$\boldsymbol{e}^{t+1}\leftarrow(\boldsymbol{I}-\boldsymbol{\Phi}_{:,\mathrm{supp}(\boldsymbol{x})^{t+1}}\boldsymbol{\Phi}^+_{:,\mathrm{supp}(\boldsymbol{x})^{t+1}})\boldsymbol{r}$

　　$t\leftarrow t+1$

　**until** $t=K$ 或 $\|\boldsymbol{e}^t\|\leqslant\varepsilon$

---

---

**算法 3.2　压缩采样匹配追踪/子空间追踪**

---

**Input**：观测向量 $r$，采样矩阵 $\boldsymbol{\Phi}$，稀疏度 $K$

**Output**：感知信号 $x$

　初始化：$t=0$，$\boldsymbol{x}^t=0$，$\mathrm{supp}(\boldsymbol{x})^t=\phi$，$\boldsymbol{e}^t=\boldsymbol{r}$

　**repeat**

　　候选支撑匹配：

　　$\widetilde{\mathrm{supp}}^t\leftarrow\mathrm{supp}(\boldsymbol{x})^t\bigcup$ 前 $2K(K)$ 个最大索引：$\arg\max\limits_{i}\|\langle\boldsymbol{\Phi}_{:,i},\boldsymbol{e}^t\rangle\|_q$

　　支撑集矫正：$\mathrm{supp}(\boldsymbol{x})^{t+1}\leftarrow$ 前 $K$ 个最大索引，$\arg\max\limits_{i}\boldsymbol{\Phi}^+_{\widetilde{\mathrm{supp}}}\boldsymbol{r}$

　　更新残差：$\boldsymbol{e}^{t+1}\leftarrow(\boldsymbol{I}-\boldsymbol{\Phi}_{:,\mathrm{supp}(\boldsymbol{x})^{t+1}}\boldsymbol{\Phi}^+_{:,\mathrm{supp}(\boldsymbol{x})^{t+1}})\boldsymbol{r}$

　**until** $\|\boldsymbol{e}^{t+1}\|>\|\boldsymbol{e}^t\|$ 或 $\|\boldsymbol{e}^{t+1}\|\leqslant\varepsilon$

---

　　OMP 算法由于其简单性，一直在相关领域中占有一席之地，其成功感知的条件分析也一直是一个研究的热点问题[165]。OMP 算法需要较严格的条件来保证每次迭代中支撑匹配的正确性，从而实现正确感知。为了降低这个条件，研究者陆续提出了一些改进的贪婪追踪类算法，包括子空间追踪（Subspace Pursuit，SP）[145]、压缩采样匹配追踪（Compressive Sampling and Matching Pursuit，CoSaMP）[146]、阶梯正交匹配追踪[147]、广义正交匹配追踪（Generalized OMP，GOMP）[148]、自适应稀疏度匹配追踪[166]等。算法 3.2 给出了 CoSaMP 与 SP 的算法流程，从中可以看出这两个算法的区别在于支撑集的匹配，即在每次迭代中分

别新加入 $K$ 与 $2K$ 个候选索引，然后利用矫正步骤重新筛选支撑集的估计，保留最可能的 $K$ 个。通过这种策略将 OMP 中每次选择一个原子加入支撑集，松弛为从多个候选支撑中筛选矫正，因此这种方式直观上能降低正确估计所需的条件。

OMP 算法的贪婪策略可以完全推广到组稀疏化模型的感知问题（见式(3-23)）或联合稀疏恢复问题（见式(3-26)），只需将原子与残差向量的匹配推广为一组原子与残差向量匹配或原子与一组残差向量匹配即可。对应的算法分别为块正交匹配追踪（Block OMP, BOMP）[118] 和同时正交匹配追踪（Simultaneous OMP, SOMP）[46, 112, 149-161]。以此类推，CoSaMP 算法可以推广为 SCoSaMP 来求解 $P_{p,q}^S(\boldsymbol{\Phi}, \boldsymbol{X}, K)$ 问题[147] 等。除此之外，另外一类来自于阵列信号处理的算法，称作多信号分类算法（MUltiple SIgnal Classification, MUSIC），同样也可以解决 MMV 问题。对于树结构稀疏化模型与 MRF 模型等复杂的结构稀疏化模型，同样可以通过贪婪策略来追踪对应的支撑集[110-111]。

针对合成稀疏模型对应的感知问题（或(3-32)），也可以采用以上贪婪算法进行信号感知。然而根据前面的讨论可知，字典的冗余性对正确感知的条件和准确性提出了严峻的考验。因此相关的研究者针对冗余字典下 CS 感知问题，提出了一些具有针对性的算法来提高重构的精度[138]。针对分析协同稀疏模型的信号感知问题（见式(3-29)），$P_0^A(\boldsymbol{\Phi}, \boldsymbol{A}, \varepsilon)$ 与 $P_0^A(\boldsymbol{\Phi}, \boldsymbol{A}, K)$ 也可以通过贪婪分析追踪（GAP）[101]、分析子空间追踪（ASP）和分析压缩采样匹配追踪（ACoSaMP）[102, 167] 等贪婪算法进行求解。相对于合成模型，这些算法通过匹配追踪信号的协同支撑来实现信号的感知。

除了利用贪婪算法直接求解 $l_0$ 优化问题以外，还有一些算法期望用一些光滑的函数逼近 $l_0$，然后利用该平滑函数的梯度信息进行函数最小化，如平滑 $l_0$ 算法[162]、迭代再加权类算法[163, 168] 等。

**2. $l_1$ 问题的感知算法**

$l_1$ 范数通常对应凸优化问题，在数学上存在许多现成的工具可用于求解该问题。针对 $P_1(\boldsymbol{\Phi}, \beta)$ 与 $P_1(\boldsymbol{\Phi}, \varepsilon)$ 这两个有约束问题，在优化领域中通常会引入参数 $\lambda > 0$，将其改变成如下的无约束问题进行求解：

$$P_1(\boldsymbol{\Phi}, \lambda): \boldsymbol{x} \leftarrow \arg \min_{x} \lambda \|\boldsymbol{x}\|_1 + \frac{1}{2} \|\boldsymbol{r} - \boldsymbol{\Phi}\boldsymbol{x}\|_2^2 \tag{3-38}$$

根据 Lagrangian 乘子法[158]，总存在一个 $\lambda^*$ 使得 $P_1(\boldsymbol{\Phi}, \lambda^*)$ 的解等于 $P_1(\boldsymbol{\Phi}, \beta)$ 或 $P_1(\boldsymbol{\Phi}, \varepsilon)$①。在机器学习中，式(3-38)在数学形式上与稀疏正则线性回归（Least Absolute Shrinkage and Selection Operator, LASSO）一致，在 3.2 节中将针对二者物理意义的差异

---

① 值得注意的是，这三个问题并不能认为是等价问题，而且 $\lambda$、$\varepsilon$ 与 $\beta$ 满足什么样的关系才能使得三者解相同也是一个复杂的问题，具体的 $\lambda^*$ 需要通过互补松弛条件来确定。

进行详细分析。随着 $\lambda$ 值的增大，$P_1(\boldsymbol{\Phi}, \lambda)$ 问题的解通常会变得更稀疏。然而这并不是严格单调关系，在有些情况下得到的解反而会变得稠密[107]。为了统一讨论不同稀疏化模型对应的凸优化感知问题，稀疏诱导范数在接下来的段落中统一记作 $f(\boldsymbol{X})$，其中包括向量的 $l_1(\boldsymbol{x})$ 范数、$l_{g,1,2}(\boldsymbol{x})$ 组稀疏诱导的混合范数、$l_{1,2}(\boldsymbol{X})$ 行稀疏诱导范数以及 $\boldsymbol{X}$ 奇异值的 $l_1$ 范数，则式(3-38)将改写成如下更广义的凸优化问题：

$$P_1(\boldsymbol{\Phi}, \lambda): \boldsymbol{X} \leftarrow \arg\min_{\boldsymbol{X}} \lambda f(\boldsymbol{X}) + \frac{1}{2} \| \boldsymbol{R} - \boldsymbol{\Phi}\boldsymbol{X} \|_{\mathrm{F}}^2 \qquad (3-39)$$

表 3.1　常用稀疏诱导范数的临近算子

| $f(\boldsymbol{x})$ | $g = \mathrm{prox}_{f,\lambda}(\boldsymbol{x})$ |
|---|---|
| $\| \boldsymbol{x} \|_1$ | $g = \mathrm{sgn}(\boldsymbol{x}) \odot \max(|\boldsymbol{x}| - \lambda, 0)$ |
| $\| \boldsymbol{x} \|_{g,1,2} = \sum_i \| \boldsymbol{x}_{\Omega_i} \|_2$ | $g_{\Omega_i} = \max\left(1 - \dfrac{\lambda}{\| \boldsymbol{x}_{\Omega_i} \|_2}, 0\right) \odot \boldsymbol{x}_{\Omega_i}$ |
| $\| \boldsymbol{x} \|_1 + \dfrac{\gamma}{2} \| \boldsymbol{x} \|_2^2$ | $g = \dfrac{1}{1+\lambda\gamma} \mathrm{sgn}(\boldsymbol{x}) \odot \boldsymbol{x} \max(|\boldsymbol{x}| - \lambda, 0)$ |
| $\| \boldsymbol{X} \|_{1,2}$ | $G_{i,:} = \max\left(1 - \dfrac{\lambda}{\| \boldsymbol{X}_{i,:} \|_2}, 0\right) \odot \boldsymbol{X}_{i,:}$ |
| $\| \boldsymbol{X} \|_*$ | $G = \boldsymbol{U}\mathrm{diag}(\max(s - \lambda, 0))\boldsymbol{V}^{\mathrm{T}}$ |

在式(3-39)中，第二项函数可导且梯度满足常数为 $L_f$ 的 Lipschitz 连续。如果 $f$ 存在简单表达式的临近算子(Proximal Operator)，则该优化可以通过临近梯度算法进行求解。算法 3.3 描述了这种算法的步骤，其中 $\mathrm{prox}_{f,\lambda}$ 表示 $f$ 的临近算子。该算法也可以理解为一种前后分裂算法(Forward Backward Splitting)[159]。表 3.1 总结了各种稀疏诱导范数对应的临近算子。

**算法 3.3**　临近梯度算法(Proximal Gradient Algorithm)

**Input**：采样矩阵 $\boldsymbol{\Phi}$，稀疏诱导函数的临近算子 $\mathrm{prox}_{f,\lambda}$，超参数 $\lambda$，$L_f$，$\varepsilon$

**Output**：$\boldsymbol{X}$

初始化：$t \leftarrow 0$，$\boldsymbol{X}^t = 0$

**repeat**

$\boldsymbol{X}^{t+1} \leftarrow \mathrm{prox}_{f,\lambda}(\boldsymbol{X}^t - L_f^{-1}\boldsymbol{\Phi}^*(\boldsymbol{\Phi}\boldsymbol{X}^t - \boldsymbol{R}))$

$t \leftarrow t + 1$

**until** $\| \boldsymbol{X}^{t+1} - \boldsymbol{X}^t \| \leqslant \varepsilon$

为了进一步提高临近梯度算法的收敛速度，根据 Nesterov 加速策略可以得到如下的一阶快速临近梯度算法，即算法 3.4[169]。该算法在 CS 领域中称为快速迭代阈值收缩法（Fast Iterative Shrinkage Thresholding Algorithms，FISTA）[155]，将在后续章节中广泛使用。此外还有其他提高收敛速度的一阶算法，如 NESTA 等[156]，这里不再详细介绍。

---

**算法 3.4** 快速临近梯度算法（Nesterov's Accelerated Proximal Gradient Algorithm）

---

**Input**：采样矩阵 $\boldsymbol{\Phi}$，稀疏诱导函数的临近算子 $\mathrm{prox}_{f,\lambda}$，超参数 $\lambda$，$L_f$，$\varepsilon$
**Output**：$\boldsymbol{X}$

    初始化：$\hat{\boldsymbol{X}}^0 = \boldsymbol{X}^1 = 0$，$a^1 = 1$
    **repeat**

$$\hat{\boldsymbol{X}}^t \leftarrow \mathrm{prox}_{f,\lambda}(\boldsymbol{X}^t - L_f^{-1}\boldsymbol{\Phi}^{\mathrm{H}}(\boldsymbol{\Phi}\boldsymbol{X}^t - \boldsymbol{R}))$$

$$a^{t+1} = \frac{1 + \sqrt{1 + 4(a^t)^2}}{2}$$

$$\boldsymbol{X}^{t+1} \leftarrow \hat{\boldsymbol{X}}^t + \frac{a^t - 1}{a^{t+1}}(\hat{\boldsymbol{X}}^t - \hat{\boldsymbol{X}}^{t-1})$$

    **until** $\|\boldsymbol{X}^{t+1} - \boldsymbol{X}^t\| \leqslant \varepsilon$

---

在这类基于梯度的算法中，通常需要估计梯度的 Lipschitz 常数作为梯度下降的步长，即机器学习中的学习率。然而在很多问题中该常数很难直接得到，需要利用回溯法近似得到[155]，这在实际优化过程中极大地增加了算法的时间复杂度。为了避免这个问题，另外一类优化算法将式（3-39）中的两个函数通过引入辅助变量进行分离（Splitting），从而使优化变量不在两个函数中耦合，于是式（3-39）转化为如下的有约束问题：

$$\min_{\boldsymbol{X},\hat{\boldsymbol{X}}} \lambda f(\hat{\boldsymbol{X}}) + \frac{1}{2}\|\boldsymbol{R} - \boldsymbol{\Phi}\boldsymbol{X}\|_{\mathrm{F}}^2, \text{ s. t. } \boldsymbol{X} = \hat{\boldsymbol{X}} \tag{3-40}$$

式中，$\hat{\boldsymbol{X}}$ 为关于 $\boldsymbol{X}$ 的辅助变量。针对这个有约束问题，通过引入拉格朗日对偶乘子变量 $\boldsymbol{U}$，将原变量的优化问题转化为关于 $\boldsymbol{U}$ 的对偶问题。由于对偶问题是原优化问题的上界，因此对于凸问题，该上界是紧致的，此时原问题与对偶问题的解保持一致，从而实现对原问题的求解。定义增广拉格朗日函数如下：

$$L_\rho(\hat{\boldsymbol{X}}, \boldsymbol{X}, \boldsymbol{U}) = \lambda f(\hat{\boldsymbol{X}}) + \frac{1}{2}\|\boldsymbol{R} - \boldsymbol{\Phi}\boldsymbol{X}\|_{\mathrm{F}}^2 + \langle\boldsymbol{U}, \boldsymbol{X} - \hat{\boldsymbol{X}}\rangle + \frac{\rho}{2}\|\boldsymbol{X} - \hat{\boldsymbol{X}}\|_{\mathrm{F}}^2 \tag{3-41}$$

式中，$\rho > 0$ 为惩罚参数。该优化问题可以利用交替方向乘子法（Alternating Direction Method of Multipliers，ADMM）来交替优化两个原变量和对偶变量。该算法可以理解成一种特殊的对偶上升法，即通过优化两个原变量来得到一个近似的关于对偶变量的梯度，然后根据梯度上升来极大化对偶问题[158]，该算法总结在算法 3.5 中。值得注意的是，在该算法中，关于 $X$ 的子问题通常是一个二次函数优化问题，对应的解可以直接通过求解一阶导数方程得到。而关于 $\hat{X}$ 的子问题，直接对应 $f$ 的临近算子。因此整个 ADMM 框架能够将变量耦合的优化目标函数，通过分裂变量转化为两个简单问题进行求解[160]，本章的后续工作也将反复利用该优化框架进行问题求解。

---

**算法 3.5** 交替方向乘子法（Alternating Direction Method of Multipliers，ADMM）

---

**Input**：采样矩阵 $\boldsymbol{\Phi}$，稀疏诱导函数的临近算子 $\text{prox}_{f,\lambda}$，超参数 $\lambda$，$\varepsilon$，$\rho$

**Output**：$X$

初始化：$\hat{\boldsymbol{X}}^0 = \boldsymbol{U}^0 = 0$

**repeat**

$$\boldsymbol{X}^{t+1} \leftarrow \arg\min_{\boldsymbol{X}} L_\rho(\boldsymbol{X}, \hat{\boldsymbol{X}}^t, \boldsymbol{U}^t)$$

$$\boldsymbol{X}^{t+1} \leftarrow \arg\min_{\hat{\boldsymbol{X}}} L_\rho(\boldsymbol{X}^{t+1}, \hat{\boldsymbol{X}}^t, \boldsymbol{U}^t) = \arg\min_{\hat{\boldsymbol{X}}} \lambda f(\hat{\boldsymbol{X}}) + \frac{\rho}{2} \left\| \boldsymbol{X} - \hat{\boldsymbol{X}} + \frac{\boldsymbol{U}}{\rho} \right\|_F^2$$

$$\boldsymbol{U}^{t+1} \leftarrow \boldsymbol{U}^t + \rho(\boldsymbol{X}^{t+1} - \hat{\boldsymbol{X}}^{t+1})$$

**until** 原误差与对偶误差收敛

---

## 3.2 表示学习与深度认知推断

3.1 节详细介绍了 CS 理论的基本原理，指出对于服从某些稀疏化先验模型的信号，能够从其线性压缩的观测向量 $r$ 中高概率地正确感知。然而人类除了对信息的感知以外，还能够从这些已获取的信息中通过学习，更新自己的知识库来完成对未知事物的联想理解与高级认知，如推理、预测、分类与识别等。为了完成这些高级认知任务，研究从压缩的感知到压缩的学习、认知推理，是实现类脑人工智能的一个关键问题。

自从计算机的问世使工业化时代的机器产物具有了计算能力以来，人类从未停止追求让电脑如同人脑一样工作的梦想[2, 10]。为了实现这一梦想，人们一直致力于研究大脑的结构与工作方式，试图通过建立合适的模型来对其处理信息的方式进行模拟，使得机器能够模仿人的思维去对感知到的信息进行理解、学习以实现对数据的认知，从而实现某种决策。早在两千年以前，Plato 与 Aristotle 就开启了关于人脑活动的思考，并指出人类的联想（Association）即各种观念意识的联系，应该服从四个准则：临近准则、频次准则、相似性准则与差异性准则①。他认为，人脑将这四个准则归纳成一种常识来指导对客观世界的理解与认知行为。在 15 世纪后，Thomas Hobbes 指出，人类复杂的经验总是由一些简单的经验联想形成的，经验间的相关性产生了这种联想，而它们的产生频次决定了联想的强度。这为后来学习规则的产生提供了启发。随着神经学的发展，近代生物解剖学的研究表明，大脑由左右半脑组成，之间通过脑胼胝体进行连接。这两个半脑公认由四个主要部分组成：大脑皮层、小脑、脑干与大脑边缘系统[1]。其中，大脑皮层占据了大部分体积，所以研究皮层的结构与功能成为研究、模仿大脑的最直接方式。根据神经学家的研究，大脑皮层主要由大量的神经元组成，其数量大约为 $10^{10}\sim10^{12}$[1]。在 19 世纪后期，Bain 将大脑的联想记忆与神经组（Neural Groupings）联系起来，指出神经组之间的连接强度是通过改变细胞间的介质来增强或削弱的，这是当代神经网络的雏形。

进入 20 世纪，由心理学家 McCulloch 与数学家 Pitts 共同提出的 MCP 神经元模型真正开启了神经网络的研究。而同期的 Hebb 提出的学习规则，使得机器模拟这些神经元进行学习成为可能[170]，开启了人工智能的一个新纪元。该准则指出，两个神经元之间的连接应该随着它们共生频次的增加而增强。Hebb 本人因为这项研究被誉为"神经网络之父"。此后，大量可学习的连接主义（Connectionism）神经元模型如雨后春笋一般应运而生。其中最著名的是由 Rosenblatt 提出的感知器（Perceptron）判别式学习模型[171]。感知器将人工神经网络逐渐从神经认知科学向模式识别任务靠拢，它通过构造一个仿射超平面使两类样本位于超平面两侧来实现二分类任务。而超平面的构造问题等价于感知器模型参数估计问题，即超平面的法向量与偏置向量的优化问题，通过给定一些带有类别标签的训练样本，使得在这些经验训练样本上错分的误差最小。Novikoff、Aizerman 等人随后从理论上也证明了感知器在训练集合上的收敛性，并指出该方式能够在测试集上获得较小的泛化误差。感知器模型在分类任务中的应用与理论让众多研究者似乎看到了人工智能的曙光，从而引起了人工神经网络的研究热潮，包括 Widrow 等人提出的自适应线性神经元（ADALINE）[172]，这些基本的神经元模型也与基于统计概率理论的广义线性模型息息相关[173]。

好景不长，Minsky 等早期人工智能的创始人随后在 *Perceptrons* 一书中指出了感知器模型表达能力的局限性[174]。由于感知器本质上是关于输入信号的一个线性函数，因此它仅限于实现基本的线性逻辑运算，如非、与、或，却无法实现异或逻辑函数。因此该模型在分类任务中只能处理样本空间内线性可分的问题。这种局限性犹如倾盆大雨浇灭了许多追溯者心中的火焰，导致基于神经元的人工智能陷入了一个瓶颈期，渐渐从人工智能和计算机科学的主流视野消失。相反，基于逻辑推理和知识工程的方法渐渐地将类脑人工智能与机器学习分开，并在 20 世纪 80 年代由专家系统占据了人工智能研究的主导地位，产生了归

---

① 后来也有学者简化为三种准则：相似准则、频次准则与对比准则。

纳逻辑编程的方法（Inductive Logic Programming），而机器学习开始转向基于概率统计模型，通过设计模型与算法来解决实际的一些问题[175]。直到后来，研究者发现将感知器模型按层堆叠形成多层感知器模型（MultiLayer Perceptrons，MLP）后，该模型具有全局逼近性（Universal Approximation Property）。具体来说，两层 MLP（单隐层）组成的神经网络模型能够全局逼近任意 Boolean 函数或连续有界函数，对三层（输入层、隐特征层、输出层）带有 Sigmoid 激活函数的多层感知器网络，Cybenko、Hornik 等人指出其具有全局函数逼近的能力[176-177]。与此同时，Kohonen 提出的自组织映射模型[178]，Hopfield 提出的离散、连续型全连接神经网络模型[179]，Hinton 提出的玻尔兹曼机（Boltzmann machine，BM）与受限玻尔兹曼机（Restricted Boltzmann Machine，RBM）等无监督生成式学习模型以及反向传播算法的兴起[180]，使得由神经网络模型推动的人工智能又迎来了第二次春天。此时一些国内研究学者也开始投身于神经网络的研究中[181-184]。

然而，随着分类问题复杂性的升级，用神经网络来逼近的分类决策函数的非线性程度逐渐增加，这就需要提升网络的复杂度来提升其逼近能力。直观上说，增强神经网络的逼近性能可以通过增加神经元的个数来实现，一种途径就是增加神经网络的宽度，即隐层单元的数目。另一种途径就是增加网络的深度，即隐单元的层数。例如，对于一个 $n$ 维 Boolean 奇偶函数的逼近问题，如果利用单层网络通过增加该层的单元数目来逼近，则需要 $O(2^d)$ 个元素；如果用 $O(\log d)$ 层的网络来逼近，则每层只需要 $O(d)$ 个元素即可[185]。后来 Bianchini 与 Scarselli 将类似的结论推广到更广义的神经网络中，并推导出一个 Betti 数目的概念来描述神经网络的表示能力。然而这两种方式在当时都面临了不同程度的风险。具体来讲，提升单层网络的逼近能力需要相应地以指数速率增加隐层单元的个数，这种方式将带来维数灾难与模型过拟合的风险；相反，通过增加网络的层数虽然能避免维度灾难的风险，但是在当时落后的机器计算能力条件下，深度网络非线性程度增加面临着训练困境的瓶颈，不合适的模型初始化反而会使优化陷入一些局部更差的解。于是，有限的训练数据样本和计算能力给神经网络模型的发展渐渐遮上了一层乌云，伴随的是支撑矢量机（Support Vector Machine，SVM）等结构化学习模型在少量训练样本问题上渐渐崭露头角。针对原空间内的线性可分问题，SVM 考虑仅通过学习少量的支撑最优分类超平面的矢量来降低对训练样本数目的要求，从而避免了模型过拟合的风险。通过引入核方法[186]，SVM 能够将原空间线性不可分的问题通过核映射转化为线性可分的问题，而不增加额外的计算复杂度。一时间，SVM 在小（训练）样本问题上取得的良好性能呈现出压倒性的优势，"打败"了神经网络，至今仍然作为一个基准分类框架应用在各种领域中。

在 SVM 分类框架繁荣发展的同时，机器学习中一个分支模式识别更关注对数据表示的建模、解释与可视化。因此这个方向更重视数据特征提取的研究，即从初始测量的数据中提取、选择出一些典型的、具有代表性和判别性的特征用于后续的决策认知任务。一方面，通过特征提取可以将数据中的冗余信息剔除，以获得从数据中抽象出的本征信息并降低处理的数据量；另一方面，利用这些特征进行后续的决策认知任务通常能够得到更好的性能。早期的数据特征通常来源于数据域的信息，如频谱特性、纹理特性、梯度等边缘轮廓特性等。随着统计模型和变换模型的发展，涌现出一大批人工精心设计的特征工程(Feature Engineering)来试图得到更精细、抽象和具有代表性的特征描述[187-188]。因此基于数据采样与预处理、特征提取与选择、决策器学习的框架逐渐应用在许多决策认知任务中并且至今仍然占据了主导方式，如特征＋SVM、特征＋近邻分类器等，显著提高了分类决策的性能。

同样在 2006 年，Hinton 和 Salakhutdinov 在 *Science* 杂志发表的一篇文章重新复兴了曾经低迷的深层网络模型[189]。该文章通过构造一个称为自编码(AutoEncoder，AE)的多层神经网络来实现数据的维度约减。AE 利用一个 MLP 将高维输入数据编码到一个低维表示实现数据的降维嵌入，同时再用另一个 MLP 网络将低维表示重构回原始的输入数据来保证信息在低维表示中不丢失。于是整个编码 MLP 网络和解码 MLP 组成的深层自编码网络的思想与同年产生的 CS 理论不谋而合，实现了从输入样本到输入样本非单位变换的非线性函数映射，使得中间的隐层均能作为输入样本的无损表征，实现无监督的特征学习。最重要的是，该文章给出了一套针对深层前馈神经网络学习的范式，即首先利用一个生成式模型，如 RBM，自底向上贪婪地对每层网络进行无监督的逐层学习，并利用训练好的模型参数初始化原始深层网络，再通过反向传播算法进行网络的精细调整(Fine Tuning)。这种范式给出了一个深度神经网络参数初始化的方法，极大地缓解了深度网络对参数初始化敏感导致无法训练或陷入局部的瓶颈。同年发表了深度置信网络(Deep Belief Networks，DBN)，通过这种方式进行预训练，能够学习更多的网络参数而缓解过拟合的风险[190]，同时利用有监督进行网络微调能够在手写体识别的基准数据库上相比于判别式模型达到更高的分类性能。在 AE 和 DBN 的推动下，基于(深度)生成式模型的无监督特征学习框架逐渐代替了传统人工特征工程的方式，并能够从数据中自适应地得到更丰富、表达能力更强且支持可视化的分布式多层特征表示[191]。

与此同时，随着互联网、移动互联网和物联网的蓬勃发展与计算机硬件设备和并行计算能力的提升，使得数据量与计算能力不再是阻碍大规模深度判别式模型学习的绊脚石。利用无监督学习或预训练的网络对深度判别式模型初始化，然后利用标记数据进行有监督精细调整得到的网络结果，在语音、图像识别等实际决策认知任务中极大地提高了准确率。在当今这个云计算和大数据蓬勃发展与数据海量积累的时代，以深度判别式模型为代表的深度机器学习同时在科研界与工业界重新掀起了新一代类脑人工智能的火爆热潮，使得在这十余年的时间内人工智能产业成指数级增长。深度卷积神经网络(Convolutional Neural Networks，CNN)作为最典型的深度判别网络模型，直接参与并主导了这场风潮。CNN 是受到大脑视觉皮层结构的启发而构造的，主要由卷积层与下采样层组成。具体来说，CNN 将感知器中的全连接层用卷积层来代替，即矩阵向量乘积运算转化为多维卷积，这能够非常高效地减少模型可学习的参数个数，从而进一步避免判别式模型陷入过拟合的风险。与此同时，多维卷积运算能够方便地保持多维数据的拓扑结构而无需专门引入额外的结构化约束，而且充当了多维滤波器并对样本实现不同的滤波功能。下采样层，通常又称为池化操作（Pooling），模拟视觉系统对滤波后的信息进行稀疏采样，使得每个"感受野"区域只能有"一个信息"被传递到下层网络，实现了信息的压缩采样。例如，最大池化操作（Max-Pooling）将采样最大的滤波响应，均值池化（Average-Pooling）实现均值模糊，等等。LeNet作为最早典型的 CNN，用于数字识别[192]。而经过这接近二十年的发展，其基本架构也有了很大的改变，如 AlexNet[193]、VGG-Net[194]、GoogLeNet[195]、ResNet[196]等，而网络的层数也从最初的 5 层增加到 152 层的 ResNet①。配有长短记忆神经元（Long Short-Term Memory，LSTM）的循环神经网络（Recurrent Neural Network）也在这个深度潮流中重新在语音信号处理与时序信号处理中大放异彩[197-198]。这些先进的网络在 ImageNet 图像识别挑战赛与自然语言处理等领域中都取得了非常好的成绩，而且其准确率已经超越人类识别的成绩并至今仍然在刷新纪录[199-200]。这种傲人的成绩带来的影响力无疑让基于 CNN 的深度机器学习席卷了各行各业，以至于许多同业研究者都将深度学习直接混淆为深度神经网络。然而事实上，深度学习不仅仅包括深度（卷积）神经网络的判别式模型，还包括前面提及的深度生成式模型[201-202]、深度森林[203]、深度核学习[204]等其他经典机器学习模型的分层形式，因此本章作者认为深度机器学习为传统模型提供了一个新的途径，将会引领着各种经典学习模型百花齐放。

尽管 CNN 在视觉领域取得了令人惊异的成绩，但每天仍然会出现许多针对它的局限性的改进性模型与算法来继续推动这个领域向前发展。针对深度神经网络最大的争议主要来源于以下三个方面：性能的可解释性，模型超参数的确定，小样本问题的学习。具体来说，Szegedy 等研究者指出，对一些图像增加一些微小的扰动，对人类来说，这些扰动完全不影响人类的识别，然而会造成一个训练好的深度判别网络完全错分[205]。Nguyen 等研究者提出了一些对人类毫无语义的特殊模式，这些模式总被深度网络高置信度地识别为某种特定的类[206]，这个现象说明人类与当今网络在认知世界时可能采用了完全不一样的机制，这并不符合类脑人工智能最初的动机。这两种缺陷让研究者重新陷入了对深度判别网络性能可解释性的思考，同时也限制了这种模型在许多需要有严格可解释性的安全领域的应用。另一方面，根据前面的介绍，三层网络模型已经具备了全局逼近性，使其在理论上已经足够应对各种复杂的决策问题。然而用于设置隐层数目或每层神经元的个数等网络超参数，在处理问题时却总需要依靠人的经验，耗费一定的精力来进行调整，从而达到一个满意的泛化性能，这同样不符合类脑智能化的需求。最后一个瓶颈是针对小样本的学习问题。

① 还有更深的 1000 层 ResiNet 网络，本文不再举例讨论。

人类具有举一反三的发散性联想能力,通过少量的训练和多频次的讲授通常就能够完成对该类物体的认知,并且有一定的迁移能力来处理一些未见但类似物体的识别。相反,深度网络模型始终需要依靠大量的样本来支撑起庞大参数空间的搜索优化,使得小样本问题自始至终都是其薄弱命门。针对小样本问题,除了 SVM 的思路外,通过迁移学习、one-shot 或 zero-shot 学习、概率规划模型等也能处理训练样本较少的模型学习问题[58, 207-208],发表在 *Science* 杂志的概率编程模型已经初步通过图灵测试,在一些简单问题上展示出了人类水平的概念学习能力[209]。这些异于深度网络的学习模型,也一直在以自己的方式推动着人工智能的不断发展。

除了学术界,世界各国也嗅到了其中的战略与商机,纷纷投身于这场由深度学习引发的新时代人工智能的盛宴与战争中。在国家层面,美国和欧盟各国分别斥资接近 60 亿美元和 10 亿欧元用于开展各自的"类脑计划"来占领人工智能的高地,我国也在 2017 年发布《新一代人工智能发展规划》,直接将人工智能列为国家发展的战略目标,旨在实现构建开放协同的人工智能科技创新体系等重点任务。国内多所高校都相应地开设了人工智能研究院或学院,为国家的人工智能发展提供科研基础与人才储备。在公司层面,谷歌的 DeepMind 人工智能实验室、微软人工智能研究院、Facebook 人工智能实验室等纷纷启动了相应的 AI 项目。其中,DeepMind 开发的 AlphaGo 利用深度网络学习人类对弈的棋局,分别在 2016 年、2017 年击败世界围棋冠军、职业九段棋手李世石和世界围棋排名第一的棋手柯洁,轰动了世界。作为第一个打败人类专业棋手的机器算法,AlphaGo 被 *Science* 杂志封面评为当年最具有突破性研究之一①,其最新版本 AlphaZero 无需人类的知识,仅通过三天完全无监督的自我学习就超越了 AlphaGo,并且创造了许多新的棋局知识[210]。国内的互联网公司,如百度、阿里巴巴和腾讯等,也分别成立了深度学习技术及应用国家工程实验室、人工智能实验室以及阿里达摩院等,致力于将人工智能理论转化为利国利民的科技成果。

### 3.2.1　统计机器学习中的压缩采样

在统计机器学习中一个很重要的改变就是引入了非确定性的概率视角。传统 CS 理论基本的假设是被采样的稀疏信号 $x$ 是确定的。感知任务就是从该可见的观测向量中找到这个确定的向量 $x$。然而在统计机器学习中,观测向量 $r$ 与信号 $x$ 都被认为是非确定的随机变量。对 $x$ 采样得到观测向量 $r$ 的过程,从概率角度来看,是对条件分布函数 $\mathbb{P}(r \mid x, \Theta_r)$ 的一个采样。假设:

$$r \sim \mathbb{P}(r \mid x, \Theta_r) = N(r \mid \boldsymbol{\Phi}x, \sigma^2 \boldsymbol{I}) \tag{3-42}$$

其中,分布的均值向量为 $\boldsymbol{\Phi}x$,协方差矩阵为 $\sigma^2 \boldsymbol{I}$,$\Theta_r = \{\boldsymbol{\Phi}, \sigma\}$ 被定义为控制该分布的观测

① http://www.sciencemag.org/news/2016/12/ai-protein-folding-our-breakthrough-runners.

模型参数。值得强调的是，引入模型参数的概念可将泛函空间的分布函数与参数空间的参数对应起来，使得在机器学习中寻找分布函数的任务转换为在参数空间中搜索参数的过程。为了进一步揭示对 $r$ 引入随机性的意义，考虑对 $r$ 实施 Reparameterization 技巧：假设一个高斯随机向量 $e_r$ 经过一个仿射变换 $g(e_r)$ 得到 $r$，即

$$r = g(e_r) = \mathbf{\Phi} x + e_r, \text{ s.t. } e_r \sim N(e \mid \mathbf{0}, \sigma^2 \mathbf{I}) \tag{3-43}$$

则式(3-43)将对应前面介绍的加性噪声采样模型，而噪声模型为高斯白噪声。从这个角度分析，将 $r$ 作为随机变量如同在确定性采样模型中考虑了随机噪声。

在机器学习中，处理的所有随机变量需理解成从某分布函数上的采样样本。利用这些样本，通过学习"感知"该潜在的分布函数，实现认知任务。因此从某分布函数上采样作为一个基本任务，在机器学习中具有十分重要的地位。常见的采样方法有 Rejection 采样法、Importance 采样法、Gibbs 采样法与 Markov Chain Monte Carlo(MCMC)采样法等[13]。由于服从某分布的样本个数通常是无限的，因此采样总可以理解成关于该分布函数的压缩采样。从这个角度分析，类脑机器学习的核心任务是利用这些少量的采样样本进行学习与认知，压缩感知理论是其中的一个特例。

## 3.2.2　统计机器学习中的参数化模型

根据 3.2.1 节的介绍，在 CS 理论中待压缩采样的信号 $x$ 需服从已知的稀疏化先验模型 $X_S$ 才能保证在其解空间中实现正确感知。在统计机器学习中，由于 $x$ 被认为是随机向量，因此我们不能再用一个确定性的解来描述该信号，相反需要利用统计分布模型来刻画该族信号的性质，并假设满足某种同性质的信号族是从同一个分布函数上采样得到的。对于任意一个随机变量 $x$，通常采用先验分布与后验分布来描述其性质，下面将详细讨论这两种分布模型，诠释如何实现统计机器学习。

### 1. 先验分布与生成式模型

变量 $x$ 的先验分布用来描述该变量在未观测之前就已经具有的本征性质，记作 $x \sim \mathbb{P}(x)$。这种性质不随观测系统的改变而变化。例如，对于一个 $n$ 维随机向量 $x \in \mathbf{R}^n$，并假设 $x$ 中的分量是独立地从 $\mathbb{P}(x)$ 采样的 $n$ 个样本。如果该分布函数 $\mathbb{P}(x)$ 在 $x=0$ 处呈现"高尖峰"且在 $x \neq 0$ 之外快速衰减却有很长的拖尾效应，则这 $n$ 个样本大部分为 0 或围绕在 0 周围，仅有少量元素与 0 相差很大。在这种情况下，根据式(3-16)，可以认为 $x$ 服从可压缩稀疏化模型，而函数 $\mathbb{P}(x)$ 被称为稀疏诱导分布函数。图 3.6 中展示了四种典型分布的概率密度函数。从图 3.6 中可以看到，四种函数的最高峰值都在 $x=0$ 处，高斯分布其峰值附近的函数值变化比拉普拉斯分布的平缓且不尖锐。所以，高斯分布采样的一堆样本数值范围将变化不大，从而无法用一个 $K$-稀疏向量进行较小误差的逼近。随着其方差减小，分布曲线的衰减性增加，使得采样得到的向量稀疏性增强。当方差很小时，高斯分布也能成为

稀疏诱导分布。

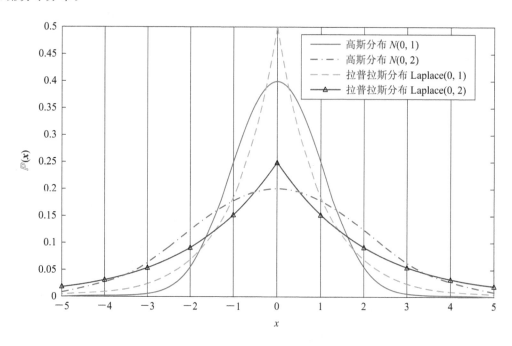

图 3.6　概率密度函数稀疏性示意图

　　在机器学习中，样本的先验分布对于数据认知起到了决定性的作用。如何从给定的一组有限样本中去估计这些样本的本征先验分布，成为机器类脑认知的本质任务之一。例如，对于某 SAR 目标图像，由于客观条件及保密原因，获得大量该目标的图像样本通常不可行。如果能确切知道该类目标的分布函数为 $\mathbb{P}_{\text{target}}(\boldsymbol{x})$，就能够从该分布上通过采样得到一系列该目标的样本，为后续目标分类与识别等决策任务提供足够的数据支持。为了估计数据的先验分布，令 $\{x_i\}_{i=1}^N$ 表示一组预先获取的数据样本（为了方便分析，这里假设为单变量），在机器学习中称为经验样本或训练样本。假设这组样本的真实分布可以用如下混合模型确定的分布进行逼近[1]，如 GMM（Gaussian Mixture Models）：

$$x_i \sim \mathbb{P}_{\text{model}}(\boldsymbol{x} \mid \Theta_x) = \sum_{k=1}^{K} \alpha_k N(\mu_k, \sigma_k) \qquad (3-44)$$

其中，$\Theta_x = \{\alpha_k, \mu_k, \sigma_k\}_{k=1}^K$ 称为该分布（模型）的参数，频率学派的观点认为它们是确定的常量，因此感知的任务就转化成对 $\Theta_x$ 学习（估计）来确定对应的分布形式。然而在实际任务中，考虑到数据生成的复杂性，假设数据的先验分布由一些未直接观测到的随机隐变量

① 　由于样本是从真实分布采样得到的，因此这里只是从经验分布去"感知"真实分布。

(Latent Variables)和参数同时控制。根据全概率公式，关于 $x$ 的分布可以用如下的边缘分布来建模[1]，即

$$\mathbb{P}_{\text{model}}(x \mid \Theta_x) = \int_z \mathbb{P}(x, z \mid \Theta_x)\mathrm{d}z \qquad (3-45)$$

其中，关于可见变量 $x$ 和隐变量 $z$ 的联合分布的模型 $\mathbb{P}(x, z \mid \Theta_x)$ 称为生成式模型[13]。典型的生成式模型包括线性高斯模型[13, 211]、朴素贝叶斯模型[212]、贝叶斯网络模型[213]、马尔科夫随机场(包括隐马尔科夫)模型[214-215]等。

第一大类生成式模型是基于无向图模型(Undirected Graph Model)构造的[214-215]。无向图模型又称为马尔科夫随机场模型(MRF)，通过研究所有变量 $\{x_i\}_{i=1}^n$ 之间的关联关系，利用如下的 Boltzmann 能量模型进行建模：

$$\mathbb{P}(x \mid \Theta_x) = \frac{1}{Z}\exp - \varepsilon(x \mid \Theta_x) \qquad (3-46)$$

其中，$\varepsilon$ 表示能量函数；$x \in \mathbf{R}^n$ 为这组变量组成的向量；$Z = \int \varepsilon(x \mid \Theta_x)\mathrm{d}x$ 称为配分函数 (Partition Function)，用于确保分布函数是归一化的。因此，该模型的核心是设计不同的能量函数来描述变量的关系。在这种模型中通常假设能量函数具有可分性(factorization)，即能量函数能够写成一组定义在子变量的能量之和。具体来讲，定义 Clique 为在无向图中一组彼此关联的变量集合，即 Clique 中的变量是全连接的，记作 $c$。如果任意加入一个新的变量使得 $c$ 内总存在一个变量与新加入的变量不连接，则这个 Clique 定义为最大 Clique。在这个定义下，根据条件独立性质，无向图模型的能量函数能分解为如下形式：

$$\mathbb{P}(x \mid \Theta_x) = \frac{1}{Z}\exp\left(-\sum_{c_i}\varepsilon_i(x_{c_i} \mid \Theta_{x,i})\right) \qquad (3-47)$$

其中，$x_{c_i}$ 为第 $i$ 个最大 Clique 中的变量，而 $\varepsilon_i$ 为对应的子能量函数。因此最大 Clique 其实定义了这组变量的一个结构，使得 Clique 之间的变量是相关的。如果该分布是一个稀疏诱导的分布，则利用 Clique 可以对 $x$ 进行结构化稀疏建模。

当 $x \in \{0, 1\}^n$ 为一组 $n$ 维的二值随机变量时，定义能量函数为

$$\varepsilon(x) = -\langle x, Wx \rangle - \langle b, x \rangle \qquad (3-48)$$

这种无向图模型被称为玻尔兹曼机(Boltzmann Machine, BM)[216]，其中模型参数 $\Theta_x = \{W, b\}$。如果利用 BM 对存在隐变量的数据进行建模，则能量函数为

$$\varepsilon(x, z) = -\langle x, W_x x \rangle - \langle x, W_{xz}z \rangle - \langle z, W_z z \rangle - \langle b_x, x \rangle - \langle b_z, z \rangle \qquad (3-49)$$

如果令 $W_x = 0$，$W_z = 0$，使得可见变量之间、隐变量之间独立，则 BM 转变为受限玻尔兹曼机模型(Restricted Boltzmann Machines, RBM)，即

---

① 这里以连续性随机变量为例，如果是离散型随机变量，则将积分换成求和即可。

$$\varepsilon(\boldsymbol{x}, \boldsymbol{z}) = -\langle \boldsymbol{x}, \boldsymbol{W}_{xz}\boldsymbol{z} \rangle - \langle \boldsymbol{b}_x, \boldsymbol{x} \rangle - \langle \boldsymbol{b}_z, \boldsymbol{z} \rangle \tag{3-50}$$

另外一类生成式模型是由有向图模型（Directed Graph Model）构造的，又称为贝叶斯网络。在这样的模型中，联合分布 $\mathbb{P}(\boldsymbol{x}, \boldsymbol{z})$ 被分解为关于 $\boldsymbol{x}$ 的条件分布与关于 $\boldsymbol{z}$ 的先验分布，即

$$\mathbb{P}(\boldsymbol{x}, \boldsymbol{z} \mid \Theta_x) = \mathbb{P}(\boldsymbol{x} \mid \boldsymbol{z}, \Theta_{xz})\mathbb{P}(\boldsymbol{z} \mid \Theta_z) \tag{3-51}$$

其中，$\mathbb{P}(\boldsymbol{x} \mid \boldsymbol{z}, \Theta_{xz})$ 描述的是在隐变量 $\boldsymbol{z}$ 的条件下生成（合成）$\boldsymbol{x}$ 的概率分布，模型参数 $\Theta_x = \{\Theta_{xz}, \Theta_z\}$。假设该分布为如下的多变量高斯分布：

$$\mathbb{P}(\boldsymbol{x} \mid \boldsymbol{z}, \Theta_{xz}) = N(\boldsymbol{x} \mid \boldsymbol{Dz}, \sigma^2 \boldsymbol{I}) \propto \exp\left(-\frac{\parallel \boldsymbol{x} - \boldsymbol{Dz} \parallel_2^2}{2\sigma^2}\right) \tag{3-52}$$

其中，$\Theta_{xz} = \{\boldsymbol{D}, \sigma\}$ 为模型参数，控制着高斯分布的均值向量与协方差。如果进一步假设隐变量 $\boldsymbol{z}$ 中每个分量的先验分布独立服从某稀疏诱导的范数，如拉普拉斯分布，则可以得到如下形式：

$$\mathbb{P}(\boldsymbol{z} \mid \Theta_z) = \prod_{z_i} \mathrm{Laplace}(z_i \mid 0, \lambda^{-1}) = \prod_{z_i} \frac{\lambda}{2}\exp(-\lambda \mid z_i \mid) \tag{3-53}$$

其中，$\Theta_z = \{\lambda\}$ 为 $\boldsymbol{z}$ 的先验分布参数并假设所有分量的参数相同。将式（3-52）与式（3-53）代入式（3-51）中，并取负自然对数可以得到

$$-\ln\mathbb{P}(\boldsymbol{x}, \boldsymbol{z}) = \frac{1}{2\sigma^2}\parallel \boldsymbol{x} - \boldsymbol{Dz} \parallel_2^2 + \lambda \parallel \boldsymbol{z} \parallel_1 + \mathrm{const} \tag{3-54}$$

通过前面的介绍可知式（3-54）等同于 $\boldsymbol{x}$ 的合成稀疏模型，其中模型参数 $\boldsymbol{D}$ 等同于字典，隐变量 $\boldsymbol{z}$ 是在字典下的稀疏表示向量。如果 $\boldsymbol{z}$ 的分量之间有关联，则相应地可以推导出结构化稀疏模型的概率解释，但值得注意的是这种概率解释并不唯一[191]。

综上所述，生成式模型通过对所有变量的联合分布利用某参数化模型进行建模，并假设这些数据是由这些参数生成的。数据分布的复杂性增加时，可以通过增加一层隐变量来提高模型的表示性能①。具体来说，通过引入隐变量，然后通过采样某先验分布的隐变量 $\boldsymbol{z}$，再根据函数 $\mathbb{P}(\boldsymbol{x} \mid \boldsymbol{z})$ 得到联合概率 $\mathbb{P}(\boldsymbol{x}, \boldsymbol{z})$，并进行边缘化得到最终关于 $\boldsymbol{x}$ 的分布函数 $\mathbb{P}(\boldsymbol{x})$。

### 2. 后验分布与判别式模型

利用生成式模型对变量 $\boldsymbol{x}$ 的先验分布进行建模，可使得机器有能力对一组变量的本征属性进行理解认知，进而能知道 $\boldsymbol{x}$ 是由什么因素产生的并能将该因素实现可视化。除了数据理解这个认知任务以外，人们还关心在观测到变量 $\boldsymbol{x}$ 后它能做什么，如何让机器模拟大脑获取信息后实现一些认知决策任务。这种需求引出统计机器学习中另外一类重要的分布模型——变量的后验分布模型。例如，在 CS 中待采样的随机向量 $\boldsymbol{x}$ 对于观测者来说是未知

---

① 这就是深度分层生成式模型的基本思想来源。

的，因此只能通过观测模型来得到一个采样向量 $r \sim \mathbb{P}(r|x, \Phi)$。CS 的感知任务是根据观测到 $r$ 后，再去估计分布 $\mathbb{P}(x|r)$，这个分布函数定义为感知任务关于 $x$ 的后验分布[①]。

相对于生成式模型，判别式模型(Discriminative Model)将针对任务需求的输出变量的后验分布进行建模，或旨在构造一个参数化的确定性函数，将输入变量 $x$ 直接映射到任务输出变量 $y$。因此在这种模型中，需要同时利用$(x, y)$的信息(即任务)标记样本。在当代机器学习中，典型的判别式模型有逻辑回归模型[12-13]、支撑向量机(Support Vector Machines，SVM)[217-218]、神经网络(Neural Network，NN)[172-173, 178, 219]、条件随机场(Conditional Random Fields，CRF)[220]、随机森林[221]等。

第一类判别式模型从函数逼近的角度出发。考虑如下回归问题：给定 $N$ 个可见变量 $\{x_i \in \mathbf{R}^n\}_{i=1}^N$ 与对应的目标值 $\{y_i \in \mathbf{R}\}_{i=1}^N$，该任务旨在找到一个参数化的函数 $f$ 使得 $y_i = f_{\Theta_{yx}}(x_i)$，从而实现对新样本的目标值预测。如果利用最简单的线性(仿射)函数来描述这样的关系，则有

$$y = f_{\Theta_{yx}}(X) = X^T w + e_y \qquad (3-55)$$

其中，$\Theta_{yx} = \{w \in \mathbf{R}^n\}$ 为该模型的参数，$e_y$ 表示回归误差向量。假设 $\mathbb{P}(y_i|x_i)$ 为高斯分布，则线性回归模型(见式(3-55))可以解释为如下的基于概率的判别式模型：

$$\mathbb{P}(y \mid x, \Theta_{yx}) = \prod_{i=1}^N N(y_i \mid \langle x_i, w \rangle, \sigma^2) \qquad (3-56)$$

在很多任务中，对于 $x_i$ 的期望输出可能为 $K$ 个变量组成的随机向量 $y_i \in \mathbf{R}^K$，如 $K$ 分类问题，在这种情况下回归模型将变为

$$Y = WX + E_y \qquad (3-57)$$

其中，模型参数 $\Theta_{yx} = \{W \in \mathbf{R}^{K \times n}\}$。

对于单变量的线性回归模型(见式(3-55))，如果将输出的目标变量限制在集合$\{0, 1\}$中，则该回归问题可以实现一个二分类任务。为此，考虑额外引入一个简单的非线性单调函数 $g(\cdot)$，将该线性回归模型转化成如下的非线性回归模型：

$$y_i = g(\langle w, x_i \rangle) \qquad (3-58)$$

式(3-58)被称为 M-P 人工神经元模型[189]。如果 $g$ 选择为逻辑 Sigmoid 函数，则式(3-58)对二值类别变量 $y_i$ 的后验分布建模为

$$\mathbb{P}(y_i = 1 \mid x_i, \Theta_{yx}) = g(\langle w, x_i \rangle), \text{ s.t. } g(x) = \frac{1}{1 + e^{-x}} \qquad (3-59)$$

式(3-59)称为逻辑回归模型。另外一种非线性函数 $g$ 为阶跃函数，此时式(3-58)将表示为式(3-60)的感知器模型(Perceptrons)：

---

① 注意需要将后验分布与 $x$ 的条件似然分布函数进行区别。

$$y_i = g(\langle \boldsymbol{w}, x_i \rangle), \text{ s.t. } g(\boldsymbol{x}) = \begin{cases} 1, & x > 0 \\ 0, & \text{其他} \end{cases} \tag{3-60}$$

这种感知器模型能够实现线性函数的逼近来解决线性可分的问题，然而如果输入样本为线性不可分，如实现异或函数，则感知器模型将变得束手无策。为了解决这个问题，采用同生成式模型增强性能一样的思路，判别式模型通过引入分层的隐变量来提高自身的逼近能力。具体来说，将单层感知器模型利用式(3-57)推广到多变量输出，然后将输出向量作为下一层感知器模型的输入，从而得到多层感知器模型(MultiLayer Perceptrons，MLP)。非线性函数选择 Sigmoid 逻辑函数的 MLP 模型，可以解决非线性可分问题，且该模型具有全局函数逼近能力，其逼近效率取决于每层神经元的个数与层数[174]。图 3.7 展示了单层与多层感知器模型。由于在 MLP 中神经元之间组成有向无环图，因此 MLP 通常又被当作一种典型的前馈神经网络(Feed-Forward Network)[166]。如图 3.8 所示，单层感知器模型本质上是利用一个广义线性分类决策函数 $g(\boldsymbol{x}) = \langle \boldsymbol{w}, \boldsymbol{x} \rangle + b = 0$ 确定的超平面将样本空间分成两部分，使得在超平面两侧的样本对应不同类别，即 $g(\boldsymbol{x}) < 0$ 与 $g(\boldsymbol{x}) > 0$ 代表不同的类别，该超平面的法向量即为 $\boldsymbol{w}$，偏离原点的距离为 $b$。然而从图 3.8 中可以发现，对于一个二分类问题，存在无数超平面能够实现正确分类。如何在无数超平面中找到一个最优超平面成为该判别式模型主要关注的问题之一。

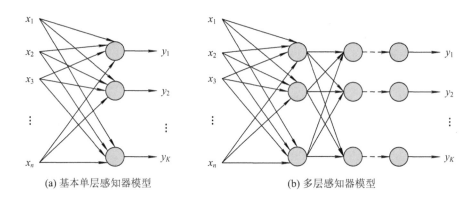

(a) 基本单层感知器模型　　　　　　　(b) 多层感知器模型

图 3.7　单层与多层感知器模型示意图

根据该超平面方程，点 $\boldsymbol{x}$ 到超平面的距离为 $\dfrac{|g(\boldsymbol{x})|}{\|\boldsymbol{w}\|}$。值得注意的是，该距离对超平面的参数保持尺度不变，因此总可以通过归一化使 $|g(\boldsymbol{x})| \geqslant 1$。令二分类任务的输出变量集合 $y = \{+1, -1\}$，该条件等价于：

$$y_i g(x_i) \geqslant 1, \ i = 1, \cdots, N \tag{3-61}$$

为了让类间样本尽量被最优超平面分开，研究者期望所有样本到该最优超平面的距离都不小于 $d$，即 $|g(x_i)| \geqslant d\|\boldsymbol{w}\|$，$i = 1, \cdots, N$。结合前面的要求，则转化为 $d \geqslant 1/\|\boldsymbol{w}\|$。在这

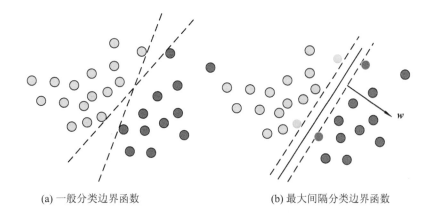

(a) 一般分类边界函数　　　　　　　(b) 最大间隔分类边界函数

图 3.8　一般分类边界与最大间隔分类边界示意图

种条件下，离最优超平面的样本最近的样本距离即为 $d$，被定义为支撑最优分类超平面的向量，即支撑向量（Support Vectors），因此两类之间的间隔即定义为 $2d$。支撑矢量机（Support Vector Machine，SVM）作为另外一种判别式模型，考虑在满足式(3-61)的条件下最大化类别间隔 $2d$ 的下界，即

$$\max_{\boldsymbol{w}} \frac{2}{\|\boldsymbol{w}\|},\ \text{s. t.}\ y_i g(x_i) \geqslant 1,\ i = 1,\ \cdots,\ N \tag{3-62}$$

为了简便，如果提前对函数 $g(\boldsymbol{x})$ 进行归一化使得 $|g(x_i)| \geqslant d$，则式(3-62)可以改写为

$$\min_{\boldsymbol{w}} \frac{1}{2} \boldsymbol{w}^{\mathrm{T}} \boldsymbol{w},\ \text{s. t.}\ y_i(x_i^{\mathrm{T}} \boldsymbol{w} + b) \geqslant 1,\ i = 1,\ \cdots,\ N \tag{3-63}$$

式(3-63)被称为 SVM 的原优化问题（Primal）。引入 Lagrange 乘子可以得到 Lagrangian 函数为

$$L(\boldsymbol{w},\ b,\ \lambda_i) = \frac{1}{2} \boldsymbol{w}^{\mathrm{T}} \boldsymbol{w} + \sum_{i=1}^{N} \lambda_i (1 - y_i(x_i^{\mathrm{T}} \boldsymbol{w} + b)) \tag{3-64}$$

因此式(3-63)的解需要满足如下的 KKT 条件：

$$\boldsymbol{w}^* = \sum_{i=1}^{N} x_i y_i \lambda_i,\ \sum_{i=1}^{N} \lambda_i^* y_i = 0,\ \lambda_i^* \geqslant 0,\ \lambda_i^* (1 - y_i(x_i^{\mathrm{T}} \boldsymbol{w}^* + b^*)) = 0 \tag{3-65}$$

$\lambda_i$ 代表第 $i$ 个样本生成 $\boldsymbol{w}^*$ 的贡献。由于支撑向量在每类样本中总是少量的，因此 $\boldsymbol{w}^*$ 可理解为是根据一组回归变量 $\boldsymbol{x} \in \mathbf{R}^{n \times N}$ 进行稀疏回归任务得到的。代入式(3-64)可以得到 SVM 的对偶问题为

$$\max_{\lambda_i} \sum_{i=1}^{N} \lambda_i - \frac{1}{2} \sum_{i=1}^{N} \sum_{j=1}^{N} \lambda_i \lambda_j y_i y_j x_i^{\mathrm{T}} x_j \tag{3-66}$$

相比于 MLP 模型，SVM 模型的优化问题是凸问题，其良好的数学收敛性使其能够得

到全局最优解。SVM 的对偶问题的表达式（式（3-66））中需要计算 $x_i$ 与 $x_j$ 的内积。如果这组样本线性不可分，则总存在某个非线性映射 $\boldsymbol{\Phi}$ 将 $\boldsymbol{x}$ 映射到特征空间使其在该空间内线性可分，对应的最优分类面方程应该满足：

$$\max_{\lambda_i} \sum_{i=1}^{N} \lambda_i - \frac{1}{2} \sum_{i=1}^{N} \sum_{j=1}^{N} \lambda_i \lambda_j y_i y_j \boldsymbol{K}(x_i, x_j) \tag{3-67}$$

其中，$\boldsymbol{K}(x_i, x_j) = \boldsymbol{\Phi}(x_i)^{\mathrm{T}} \boldsymbol{\Phi}(x_j)$ 表示在核空间内的内积，并称为核函数矩阵。在这种情况下，式（3-67）在形式上与式（3-66）保持一致，因此在优化求解过程中也不会增加额外的计算复杂度，这种方法被称为核技巧[186]，是 SVM 模型进行分类任务的一个最关键的策略。

### 3.2.3　判别式模型学习与深度认知推理

在机器学习中，关于模型的类脑学习是通过参数估计（estimation）与隐变量的推理（inference）来共同完成的。和 CS 感知问题一样，该过程通常转化为求解一个优化问题来实现，但是模型的学习将通过更多的已知训练样本来实现，通过估计模型的最优参数使模型确定的分布与真实期望的分布尽量匹配①，从而实现对潜在的分布函数进行学习。

给定一组含有输出变量的有标记训练样本对 $T = \{x_i \in \mathbf{R}, y_i \in y\}_{i=1}^{N}$，其中 $y$ 为已知的类标集合。令 $P_{\mathrm{model}}(\boldsymbol{y} \mid \boldsymbol{x}, \Theta_{yx})$ 表示判别式模型关于参数的似然函数②，判别式模型的有监督学习将理解为找到一个最可能得到这组训练样本对的模型参数 $\Theta_{yx}$，即优化参数使得似然函数在训练样本条件下期望最大，从而实现对后验分布 $\mathbb{P}(\boldsymbol{y} \mid \boldsymbol{x})$ 的感知，即

$$\Theta_{yx}^{\mathrm{ML}} = \arg \max_{\Theta_{yx}} E_{(\boldsymbol{x}, \boldsymbol{y}) \sim T} \big[ \ln P_{\mathrm{model}}(\boldsymbol{y} \mid \boldsymbol{x}, \Theta_{yx}) \big] \approx \frac{1}{N} \sum_{i=1}^{N} \ln P_{\mathrm{model}}(y_i \mid x_i, \Theta_{yx}) \tag{3-68}$$

其中，该优化的解 $\Theta_{yx}^{\mathrm{ML}}$ 被称为参数极大似然（Maximum Likelihood，ML）估计。在确定性函数情况下，式（3-68）通常又可以等价于如下关于某代价函数 $\mathscr{L}$ 的最小化问题，旨在寻找一个确定性的参数化函数将输入 $x_i$ 映射到输出 $y_i$，使得映射误差尽量小，因此又被称为经验风险最小化问题。

$$\min_{\Theta_{yx}} \frac{1}{N} \sum_{i=1}^{N} \mathscr{L}(y_i, f_{\Theta_{yx}}(x_i)) \tag{3-69}$$

其中，$f_{\Theta_{yx}}(x): \boldsymbol{x} \to \boldsymbol{y}$ 表示由判别式模型定义的从输入到输出的参数化确定性映射函数，因

----

① 由于数据总是压缩的采样，优化问题具有高度非凸性，因此估计真正最优的参数是很难实现的，对真实分布只能逼近。

② 注意与分布 $\mathbb{P}(\boldsymbol{y} \mid \boldsymbol{x})$ 的概念进行区分，似然函数是给定 $(\boldsymbol{x}, \boldsymbol{y})$ 关于模型参数的函数；而分布函数为给定参数关于未知变量的概率函数。在本文中用 $P$ 与 $\mathbb{P}$ 来区分似然函数与分布函数。

此这种学习方式是从输入端到输出端（end-to-end）的过程，不关心中间的变换形式。当模型学习完成后，对新变量 $\hat{x}$ 的决策认知任务可以简单地通过 $f_{\Theta_{yx}^{\mathrm{ML}}}(\hat{x})$ 或针对分布 $\mathbb{P}(y|\hat{x}, \Theta_{yx}^{\mathrm{ML}})$ 进行采样直接得到。

如果对数似然函数 $\ln P_{\mathrm{model}}(y|x, \Theta_{yx})$ 是光滑的，如逻辑回归模型、光滑激活函数的 MLP 等，则可以通过梯度方法来优化式（3-68）或式（3-69），例如梯度上升法：

$$\Theta_{yx}^{t+1} \leftarrow \Theta_{yx}^t + \mu^t \frac{1}{N} \sum_{i=1}^{N} \frac{\partial \ln P_{\mathrm{model}}(y_i \mid x_i, \Theta_{yx})}{\partial \Theta_{yx}} \tag{3-70}$$

其中，$\mu^t$ 表示第 $t$ 次上升步长，在机器学习中称为学习率。如果 $N$ 非常大或者训练样本来源于动态的时间序列，而无法同时得到全部训练样本，则计算关于所有样本的梯度将变得困难。这种问题在机器学习领域中通常被称为在线学习（Online Learning）[222]。其中，最典型的一个在线优化算法为随机梯度法。该方法的解决思路仍然可以看作遵循类脑 CS 的思想：由于无法获得全部样本或收集、计算全部样本梯度的复杂度高，因此可以通过随机采样少量样本，感知整体的梯度信息，从而实现对应的任务。在式（3-70）的学习过程中，需要估计的信息为

$$\frac{1}{N} \sum_{i=1}^{N} \frac{\partial \ln P_{\mathrm{model}}(y_i \mid x_i, \Theta_{yx})}{\partial \Theta_{yx}} \approx E_{(x, y) \sim T} \left[ \frac{\partial \ln P_{\mathrm{model}}(y \mid x, \Theta_{yx})}{\partial \Theta_{yx}} \right] \tag{3-71}$$

于是随机梯度法将通过随机采样单一样本的梯度或最小批量样本（mini-batch）的平均梯度来代替式（3-71）得到如下的随机梯度上升的学习方式：

$$\Theta_{yx}^{t+1} \leftarrow \Theta_{yx}^t + \mu^t \frac{1}{m} \sum_{i=1}^{m} \frac{\partial \ln P_{\mathrm{model}}(y_i \mid x_i, \Theta_{yx})}{\partial \Theta_{yx}}, \text{ s. t. } (x_i, y_i) \sim T, 1 \leqslant m \ll N$$
$$\tag{3-72}$$

如果学习率以某种方式随着迭代的进行而逐渐减小，则式（3-72）能够在较松的条件下收敛于全局解（凸问题）或局部最优解[222]。除了标准的梯度上升法外，随着随机优化理论的发展，近期涌现了一批新的基于随机梯度的优化算法，如 AdaGrad[223]、RMSProp[224]、Adam[225]、kSGD[226]、Momentum[180] 等。

对于多层判别式模型，即似然函数 $P(y|x, \Theta_{yx})$ 为参数化的复合函数时，每层的参数梯度可以根据链式法则由外层到内层逐层进行估计，这一过程被称为反向传播算法（Back-Propagation，BP）①。为了简单地阐述 BP 算法，以如下的 MLP 模型与平方 $l_2$ 代价函数为例：

$$\mathcal{L}(y, f_{\Theta_{yx}}(x)) = \frac{1}{2} \| \sigma(W^{(2)} \sigma(W^{(1)} x + b^{(1)}) + b^{(2)}) - y \|_2^2 \tag{3-73}$$

其中，$W^i$ 与 $b^i$ 表示第 $i$ 层感知器模型的权值与偏置参数，$\sigma(\cdot)$ 为光滑激活函数。BP 算法

---

① 反向传播算法是计算模型参数梯度的算法，而非模型优化算法。

首先将输入 $x$ 按照函数从内到外(即网络从前到后)依次逐层前向传递,算出每层的激活值直到输出层,完成信息的前向传播;然后计算得到的输出与期望输出 $y$ 之间的误差作为反馈的输入,通过反向网络逐层逆向传递回 $x$,在反馈的过程中计算出关于每层参数的梯度,具体步骤如图 3.9 所示。

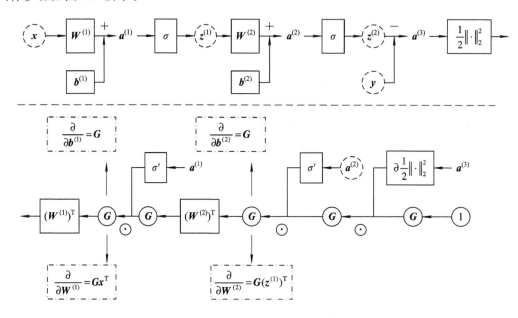

图 3.9 式(3-73)描述的 MLP 模型的前向与反向传播过程示意图

根据图 3.9 中反向传播的过程可以看到,误差流 $G$ 在传播过程中需要进行两个基本操作:① 与 $(W^{(i)})^{\mathrm{T}}$ 的矩阵乘法;② 和 $\sigma'$ 的点乘运算。因此对于传统的 Sigmoid 激活函数,如果 $(W^{(i)})^{\mathrm{T}}$ 的值偏大,则矩阵乘法会逐渐让 $G$ 中的元素逐层增大,从而造成前层模型的参数产生梯度"爆炸"现象;相反,如果 $(W^{(i)})^{\mathrm{T}}$ 的值偏小,则前层参数的梯度会逐步消失。这两个问题成为阻碍深层判别模型学习的绊脚石,从而造成了深度前馈神经网络训练困难[226]。

### 3.2.4 生成式模型学习与深度认知推理

相比于判别式模型,由于没有了任务期望输出的监督信息,因此对于生成式模型的无监督学习过程相对复杂。给定一个训练样本 $x$,令 $P_{\mathrm{model}}(x;\Theta_x)$ 表示模型关于参数 $\Theta_x$ 的似然函数,极大似然估计希望通过最大化该似然函数来找到最可能匹配该样本的参数 $\Theta_x^{\mathrm{ML}}$,即

$$\Theta_x^{\mathrm{ML}} = \arg \max_{\Theta_x} P_{\mathrm{model}}(x;\Theta_x) \tag{3-74}$$

如果存在隐变量,利用生成式模型 $\mathbb{P}_{\mathrm{model}}(x,z|\Theta_x)$ 对 $x$ 建模,则对于任意关于 $z$ 的分布函数 $\mathbb{Q}(z)$,对数边缘似然函数 $\ln P_{\mathrm{model}}(x;\Theta_x)$ 将等价于:

$$\ln P_{\text{model}}(\boldsymbol{x}; \varTheta_x) = \int \mathbb{Q}(\boldsymbol{z}) \ln \frac{\mathbb{P}_{\text{model}}(\boldsymbol{x}, \boldsymbol{z} \mid \varTheta_x)}{\mathbb{Q}(\boldsymbol{z})} \mathrm{d}\boldsymbol{x} + \text{KL}[\mathbb{Q}(\boldsymbol{z}) \parallel \mathbb{P}(\boldsymbol{z} \mid \boldsymbol{x}, \varTheta_x)]$$

$$(3-75)$$

式中，$\text{KL}[\mathbb{P}(\boldsymbol{x}) \parallel \mathbb{Q}(\boldsymbol{x})]$用来衡量两个分布函数之间的差异性，定义为如下的 KL 散度函数(Kullback-Leibler divergence)：

$$\text{KL}[\mathbb{P}(\boldsymbol{x}) \parallel \mathbb{Q}(\boldsymbol{x})] = \int \mathbb{P}(x) \ln \frac{\mathbb{P}(\boldsymbol{x})}{\mathbb{Q}(\boldsymbol{x})} \mathrm{d}\boldsymbol{x} \geqslant 0 \qquad (3-76)$$

当且仅当$\mathbb{P}(\boldsymbol{x})$与$\mathbb{Q}(\boldsymbol{x})$相同时，KL 散度为 0。因此式(3-75)等号右边第一项确定了关于对数边缘似然函数的一个下界，在机器学习中定义为证据下界(Evidence Lower Bound，ELBO)。于是最大化式(3-74)将等价于最大化式(3-75)右边的两项，即

$$\varTheta_x^{\text{ML}} = \arg \max_{\varTheta_x} \int \mathbb{Q}(\boldsymbol{z}) \ln \frac{\mathbb{P}_{\text{model}}(\boldsymbol{x}, \boldsymbol{z} \mid \varTheta_x)}{\mathbb{Q}(\boldsymbol{z})} \mathrm{d}\boldsymbol{z} + \text{KL}[\mathbb{Q}(\boldsymbol{z}) \parallel \mathbb{P}(\boldsymbol{z} \mid \boldsymbol{x}, \varTheta_x)] \qquad (3-77)$$

### 1. 期望最大化算法

针对优化问题式(3-77)，如果关于隐变量的后验分布$\mathbb{P}(\boldsymbol{z} \mid \boldsymbol{x}, \varTheta_x)$是已知的，则期望最大化(Expectation Maximum，EM)算法将按照如下规则对参数$\varTheta_x$进行迭代优化[13, 227]。对于第$t+1$次迭代，假设此时参数为$\varTheta_x^t$，EM 算法将进行如下两个步骤来完成参数学习：

(1) E 步：令$\mathbb{Q}(\boldsymbol{z}) = \mathbb{P}(\boldsymbol{z} \mid \boldsymbol{x}, \varTheta_x^t)$，估计关于$\ln \mathbb{P}(\boldsymbol{x}, \boldsymbol{z} \mid \varTheta_x)$的条件期望，即

$$E_{z \sim \mathbb{Q}(\boldsymbol{z})}[\ln \mathbb{P}_{\text{model}}(\boldsymbol{x}, \boldsymbol{z} \mid \varTheta_x)] = \int \mathbb{Q}(\boldsymbol{z}) \ln \mathbb{P}_{\text{model}}(\boldsymbol{x}, \boldsymbol{z} \mid \varTheta_x) \mathrm{d}\boldsymbol{z} \qquad (3-78)$$

在此步骤中由于式(3-75)左边为恒定值，因此当$\mathbb{Q}(\boldsymbol{z}) = \mathbb{P}(\boldsymbol{z} \mid \boldsymbol{x}, \varTheta_x^t)$时，右边 KL 散度消失，这等价于增大 ELBO。

(2) M 步：忽略与$\varTheta_x$无关的常数项，利用数学优化算法最大化(即式(3-78))来增大似然函数，即

$$\varTheta_x^{t+1} \leftarrow \arg \max_{\varTheta_x} \int \mathbb{Q}(\boldsymbol{z}) \ln \mathbb{P}_{\text{model}}(\boldsymbol{x}, \boldsymbol{z} \mid \varTheta_x) \mathrm{d}\boldsymbol{z} \approx \sum_{l=1}^{L} \ln \mathbb{P}_{\text{model}}(\boldsymbol{x}, \boldsymbol{z}^l \mid \varTheta_x) \qquad (3-79)$$

式中，$z^l \sim \mathbb{Q}(\boldsymbol{z})$表示从后验分布采样的第$l$个采样来逼近式(3-79)中的积分；$L$表示总采样次数。值得注意的是，由于在 M 步中更新$\varTheta_x$使得$\mathbb{Q}(\boldsymbol{z})$再不是由$\varTheta_x^t$确定的后验分布，因此 KL 散度项在 M 步更新时也会增加，导致似然函数增加的实际幅度大于 ELBO 增加的幅度。对于一个给定的训练集合$T$，对模型似然函数的 ML 估计变为

$$\max_{\varTheta_x} E_{x \sim T}[\ln P_{\text{model}}(\boldsymbol{x}; \varTheta_x)] \approx \frac{1}{N} \sum_{i=1}^{N} \ln P_{\text{model}}(x_i; \varTheta_x) \qquad (3-80)$$

其中，$x_i$表示从$T$中采样的第$i$个训练样本。

在 EM 算法中，需要已知后验分布$\mathbb{P}(\boldsymbol{z} \mid \boldsymbol{x}, \varTheta_x)$或者条件期望$E_{x \sim T}[\ln P_{\text{model}}(\boldsymbol{x}; \varTheta_x)]$。然而在许多任务中估计完整的后验分布函数比较困难，通常利用采样的方式来近似。最典

型的后验采样称为最大后验概率（Maximum A Posteriori，MAP）点采样[①]，即

$$z^{\mathrm{MAP}} = \arg\max_z \mathbb{P}(z \mid x, \Theta_x) = \arg\max_z \mathbb{P}(x, z \mid \Theta_x) \tag{3-81}$$

从式(3-81)可以得到一个重要的结论：后验分布与联合分布在同样的点处取得最大值，这个结论为生成式模型进行决策认知任务提供了重要保证。将式(3-81)代入式(3-79)，EM算法将松弛为

$$\Theta_x^{t+1} \leftarrow \arg\max_{\Theta_x} \ln\mathbb{P}_{\mathrm{model}}(x, z^{\mathrm{MAP}} \mid \Theta_x), \ \mathrm{s.t.} \ z^{\mathrm{MAP}} = \arg\max_z \mathbb{P}_{\mathrm{model}}(x, z \mid \Theta_x^t) \tag{3-82}$$

其中，只采样 MAP 点对条件期望的下界进行估计。这种交替更新 $z$ 与 $\Theta_x$ 的松弛 EM 框架，将在本章后续内容中广泛使用。下面举例说明如何利用该框架来无监督地学习一个稀疏化模型。

考虑由式(3-54)构造的生成式模型，根据前面叙述，该模型等价为利用合成稀疏模型对 $x$ 进行建模，其中字典 $D$ 表示模型参数，$z$ 为隐随机向量。给定一组训练样本 $T = \{x_i\}_{i=1}^N$，通过学习自适应地找到一个字典使其能够稀疏表示这组样本，这在 CS 领域中被称为字典学习任务[44, 228-229]。根据上述松弛的 EM 算法，在 E 步中需要衡量关于稀疏隐变量 $z$ 的最大后验采样。根据式(3-81)与式(3-54)，该 MAP 问题等价于：

$$z_i^{\mathrm{MAP}} = \arg\min_{z_i} \frac{1}{N} \sum_{i=1}^N \frac{1}{2\sigma^2} \| x_i - D^t z_i \|_2^2 + \lambda \sum_i \| z_i \|_1 \tag{3-83}$$

这个优化问题可以通过前面介绍的算法(如 FISTA)进行求解[155]。在 M 步中将对模型参数进行更新，对应的优化问题为

$$D^{t+1} = \arg\min_D \frac{1}{N} \sum_{i=1}^N \frac{1}{2\sigma^2} \| x_i - D z_i^{\mathrm{MAP}} \|_2^2, \ \mathrm{s.t.} \ \| D_{:,p} \|_2 \leqslant 1 \tag{3-84}$$

式中对参数增加约束来避免尺度混淆问题，即 $d_j z(j) = (\tau d_j)(z(j)/\tau)$，其中 $\tau \neq 0$ 为任意一个常数。在机器学习中，对参数的这种正则约束对于模型的性能起至关重要的作用。对于该有约束的凸优化问题，可以利用 ADMM 进行求解[152]。

### 2. 变分贝叶斯推理

除了用采样的方式来解决隐变量后验概率未知的问题外，还有一种解决途径，称为变分贝叶斯推理。在标准 EM 框架中，在 E 步选择 $\mathbb{Q}(z)$ 为在当前参数下隐变量的后验分布，从而让 KL 散度消失。变分推理将考虑直接优化该函数来最大化 ELBO。然而该问题涉及泛函优化，通常需要对函数进行微分[230]。根据均值场理论[231]，变分 EM 算法将待优化的函数形式限制在如下可分解的一族函数中，即

---

① 与统计频率学派不同，贝叶斯学派认为模型参数也为随机变量，因此也可以通过 MAP 进行点估计。

$$\mathbb{Q}(\boldsymbol{z}) = \prod_{j=1}^{M} q_j(z_j) \tag{3-85}$$

将式(3-85)代入 ELBO，可以得到

$$\int \mathbb{Q}(\boldsymbol{z}) \ln \frac{\mathbb{P}_{\text{model}}(\boldsymbol{x}, \boldsymbol{z} \mid \Theta_x)}{\mathbb{Q}(\boldsymbol{z})} d\boldsymbol{z} = \int \prod_{j=1}^{M} q_j(z_j) \ln \frac{\mathbb{P}_{\text{model}}(\boldsymbol{x}, \boldsymbol{z} \mid \Theta_x)}{\prod\limits_{j=1}^{M} q_j(z_j)} d\boldsymbol{z} \tag{3-86}$$

为了最大化式(3-86)，将采用块坐标下降的思路[232]，即在其余分解函数固定的条件下优化某一个分解的分布函数，如 $q_j(z_j)$。因此关于 $q_j(z_j)$ 的泛函优化问题可以写为

$$\arg\max_{q_j} \int q_j \prod_{i \neq j} q_i \ln \mathbb{P}_{\text{model}}(\boldsymbol{x}, \boldsymbol{z} \mid \Theta_z) dz_j dz_{i \neq j} - \int q_j \prod_{i \neq j} q_i \ln(q_j \prod_{i \neq j} q_i) dz_j dz_{i \neq j}$$

$$= \arg\max_{q_j} \int q_j \ln \tilde{\mathbb{P}}_{\text{model}}(\boldsymbol{x}, z_j \mid \Theta_x) dz_j - \int q_j \ln q_j \left( \int \prod_{i \neq j} q_i dz_{i \neq j} \right) dz_j$$

$$= \arg\max_{q_i} \{ -\text{KL}[q_j \parallel \tilde{\mathbb{P}}_{\text{model}}(\boldsymbol{x}, z_j \mid \Theta_x)] \} \tag{3-87}$$

式中，$\tilde{\mathbb{P}}_{\text{model}}(\boldsymbol{x}, z_j \mid \Theta_x) = \int \ln \mathbb{P}_{\text{model}}(\boldsymbol{x}, \boldsymbol{z} \mid \Theta_x) \prod_{i \neq j} q_i dz_i$。于是当 KL 散度消失时该问题达到最优。最优解的解析表达式为

$$q_j^* = \int \ln \mathbb{P}_{\text{model}}(\boldsymbol{x}, \boldsymbol{z} \mid \Theta_x) \prod_{i \neq j} q_i dz_i, \text{ s.t. } \int q_j(z_j) dz_j = 1 \tag{3-88}$$

通过对该分布进行归一化将得到最终的表达式。如果优化问题是凸的，则通过交替循环，优化每一个子分布函数，最终收敛到一个全局最优解。将这种变分优化的思路与 EM 框架融合可得到最终的变分 EM(Variational EM)框架，即在 E 步中利用变分法得到当前参数下最优的函数 $\mathbb{Q}(\boldsymbol{z}) = \prod_{i=1}^{m} q_i^*$，然后利用该函数在 M 步更新参数 $\Theta_x$[227]。

### 3. 深度生成式模型的学习与认知推理算法

根据 ELBO，有如下关系：

$$\ln \mathbb{P}_{\text{model}}(\boldsymbol{x} \mid \Theta_x) \geqslant \int \mathbb{Q}(\boldsymbol{z}) \ln \mathbb{P}(\boldsymbol{x}, \boldsymbol{z} \mid \Theta_x) d\boldsymbol{z} - \int \mathbb{Q}(\boldsymbol{z}) \ln \mathbb{Q}(\boldsymbol{z}) d\boldsymbol{z}$$

$$= \int \mathbb{Q}(\boldsymbol{z}) \ln \mathbb{P}(\boldsymbol{x} \mid \boldsymbol{z}, \Theta_x) d\boldsymbol{z} - \int \mathbb{Q}(\boldsymbol{z}) \ln \mathbb{Q}(\boldsymbol{z}) d\boldsymbol{z} + \int \mathbb{Q}(\boldsymbol{z}) \ln \mathbb{P}(\boldsymbol{z}) d\boldsymbol{z} \tag{3-89}$$

观察式(3-89)可以发现，假设 EM 算法已经得到一个收敛的 $\Theta_x^*$ 与对应的 $\mathbb{Q}^*(\boldsymbol{z})$，则右边前两项在该参数下为固定的常量，即

$$\int \mathbb{Q}^*(\boldsymbol{z} \mid \boldsymbol{x}, \Theta_x^*) \ln \mathbb{P}(\boldsymbol{x} \mid \boldsymbol{z}, \Theta_x^*) d\boldsymbol{z} - \int \mathbb{Q}^*(\boldsymbol{z}) \ln \mathbb{Q}^*(\boldsymbol{z}) d\boldsymbol{z} = \text{const} \tag{3-90}$$

因此在该生成式模型下，$\ln \mathbb{P}_{\text{model}}(x \mid \Theta_x)$ 将受制于 $\int \mathbb{Q}^*(\boldsymbol{z}) \ln \mathbb{P}(\boldsymbol{z}) d\boldsymbol{z}$，即隐变量的先验分

布 $\mathbb{P}(z)$。因此为了进一步增大 $\ln \mathbb{P}_{model}(x|\Theta_x)$ 来提高模型的表示性能，就需要针对隐变量 $z$ 再利用另一个生成式模型对 $z$ 的先验分布建模，通过增大 $\ln \mathbb{P}_{model}(z|\Theta_z)$ 来进一步提升 $\ln \mathbb{P}_{model}(x|\Theta_x)$。以此类推，随着生成式模型的隐变量层数增加，模型的性能将持续增加。理论上，式（3-89）的下界也能随之提高，这种分层的生成式模型就被称为深度生成模型。然而相比于单层模型，深度生成模型中高层隐变量对底层变量的间接关联增加了模型学习的难度，使得利用 EM 或变分贝叶斯的方法变得十分困难。直到 2006 年，Hinton 与 Salakhutdinov 针对数据降维问题提出了一个多层自编码网络模型[189]。该模型由一个 MLP 构成的编码网络将输入样本转换成一个低维的隐特征向量来实现降维，然后通过另外一个 MLP 构成的解码网络将输入低维特征编码重构输入样本。该模型几乎等同于式（3-2）描述的 CS 思想①，其中压缩观测算子 $\Phi_m$ 被实例化为由一个 MLP 定义的函数，而解码网络对应 $\mathcal{G}$ 用来生成信号。该模型可以认为是从输入 $x$ 到输出 $x$ 的 MLP 模型，因此其学习过程可以按照多层判别式模型的学习方法实现，即利用 BP 算法计算每层参数的梯度，然后利用梯度上升的方法进行参数更新。然而从前面的讨论可知，BP 算法需要一个很好初始化的参数来克服梯度爆炸或消失以及非凸问题对初始解敏感的缺点。针对这个问题，Hinton 与 Salakhutdinov 提出利用单层 RBM 模型无监督地对每层模型进行预训练，即首先利用基本的 RBM 模型对第一层输入样本建模，学习参数和隐变量，然后将得到的隐变量作为下一层的输入以此类推地学习。当所有层的 RBM 学习完成后，用每层的参数作为自编码网络对应层的初始权值，通过 BP 算法对所有权值进行全局精细调整，从而减小重构误差。这种通过无监督的逐层贪婪学习进行参数的预训练，然后进行全局网络参数精调的训练思想成功缓解了传统深层生成、判别模型学习困难的缺点，它的提出引领了近十年来深度机器学习算法的飞速发展。随着大数据发展与高性能 GPU 的推动，曾经风靡的判别式多层前馈神经网络再次复兴，包括 MLP、深度卷积神经网络（Convolutional Neural Network，CNN）等[189, 233]。而深度置信网络[179]、深度玻尔兹曼机[234]、生成对抗网络[201]、变分自编码网络[202]等深度生成式模型也逐渐在无监督表示学习中占据了主要地位，使得深度学习与认知推理成为学术界、工业界追捧的热点方式，并带动了人工智能新的飞跃[235-239]。

### 3.2.5 分析与讨论

根据前面的介绍，从信息论中的压缩感知到类脑人工智能的机器学习与推理，都旨在从少量的观测样本中去感知、学习、处理任务需求的信息，这些过程最终都被建模为一个数学优化问题来实现。然而机器学习领域中的优化问题又与数学领域存在根本的差异。在数学中，函数的优化通常关心其能否收敛到函数的最优解或局部最优解，并以何种速度实

① 唯一差别是在 CS 中待采样的信号是未知隐变量，而在自编码模型中输入样本为已知变量。

现收敛。因此数学优化会重点关注解的精确性以便判断是否收敛，这种方式通常会继承在信号处理领域中的一些底层感知任务中，如信号重构、图像修复与超分辨、去噪与去模糊等。在这些任务中，优化的目的是利用算法去处理给定的已知信号，并期望在这些信号上取得满意的性能，所谓"授之以鱼"。然而在机器学习中，其主要目的是让机器模拟人脑的认知过程，通过人类过去的经验学习到其中潜在的模式，实现对未来的未知事件进行认知，实现"授之以渔"。这个过程是利用一些训练样本来模拟人类过去的经验，通过极大化模型参数的似然函数来降低该模型在过去的经验上产生的风险与误差。从这个意义上讲，机器学习通过总结"过去的经验"来提高其处理未知样本的性能，即泛化性能（generalization）。关注泛化性能使机器学习的优化与信号处理同数学领域产生了本质的区别。根据统计学习理论，如果经验样本与未知的测试样本是独立同分布的，则经验风险误差的期望值将为泛化误差的期望提供一个下界[238]。根据学习一致性假设，当经验样本个数趋近于无穷大时，经验误差将收敛于泛化误差。在满足这个假设的条件下，机器学习算法通过减小经验风险来降低该下界，同时减小经验误差与泛化误差的差距来降低泛化误差。一方面，经验误差为泛化误差提供了一个下界，如果经验误差很大，则推广误差也随之很大。在这种情况下，模型将无法学习到有效的信息用于对未知样本决策，被称为欠学习状态或模型欠拟合。相反，如果模型在学习的过程中过度追求处理"过去"样本，企图让经验风险接近于 0，则会让模型过拟合于这些经验样本。由于经验样本是真实分布上的有限采样，因此会造成信息的丢失，从而降低模型的泛化能力。另一方面，根据 Nyquist 采样和 CS 理论，当采样数目相对于真实数据分布函数的复杂度或稀疏度过少时，会产生很严重的失真现象，此时导致经验数据分布与真实分布差异很大，从而无法对真实分布进行感知。图 3.10 展示了对于回归问题的过拟合现象。

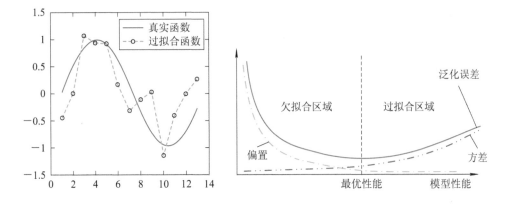

图 3.10　模型性能与偏置、方差、推广误差关系曲线示意图

一方面在机器学习中通常通过改变模型的性能（Capacity）来控制模型的欠拟合或过拟

合状态。具体来说，模型性能衡量了其表示各种函数的能力，如果其性能较低，则无法表示一些复杂的分布函数，反之亦然。在统计学习理论中最著名的一个量化模型性能的指标为 Vapnik-Chervonenkis(VC)维，定义为能够正确对空间内任意训练样本进行二分类的函数自由度[259]。随着模型性能的增加，经验风险误差会始终减小并收敛到利用真实分布进行预测的误差，即贝叶斯误差。而泛化误差会呈现 U 形变化，即在达到最优性能前减小，超过最优性能后增加。对于生成式模型与判别式模型，随着模型的层数增加或每层单元数增加，对应模型的性能会提升。另一方面，采样的样本（即经验训练样本）数目也会影响训练误差与泛化误差。随着训练样本的增加，当模型处于任务所需的最优性能时，经验风险将趋向于 0，而泛化误差趋向于贝叶斯误差，即利用真实分布进行预测的误差；当模型并非最优性能时，经验风险将随着样本增加而增大且至少不低于贝叶斯误差[238]。直观上说，当模型所需要估计的参数远超过训练样本的数目时，模型的学习问题将变成一个欠定问题而存在无穷可行解。频率学派假设模型的最优参数是唯一确定的，当存在许多候选解而没有额外的偏好选择时就会与唯一性假设矛盾，因此会产生所谓的过拟合现象。除此之外，优化算法的偏置（bias）与方差（Var）也能影响泛化能力、模型的欠拟合与过拟合。对于一个从数据分布上随机采样的 $N$ 个经验样本组成的训练集 $T$，令 $\Theta^*$ 表示模型唯一的最优参数，通过优化算法在 $T$ 上训练得到的参数为 $\hat{\Theta}_N$。由于训练集是随机采样的，因此 $\hat{\Theta}_N$ 将视为随机变量。该优化算法的 bias 定义为

$$\mathrm{bias}(\hat{\Theta}_N) = E[\hat{\Theta}_N] - \Theta^* \tag{3-91}$$

用来描述算法得到参数的期望距离真实解的差距，算法的 Var 定义为 $\hat{\Theta}_N$ 的方差，即 $\mathrm{var}(\hat{\Theta}_N)$ 用来描述不同样本得到的解的变化程度。如果利用均方误差（MSE）来衡量该算法解的质量，则有

$$\mathrm{MSE} = E[(\Theta^* - \hat{\Theta}_N)^2] = \mathrm{bias}(\hat{\Theta}_N)^2 + \mathrm{var}(\hat{\Theta}_N) \tag{3-92}$$

根据这个指标，在机器学习中总希望选择偏差与方差都较小的优化算法，然而模型性能的增加会促使 var 增加而 bias 减小，var 和 bias 总是在性能增强的条件下负相关，如图 3.10 所示。因此在实际算法的设计中需要考虑 bias 与 var 的平衡来达到一个较满意的泛化性能，这通常利用交叉验证（Cross Validation）的方式来实现[240]。

为了解决过拟合问题，除了选择具有平衡的 bias 和 var 的模型与提供充足的训练样本外，在机器学习中一个很重要的策略就是采用模型正则化（Regularization）技术。正则化通常通过对模型参数施加一个额外的偏好控制函数 $\Psi(\Theta)$ 来缩小参数空间，从而减少模型的复杂度，以降低泛化误差而非训练误差。例如，在式（3-55）中，正则化的回归模型学习表示为

$$\min_{w} \frac{1}{2} \| \boldsymbol{y} - \boldsymbol{x}^{\mathrm{T}} \boldsymbol{w} \|_2^2 + \lambda \Psi(\boldsymbol{w}) \tag{3-93}$$

其中，λ叫作正则超参数，用来平衡模型似然函数项与正则函数。如果偏好参数 $w$ 很小，则可以选择 $\Psi(w)=\|w\|_2^2$，对应的式（3-93）被称为岭回归学习模型（Ridge Regression）。如果偏好用少量 $x$ 来完成回归任务，即 $w$ 为稀疏的，可以选择 $\Psi(w)=\|w\|_1$，对应的式（3-93）被称为稀疏回归模型（Least Absolute Shrinkage and Selection Operator, LASSO）[241]。如果偏好介于光滑和稀疏之间，则可以通过 $\Psi(w)=\|w\|_1+\lambda_1\|w\|_2^2$ 定义的弹性网正则函数来实现[242]，其中，$\lambda_1$ 为平衡参数。仔细观察式（3-93）可以发现，该优化与 CS 中式（3-38）的 $P_1(\boldsymbol{\Phi},\lambda)$ 在形式上一样，而且在许多文献中指出关于 CS 的优化问题也可以通过 LASSO 模型的求解算法进行感知。然而其对应的物理意义是有本质区别的。在 CS 优化问题 $P_1(\boldsymbol{\Phi},\lambda)$ 中，$\lambda\|x\|_1$ 是施加在隐变量的稀疏先验分布诱导函数，如拉普拉斯先验分布，对应的优化等价于关于隐变量的 MAP 采样问题；相反在式（3-93）中，$\lambda\Psi(w)$ 是施加在参数的偏好正则函数，根据频率学派的观点，参数是确定的，而非随机变量。虽然在贝叶斯学派中认为参数也是随机变量，$\lambda\Psi(w)$ 可以理解为关于模型参数 $w$ 的先验分布诱导的函数，但是仍然与 CS 的隐变量的先验分布存在对象的差异。

（本章作者：文载道，焦李成，侯彪）

# 本章参考文献

[1] NG G W. Brain-Mind Machinery: Brain-inspired Computing and Mind Opening[M]. Singapore: WORLD SCIENTIFIC，2009.

[2] TURING A M. Computing machinery and intelligence[J]. Mind，1950，59(236)：433-460.

[3] BODEN M A. Creativity and artificial intelligence[J]. Artificial Intelligence，1998，103(1)：347-356.

[4] RICH E. Artificial intelligence[M]. London：McGraw-Hill Book Co.，1985：21-33.

[5] RUSSELL S J，NORVIG P. Artificial intelligence：a modern approach[J]. Applied Mechanics and Materials，2010，263(5)：2829-2833.

[6] 王永庆. 人工智能原理与方法[M]. 西安：西安交通大学出版社，1998.

[7] MOODYE A，BOCHENSKI I M，DURR K，et al. Ancient Formal Logic[J]. Journal of Philosophy，1952，49(20)：641.

[8] JAMES I. Claude Elwood Shannon 30 April 1916—24 February 2001[J/OL]. Biographical Memoirs of Fellows of the Royal Society，2009，55：257-265. http：//rsbm. royalsocietypublishing. org/content/55/257.

[9] WIENER N. Cybernetics or Control and Communication in the Animal and the Machine：Vol 25[M]. Cambridge：MIT press，1961.

[10] TURING A M. Intelligent machinery, a heretical theory[J]. The Turing Test：Verbal Behavior as the Hallmark of Intelligence，1948，105.

[11]　史忠植. 高级人工智能[M]. 2版. 北京：科学出版社，2006.

[12]　周志华. 机器学习[M]. 北京：清华大学出版社，2016.

[13]　BISHOP C M. Pattern Recognition and Machine Learning (Information Science and Statistics)[M]. New York：Springer-Verlag, Inc. ，2006：049901.

[14]　MURPHYK P. Machine Learning：A Probabilistic Perspective[M]. Cambridge：The MIT Press，2012：27 - 71.

[15]　MOHRI M，ROSTAMIZADEH A，TALWALKAR A. Foundations of Machine Learning[M]. Cambridge：The MIT Press，2012：287 - 306.

[16]　MICHIED，SPIEGELHALTER D J，TAYLOR C C，et al. Machine learning，neural and statistical classification[M]. Australia：Ellis Horwood，1995.

[17]　SCHWARTZ S，WONG A，CLAUSI D A. Saliency-guided compressive sensing approach to efficient laser range measurement[J/OL]. Journal of Visual Communication and Image Representation，2013，24(2)：160 - 170. http：//www. sciencedirect. com/science/article/pii/S1047320312000338.

[18]　ITTI L，KOCH C. Computational modelling of visual attention[J]. Nature Reviews Neuroscience，2001，2(3)：194.

[19]　BORJI A，ITTI L. State-of-the-art in visual attention modeling[J]. IEEE Transactions on Pattern Analysis and Machine Intelligence，2013，35(1)：185.

[20]　DE PRONY B G R. Essai éxperimental et analytique：sur les lois de la dilatabilité de fluides élastique et sur celles de la force expansive de la vapeur de l'alkool，a différentes températures[J]. Journal de l'école polytechnique，1795，1(22)：24 - 76.

[21]　CARATHÉODORY C. Uber den Variabilitatsbereich der Koeffizienten von Potenzreihen，die gegebene Werte nicht annehmen[J]. Mathematische Annalen，1907，64(1)：95 - 115.

[22]　CLAERBOUT J F，MUIR F. Robust Modeling With Erratic Data[J]. Geophysics，1973，38(5).

[23]　SANTOSA F，SYMES W W. Linear Inversion of Band-Limited Reflection Seismograms[J/OL]. SIAM Journal on Scientific and Statistical Computing，1986，7(4)：1307 - 1330. https：//doi. org/10. 1137/0907087.

[24]　PINKUS A. N-widths and optimal recovery[J]. Notes Ams Short Course Edition，1986：51 - 66.

[25]　TRAUB J F，WOZNIAKOWSKI H. A general theory of optimal algorithms[M]. New York：Academic Press，1980：323 - 325.

[26]　RUDIN L I，OSHER S，FATEMI E. Nonlinear total variation based noise removal algorithms[J]. Physica D Nonlinear Phenomena，1992，60(1 - 4)：259 - 268.

[27]　GORODNITSKY I F，RAO B D. Sparse signal reconstruction from limited data using FOCUSS：a re-weighted minimum norm algorithm[J]. IEEE Transactions on Signal Processing，1997，45(3)：600 - 616.

[28]　SHAN T J，WAX M，KAILATH T. On spatial smoothing for direction-of-arrival estimation of coherent signals[J]. IEEE Transactions on Acoustics Speech and Signal Processing，1985，33(4)：806 - 811.

人工智能、类脑计算与图像解译前沿

[29] DONOHOD L, STARK P B. Uncertainty principles and signal recovery[J]. Siam Journal on Mathematical Analysis, 1989, 49(3): 906 – 931.

[30] CETIN M, KARL W C. Feature-enhanced synthetic aperture radar image formation based on nonquadratic regularization[J]. IEEE Transactions on Image Processing, 2001, 10(4): 623 – 631.

[31] PATIY C, REZAIIFAR R, KRISHNAPRASAD P S. Orthogonal matching pursuit: recursive function approximation with applications to wavelet decomposition[C]. Proceedings of 27th Asilomar Conference on Signals, Systems and Computers, 1993: 40 – 44.

[32] DONOHOD L, VETTERLI M, DEVORE R A, et al. Data compression and harmonic analysis[J]. IEEE Transactions on Information Theory, 1998, 44(6): 2435 – 2476.

[33] VETTERLI M. Wavelets: approximation and compression-a review[C]. Aerosense. 1999: 59 – 73.

[34] OPPENHEIM A V, SCHAFER R W. Discrete-time signal processing[M]. Signal Processing, 1989.

[35] DAUBECHIES I, HEIL C. Ten Lectures on Wavelets[J]. Computers in Physics, 1992, 6(3): 1671 – 1671.

[36] 秦前清, 杨宗凯. 实用小波分析[M]. 西安: 西安电子科技大学出版社, 1995.

[37] DONOHOD L, HUO X. Uncertainty principles and ideal atomic decomposition [J]. IEEE Transactions on Information Theory, 2001, 47(7): 2845 – 2862.

[38] DONOHOD L, ELAD M. Optimally sparse representation in general (nonorthogonal) dictionaries via 1 minimization[J]. Proceedings of the National Academy of Sciences, 2003, 100(5): 2197 – 2202.

[39] CANDES E J, DONOHO D L. Curvelets: A surprisingly effective nonadaptive representation for objects with edges[R]. Stanford University, Department of Statistics, 2000.

[40] CANDES E J. Ridgelets: theory and applications[D]. the United States: Stanford University Stanford, 1998.

[41] LEPENNEC E, MALLAT S. Bandelet image approximation and compression[J]. Multiscale Modeling and Simulation, 2005, 4(3): 992 – 1039.

[42] DO M N, VETTERLI M. Contourlets: a directional multiresolution image representation[C]. Proceedings of International Conference on Image Processing, 2002, 1: 357 – 360.

[43] 焦李成, 谭山. 图像的多尺度几何分析: 回顾和展望[J]. 电子学报, 2003, 31(s1): 1975 - 1981.

[44] AHARON M, ELAD M, BRUCKSTEIN A. K - svd: An algorithm for designing overcomplete dictionaries for sparse representation[J]. IEEE Transactions on Signal Processing, 2006, 54(11): 4311 – 4322.

[45] DAUBECHIES I, DEFRISE M, DE MOL C. An iterative thresholding algorithm for linear inverse problems with a sparsity constraint[J]. communications on pure and applied mathematics, 2004, 57(11): 1413 – 1457.

[46] TROPP J A. Greed is good: algorithmic results for sparse approximation[J]. IEEE Transactions on Information Theory, 2004, 50(10): 2231 – 2242.

[47] CANDÈS E J, TAO T. Decoding by linear programming[J]. IEEE Transactions on Information Theory, 2005, 51(12): 4203 - 4215.

[48] CANDÈS E J, WAKIN M B. An Introduction To Compressive Sampling[J]. IEEE Signal Processing Magazine, 2008, 25(2): 21 - 30.

[49] DONOHO D L. Compressed sensing[J]. IEEE Transactions on Information Theory, 2006, 52(4): 1289 - 1306.

[50] BARANIUK R G. Compressive Sensing [Lecture Notes][J]. IEEE Signal Processing Magazine, 2007, 24(4): 118 - 121.

[51] 石光明, 刘丹华, 高大化, 等. 压缩感知理论及其研究进展[J]. 电子学报, 2009, 37(5): 1070 - 1081.

[52] 刘芳, 武娇, 杨淑媛, 等. 结构化压缩感知研究进展[J]. 自动化学报, 2013, 39(12): 1980 - 1995.

[53] ELDAR Y, KUTYNIOK G. Compressed sensing: theory and applications [M]. the United Kingdom: Cambridge University Press, 2012: 1289 - 1306.

[54] FOUCART S, RAUHUT H. A Mathematical Introduction to Compressive Sensing [M]. Switzerland: Birkhauser, 2013.

[55] PATELV M, NGUYEN H V, VIDAL R. Latent Space Sparse Subspace Clustering[C]. IEEE International Conference on Computer Vision, 2013: 225 - 232.

[56] BOBIN J, STARCK J L, OTTENSAMER R. Compressed Sensing in Astronomy[J]. IEEE Journal of Selected Topics in Signal Processing, 2008, 2(5): 718 - 726.

[57] DUARTE M F, DAVENPORT M A, TAKHAR D, et al. Single-Pixel Imaging via Compressive Sampling[C]. IEEE Signal Processing Magazine. 2008: 83 - 91.

[58] GEHM M E, JOHN R, BRADY D J, et al. Single-shot compressive spectral imaging with a dual disperser architecture[J]. Optics Express, 2007, 15(21): 14013.

[59] YU Y, PETROPULU A P, POOR H V. Compressive sensing for MIMO radar[C]. IEEE International Conference on Acoustics, 2009: 3017 - 3020.

[60] BARANIUK R, STEEGHS P. Compressive radar imaging[C]. IEEE Radar Conference, 2007: 128 - 133.

[61] TELLO ALONSO M, LOPEZ-DEKKER P, MALLORQUI J. A Novel Strategy for Radar Imaging Based on Compressive Sensing[J]. IEEE Transactions on Geoscience and Remote Sensing, 2010, 48 (12): 4285 - 4295.

[62] AMIN M G. Compressive sensing for urban radar[M]. United Kingdom: CRC Press, Taylor and Francis Group, 2015.

[63] POTTER L, ERTIN E, PARKER J, et al. Sparsity and Compressed Sensing in Radar Imaging[J]. Proceedings of the IEEE, 2010, 98(6): 1006 - 1020.

[64] PATEL V, EASLEY G, DM HEALY J, et al. Compressed Synthetic Aperture Radar[J]. IEEE Journal of Selected Topics in Signal Processing, 2010, 4(2): 244 - 254.

[65] CETIN M, STOJANOVIC I, ONHON N, et al. Sparsity-Driven Synthetic Aperture Radar Imaging:

Reconstruction, autofocusing, moving targets, and compressed sensing[J]. IEEE Signal Processing Magazine, 2014, 31(4): 27 – 40.

[66] LUSTIG M, DONOHO D L, SANTOS J M, et al. Compressed Sensing MRI[J]. IEEE Signal Processing Magazine, 2008, 25(2): 72 – 82.

[67] SHANNON C E. Communication in the Presence of Noise[J]. Proceedings of the IRE, 1949, 86(1): 10 – 21.

[68] 程佩青. 数字信号处理教程[M]. 2 版. 北京: 清华大学出版社, 2001.

[69] GONZALEZ R C, WOODS R E. Digital Image Processing[M]. 2nd ed. Boston, MA, USA: Addison-Wesley Longman Publishing Co., Inc., 2001.

[70] DAVENPORT M A, BOUFOUNOS P T, WAKINMB, et al. Signal Processing With Compressive Measurements[J]. IEEE Journal of Selected Topics in Signal Processing, 2012, 4(2): 445 – 460.

[71] VALSESIA D, MAGLI E. Compressive signal processing with circulant sensing matrices[C]. 2014 IEEE International Conference on Acoustics, Speech and Signal Processing (ICASSP), 2014: 1015 – 1019.

[72] PARK J Y, HAN L Y, ROZELL C J, et al. Concentration of Measure for Block Diagonal Matrices With Applications to Compressive Signal Processing[J]. IEEE Transactions on Signal Processing, 2011, 59(12): 5859 – 5875.

[73] REBOREDO H, RENNA F, CALDERBANK R, et al. Compressive classification[C]. IEEE International Symposium on Information Theory, 2013: 674 – 678.

[74] CANDES E J, ROMBERG J, TAO T. Robust uncertainty principles: exact signal reconstruction from highly incomplete frequency information[J]. IEEE Transactions on Information Theory, 2006, 52(2): 489 – 509.

[75] STRANG G. Linear algebra and its applications[M]. United States: Academic Press, 1976: 137 – 163.

[76] NATARAJAN B K. Sparse Approximate Solutions to Linear Systems[J]. Siam Journal on Computing, 1995, 24(2): 227 – 234.

[77] WELCH L. Lower bounds on the maximum cross correlation of signals (Corresp.)[J]. IEEE Transactions on Information Theory, 1974, 20(3): 397 – 399.

[78] HERMAN M A, STROHMER T. General Deviants: An Analysis of Perturbations in Compressed Sensing[J]. IEEE Journal of Selected Topics in Signal Processing, 2010, 4(2): 342 – 349.

[79] CHI Y, SCHARF L L, PEZESHKI A, et al. Sensitivity to Basis Mismatch in Compressed Sensing [J]. IEEE Transactions on Signal Processing, 2011, 59(5): 2182 – 2195.

[80] YAP H L, WAKIN M B, ROZELL C J. Stable Manifold Embeddings With Structured Random Matrices[J]. IEEE Journal of Selected Topics in Signal Processing, 2013, 7(4): 720 – 730.

[81] KRAHMER F, WARD R. Stable and Robust Sampling Strategies for Compressive Imaging[J]. IEEE Transactions on Image Processing, 2014, 23(2): 612 – 622.

[82] CAI T T, XU G, ZHANG J. On Recovery of Sparse Signals Via 1 Minimization[J]. IEEE

Transactions on Information Theory, 2009, 55(7): 3388-3397.

[83] ELAD M. Optimized Projections for Compressed Sensing [J]. IEEE Transactions on Signal Processing, 2007, 55(12): 5695-5702.

[84] CANDES E J, TAO T. Near-Optimal Signal Recovery From Random Projections: Universal Encoding Strategies? [J]. IEEE Transactions on Information Theory, 2006, 52(12): 5406-5425.

[85] CHEN Z, DONGARRA J J. Condition Numbers of Gaussian Random Matrices[J]. Siam Journal on Matrix Analysis and Applications, 2008, 27(3): 603-620.

[86] DEVORE R A. Deterministic constructions of compressed sensing matrices [J]. Journal of Complexity, 2007, 23(4): 918-925.

[87] COHEN A, DAHMEN W, DEVORE R. Compressed Sensing And Best K-term Approximation[J]. Journal of the American Mathematical Society, 2009, 22(1): 211-231.

[88] LIU X J, XIA S T, DAI T. Deterministic constructions of binary measurement matrices with various sizes [C]. 2015 IEEE International Conference on Acoustics, Speech and Signal Processing (ICASSP), 2015: 3641-3645.

[89] HERMAN M A, STROHMER T. High-resolution radar via compressed sensing [J]. IEEE Transactions on Signal Processing, 2009, 57(6): 2275-2284.

[90] DOSSAL C, PEYREACUTE G, FADILI J. A Numerical Exploration of Compressed Sampling Recovery[J]. Linear Algebra and Its Applications, 2010, 432(7): 1663-1679.

[91] PERRONE D, FAVARO P. A Clearer Picture of Total Variation Blind Deconvolution[J]. IEEE Transactions on Pattern Analysis and Machine Intelligence, 2016, 38(6): 1041-1055.

[92] FARAMARZI E, RAJAN D, FERNANDES F C A, et al. Blind Super Resolution of Real-Life Video Sequences[J]. IEEE Transactions on Image Processing, 2016, 25(4): 1544-1555.

[93] BOUFOUNOS P T, BARANIUK R G. 1-Bit compressive sensing[C]. Information Sciences and Systems, Ciss. Conference on. 2008: 16-21.

[94] MAIRAL J, BACH F, PONCE J. Sparse Modeling for Image and Vision Processing[J]. Foundations and Trends in Computer Graphics and Vision, 2014, 8(2): 85-283.

[95] OLSHAUSEN B A, FIELD D J. Emergence of simple-cell receptive field properties by learning a sparse code for natural images[J]. Nature, 1996, 381(6583): 607-609.

[96] CANDÈS E J, ROMBERG J K, TAO T. Stable signal recovery from incomplete and inaccurate measurements[J]. Communications on Pure and Applied Mathematics, 2006, 59(8): 1207-1223.

[97] HE L, TAO D, LI X, et al. Sparse representation for blind image quality assessment[C]. IEEE Conference on Computer Vision and Pattern Recognition, 2012: 1146-1153.

[98] RAUHUT H, SCHNASS K, VANDERGHEYNST P. Compressed Sensing and Redundant Dictionaries[J]. IEEE Transactions on Information Theory, 2008, 54(5): 2210-2219.

[99] CANDÈS E J, ELDAR Y C, NEEDELL D, et al. Compressed sensing with coherent and redundant dictionaries[J]. Applied and Computational Harmonic Analysis, 2011, 31(1): 59-73.

[100] ELAD M. Sparse and redundant representations: from theory to applications in signal and image

processing[M]. Berlin, Germany: Springer, 2010.

[101] NAM S, DAVIES M E, ELAD M, et al. The cosparse analysis model and algorithms[J]. Applied and Computational Harmonic Analysis, 2011, 34(1): 30 – 56.

[102] GIRYES R, NAM S, ELAD M, et al. Greedy-like algorithms for the cosparse analysis model[J]. Linear Algebra and Its Applications, 2014, 441(1): 22 – 60.

[103] DUARTE M F, ELDAR Y C. Structured Compressed Sensing: From Theory to Applications[J]. IEEE Transactions on Signal Processing, 2011, 59(9): 4053 – 4085.

[104] YUAN M, LIN Y. Model selection and estimation in regression with grouped variables[J]. Journal of the Royal Statistical Society, 2006, 68(1): 49 – 67.

[105] ELDAR Y C, KUPPINGER P, BOLCSKEI H. Block-sparse signals: Uncertainty relations and efficient recovery[J]. IEEE Transactions on Signal Processing, 2010, 58(6): 3042 – 3054.

[106] BENGIO S, PEREIRA F, SINGER Y, et al. Group Sparse Coding[J]. Advances in Neural Information Processing Systems, 2009, 22(11): 82 – 89.

[107] WANG F, LEE N, SUN J, et al. Automatic group sparse coding[C]. AAAI Conference on Artificial Intelligence, 2011: 495 – 500.

[108] BACH F R. Consistency of the Group Lasso and Multiple Kernel Learning[J]. Journal of Machine Learning Research, 2007, 9(2): 1179 – 1225.

[109] SPRECHMANN P, RAMIREZ I, SAPIRO G, et al. C – HiLasso: A Collaborative Hierarchical Sparse Modeling Framework[J]. IEEE Transactions on Signal Processing, 2011, 59(9): 4183 – 4198.

[110] BARANIUK R G, CEVHER V, DUARTE M F, et al. Model-Based Compressive Sensing[J]. IEEE Transactions on Information Theory, 2010, 56(4): 1982 – 2001.

[111] CEVHER V, DUARTE M F, HEDGE C, et al. Sparse signal recovery using Markov random fields [C]. Conference on Neural Information Processing Systems, Vancouver, British Columbia, Canada. 2008: 257 – 264.

[112] CHEN J, HUO X. Theoretical results on sparse representations of multiple-measurement vectors [J]. IEEE Transactions on Signal Processing, 2006, 54(12): 4634 – 4643.

[113] DUARTE M F, SARVOTHAM S, BARON D, et al. Distributed Compressed Sensing of Jointly Sparse Signals[C]. Conference Record of the Thirty-Ninth Asilomar Conference on Signals, Systems and Computers, 2005: 1537 – 1541.

[114] LU Z, YING R, JIANG S, et al. Distributed Compressed Sensing off the Grid[J]. IEEE Signal Processing Letters, 2014, 22(1): 105 – 109.

[115] PHILLIPS J W, LEAHY R M, MOSHER J C. MEG-based imaging of focal neuronal current sources[J]. Medical Imaging IEEE Transactions on, 1997, 16(3): 338 – 348.

[116] COTTER S F, RAO B D. Sparse channel estimation via matching pursuit with application to equalization[J]. IEEE Transactions on Communications, 2002, 50(3): 374 – 377.

[117] ZHANG C, LIU J, TIAN Q, et al. Image classification by non-negative sparse coding, low-rank

and sparse decomposition[C]. IEEE Conf. Comput. Vis. Patt. Recog. (CVPR), 2011: 1673 – 1680.

[118] ZHANG Y, JIANG Z, DAVIS L S. Learning structured low-rank representations for image classification[C]. IEEE Computer Society Conference on Computer Vision and Pattern Recognition, 2013: 676 – 683.

[119] CHEN J, YANG J. Robust Subspace Segmentation Via Low-Rank Representation[J]. IEEE Transactions on Cybernetics, 2014, 44(8): 1432 – 1445.

[120] FANG X, XU Y, LI X, et al. Robust Semi-Supervised Subspace Clustering via Non-Negative Low-Rank Representation[J]. IEEE Transactions on Cybernetics, 2016, 46(8): 1828 – 1838.

[121] PATEL V M, NGUYEN H V, VIDAL R. Latent Space Sparse and Low-Rank Subspace Clustering [J]. IEEE Journal of Selected Topics in Signal Processing, 2015, 9(4): 691 – 701.

[122] WANG J, WANG X, TIAN F, et al. Constrained Low-Rank Representation for Robust Subspace Clustering[J/OL]. IEEE Transactions on Cybernetics, 2017. http://dx. doi. org/10. 1109/ TCYB. 2016. 2618852.

[123] DUARTE M F, BARANIUK R G. Kronecker Compressive Sensing[J]. IEEE Transactions on Image Processing, 2012, 21(2): 494 – 504.

[124] RUBINSTEIN R, PELEG T, ELAD M. Analysis K-SVD: A dictionary-learning algorithm for the analysis sparse model[J]. IEEE Transactions on Signal Processing, 2013, 61(3): 661 – 677.

[125] HAWE S, KLEINSTEUBER M, DIEPOLD K. Analysis Operator Learning and its Application to Image Reconstruction[J]. IEEE Transactions on Image Processing, 2013, 22(6): 2138 – 2150.

[126] ENGAN K, AASE S O, HAKON HUSOY J. Method of optimal directions for frame design[C]. IEEE Int. Conf. Acoustics, Speech, and Signal Process. (ICASSP), 1999: 2443 – 2446.

[127] JI S, XUE Y, CARIN L. Bayesian Compressive Sensing[J]. IEEE Transactions on Signal Processing, 2008, 56(6): 2346 – 2356.

[128] YANG J, YU K, GONG Y, et al. Linear spatial pyramid matching using sparse coding for image classification[C]. IEEE Computer Society Conference on Computer Vision and Pattern Recognition. (CVPR). 2009: 1794 – 1801.

[129] ELHAMIFAR E, VIDAL R. Robust classification using structured sparse representation[C]. IEEE Computer Society Conference on Computer Vision and Pattern Recognition. (CVPR). 2011: 1873 – 1879.

[130] WANG Z, YANG J, NASRABADI N, et al. A max-margin perspective on sparse representation based classification[C]. International Conference on Computer Vision. (ICCV), 2013.

[131] ZHANG T, GHANEM B, LIU S, et al. Low-rank sparse coding for image classification[C]. International Conference on Computer Vision, 2013: 281 – 288.

[132] SHEKHAR S, PATEL V M, CHELLAPPA R. Analysis Sparse Coding Models For Image-based Classification[C]. IEEE International Conference on Image Processing(ICIP), 2014.

[133] YANG M, DAI D, SHEN L, et al. Latent Dictionary Learning for Sparse Representation Based

Classification[C]. IEEE Conference Computer Vision and Pattern Recognition (CVPR), 2014: 4138 – 4145.

[134] YANG M, ZHANG L, FENG X, et al. Sparse Representation Based Fisher Discrimination Dictionary Learning for Image Classification[J]. International Journal of Computer Vision, 2014: 1 – 24.

[135] LI J, ZHANG H, ZHANG L. Efficient Superpixel-Level Multitask Joint Sparse Representation for Hyperspectral Image Classification[J]. IEEE Transactions on Geoscience and Remote Sensing, 2015, 53(10): 1 – 14.

[136] ZHANG Z, LI F, CHOW T W S, et al. Sparse Codes Auto-Extractor for Classification: A Joint Embedding and Dictionary Learning Framework for Representation[J]. IEEE Transactions on Signal Processing, 2016, 64(14): 3790 – 3805.

[137] DAI W, MILENKOVIC O. Subspace Pursuit for Compressive Sensing Signal Reconstruction[J]. IEEE Transactions on Information Theory, 2009, 55(5): 2230 – 2249.

[138] RAVISHANKAR S, BRESLER Y. Learning sparsifying transforms[J]. IEEE Transactions on Signal Processing, 2013, 61(5): 1072 – 1086.

[139] ELAD M, MILANFAR P, RUBINSTEIN R. Analysis versus synthesis in signal priors[J]. Inverse Problems, 2007, 23(3): 1 – 5.

[140] CANDES E J, LI X, MA Y, et al. Robust principal component analysis? [J]. Journal ACM (JACM), 2011, 58(3): 11.

[141] VIDAL R, MA Y, SASTRY S. Generalized principal component analysis (GPCA)[J]. IEEE Transactions on Pattern Analysis and Machine Intelligence, 2005, 27(12): 1945 – 1959.

[142] LIN Z. A review on low-rank models in data analysis[J]. Big Data and Information Analytics, 2017, 1(2/3): 139 – 161.

[143] LI C G, VIDAL R. A Structured Sparse Plus Structured Low-Rank Framework for Subspace Clustering and Completion[J]. IEEE Transactions on Signal Processing, 2016, 64(24): 6557 – 6570.

[144] LIU G, LIN Z, YAN S, et al. Robust Recovery of Subspace Structures by Low-Rank Representation[J]. IEEE Transactions on Pattern Analysis and Machine Intelligence, 2013, 35(1): 171 – 184.

[145] MALLAT S G, ZHANG Z. Matching pursuits with time-frequency dictionaries [J]. IEEE Transactions on Signal Processing, 1993, 41(12): 3397 – 3415.

[146] NEEDELL D, TROPP J A. CoSaMP: Iterative signal recovery from incomplete and inaccurate samples[J]. Applied and Computational Harmonic Analysis, 2009, 26(3): 301 – 321.

[147] DONOHO D L, TSAIG Y, DRORI I, et al. Sparse Solution of Underdetermined Systems of Linear Equations by Stagewise Orthogonal Matching Pursuit [J]. IEEE Transactions on Information Theory, 2012, 58(2): 1094 – 1121.

[148] WANG J, KWON S, SHIM B. Generalized orthogonal matching pursuit[J]. IEEE Transactions on

Signal Processing, 2012, 60(12): 6202 - 6216.

[149] TROPP J A, GILBERT A C, STRAUSS M J. Algorithms for simultaneous sparse approximation. Part I: Greedy pursuit[J]. Signal Processing, 2006, 86(3): 572 - 588.

[150] TROPP J A, GILBERT A C. Signal recovery from random measurements via orthogonal matching pursuit[J]. IEEE Transactions on Information Theory, 2007, 53(12): 4655 - 4666.

[151] DETERME J F, LOUVEAUX J, JACQUES L, et al. On The Exact Recovery Condition of Simultaneous Orthogonal Matching Pursuit[J]. IEEE Signal Processing Letters, 2016, 23(1): 164 - 168.

[152] BLANCHARD J D, CERMAK M, HANLE D, et al. Greedy Algorithms for Joint Sparse Recovery [J]. IEEE Transactions on Signal Processing, 2014, 62(7): 1694 - 1704.

[153] RECHT B, FAZEL M, PARRILO P A. Guaranteed minimum-rank solutions of linear matrix equations via nuclear norm minimization[J]. SIAM review, 2010, 52(3): 471 - 501.

[154] CANDÈS E J, RECHT B. Exact matrix completion via convex optimization[J]. Foundations of Computational mathematics, 2009, 9(6): 717.

[155] BECK A, TEBOULLE M. A fast iterative shrinkage-thresholding algorithm for linear inverse problems[J]. SIAM Journal of Imaging Science, 2009, 2(1): 183 - 202.

[156] BECKER S, BOBIN J, CANDES E J. NESTA: A Fast and Accurate First-Order Method for Sparse Recovery[J]. SIAM Journal of Imaging Science, 2011, 4(1): 1 - 39.

[157] BOYD S, PARIKH N, CHU E, et al. Distributed optimization and statistical learning via the alternating direction method of multipliers[J]. Found. Trends R Mach. Learning, 2011, 3(1): 1 - 122.

[158] BOYD S, VANDENBERGHE L. Convex optimization[M]. United Kingdom: Cambridge university press, 2004.

[159] COMBETTES P L, WAJS V R. Signal Recovery by Proximal Forward-Backward Splitting[J]. SIAM Journal on Multiscale Modeling and Simulation, 2005, 4(4): 1168 - 1200.

[160] GOLDSTEIN T, OSHER S. The split Bregman method for L1-regularized problems[J]. SIAM journal on imaging sciences, 2009, 2(2): 323 - 343.

[161] 张海, 王尧, 常象宇, 等. L1＝2 正则化[J]. 中国科学: 信息科学, 2010, 40(03): 412.

[162] MOHIMANI G H, BABAIE-ZADEH M, JUTTEN C. Fast sparse representation based on smoothed 0 norm[C]. International Conference on Independent Component Analysis and Signal Separation, 2007: 389 - 396.

[163] LU C, LIN Z, YAN S. Smoothed low rank and sparse matrix recovery by iteratively reweighted least squares minimization[J]. IEEE Transactions on Image Processing, 2015, 24(2): 646 - 654.

[164] MCCULLOCH W S, PITTS W. A logical calculus of the ideas immanent in nervous activity[J]. The bulletin of mathematical biophysics, 1943, 5(4): 115 - 133.

[165] MO Q, YI S. A Remark on the Restricted Isometry Property in Orthogonal Matching Pursuit[J]. IEEE Transactions on Information Theory, 2012, 58(6): 3654 - 3656.

[166] DO T T,GAN L, NGUYEN N, et al. Sparsity adaptive matching pursuit algorithm for practical compressed sensing[C]. 2008 42nd Asilomar Conference on Signals, Systems and Computers, 2008: 581 – 587.

[167] GIRYES R, ELAD M. CoSaMP and SP for the cosparse analysis model[C]. Proceedings of the 20th European Signal Processing Conference (EUSIPCO), 2012: 964 – 968.

[168] CANDES E J, WAKIN M B, BOYD S P. Enhancing sparsity by reweighted 1 minimization[J]. Journal of Fourier Analysis and Applications, 2008, 14(5 – 6): 877 – 905.

[169] NESTEROV Y. A method of solving a convex programming problem with convergence rate O(1/k2)[C]. Soviet Mathematics Doklady, 1983, 27: 372 – 376.

[170] TIPPING M, BISHOP C. Mixtures of Probabilistic Principal Component Analyzers[J]. Neural Computation, 1999, 11(2): 443.

[171] ROSENBLATT F. The perceptron: a probabilistic model for information storage and organization in the brain[J]. Psychological Review, 1958, 65(6): 386.

[172] WINTER R, WIDROW B. MADALINE RULE II: a training algorithm for neural networks[C]. IEEE International Conference on Neural Networks, 1988: 401 – 408.

[173] SARLE W S. Neural networks and statistical models[J]. in Proc. 19th Annual SAS Users Group Int. Conf. 1994: 1538 – 1550.

[174] MINSKY M, PAPERT S. Perceptrons: An introduction to Computational Geometry [M]. Cambridge: MIT Press, 1969.

[175] LANGLEY P. The changing science of machine learning[J]. Machine Learning, 2011, 82(3): 275 – 279.

[176] CYBENKO G. Approximation by superpositions of a sigmoidal function [J]. Mathematics of Control, Signals, and Systems (MCSS), 1989, 2(4): 303 – 314.

[177] HORNIK K, STINCHCOMBE M, WHITE H. Multilayer feedforward networks are universal approximators[J]. Neural networks, 1989, 2(5): 359 – 366.

[178] KOHONEN T. Self-organized formation of topologically correct feature maps [J]. Biological Cybernetics, 1982, 43(1): 59 – 69.

[179] HOPFIELD J J. Neural networks and physical systems with emergent collective computational abilities[J]. Proceedings of the National Academy of Sciences of the United States of America, 1982, 79(8): 2554.

[180] RUMELHART D E, HINTON G E, WILLIAMS R J, et al. Learning representations by backpropagating errors[J]. Cognitive modeling, 1988, 5(3): 1.

[181] 焦李成. 神经网络系统理论[M]. 西安：西安电子科技大学出版社, 1990.

[182] 焦李成. 神经网络的应用与实现[M]. 西安：西安电子科技大学出版社, 1993.

[183] 焦李成. 神经网络计算[M]. 西安：西安电子科技大学出版社, 1993.

[184] 张立明. 人工神经网络的模型及其应用[M]. 上海：复旦大学出版社, 1993.

[185] UTGOFF P E, STRACUZZI D J. Many-Layered Learning [J]. Neural Computation, 2002,

14(10): 2497 - 2529.

[186] HOFMANN T,SCHOLKOPF B, SMOLA A J. Kernel methods in machine learning[J]. The Annals of Mathematical Statistics, 2008: 1171 - 1220.

[187] DALAL N, TRIGGS B. Histograms of oriented gradients for human detection [C]. IEEE International Conference on Computer Vision and Pattern Recognition, 2005, 1: 886 - 893.

[188] LOWE D G. Object recognition from local scale-invariant features [C]. IEEE International conference on Computer vision, 1999, 2: 1150 - 1157.

[189] HINTON G E, SALAKHUTDINOV R R. Reducing the dimensionality of data with neural networks[J]. Science, 2006, 313(5786): 504 - 507.

[190] HINTON G E, OSINDERO S, TEH Y W. A fast learning algorithm for deep belief nets[J]. Neural computation, 2006, 18(7): 1527 - 1554.

[191] BENGIO Y, COURVILLE A, VINCENT P. Representation Learning: A Review and New Perspectives[J]. IEEE Transactions on Pattern Analysis and Machine Intelligence, 2013, 35(8): 1798 - 1828.

[192] LECUN Y, BOTTOU L, BENGIO Y, et al. Gradient-based learning applied to document recognition[J]. Proceedings of the IEEE, 1998, 86(11): 2278 - 2324.

[193] KRIZHEVSKY A, SUTSKEVER I, HINTON G E. Imagenet classification with deep convolutional neural networks[C]. Advances in neural information processing systems. 2012: 1097 - 1105.

[194] SIMONYAN K, ZISSERMAN A. Very Deep Convolutional Networks for Large-Scale Image Recognition[J]. Computer Science, 2014.

[195] SZEGEDY C, LIU W, JIA Y, et al. Going deeper with convolutions[C]. Proceedings of the IEEE conference on computer vision and pattern recognition, 2015: 1 - 9.

[196] HE K, ZHANG X, REN S, et al. Deep Residual Learning for Image Recognition[C]. 2016 IEEE Conference on Computer Vision and Pattern Recognition (CVPR), 2016: 770 - 778.

[197] JORDAN M I. Chapter 25-Serial Order: A Parallel Distributed Processing Approach [G]. DONAHOE J W, DORSEL V P. Advances in Psychology, Vol 121: Neural-Network Models of Cognition. the United States: North-Holland, 1997: 471 - 495.

[198] WILLIAMS R, ZIPSER D. A Learning Algorithm for Continually Running Fully Recurrent Neural Networks[J]. Neural Computation, 1989, 1(2): 270 - 280.

[199] JORDAN M I, MITCHELL T M. Machine learning: Trends, perspectives, and prospects[J]. Science, 2015, 349(6245): 255 - 260.

[200] HIRSCHBERG J, MANNING C D. Advances in natural language processing[J]. Science, 2015, 349(6245): 261.

[201] GOODFELLOW I J, POUGET-ABADIE J, MIRZA M, et al. Generative adversarial nets[C]. International Conference on Neural Information Processing Systems, 2014: 2672 - 2680.

[202] KINGMA D P, WELLING M. Auto-encoding variational bayes[J]. arXiv preprint arXiv: 1312.

6114, 2013.

[203] ZHOU Z H, FENG J. Deep Forest: Towards An Alternative to Deep Neural Networks[C]. Twenty-Sixth International Joint Conference on Artificial Intelligence. 2017: 3553 – 3559.

[204] JOSE C, GOYAL P, AGGRWAL P, et al. Local deep kernel learning for efficient non-linear SVM prediction[C]. International Conference on International Conference on Machine Learning, 2013: III-486.

[205] SZEGEDY C, ZAREMBA W, SUTSKEVER I, et al. Intriguing properties of neural networks[J]. CoRR, 2013, abs/1312. 6199.

[206] NGUYEN A, YOSINSKI J, CLUNE J. Deep neural networks are easily fooled: High confidence predictions for unrecognizable images[C]. IEEE Conference on Computer Vision and Pattern Recognition (CVPR), 2015: 427 – 436.

[207] PAN S J, YANG Q. A Survey on Transfer Learning[J]. IEEE Transactions on Knowledge and Data Engineering, 2010, 22(10): 1345 – 1359.

[208] PALATUCCI M, POMERLEAU D, HINTON G, et al. Zero-shot learning with semantic output codes[C]. International Conference on Neural Information Processing Systems. 2009: 1410 – 1418.

[209] LAKE B M, SALAKHUTDINOV R, TENENBAUM J B. Human-level concept learning through probabilistic program induction[J]. Science, 2015, 350(6266): 1332.

[210] SILVER D, SCHRITTWIESER J, SIMONYAN K, et al. Mastering the game of Go without human knowledge[J]. Nature, 2017, 550(7676): 354.

[211] DELANEY W P, WARD W W. Radar development at Lincoln Laboratory: An overview of the first fifty years[J]. Lincoln Laboratory Journal, 2000, 12(2): 147 – 166.

[212] RISH I. An EmpiricalStudy of the Naive Bayes Classifier[J]. Journal of Universal Computer Science, 2001, 1(2): 127.

[213] MARCHETTE D J. Bayesian Networks and Decision Graphs[J]. Statistics for Engineering and Information Science, 2007, 50(1): 362.

[214] KINDERMANN R, SNELL J L. Markov Random Fields and Their Applications[M]. the United States: American Mathematical Society, 1980: 415 – 433.

[215] SMYTH P. Belief networks, hidden Markov models, and Markov random fields: A unifying view [J]. Pattern Recognition Letters, 1997, 18(11 – 13): 1261 – 1268.

[216] ACKLEY D H, HINTON G E, SEJNOWSKI T J. A learning algorithm for Boltzmann machines [J]. Cognitive science, 1985, 9(1): 147 – 169.

[217] CHANG C C, LIN C J. LIBSVM: A library for support vector machines[J]. ACM Transactions on Intelligent Systems and Technology, 2011, 2(3): 27.

[218] BURGES C J. A tutorial on support vector machines for pattern recognition[J]. Data mining and knowledge discovery, 1998, 2(2): 121 – 167.

[219] GHINELLI B M G, BENNETT J C. The application of artificial neural networks and standard statistical methods to SAR image classification[C]. IEEE International Geoscience and Remote

Sensing Symposium (IGARSS), 1997, 3: 1211-1213.

[220] LAFFERTY J D, MCCALLUM A, PEREIRA F C N. Conditional Random Fields: Probabilistic Models for Segmenting and Labeling Sequence Data[C]. Eighteenth International Conference on Machine Learning, 2001: 282-289.

[221] LIAW A, WIENER M. Classification and Regression with Random Forest[J]. R News, 2002, 23(23).

[222] SAAD D. Online algorithms and stochastic approximations[J]. Online Learning, 1998, 5.

[223] DUCHI J, HAZAN E, SINGER Y. Adaptive Subgradient Methods for Online Learning and Stochastic Optimization[J]. Journal of Machine Learning Research, 2011, 12(7): 257-269.

[224] TIELEMAN T, HINTON G. Lecture 6.5-rmsprop: Divide the gradient by a running average of its recent magnitude[J]. COURSERA: Neural networks for machine learning, 2012, 4(2): 26-31.

[225] KINGMA D, BA J. Adam: A method for stochastic optimization[J]. arXiv preprint arXiv: 1412. 6980, 2014.

[226] PATEL V. Kalman-based stochastic gradient method with stop condition and insensitivity to conditioning[J]. SIAM Journal on Optimization, 2016, 26(4): 2620-2648.

[227] TESAURO G. Practical issues in temporal difference learning[J]. Machine Learning, 1992, 8(3-4): 257-277.

[228] TZIKAS D G, LIKAS A C, GALATSANOS N P. The variational approximation for Bayesian inference[J]. IEEE Signal Processing Magazine, 2008, 25(6): 131-146.

[229] ZHANG Z, XU Y, YANG J, et al. A Survey of Sparse Representation: Algorithms and Applications[J]. IEEE Access, 2015, 3: 490-530.

[230] MAIRAL J, BACH F, PONCE J, et al. Online learning for matrix factorization and sparse coding [J]. Journal of Machine Learning Research, 2010, 11: 19-60.

[231] BOTTS T A, WEINSTOCK R. Calculus of Variations[J]. American Mathematical Monthly, 1953, 60(3): 204.

[232] PARISI G, MACHTA J. Statistical Field Theory[J]. Physics Today, 1988, 41(12): 110.

[233] FRIEDMAN J, HASTIE T, TIBSHIRANI R. Regularization Paths for Generalized Linear Models via Coordinate Descent[J]. Journal of Statistical Software, 2010, 33(1): 1.

[234] BENGIO Y. Learning Deep Architectures for AI[J]. Foundations and Trends in Machine Learning, 2009, 2(1): 1-127.

[235] SALAKHUTDINOV R, HINTON G. An efficient learning procedure for deep Boltzmann machines [J]. Neural Computation, 2012, 24(8): 1967.

[236] GLOROT X, BORDES A, BENGIO Y. Deep Sparse Rectifier Neural Networks[C]. International Conference on Artificial Intelligence and Statistics, 2012.

[237] LECUN Y, BENGIO Y, HINTON G. Deep learning[J]. Nature, 2015, 521(7553): 436-444.

[238] GOODFELLOW I J, BENGIO Y, COURVILLE A. Deep Learning[M]. the United States: The MIT Press, 2016.

［239］ 焦李成，赵进，杨淑媛，等. 深度学习、优化与识别［M］. 北京：清华大学出版社，2016.

［240］ VAPNIK V N，VAPNIK V. Statistical learning theory：Vol 1［M］. New Work：Wiley New York，1998.

［241］ KOHAVI R. A study of cross-validation and bootstrap for accuracy estimation and model selection ［C］. International Joint Conference on Artificial Intelligence，1995，14：1137 – 1145.

［242］ TIBSHIRANI R. Regression shrinkage and selection via the lasso［J］. Journal of the Royal Statistical Society. Series B (Methodological)，1996：267 – 288.

［243］ ZOU H，HASTIE T. Regularization and variable selection via the elastic net［J］. Journal of the Royal Statistical Society：Series B (Statistical Methodology)，2005，67(2)：301 – 320.

## 第4章 高分辨率遥感图像理解

## 4.1 背景介绍

随着科学技术的进步，遥感卫星获取影像的分辨率不断提升。目前在轨运行的高分遥感卫星的分辨率已经达到亚米级别，这标志着遥感数据已经进入高分辨率影像时代。高分辨率遥感图像理解，是遥感大数据信息挖掘与提取的一项关键技术，也是资源调查、城市规划、现代农业、防灾减灾和环境监测等应用的核心问题之一，具有重要的理论意义和实际应用价值[1-3]。

遥感图像目标检测[4-9]与场景分类[10-14]，作为高分辨率遥感图像理解的两个重要研究方向，已成为目前遥感图像处理领域的研究热点。本章对遥感图像目标检测与场景分类的主流方法、常用数据库进行了系统总结，并在常用的数据库上对一些代表性方法进行了性能对比。

## 4.2 高分辨率遥感图像目标检测

### 4.2.1 引言

目标检测是指从图像中找出所有感兴趣的物体并确定其具体位置。由于各类目标具有不同的外观、形状和姿态，加上成像时会受到光照、遮挡等因素的干扰，因此目标检测仍是计算机视觉领域的一个难点问题。经过 50 余年的发展，目标检测与识别技术已经取得了长足的进步。受限于图像数据集的规模和计算机硬件水平，早期的目标检测算法主要基于手工设计特征而实现。近年来，随着深度学习技术的迅速发展，目标检测也从基于手工设计特征的传统算法转向了基于深度神经网络的检测技术。

### 4.2.2 目标检测方法综述

#### 1. 基于手工设计特征的目标检测方法

早期的遥感图像目标检测系统主要采用的是尺度不变特征变换（Scale-Invariant

Feature Transform，SIFT）[15]、方向梯度直方图（Histogram of Oriented Gradient，HOG）[16]、视觉词袋模型（Bag of Visual Words，BoVW）[17]以及可变形部件模型（Deformable Part Model，DPM）[18]等特征提取方法，然后将提取到的特征输入至分类器中进行目标的分类与识别。例如，Sirmaçek 和 Ünsalan[19]以及 Tao 等[20]分别利用 SIFT 特征实现了城区建筑物和机场检测；Sun 等[21]提出了一种基于空间约束稀疏编码词袋模型（Spatial Sparse Coding Bag-of-Words model，SSCBoW）的遥感图像飞机目标检测方法；Cheng 等提出了基于多尺度混合模型[8]和部件集合模型[6]的高分辨率遥感图像多类目标检测方法；Han 等[7]提出了一种结合视觉显著性计算模型和稀疏表达判别学习的遥感图像多类目标检测方法；Cheng 等[22]提出了一种基于 BoVW 和概率隐性语义分析（Probability Latent Semantic Analysis，PLSA）的遥感图像滑坡检测方法。

这些特征具有如下特点：① 本质上都是手工设计的特征，对目标的表达能力有限；② 特征可分性较差，对目标的多样性变化缺乏鲁棒性，目标识别错误率较高；③ 特征设计具有针对性，很难选择单一特征应用于多类目标检测。因此需要研究人员对所要解决的问题进行深入的研究，以设计出适应性更好的特征，从而提高系统的性能。

**2. 基于深度学习的经典目标检测方法**

近年来，随着大规模图像数据（如 ImageNet[23]）的产生以及计算机硬件技术（特别是 GPU）的飞速发展，深度学习技术尤其是卷积神经网络（Convolutional Neural Network，CNN），如 AlexNet[24]、GoogleNet[25]、VGGNet[26]、ResNet[27]等，在图像理解中取得了令人瞩目的成果，引发了科研人员的研究热潮。与手工设计的特征相比，卷积神经网络将特征提取、特征选择和特征分类融合在同一个模型中，通过端到端（End to End）的训练，从整体上进行模型优化，提高了特征的表达能力，增强了特征的判别性。在自然场景图像数据库（如 ImageNet[23]、PASCAL VOC[28]、COCO[29]等）上，基于卷积神经网络的目标检测与识别技术已经取得了里程碑式的突破。

基于深度学习的代表性目标检测模型主要包括 OverFeat[30]、SPPNet（Spatial Pyramid Pooling Network）[31]以及 R-CNN（Region-based CNN）[32]系列工作（如 R-CNN、Fast R-CNN[33]和 Faster R-CNN[34]等）。

R-CNN 是利用深度学习进行目标检测的经典之作，该方法主要是将候选区域（Region Proposal）预测和卷积神经网络特征提取结合起来完成目标检测。该方法极大地提升了目标检测的精度，是后续许多目标检测算法的基础思想。R-CNN 的工作过程分为四个阶段：① 对输入图像使用选择性搜索（Selective Search）[35]生成约 2000 个候选框；② 将每个候选框所对应的图像统一拉伸至大小为 227×227，输入到 CNN 中并将 FC7 层的输出作为候选框的特征；③ 把候选框的特征送入 SVM 分类器，判别目标所属的类别；④ 使用边界框回归来校正候选框的位置。

尽管使用了选择性搜索等候选框提取方法来得到感兴趣的区域（Region of Interest，RoI），但是 R-CNN 仍存在严重的速度瓶颈，造成这一问题的主要原因是对所有候选框进行特征提取时带来了重复计算。为了解决这个问题，Ross Girshick 等在 R-CNN 的基础上提出了 Fast R-CNN。该方法借鉴 SPPNet 的特点，设计了一个 RoI 池化（RoI Pooling）层，将不同大小的特征输入映射到一个固定尺寸的特征向量。另外，Fast R-CNN 将目标分类和边界框回归结合到神经网络内部，形成了一个多任务（multi-task）共享卷积特征模型。与 R-CNN 相比，Fast R-CNN 可以在保证目标检测准确率的同时大幅提升速度。

虽然 Fast R-CNN 相比于 R-CNN 有了很大的改进，但 Fast R-CNN 仍然使用选择性搜索来提取候选区域，检测效率较低。针对这一问题，Ren 等[34] 提出了检测速度更快、准确率更高的 Faster R-CNN。该方法使用区域建议网络（Region Proposal Network，RPN）代替传统的选择性搜索方法生成目标候选区域。RPN 主要用于确定候选框内是否存在目标而不对目标的类别做出判断。在 RPN 的设计中，作者针对输入图像设计了多个不同尺度、不同长宽比的锚点（Anchor）来实现对不同尺寸目标的候选框提取。Faster R-CNN 将候选框预测、特征提取、目标分类和边界框回归统一到一个网络框架中，实现了真正意义上的端到端网络训练。在训练过程中模型各部分不仅能够自主学习，还能够相互配合学习。算法的主要步骤如下：① 将整张图片输入 CNN 进行特征提取；② 用 RPN 生成候选框，每张图片生成约 300 个候选框；③ 把候选窗口映射到 CNN 的最后一层卷积特征图（Feature Map）上；④ 通过 RoI 池化生成固定尺寸的特征图；⑤ 利用 Softmax 损失函数和 Smooth L1 损失函数，对候选框分类和边界框回归进行联合训练。

R-CNN 系列方法都是基于两阶段（two stage）的目标检测算法，完成目标检测任务需要进行两部分工作。首先要生成目标候选框，然后进行分类和边界框回归任务。这类算法虽然取得了较高的准确率，但其效率仍然不高。其主要原因是生成的候选框之间有大量的重叠，会带来很多重复的计算工作。为了进一步提高目标检测任务的效率，单阶段（one stage）的目标检测算法由此诞生，该算法彻底摒弃了区域候选框式的检测框架。例如，Redmon 等[36] 提出了 YOLO(You Only Look Once)算法，该算法将全图划分为 $S \times S$ 个格子，每个格子负责中心位置在该格子的目标检测，并一次性预测所有格子所包含目标的边界框、定位置信度以及所有类别的概率。该算法可以在较高的平均精度均值（mean Average Precision，mAP）上保持较快的检测速度。

除了 YOLO 以外，Liu 等[37] 提出了 SSD(Single Shot MultiBox Detector)算法。与上述几种模型相比，该算法仅仅使用单一尺度卷积层的特征图（feature map）对目标进行预测，SSD 对网络中 6 个不同尺度卷积层输出的特征图进行锚点（Anchor）设计，然后分别在这些特征图中的每一点上构造 6 个不同尺度大小的边界框，最后直接对其进行分类和边界框回归。与 Faster R-CNN 相比，该算法可以在更小的输入图片中得到更好的检测效果，并且在多个数据集（PASCAL VOC、COCO、ILSVRC）上获得了更高的 mAP 值。

**3. 基于深度学习的单类别目标检测方法**

近年来，一些研究人员针对不同的目标类别，如飞机、车辆、船舶等，设计了不同的目标检测方法，下面对一些代表性的方法进行简单介绍。

1) 飞机类目标检测方法

卷积神经网络由于其突出的特征表达能力，在自然图像目标检测方面取得了显著进展。然而，类内差异性给遥感图像飞机检测带来了很多困难，很多学者为此提出了多种解决方案。Cai 等[38] 提出了一种基于在线样例的全卷积网络（Fully Convolutional Network，FCN）遥感图像飞机检测方法。该方法将在线样例挖掘技术嵌入到 FCN 中，并用所挖掘的样例表示飞机不同的类内特性（即将飞机样本划分为不同的小组，每个小组对应一个基本样例）。具体来说，首先根据样本标签信息选择基本样例，并初始化基本样例和飞机样本之间的关系；然后在高层特征空间中，根据样本特征之间的相似性更新样例和飞机样本之间的关系；最后根据所更新的关系，使用飞机样本训练不同的样例检测器。另外，受飞机几何形状的启发，设计了一个圆形响应图（Circle Response Map，CRM）来构建 FCN。该方法主要通过改进网络结构来解决遥感目标检测所面临的问题。下面将介绍两种基于 RPN 改进的方法。

Yang 等[39] 提出了一种有效的飞机检测框架——马尔可夫随机场全卷积网络（Markov random field-FCN，M-FCN）。M-FCN 采用级联策略，主要包括基于 FCN 的粗略候选框提取、基于多马尔可夫随机场（multi-MRF）的区域候选框生成和目标分类三个阶段。第一阶段将 FCN 训练为对飞机敏感的模型并生成粗略的候选图，该模型具有尺度不变性、方向不变性和颜色不变性，且不需要过多的训练样本；第二阶段将粗略的候选图作为 multi-MRF 算法的初始标签场，并根据 multi-MRF 的输出生成数量更少、定位更精确的候选区域；第三阶段利用 CNN 分类器来实现目标检测。

与自然图像相比，遥感图像还具有目标数量多、尺度多样性等特点。因此，在大规模的遥感图像中检测小目标是非常耗时的。基于以上情况，Han 等[40] 提出了一种新的区域建议策略——区域定位网络（Region Locating Network，RLN）来改进 Faster R-CNN 框架。RLN 主要用来定位飞机经常出现的区域，如跑道或停机坪中的一部分。利用 RLN 的定位结果，可以在大尺度的遥感图像中粗略地定位飞机所处的区域，从而加快飞机目标的检测速度。另外，RLN 也可以用于其他特殊物体的检测，如储油罐、船舶等。然而这种方法也有局限性，它只能用于检测一些经常位于特定区域的特殊目标。

2) 车辆类目标检测方法

Deng 等[41] 提出了一种基于区域耦合卷积神经网络（CNN）的快速、精确遥感图像车辆检测方法。该方法主要结合了两个 CNN 网络：① 用于生成车辆候选区域的精确车辆建议网络（Accurate Vehicle Proposal Network，AVPN）；② 用来推理车辆类型和方向的车辆属性学习网络(Vehicle Attributes Learning Network，VALN)。该方法将精确车辆建议网络(AVPN)和车辆属性学习网络(VALN)统一到一个深度神经网络中，用于同时获取车辆的位置和属性。

3) 船舶类目标检测方法

光学遥感图像船舶目标检测任务面临的主要挑战是云、波浪、小岛、尾迹杂波以及目标的高度变异性。针对这些问题，Dong 等[42]提出了一种实用的船舶检测方法。该方法包括由粗到细的两个阶段：目标预筛选和目标识别。在目标预筛选阶段，作者构建了一种新的视觉显著性检测方法来定位候选区域。该方法不仅可以准确地检测到目标，而且可以大大降低虚警率。在目标识别阶段，为了更好地表征目标，作者通过提取船舶目标的形状特征和纹理特征进行分类识别。该方法可以较好地抑制云、雾、海水杂波等复杂背景的干扰。

另外，Li 等[43]提出了一种基于深度特征的高分辨率遥感图像船舶检测方法。该方法首先使用区域建议网络生成船舶候选区域，然后使用一个分层选择性滤波(Hierarchical Selective Filtering，HSF)层将不同尺度的特征映射到同一尺度空间，用于有效地检测不同尺度的船舶。在一个由谷歌地球(Google Earth)图像、高分 2 号图像和无人驾驶飞行器数据构成的大型船舶数据集的实验表明，该方法能够有效地检测数十像素至数千像素的近岸和离岸船舶，在多尺度船舶目标检测上表现优异，对未知场景的目标检测有很好的推广作用。同时该方法具有以下优点：① 利用 HSF 层在网络中嵌入多尺度深度特征，得到船舶检测区域；② 将相同的 HSF 层应用到网络中实现最终的船舶检测。

**4. 基于深度学习的多类别目标检测方法**

下面将简要介绍一些基于深度学习的多类别目标检测方法。

针对遥感图像目标的方向多样性问题，Cheng 等[4]提出了一种新颖的、有效的基于旋转不变卷积神经网络(Rotation-Invariant Convolutional Neural Network，RICNN)的遥感图像多类目标检测方法。该方法通过引入和学习一个新的旋转不变层来提高目标检测的性能，而旋转不变层是通过设计一个旋转不变正则项约束来实现的。此外，Li 等[9]提出了一种旋转不敏感、融合上下文特征的高分辨率遥感图像目标检测方法。该方法通过设计新的旋转不敏感区域建议网络(Rotation-Insensitive Region Proposal Network)，实现了旋转不变的候选目标检测。另外，通过融合多尺度特征和上下文语义信息，得到更加判别的特征表达，显著提高了目标识别的鲁棒性。

针对遥感图像目标的尺度多样性问题，邓志鹏等[44]提出了基于多尺度形变卷积网络的高分辨率遥感图像目标检测方法。形变卷积是指对方块卷积核的每个卷积采样点加上一个偏移量来自适应地根据目标的形状调整卷积核感受野的分布，实现任意形变的卷积操作，对于解决目标的尺度形变问题有较好的效果。此外，作者还采用了形变池化操作对方向任意变化的目标进行关键特征提取，然后在得到的特征图上采用不同大小的卷积核进行候选区域的预测，以提高检测器对于尺寸小且分布密集的目标的检测性能。

此外，Guo 等[45] 提出了一个统一的多尺度卷积神经网络用于高分辨率遥感图像目标检测。该网络由多尺度目标建议网络和多尺度目标检测网络两部分组成，两者共享一个多尺度的基础网络。基础网络可以生成具有不同感受野的特征图，以负责不同尺度的目标。Wang 等[46] 提出了端到端的多尺度视觉注意网络（MultiScale Visual Attention Network，MS-VAN）算法。该算法使用跳跃连接的编码器–解码器模型从全尺寸图像中提取多尺度特征。对于每个尺度的特征图，通过学习视觉注意网络以突出目标区域的特征并抑制杂乱的背景，然后使用混合损失函数（注意力损失、分类损失和回归损失的加权和）训练 MS-VAN 模型。

由于标准 CNN 中构建的模块几何结构固定，因此 CNN 本质上受限于模型的几何变化。针对这个问题，Ren 等[47] 于 2018 年提出了一个可变形卷积模块并集成到 Faster R-CNN 框架中。在不需要额外监督信息的情况下，通过在标准卷积的采样网络中加入二维偏移量，在可变形卷积层内完成了几何变量的建模，使得该网络提取的特征图包含更多关于各种几何变换的信息。此外，作者提出了一种采用自顶向下和跳跃连接的迁移连接块（Transfer Connection Block，TCB），用来生成语义信息更加丰富的特征图。此外，Qiu 等[48] 受可变形部件模型的启发，提出了部件组态模型（Partial Configuration Model，PCM）。该方法在不同的部件配置（Partial Configuration，PC）之间共享 DPM 模型部件，无需人工进行类别预定义和部件级标注，大大减少了 PCM 训练的计算量。除了上述基于网络框架的改进方式外，Zou 等[49] 提出了一种关于高分辨率遥感图像目标检测方法的新范式。该方法从贝叶斯的观点出发，在推理阶段对检测模型进行自适应更新，使训练和观测共同决定的后验概率最大化，作者称这种范式是随机访问记忆（Random Access Memories，RAM）。

以上方法都属于两阶段（two stage）目标检测的范畴。为了进一步提升检测速度，Tayara 等[50] 提出了一种用于高分辨率遥感图像的单阶段（one stage）目标检测模型。为了解决目标尺度差异性的难点问题，该方法采用了一种密集连接的特征金字塔网络，为目标检测任务提供了具有高质量信息的多尺度语义特征图。此外，Liu 等[51] 提出了一种有效的基于 YOLO v2 的遥感图像多类目标检测方法。该方法着重研究了多类目标检测的大尺度变化问题。为了使模型适用于多尺度目标检测，作者设计了一个将不同深度层的特征图连接起来的网络，并将基于定向响应扩张卷积的特征引入该策略。通过该策略，在不损失大尺度目标检测性能的前提下，提高了小尺度目标检测的性能。

上述遥感图像目标检测方法均采用有监督深度学习方法，需要大量的人工标注数据。近年来，已经有越来越多的弱监督深度学习方法被用于遥感图像目标检测。例如，Han 等[5] 提出了一种结合弱监督学习和高层深度特征学习的遥感图像目标检测方法，该方法使用深度玻尔兹曼机（Deep Boltzmann Machine，DBM）对低层和中层特征中的空间和结构信息进行推理，用于学习遥感图像的高层特征表示，然后通过弱监督学习实现目标检测。

Zhou 等[52]提出了一种基于迁移深度特征和负例提升的弱监督遥感图像目标检测方法。该方法将大规模数据(ImageNet)训练得到的深度模型迁移到遥感任务中,用于提取遥感图像高层语义特征。另外,作者提出将负例提升方法融入到弱监督学习中以解决负例样本随机选取带来的性能恶化和波动问题。

### 4.2.3　目标检测数据库综述

近年来,一些研究小组相继发布了用于目标检测的遥感图像数据集,如 TAS 数据集[53]、SZTAKI-INRIA 数据集[54]、NWPU VHR-10 数据集[1,4]、VEDAI 数据集[55]、UCAS-AOD 数据集[56]、DLR 3K Vehicle 数据集[57]、HRSC2016 数据集[58]、RSOD 数据集[59]、DOTA 数据集[60]和 DIOR 数据集[61],这些数据集的基本信息如表 4.1 所示。本节将简要介绍这 10 个数据集。

#### 1. TAS 数据集

TAS 数据集[53]是为遥感图像中的汽车目标检测建立的,其图像是从谷歌地球(Google Earth)中获取的。该数据集共包含 30 幅大小为 792 像素×636 像素的图像,其中有 1319 辆汽车,并用水平边界框(Horizontal Bounding Box)对目标进行标注。这些图像的空间分辨率相对较低,由建筑和树木造成的阴影较多。

#### 2. SZTAKI-INRIA 数据集

SZTAKI-INRIA 数据集[54]用于检测建筑物。该数据集包含 665 个建筑物,并用方向边界框(Oriented Bounding Box)对目标进行标注。

#### 3. NWPU VHR-10 数据集

NWPU VHR-10 数据集[1,4]共包含 10 个目标类别,包括飞机、棒球场、篮球场、桥梁、码头、田径场、船舶、储油罐、网球场和车辆。具体来说,该数据集由 715 幅 RGB 图像和 85 幅彩色合成图像(pan-Sharpened Color Infrared Image)组成。其中,715 幅 RGB 图像是从谷歌地球中获取的,空间分辨率为从 0.5 米/像素到 2 米/像素不等。85 幅彩色合成图像图像来自 Vaihingen 数据[62],其空间分辨率为 0.08 米/像素。该数据集共包含 3775 个目标实例,其中包括 757 架飞机、390 个棒球场、159 个篮球场、124 座桥梁、224 个码头、163 个田径场、302 艘船、655 个储油罐、524 个网球场和 477 辆汽车,这些目标实例都是用水平边界框标注的。目前,该数据集被广泛应用于遥感图像目标检测。

#### 4. VEDAI 数据集

VEDAI[55]数据集主要用于航空图像中多类交通工具的检测,包含 1210 幅从 Utah AGRC[63]上获取的大小为 1024 像素×1024 像素的航空图像,图像空间分辨率为 12.5 厘米/像素。该数据集由船舶、小轿车、野营车、飞机、皮卡车、拖拉机、卡车、厢式货车和其他类别的交通工具组成，共 3640 个交通工具实例。该数据集中的每张图像包含 4 个未压缩的通道（3 个 RGB 彩色通道和 1 个近红外通道）。

**5. UCAS-AOD 数据集**

UCAS-AOD 数据集[56]主要用于飞机和车辆检测。具体来说，飞机数据集由 600 幅图像组成，包含 3210 架飞机实例；车辆数据集由 310 幅图像组成，包含 2819 个车辆实例。

**6. DLR 3K Vehicle 数据集**

DLR 3K Vehicle 数据集[57]是另一个用于车辆检测的数据集，共包含 20 幅大小为 5616 像素×3744 像素、空间分辨率为 13 厘米/像素的航空图像。这些图像是在德国慕尼黑上空 1000 米处使用 DLR 3K 摄像机系统（一种近乎实时的机载数字监控系统）拍摄的。该数据集共包含 14 235 辆车，并用方向边界框标注。

**7. HRSC2016 数据集**

HRSC2016 数据集[58]用于船舶检测。该数据集共包含 1070 幅图像，其中含有 2976 艘船。图像从谷歌地球中获得，大小为从 300 像素×300 像素到 1500 像素×900 像素不等，其中大部分图像的大小为 1000 像素×600 像素。这些图像中包含的检测目标具有不同的尺度、方位和形状。

**8. RSOD 数据集**

RSOD 数据集[59]包含 976 幅从谷歌地球和 Tianditu 上获取到的图像，其空间分辨率在 0.3 米/像素到 3 米/像素之间。该数据集由 6950 个目标实例组成，包含 4 个目标类别：1586 个油罐、4993 架飞机、180 个立交桥和 191 个操场。

**9. DOTA 数据集**

DOTA 数据集[60]是一个新型的大规模遥感图像目标检测数据集，其图像主要来源于谷歌地球，部分数据来源于吉林一号和高分二号。该数据集共包含 2806 幅航拍图像，由棒球场、篮球场、桥梁、码头、直升机、田径场、大型车辆、飞机、船舶、小型车辆、足球场、储油罐、游泳池、网球场和环形交叉路口 15 个不同的目标类别组成。这些图像来自于不同分辨率的传感器和平台，图像的大小为从 800 像素×800 像素到 4000 像素×4000 像素不等。每幅图像包含多个不同尺度、方向和形状的目标实例。该数据集共有 188 282 个目标实例，并用方向边界框标注。

**10. DIOR 数据集**

DIOR 数据集[61]包含 23 463 幅图像，涵盖 20 个目标类别：飞机、机场、棒球场、篮球场、桥梁、烟囱、水坝、高速公路服务区、高速公路收费站、码头、高尔夫球场、田径场、立交桥、船舶、体育场、储油罐、网球场、火车站、车辆和风车。每个类别包含大约 1200 张图像。该数据集具有三个明显的特征：① 大规模（在目标类别、目标数量、图像总量上都是目前规模最大的遥感图像目标检测数据库）；② 较大的图像多样性（图像涉及 80 多个国家，具有不同的成像条件、天气、季节等）；③ 较高的类间相似性和类内多样性。图像大小为 800 像素×800 像素，空间分辨率的范围为从 0.5 米/像素到 30 米/像素。

**表 4.1　遥感图像目标检测数据集**

| 数据集 | 类别数量 | 图像数量 | 实例数量 | 图像宽度 | 标注方式 | 发布年份 |
|---|---|---|---|---|---|---|
| TAS | 1 | 30 | 1319 | 792 | 水平边界框 | 2008 |
| SZTAKI-INRIA | 1 | 9 | 665 | ～800 | 方向边界框 | 2012 |
| NWPU VHR-10 | 10 | 800 | 3775 | ～1000 | 水平边界框 | 2014 |
| VEDAI | 9 | 1210 | 3640 | 1024 | 方向边界框 | 2015 |
| UCAS-AOD | 2 | 910 | 6029 | 1280 | 水平边界框 | 2015 |
| DLR 3K Vehicle | 2 | 20 | 14 235 | 5616 | 方向边界框 | 2015 |
| HRSC2016 | 1 | 1070 | 2976 | ～1000 | 方向边界框 | 2016 |
| RSOD | 4 | 976 | 6950 | ～1000 | 水平边界框 | 2017 |
| DOTA | 15 | 2806 | 188 282 | 800～4000 | 方向边界框 | 2017 |
| DIOR | 20 | 23 463 | 192 472 | 800 | 水平边界框 | 2019 |

## 4.2.4　评价指标

本节介绍两个常用的目标检测评价指标：精度-召回率曲线（Precision Recall Curve，PRC）和平均精度（Average Precision，AP）。

### 1. 精度-召回率曲线

精度-召回率曲线指标中包含两个概念：精度（Precision）和召回率（Recall）。其中，精度是指检测出的真实目标个数与检测出的所有"目标"个数（即真实目标个数和虚警个数总和）的比值，它反映了目标检测系统拒绝非目标的能力，其补数（即 1 - Precision）为虚警率。召回率是指检测出的真实目标个数与图像中所有真实目标个数的比值，它反映了目标检测系统检出目标的能力，其补数（即 1 - Recall）为漏检率。假设 TP、FP 和 FN 分别表示真正例（True Positive）、假正例（False Positive）和假负例（False Negative）的数量，则准确率和召回率可以表示为

$$\text{Precision} = \frac{\text{TP}}{\text{TP} + \text{FP}}$$

$$\text{Recall} = \frac{\text{TP}}{\text{TP} + \text{FN}}$$

如果检测结果和真值框重叠的面积比 $a_0$ 超过一个预定义的阈值 $\lambda$，则这一检测被判断为真正例，否则这一检测被判断为假正例。$a_0$ 可由下式计算得到：

$$a_0 = \frac{\text{area}(\text{detection} \cap \text{ground\_truth})}{\text{area}(\text{detection} \cup \text{ground\_truth})} > \lambda$$

其中，detection $\cap$ ground_truth 表示检测结果（detection）和真值（ground_truth）的交集，detection $\cup$ ground_truth 表示它们的并集。

此外，如果多个检测框与同一个真值框重叠，则只有一个被判断为真正例，其余的被判断为假正例。

**2. 平均精度**

平均精度计算的是 PRC 所包围的面积。通常，AP 的值越高，目标检测算法的性能越好。此外，人们常用 mean AP（mAP）评价多类别目标检测算法的性能，它通过计算 AP 在所有目标类别上的平均值而得到。

## 4.2.5 方法对比

NWPU VHR-10 数据库在高分辨率遥感图像目标检测领域得到了广泛的应用。表 4.2 列举了一些常用方法在该数据库上的精度对比。

**表 4.2 不同目标检测算法在 NWPU VHR-10 数据集上的精度对比**

| | 飞机 | 船舶 | 储油罐 | 棒球场 | 网球场 | 篮球场 | 田径场 | 码头 | 桥梁 | 车辆 | mAP |
|---|---|---|---|---|---|---|---|---|---|---|---|
| BoVW[64] | 0.2496 | 0.5849 | 0.6318 | 0.0903 | 0.0472 | 0.0322 | 0.0777 | 0.5298 | 0.1216 | 0.0914 | 0.2457 |
| SSCBoW[65] | 0.5061 | 0.5084 | 0.3337 | 0.4349 | 0.0033 | 0.1496 | 0.1007 | 0.5833 | 0.1249 | 0.3361 | 0.3081 |
| FDDL[7] | 0.2915 | 0.3764 | 0.7700 | 0.2576 | 0.0275 | 0.0358 | 0.2010 | 0.2539 | 0.2154 | 0.0447 | 0.2474 |
| COPD[6] | 0.6225 | 0.6887 | 0.6371 | 0.8327 | 0.3208 | 0.3625 | 0.8531 | 0.5527 | 0.1479 | 0.4403 | 0.5458 |
| RICNN[4] | 0.8835 | 0.7734 | 0.8527 | 0.8812 | 0.4083 | 0.5845 | 0.8673 | 0.6860 | 0.6151 | 0.7110 | 0.7263 |
| Faster R-CNN[66] | 0.9040 | 0.7500 | 0.4440 | 0.8990 | 0.7970 | 0.7760 | 0.8770 | 0.7910 | 0.6820 | 0.7320 | 0.7650 |
| SSD512[37] | 0.9040 | 0.6090 | 0.7980 | 0.8990 | 0.8260 | 0.8060 | 0.9830 | 0.7340 | 0.7670 | 0.5210 | 0.7840 |
| DSSD321[67] | 0.8650 | 0.6540 | 0.9030 | 0.8960 | 0.8510 | 0.8040 | 0.7820 | 0.7050 | 0.6820 | 0.7420 | 0.7880 |
| DSOD300[68] | 0.8270 | 0.6280 | 0.8920 | 0.9010 | 0.8780 | 0.8090 | 0.7980 | 0.8210 | 0.8120 | 0.6130 | 0.7980 |
| YOLO v1[36] | 0.6077 | 0.6274 | 0.2877 | 0.8572 | 0.5844 | 0.8216 | 0.8872 | 0.7509 | 0.7248 | 0.5233 | 0.6672 |
| YOLO v2[69] | 0.8733 | 0.8472 | 0.4265 | 0.9312 | 0.6570 | 0.8553 | 0.9709 | 0.8045 | 0.8995 | 0.7075 | 0.7973 |
| R-FCN[70] | 0.8170 | 0.8060 | 0.6620 | 0.9030 | 0.8020 | 0.6970 | 0.8980 | 0.7860 | 0.4780 | 0.7830 | 0.7630 |
| Deformable R-FCN[71] | 0.8730 | 0.8140 | 0.6360 | 0.9040 | 0.8160 | 0.7410 | 0.9030 | 0.7530 | 0.7140 | 0.7550 | 0.7910 |

| | 飞机 | 船舶 | 储油罐 | 棒球场 | 网球场 | 篮球场 | 田径场 | 码头 | 桥梁 | 车辆 | mAP |
|---|---|---|---|---|---|---|---|---|---|---|---|
| Faster R-CNN[34] | 0.9460 | 0.8230 | 0.6532 | 0.9550 | 0.8190 | 0.8970 | 0.9240 | 0.7240 | 0.5750 | 0.7780 | 0.8094 |
| Deformable Faster R-CNN[47] | 0.9070 | 0.8710 | 0.7050 | 0.8950 | 0.8930 | 0.8730 | 0.9720 | 0.7350 | 0.6990 | 0.8880 | 0.8440 |
| Multi-Scale CNN[45] | 0.9930 | 0.9200 | 0.8320 | 0.9720 | 0.9080 | 0.9260 | 0.9810 | 0.8510 | 0.7190 | 0.8590 | 0.8961 |
| Rotation-Insensitive CNN[9] | 0.9770 | 0.9080 | 0.9061 | 0.9291 | 0.9029 | 0.8013 | 0.9081 | 0.8029 | 0.6853 | 0.8714 | 0.8712 |
| DAPNet[72] | 0.9990 | 0.8075 | 0.7888 | 0.9091 | 0.9870 | 0.8956 | 0.9026 | 0.8564 | 0.7935 | 0.8028 | 0.8742 |
| RDAS512[73] | 0.9960 | 0.8550 | 0.8900 | 0.9500 | 0.8960 | 0.9480 | 0.9530 | 0.8260 | 0.7720 | 0.8650 | 0.8950 |
| SAPNet[74] | 0.9780 | 0.8760 | 0.6720 | 0.9480 | 0.9950 | 0.9950 | 0.9590 | 0.9680 | 0.6800 | 0.8510 | 0.8920 |
| R2CNN++[75] | 1.0000 | 0.8941 | 0.9722 | 0.9700 | 0.8315 | 0.8754 | 0.9917 | 0.9940 | 0.7451 | 0.9010 | 0.9175 |

# 4.3　高分辨率遥感图像场景分类

## 4.3.1　引言

高分辨率遥感图像场景分类是指对高分辨率遥感场景图像进行特征提取后，把主题与内容相近的图像划分到同一类别的过程。在过去的几十年里，高分辨率遥感图像场景分类的发展非常迅速，并在目标检测、植被制图、环境监测、精细农业、城市规划等领域得到了非常广泛的应用。

20世纪70年代，卫星图像的空间分辨率较低，那时的遥感图像处理方法大多是基于像素或亚像素进行分析。随着遥感技术不断发展，空间分辨率逐步提高，目标常常由多个像素组成，类内多样性大大增加，像素级的分析对于遥感图像场景分类变得越来越困难。之后，人们开始专注于对像素组成的空间模式进行研究，提出了基于对象的图像分析，其中对象（Object）表示图像中具有可区分性的有意义的语义实物或者场景的一部分。在一幅图像中分割成的对象或者超像素具有相对均匀的光谱、颜色和纹理信息。相比于像素级的方法，对象级的分类方法具有明显的优势，并且在近几十年来一直在遥感图像分类中占据主要地位。

尽管在一些场景分类任务中像素级和对象级的分类方法都有不俗的表现，但在语义层面上对遥感图像的内容进行分析仅靠它们是远远不够的，因为其不能对特征相似的不同类别物体进行准确区分。随着遥感图像分辨率的进一步提高和机器学习的出现，语义级的遥感图像分类成为了研究的主流方向。所谓场景分类，就是为每个场景图像标注一个特定的语义类别。近年来，深度学习算法在计算机视觉领域取得了突破性的进展，许多学者将其应用于遥感图像的场景分类任务中，并且不断开拓新的思路与方法，取得了许多优秀的成果。

本节将对遥感图像场景分类领域现有的一些方法以及规模较大的常用的遥感图像场景分类数据库进行简单的介绍，并对其中一些代表性方法在这些数据库上的分类性能进行评估和对比。

### 4.3.2 遥感图像场景分类方法综述

图像分类通常是在特征空间进行的，因此特征的表达与学习是实现目标分类的关键。根据场景分类所使用的特征，可以将现有的场景分类方法分为三类：基于手工设计特征的方法、基于无监督特征学习的方法以及基于深度学习的方法。

#### 1. 基于手工设计特征的场景分类方法

在早期的研究中，图像分类主要基于手工设计的特征来处理，这些特征主要依靠拥有大量专业知识和实践经验的相关领域专家进行设计。在这些手工设计特征中，具有代表性的有：颜色直方图、纹理特征、全局特征信息（GIST）、尺度不变特征变换（SIFT）、方向梯度直方图（HOG）等。

颜色直方图（Color Histograms，CH）[76]是在许多图像理解领域被广泛采用的特征。该特征描述的是不同颜色在整幅图像中所占的比例，反映了该图像颜色的统计分布和基本色调，而不关心某像素在图像中的空间位置信息。常用的颜色空间有 RGB 颜色空间和 HSV 空间（Hue，Saturation，Value，色调、饱和度、明度）等。其中，RGB 空间被大多数的数字图像所使用，而 HSV 空间由于更加接近人们对颜色的主观认识，所以更为常用。目前，已有很多方法将颜色直方图特征应用到场景分类中[77-78]。颜色直方图容易计算，具有很好的平移和旋转不变性，但是容易丢掉图像空间的位置信息。

纹理特征（Texture）描述了图像局部的变化规律，该特征主要通过像素及其领域的灰度分布来表示，有一定的随机性与重复性，并在纹理区域内大致为均匀的统一体。常见的纹理特征提取方法有灰度共生矩阵（Gray-Level Co-occurrence Matrix，GLCM）[79]、Gabor变换[80]等。纹理特征是图像的全局特征，具有良好的旋转不变性与抗噪性，在图像检测与分类中被广泛使用[81-82]。纹理特征仅能反映物体的表面特性而无法反映物体的本质属性，容易被图像的分辨率、光照情况所影响，使分类结果产生较大偏差。

全局特征信息（GIST）[83]是一种生物启发式特征，该特征通过模拟人类视觉，形成对外部世界概括性的空间表示。提取 GIST 特征时，首先对原始图像进行不同尺度、不同方向的卷积，得到一系列和原图大小一致的特征图，再按照一定大小将每张特征图分成许多区域，计算出每个区域的均值，这些均值的结果就是 GIST 特征。GIST 提取的是图像的全局特征，它不需要对图像进行分割和局部特征提取，可以快速实现场景识别与分类[84-85]。但是随着遥感图像场景越来越复杂，仅考虑图像的全局信息而忽略局部信息，已经不能满足分类任务的需要。

尺度不变特征变换（Scale Invariant Feature Transform，SIFT）[86]描述的是图像的局部特征，该特征在空间尺度上寻找极值点，并提取出其位置、尺度、旋转不变量等。SIFT 特征只与图像的局部兴趣点有关，而几乎与图像大小和旋转无关，能较高程度地容忍光线、噪声与视角变化，因此其具有高度显著性，在物体辨识和影像追踪中有广泛的应用[84, 87]。SIFT 算法稳定且信息量丰富，运行速度快，但其利用的是图像的灰度信息，无法识别图像的颜色信息，当目标图像形状相似时，分类错误率较高。

局部方向梯度直方图（Histograms of Oriented Gradient，HOG）[16]是一种图像局部特征描述方法，该方法的主要思想是使用图像局部目标的梯度或边缘密度描述目标的表象和形状。具体实现时，将图像分成小的细胞单元，计算每个细胞单元一个梯度方向的直方图并将其归一化，得到 HOG 描述子，将所有块的 HOG 描述子组合起来就形成了最终的特征向量。由于 HOG 是图像的局部特征，对图像的几何形变和光线有较好的稳定性，因此在许多图像分类任务中已经取得了巨大的成功[10, 13]。其缺点是对噪声敏感，计算过程冗长。

在上述这些手工特征中，颜色直方图、纹理特征、GIST 描述符属于全局特征，它们通常描述了图像在某些方面（如颜色、纹理、空间结构信息等）的总体统计特性，因此可以直接输入分类器用于图像场景分类。SIFT 特征和 HOG 特征属于局部特征，用于描述图像的局部结构和形状信息。这些特征通常作为构建图像全局特征的局部模块来完整地描述整幅场景图像，将其进行编码得到图像的特征表示。典型的特征编码方法是视觉词袋模型（Bag of Visual Word，BoVW）。BoVW 的主要思想是首先提取图像的局部特征并对其进行聚类，得到一个"视觉词袋"，然后利用"视觉词袋"对图像进行编码得到特征直方图，以此作为图像的全局特征描述。BoVW 的提出使得场景分类方法有了重大突破，大量的场景分类方法采用 BoVW 或 BoVW 的改进模型[88-89]。

在实际应用中，场景信息是由光谱、颜色、纹理、形状等多种信息来描述的。每一种信息只能描述场景的一个方面，所以单一类型的特征往往不足以描述整幅场景图像。因此，将多种互补的特征进行融合能够提升场景图像分类的效果。例如，Zhao 等[90]提出了基于狄利克雷分布的多主题模型，将三种类型的特征融合起来进行场景分类。Zhu 等[91]提出了一种基于局部-全局特征的 BoVW 场景分类方法，该方法融合了基于形状的全局纹理特征、局部光谱特征和局部密集 SIFT 特征。

虽然在多数情况下多个互补特征的融合可以改善分类效果，但是如何有效地融合不同类型的特征仍然是一个有待解决的问题。此外，人们在特征设计上的专业性投入对特征的描述能力以及场景分类的效果有着重要的影响。尤其是当场景图像变得更复杂、更具挑战性时，这些特征的描述能力可能会变得非常有限。

**2. 基于无监督特征学习的场景分类方法**

由于手工设计的特征不可避免地存在一些缺陷，因此人们开始研究怎样使用计算机自动提取图像的特征。从未标记的数据中进行无监督的特征学习逐步取代了手工设计特征，并在遥感图像场景分类任务中取得了重大进展。无监督学习的核心是学习一组用于特征编码的基函数，其中输入为手工设计的特征或原始图像的像素值，输出则是一组学习到的特征。通过从图像中学习特征可以获得更适用于场景分类的特征表示。典型的无监督特征学习方法包括主成分分析（PCA）、独立成分分析（ICA）、$K$-均值聚类、稀疏表示等。

1）主成分分析

主成分分析法（Principal Components Analysis，PCA）[92]是一种无监督学习方法，该方法的中心思想在于降维，用较少的变量去解释原庞大数据集中的大部分变量，将现有的许多相关性很高的变量转化为彼此独立或不相关的变量，并将新的变量按照方差依次递减的顺序排列。这些新的变量中，方差最大的变量称为第一主成分（即数据中对方差贡献最大的特征），依此类推。PCA 能够学习到用于多种图像分类任务的不变特征来进行目标分类[93-94]。但是由于 PCA 是线性运算，无法获得更多的抽象表示，因而其描述特征的能力是有限的。

2）独立成分分析

独立成分分析（Independent Component Analysis，ICA）[95]是一种无监督学习算法，该算法的主要目的是解决盲源分离问题，即从一个混合信号中将一些相互统计独立的源信号分离出来，并且假设这些源信号是非高斯分布的。这些假设在多数实际情况下都合理，所以 ICA 在解决实际问题中也被广泛应用[96-97]。

3）$K$-均值聚类

$K$-均值（$K$-means）聚类是一种无监督聚类方法，该方法的目的是按照相似度将一组数据分为 $K$ 个集群。其步骤如下：① 随机生成 $K$ 个初始点作为质心；② 将剩余的数据按照距质心的距离分配到各个集群中；③ 求出每个集群的平均值作为新的质心；④ 重复②、③步，直到所有集群不再改变为止。$K$-means 方法复杂度低，易于理解并且高效。但是目前缺乏选定 $K$ 值的理论依据，并且分类结果不一定全局最优。

4）稀疏表示

稀疏表示（Sparse Representation）[98]是一种无监督学习方法，该方法的目的就是在学习到的超完备字典中用尽可能少的原子来表示信号，获得图像更为简洁的特征表示，进而更加方便地对图像进行分类[99-100]。在实际应用中，稀疏表示具有快速、适应性强以及高性能表示结果等优点，其难点是如何构建超完备字典。

与传统手工设计的特征相比，这些学习到的无监督特征在场景分类中取得了较好的效果。然而，无监督学习的特征是基于未标注的数据，这些特征无法描述标签所提供的语义信息。为了提高场景分类的性能，仍然需要使用有标签的数据进行有监督的特征学习，从而提取更加强大的有监督特征。

随着遥感技术的进步，遥感图像数据海量增长，图像分辨率明显提高，样本多样性也在急剧增加，上述这些浅层结构的模型，在从具有复杂细节与地物光谱信息的高分辨率遥感图像中提取特征时，自动化程度不够高。此外，上述模型难以建立复杂的函数表示，不能适应更高难度的遥感图像分类任务。

### 3. 基于深度学习的场景分类方法

深度学习（Deep Learning）是机器学习方法中的一种新兴技术，其通过建立一个深层次的神经网络来模拟人脑对信息的处理。深度学习能够通过海量的训练数据和很多隐含层的深度模型自动学习到更有效的特征，无需人为构造，大大提升了机器学习的自动化程度。近年来，深度学习在图像处理领域中不断取得令人瞩目的成绩，深度神经网络也逐渐成为遥感图像分类领域中的研究热点。常用的深度学习方法包括自动编码器、深度置信网络与卷积神经网络。

#### 1）自动编码器

自动编码器（AutoEncoder，AE）[101]是一种无监督的三层神经网络模型，包括输入层、隐含层（编码层）和解码层。该模型可以学习到输入数据的隐含特征，这个过程称为编码（Coding），同时用学习到的新特征可以重构出原始输入数据，这个过程称为解码（Decoding）。自动编码器可以用于特征降维，类似于主成分分析 PCA。同时其为神经网络模型，可以提取更有效的特征，起到特征提取器的作用。自动编码器非常适合处理高维数据，在样本数较多的情况下分类效果明显优于 SVM 等传统分类方法。近年来，去噪自编码器（Denoising AutoEncoder，DAE）和堆栈式自编码器（Stacked AutoEncoder，SAE）已经成功应用于遥感图像分类任务[10, 13, 102-103]。Cheng 等[10, 13]提出使用自动编码器获取遥感图像的中层特征表示并进行场景分类。自动编码器的缺点在于模型的泛化能力较差，当测试样本和训练样本不是同一数据分布时，分类效果欠佳。

#### 2）深度置信网络

深度置信网络（Deep Belief Network，DBN）由多个受限玻尔兹曼机（Restricted Boltzman Machine，RBM）构成。其中，RBM 是一种状态随机的网络模型，只有激活和未激活两种状态，其特点是单层内神经元之间无连接，层间的单元全连接。深度置信网络由多个 RBM 叠加而成，可以处理复杂度较高的数据。DBN 的训练过程是首先采用无监督贪婪逐层训练算法对每层的 RBM 单独训练，并在 DBN 最后一层连接一个分类器，以 RBM 的输出特征向量作为其输入向量，有监督地训练分类器，最终达到一个较好的分类水平[104-105]。需要注意的是，DBN 不能确定不同类别之间的最优分类面，且要求输入具有平移不变性，参数选择不恰当时会导致结果收敛于局部最优解。

自动编码器和深度置信网络都是基于"1 维"深度神经网络(Deep Neural Network,DNN)来提取特征的，在对图像(如 3 通道的彩色图像或多通道的多光谱图像和高光谱图像)进行处理时需要先将其变成列向量再输入 DNN 中，损失了图像的空间结构信息。而属于"2 维"DNN 的卷积神经网络(Convolutional Neural Network，CNN)则不存在这个问题。因此，基于"2 维"DNN 特征的场景分类方法在性能上优于"1 维"特征场景分类方法。

3) 卷积神经网络

卷积神经网络[24]是一种模仿生物学上感受野(Respective Field)机制建立的网络。典型的 CNN 由输入层、卷积层(Convolutional Layer)、池化层(Pooling Layer)、全连接层(Full Connected Layer)和输出层构成。每一个卷积层有多个特征图，每个特征图通过一种卷积滤波器提取输入的一种特征。CNN 是一种前馈网络，其训练包括输入前向传播、误差反向传播和权值更新三个过程。CNN 结构上的局部连接、权值共享以及空间上的下采样特性使得其在处理图像时具有一定程度上的平移、缩放和扭曲不变性。

CNN 模型在很多年前就提出了，但是一直没得到重视，直到 2012 年 Krizhevsky 提出了神经网络模型 AlexNet[24]并在 Imagenet[23]大规模视觉识别挑战赛(Imagenet Large Scale Visual Recognition Challenge，ILSVRC)中一举夺冠，其 top-5 预测的错误率(ILSVRC 中使用的一种主要评价标准，即模型预测的前 5 个类别中不包含真实类别的图片所占的比例)为 16.4%，远超第二名。此后，深度学习领域内的研究便迅速发展，新的网络结构和更深的网络训练方法在图像处理领域不断创造新的纪录。2014 年 ILSVRC 比赛上，由牛津大学的视觉几何组(Visual Geometry Group)提出的 VGGNet[26]获得了亚军和定位项目的冠军，在 top-5 上的错误率为 7.5%，其成功地构建了 16～19 层深的卷积神经网络，探索了网络深度和其性能之间的关系。在同一场比赛中，GoogLeNet[25]以 top-5 错误率为 6.67%的良好分类性能取得了第一名。GoogLeNet 与 VGGNet 都是深层网络，与 VGGNet 不同的是，GoogLeNet 改善了网络的宽度和深度受限问题，提升了计算资源利用率，并且参数是2012 年的 AlexNet 的 1/12，且准确率更高，可以说是非常优秀且实用的模型。在ILSVRC2015 的比赛结果中，由微软亚洲研究院团队提出的深度达 152 层的深层残差网络 ResNet[27]以绝对优势获得了图像检测、图像分类和图像定位 3 个项目的冠军，其中在图像分类数据集中取得了 3.57%的错误率。

目前，许多学者在深度学习领域不断地探索和创新，越来越多的 CNN 模型随之出现，这些模型不断地提高图像分类任务的准确率，并且在许多其他科学研究中发挥了作用。但是遥感图像相对于普通自然图像来说具有一定的特殊性，将这些模型直接应用于遥感图像场景分类往往达不到预期的效果。因此，许多学者针对遥感图像分类中存在的各种难点问题，对这些深层模型进行了改进，相互借鉴，取长补短，涌现出了许多遥感图像分类的新思路、新方法。

遥感图像与自然图像相比通常覆盖面更广，包含更复杂的物体分布，所以需要能够解决类内差异性的有效方法。一种方法就是对原有网络模型的结构进行改进，或根据某种策略将几种网络进行集成，以达到原来单个网络不能达到的效果。Dede 等[106]分别在 DenseNet 和 Inception 网络中探讨了对深度模型进行同构集成、异构集成和 Snapshot 集成这三种方案，并在 NWPU-RESISC45[2]和 AID 数据集[107]进行了验证，结果表明集成网络得到的特征更有利于分类。Chen 等[108]提出了一种新颖的循环变换网络架构（Recurrent Transformer Network，RTN），用来解决遥感图像的底层场景特征与高层场景内容之间存在的语义鸿沟问题。该网络利用两个空间变换网络（Spatial Transformer Network，STN）之间存在的尺度间损失，逐步学习到图像内小区域的细微差别，从而得到鲁棒的旋转不变特征，减少了底层特征与高层图像语义之间的语义差距，同时使用双线性池化保留原始图像的信息。作者将此方法在三个遥感数据集中进行了测试，并取得了最高的准确率。

除了改变网络结构外，对模型的目标函数进行改进并优化也是提高分类方法鲁棒性最直接的方法。Cheng 等[11]提出了一种深度度量卷积神经网络，该网络在传统卷积神经网络目标函数的基础上，通过引入度量学习正则项，实现了更具判别性的深度学习特征提取，可以有效解决图像场景识别中的类内多样性和类间相似性问题。该算法在三个常用的卷积神经网络（AlexNet、VGG16、GoogleNet）和三个公开的遥感图像场景分类数据库（UC Merced[109]、AID[107]、NWPU-RESISC45[2]）上进行了实验验证。与基准方法相比，该算法可以显著提高场景分类精度。此外，针对遥感图像中目标的方向多样性和旋转性、类内多样性和类间相似性的问题，Cheng 等[14]提出了一种基于旋转不变和 Fisher 判别卷积神经网络的目标检测方法。该方法在卷积神经网络目标函数的基础上，加入旋转不变正则项与 Fisher 判别正则项，以训练深度卷积神经网络。通过该网络提取的特征具有旋转不变性、较小的类内离散度和较大的类间距离。该方法在 NWPU-RESISC45 数据集[2]中取得了 92.27% 的准确率，与主流方法相比，明显改善了遥感图像场景分类的准确率。

在基于深度学习的遥感图像场景分类任务中，对于特征的选取依然是人们关注的重点。虽然深度网络已经可以自动地提取较为全面详细的深层特征，然而这些特征也会因为网络模型不同、网络规模大小不一、提取特征尺度变化等原因有较大差异，所以使用单一来源的特征往往不足以描述整幅场景图像，容易降低分类方法的鲁棒性。为了解决这个问题，人们便使用多种策略将不同来源、不同种类的特征进行融合，以提升场景分类的效果。

Cheng 等[12]提出了一种卷积特征词袋（Bag of Convolutional Features，BoCF）特征表示方法，用于遥感图像场景分类。不同于传统 BoVW 使用手工设计特征来获取"视觉词汇"的方法，BoCF 使用 CNN 提取的深度卷积特征作为"视觉词汇"来构建视觉词袋，得到遥感图像的特征表示并进行场景分类。Zhu 等[110]提出来一种结合稀疏主题和深度特征的自适应深度稀疏语义建模框架（Adaptive Deep Sparse Semantic Modeling，ADSSM），用于高分辨率遥感图像场景分类。该方法首先采用了全稀疏主题模型（Fully Sparse Topic Model，FSTM）对图像的手工特征进行提取，并将它们在语义层面上进行融合，形成图像的中层特征。然后使用自适应特征归一化策略，将这些中层特征与 CNN 提取到的深层特征进行较好的融合，最终得到更具判别性的高分辨率遥感图像特征表示。Chaib 等[111]提出了一种用于高分辨率遥感图像场景分类的深度特征融合框架。该框架将已训练好的 VGGNet 作为深度特征提取器，直接从原始图像中提取特征，并将 VGGNet 的每个全连接层的输出都视为一个独立的特征描述符，然后将这些独立的特征描述符结合起来构成高分遥感图像场景的特征表示。该方法用判别相关分析(Discriminant Correlation Analysis，DCA)作为特征融合策略，将融合后的特征以很低的特征维数表示出来，提高了分类性能，加速了分类任务的完成。

除了上面提到的一些方法，还有学者针对如何快速找到待分类场景图像中的显著性区域进行了研究。Wang 等[112]基于人类视觉系统的启发，探讨了注意力机制并提出了一种新型端到端注意力循环卷积网络(Attention Recurrent Convolutional Network，ARCNet)。该网络可以有选择性地关注一些关键区域，从而丢弃非关键信息。最后，在高层特征中对这些关键区域进行逐个处理，实现对场景图像中关键目标的预测和全图类别属性的判断。

虽然深度神经网络在众多遥感图像任务中已有杰出表现，但是深度神经网络强大的表达能力是以低解释性的"黑箱"表达为代价而获取的，人们目前还很难解释神经网络内部到底学习了什么东西。深度神经网络包含了上百万甚至上千万数量级的参数，对于这些参数，我们往往无法解释其具体的含义。而人的智慧是不可小觑的，我们有理由相信，在今后的研究中，这些问题将逐步得到解决，遥感图像理解领域也会取得更大的进展和新的突破。

### 4.3.3 场景分类数据库综述

近年来，一些公开的高分辨率遥感图像数据集被广泛应用于场景分类的研究，如 UC Merced 数据集[109]、WHU-RS19 数据集[113]、SIRI-WHU 数据集[90]、RSSCN7 数据集[114]、RSC11 数据集[115]、Brazilian Coffee Scene 数据集[116]、AID 数据集和 NWPU-RESISC45 数据集[2]。本节将简要介绍上述遥感图像场景分类数据集。

#### 1. UC Merced 数据集

UC Merced 数据集[109]包含 2100 幅高分辨率遥感图像和 21 个场景类别。其中，每个类别包含 100 幅大小为 256 像素×256 像素、空间分辨率为 0.3 米/像素的 RGB 图像。这些图像来自美国以下地区：伯明翰、波士顿、布法罗、哥伦布、达拉斯、哈里斯堡、休斯敦、杰克逊维尔、拉斯维加斯、洛杉矶、迈阿密、纳帕、纽约、里诺、圣地亚哥、圣巴巴拉、西雅图、坦帕、图森和凡吐拉市。21 个场景类别为：农田、飞机、棒球场、海滩、建筑物、灌木丛、高密度住宅区、森林、高速公路、高尔夫球场、码头、十字路口、中密度住宅区、公园、立交桥、停车场、河流、机场跑道、低密度住宅区、储油罐和网球场。该数据集是目前应用最广泛的一个遥感图像场景分类数据库[90, 117-119]。

### 2. WHU-RS19 数据集

WHU-RS19 数据集[113]是从谷歌地球（Google Earth）软件上获取的一组空间分辨率高达 0.5 米/像素的 RGB 图像，它由机场、海滩、桥梁、商业区、沙漠、农田、足球场、森林、工业区、草地、山地、公园、停车场、池塘、码头、火车站、住宅区、河流和立交桥 19 类场景组成，共有 1005 幅图像。每个类别包含 50 张大小为 600 像素×600 像素的图像。由于图像在分辨率、尺度、方向和亮度方面的变化较大，因此 WHU-RS19 数据集在遥感图像分析领域富有挑战性。但是与 UC Merced 数据集相比，WHU-RS19 数据集的每个场景类别包含的图像数量较少。目前，该数据集也被广泛用于遥感图像场景分类[115, 120]。

### 3. SIRI-WHU 数据集

SIRI-WHU 数据集[90]由 2400 幅高空遥感图像组成，共 12 个场景类别。其中每个类别包含 200 幅大小为 200 像素×200 像素、分辨率为 2 米/像素的图像。这些图像是由武汉大学 RS_IDEA 课题组从谷歌地球（Google Earth）软件上获取的。12 个场景类别为：农田、商业区、码头、闲置土地、工业区、草地、立交桥、公园、池塘、住宅区、河流和水域。由于 SIRI-WHU 数据集包含的场景类别数量较少，且主要覆盖城市地区，因此缺乏多样性和挑战性。

### 4. RSSCN7 数据集

RSSCN7 数据集[114]由草地、森林、农田、停车场、住宅区、工业区和河流/湖泊 7 种不同场景类别组成，共包含 2800 幅高分辨率遥感图像。每个场景类别包含 400 幅图像，这 400 幅图像由 100 幅原始图像按 4 个不同的比例裁剪而成，图像大小为 400 像素×400 像素。因此，RSSCN7 数据集的图像尺度变化较大。

### 5. RSC11 数据集

RSC11 数据集[115]由 1232 幅图像组成，共 11 个场景类别。其中每个类别包含 100 幅大小为 512 像素×512 像素、空间分辨率为 0.2 米/像素的 RGB 图像。11 个场景类别为：茂密的森林、稀疏的森林、草地、码头、高层建筑物、低层建筑物、立交桥、铁路、住宅区、道路和储油罐。这 1232 幅图像是从谷歌地球（Google Earth）软件上获取的，覆盖了华盛顿特区、洛杉矶、旧金山、纽约、圣地亚哥、芝加哥和休斯敦。由于一些场景类别在外观上非常相似，因此给图像场景类别的判定增加了难度。

### 6. Brazilian Coffee Scene 数据集

Brazilian Coffee Scene 数据集[116]由咖啡类和非咖啡类两个场景类别组成，每个类别包含 1438 幅大小为 64 像素×64 像素的 RGB 图像。这 1438 幅图像是从 SPOT 卫星图像中剪裁而来的，覆盖了巴西米纳斯吉拉斯州的阿尔塞堡、瓜舒佩、瓜拉内西亚和圣山镇四个县。Brazilian Coffee Scene 数据集的创建过程为：若图像内 80% 以上的像素为咖啡，则该图像被赋予咖啡类别标签；若只有 10% 以下的像素为咖啡，则该图像被赋予非咖啡类标签。由于 Brazilian Coffee Scene 数据集只包含两个场景类别，因此在测试包含多个类别的场景分类方法时，类间相似性对场景分类的影响较小。

### 7. AID 数据集

AID 数据集[121] 由 30 个场景类组成，总共包含 10 000 幅大小为 600 像素 × 600 像素的 RGB 图像，空间分辨率在 0.5 米/像素到 8 米/像素之间。30 个场景类别为：机场、闲置土地、棒球场、海滩、桥梁、中心区、教堂、商业区、高密度住宅区、沙漠、农田、森林、工业区、草地、中密度住宅区、山地、公园、停车场、操场、池塘、港口、火车站、度假村、河流、学校、低密度住宅区、广场、体育场、储油罐和立交桥。不同场景类别的样本数量差别很大，从 220 幅到 420 幅不等。AID 数据集中的图像来自于谷歌地球(Google Earth)软件，其中的样本图像是从不同国家和地区中精心挑选得到的，主要来自中国、美国、英国、法国、意大利、日本和德国。另外，这些图像是在不同时间、季节、成像条件下获取的，增加了数据的类内多样性。

### 8. NWPU-RESISC45 数据集

NWPU-RESISC45 数据集[2] 由 45 个场景类组成，每个类包含 700 幅大小为 256 像素 × 256 像素的 RGB 图像。该数据集共 31 500 幅图像，来自于谷歌地球(Google Earth)软件。除了岛屿、湖泊和山脉这些空间分辨率比较低的类别外，大多数场景类别的空间分辨率在 30 米/像素到 0.2 米/像素之间。这 31 500 幅遥感图像覆盖了全球 100 多个国家和地区，包括发展中国家、转型国家和发达国家。该数据库具有以下三个特点：

（1）规模较大。与其他高分遥感图像场景分类数据集相比，NWPU-RESISC45 数据集包含 31 500 幅图像、45 个类别，是其他数据集规模的 10～30 倍，是目前规模最大、类别最多的遥感图像场景分类数据集。与目前使用最广泛的 UC Merced 数据集相比（该数据集包含 2100 幅图像、21 个类别），NWPU-RESISC45 图像总量是 UC Merced 的 15 倍。

（2）图像变化比较大。对图像变化的容忍度是场景分类模型重点研究的问题。NWPU-RESISC45 数据集中的图像是在各种天气、季节、光照条件、成像条件和尺度下精心挑选出来的。对于每一个场景类别，该数据集在平移、视点、物体姿态和外观、空间分辨率、光照、背景、遮挡等方面都有丰富的变化。丰富的图像变化可以使分类模型学习到同一类别在不同条件下的特征，提高了分类方法的鲁棒性。

（3）类内多样性和类间相似性高。基于深度神经网络的许多场景分类方法，在大多数现有数据集上的分类精度已经达到饱和，在一定程度上限制了深度神经网络的发展。NWPU-RESISC45 数据集包含各种条件下的图像，并添加了一些语义重叠程度较高的细粒度的场景类别，如圆形农田和矩形农田、商业区和工业区、篮球场和网球场等，具有高度的类内多样性和类间相似性。这使得该数据库更加复杂，能更准确地判断出高分遥感图像场景分类模型的优劣性。该数据集目前被广泛应用于遥感图像的场景分类。

### 4.3.4 评价指标

本节介绍三个常用的场景分类评价指标：混淆矩阵（Confusion Matrix）、总体精度（Overall Accuracy，OA）和平均精度（Average Accuracy，AA）。

**1. 混淆矩阵**

混淆矩阵是一种信息表，用于分析不同类别之间的所有错误和混淆情况，即通过统计样本中每个类别的正确和错误分类数量并将结果累积到表中而产生混淆矩阵。以二分类为例，表 4.3 就是一个简单的混淆矩阵。

表 4.3 二分类混淆矩阵

| 混淆矩阵 | | 真实值 | |
|---|---|---|---|
| | | Positive | Negative |
| 预测值 | Positive | TP | FP |
| | Negative | FN | TN |

**2. 总体精度**

总体精度是模型在测试集上预测正确的样本数量与样本总体数量之间的比值。

**3. 平均精度**

平均精度是指首先求取每一类别的精度（即每一类别预测正确的样本数量与每一类别总体样本数量之间的比值），然后对得到的每一类别的精度求取平均值。

### 4.3.5 方法对比

NWPU-RESISC45 数据集在高分辨率遥感图像场景分类领域得到了广泛的应用。表 4.4 列举了不同场景分类方法在 NWPU-RESISC45 数据集上的准确率。

表 4.4 不同场景分类方法在 NWPU-RESISC45 数据集上的准确率

| 分类方法 | 训练集占比 | |
|---|---|---|
| | 10% | 20% |
| Color histograms[2] | 24.84±0.22 | 27.52±0.14 |
| LBP[2] | 19.20±0.41 | 21.74±0.18 |
| GIST[2] | 15.90±0.23 | 17.88±0.22 |
| BoVW[2] | 41.72±0.21 | 44.97±0.28 |

| 分类方法 | 训练集占比 | |
|---|---|---|
| | 10% | 20% |
| BoVW+SPM[2] | 27.83±0.61 | 32.96±0.47 |
| LLC[2] | 38.81±0.23 | 40.03±0.34 |
| Transferred AlexNet+SVM[2] | 76.69±0.21 | 79.85±0.13 |
| Fine-tuned AlexNet+SVM[2] | 81.22±0.19 | 85.16±0.18 |
| Transferred GoogLeNet+SVM[2] | 76.19±0.38 | 78.48±0.26 |
| Fine-tuned GoogLeNet+SVM[2] | 82.57±0.12 | 86.02±0.18 |
| Transferred VGGNet-16+SVM[2] | 76.47±0.18 | 79.79±0.15 |
| Fine-tuned VGGNet-16+SVM[2] | 87.15±0.45 | 90.36±0.18 |
| D-CNN with AlexNet[11] | 85.56±0.20 | 87.24±0.12 |
| D-CNN with VGGNet-16[11] | 89.22±0.50 | 91.89±0.22 |
| D-CNN with GoogLeNet[11] | 86.89±0.10 | 90.49±0.15 |
| VGGNet-16+RIFD[14] | 90.12 | 92.27 |
| Hydra (DenseNet+ResNet)[122] | 92.44±0.34 | 94.51±0.21 |
| DenseNet$_{O,I}$[122] | 91.06±0.61 | 93.33±0.55 |
| ResNet$_{O,I}$[122] | 89.24±0.75 | 91.96±0.71 |
| IOR4-VGG16[123] | 87.83±0.16 | 91.30±0.17 |
| IOR8-VGG16[123] | 85.67±0.18 | 89.31±0.16 |
| GAN[124] | — | 80.66 |
| BoCF with AlexNet[12] | 55.22±0.39 | 59.22±0.18 |
| BoCF with GoogLeNet[12] | 78.92±0.17 | 80.97±0.17 |
| BoCF with VGGNet-16[12] | 82.65±0.31 | 84.32±0.17 |
| RTN with VGG16[108] | 89.90 | 92.71 |
| AlexNet+MSCP[125] | 81.70±0.23 | 85.58±0.16 |
| AlexNet+MSCP+MRA[125] | 83.31±0.23 | 87.05±0.23 |
| VGG-VD16+MSCP[125] | 85.33±0.17 | 88.93±0.14 |
| VGG-VD16+MSCP+MRA[125] | 88.07±0.18 | 90.81±0.13 |
| A+G+V with AlexNet[126] | — | 86.63±0.17 |
| Snapshot+Inception[106] | — | 96.01 |
| Heterogeneous+Inception+DenseNet[106] | — | 95.91 |
| ADSSM[110] | 91.69±0.22 | 94.29±0.14 |

（本章作者：韩军伟，程塨）

# 本章参考文献

[1] CHENG G, HAN J. A survey on object detection in optical remote sensing images[J]. ISPRS Journal of Photogrammetry and Remote Sensing, 2016, 117: 11 – 28.

[2] CHENG G, HAN J, LU X. Remote sensing image scene classification: Benchmark and state of the art[J]. Proceedings of the IEEE, 2017, 105(10): 1865 – 1883.

[3] HAN J, ZHANG D, CHENG G, et al. Advanced deep-Learning techniques for salient and category-specific object detection: A survey[J]. IEEE Signal Processing Magazine, 2018, 35(1): 84 – 100.

[4] CHENG G, ZHOU P, HAN J. Learning rotation-invariant convolutional neural networks for object detection in VHR optical remote sensing images[J]. IEEE Transactions on Geoscience and Remote Sensing, 2016, 54(12): 7405 – 7415.

[5] HAN J, ZHANG D, CHENG G, et al. Object detection in optical remote sensing images based on weakly supervised learning and high-level feature learning[J]. IEEE Transactions on Geoscience and Remote Sensing, 2015, 53(6): 3325 – 3337.

[6] CHENG G, HAN J, ZHOU P, et al. Multi-class geospatial object detection and geographic image classification based on collection of part detectors[J]. ISPRS Journal of Photogrammetry and Remote Sensing, 2014, 98(1): 119 – 132.

[7] HAN J, ZHOU P, ZHANG D, et al. Efficient, simultaneous detection of multi-class geospatial targets based on visual saliency modeling and discriminative learning of sparse coding[J]. ISPRS Journal of Photogrammetry and Remote Sensing, 2014, 89(1): 37 – 48.

[8] CHENG G, HAN J, GUO L, et al. Object detection in remote sensing imagery using a discriminatively trained mixture model[J]. ISPRS Journal of Photogrammetry and Remote Sensing, 2013, 85: 32 – 43.

[9] LI K, CHENG G, BU S, et al. Rotation-insensitive and context-augmented object detection in remote sensing images[J]. IEEE Transactions on Geoscience and Remote Sensing, 2018, 56(4): 2337 – 2348.

[10] CHENG G, HAN J, LEI G, et al. Effective and efficient midlevel visual elements-oriented land-use classification using VHR remote sensing Images[J]. IEEE Transactions on Geoscience and Remote Sensing, 2015, 53(8): 4238 – 4249.

[11] CHENG G, YANG C, YAO X, et al. When deep learning meets metric learning: Remote sensing image scene classification via learning discriminative CNNs[J]. IEEE Transactions on Geoscience and Remote Sensing, 2018, 56(5): 2811 – 2821.

[12] CHENG G, LI Z, YAO X, et al. Remote sensing image scene classification using bag of convolutional features[J]. IEEE Geoscience and Remote Sensing Letters, 2017, 14(10): 1735 – 1739.

[13] CHENG G, ZHOU P, HAN J, et al. Auto-encoder-based shared mid-level visual dictionary learning

人工智能、类脑计算与图像解译前沿

for scene classification using very high resolution remote sensing images[J]. IET Computer Vision, 2015, 9(5): 639 – 647.

[14] CHENG G, HAN J, ZHOU P, et al. Learning rotation-invariant and fisher discriminative convolutional neural networks for object detection[J]. IEEE Transactions on Image Processing, 2019, 28(1): 265 – 278.

[15] LOWE D G. Object recognition from local scale-invariant features[C]. in Proceedings of the IEEE International Conference on Computer Vision, 1999: 1150.

[16] DALAL N, TRIGGS B. Histograms of oriented gradients for human detection[C]. in Proceedings of the IEEE Conference on Computer Vision and Pattern Recognition, 2005: 886 – 893.

[17] YANG J, JIANG Y G, HAUPTMANN A G, et al. Evaluating bag-of-visual-words representations in scene classification[C]. in Proceedings of the International Workshop on Workshop on Multimedia Information Retrieval, 2007: 197 – 206.

[18] FELZENSZWALB P, MCALLESTER D, RAMANAN D. A discriminatively trained, multiscale, deformable part model[C]. in Proceedings of the IEEE Conference on Computer Vision and Pattern Recognition, 2008: 1 – 8.

[19] SIRMAÇEK B, ÜNSALAN C. Urban area detection from remotely sensed images using combination of local features[C]. in Proceedings of 5th International Conference on Recent Advances in Space Technologies – RAST2011, 2011: 188 – 192.

[20] TAO C, TAN Y, CAI H, et al. Airport detection from large IKONOS images using clustered SIFT keypoints and region information[J]. IEEE Geoscience and Remote Sensing Letters, 2011, 8(1): 128 – 132.

[21] LI Y, SUN X, WANG H, et al. Automatic Target Detection in High-Resolution Remote Sensing Images Using a Contour-Based Spatial Model[J]. IEEE Geoscience and Remote Sensing Letters, 2012, 9(5): 886 – 890.

[22] CHENG G, GUO L, ZHAO T, et al. Automatic landslide detection from remote-sensing imagery using a scene classification method based on BoVW and pLSA[J]. International Journal of Remote Sensing, 2013, 34(1): 45 – 59.

[23] DENG J, DONG W, SOCHER R, et al. ImageNet: a Large-Scale Hierarchical Image Database[C]. in Proceedings of the IEEE Conference on Computer Vision and Pattern Recognition, 2009.

[24] KRIZHEVSKYA, SUTSKEVER I, HINTON G E. ImageNet classification with deep convolutional neural networks[C]. in Proceedings of the International Conference on Neural Information Processing Systems, 2012: 1097 – 1105.

[25] SZEGEDY C, LIU W, JIA Y, et al. Going Deeper with Convolutions[C]. in Proceedings of the IEEE conference on computer vision and pattern recognition, 2015: 1 – 9.

[26] SIMONYAN K, ZISSERMAN A. Very deep convolutional networks for large-scale image recognition [J]. arXiv preprint arXiv: 1409. 1556, 2014.

[27] HE K, ZHANG X, REN S, et al. Deep residual learning for image recognition[J]. in Proceedings

of the IEEE Conference on Computer Vision and Pattern Recognition, 2016: 770 – 778.

[28] EVERINGHAM M, VAN GOOL L, WILLIAMS C K I, et al. The Pascal Visual Object Classes (VOC) Challenge[J]. International Journal of Computer Vision, 2010, 88(2): 303 – 338.

[29] LIN T Y, MAIRE M, BELONGIE S, et al. Microsoft coco: Common objects in context[C]. in Proceedings of the European Conference on Computer Vision, 2014: 740 – 755.

[30] SERMANET P, EIGEN D, ZHANG X, et al. Overfeat: Integrated recognition, localization and detection using convolutional networks[J]. arXiv preprint arXiv: 1312. 6229, 2013.

[31] HE K, ZHANG X, REN S, et al. Spatial pyramid pooling in deep convolutional networks for visual recognition[J]. IEEE Transactions on Pattern Analysis and Machine Intelligence, 2015, 37(9): 1904 – 1916.

[32] GIRSHICK R, DONAHUE J, DARRELL T, et al. Rich feature hierarchies for accurate object detection and semantic segmentation[C]. in Proceedings of the IEEE Conference on Computer Vision and Pattern Recognition, 2014: 580 – 587.

[33] GIRSHICK R. Fast R – CNN[C]. in Proceedings of the IEEE International Conference on Computer Vision, 2015: 1440 – 1448.

[34] REN S, HE K, GIRSHICK R, et al. Faster R – CNN: Towards real-time object detection with region proposal networks[C]. in Proceedings of the Advances in Neural Information Processing Systems, 2015: 91 – 99.

[35] UIJLINGS J R, VAN DE SANDE K E, Gevers T, et al. Selective search for object recognition[J]. International Journal of Computer Vision, 2013, 104(2): 154 – 171.

[36] REDMON J, DIVVALA S, GIRSHICK R, et al. You only look once: Unified, real-time object detection[C]. in Proceedings of the IEEE Conference on Computer Vision and Pattern Recognition, 2016: 779 – 788.

[37] LIU W, ANGUELOV D, ERHAN D, et al. SSD: Single shot multibox detector[C]. in Proceedings of the European Conference on Computer Vision, 2016: 21 – 37.

[38] CAI B, JIANG Z, ZHANG H, et al. Online exemplar-based fully convolutional network for aircraft detection in remote sensing images[J]. IEEE Geoscience and Remote Sensing Letters, 2018, 15(7): 1095 – 1099.

[39] YANG Y, ZHUANG Y, BI F, et al. M-FCN: Effective fully convolutional network-based airplane detection framework[J]. IEEE Geoscience and Remote Sensing Letters, 2017, 14(8): 1293 – 1297.

[40] HAN Z, ZHANG H, ZHANG J, et al. Fast aircraft detection based on region locating network in large-scale remote sensing images[C]. in Proceedings of the IEEE International Conference on Image Processing 2017: 2294 – 2298.

[41] DENG Z, SUN H, ZHOU S, et al. Toward fast and accurate vehicle detection in aerial images using coupled region-based convolutional neural networks[J]. IEEE Journal of Selected Topics in Applied Earth Observations and Remote Sensing, 2017, 10(8): 3652 – 3664.

[42] DONG C, LIU J, XU F. Ship detection in optical remote sensing images based on saliency and a

rotation-invariant descriptor[J]. Remote Sensing，2018，10(3)：400.

[43] LI QP，MOU LC，LIU QJ，et al. HSF－Net：Multiscale deep feature embedding for ship detection in optical remote sensing imagery[J]. IEEE Transactions on Geoscience and Remote Sensing，2018，56(12)：7147－7161.

[44] 邓志鹏，孙浩，雷琳，等. 基于多尺度形变特征卷积网络的高分辨率遥感影像目标检测[J]. 测绘学报，2018，47(9)：1216－1227.

[45] GUO W，YANG W，ZHANG H，et al. Geospatial object detection in high resolution satellite images based on multi-scale convolutional neural network[J]. Remote Sensing，2018，10(1)：131.

[46] WANG C，BAI X，WANG S，et al. Multiscale visual attention networks for object detection in VHR remote sensing images[J]. IEEE Geoscience and Remote Sensing Letters，2018，16(2)：310－314.

[47] REN Y，ZHU C，XIAO S. Deformable faster R-CNN with aggregating multi-layer features for partially occluded object detection in optical remote sensing images[J]. Remote Sensing，2018，10(9)：1470.

[48] QIU S，WEN G，DENG Z，et al. Automatic and fast pcm generation for occluded object detection in high-resolution remote sensing images[J]. IEEE Geoscience and Remote Sensing Letters，2017，14(10)：1730－1734.

[49] ZOU Z，SHI Z. Random access memories：A new paradigm for target detection in high resolution aerial remote sensing images[J]. IEEE Transactions on Image Processing，2018，27(3)：1100－1111.

[50] TAYARA H，CHONG K. Object detection in very high-resolution aerial images using one-stage densely connected feature pyramid network[J]. Sensors，2018，18(10)：3341.

[51] LIU W，MA L，WANG J，et al. Detection of multiclass objects in optical remote sensing images[J]. IEEE Geoscience and Remote Sensing Letters，2018：1－5.

[52] ZHOU P，CHENG G，LIU Z，et al. Weakly supervised target detection in remote sensing images based on transferred deep features and negative bootstrapping[J]. Multidimensional Systems and Signal Processing，2016，27(4)：925－944.

[53] HEITZ G，KOLLER D. Learning spatial context：Using stuff to find things[C]. in Proceedings of the European Conference on Computer Vision，2008：30－43.

[54] BENEDEK C，DESCOMBES X，ZERUBIA J. Building development monitoring in multitemporal remotely sensed image pairs with stochastic birth-death dynamics[J]. IEEE Transactions on Pattern Analysis and Machine Intelligence，2012，34(1)：33－50.

[55] RAZAKARIVONY S，JURIE F. Vehicle detection in aerial imagery：A small target detection benchmark[J]. Journal of Visual Communication and Image Representation，2016，34：187－203.

[56] ZHU H，CHEN X，DAI W，et al. Orientation robust object detection in aerial images using deep convolutional neural network[C]. in Proceedings of the IEEE International Conference on Image Processing，2015：3735－3739.

[57] LIU K，MATTYUS G. Fast multiclass vehicle detection on aerial images[J]. IEEE Geoscience and

Remote Sensing Letters, 2015, 12(9): 1938 – 1942.

[58] LIU Z, WANG H, WENG L, et al. Ship rotated bounding box space for ship extraction from high-resolution optical satellite images with complex backgrounds [J]. IEEE Geoscience and Remote Sensing Letters, 2016, 13(8): 1074 – 1078.

[59] XIAO Z, LIU Q, TANG G, et al. Elliptic Fourier transformation-based histograms of oriented gradients for rotationally invariant object detection in remote-sensing images[J]. International Journal of Remote Sensing, 2015, 36(2): 618 – 644.

[60] XIA G S, BAI X, DING J, et al. DOTA: A large-scale dataset for object detection in aerial images [C]. in Proceedings of the IEEE Conference on Computer Vision and Pattern Recognition, 2018: 3974 – 3983.

[61] LI K, WAN G, CHENG G, et al. Object detection in optical remote sensing images: A Survey and A New Benchmark[J]. arXiv preprint arXiv: 1909. 00133, 2019.

[62] CRAMER M. The DGPF-test on digital airborne camera evaluation-overview and test design[J]. Photogrammetrie - Fernerkundung - Geoinformation, 2010, 2010(2): 73 – 82.

[63] https://gis. utah. gov/.

[64] SHENG X, TAO F, LI D, et al. Object classification of aerial images with bag-of-visual words[J]. IEEE Geoscience and Remote Sensing Letters, 2010, 7(2): 366 – 370.

[65] HAO S, XIAN S, WANG H, et al. Automatic target detection in high-resolution remote sensing images using spatial sparse coding bag-of-words model[J]. IEEE Geoscience and Remote Sensing Letters, 2011, 9(1): 109 – 113.

[66] HAN X, ZHONG Y, ZHANG L. An efficient and robust integrated geospatial object detection framework for high spatial resolution remote sensing imagery[J]. Remote Sensing, 2017, 9(7): 666.

[67] FU C Y, LIU W, RANGA A, et al. DSSD: Deconvolutional single shot detector[J]. arXiv preprint arXiv: 1701. 06659, 2017.

[68] SHEN Z, LIU Z, LI J, et al. DSOD: Learning deeply supervised object detectors from scratch[C]. in Proceedings of the IEEE International Conference on Computer Vision, 2017: 1919 – 1927.

[69] REDMON J, FARHADI A. YOLO9000: better, faster, stronger[C]. in Proceedings of the IEEE Conference on Computer Vision and Pattern Recognition, 2017: 7263 – 7271.

[70] DAI J, LI Y, HE K, et al. R-FCN: Object detection via region-based fully convolutional networks [C]. in Proceedings of the Advances in Neural Information Processing Systems, 2016: 379 – 387.

[71] XU Z, XU X, WANG L, et al. Deformable convnet with aspect ratio constrained nms for object detection in remote sensing imagery[J]. Remote Sensing, 2017, 9(12): 1312.

[72] CHENG L, LIU X, LI L, et al. Deep adaptive proposal network for object detection in optical remote sensing images[J]. arXiv preprint arXiv: 1807. 07327, 2018.

[73] CHEN S, ZHAN R, ZHANG J. Geospatial object detection in remote sensing imagery based on multiscale single-shot detector with activated semantics[J]. Remote Sensing, 2018, 10(6): 820.

[74] ZHANG S, HE G, CHEN H B, et al. Scale adaptive proposal network for object detection in remote

sensing images[J]. IEEE Geoscience and Remote Sensing Letters, 2019.

[75] YANG X, FU K, SUN H, et al. R2CNN++: Multi-dimensional attention based rotation invariant detector with robust anchor strategy[J]. arXiv preprint arXiv: 1811. 07126, 2018.

[76] SWAIN M J, BALLARD D H. Color indexing[J]. International Journal of Computer Vision, 1991, 7(1): 11-32.

[77] SHYU C R, KLARIC M, SCOTT G J, et al. GeoIRIS: Geospatial information retrieval and indexing system-content mining, semantics modeling, and complex queries[J]. IEEE Transactions on Geoscience and Remote Sensing, 2013, 102(1): 2564-2567.

[78] DOS SANTOS J A, PENATTI O A B, DA SILVA TORRES R. Evaluating the potential of texture and color descriptors for remote sensing image retrieval and classification[C]. in Proceedings of the Fifth International Conference on Computer Vision Theory and Applications, 2010: 203-208.

[79] HARALICK R M, SHANMUGAM K, DINSTEIN I H. Textural features for image classification [J]. IEEE Transactions on Systems, Man, and Cybernetics, 1973, SMC-3(6): 610-621.

[80] JAIN A K, RATHA N K, LAKSHMANAN S. Object detection using gabor filters[J]. Pattern Recognition, 1997, 30(2): 295-309.

[81] APTOULA E. Remote sensing image retrieval with global morphological texture descriptors[J]. IEEE Transactions on Geoscience and Remote Sensing, 2014, 52(5): 3023-3034.

[82] BHAGAVATHY S, MANJUNATH B S. Modeling and detection of geospatial objects using texture motifs[J]. IEEE Transactions on Geoscience and Remote Sensing, 2006, 44(12): 3706-3715.

[83] OLIVA A, TORRALBA A. Modeling the shape of the scene: A holistic representation of the spatial envelope[J]. International Journal of Computer Vision, 2001, 42(3): 145-175.

[84] AVRAMOVI C A, RISOJEVI C V. Block-based semantic classification of high-resolution multispectral aerial images[J]. Signal Image and Video Processing, 2016, 10(1): 75-84.

[85] RISOJEVI C V, MOMI C S, BABI C Z. Gabor descriptors for aerial image classification[C]. in Proceedings of the International Conference on Adaptive and Natural Computing Algorithms, 2011: 51-60.

[86] LOWE D G. Distinctive image features from scale-invariant keypoints[J]. International Journal of Computer Vision, 2004, 60(2): 91-110.

[87] LUO B, JIANG S, ZHANG L. Indexing of remote sensing images with different resolutions by multiple features[J]. IEEE Journal of Selected Topics in Applied Earth Observations and Remote Sensing, 2013, 6(4): 1899-1912.

[88] QI K, WU H, CHEN S, et al. Land-use scene classification in high-resolution remote sensing images using improved correlations[J]. IEEE Geoscience and Remote Sensing Letters, 2015, 12 (12): 2403-2407.

[89] ZHANG Y, XIAN S, WANG H, et al. High-resolution remote-sensing image classification via an approximate earth mover's distance-based bag-of-features model[J]. IEEE Geoscience and Remote

Sensing Letters, 2013, 10(5): 1055 – 1059.

[90] ZHAO B, ZHONG Y, XIA G S, et al. Dirichlet-derived multiple topic scene classification model for high spatial resolution remote sensing imagery[J]. IEEE Transactions on Geoscience and Remote Sensing, 2016, 54(4): 2108 – 2123.

[91] ZHU Q, ZHONG Y, BEI Z, et al. Bag-of-visual-words scene classifier with local and global features for high spatial resolution remote sensing imagery[J]. IEEE Geoscience and Remote Sensing Letters, 2017, 13(6): 747 – 751.

[92] JOLLIFFE I T. Principal component analysis[J]. Journal of Marketing Research, 2002, 87(100): 513.

[93] CHAIB S, GU Y, YAO H. An informative feature selection method based on sparse PCA for VHR scene classification[J]. IEEE Geoscience and Remote Sensing Letters, 2016, 13(2): 147 – 151.

[94] CHAIB S, GU Y, YAO H, et al. A VHR scene classification method integrating sparse PCA and saliency computing[C]. in Proceedings of the IEEE International Geoscience and Remote Sensing Symposium, 2016: 2742 – 2745.

[95] COMON P. Independent component analysis, A new concept? [J]. Signal Processing, 1994, 36, (3): 287 – 314.

[96] COUSIN A, FORNI O, MAURICE S, et al. Independent component analysis classification for ChemCam remote sensing data[C]. in Proceedings of the Lunar and Planetary Science Conference, 2011: 1973.

[97] QIAN D, KOPRIVA I, SZU H H. Independent-component analysis for hyperspectral remote sensing imagery classification[J]. Optical Engineering, 2006, 45(1): 017008.

[98] Olshausen B A, Field D J. Sparse coding with an overcomplete basis set: a strategy employed by V1? [J]. Vision Research, 1997, 37(23): 3311 – 3325.

[99] DAI D, YANG W. Satellite image classification via two-layer sparse coding with biased image representation[J]. IEEE Geoscience and Remote Sensing Letters, 2011, 8(1): 173 – 176.

[100] MEKHALFI M L, MELGANI F, BAZI Y, et al. Land-use classification with compressive sensing multifeature fusion[J]. IEEE Geoscience and Remote Sensing Letters, 2015, 12(10): 2155 – 2159.

[101] VINCENT P, LAROCHELLE H, LAJOIE I, et al. Stacked denoising autoencoders: Learning useful representations in a deep network with a local denoising criterion[J]. Journal of Machine Learning Research, 2010, 11(12): 3371 – 3408.

[102] DU B, XIONG W, WU J, et al. Stacked convolutional denoising auto-encoders for feature representation[J]. IEEE Transactions on Cybernetics, 2017, 47(4): 1017 – 1027.

[103] YAO X, HAN J, CHENG G, et al. Semantic annotation of high-resolution satellite images via weakly supervised learning[J]. IEEE Transactions on Geoscience and Remote Sensing, 2016, 54(6): 1 – 12.

[104] PING Z, GONG Z, LI S, et al. Learning to diversify deep belief networks for hyperspectral image classification[J]. IEEE Transactions on Geoscience and Remote Sensing, 2017, 55(6): 3516 –

3530.

[105] ZHONG P Z, GONG Q, SCHÖNLIEB C. A diversified deep belief network for hyperspectral image classification[J]. International Archives of the Photogrammetry, Remote Sensing and Spatial Information Sciences, 2016, XLI‑B7: 443‑449.

[106] DEDE M A, APTOULA E, GENC Y. Deep network ensembles for aerial scene classification[J]. IEEE Geoscience and Remote Sensing Letters, 2018: 1‑4.

[107] XIA G, HU J, HU F, et al. AID: A benchmark data set for performance evaluation of aerial scene classification[J]. IEEE Transactions on Geoscience and Remote Sensing, 2017, 55(7): . 3965‑3981.

[108] CHEN Z, WANG S, HOU X, et al. Recurrent transformer networks for remote sensing scene categorisation[C]. in Proceedings of the British Machine Vision Conference, 2018: 1‑11.

[109] YI Y, NEWSAM S. Bag-of-visual-words and spatial extensions for land-use classification[C]. in Proceedings of the Sigspatial International Conference on Advances in Geographic Information Systems, 2010: 270‑279.

[110] ZHU Q, ZHONG Y, ZHANG L, et al. Adaptive deep sparse semantic modeling framework for high spatial resolution image scene classification[J]. IEEE Transactions on Geoscience and Remote Sensing, 201, 56(10): 6180‑6195.

[111] CHAIB S, LIU H, GU Y, et al. Deep feature fusion for VHR remote sensing scene classification [J]. IEEE Transactions on Geoscience and Remote Sensing, 2017, 55(8): 4775‑4784.

[112] WANG Q, LIU S, CHANUSSOT J, et al. Scene classification with recurrent attention of VHR remote sensing images[J]. IEEE Transactions on Geoscience and Remote Sensing, 2019, 57(2): 1155‑1167.

[113] SHENG G, YANG W, XU T, et al. High-resolution satellite scene classification using a sparse coding based multiple feature combination[J]. International Journal of Remote Sensing, 2012, 33(8): 2395‑2412.

[114] ZOU Q, NI L, ZHANG T, et al. Deep learning based feature selection for remote sensing scene classification[J]. IEEE Geoscience and Remote Sensing Letters, 2015, 12(11): 2321‑2325.

[115] ZHAO L, TANG P, HUO L. Feature significance-based multibag-of-visual-words model for remote sensing image scene classification[J]. Journal of Applied Remote Sensing, 2016, 10(3): 035004.

[116] PENATTI O A, NOGUEIRA K, DOS SANTOS J A. Do deep features generalize from everyday objects to remote sensing and aerial scenes domains[C]. in Proceedings of the IEEE Conference on Computer Vision and Pattern Recognition Workshops, 2015: 44‑51.

[117] ZHAO B, ZHONG Y, ZHANG L, et al. The Fisher kernel coding framework for high spatial resolution scene classification[J]. Remote Sensing, 2016, 8(2): 157.

[118] WU H, LIU B, SU W, et al. Hierarchical coding vectors for scene level land-use classification[J]. Remote Sensing, 2016, 8(5): 436.

[119] LIU Y, ZHANG Y M, ZHANG X Y, et al. Adaptive spatial pooling for image classification[J]. Pattern Recognition, 2016, 55: 58 – 67.

[120] CUI S. Comparison of approximation methods to Kullback – Leibler divergence between Gaussian mixture models for satellite image retrieval[J]. Remote Sensing Letters, 2016, 7(7): 651 – 660.

[121] MINETTO R, SEGUNDO M P, SARKAR S. Hydra: an ensemble of convolutional neural networks for geospatial land classification[J]. arXiv preprint arXiv: 1802. 03518, 2018.

[122] WANG J, LIU W, MA L, et al. IORN: An effective remote sensing image scene classification framework[J]. IEEE Geoscience and Remote Sensing Letters, 2018, 99: 1 – 5.

[123] XU S, MU X, CHAI D, et al. emote sensing image scene classification based on generative adversarial networks[J]. Remote sensing letters, 2018, 9(7): 617 – 626.

[124] HE N, FANG L, LI S, et al. Remote sensing scene classification using multilayer stacked covariance pooling[J]. IEEE Transactions on Geoscience and Remote Sensing, 2018, 56(12): 6899 – 6910.

[125] LIU Y, SUEN C Y, LIU Y, et al. Scene Classification Using Hierarchical Wasserstein CNN[J]. IEEE Transactions on Geoscience and Remote Sensing, 2018.

[126] XIA G S, HU J, HU F, et al. AID: A benchmark data set for performance evaluation of aerial classification[J]. IEEE Transactions on Geoscience and Remote Sensing, 2017, 55(7): 3965 – 3981.

人工智能、类脑计算与图像解译前沿

## 第5章 基于图像学习表征和重排序的遥感影像内容检索

## 5.1 基于内容的遥感图像检索

随着成像技术的发展，各种在轨对地观测（Earth Observation，EO）卫星每天都会产生大量的遥感（Remote Sensing，RS）影像。这些遥感影像帮助不同领域的研究人员进行相应的科学研究，如地质灾害的预测、生物物种的迁移、全球气候的变化以及城市人口变化对环境的影响等[1]。在泽字节（ZettaByte，ZB）级别的遥感影像中，人工手动挑选自己需要的信息，无疑是一项费时、费力的工程。所以，对地观测信息挖掘问题受到越来越多研究人员的关注。如何快速、有效地从大量的遥感影像中根据用户需求找到相应的信息，得到了研究人员的广泛关注。传统的对地观测信息挖掘主要依赖 EO 产品的元数据[2]，如对应的雷达参数、图像覆盖的地理位置、数据获取时间等，但这种依赖于文字描述的信息查找方法，在复杂的用户需求面前，显得越来越力不从心。因此，基于内容的图像检索（Content-Based Image Retrieval，CBIR）技术属于遥感研究领域。

CBIR 是一项涵盖多种图像处理方法（如特征提取、相似度匹配等）的传统技术，它的主要目的是从图像库中找到与查询图像内容相似的目标图像[3]。CBIR 出现于 20 世纪 90 年代初期，并在 2000 年前后流行起来。所有根据图像内容对图像数据库进行归纳整理的方法都可以被归类为 CBIR[4]，如相似度度量学习[5-6]、图像标注技术[7-9]等。在过去的几十年中，研究人员提出了大量成功的 CBIR 方法[3, 10-28]。

作为 CBIR 的遥感图像检索（Remote Sensing Image Retrieval，RSIR）已经成为当下遥感领域的一个研究热点。RSIR 的主要目的是根据 EO 数据的内容，有效地对数据进行信息挖掘、内容整理以及语义标注，并最终得到特定内容的精确查找结果[1]。从多样化的遥感图像库中查询相关信息需要对图像语义信息有深层次的理解，对图像内容有敏锐的眼光，同时还需要有在尽可能避免人工干预的情况下对数据进行归纳整理的有效策略。一个完备的 RSIR 方法应包含以下三个递进的功能：

（1）根据不同遥感数据的特性以及元数据的描述，自动进行初步的归纳整理，用于进一步研究分析。

（2）自动识别遥感数据中所覆盖的地物信息，既包含语义级别的信息（如桥梁、房屋

157

等），也包含非应用级别的内容描述（如光谱、形状等）。

（3）对遥感数据进行深层次的研究分析，获取数据的结构信息，从而辅助完成内容标注、匹配，最终实现遥感图像检索。

## 5.2　基于内容的遥感图像检索方法简介

当前，研究人员已经提出了大量方法来解决 RSIR 问题。这里，我们统计了 1997 年到 2016 年在美国电气和电子工程师协会（Institute of Electrical and Electronics Engineers，IEEE）相应期刊/会议发表的有关 RSIR 研究的文章，统计结果如图 5.1 所示。从结果中我们可以看出，自 2003 年起，IEEE 每年刊出的有关 RSIR 文章的数量都保持在 100 篇以上，并在 2012 年达到顶峰。这反映了 RSIR 相关问题的研究受到了越来越多的关注。

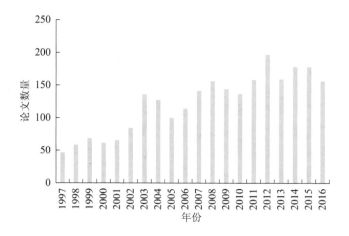

图 5.1　1997 年到 2016 年 IEEE 相应期刊/会议发表的有关 RSIR 的文章数量

根据不同的研究目的，我们将现有的 RSIR 方法粗略地分为三类：综合完备的 RSIR 系统，解决 CBIR 领域相关技术难题的 RSIR 方法，RSIR 技术的多方面应用。下面我们分别从这三个方面对经典的 RSIR 方法进行梳理。

### 5.2.1　综合完备的 RSIR 系统

综合完备的 RSIR 系统是指研究人员结合多种图像处理技术，开发设计出完备的 RSIR 系统，该系统能够完成遥感图像的内容检索、语义标注等多项任务[29-45]。其中，具有代表性的工作列举如下：

早在 1998 年，Datcu 等人就从信息学的角度分析了遥感图像空间信息检索的问题[29-30]，并提出了相应的遥感图像内容检索系统。文中指出，遥感图像的自动理解和内容

人工智能、类脑计算与图像解译前沿

158

检索取决于从观测数据中获取的信息是否足够鲁棒以及能否完美地表示图像内容。该方法利用贝叶斯理论提出了两层信息提取算法：① 通过粗略的参数估计获得不同的模型；② 根据类别信息进一步进行模型选择。该算法能够从观测数据中精确地找出最优的、能表示该数据的图像场景，并以这些场景为线索完成图像内容的检索。具体地，两层信息提取算法使用三种不同的吉布斯随机场（Gibbs Random Field，GRF）作为分析数据的先验模型，并根据贝叶斯理论通过图像重构技术提取图像不同尺度的特征，构造不同的模型；同时，提出"优秀测度"来衡量获取到的模型的"优劣"，最终选取"最优"的模型用于内容检索。该方法在合成孔径雷达（Synthetic Aperture Radar，SAR）图像上取得了令人满意的检索结果。

随后，Datcu 等人提出了一个以知识为驱动的、基于内容的图像检索系统来管理和挖掘大规模的遥感数据[32]。该系统由两部分组成：离线预处理和在线检索。离线预处理部分集中了系统大部分耗时的工作，如图像特征提取、特征压缩、特征数据降维、完整的无监督图像内容索引以及以上所有信息的整合等。同时，在线检索部分通过贝叶斯网络捕捉用户意图，并完成基于内容的图像检索。该方法提出了一个多层的贝叶斯学习模型，从不同维度捕捉遥感图像多样的语义特征。这个贝叶斯学习模型分为 5 层：原始图像、图像的基本特征、图像的元数据特征、基本特征经过聚类后得到的类别特征、用户意图的语义类标。除了提出上述算法外，作者还制作了可视化的操作界面，可以更加简明、有效地实现 RSIR 任务。该方法在不同卫星、不同分辨率的遥感图像上的实验结果证明了方法是有效的。

Datta 等人在 2006 年提出了多尺度的遥感图像内容检索方法[35]。该方法首先利用 2 维多分辨率隐马尔科夫模型[46]（Two-Dimensional Multi-resolution Hidden Markov Model，2-D MHMM）和支撑向量机（Support Vector Machine，SVM）对遥感图像进行语义分类，随后使用综合区域匹配[3]（Integrated Region Matching，IRM）测度确定查询图像与图库中目标图像之间的相似度，并输出检索结果。在进行语义分类时，文章先利用 2-D MHMM 对所有图像块进行语义分类，然后使用 SVM 对那些没有类标的图像块（不属于先验知识中任何一类的图像块）进行再次分类。语义分类的目的主要是减小后续相似度匹配的搜索范围，从而加快搜索速度。在相似度匹配时，首先对查询图像进行上述的语义分类，然后仅计算同类别的目标图像与查询图像之间的 IRM 距离，最终得到检索结果。在多光谱遥感图像上的实验结果，证明了此方法的可行性。

Shyu 等人在 2007 年提出了地理空间信息检索和索引系统[36]（Geospatial Information Retrieval and Indexing System，GeoIRIS）。GeoIRIS 不仅可以自动提取遥感图像的特征，实现海量数据库的内容挖掘和高维度数据库的索引，还可以完成一些复杂查询，如在多元化的遥感图像库中查找、合并相关信息，根据形状和视觉特点进行目标搜索，在特定的条件下通过分析多个目标之间的关系来进行特定目标的查询，以及通过语义建模来关联低层图像特征与上层视觉描述符，等等。综合不同的方法，GeoIRIS 在提供精确内容查询的同时，还保证了查询的时效性。该系统在不同的遥感图像上都取得了令人满意的结果。在丰富的 EO 元数据、图像语义标注技术以及图像内容检索技术的基础上另一个优秀的 RSIR 方法被提出[40]，该法称为 EO 检索系统。首先，EO 检索系统通过自动提取特征、处理 EO 产品元数据以及定义语义标签的方法生成了一个全新的 EO 数据模型；其次，深入剖析该模型并为复杂的查询提供了检索结果。文章在提出 EO 检索系统的同时，利用 39 张高分辨率的 TerraSAR-X 图像，创建了一个包含超过 50 000 幅尺寸为 160 像素×160 像素的图像块数据库，用于标注该图库中图像块的语义词汇高达 330 个。

Wang 等人在 2016 年提出了一个基于图学习的 RSIR 方法[43]。该方法构建了一个三层的框架来整合扩展查询的结果，并融合局部和全局特征的贡献，从而避免检索结果因查询图像的差异性而受到影响。在第一层中，方法分别利用局部和全局特征获得不同的检索结果，在不同结果中均排在靠前位置的图像被用作图的锚点；在第二层中，图中的锚点作为扩展后的查询图像分别在不同的特征空间中检索出不同的目标图像，且目标图像数量为 6；在第三层中，评价所有检索结果的正负性，并利用 SimpleMKL[47] 去学习扩展查询的权重，得到最终的检索结果。在公测数据库上得到的结果，证明了方法的优越性。

### 5.2.2 解决 CBIR 领域相关技术难题的 RSIR 方法

除了综合完备的 RSIR 系统以外，很多 RSIR 方法是为了解决 CBIR 领域中的技术难题而提出的[44, 48-68]。其中，具有代表性的工作列举如下：

Schroder 等人在 2000 年提出了一种交互式的学习方法来完成 RSIR 任务[48]。首先，该方法结合用户对各检索结果的正负性（即检索结果的正确与否）来逐渐定义出遥感图像中的地物覆盖类型，并用贝叶斯网络学习这些地物覆盖类型的样本，从而将用户的意图和先前得到的图像内容进行索引关系绑定。由于地物覆盖类型的随机特性，图像的检索任务不仅依赖于对地物覆盖的估计，而且依赖于得到估计结果时的学习状态。其次，该方法把贝叶斯推理分成多个步骤，分别完成内容索引值的计算和随机关系的描述。该方法在 Landsat TM、X-SAR 和航拍影像上取得的实验结果说明了方法的可行性。

Lienou 等人提出了一种遥感图像语义标注的方法[51]。该方法将标注任务分为两个部分：基于潜在狄利克雷分布（Latent Dirichlet Allocation，LDA）模型[69] 的有监督的图像块分类和空域的信息整合。多层的 LDA 模型首先将用于训练的图像块表示成多个随机的潜在主题的混合体，其中每个主题都由一组词汇组成；随后对无标签的样本利用训练得到的 LDA 模型进行最大后验概率预测，得到其语义类标。该方法的有效性在 60 cm 分辨率的 QuickBird 图像上得到了验证。

为了解决语义鸿沟[70-71]对 RSIR 的影响，Bratasanu 等人在 2011 年提出了相应的遥感图像标注方法[52]。该方法首先在基于规则的分类器[72]的帮助下定义基本"字典"，然后提出自动理解遥感图像的方法，并根据用户不同的应用场景定义语义规则去挖掘现有数据之间的内在联系。考虑到学习模型和地理含义之间的关系，文章使用 LDA 模型将有相似语义信息的异质像素点投影为不同的地物类别，同时通过发掘不同的、用于解释语义类别的规则，提出了一个交互学习的方法用于确定遥感图像的语义内容。

根据不同粗糙集的贡献，Xie 等人提出了一个优化模型从遥感图像中获取湿地资源的相关信息[55]。作者首先搜集不同的图像源，包括遥感图像（例如 Landsat-5）、数字地图等；然后，将同区域的遥感图像和数字地图校准至相同的分辨率；之后，根据遥感图像的像素关系构造遥感数据决策表绑定条件集合和决策集合，其中条件集合包括图像多波段的信息、波段间的对比关系等，而决策集合主要校准之后的地物信息；最后，利用不同的粗糙集设计前向的贪婪搜索方法来处理遥感数据决策表，从而获得最终的优化结果，包括特定地表目标的检索、地物分类、环境评价等。

Yang 和 Newsam 在 2013 年将基于尺度不变特征变换[73-74]（Scale-Invariant Feature Transform，SIFT）的词袋[75]（Bag-of-Word，BoW）特征应用于 RSIR 问题[57]。文章深入研究了构造词袋模型的相关因素对 RSIR 的影响，包括视觉字典的大小、用于构造字典的聚类方法以及比较 BOW 特征间聚类的相似度度量等。在公测的 RS 图像数据库中，该方法与 RS 领域中传统的视觉特征相比，在 RSIR 应用中表现得更为突出。

为了加快检索速度，Demir 和 Bruzzone 在 2016 年提出了基于哈希编码的 RSIR 方法[64]。RSIR 方法在该方法中被当作寻找最近邻的问题，如何快速准确地找到最近邻是该方法的研究主题。作者分别用两个典型的哈希编码方法[76-77]将遥感图像进行二值编码，图像间的相似度关系由汉明距离[78]确定。实验证明，与传统经典的 RSIR 相比，虽然基于哈希编码的检索算法精度有所降低（合理范围），但检索速度得到了明显的提升。

为了提升上述基于哈希编码的 RSIR 方法的精度，Li 和 Ren 在 2017 年提出了基于局部随机哈希编码的 RSIR 方法[67]。基于局部随机哈希编码的 RSIR 方法在构造哈希方程时，一部分参数是随机生成的，而另一部分参数是根据遥感图像学习得到的，这样随机和学习策略的相互作用使得最终的二值哈希码既能满足检索速度的要求，又能满足检索精度的需求。

## 5.2.3 RSIR 技术的多方面应用

第三类方法大多是将基于内容的检索技术应用在不同的遥感场景当中[79-101]。其中，较为典型的方法总结如下：

1996 年，Wan 和 Dozier 提出了一个分离窗口的方法来从提升的高分辨率辐射仪和中分辨率成像光谱仪的数据中检索地表温度[79]。准确的辐射传输模拟参数表明分离窗口算法的参数必须随着观察角度的改变而改变。

借助卫星图像研究中层海洋结构（如海洋上升流、旋涡等），对海洋生态研究、海岸线资源管理以及海洋动态研究都有着重要的意义。2014 年，Piedra-Fernandez 等人提出了一个 RSIR 方法来解决上述海洋遥感问题[88]。该方法在模糊理论的基础上，利用 RSIR 技术从遥感图像中分类和检索出有代表性的中层海洋结构。

另一个针对中层海洋结构研究的 RSIR 方法在 2015 年被提出[89]，该方法针对不同卫星(SeaWiFS 和 MODIS)图像设计出面向目标的图像分析系统 OBIA。在预处理环节(图像进行颜色分割和多层数据格式处理)后，OBIA 首先将图像进行分割、特征提取，得到基础的区域；随后对不同的区域进行融合，并针对中层海洋结构的识别问题重新计算图像的特征；最后，OBIA 系统根据模糊均值描述符和对应的海洋结构获取最终的检索结果。其中，在重新计算图像特征时，OBIA 使用多个学习算法(决策树[102]、贝叶斯网络[103]、人工神经网络[104]、遗传算法[105]以及近邻算法[106])来确定融合后各区域的类别。

Banda 和 Angryk 将传统的基于相似度关系的 RSIR 算法和当下基于搜索引擎的 RSIR 算法分别使用在获取太阳动态观测图像的相似区域问题上[90]。文章从两个方面评价了经典图像特征对于太阳动态观测图像的作用：① 基于不同距离尺度的检索；② 基于多尺度搜索引擎 Lucene 的检索。实验证明，将传统的图像特征转换为类似直方图的特征后，基于不同距离尺度的检索方法在太阳动态观测图像上可以取得不错的检索结果；同时，将图像特征转换为针对 Lucene 的字符串后，搜索引擎 Lucene 在太阳动态观测图像的检索问题上也能取得理想的检索结果。另一个针对太阳动态观测图像的 RSIR 方法在文献[91]中被提出。

## 5.3  图像重排序

随着 RSIR 的发展，研究人员发现单纯的检索算法很多时候无法取得令人满意的结果，所以有大量的方法、策略被提出并用于提高检索精度[107]，如采用更为有效的图像特征、优化检索机制、增加图像重排序技术等。在这些策略中，图像重排序是最有效、也最流行的一种后处理方法[108]。图像重排序技术是在图像检索的基础上提出的，通过学习初始检索结果的相关信息，或者根据相应的先验知识对初始检索结果进行重新排序，从而提升检索精度。上述的先验知识包括多种模态下的特定信息、查询样例和任何对重排序有帮助的信息。图 5.2 给出了图像重排序技术的一般流程。

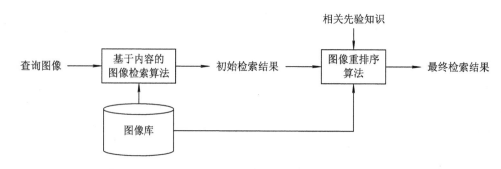

图 5.2  图像重排序技术的一般流程

## 5.4 图像重排序方法介绍

当下，研究人员提出了大量图像重排序算法，这里我们先统计 1997 年到 2016 年在美国电气和电子工程师协会相应期刊/会议发表的有关图像重排序研究的文章，统计结果如图 5.3 所示。从结果中我们可以看出，自 2002 年起，IEEE 每年刊出的有关图像重排序文章的数量都保持在 50 篇以上，并在 2008 年达到顶峰。

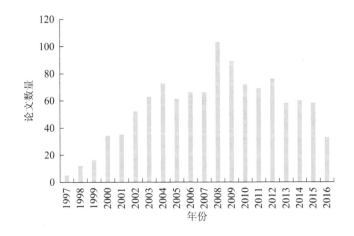

图 5.3  1997 年到 2016 年 IEEE 相应期刊/会议发表的有关图像重排序的文章数量

根据在重排序过程中是否需要挑选样本，目前提出的图像重排序算法可以分为两类[109]：相关反馈（Relevance Feedback，RF）方法和不依赖样本的重排序算法。RF 方法将图像重排序问题看作一个二分类问题，即利用适当的机器学习方法将初始检索结果分为相关与不相关两类，然后重新定义各个样本的位置关系。上述相关与不相关是指检索结果与查询图像在内容上是否相似。RF 方法的一般步骤可总结如下[110]：① 使用适当的检索算法获取查询图像的初始检索结果；② 用户（或者使用相关算法）从检索结果中挑选少量正负样本训练二值分类器；③ 使用训练好的二值分类器对检索结果进行重排序。上述步骤②和③迭代执行，直到用户满意为止。与 RF 方法不同，不依赖样本的重排序算法在调整图像位置时，更关注图像间的相似度关系。此类方法的一般步骤如下：① 使用适当的检索算法获取查询图像的初始检索结果；② 取出位置靠前的若干检索结果用于重排序；③ 使用适当的方法对选出的图像进行重排序。可以看出，两类方法的差别在于：① RF 的对象是全部检索结果，而不依赖样本的重排序算法，仅针对位置靠前的检索结果；② RF 在重排序过程中需要用户的帮助，可以看作有监督的重排序算法，而不依赖样本的重排序算法在重排序过程中不需要人为干预，可以看作无监督的重排序算法；③ RF 倾向于发现用户的意图，而不依赖样本的重排序算法倾向于挖掘图像间的相似度关系。

## 5.4.1 相关反馈

在过去的几十年中，研究人员提出了大量成功的 RF 方法[110-135]。其中，有代表性的工作介绍如下：

Rui 等人在 1998 年提出了多特征加权的相关反馈算法[112]。在人机交互模式的框架下，用户使用多种视觉特征来描述图像，并在 RF 过程中，根据用户侧重点不同，对不同图像特征的贡献进行加权求和，以此得到更为准确的重排序结果。在权值更新的过程中，该方法分别考虑样本的类内和类间关系，设计不同的更新策略。

Tong 和 Chang 在 2001 年提出了基于主动学习（Active Learning，AL）的 RF 方法[115]。因为 RF 方法在重排序时，需要用户从检索结果中挑选正负样本，为了降低用户负担，文章提出了基于 SVM 的主动学习方法，根据边界采样定理，从检索结果中挑选出少量最有信息量的图像训练二值分类器。在上述方法的基础上，Tong 和 Koller 随后提出了三种不同的主动学习算法[117]来提升相关反馈的表现。

Ferecatu 和 Boujemaa 在 2007 年提出了基于双重标准主动学习的 RF 方法来提升 RSIR 的表现[121]。文中根据边界采样定理提出最模糊正交准则，在核函数的帮助下，从初始检索结果中选取具有信息量的样本。其中，"模糊"这个概念表示样本的不确定性，"正交"表示样本的多样性。在此方法的基础上，另一个用于提升 RSIR 表现的 RF 算法在文献[131]中被提出。在主动学习策略中，除了上述两个要素（"模糊"和"正交"）外，还加入了"密度"要素，使得选出的样本更有利于 RF。

Zhang 等人在 2012 年提出了连接图块子空间学习方法来提升 RF 策略在 CBIR 中的作用[126]。该方法有效地挖掘用户反馈数据中具有判别性的信息，并将其与有标签的日志图像以及无标签图像中的弱相似信息结合，去学习一个可信的子空间。子空间的学习被归纳成为一个优化问题，同时文中还提出了此优化问题的求解方法。另一个有代表性的子空间学习方法在文献[134]中提出。

为了解决基于 SVM 的 RF 方法中学习方法复杂的问题，Wang 等人在特征重构的基础上提出了新的基于 SVM 的 RF 方法[127]。首先，输入图像被映射至一个非线性的高维特征空间；其次，计算正反馈图像的协方差矩阵和该矩阵的经验核正交补给分量；随后，初始检索中所有图像用计算得到的经验核正交补给分量进行重构；最终，SVM 分类器用图像重构后的特征对其进行重排序。

## 5.4.2 不依赖样本的重排序

在 RF 被高度关注的同时，不依赖样本的重排序算法也得到了长足的发展[71, 109, 136-163]。

其中，具有代表性的方法总结如下：

Hsu 等人将图像重排序看作图论中的随机行走问题[136]。图像的相关得分作为图的顶点，顶点之间的边由图像间的相似性确定。在随机行走的基础上，文献[138]提出了协同重排序算法。它将单模态下的随机行走扩展成为双模态下的随机行走，双模态之间的信息在随机行走框架下进行交互和传递，直到两个模态都达到稳定状态。随后，Yao 等人又提出了循环重排序算法[150]，将执行随机行走的模态数量扩展至 3 个及以上。利用循环的方式在多个模态之间进行信息的交换和传递，直至各模态的状态达到稳定。

同样基于图论的重排序算法，Wang 等人在 2012 年提出了多模态融合的方法[146]对图像进行重排序。在得到初始结果后，排在靠前位置的图像在不同的特征空间中构造不同的相似图，各个相似图通过图论学习的方式进行融合，在融合过程中，图像的重排序得分、各模态的权值以及图像间的相似度关系同时被更新。虽然该方法取得了理想的重排序结果，但不得不提的是该方法的计算复杂度很高，使得它的泛化能力降低。

Deng 等人在 2014 年提出了基于弱监督多图学习的图像重排序算法[155]。该方法在双正则化的多图学习框架下，考虑不同模态下图内以及图间的相似度关系，将图像重排序问题构造成为局部线性重构（Locally Linear Reconstruction，LLR）优化问题，并提出了有效的交替迭代优化策略求解重排序目标函数。同时，为了有效地抑制重排序过程中噪声图像（与查询图像不相关的图像）的影响，文章采用弱监督学习找到各图中的锚点来增强相关图像在重排序中的作用。

在用户点击信息和稀疏学习的帮助下，Yu 等人在 2014 年提出了新的图像重排序算法[154]。在多模态超图学习的基础上，作者提出了新的稀疏学习方法来预测用户的点击信息，并将这些预测的点击信息应用在图像重排序问题上。首先，作者构造不同的超图来学习图像间的流形信息；然后，作者提出交替迭代的优化方法求解各超图的权值，这些权值将各超图间的互补信息进行整合，在优化权值的同时，图像的稀疏编码也被优化，这些稀疏编码主要表示图像是否有可能被用户点击；最后，根据多个超图之间的权重关系以及图像的稀疏编码对初始检索结果进行重排序。

## 5.5 基于内容的遥感图像检索、重排序问题的评价方式

常见的基于内容的遥感图像检索和重排序的评价指标包括：平均检索精度（Average Retrieval Precision，APR）、平均检索召回率（Average Retrieval Recall，ARR）、全局平均检索精度（Mean Average Precision，MAP）以及标准损失累计增益（Normalized Discounted Cumulative Gain，NDCG）。

假设有一组查询图像 $Q$，对于其中的某一幅查询图像 $q$，我们通过相应的算法得到 $n_r(q)$ 个检索/重排序结果，在图库中与查询图像相关的目标图像数量为 $n_t(q)$，以上两个集

合的重叠部分（即正确的检索/重排序结果数量）为 $n_c(q)$，则查询图像 $q$ 的检索精度定义为 $n_c(q)/n_r(q)$，检索召回率为 $n_c(q)/n_t(q)$，ARP 和 ARR 则是所有查询图像检索精度及召回率的平均值，即

$$
\begin{cases}
\mathrm{ARP} = \dfrac{1}{n(\boldsymbol{Q})} \sum_{q \in Q} \dfrac{n_c(q)}{n_r(q)} \\[3mm]
\mathrm{ARR} = \dfrac{1}{n(\boldsymbol{Q})} \sum_{q \in Q} \dfrac{n_c(q)}{n_t(q)}
\end{cases}
\tag{5-1}
$$

其中，$n(Q)$ 表示查询图像集中查询图像的个数。需要指出的是，在得到 ARP 和 ARR 后，我们还可以使用 ARP-ARR 曲线来诠释检索/重排序算法的性能。

全局平均检索精度 MAP 的定义如下：

$$
\mathrm{MAP} = \frac{1}{n(\boldsymbol{Q})} \left( \frac{1}{n_r(q)} \sum_{i=1}^{n_r(q)} \frac{Y_q(i)}{i} \sum_{j=1}^{i} Y_q(j) \right)
\tag{5-2}
$$

其中，$Y_q(i)$ 表示查询图像 $q$ 与第 $i$ 个检索/重排序结果的相关程度。一般地，$Y_q(i)=1$ 表示第 $i$ 个检索/重排序结果是正确的，否则 $Y_q(i)=0$。

标准损失累计增益 NDCG 的定义为

$$
\mathrm{NDCG}_{n_r(q)}(q) = Z_{n_r(q)} \sum_{i=1}^{n_r(q)} \frac{2^{Y_q(i)} - 1}{\log(i+1)}
\tag{5-3}
$$

其中，$Z_{n_r(q)}$ 是归一化常量，该常量使得最优的 NDCG 值为 1。

## 5.6　基于内容的遥感图像检索、重排序问题的研究难点

作为公开的研究课题，虽然 RSIR 和图像重排序研究已经逐渐成熟，但仍有许多研究难点。对于 RSIR，研究难点包括（但不限于）：

（1）EO 产品的类型众多，目前没有一个方法可以有效地处理多种类型的遥感数据。

（2）当前很多检索方法在衡量遥感图像间的相似度时，都先将图像映射到图像处理领域常用的特征空间，然后比较特征之间的相似度。这样简单的策略其结果常常很不稳定，如何针对遥感图像定义出有效的相似度成为当下研究难题之一。

（3）SAR 图像是 EO 数据中的一种，它因全天候、不受天气因素的限制等特点而在很多应用中被采用。但 SAR 图像有大量的相干斑噪声，这使得常用的图像处理方法在 SAR 图像上应用时结果都会受到影响。如何有效地抑制相干斑噪声对 SAR 图像内容检索的影响也是有待解决的难题。

（4）由于遥感图像内容量大且内容种类繁多，如何准确地定义遥感图像的高级语义特征是目前急需解决的难题。同时，在定义高级语义特征之后，如何解决视觉特征和高级语义特征之间的差距，也是遥感领域有待解决的难题。

对于图像重排序在遥感领域的研究，我们将难点总结如下（但不限于）：

（1）如何在重排序过程中充分考虑遥感图像特性（如 SAR 图像的相干斑噪声），是一个研究难点。

（2）RF 方法是有监督的重排序算法，如何有效地降低重排序过程中的人工标注负担是研究难点之一。

（3）对于无监督的重排序方法（不依赖样本的重排序算法），重排序结果存在着不能满足用户需求的风险，如何妥善地处理该问题也是一个难点。

（4）在不依赖样本的重排序算法中，初始检索结果中位置靠前的图像直接被用来进行重排序，忽略了其中可能存在的负样本的影响，如何找出并剔除这些负样本依然有待解决。

（本章作者：唐旭，马晶晶，焦李成，刘芳）

# 本章参考文献

［1］ QUARTULLI M，OLAIZOLA I G. A review of EO image information mining［J］. ISPRS Journal of Photogrammetry and Remote Sensing，2013，75：11 – 28.

［2］ WOLFMULLER M，DIETRICH D，SIRETEANU E，et al. Data flow and workflow organization-The data management for the TerraSAR-X payload ground segment［J］. IEEE Transactions on Geoscience and Remote Sensing，2009，47(1)：44 – 50.

［3］ WANG J Z，LI J，WIEDERHOLD G. SIMPLIcity：Semantics-sensitive integrated matching for picture libraries［J］. IEEE Transactions on pattern analysis and machine intelligence，2001，23(9)：947 – 963.

［4］ DATTA R，JOSHI D，LI J，et al. Image retrieval：Ideas，influences，and trends of the new age［J］. ACM Computing Surveys (CSUR)，2008，40(2)：5.

［5］ EL-NAQA I，YANG Y，GALATSANOS N P，et al. A similarity learning approach to content-based image retrieval：application to digital mammography［J］. IEEE Transactions on Medical Imaging，2004，23(10)：1233 – 1244.

［6］ GUILLAUMIN M，MENSINK T，VERBEEK J，et al. Tagprop：Discriminative metric learning in nearest neighbor models for image auto-annotation［C］. Computer Vision，2009 IEEE 12th International Conference on. 2009：309 – 316.

［7］ RUSSELL B C，TORRALBA A，MURPHY K P，et al. LabelMe：a database and web-based tool for image annotation［J］. International Journal of Computer Vision，2008，77(1 – 3)：157 – 173.

［8］ LI J，WANG J Z. Real-time computerized annotation of pictures［J］. IEEE Transactions on Pattern Analysis and Machine Intelligence，2008，30(6)：985 – 1002.

［9］ LIU W，TAO D. Multiview hessian regularization for image annotation［J］. IEEE Transactions on Image Processing，2013，22(7)：2676 – 2687.

［10］ FALOUTSOS C，BARBER R，FLICKNER M，et al. Efficient and effective querying by image content[J]. Journal of Intelligent Information Systems, 1994, 3(3-4): 231-262.

[11] WANG J Z, WIEDERHOLD G, FIRSCHEIN O, et al. Content-based image indexing and searching using Daubechies' wavelets[J]. International Journal on Digital Libraries, 1998, 1(4): 311-328.

[12] NATSEV A, RASTOGI R, SHIM K. WALRUS: A similarity retrieval algorithm for image databases[C]. ACM SIGMOD Record, 1999, 28: 395-406.

[13] CHEN Y, WANG J Z. A region-based fuzzy feature matching approach to content-based image retrieval[J]. IEEE Transactions on Pattern Analysis and Machine Intelligence, 2002, 24(9): 1252 -1267.

[14] CHEN Y, WANG J Z, KROVETZ R. Clue: Cluster-based retrieval of images by unsupervised learning[J]. IEEE Transactions on Image Processing, 2005, 14(8): 1187-1201.

[15] HIREMATH P, PUJARI J. Content based image retrieval using color, texture and shape features [C]. Advanced Computing and Communications, 2007. ADCOM 2007. International Conference on, 2007: 780-784.

[16] BIAN W, TAO D. Biased discriminant Euclidean embedding for content-based image retrieval[J]. IEEE Transactions on Image Processing, 2010, 19(2): 545-554.

[17] HUANG Z C, CHAN P P, NG W W, et al. Content-based image retrieval using color moment and gabor texture feature [C]. Machine Learning and Cybernetics (ICMLC), 2010 International Conference on, 2010, 2: 719-724.

[18] QUELLEC G, LAMARD M, CAZUGUEL G, et al. Adaptive nonseparable wavelet transform via lifting and its application to content-based image retrieval [J]. IEEE Transactions on Image Processing, 2010, 19(1): 25-35.

[19] AKGÜL C B, RUBIN D L, NAPEL S, et al. Content-based image retrieval in radiology: current status and future directions[J]. Journal of Digital Imaging, 2011, 24(2): 208-222.

[20] MURALA S, MAHESHWARI R, BALASUBRAMANIAN R. Local tetra patterns: a new feature descriptor for content-based image retrieval[J]. IEEE Transactions on Image Processing, 2012, 21 (5): 2874-2886.

[21] LIU G H, YANG J Y. Content-based image retrieval using color difference histogram[J]. Pattern Recognition, 2013, 46(1): 188-198.

[22] SHRIVASTAVA N, TYAGI V. Content based image retrieval based on relative locations of multiple regions of interest using selective regions matching[J]. Information Sciences, 2014, 259: 212-224.

[23] GUO J M, PRASETYO H. Content-based image retrieval using features extracted from halftoning based block truncation coding[J]. IEEE Transactions on Image Processing, 2015, 24(3): 1010-1024.

[24] XIA Z, WANG X, ZHANG L, et al. A privacy-preserving and copy-deterrence content-based image retrieval scheme in cloud computing[J]. IEEE Transactions on Information Forensics and Security, 2016, 11(11): 2594-2608.

[25] DUBEY S R, SINGH S K, SINGH R K. Multichannel Decoded Local Binary Patterns for Content-Based Image Retrieval[J]. IEEE Transactions on Image Processing, 2016, 25(9): 4018-4032.

[26] SAAVEDRA J M. Rst-shelo: sketch-based image retrieval using sketch tokens and square root normalization[J]. Multimedia Tools and Applications, 2017, 76(1): 931 – 951.

[27] ZHU L, SHEN J, XIE L. Unsupervised Visual Hashing with Semantic Assistant for Content-based Image Retrieval[J]. IEEE Transactions on Knowledge and Data Engineering, 2017, 29(2): 472 – 486.

[28] WANG Y, CEN Y, ZHAO R, et al. Separable vocabulary and feature fusion for image retrieval based on sparse representation[J]. Neurocomputing, 2017, 236: 14 – 22.

[29] DATCU M, SEIDEL K, WALESSA M. Spatial information retrieval from remote-sensing images. I. Information theoretical perspective[J]. IEEE Transactions on Geoscience and Remote Sensing, 1998, 36(5): 1431 – 1445.

[30] SCHRODER M, REHRAUER H, SEIDEL K, et al. Spatial information retrieval from remote sensing images. II. Gibbs-Markov random fields[J]. IEEE Transactions on Geoscience and Remote Sensing, 1998, 36(5): 1446 – 1455.

[31] DATCU M, SEIDEL K, D'ELIA S, et al. Knowledge-driven information mining in remote sensing image archives[J]. E S A Bulletin, 2002(110): 26 – 33.

[32] DATCU M, DASCHIEL H, PELIZZARI A, et al. Information mining in remote sensing image archives: System concepts[J]. IEEE Transactions on Geoscience and Remote Sensing, 2003, 41(12): 2923 – 2936.

[33] LI J, NARAYANAN R M. Integrated spectral and spatial information mining in remote sensing imagery[J]. IEEE Transactions on Geoscience and Remote Sensing, 2004, 42(3): 673 – 685.

[34] DASCHIEL H, DATCU M. Information mining in remote sensing image archives: System evaluation[J]. IEEE Transactions on Geoscience and Remote Sensing, 2005, 43(1): 188 – 199.

[35] DATTA R, LI J, PARULEKAR A, et al. Scalable remotely sensed image mining using supervised learning and content-based retrieval[J]. Pennsylvania State Univ. , State College, PA, USA, Tech. Rep. CSE, 2006: 06 – 019.

[36] SHYU C R, KLARIC M, SCOTT G J, et al. GeoIRIS: Geospatial information retrieval and indexing system-Content mining, semantics modeling, and complex queries[J]. IEEE Transactions on Geoscience and Remote Sensing, 2007, 45(4): 839 – 852.

[37] KALAYCILAR F, KALE A, ZAMALIEVA D, et al. Mining of remote sensing image archives using spatial relationship histograms [C]. Geoscience and Remote Sensing Symposium, 2008. IGARSS 2008. IEEE International: Vol 3, 2008: III – 589.

[38] HOU B, TANG X, JIAO L, et al. SAR image retrieval based on gaussian mixture model classification[C]. Synthetic Aperture Radar, 2009. APSAR 2009. 2nd Asian-Pacific Conference on, 2009: 796 – 799.

[39] KLARICMN, SCOTT G J, SHYU C R. Multi-index multi-object content-based retrieval[J]. IEEE Transactions on Geoscience and Remote Sensing, 2012, 50(10): 4036 – 4049.

[40] ESPINOZA-MOLINA D, DATCU M. Earth-observation image retrieval based on content, semantics, and metadata[J]. IEEE Transactions on Geoscience and Remote Sensing, 2013, 51(11):

5145 – 5159.

[41] LILLESAND T, KIEFER R W, CHIPMAN J. Remote sensing and image interpretation [M]. United States: John Wiley & Sons, 2014.

[42] JIAO L C, TANG X, HOU B, et al. SAR Images Retrieval Based on Semantic Classification and Region-Based Similarity Measure for Earth Observation [J]. IEEE Journal of Selected Topics in Applied Earth Observations and Remote Sensing, 2015, 8(8): 3876 – 3891.

[43] WANG Y, ZHANG L, TONG X, et al. A three-layered graph-based learning approach for remote sensing image retrieval [J]. IEEE Transactions on Geoscience and Remote Sensing, 2016, 54(10): 6020 – 6034.

[44] TANG X, JIAO L C, EMERY W J. SAR Image Content Retrieval Based on Fuzzy Similarity and Relevance Feedback [J]. IEEE Journal of Selected Topics in Applied Earth Observations and Remote Sensing, 2017, PP(99): 1 – 19.

[45] ROSU R, DONIAS M, BOMBRUN L, et al. Structure Tensor Riemannian Statistical Models for CBIR and Classification of Remote Sensing Images [J]. IEEE Transactions on Geoscience and Remote Sensing, 2017, 55(1): 248 – 260.

[46] LI J, WANG J Z. Automatic linguistic indexing of pictures by a statistical modeling approach [J]. IEEE Transactions on pattern analysis and machine intelligence, 2003, 25(9): 1075 – 1088.

[47] RAKOTOMAMONJY A, BACH F R, CANU S, et al. SimpleMKL [J]. Journal of Machine Learning Research, 2008, 9(Nov): 2491 – 2521.

[48] SCHRODER M, REHRAUER H, SEIDEL K, et al. Interactive learning and probabilistic retrieval in remote sensing image archives [J]. IEEE Transactions on Geoscience and Remote Sensing, 2000, 38(5): 2288 – 2298.

[49] GUEGUEN L, DATCU M. Image time-series data mining based on the information-bottleneck principle [J]. IEEE Transactions on Geoscience and Remote Sensing, 2007, 45(4): 827 – 838.

[50] CERRA D, MALLET A, GUEGUEN L, et al. Algorithmic information theory-based analysis of earth observation images: An assessment [J]. IEEE Geoscience and Remote Sensing Letters, 2010, 7(1): 8 – 12.

[51] LIENOU M, MAITRE H, DATCU M. Semantic annotation of satellite images using latent Dirichlet allocation [J]. IEEE Geoscience and Remote Sensing Letters, 2010, 7(1): 28 – 32.

[52] BRATASANU D, NEDELCU I, DATCU M. Bridging the semantic gap for satellite image annotation and automatic mapping applications [J]. IEEE Journal of Selected Topics in Applied Earth Observations and Remote Sensing, 2011, 4(1): 193 – 204.

[53] DOS SANTOS J, FERREIRA C D, TORRES R D S, et al. A relevance feedback method based on genetic programming for classification of remote sensing images [J]. Information Sciences, 2011, 181 (13): 2671 – 2684.

[54] TUIA D, PASOLLI E, EMERY W J. Using active learning to adapt remote sensing image classifiers [J]. Remote Sensing of Environment, 2011, 115(9): 2232 – 2242.

[55] XIE F, LIN Y, REN W. Optimizing model for land use/land cover retrieval from remote sensing

imagery based on variable precision rough sets[J]. Ecological Modelling, 2011, 222(2): 232 – 240.

[56] WANG M, SONG T. Remote sensing image retrieval by scene semantic matching[J]. IEEE Transactions on Geoscience and Remote Sensing, 2013, 51(5): 2874 – 2886.

[57] YANG Y, NEWSAM S. Geographic image retrieval using local invariant features[J]. IEEE Transactions on Geoscience and Remote Sensing, 2013, 51(2): 818 – 832.

[58] DUMITRU C O, DATCU M. Information content of very high resolution SAR images: Study of feature extraction and imaging parameters[J]. IEEE Transactions on Geoscience and Remote Sensing, 2013, 51(8): 4591 – 4610.

[59] BARB A S, CLARIANA R B, SHYU C R. Applications of PathFinder Network Scaling for Improving the Ranking of Satellite Images[J]. IEEE Journal of Selected Topics in Applied Earth Observations and Remote Sensing, 2013, 6(3): 1092 – 1099.

[60] ARVOR D, DURIEUX L, ANDRÉS S, et al. Advances in geographic object-based image analysis with ontologies: A review of main contributions and limitations from a remote sensing perspective [J]. ISPRS Journal of Photogrammetry and Remote Sensing, 2013, 82: 125 – 137.

[61] APTOULA E. Remote sensing image retrieval with global morphological texture descriptors[J]. IEEE Transactions on Geoscience and Remote Sensing, 2014, 52(5): 3023 – 3034.

[62] ESPINOZA-MOLINA D, CHADALAWADA J, DATCU M. SAR image content retrieval by speckle robust compression based methods[C]. EUSAR 2014: 10th European Conference on Synthetic Aperture Radar, 2014: 1 – 4.

[63] PENG F, WANG L, GONG J, et al. Development of a framework for stereo image retrieval with both height and planar features[J]. IEEE Journal of Selected Topics in Applied Earth Observations and Remote Sensing, 2015, 8(2): 800 – 815.

[64] DEMIR B, BRUZZONE L. Hashing-based scalable remote sensing image search and retrieval in large archives[J]. IEEE Transactions on Geoscience and Remote Sensing, 2016, 54(2): 892 – 904.

[65] CHAUDHURI B, DEMIR B, BRUZZONE L, et al. Region-Based Retrieval of Remote Sensing Images Using an Unsupervised Graph-Theoretic Approach[J]. IEEE Geoscience and Remote Sensing Letters, 2016, 13(7): 987 – 991.

[66] TĂNASE R, BAHMANYAR R, SCHWARZ G, et al. Discovery of Semantic Relationships in PolSAR Images Using Latent Dirichlet Allocation[J]. IEEE Geoscience and Remote Sensing Letters, 2016, 14(2): 237 – 241.

[67] LI P, REN P. Partial Randomness Hashing for Large-Scale Remote Sensing Image Retrieval[J]. IEEE Geoscience and Remote Sensing Letters, 2017, 14(3): 464 – 468.

[68] ZENG D, ZHANG T, FANG R, et al. Neighborhood geometry based feature matching for geostationary satellite remote sensing image[J]. Neurocomputing, 2017, 236: 65 – 72.

[69] BLEI D M, NG A Y, JORDAN M I. Latent dirichlet allocation[J]. Journal of Machine Learning Research, 2003, 3(Jan): 993 – 1022.

[70] HARE J S, LEWIS P H, ENSER P G, et al. Mind the Gap: Another look at the problem of the semantic gap in image retrieval[C]. Electronic imaging 2006. 2006: 607309 – 607309.

[71] LIU Y, ZHANG D, LU G, et al. A survey of content-based image retrieval with high-level semantics[J]. Pattern Recognition, 2007, 40(1): 262 - 282.

[72] BARALDI A, PUZZOLO V, BLONDA P, et al. Automatic spectral rule-based preliminary mapping of calibrated Landsat TM and ETM+ images[J]. IEEE Transactions on Geoscience and Remote Sensing, 2006, 44(9): 2563 - 2586.

[73] LOWE D G. Object recognition from local scale-invariant features[C]. Computer vision, 1999. The proceedings of the seventh IEEE international conference on, 1999,2: 1150 - 1157.

[74] LOWE D G. Distinctive image features from scale-invariant keypoints[J]. International Journal of Computer Vision, 2004, 60(2): 91 - 110.

[75] WALLACH H M. Topic modeling: beyond bag-of-words[C]. Proceedings of the 23rd international conference on Machine learning, 2006: 977 - 984.

[76] KULIS B, GRAUMAN K. Kernelized locality-sensitive hashing[J]. IEEE Transactions on Pattern Analysis and Machine Intelligence, 2012, 34(6): 1092 - 1104.

[77] LIU W, WANG J, JI R, et al. Supervised hashing with kernels[C]. Computer Vision and Pattern Recognition (CVPR), 2012 IEEE Conference on. 2012: 2074 - 2081.

[78] NOROUZI M, FLEET D J, SALAKHUTDINOV R R. Hamming distance metric learning[C]. Advances in neural information processing systems, 2012: 1061 - 1069.

[79] WAN Z, DOZIER J. A generalized split-window algorithm for retrieving land-surface temperature from space[J]. IEEE Transactions on Geoscience and Remote Sensing, 1996, 34(4): 892 - 905.

[80] QIN Z, KARNIELI A, BERLINER P. A mono-window algorithm for retrieving land surface temperature from Landsat TM data and its application to the Israel-Egypt border region [J]. International Journal of Remote Sensing, 2001, 22(18): 3719 - 3746.

[81] QUARTULLI M, DATCU M. Information fusion for scene understanding from interferometric SAR data in urban environments[J]. IEEE Transactions on Geoscience and Remote Sensing, 2003, 41(9): 1976 - 1985.

[82] SUN H, LI S, LI W, et al. Semantic-based retrieval of remote sensing images in a grid environment [J]. IEEE Geoscience and Remote Sensing Letters, 2005, 2(4): 440 - 444.

[83] GUEGUEN L, DATCU M. A similarity metric for retrieval of compressed objects: Application for mining satellite image time series[J]. IEEE Transactions on Knowledge and Data Engineering, 2008, 20(4): 562 - 575.

[84] CHAABOUNI-CHOUAYAKH H, DATCU M. Coarse-to-fine approach for urban area interpretation using TerraSAR-X data[J]. IEEE Geoscience and Remote Sensing Letters, 2010, 7(1): 78 - 82.

[85] BLANCHART P, DATCU M. A semi-supervised algorithm for auto-annotation and unknown structures discovery in satellite image databases[J]. IEEE Journal of Selected Topics in Applied Earth Observations and Remote Sensing, 2010, 3(4): 698 - 717.

[86] VOLPE V, SILVESTRI S, MARANI M. Remote sensing retrieval of suspended sediment concentration in shallow waters[J]. Remote Sensing of Environment, 2011, 115(1): 44 - 54.

人工智能、类脑计算与图像解译前沿

[87] PASOLLI L, NOTARNICOLA C, BRUZZONE L. Multi-objective parameter optimization in support vector regression: General formulation and application to the retrieval of soil moisture from remote sensing data[J]. IEEE Journal of Selected Topics in Applied Earth Observations and Remote Sensing, 2012, 5(5): 1495 - 1508.

[88] PIEDRA-FERNANDEZ J A, ORTEGA G, WANG J Z, et al. Fuzzy content-based image retrieval for oceanic remote sensing[J]. IEEE Transactions on Geoscience and Remote Sensing, 2014, 52(9): 5422 - 5431.

[89] VIDAL-FERNAÁNDEZ E, PIEDRA-FERNÁNDEZ J A, ALMENDROS-JIME - NEZ J M, et al. OBIA system for identifying mesoscale oceanic structures in SeaWiFS and MODIS-aqua images[J]. IEEE Journal of Selected Topics in Applied Earth Observations and Remote Sensing, 2015, 8(3): 1256 - 1265.

[90] BANDA J M, ANGRYK R A. Regional content-based image retrieval for solar images: Traditional versus modern methods[J]. Astronomy and Computing, 2015, 13: 108 - 116.

[91] SCHUH M, BANDA J, WYLIE T, et al. On visualization techniques for solar data mining[J]. Astronomy and Computing, 2015, 10: 32 - 42.

[92] VERRELST J, CAMPS-VALLS G, MÜNOZ-MARÍ J, et al. Optical remote sensing and the retrieval of terrestrial vegetation bio-geophysical properties-A review [J]. ISPRS Journal of Photogrammetry and Remote Sensing, 2015, 108: 273 - 290.

[93] ATZBERGER C. Object-based retrieval of biophysical canopy variables using artificial neural nets and radiative transfer models[J]. Remote Sensing of Environment, 2004, 93(1): 53 - 67.

[94] CLEVERS J G, KOOISTRA L. Using hyperspectral remote sensing data for retrieving canopy chlorophyll and nitrogen content[J]. IEEE Journal of Selected Topics in Applied Earth Observations and Remote Sensing, 2012, 5(2): 574 - 583.

[95] SISMANIDIS P, KERAMITSOGLOU I, KIRANOUDIS C T. Evaluating the operational retrieval and downscaling of urban land surface temperatures[J]. IEEE Geoscience and Remote Sensing Letters, 2015, 12(6): 1312 - 1316.

[96] HE Q, LI C, GENG F, et al. A parameterization scheme of aerosol vertical distribution for surface level visibility retrieval from satellite remote sensing[J]. Remote Sensing of Environment, 2016, 181: 1 - 13.

[97] GONZAÁLEZ-GAMBAU V, OLMEDO E, TURIEL A, et al. Enhancing SMOS brightness temperatures over the ocean using the nodal sampling image reconstruction technique[J]. Remote Sensing of Environment, 2016, 180: 205 - 220.

[98] CAMPOS-TABERNER M, GARCĆIA-HARO F J, CAMPS-VALLS G, et al. Multitemporal and multiresolution leaf area index retrieval for operational local rice crop monitoring[J]. Remote Sensing of Environment, 2016, 187: 102 - 118.

[99] WANG X, GUAN F, LIU J, et al. An improved approach of total freeboard retrieval with IceBridge Airborne Topographic Mapper (ATM) elevation and Digital Mapping System (DMS) images[J].

Remote Sensing of Environment, 2016, 184: 582 - 594.

[100] ALONSO K, ESPINOZA-MOLINA D, DATCU M. Mining Multitemporal In Situ Heterogeneous Monitoring Information for the Assurance of Recorded Land Cover Changes[J]. IEEE Journal of Selected Topics in Applied Earth Observations and Remote Sensing, 2016, 10(3): 877 - 887.

[101] JI D, SHI J, XIONG C, et al. A total precipitable water retrieval method over land using the combination of passive microwave and optical remote sensing[J]. Remote Sensing of Environment, 2017, 191: 313 - 327.

[102] QUINLAN J R. C4. 5: programs for machine learning[M]. Amsterdam: Elsevier, 2014.

[103] JOHN G H, LANGLEY P. Estimating continuous distributions in Bayesian classifiers [C]. Proceedings of the Eleventh conference on Uncertainty in artificial intelligence. 1995: 338 - 345.

[104] MINSKY M, PAPERT S. Perceptrons-Expanded Edition: An Introduction to Computational Geometry[M]. Cambridge: The MIT Press, 1987.

[105] MARTIN B. Instance-based learning: nearest neighbour with generalisation[J]. Working Paper Series, 1995.

[106] AHA D W, KIBLER D, ALBERT M K. Instance-based learning algorithms [J]. Machine Learning, 1991, 6(1): 37 - 66.

[107] WANG J J Y, SUN Y. From one graph to many: Ensemble transduction for content-based database retrieval[J]. Knowledge-Based Systems, 2014, 65: 31 - 37.

[108] JOSHI M D, DESHMUKH R M, HEMKE K N, et al. Image retrieval and re-ranking techniques-A survey[J]. Signal & Image Processing, 2014, 5(2): 1.

[109] MEI T, RUI Y, LI S, et al. Multimedia search reranking: A literature survey [J]. ACM Computing Surveys (CSUR), 2014, 46(3): 38.

[110] ZHOU X S, HUANG T S. Relevance feedback in image retrieval: A comprehensive review[J]. Multimedia Systems, 2003, 8(6): 536 - 544.

[111] BENITEZ A B, BEIGI M, CHANG S F. Using relevance feedback in content-based image metasearch[J]. IEEE Internet Computing, 1998, 2(4): 59 - 69.

[112] RUI Y, HUANG T S, ORTEGA M, et al. Relevance feedback: a power tool for interactive content based image retrieval [J]. IEEE Transactions on Circuits and Systems for Video Technology, 1998, 8(5): 644 - 655.

[113] COX I J, MILLER M L, MINKA T P, et al. The Bayesian image retrieval system, PicHunter: theory, implementation, and psychophysical experiments [J]. IEEE Transactions on Image Processing, 2000, 9(1): 20 - 37.

[114] WU Y, TIAN Q, HUANG T S. Discriminant-EM algorithm with application to image retrieval [C]. Computer Vision and Pattern Recognition, 2000. Proceedings. IEEE Conference on, 2000: 222 - 227.

[115] TONG S, CHANG E. Support vector machine active learning for image retrieval[C]. Proceedings of the ninth ACM international conference on Multimedia, 2001: 107 - 118.

[116] CHEN Y, ZHOU X S, HUANG T S. One-class SVM for learning in image retrieval[C]. Image

Processing, 2001. Proceedings. 2001 International Conference on, 2001,1;34 – 37.

[117] TONG S, KOLLER D. Support vector machine active learning with applications to text classification[J]. Journal of Machine Learning Research, 2002, 2; 45 – 66.

[118] ZHOU X S, HUANG T S. Small sample learning during multimedia retrieval using biasmap[C]. Computer Vision and Pattern Recognition, 2001. CVPR 2001. Proceedings of the 2001 IEEE Computer Society Conference on, 2001, 1; I – I.

[119] ZHOU X S, HUANG T S. Relevance feedback in content-based image retrieval; some recent advances[J]. Information Sciences, 2002, 148(1); 129 – 137.

[120] TIEU K, VIOLA P. Boosting image retrieval[J]. International Journal of Computer Vision, 2004, 56(1-2); 17 – 36.

[121] FERECATU M, BOUJEMAA N. Interactive remote-sensing image retrieval using active relevance feedback[J]. IEEE Transactions on Geoscience and Remote Sensing, 2007, 45(4); 818 – 826.

[122] CHATZICHRISTOFIS S A, ZAGORIS K, BOUTALIS Y S, et al. Accurate image retrieval based on compact composite descriptors and relevance feedback information[J]. International Journal of Pattern Recognition and Artificial Intelligence, 2010, 24(02); 207 – 244.

[123] SU J H, HUANG W J, PHILIP S Y, et al. Efficient relevance feedback for content-based image retrieval by mining user navigation patterns [J]. IEEE Transactions on Knowledge and Data Engineering, 2011, 23(3); 360 – 372.

[124] RAHMAN M M, ANTANI S K, THOMA G R. A learning-based similarity fusion and filtering approach for biomedical image retrieval using SVM classification and relevance feedback[J]. IEEE Transactions on Information Technology in Biomedicine, 2011, 15(4); 640 – 646.

[125] AREVALILLO-HERRÁEZ M, FERRI F J, MORENO-PICOT S. Distance-based relevance feedback using a hybrid interactive genetic algorithm for image retrieval [J]. Applied Soft Computing, 2011, 11(2); 1782 – 1791.

[126] ZHANG L, WANG L, LIN W. Conjunctive patches subspace learning with side information for collaborative image retrieval[J]. IEEE Transactions on Image Processing, 2012, 21(8); 3707 – 3720.

[127] WANG X Y, LI Y W, YANG H Y, et al. An image retrieval scheme with relevance feedback using feature reconstruction and SVM reclassification[J]. Neurocomputing, 2014, 127; 214 – 230.

[128] SHANMUGAPRIYA N, NALLUSAMY R. A new content based image retrieval system using GMM and relevance feedback[J]. Journal of Computer Science, 2014, 10(2); 330.

[129] PAPADOPOULOS G T, APOSTOLAKIS K C, DARAS P. Gaze-based relevance feedback for realizing region-based image retrieval[J]. IEEE Transactions on Multimedia, 2014, 16(2); 440 – 454.

[130] KUNDU M K, CHOWDHURY M, BULÒ S R. A graph-based relevance feedback mechanism in content-based image retrieval[J]. Knowledge-Based Systems, 2015, 73; 254 – 264.

[131] DEMIR B, BRUZZONE L. A Novel Active Learning Method in Relevance Feedback for Content-Based Remote Sensing Image Retrieval[J]. IEEE Transactions on Geoscience and Remote Sensing,

2015, 53(5): 2323 - 2334.

[132] WANG Y C, HAN C C, HSIEH C T, et al. Biased discriminant analysis with feature line embedding for relevance feedback-based image retrieval[J]. IEEE Transactions on Multimedia, 2015, 17(12): 2245 - 2258.

[133] DE VES E, BENAVENT X, COMA I, et al. A novel dynamic multi-model relevance feedback procedure for content-based image retrieval[J]. Neurocomputing, 2016, 208: 99 - 107.

[134] ZHANG L, SHUM H P, SHAO L. Discriminative Semantic Subspace Analysis for Relevance Feedback[J]. IEEE Transactions on Image Processing, 2016, 25(3): 1275 - 1287.

[135] WANG X Y, LIANG L L, LI W Y, et al. A new SVM-based relevance feedback image retrieval using probabilistic feature and weighted kernel function[J]. Journal of Visual Communication and Image Representation, 2016, 38: 256 - 275.

[136] HSU W H, KENNEDY L S, CHANG S F. Video search reranking through random walk over document-level context graph[C]. Proceedings of the 15th international conference on Multimedia. 2007: 971 - 980.

[137] TSAI S S, CHEN D, TAKACS G, et al. Fast geometric re-ranking for image-based retrieval[C]. Image Processing (ICIP), 2010 17th IEEE International Conference on, 2010: 1029 - 1032.

[138] YAO T, MEI T, NGO C W. Co-reranking by mutual reinforcement for image search[C]. Proceedings of the ACM International Conference on Image and Video Retrieval. 2010: 34 - 41.

[139] WU Z, KE Q, SUN J, et al. Scalable face image retrieval with identity-based quantization and multireference reranking[J]. IEEE Transactions on Pattern Analysis and Machine Intelligence, 2011, 33(10): 1991 - 2001.

[140] DUAN L, LI W, TSANG I W H, et al. Improving web image search by bag-based reranking[J]. IEEE Transactions on Image Processing, 2011, 20(11): 3280 - 3290.

[141] ZHANG L, MEI T, LIU Y, et al. Visual search reranking via adaptive particle swarm optimization [J]. Pattern Recognition, 2011, 44(8): 1811 - 1820.

[142] HUANG J, YANG X, FANG X, et al. Integrating visual saliency and consistency for re-ranking image search results[J]. IEEE Transactions on Multimedia, 2011, 13(4): 653 - 661.

[143] LIU W, JIANG Y G, LUO J, et al. Noise resistant graph ranking for improved web image search [C]. Computer Vision and Pattern Recognition (CVPR), 2011 IEEE Conference on, 2011: 849 - 856.

[144] TAN H K, NGO C W. Fusing heterogeneous modalities for video and image reranking[C]. Proceedings of the 1st ACM International Conference on Multimedia Retrieval, 2011: 15.

[145] LIU Y, MEI T. Optimizing visual search reranking via pairwise learning[J]. IEEE Transactions on Multimedia, 2011, 13(2): 280 - 291.

[146] WANG M, LI H, TAO D, et al. Multimodal graph-based reranking for web image search[J]. IEEE Transactions on Image Processing, 2012, 21(11): 4649 - 4661.

[147] SHEN X, LIN Z, BRANDT J, et al. Object retrieval and localization with spatially-constrained similarity measure and k-nn re-ranking[C]. Computer Vision and Pattern Recognition (CVPR),

2012 IEEE Conference on, 2012, 3013 – 3020.

[148] CAI J, ZHA Z J, ZHOU W, et al. Attribute-assisted reranking for web image retrieval[C]. Proceedings of the 20th ACM international conference on Multimedia, 2012: 873 – 876.

[149] YANG L, HANJALIC A. Prototype-based image search reranking[J]. IEEE Transactions on Multimedia, 2012, 14(3): 871 – 882.

[150] YAO T, NGO C W, MEI T. Circular reranking for visual search[J]. IEEE Transactions on Image Processing, 2013, 22(4): 1644 – 1655.

[151] DENG C, JI R, LIU W, et al. Visual reranking through weakly supervised multi-graph learning [C]. Proceedings of the IEEE International Conference on Computer Vision, 2013: 2600 – 2607.

[152] PEDRONETTE D C G, TORRES R D S. Image re-ranking and rank aggregation based on similarity of ranked lists[J]. Pattern Recognition, 2013, 46(8): 2350 – 2360.

[153] GAO Y, WANG M, ZHA Z J, et al. Visual-textual joint relevance learning for tag-based socialimage search[J]. IEEE Transactions on Image Processing, 2013, 22(1): 363 – 376.

[154] YU J, RUI Y, TAO D. Click prediction for web image reranking using multimodal sparse coding [J]. IEEE Transactions on Image Processing, 2014, 23(5): 2019 – 2032.

[155] DENG C, JI R, TAO D, et al. Weakly supervised multi-graph learning for robust image reranking [J]. IEEE Transactions on Multimedia, 2014, 16(3): 785 – 795.

[156] YU J, RUI Y, CHEN B. Exploiting click constraints and multi – view features for image reranking [J]. IEEE Transactions on Multimedia, 2014, 16(1): 159 – 168.

[157] WANG X, QIU S, LIU K, et al. Web image re-ranking usingquery-specific semantic signatures [J]. IEEE Transactions on Pattern Analysis and Machine Intelligence, 2014, 36(4): 810 – 823.

[158] ZHANG Y, YANG X, MEI T. Image search reranking with query-dependent click-based relevance feedback[J]. IEEE Transactions on Image Processing, 2014, 23(10): 4448 – 4459.

[159] PEDRONETTE D C G, ALMEIDA J, TORRES R D S. A scalable re-ranking method for contentbased image retrieval[J]. Information Sciences, 2014, 265: 91 – 104.

[160] YANG X, ZHANG Y, YAO T, et al. Click-boosting multi-modality graph-based reranking for image search[J]. Multimedia Systems, 2015, 21(2): 217 – 227.

[161] YU J, TAO D, WANG M, et al. Learning to rank using user clicks and visual features for image retrieval[J]. IEEE Transactions on Cybernetics, 2015, 45(4): 767 – 779.

[162] QIAN X, TAN X, ZHANG Y, et al. Enhancing sketch-based image retrieval by re-ranking and relevance feedback[J]. IEEE Transactions on Image Processing, 2016, 25(1): 195 – 208.

[163] TANG X, JIAO L C. Fusion Similarity-Based Reranking for SAR Image Retrieval[J]. IEEE Geoscience and Remote Sensing Letters, 2017, 14(2): 242 – 246.

[164] SPITZER F. Principles of random walk: Vol 34[M]. Berlin: Springer Science & Business Media, 2013.

# 第6章　基于稀疏特征学习的图像分割与半监督分类

## 6.1　稀疏表示的基础理论

类似于蚁群算法[1]和免疫克隆算法[2]，稀疏表示也源于生物学的某种潜在规律。在生物视觉系统中，随着外界刺激信号的复杂程度不同，做出响应的神经感知系统中神经元的数量也有所不同。2000 年，Vinje 和 Gallant 在 *Science* 上发表的文章[3]中通过实验发现视皮层神经元细胞的响应满足稀疏分布。2001 年，Nirenberg 等[4]在 *Nature* 上发表的研究成果表明视网膜神经节细胞对外界刺激采用稀疏编码策略。也就是说，当视觉神经系统接收到某幅图像的信号时，大多数神经元细胞对该幅图像的响应很弱甚至为零，仅有很少量的神经元细胞有较强的响应；在给定的图像发生变化的时候，产生较强响应的神经元细胞的数量可能会发生细微的变化，但是它们的个数依然只占整体的一少部分。神经元细胞的稀疏性响应具有很多优点[5]：① 可以增加联想记忆过程中的信息存储量；② 稀疏响应的神经元细胞能反映图像的主要结构特征；③ 稀疏响应模式可以节约资源与能量；④ 稀疏编码便于信息的标识与输出，进而利于后续的处理。由此表明，稀疏表示模型能够有效地匹配人类的视觉感知特性。同时，人类视觉神经元细胞的稀疏响应特性也就成为了稀疏表示模型与生俱来的优势。

图像的稀疏表示是指用尽可能稀疏的方式来表示图像，使得大部分表示系数都为零，只有少数表示系数非零，并且这些少量的非零表示系数还能在有效滤除冗余信息的同时，很好地体现图像的主要结构与特性。由于稀疏表示模型本身能排除冗余信息的影响，因此它对噪声和误差更加具有鲁棒性，从而为进一步的图像处理提供了很大的便利。图像稀疏表示的基本思想最早是 Mallat[6]使用超完备 Gabor 字典对图像进行稀疏表示，提出匹配追踪算法。而后，Donoho 等又提出基追踪算法[7]与压缩感知[8]的概念，进一步将稀疏表示的研究推向了热潮。

## 6.2　几种新的稀疏表示模型

近年来，稀疏表示(Sparse Representation，SR)[9]已经吸引了越来越多学者的兴趣，它是一种分析大数据稀疏性的有效工具。与传统方法相比，SR 方法具有很多优势，它不但能有效地揭露数据的全局相似性，还能在削弱噪声的同时保持细节，这就避免了在很多已有的方法中使用滤波算法所带来的负面影响。因此，SR 已经被成功地应用于多个领域，如信号重构[10]、图像超分辨[11]、图像压缩[12]、图像识别[13]、目标分类[14]、图像去噪[15-16]等。本节将详细介绍几种新的稀疏表示模型。

## 6.2.1 多核联合稀疏图

一种多目标低秩仿射追踪的方法（Multi-task Low-rank Affinity Pursuit，MLAP）[17]利用低秩表示来分割单幅自然图像。而低秩表示以另一种方式来分析数据的稀疏性，因此它与 SR 通常被视为十分相近的同类方法。另外，基于 SR 的谱图分割方法是一种有效并对参数不敏感的方法，不需要额外的训练过程。因此，SR 和谱图方法在图像分类上的成功应用启发我们将它们应用于图像分割问题中。

很多学者在图的构造上已经做了大量的研究[18-20]，因为它在谱图分割方法中起着关键的作用，常用的有 $k$-近邻图（$k$-Nearest Neighbors based graph，$k$NN-graph）[18]、局部线性嵌入图（Locally Linear Embedding based graph，LLE-graph）[20]等。Yang 等提出了 L1 图（L1-graph）[21]，通过使用 L1 图，一个新的输入样本能用多个训练样本的稀疏线性叠加来重构。同一年，一种低秩表示方法（Low-Rank Representation，LRR）[22]被提出，该方法通过使用图像自身作为字典获得的自表示系数来分割图像。在 LRR 被提出之后，Zhuang 等[23]提出了一种低秩图（Low Rank graph，LR-graph）应用于半监督分类。然而，大多数已有的方法都没有考虑图像的局部空间关系。

本节将提出一种新的多核联合稀疏图（Multi-Kernel Joint Sparse graph，MKJS-graph）方法。首先将一幅图像划分为大量的同质子区域，每个子区域被称为一个超像素，然后通过特征提取方法来捕获超像素的结构信息。不同的特征描述子可能潜在地属于不同的特征空间，并且有的特征描述子可能是非线性的。如果数据是线性不可分的，则通常采用核技巧将数据投影到一个非线性空间，使得数据在非线性空间中变得可分。这种投影是通过用一个核距离度量来代替 Hilbert 空间中的欧几里得距离测量来实现的。近几年，核方法已经被引入 SR 技术中[24-28]，如核 L1 图（Kernel L1 graph）[29]。因此，本节提出了一个新的多核稀疏表示（Multi-Kernel Sparse Representation，MKSR）[30]模型，通过选择合适的核函数来编码多种类型的特征，然后挖掘局部空间信息，并与由 MKSR 模型得到的全局相似性相结合，从而构造多核联合稀疏图。由于多核联合稀疏图集成了超像素的全局与局部结构，因此具有噪声的图像能被基于多核联合稀疏图的分割方法准确地分割。与已有的方法相比，本节提出方法的主要贡献包括：

（1）提出了一个新的多核稀疏表示模型，该模型能体现超像素的全局结构相似性。

（2）通过使用超像素在局部邻域内的空间相邻关系，挖掘了数据的局部结构。

（3）将全局结构相似性与局部空间关系相结合，构造了一个新的多核联合稀疏图，它能消除基于像素的方法中存在的似相干斑噪声的误分类，从而具有良好的性能。

已有的多目标地址仿射追踪算法通过利用多种特征的交叉特征信息来有效地集成多种类型的特征。但是，用来求解多目标地址仿射追踪算法中低秩问题的奇异值阈值算子具有很高的计算复杂度。为了降低算法的计算复杂度，我们提出了一个新的多任务稀疏表示（Multi-task Sparse Representation，MSR）模型：

$$\min_{\mathbf{z}^1, \cdots, \mathbf{z}^m} \sum_{f=1}^{m} (\|\mathbf{Z}^f\|_{\mathrm{col}, 1} + \alpha \|\mathbf{X}^f - \mathbf{X}^f \mathbf{Z}^f\|_F^2) + \beta \|\mathbf{Z}\|_{1, 2} \qquad (6-1)$$

其中，$\alpha > 0$ 和 $\beta > 0$ 是用来平衡不同部分作用的参数；$\mathbf{X}^f = (x_1^f, x_2^f, \cdots, x_n^f)$ 是第 $f$ 种特征矩阵，$\mathbf{X}^f$ 的第 $j(j=1, \cdots, n)$ 列 $x_j^f$ 是第 $j$ 个超像素 $Y_j$ 的第 $f$ 种特征列向量，$\mathbf{X}^f$ 的行数由第 $f$ 种特征的维数决定，$n$ 是超像素的个数；$\mathbf{X}^1, \mathbf{X}^2, \cdots, \mathbf{X}^m$ 分别表示对应于 $m$ 种特征的 $m$ 个特征矩阵，从而不同特征矩阵中具有相同索引的列向量 $x_j^1, x_j^2, \cdots, x_j^m$ 就是超像素 $Y_j$ 的 $m$ 种特征；$n \times n$ 的 $\mathbf{Z}^f$ 是第 $f$ 种特征矩阵 $\mathbf{X}^f$ 的稀疏表示系数矩阵；$\|\mathbf{Z}^f\|_{\mathrm{col}, 1}$ 是 $\mathbf{Z}^f$ 中每列的 $l_1$ 范数之和；$\|\cdot\|_F$ 表示 Frobenius 范数；$n^2 \times m$ 的矩阵 $\mathbf{Z}$ 是依照下面的方式级联 $\mathbf{Z}^1, \mathbf{Z}^2, \cdots, \mathbf{Z}^m$ 而得到的：

$$\mathbf{Z} = \begin{bmatrix} Z_{11}^1 & Z_{11}^2 & \cdots & Z_{11}^m \\ Z_{12}^1 & Z_{12}^2 & \cdots & Z_{12}^m \\ \vdots & \vdots & & \vdots \\ Z_{nn}^1 & Z_{nn}^2 & \cdots & Z_{nn}^m \end{bmatrix}$$

另外，$\|\mathbf{Z}\|_{1, 2} = \sum_i \sqrt{\sum_j (Z_{ij})^2}$。

式（6-1）是一种线性表示，但这种线性表示可能对于实际应用中的非线性数据并不是最好的。Jayaraman 等详细分析了灰度级像素强度（0 到 255）的线性相似性与由径向基核函数得到的非线性相似性间的差异，通过实验证明了灰度级像素强度的非线性相似性比线性相似性更加接近于理想的结果。为了增强性能，我们使用核策略来处理非线性数据，从而 SR 在高维空间中被进行：

$$\min_{\mathbf{z}^1, \cdots, \mathbf{z}^m} \sum_{f=1}^{m} (\|\mathbf{Z}^f\|_{\mathrm{col}, 1} + \alpha \|\mathbf{A}^f - \mathbf{A}^f \mathbf{Z}^f\|_F^2) + \beta \|\mathbf{Z}\|_{1, 2}$$
$$\text{s. t. } \mathrm{diag}(\mathbf{Z}^f) = 0, \ f = 1, \cdots, m \qquad (6-2)$$

其中，$\mathbf{A}^f = (\phi(x_1^f), \phi(x_2^f), \cdots, \phi(x_n^f))$，$\phi(\cdot)$ 是将样本从原始空间映射到高维核空间的映射函数。第一项 $\|\mathbf{Z}^f\|_{\mathrm{col}, 1}$ 确保解的稀疏性，第二项是一个保真项。矩阵 $\mathbf{Z}$ 的 $l_{1, 2}$ 范数的最小化，使得任意两个超像素 $Y_i$ 和 $Y_j$ 的多种特征之间有一直的幅度，即要么都大，要么都小，从而实现了多种特征的无缝融合。

众所周知，$l_1$ 范数常用来描绘向量的稀疏性。然而，矩阵的稀疏性没有特定的描述，在

本节中使用 $\| \cdot \|_{\text{col, 1}}$ 来描述。下面具体分析为什么 $\| \cdot \|_{\text{col, 1}}$ 能保证解的稀疏性。假设式 (6-2) 中 $\phi(x_j^f)$ 的维数为 1，则 $\boldsymbol{A}^f$ 变成一个 $1 \times n$ 的向量。在 $\boldsymbol{A}^f = \boldsymbol{A}^f \boldsymbol{Z}^f$（即满足条件 $\text{diag}(\boldsymbol{Z}^f) = 0$）的理想情况下，向量 $\boldsymbol{A}^f$ 的每个元素被所有其他元素的线性加权组合来近似，从而矩阵 $\boldsymbol{Z}^f$ 中每列的稀疏性就保证了每个元素的稀疏性描述。因此我们使用 $\| \boldsymbol{Z}^f \|_{\text{col, 1}}$ 获得每个元素的 SR 系数。与此同时，还应避免出现 SR 系数矩阵 $\boldsymbol{Z}^f$ 作为 $\boldsymbol{Z}$ 的一个列向量不会成为零向量的情况。

因为映射函数 $\phi(\boldsymbol{x})$ 是未知的，所以通常使用核函数 $k(\boldsymbol{x}, \boldsymbol{y}) = \phi(\boldsymbol{x})^{\text{T}} \phi(\boldsymbol{y})$，其中 T 表示转置。已有许多常用的核函数用于特征映射，如多项式核函数 $k_{\text{P}}(\boldsymbol{x}, \boldsymbol{y}) = (\boldsymbol{x}^{\text{T}} \boldsymbol{y} + \boldsymbol{e})^d$、高斯核函数（也称为径向基函数）$k_{\text{G}}(\boldsymbol{x}, \boldsymbol{y}) = \exp(-\| \boldsymbol{x} - \boldsymbol{y} \|^2 / (2\sigma^2))$、Sigmoid 核函数 $k_{\text{S}}(\boldsymbol{x}, \boldsymbol{y}) = \tanh(\boldsymbol{x}^{\text{T}} \boldsymbol{y} + \boldsymbol{e})$ 等。另外，可以为不同类型特征选择不同的核函数。按照文献 [31] 中的定理 1，式 (6-2) 被变换为一个多核 SR 模型：

$$\min_{\boldsymbol{z}^1, \cdots, \boldsymbol{z}^m} \sum_{f=1}^m (\| \boldsymbol{Z}^f \|_{\text{col, 1}} + \alpha \| (\boldsymbol{A}^f)^{\text{T}} \boldsymbol{A}^f - (\boldsymbol{A}^f)^{\text{T}} \boldsymbol{A}^f \boldsymbol{Z}^f \|_{\text{F}}^2) + \beta \| \boldsymbol{Z} \|_{1, 2} \quad (6-3)$$

其中：

$$(\boldsymbol{A}^f)^{\text{T}} \boldsymbol{A}^f = (\phi(x_1^f), \phi(x_2^f), \cdots, \phi(x_n^f))^{\text{T}} (\phi(x_1^f), \phi(x_2^f), \cdots, \phi(x_n^f))$$

$$= \begin{bmatrix} k(x_1^f, x_1^f) & k(x_1^f, x_2^f) & \cdots & k(x_1^f, x_n^f) \\ k(x_2^f, x_1^f) & k(x_2^f, x_2^f) & \cdots & k(x_2^f, x_n^f) \\ \vdots & \vdots & & \vdots \\ k(x_n^f, x_1^f) & k(x_n^f, x_2^f) & \cdots & k(x_n^f, x_n^f) \end{bmatrix} \overset{\text{def}}{=} \boldsymbol{K}^f \quad (6-4)$$

可采用增强拉格朗日乘子方法来求解式 (6-3)，该方法也称为乘子交替方向方法 (Alternating Direction Method of Multipliers，ADMM)[32]。

假设 $\widetilde{\boldsymbol{Z}}^1, \widetilde{\boldsymbol{Z}}^2, \cdots, \widetilde{\boldsymbol{Z}}^m$ 是式 (6-3) 中目标函数的最优解，$\widetilde{\boldsymbol{Z}}^1, \widetilde{\boldsymbol{Z}}^2, \cdots, \widetilde{\boldsymbol{Z}}^m$ 被级联后的矩阵表示为 $\widetilde{\boldsymbol{Z}}$。为了得到一个统一的 SR 系数矩阵，在 $\widetilde{\boldsymbol{Z}}^1, \widetilde{\boldsymbol{Z}}^2, \cdots, \widetilde{\boldsymbol{Z}}^m$ 中相同位置的每个元素按照如下方式被集成：

$$\boldsymbol{S}_{ij} = \sqrt{\sum_{f=1}^m (\widetilde{Z}_{ij}^f)^2} \quad (6-5)$$

注意到 $\sqrt{\sum_{f=1}^m (\widetilde{Z}_{ij}^f)^2}$ 是 $\widetilde{\boldsymbol{Z}}$ 第 $(i-1) \cdot n + j$ 行的 $l_2$ 范数，从而实现了多种特征的融合。融合后的 SR 系数矩阵 $\boldsymbol{S}$ 表示每两个超像素间的相似性，通常 $\boldsymbol{S}$ 直接用于构建一个图。但是，图中的局部空间结构并未被考虑。

虽然利用式 (6-3) 的模型和简单的融合规则，融合后的 SR 系数矩阵 $\boldsymbol{S}$ 能直接用来构建一个图，但是它仅仅包含了全局相似性，并没有包含超像素间的局部空间关系。通过使用超像素间的邻域关系，将局部信息添加到 MKSR 系数矩阵 $S$ 中，然后构造成一个联合稀疏图，该图被称作多核联合稀疏图。

首先用一种简单的方式生成一个 $n\times n$ 的邻域相互关系矩阵 $C$。如果超像素 $Y_i$ 与 $Y_j$ 相邻，则 $C_{ij}$ 的值为 1，否则为 0。由于每个超像素的邻域是有限的，因此 $C$ 是稀疏的。我们将全局相似性与局部邻域相互关系相结合来定义一个有向图的邻接矩阵：

$$P = S \cdot \exp\left(\frac{C}{\varepsilon^2}\right) \tag{6-6}$$

其中，$\varepsilon$ 是一个正则参数。因而，相邻超像素间的相似性被增强，同时在 SR 系数矩阵 $S$ 中不相邻的超像素间的相似性被保持。假如由于相干斑噪声的影响，$S$ 中相邻超像素的相似性很小，那么该相似性通过式(6-6)会被加强，从而避免误分。

为了维持一个图中顶点间信息传播的稳定性，有向图通常都会被转换为无向图：

$$G = \frac{1}{2}(P + P^{\mathrm{T}}) \tag{6-7}$$

这样就得到了多核联合稀疏图的邻接矩阵 $G$。多核联合稀疏图中任意边的权值 $G_{ij}$ 表示超像素 $Y_i$ 与 $Y_j$ 间的相似性。

另外，本节选用高斯核函数，下面举例说明原因。图 6.1 所示为多核联合稀疏图的生成过程。假设数据集 $D$ 包含三个样本：$d_1$、$d_2$ 和 $d_3$。其中，$d_1 = d_2$，也就是说 $d_1$ 和 $d_2$ 属于同一类。而对于多项式核函数 $k_{\mathrm{P}}(\boldsymbol{x}, \boldsymbol{y}) = (\boldsymbol{x}^{\mathrm{T}}\boldsymbol{y} + e)^d$，无论该核函数 $k_{\mathrm{P}}$ 中的参数如何设置，都会有 $k_{\mathrm{P}}(d_1, d_2) = k_{\mathrm{P}}(d_1, d_3)$，如图 6.1 所示。这就导致本来属于不同类的 $d_2$ 和 $d_3$，在被多项式核函数 $k_{\mathrm{P}}$ 处理后就会被认为属于同一类，而这对于聚类是十分不利的。相比之下，通过高斯核函数 $k_{\mathrm{G}}(\boldsymbol{x}, \boldsymbol{y}) = \exp(-\parallel \boldsymbol{x} - \boldsymbol{y} \parallel^2 / (2\sigma^2))$（当参数 $\sigma$ 不是特别大的时候）得到的 $k_{\mathrm{G}}(d_1, d_2)$ 远大于 $k_{\mathrm{G}}(d_1, d_3)$，从而样本 $d_2$ 和 $d_3$ 很容易被区分开。同类样本经高斯核函数 $k_{\mathrm{G}}$ 处理后得到的值很大，而不同类样本经高斯核函数 $k_{\mathrm{G}}$ 处理后得到的值很小，这与 SR 系数矩阵中样本间的相似性具有一样的特点。因此，在本节中对不同类型的特征都选用高斯核函数来得到最终的分割结果。

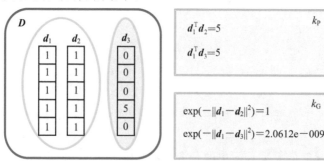

图 6.1　多项式核函数与高斯核函数的运算实例

## 6.2.2 基于随机子空间的集成稀疏表示

虽然基于稀疏模型的分类方法是非常有效的，但是当使用 SR 技术处理高维数据时往往会出现内存不足的问题。因为稀疏模型要在每次迭代中更新任意两个样本间的相似性，这就需要耗费很高的计算和存储成本，特别是对于高维数据。事实上，在很多实际应用中，数据常常存在于高维空间。一种有效处理高维数据的方法是维数约减。常用的维数约减方法有主成分分析[33]、线性判别分析[34]、局部保持投影[35]等。在 SR 被提出后，一种新的维数约减方法被提出，该方法叫作稀疏保持投影（Sparsity Preserving Projections，SPP）[36]。但是，无论使用哪种维数约减方法，原始空间中数据的维数减少必然导致信息的损失。在这种情况下，降维后在低维空间中样本间的空间关系可能发生改变，从而影响后续的聚类和分类结果。

为了充分利用原高维数据中的信息，本节采用随机子空间（Random Subspace，RS）方法来降低维数。RS 和传统的维数约减方法的主要区别在于：它从原始高维空间中随机采样多个低维子空间，从而达到降维的目的，而不像其他传统的维数约减方法只是将原始高维空间降低到一个低维空间。RS 方法已经被成功应用到分类器集成[37-38]中，使得集成的分类器比单个分类器对噪声和冗余信息更加鲁棒，这意味着多个子空间比原始空间包含更有效的信息。RS 在集成分类器上的成功应用启发我们使用该方法来降低维数。

本节我们将稀疏模型和 RS 相结合，提出一种新的基于 RS 的集成稀疏表示（Random Subspace based Ensemble Sparse Representation，RS_ESR）方法。首先，通过使用 RS 方法从原始高维空间中获得多个子空间；然后，一个联合稀疏表示模型用来同时计算出每个子空间中样本的稀疏表示；最后，所有子空间中的稀疏表示被整合为一个集成稀疏表示。

随机子空间方法最初是在决策森林[39]中被提出的，多个决策树分别在多个随机子空间中生成，然后被集成为一个分类器。在决策森林的基础上，随机森林[40]和旋转森林[41]也被陆续提出。随机子空间方法主要包含两个步骤，具体过程见算法 6.1。

---

**算法 6.1　随机子空间方法**

---

输入：数据集 $\boldsymbol{X} = \{x_1, x_2, \cdots, x_n \mid x_i \in \mathbf{R}^d, i = 1, 2, \cdots, n\}$，随机子空间个数 $q$，随机子空间维数 $p(p < d)$。

1. 随机生成 $q$ 个二进制向量 $\boldsymbol{r}^t \in \mathbf{R}^d (t = 1, \cdots, q)$，其中 $r_j^t = \{0, 1\}(j = 1, \cdots, d)$，并且 $\boldsymbol{r}^t$ 满足约束条件 $\sum_{j=1}^{d} r_j^t = p$。

2. 生成个随机子空间：

$$S^t = X(r^t) \tag{6-8}$$

其中，$S^t = \{s_1^t, s_2^t, \cdots, s_n^t \mid s_i^t \in \mathbf{R}^p\}$ 是第 $t$ 个随机子空间集合，$s_i^t$ 包含 $x_i$ 中对应于 $r_j^t = 1$ 的元素。

输出：$q$ 个随机子空间集合 $S^1, \cdots, S^t, \cdots, S^q$。

---

对于 RS 方法，人们常常考虑的一个问题是，该方法得到的 RS 集合中是否包含原始高维空间中数据的判别信息。事实上，发生这种情况的可能性很小。$q$ 和 $p$ 越大，得到的 $q$ 个 RS 集合中不包含判别信息的概率就越小。具体的原因在文献[39]和[42]中都已经进行了详细的说明，此处不再赘述。

为了提高算法的效率，本节提出了一种新的基于随机子空间的联合稀疏表示模型：

$$\min_{Z^1, \cdots, Z^q} \sum_{t=1}^{q} (\parallel Z^t \parallel_1 + \alpha \parallel S^t - S^t Z^t \parallel_F^2) + \beta \parallel Z \parallel_{2,1}, \text{ s. t. } S^t = X(r^t), \text{ diag}(Z^t) = 0 \tag{6-9}$$

其中，$X$ 表示原始空间中的数据集；$S^t$ 为通过算法 6.1 获得的 $X$ 的第 $t$ 个 RS 集合；$Z^t$ 是第 $t$ 个 RS 中数据集 $S^t$ 的 SR，且 $\parallel Z^t \parallel_1 = \sum_{i,j} \mid Z_{ij}^t \mid$；$\parallel \cdot \parallel_F$ 是 Frobenius 范数；$\alpha > 0$ 和 $\beta > 0$ 是平衡各项作用大小的参数；$n^2 \times q$ 的矩阵 $Z$ 是采用多任务低秩仿射追踪算法中相同的方式构造的；约束条件 $\text{diag}(Z^t) = 0$ 是为了避免式(6-9)的解是单位矩阵。

依然使用乘子交替方向方法（ADMM）来求解式(6-9)中的目标函数[43]。

假设式(6-9)中目标函数的最优解为 $\widetilde{Z}^1, \cdots, \widetilde{Z}^t, \cdots, \widetilde{Z}^q$，则 $q$ 个 RS 中的稀疏表示通过以下方式被集成：

$$E_{ii'} = \sqrt{\sum_{t=1}^{q} (\widetilde{Z}_{ii'}^t)^2} \tag{6-10}$$

其中，$\widetilde{Z}_{ii'}^t (1 \leqslant i \leqslant n, 1 \leqslant i' \leqslant n)$ 和 $E_{ii'}$ 分别是矩阵 $\widetilde{Z}^t$ 和 $E$ 的第 $i$ 行的第 $i'$ 个元素。因而获得了集成稀疏表示 $E$。

从方法论的角度来看，在多个 RS 中的稀疏表示被整合为一个集成稀疏表示后，已有的很多基于稀疏表示的聚类和分类方法就可以直接使用。另外，将多个子空间中的稀疏表示进行集成，它们中的有效信息就会被加强，而其中的冗余信息被削弱，进而使得集成稀疏表示比单个子空间中的稀疏表示更有助于聚类和分类。算法 6.2 概括了集成稀疏表示 $E$ 的生成过程，得到的集成稀疏表示 $E$ 反映了数据集 $X$ 中样本间的相似性，集成稀疏表示系数 $E_{ii'}$ 越大，则第 $i$ 个和第 $i'$ 个样本就越相近，反之亦然。

**算法 6.2**　基于随机子空间的集成稀疏表示(RS_ESR)

输入：数据集 $X$。

1. 利用算法 6.1 生成多个随机子空间集合 $S^1$，…，$S^t$，…，$S^q$。

2. 通过求解式(6-9)中的目标函数，得到随机子空间中数据集的稀疏表示 $Z^1$，…，$Z^t$，…，$Z^q$。

3. 通过式(6-10)将多个子空间的稀疏表示 $Z^1$，…，$Z^t$，…，$Z^q$ 进行整合，得到集成稀疏表示 $E$。

输出：集成稀疏表示 $E$。

## 6.2.3　基于稀疏学习的模糊 $C$-均值聚类算法

聚类是一种无监督的分类方法，它将多变量样本数据集划分为一些有意义的组，使得每组中的所有样本彼此之间比不同组的其他样本间具有更高的相似度。聚类方式[44]主要有两种：硬聚类和软聚类。软聚类中最著名的方法就是模糊聚类，已经被广泛应用于模式识别[45-48]、函数近似[49]、图像处理[50-53]、语义分析[54]等。与硬聚类方法[55]不同，基于模糊集理论[56]的模糊 $C$-均值聚类(Fuzzy C-Means，FCM)[57]是最流行的模糊聚类算法之一，它通过使用样本到被模糊隶属度加权的聚类中心的欧式距离来定义其代价函数。

由于 FCM 聚类方法对歧义性问题具有很好的鲁棒性能，因此近几十年内它受到了广大学者的广泛关注[58-60]。为了降低经典 FCM 方法对噪声和奇异值的敏感性，研究人员做了大量的工作。一个广义模糊 $C$-均值聚类方法(Generalized Fuzzy $C$-Means clustering，GFCM)[61]将经典的模糊 $C$-均值中的 $l_2$ 范数距离推广到 $l_p(p>0)$ 范数距离。在概率 $C$-均值(Possibilistic $C$-Means，PCM)[62-63]被提出后，它的两个改进版本也被相继提出，两个改进的方法分别叫作模糊概率 $C$-均值(Fuzzy-Possibilistic C-Means，FPCM)[64]和概率模糊 $C$-均值(Possibilistic Fuzzy C-Means，PFCM)[65]。Ahmed 等[66]提出了一种新的带空间约束的模糊 $C$-均值算法(Fuzzy C-Means algorithm with Spatial constraint，FCM_S)，它在经典的模糊 $C$-均值方法中引入一项，该项通过一个像素的邻域像素标签来影响该像素的标记信息。为了降低带空间约束的模糊 $C$-均值算法的计算复杂度，Chen 和 Zhang 等[67]提出了 FCM_S1 和 FCM_S2 方法，分别使用中值滤波和均值滤波图像来替换 FCM_S 中每次迭代都要更新的邻域项。其中，两个滤波图像可以在聚类迭代前被提前计算，而不需要在每次迭代中进行更新，从而大大降低了 FCM_S 的计算复杂度。同时，Szilagyi 等[68]利用灰度级代替图像像素进行聚类，提出了增强模糊 $C$-均值方法(Enhanced Fuzzy C-Means，EnFCM)，从而也使得计算复杂度显著减少。受增强模糊 $C$-均值方法的启发，一种快速的

广义模糊 $C$-均值(Fast Generalized Fuzzy $C$-Means，FGFCM)[69]算法被提出，它结合了局部邻域内的空间和灰度信息。后来，Huang 等通过引入加权均值的概念，提出了模糊加权 $C$-均值(Fuzzy Weighted $C$-Means，FWCM)[70]方法和它的改进版本——一种新的加权模糊 $C$-均值(New Weighted Fuzzy $C$-Means，NW_FCM)[71]算法。接着，一种新的模糊局部信息 $C$-均值(Fuzzy Local Information $C$-Means，FLICM)[44]方法被提出，该方法以一种新颖的方式将局部空间和灰度信息相结合，达到对噪声不敏感且保持图像细节信息的目的。另外，为了使得模糊 $C$-均值聚类方法快速收敛，一种带改进模糊划分的广义模糊 $C$-均值(Generalized Fuzzy $C$-Means Clustering Algorithm with Improved Fuzzy Partition，GIFP_FCM)[72]聚类方法被提出。该方法的带空间约束的核版本(Kernel versions of GIFP_FCM with Spatial constraints，KGFCM_S1 and KGFCM_S2)[73]被紧接着提出，用来提高聚类性能。最近，I. B. Turksen 等[74]提出了相对熵模糊 $C$-均值(Relative Entropy Fuzzy $C$-Means，REFCM)聚类方法，该法将相对熵的概念添加到目标函数中，使得不同类间的差异达到最大。

通常用于聚类的数据以数字的形式来描述一组样本的一种特征，这种特征仅仅表示各个样本自身的属性，但并不能体现不同样本间的相似性和差异性。但是，同类样本间的相似性和不同类样本间的差异性恰恰对于聚类是很重要的。幸运的是，一种能反映任意两个样本间相似度的判别特征，能通过稀疏学习方法来获得。

近年来，稀疏学习[9, 75]已经吸引了众多研究人员的关注，并且已被成功地应用于图像处理[76-80]领域。由于稀疏自表示系数能反映任一样本和其他样本间的相似度，因此它具有判别性能。另外，已有的几种基于稀疏性的聚类方法有一个共同的特点，它们都使用谱聚类方法来得到最终的聚类结果。大家都知道，谱聚类算法具有很高的计算复杂度，并且在使用谱聚类算法前，需要将稀疏表示系数矩阵转化为一个对称矩阵。然而实际上，对于任意两个样本，它们在彼此的重构中所起的作用是不同的，也就是说，得到的稀疏表示系数矩阵并不一定是对称的。这就导致了稀疏表示系数中有效信息的损失，从而不利用获得好的聚类结果。

在本节中，我们将稀疏学习技术与传统的 FCM 聚类算法相结合，提出了一种新的基于稀疏学习的模糊 $C$-均值(Sparse Learning based Fuzzy $C$-Means，SL_FCM)聚类算法，将通过求解稀疏模型得到的稀疏表示系数视为一种判别特征，通过该判别特征来提高经典 FCM 聚类算法的性能。正如上面所提到的，这判别特征比不包含判别信息的特征更有利于得到好的聚类结果。另一方面，稀疏表示系数本身是稀疏的，也就是说，其中大部分系数为零或接近于零，只有少量系数不为零。由于稀疏表示系数或判别特征中的有效值的数量是很少的，因此仅需要存储和使用判别特征中的非零值，从而与原始高维特征相比，大大降低了内存空间和计算复杂度。再者，不保留判别特征中接近于零的值，也就相当于将判别特征中不同类样本间的相互关系或冗余信息进行剔除，从而更有利于获得良好的聚类结果。此外，判别特征中的非零位置信息也被用来提高聚类性能。在基于稀疏学习的模糊 $C$-均值方法中，样本和聚类中心间的距离不仅包含了能量差异，还包含了位置信息的差异。通过加权经典 FCM 中的距离，同类样本间的相似性和不同类样本间的差异性都被加强，进而使得聚类性能得到提高。最后，在基于稀疏学习的模糊 $C$-均值方法中，由于每个样本保留的判别特征的维数不同，因此集合的相关运算被用来计算每次迭代中都需要更新的距离和聚类中心。总的来说，基于稀疏学习的模糊 $C$-均值方法给出了一个基于稀疏性的模糊聚类框架，它不仅能获得好的聚类结果，还降低了传统模糊聚类方法的存储空间和计算复杂度，特别是对于大规模数据。

FCM 聚类方法是一种迭代的聚类算法，通过最小化下面的代价函数产生最优的数据集 $c$ 类划分：

$$J_m = \sum_{i=1}^{n} \sum_{j=1}^{c} u_{ji}^m d^2(x_i, v_j), \text{ s. t. } \sum_{j=1}^{c} u_{ji} = 1 \tag{6-11}$$

其中，$\boldsymbol{X} = (x_1, x_2, \cdots, x_n)$ 表示数据集合，$n$ 是数据集的样本数目，$c$ 表示类别数，$u_{ji}$ 是第 $i$ 个样本 $x_i$ 在第 $j$ 类中的隶属度，$m$ 是用来控制结果模糊度的加权指数，$v_j$ 是第 $j$ 类的聚类中心，$d(x_i, v_j)$ 表示第 $i$ 个样本 $x_i$ 到第 $j$ 个聚类中心 $v_j$ 的距离。

通常，式(6-11)中代价函数的最小化问题可通过以下两个等式的迭代计算进行求解：

$$u_{ji} = \frac{1}{\sum_{k=1}^{c} \left( \frac{d_{ji}}{d_{ki}} \right)^{\frac{2}{m-1}}} \tag{6-12}$$

$$v_j = \frac{\sum_{i=1}^{n} u_{ji}^m x_i}{\sum_{i=1}^{n} u_{ji}^m} \tag{6-13}$$

其中，$d_{ji}$ 是距离 $d(x_i, v_j)$ 的缩写。在经典的 FCM 聚类算法中，样本到聚类中心的距离是欧式距离。实际上，经典的 FCM 聚类算法与 6.2.2 节中提到的改进 FCM 方法的本质差别在于距离的定义不同，它们分别从不同角度重新定义了样本到聚类中心的距离。

为了降低求解的变量数目，我们提出了一个简单的稀疏表示模型：

$$\min_{\boldsymbol{Z}} \ \| \boldsymbol{Z} \|_{\text{col}, 1} + \lambda \ \| \boldsymbol{X} - \boldsymbol{X}\boldsymbol{Z} \|_{\text{F}}^2, \text{ s. t. } \text{diag}(\boldsymbol{Z}) = 0 \tag{6-14}$$

其中，$\| \cdot \|_{\text{F}}$ 表示 Frobenius 范数，$\| \boldsymbol{Z} \|_{\text{col}, 1}$ 是矩阵 $\boldsymbol{Z}$ 中每列的 $l_1$ 范数之和，矩阵 $\boldsymbol{X}$ 的一列表示一个样本。假设数据集 $\boldsymbol{X}$ 中每个样本维数为 1，则变成一个向量，那么在理想条件 $\boldsymbol{X} = \boldsymbol{X}\boldsymbol{Z}$ (s. t. $\text{diag}(\boldsymbol{Z}) = 0$) 下，数据集 $\boldsymbol{X}$ 中第一个样本的稀疏表示系数就被放置在矩阵 $\boldsymbol{Z}$ 的第一列，其他样本类似于第一个样本。因而，稀疏表示系数矩阵 $\boldsymbol{Z}$ 中每列的 $l_1$ 范数就确保了每个样本的稀疏性描述。本节使用乘子的交替方向方法[81]和软阈值算子[82]来求解式(6-14)中的目标函数。

在本节中，将流行的稀疏学习技术引入模糊聚类方法中，并提出了一种叫作基于稀疏学习的模糊 $C$-均值(SL_FCM)的新方法[83]。该方法与已有的 FCM 改进方法有所不同，用一种新的方式来改进经典 FCM 算法。SL_FCM 方法不仅能提升经典 FCM 算法的性能，而且通过利用稀疏学习技术还具有低内存、低计算复杂度的特点。

实际上，对于一个给定的数据集 $\boldsymbol{X} = (x_1, x_2, \cdots, x_n)$，$x_i$ 是第 $i$ 个样本的基本特征。首先通过求解式(6-14)中的目标函数，将所有样本的基本特征 $\boldsymbol{X}$ 变换为判别特征 $\boldsymbol{Z}$。第 $i$ 个样本的判别特征向量 $z_i$ 反映了第 $i$ 个样本与其他样本间的相似度。$z_{ib}(1 \leqslant i \leqslant n, 1 \leqslant b \leqslant n)$ 的值越大，表明第 $i$ 个和第 $b$ 个样本的相似度越高，反之亦然。因此，判别特征 $\boldsymbol{Z}$ 包含了同类样本的相似性和不同类样本间的差异性，这对于得到一个好的聚类结果是有帮助的。

此外，由稀疏模型得到的判别特征 $\boldsymbol{Z}$ 是稀疏的。换句话说，矩阵 $\boldsymbol{Z}$ 中的大多数值都为 0 或接近于 0，其中非零值的个数是少量的。因此，为了降低内存空间和计算复杂度，仅将每个样本的判别特征向量中前 $80\% \sim 95\%$ 的能量存储到矩阵 $\hat{\boldsymbol{Z}}$ 中，剩余的特性向量被设置为 0。然后，矩阵 $\hat{\boldsymbol{Z}}$ 中每个样本的非零判别特征的值和索引号被分别存储到两个数据集 $Y\_value$ 和 $Y\_index$ 中。数据集 $Y\_value$ 和 $Y\_index$ 都是由 $n$ 个小集合组成的大集合，从而集合 $Y\_value$ 和 $Y\_index$ 的第 $i$ 个小集合分别对应第 $i$ 个样本的非零判别特征的值和索引号。

在已有的稀疏学习方法中，仅仅使用了稀疏表示的系数；而在本节中，不仅使用了稀疏表示系数的值，还使用了它们的位置信息。非零稀疏表示系数的位置也包含了有利于聚类的信息。如果第 $i$ 个和第 $b$ 个样本的非零值的位置相同，即 $Y\_index$ 的第 $i$ 个小集合等于第 $b$ 个小集合($y\_index_i = y\_index_b$)，则不管第 $i$ 个和第 $b$ 个样本非零判别特征的值是否相近，这两个样本都属于同一类；相反，如果 $Y\_index$ 的第 $i$ 个小集合与第 $b$ 个小集合中没有一个相同的元素，则无论第 $i$ 个样本非零判别特征的值 $y\_value_i$ 和第 $b$ 个样本非零判别特征的值 $y\_value_b$ 是否相同，第 $i$ 个和第 $b$ 个样本必定不属于同一类。因此，使用稀疏表示系数中非零值的位置信息来提升聚类的性能。

在本节，集合 $Y\_value$ 和 $Y\_index$ 用来计算样本到聚类中心间的距离，但是不同样本在集合 $Y\_value$ 和 $Y\_index$ 中元素的个数是不同的。为了解决这个问题，我们利用集合运算来计算具有不同元素个数的小集合间的距离。式(6-11)中第 $i$ 个样本到第 $j$ 个聚类中心的距离被重新定义为

$$d_{ji} = d\_index_{ji} \cdot d\_value_{ji} \qquad (6-15)$$

其中，$d\_index_{ji}$ 和 $d\_value_{ji}$ 分别是第 $i$ 个样本和第 $j$ 个聚类中心间的索引距离和数值距离。

索引距离 $d\_index_{ji}$ 和数值距离 $d\_value_{ji}$ 分别通过集合 $Y\_value$ 和 $Y\_index$ 获得：

$$d\_index_{ji} = \| y\_index_i \oplus v\_index_j \|_2 \qquad (6-16)$$

$$
\begin{aligned}
d\_value_{ji} = \| & y\_value_i (\mathrm{In}_{y\_index_i}(y\_index_i - v\_index_j)) \\
& \bigcup v\_value_j (\mathrm{In}_{v\_index_j}(v\_index_j - y\_index_i)) \\
& \bigcup (y\_value_i (\mathrm{In}_{y\_index_i}(y\_index_i \bigcap v\_index_j)) \\
& - v\_value_j (\mathrm{In}_{v\_index_j}(y\_index_i \bigcap v\_index_j))) \|_2 \qquad (6-17)
\end{aligned}
$$

其中，$\oplus$ 表示集合操作中的异或，即 $A \oplus B = A \cup B - A \cap B$；$\cup$ 和 $\cap$ 分别表示集合的并运算与交运算；$-$ 表示两个集合的差集或相对补集，即 $A - B = \{a \mid a \in A, \; a \notin B\}$；$\text{In}_p(q)$（其中 $q \subseteq p$）表示集合 $q$ 中所有元素在集合 $p$ 中的索引所构成的集合；$p(q)$ 表示以集合 $q$ 中所有元素为索引在集合 $p$ 中所对应元素的集合；$\| \cdot \|_2$ 为集合中所有元素的 $l_2$ 范数；$y\_value_i$ 和 $y\_index_i$ 分别表示集合 $Y\_value$ 和 $Y\_index$ 中的第 $i$ 个小集合；$v\_index_j$ 和 $v\_value_j$ 分别为第 $j$ 类中心的索引和数值，分别按照下面的公式计算得到：

$$v\_index_j = \bigcup_{i=1}^{n} \delta(u_{ji}) \cdot y\_index_i \qquad (6-18)$$

$$v\_value_j(l) = \frac{\sum\limits_{i=1}^{n} u_{ji}^m \cdot y\_value_i(\text{In}_{y\_index_i}(v\_index_j(l)))}{\sum\limits_{i=1}^{n} u_{ji}^m} \qquad (6-19)$$

其中：

$$\delta(x) = \begin{cases} 1, & x \neq 0 \\ 0, & x = 0 \end{cases} \qquad (6-20)$$

$v\_value_j(l)$ 和 $v\_index_j(l)$ 分别表示集合 $v\_value_j$ 和 $v\_index_j$ 中的第 $l$（$1 \leq l \leq \text{length}(v\_index_j)$）个元素。如果 $v\_index_j(l) \notin y\_index_i$，则 $y\_value_i(\text{In}_{y\_index_i}(v\_index_j(l))) = 0$。在得到样本与聚类中心间的距离后，依然使用式（6-12）来更新隶属度。

算法 6.3 详细描述了本节提出的 SL_FCM 算法的具体实现步骤。

---

**算法 6.3** 基于稀疏学习的模糊 $C$-均值

---

输入：数据集 $\boldsymbol{X} = (x_1, x_2, \cdots, x_n)$，类别数 $c$。

1. 初始化：加权指数 $m$，收敛阈值 $\eta$，隶属度矩阵 $\boldsymbol{U}^0$，迭代次数 $t = 0$，稀疏表示系数的能量保留比例 $\varepsilon$（$0.8 \leq \varepsilon \leq 0.95$）。

2. 计算集合 $Y\_value$ 和 $Y\_index$：

(1) 求解式（6-14）中的稀疏模型，得到判别特征矩阵 $\boldsymbol{Z}$。

(2) 保留 $\boldsymbol{Z}$ 中每列的 $l_2$ 范数的前 $\varepsilon$ 的能量所对应的系数，其余的被置为 $0$，即得到 $\hat{\boldsymbol{Z}} \in \mathbf{R}^{n \times n}$。

(3) 将 $\hat{\boldsymbol{Z}}$ 中每列非零值及其相应的索引值分别存储到 $Y\_value$ 和 $Y\_index$ 中的每个小集合中。

3. 迭代：

(1) 更新迭代次数 $t = t + 1$；

（2）分别通过式（6-18）和式（6-19）更新 $c$ 个聚类中心的索引 $v\_index_j^t (1 \leqslant j \leqslant c)$ 和数值 $v\_value_j^t$。

（3）利用式（6-15）更新每个样本到每个聚类中心的距离。

（4）利用式（6-12）更新隶属度矩阵 $U^t$。

（5）若满足 $\max(U^t - U^{t-1}) < \eta$，则停止，否则返回步骤 3(1)。

输出：根据迭代后的隶属度矩阵 $U$ 得到 $n$ 个样本的类别。

### 6.2.4　基于稀疏自表示与模糊双 $C$-均值聚类算法

6.2.3 节提到的 Bezdek 等提出的模糊 $C$-均值（FCM）聚类算法，已经成为最著名的模糊聚类方法。在 Bezdek 的杰作被提出后，很多研究学者通过使用不同方法[84-85]、从不同的角度为提高经典 FCM 算法性能进行了大量的研究[62-73]。

然而，已有的模糊聚类方法都没有使用数据集的全局结构信息。在大多数情况下，在已有的模糊聚类方法中，被用来聚类的数据仅仅描述了一个样本集中每个样本的物理属性，如位置、形状、尺寸、灰度级等。这些基本特征仅仅表示了样本集中每个样本自身，而不能反映出单个样本在整个样本集中的作用，这对于聚类来说是十分关键的。虽然一些已有的模糊聚类方法中使用了空间信息，但这些空间信息仅仅是局部邻域内的空间关系。如果知道每个样本在样本集合的整体结构中所起的作用，那么起相似作用的样本就能被容易地划分到同一类中，从而得到理想的聚类结果。虽然样本集的结构通常是未知的，但稀疏表示（SR）[9]方法能挖掘出不同样本间的相互关系，进而体现了样本集的全局结构。于是，我们将含有全局结构信息的稀疏学习技术嵌入经典的 FCM 聚类算法中，以提高经典 FCM 方法的聚类性能。

SR 的基本原理是：一个样本能被表示为一个字典中少量原子的线性组合。为了避免寻找适当的原子来构造字典的麻烦，我们使用样本集本身作为 SR 方法中的字典。在本节中，将使用样本集本身作为字典的 SR 方法称为稀疏自表示。在稀疏自表示方法中，一个样本就被表示为样本集中其他相似样本的线性组合。近年来，SR[86-87]已经受到了广泛关注，并被成功地应用于各种各样的领域[88-91]。已有的稀疏子空间聚类[92]、低秩表示[22]和多任务仿射追踪[17]方法都阐明了稀疏自表示系数具有很好的类别区分能力。同时，稀疏自表示模型还具有良好的噪声鲁棒性和数据自适应性等特点。稀疏自表示模型的这些优势启发我们将它引入经典的模糊聚类方法中。

在本节中，提出了一种新的聚类方法：基于稀疏自表示的模糊双 $C$-均值（Fuzzy Double $C$-Means clustering algorithm based on Sparse Self-Representation，FDCM_SSR）聚类算法。该方法能同时聚类样本集合两种类型的特征。第一种特征称为基本特征，主要通过数值方式来描述样本自身的物理属性。第二种特征是通过求解基本特征集合的稀疏自表示而获得的，称为判别特征。第二种判别特征包含了每个样本与其他所有样本间的相似度，进而体现了整个样本集合的全局结构。这两种不同类型的特征具有不同的维数和距离度量，所以在基于稀疏自表示的模糊双 $C$-均值聚类方法中，每类都有两个聚类中心，分别对应于两种类型特征的原型。由于基于稀疏自表示的模糊双 $C$-均值聚类算法结合了基本特征和能体现样本集全局结构信息的判别特征，因此它在数据集聚类和图像分割实验中都表现出了良好的性能。

正如上面所提到的，许多稀疏模型已经被提出，其中字典的构造是关键。已有的稀疏模型中，字典原子的构造方式主要包括变换[93]、寻找大量的相似样本[94]、机器学习[95-97]等。然而，这些方法不仅需要花费额外的时间和努力，还不具有数据自适应性。因此，很多方法使用了数据集自身作为稀疏模型中的字典，如稀疏子空间聚类、低秩表示和多任务仿射追踪方法，本节将其称为稀疏自表示模型。

实际上，本节的框架中可以使用任何稀疏模型。为了展示稀疏模型在提出的方法中所起的作用，使用了一个简单的稀疏自表示模型：

$$\min_{Z} \ \|Z\|_1 + \lambda \ \|X - XZ\|_F^2, \ \text{s. t.} \ \mathrm{diag}(Z) = 0 \tag{6-21}$$

其中，$X$ 表示所有样本的基本特征集合，它的一列表示一个样本的基本特征向量；$Z$ 为稀疏自表示系数；$\|Z\|_1 = \sum_{j,r} |z_{jr}|$；$\lambda$ 是平衡保真项作用的参数；$\|\cdot\|_F$ 为 Frobenius 范数。约束 $\mathrm{diag}(Z) = 0$ 是为了避免式(6-14)的解是单位矩阵。

本节仍然使用乘子交替方向方法（ADMM）来求解式(6-14)所示的目标函数[98]。

获得的稀疏自表示系数 $z_{jr}(1 \leqslant j \leqslant n, \ 1 \leqslant r \leqslant n)$ 越大，第 $j$ 个和第 $r$ 个样本间的相似性越高，反之亦然。也就是说，通过求解式(6-14)得到的稀疏自表示系数表示了样本集中任意两个样本间的相似性，进而体现了样本集的全局结构。

为了直观地说明稀疏自表示系数是如何体现全局结构的，下面以一个四类的有原始合成数据类标的人工数据集为例，以图像的形式展示稀疏自表示系数。为了便于查看，在得到稀疏自表示系数矩阵 $Z$ 后，先计算得到 $H = \frac{1}{2}(|Z| + |Z|^T)$。然后按照原始合成数据中样本的类别将 $H$ 中的样本进行重新排序。图 6.2 以图像的形式展示了重新排列后的 $H$。很容易发现，图 6.2 中显示的图像很暗，主要有两个原因：第一个原因是稀疏自表示系数的范围非常广，为 $10^{-10} \sim 10^4$，而显示的图像其灰度级只有 256；第二个原因在于，绝大多数稀疏自表示系数是很少的，这也表明了稀疏自表示系数具有稀疏性的特点。更重要的是，从图 6.2 中可以看出，重新排列后的 $H$ 具有 4 个块对角的结构。在每个块对角区域中有很多亮点，表明同类样本具有很高的相似度。相反，图 6.2 的非块对角区域基本上是黑的，这意味着不同类样本间的相关性为 0 或接近于 0。由此说明，稀疏自表示系数矩阵含有块对角结构，从而能很容易地被准确划分。

目前，已有许多改进的 FCM 聚类方法，但是它们仅能处理一个数据集或样本集的一种特征。在本节中，提出了一个新颖的基于稀疏自表示的模糊双 $C$-均值（FDCM_SSR）聚类算法。FDCM_SSR 方法能同时处理具有不同维数的两种类型的特征。其中之一是普通意义上所指的特征，被称为基本特征，用 $\boldsymbol{X}$ 来表示，每个样本的基本特征仅仅表示了样本自身的基本物理特性。另一种特征是利用稀疏自表示模型从基本特征中学习出来的。由稀疏自表示模型得到的稀疏自表示系数包含了同类样本间的相似性和不同类样本间的差异性，而这恰恰对聚类是有帮助的。由于稀疏自表示系数具有良好的类别区别性能，因此将第二种特征称为判别特征。所有样本的判别特征集合用 $\boldsymbol{Z}$ 表示。

通过使用两个数据集 $\boldsymbol{X}$ 和 $\boldsymbol{Z}$，FDCM_SSR 的目标函数被定义为

$$J_m = \sum_{i=1}^{c} \sum_{j=1}^{n} u_{ij}^m (\parallel x_j - v_i \parallel^2 + \alpha \parallel z_j - \tilde{v}_i \parallel^2), \text{ s.t. } \sum_{i=1}^{c} u_{ij} = 1 \quad (6-22)$$

其中，$x_j$ 和 $z_j$ 分别是 $\boldsymbol{X}$ 和 $\boldsymbol{Z}$ 的第 $j$ 列，$v_i$ 和 $\tilde{v}_i$ 分别是 $\boldsymbol{X}$ 和 $\boldsymbol{Z}$ 第 $i$ 类的中心，$\alpha$ 是控制判别特征作用的参数。换句话说，$x_j$ 和 $z_j$ 分别是第 $j$ 个样本的基本特征和判别特征，$v_i$ 和 $\tilde{v}_i$ 分别是基本特征集合和判别特征集合的第 $i$ 类的聚类中心。

为了最小化式（6-22）中的目标函数，先将式（6-22）重写为

$$f(u_{ij}) = \sum_{i=1}^{c} \sum_{j=1}^{n} u_{ij}^m (\parallel x_j - v_i \parallel^2 + \alpha \parallel z_j - \tilde{v}_i \parallel^2) + \beta (\sum_{i=1}^{c} u_{ij} - 1)$$

通过求解函数 $f(u_{ij})$ 关于 $u_{ij}$、$v_i$、$\tilde{v}_i$ 和拉格朗日乘子的微分，得到下面的式子：

$$u_{ij} = \left( -\frac{\beta}{m(\parallel x_j - v_i \parallel^2 + \alpha \parallel z_j - \tilde{v}_i \parallel^2)} \right)^{\frac{1}{m-1}} \quad (6-23)$$

$$v_i = \frac{\sum_{j=1}^{n} u_{ij}^m \cdot x_j}{\sum_{j=1}^{n} u_{ij}^m} \quad (6-24)$$

$$\widetilde{v}_i = \frac{\sum\limits_{j=1}^{n} u_{ij}^m \cdot z_j}{\sum\limits_{j=1}^{n} u_{ij}^m} \qquad (6-25)$$

$$\sum_{i=1}^{c} u_{ij} = 1 \qquad (6-26)$$

然后将式(6-23)代入式(6-26)中，可以得到

$$(-\beta)^{\frac{1}{m-1}} = \left( \sum_{i=1}^{c} \left( \frac{1}{m(\parallel x_j - v_i \parallel^2 + \alpha \parallel z_j - \widetilde{v}_i \parallel^2)} \right)^{\frac{1}{m-1}} \right)^{-1}$$

从而得

$$u_{ij} = \left( \sum_{k=1}^{c} \left( \frac{\parallel x_j - v_i \parallel^2 + \alpha \parallel z_j - \widetilde{v}_i \parallel^2}{\parallel x_j - v_k \parallel^2 + \alpha \parallel z_j - \widetilde{v}_k \parallel^2} \right)^{\frac{1}{m-1}} \right)^{-1} \qquad (6-27)$$

算法 6.4 给出了基于稀疏自表示的模糊双 $C$-均值聚类算法的详细步骤。

---

**算法 6.4**　基于稀疏自表示的模糊双 $C$-均值

---

输入：基本特征集 $\boldsymbol{X} = (x_1, x_2, \cdots, x_n)$，类别数 $c$。

1. 初始化加权指数 $m$，收敛阈值 $\eta$，隶属度矩阵 $\boldsymbol{U}^{(0)} = \{u_{ij}^{(0)}, 1 \leqslant i \leqslant c, 1 \leqslant j \leqslant n\}$，循环次数 $t=0$。

2. 通过求解式(6-14)中的稀疏自表示模型，得到判别特征集 $\boldsymbol{Z}$。

3. 更新循环次数 $t=t+1$。

4. 使用式(6-24)更新基本特征集 $\boldsymbol{X}$ 的聚类中心 $v_i (1 \leqslant i \leqslant c)$。

5. 使用式(6-25)更新判别特征集 $\boldsymbol{Z}$ 的聚类中心 $\widetilde{v}_i (1 \leqslant i \leqslant c)$。

6. 使用式(6-27)更新隶属度矩阵 $\boldsymbol{U}^{(b)} = \{u_{ij}^{(b)}\}$。

7. 若满足 $\max(\boldsymbol{U}^{(b)} - \boldsymbol{U}^{(b-1)}) < \eta$，则停止，否则返回步骤 3。

输出：根据迭代后的隶属度矩阵 $\boldsymbol{U}$ 得到 $n$ 个样本的类别。

---

本节提出的 FDCM_SSR 聚类算法与已有的模糊聚类方法间的一个明显的区别是：FDCM_SSR 聚类算法能同时处理同一个样本集合的两种不同类型的特征。不同类型的特征不能被简单地进行级联，因为不同的特征描述可能潜在地具有不同的数据分布概率，属于不同的特征空间。近年来，很多方法都使用了多种类型的特征[17, 99-101]，从而尽可能全面地描述现实应用中的目标。因此在 FDCM_SSR 聚类算法中，使用两种不同类型的特征来全面地描述样本的不同特性。另外，其中一个特征还能反映样本集的全局结构，这对得到准

确的聚类结果具有很大的帮助。这些都确保了 FDCM_SSR 聚类算法具有良好的噪声鲁棒性和聚类准确性。

# 6.3　基于稀疏学习的图像分割

Elhamifar 与 Vidal[92, 102] 最早将稀疏表示应用于子空间的聚类问题，并提出了稀疏子空间聚类(Sparse Subspace Clustering，SSC)算法。而后在 SSC 算法的基础上，SSC 算法的各种改进版本[103-106] 被相继提出。

从 6.2.4 节可知，基于稀疏表示的图像分类方法都具有很好的分类效果，再加上稀疏表示在聚类问题上的优秀性能，促使学者们将其引入图像分割领域。近年来，基于稀疏表示的图像分割方法被不断提出，并且应用的图像范围越来越广。稀疏表示在医学图像分割方面就有很多应用实例：郭其淼[107] 将稀疏表示与多图谱分割方法相结合，实现了医学图像的分割；一种基于字典学习的稀疏表示方法被用来进行海马子区图像的分割[108]；张绿川等[109] 提出了基于稀疏表示超像素分类的肿瘤超声图像分割算法；郭小粉等[110] 将融合稀疏表示和字典学习相结合实现了脑部 MR 图像的分割；蒋宏骏[111] 提出了一系列基于稀疏表示的纹理图像分割方法；李佐勇等[112] 还将稀疏表示方法应用于舌图像的分割。

Jiao 等先提出了基于稀疏表示的谱聚类算法[113]，应用于 SAR 图像分割，但该方法是基于图像像素的方法，而稀疏表示和谱聚类方法都有较高的计算复杂度，所以该方法无法使用于大尺寸的 SAR 图像。同时，Jiao 等又提出基于了学习稀疏表示的聚类方法[114]，该方法先利用聚类方法来构造训练样本，再使用 SRC 算法获得 SAR 图像的分类结果，但该方法的分类结果受被挑选训练样本的影响很大，这导致该方法的性能有限，难于推广。

## 6.3.1　图像预处理

众所周知，图像像素不是自然实体，而是一副图像离散表示的结果；同时，结构信息存在于一个区域中，而不是某个像素中；再者，基于像素方法的计算复杂度会随着图像规模的增加而迅速增长。因此，首先使用过分割算法[115-116] 将一幅图像分割为大量的同质区域，这些同质区域被称为超像素；然后将超像素而不是图像像素视为基本操作单元，这样图像分割问题就转化为超像素的聚类问题。本节使用 Turbopixels 算法[117] 来过分割原始图像，从而获得超像素。由于每个超像素是不规则的，且具有不同的尺寸，因此每个超像素的不同类型特征需要进行适当的处理，从而使得所有超像素的每种类型特征的维数是相同的。之后，为了精确地描述超像素的结构信息，我们使用多种类型的特征来描述超像素的结构，如灰度直方图、局部梯度比模式直方图(LGRPH)[118]、灰度共生矩阵(GLCM)[119] 和 Gabor 滤波器组[120] 等。

### 6.3.2 基于稀疏特征学习的图像分割算法

通过不同的稀疏表示模型获得稀疏图后，很多已有的方法[22,92]都使用谱聚类算法去分割图的 $n$ 个顶点，进而得到最终的分割结果。谱聚类算法将聚类问题转为多核联合稀疏图的顶点划分问题。常用的图划分准则[121]有最小切、均值切、最大-最小切、比值切、Ng-Jordan-Weiss（NJW）、规范切（Normalized Cuts，NCuts）[122]等。最常采用的是规范切算法。

6.2.1 节和 6.2.2 节得到的稀疏表示矩阵可视为谱聚类中边的权值矩阵，则基于稀疏表示矩阵的谱聚类算法的具体步骤如算法 6.5 所示，基于 SL_FCM 和 FDCM_SSR 的图像分割可分别通过算法 6.3 和 6.4 实现。

---

**算法 6.5** 基于稀疏表示矩阵的谱聚类

---

输入：$n \times n$ 的稀疏表示矩阵 $E$，类别数目 $c$。

1. 构造拉普拉斯矩阵 $L = W^{-\frac{1}{2}} E W^{-\frac{1}{2}}$，其中 $W = \{W_{ii} \mid 1 \leqslant i \leqslant n\}$，是一个对角矩阵，$W_{ii}$ 是矩阵 $E$ 的第 $i$ 行的和。

2. 找出 $L$ 中对应于 $c$ 个最大特征值的特征向量 $a_1$，$a_2$，$\cdots$，$a_c$，形成矩阵 $A = \{a_1, a_2, \cdots, a_c\}$。

3. 将 $A$ 的每一列视为一个样本，使用 $K$-means 算法聚类样本，得到最终的类别向量。

输出：$n$ 个样本的类别向量。

---

另外，由于一幅 $c$ 类图像的超像素来源于 $c$ 个独立的子空间，因此相似性图 $G$ 中含有 $c$ 个联通分支。所以，当子空间或类别的个数未知时，它能通过 $G$ 的拉格朗日矩阵中特征值为 0 的个数来估计。对于含有噪声的实际数据，将特征值接近 0 的个数作为子空间或类别的个数[92]。

## 6.4 基于稀疏学习的图像半监督分类

新兴的稀疏表示技术除了在字典学习[123]方面有大量的研究成果外，在图像分类中也得到了广泛应用。通常人们将样本在某字典下的稀疏表示称为该样本的稀疏编码。Raina 等[124]首次使用稀疏编码提取图像块特征，并将其应用于图像分类。之后很多已有的方法被结合到稀疏编码中，进而实现图像分类。Yang 等[125]结合空间金字塔匹配核，提出了对局部 SIFT 描述子进行稀疏编码，然后实现图像的分类。在此基础上，基于拉普拉斯的空间金字塔匹配的稀疏编码方法[126]被提出，并通过实验证明，该算法在场景图像上的分类效果超过了改进前的方法。陈胜喃[127]利用稀疏编码方法与 NCuts 聚类方法相结合的思想，将图像分类任务由粗到细逐步细分，实验结果表明图像的稀疏表示可以有效地提高图像分类的精度。徐嘉[128]通过大量的实验证明了稀疏表示与支持向量机（SVM）、加权 $k$ -近邻分类方法相结合能更有效地进行图像分类，从而提高分类准确率。一种基于稀疏编码的多尺度空间潜在语义分析的图像分类方法[129]被提出，该法先利用空间金字塔方法对图像进行空间多尺度划分，再对每个块进行稀疏编码，之后结合概率潜在语义分析，最后用 SVM 分类器完成图像的场景分类。

从应用领域来看，基于稀疏表示的图像分类应用最广的是人脸识别与高光谱图像分类。Wright 等[130]首次提出了基于稀疏表示分类器（Sparse Representation Classifier，SRC）的分类方法，然后将该方法应用于人脸识别，取得了十分优秀的识别效果。在此基础上，有大量学者提出了基于稀疏表示的人脸识别算法，从不同角度解决人脸识别中的各种问题。同时，稀疏表示还被很多学者应用于高光谱图像分类[131-134]，也都获得了很好的效果。但是对于有的分类问题（如 SAR 图像分类），很难获取大量的标记样本用于分类器的训练，于是应运而生了一种折中的方法——半监督分类方法。

近几年，半监督学习[135]已经吸引了许多研究者的关注[42, 136]，主要是因为半监督分类方法仅仅使用少量的标签信息就能得到很好的分类结果。

### 6.4.1 基于人机交互的类标获取方法

为半监督学习做准备，我们采用人机交互的方式获取带类标的少量样本，不需要对图像中的每个像素都确定一个类别，而只需要相关行业内的专家对待处理图像做少量标记即可，如图 6.3 所示。原图像中少量不同类的像素通过人为方式被分别标记。为了便于查看，不同类的已标记像素被标识为不同的颜色。

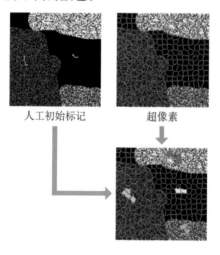

人工初始标记　　　　　超像素

图 6.3　基于人机交互的类标获取方法

## 6.4.2 基于稀疏特征学习的图像半监督分类方法

在本节中，我们给出了基于稀疏图的图像半监督分类方法。已标记和未标记的样本都被视为图的顶点，图的边的连接权值反映了样本间的相似性。通过图中的边，已知的标签信息被传递给未被标记的顶点[137]，从而获得所有顶点的标签信息。

对于具有 $n$ 个超像素的集合 $Y$，首先需要标记少量的超像素，将标记的超像素集合记为 $Y_L$，剩余未标记的超像素集合记为 $Y_U$。假设共有 $c$ 类，则标签集合为 $L=(1, 2, \cdots, c)$。$Y_U$ 的标签是通过在多核联合稀疏图中迭代传播 $Y_L$ 的标签而被获得的，其中多核联合稀疏图中边的权值是由邻接矩阵 $G$ 来定义的。在传播过程中，每个超像素在保持最初的标签信息的同时，需要从与它相邻的超像素的标签中获取标签信息，从而得到每个超像素的最新标签。用 $F^{(t)}$ 来表示在第 $t$ 次迭代中获得的 $n \times c$ 标记矩阵，则第 $t+1$ 次迭代后的标记矩阵为

$$F^{(t+1)} = \lambda G F^{(t)} + (1-\lambda) F^{(0)} \tag{6-28}$$

其中，$\lambda \in (0, 1)$ 是每个样本从它的相邻样本中获取标签信息的比例；$F^{(0)}$ 表示最初的 $0-1$ 标记矩阵，当超像素 $Y_j (1 \leqslant j \leqslant n)$ 被标记为 $L_l (1 \leqslant l \leqslant c)$ 时，$F_{jl}^{(0)}=1$，否则 $F_{jl}^{(0)}=0$。

Zhuang 等[23]指出通过一系列迭代所构成的序列 $F^{(1)}, F^{(2)}, \cdots, F^{(t)}, \cdots$ 的极限就是最终的标记矩阵 $\tilde{F}$：

$$\tilde{F} = (1-\lambda)(I - \lambda G)^{-1} F^{(0)} \tag{6-29}$$

其中，$I$ 是一个 $n \times n$ 的单位矩阵。因而，超像素 $Y_j$ 的标签为

$$\arg \max_{1 \leqslant l \leqslant c} \tilde{F}_{jl} \tag{6-30}$$

通过式(6-30)就获得了半监督分类的结果。

图 6.4 展示了基于稀疏图的图像半监督分类的框架。对于图 6.4 中输入的四类仿真图像(即标签向量为 $L=(1, 2, 3, 4)$)，在它的人工标记图像中，四种颜色被分别用来表示四类，包含已标记像素的超像素被标记为相应的类，因为我们假设一个超像素所包含的像素都属于同一类。在图 6.4 中，$F^{(0)}$ 对应的图像是超像素的最初标记，其中在原图像上不同颜色的图像块表示被标记的不同类超像素，其余超像素则未被标记。少量的标签信息通过多核联合稀疏图的边被迭代传播到其他未被标记的超像素，从而获得最终的半监督分类结果，如图 6.4 的左下角所示。

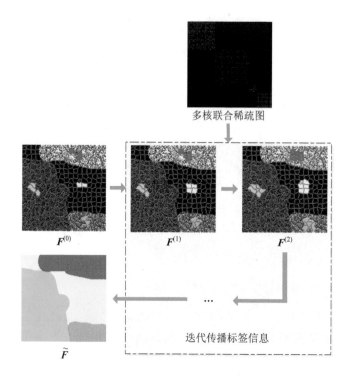

多核联合稀疏图

$F^{(0)}$  $F^{(1)}$  $F^{(2)}$

$\cdots$

迭代传播标签信息

$\widetilde{F}$

图 6.4 基于稀疏图的图像半监督分类框架

（本章作者：古晶，焦李成，刘芳）

# 本章参考文献

[1] LIU L Q, DAI Y T, WANG L H. Ant Colony Algorithm Parameters Optimization[J]. Computer Engineering, 2008, 34(11): 208 - 210.

[2] YANG S, WANG M, JIAO L C. Quantum-inspired immune clone algorithm and multiscale Bandelet based image representation[J]. Pattern Recognition Letters, 2010, 31(13): 1894 - 1902.

[3] VINJE W E, GALLANT J L. Sparse coding and decorrelation in primary visual cortex during natural vision[J]. Science, 2000, 287(5456): 1273 - 1276.

[4] NIRENBERG S, CARCIERI S M, JACOBS A L, et al. Retinal ganglion cell sact largely as independent encoders[J]. Nature, 2001, 411(6838): 698 - 701.

[5] 孙玉宝. 图像稀疏表示模型及其在图像处理反问题中的应用[D]. 南京：南京理工大学，2010.

[6] MALLAT S, ZHANG Z. Matching pursuits with time-frequency dictionaries[J]. IEEE Transaction on Signal Process, 1993, 41(12): 3397 - 3415.

[7] CHEN S S, DONOHO D L, SAUNDERS M A. Atomic decomposition by basis pursuit [J]. SIAM

Journal Scientific Computing, 1999, 20(1): 33 – 61.

[8] DONOHO D. Compressed sensing[J]. IEEE Trans. on Information Theory, 2006, 52(4): 1289 – 1306.

[9] AHARON M, ELAD M, BRUCKSTEIN A. K-SVD: An Algorithm for Designing Overcomplete Dictionaries for Sparse Representation[J]. IEEE Transactions on Signal Processing, 2006, 54(11): 4311 – 4322.

[10] DONOHO D L, ELAD M, TEMLYAKOV V N. Stable recovery of sparse overcomplete representations in the presence of noise[J]. IEEE Transactions on Information Theory, 2006, 52(1): 6 – 18.

[11] YANG J, WRIGHT J, HUANG T S, et al. Image super-resolution via sparse representation[J]. IEEE Transactions on Image Processing A Publication of the IEEE Signal Processing Society, 2010, 19(11): 2861 – 2873.

[12] HONG C. SAR image compression based on sparse representation[J]. Computer Engineering & Applications, 2012, 48: 1 – 4.

[13] YANG M, ZHANG L, YANG J, et al. Robust sparse coding for face recognition[C]. Proceedings CVPR, IEEE Computer Society Conference on Computer Vision and Pattern Recognition. IEEE Computer Society Conference on Computer Vision and Pattern Recognition, 2011, 42(7): 625 – 632.

[14] KNEE P, THIAGARAJAN J J, RAMAMURTHY K N, et al. SAR target classification using sparse representations and spatial pyramids[C]. IEEE National Radar Conference, 2011: 294 – 298.

[15] LIU G, YANG W, XIA G S, et al. Structure Preserving SAR image despeckling via L0-minimization [J]. Progress in Electromagnetics Research, 2013, 141(18): 347 – 367.

[16] LIU S Q, HU S H, XIAO Y, et al. Bayesian Shearlet shrinkage for SAR image de-noising via sparse representation[J]. Multidimensional Systems & Signal Processing, 2014, 25(4): 683 – 701.

[17] CHENG B, LIU G, WANG J, et al. Multi-task low-rank affinity pursuit for image segmentation [C]. International Conference on Computer Vision. IEEE Computer Society, 2011: 2439 – 2446.

[18] BELKIN M, NIYOGI P. Laplacian Eigenmaps for dimensionality reduction and data representation [J]. Neural Computation, 2003, 15(15): 1373 – 1396.

[19] WANG J, WANG F, ZHANG C, et al. Linear Neighborhood Propagation and Its Applications[J]. IEEE Transactions on Pattern Analysis & Machine Intelligence, 2009, 31(9): 1600 – 15.

[20] ROWEIS S T, SAUL L K. Nonlinear Dimensionality Reduction by Locally Linear Embedding[J]. Science, 2000, 290(5500): 2323 – 6.

[21] CHENG B, YANG J C, YAN S C et al. Learning with l1-graph for image analysis[J]. IEEE Transactions on Image Processing A Publication of the IEEE Signal Processing Society, 2010, 19(4): 858 – 66.

[22] LIU G, LIN Z, YU Y. Robust Subspace Segmentation by Low-Rank Representation [C]. International Conference on Machine Learning, 2010: 663 – 670.

[23] ZHUANG L, GAO H, HUANG J, et al. Semi-supervised Classification via Low Rank Graph[C].

Sixth International Conference on Image and Graphics, 2011: 511 – 516.

[24] GAO S, TSANG W H, CHIA L T. Kernel Sparse Representation for Image Classification and Face Recognition[C]. Computer Vision - ECCV 2010, 2010: 1 – 14.

[25] ZHANG L, ZHOU W D, LI F Z. Kernel sparse representation-based classifier ensemble for face recognition[J]. IEEE Transactions on Signal Processing, 2012, 60(4): 1684 – 1695.

[26] CHEN Y, NASRABADI N M, TRAN T D. Hyperspectral Image Classification via Kernel Sparse Representation[J]. IEEE Transactions on Geoscience & Remote Sensing, 2011, 51(1): 1233 – 1236.

[27] ZHENG H, LIU F, JIN Z. Multiple Kernel Sparse Representation Based Classification[C]. Chinese Conference on Pattern Recognition. CCPR 2012. Pattern Recognition, 2012: 48 – 55.

[28] THIAGARAJAN J J, RAMAMURTHY K N, SPANIAS A. Multiple kernel sparse representations for supervised and unsupervised learning[J]. IEEE Transactions on Image Processing A Publication of the IEEE Signal Processing Society, 2014, 23(7): 2905 – 15.

[29] XIAO L, DAI B, FANG Y, et al. Kernel L1 Graph for Image Analysis[C]. Chinese Conference, Ccpr. 2012: 447 – 454.

[30] GU J, JIAO L C, YANG S Y, et al. A Multi-Kernel Joint Sparse Graph for SAR Image Segmentation[J]. IEEE Journal of Selected Topics in Applied Earth Observations and Remote Sensing, 2016, 9(3): 1265 – 1285.

[31] YIN J, LIU Z, JIN Z, et al. Kernel sparse representation based classification[J]. Neurocomputing, 2012, 77(1): 120 – 128.

[32] LIN Z, CHEN M, MA Y. The Augmented Lagrange Multiplier Method for Exact Recovery of Corrupted Low-Rank Matrices[J]. Eprint Arxiv, 2010, 9.

[33] ZHANG L, DONG W, ZHANG D, et al. Two-stage image denoising by principal component analysis with local pixel grouping[J]. Pattern Recognition, 2010, 43(4): 1531 – 1549.

[34] LI M, YUAN B. 2D-LDA: A statistical linear discriminant analysis for image matrix[J]. Pattern Recognition Letters, 2005, 26(5): 527 – 532.

[35] HE X. Locality preserving projections[J]. Advances in Neural Information Processing Systems, 2005, 45(1): 186 – 197.

[36] QIAO L, CHEN S, TAN X. Sparsity preserving projections with applications to face recognition [J]. Pattern Recognition, 2010, 43(1): 331 – 341.

[37] MAO S, JIAO L C, XIONG L, et al. Weighted classifier ensemble based on quadratic form[J]. Pattern Recognition, 2014, 48(5): 1688 – 1706.

[38] QUAN Y, XU Y, SUN Y, et al. Supervised dictionary learning with multiple classifier integration [J]. Pattern Recognition, 2016, 55: 247 – 260.

[39] HO T K. The random subspace method for constructing decision forests[J]. IEEE Transactions on Pattern Analysis & Machine Intelligence, 1998, 20(8): 832 – 844.

[40] BREIMAN L. Random Forests[J]. Machine Learning, 2001, 45(1): 5 – 32.

[41] Rodrí Guez J J, KUNCHEVA L I, ALONSO C J. Rotation forest: A new classifier ensemble method[J]. IEEE Transactions on Pattern Analysis & Machine Intelligence, 2006, 28(10): 1619 – 30.

[42] YU G, ZHANG G, DOMENICONI C, et al. Semi-supervised classification based on random subspace dimensionality reduction[J]. Pattern Recognition, 2012, 45(3): 1119 – 1135.

[43] GU J, JIAO L C, LIU F, et al. Random Subspace Based Ensemble Sparse Representation[J]. Pattern Recognition, 2018, 74: 544 – 555.

[44] KRINIDIS S, CHATZIS V. A robust fuzzy local information C-Means clustering algorithm[J]. IEEE Transactions on Image Processing A Publication of the IEEE Signal Processing Society, 2010, 19(5): 1328 – 1337.

[45] ROYE C F, SEALS B. A survey of fuzzy clustering algorithms for pattern recognition. I[J]. IEEE Transactions on Systems Man & Cybernetics Part B Cybernetics A Publication of the IEEE Systems Man & Cybernetics Society, 1999, 29(6): 778 – 785.

[46] ROYE C F, SEALS B. A survey of fuzzy clustering algorithms for pattern recognition. II[J]. IEEE Transactions on Systems Man & Cybernetics Part B Cybernetics A Publication of the IEEE Systems Man & Cybernetics Society, 1999, 29(6): 786 – 801.

[47] D'URSO P, MASSARI R. Fuzzy clustering of human activity patterns[J]. Fuzzy Sets & Systems, 2013, 215(215): 29 – 54.

[48] BANERJEE T, KELLER J M, SKUBIC M, et al. Day or Night Activity Recognition From Video Using Fuzzy Clustering Techniques[J]. Fuzzy Systems IEEE Transactions on, 2014, 22(3): 483 – 493.

[49] ZAINUDDIN Z, ONG P. Design of wavelet neural networks based on symmetry fuzzy C-means for function approximation[J]. Neural Computing & Applications, 2013, 23(1 Supplement): 247 – 259.

[50] ZHOU D, ZHOU H. A modified strategy of fuzzy clustering algorithm for image segmentation[J]. Soft Computing, 2015, 19(11): 3261 – 3272.

[51] GONG M, SU L, JIA M, et al. Fuzzy Clustering With a Modified MRF Energy Function for Change Detection in Synthetic Aperture Radar Images[J]. IEEE Transactions on Fuzzy Systems, 2014, 22(1): 98 – 109.

[52] NGUYEN T M, WU Q M J. Dynamic Fuzzy Clustering and Its Application in Motion Segmentation [J]. IEEE Transactions on Fuzzy Systems, 2013, 21(6): 1019 – 1031.

[53] GUPTA D, ANAND R S, TYAGI B. A hybrid segmentation method based on Gaussian kernel fuzzy clustering and region based active contour model for ultrasound medical images[J]. Biomedical Signal Processing & Control, 2015, 16: 98 – 112.

[54] CHIANG I, LIU C, TSAI Y, et al. Discovering Latent Semantics in Web Documents using Fuzzy Clustering[J]. IEEE Transactions on Fuzzy Systems, 2015: 1.

[55] SHIEH H. A new framework of fuzzy clustering algorithm[C]. IEEE International Conference on Fuzzy Systems, 2011: 2833 – 2838.

[56] ZADEH L A. Fuzzy sets[J]. Information & Control, 1965, 8(3): 338－353.

[57] BEZDEK J C, EHRLICH R, FULL W. FCM: The fuzzy c-means clustering algorithm[J]. Computers & Geosciences, 1984, 10(2－3): 191－203.

[58] ZHOU K, YANG S. Exploring the uniform effect of FCM clustering[J]. Knowledge-Based Systems, 2016, 96(C): 76－83.

[59] ZHANG L, LU W, LIU X, et al. Fuzzy C-Means clustering of incomplete data based on probabilistic information granules of missing values[J]. Knowledge-Based Systems, 2016, 99(C): 51－70.

[60] LI L Q, XIE W X, LIU Z X. A novel quadrature particle filtering based on fuzzy c-means clustering [J]. Knowledge-Based Systems, 2016, 106(C): 105－115.

[61] HATHAWAY R J, BEZDEK J C, HU Y. Generalized fuzzy c-means clustering strategies using Lp norm distances[J]. IEEE Transactions on Fuzzy Systems, 2000, 8(5): 576－582.

[62] KRISHNAPURAM R, KELLER J M. A possibilistic approach to clustering[J]. IEEE Transactions on Fuzzy Systems, 1993, 1(2): 98－110.

[63] KRISHNAPURAM R, KELLER J M. The possibilistic C-means algorithm: insights and recommendations[J]. IEEE Transactions on Fuzzy Systems, 1996, 4(3): 385－393.

[64] PAL N R, PAL K, BEZDEK J C. A mixed c-means clustering model[C]. IEEE International Conference on Fuzzy Systems, 1997, 1: 11－21.

[65] PAL N R, PAL K, KELLER J M, et al. A Possibilistic Fuzzy c-Means Clustering Algorithm[J]. IEEE Transactions on Fuzzy Systems, 2005, 13(4): 517－530.

[66] AHMED M N, YAMANY S M, MOHAMED N, et al. A modified fuzzy C-means algorithm for bias field estimation and segmentation of MRI data[J]. IEEE Transactions on Medical Imaging, 2002, 21(3): 193－199.

[67] CHEN S, ZHANG D. Robust image segmentation using FCM with spatial constraints based on new kernel-induced distance measure[J]. IEEE Transactions on Systems Man & Cybernetics Part B Cybernetics A Publication of the IEEE Systems Man & Cybernetics Society, 1916, 34(4): 1907－1916.

[68] SZILAGYI L, BENYO Z, SZILAGYI S M, et al. MR brain image segmentation using an enhanced fuzzy C-means algorithm[J]. Engineering in Medicine & Biology Society Proceedings of Annual International Conf, 2003, 1: 724－726.

[69] CAI W, CHEN S, ZHANG D. Fast and robust fuzzy c -means clustering algorithms incorporating local information for image segmentation[J]. Pattern Recognition, 2007, 40(3): 825－838.

[70] LI C H, HUANG W C, KUO B C, et al. A Novel Fuzzy C-Means Method for Image Classification [J]. International Journal of Fuzzy Systems, 2008, 10(3): 168－173.

[71] HUNG C C, KULKARNI S, KUO B C. A New Weighted Fuzzy C-Means Clustering Algorithm for Remotely Sensed Image Classification[J]. IEEE Journal of Selected Topics in Signal Processing, 2011, 5(3): 543－553.

[72] ZHU L, CHUNG F L, WANG S. Generalized fuzzy C-means clustering algorithm with improved fuzzy partitions[J]. IEEE Transactions on Systems Man & Cybernetics Part B Cybernetics A Publication of the IEEE Systems Man & Cybernetics Society, 2009, 39(3): 578 – 591.

[73] ZHAO F, JIAO L C, LIU H. Kernel generalized fuzzy c-means clustering with spatial information for image segmentation[J]. Digital Signal Processing, 2004, 23(1): 184 – 199.

[74] ZARINBAL M, ZARANDI M H F, TURKSEN I B. Relative entropy fuzzy c-means clustering[J]. Information Sciences, 2014, 260(1): 74 – 97.

[75] WANG J Y, BENSMAIL H, YAO N, et al. Discriminative sparse coding on multi-manifolds[J]. Knowledge-Based Systems, 2013, 54(4): 199 – 206.

[76] ZHANG Y, DU B, ZHANG L. A Sparse Representation-Based Binary Hypothesis Model for Target Detection in Hyperspectral Images[J]. IEEE Transactions on Geoscience & Remote Sensing, 2015, 53(3): 1346 – 1354.

[77] LUO X, LIU F, YANG S, et al. Joint sparse regularization based Sparse Semi-Supervised Extreme Learning Machine (S3ELM) for classification[J]. Knowledge-Based Systems, 2014, 73: 149 – 160.

[78] LEI Y K, HAN H, HAO X. Discriminant sparse local spline embedding with application to face recognition[J]. Knowledge-Based Systems, 2015, 89(C): 47 – 55.

[79] YANG S, FENG Z, REN Y, et al. Semi-supervised classification via kernel low-rank representation graph[J]. Knowledge-Based Systems, 2014, 69(1): 150 – 158.

[80] CAO F, HU H, LU J, et al. Pose and illumination variable face recognition via sparse representation and illumination dictionary[J]. Knowledge-Based Systems, 2016.

[81] GABAY D, MERCIER B. A dual algorithm for the solution of nonlinear variational problems via finite element approximation[J]. Computers & Mathematics with Applications, 1976, 2(1): 17 – 40.

[82] BECK A, TEBOULLE M. A Fast Iterative Shrinkage-Thresholding Algorithm for Linear Inverse Problems[J]. Siam Journal on Imaging Sciences, 2009, 2(1): 183 – 202.

[83] GU J, JIAO L C, YANG S Y, et al. Sparse Learning based Fuzzy C-means Clustering. Knowledge-Based Systems, 2017, 119(1): 113 – 125.

[84] HUANG H C, CHUANG Y Y, CHEN C S. Multiple Kernel Fuzzy Clustering [J]. IEEE Transactions on Fuzzy Systems, 2012, 20(1): 120 – 134.

[85] YANG X, ZHANG G, LU J, et al. A Kernel Fuzzy c-Means Clustering-Based Fuzzy Support Vector Machine Algorithm for Classification Problems With Outliers or Noises[J]. IEEE Transactions on Fuzzy Systems, 2014, 19(1): 105 – 115.

[86] LUO M, SUN F, LIU H. Hierarchical Structured Sparse Representation for T - S Fuzzy Systems Identification[J]. IEEE Transactions on Fuzzy Systems, 2013, 21(6): 1032 – 1043.

[87] LUO M, SUN F, LIU H. Joint Block Structure Sparse Representation for Multi-Input - Multi-Output (MIMO) T - S Fuzzy System Identification[J]. IEEE Transactions on Fuzzy Systems, 2014, 22(6): 1387 – 1400.

[88] GU J, JIAO L C, YANG S Y, et al. A Multi-kernel Joint Sparse Graph for SAR Image

Segmentation[J]. IEEE Journal of Selected Topics in Applied Earth Observations & Remote Sensing, 2015, 9(3): 1-21.

[89] PROTTER M, ELAD M. Image Sequence Denoising via Sparse and Redundant Representations[J]. IEEE Transactions on Image Processing, 2009, 18(1): 27-35.

[90] WANG J, LU C, WANG M, et al. Robust face recognition via adaptive sparse representation[J]. Cybernetics IEEE Transactions on, 2014, 44(12): 2368-2378.

[91] QI N, SHI Y, SUN X, et al. Single image super-resolution via 2D sparse representation[C]. IEEE International Conference on Multimedia and Expo. IEEE Computer Society, 2015: 1-6.

[92] ELHAMIFAR E, VIDAL R. Sparse subspace clustering[C]. IEEE Conf. Comput. Vis. Pattern Recognit. , 2009: 2790-2797.

[93] CHENG J, LIU H, LIU T, et al. Remote sensing image fusion via wavelet transform and sparse representation[J]. Isprs Journal of Photogrammetry & Remote Sensing, 2015, 104: 158 - 173.

[94] ZHANG X, PHAM D S, VENKATESH S, et al. Mixed-norm sparse representation for multi view face recognition[J]. Pattern Recognition, 2015, 48(9): 2935-2946.

[95] DENG S W, HAN J Q. Statistical voice activity detection based on sparse representation over learned dictionary[J]. Digital Signal Processing, 2013, 23(4): 1228-1232.

[96] QIU Q, PATEL V M, CHELLAPPA R. Information-Theoretic Dictionary Learning for Image Classification[J]. IEEE Transactions on Pattern Analysis & Machine Intelligence, 2014, 36(11): 2173-2184.

[97] LI T, WANG W, XU L, et al. Image Denoising Using Low-Rank Dictionary and Sparse Representation[C]. Tenth International Conference on Computational Intelligence and Security. IEEE Computer Society, 2014: 228-232.

[98] GU J, JIAO L C, YANG S Y, et al. Fuzzy Double C-Means Clustering Based on Sparse Self-Representation[J]. IEEE Transactions on Fuzzy Systems. 2018, 26(2): 612-626.

[99] ZHANG X, JIAO L C, LIU F, et al. Spectral Clustering Ensemble Applied to SAR Image Segmentation[J]. IEEE Transactions on Geoscience & Remote Sensing, 2008, 46(7): 2126-2136.

[100] YANG Y, SONG J, HUANG Z, et al. Multi-Feature Fusion via Hierarchical Regression for Multimedia Analysis[J]. IEEE Transactions on Multimedia, 2013, 15(3): 572-581.

[101] ALTHLOOTHI S, MAHOOR M H, ZHANG X, et al. Human activity recognition using multi-features and multiple kernel learning[J]. Pattern Recognition, 2014, 47(5): 1800 - 1812.

[102] ELHAMIFAR E, VIDAL R. Sparse subspace clustering: algorithm, theory, and applications[J]. IEEE Transactions on Pattern Analysis & Machine Intelligence, 2012, 35(11): 2765-81.

[103] WANG Y X, XU H. Noisy Sparse Subspace Clustering[C]. International Conference on Machine Learning, 2013: 689-708.

[104] PENG X, ZHANG L, YI Z. Scalable Sparse Subspace Clustering [C]. IEEE Conference on Computer Vision & Pattern Recognition, 2013: 430-437.

[105] NASIHATKON B, HARTLEY R. Graph connectivity in sparse subspace clustering[C]. IEEE

Conference on Computer Vision and Pattern Recognition, 2011: 2137 - 2144.

[106] PATEL V M, VIDAL R. Kernel sparse subspace clustering[C]. IEEE International Conference on Image Processing, 2015: 2849 - 2853.

[107] 郭其淼. 多图谱医学图像分割方法研究及应用[D]. 南京: 南京航空航天大学, 2013.

[108] 时永刚, 王东青, 刘志文. 字典学习和稀疏表示的海马子区图像分割[J]. 中国图像图形学报, 2015, 20(12): 1593 - 1601.

[109] 张绿川, 杨艳. 基于稀疏表示超像素分类的肿瘤超声图像分割算法[J]. 中国医学物理学杂志, 2015, 32(6): 855 - 859.

[110] 郭小粉, 任文杰. 融合稀疏表示和字典学习的脑部 MR 图像分割[J]. 计算机应用与软件, 2015 (8): 328 - 333.

[111] 蒋宏骏. 基于稀疏表示的纹理图像分割研究[D]. 南京: 南京理工大学, 2015.

[112] 李佐勇, 刘伟霞. 基于稀疏表示的舌图像分割方法: 中国, 104933723A[P]. 2015.

[113] ZHANG X, WEI Z, FENG J, et al. Sparse representation-based spectral clustering for SAR image segmentation[J]. Proceedings of SPIE - The International Society for Optical Engineering, 2011, 8006(1): 800608 - 800608 - 6.

[114] YANG S, ZHU J, HU Z, et al. Cooperative Synthetic Aperture Radar Image Segmentation Using Learning Sparse Representation Based Clustering Scheme[C]. IEEE International Workshop on Multi-Platform/multi-Sensor Remote Sensing and Mapping, 2011: 1 - 6.

[115] FAN J, YAU D Y, ELMAGARMID A K, et al. Automatic image segmentation by integrating color-edge extraction and seeded region growing[J]. IEEE Transactions on Image Processing A Publication of the IEEE Signal Processing Society, 2001, 10(10): 1454 - 66.

[116] YANG D, JIAO L C, GONG M, et al. Artificial immune multi-objective SAR image segmentation with fused complementary features[J]. Information Sciences, 2011, 181(13): 2797 - 2812.

[117] LEVINSHTEIN A, STERE A, KUTULAKOS K N, et al. TurboPixels: Fast Superpixels Using Geometric Flows[J]. IEEE Transactions on Pattern Analysis & Machine Intelligence, 2009, 31(12): 2290 - 2297.

[118] TANG T, XIANG D, LIU H, et al. A new local feature extraction in SAR image[C]. Asia-Pacific Conference on Synthetic Aperture Radar, 2013: 377 - 379.

[119] HARALICK R M, SHANMUGAM K, DINSTEIN I. Textural Features for Image Classification [J]. IEEE Transactions on Systems Man & Cybernetics, 1973, smc - 3(6): 610 - 621.

[120] YAN X Y, JIAO L C, XU S W. SAR image segmentation based on Gabor filters of adaptive window in overcomplete brushlet domain[C]. IEEE Asian-Pacific Conference on Synthetic Aperture Radar, 2009: 660 - 663.

[121] LU H, FU Z, SHU X. Non-negative and sparse spectral clustering[J]. Pattern Recognition, 2014, 47(1): 418 - 426.

[122] SHI J, MALIK J. Normalized cuts and image segmentation[J]. IEEE Trans. pattern Anal. mach. intell, 2000, 22(8): 888 - 905.

[123] ZHANG Q, LI B. Discriminative K-SVD for dictionary learning in face recognition[C]. IEEE Conference on Computer Vision & Pattern Recognition, 2010: 2691 - 2698.

[124] RAINA R, BATTLE A, LEE H, et al. Self-taught learning: transfer learning from unlabeled data [C]. Proceedings of International Conference on Machine Learning, 2007: 759 - 766.

[125] YANG J C, YU K, GONG Y H, et al. Linear spatial pyramid matching using sparse coding for image classification [C]. Proceedings of IEEE Conference on Computer Vision and Pattern Recognition, 2009: 1794 - 1801.

[126] GAO S H, TSANG I W, CHIA L T, et al. Local features are not lonely- Laplacian sparse coding for image classification[C]. Proceedings of IEEE Conference on Computer Vision and Pattern Recognition, 2010: 3555 - 3561.

[127] 陈胜喃. 基于稀疏编码的图像分类[D]. 青岛: 中国石油大学, 2014.

[128] 徐嘉. 基于稀疏表示的图像分类技术研究[D]. 南京: 南京邮电大学, 2014.

[129] 赵仲秋, 季海峰, 高隽, 等. 基于稀疏编码多尺度空间潜在语义分析的图像分类[J]. 计算机学报, 2014, 37(6): 1251 - 1260.

[130] WRIGHT J, YANG A Y, GANESH A, et al. Robust face recognition via sparse representation [J]. IEEE Transactions on Pattern Analysis & Machine Intelligence, 2009, 31(2): 210 - 227.

[131] CHEN Y, NASRABADI N M, TRAN T D. Hyperspectral Image Classification Using Dictionary-Based Sparse Representation[J]. IEEE Transactions on Geoscience & Remote Sensing, 2011, 49(10): 3973 - 3985.

[132] 袁宗泽, 孙浩, 计科峰, 等. 基于 Fisher 字典学习稀疏表示的高光谱图像分类[J]. 遥感技术与应用, 2014, 29(4): 646 - 652.

[133] FANG L Y, LI S T, KANG X D, et al. Spectral - Spatial Hyperspectral Image Classification via Multiscale Adaptive Sparse Representation [J]. IEEE Transactions on Geoscience & Remote Sensing, 2014, 52(12): 7738 - 7749.

[134] 谢瑶. 基于空谱融合稀疏表示的高光谱图像分类技术研究[D]. 深圳: 深圳大学, 2015.

[135] LU Z W, WANG L W. Noise-robust semi-supervised learning via fast sparse coding[J]. Pattern Recognition, 2015, 48(2): 605 - 612.

[136] WANG S, LU J F, GU X J, et al. Semi-supervised linear discriminant analysis for dimension reduction and classification[J]. Pattern Recognition, 2016, 57(C): 179 - 189.

[137] BENGIO Y, DELALLEAU O, ROUX N L. Label Propagation and Quadratic Criterion [J]. Semisupervised Learning, 2006, 41(3): 538.

# 第二篇

## 高光谱数据解译

| 第7章 | 空谱信息联合的高光谱遥感图像混合像元分解综述 |
| --- | --- |

## 7.1　引　言

　　高光谱遥感是将成像技术和光谱技术相结合的多维信息获取技术，同时探测目标的二维几何空间与一维光谱信息，获取高光谱分辨率的连续、窄波段的图像数据，在可见光到短波红外波段范围内光谱分辨率为纳米(nm)级，光谱的波段数多达数十个甚至上百个[1-2]，从而使得高光谱图像数据具有高光谱分辨率、图谱合一、光谱连续成像等特点[3]，兼具丰富的地物光谱信息和空间信息。这项新技术可以极大地扩大传统遥感在光谱探测方面的优势。作为遥感技术史上的一次变革，高光谱遥感的出现使得原本在多光谱遥感中无法有效探测的地物得以探测[4-5]，能够对图像信息的判读和理解变得更加准确，为实现定量化和精细化的高光谱分辨率对地观测提供可能，目前已经发展成为遥感领域的前沿科学。图 7.1 描述了高光谱遥感图像的生成原理图[6]。

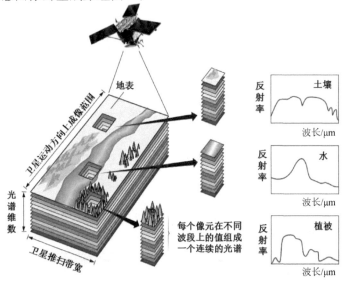

图 7.1　高光谱遥感图像的生成原理图

**209**

由于传感器空间分辨率的限制以及地物的复杂多样性，高光谱遥感图像中存在大量混合像元[7]。混合像元的存在往往会造成"同质异谱"和"同谱异质"的现象，严重影响了地物的识别和分类精度[8]。混合像元分解是解决混合像元问题最为有效的分析方法，其目的是求解出混合像元中的"纯净"光谱（端元），并求得该像元中每种端元对应的比例（丰度）[7]。

基于光谱的解混算法需要先建立场景混合模型，现有的混合像元分解模型主要有线性光谱混合模型和非线性光谱混合模型两种[9]，如图 7.2 所示[10]。线性光谱混合模型假设光子只与一种地物表面发生作用，物体间没有相互作用。而在非线性光谱混合模型中，同一场景内发射光与多种地物发生相互作用。物体的混合和物理分布的空间尺度大小决定了非线性的程度，大尺度的光谱混合可以被认为是一种线性混合，而小尺度的内部物质混合是非线性的[11]。研究表明，线性光谱混合模型可以满足大部分的应用要求。

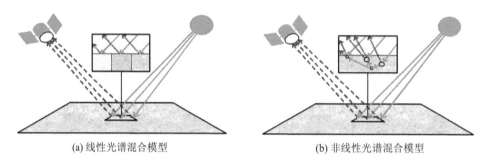

(a) 线性光谱混合模型　　　　　　　　　　(b) 非线性光谱混合模型

图 7.2　混合像元分解模型示意图

因此，本章仅对基于线性光谱混合模型的解混方法进行讨论。此外，近年来，基于空谱信息联合的方法成为高光谱解混的研究热点，在解混精度方面表现出了一定的优势[12]。相较于单纯使用光谱信息，空间信息能够反映像元之间的空间相关性。因此，本章根据有无端元光谱库，对没有端元光谱库情况下的空谱信息联合的高光谱解混方法和有端元光谱库情况下的空谱信息联合的高光谱稀疏解混方法进行综述。

## 7.2　空谱信息联合的高光谱解混

端元识别是高光谱解混链中的重要步骤。端元识别的方式通常有两种。一种是在地物类别已知的先验条件下从已有的光谱库中直接提取。其中，光谱库中的光谱信息主要来自于光谱设备对地物的实测。目前，市面上已经存在许多知名的端元光谱库，并可供免费使用。例如，美国的 USGS 数字光谱库就包含了 1300 多种矿物成分的光谱信号。另一种方式是直接从图像中识别端元光谱。本节首先介绍没有端元光谱库情况下的解混方法。

在没有端元光谱库的情况下，为了从图像中提取端元信号，大量自动/半自动的端元识别方法相继被提出。按照是否需要纯像元假设，可以把这些方法分为两大类。一类是基于纯像元假设的方法，即每种地物类型在图像中都有对应的纯净像元。相关方法有像元纯净度指数（Pixel Purity Index，PPI）[13]、顶点成分分析（Vertex Component Analysis，VCA）[14]、N-FINDR[15]、迭代误差分析（Iterative Error Analysis，IEA）[16]、单形体增长算法（Simplex Growing Algorithm，SGA）[17]等。另一类方法则不需要纯像元假设。相关方法有外包单形体收缩算法（Simplex Shrink-Wrap Algorithm，SSWA）[18]、最小体积封闭单形体算法（Minimum Volume Enclosing Simplex，MVES）[19]、迭代限制端元算法（Iterated Constrained Endmember，ICE）[20]、鲁棒的最小体积单形体分析算法（Minimum Volume Simplex Analysis，MVSA）[21-22]、基于变分增广拉格朗日的单形体识别（Simplex Identification via Split Augmented Lagrangian，SISAL）等[23]。

上述方法在进行光谱解混时，普遍采用了固定数量的端元光谱，即每个端元只使用一个光谱信号。尽管这种方式实现起来比较简单，但是对光谱变异性问题缺乏有效解决。因此，有学者提出用多个相似端元信号来表示每一种地物类型，从而能更好地适应光谱变异性。最具代表性的方法是多端元光谱混合分析（Multiple Endmember Spectral Mixture Analysis，MESMA）[24]。

近年来，相关研究已经表明，单纯考虑光谱信息的端元识别方法缺少对高光谱图像中空间信息的充分利用，使得相邻像元之间的局部相关性难以得到有效挖掘。在实际高光谱图像中，地物分布通常具有分片平滑的特性，空间相邻像元具有相似的光谱信号，且端元信号往往出现在空间同质化区域内并表现出最奇异的光谱特征。因此，为了对空间信息进行充分利用，基于空谱信息联合的端元识别方法引起了广泛关注。下面针对几种主流的空谱信息联合的端元识别方法进行简要介绍。

### 7.2.1 空谱信息联合的端元识别方法

基于空谱信息联合的端元识别方法通常是在现有基于光谱信息的端元识别方法的基础上，进一步引入空间约束条件，以达到获取更准确端元信号的目的。

#### 1. 自动形态学端元提取（AMEE）

自动形态学端元提取方法[25]是首个提出对空谱信息进行联合的端元识别方法。该方法将数学形态学中的膨胀（Dilation）与腐蚀（Erosion）算子进行了改进，并用于对高光谱图像的处理。其中，膨胀算子定义为空间邻域窗口到中心像元的最大距离，而腐蚀算子则定义为空间邻域窗口到中心像元的最小距离。在每个像元的邻域窗口中，具有最大距离的像元被赋予一个形态偏心指数，该指数由具有最大距离的像元与具有最小距离的像元之间的光谱角距离来表示。可见，形态偏心指数的计算显著依赖于邻域窗口的大小和形状，因此，该方法采用了一种多尺度思想，即使用多个具有不同尺度的邻域窗口进行多次计算，从而能更充分地利用空间信息。然而，这种逐步增加邻域窗口大小的方式也带来了算法复杂度的显著提高。

### 2. 空谱信息联合的端元提取（SSEE）

空谱信息联合的端元提取方法[26]是在传统的像元纯净指数算法（PPI）的基础上增加了一个空间后处理步骤。在传统的 PPI 算法中，投影向量采用了随机选取的方式，缺少一定的代表性。因此，SSEE 方法首先将原始图像划分为一系列互不相交的图像子块，然后在每个子块上开展奇异值分解（Singular Value Decomposition，SVD），并将分解得到的前几个特征向量作为投影向量，将图像像元投影到这些向量上，并挑选位于投影极限位置的像元组成候选端元集。进一步，SSEE 对获得的候选端元集使用了一个空间后处理步骤进行筛选，该空间后处理步骤基于一种滑动窗口技术，对以每个候选端元为中心的邻域窗口内的像元进行光谱相似性判断，如果邻域像元与候选端元具有相似的光谱信号，则将该像元也作为候选端元看待。最后，对同一窗口内的候选端元求平均得到最终的端元信号，从而消除了类内变异性。SSEE 的主要局限性在于：滑动窗口的大小难以确定；基于平均方式得到的端元信号不能保证是最纯净的像元光谱信号。

### 3. 连续投影算法（SPA）

连续投影算法[27]的设计思想来自于传统的正交子空间投影算法，同时增加了一个空间后处理约束。这种空间约束认为空间上相邻的像元具有相似光谱的概率更高。与 SSEE 方法类似，SPA 使用了一种基于光谱相似和空间相邻的度量准则来对像元进行纯净度判断，从而挑选出候选端元。此外，SPA 对候选端元也采用了一种求平均的方式，因此能有效降低噪声和异常信号所带来的影响，得到更具代表性的端元光谱信号。与其他空谱联合的端元识别方法相比，SPA 的计算速度非常快。然而，如何进行光谱和空间相似性度量的设计，仍然是 SPA 方法有待解决的关键问题。

### 4. 基于空间纯度的端元提取（SPEE）

基于空间纯度的端元提取方法[28]将像元的光谱纯净度测度转换为一个空间纯净度测度，并提出了两种策略来对像元的空间纯净度进行定量表征：一种策略是基于光谱角距离的测度；另一种策略则是基于特征成分的多样性测度，其中，该特征成分来自于主成分变换或者奇异值变换得到的特征向量。同时，为了进一步消除类内光谱变异性的影响，SPEE 方法采用了求局部邻域窗口内像元平均的方式来生成候选端元。随后，SPEE 还采用了一种基于图的空间邻域合并操作，以及非监督光谱聚类技术来对候选端元集进行筛选，从而进一步减少了候选端元的数量，消除了全局光谱变异性的影响。与 AMEE 方法相比，SPEE 方法不需要采用逐个增加的邻域窗口进行处理，从而显著降低了算法的复杂度。

**5. 混合自动端元提取算法（HEEA）**

混合自动端元提取算法[29]来自于对迭代误差分析算法（IEA）的改进。首先，将原始图像分割为具有相同尺寸的子块。然后，在每个子块内，采用 IEA 提取具有最大残差的像元，组成候选端元集。之后，采用 OSP 对候选端元集开展进一步的筛选。为了获得最终的端元光谱，HEEA 引入了一种新的同质化判别准则，用来对每个候选端元的纯净度进行定量评价。该判别准则对空谱信息进行了联合考虑。光谱相似性测度采用了光谱信息散度和光谱角距离的组合（SID-SAM）；空间相似性测度采用了空间欧式距离，并作为对光谱相似性的加权值。对 HEEA 方法的实验分析表明，这种新的相似性判别准则对噪声的鲁棒性更高。然而，HEEA 方法仍然存在如何选择最优窗口大小的问题。

## 7.2.2 基于空间预处理的端元识别

上述空谱信息联合的端元提取方法表明，当前大多数方法的设计仍以现有基于光谱的端元提取方法为基础，通过添加相应的空间约束来对光谱变异性进行处理。然而，在邻域窗口的选择上，这些方法普遍采用了固定大小的窗口，这与实际高光谱图像中地物分布的复杂多样性并不相符。在高光谱遥感图像中，不同地物类型往往表现出完全不同的分布特性，既有大尺度的农田、森林，也有小尺度的道路、房屋等。因此很难用单一的固定大小的窗口进行统一表征。此外，上述多数方法采用了一种求平均的方式来消除类内变异性，却无法保证得到的是最纯净的端元信号。为此，一些基于空间预处理的方法也相继被提出。这类方法通常采用某种空间预处理操作来减少候选端元的数量，然后以这些候选端元作为输入，直接使用现有的端元识别方法来提取最终端元，从而有效降低了现有算法的计算复杂度。与基于空谱信息联合的方法相比，空间预处理方法可以作为一个独立的模块执行，从而很容易接入到现有的端元识别方法中。

**1. 空间预处理解混（SPP）**

空间预处理解混方法[30]的基本思想是通过设计一个空间加权因子来对每个图像像元进行度量调整。这个空间加权因子通过计算每个像元与其邻域像元之间的光谱相似性和空间距离而求得。当像元处在一个空间同质性窗口中时，该因子的影响较小，使得对原始像元的调整也很小；而当像元处在一个空间异质的邻域窗口中时，将会调整到更加接近中心像元的位置，即更加靠近具有高度混合的像元，使得被选为端元的概率降低。随后，将调整后的图像像元输入到已有的基于光谱的端元识别方法中来计算一个新的单形体。在这个新的单形体中，位于空间同质化邻域的纯净像元更有可能被选为单形体的顶点。与空谱信息联合的端元识别方法相比，SPP 对每个像元赋予了一个独立的空间加权因子，而不仅仅是对整个同质性区间进行加权处理。然而，SPP 算法由于需要对所有像元进行处理，因此计算复杂度仍然较高。

**2. 区域空间预处理解混（RBSPP）**

区域空间预处理解混方法[31]可以看成一个基于区间的正交子空间投影算法。首先，借助于某种非监督聚类算法（如 ISODATA、$K$-均值聚类、分层分割 HSEG），将原始图像划分为一系列互不相交的同质化分割块；然后，从这些分割块中，采用 OSP 来挑选出具有更大光谱纯净度且相互正交的分割块子集。候选端元只需要从这些子集分割块中挑选即可。与 SPP 方法相比，RBSPP 在两个方面进行了改进：一方面，RBSPP 减少了候选端元的数量，因此计算复杂度显著降低；另一方面，RBSPP 引入了聚类的方法来对原始图像进行同质化分割，从而能够得到比固定大小窗口更加准确的邻域表示。然而，所采用的聚类算法对 RBSPP 的最终结果产生了很大影响。

**3. 空谱信息联合的预处理解混（SSPP）**

空谱信息联合的预处理解混方法[32]采用了一个并行策略来对空间和光谱信息进行同步预处理。对于空间信息，SSPP 引入了一个空间同质性指标来表征每个像元，该指标通过计算两幅图像之间的均方根误差得到，其中一幅图像为原始图像，另一幅图像为经过高斯滤波后的滤波图像。对于光谱信息，SSPP 采用了一种非监督聚类策略，并作用到经过主成分变换后的图像上。最后，SSPP 对空间和光谱预处理后的信息进行融合来获得候选端元集，即只有那些具有空间同质性和光谱纯净度的像元将被挑选作为候选端元，并输入到已有的基于光谱的端元识别方法中进行最终端元的确定。与其他空间预处理方法相比，SSPP 不需要假设纯净像元的存在。然而，由于在 SSPP 方法中空间和光谱的预处理是以分离的方式进行的，因此计算复杂度仍然较高。

### 7.2.3 基于超像素的端元识别

近年来，超像素分割技术在高光谱图像处理领域也得到了广泛关注和应用，如基于图的超像素分割方法[33]、Turbopixel 超像素分割[34]、简单线性迭代聚类（Simple Linear Iterative Clustering，SLIC）[35] 等。相比于传统的图像分割算法（如均值漂移[36]、分水岭算法[37]等），这些超像素算法拥有更快的速度和更好的分割性能，并在高光谱图像处理中得到了应用[38-39]。在高光谱图像中，一个超像素代表了空间连续并且光谱相似的同质化区域。与固定大小和形状的邻域窗口相比，超像素能够表征自适应的空间邻域范围，并能较好地匹配图像自身的形态分布和边缘特征，从而降低噪声的影响，为进一步的端元识别和丰度估计带来更准确的空间邻域表达。参考文献[40]和[41]提出了一种基于图的超像素分割算法，该方法首先将每个像元作为图的节点，然后开展邻接节点之间的相似性判别，使得最终生成的超像素可以表示成相似像元的最小生成树，从而能较好地适配图像的边界。然而，该算法得到的超像素在形状和尺寸上差异非常大。参考文献[42]将数字图像领域的超度量轮廓图（Ultrametric Contour Map，UCM）方法引入到对高光谱图像的处理中，取得了较好的分割效果。上述基于超像素的端元识别方法，无论是在计算效率方面还是在计算精度方面都带来了显著提升。然而，当处理大数据量高光谱图像时，这些算法仍然存在一定的性能瓶颈，为了得到过细的分割尺度，往往需要耗费大量的计算时间和内存空间。因此，开发快速有效的超像素分割方法来适应大数据量高光谱图像处理的需求，具有重要的研究价值。

受参考文献[43]所提方法的启示，Xu 等以原始图像像元集作为端元识别的来源，通过空谱信息的联合，开发了一种基于局部聚类空间预处理的端元识别新方法，简称为RCSPP[44]。该方法基于简单线性迭代聚类(Simple Linear Iterative Clustering，SLIC)[35]算法的设计思想，将传统的全局聚类过程变换到一个局部邻域范围内的聚类过程。这种局部聚类的思想很好地适应了高光谱图像中分片光滑的地物分布特点；同时，由于避免了全局搜索，因此聚类分割的速度大大提高。此外，针对高光谱图像特有的光谱特征，设计了一种新的像元相似性判别准则，将空间和光谱信息在聚类过程中同步进行考虑。聚类完成后，每个聚类分区中的像元都呈现出一定的空间相关性和光谱相似性。最后，在每个聚类分区中使用了一种局部主成分投影策略，从而筛选出端元信号组成候选端元集。与原始图像中的像元数目相比，候选端元集的数目非常小，并且更具代表性，这为后续的丰度估计提供了保障。图7.3以帕维亚大学的高光谱遥感图像为例展示了 RCSPP 方法的基本流程。下面具体说明 RCSPP 的设计方案。

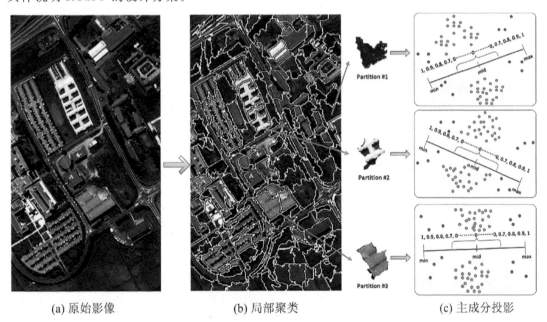

（a）原始影像　　　　　　（b）局部聚类　　　　　　（c）主成分投影

图 7.3　RCSPP 方法的基本流程（以帕维亚大学的高光谱图像为例）

首先，需要定义初始聚类数目，设置每个聚类的中心位置。对于聚类数目，需要根据高光谱图像自身的空间分辨率来确定。RCSPP 方法采用了一种空间邻域纯度指标（Spatial Neighborhood Purity Index，SNPI）[28]来确定最佳的聚类数目，即设定一个阈值，当 90% 以上分块的 SNPI 值大于给定的阈值时，表示聚类分割达到了要求，不需要进一步细分了。此时，可以认为每个分区满足同质性要求。一旦给定了聚类数目，就可以将原始高光谱图像以相同的空间大小均匀划分成一个个初始分块。例如，假设高光谱图像的空间尺度为 $100 \times 100$，初始聚类数目为 100，即需要将图像分割为 100 个相同大小的初始分块，且每个分块的大小为 $10 \times 10$ 个像元。此时，聚类中心可以选择最接近子块中心位置的像元，即 $(5,5)$、$(5,6)$、$(6,5)$、$(6,6)$ 中的任何一个，如图 7.4(a) 所示。此外，还需要预先设置好聚类搜索的局部邻域大小。在 RCSPP 方法中，搜索邻域的大小设置为围绕聚类中心且大小为初始分块大小两倍的矩形邻域（其宽度为 $m$，高度为 $n$，即 $m \times n$），如图 7.4(c) 所示。需要强调的是，对搜索邻域大小的选择会对聚类的速度产生影响，一般邻域选得越大，聚类搜索越慢；然而，搜索邻域也不能选得过小，否则会导致很多像元无法有效聚类到相应的分区中。因此，这里选择了初始分块的两倍大小。尽管这种选择不一定能得到最好的分割效果，但是站在局部观察的角度，两倍大小的搜索邻域能在算法的效率和分割效果上达到一个平衡。

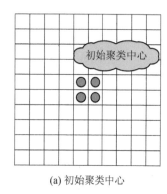

(a) 初始聚类中心

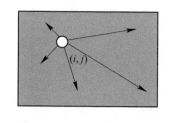

(b) 全局搜索策略

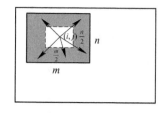

(c) 局部搜索策略

图 7.4　RCSPP 算法中初始聚类中心的选择以及局部搜索邻域的大小

一旦完成了各种初始化工作，RCSPP 方法就进入了聚类迭代主循环。每个循环过程中，借助于设计好的像元相似性度量准则，依次对每个聚类计算其局部搜索邻域内的像元到相应聚类中心的距离。由于采用局部邻域搜索策略，因此对每个聚类中心而言，仅仅需要对有限空间范围内的像元进行距离计算，从而大大加快了聚类过程。每次迭代完成后，针对每个像元，判断与其距离最近的聚类中心，从而将该像元划分到该聚类分区中。因此，关键的设计要点是像元之间的相似性度量准则。为了更好地在聚类过程中同步利用空间和光谱信息，RCSPP 使用了一种新的相似性度量公式：

人工智能、类脑计算与图像解译前沿

$$SC = (1-\lambda) \times SC_{spe} + \lambda \times SC_{spa} \qquad (7-1)$$

$$SC_{spe} = \arccos\left(\frac{\sum_{j=1}^{b} x_{ij} \times x_{cj}}{\sqrt{\sum_{j=1}^{b} x_{ij}^2 \sum_{j=1}^{b} x_{cj}^2}}\right) \qquad (7-2)$$

$$SC_{spa} = \frac{\sqrt{(i_x - c_x)^2 + (i_y - c_y)^2}}{d} \qquad (7-3)$$

其中，SC 代表了本章提出的相似性测度；$SC_{spe}$ 表示像元之间的光谱距离；$SC_{spa}$ 表示像元之间的空间距离；$\lambda$ 代表用来调节光谱距离和空间距离占比的权重值，其取值范围是 $[0.1, 0.4]$。通常，如果图像空间分辨率较高，则 $\lambda$ 可以取得偏大，以体现空间距离的重要性。光谱距离 $SC_{spe}$ 的度量采用了光谱角距离，如式（7-2）所示。其中，$[x_{i1}, \cdots, x_{ib}] = x_i$，代表像元向量；$[x_{c1}, \cdots, x_{cb}] = x_c$，代表聚类中心像元向量；$b$ 是光谱波段数。空间距离 $SC_{spa}$ 的度量采用了欧氏距离，如式（7-3）所示。其中，$(i_x, i_y)$ 和 $(c_x, c_y)$ 分别代表像元 $i$ 和聚类中心像元 $c$ 的空间位置坐标；$d$ 设置为搜索邻域矩形的对角线长度，用来规范化空间距离值。

一旦聚类循环结束，原始高光谱图像就被划分成一系列互不重叠的同质化分块（如图 7.4(b) 所示）。下一步拟从每个分块中挑选端元信号组成候选端元集。考虑到端元信号在每个分块中往往表现出更加奇异的信号特征，因此采用了一种主成分投影技术[32]，即在每个分块中选择前几个主成分特征向量作为投影轴，将该分块内的所有像元投影到每个投影轴上，并记录它们的投影位置。最后，挑选那些处在投影极限位置的像元作为目标端元信号，如图 7.4(c) 所示。为了定量描述每个像元的投影位置权重，假设最大和最小投影值分别为 max 和 min，则其他像元的投影值按公式 $pj_i = (proj_i - min)/(max - min)$ 计算，其中，$proj_i$ 表示像元 $x_i$ 的投影值，则每个像元的投影权值为

$$w_i = \begin{cases} 1 & , proj_i = \max \| proj_i = \min \\ pj_i & , pj_i \geqslant 0.7 \\ 1 - pj_i & , pj_i \leqslant 0.3 \\ 0 & , pj_i \in (0.3, 0.7) \end{cases} \qquad (7-4)$$

然而，通过主成分投影所获得的候选端元集仍然远大于图像中的地物类别数量，因此，采用了 $K$-均值聚类对候选端元集进行划分，选取每个聚类中心像元的光谱信号作为最终的端元光谱，并用于下一步的丰度估计。一旦得到了端元信号，就可以利用最小二乘[45] 等算法反演出丰度信息，从而实现混合像元分解。

## 7.3  空谱信息联合的高光谱稀疏解混

近年来，随着各大端元光谱库（所包含的光谱曲线纯净且完备）的普及，以及压缩感知

理论[46-48]和稀疏表示理论[49]的迅速发展，学者们对稀疏性有了更为深刻的认识。Bioucas-Dias 和 Iordache 等用已知端元光谱库替代从图像中选取的端元集合，创新性地将稀疏性约束加入到混合像元分解之中，提出了稀疏解混（Sparse Unmixing）的理论与方法[10]。由于混合像元的端元组分丰度是稀疏的，而已知端元光谱库中的光谱个数大于甚至远远大于实际构成混合像元的端元个数，因此混合像元中的端元在已知端元光谱库下的丰度系数具有一定的稀疏性[50]，不需要人为判别，而是通过线性稀疏回归算法自动筛选最优端元子集，获得混合像元分解结果[51]。形成的基于端元光谱库的稀疏高光谱混合像元分解方法避免了传统解混算法的两个弊病[10]：① 不需要假设图像中有纯端元存在；② 不需要估计图像中包含的端元数目，可以同时实现端元的选取和端元组分丰度的估计，进而达到解混的目的。随着端元光谱库的丰富，几乎所有地物的纯净光谱曲线都被收录到端元光谱库中，从而避免了传统解混算法获得的端元光谱可能没有实际物理意义的情况。稀疏解混方法目前已受到国内外学者的广泛关注和研究，成为了解混领域新的研究热点。

### 7.3.1　稀疏解混模型

对于稀疏解混，需要建立一个完备的端元光谱库，它可以通过实验条件或者野外采集等手段获取，将采集到的许多纯净地物光谱组合成完备的端元光谱库，里面包含了每个端元所有可能的光谱。相对于成千上万条端元光谱库，每个混合像元通常只是由 3～5 个端元构成，那么丰度是稀疏的，于是变成了一个稀疏问题。为此，结合稀疏表示理论，利用完备的端元光谱库构造用于稀疏分解的过完备字典，通过对丰度进行稀疏约束，将混合像元分解问题转化为稀疏回归问题进行求解。

如图 7.5 所示，由于端元光谱库（$A$）中的端元光谱有成千上万条，而每个混合像元只是由少量的地物光谱组合而成的，因此，对应于等号右边的混合像元（$y$），基于端元光谱库获取的丰度向量（$x$）的绝大多数元素值为 0（如白色小块所示）。

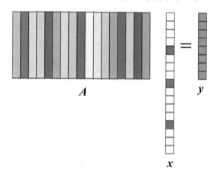

图 7.5　稀疏解混示意图

稀疏解混方法假设高光谱图像中所有的端元已包含在端元光谱库中，作为一种基于稀疏表示理论的半监督形式的混合像元分解方法[10,52-53]，旨在从这个已知的端元光谱库中寻找高光谱遥感图像像元最稀疏的线性端元光谱组合，即在端元光谱库中寻找最优的端元子集来表示每个混合像元。稀疏解混的基本模型如下：

$$y = Ax + n \tag{7-5}$$

其中，$y \in \mathbf{R}^{d \times 1}$ 表示混合像元，$d$ 为高光谱遥感图像的波段数；$n$ 表示噪声或模型误差；$A \in \mathbf{R}^{d \times m}$ 表示端元光谱库（其中 $d \ll m$），$m$ 为光谱库中端元光谱的个数；$x \in \mathbf{R}^{m \times 1}$ 为对应于光谱库 $A$ 的丰度向量。如前面提到的，每个混合像元 $y$ 含有的地物光谱数量有限，故基于端元光谱库 $A$ 表达混合像元 $y$ 的丰度 $x$ 是稀疏的。

式(7-5)针对的是一个混合像元的稀疏表示模型，若 $Y$ 为一幅高光谱遥感图像，则有

$$Y = AX + N, \quad \text{s.t.} \quad X \geqslant 0, \ \mathbf{1}^{\mathrm{T}} x = 1 \tag{7-6}$$

其中，$Y = [y_1, \cdots, y_n] \in \mathbf{R}^{d \times n}$ 表示高光谱遥感图像，$d$ 为波段数，$n$ 表示图像的像元个数；$A \in \mathbf{R}^{d \times m}$ 表示端元光谱库，$m$ 为光谱库中端元光谱的个数；$X = [x_1, \cdots, x_n] \in \mathbf{R}^{m \times n}$ 为对应于遥感图像的 $m$ 种端元的丰度图像（即丰度矩阵）；$N \in \mathbf{R}^{d \times n}$ 为系统噪声或模型误差。根据线性混合模型的两个物理约束，需要满足丰度"非负性"约束（ANC，即 $X \geqslant 0$）以及丰度"和为一"约束（ASC，即 $\mathbf{1}^{\mathrm{T}} x = 1$）。此外，由于端元光谱库 $A$ 的选择具有一定的随机性，不一定能涵盖目标高光谱遥感图像中所有的端元光谱，因此"和为一"约束对于稀疏解混往往不太适用[10]。同样地，根据高光谱图像混合像元分解的机理，端元光谱库 $A$ 中的端元光谱个数远大于一个混合像元中所包含的端元个数，则丰度矩阵 $X$ 表现出"稀疏性"。综上，基于 $l_1$ 范数的高光谱图像混合像元分解模型可以表示为

$$\min_x \frac{1}{2} \| AX - Y \|_F^2 + \lambda \| X \|_{1,1}, \quad \text{s.t.} \quad X \geqslant 0 \tag{7-7}$$

其中，$\| X \|_{1,1} = \sum_{j=1}^{n} \| x_j \|_1$ 表示 $l_{1,1}$ 范数，$x_j$ 表示丰度矩阵 $X$ 的第 $j$ 列。

对于上述解混模型的求解，目前已有许多优化计算方法，代表性的方法有正交匹配追踪算法（Orthogonal Matching Pursuit，OMP）[54]、基追踪方法（Basic Pursuit，BP）[55]和迭代光谱混合分析方法（Iterative Spectral Mixture Analysis，ISMA）[56]，参考文献[57]中提出的基于变量分裂增广拉格朗日的稀疏解混算法（Sparse Unmixing via variable Splitting and Augmented Lagrangian，SUnSAL）为目前广泛应用的方法。作为一种经典的稀疏解混算法，SUnSAL 算法的优势是其利用交替迭代方向乘子法（Alternative Direction Method of Multipliers，ADMM）将一个多变量的优化问题分解为几个简单的问题进行求解，并可以得到较稳定且满足要求的结果。

SUnSAL 算法的提出为稀疏解混开辟了新的途径，并带来了新的见解。然而，真正的

稀疏度超出了 $l_1$ 稀疏正则化所能达到的范围，其解的稀疏性和稳健性并不好，这是由于光谱库中的端元数量与通常参与混合像元的组分数量之间的不平衡造成的。针对该问题，为了更好地表征稀疏度，目前已涌现出一批先进的方法。例如，Chen 等提出 $l_p(0 < p < 1)$ 稀疏正则化解混方法[58]，Bioucas-Dias 等提出了基于协同稀疏回归的光谱解混方法 (Collaborative SUnSAL)[52]，Wang 等在 $l_1$ 稀疏正则化解混框架下提出了双重加权稀疏解混算法 (Double Reweighted Sparse Unmixing，DRSU)[59]。

上述稀疏解混算法仅从高光谱遥感图像的光谱信息方面进行分析，而忽略了像元间的邻域关系、形状特点等空间信息，没有把高光谱数据当作一幅图像而只是作为随机排列的光谱信号来处理。然而图像中的空间信息是不可忽略的重要特征，图像中包含的丰富的空间信息对于估计端元丰度以及使获得的丰度更一致是非常有作用的。因此，发展基于空谱信息联合的稀疏解混算法成为当务之急[60-63]。

### 7.3.2　空谱信息联合的稀疏解混模型

#### 1. SUnSAL-TV 稀疏解混模型

目前基于空间约束的稀疏解混算法主要通过引入空间正则化来引入图像的空间信息。Bioucas-Dias 和 Iordache 等率先将全变差 (Total Variation，TV) 正则化引入到稀疏解混问题中，提出了基于全变差空间正则化的稀疏解混算法 (SUnSAL-TV)，用来促进图像同质区域的平滑性[53]。SUnSAL-TV 算法作为将空间信息引入稀疏解混模型的第一次尝试，它通过像元的一阶邻域信息促进空间相关性。其模型如下：

$$\min_{\boldsymbol{X}} \frac{1}{2} \| \boldsymbol{AX} - \boldsymbol{Y} \|_{\mathrm{F}}^2 + \lambda \| \boldsymbol{X} \|_{1,1} + \lambda_{\mathrm{TV}}(\mathrm{TV}(\boldsymbol{X})), \quad \mathrm{s.t.} \quad \boldsymbol{X} \geqslant 0 \qquad (7-8)$$

其中，全变差正则化算子 $\mathrm{TV}(\boldsymbol{X}) \equiv \sum_{i,j \in N} \| x_i - x_j \|_1$，$N$ 表示图像中 (水平和垂直) 像元的邻域的集合，$x_i$ 及 $x_j$ 表示丰度矩阵 $\boldsymbol{X}$ 的第 $i$ 列及第 $j$ 列，$x_j$ 为 $x_i$ 的一阶邻域像元；$\lambda_{\mathrm{TV}}$ 是另一个正则化参数，用来控制空间信息的平滑度。

尽管 SUnSAL-TV 算法能够促进图像的空间相关性，也取得了一定的解混效果，但是该算法会加剧丰度图像出现过平滑现象，丢失丰度图像本身的纹理结构信息。

#### 2. DRSU-TV 稀疏解混模型

鉴于加权 $l_1$ 最小化在稀疏信号恢复方面取得的成功[64]，以及该加权方法在稀疏解混方面获得的良好结果，双重加权稀疏解混与全变差正则化算法 (DRSU-TV)[65] 被提出，其解混模型如下：

$$\min_{\boldsymbol{X}} \frac{1}{2} \| \boldsymbol{AX} - \boldsymbol{Y} \|_{\mathrm{F}}^2 + \lambda \| (\boldsymbol{W}_2 \boldsymbol{W}_1) \odot \boldsymbol{X} \|_{1,1} + \lambda_{\mathrm{TV}} \mathrm{TV}(\boldsymbol{X}), \quad \mathrm{s.t.} \quad \boldsymbol{X} \geqslant 0 \qquad (7-9)$$

式中，$\|AX-Y\|_F^2$ 表示数据拟合项；$\|\cdot\|_F$ 表示 Frobenius 范数；运算符 $\odot$ 表示两个变量的元素相乘；正则化项 $\lambda\|(W_2W_1)\odot X\|_{1,1}$ 引入了光谱的稀疏性先验，$\lambda\geqslant0$ 表示正则化参数，用于调节目标函数中稀疏项的相对权重，$W_1=\{w_{1,ij}|i=1,\cdots,m;j=1,\cdots,n\}\in\mathbf{R}^{m\times n}$ 和 $W_2=\mathrm{diag}(w_{2,11},\cdots,w_{2,ii},\cdots,w_{2,mm})\in\mathbf{R}^{m\times m}$ 表示两个光谱权重，权重 $W_1$ 的目的在于对解（即丰度矩阵 $X$）中的非零系数进行惩罚，权重 $W_2$ 则用来促进丰度矩阵 $X$ 中非零行的稀疏性；第二个正则化项 $\lambda_{\mathrm{TV}}\mathrm{TV}(X)$ 用来挖掘图像的空间先验信息，其中 $\lambda_{\mathrm{TV}}$ 是另一个正则化参数，用于控制图像空间信息的平滑度，这正是 DRSU 与 DRSU-TV 方法的不同之处。

对于 DRSU-TV 稀疏解混模型的求解，可以通过 ADMM 方法进行优化迭代求解。另外，两个解混模型中的权重 $W_1$ 和 $W_2$ 的更新方式分别如下：

$$w_{1,ij}^{t+1}=\frac{1}{x_{ij}^t+\varepsilon} \tag{7-10}$$

其中，$\varepsilon>0$ 表示一个小的正值，$t$ 表示迭代次数。其用较大的权重阻止估计丰度的非零向量，而用小的权重来促进非零向量，进而增强非零向量的稀疏性。

$$w_{2,ii}^{t+1}=\frac{1}{\|X^t(i,:)\|_2+\varepsilon} \tag{7-11}$$

其中，$X^t(i,:)$ 表示在第 $t$ 次迭代时所估计的丰度矩阵 $X$ 的第 $i$ 行，也就是第 $i(i=1,\cdots,m)$ 种端元的丰度图像。$W_2$ 呈现对角线形式，每个元素与先前迭代估计的相应丰度向量的 $l_2$ 范数值成反比，利用该权重可促进丰度矩阵的行稀疏性。

DRSU-TV 算法在稀疏解混模型中同时利用光谱和空间先验信息，与基于 $l_1$ 或基于全变差空间正则化（TV）的解混算法相比，展现出了较好的潜力。然而，作为基于全变差空间正则化稀疏解混算法（$l_1$ 和 TV）的改编，DRSU-TV 算法的局限性与使用全变差空间正则化有关。换句话说，DRSU-TV 算法与 SUnSAL-TV 算法相似，两者的计算复杂度都比较高。因此，DRSU-TV 算法高昂的计算代价限制了其在实际中的应用。此外，该算法包含两个正则化参数，加大了对参数设置的难度，且该算法的解混性能对空间正则化参数 $\lambda_{\mathrm{TV}}$ 较敏感。基于此，有效融合图像的空间和光谱信息，提出解混性能好且计算效率高的方法是下一步研究的方向。

**3. 空谱联合加权稀疏解混算法**

受加权 $l_1$ 优化方法取得较好结果的启发，为了更加有效地利用空间信息进行稀疏解混，基于空谱联合加权稀疏（Spectral-Spatial Weighted Sparse Unmixing，S²WSU）的高光谱图像解混算法[66] 被提出。该模型在 $l_1$ 稀疏正则化框架下，同时引入光谱和空间加权因子。与利用基于空间先验正则化的方法（如 SUnSAL-TV 和 DRSU-TV）相反，S²WSU 算法通过空间加权因子挖掘图像的空间信息，进而促进丰度图像的分段变换。与基于空间先验正则化的算法相比(其包含两个正则化参数并且计算复杂度高),上面提出的方法有两大优点:$S^2$WSU 解混模型只有一个正则化参数;该算法的计算复杂度较低。令$\boldsymbol{W}_{\mathrm{spe}} \in \mathbf{R}^{m \times m}$ 表示光谱加权矩阵,$\boldsymbol{W}_{\mathrm{spa}} \in \mathbf{R}^{m \times n}$ 表示空间加权矩阵。根据文献[64],$S^2$WSU 解混模型的目标函数表示如下:

$$\min_{\boldsymbol{X}} \frac{1}{2} \parallel \boldsymbol{AX} - \boldsymbol{Y} \parallel_{\mathrm{F}}^{2} + \lambda \parallel (\boldsymbol{W}_{\mathrm{spe}} \, \boldsymbol{W}_{\mathrm{spa}}) \odot \boldsymbol{X} \parallel \boldsymbol{X}_{1,1}, \quad \mathrm{s.t.} \quad \boldsymbol{X} \geqslant 0 \tag{7-12}$$

对于光谱加权因子$\boldsymbol{W}_{\mathrm{spe}}$,依据文献[52]、[59]中的算法在解混方面取得的成功,$S^2$WSU方法采用行协同稀疏方法增强所有像元之间的联合稀疏性。类似于 DRSU-TV 算法中的权重$\boldsymbol{W}_2$,$\boldsymbol{W}_{\mathrm{spe}}$的目的在于促进丰度矩阵$\boldsymbol{X}$中的行稀疏性,即增强端元光谱库中端元的稀疏性。详细地说,在$t+1$次迭代时,它可以被更新为

$$\boldsymbol{W}_{\mathrm{spe}}^{t+1} = \mathrm{diag}\left[ \frac{1}{\parallel \boldsymbol{X}^t(1,:) \parallel_2 + \varepsilon}, \cdots, \frac{1}{\parallel \boldsymbol{X}^t(i,:) \parallel_2 + \varepsilon}, \cdots, \frac{1}{\parallel \boldsymbol{X}^t(m,:) \parallel_2 + \varepsilon} \right] \tag{7-13}$$

如前所述,由于图像中像元的空间排列,其对应的丰度通常表现出显著的空间相关性。换言之,图像中包含的丰富的空间信息对于估计端元丰度以及使获得的丰度更一致是非常有用的。综合这些信息,对于空间加权因子$\boldsymbol{W}_{\mathrm{spa}}$,令 $w_{\mathrm{spa}, ij}^{t+1}$ 表示$\boldsymbol{W}_{\mathrm{spa}}$中第$t+1$次迭代时的第$i$行和第$j$列元素($i=1, \cdots, m; j=1, \cdots, n$)。基于空间邻域信息的加权因子$\boldsymbol{W}_{\mathrm{spa}}$表示如下:

$$w_{\mathrm{spa}, ij}^{t+1} = \frac{1}{f_{h \in N(j)}(x_{ih}^t) + \varepsilon} \tag{7-14}$$

其中,$N(j)$表示元素$x_{ij}$的邻域集合;$f(\cdot)$表示通过邻域系统挖掘空间相关性的函数。需要注意的是,函数$f(\cdot)$可以是线性的或者非线性的,如邻域信息[67]、非局部结构相似信息[68]、空间不连续性信息[69]等。然而,在这项工作中将使用邻域信息表征图像的空间相关性,具体表示如下:

$$f(x_{ij}) = \frac{\sum_{h \in N(j)} \varepsilon_{ih} x_{ih}}{\sum_{h \in N(j)} \varepsilon_{ih}} \tag{7-15}$$

其中,$\varepsilon$表示邻域权重。如前所述,该邻域系统可以用多种形式来表达,如基于超像素邻域信息[35]、基于一阶邻域信息[70]、基于空间聚类信息[71]等。为简单起见,$S^2$WSU 算法考虑$3 \times 3$的 8 连接邻域窗口进行算法的设计和实验。关于相邻元素的权重度量,对于任何$i$和$j$,可以计算如下:

$$\varepsilon_{ij} = \frac{1}{\mathrm{im}(i, j)} \tag{7-16}$$

其中,函数$\mathrm{im}(\cdot)$用来度量两个元素$x_i$和$x_j$之间的重要性。令$(a, b)$和$(c, d)$为元素$x_i$

和 $x_j$ 的空间坐标。在这里通过计算两者之间的欧式距离对权重进行度量，即

$$\varepsilon_{ij} = \frac{1}{\sqrt{(a-c)^2 + (b-d)^2}}$$

## 7.4　实验结果与分析

为了验证各稀疏解混算法的性能，本节将分别利用一组模拟高光谱数据和一组真实高光谱数据进行实验分析，将 $S^2$WSU[66] 算法与 SUnSAL[10]、SUnSAL-TV[53]、DRSU[59] 和 DRSU-TV[65] 这些先进的稀疏解混算法进行对比，并分析各算法的解混性能。首先，从模拟数据实验角度出发，采用信号与重建误差比（SRE（dB））和丰度重构正确率（$p_s$）进行定量分析。信号与重建误差比（SRE）用 dB 来衡量，其定义如下：

$$\mathrm{SRE(dB)} = 10\lg \frac{E(\parallel \boldsymbol{x} \parallel_2^2)}{E(\parallel \boldsymbol{x} - \hat{\boldsymbol{x}} \parallel_2^2)} \tag{7-17}$$

其中，$E(\cdot)$ 表示期望函数，$\boldsymbol{x}$ 表示真实的或参考的丰度图像，$\hat{\boldsymbol{x}}$ 表示解混算法估计获得的丰度图像。此外，另一个定量评价指标，即丰度重构正确率 $p_s$（Probability of Success）也被用来验证各解混算法所得结果的精度，定义如下：

$$p_s \equiv P\left(\frac{\parallel \hat{\boldsymbol{x}} - \boldsymbol{x} \parallel^2}{\parallel \boldsymbol{x} \parallel^2} \leqslant \mathrm{threshold}\right) \tag{7-18}$$

其中，假设定义阈值 threshold＝10 且重构正确率 $p_s$＝1，则意味着组分丰度的总相对误差功率（概率为 1）小于 1/10。由此也能看出，算法估计出的丰度准确性从 SRE（dB）中无法精确判断，因为 SRE（dB）表示的是丰度估计的平均值。文献[10]中对于阈值的确定给出了说明：当 $\parallel \hat{\boldsymbol{x}} - \boldsymbol{x} \parallel^2 / \parallel \boldsymbol{x} \parallel^2 \leqslant 3.16$（5 dB）时，丰度估计的结果是成功的，即重构正确率是 100%。通常来说，SRE（dB）和 $p_s$ 的值越大，表明解混的精度越高，算法的性能越好。

### 7.4.1　模拟数据实验

在该模拟数据实验中考虑了美国地质调查局（USGS）的端元光谱库。从 USGS 光谱库中随机选择了 222 条不同的光谱曲线（不同的矿物种类）组成端元光谱库 $\boldsymbol{A}$，光谱波段数为 $L=221$，反射值大小为 $0.4 \sim 2.5~\mu\mathrm{m}$，即 $\boldsymbol{A} \in \mathbf{R}^{221 \times 222}$。

根据文献[31]、[32]中的工作以及论文作者发布的软件工具 HyperMix 中自带的标准数据集，模拟数据是使用分形技术生成的大小为 $100 \times 100$ 的丰度图像。该数据结构可以逼真地模拟地面水体、植被、海岸线、山体等在自然界能找到的地物类型，目前被广泛用于不同的基于空间信息稀疏解混算法的测试。本节利用该模拟丰度数据及从光谱库 $\boldsymbol{A}$ 中选择的

9 种光谱合成高光谱图像。9 种端元光谱分别为 Alunite GDS83 Na63、Dumortierite HS190.3B、Halloysite NMNH106236、Kaolinite CM9、Kaolinite KGa-1(wxyl)、Muscovite GDS108、Nontronite GDS41、Pyrophyllite PYS1A fine g 和 Sphene HS189.3B。最后利用线性光谱混合模型加入信噪比(SNR)分别为 30 dB、40 dB 和 50 dB 的高斯噪声模拟生成三组不同的数据集。真实的丰度图像分布如图 7.6 所示。

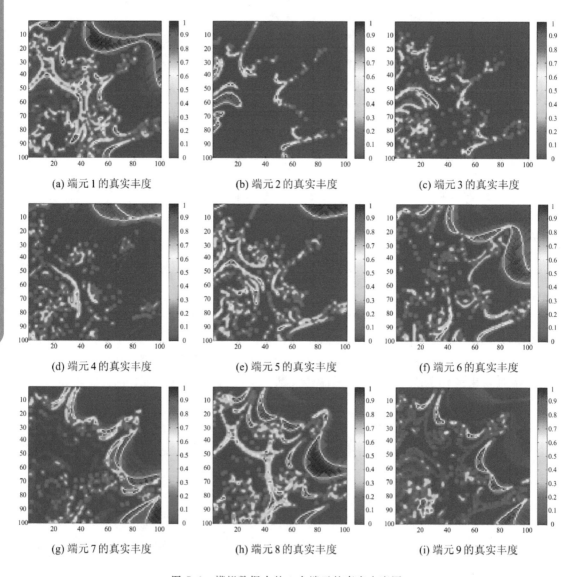

(a) 端元 1 的真实丰度　　　　　(b) 端元 2 的真实丰度　　　　　(c) 端元 3 的真实丰度

(d) 端元 4 的真实丰度　　　　　(e) 端元 5 的真实丰度　　　　　(f) 端元 6 的真实丰度

(g) 端元 7 的真实丰度　　　　　(h) 端元 8 的真实丰度　　　　　(i) 端元 9 的真实丰度

图 7.6　模拟数据中的 9 个端元的真实丰度图

表 7.1 所示为各算法对模拟数据解混得到 SRE(dB)和 $p_s$ 值。

**表 7.1 各算法对模拟数据解混得到的 SRE(dB)和 $p_s$ 值**

| 方 法 | SNR＝30 dB | | SNR＝40 dB | | SNR＝50 dB | |
|---|---|---|---|---|---|---|
| | SRE(dB) | $p_s$ | SRE(dB) | $p_s$ | SRE(dB) | $p_s$ |
| SUnSAL | 6.4259 | 0.6327 | 11.5833 | 0.8877 | 18.9987 | 0.9992 |
| SUnSAL-TV | 9.0371 | 0.7829 | 15.4514 | 0.9866 | 25.3557 | 1 |
| DRSU | 14.2770 | 0.9454 | 26.0745 | 1 | 34.5202 | 1 |
| DRSU-TV | 19.1426 | 0.9926 | 27.6676 | 1 | 35.9889 | 1 |
| S²WSU | 19.5999 | 0.9946 | 27.9459 | 1 | 36.5364 | 1 |

从表 7.1 中可以得出两个重要结论：第一，无论在哪种情况下，S²WSU 算法获得的 SRE(dB)都是最高的，且相比于 SUnSAL、SUnSAL-TV 和 DRSU 算法展现出了明显的优势；第二，在信噪比低的情况下，S²WSU 获得的 $p_s$ 值也比其他算法高，这表明考虑了空间信息的方法具有更好的鲁棒性。可以总结出，空谱联合加权策略在提高稀疏解混的性能上展现出了巨大的潜力。

为了进一步说明和展示 S²WSU 算法的有效性，图 7.7 显示了各解混算法对信噪比为 30 dB 情况下的模拟数据进行解混获得的丰度图，这里只展示端元 1 的丰度图(如展示其他丰度图，其得到的结果与丰度图 7.1 是一致的)。另外，为从视觉上更好地分析各算法的性能，也将各算法估计出的丰度图与真实丰度图之间的差值图进行了展示。由于 SUnSAL 算法估计出的结果相对较差，因此没有在图 7.7 中将此显示出来。从图 7.7 中可以看出，SUnSAL-TV 算法虽然通过全变差空间正则化项提高了解混的质量，但是它获得的丰度图出现了过平滑及边界模糊现象。例如，图 7.7 所展示的丰度图中，SUnSAL-TV 算法获得的结果都是不准确的。与其他算法获得的结果相比，S²WSU 算法获得的结果更加接近真实的丰度图，表明了 S²WSU 算法具有显著的优势，特别是跟 SUnSAL-TV 相比，其优势更加明显。此外，从这些差值图可以看出，与 DRSU 算法获得的结果相比，S²WSU 算法估计出的丰度图表现出了更多细节，保留了图像更精细的结构和纹理信息，获得了更好的丰度估计结果。最后，S²WSU 算法获得的结果比 DRSU-TV 算法获得的结果略好。这进一步表明，利用空间权重因子可以促进图像空间信息的一致性，进而提高解混精度。

## 7.4.2 真实数据实验

对于真实数据实验，我们采用广泛用于高光谱遥感图像分析的机载可见红外成像光谱仪(AVIRIS)于 1997 年采集的内华达州的 Cuprite 矿区数据(http://aviris.jpl.nasa.gov/html/aviris.freedata.html)，该遥感图像的地表包含大量裸露的矿物。另外，该数据中矿

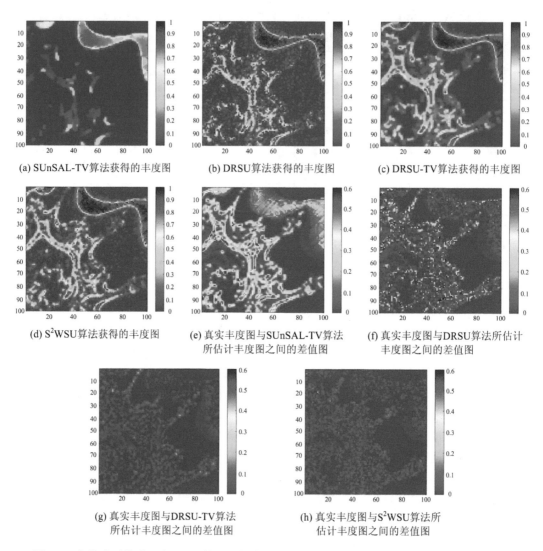

(a) SUnSAL-TV算法获得的丰度图　　(b) DRSU算法获得的丰度图　　(c) DRSU-TV算法获得的丰度图

(d) S²WSU算法获得的丰度图

(e) 真实丰度图与SUnSAL-TV算法
所估计丰度图之间的差值图

(f) 真实丰度图与DRSU算法所估计
丰度图之间的差值图

(g) 真实丰度图与DRSU-TV算法
所估计丰度图之间的差值图

(h) 真实丰度图与S²WSU算法所
估计丰度图之间的差值图

图 7.7　各算法对信噪比为 30 dB 情况下的模拟数据进行解混获得的第 1 个端元丰度图以及
真实丰度图与各算法所估计丰度图之间的差值图

物之间的混合现象比较普遍。实验中，Cuprite 矿区数据的大小为 $350 \times 350$，波长范围为 $0.4 \sim 2.5~\mu m$，光谱分辨率为 10 nm。需要注意的是，已将低信噪比和水蒸气吸收的波段（$1 \sim 2$，$105 \sim 115$，$150 \sim 170$ 和 $223 \sim 224$）剔除了，剩下 188 个有效光谱波段。实验中，使用的端元光谱库 $\boldsymbol{A}$ 与模拟数据集中使用的端元光谱库相同，同样地，从 $\boldsymbol{A}$ 中去除了噪声带，最终剩下 188 个波段。图 7.8 展示了美国地质调查局（USGS）于 1995 年利用 Tricorder 3.3 软件[72]制作的矿物分布图（http://speclab.cr.usgs.gov/PAPER/tetracorder）。该图反映了 Cuprite 矿区数据中各矿物的分布情况。同样需要注意的是,由于该高光谱数据是在 1997 年采集的,而显示该数据的 Tricorder 地图是 1995 年获得的,因此将两者进行直接比较变得不可行,导致对结果进行定量分析变得困难。在这个实验中,图 7.8 显示的这个矿物图可以作为各算法定性分析的参考,用它来判断各算法是否将该数据中的矿物分解出来了。基于此,依然可以用这个图来分析各解混算法的性能。这里将用最大迭代次数来保证各解混算法的收敛性。

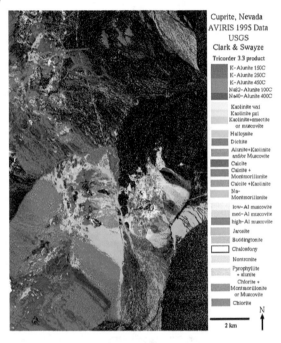

图 7.8　USGS 地图显示的内华达州 Cuprite 数据中各矿物的分布情况

　　分别利用 SUnSAL、SUnSAL-TV、DRSU、DRSU-TV、$S^2$WSU 这五种算法对该 Cuprite 矿区数据进行混合像元分解,估计出各端元的丰度图像并进行展示。在这里,选择明矾石(Alunite)、水铵长石(Buddingtonite)和玉髓(Chalcedony)这三种比较显著的矿物与由 Tricorder 得到的分类图进行定性比较。从图 7.9 中可以看出,像元丰度高的地方表明是矿物存在的地方。这五种算法分解出来的效果与 Tricorder 分类图都较相似,表明了稀疏解混算法的有效性。然而,从图 7.9 中可以看出,由 SUnSAL 和 SUnSAL-TV 这两种算法估计出的一些丰度图(如水铵长石 Buddingtonite)看起来噪声比较多,另外,SUnSAL-TV 算法获得的丰度图还表现出了过平滑现象。此外,DRSU 算法获得的丰度图没有展现出图像良好的空间一致性(如玉髓 Chalcedony)。我们还可以发现,与 DRSU 算法相比,$S^2$WSU 算法估计出的丰度图更接近于 Tricorder 给出的参照图。总的来说,采用 Cuprite 矿区真实数据的实验得出的定性结果表明,$S^2$WSU 算法是有效的,能够提高混合像元分解的精度。

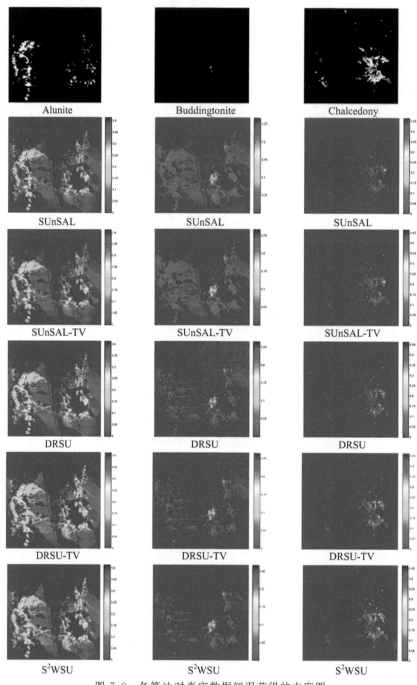

图 7.9　各算法对真实数据解混获得的丰度图

# 7.5 总结与展望

本章根据有无端元光谱库，对没有端元光谱库情况下的空谱信息联合解混方法和有端元光谱库情况下的空谱稀疏解混方法进行了介绍和描述，综述了国内外经典的研究成果，总结和分析了各类解混算法的优缺点。局部聚类空间预处理的解混方法，因其快速有效的超像素分割技术，能够适应大数据量的高光谱图像处理。空谱稀疏解混算法通过模拟和真实高光谱数据实验对比，表明空谱加权策略（$S^2$WSU 算法）能够有效融合图像的空间和光谱信息，在提高混合像元分解精度方面展现出了巨大潜力。鉴于深度学习技术在图像处理各领域展现出的巨大优势，在未来的工作中，将对空谱稀疏解混算法与深度学习技术的结合方式进行探讨，以进一步提高混合像元分解的性能。

（本章作者：张绍泉，徐翔，邓承志，李军）

## 本章参考文献

[1] 童庆禧，张兵，郑兰芬. 高光谱遥感：原理、技术与应用[M]. 北京：高等教育出版社，2006.

[2] 张良培，张立福. 高光谱遥感[M]. 武汉：武汉大学出版社，2005.

[3] 张兵，高连如. 高光谱图像分类与目标探测[M]. 北京：科学出版社，2011.

[4] CHANUSSOT J，CRAWFORD M M，KUO B C. Foreword to the special issue on hyperspectral image and signal processing[J]. IEEE Transactions on Geoscience and Remote Sensing，2010，48(11)：3871-3876.

[5] GOETZ A，VANE G，SOLOMON J，et al. Imaging spectrometry for earth remote sensing[J]. Science，1985. 228(4704)：1147-1153.

[6] SHAW G A，Burke H H K. Spectral imaging for remote sensing[J]. Lincoln Laboratory Journal，2003，14(1)：3-28.

[7] KESHAVA N，MUSTARD J. Spectral unmixing[J]. IEEE Signal Processing Magazine，2002，19(1)：44-57.

[8] 张兵，孙旭. 高光谱图像混合像元分解[M]. 北京：科学出版社，2015.

[9] BIOUCAS-DIAS J，PLAZA A，DOBIGEON N，et al. Hyperspectral Unmixing Overview：Geometrical，Statistical，and Sparse Regression-Based Approaches[J]. IEEE Journal of Selected Topics in Applied Earth Observations and Remote Sensing，2012，5(2)：354-379.

[10] IORDACHE M D，BIOUCAS-DIAS J，PLAZA A. Sparse Unmixing of Hyperspectral Data[J]. IEEE Transactions on Geoscience and Remote Sensing，2011，49(6)：2014-2039.

[11] 陈伟. 高光谱影像混合像元分解技术研究[D]. 郑州：解放军信息工程大学，2009.

[12] SHI C，WANG L. Incorporating spatial information in spectral unmixing：A review[J]. Remote

Sensing of Environment, 2015. 149: 70 – 87.

[13] BOARDMAN J W, KRUSE F A, GREEN R O. Mapping Target Signatures via Partial Unmixing of AVIRIS Data[C]. in Proceedings of the Fifth JPL Airborne Earth Science Workshop, 1995. 23: 23 – 26.

[14] NASCIMENTO J, BIOUCAS-DIAS J. Vertex component analysis: a fast algorithm to unmix hyperspectral data[J]. IEEE Transactions on Geoscience and Remote Sensing, 2005, 43(4): 898 – 910.

[15] WINTER M. N-FINDR: An algorithm for fast autonomous spectral end-member determination in hyperspectral data[C]. in Proceedings of SPIE Imaging Spectrometry V, 1999. 3753: 266 – 275.

[16] NEVILLE R, STAENZ K, SZEREDI T, et al. Automatic Endmember Extraction from Hyperspectral Data for Mineral Exploration[C]. Proceedings of Fourth International Airborne Remote Sensing Conference and Exhibition Canadian Symposium on Remote Sensing, 1999, 2: 891 – 897.

[17] CHANG C I, WU C C, LIU W, et al. A New Growing Method for Simplex-Based Endmember Extraction Algorithm[J]. IEEE Transactions on Geoscience and Remote Sensing, 2006, 44(10): 2804-2819.

[18] FUHRMANN D R. Simplex shrink-wrap algorithm[J]. Proceedings of SPIE Automatic Target Recognition IX, 1999, 3718: 1 – 11.

[19] CHAN T H, CHI C Y, HUANG Y M, et al. A Convex Analysis-Based Minimum-Volume Enclosing Simplex Algorithm for Hyperspectral Unmixing[J]. IEEE Transactions on Signal Processing, 2009, 57(11):4418 – 4432.

[20] BERMAN M, KIIVERI H, LAGERSTROM R, et al. ICE: A statistical approach to identifying endmembers in hyperspectral images[J]. IEEE Transactions on Geoscience and Remote Sensing, 2004, 42(10): 2085 – 2095.

[21] LI J, AGATHOS A, ZAHARIE D, et al. Minimum Volume Simplex Analysis: A Fast Algorithm for Linear Hyperspectral Unmixing[J]. IEEE Transactions on Geoscience and Remote Sensing, 2015, 53(9): 5067 – 5082.

[22] ZHANG S, AGATHOS A, LI J. Robust Minimum Volume Simplex Analysis for Hyperspectral Unmixing[J]. IEEE Transactions on Geoscience and Remote Sensing, 2017, 55(11): 6431 – 6439.

[23] BIOUCAS-DIAS J M. A variable splitting augmented Lagrangian approach to linear spectral unmixing[C]. Proceedings of 2009 IEEE GRSS Workshop on Hyperspectral Image and Signal Processing: Evolution in Remote Sensing, 2009: 1 – 4.

[24] DENNISON, P E, Roberts D A. Endmember selection for multiple endmember spectral mixture analysis using endmember average RMSE[J]. Remote Sensing of Environment, 2003, 87: 123 – 135.

[25] PLAZA A, MARTINEZ P, PEREZ R, et al. Spatial/spectral endmember extraction by multidimensional morphological operations[J]. IEEE Transactions on Geoscience and Remote Sensing, 2002, 40(9): 2025 – 2041.

[26] ROGGE D M, RIVARD B, ZHANG J, et al. Integration of spatial-spectral information for the improved extraction of endmembers[J]. Remote Sensing of Environment, 2007, 110(3): 287 – 303.

人工智能、类脑计算与图像解译前沿

[27]  ZHANG J, RIVARD B, ROGGE D M. The Successive Projection Algorithm (SPA), an Algorithm with a Spatial Constraint for the Automatic Search of Endmembers in Hyperspectral Data[J]. Sensors, 2008, 8(2): 1321 – 1342.

[28]  MEI S, HE M, WANG Z, et al. Spatial Purity Based Endmember Extraction for Spectral Mixture Analysis[J]. IEEE Transactions on Geoscience and Remote Sensing, 2010, 48(9): 3434 – 3445.

[29]  LI H, ZHANG L. A Hybrid Automatic Endmember Extraction Algorithm Based on a Local Window[J]. IEEE Transactions on Geoscience and Remote Sensing, 2011, 49(11): 4223 – 4238.

[30]  ZORTEA M, PLAZA A. Spatial Preprocessing for Endmember Extraction[J]. IEEE Transactions on Geoscience and Remote Sensing, 2009, 47(8): 2679 – 2693.

[31]  MARTÍN G, Plaza A. Region-Based Spatial Preprocessing for Endmember Extraction and Spectral Unmixing[J]. IEEE Geoscience and Remote Sensing Letters, 2011, 8(4): 745 – 749.

[32]  MARTÍN G, PLAZA A. Spatial-Spectral Preprocessing Prior to Endmember Identification and Unmixing of Remotely Sensed Hyperspectral Data[J]. IEEE Journal of Selected Topics in Applied Earth Observations and Remote Sensing, 2012, 5(2): 380 – 395.

[33]  FELZENSZWALB P F, HUTTENLOCHER D P. Efficient Graph-Based Image Segmentation[J]. International Journal of Computer Vision, 2004, 59(59): 167 – 181.

[34]  LEVINSHTEIN A, STERE A, KUTULAKOS K N, et al. TurboPixels: fast superpixels using geometric flows[J]. IEEE Transactions on Pattern Analysis and Machine Intelligence, 2009, 31(12): 2290 – 2297.

[35]  ACHANTA R, SHAJI A, SMITH K, et al. SLIC Superpixels Compared to State-of-the-Art Superpixel Methods. IEEE Transactions on Pattern Analysis and Machine Intelligence, 2012, 34(11): 2274 – 2282.

[36]  VEDALDI A, SOATTO S. Quick Shift and Kernel Methods for Mode Seeking[C]. Proceedings of the 10th European Conference on Computer Vision, volume IV, 2008: 705 – 718.

[37]  VINCENT L, SOILLE P. Watersheds in Digital Spaces: An Efficient Algorithm Based on Immersion Simulations[J]. IEEE Transactions on Pattern Analysis and Machine Intelligence, 1991, 13(6): 583 – 598.

[38]  SARANATHAN A M, PARENTE M. Uniformity-Based Superpixel Segmentation of Hyperspectral Images[J]. IEEE Transactions on Geoscience and Remote Sensing, 2016, 54(3): 1419 – 1430.

[39]  MASSOUDIFAR P, RANGARAJAN A, GADER P. Superpixel Estimation for Hyperspectral Imagery[C]. 2014 IEEE Conference on Computer Vision and Pattern Recognition Workshops, 2014, 287 – 292.

[40]  THOMPSON D R, MANDRAKE L, GILMORE M S, et al. Superpixel Endmember Detection[J]. IEEE Transactions on Geoscience and Remote Sensing, 2010, 48(11): 4023 – 4033.

[41]  SARANATHAN A M, PARENTE M. Uniformity-Based Superpixel Segmentation of Hyperspectral Images[J]. IEEE Transactions on Geoscience and Remote Sensing, 2016, 54(3): 1419 – 1430.

[42]  MASSOUDIFAR P, RANGARAJAN A, GADER P. Superpixel Estimation for Hyperspectral Imagery[J]. IEEE Computer Vision and Pattern Recognition Workshops, 2014: 287 – 292.

[43] DÓPIDO I, VILLA A, PLAZA A, et al. A Quantitative and Comparative Assessment of Unmixing-Based Feature Extraction Techniques for Hyperspectral Image Classification[J]. IEEE Journal of Selected Topics in Applied Earth Observations and Remote Sensing, 2012, 5(2): 421 – 435.

[44] XU X, LI J, WU C, et al. Regional Clustering-Based Spatial Preprocessing for Hyperspectral Unmixing[J]. Remote Sensing of Environment, 2018, 204(1): 333 – 346.

[45] HEINZ D, CHANG C I. Fully Constrained Least Squares Linear Spectral Mixture Analysis Method for Material Quantification in Hyperspectral Imagery[J]. IEEE Transactions on Geoscience and Remote Sensing, 2001, 39(3): 529 – 544.

[46] DONOHO D L. Compressed sensing[J]. IEEE Transactions on Information Theory, 2006, 52(4): 1289 – 1306.

[47] CANDES E J, ROMBERG J, TAO T. Robust Uncertainty Principles: Exact Signal Reconstruction from Highly Incomplete Frequency Information[J]. IEEE Transactions on Information Theory, 2006, 52(2): 489 – 509.

[48] CANDES E J, ROMBERG J. Quantitative Robust Uncertainty Principles and Optimally Sparse Decompositions[J]. Foundations of Computational Mathematics, 2006, 6(2): 227 – 254.

[49] ELAD M, FIGUEIREDO M A T, MA Y. On the Role of Sparse and Redundant Representations in Image Processing[J]. Proceedings of the IEEE, 2010, 98(6): 972 – 982.

[50] 吴泽彬, 韦志辉, 孙乐, 等. 基于迭代加权 L1 正则化的高光谱混合像元分解[J]. 南京理工大学学报, 2011, 35(4): 431 – 435.

[51] 冯如意. 基于稀疏表达理论的高光谱遥感影像亚像元信息提取[D]. 武汉: 武汉大学, 2016.

[52] IORDACHE M D, BIOUCAS-DIAS J, PLAZA A. Collaborative Sparse Regression for Hyperspectral Unmixing[J]. IEEE Transactions on Geoscience and Remote Sensing, 2014, 52(1): 341 – 354.

[53] IORDACHE M D, BIOUCAS-DIAS J, PLAZA A. Total Variation Spatial Regularization for Sparse Hyperspectral Unmixing[J]. IEEE Transactions on Geoscience and Remote Sensing, 2012, 50(11): 4484 – 4502.

[54] PATI Y C, REZAIIFAR R, KRISHNAPRASAD P S. Orthogonal Matching Pursuit: Recursive Function Approximation with Applications to Wavelet Decomposition[C]. Proceedings of 27th Asilomar Conference on Signals, Systems and Computers, 1993: 40 – 44.

[55] CHEN S S, DONOHO D L, SAUNDERS M A. Atomic Decomposition by Basis Pursuit[J]. SIAM Review, 2001, 43(1): 129 – 159.

[56] ROGGE D M, RIVARD B, ZHANG J, et al. Iterative Spectral Unmixing for Optimizing Per-Pixel Endmember Sets[J]. IEEE Transactions on Geoscience and Remote Sensing, 2006, 44(12): 3725 – 3736.

[57] BIOUCAS-DIAS J, FIGUEIREDO M. Alternating Direction Algorithms for Constrained Sparse Regression: Application to Hyperspectral Unmixing[C]. Proceedings of 2010 IEEE GRSS Workshop on Hyperspectral Image and Signal Processing: Evolution in Remote Sensing, 2010: 1 – 4.

[58] CHEN F, ZHANG Y. Sparse Hyperspectral Unmixing Based on Constrained lp-l2 Optimization[J]. IEEE Geoscience and Remote Sensing Letters, 2013, 10(5): 1142 – 1146.

人工智能、类脑计算与图像解译前沿

[59] WANG R, LI H C, LIAO W, et al. Double Reweighted Sparse Regression for Hyperspectral Unmixing[C]. Proceedings of 2016 IEEE International Geoscience and Remote Sensing Symposium, 2016: 6986 - 6989.

[60] GHAMISI P, YOKOYA N, LI J, et al. Advances in Hyperspectral Image and Signal Processing: A Comprehensive Overview of the State of the Art[J]. IEEE Geoscience and Remote Sensing Magazine, 2017, 5(4): 37 - 78.

[61] WANG R, LI H C, LIAO W, et al. Centralized Collaborative Sparse Unmixing for Hyperspectral Images[J]. IEEE Journal of Selected Topics in Applied Earth Observations and Remote Sensing, 2017, 10(5): 1949 - 1962.

[62] FENG R, ZHONG Y, WANG L, et al. Rolling Guidance Based Scale-Aware Spatial Sparse Unmixing for Hyperspectral Remote Sensing Imagery[J]. Remote Sensing, 2017, 9(12): 1218: 1 - 20.

[63] ZHONG Y, FENG R, ZHANG L. Non-Local Sparse Unmixing for Hyperspectral Remote Sensing Imagery[J]. IEEE Journal of Selected Topics in Applied Earth Observations and Remote Sensing, 2014, 7(6): 1889 - 1909.

[64] CANDÈS E J, WAKIN M B, BOYD S P. Enhancing Sparsity by Reweighted l1 Minimization[J]. Journal of Fourier Analysis and Applications, 2008, 14(5): 877 - 905.

[65] WANG R, LI H C, PIZURICA A, et al. Hyperspectral Unmixing Using Double Reweighted Sparse Regression and Total Variation[J]. IEEE Geoscience and Remote Sensing Letters, 2017, 14(7): 1146 - 1150.

[66] ZHANG S, LI J, LI H C, et al. Spectral-Spatial Weighted Sparse Regression for Hyperspectral Image Unmixing[J]. IEEE Transactions on Geoscience and Remote Sensing, 2018, 56(6): 3265 - 3276.

[67] CHEN Y, NASRABADI N M, TRAN T D. Hyperspectral Image Classification Using Dictionary-Based Sparse Representation[J]. IEEE Transactions on Geoscience and Remote Sensing, 2011, 49(10): 3973 - 3985.

[68] ZHAO Y Q, YANG J X, CHAN J C W. Hyperspectral Imagery Super-Resolution by Spatial-Spectral Joint Nonlocal Similarity[J]. IEEE Journal of Selected Topics in Applied Earth Observations and Remote Sensing, 2014, 7(6): 2671 - 2679.

[69] ZHANG S, LI J, WU Z, et al. Spatial Discontinuity-Weighted Sparse Unmixing of Hyperspectral Images[J]. IEEE Transactions on Geoscience and Remote Sensing, 2018, 56(10): 5767 - 5779.

[70] LI J, BIOUCAS-DIAS J M, PLAZA A. Spectral-Spatial Classification of Hyperspectral Data Using Loopy Belief Propagation and Active Learning[J]. IEEE Transactions on Geoscience and Remote Sensing, 2013, 51(2): 844 - 856.

[71] HOU J, GAO H, LI X. DSets-DBSCAN: A Parameter-Free Clustering Algorithm[J]. IEEE Transactions on Image Processing, 2016, 25(7): 3182 - 3193.

[72] CLARK R, SWAYZE G, LIVO K, et al. Imaging spectroscopy: Earth and planetary remote sensing with the USGS Tetracorder and expert systems [J]. Journal of Geophysical Research, 2003, 108(E12): 5131 - 5135.

<br>

# 第8章 不精确标记数据的多示例目标特性学习

## 8.1 背景介绍

在有监督学习中，每个训练数据被假设具有对应的类别标签，而要获得精确标记的训练数据是非常昂贵和费时的，甚至是难以实现的。同时，标记的不精确性天然存在于很多机器学习和计算机视觉应用中。例如，一幅被标记为计算机的图像可能同时包含写字桌和书籍等；一段标记为异常的视频可能只有其子序列包含异常事件，从而使数据标记包含不确定性[1-2]。

在高光谱目标检测中[3-4]，来自 GPS 接收器的地面真值标记信息取决于 GPS 的精度，可能偏移若干个像素位置。因此通过目标的 GPS 地面真值信息仅能确定某一区域包含一些目标点。在一些生物医学应用（如心冲击图的心跳特性描述和心律估计）中[5-7]，真值信息没有严格地与心冲击图信号在时域对齐，同时某些心冲击图传感器可能未能成功感知到心冲击信号。这些标记的不精确性使得传统的有监督学习算法难以有效应用，从而使多示例学习算法受到了更多的关注。

多示例学习（Multiple Instance Learning ，MIL）问题首先由美国俄勒冈州立大学的 Dietterich 等人在 20 世纪 90 年代进行了系统研究[8]。Dietterich 等人主要研究多示例学习在药物活性（麝香分子）预测方面的应用。某种麝香分子被定义为药物分子，能够多紧密地附着在比自身大得多的分子（如某种酶或者蛋白质）上。然而，由于分子同分异构体的存在，一种经过实验室测定的有效的分子可能包括若干种无效的变体，即通过旋转其分子键位而形成的不同的分子结构，如图 8.1 所示。在一个有效分子可能呈现的所有变体结构中，仅有一种或几种结构具有附着目标分子的能力。学习的目的就是推理出正确的附着于目标分子的药物分子的结构或形态。

为了解决此问题，Dietterich 等人引入了数据包的概念。每类分子被看作一个数据包，同时分子可能具有的每个形态被看作包中的一个示例。这个概念直接导出了多示例学习问题的定义：一个标记为正的数据包至少包含一个目标示例，同时标记为负的数据包必须完全由非目标示例组成。Dietterich 等人还提出通过寻找所有正数据包特征交集所确定的特征空间中的轴平行四边形作为有效分子结构的近似估计。

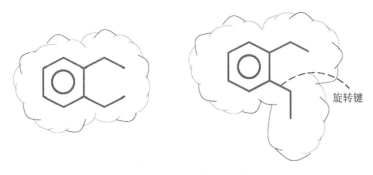

图 8.1　多示例问题举例

  Dietterich 等人还将所提算法与几种常规有监督学习算法进行了对比，包括 BP 神经网络和决策树算法，并得出了结论——任何有监督学习的算法如果没有对多示例问题加以考虑是无法在多示例问题上取得好的性能的。Dietterich 的研究之后，有很多有效的多示例算法被提出和研究。文献中的多示例学习算法大致可以分为两个类别：经过学习得到描述目标类特性的单一特性集或者特性集；学习对单一示例或者数据包进行分类的分类器。在此，特性指代广义的特征空间中的类别原型。

## 8.1.1　高光谱图像分析

  高光谱成像分析仪（也称高光谱传感器）采集散射在地物场景中成百上千个波段的电磁能量，可以同时感知空间和光谱信息[9]。感知到的光谱信息是地物对光照在光谱波段上反射和传播的组合，因而不同物质有其独特的光谱特性[10-11]。高光谱图像中包含的丰富的光谱信息使得亚像素级别的光谱分析成为可能，包括目标检测[12-13]、精确农业分析[14-15]、生物医学应用[16-17]和其他应用等[11, 18-19]。

## 8.1.2　高光谱图像数据

  高光谱摄像机在一个较高的波长分辨率上采集辐射数据，通常波长范围为 $0.3 \sim 2.5\ \mu m$[20]并且构造出一个三维的数据块。在高光谱数据块中，每一层的所有像素都对应一个特定的波段，并且每个像素都对应一个空间位置的辐射值。由于高光谱摄像机的空间分辨率和自然场景多样性的影响，单个像素可能是多种物质的混合。换句话讲，每个像素可能包含若干种称为端元的物质（端元是假设存在于高光谱图像中的纯粹物质的光谱向量），而对于纯粹物质的定义可以是多种多样的。

  由于每个高光谱的像素点都是地面端元不同程度的混合，因此将每个地面端元与每个像素点的比例定义为丰度（Abundance）。每个端元在某一像素中的丰度占比是由很多因素决定的，如对应地物目标的面积、材质的反射强度、对光线的交互吸收和散射。除此之外，对混合的建模也至关重要。文献中线性和非线性模型均已被充分研究过并且被证明在不同的物理背景下是有效的[11]。由于反射光线在进入高光谱传感器前经过了不同层次地物的多重混合，因此高光谱像素中的像元混合是非线性的，如光谱在树冠和地面间的散射、分子级别的微观散射。然而，线性混合模型假设每个像素是地面端元和丰度的凸组合，具有模型上的简洁性和良好的泛化能力，因此受到了广泛研究和应用。本章主要介绍基于线性模型的算法。

### 8.1.3　高光谱解混

高光谱解混可以分解为两个主要问题：端元估计与丰度估计。在进行高光谱解混之前需要建立一个混合模型，而凸混合模型假设每个像素是端元和丰度的凸组合：

$$x_j = \sum_{k=1}^{M} a_{jk} d_k + \varepsilon_j, \quad j = 1, \cdots, N \tag{8-1}$$

$$\sum_{k=1}^{M} a_{jk} = 1, \quad a_{jk} \geqslant 0, \ \forall j, k \tag{8-2}$$

式中，$N$ 为总的数据个数，$M$ 为端元（或者物质）个数，$x_j$ 是第 $j$ 个数据的光谱特征，$\varepsilon_j$ 是误差/噪声项，$d_k$ 是第 $k$ 个端元的光谱签名，$a_{jk}$ 是第 $j$ 个数据中第 $k$ 个端元的丰度值。前凸混合模型中的丰度值受式(8-2)的约束限制，即非负且和为 1。通常只有高光谱数据中的 $N$ 个像素点是已知输入，其余凸混合模型中的变量（如端元光谱特征、端元的个数 $M$ 和相应的丰度值）是未知的，需要求解得出。对上述未知量的求解是一个不适定的反问题。

很多无监督的高光谱解混模型采用了一系列有关高光谱图像的假设来解决上述不适定问题[10, 21-25]，如从给定的高光谱数据中寻找端元[26-31]，加入体积惩罚因子[32-35]，假设稀疏性[36-41]，在丰度变量中加入空域平滑约束条件[42-46]等。这些高光谱解混方法主要是无监督算法。然而，如果已知关于某种感兴趣地物的先验知识，则采用有监督或者任务导向的解混方法更具有实用价值[47-48]。

### 8.1.4　高光谱目标检测

高光谱目标检测指在某一高光谱场景中定位某一光谱特性已知的所有目标像素点。文献中已经提出了很多高光谱目标检测算法[4-5, 49-50]。很多分类算法不适用于高光谱目标检测任务的原因如下：

（1）目标类训练数据的数量相对于非目标类训练数据的数量太少，难以训练出一个有效的分类器。通常在一幅尺寸为几百乘几百的高光谱图像中，只有一些（几个至几十个）像素级或者亚像素级的目标点。与非目标训练数据的数量相比，目标数据的数量太少以至于无法有效训练出一个分类器。例如，支持向量机有可能被过多的非目标数据影响，而实现很高的分类正确率但是较低的目标检测率。

（2）由于高光谱图像相对较低的空间分辨率与地物场景的多样性，很多目标点是混合像素(亚像素目标)。大多数有监督学习算法假设每个训练数据是所伴随标签类别的一个原型。在高光谱数据中，一个目标数据可能是目标与若干背景物质的混合像素并且目标像素的丰度是未知的。有监督算法如果不能考虑训练数据的混合特性将会难以适用。

(3) 精确的训练数据标记通常难以或者无法获得。在高光谱图像分析中，训练数据的地面真值信息通常来自于放在目标附近的 GPS 接收器。然而目标点的 GPS 坐标在高光谱图像中的标定可能会偏移很多。这意味着一个有 GPS 坐标指示的目标像素有可能是一个虚警点，唯一能够确定的是在某一特定区域存在一些目标点。

作为一个例子，图 8.2(a)显示了在美国密苏里大学和佛罗里达大学联合采集的 MUUFL Gulfport 数据集中存在的目标点位置，该数据集的场景来自于南密西西比大学 Gulfpark 校区[51]。该高光谱场景中存在 4 种类型的目标：棕色(Brown，15 像素点)、深绿色(Dark Green，15 像素点)、伪绿色(Faux Vineyard Green(FVG)，12 像素点)和豆绿(Pea Green，15 像素点)。图 8.2(a)中的高亮区域显示了某一棕色目标的位置，其放大区域在图 8.2(b)中显示。从图中我们可以清楚地看到，此棕色目标的真实位置和 GPS 所给出的坐标位置间存在一个像素的偏移。从此类不精确的或不完全的训练数据的信息中训练出一个分类器或者提取目标类的原型是难以实现的，因此需要多示例学习算法。

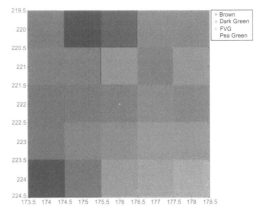

(a) MUUFL Gulfport数据目标点位置      (b) 一个目标点的放大区域显示

图 8.2　GPS 不精确坐标举例

## 8.1.5　心冲击图信号分析

对人体生命体征(如心律、呼吸、体温和血压)的长期测量和观察，为一些潜在疾病的早期诊疗提供了可能，尤其对老年人意义重大。与很多现有的可穿戴心律检测系统相比，心冲击图(BallistoCardioGrams，BCG)提供了一种非侵入且舒适的检测方法。此类设备感知每个心动周期中血液涌入主动脉引发的身体震颤[6]。此种身体震颤包含了丰富的心动信息，同时受益于当前传感器技术的进步和社会对被动式居家传感器用于慢性病防控的日益增长的需求，相关研究重新受到了学术界的重视[52]。

### 8.1.6　液压传感器床垫系统

密苏里大学老年护理和康复技术中心研发的液压传感器床垫（Hydraulic Bed Sensor，HBS）系统是一个低成本、非侵入和稳定性好的心冲击图解决方案。它能够在睡眠期间采集人体的生命体征[53-55]。该 HBS 系统能够为患者提供舒适的睡眠解决方案（如非侵入），易安装，防水且耐用。与其他心脏监控方式（如心电图信号）相比，心冲击图信号不需要将电极和贴片附于患者体表，因而是居家长期体征检测的理想方案。然而心冲击图的信号强度弱，变化率大，使得心冲击图的心跳信号相较心电图的心跳信号难以检测。

该 HBS 系统由液体传导装置和压电传感器组成，如图 8.3(a) 所示。液体传导装置被设计为放置在受试者的上躯干下方。该 HBS 系统长 54.5 cm，宽 6 cm，含有 0.4 L 水[53-55]。连接在液体传导装置末端的集成硅压电传感器（Freescale MPX5010GP）用于测量每次心跳引起的人体振动。它捕获心跳信息以及呼吸和运动叠加效应，将来自每个传感器的信号放大、滤波并以 100 Hz 进行采样。对于真值信息，使用附在受试者手指上的压电脉冲传感器（TN1012/ST，ADInstruments）来记录心跳所产生的脉冲。

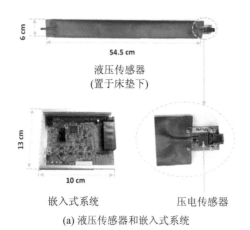

(a) 液压传感器和嵌入式系统

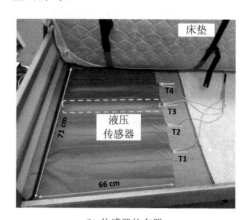

(b) 传感器的布置

图 8.3　HBS 系统

为了确保足够的覆盖范围，四个液压传感器平行放置在床垫下面，如图 8.3(b) 所示。四个传感器是相同且独立的，但这四个传感器收集的数据质量可能会因睡眠位置、床垫类型（如材料、厚度）和受试者的身体特征（如年龄、身体质量指数（BMI））而有所变化。

## 8.1.7 心冲击图中的多示例学习问题

图 8.4 显示了由一个液压传感器采集的典型滤波 BCG 信号和相应的手指传感器真值信息。其中，圆圈表示经过滤波的 BCG 信号的每个峰值位置。从图 8.4 中可以看出，在手指传感器显示的真实位置附近，存在与心跳对应的液压传感器测量的显著的心跳峰值。然而，尽管期望所有传感器能够同时捕获每个相应的心跳信号，但是在手指传感器和每个 BCG 压力传感器之间存在不可避免的时延和校准偏差。此外，取决于受试者躺在床上的位置和姿势，难以确定这些 BCG 传感器中哪一个能够捕获清晰的心跳信号。训练数据中这些多重标记的不确定性给运用传统有监督学习方法进行 BCG 信号的心跳检测和心率估计带来了更多困难。

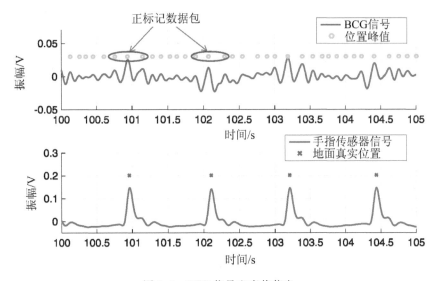

图 8.4 BCG 信号和真值信息

对于这个问题，本章提出引入训练数据包的理念来解决数据的 BCG 信号的标记不确定以及心跳信号的采集缺失问题。因此不需要精确标记的 BCG 信号进行心律预测。本章所提出的 MI-HE 算法能够从不精确标记的训练数据包中学习一组具有辨别性的包含患者生理特征信息的心跳特征。在学习心跳特征之后，可以将基于特征签名的检测器应用于实时心跳监测和心律估计。

## 8.1.8 基于特征签名的检测器

大多数亚像素检测技术是基于统计模型的方法，其中目标和背景信号根据一些相应的潜在概率分布被建模为随机变量[4, 56-57]。可以将检测问题作为具有两个相斥假设的二元假设检验：目标缺席（Target absent，$H_0$）或目标存在（Target present，$H_1$），并且可以使用广义似然比检验（GLRT）方法[58]。根据 Neyman-Pearson 准则，在给定任何所需的误报概率（PFA）的情况下最大化检测概率（PD），其 GLRT 为

$$\Lambda(\boldsymbol{x}) = \frac{f(\boldsymbol{x} \mid \text{Target present})}{f(\boldsymbol{x} \mid \text{Target absent})} \stackrel{\text{def}}{=} \frac{f(\boldsymbol{x} \mid H_1)}{f(\boldsymbol{x} \mid H_0)} \underset{H_0}{\overset{H_1}{\gtrless}} \eta \qquad (8-3)$$

其中，$f(\boldsymbol{x} \mid H_i)$ 为每个假设的似然函数值。

### 8.1.9 频谱匹配滤波器

用于光谱匹配滤波器（SMF）[4, 58-61]的假设为

$$\begin{aligned} H_0&: \boldsymbol{x} \sim N(0, \boldsymbol{\Sigma}_{\mathrm{b}}) \\ H_1&: \boldsymbol{x} \sim N(a\boldsymbol{s}, \boldsymbol{\Sigma}_{\mathrm{b}}) \end{aligned} \qquad (8-4)$$

其中，$\boldsymbol{\Sigma}_{\mathrm{b}}$ 是背景协方差矩阵；$\boldsymbol{s}$ 是已知的目标特征，由目标丰度 $a$ 来缩放。由式（8-4）的 GLRT 的平方根可以导出 SMF 检测器：

$$\Lambda_{\mathrm{SMF}}(\boldsymbol{x}, \boldsymbol{s}) = \frac{\boldsymbol{s}^{\mathrm{T}} \boldsymbol{\Sigma}_{\mathrm{b}}^{-1} (\boldsymbol{x} - \boldsymbol{\mu}_{\mathrm{b}})}{\sqrt{\boldsymbol{s}^{\mathrm{T}} \boldsymbol{\Sigma}_{\mathrm{b}}^{-1} \boldsymbol{s}}} \qquad (8-5)$$

其中，$\boldsymbol{\mu}_{\mathrm{b}}$ 是背景信号的均值，用于从数据中减去该均值以保证数据符合 $H_0$ 中定义的零均值背景。

### 8.1.10 自适应一致/余弦估计器

用于背景建模的自适应一致/余弦估计器（ACE）[62-64]的假设为

$$\begin{aligned} H_0&: \boldsymbol{x} \sim N(0, \sigma_0^2 \boldsymbol{\Sigma}_{\mathrm{b}}) \\ H_1&: \boldsymbol{x} \sim N(a\boldsymbol{s}, \sigma_1^2 \boldsymbol{\Sigma}_{\mathrm{b}}) \end{aligned} \qquad (8-6)$$

式中，$\sigma_0^2 = \frac{1}{n} \boldsymbol{x}^{\mathrm{T}} \boldsymbol{\Sigma}_{\mathrm{b}}^{-1} \boldsymbol{x}$，$\sigma_1^2 = \frac{1}{n} (\boldsymbol{x} - a\boldsymbol{s})^{\mathrm{T}} \boldsymbol{\Sigma}_{\mathrm{b}}^{-1} (\boldsymbol{x} - a\boldsymbol{s})$ 以确保 ACE 检测器具有尺度不变性，其中 $n$ 为特征签名的维数。

由式（8-6）的 GLRT 的平方根可以导出 ACE 检测器[62-63]：

$$\Lambda_{\mathrm{ACE}}(\boldsymbol{x}, \boldsymbol{s}) = \frac{\boldsymbol{s}^{\mathrm{T}} \boldsymbol{\Sigma}_{\mathrm{b}}^{-1} (\boldsymbol{x} - \boldsymbol{\mu}_{\mathrm{b}})}{\sqrt{\boldsymbol{s}^{\mathrm{T}} \boldsymbol{\Sigma}_{\mathrm{b}}^{-1} \boldsymbol{s}} \sqrt{(\boldsymbol{x} - \boldsymbol{\mu}_{\mathrm{b}})^{\mathrm{T}} \boldsymbol{\Sigma}_{\mathrm{b}}^{-1} (\boldsymbol{x} - \boldsymbol{\mu}_{\mathrm{b}})}} \qquad (8-7)$$

与式（8-5）相比，ACE 检测器可以看作 SMF 的归一化形式：输入测试点在投影到目标签名之前被白化并标准化。归一化步骤消除了输入数据的尺度差异（如测量数据具有较大的方差），并在某些情况下实现了更好的性能。

## 8.1.11　混合检测器

用于背景建模的混合检测器（HSD）[56,65] 的假设为

$$H_0 : x \sim N(D^- p, \sigma_0^2 \Sigma_b)$$
$$H_1 : x \sim N(Da, \sigma_1^2 \Sigma_b) \qquad (8-8)$$

其中，$D$ 和 $D^-$ 分别代表完整的端元集和背景端元集；$a$ 和 $p$ 为由完全约束的最小二乘法[66] 得到的相对于 $D$ 和 $D^-$ 的数据解混后的丰度值。由式（8-8）的 GLRT 的平方根可以导出 HSD 混合检测器：

$$\Lambda_{HSD}(x, D) = \frac{(x - D^- p)^T \Sigma_b^{-1}(x - D^- p)}{(x - Da)^T \Sigma_b^{-1}(x - Da)} \qquad (8-9)$$

混合检测器分别使用整个端元集和非目标端元集将每个点的重建误差建模为零均值高斯分布。使用整个端元集的重建误差与仅使用非目标端元集的重建误差之间的似然比放大了两个重建误差的差异。混合检测器显性地对高光谱数据中的混合特性进行了建模，提供了亚像素检测的替代方案。

本节分析了具有标记不精确性训练数据的目标表征算法（即目标概念特征签名的估计）。该类算法的目标是从混合的训练数据中学习出有效的目标概念签名特征并应用于后续的目标检测任务。由于这些算法从训练数据中提取概念特征，因此高光谱目标检测中常见的背景建模、环境和大气矫正问题，通过训练数据的目标表征都得到了很好的解决。8.2 节提供了当前多示例概念学习和多示例分类器学习方法的文献综述。针对本章一开始提出的两个多示例问题——不精确标记的高光谱目标检测和心冲击图信号的心跳检测，其更加具体的问题分析和相关多示例学习算法，请参见扩展的多示例方程法[67-70]，基于多示例方程法的字典学习[71-72]，多示例谱匹配滤波器与自适应一致估计器[73]，多示例混合检测器[74-75]。

为不失一般性，令 $X = [x_1, \cdots, x_N] \in \mathbf{R}^{n \times N}$ 为训练数据，其中 $n$ 为一个示例的维数，$N$ 为总的示例个数。数据被划分为 $K$ 个数据包，$B = \{B_1, \cdots, B_K\}$，其对应包的标记为 $L = \{L_1, \cdots, L_K\}$，其中 $L_i \in \{0, 1\}$。$N_i$ 为数据包 $B_i$ 中包含的示例个数且 $x_{ij} \in B_i$ 表示数据包 $B_i$ 的第 $j$ 个示例，其示例标记为 $l_{ij} \in \{0, 1\}$。当需要辨别某个包或示例的标签时，假定 $N$ 个训练数据被划分为 $K^+$ 个正数据包和 $K^-$ 个负数据包且总的示例个数分别为 $N^+$ 和 $N^-$。因此有 $N = N^+ + N^- = \sum_{i=1}^{K^+} N_i + \sum_{i=K^++1}^{K^++K^-} N_i$，其中 $N_i$ 为第 $i$ 个数据包的示例个数。一个正数据包由 $B_i^+$ 表示，其对应的包的标记为 $L_i = 1$，该包中的示例为 $x_{ij}$ 并且其示例标记为

$l_{ij}$, s. t. $\sum_{j=1}^{N_i} l_{ij} \geqslant 1$。类似地，$B_i^-$ 表示一个负数据包，该包的标记为 $L_i = 0$，且每个示例的标记为 $l_{ij} = 0$（对应基于 SVM 的算法为 $l_{ij} = -1$）。

## 8.2 文 献 综 述

本节将回顾现有的 MIL 算法，分别讨论多示例概念学习和多示例分类器学习这两大类学习方法。

### 8.2.1 多示例概念学习

多示例概念学习是指在给出来自 MIL 问题的包级标记的训练数据的情况下学习正类的方法。通常在该步骤中假设一些先验知识：估计的概念应该接近于每个正标记包中至少有一个正示例，并且远离负标记包中的每个示例；估计的概念必须是所有负示例的表示。所估计的目标概念具有物理意义，能够反映出该正类的特征，并可用于进一步的应用，如分类或回归。

Dietterich 等人在 20 世纪 90 年代提出了轴平行矩形（Axis-Parallel Rectangles，APR）[8] 算法，用于药物活性预测。轴平行矩形可以看作特征空间中真实正示例的重叠或聚集区域。在 APR 算法中，对正（活跃）类的范围估计了一个下键和一个上键。在文献[8]中研究并比较了三个 APR 算法，分别是 GFS elim-count（贪婪特征选择消除计数）、GFS KDE（贪婪特征选择核密度估计）和迭代判别算法。

GFS elim-count APR 方法从包含所有正示例的特征空间开始运用贪心算法寻找 APR。该算法首先找到完全覆盖所有正示例的"all-positive APR"。图 8.5 中的实线包围框为"all-positive APR"，其中未填充的标记表示正示例的特征向量，填充的标记表示负示例。如图 8.5 所示，由多示例问题的定义可知正包中也可以包含非目标数据，因此 all-positive APR 可能包含一些负示例数据。此问题的下一步骤就是消除这些被错误包括进来的负示例，并尽可能多地保留正示例。GFS elim-count APR 方法采取基于贪心算法的收缩算法，通过计算排除每个负示例需要从 APR 中删除的正示例的个数来选择"代价最小"的负示例进行收缩。贪心算法迭代排除代价最小的负示例（即负示例与要删除的最小个数的正示例相关联），直到消除 all-positive APR 中的所有负示例。图 8.5 中的虚线框表示经过收缩的最终的 APR 特征空间。

正如文献[8]中所述，特征选择是必要的，因为这个应用的特征是通过测量每个示例（麝香分子）的起源发出的射线长度来提取的，而相邻的射线特征通常是高度相关的。此外，可能只有特征维度的子集是有区别的。因此，在构造了这个收缩 APR 之后，贪婪特征选择

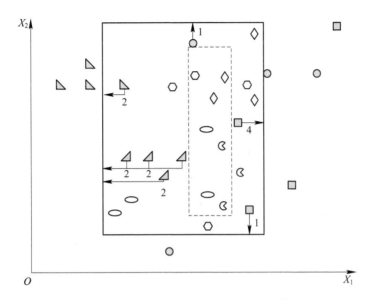

图 8.5 排除负示例的 elim-count 过程[1]

算法迭代选择特征维数，消除了最可能的负示例，直到没有负示例被消除为止。

GFS elim-count APR 消除了自身的所有负示例，但这种方法的一个问题是不保证每个正包都包含至少一个正示例。

为了解决 GFS elim-count APR 不能为每个正包保留至少一个正示例的问题，作者提出引入高斯核密度估计(KDE)函数，为与要删除的负示例相关联的每个正示例分配一个代价值，这就是 GFS KDE APR 算法。

所提出的代价函数为

$$\left(-\sum_{k=1,\ k\neq j}^{N_i} G_{\mathrm{d}}(x_{ij})\right)+\alpha G_{\mathrm{d}}(x_{ij}) \tag{8-10}$$

其中，$G_{\mathrm{d}}(x_{ij})$ 为高斯核密度估计，表示观测到 $x_{ij}$ 的概率。式(8-10)将三个条件添加到与要删除的负示例关联的正示例中：

(1) 如果有很多其他正示例 $x_{ik}(k=1,\cdots,N_i,k\neq j)$ 在包 $B_i^+$ 中，那么移除 $x_{ij}$ 的代价应该会很小。

(2) 如果在 $x_{ij}$ 处还观察到许多正示例，则应消除 $x_{ij}$。例如，$x_{ij}$ 处的特征密度高。

(3) 如果 $x_{ij}$ 非常孤立，则分配低代价值，即在特征空间中的 $x_{ij}$ 附近几乎没有其他正示例。

根据式(8-10)，每个正包中的最后一个正示例将加上非常大的代价值，以免被消除。在某种程度上，这种“从外到内”的方法使得 MIL 的概念在每个正包中具有至少一个正示例。然而，该算法的一个缺点是计算复杂，计算每个必要的核密度估计是非常耗时的。例如，在遍历每一个维度的过程中，每个待排除负示例都可能与若干个正示例相关联。

迭代判别 APR 是一种"由内而外"的算法，并试图找到每个正包中至少一个示例的最小 APR。它首先选择一个初始的"种子"正示例并在两个步骤之间进行迭代，生成紧的 APR 并选择区别特征直到收敛，然后执行扩展程序以提高其泛化能力，描述如下：

（1）在这个逐步收紧的 APR 步骤中，作者提出了一个成本函数：

$$\text{Size}(\text{APR}) = \sum_n \text{ub}_n - \text{lb}_n \tag{8-11}$$

来定义 APR 的大小，它是所有边长的总和，其中 $n$ 是特征维数的指数，$\text{ub}_n$ 和 $\text{lb}_n$ 分别是第 $n$ 维的上键长和下键长。这个代价函数通过贪婪算法进行优化，以包含"最廉价"的正示例，并在每个贪婪步骤中应用回溯算法[76]进行调整。

（2）在该特征选择步骤中，算法迭代地选择能够排除最多数量负示例的"强判别"特征。如果一个负示例位于边界之外超过 1Å，则定义为"强差别"。同样地，对于特征维 $n$，如果一个负的示例位于 APR 的边界之外，并且在特征维 $n$ 上的位置比在任何其他维度上的位置都要远，也定义为"强差别"。

在第（1）步和第（2）步之间的迭代（据说在 3~4 次迭代中收敛）估计了一个紧的、不包含大多数正示例的亚维 APR。因此，采用核密度估计方法对这种紧致的 APR 进行扩展，使其包含更多示例，从而使得到的 APR 成为一个更广义的概念区域。实验结果表明，迭代判别 APR 在麝香数据集上具有最佳性能。然而，迭代判别 APR 的一个问题是：在理论上，所得到的 APR 可能包含属于负包的示例子集。

多样性密度（DD）[2, 77]试图学习一个正类的概念，它靠近正包的交点，并且总是远离每个负示例，即区域保持目标点的高密度和非目标点的低密度，称为多样性密度。

由 DD 提出的极大似然函数为

$$\arg \max_d \prod_{i=1}^{K^+} \Pr(\boldsymbol{d} = \boldsymbol{s} \mid B_i^+) \prod_{i=K^++1}^{K^++K^-} \Pr(\boldsymbol{d} = \boldsymbol{s} \mid B_i^-) \tag{8-12}$$

其中，$\boldsymbol{s}$ 是正类的假设真概念，$\boldsymbol{d}$ 是估计的概念变量。

似然函数式（8-12）中的每一项由 noise-or 模型定义：

$$\Pr(\boldsymbol{d} = \boldsymbol{s} \mid B_i^+) = \Pr(\boldsymbol{d} = \boldsymbol{s} \mid x_{i1}, x_{i2}, \cdots, x_{iN_i})$$

$$= 1 - \prod_{j=1}^{N_i} (1 - \Pr(\boldsymbol{d} = \boldsymbol{s} \mid x_{ij} \in B_i^+)) \tag{8-13}$$

$$\Pr(\boldsymbol{d} = \boldsymbol{s} \mid B_i^-) = \prod_{j=1}^{N_i} (1 - \Pr(\boldsymbol{d} = \boldsymbol{s} \mid x_{ij} \in B_i^-)) \tag{8-14}$$

个体示例的简单概率由个体示例与正概念位置之间的距离建模：

$$\Pr(\boldsymbol{d} = \boldsymbol{s} \mid x_{ij}) = \exp(- \parallel x_{ij} - \boldsymbol{d} \parallel^2) \tag{8-15}$$

对所提出的 noise-or 模型的直观理解是：如果在正包$B_i^+$中至少有一个示例接近$d$，则$\Pr(d=s\,|\,B_i^+)$高；因此，式(8-13)的第一项确保估计的$d$接近每个$B_i^+$中的至少一个示例。式(8-14)使得估计的$d$远离$B_i^-$中的每个示例。与文献[8]中所述类似，可通过优化添加到每个维度的权重来进行维数选择。

如文献[1]和[77]的作者所述，noise-or 模型非常不平滑，解空间中存在几个局部最大值，这使得找到全局最优点非常困难。可使用来自每个正示例的起点的梯度上升来最大化所提出的对数似然函数。虽然它相比其他算法表现出较好的性能，但计算复杂性仍然是个问题。

为了提高 DD 的计算时间，Zhang 等人提出了多样性密度（EM-DD）的期望最大化版本[78]。EM-DD 假设每个包只有一个示例对应于包级标签，并将与包级标签对应的关键示例的知识视为隐藏的潜在变量。EM-DD 从对正概念$d$的一些初步猜测开始，并在期望步骤（E 步骤）之间迭代，该步骤选取每个包中的一个点作为该包的代表点，然后执行准牛顿优化（M 步骤）[79]关于单示例 DD 的问题。更详细地，在 E 步骤中，每个示例的概率确定了来自前一次迭代的给定目标概念$d$的包级标签，通过多变量高斯分布来估计，即

$$x_i^* = \arg\max_{x_{ij} \in B_i} \exp(-\parallel x_{ij} - d \parallel^2) \tag{8-16}$$

其中，$x_i^*$是包$B_i$的假定代表性示例。在 M 步骤中，通过优化标准 DD 问题来估计正概念$d'$，其中在 E 步骤中仅确定每个包的一个示例：

$$d' = \arg\max_d \prod_i \Pr(L_i \mid d, x_i^*) \tag{8-17}$$

其中，$\Pr(L_i\,|\,d, x_i^*)$是减少的式(8-12)中的单示例 DD 问题。

文献[78]中提到，通过采用由验证数据决定的特定初始化方法，EM-DD 在 Musk1 上的运行速度是 DD 的 10 倍以上，在 Musk2 上的运行速度是 DD 的 100 倍以上[78]，并实现了比对比算法更高的准确率（95%以上）。然而，在文献[80]中证实 EM-DD 具有与 DD 相近但比 DD 稍差的性能。

基于字典的多示例学习（DMIL）[81]及其后续工作多示例学习的广义字典学习（GDMIL）[82]，提出使用字典学习方法优化 noise-or 模型[83-87]。估计的目标概念是一组字典原子。具体来讲，作者模拟了单个示例为正的概率，作为单个示例与正字典原子的线性组合之间的重建误差的零均值多变量高斯分布为

$$p_{ij} \propto \exp(-\parallel x_{ij} - D a_{ij} \parallel_2^2) \tag{8-18}$$

其中，$p_{ij}$是$x_{ij}$为真阳性点的概率；$D$是估计字典集，作为正概念集；$a_{ij}$是给定$D$下$x_{ij}$的稀疏表示。

给定式(8-18)中定义的模型，要优化的修改的 noise-or 模型为

$$J(D, X) = \prod_{i=1}^{K^+}\left(1 - \prod_{j=1}^{N_i}(1 - p_{ij})\right) \prod_{i=K^++1}^{K^++K^-}\left(\prod_{j=1}^{N_i}(1 - p_{ij})\right) \tag{8-19}$$

式(8-19)的负对数为

$$-\log J(\boldsymbol{D}, \boldsymbol{X}) = -\sum_{i=1}^{K^+} \log\left(1 - \prod_{j=1}^{N_i}(1 - p_{ij})\right) - \alpha \sum_{i=K^++1}^{K^++K^-} \sum_{j=1}^{N_i} \log(1 - p_{ij}) \quad (8-20)$$

其中，$\alpha$ 是缩放因子，用于控制负包的影响。

通过将式(8-18)代入式(8-20)，目标函数将在两个步骤(即对 $\boldsymbol{D}$ 的单个原子使用梯度下降方法的学习步骤，以及使用正交匹配追踪算法求解每个示例相对于 $\boldsymbol{D}$ 的稀疏编码的步骤[88-89])之间迭代优化。

与过去的多示例概念学习算法相比，DMIL 的优势在于：

(1) DMIL 不是学习正类的一个概念，而是学习一组正的字典原子来更好地描述正类。

(2) 在负对数似然函数中的第二项 $-\alpha \sum_{i=K^++1}^{K^++K^-} \sum_{j=1}^{N_i} \log(1 - p_{ij})$，强制负示例都被估计字典 $\boldsymbol{D}$ 表示得很差，因此 $\boldsymbol{D}$ 保持判别正类的特征，包含负类的信息最少。

## 8.2.2　多示例分类器学习

多示例分类器学习是指在 MIL 问题中从标记的训练包训练判别模型以预测未知包或个体示例的标签。由于正包是正数据和负数据的混合，因此文献中的多示例分类器学习算法通常通过启发式方式训练分类器，即从对正标记数据包的数据的真实标签的猜测开始。

### 1. 混合整型支持向量机

Andrews 等人[80]将 MIL 问题建模为支持向量机算法(mi-SVM 和 MI-SVM)的广义混合整型公式。这两种算法提出了混合整型二次规划问题，并通过启发式方法求解。两种算法 mi-SVM 和 MI-SVM 训练数据的选择方式不同。mi-SVM 考虑整个训练数据，训练 SVM 并迭代修改示例级标签；而 MI-SVM 通过选择每个包的一个示例来训练 SVM，其中最大分类置信度作为每个包的代表性示例。当两个迭代中的示例分配的标签没有变化时，两个算法停止。mi-SVM 和 MI-SVM 假设训练数据的标签遵循以下 MIL 约束：

$$\begin{cases} \sum_{x_{ij} \in B_i} \dfrac{l_{ij}+1}{2} \geqslant 1, & \forall i \quad \text{s.t. } L_i = 1 \\ l_{ij} = -1, & \forall i \quad \text{s.t. } L_i = -1 \end{cases} \quad (8-21)$$

mi-SVM 试图在分配给单个示例和超平面的可能标签上共同解决软边界最大化问题。mi-SVM 的公式为

$$\min_{\langle l_{ij} \rangle} \min_{\boldsymbol{w}, \boldsymbol{b}, \xi_{ij}} \frac{1}{2}\|\boldsymbol{w}\|^2 + \alpha \sum_{i=1}^N \xi_{ij} \quad (8-22)$$

$$\text{s.t. } \forall i: l_{ij}(\langle \boldsymbol{w}, x_{ij}\rangle + \boldsymbol{b}) \geqslant 1 - \xi_{ij}, \xi_{ij} \geqslant 0, l_{ij} \in \{-1, 1\}$$

其中，$(w, b)$ 是 SVM 分类器的权重和偏差，$\xi_{ij}$ 是松弛项，$\alpha$ 是松弛的缩放因子。

优化公式（8-21）的问题是：所有来自正包的 $l_{ij}$ 的精确值都是未知的。为了解决这个混合整型二次规划问题，作者采用了启发式优化策略。具体地说，通过将包级标签 $L_i$ 扩展到单个示例上，即 $I_{ij}=L_i$, for $L_i=1$ 来初始化来自正包的每个示例的标签 $l_{ij}$。然后训练 SVM 并再次应用于正训练包以重置其示例级标签。如果任何正包都将其所有示例分类为负数，即 $\sum\limits_{x_{ij}\in B_i^-}(1+l_{ij})/2=0$，则此包中最大置信度值为正的示例将被分配正标签，SVM 根据新重置的标签重新训练。直到示例级标签没有变化，算法停止。

mi-SVM 从带有标签 1 的正包的所有示例开始，并根据 MIL 问题中的包约束迭代地修改标签，直到标签重新分配没有变化。它最终寻找 MI 分离超平面，使得每个正包至少有一个示例被分类为正，所有负示例被分离到超平面的另一侧。但是，无法保证此过程会收敛。

将最大边际优化应用于混合整型 SVM 的另一种方法是将边缘概念概括为从单个示例到包最大化。每个包的富余度 $\gamma_i$ 由每个包中整个示例的最大决策值定义，如式（8-23）所示。在每次迭代中，仅采用每个包中具有最大决策值的示例来训练 SVM。需要注意的是，正包的边距由"最正面"示例定义，而负包的边距由"最小负类"示例定义。

$$\gamma_i \equiv L_i \max_{x_{ij}\in B_i}(\langle w, x_{ij}\rangle + b) \tag{8-23}$$

MI-SVM 的公式为

$$\min_{w,b,\xi_i} \frac{1}{2}\|w\|^2 + \alpha\sum_i \xi_i \tag{8-24}$$

$$\text{s. t. } \forall i,\ L_i \max_{x_{ij}\in B_i}(\langle w, x_{ij}\rangle + b) \geqslant 1-\xi_i,\ \xi_i\geqslant 0$$

其中，$\xi_i$ 是包 $B_i$ 的松弛系数。MI-SVM 通过将每个包的平均值分配为其代表并训练 SVM 分类器来实现其初始化。随后从每个包的单一代表示例训练 SVM 分类器，并据当前训练的 SVM 分类器选择具有最大判定值的代表性示例进行交替优化，直到每个包的训练示例选择没有变化，算法停止。然而，与 mi-SVM 相似，MI-SVM 的收敛性也不能保证。

### 2. 通过嵌入式示例选择进行多示例学习

通过嵌入式示例选择（MILES）[91] 的多示例学习放宽了 MIL 中的约束，即负包由所有负示例组成，并且允许目标概念与负包相关，以用于计算机视觉中的更一般应用。例如，在目标识别应用中，被标记为正的示例（通常是图像中的小块）为目标的一部分，然而负包也可以包含看起来像目标的一部分像素块。MILES 提出首先将每个包嵌入到基于目标概念的特征空间中，其中候选目标概念集来自所有包的结合。然后对从每个包中提取的特征向量训练 $l_1$ 范数 SVM[92]。最后，基于 SVM 决策值执行示例选择以实现示例级分类。

MILES 采用训练包中的每个示例作为目标概念的候选者，$D=\{x_k: k=1,\cdots,N\}$。根据式(8-25)计算对应于候选目标概念$x_k$的包$B_i$嵌入特征向量的第$k$个值：

$$\Pr(x_k \mid B_i) \propto s(x_k, B_i) = \max_{x_{ij} \in B_i} \exp\left(-\frac{\|x_{ij} - x_k\|^2}{\sigma^2}\right) \tag{8-25}$$

其中，$s(x_k, B_i)$是相似度函数。

将式(8-25)应用于$\boldsymbol{D}$中的所有候选目标概念，然后将包$B_i$嵌入$N$维空间$F_D$中，坐标$\boldsymbol{v}(B_i)$为

$$\boldsymbol{v}(B_i) = [s(x_1, B_i), s(x_2, B_i), \cdots, s(x_N, B_i)]^\mathrm{T} \tag{8-26}$$

应用式(8-26)可将所有训练包嵌入到$F_D$中，作为$N \times (K^+ + K^-)$矩阵。

在将训练包映射到$F_D$之后，将MIL问题转换为监督问题并且通过1范数SVM[92]解决，其公式为

$$\min_{\boldsymbol{w}, \boldsymbol{b}, \xi_i} \lambda \sum_{k=1}^{N} |w_k| + \alpha_1 \sum_{i=1}^{K^+} \xi_i + \alpha_2 \sum_{i=K^++1}^{K^++K^-} \xi_i$$

$$\text{s.t.} \begin{cases} (\boldsymbol{w}^\mathrm{T} v_i^+ + \boldsymbol{b}) + \xi_i \geqslant 1, \quad i = 1, \cdots, K^+ \\ -(\boldsymbol{w}^\mathrm{T} v_i^- + \boldsymbol{b}) + \xi_i \geqslant 1, \quad i = K^++1, \cdots, K^++K^- \\ \xi_i \geqslant 0, \quad i = 1, \cdots, K^+, K^++1, \cdots, K^++K^- \end{cases} \tag{8-27}$$

其中，$(\boldsymbol{w}, \boldsymbol{b})$是线性SVM分类器的权重和偏差，$\xi_i$是松弛系数，$\alpha_1$和$\alpha_2$用以对假阴性和假阳性分配不同的惩罚。

在通过线性规划(LP)[93-94]为$(\boldsymbol{w}^*, \boldsymbol{b}^*)$求解1范数SVM之后，所选特征的集合$\boldsymbol{I}$由$\boldsymbol{w}^*$中非零值的索引集确定，即

$$\boldsymbol{I} = \{k : |w_k^*| > 0\} \tag{8-28}$$

用于对包$B_i$进行分类的判别函数为

$$\boldsymbol{y} = \mathrm{sign}\left(\sum_{k \in \boldsymbol{I}} w_k^* s(x_k, B_i) + \boldsymbol{b}^*\right) \tag{8-29}$$

这样就完成了包的分类步骤。

在MIL的某些应用中，还需要示例级分类。例如，在目标检测中，仅仅识别图像是否包含目标是不够的，告诉目标在哪里也是至关重要的。在学习包的判别功能后，MILES通过计算个别示例对包分类的贡献实现示例级别的分类。具体而言，包$B_i$中的示例对判别函数值$\sum_{k \in \boldsymbol{I}} w_k^* s(x_k, B_i) + \boldsymbol{b}^*$的贡献大于(或小于)经验阈值将被识别为正(或负)。

### 3. 多示例字典学习

多示例字典学习(MIDL)[95]是用于检测视频中异常事件的多示例字典学习算法。在公共视频监控中，很难将每个视频帧标记为正常(负)或异常(正)，唯一已知的标记信息是包

含异常事件的视频片段。因此，每个视频片段都可视为一个包，其包级别标签由其是否包含异常事件确定。具体地，作者假设存在一组字典 $D \in \mathbf{R}^{n \times M}$，其可以更好地表示分类意义上的训练数据，并且包的标签由具有最大分类值的示例确定。提出的目标函数为

$$\min_{\boldsymbol{D}, \boldsymbol{w}} \frac{1}{K} \sum_{i=1}^{K} \log(1 + \mathrm{e}^{-L_i \max\limits_{j=1,\cdots,N_i} l(x_{ij}, a_{ij}, \boldsymbol{w})}) + \frac{\alpha}{2} \| \boldsymbol{w} \|_{\mathrm{F}}^{2} \qquad (8-30)$$

其中，$a_{ij}$ 是给定 $D$ 的 $x_{ij}$ 的稀疏表示，$l(x_{ij}, a_{ij}, \boldsymbol{w}) = x_{ij}^{\mathrm{T}} \boldsymbol{w} a_{ij} + b$ 是将每个示例分类为正或负的判别函数，$\boldsymbol{w} \in \mathbf{R}^{m \times k}$ 是分类权重矩阵，$b \in \mathbf{R}$ 是偏差，$\alpha$ 是权重 $\boldsymbol{w} \in \mathbf{R}^{m \times k}$ 的比例因子。

变量在稀疏编码 $a$、字典 $D$ 和回归矩阵 $w$ 之间交替求解。具体来说，$a$ 作为式(8-30)中最小角度回归(LARS)问题[96]来进行求解，$D$ 和 $w$ 通过对目标函数(式(8-31))进行梯度下降来求解。注意逻辑回归 $\log(1 + \mathrm{e}^{-L_i \max\limits_{j=1,\cdots,N_i} l(x_{ij}, a_{ij}, \boldsymbol{w})})$ 相对于 $w$ 是凸的但不平滑，因此也使用了次梯度：

$$a^{*}(\boldsymbol{x}, \boldsymbol{D}) \overset{\mathrm{def}}{=} \arg\min_{a \in \mathbf{R}^{m}} \frac{1}{2} \| \boldsymbol{x} - \boldsymbol{D}a \| + \lambda_1 \| \boldsymbol{a} \|_1 + \frac{\lambda_2}{2} \| \boldsymbol{a} \|_2^{2} \qquad (8-31)$$

### 4. 最大间隔多示例字典学习

最大间隔多示例字典学习(MMDL)[97]采用了词包(BoW)模型[98]的思想，训练了一组线性 SVM 作为字典集。MMDL 的新假设是：正示例可以属于许多不同的集群。这个假设的动机在于计算机视觉中的事实，即正类可能有许多不同的类别。例如，正类"计算机室"可能有包含书桌、屏幕、键盘的图像块。

MMDL 假设每个示例都存在一个表示其集群的潜在变量 $z_{ij} \in 0, 1, \cdots, C$，其中 $C$ 是正类的假设数量。对于每个示例 $x_{ij}$，$z_{ij} = 0$ 表示该示例来自于负类，$z_{ij} = c$ 表示该示例来自于第 $c$ 个正类，$c = 1, \cdots, C$。此外，还引入了一组线性支持向量机分类器作为权重矩阵，每一列作为权重向量，即 $w = [w_0, w_1, \cdots, w_c]$，$w_c \in \mathbf{R}^{n \times 1}$，$c \in \{0, 1, \cdots, C\}$。示例 $x_{ij}$ 的簇为

$$z_{ij} = \arg\max_{c} w_c^{\mathrm{T}} x_{ij} \qquad (8-32)$$

提出的 MMDL 公式为

$$\min_{\boldsymbol{w}, z_{ij}} \sum_{c=0}^{C} \| w_c \|^{2} + \alpha \sum_{i=1}^{K} \sum_{j=1}^{N} \max(0, 1 + w_{r_{ij}}^{\mathrm{T}} x_{ij} - w_{z_{ij}}^{\mathrm{T}} x_{ij}) \qquad (8-33)$$

$$\text{s.t.} \quad L_i = 1 \text{ 时}, \sum_{x_{ij} \in B_i} z_{ij} > 0; \ L_i = 0 \text{ 时}, z_{ij} = 0$$

其中，$r_{ij} = \arg\max\limits_{\substack{c \in \{0, \cdots, C\}, \\ c \notin z_{ij}}} w_c^{\mathrm{T}} x_{ij}$ 和 $\alpha$ 是用于提升分类余量的比例因子。具体而言，在式

(8-33)中，$z_{ij}$ 和 $r_{ij}$ 分别是对应于 $w$ 中置信度最高(具有最大决策值)和置信度第二高的分类向量 $x_{ij}$ 的指数。式(8-33)中的第二项试图最大化两个置信度最高的 SVM 分类器之间的

分类界限，从而提升估计的分类器的判别力并且引申出名称"最大间隔字典学习"。MMDL基于每个示例的正类性的训练数据子集在采样步骤之间进行迭代优化，使用坐标下降[3]，学习 SVM 分类器，根据 Sigmoid 函数更新每个示例的正类性，并为每个示例重新分配 $z_{ij}$；然后采用估计的 SVM 分类器作为字典集，并使用空间金字塔匹配将每个图像表示为字典集上的分布[99]；最后，训练了另一个线性 SVM 包级分类。

**5. 其他多示例分类器学习算法**

除了上面提到的 MIL 分类器学习算法之外，MILIS[100] 在每个包的示例选择之间交替进行，作为代表其包的典例并在这些典例上训练线性 SVM。MissSVM[101] 使用半监督 SVM 解决 MIL 问题，其约束条件是每个正包的至少一个点必须被归类为正类。最近的方法[69, 102-106] 在 MIL 中提供了富有洞察力和建设性的观点。特别地，Hoffman 等人[104] 联合利用图像级和边界框标签，在对象检测中实现了最好的结果。Li 和 Vasconcelos[105] 进一步研究 MIL 问题，在负包上标记噪声，并使用"顶级示例"作为"软包"的代表，然后通过 latent-SVM 进行包级分类[3]。

（本章作者：焦昶哲，海栋）

# 本章参考文献

[1]　MARON O, LOZANO-PEREZ T. A framework for multiple-instance learning[C]. Advances in Neural Information Processing Systems (NIPS), 1998, 10: 570 - 576.

[2]　FELZENSZWALB P F, GIRSHICK R B, MCALLESTER D, et al. Object detection with discriminatively trained part-based models[J]. IEEE Transactions on Pattern Analysis and Machine Intelligence, 2010, 32 (9): 1627 - 1645.

[3]　MANOLAKIS D, MARDEN D, SHAW G A, et al. Hyperspectral image processing for automatic target detection applications[J]. Lincoln Laboratory Journal, 2003, 14(1): 79 - 116.

[4]　NASRABADI N M. Hyperspectral target detection: An overview of current and future challenges[J]. IEEE Signal Processing Magazine, 2014, 31(1): 34 - 44.

[5]　STARR I, RAWSON A, SCHROEDER H, et al. Studies on the estimation of car-diac output in man, and of abnormalities in cardiac function, from the heart's recoil and the blood's impacts: the ballistocardiogram[J]. American Journal of Physiology Legacy Content, 1939, 127(1): 1 - 28.

[6]　PINHEIRO E, POSTOLACHE O, GIRAO P, et al. Theory and developments in an unobtrusive cardiovascular system representation: Ballistocardiography[J]. The Open Biomedical Engineering Journal, 2010, 4: 201.

[7]　INAN O T, MIGEOTTE P F, PARK K S, et al. Ballistocardiography and seismocardiography: A review of recent advances[J]. IEEE Journal of Biomedical and Health Informatics, 2015, 19(4): 1414 - 1427.

[8]　DIETTERICH T G, LATHROP R H, LOZANO-PEREZ T. Solving the multiple instance problem

with axis-parallel rectangles[J]. Artificial Intelligence, 1997, 89(1): 31 - 71.

[9]  LANDGREBE D. Hyperspectral image data analysis[J]. IEEE Signal Processing Magazine, 2002, 19(1): 17 - 28.

[10]  KESHAVA N, MUSTARD J F. Spectral unmixing[J]. IEEE Signal Processing Magazine, 2002, 19(1): 44 - 57.

[11]  BIOUCAS-DIAS J M, PLAZA A, DOBIGEON N, et al. Hyperspectral unmixing overview: Geometrical, statistical, and sparse regression-based approaches[J]. IEEE Journal of Selected Topics in Applied Earth Observations and Remote Sensing, 2012, 5(2): 354 - 379.

[12]  YUKSEL S E, BOLTON J, GADER P. Multiple-instance hidden markov models with applications to landmine detection[J]. IEEE Transactions on Geoscience and Remote Sensing, 2015, 53(12): 6766 - 6775.

[13]  ZARE A, BOLTON J, GADER P, et al. Vegetation mapping for landmine detection using long-wave hyperspectral imagery[J]. IEEE Transactions on Geoscience and Remote Sensing, 2008, 46(1): 172 - 178.

[14]  MAHAJAN G, SAHOO R, PANDEY R, et al. Using hyperspectral remote sensing techniques to monitor nitrogen, phosphorus, sulphur and potassium in wheat (triticum aestivum l)[J]. Precision Agriculture, 2014, 15(5): 499 - 522.

[15]  WANG Z, LAN L, VUCETIC S. Mixture model for multiple instance regression and applications in remote sensing[J]. IEEE Transactions on Geoscience and Remote Sensing, 2012, 50(6): 2226 - 2237.

[16]  PIKE R, LU G H, WANG D S, et al. A minimum spanning forestbased method for noninvasive cancer detection with hyperspectral imaging[J]. IEEE Transactions on Biomedical Engineering, 2016, 63(3): 653 - 663.

[17]  PARDO A, REAL E, KRISHNASWAMY V, et al. Directional kernel density estimation for classification of breast tissue spectra[J]. IEEE Transactions on Medical Imaging, 2017, 36(1): 64 - 73.

[18]  EISMANN M T, STOCKER A D, NASRABADI N M. Automated hyperspectral cueing for civilian search and rescue[J]. Proceedings of the IEEE, 2009, 97(6): 1031 - 1055.

[19]  LARA M, LLEO L, DIEZMA-IGLESIAS B, et al. Monitor-ing spinach shelf-life with hyperspectral image through packaging films[J]. Journal of Food Engineering, 2013, 119(2): 353 - 361.

[20]  VANE G, GREEN R O, CHRIEN T G, et al. The airborne visible/infrared imaging spectrometer (AVIRIS)[J]. Remote Sensing of Environment, 1993, 44(2-3): 127 - 143.

[21]  BIOUCAS-DIAS J M, et al. Hyperspectral unmixing overview: Geometrical, statistical, and sparse regression-based approaches[J]. IEEE Journal of Selected Topics in Applied Earth Observations and Remote Sensing, 2012, 5(2): 354 - 379.

[22]  KESHAVA N, KEREKES J, MANOLAKIS D, et al. An algorithm taxonomy for hyperspectral unmixing[J]. Proceedings of the SPIE, 2000, 4049: 42 - 63.

[23]  KESHAVA N. A survey of spectral unmixing algorithms[J]. Lincoln Laboratory Journal, 2003, 14(1):

55 – 78.

[24] PARENTE M, PLAZA A. Survey of geometric and statistical unmixing algorithms for hyperspectral images[C]. in 2nd Workshop on Hyperspectral Image and Signal Processing: Evolution in Remote Sensing (WHISPERS), 2010: 1 – 4.

[25] BIOUCAS-DIAS J M, PLAZA A. An overview on hyperspectral unmixing: Geometrical, statistical, and sparse regression based approaches[C]. IEEE International Geoscience and Remote Sensing Symposium (IGARSS), 2011: 1135 – 1138.

[26] CHAN T H, MA W K, AMBIKAPATHI A, et al. A simplex volume maximization framework for hyperspectral endmember extraction[J]. IEEE Transactions on Geoscience and Remote Sensing, 2011, 49(11): 4177 – 4193.

[27] WANG J, CHANG C I. Applications of independent component analysis in endmember extraction and abundance quantification for hyperspectral imagery[J]. IEEE Transactions on Geoscience and Remote Sensing, 2006, 44(9): 2601 – 2616.

[28] CHANG C I, WU C C, LO C S, et al. Real-time simplex growing algorithms for hyperspectral endmember extraction[J]. IEEE Transactions on Geoscience and Remote Sensing, 2010, 48(4): 1834 – 1850.

[29] CRAIG M D. Minimum-volume transforms for remotely sensed data[J]. IEEE Transactions on Geoscience and Remote Sensing, 1994, 32(3): 542 – 552.

[30] IFARRAGUERRI A, CHANG C I. Multispectral and hyperspectral image analysis with convex cones[J]. IEEE Transactions on Geoscience and Remote Sensing, 1999, 73(2): 756 – 770.

[31] NASCIMENTO J M P, BIOUCAS DIAS J M. Does independent component analysis play a role in unmixing hyperspectral data[J]. IEEE Transactions on Geoscience and Remote Sensing, 2005, 43(1): 175 – 187.

[32] BERMAN M, et al. ICE: A statistical approach to identifying endmembers in hyperspectral images [J]. IEEE Transactions on Geoscience and Remote Sensing, 2004, 42: 2085 – 2095.

[33] JIA S, QIAN Y T. Constrained nonnegative matrix factorization for hyperspectral unmixing[J]. IEEE Transactions on Geoscience and Remote Sensing, 2009, 47(1): 161 – 173.

[34] MIAO L D, QI H R. Endmember extraction from highly mixed data using minimum volume constrained nonnegative matrix factorization[J]. IEEE Transactions on Geoscience and Remote Sensing, 2007, 45(3): 765 – 777.

[35] ZARE A, GADER P. Sparsity promoting iterated constrained endmember detection for hyperspectral imagery[J]. IEEE Geoscience and Remote Sensing Letters, 2007, 4(3): 446 – 450.

[36] IORDACHE M D, BIOUCAS-DIAS J, PLAZA A. Sparse unmixing of hyperspectral data[J]. IEEE Transactions on Geoscience and Remote Sensing, 2011, 49(6): 2014 – 2039.

[37] ZHONG Y F, FENG R Y, ZHANG L P. Non-local sparse unmixing for hyperspectral remote sensing imagery[J]. IEEE Journal of Selected Topics in Applied Earth Observations and Remote Sensing, 2014, 7(6): 1889 – 1909.

[38] LU X Q, et al. Manifold regularized sparse NMF for hyperspectral unmixing[J]. IEEE Transactions on Geoscience and Remote Sensing, 2013, 51(5): 2815 – 2826.

[39] IORDACHE M D, BIOUCAS-DIAS J, PLAZA A. Total variation spatial regularization for sparse hyperspectral unmixing[J]. IEEE Transactions on Geoscience and Remote Sensing, 2012, 50(11): 4484 – 4502.

[40] CHEN F, ZHANG Y. Sparse hyperspectral unmixing based on constrained p-2 optimization[J]. IEEE Geoscience and Remote Sensing Letters, 2013, 10(5): 1142 – 1146.

[41] SHI Z W, TANG W, DUREN Z N, et al. Subspace matching pursuit for sparse unmixing of hyperspectral data[J]. IEEE Transactions on Geoscience and Remote Sensing, 2014, 52(6): 3256 – 3274.

[42] PLAZA A, MARTINEZ P, PEREZ R, et al. Spatial/spectral endmember extraction by multidimensional morphological operators[J]. IEEE Transactions on Geoscience and Remote Sensing, 2002, 40(9): 2025 – 2041.

[43] ROGGE D M, RIVARD B, ZHANG J, et al. Integration of spatial-spectral information for the improved extraction of endmembers[J]. Remote Sensing of Environment, 2007, 110: 287 – 303.

[44] ZARE A, BCHIR O, FRIGUI H, et al. Spatially-smooth piece-wise convex endmember detection [C]. in 2nd Workshop on Hyperspectral Image and Signal Processing: Evolution in Remote Sensing (WHISPERS), 2010: 1 – 4.

[45] ZARE A, GADER P. Piece-wise convex spatial-spectral unmixing of hyperspectral imagery using possibilistic and fuzzy clustering[C]. in IEEE International Conference on Fuzzy Systems, 2011: 741 – 746.

[46] XU M M, DU B, ZHANG L P. Spatial-spectral information based abundanceconstrained endmember extraction methods[J]. IEEE Journal of Selected Topics in Applied Earth Observations and Remote Sensing, 2014, 7(6): 1939 – 1404.

[47] CHEN J, RICHARD C, HONEINE P. Nonlinear unmixing of hyperspectral data based on a linear-mixture/nonlinear-fluctuation model[J]. IEEE Transactions on Signal Processing, 2013, 61(2): 480 – 492.

[48] ALTMANN Y, PEREYRA M, MCLAUGHLIN S. Bayesian nonlinear hyperspectral unmixing with spatial residual component analysis[J]. IEEE Transactions on Computational Imaging, 2015, 1(3): 174 – 185.

[49] MANOLAKIS D, SHAW G. Detection algorithms for hyperspectral imaging applications[J]. IEEE Signal Processing Magazine, 2002, 19(1): 29 – 43.

[50] MANOLAKIS D, TRUSLOW E, PIEPER M. Detection algorithms in hyperspectral imaging systems: An overview of practical algorithms[J]. IEEE Signal Processing Magazine, 2014, 31(1): 24 – 33.

[51] GADER P, ZARE A, et al. MUUFL gulfport hyperspectral and lidar airborne data set [R]. University of Florida, Gainesville, FL, REP-2013-570, 2013.

[52] SKUBIC M, GUEVARA R D, RANTZ M. Automated health alerts using in-home sensor data for embedded health assessment[J]. IEEE Journal of Translational Engineering in Health and Medicine, 2015, 3: 1-11.

[53] ROSALES L, SKUBIC M, HEISE D, et al. Heartbeat detection from a hydraulic bed sensor using a clustering approach[C]. in International Conference of the IEEE Engineering in Medicine and Biology Society (EMBC). IEEE, 2012: 2383-2387.

[54] HEISE D, ROSALES L, SHEAHEN M, et al. Non-invasive measurement of heartbeat with a hydraulic bed sensor progress, challenges, and opportunities [C]. 2013 IEEE International Instrumentation and Measurement Technology Conference. 2013: 397-402.

[55] ROSALES L, SU B Y, SKUBIC M, et al. Heart rate monitoring using hydraulic bed sensor ballisto-cardiogram[J]. Journal of Ambient Intelligence and Smart Environment, 2017, 9(2): 193-207.

[56] BROADWATER J, CHELLAPPA R. Hybrid detectors for subpixel targets[C]. IEEE Transactions on Pattern Analysis and Machine Intelligence(12MTC), 2007, 29(11): 1891-1903.

[57] EISMANN M T. Hyperspectral Remote Sensing[M]. San Franciso: SPIE Press, 2012.

[58] KAY S M. Fundamental of Statistical Signal Processing: Volume Ⅱ-Detection Theory[M]. Upper Saddle River: Prentice-Hall, 1993.

[59] MATTEOLI S, DIANI M, THEILER J. An overview of background modeling for detection of targets and anomalies in hyperspectral remotely sensed imagery[J]. IEEE Journal of Selected Topics in Applied Earth Observations and Remote Sensing, 2014, 7(6): 2317-2336.

[60] THEILER J, FOY B R. Effect of signal contamination in matched-filter detection of the signal on a cluttered background[J]. IEEE Geoscience and Remote Sensing Letters, 2006, 3(1): 98-102.

[61] NASRABADI N M. Regularized spectral matched filter for target recognition in hyperspectral imagery[J]. IEEE Signal Processing Letters, 2008, 15: 317-320.

[62] KRAUT S, SCHARF L. The CFAR adaptive subspace detector is a scale-invariant GLRT[J]. IEEE Transactions on Signal Processing, 1999, 47(9): 2538-2541.

[63] KRAUT S, SCHARF L, MCWHORTER L. Adaptive subspace detectors[J]. IEEE Transactions on Signal Processing, 2001, 49(1): 1-16.

[64] BASENER W F. Clutter and anomaly removal for enhanced target detection[C]. in Proceedings of the SPIE, 2010, 7695: 769525.

[65] BROADWATER J, METH R, CHELLAPPA R. A hybrid algorithm for subpixel detection in hyperspectral imagery [C]. in IEEE International Geoscience and Remote Sensing Symposium (IGARSS), 2004, 3: 1601-1604.

[66] HEINZ D C. et al. Fully constrained least squares linear spectral mixture analysis method for material quantification in hyperspectral imagery[J]. IEEE Transactions on Geoscience and Remote Sensing, 2001, 39(3): 529-545.

[67] ZARE A, JIAO C Z. Extended functions of multiple instances for target characterization[C]. 2014 6th Workshop on Hyperspectral Image and Signal Processing: Evolution in Remote Sensing

(WHISPERS)，2014：1－4.

[68] ZARE A，JIAO C Z. Functions of multipleinstances for sub-pixel target characterization in hyperspectral imagery[C]. in SPIE Defense ＋ Security. International Society for Optics and Photonics，2015：9472.

[69] JIAO C Z，ZARE A. Functions of multiple instances for learning target signatures[J]. IEEE Transactions on Geoscience and Remote Sensing，2015，53(8)：4670－4686.

[70] JIAO C Z，LYONS P，ZARE A，et al. Heart beat characterization from ballistocardiogram signals using extended functions of multiple instances[C]. in 38th International Conference of the IEEE Engineering in Medicine and Biology Society (EMBC)，2016：756－760.

[71] JIAO C Z，ZARE A. Multiple instance dictionary learning using functions of multiple instances[C]. in International Conference on Pattern Recognition (ICPR)，2016：688－2693.

[72] JIAO C Z，SU B Y，LYONS P，et al. Multiple instance dictionary learning for beat-to-beat heart rate monitoring from ballistocardiograms[J]. arXiv：1706. 03373，2017.

[73] ZARE A，JIAO C Z，GLENN T. Discriminative multipleinstance hyperspectral target characterization[J]. IEEE Transactions on Pattern Analysis and Machine Intelligence，2018，40(10)：2342－2354.

[74] JIAO C Z，ZARE A. Multiple instance hybrid estimator for learning target signatures[C]. in IEEE International Geoscience and Remote Sensing Symposium (IGARSS)，2017：1－4.

[75] JIAO C Z，ZARE A，MCGARVEY R G. Multiple instance hybrid estimator for hyperspectral target characterization and sub-pixel target detection[J]. arXiv：1710. 11599，2017.

[76] FRIEDMAN J H，STUETZLE W. Projection pursuit regression [J]. Journal of the American statistical Association，1981，76(376)：817－823.

[77] MARON O，RATAN A L. Multiple-instance learning for natural scene classification [C]. in International Conference on Machine Learning，1998，98：341－349.

[78] ZHANG Q，GOLDMAN S. EM-DD：An improvedmultiple-instance learning technique[C]. Advances in Neural Information Processing Systems (NIPS)，2002，2：1073－1080.

[79] PRESS W H，FLANNERY B P，TEUKOLSKY S A，et al. Numerical recipes in C：the art of scientific programming[M]. Cambridge：Cambridge University Press，1992.

[80] ANDREWS S，TSOCHANTARIDIS I，HOFMANN T. Support vector machines for multiple-instance learning[C]. in Advances in Neural Information Processing Systems (NIPS)，2002：561－568.

[81] SHRIVASTAVA A，PILLAI J K，PATEL V M，et al. Dictionary-based multiple instance learning [C]. in IEEE International Conference on Image Processing (ICIP)，2014：160－164.

[82] SHRIVASTAVA A，PATEL V M，PILLAI J K，et al. Generalized dictionaries for multiple instance learning[J]. International Journal of Computer Vision，2015，114(2)：288－305.

[83] MALLAT S G，ZHANG Z. Matching pursuitswith time-frequency dictionaries[J]. IEEE Transactions on Signal Processing，1993，41(12)：3397－3415.

[84] DONOHO D L. Compressed sensing[J]. IEEE Transactions on Information Theory，2006，52(4)：1289－1306.

［85］ AHARON M，ELAD M，BRUCKSTEIN A. K-svd：An algorithm for designing overcomplete dictionaries for sparse representation［J］. IEEE Transactions on Signal Processing，2006，54(11)：4311－4322.

［86］ MAIRAL J，BACH F，PONCE J. Task-driven dictionary learning［J］. IEEE Transactions on Pattern Analysis and Machine Intelligence，2012，34(4)：791－804.

［87］ JIANG Z L，LIN Z，DAVIS L S. Label consistent k-svd：Learning a discriminative dictionary for recognition［J］. IEEE Transactions on Pattern Analysis and Machine Intelligence，2013，35(11)：2651－2664.

［88］ PATI Y C，REZAIIFAR R，KRISHNAPRASAD P S. Orthogonal matching pursuit：Recursive function approximation with applications to wavelet decomposition［C］. Proceeding of 27th Asilomar Conference on Signals，Systems and Computers，1993：40－44.

［89］ TROPP J A，GILBERT A C. Signal recovery from random measurements via orthogonal matching pursuit［J］. IEEE Transactions on Information Theory，2007，53(12)：4655－4666.

［90］ SCHOLKOPF B，SMOLA A J. Learning with kernels：support vector machines，regularization，optimization，and beyond［M］. Cambridge：MIT press，2002.

［91］ CHEN Y X，BI J B，WANG J Z. Miles：Multiple-instance learning via embedded instance selection ［J］. IEEE Transactions on Pattern Analysis and Machine Intelligence，2006，28(12)：1931－1947.

［92］ ZHU J，ROSSET S，HASTIE T，et al. 1-norm support vector machines［C］. Advances in Neural Information Processing Systems (NIPS)，2004，16(1)：49－56.

［93］ BENNETT K，MANGASARIAN O. Combining support vector and mathematical programming methods for induction［J］. Advances in Kernel Methods-SV Learning，1999：307－326.

［94］ SMOLA A，SCHOLKOPF B，RATSCH G. Linear programs for automatic accuracy control in regression［C］. in 9th International Conference on Artificial Neural Networks，1999，2：575－580.

［95］ HUO J，GAO Y，YANG W Q，et al. Abnormal event detection via multi-instance dictionary learning［C］. in International Conference on Intelligent Data Engineering and Automated Learning，2012：76－83.

［96］ EFRON B，HASTIE T，JOHNSTONE I，et al. east angle regression［J］. The Annals of Statistics，2004，32(2)：407－499.

［97］ WANG X G，WANG B Y，BAI X，et al. Max-margin multiple-instance dictionary learning ［C］. in International Conference on Machine Learning，2013：846－854.

［98］ BLEI D M，NG A Y，JORDAN M I. Latent dirichlet allocation［J］. Journal of Machine Learning Research，2003，3：993－1022.

［99］ LAZEBNIK S，SCHMID C，PONCE J. Beyond bags of features：Spatial pyramid matching for recognizing natural scene categories［C］. in IEEE Conference on Computer Vision and Pattern Recognition (CVPR)，2006，2：2169－2178.

［100］ FU Z Y，ROBLES-KELLY A，ZHOU J. Milis：Multiple instance learning with instance selection ［J］. IEEE Transactions on Pattern Analysis and Machine Intelligence，2011，33(5)：958－977.

［101］ ZHOU Z H，XU J M. On the relation between multi-instance learning and semi-supervised learning ［C］. Proceedings of the 24th International Conference on Machine Learning，2007：1167－1174.

[102] WANG Q F, RUAN L Y, SI L. Adaptive knowledge transfer for multiple instance learning in image classification[C]. in AAAI Conference on Artificial Intelligence, 2014: 1334 - 1340.

[103] ALI K, SAENKO K. Confidence-ated multiple instance boosting for object detection[C]. in IEEE Conference on Computer Vision and Pattern Recognition, 2014: 2433 - 2440.

[104] HOFFMAN J, PATHAK D, DARRELL T, et al. Detector discovery in the wild: Joint multiple instance and representation learning[C]. in IEEE Conference on Computer Vision and Pattern Recognition, 2015: 2883 - 2891.

[105] LI W X, VASCONCELOS N. Multiple instance learning for soft bags via top instances[C]. in IEEE Conference on Computer Vision and Pattern Recognition, 2015: 4277 - 4285.

[106] RASTEGARI M, HAJISHIRZI H, FARHADI A. Discriminative and consistent similarities in instance-level multiple instance learning[C]. in IEEE Conference on ComputerVision and Pattern Recognition, 2015: 740 - 748.

# 第9章 稀疏图在高光谱数据维数约减中的应用

## 9.1 引　言

　　高光谱遥感数据由成像光谱仪获得，每个谱带下都能获得对地物的一幅完整观测图，整个高光谱数据呈现一种立方体的形态，包含的信息可以分为两方面：一方面是反映地物反射特性的光谱反射信息，另一方面是反映地物空间位置的图像信息。结合这两方面的信息，可以在地物识别和分类上得到更好的结果。与多光谱数据相比，高光谱数据的主要优势在于光谱分辨率高。成像光谱仪可以在一定的光谱范围内采集地物在大量的窄波段内的反射信息，通过这些数据获得的地物的光谱曲线在一定范围内是连续的，可以反映出地物本质的光谱特征及变化规律，可以克服多光谱数据由于谱带信息缺乏所引起的"异物同谱"现象。同时，更精细的光谱信息可以对同种类的地物进行更细的类别划分，如农作物的子品种分类[1-2]；通过分析光谱差异，还可以对农作物不同时段的生长状态进行判断和监控[3-4]。低光谱分辨率的多光谱数据一般用来对地物进行定性分析。高光谱数据由于分辨率高，并且还具有图谱合一的特性，因此还可以用来对地物的信息进行定量分析。由于在获取过程中受到大气条件、采集系统状态、照明条件等环境因素的影响，因此高光谱数据在高维空间中具有非线性可分性的特点。

　　高光谱数据的高光谱分辨率使得对地物类别的识别分辨能力不断提高。但是，随着光谱分辨率的提高，数据的特征空间的维数也越来越高，因此在高光谱数据进行分类识别过程中会遇到一些问题，从而影响最终结果。过高的光谱维度会导致"维数灾难"，在提供丰富的光谱信息的同时，光谱数据中不同波段间特别是相邻的波段之间通常具有很轻的相关性，存在大量的冗余信息[5]。在应用中，将所有的波段全部用于分类时，算法的计算量会非常大，同时性能还有可能下降，这就是所说的 Hughes 现象。除此之外，过高的光谱维数还会增加分类的代价。通常，在训练分类器的过程中所需要的训练样本的数据与所处理数据的特征维数相关。大量的特征维数就必须引入更多的训练样本来增加所训练分类器的准确性。对于基于统计学的分类器来说，特征维度的增加会导致模型的复杂度增大，需要对更多的参数进行估计，这样不仅会导致训练样本的需求量增大，模型的训练时间也会延长。

高光谱数据的分类样本的获取需要花费很大的人力资源，代价很高，所以在处理高光谱数据过程中必须考虑到这个问题。

为了降低"维数灾难"在高光谱数据处理中的影响，并且降低训练学习的成本，维数约减被引用到高光谱数据处理中。通过维数约减可以降低特征空间的维数，减少特征中的冗余信息，从而降低处理高光谱数据的时间成本，同时避免了算法性能受高特征维数的影响。

关于稀疏图的概念，可以从广义和狭义两方面来解释。广义的稀疏图指具有稀疏性的图结构，对比于全连接图，节点之间的连接是稀疏的，只存在少量连接边，从图的权值矩阵来看，权值矩阵是稀疏矩阵，矩阵中大量原子为零。从这个广义的稀疏图概念出发，在图嵌入中，常用的 $k$-近邻图或 $\varepsilon$-近邻图都属于稀疏图的范畴。但是，在本章中所提到的稀疏图是狭义的稀疏图，该稀疏图满足于广义的稀疏图的稀疏性要求，同时还要求图中样本间的连接关系由稀疏表示确定。图 9.1 所示为稀疏图概念示意图。

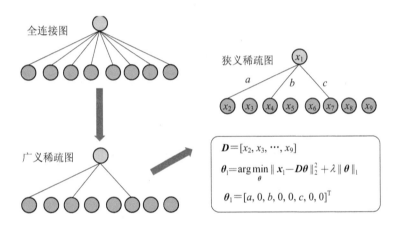

图 9.1　稀疏图概念示意图

稀疏图（Sparse Graph）是一种新型的图模型，又称为 $l_1$ 图（$l_1$-graph），是利用稀疏表示的方法学习得到的，其中包含了所有样本间的稀疏表示关系。稀疏表示在过去的十几年里在信息处理领域几乎无处不在，并且获得了令人瞩目的研究成果[6-9]。稀疏表示的目的是获得单个样本在一个过完备字典上的稀疏表示系数，通常使用 $l_0$ 范数实现对线性表示系数的稀疏约束，如下面的形式：

$$\min_{\boldsymbol{\theta}} \ \|\boldsymbol{\theta}\|_0$$
$$\text{s.t.} \quad \boldsymbol{x} = \boldsymbol{D}\boldsymbol{\theta}$$

(9-1)

其中，$\|\cdot\|$ 代表向量的 $l_0$ 范数，是向量中非零原子的个数。由于 $l_0$ 范数的非凸性，式(9-1)中的问题是一个 NP 难问题，只能通过一些贪婪的方法求解匹配追踪（Matching Pursuit，MP）[10]和正交匹配追踪（Orthogonal Matching Pursuit，OMP）[11]。在文献[12]中证明了如

果解够稀疏，则稀疏表示可以通过凸的 $l_1$ 范数最小化得到，具体形式如下：

$$\min_{\boldsymbol{\theta}} \|\boldsymbol{\theta}\|_1, \quad \text{s.t.} \quad \boldsymbol{x} = \boldsymbol{D} \qquad (9-2)$$

因此，许多稀疏表示问题的求解都选择使用 $l_1$ 范数代替 $l_0$ 范数，这样就可以通过一些凸优化的方法进行求解。这也是稀疏图被称为 $l_1$ 图的原因。在稀疏图的构造中，针对每个样本，以数据集中其他样本作为字典，通过求解式(9-2)中的稀疏表示问题得到该样本的稀疏表示系数，当获得所有样本的稀疏表示系数之后，将其整合到一个矩阵中，矩阵行列分别对应每一个样本，该矩阵就称为稀疏图的权值矩阵。

$\varepsilon$-近邻图和 $k$-近邻图是两种常用的图构造方法，但是它们在图构造的过程中需要单另设置图的连接边权值，并且也需要提前设置近邻参数。与它们相比，稀疏图具有很大的优势：① 由于稀疏表示自身的特性，稀疏图对噪声有很好的鲁棒性，内部结构不容易受外部噪声的干扰而改变；② 稀疏约束的限制使得稀疏图具有很强的稀疏性，可以包含对分类问题更加有利的局部结构关系；③ 稀疏图由于使用稀疏表示来构造，可以自适应地确定图的连接边及相应的权值。

稀疏表示分类器(Sparse Representation Classifier，SRC)[6]在每个样本在稀疏表示过程中更倾向于使用同属一类的样本进行表示的假设下，使用重构误差来判断样本的类别。因此，利用稀疏表示得到的稀疏图与一般的图相比较，包含一定的判别信息。也就是说，稀疏图中相连的边对应的样本对很大可能是属于同一类的。基于稀疏图自身的诸多优势，它可以被应用于基于图的各类学习问题中[13]，如谱聚类、子空间学习、半监督学习[14-15]等。下面将对稀疏图在高光谱数据维数约减方面的四个实际应用研究进行简单介绍，使读者对稀疏图理论及应用有更深的认识。

## 9.2　常见的高光谱数据维数约减方法

对于高光谱数据，每一个光谱特征都具有自己的物理意义，是某种地物对于特定波谱范围的某些波段的光谱反射率。因此，可以直接选择部分光谱特征来代替原来的所有光谱特征进行后期的训练过程，这种方法称为谱带选择。谱带选择很好地保留了特征的光谱特性，可以很容易对特征的物理特性进行解释，但是，由于新特征的来源只能是原特征集合并且不包含任何变换，因此限制了新特征的判别能力。在舍弃原有的光谱物理意义的情况下，我们可以通过使用特征提取的方法进行维数约减。通过对原始的特征数据进行学习，从中抽取出有用的信息组合成为新特征，新特征可能与原始特征间存在线性或非线性关系。特征提取的方法扩大了新特征的选取范围，因此新特征往往具有更强的判别特性，但是对于新特征的物理解释却是一个难以解决的问题。

根据是否在训练过程中使用有标记样本，维数约减的方法可以分为有监督、无监督和半监督[16]。有监督的方法，如 LDA[17-18]，利用标记样本的判别信息，通过训练寻找具有更强判别性的新特征。无监督的约减方法，往往通过对数据的分布信息分析，得到更利于分类的新特征。PCA[19-20] 是非常典型的无监督方法，经常被用来作为高光谱数据的预处理方法，降低特征维数，同时保证新特征在后期应用中的性能。不同于有监督方法对于标签信息的依赖和无监督方法对于标签信息的忽视，半监督方法既考虑到了标记样本的判别特性，同时又考虑到了无标记样本的分布，从而达到性能互补的效果。考虑到高光谱数据获得训练样本的复杂性，本章重点研究了针对于高光谱数据的无监督和半监督的维数约减方法。下面列举了一些常用的高光谱维数约减的方法。

## 9.2.1 基于谱带选择的维数约减方法介绍

谱带选择即从原始谱带集合中选择出少量的重要谱带来代替原始谱带集合，从而达到减少特征维数的目的[21]。从简单的角度来看，可以直接定义一个重要性度量对各个谱带的重要程度进行度量，然后使用排序的方法选择出最重要的部分谱带作为最终的谱带子集，这类方法称为基于排序的谱带选择[22-23]。下面列举在排序方法中常被用作谱带重要性计算的度量[24]。

### 1. Fisher Score[25]

类似于 Fisher 判别准则，Fisher Score 度量准则考虑到了类内和类间的样本关系，根据这个度量的大小可以选择那些使同类样本间差异度小、不同类样本间差异度大的特征。$\text{Score}(f_i)$ 的值越大，代表特征 $f_i$ 的判别能力越强。$\text{Score}(f_i)$ 的计算式为

$$\text{Score}(f_i) = \frac{\sum_{j=1}^{c} \text{num}_j \, (\mu_{i,j} - \mu_i)^2}{\sum_{j=1}^{c} \text{num}_j \sigma_{i,j}^2} \tag{9-3}$$

其中，$\mu_i$ 代表所有样本在谱带 $f_i$ 上的均值，$\text{num}_j$ 为第 $j$ 类样本的个数，$\mu_{i,j}$ 和 $\sigma_{i,j}^2$ 分别对应第 $j$ 类在谱带 $f_i$ 上的均值和方差。

### 2. Relief[26]

同样考虑特征对于样本类别的判别能力，从每个样本的局部样本分布情况出发，选择可以使不同类样本尽量远离、同类样本尽量靠近的特征作为最终特征选择的输出结果：

$$\text{Score}(f_i) = \frac{1}{2} \sum_{t=1}^{p} d(f_{t,i} - f_{\text{NM}(x_t),i}) - d(f_{t,i} - f_{\text{NH}(x_t),i}) \tag{9-4}$$

式中，$p$ 是样本的个数，$f_{\text{NH}(x_t),i}$ 表示与 $x_t$ 在特征 $f_i$ 上相距最近的同类样本，$f_{\text{NM}(x_t),i}$ 指的是距离最近的不同类点，$d(\cdot)$ 为距离度量。Relief 的多类别的扩展形式称为 ReliefF[27]。

### 3. Laplacian Score[28]

Laplacian Score 度量准则使用一个矩阵 $\boldsymbol{K}$ 来定义样本间的局部结构关系，针对该矩阵计算得到一个对角的度矩阵（Degree Matrix）$\boldsymbol{D}$ 和拉普拉斯矩阵 $\boldsymbol{L}$。每个谱带所针对的 Laplacian Score 通过下式计算得到：

$$\text{Score}(f_i) = \frac{\overline{f}_i^{\mathrm{T}} \boldsymbol{L} \overline{f}_i}{\overline{f}_i^{\mathrm{T}} \boldsymbol{D} \overline{f}_i} \tag{9-5}$$

其中，$\overline{f}_i = f_i - \frac{f_i^{\mathrm{T}} \boldsymbol{L} \mathbf{1}}{\mathbf{1}^{\mathrm{T}} \boldsymbol{D} \mathbf{1}} \mathbf{1}$。通过选择该度量下最小的 $k$ 个谱带，可组成使得局部结构信息保持最好的谱带子集。

除过上面介绍的三种外，还有 SPEC[29]、Trace Ratio Criterion[30] 和 HSIC[31] 等度量准则可以用来进行谱带选择。在这方面，近些年又有很多新的工作被提出来，通过不同的方法来对各个谱带的重要性进行度量，从而选择出更关键的谱带。

在文献[32]和[33]中，$l_{2,1}$ 范数用来对学习过程进行约束，使得少量特征在学习中起到了重要作用，从而选择出少量重要特征。基于排序的谱带选择方法是针对每个谱带进行单独排序，没有考虑谱带间的相关性。由于高光谱的相邻谱带的相关性非常强，因此如果直接使用简单的排序方法，则很有可能同时选择很多相关的或相似的谱带，造成所选择的谱带子集所包含的信息过于单一，信息的多样化下降，从而影响最终的处理结果。

上面排序方法所存在的问题可以通过序列谱带选择（Sequential Band Selection）和集合谱带选择（Batch Band Selection）来解决。序列谱带选择的方法是从待选谱带集合中逐个选择谱带，在选择过程中，考虑待选谱带与已选谱带或谱带子集的关系，选择与其相关性最小的谱带加入到已选谱带集合中，再进行下个谱带的选择[34]。在文献[34]中，每次选择新谱段的时候，选择与已知谱带最不相似的谱带，不相似度量可以通过线性预测（Linear Prediction）和正交子空间投影（Orthogonal Subspace Projection）得到。排序谱带选择和序列谱带选择都是逐个选择谱带，而集合谱带选择是以谱带的集合为单位进行选择，选择出重要的并且谱带相关性小、信息丰富的谱带子集。这类谱带选择的方法会引入对谱带组合空间的搜索，当谱带个数比较大的时候，搜索过程的复杂度会很高。近年来，进化算法被用来解决解空间的搜索问题，如遗传算法[35]、克隆算法[36]、粒子群优化[37] 等。由于在搜索过程中引入了交叉变异等操作，因此可以很好地避免算法陷入局部最优解。进化算法的一个缺点就是需要大量的迭代，时间复杂度比较高[36]。为了使所选择的谱带符合人们多方面的要求，多目标优化的方法也被用来进行谱带选择，该法可以同时优化多个目标函数，满足多个限制条件[38]。

除了上面所提到的方法外，聚类的方法也被用于谱带选择，通过对待选谱带进行聚类，使得相似的谱带分为一簇，从每簇中选择出代表性的谱带作为被选择的谱带，通过这样的选择过程可以保证所选择的谱带相关性小，信息更加完整。但是，有时这样的谱带选择在实际的应用问题中无法取得很好的效果。

## 9.2.2 基于特征提取的维数约减方法介绍

利用特征提取进行维数约减，首先需要给定学习的规则，然后学习新的特征或从高维空间到低维空间的投影。PCA 使用的是最大协方差规则[9-10]，LDA 使用的是类间散射与类内散射比率最大的准则[6-7]，最大噪声分解（Maximum Noise Fraction，MNF）使用信噪比（Signal to Noise Ratio，SNR）最大的准则[39]，独立分量分析（Independent Component Analysis，ICA）使用互信息作为统计独立性度量方法来学习独立分量[40]。上面列举的是非常常见的几种特征提取方法，并且它们都是线性的，对处理线性的数据具有很好的效果，但是当数据中存在非线性结构时，效果会受到影响。

在分析高光谱数据的特性时提到，高光谱数据具有非线性不可分的特点[5]，因此，在对它进行维数约减时必须考虑到其非线性的特点。针对非线性的数据，也有很多适用的维数约减方法，主要分为两类：基于核的方法和流形学习方法。

基于核的方法是利用核函数将非线性数据投影到高维线性空间，然后在高维线性空间中利用线性降维方法进行降维[41]。通过核化，许多线性方法可以很好地处理非线性数据，典型基于核的方法包含核主成分分析（Kernel PCA）[42]、核线性判别分析（Kernel LDA）[43]、核独立成分分析（Kernel ICA）[44]等。除了上面提到的方法外，还有许多基于核的特征提取方法在高光谱数据维数约减上获得了很好的效果[45-46]。

在机器学习领域中，流形学习方法在非线性维数约减和非线性结构建模方面有很大的潜力[47]。流形学习方法被应用于高光谱图像上的多个问题，包括特征提取[48]、分割[49]、分类[50]、异常检测[51]、光谱分解[52]等。在图嵌入的框架下[53]，基于流形学习的维数约减方法主要在于利用图 $G=\{X, W\}$ 来对数据内部的局部结构进行建模。其中，$X$ 对应所有的数据点，$W$ 为数据的相似性矩阵或仿射矩阵，用来表示图中连接边的权值。在对数据的局部结构信息提取完成之后，将其嵌入到低维的特征空间，得到包含原始局部结构的低维数据表示。常见的流形学习方法有局部线性嵌入（Locally Linear Embedding，LLE）[54]、等距特征映射（ISOmetric feature MAPping，ISOMAP）[55]、拉普拉斯特征映射（Laplacian Eigenmap，LE）[56]和局部切空间校准（Local Tangent Space Alignment，LTSA）[57]。LLE 将局部邻域中的线性表示关系作为结构信息，学习得到的低维表示中尽可能包含这种结构信息。ISOMAP 通过近似保持数据间的测地线距离得到具有流形结构的低维表示。LE 使用热核（Heat Kernel）来对数据的局部结构及相似度进行度量，构造数据的局部结构图。LTSA 使用每个数据点的局部切空间来对数据的局部几何结构进行表示。考虑到数据的流形结构，通过流形学习得到的低维表示包含了原数据中的局部结构，这一特性将对后面的处理提供非常有用的信息。虽然基于流形的维数约减方法在高光谱数据降维方面有很好的效果，但是它依然需要面临一个训练外样本问题（Out of Sample Problem）。由于基于流形的方法是通过高维特征直接学习得到低维特征，过程中并不涉及任何映射或投影操作，因此，在遇到新的样本加入时，必须重新进行训练过程，才能得到新数据的低维表示，这样做会引入非常多的额外计算成本。另外，高光谱的数据量非常大，直接使用流形的方法必须对数据进行分块处理，并且时间复杂度不容忽视。

为了解决基于流形的维数约减方法在训练外样本上的问题，一种基于流形学习的线性投影方法被提了出来，这种方法可以看作流形方法的线性化。假设高维数据与低维数据间存在一种线性关系，可以通过投影矩阵或映射来表示。这类方法的整个过程可以分为两个部分：① 图的构造；② 投影学习。它的关键部分与流形学习方法一样，要利用不同的方法对数据的局部结构信息进行提取，构造出适当的图。典型的线性投影方法为局部保持投影（Local Preserving Projection，LPP）[58] 和邻域保持嵌入（Neighborhood Preserving Embedding，NPE）[59]。其中，LPP 对应于 LE，NPE 对应于 LLE。

对于数据 $X \in \mathbf{R}^{p \times n}$，局部结构图记为 $G(X, W)$，下面介绍如何利用 LPP 和 NPE 求得投影矩阵 $P \in \mathbf{R}^{p \times r}$，$r \ll p$。

### 1. LPP[58]

（1）邻域图构造。首先，考察每个样本点与其他样本点的邻域关系，如果 $x_i$ 和 $x_j$ 存在邻域关系，则将图中对应的两个点用边连接起来。邻域关系可以选择使用 $\varepsilon$-近邻或 $k$-近邻。接着，计算图中连接边对应的权值。$W_{ij}$ 代表的是第 $i$ 个样本与第 $j$ 个样本间的连接边的权值，若 $W_{ij} = 0$，表示对应的样本对没有被连接。权值的计算可以使用热核（Heat Kernel）进行计算：

$$W_{ij} = \mathrm{e}^{-\frac{\|x_i - x_j\|^2}{t}}$$

其中，参数 $t$ 需要根据数据实际调节。为简单起见，也可以直接定义连接边的权值为 1，其余为 0。

（2）投影学习。由于上面的邻域图反映的是样本间的相似度，因此我们使用低维空间的加权欧式距离将其嵌入到低维空间中：

$$\min_{P} \| P^{\mathrm{T}} x_i - P^{\mathrm{T}} x_j \|_2^2 W_{ij} \qquad (9-6)$$

对式（9-6）进行化简：

$$\| P^{\mathrm{T}} x_i - P^{\mathrm{T}} x_j \|_2^2 W_{ij} = P^{\mathrm{T}} X (D - L) X^{\mathrm{T}} P = P^{\mathrm{T}} X L X^{\mathrm{T}} P$$

其中，$L = D - W$，$D_{ii} = \sum_{j=1}^{n} W_{ij}$。加入约束 $P^{\mathrm{T}} X^{\mathrm{T}} D X P = I$，投影学习的目标函数变为

$$\min_{P} P^{\top} X L X^{\top} P, \quad \text{s.t.} \quad P^{\top} X D X^{\top} P = I \tag{9-7}$$

式(9-5)中的优化问题可以通过对($XLXT$、$XDXT$)进行广义特征值分解得到最优的投影矩阵 $P$。该矩阵由最小的 $r$ 个特征值所对应的特征向量所组成。

**2. NPE[59]**

（1）局部线性图构造。与 LPP 相同，首先利用 $\varepsilon$-近邻或 $k$-近邻找出每个样本的相邻样本，并将其连接起来。接下来需要通过下面的等式求得每个样本与相邻样本的线性表示关系，将其作为图的连接边的权值。

$$\min_{W} \sum_{i=1}^{n} \| x_i - \sum_{j:\, x_j \in N(x_i)} W_{ij} x_j \|_2^2, \quad \text{s.t.} \quad \sum_{j=1}^{n} W_{ij} = 1 \tag{9-8}$$

（2）投影学习。上面得到的图由样本的线性表示关系构成。因此，使用下面低维空间中样本的线性表示误差将原空间中的表示关系嵌入到低维空间中：

$$\min_{P} \sum_{i=1}^{n} \| P^{\top} x_i - \sum_{j=1}^{n} W_{ij} (P^{\top} x_j) \|_2^2 \tag{9-9}$$

式(9-9)经过变换可以得到更简单的形式：

$$P^{\top} X (I-W)(I-W)^{\top} X^{\top} P = P^{\top} X L X^{\top} P$$

其中，$L=(I-W)(I-W)^{\top}$。加入约束 $P^{\top} X^{\top} X P = I$，投影学习的最终目标函数为

$$\min_{P} P^{\top} X L X^{\top} P, \quad \text{s.t.} \quad P^{\top} X X^{\top} P = I \tag{9-10}$$

式(9-10)与 LPP 的目标函数形式相似，可以通过($XLX^{\top}$, $XX^{\top}$)的广义特征值分解得到最优解。

通过上面的介绍我们可以看出，LPP 和 NPE 是两类不同的基于流形学习的线性投影方法。LPP 称为基于距离的方法，用于保持样本间的距离关系或相似关系。NPE 称为基于重构误差的方法，用于保持样本间的线性表示关系。从最终的投影学习的目标函数看，两者的形式非常相似，不同之处在于对拉普拉斯矩阵的定义不同。

## 9.2.3　基于稀疏图学习的高光谱维数约减方法

稀疏图的构造通常是通过样本在样本集合上直接进行稀疏表示获得的。在文献[60]中，作者提出了一种无监督的维数约减方法，称为基于稀疏图学习的维数约减方法（Sparse Graph Learning based Dimensionality Reduction，SGL-DR）。在文献[61]中，通过使用约束限制每个像素必须与其相同类别的像素连接来提升图的判别力，这一点也是 SGL-DR

的关键思想所在。若图中的连接边多连接相同类别的节点，则认为稀疏图的判别能力强，从而引入迭代学习的操作，以增强稀疏图的判别能力。

为了将从数据中发掘的不精确判别信息加入到稀疏图学习中，使用了加权稀疏表示（Weighted Sparse Representation，WSR）[62~63]来代替原来的稀疏表示，通过加权稀疏表示中的权值对稀疏表示的影响，每个像素将会被引导由可能与它们同类别的少量像素表示。在稀疏图学习之前，必须从原始数据中发掘尽可能多的判别信息来确定加权系数正则项中的权值。像素间的谱相似度可以被看作一种不精确的判别信息，这是因为高光谱数据中不同类的地物光谱特性存在一定的相似性。空间信息对于高光谱分类是非常重要的。然而，在利用空间信息的过程中一般都会涉及空间邻域，需要对邻域的形状和尺寸进行设置[64]。邻域参数的设置会直接影响到最终的结果。在提出的方法中，空间信息和谱信息直接进行结合，不需要任何邻域参数。除了空谱信息，投影空间中的信息在这里也被用来提升判别信息的准确性。不同于一般的图嵌入（Graph Embedding，GE）方法，稀疏图的构造和投影学习被结合在统一的框架下，不再是相互独立的。考虑到稀疏图构造的时间成本较高，若将完整的稀疏图分解成多个子图进行单独求解将降低时间成本，子图的分解主要通过一个简单的空谱聚类方法实现。通过这个步骤，时间成本将会明显降低，同时性能不会受太大影响。图 9.2 给出了整个算法的流程示意图，稀疏图矩阵与投影矩阵相互影响，迭代学习。

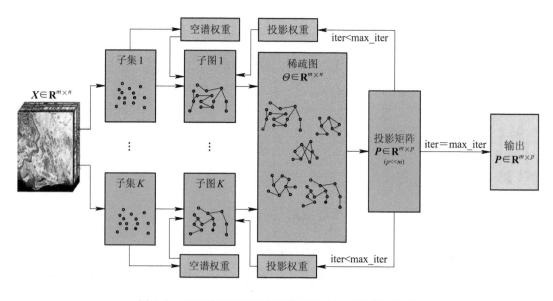

图 9.2　基于稀疏图学习的维数约减方法的流程示意图

在稀疏图构造中，每个像素通过最小化重构误差与稀疏正则项之和，使得它被少量的像素所表示。虽然稀疏图由于稀疏表示自带一些优势，但是它也会受到不同地物的谱相似度的影响。在本章的工作中，一些额外的有用信息将被加入到稀疏表示求解过程中，从而得到更有效的稀疏图。因此，本章作者提出了一个新的稀疏图学习框架，相应的目标函数为

$$\min_{\boldsymbol{P},\,\Theta} \sum_{i=1}^{n} \sum_{j=1}^{n} ((1-\beta)\, w_{ij}^{\mathrm{spa+spe}} + \beta w_{ij}^{\mathrm{pro}})\, \theta_{ij}$$

$$\mathrm{s.\,t.} \quad \| \boldsymbol{X} - \boldsymbol{X\Theta} \|_{\mathrm{F}}^{2} \leqslant \varepsilon$$

$$w_{ij}^{\mathrm{pro}} = \| \boldsymbol{P}^{\mathrm{T}} x_i - \boldsymbol{P}^{\mathrm{T}} x_j \|_{2} \qquad\qquad (9-11)$$

$$w_{ij}^{\mathrm{spa+spe}} = \alpha \, \| \mathrm{index}(x_i) - \mathrm{index}(x_j) \|_{2} + (1-\alpha)\, \| x_i - x_j \|_{2}$$

$$\theta_{ii} = 0,\ \theta_{ij} \geqslant 0$$

$$0 \leqslant \alpha \leqslant 1,\ 0 \leqslant \beta \leqslant 1$$

其中，$w_{ij}^{\mathrm{pro}}$ 是投影权重，由 $x_i$ 和 $x_j$ 在投影空间中的距离确定；$w_{ij}^{\mathrm{spa+spe}}$ 是空谱权重，由像素对的空间距离和谱间距离加权求和得到；$\alpha$ 和 $\beta$ 是两个调节参数，控制各种信息在稀疏图学习过程中的影响力。在目标函数中，有两个未知变量($\Theta$ 和 $\boldsymbol{P}$)需要优化，可采用交替迭代的方法对其进行求解，即在给定一个变量的情况下，求解另一个变量。

在一般的基于稀疏图的维数约减方法中，稀疏图用来直接探索数据在原始空间中的局部结构，并没有考虑投影空间的判别信息。由于投影空间是由之前的稀疏图计算得到的，因此在这个空间中的数据分布应更具有判别性。除此之外，空间信息在一般稀疏图的构造过程中也是被忽略的，但它往往会对高光谱数据的处理结果产生很大影响。因此，在 SGL 中将使用可以提取的所有信息，包括空域、谱域和投影空间，作为数据存在的不准确的判别信息。为了简单，直接使用欧式空间计算不同空间的样本距离。权重 $w_{ij} = (1-\beta)\, w_{ij}^{\mathrm{spa+spe}} + \beta w_{ij}^{\mathrm{pro}}$ 根据所得到的不精确的判别信息来确定，通过这个权重，得到的稀疏图包含更高的判别能力。权重 $w_{ij}$ 反比于像素对 $(x_i,\, x_j)$ 属于相同类别的概率，两个样本越相似，或者说属于同类别的概率越大，权重的值越小，对应的稀疏表示 $\theta_{ij}$ 成为非零原子的概率更大，值也越大。通过这个权值的影响，稀疏图中的连接边将更趋向于同类别连接，并且权值更接近于像素的相似度。

因为在 SGL 中引入了投影权重，所以在上一次迭代中得到的投影空间判别信息可以用在下一次迭代的稀疏图学习过程中。这个反馈机制可以使得到的稀疏图比一般的稀疏图更精确。虽然在学习过程中提取的判别信息并不是非常准确，但是由于稀疏表示自身对噪声的鲁棒性，稀疏表示过程可以降低不准确性对结果的影响。

SGL 的学习框架可以通过对权重 $w_{ij}$ 的不同定义得到其他稀疏图。在无监督的条件

下，如果 $w_{ij}$ 对每个像素对都等于 1，则每个像素都在整个数据集上进行稀疏表示，没有任何引导信息，SGL 就等同于一般的稀疏图构造。在有监督的情况下，当 $x_i$ 和 $x_j$ 的标签相同时，让 $w_{ij}$ 等于 1，其他情况下等于 0，SGL 就等价于 BSGDA，只使用同类的样本进行稀疏表示。

图 9.3 给出了采用传统稀疏图构造方法和本章作者提出的方法获得的权值矩阵。其中，图(a)和图(d)给出了类别示例，对角线上的白色块代表同类区域；图(b)和图(e)给出的是一般的稀疏图构造得到的权值矩阵，图中存在一定的块结构，但是在非对角线区域还是存在很多散点；图(c)和图(f)给出的是通过稀疏图学习得到的权值矩阵，图中对角线外散点比较少。可以很清楚地看出，本章作者的方法可以获得判别性更强的稀疏图，连接边仅存在于同类样本间，与异类的连接非常少。为了验证算法的性能，作者在两组高光谱数据集上进行了实验。图 9.4 和图 9.5 给出了两组数据在使用不同数量的标签样本的分类结果。

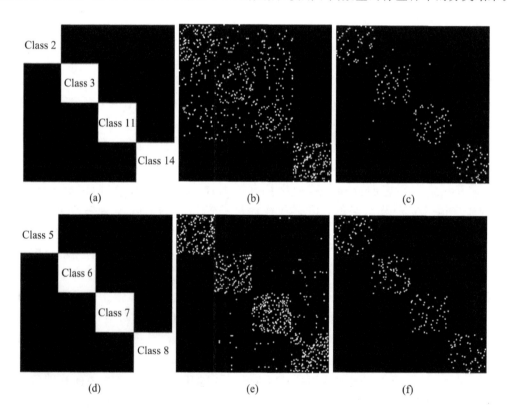

图 9.3　一般方法与稀疏图学习得到的稀疏图对比示例
（在两个数据集上，分别提取四类样本，每类包含 50 个
样本，利用提取到的 200 个样本构造稀疏图）

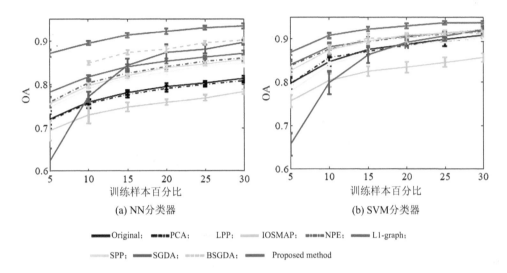

图 9.4　在 Indian Pines image 上，分类结果随着训练样本数目的变化趋势图

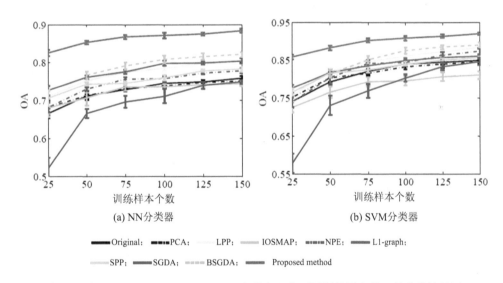

图 9.5　在 Pavia University image 上，各种方法在不同训练样本数上的分类结果图

　　从图中不难看出，作者提出的算法具有不错的性能优势，特别是强调该算法在训练过程中没有使用任何标记样本，完全是无监督的学习过程。对比算法中，BSGDA 是一种有监督的算法。在进行样本子集的划分过程中使用了高光谱图像的空谱信息，作者同样对比了其他考虑空谱信息的图构造方法，实验结果见图 9.6 和图 9.7。由实验结果可以看出，采用作者提出的方法可以获得更好的分类结果。

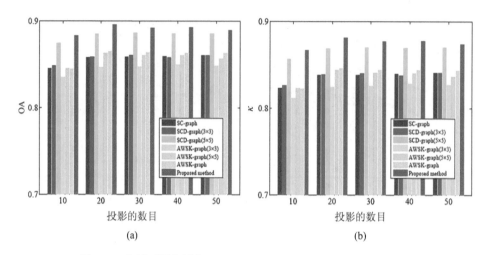

图 9.6　使用不同的图在 Indian Pines image 上得到的分类结果图

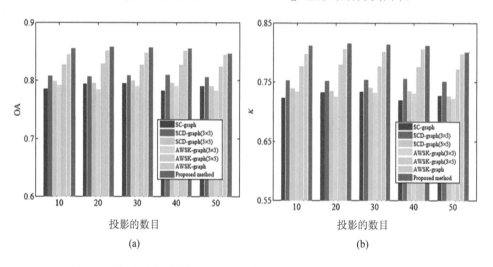

图 9.7　使用不同的图在 Pavia University image 上得到的分类结果图

### 9.2.4　基于双稀疏图的高光谱半监督维数约减方法

将稀疏图应用到维数约减问题中，可以通过两种方式。第一种方式类似于 $k$ -近邻图，将稀疏图中包含的关系看作数据之间的相似性关系；另一种方式从数据重构的角度出发，将稀疏图中的关系直接认为是数据间的表示关系，称为稀疏保持投影（SPP）[65]。为了增强特征的判别性能，将标签信息与稀疏图结合起来应用到维数约减中。在文献[61]中，基于稀疏图的判别分析（SGDA）被提了出来，它利用学习得到的稀疏图来构造类内散度矩阵和类间散度矩阵，从而得到了更优的分类效果。

当只有少量标记样本存在的时候，线性判别分析会遇到严重的过拟合问题[66]。由于在实际应用中无标记样本大量存在，因此这个小样本的问题可以通过半监督的学习方法来解决[67-68]。除了标签信息，成对约束（must-link 约束和 canno-tlink 约束）也作为先验知识用于半监督学习中，如半监督维数约减（Semi-Supervised Dimensionality Reduction，SSDR）[69]、边缘半监督子流形投影（Marginal Semi- Supervised Sub-Manifold Projections，MS3MP）[70] 和约束下的大边缘局部投影（Constrained large Margin Local Projection，CMLP）[71]。一般情况下，无标记数据用来提取数据的几何结构，将其作为正则项与有监督学习方法进行结合。然而，这样做忽略了无标记样本中潜在的判别信息。为了解决这个问题，新的一类半监督学习方法被提出来了，通过发掘无标记样本的类别关系，赋予其伪标记，并且在目标函数中同时考虑伪标记样本和真实标记样本中的判别信息[72-75]。在文献[73]和[75]中，无标记样本的类别关系以概率的形式被估计出来，并且加入到了判别分析的目标函数中。在文献[72]和[74]中，通过标签传播（Label Propagation）赋予每个无标记样本一个软标签（Soft Labels），并将其应用于计算类内散度矩阵和类间散度矩阵。

在只有少量标记样本，但是有大量无标记样本的情况下，可以从整个无标记样本集合中选择出一部分更有价值的样本来进行训练，而不是使用所有的无标记样本。基于这种考虑，在文献[76]中，作者提出了一种基于双稀疏图的半监督维数约减方法，解决了标记样本少的问题，并充分挖掘样本中的判别信息进行投影矩阵的学习，从而找到了更有利于分类问题的子空间。

一般来说，当有标记的样本很少的时候，每类数据的分布是很难被估计出来的。因此，在文献[75]和[73]中，使用类别重构误差来确定的未标记样本的软标签是不够准确的，并且标签传递的效果也受到标记样本太少的影响。在这里，假设除少量的标记样本外，存在非常丰富的无标记样本。与使用所有的无标记样本进行训练相比，可以通过某些策略选择一定量的无标记样本进行训练。无标记样本选择可以减小训练样本的规模，从而降低后续学习过程的时间复杂度，同时还可以探索隐藏在无标记样本中的判别信息。我们将被选择出来的无标记样本称为伪标记样本，并且赋予它们相应的伪标签。虽然这些伪标签与真实标签存在一定的误差，但是，因为它们与标记样本间的关系，它们依然会对判别学习有很大的积极作用。为了增强伪标记样本的准确性，作者提出了一种新的选择策略，称为联合 $k$-近邻选择策略，该策略不光考虑到了每个标记样本的邻域关系，还考虑到了不同类别的邻域交叉关系。除此之外，这个选择策略并不是单独地在每个标记样本上进行，而是根据所有的标记样本的邻域关系进行联合选择，如图 9.8 所示。

当完成了伪标记样本的选择之后，就得到了足够的标记样本，可以进行下一步的操作。为了挖掘标签数据所带来的判别信息，分别定义了两种不同的类别关系：一种是在低维空间中需要被保持的正关系；另一种是需要被排除的负关系。在这里，将每个样本同与自己同类的样本之间的关系称为正关系，将每个样本同与自己不同类的样本之间的关系称为负

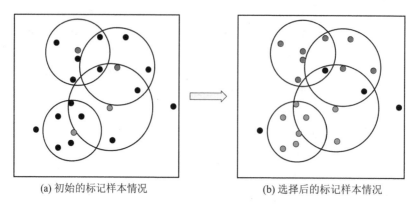

(a) 初始的标记样本情况　　　　　　(b) 选择后的标记样本情况

图 9.8　联合 $k$-近邻选择策略示意图

（绿色和红色代表不同类别的标记样本，黑色代表未标记样本，$k$ 设置为 5）

关系。双稀疏图用来定义这两种关系：一个称为正稀疏图，另一个称为负稀疏图。针对某样本，同类别的样本称为该样本的正样本，不同类的样本称为该样本的负样本。利用稀疏表示求解方法，可以获得每个样本在其正样本字典和负样本字典上的稀疏表示，从而构成正稀疏图和负稀疏图。图 9.9 中给出了两类的部分样本的稀疏表示矩阵。从非零系数的直方图可以看出，矩阵满足稀疏的特性。

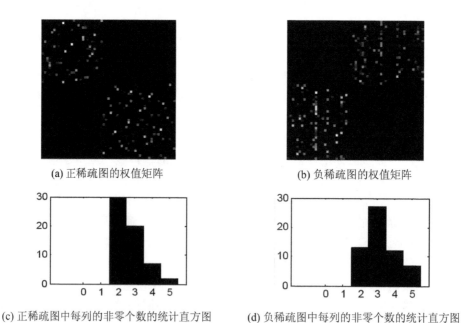

(a) 正稀疏图的权值矩阵　　　　　　(b) 负稀疏图的权值矩阵

(c) 正稀疏图中每列的非零个数的统计直方图　　(d) 负稀疏图中每列的非零个数的统计直方图

图 9.9　双稀疏图的权值矩阵示例

在一般的图嵌入方法中，往往通过保持数据的局部邻域结构来寻找合适的低维子空间，欧式距离也常用来衡量样本在低维空间中的距离。在这里，稀疏图中的结构信息被看作样本间的局部相似信息，可将该相似信息作为权值的加权欧式距离来度量低位空间中的样本距离。最小化这个距离可以使得原来的局部信息在新的低维空间中得到保持。基于这个原理，本章作者提出了基于距离的半监督判别分析方法（记作 sDSG-dDA），其目标函数为

$$\min_{\boldsymbol{W}} \frac{\mathrm{Dist_{\_w}}}{\mathrm{Dist_{\_b}}} \tag{9-12}$$

其中，$\mathrm{Dist_{\_w}}$ 表示在 $\boldsymbol{W}$ 投影的低维空间中样本的类内距离，$\mathrm{Dist_{\_b}}$ 表示该空间中样本的类间距离。通过优化上面的目标函数可以使得在所得到的低维空间中同类中的相似样本尽量靠近，不同类的相似样本尽量远离。在计算 $\mathrm{Dist_{\_w}}$ 时引入了正稀疏图的权值矩阵 $\boldsymbol{Q}^{\mathrm{pos}}$ 和一个度量被连接的样本对间类别关系的矩阵 $\boldsymbol{M}^{\mathrm{pos}}$。$\mathrm{Dist_{\_b}}$ 的定义方式与 $\mathrm{Dist_{\_w}}$ 的类似，二者的定义式为

$$\mathrm{Dist_{\_w}} = \sum_{i,j=1}^{N^{\mathrm{new}}} \parallel \boldsymbol{W}^{\mathrm{T}} x_i^{\mathrm{new}} - \boldsymbol{W}^{\mathrm{T}} x_j^{\mathrm{new}} \parallel_2^2 \boldsymbol{Q}_{i,j}^{\mathrm{pos}} M_{i,j}^{\mathrm{pos}} \tag{9-13}$$

$$\mathrm{Dist_{\_b}} = \sum_{i,j=1}^{N^{\mathrm{new}}} \parallel \boldsymbol{W}^{\mathrm{T}} x_i^{\mathrm{new}} - \boldsymbol{W}^{\mathrm{T}} x_j^{\mathrm{new}} \parallel_2^2 \boldsymbol{Q}_{i,j}^{\mathrm{neg}} M_{i,j}^{\mathrm{neg}} \tag{9-14}$$

通过最小化 $\mathrm{Dist_{\_w}}$ 与 $\mathrm{Dist_{\_b}}$ 的比率，可以得到期望的投影矩阵 $\boldsymbol{W}$。在所得的低维空间中，同类中的相似样本将尽量靠近，不同类的相似样本将尽量远离。该目标函数可以通过使用广义特征值分解获得最优解。

在图嵌入中，还有一类方法是基于重构的方法。不同于基于距离度量的方法，该法考虑的是样本之间的表示关系。在没有标签信息的情况下，每个样本都可以使用其他样本对它进行表示，将这种表示关系作为一种局部关系在图嵌入中进行保持，可以得到有利于分类的特征空间。典型的基于重构的方法就是近邻保持投影（Neighborhood Preserving Embedding, NPE）。基于这种框架，本章作者提出了基于重构的判别分析方法（记作 sDSG-rDA），其目标函数为

$$\min_{\boldsymbol{W}} \frac{\mathrm{CE_{\_w}}}{\mathrm{CE_{\_b}}} \tag{9-15}$$

其中，$\mathrm{CE_{\_w}}$ 为类内样本的重构误差，$\mathrm{CE_{\_b}}$ 为类间样本的重构误差。$\mathrm{CE_{\_w}}$ 和 $\mathrm{CE_{\_b}}$ 的定义中引入了正负稀疏图的权值矩阵 $\boldsymbol{Q}^{\mathrm{pos}}$ 和 $\boldsymbol{Q}^{\mathrm{neg}}$，以及新定义的对角矩阵 $\boldsymbol{C}^{\mathrm{pos}}$ 和 $\boldsymbol{C}^{\mathrm{neg}}$，从而降低了伪标签不准确性对算法性能的影响，其表达式分别为

$$\mathrm{CE_{\_w}} = \sum_{i=1}^{N^{\mathrm{new}}} C_{i,i}^{\mathrm{pos}} \parallel \boldsymbol{W}^{\mathrm{T}} x_i^{\mathrm{new}} - \sum_{j=1}^{N^{\mathrm{new}}} Q_{i,j}^{\mathrm{pos}} \boldsymbol{W}^{\mathrm{T}} x_j^{\mathrm{new}} \parallel_2^2 \tag{9-16}$$

$$\mathrm{CE_{\_b}} = \sum_{i=1}^{N^{\mathrm{new}}} \boldsymbol{C}_{i,i}^{\mathrm{neg}} \parallel \boldsymbol{W}^{\mathrm{T}} x_i^{\mathrm{new}} - \sum_{j=1}^{N^{\mathrm{new}}} Q_{i,j}^{\mathrm{neg}} \boldsymbol{W}^{\mathrm{T}} x_j^{\mathrm{new}} \parallel_2^2 \tag{9-17}$$

通过最小化式(9-15)，在投影 $\boldsymbol{W}$ 得到的低维空间中，样本同正样本的重构误差与样本同负样本的重构误差的差值将更大，更有利于分类问题。该优化问题同样可以被转化为广义特征值问题。

该方法在 UCI 数据集及高光谱数据集上都进行了实验，实验结果验证了算法的有效性，并对比了相关算法，证实了其优势。图9.10和图9.11给出部分在高光谱数据机上的

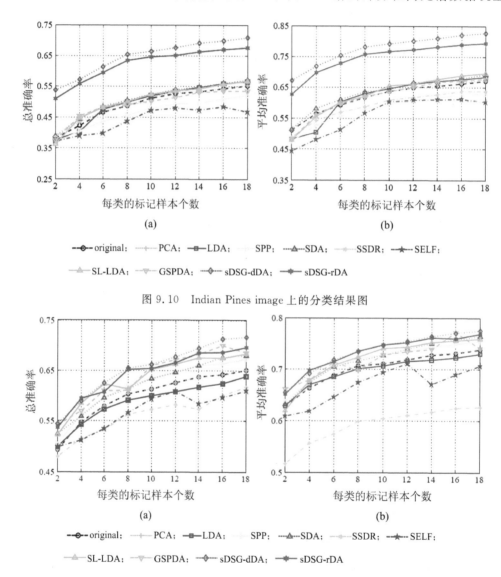

图 9.10　Indian Pines image 上的分类结果图

图 9.11　Pavia University image 上的分类结果图

实验结果。在标记样本数量非常少的情况下，本章作者提出的算法通过扩充标记样本并通过双稀疏图挖掘判别信息，学习得到判别子空间，更加有利于分类问题，可以获得更好的分类结果。图9.12所示的单图作用和双图作用下的实验结果对比，证明加入负稀疏图的判别信息可以提升最终分类结果。

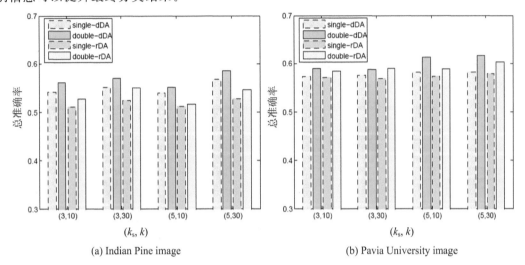

图 9.12　单图与双图的分类结果对比图

## 9.2.5　基于多图集成的高光谱维数约减方法

图嵌入(Graph Embedding)作为维数约减方法的一般框架，通过在原始空间中学习获得样本内部固有的局部结构信息，并且将其嵌入(或保持)在目标的低维空间中，从而得到更利于分类的特征空间。图嵌入的关键之处在于如何构造更有价值的图来描述数据固有的局部分布特性，图构造得越准确，包含的信息越多，最终的结果也会越好。高光谱数据是地物对于不同的光谱带的光谱响应所构成的，每一个谱带数据都可以看作从特定视角(View)观察地物所得。然而，将所有的谱带特征整合在一起进行图的构造存在一定的问题。首先，过多的光谱特征在图构造过程中会产生相互干扰，同时，谱带中还存在一定的噪声谱带，这些因素都会影响最终图的准确性，造成图中包含的局部信息与真实局部信息间存在误差。因此，应考虑从多视角(Multi-View)的角度出发来减少谱带间及噪声谱带对图构造的影响。

目标存在多个视角的特征时，集成的思想就可以用来对多个视角中获得的信息进行整合，尽量获取各个视角的信息，从而达到互补的效果[77]。在这里，希望从多个视角来构造图，从而反映多个特定角度下的不同的数据内部结构，然后将这多个视角图进行集成，并且在图嵌入的框架下学习得到最优的投影矩阵。在文献[78]中，使用一组非负权重系数将多视角图联系起来作为最小方差成分分析(Least-Squares Component Analysis)中的一个集成流形正则项。在文献[79]中，作者提出了基于多视角图集成的图嵌入方法，将一些谱带子集看作地物的一些特定视角捕获的信息，并且分别从这些视角针对数据的分布结构进行图构造，从而得到多视角的图，每个视角的图所包含的信息存在一定的差异。在学习高维空间到低维空间的投影的过程中，通过集成的思想将这些多视角图进行集成，可将多视角图中所包含的局部信息更好地嵌入到最终的低维空间中。在图嵌入的目标函数中引入了Grassmann 流形正则项，使得最终的子空间与其他的子空间在 Grassmann 流形中距离最小。通过最小化目标函数，可以找到一个低维空间将多视角图中所包含的结构信息尽可能多地保留下来。图 9.13 给出了基于多视角图集成的图嵌入框架图。

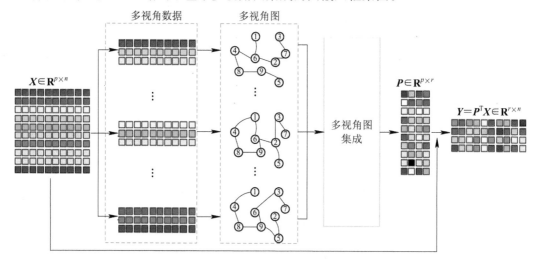

图 9.13　基于多视角图集成的图嵌入框架

在图嵌入框架下，数据 $X$ 上的一个图记作 $G_1$，可以寻找到一个对应的子空间 $\mathrm{span}(Y^1)$，其中 $Y^1 = P^{1\mathrm{T}}X$，满足 $Y^1 Y^{1\mathrm{T}} = I$。当存在 $M$ 个不同的图时，可以得到 $M$ 个子空间，记作 $\{\mathrm{span}(Y^1),\ \mathrm{span}(Y^2),\ \cdots,\ \mathrm{span}(Y^M)\}$。在 Grassmann 流形上，$M$ 个子空间可以看作 $M$ 个单独的点，$\mathrm{span}(Y^1)$，$\mathrm{span}(Y^2)$ 和 $\mathrm{span}(Y^3)$ 在三个子空间中。每个子空间在 Grassmann 流形上表示为一个点。各个子空间的距离可以通过 Grassmann 流形上点对点的距离进行度量。投影距离经常用来度量 Grassmann 流形上的点（或子空间）间的距离。投影距离的平方可以表示为

$$d^2(Y^1,\ Y^2) = \sum_{i=1}^{r} \sin^2 \theta_i = r - \sum_{i=1}^{r} \cos^2 \theta_i = r - \mathrm{Tr}(Y^1 Y^{1\mathrm{T}} Y^2 Y^{2\mathrm{T}}) \qquad (9-18)$$

其中，$\{\theta_i\}_{i=1}^{r}$ 为子空间 $\{Y^1,\ Y^2\}$ 的主要角（Principle Angles）。假设子空间 $\mathrm{span}(Y)$ 是我们最终所希望找到的子空间，则基于式(9-18)，子空间 $\{\mathrm{span}(Y^i)\}_{i=1}^{M}$ 与最终子空间 $\mathrm{span}(Y)$ 的总的平方投影距离之和可以通过式(9-19)计算得到：

$$d^2(\boldsymbol{Y}, \{\boldsymbol{Y}^i\}_{i=1}^M) = \sum_{i=1}^M d^2(\boldsymbol{Y}, \boldsymbol{Y}^i) = rM - \sum_{i=1}^M \mathrm{Tr}(\boldsymbol{Y}^{\mathrm{T}} \boldsymbol{Y} \boldsymbol{Y}^{i\mathrm{T}} \boldsymbol{Y}^i) \qquad (9-19)$$

通过最小化式(9-19)中所定义的距离,子空间 span($\boldsymbol{Y}$)在 Grassmann 流形上与其余的 $M$ 个子空间的距离最小。

在数据空间中,希望在由投影矩阵 $\boldsymbol{P}$ 得到的新的低维子空间中可以尽可能地保持 $M$ 个多视角图中所捕获的局部结构信息。除此之外,在 Grassmann 流形上,也希望这个新的子空间可以与这 $M$ 个多视角图得到的子空间距离最近。因此,基于多视角图集成的图嵌入方法的目标函数可以写成:

$$\boldsymbol{P} = \arg \min_{\boldsymbol{P} \in \mathbf{R}^{p \times r}} \left\{ \sum_{i=1}^M \mathrm{Tr}(\boldsymbol{P}^{\mathrm{T}} \boldsymbol{X} \boldsymbol{L}^i \boldsymbol{X}^{\mathrm{T}} \boldsymbol{P}) + \alpha \left[ rM - \sum_{i=1}^M \mathrm{Tr}(\boldsymbol{X}^{\mathrm{T}} \boldsymbol{P} \boldsymbol{P}^{\mathrm{T}} \boldsymbol{X} \boldsymbol{Y}^{i\mathrm{T}} \boldsymbol{Y}^i) \right] \right\} \qquad (9-20)$$

其中,$\boldsymbol{L}^i$ 是图 $\boldsymbol{G}^i$ 的拉普拉斯矩阵;$\alpha$ 是正则参数,用来调节 Grassmann 流形正则项所起到的作用。通过省略常数项 $rM$,加入约束 $\boldsymbol{P}^{\mathrm{T}} \boldsymbol{X} \boldsymbol{X}^{\mathrm{T}} \boldsymbol{P} = \boldsymbol{I}$,公式(9-20)可以转化为

$$\boldsymbol{P} = \arg \min_{\boldsymbol{P} \in \mathbf{R}^{p \times r}} \mathrm{Tr}[\boldsymbol{P}^{\mathrm{T}} \boldsymbol{X} \boldsymbol{L}_{\mathrm{comb}} \boldsymbol{X}^{\mathrm{T}} \boldsymbol{P}], \quad \mathrm{s.\,t.} \quad \boldsymbol{P}^{\mathrm{T}} \boldsymbol{X} \boldsymbol{X}^{\mathrm{T}} \boldsymbol{P} = \boldsymbol{I} \qquad (9-21)$$

其中,$\boldsymbol{L}_{\mathrm{comb}} = \sum_{i=1}^M \boldsymbol{L}^i - \alpha \sum_{i=1}^M \boldsymbol{Y}^{i\mathrm{T}} \boldsymbol{Y}^i$。该优化问题可以通过广义特征值分解的方法求解。

多视角图集成是一种新的图嵌入框架,不同的图嵌入方法可以很容易地推广得到多视角的形式。对于基于距离的图嵌入,只需要满足拉普拉斯矩阵 $\boldsymbol{L}^i = \boldsymbol{D}^{i-1/2}(\boldsymbol{D}^i - \boldsymbol{W}^i)\boldsymbol{D}^{i-1/2}$。对于基于重构的图嵌入,拉普拉斯矩阵 $\boldsymbol{L}^i = \boldsymbol{I} - \boldsymbol{W}^i - \boldsymbol{W}^{i\mathrm{T}} + \boldsymbol{W}^{i\mathrm{T}} \boldsymbol{W}^i$。在图 9.14 和图 9.15 中,对一些传统的图嵌入方法的多视角形式进行了测试。通过实验结果可证实,相比于原始的方法,多视角图集成的方法可以得到更好的结果。图 9.16 为参数($M$ 和 $R$)对算法性能的影响。

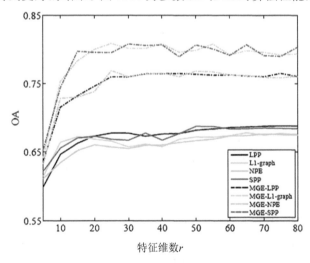

图 9.14 在 Indian Pines image 数据上,各种方法的性能随投影空间维数 $r$ 的变化曲线图

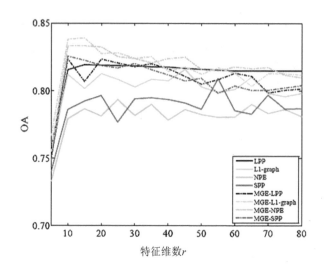

图 9.15　在 Pavia University image 数据上，各种方法的性能随投影空间维数 $r$ 的变化曲线图

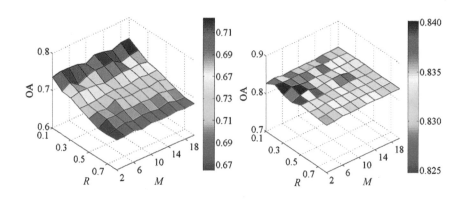

图 9.16　参数（$M$ 和 $R$）对算法性能的影响

### 9.2.6　基于空谱正则稀疏图的高光谱谱带选择方法

　　稀疏保持投影（SPP）是一种人们熟知的维数约减方法，通过在低维空间中保持样本间的稀疏表示关系，学习得到更有利于分类的新特征。在高光谱分类中，局部流形结构是非常有用的信息。与一般的局部邻域关系相比，稀疏表示关系中包含一些自然的判别信息，因为在稀疏表示中，每个样本常常被自己同类的样本所表示[65]。但是，在高光谱图像中，由于光谱相似性，单纯靠稀疏表示得到的自然判别信息并不准确。在文献[61]中，使用标签信息来强制提高稀疏图的判别性。稀疏保持的想法在文献[80]中被应用到了高光谱的谱

带选择中，稀疏得分（Sparsity Score，SS）用来定义每个谱带的重要性，在选择过程中并没有考虑到所选谱带的冗余性。

在文献[81]中，作者提出了一种无监督的谱带选择方法，称为基于空谱正则稀疏图的谱带选择（spatial-spectral Regularized Sparse Graph based Band Selection，ssRSG-BS）。在没有标签信息的情况下，空谱正则稀疏图利用空谱信息来引导稀疏图的构造，从而使得每个样本尽可能地使用同类样本来进行表示，得到具有更强判别性的稀疏图。为了实现谱带选择的目的，在进行投影矩阵学习的时候，加入 $l_{2,1}$ 约束，使得构造新特征时尽可能地使用少量的谱带，这些在构造新特征时起重要作用的谱带被认为是重要的谱带。根据这个准则定义了谱带的重要性得分（Importance Score），具有高的分值的谱带将被选出作为谱带选择的结果。

在 SGDA[61] 中，使用标记信息强制每个样本被自己同类的样本表示，从而增强稀疏图的判别性。在无监督的情况下，虽然没有标记信息可以利用，但是样本本身的一些信息可以用来增强稀疏图的判别性。在这里，使用加权的方法来影响稀疏表示的过程，从而增强稀疏图的判别性。加权稀疏表示的目标函数如下：

$$\min_{s_i} \frac{1}{2} \parallel x_i - \boldsymbol{D} s_i \parallel_{\mathrm{F}}^{2} + \lambda \sum_{j=1}^{n-1} |w_{ji} s_{ji}| \qquad (9-22)$$

增加稀疏图的判别性的直接方式就是让每个样本被同类原子所表示。在这里，将尽可能地使 $x_i$ 被同类样本表示。若字典中第 $i$ 个原子与 $x_i$ 有很大概率是同类，则 $w_{ji}$ 应尽可能小，这样第 $j$ 个原子的稀疏正则约束 $\lambda w_{ji}$ 会变小，$x_i$ 在稀疏表示中很可能被该原子所表示。因此，在这里，利用样本属于同类的概率来定义该权重值。在只用谱特征时，光谱相似性会影响分类的准确度。因此，在定义样本间同类别的概率时，也不能仅仅考虑谱特征。高光谱数据的空间分布具有区域一致性，距离近的像素很有可能是同类目标。为了提高像素对之间类别关系的估计准确性，同时使用了空间信息和谱间信息来定义 $w_{ji}$，具体形式如下：

$$w_{ji} = (1-\alpha)\mathrm{dis}_{ji}^{\mathrm{spe}} + \alpha\mathrm{dis}_{ji}^{\mathrm{spa}} \qquad (9-23)$$

其中，$\mathrm{dis}^{\mathrm{spe}}$ 为谱空间中像素的距离度量；$\mathrm{dis}^{\mathrm{spa}}$ 为二维空间中像素的距离度量；$\alpha$ 为调节参数，用于平衡这两种信息所起的作用，$0 \leqslant \alpha \leqslant 1$。为了统一尺度，将 $\mathrm{dis}^{\mathrm{spe}}$ 和 $\mathrm{dis}^{\mathrm{spa}}$ 都归一化到 $[0,1]$ 区间。对于如何计算距离，有很多不同的度量方式。在这里，为了简单起见，均使用欧式距离来计算。$w_{ji}$ 为两种距离之和，与 $x_i$ 和 $x_j$ 的相似度（或同类概率）成反比。当样本光谱相似，并且空间距离接近时，它们可能是同类样本，因此对应的权重值比较小。由于这个权重值对每个原子的稀疏度正则参数的影响，同类的样本更有可能用来表示中心样本，同时，表示系数的值也与相似程度成正相关。然而，如果每个像素对的权重都设置为 1，则空谱正则稀疏图将退化为一般的稀疏图。

在图嵌入框架下，原始数据的低维表示可以通过求解下面的优化问题得到，该目标函数为数据在低维空间中的重构误差。最小化重构误差，可以使原始空间中数据间的稀疏表示关系在低维空间中尽量地保持。通过优化求解下面的问题，可以获得新空间的数据表示：

$$\min_{\boldsymbol{Y}} \sum_{i=1}^{n} \| y_i - \boldsymbol{Y}s_i \|_2^2, \quad \text{s.t.} \quad \boldsymbol{YY}^{\mathrm{T}} = \boldsymbol{I} \tag{9-24}$$

虽然 $\boldsymbol{X}$ 和 $\boldsymbol{Y}$ 之间的关系可能是线性的或非线性的，但是为了后面分析原光谱特征在新特征中的作用，假设存在一个线性投影 $\boldsymbol{P}$ 将数据 $\boldsymbol{X}$ 转化为 $\boldsymbol{Y}$，满足 $\|\boldsymbol{Y}-\boldsymbol{P}^{\mathrm{T}}\boldsymbol{X}\| < \varepsilon$。因为只需要从原始谱带中选择少量谱带作为重要谱带，因此对 $\boldsymbol{P}$ 加上一个 $l_{2,1}$ 范数的约束，使得 $\boldsymbol{P}$ 达到行稀疏的目的，即只有少量的行具有非零值。求解 $\boldsymbol{P}$ 的目标函数为

$$\min_{\boldsymbol{P}} \frac{1}{2} \| \boldsymbol{Y} - \boldsymbol{P}^{\mathrm{T}}\boldsymbol{X} \|_2^2 + \eta \| \boldsymbol{P} \|_{2,1} \tag{9-25}$$

其中，$\| \boldsymbol{P} \|_{2,1} = \sum_{i=1}^{n} \sqrt{\sum_{j=1}^{r} p_{ij}^2}$；参数 $\eta$ 用来调节重构误差和行稀疏正则项之间的平衡。$l_{2,1}$ 范数的求解可以使用文献[55]中的方法。用 $\mathrm{Score}(i) = \sum_{j=1}^{r} p_{ij}^2$，$i=1,\cdots,m$ 来表示每个谱带的重要性得分，重要的谱带必然在新的特征空间构造中有更大的贡献。因此，通过对每个谱带的重要性得分进行排序，选择出最大的 $K$ 个谱带加入到特征子集 $\Theta$ 中，作为最终谱带选择的结果。本章作者在文章的实验部分对两幅高光谱图像数据进行了算法性能的测试，结果如图 9.17～图 9.19 所示。

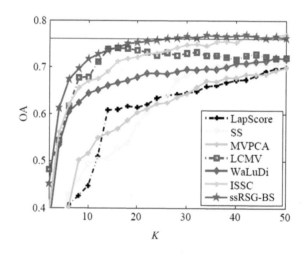

图 9.17　在 Indian Pines image 数据上，不同谱带选择方法在不同 $K$ 值下的分类结果

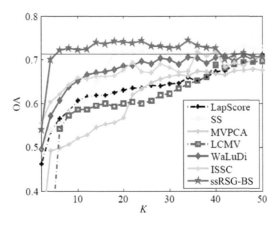

图9.18　在 Pavia University image 数据上，不同谱带选择方法在不同 $K$ 值下的分类结果

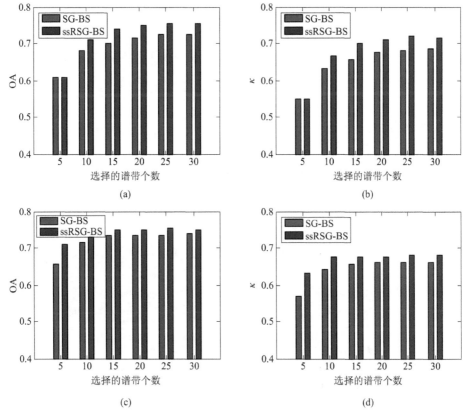

(a)　　　　　　　　　　　　　(b)

(c)　　　　　　　　　　　　　(d)

图 9.19　ssRSG-BS 与 SG-BS 的分类结果对比图

（图(a)、(b)是在 Indian Pines image 数据上的实验结果，图(c)、(d)
是在 Pavia University image 数据上的实验结果）

## 9.3 本章小结

　　高光谱遥感在现代遥感应用中占据着很重要的位置，近年来发射的对地观测卫星基本上都带有成像光谱仪，得到的高光谱数据被应用到了地球环境监测、生态系统监控、农作物管理、国土资源监控与城市发展规划等方面。随着人们对高光谱数据的需求，成像光谱技术不断发展，光谱分辨率也越来越高。高的光谱分辨率使得数据在应用方面的潜能被提高，可以从中获得更丰富的光谱信息。但是，同样也增加了高光谱数据维数约减的必要性和重要性。稀疏表示理论是机器学习领域中的一种重要理论，稀疏的编码方式可以为后续操作提供意想不到的好处。稀疏图利用稀疏表示来进行数据的局部结构表示，相较于一般的图构造方法更具有判别性，可以作为一种无监督的判别信息应用于各种应用中。本章就稀疏图在高光谱数据降维中的应用问题，结合四个实际例子进行了详细描述，希望读者可以了解稀疏图的本质以及一些应用技巧，将其扩展应用到其他数据处理领域。

（本章作者：陈璞花，焦李成，刘芳）

## 本章参考文献

[1]　KUMAR L, SINHA P. Mapping salt-marsh land-cover vegetation using high-spatial and hyperspectral satellite data to assist wetland inventory[J]. Giscience & Remote Sensing, 2014, 51(5): 1-16.

[2]　BUCHHORN M, WALKER D A, HEIM B, et al. Ground-based hyperspectral characterization of Alaska Tundra Vegetation along environmental gradients[J]. Remote Sensing, 2013, 5(8): 3971-4005.

[3]　RICHTER K, RISCHBECK P, EITZINGER J, et al. Plant growth monitoring and potential drought risk assessment by means of earth observation data[J]. International Journal of Remote Sensing, 2008, 29(29): 4943-4960.

[4]　ZHAO K, VALLE D, POPESCU S, et al. Hyperspectral remote sensing of plant biochemistry using Bayesian model averaging with variable and band selection[J]. Remote Sensing and Environment, 2013, 132(10): 102-119.

[5]　高阳. 高光谱数据降维算法研究[D]. 徐州：中国矿业大学，2013.

[6]　WRIGHT J, YANG A, GANESH A, et al. Robust face recognition via sparse representation[J]. IEEE Trans. Pattern Anal. Mach. Intell., 2009, 31(2): 210-227.

[7]　WRIGHT J, MA Y, MAIRAL J, et al. Sparse representation for computer vision and pattern recognition[J]. Proceeding of the IEEE, 2009, 98(6): 1031-1044.

[8]　MEI X, LING H. Robust visual tracking and vehicle classification via sparse representation[J]. IEEE Trans. Pattern Anal. Mach. Intell., 2011, 33(11): 2259-2272.

[9]    WRIGHT J, YANG A, GANESH A, et al. Robust face recognition via adaptive sparse representation [J]. IEEE Transactions on Cybernetics, 2014, 44(12): 2368 – 2378.

[10]   MALLAT S G, ZHANG Z. Matching pursuits with time-frequency dictionary[J]. IEEE Trans. Signal Processing, 1993, 41(12): 3397 – 3415.

[11]   TROPP J. Greed is good: algorithms results for sparse approximation[J]. IEEE Trans. Information Theory, 2004, 50(10): 2231 – 2242.

[12]   DONOHO D. For most large undertermined systems of linear equations the minimal l1-norm solution is also the sparsest solution[J]. Commun. Pure Appl. Math. , 2004, 59(7): 797 – 829.

[13]   CHENG B, YANG J, YAN S, et al. Learning with L1-graph for image analysis[J]. IEEE Trans. Image Processing A Publication of the IEEE Signal Processing Society, 2010, 19(4): 858 – 866.

[14]   FANG X, XU Y, LI X, et al. Learning a nonnegative sparse graph for linear regression[J]. IEEE Trans. Image Processing, 2015, 24(9): 2760 – 2771.

[15]   YAN S, WANG H. Semi-supervised learning by sparse representation[C]. Proceeding of SIAM International Conference on Data Mining, 2009: 792 – 801.

[16]   FUKUNAGA K. Statistical Pattern Recognition[M]. San Diego, CA, USA: Academic Press, 1990.

[17]   PARK C H, PARK H. A comparison of generalized linear discriminant analysis algorithms[J]. Pattern Recognition, 2008, 41(3): 1083 – 1097.

[18]   KIM T K, STENGER B, KITTLER J, et al. Incremental linear discriminant analysis using sufficient spanning sets and its applications[J]. International Journal of Computer Vision, 2011, 91(2): 216 – 232.

[19]   HOTELLING H. Analysis of a complex of statistical variables into principal components[J]. Journal of Educational Psychology, 2010, 24(6): 417 – 441.

[20]   FARRELL M, MERSEREAU R. On the impact of PCA dimension reduction for hyperspectral detection of difficult targets[J]. IEEE Trans. Geoscience and Remote Sensing Letters, 2005, 2(2): 192 – 195.

[21]   BIBI K F, BANU M N. Feature selection algorithms-a survey[J]. Data Mining & Knowledge Engineering, 2014, 6(5).

[22]   ARZUAGA-CRUZ E, JIMENEZ-RODRIGUEZ L O, VELEZ-REYES M. Unsupervised feature extraction and band subset selection techniques based on relative entropy criteria for hyperspectral data analysis [J]. AeroSense, 2003: 462 – 473.

[23]   CHANG C I, WANG S. Constrained band selection for hyperspectral imagery[J]. IEEE Trans. Geoscience and Remote Sensing, 2006, 44(6): 1575 – 1585.

[24]   ZHAO Z, WANG L, LIU H, et al. On Similarity Preserving feature selection[J]. IEEE Trans. Knowledge and Data Engineering, 2013, 25(3): 619 – 632.

[25]   DUDA R O, HART P E, STORK D G. Pattern Classification, second edition[M]. Wiley, 2001.

[26]   KIRA K, RENDELL L. A practical approach to feature selection[J]. Proc. Ninth Int'l Workshop Machine Learning(ML' 92), 1992.

[27] KONONENKO I. Estimating attributes: analysis and extension of RELIEF[J]. Proc. European Conf. Machine Learning (ECML), 1994.

[28] HE X, CAI D, NIYOGI P. Laplacian Score for feature selection[J]. Proc. Advances in Neural Information Processing Systems, 2005, 18.

[29] ZHAO Z, LIU H. Spectral feature selection for supervised and Unsupervised Learning[J]. Pro. 24th Int'l Conf. Machine Learning (ICML), 2007.

[30] NIE F, XIANG S, JIA Y, et al. Trace ratio criterion for feature selection[J]. Proc. Conf. Artificial Intelligence (AAAI), 2008.

[31] SONG L, SMOLA A, GRETTON A, et al. Feature selection via Dependence Maximization[J]. J. Machine Learning Research, 2007.

[32] NIE F P, HENG H, CAI X, et al. Efficient and robust feature selection via joint L2, 1-norms minimization[C]. NIPS'10 Proceedings of the 23rd International Conference on Neural Information Processing System-Volume 2, 2010.

[33] LI H, XIANG S, ZHONG Z, et al. Multicluster spatial-spectral unsupervised feature selection for hyperspectral image classification[J]. IEEE Geoscience and Remote Sensing Letters, 2015, 12(8): 1660 - 1664.

[34] DU Q, YANG H. Similarity-based unsupervised band selection for hyperspectral image analysis[J]. IEEE Geoscience and Remote Sensing Letters, 2008, 5(4): 564 - 568.

[35] MA J P, ZHENG Z B, TONG Q X, et al. An application of genetic algorithms on band selection for hyperspectral image classification[C]. International Conference on Machine learning and Cybernetics, IEEE 2003: 2810 - 2813.

[36] FENG J, JIAO L C, LIU F. Mutual-information-based semi-supervised hyperspectral band selection with high discrimination, high information, and low redundancy[J]. IEEE Trans. Geoscience and Remote Sensing, 2015, 53(5): 2956 - 2969.

[37] YANG H, DU Q, CHEN G. Particle swarm optimization-based hyperspectral dimensionality reduction for urban land cover classification[J]. IEEE Journal of Selected Topic in Applied Earth Observations and Remote Sensing, 2012, 5(2): 544 - 554.

[38] GONG M, ZHANG M, YUAN Y. Unsupervised band selection based on evolutionary multiobjective optimization for hyperspectral images[J]. IEEE Trans. Geoscience and Remote Sensing, 2015, 54(1): 544 - 557.

[39] GREEN A A, BERMAN M, SWITZER P, et al. A transformation for ordering multispectral data in terms of image quality with implications for noise removal[J]. IEEE Trans. Geoscience and Remote Sensing, 1988, 26(1): 65 - 74.

[40] HYVARINEN A, OJA E. Independent component analysis: algorithms and applications[J]. Neural Networks, 2000, 13(4 - 5).

[41] CRISTIANINI N. Kernel methods for pattern analysis[M]. Beijing: China Machine Press, 2005.

[42] LIAO W Z, PIZURICA A, PHILIPS W, et al. A fast iterative kernel PCA feature extraction for hyperspectral images[C]. 2010 IEEE International Conference on Image Processing, 2010:

1317 - 1320.

[43] BAUDAT G, ANOUAR F. Generalized discriminant analysis using a kernel approach[J]. Neural Computation, 2000, 12(10): 2385 - 2404.

[44] MEI F, ZHAO C H, WANG L G, et al. Anomaly detection in hyperspectral imagery based on kernel ICA feature extraction[C]. 2008 Second International Symposium on Intelligent Information Technology Application, 2008.

[45] LI W, PRASAD S, FOWLER J, et al. Locality-preserving discriminant analysis in kernel-induced feature spaces for hyperspectral image classification[J]. IEEE Geoscience and Remote Sensing Letters, 2011, 8(5): 894 - 898.

[46] FAUVEL M, CHANUSSOT J, BENEDIKTSSON J A. Kernel principal component analysis for feature reduction in hyperspectral image analysis[J]. Signal Processing Symposium, 2006: 238 - 241.

[47] TENENBAUM J B, DE SILVA V, LANGFORD J C. A global geometric framework for nonlinear dimensionality reduction[J]. Science, 2000, 290(5500): 2319 - 2323.

[48] LUNGA D, PRASAD S, CRAWFORD M M, et al. Manifold-learning-based feature extraction for classification of hyperspectral data: a review of advances in manifold learning[J]. IEEE Signal Processing Magazine, 2014, 31(1): 55 - 66.

[49] MOHAN A, SAPIRO G, BOSCH E. Spatially coherent nonlinear dimensionality reduction and segmentation of hyperspectral images[J]. IEEE Geoscience and Remote Sensing Letters, 2007, 4(2): 206 - 210.

[50] HUANG H B, HUO H, FANG T. Hierarchical manifold learning with application to supervised classification for high-resolution remotely sensed images[J]. IEEE Trans. Geoscience and Remote Sensing, 2014, 52(3): 1677 - 1692.

[51] MA L, CRAWFORD M M, TIAN J W. Anomaly detection for hyperspectral images based on robust locally linear embedding[J]. J. Infrared Millimeter Terahertz Waves, 2010, 31(6): 753 - 762.

[52] HEYLEN R, BURAZEROVIC D, SCHEUNDERS P. Nonlinear spectral unmixing by geodesic simplex volume maximization[C]. IEEE Journal of Selected Topics in Applied Earth Observations and Remote Sensing, 2011.

[53] YAN S, XU D, ZHANG B, et al. Graph embedding and extension: a general framwork for dimensionality reduction[J]. IEEE Trans. Pattern Analysis and Machine Intelligence, 2007, 29(1): 40 - 51.

[54] ROWEIS S T, SAUL L K. Nonlinear dimensionality reduction by locally linear embedding[J]. Science, 2000, 290(5500): 2323 - 6.

[55] TENENBAUM J B, SILVA V D, LANGFORD J C. A global geometric framework for nonlinear dimensionality reduction[J]. Science, 2000, 290(5500): 2319 - 2323.

[56] BELKIN M, NIYOGI P. Laplacian eigenmaps for dimensionality reduction and data representation [J]. Neural Computation, 2003, 15(15): 1373 - 1396.

[57]  ZHANG Y, ZHA H. Principal manifolds and nonlinear dimensionality reduction via tangent space alignment[J]. Siam Journal on Scientific Computing, 2004.

[58]  HE X, NIYOGI P. Locality preserving projections[J]. Neural Information Processing Systems, 2004, 45(1): 186 − 197.

[59]  HE X, CAI D, YAN S, et al. Neighborhood preserving embedding[J]. Proceedings of the IEEE International Conference on Computer Vision (ICCB), 2005: 1208 − 1213.

[60]  CHEN P, JIAO L C, LIU F, et al. Dimensionality reduction of hyperspectral imagery using sparse graph learning[J]. IEEE Journal of Selected Topic in Applied Earth Observations and Remote Sensing, 2017, 10(3): 1165 − 1181.

[61]  LY N H, DU Q, FOWLER J E. Sparse graph-based discriminant analysis for hyperspectral imagery [J]. IEEE Trans. Geoscience and Remote Sensing, 2014, 52(7): 3872 − 3884.

[62]  TIMOFTE R, GOOL L V. Adaptive and weighted collaborative representation for image classification[J]. Pattern Recognition Letters, 2014, 43: 127 − 135.

[63]  PENG J, HAMPTON J, DOOSTAN A. A weighted L1-minimization approach for sparse polynomial chaos expansions[J]. Journal of Visual Communication and Image Representation, 2015, 28: 15 − 20.

[64]  SUN W W, HALEVY A, BENEDETTO J J, et al. Nonlinear dimensionality reduction via the ENH-LTSA method for hyperspectral image classification[J]. IEEE Journal of Selected Topic in Applied Earth Observations and Remote Sensing, 2014, 7(2): 375 − 388.

[65]  QIAO L, CHEN S, TAN X. Sparsity preserving projections with applications to face recognition [J]. Pattern Recognition, 2010, 43(1): 331 − 341.

[66]  PANG Y, WANG S, YUAN Y. Learning regularized LDA by clustering[J]. IEEE Trans. Neural Networks and Learning Systems, 2014, 25(12): 2191 − 2201.

[67]  YANG S, JIN P, LI B, et al. Semisupervised dual geometric subspace projection for dimensionality reduction of hyperspectral image data[J]. IEEE Trans. Geoscience and Remote Sensing, 2014, 52(6): 3587 − 3593.

[68]  CHATPATANASIRI R K B. A unified framework for semi-supervised dimensionality reduction framework for manifold learning[J]. Neurocomputing, 2010, 73(10 − 12): 1631 − 1640.

[69]  ZHANG D, ZHOU Z H, CHEN S. Semi-supervised dimensionality reduction[J]. Proceedings of the 2007 SIAM International Conference on Data Mining, 2007.

[70]  ZHANG Z, ZHAO M, CHOW T W. Marginal semi-supervised sub-manifold projections with informative constraints for dimensionality reduction and recognition[J]. Neural Networks, 2012, 36: 97 − 111.

[71]  ZHANG Z, ZHAO M B, CHOW T W. Constrained large margin local projection algorithms and extensions for multimodal dimensionality reduction[J]. Pattern Recognition, 2012, 45(12): 4466 − 4493.

[72]  NIE F, XIANG S, JIA Y, et al. Semi-supervised orthogonal discriminant analysis via label propagation[J]. Pattern Recognition, 2009, 42(11): 2615 − 2627.

[73]　LI W，RUAN Q，WAN J. Dimensionality reduction using graph-embedded probability-based semisupervised discriminant analysis[J]. Neurocomputing，2014，138：283 – 296.

[74]　ZHAO M，ZHANG Z，CHOW T W. A general soft label based linear discriminant analysis for semi-supervised dimensionality reduction[J]. Neural Networks，2014，55：83 – 97.

[75]　LI W，RUAN Q，WAN J. Semi-supervised dimensionality reduction using estimated class membership probabilities[J]. J. Electron. Imaging，2012，12(4)：255 – 262.

[76]　CHEN P，JIAO L C，LIU F，et al. Semi-supervised double sparse graphs based discriminant analysis for dimensionality reduction [J]. Pattern Recognition，2017，61：361 – 378.

[77]　DIETTERICH T G. Ensemble methods in machine learning[J]. International Workshop on Multiple Classification Systems，Spring-Verlag，2000：1 – 15.

[78]　ZHANG L，ZHANG Q，ZHANG L，et al. Ensemble manifold regularized sparse low-rank approximation for multiview feature embedding[J]. Pattern Recognition，2015，48：3102 – 3112.

[79]　CHEN P，JIAO L C，LIU F，et al. Dimensionality reduction for hyperspectral image classification based on multiview graphs ensemble [J]. Journal of Applied Remote Sensing，2016，10(3)：030501.

[80]　LIU M，ZHANG D. Sparsity Score：a novel graph-preserving feature selection method [J]. International Journal of Pattern Recognition and Artificial Intelligence，2014，28(4)：145009.

[81]　CHEN P，JIAO L C. Band selection for hyperspectral image classification with spatial-spectral regularized sparse graph [J]. Journal of Applied Remote Sensing，2017，11(1)：010501.

第10章 高光谱遥感图像分类技术概述与发展

## 10.1 高光谱遥感技术基础

### 10.1.1 高光谱遥感技术

高光谱遥感技术作为一种非接触式远距离地物观测技术，通过波谱范围覆盖可见光、红外、微波等的成像光谱仪对目标和地物进行观测、接收和记录，并通过分析待测目标的电磁窄波信号获取物体特性及变化，自问世以来就得到了迅猛的发展。高光谱遥感技术以光谱学为基础，而光谱学早在20世纪初期就被用于识别物质结构。不同物质具有不同的分子和原子种类或排列方式，当电磁波入射物质表面时，因为物质内部的分子振动、电子跃迁等作用使不同物质对电磁波形成了有差异的吸收和反射，从而实现了具有诊断性光谱特征的地表物质的区分[1]。人们根据成像光谱仪的光谱分辨率，将光谱遥感成像技术分为多光谱遥感、高光谱遥感以及超光谱遥感。

（1）多光谱遥感（Multispectral Remote Sensing）：光谱分辨率 $\Delta\lambda/\lambda = 0.1$，约 $10 \sim 20$ 个光谱通道。

（2）高光谱遥感（Hyperspectral Remote Sensing）：光谱分辨率 $\Delta\lambda/\lambda = 0.01$，约 $100 \sim 400$ 个光谱通道。

（3）超光谱遥感（Ultraspectral Remote Sensing）：光谱分辨率 $\Delta\lambda/\lambda = 0.001 \sim 1$，可达数千个光谱通道。

相对于多光谱遥感技术而言，高光谱遥感由于具有10 nm以内的光谱分辨率，因此能够更加有效地探测到许多在窄波段遥感中无法测到的物质[2]。高光谱遥感技术不但能对一个空间像元经过色散形成上百个近似连续的光谱数据，还能对地面物体进行空间成像，有效地将地物目标的光谱和相应的空间数据进行有机的结合。图10.1所示为高光谱遥感图像的基本成像原理。从图10.1中可看出，成像光谱仪采集的数据不但包含了所有不同波段下的二维空间图像，而且由于每一个像素点都具有高维的光谱特征，因此都可通过连续的光谱曲线进行表示，从而在实现地物空间关系记录的同时能够通过高维光谱特征对不同地

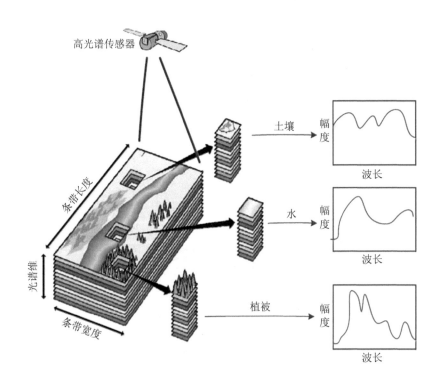

图 10.1　高光谱成像原理图[3]

物类别进行区分[4]。

随着近年来不同领域对这种非接触式的、远距离探测技术的迫切需求,高光谱遥感作为一门新兴的交叉学科,以航空航天、传感器、计算机等技术为基础,涉及物理学、光谱学、电磁波、电子工程、地球科学等多门学科、多个领域的技术,得到了国内外越来越多科研工作者的重视,并逐渐成为遥感科学与技术领域一个重大的技术突破和新的研究热点[5]。高光谱遥感技术把人们研究地表信息的能力由陆地拓展到了太空,不断拓宽了人们的研究视野,提高了人们宏观地进行对地观测的能力,这极大地要求和促进了遥感技术在科学层面的不断提升,并使其近年来在植被生物量估计[6-7]、环境监测[8]、矿产资源探测[9]、海洋调查[10-11]、精细农业[12]和国土资源调查[13]等领域得到了广泛的应用和关注。

## 10.1.2　成像光谱仪发展现状

高光谱遥感作为在 20 世纪 80 年代兴起的新型成像技术,正是由于成像光谱仪的不断发展才使得其在国内外都呈现出快速且良好的发展势头。当前所使用的成像光谱仪通常具有纳米和亚微米级的探测波段,光谱分辨率覆盖了热红外、中波红外、短波红外、近红外和可见光的全部光谱区（如图 10.2 所示），这使得光谱遥感的探测能力，特别是光谱探测能力较之以往的常规技术有了很大的提高。

宇宙射线

| 不可见光线 | | | 可见光线 | 不可见光线 | | | | |
|---|---|---|---|---|---|---|---|---|
| γ射线 | X射线 | 紫外线 | 紫蓝青绿黄橙红 | 近红外线 | 中间红外线 | 远红外线 | 微波 | 工业电波 |

波长　　　　　0.2 μm　　0.4 μm　　　　0.75 μm　　　　　　4 μm　　　1000 μm

图 10.2　光谱区域范围图

在成像光谱仪的发展历程中，机载成像光谱仪的发展成为高光谱遥感技术发展的主要标志。1983 年，在美国国家航空航天局（National Aeronautics and Space Administration，NASA）的支持下，以 AIS-1（Airborne Imaging Spectrometer，AIS）和 AIS-2 为代表的第一代成像光谱仪的研究计划由美国加州理工学院喷气式推进实验室（Jet Propulsion Laboratory，JPL）推出，其主要以推扫方式实现二维面阵列成像，这一成像光谱仪的出现促进了高光谱遥感技术向"图谱合一"时代的跨进[1, 14-15]。

1987 年，在 JPL 推出 AIS 系列后，又成功推出了 400～2500 nm 波长范围的第二代以线阵列扫描方式成像的航空可见光/红外光成像光谱仪（Airborne Visible/Infrared Imaging Spectrometer，AVIRIS），并在数据系统、定标、飞行高度以及传感器本身等方面都进行了较大的改进。之后成像光谱仪的发展进入了高速发展的时期，德国、日本、加拿大、芬兰和澳大利亚等国家都加大了对成像光谱仪的研究和开发经费，逐渐推出了多种以不同应用为目的的成像光谱仪[2, 14]，例如，德国研制的反射式成像光谱仪（Reflective Optics System Imaging Spectrometer，ROSIS），日本的 ADEOS 系列高光谱成像卫星，加拿大研制的具有288 个波段、光谱范围为 430～870 nm 的小型机载成像光谱仪（CASI），芬兰研制的 AISA多用途航空成像光谱仪，澳大利亚的 HYMAP，美国的 MIVIS 成像光谱仪、TEEMS 系统、DAIS-7915 机载成像仪以及 1996 年由美国研制的以 CCD 推扫方式成像的高光谱数字图像实验仪（HYDICE）和 ITRES 公司研制的 CASI、TABI、SASI 系列产品等。AVIRIS 作为第二代成像光谱仪的代表，为科研工作者和实际应用提供了大量的图像数据。第三代成像光谱仪为克里斯特里尔傅里叶变换高光谱成像光谱仪（Fourier Transform HyperSpectral Imager，FTHSI），适合在 Cessna-206 轻型飞机上使用，其重量为 35 kg，共 256 个光谱通道，光谱范围为 400～1050 nm，具有 2～10 nm 光谱分辨率[15]。另一方面，成像光谱仪逐渐由低分辨向高分辨发展，从以航空应用为主转向航空和航天相结合的阶段，如美国研制的通过地球观测卫星 EO-1 搭载的 HYPERION 高光谱成像光谱仪、欧空局研制的装载紧密型高分辨率成像光谱仪 CHRIS 的卫星[16]。

我国也是高光谱遥感技术发展较早的国家之一，在国家 863 计划和国家自然科学基金研究的推动下，中国科学院上海技术物理研究所成功研制了我国第一台224谱带的推扫式高光谱成像光谱仪（Pushbroom Hyperspectral Imager，PHI）与实用型模块化机载成像光谱仪OMIS[14]，并在"七五"和"八五"期间研制了专题应用扫描仪，如用于海洋环境监测研制的专用IR/UV光谱仪、三波段探测森林火灾的专题扫描仪、71波段的模块化航空成像光谱仪（MAIS）等。随着2002年我国"神舟三号"载人飞船发射成功，航天中分辨率成像光谱仪也得到了成功应用，"风云三号"气象卫星的中分辨率光谱成像仪投入了业务运行。此外，环境与灾害监测小卫星和"嫦娥一号"探月卫星上也搭载了分辨率更高的成像光谱探测仪器。表10.1列举了国内外主要的成像光谱仪的类型、波长范围和波段数目等情况[17]。

**表10.1　国内外主要成像光谱仪**

| 成像光谱仪 | 所属国家/机构 | 平台 | 波段数目 | 波长范围/nm |
|---|---|---|---|---|
| AIS-1 | 美国NASA | 机载 | 128 | 990～2100 |
| AIS-2 | 美国NASA | 机载 | 128 | 800～1600 |
| AVIRIS | 美国NASA | 机载 | 224 | 400～2500 |
| AISA | 芬兰（Spectral Imaging Ltd.） | 机载 | 286 | 450～900 |
| CASI | 加拿大（Itres Research Ltd.） | 机载 | 288 | 430～870 |
| DAIS 2115 | 美国（GER公司） | 机载 | 211 | 400～12 000 |
| HYMAP | 澳大利亚（Integrated Spectronics Pty Ltd.） | 机载 | 128 | 400～2450 |
| PROBE-1 | 美国（Earth Search Sciences Pty Ltd.） | 机载 | 128 | 400～2450 |
| CHIRIS | 欧洲空间局 | 机载 | 18 | 415～1050 |
| ROSIS | 德国 | 机载 | 115 | 430～860 |
| TRW-RIS | 美国 | 星载 | 128 | 400～1000 |
| ALI | 美国 | 星载 | 10 | 433～2350 |
| PHI | 中国科学院上海技术物理研究所 | 机载 | 224 | 460～850 |
| OMIS | 中国科学院上海技术物理研究所 | 机载 | 128/68 | 460～12 500 |
| HJ-1 | 中国资源卫星应用中心 | 机载 | 110～120 | 400～950 |
| HYPERION | 美国 | 星载 | 220 | 400～2500 |

高光谱遥感高维的光谱特征信息突破了传统自然图像和多光谱遥感的局限性，使其应用领域涵盖了多个领域、多个学科。至20世纪90年代后期，在解决了光谱信息获取、图像与光谱之间的转换、光谱识别、光谱匹配和大数据处理等问题后，高光谱遥感技术的发展也从开始的实验研究阶段逐步转向实际应用阶段。在高光谱遥感图像的提取、处理和分类

等领域的应用证明，图像处理是高光谱遥感应用的基础，对高光谱遥感图像数据的信息处理和解译水平决定着高光谱遥感图像的应用深度和广度。而高光谱遥感图像的高维光谱信息，有限的有标记训练样本等问题常会引起分类效率的降低以及新的图像处理问题，因此传统的图像处理方法通常不能直接应用于高光谱遥感图像的处理[18]。尽管近年来高光谱遥感信息处理技术在可视化、全数字化、网络化和智能化等方面有了很大的发展，但就目前遥感技术的发展现状来看，遥感信息的智能化处理技术还不能满足实际应用的需要，海量的时间、空间和高维光谱信息仍需要被更充分地挖掘和利用[1, 15]。

### 10.1.3　高光谱遥感图像的数据特点

　　高光谱遥感技术除了能够获取传统的二维空间图像外，最突出的特点是能够将空间图像特征与光谱信息有效地融合为一体。作为一个数据立方体，要充分挖掘高光谱遥感图像的数据特征，才能够更加有效地将其应用于不同的领域。

　　作为将传统的图像特征和光谱信息进行有效融合的高光谱遥感数据，可通过图像空间、光谱空间和特征空间三个维度对高光谱遥感数据进行充分了解和挖掘。

　　（1）图像空间表示：与传统二维图像类似，从人类视觉角度观察数据，在高光谱数据的每个波段都对应着一幅常规二维图像。因此每一波段记录的二维图像类似于一个能够反映空间关系的二维灰度图。若选取不同的三个波段合成为彩色图像，则等同于常规的彩色图像，如图10.3（a）和（b）所示为AVIRIS数据Indian Pines在第15波段的灰度图像和三波段伪彩色图（R：55，G：30和B：15波段）。这种图像表现形式将目标或者地物的形状、大小、纹理和上下文关系进行了关联，仅利用一维波段或者选择三个波段生成的可视化的空间图像，虽然考虑了高光谱遥感图像的空间特性，但是缺少地物间光谱的区分性，从而不能全面有效地反映高光谱遥感数据中的高维光谱信息[19]。

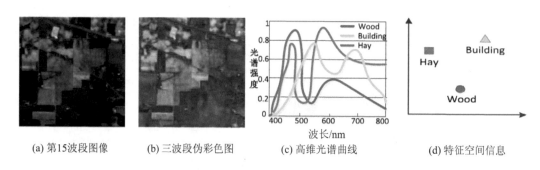

(a) 第15波段图像　　　(b) 三波段伪彩色图　　　(c) 高维光谱曲线　　　(d) 特征空间信息

图10.3　高光谱图像数据的主要表现形式

　　（2）光谱空间表示：高光谱遥感图像除能反映二维空间结构的几何空间维特征外，数据立方体中的每一个像元在不同波段上的光谱特征同样能够用连续的光谱曲线进行表示。

将未知的光谱曲线与已有的光谱曲线进行对比及光谱匹配可以实现对像元类别的判断。图 10.3(c)所示为不同类别地物对应的光谱曲线。从图 10.3(c)中可看出，这种形式能够简单快速地通过计算机进行大规模处理，但是也极易受到噪声、大气变化等的影响，形成"同物异谱"和"异物同谱"现象，对分类应用造成负面影响。

（3）特征空间表示：不同于传统的自然图像，高光谱遥感图像除具有传统图像中的几何和统计特征外，研究还发现数据分布不均匀且一般集中在高维数据立方体的角端，各个波段对应的二维图像关系和波段间的图像关系也能反映出数据的差异性。如图 10.3(d)所示，若通过特征描述方法将图像空间和高维光谱特征进行与应用有关的特征分析和描述，可使得特征提取和特征表示后的特征向量更具有利于分析和应用的高级表示形式，将图像空间和高维光谱空间中不可挖掘的信息进行充分利用和挖掘。这将成为高光谱图像分类与应用各领域一个非常重要的研究课题。

因此，通过上述描述和表示空间的分析可看出，高光谱图像具有不同于全色图像和多光谱图像的诸多特性。从高光谱遥感图像数据的处理与应用角度来看，高光谱遥感数据的主要特点可归纳为以下几个方面：

（1）图谱合一特性。高光谱遥感图像中每一波段的二维图像都对应着实际的环境和地物，并且不同波段对应的图像具有不同的应用范围。从光谱角度来看，每一个像素在不同波段上对应的光谱值能够构成一条地物类别的光谱曲线，并通过曲线的特征和对曲线的分析获得实际像素对应的地物类别。

（2）隐含特征丰富。高光谱遥感影像从高维光谱、二维图像两个不同角度对地物类别进行表征和区别，因此通过对图像数据和光谱数据的处理，能够获得大量隐含的、丰富的、对分析和应用有利的特征信息。利用有效的特征提取工具、算法等充分挖掘高光谱遥感数据中的特性是高光谱遥感分类应用中的重要研究方向。

（3）数据量大。由于高光谱遥感数据中的每一个像元都具有几十个甚至上百个波段，因此高光谱数据具有数据量大、波段数多、波段之间相关性强的问题。虽然高维的光谱特征为地物分类提供了更加易于分辨的能力，但是也容易造成信息的冗余，同时不同的波段可能具有不同的应用优势。但是，单一地使用一个波段或者几个波段的信息又会造成应用和分析的不准确。因此如何在大数据量的情况下有效提高处理的信息量，并有效挖掘空谱特征信息，也是高光谱遥感图像分析和应用的重要问题。

（4）可标记样本少。高光谱遥感图像的成像范围广，不同于自然图像能够简单地通过人眼观察图像中的物体与地物类别，对高光谱遥感图像数据中的地物类别进行标定需要专业的地质勘测工作者的参与。然而要求地质勘探专家对高光谱遥感图像中的区域进行大面积的走访和标定，在实际应用中显然是不可行的。实际情况中只可能获得有限的、少量的有标记样本，而如何利用少量的有标记样本实现相关领域的应用研究也是亟待解决的关键问题。

## 10.2 高光谱图像分类及分类评价指标

### 10.2.1 高光谱遥感图像数据

#### 1. AVIRIS 数据

在高光谱图像数据中,目前研究人员最常采用的是 AVIRIS 高光谱遥感数据。第一幅高光谱遥感图像数据为采集于 1992 年美国印第安纳松林西北部的 Indian Pines 数据。Indian Pines 场景中包含 2/3 的农业和 1/3 的森林等自然多年生植被,两个主要的双车道公路,铁路线,以及一些低密度住宅、建筑和较小的道路。该数据传感器能够产生覆盖光谱范围为 0.2～2.4 μm 的 220 个波段。整幅图像大小为 145×145,包含 16 个真实地物类别。数据集的空间像素分辨率为 20 米/像素。在分类使用中,可删掉 20 个水吸收波段(第 104～108,150～163 波段和第 220 波段),留下 200 个波段进行分类及特征提取验证。图 10.4 展示了 Indian Pines 图像的三维伪彩色图像以及相应的地物类别参考图,表 10.2 展示了详细的地物类别名称和有标记样本数。

(a) 伪彩色图　　　　　　　(b) 地物类别参考图

| Alfalfa | Corn-no till | Corn-min | Corn | Grass/Pasture |
|---------|-------------|----------|------|---------------|
| Oats | Soybeans-no till | Soybeans-min | Soybean-clean | Wheat |
| Grass/Trees | Grass/Pasture-mowed | Hay-windrowed | | Woods |
| Building-Grass-Tree-Drives | | Stone-steel Towers | | |

图 10.4　Indian Pines 图像

**表 10.2　Indian Pines 数据地物类别及有标记样本数**

| Class | Class name | 类别名称 | 有标记样本数 |
|-------|-----------|---------|------------|
| 1 | Alfalfa | 苜蓿草 | 54 |
| 2 | Corn-no till | 未耕玉米地 | 1434 |
| 3 | Corn-min | 玉米幼苗 | 834 |
| 4 | Corn | 玉米 | 234 |
| 5 | Grass/Pasture | 草地/牧场 | 497 |

| Class | Class name | 类别名称 | 有标记样本数 |
|---|---|---|---|
| 6 | Grass/Trees | 草地/树林 | 747 |
| 7 | Grass/Pasture-mowed | 修剪过的草地/牧场 | 26 |
| 8 | Hay-windrowed | 草料堆 | 489 |
| 9 | Oats | 燕麦 | 20 |
| 10 | Soybeans-no till | 未耕大豆地 | 968 |
| 11 | Soybeans-min | 大豆幼苗 | 2468 |
| 12 | Soybean-clean | 已耕大豆地 | 614 |
| 13 | Wheat | 小麦 | 212 |
| 14 | Woods | 木柴 | 1294 |
| 15 | Building-Grass-Tree-Drivers | 建筑/草/树/机器 | 380 |
| 16 | Stone-steel Towers | 石/钢塔 | 95 |
| | Total | 总计 | 10 366 |

  第二幅 AVIRIS 高光谱遥感分类图像为采集于美国萨利纳斯山谷的 Salinas 图像数据，整幅图像包含有 512×217 个像元，空间分辨率为 3.7 米/像素，共有 16 种真实地物类别，总共包含 224 个波段的光谱信息，分类时可删除 20 个含噪波段（第 108~112、154~167 和 224 波段），留下 204 个波段进行实验验证。图 10.5 展示了 Salinas 图像的三维伪彩色图像以及对应的地物类别参考图，表 10.3 展示了详细的地物类别名称和有标记样本数。

(a) 伪彩色图      (b) 地物类别参考图

| Weeds_1 | Weeds_2 | Fallow | Fallow_P |
|---|---|---|---|
| Soil | Corn | Lettuce_4wk | Lettuce_5wk |
| Fallow_S | Stubble | Celery | Grapes |
| Lettuce_6wk | Lettuce_7wk | Vinyard_U | Vinyard_T |

图 10.5   Salinas 图像

（注：图中部分类别名称采用简写）

表 10.3  Salinas 数据地物类别及有标记样本数

| Class | Class name | 类别名称 | 有标记样本数 |
|---|---|---|---|
| 1 | Brocoli green Weeds_1 | 椰菜绿野草 1 | 2009 |
| 2 | Brocoli green Weeds_2 | 椰菜绿野草 2 | 3726 |
| 3 | Fallow | 休耕地 | 1976 |
| 4 | Fallow_rough Plow | 粗糙的休耕地 | 1394 |
| 5 | Fallow_Smooth | 平滑的休耕地 | 2678 |
| 6 | Stubble | 残株 | 3959 |
| 7 | Celery | 芹菜 | 3579 |
| 8 | Grapes untrained | 未结果实的葡萄 | 11 271 |
| 9 | Soil vinyard develop | 正在开发的葡萄园土壤 | 6203 |
| 10 | Corn senesced weeds | 开始衰老的玉米 | 3278 |
| 11 | Lettuce_4wk | 长叶莴苣 4wk | 1068 |
| 12 | Lettuce_5wk | 长叶莴苣 5wk | 1927 |
| 13 | Lettuce_6wk | 长叶莴苣 6wk | 916 |
| 14 | Lettuce_7wk | 长叶莴苣 7wk | 1070 |
| 15 | Vinyard_U | 未结果实的葡萄园 | 7268 |
| 16 | Vinyard_T | 葡萄园小路 | 1807 |
| | Total | 总计 | 54 129 |

**2. ROSIS 数据**

ROSIS 高光谱实验数据是 2003 年由 Reflective Optics System Imaging Spectrometer 获取的数据,该数据采集于意大利城市区域的帕维亚大学城(University of Pavia)。整幅图像包含 610×340 个像元,其空间分辨率为 1.3 米/像素,共有 9 种真实地物类别,总光谱范围为 0.43~0.86 μm 的 115 个波段,去除了 12 个含噪波段,保留了 103 个波段进行分类实验验证和分析。图 10.6 展示了 University of Pavia 图像的三维伪彩色图像以及地物类别参考图,表 10.4 展示了详细的地物类别名称和有标记样本数。

(a) 伪彩色图       (b) 地物类别参考图

| Asphalt | Meadows | Gravel | Trees | Metal sheets |
|---------|---------|--------|-------|--------------|
| Bare soil | Bitumen | Bricks | Shadows | Unlabeled |

图 10.6　University of Pavia 图像

**表 10.4　University of Pavia 数据地物类别及有标记样本数**

| Class | Class name | 类别名称 | 有标记样本数 |
|-------|------------|----------|--------------|
| 1 | Asphalt | 柏油马路 | 6631 |
| 2 | Meadows | 草地 | 18 649 |
| 3 | Gravel | 砖块砂砾 | 2099 |
| 4 | Trees | 树木 | 3064 |
| 5 | Metal sheets | 金属板 | 1345 |
| 6 | Bare soil | 裸土 | 5029 |
| 7 | Bitumen | 柏油屋顶 | 1330 |
| 8 | Bricks | 砖块 | 3682 |
| 9 | Shadows | 阴影 | 947 |
|  | Total | 总计 | 42 776 |

## 10.2.2　高光谱图像分类评价指标

在高光谱遥感图像的分类应用中,高光谱遥感图像的分类效果主要通过分类精度和分类效果图两个方面进行衡量。分类效果的视觉衡量主要通过人眼将分类效果图与地物类别参考图进行比较，能够较直观地观察到分类效果的好坏，是一种较主观的衡量方法。另一种衡量分类效果的方法是通过分类精度定量地统计正确分类的比率。常用的分类评价指标有总体分类精度（Overall Accuracy，OA）、各类别分类精度、平均分类精度（Average Accuracy，AA）和卡帕系数（Kappa）等。进行定量分析分类效果的前提是首先计算出分类后的混淆矩阵 $\boldsymbol{M} \in \mathbf{R}^{L \times L}$，其中 $L$ 代表高光谱遥感图像中的地物类别数，混淆矩阵中的对角元素 $M_{ii}$ 代表了被正确分类的个数，而在混淆矩阵中第 $i$ 行第 $j$ 列的数值 $M_{ij}$ 则表示第 $i$ 类样本被错分为第 $j$ 类的个数，我们用 $M_{\cdot j}$ 表示第 $j$ 列数量的和，用 $M_{i \cdot}$ 表示第 $i$ 行数量的和，并假设被分类的样本总数为 $N_{\text{test}}$。下面依次列举高光谱遥感分类中各种分类指标的计算方法。

（1）总体分类精度（Overall Accuracy，OA）：反映了被正确分类的样本总数占总测试样本数量的百分比，其计算式为

$$\text{OA} = \sum_{i=1}^{L} \frac{M_{ii}}{N_{\text{test}}} \times 100\% \qquad (10-1)$$

（2）生产者精度（Product's Accuracy，PA）：又称类别精度，其反映了属于真实地物中的某一类别占该类别总数的百分比，其计算式为

$$\text{PA}_i = \frac{M_{ii}}{\sum\limits_{i=1}^{L} M_{i,\cdot}} \times 100\% \qquad (10-2)$$

（3）用户精度（User's Accuracy，UA）：指在分类后标记为该类别的实际数量与该类别样本数的百分比，其计算式为

$$\text{UA}_i = \frac{M_{ii}}{\sum\limits_{i=1}^{L} M_{\cdot, i}} \times 100\% \qquad (10-3)$$

用户精度从用户的角度分析了分类结果的可靠性，生产者精度从编图和制图的角度反映图上被标识为各类地物的可靠性，它们都是高光谱分类中对各类别分类精度进行衡量的重要指标之一。

（4）平均分类精度（Average Accuracy，AA）：是各类别被正确分类的类别精度总和的平均值，其计算式为

$$\text{AA} = \frac{\sum\limits_{i=1}^{L} \text{PA}_i}{L} \qquad (10-4)$$

（5）Kappa 系数：该系数能够考虑到分类结果中存在的分类不确定性，并综合反映了混淆矩阵中被正确分类的数量和各种被错分及漏分的误差，更全面地反映了分类精度，其计算式为

$$KC = \frac{N_{\text{test}}\left(\sum\limits_{i=1}^{L} M_{ii}\right) - \sum\limits_{j=1}^{L}\left(\sum\limits_{i=1}^{L} M_{ij} \sum\limits_{j=1}^{L} M_{ji}\right)}{N_{\text{test}}^2 - \sum\limits_{j=1}^{L}\left(\sum\limits_{i=1}^{L} M_{ij} \sum\limits_{j=1}^{L} M_{ji}\right)} \tag{10-5}$$

相对于 OA 而言,Kappa 系数是一种评价分类精度的多元统计方法,能够更加充分地考虑到分类结果中存在的不确定性,其最大取值为 1。上述列出的分类评价指标中,计算结果值越大,证明分类结果越理想。在这里,在进行分类比较时,我们主要采用 OA、PA、AA 和 Kappa 系数作为正确率的定量评价指标。在文献[20]中为了提供更加细致化的分类评价比较,还提出了数量不一致(Quantity disagreement,$Q$)、定位不一致(Allocation disagreement,$A$)和总数不一致($D=Q+A$)[20] 在不同算法情况下的分类评价指标。下面进行介绍。

(1)数量不一致的计算式为

$$Q = \frac{1}{2N_{\text{test}}} \sum_{j=1}^{L}\left(\sum_{i=1}^{L} M_{ij} \sum_{j=1}^{L} M_{ji}\right) \tag{10-6}$$

(2)定位不一致的计算式为

$$A = \frac{1}{N_{\text{test}}} \sum_{j=1}^{L} \min\left[\sum_{i=1}^{L} M_{ij} - M_{jj}, \sum_{i=1}^{L} M_{ji} - M_{jj}\right] \tag{10-7}$$

其中,$M_{ij}$ 为混淆矩阵中第 $i$ 行第 $j$ 列的值,$N_{\text{test}}$ 为总的有标记的测试样本数。$Q$ 和 $A$ 对分类结果进行了更加细致的衡量,$Q$ 代表分类数量中错误数量与正确数量的不一致大小,$A$ 代表类别定位或编制错分与正确数量的不一致大小,与上述精度指标相反,$A$ 的取值越小,反而证明分类效果越好。

## 10.3　高光谱遥感图像分类技术基础

特征提取和分类器分类是在高光谱遥感图像的分类过程中两个十分重要的分类环节。本节阐述了目前高光谱遥感图像分类技术的现状与挑战、当前常用的特征提取算法、表示分类算法、核变换方法等内容。

### 10.3.1　高光谱图像分类中的特征提取

在高光谱遥感图像的分类过程中,特征提取是通过将光谱特征信息与其他特征信息进行有效结合,从而使样本具有可分性的数据处理办法。首先基于已知光谱信息的特征提取方法是最简单、直接且有效的特征提取方法,因此直接对高维光谱特征进行理解和分析能够加强相关波段之间的联系和区分性。标准化植被覆盖指数(Normalized Differential Vegetation Index,NDVI)和改进的土壤植被调节指数(Modified Soil Adjusted Vegetation

Index，MSAVI）就是直接利用光谱特征提取信息的典型方法[21]。尽管这两种特征提取方法是为了多光谱遥感数据分析而提出的，但是在高光谱遥感图像的分析过程中，也常被用来扩展分析光谱信息中的吸收特性。除此之外，还提出了遗传规划光谱植被指数（Genetic Programming-Spectral Vegetation Index，GPSVI）[22]和纤维素吸收指数（Cellulose Absorption Index，CAI）[23]等特征提取算法。但是在实际应用中这些特征提取方法不足以充分挖掘高光谱遥感数据立方体中的信息。因此通过对数据的物理属性分析，基于统计的特征提取方法也不断被提出并应用于高光谱遥感图像的分析与处理。

根据分类过程中是否利用有标记训练样本，一般将分类方法划分为有监督分类（Supervised Classification）和无监督分类（Unsupervised Classification）。特征提取方法也主要分为无监督特征提取方法（通常是对全部数据进行特征变换）和有监督特征提取方法（基于类别信息的特征变换）。在无监督特征提取方法中无需任何先验知识，而在有监督特征提取方法中需要有标记训练数据的信息[24-25]。无监督特征提取和有监督特征提取又可细分为线性特征提取和非线性特征提取。其中，非线性特征提取方法主要包含核变换方法和基于流形的方法等[26]。下面我们分别从有监督特征提取和无监督特征提取两个方面回顾光谱遥感中的特征提取方法[27]。

**1. 有监督特征提取方法**

首先回顾通过波段信息分组来提高光谱区分度的有监督特征提取方法。Kumar 等人在文献[28]中提出了将相关波段子集联合进行原始光谱解译的特征提取方法。文献[29]提出了利用巴特查里亚距离（Bhattacharyya distance，B-dis）[30]进行波段分组并为每组波段分配权重的判断准则和特征分析方法。在文献[31]中，提出了利用 Jeffries-Matusita（J-M）距离均匀产生连续波段分组信息的方法。线性判别分析（Linear Discriminant Analysis，LDA）[31]和典型相关分析（Canonical Analysis，CA）[32]是基于均值向量和各类协同变化矩阵的传统参数化特征提取算法。其中，类内和类间散度矩阵用来形成有效的类别区分准则。但是 LDA 以类别近似满足高斯分布为假设，存在对属于多聚类情况的数据难以处理的问题，故限制了 LDA 方法在分类应用中的表现。除此之外，LDA 方法局限了特征向量的维数为类别 $L$ 的 $L-1$ 维，因此仅利用 $L-1$ 维特征不能有效地提高高光谱遥感图像的分类效果[33]，并且因为类内散度矩阵在高维小样本条件下极易产生分类的奇异性[34-36]，所以当训练样本的特征维度和类别数相近时，在统计意义上降低了类别间的区分性，影响分类效果[37]。此后，文献[38]中提出了专门针对高光谱遥感图像的决策边缘特征提取（Decision Boundary Feature Extraction，DBFE）方法。为避免小样本情况下 LDA 方法的分类局限性，文献[39]通过正则化技术进一步提高了 LDA 方法的表现。Kuo 和 Chang 分别在文献中指出类内和类间散度矩阵、正则化方法和特征值分解是小样本条件下分类问题的有效解决方法与途径[33-35]。根据判定准则能够确定每个样本在特征提取中的不同贡献，文献[40]提出了非参数判别分析（Nonparametric Discriminant Analysis，NDA）。在此基础上，通过正则约束方法，非参数加权特征提取（Nonparametric Weighted Feature Extraction，NWFE）相对于 LDA 和 NDA 方法，进一步有效地提高了高光谱遥感图像的分类表现。与此类似，将NDA 和 NWFE 中的欧氏距离度量变换成余弦距离度量，Yang 等人提出了余弦非参数特征提取算法（Cosine-based Nonparametric Feature Extraction，CNFE）[34]。Huang 和 Kuo基于双重最近邻结构构造了新的散度矩阵，提出了最近邻比例特征提取算法（Double Nearest Proportion Feature Extraction，DNPFE），这种方法有效地提高了类别间的判别分离度[41]。

核变换方法作为将非线性属性扩展至线性属性的特征变换技术，通过允许核函数将数据投影到高维的线性特征空间，有效地提高了数据的类别区分性。文献[42]通过将典型的线性特征提取方法扩展为非线性特征提取方法，提出了广义判决分析（Generalized Discriminant Analysis，GDA）。文献[43]在 LDA 的基础上提出了核化的局部 Fisher 判别分析（Kernel Local Fisher Discriminant Analysis，KLFDA），以及基于 NWFE 的核函数非参数加权特征提取算法（Kernel Nonparametric Weighted Feature Extraction，KNWFE）[44]。上述提到的有监督特征提取算法都利用了有标记样本的先验信息，因此在分类过程中能够为待分类像元确定相应的地物类别。

### 2. 无监督特征提取方法

在无监督特征提取方法中，Kumar 等人同样在文献[28]中通过自顶向下和自底向上两种方法将相邻波段进行了有效融合，并通过 Fisher 方向的投影实现了快速、有效的特征提取算法。Martínez-Usó 等人通过最小化类内聚类变换和最大化类间聚类变化提出了层次聚类结构[45]。Cariou 等提出了基于平均子带最小化准则的迭代波段分解的特征提取方法[46]。文献[47]提出了利用伪彩色图的相关矩阵表示的无监督特征提取方法。

不同于上述将波段进行分组的提取算法，特征提取中最常用的做法是通过数据变换将原始高维空间中的特征投影到低维空间。最典型的特征提取算法有主成分分析（Principle Component Analysis，PCA）方法[48-50]和独立成分分析（Independent Component Analysis，ICA）方法[51]。PCA 方法是将高维或多维的特征向量进行线性变换后，从中保留具有最大能量特征的若干个特征向量代替原始高维特征向量的非监督特征提取方法。虽然 PCA 方法在降维过程中保证了对有主要贡献的数据的保留，但是特征中对分类有用，具有区分性的特征容易在此过程中被忽略。不同于 PCA 方法，基于表征数据中不同成分的光谱信息是非高斯且统计独立的假设，ICA 方法利用少量的相互独立的特征向量对原数据进行了表示。文献[52]将 ICA 方法应用于遥感数据的变化检测，文献[53]深入研究了不同的 ICA 方法对高光谱遥感图像特征提取性能的影响。

此外，还有通过优化模型进行投影的特征提取算法，如投影追踪（Projection Pursuit，

PP)[54]以及文献[55]和[56]中提出的优化数据的概率密度分布函数和高斯分布的投影追踪算法。相对于线性特征，非线性特征提取算法有效地处理了数据中的非线性特性，尤其有效地分析了高维光谱数据中的非线性特性。流形学习[57-59]作为一种通过在低维空间中寻找原始特征空间中局部结构的方法，在高光谱遥感图像的分析中得到了关注和应用。文献[60]中全面地回顾和分析了全局和局部流形学习方法在高光谱遥感图像降维分类中的应用，并提出了图嵌入框架。Bachmann 等人提出了扩展的等距特征映射（ISOmetric Feature MAPping，ISOMAP）方法[61-63]，并且将其应用于遥感数据的环境特征提取。Chen 等人提出了用于集中聚类边界的 L-ISOMAP 方法[64]。Crawford 和 Kim 扩展了小样本情况下的高维数据的集成分类框架[26]。Ma 和 Crawford 提出了针对高光谱遥感图像的局部流形分类方法[65]。在文献[66]、[67]、[68]中，空间一致性方法被应用于局部线性嵌入（Locally Linear Embedding，LLE）和 ISOMAP 方法中。Chen 等人提出了基于图的局部加权判别投影（Locally Weighted Discriminating Projection，LWDP）[69]。

在无监督特征提取方法中，同样可以利用核函数将原始特征空间的非线性数据通过内积投影到线性可分的高维空间。文献[70]和[71]中提出了核化的主成分分析（Kernel-based PCA，KPCA）和核化的独立成分分析（Kernel-based ICA，KICA）。此外，还有基于小波变换的特征提取方法[72]和基于 Hurst-Lyapunov（HLFE）的非监督特征提取算法[73]。

## 10.3.2 表示分类算法

Donoho 于 2006 年提出了压缩感知（Compressed Sensing，CS）理论[74]。CS 理论认为一个可压缩的具有稀疏性的信号可以采用小于 Nyquist 采样速率的速率进行观测重建，并且 Candès 等人在文献[75]中验证了 CS 理论的合理性。随着对 CS 理论与应用的不断深入和发展[76-78]，稀疏表示算法作为在 CS 基础上衍生而来的新方法，近年来在图像处理各应用领域中得到了广泛的关注和应用[79-81]。文献[82]首先提出了 SRC 算法的思想，并将其成功应用于人脸识别中。此后，在高光谱遥感图像分类领域，SRC 算法也逐步得到了应用与越来越多的关注和研究[83-86]。最近几年，随着对 SRC 算法研究的不断深入，协同表示算法等以稀疏表示算法思想为基础的表示分类算法在人脸识别[87]和高光谱遥感图像分类应用等领域也得到了广泛的应用[88-89]。下面我们将分别介绍在表示算法中最基本和最有代表性的稀疏表示分类算法和协同表示分类算法。

### 1. 稀疏表示分类算法

SRC 算法是将待测试样本通过稀疏约束表示成若干少量字典原子的线性联合的分类方法。在高光谱遥感图像的分类应用中，有标记的高维光谱特征向量常常直接用来生成训练字典 $\boldsymbol{X} = [X_1, \cdots, X_i, \cdots, X_L] \in \mathbf{R}^{B \times N}$，其中共有 $N$ 个训练样本和 $L$ 个不同类别，且满足 $N = \sum_{i=1}^{L} n_i$，$n_i$ 代表第 $i$ 类训练样本的个数，$B$ 代表光谱维数（或提取的特征向量维数）。假

设测试样本 $y \in \mathbf{R}^B$，则测试样本 $y$ 可被表示为

$$y = X_1 \alpha_1 + \cdots + X_i \alpha_i + \cdots + X_L \alpha_L + \varepsilon = X\alpha + \varepsilon \qquad (10-8)$$

其中，$\{X_i\}_{i=1,2,\cdots,L}$ 代表了各类别子字典集合，$\alpha \in \mathbf{R}^N$ 为系数向量，$\varepsilon$ 表示测试样本与训练样本和稀疏系数向量线性组合后的随机残差噪声。要从式(10-8)中求解系数向量 $\alpha$ 是个没有唯一解的"病态"欠定问题。因此，通过对系数向量 $\alpha$ 进行"稀疏"约束，可得到具有如下形式的稀疏系数向量 $\alpha$ 的求解形式：

$$\hat{\alpha} = \arg \min_{\alpha} \frac{1}{2} \parallel y - X\alpha \parallel_2^2 \quad \text{s. t.} \quad \parallel \alpha \parallel_0 \leqslant K_0 \qquad (10-9)$$

或者

$$\hat{\alpha} = \arg \min_{\alpha} \frac{1}{2} \parallel y - X\alpha \parallel_2^2 + \lambda \parallel \alpha \parallel_1 \qquad (10-10)$$

式(10-9)中采用了对系数向量进行 $l_0$ 范数约束的形式，其中 $K_0$ 代表对稀疏系数向量 $\alpha$ 中非零系数的约束，即要求在稀疏系数向量中只有 $K_0$ 非零系数，该问题为 NP-hard(Non-deterministic Polynomial-time hard)问题，较难获得近似解。式(10-10)采用了对系数向量进行 $l_1$ 范数约束的形式，并通过拉格朗日乘子法(Lagrange Multiplier Theorem)将稀疏系数向量的求解问题转化为无约束的优化求解问题，其中稀疏度控制参数 $\lambda > 0$ 控制了相似残差项和稀疏系数向量 $\alpha$ 之间的作用程度。对于式(10-9)中的稀疏系数向量 $\alpha$ 为 $l_0$ 范数约束的问题，可通过正交匹配追踪算法(Orthogonal Matching Pursuit, OMP)[90] 进行稀疏系数向量的求解。对于式(10-10)中稀疏系数向量 $\alpha$ 为 $l_1$ 范数约束的问题，可通过 LASSO 同伦算法[80] 进行稀疏系数向量的求解。

通过上述优化求解算法求解出式(10-9)和式(10-10)中的稀疏系数向量 $\alpha$，则待测训练样本 $y$ 可通过计算其与训练样本子字典之间的残差来确定：

$$\text{Class}(y) = \arg \min_{i=1,2,\cdots,L} \parallel y - X_i \hat{\alpha}_i \parallel_2 \qquad (10-11)$$

其中，$\alpha_i$ 为 $\alpha$ 向量中对应第 $i$ 类子字典 $X_i$ 的稀疏系数向量。

### 2. 协同表示分类算法

与稀疏表示分类算法相似，文献[87]中详细研究和比较了稀疏约束对分类效果的影响，其中指出通过 $l_0$ 或者 $l_1$ 范数对稀疏系数向量 $\alpha$ 进行约束的要求过于严格，并且忽视了同一类样本中虽然具有相似性但也具有区别性的问题。文章中指出，如果对不同类别数据之间进行具有区分性的特征补充，也可以增加类别间的区分效果。由此提出了对稀疏系数向量的 $l_2$ 正则约束的 CRC 算法，则相应的协同表示系数 $\alpha$ 可通过下列表示求得：

$$\hat{\alpha} = \arg \min_{\alpha} \frac{1}{2} \parallel y - X\alpha \parallel_2^2 + \lambda \parallel \alpha \parallel_1 \qquad (10-12)$$

在协同表示系数的求解过程中，$l_2$ 范数降低了对系数向量 $\alpha$ 的稀疏约束，但是同时也有效地降低了计算的耗时性。式(10-12)中的协同系数向量的求解无需像 SRC 算法中稀疏

系数向量那样需要优化迭代来进行求解，可直接通过下式解得：

$$\hat{\boldsymbol{\alpha}} = \boldsymbol{P}\boldsymbol{y} = (\boldsymbol{X}^{\mathrm{T}}\boldsymbol{X} + \lambda\boldsymbol{I})^{-1}\boldsymbol{X}^{\mathrm{T}}\boldsymbol{y} \tag{10-13}$$

其中，矩阵 $\boldsymbol{P} = (\boldsymbol{X}^{\mathrm{T}}\boldsymbol{X} + \lambda\boldsymbol{I})^{-1}\boldsymbol{X}^{\mathrm{T}}$ 只取决于训练字典 $\boldsymbol{X}$，不依赖于测试样本 $\boldsymbol{y}$；$\boldsymbol{I}$ 为单位矩阵；正则参数 $\lambda$ 主要起权衡相似残差项和稀疏约束项比重的作用。最终，协同表示分类算法中的待测样本 $\boldsymbol{y}$ 同样可通过其与各子字典之间的残差最小来确定：

$$\mathrm{Class}(\boldsymbol{y}) = \arg\min_{i=1,2,\cdots,L} \frac{\parallel \boldsymbol{y} - X_i\hat{\boldsymbol{\alpha}}_i \parallel_2}{\parallel \hat{\boldsymbol{\alpha}}_i \parallel_2} \tag{10-14}$$

其中，$\{X_i\}_{i=1,2,\cdots,L}$ 和 $\alpha_i$ 分别为第 $i$ 类子字典和与其对应的第 $i$ 类子字典的协同系数向量。

### 10.3.3 核变换及其属性

高光谱遥感图像中高维的光谱特征虽然为精细化地实现地物、植被等的分类提供了保障，但是在分类过程中，高维的光谱向量和有限的有标记训练样本常常会引起"Hughes"现象，产生维数灾难问题。虽然降维或者波段选择等方法能有效地避免"维数灾难"问题，但是在分类应用中也会造成样本中区分性的大量损失，使得分类效果大幅降低。核变换方法将特征向量通过映射的方式投影到高维的线性特征空间，使得特征在高维线性特征中实现分类器的线性可分，从而避免了分类器在原非线性特征空间难以进行分类器模型和分类参数估计的问题。因此，核变换方法在有效避免维数灾难的同时，降低了数据非线性特性给分类器模型和参数估计带来的负担。

**1. 核变换方法基础**

1）核变换

核变换方法反映了样本间相似度的衡量，因此假设已知样本 $x$ 和 $x' \in X$，则通过映射 $\phi: X \to H$，$x \to \phi(x)$ 将 $X$ 中的样本投影到再生核希尔伯特空间（Reproducing Kernel Hilbert Space，RKHS）$H$（特征空间）。相似性度量通过两个样本元素之间的内积 $(\cdot, \cdot)_H$ 求得。此处，我们定义函数 $K$ 来计算相似性，$K: X \times X \to \mathbf{R}$，则 $(x, x') \to K(x, x')$，且满足：

$$K(x, x') = \langle \phi(x), \phi(x') \rangle_H \tag{10-15}$$

在实际应用中，对于一个实对称的 $n \times n$ 的矩阵 $\boldsymbol{K}$，矩阵中的元素 $K(x_i, y_j)$ 或 $K_{ij}$ 为正定值，因此正定核等价于计算特征空间中的正定 Gram 矩阵。因此内积间的运算 $\langle \phi(x), \phi(x') \rangle_H$ 可通过核 $K(x, x')$ 来估计，这种技术被称为核技巧[91]。对于正定核，我们无需知道映射的具体形式，可直接通过核函数形式计算。

2）核变换的基本特性

核变换除反映样本之间的相似性外，同时将数据投影至高维的 RKHS 空间 $H$，并在高维的 RKHS 空间中仍具有以下基本的变换性质：

（1）变换特性：若已知待转换的映射满足 $\bar{\phi}(\boldsymbol{x}) = \phi(\boldsymbol{x}) + \Gamma$，其中 $\Gamma \in H$，则在新特征映射下的内积 $\langle \bar{\phi}(\boldsymbol{x}), \bar{\phi}(\boldsymbol{x}') \rangle_H$ 可通过限制 $\Gamma$ 为函数 $\phi(x_1), \cdots, \phi(x_n) \in H$ 的支撑来计算。

（2）中心化特性：若需要在特征空间中对数据进行中心化 $\{x_i\}_{i=1}^n \in X$，则 $H$ 空间中的均值映射 $\phi_u = \dfrac{1}{n} \sum_{i=1}^n \phi(x_i)$ 为满足 $\Gamma$ 要求的线性联合函数空间的支撑。因此可通过计算 $\boldsymbol{K} \leftarrow \boldsymbol{HKH}$ 来中心化空间 $H$ 中的数据，其中矩阵 $\boldsymbol{H}$ 中的元素为 $H_{ij} = \delta_{ij} - \dfrac{1}{n}$。当 $i = j$ 时，克罗内克符号 $\delta_{ij} = 1$，否则为零。

（3）子空间投影特性：给定特征空间中的两个点 $\Psi$ 和 $\Gamma$，则 $\Psi$ 通过 $\Gamma$ 在子空间上张成的投影为 $\Psi' = \dfrac{\langle \Gamma, \Psi \rangle_H}{\| \Gamma \|_H^2} \Gamma$。因此，可以采用此方法通过核估计单独对 $\Psi'$ 进行投影和计算。

（4）距离计算特性：可以完全通过核估计计算映射样本之间的距离，核的计算相当于希尔伯特空间 $H$ 中的点积运算，即

$$\begin{aligned} d(\boldsymbol{x}, \boldsymbol{x}') &= \| \phi(\boldsymbol{x}) - \phi(\boldsymbol{x}') \|_H \\ &= \sqrt{K(\boldsymbol{x}, \boldsymbol{x}) + K(\boldsymbol{x}', \boldsymbol{x}') - 2K(\boldsymbol{x}, \boldsymbol{x}')} \end{aligned} \tag{10-16}$$

（5）归一化特性：通过上述特性可知，数据同样可以在特征空间中进行归一化，即

$$K(\boldsymbol{x}, \boldsymbol{x}') = \langle \frac{\phi(\boldsymbol{x})}{\| \phi(\boldsymbol{x}) \|}, \frac{\varphi(\boldsymbol{x}')}{\| \phi(\boldsymbol{x}') \|} \rangle = \frac{K(\boldsymbol{x}, \boldsymbol{x}')}{\sqrt{K(\boldsymbol{x}, \boldsymbol{x})K(\boldsymbol{x}', \boldsymbol{x}')}} \tag{10-17}$$

在实际应用中，能作为核函数的核必须满足 Mercer 理论[92]，称为允许核。例如，线性核 $K(x_i, x_j) = \langle x_i, x_j \rangle$，多项式核 $K(x_i, x_j) = (\langle x_i, x_j \rangle + 1)^d$，$d \in \boldsymbol{Z}^+$ 和高斯径向基函数核（RBF）$K(x_i, x_j) = \exp(-\| x_i - x_j \|^2 / (2\sigma^2))$，$\sigma \in \boldsymbol{R}^+$ 等是最常见和最常使用的核函数形式。

**2. 核变换特性推广**

通过几何代数和函数分析方法[93-94]，核变换方法同样可拓展出一些便于应用的属性，假设已知 $K_1$ 和 $K_2$ 为两个在空间 $X \times X$ 上的正定核。矩阵 $\boldsymbol{A}$ 为一个对称半正定矩阵，$d(\cdot, \cdot)$ 为满足距离测度的距离属性，$f$ 为任意函数，且 $\mu > 0$，则下列形式的核仍是允许核[91]：

$$K(\boldsymbol{x}, \boldsymbol{x}') = K_1(\boldsymbol{x}, \boldsymbol{x}') + K_2(\boldsymbol{x}, \boldsymbol{x}') \tag{10-18}$$

$$K(\boldsymbol{x}, \boldsymbol{x}') = \mu K_1(\boldsymbol{x}, \boldsymbol{x}') \tag{10-19}$$

$$K(\boldsymbol{x}, \boldsymbol{x}') = K_1(\boldsymbol{x}, \boldsymbol{x}') \cdot K_2(\boldsymbol{x}, \boldsymbol{x}') \tag{10-20}$$

$$K(\boldsymbol{x}, \boldsymbol{x}') = \boldsymbol{x}^{\mathrm{T}} \boldsymbol{A} \boldsymbol{x}' \tag{10-21}$$

$$K(\boldsymbol{x}, \boldsymbol{x}') = \exp(-d(\boldsymbol{x}, \boldsymbol{x}')) \qquad (10-22)$$

$$K(\boldsymbol{x}, \boldsymbol{x}') = K(f(\boldsymbol{x}), f(\boldsymbol{x}')) \qquad (10-23)$$

通过对上述核变换属性的拓展和应用，可以继续推广和得到如下的核拓展应用形式：

（1）凸联合核：利用式（10-18）和式（10-19）中的属性，可以将各种基本核在特征空间进行凸联合，即

$$K(\boldsymbol{x}, \boldsymbol{x}') = \sum_{m=1}^{M} d_m K_m(\boldsymbol{x}, \boldsymbol{x}') \quad \text{s.t.} \quad d_m \geqslant 0, \sum_{m=1}^{M} d_m = 1 \qquad (10-24)$$

这种方法可以认为是一种多核学习（Multiple Kernel Learning，MKL）的核变换方法，通过不同的优化算法可对凸联合核中的权重和参数进行联合优化。

（2）变形核：可采用半监督核学习形式处理训练数据中的信息，并将整个数据分布中的信息进行有效结合。其中，$K$ 可以通过图距离矩阵建立有标记样本和无标记样本之间的联系，或者计算聚类后的核均值。

（3）产生式核：如果利用式（10-23），可以采用概率分布的形式定义新的核 $K(\boldsymbol{x}, \boldsymbol{x}') = K(\boldsymbol{p}, \boldsymbol{p}')$。其中，$\boldsymbol{p}$ 和 $\boldsymbol{p}'$ 为定义在空间 $X$ 上的概率，则通过概率分布的产生核可以定义为

$$K(\boldsymbol{p}, \boldsymbol{p}') = \langle \boldsymbol{p}, \boldsymbol{p}' \rangle = \int_x \boldsymbol{p}(\boldsymbol{x}) \boldsymbol{p}'(\boldsymbol{x}) \mathrm{d}\boldsymbol{x} \qquad (10-25)$$

（4）联合输入输出映射：这种核变换的典型形式是将输入和输出同时进行映射 $K((\boldsymbol{x}, \boldsymbol{y}), (\boldsymbol{x}', \boldsymbol{y}'))$，实现输入和输出之间的结构学习，其中 $\boldsymbol{y}$ 和 $\boldsymbol{y}'$ 分别为样本 $\boldsymbol{x}$ 和 $\boldsymbol{x}'$ 的类别标记。

通过上述拓展得出的核特性能够更加灵活地反映两个样本之间的相似程度，使核变换后的数据特征更适合具体的应用。在遥感图像的处理过程中，可以更好地将光谱特征、空间特征和纹理特征等在新的特征空间进行数据的分离度信息挖掘，并有效地提高高光谱遥感图像分类的表现。

# 10.4　高光谱遥感图像分类研究现状

## 10.4.1　高光谱遥感分类技术的现状与挑战

高光谱遥感图像具有三维立方体的数据结构，其高维的光谱特征信息为实现地物分类和目标检测提供了优势。但是高维的光谱特征使得高光谱遥感图像的分析和处理方法又不同于全色图像和多光谱遥感图像，因此一些传统的分类算法和特征提取算法不能直接有效地应用于高光谱遥感图像的分类，所以能否根据高光谱遥感数据的特点进一步探究和挖掘其数据特性，并根据相关的应用特性提出有针对性的特征提取和分类算法，是目前高光谱遥感图像分类领域重要的研究课题。

近 30 年来，高光谱遥感分类技术得到了快速发展。高光谱遥感学首先从光谱度量的匹配方法和特征提取两个方面进行了研究，主要的方法有光谱角制图（Spectral Angle Mapper，SAM）[92-93]、光谱信息散度（Spectral Information Divergence，SID）[94]、分段主成分变换（Segmented Principal Components Transformation，SPCT）[95] 和基因算法[96] 等。随着统计学理论的研究发展[97]，在有监督分类技术中基于支撑向量机（Support Vector Machine，SVM）的算法在高光谱图像的分类处理中得到了广泛应用，Mercier 与 Melgani 等人提出了利用光谱特征作为样本特征的分类算法[98-99]，考虑到算法未利用到高光谱图像中的空间特征，Poggi 与 Jackson 提出了基于隐马尔科夫随机场（Markov Random Field，MRF）的分类算法[100-101]，尽管这些方法考虑了空间特性，但具有较高的时间复杂度，降低了分类应用的有效性。随后，Camps-Valls 教授提出了融合谱域信息和空域信息的组合核（Composite Kernel，CK）算法[102]。该算法在核特征空间实现了空谱特性的提取。有监督方式的分类算法在很大程度上依赖于训练样本集的质量，当有标记训练样本数量较少时一些原有算法的分类效果会严重下降。文献[103]中的研究表明，若特征向量具有 $n$ 维特征，则在分类问题中一般至少需要特征向量维数的训练样本的 10 倍，若需要实现足够可靠的统计估计，则需要特征向量维数的训练样本的 100 倍[104]，而实际应用中往往无法获得大量的有标记样本。因此，无监督方法在高光谱遥感图像的处理中也有较好的应用[105-107]。虽然此类方法对有标记样本数据的质量不敏感，但是会出现无法区分聚类区域类别特性的现象[108-111]。

最近几年，高光谱遥感图像处理与分析中，空谱特征提取和稀疏表示方法得到了越来越多国内外研究者的关注。稀疏表示分类（Sparse Representation Classification，SRC）算法的基本思想是将待分类的测试样本看成同类有标记样本的稀疏叠加，从而通过叠加误差确定测试样本的类别。此算法已在人脸识别和图像分类等领域得到了广泛的应用和关注[112-115]。随后，针对高光谱遥感图像的特殊性，Chen 等人将 SRC 算法首次应用于高光谱遥感图像的分类与目标检测中，得到了不错的分类效果[116-117]。为有效提高分类过程中的分类效率，张磊等人又相应地提出了协同表示分类（Collaborative Representation Classification，CRC）算法，这些基于表示分类（Representation-Based Classification）的算法近年来也在高光谱遥感影像的分析和处理中得到了越来越多的关注和发展[116-120]。除此之外，随着空谱特征在高光谱遥感分类中对分类效果的有效提高，很多传统图像中的空间滤波方法[121-122] 以及采用空间关系和加窗[123-124] 形式的空间特征提取方法同样在高光谱遥感图像的分类问题中得到了广泛的应用。

随着高光谱遥感分类技术的快速发展，*IEEE Transactions on Geoscience and Remote Sensing*（*IEEE TGRS*），*IEEE Journal of Selected Topics in Applied earth observation and Remote Sensing*（*IEEE J-STARS*），*IEEE Geoscience and Remote Sensing Letters*（*IEEE GRSL*），*Remote Sensing of Environment*（*RSE*），*IEEE Transactions on Signal*

*Processing*（*IEEE TSP*），*Pattern Recognition*（*PR*），*International Journal of Remote Sensing*（*IJRS*）等国际刊物以及每年一届的 International Geoscience and Remote Sensing Symposium（IGARSS）国际会议中都出版了诸多关于高光谱遥感数据处理的文章。专门针对高光谱遥感图像处理，Jocelyn Chanussot 等学者还组织了 IEEE Workshop on Hyperspectral Image and Signal Processing：Evolution in Remote Sensing（WHISPERS）的国际学术研讨会，该会议每年一次在不同国家不断召开，随着参会人数的增多和会议影响力的不断提升，高光谱遥感图像分类技术也不断得到了拓展和快速发展[125]。

但是，随着高光谱遥感技术的不断发展和被广泛应用，高光谱遥感数据中光谱特征维度高、可标记样本少、"同物异谱"和"异物同谱"以及光谱特征的线性不可分等特点，都为高光谱遥感图像的分类应用带来了新的挑战。

（1）维数灾难问题。不同于全色图像和多光谱遥感图像，高光谱遥感图像上百维的光谱特征与实际应用中难以获取的有标记训练样本问题容易引起"Hughes"现象。在分类问题中，随着特征维数的增加，传统的分类器在实现分类模型的估计时需要更多的训练样本。但是在高光谱遥感图像的分类问题中，往往有标记样本的获取需要专家进行标定，要获得大量有标记样本需要高昂的成本代价。因此，在特征维数过高而训练样本数不足的情况下，常会造成分类精度的降低。

（2）数据的线性不可分性。光谱特征在产生过程中往往容易受到大气、光照、反射和吸收等条件差异的影响，极易造成光谱特征在线性空间不可分，因此如何避免此类问题也是高光谱分类问题中的巨大挑战。

（3）数据量大。高光谱遥感图像往往通过机载或者星载的方式成像，因此具有广阔的空间信息采集范围，并随着近年来向着高空间分辨率和高时间分辨率不断发展，高光谱遥感数据在时间、空间和光谱维度上的数据量急剧增加。在如此大数据量的采集和应用背景下，如何在提高分类精度的同时有效地提高分类效率，是目前高光谱遥感技术实现智能化应用亟待解决的问题。

（4）类内差异明显。高光谱遥感数据在采集过程中容易受到传感器、大气、信号量化处理以及数据传输等问题的影响，常常会对采集后的数据造成不同程度的影响。另外，在数据采集过程中，地物种类、组成和分布情况往往复杂多变，容易造成同种物质光谱特征极其相似的情况，或不同物质具有相同光谱特性的情况，即"同物异谱"和"异物同谱"，上述情况都容易引起高光谱遥感图像分类过程不稳定。

（5）特征提取与融合。在高光谱遥感分类的应用中，若直接将传统图像处理中的特征提取算法用于高光谱遥感图像的特征提取，则会在特征提取的过程中丢失高光谱遥感图像数据本身具有的特点。如果仅单一地使用高维光谱特征或单一的空间特征，则会为实际应用带来一定的局限性。如果根据高光谱遥感数据的特点和应用需要，进行有针对性的特征提取，将更有效地提高高光谱遥感技术在实际应用中的效果。

由于上述高光谱遥感图像分类问题中的难点和挑战，一些传统的分类方法在高光谱遥感图像的分类过程中出现了各种局限性，容易造成分类精度过低，特征挖掘不充分和分类耗时等问题。为了克服上述问题，近年来一些综合了遥感科学、计算智能和模式分类等学科理论的特征提取算法、特征融合框架和分类算法逐步得到了关注和应用。

## 10.4.2　高光谱遥感空谱分类方法的研究现状

因为高光谱图像数据具有图谱合一的数据特点，所以仅仅考虑高维光谱特征的单个像素分类算法常常会造成分类样本的离散错分，缺乏空间一致性。因此，近年来基于空谱融合的特征学习算法成为了高光谱遥感图像分类的研究热点。

研究进展表明，空谱融合方法能够有效提高高光谱遥感图像的分类精度与分类结果的平滑性。因此，大量空间特征提取方法被提出[125-126]。目前基于空谱结合的高光谱图像分类方法主要分为以下几类。

### 1. 基于固定空间结构的空谱特征提取方法

该类方法中空间特征主要通过窗口或具有固定结构的邻域关系进行空谱信息的提取和融合。例如，组合核变换（Composite Kernel，CK）方法[102,127]通过结合高维光谱核变换和加窗区域样本的核变换在高光谱遥感图像的分类应用中表现出了优异的高分类精度与分类效果。此外，还有通过加窗方法引入空谱特征的联合稀疏表示分类[128]、空谱微分辅助核[129]等方法。文献[118]提出了具有拉普拉斯空间结构的空谱分类方法，文献[130]提出了基于固定邻域的张量支持向量机方法。基于空间窗与固定空间结构的空谱特征方法简单有效。其中，常用固定空间结构如图10.7所示，但是在实际应用中容易造成分类精度与分类结果对窗口选择过于敏感，以及边界处样本错分从而引起分类结果过平滑等问题。

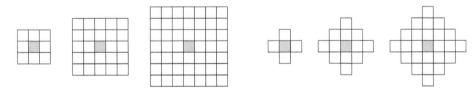

图10.7　不同窗口下固定空间结构的空谱特征提取邻域

### 2. 基于结构滤波的空谱特征提取方法

该类空谱融合方法（见图10.8）常利用具有空间上下文提取特性的滤波器或滤波器组实现高光谱遥感图像的空间特征提取，如具有空间平移不变特性的空谱小波特征提取方法[131]、Gabor特征提取方法[88,121,132]以及通过一系列形态结构滤波器提取局部区域内空间形态特征的形态学[133]与扩展形态学[134-135]方法。除此之外，基于预分割[136]、多特征学习[137]、多特征结合框架[89,138]等方法也不断被提出。但是通过空间滤波器进行空间上下文信息的挖掘通常需要采用降维技术。此外，在空间特征提取过程中滤波器参数的选择常常依赖于经验值，并且分类结果对经验值选取十分敏感。

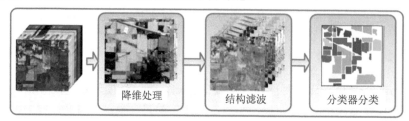

降维处理　　　　结构滤波　　　　分类器分类

图 10.8　基于结构滤波的空谱特征提取方法的一般框架

**3. 基于自适应方式的空谱特征提取方法**

随着上述空谱特征融合方法的发展，具有自适应特性的空谱特征提取方法不断被提出。文献[122]通过在支撑矢量机(Support Vector Machine，SVM)分类后的概率图上实现边缘特征的提取，提出了边缘保持滤波方法。随后基于区域的核 SVM 方法[139]、基于超像素形式的空谱特征提取方法[140-141]、基于形状波(Shapelet)的稀疏表示空谱分类方法[142]，以及具有自适应非局部空谱核[143]、同质空谱均值核[144]等自适应空间结构的空谱特征提取方法被陆续提出。该类方法多采取对空间结构的自适应策略，因此分类结果大都既能保证小样本类别不被错分，又能保证大类样本分类的平滑性。

因此在高光谱图像分类领域，围绕多尺度、自适应，具有三维与张量特性的自适应空谱融合方法近年来得到了越来越多研究者的关注，是目前空谱特征提取的研究热点与研究趋势。

## 10.4.3　深度学习方法在高光谱图像分类中的研究现状

出于模拟人脑进行分析的动机，深度学习(Deep Learning，DL)[145-146]方法已在计算机视觉[147-150]、自然语言处理[151-152]、语音识别[153-154]等领域得到了应用，并在大规模数据处理上取得了突破性的成功。

在高光谱图像分类应用中，深度学习方法也得到了越来越多关注与应用。用于高光谱遥感图像分类的深度学习方法包括三个主要步骤：① 数据输入；② 分层 DL 模型训练；③ 分类。在步骤① 中，输入数据可以是光谱特征、空间特征或光谱空间特征。对于隐藏层，在相关文献中，有监督的 DL 结构(如卷积神经网络(Convolutional Neural Networks，CNN))和无监督的 DL 结构(如深度置信网络(Deep Belief Networks，DBN)、自编码器(Auto Encoders，AE)等通过深层次的神经网络结构设计实现对输入数据的预期特征表示。步骤③的分类过程通过步骤②中的学习特征(DL 网络的顶层)进行分类。一般来说，分类器主要有两种：① 硬分类器，如 SVM，它们直接输出整数作为每个样本的类标签；② 软分类器，如逻辑回归，它可以同时微调整个预训练网络，并以概率分布方式预测类标签。本节在此处将简要介绍常用的 DL 方法。

**1. CNN**

CNN 是一种包含卷积计算且具有深度结构的前馈神经网络（Feedforward Neural Networks）。卷积结构可以减少深层网络占用的内存量，可以对二维图像进行处理。一个典型的 CNN 网络往往含有多个特征提取阶段，其中主要包含卷积层、池化层和激活函数（非线性层），然后通过一个更传统的全连接层和最终的分类器层实现分类结果。

1）卷积层

卷积层是深度神经网络在处理图像时常用的一层，卷积层由 $r$ 个大小为 $m \times n$ 的二维特征图组成，若定义产生的特征图为 $\pmb{x}^i$，则每一个特征图中的元素可表示为 $x^i_{m,n}$。输出同样是一个由 $k$ 个大小为 $m_1 \times n_1$ 的二维特征图组成的 $m_1 \times n_1 \times k$ 的三维数组。在卷积层有 $k$ 个大小为 $l \times l \times q$ 的可训练滤波器组 $W$，通过 $z^s = \sum_{t=1}^{q} W^s_i * \pmb{x}^i + b_s$ 实现将输入特征图向输出特征图的转换，其中 $*$ 表示二维离散卷积操作，$b$ 为偏移参数。

2）非线性层（激活函数）

在传统的 CNN 模型中，这一层常通过非线性函数对特征图中的每一个元素进行非线性映射。卷积神经网络通常使用线性整流单元（Rectified Linear Unit，ReLU）计算非线性映射后的特征图 $\pmb{a}^s = f(z^s)$，其中 ReLU 函数 $f(x) = \max(0, x)$。其他类似 ReLU 的变体包括有斜率的 ReLU（Leaky ReLU，LReLU）、参数化的 ReLU（Parametric ReLU，PReLU）、随机化的 ReLU（Randomized ReLU，RReLU）、指数线性单元（Exponential Linear Unit，ELU）等。激活函数操作通常在卷积核之后，一些使用预激活（Pre-activation）技术的算法将激活函数置于卷积核之前。在一些早期的卷积神经网络研究（如 LeNet-5）中，激活函数可能被安排在池化层之后。

3）池化层

在卷积层进行特征提取后，输出的特征图会被传递至池化层进行特征选择和信息过滤。池化层包含预设定的池化函数，其功能是将特征图中单个点的结果替换为其相邻区域的特征图统计量。池化层选取池化区域与卷积核扫描特征图的步骤相同，由池化大小、步长和填充控制。假设空间区域为 $G$，进行最大池化操作后的特征图为 $p^s_G = \max_{i \in G} a^s_i$。更确切地说，池化操作可以看成将特征图以 $p \times p$ 为中心划分网格，并以其中心为池化中心进行信息过滤操作。在多个特征提取阶段之后，整个网络都通过有监督的损失函数采用反向传播算法对整个网络进行训练。设目标输出 $\pmb{y}$ 表示为一个 $K$ 维向量，即 $K$ 是输出类别数，$L$ 是网络的层数，则

$$J(\theta) = \sum_{i=1}^{N}\left(\frac{1}{2}\parallel h(x_i,\theta)-\gamma\parallel^2\right)+\lambda\sum_{l=1}^{L}\text{sum}(\parallel \theta^{(l)}\parallel^2) \qquad (10-26)$$

其中，$l$ 是 CNN 网络的层数，可通过随机梯度下降方法的反向传播算法来优化得到使目标函数 $J(\theta)$ 最小的参数 $\theta$。CNN 作为一种流形的 DL 方法在大规模视觉识别方面取得了巨大的成功，并在高光谱图像分类中也得到了诸多关注与应用。

**2. 自编码器（Auto Encoders，AE）**

AE 是一种对称型的神经网络，是一种以非监督方式最小化输入编码层与输出译码层之间的重建误差来学习数据特征的 DL 网络形式。在编码过程中，输入向量 $x^i \in \mathbf{R}^N$ 通过线性映射和非线性激活函数进行图像处理：

$$\boldsymbol{\alpha}^i = f(\boldsymbol{x}) = g(\boldsymbol{W}_1\boldsymbol{x}^i+\boldsymbol{b}_1) \qquad (10-27)$$

其中，$\boldsymbol{W}_1 \in \mathbf{R}^{K\times N}$ 是有 $K$ 个特征的权重矩阵，$\boldsymbol{b}_1 \in \mathbf{R}^K$ 为编码的偏差，$g(x)$ 为 Logistic Sigmoid 函数 $(1+\exp(-\boldsymbol{x}))^{-1}$。解码向量时利用分离线性解码矩阵：

$$\boldsymbol{z}^i = \boldsymbol{W}_2^{\mathrm{T}}\cdot\boldsymbol{\alpha}^i+\boldsymbol{b}_2 \qquad (10-28)$$

其中，$\boldsymbol{W}_2 \in \mathbf{R}^{K\times N}$ 为权重矩阵，$\boldsymbol{b}_2 \in \mathbf{R}^N$ 为解码的偏差。通过最小化代价函数来对数据进行特征提取：

$$J(\boldsymbol{X},\boldsymbol{Z}) = \frac{1}{2}\sum_{i=1}^{m}\parallel \boldsymbol{x}^i-\boldsymbol{z}^i\parallel^2+\frac{\lambda}{2}\parallel \boldsymbol{W}\parallel^2 \qquad (10-29)$$

其中，$\boldsymbol{X}$ 和 $\boldsymbol{Z}$ 分别为训练样本和重建数据。式（10-29）中，第一项为重建误差项，第二项为正则项。因此假设对网络给定输入 $\boldsymbol{x}^i \in X^{N\times m}$，设 $\hat{\rho} = \frac{1}{m}\sum_{i=1}^{m}\boldsymbol{\alpha}^i$ 为 $\boldsymbol{\alpha}$ 在训练样本均值上的激活均值，并且约束 $\hat{\rho}=\rho$，其中，$\rho$ 为接近于零的稀疏参数。也就是说，需要约束每一隐层神经元的激活均值 $\hat{\rho}$ 趋近于零。为满足上述限制，必须保证多数神经元处于非激活状态。因此，在稀疏 AE 学习过程中在最小化重建误差时需要引入稀疏限制。所以，具有稀疏限制的代价函数为

$$J(\boldsymbol{X},\boldsymbol{Z})+\beta\sum_{j=1}^{k}\text{KL}(\rho\parallel\hat{\rho}) \qquad (10-30)$$

其中，$\beta$ 为控制稀疏度的权重，$K$ 为权重矩阵的特征数，KL(·) 为 Kullback-Leibler 散度：

$$\text{KL}(\rho\parallel\hat{\rho}) = \rho\log\frac{\rho}{\hat{\rho}}+(1-\rho)\log\frac{1-\rho}{1-\hat{\rho}} \qquad (10-31)$$

该惩罚函数具有若 $\hat{\rho}=\rho$ 则 $KL(\rho\parallel\hat{\rho})=0$ 的特性。因此，AE 以及 stacked AE 方法越来越多地用于高光谱遥感图像特征的提取与分析过程中。

**3. 受限玻尔兹曼机（Restricted Boltzmann Machines，RBM）**

RBM 常用来构建深度置信网（Deep Belief Network，DBN），其为两层的网络结构，以马尔科夫随机场（Markov Random Field，MRF）的观测单元 $\nu=\{0,1\}^D$ 和隐藏单元

$h = \{0, 1\}^F$ 构成的联合能量函数如下：

$$E(\nu, h; \theta) = -\sum_{i=1}^{D} b_i \nu_i - \sum_{j=1}^{F} a_j h_j - \sum_{i=1}^{D} \sum_{j=1}^{F} w_{ij} \nu_i h_j \qquad (10-32)$$

其中，$\theta = \{b_i, a_j, w_{ij}\}$，$w_{ij}$ 为观测单元和隐藏单元之间的权重，$b_i$ 和 $a_j$ 为观测单元与隐藏单元的偏差。单元之间的联合分布定义为

$$P(\nu, h; \theta) = \frac{1}{Z(\theta)} e^{-E(\nu, h; \theta)} \qquad (10-33)$$

$$Z(\theta) = \sum_{\nu} \sum_{h} E(\nu, h; \theta) \qquad (10-34)$$

其中，$Z(\theta)$ 为规范化限制。网络通过能量函数为每个输入向量分配概率，可通过降低式(10-32)中的能量函数来提高训练样本的概率。观测单元与隐藏单元的条件分布的 Logistic 函数形式为

$$P(h_j = 1 \mid \nu) = g\left(\sum_{i=1}^{D} w_{ij} \nu_i + a_j\right) \qquad (10-35)$$

$$P(\nu_j = 1 \mid h) = g\left(\sum_{j=1}^{F} w_{ij} h_i + b_j\right) \qquad (10-36)$$

$$g(x) = \frac{1}{1 + e^{-x}} \qquad (10-37)$$

选定隐层单元状态，则可通过设置式(10-36)中的每个 $\nu_i$ 的概率为 1，并将隐藏单元的状态更新为重建的特征来完成输入数据的重建。权重 $w_{ij}$ 可通过对比散度(Contrastive Divergence，CD)进行学习。

基于上述常见的 DL 算法，文献[155]中提出了以非监督方式利用多层栈式自编码器(Stacked AutoEncoder，SAE)提取高光谱遥感图像中的深度高层次特征的方法。文献[156]中提出了基于深度置信网(Deep Belief Network，DBN)的空谱特征提取方法。文献[157]中提出了具有空间更新正则约束的基于深度栈式自编码器的高光谱图像分类方法。文献[158]中提出了基于卷积神经网络(Convolutional Neural Networks，CNN)的高光谱图像分类方法。文献[159]中为扩充训练样本数，更好地发挥 CNN 的特性，提出了基于深度像素对的卷积神经网络算法。文献[160]为克服 DL 算法训练样本需求量大的问题，提出了伪类标形式扩充训练样本的半监督深度卷积递归神经网络。随后，深度全卷积网络(Fully Convolutional Networks，FCN)[161]，以及基于滚动引导滤波的顶端成分分析网络[162]与基于小样本的多增益网络[163]被不断提出。

目前基于 DL 的方法已广泛应用于高光谱遥感图像的分类应用中，并取得了比传统分类器更优越的表现，文献[164]中系统分析了在遥感图像中构建深度学习方法的途径，并评估了多种深度学习方法在遥感图像应用中的性能。

（本章作者：王佳宁，焦李成，刘芳）

# 本章参考文献

[1] 高阳. 高光谱数据降维算法研究[D]. 徐州：中国矿业大学，2013.

[2] 童庆禧，张兵，郑兰芬. 高光谱遥感：原理、技术与应用[M]. 北京：高等教育出版社，2006.

[3] 高恒振. 高光谱遥感图像分类技术研究[D]. 长沙：国防科学技术大学，2011.

[4] 官晓. 基于多种模型的土壤有机质含量填图应用研究[D]. 北京：中国地质大学，2014.

[5] 王俊. 基于高光谱图像目标探测与识别技术研究[D]. 北京：中国科学院大学，2014.

[6] 谭炳香. 高光谱遥感森林类型识别及其郁闭度定量估测研究[D]. 北京：中国林业科学研究院，2006.

[7] 虞佳佳. 基于高光谱成像技术的番茄灰霉病早期快速无损检测机理和方法研究[D]. 杭州：浙江大学，2012.

[8] 王霄鹏. 黄河三角洲湿地典型植被高光谱遥感研究[D]. 大连：大连海事大学，2014.

[9] 王润生，甘甫平，闫柏琨，等. 高光谱矿物填图技术与应用研究[J]. 国土资源遥感，2010，22(1)：1-13.

[10] 万余庆，谭克龙，周日平. 高光谱遥感应用研究[M]. 北京：科学出版社，2006.

[11] MULLER-KARGER F, ROFFER M, WALKER N, et al. Satellite remote sensing in support of an integrated ocean observing system[J]. IEEE Geoscience and Remote Sensing Magazine, 2013, 1(4)：8-18.

[12] ZHANG C, KOVACS J M. The application of small unmanned aerial systems for precision agriculture：a review[J]. Precision Agriculture, 2012, 13(6)：693-712.

[13] 满其霞. 激光雷达和高光谱数据融合的城市土地利用分类方法研究[D]. 上海：华东师范大学，2015.

[14] 杜培军，谭琨，夏俊士. 高光谱遥感影像分类与支持向量机应用研究[M]. 北京：科学出版社，2012.

[15] 张良培，杜博，张乐飞. 高光谱遥感影像处理[M]. 北京：科学出版社，2012.

[16] 龚龑. 基于HDA和MRF的高光谱影像同质区分析[D]. 武汉：武汉大学，2007.

[17] 张海峰. 光谱成像技术发展概况[C]. 全国遥感遥测遥控学术研讨会，2004.

[18] 张立福. 通用光谱模式分解算法及植被指数的建立[D]. 武汉：武汉大学，2005.

[19] 张二磊. 基于空谱信息挖掘和稀疏表示学习的高光谱图像分类[D]. 西安：西安电子科技大学，2015.

[20] PONTIUS R G, MILLONES M. Death to Kappa：birth of quantity disagreement and allocation disagreement for accuracy assessment[J]. International Journal of Remote Sensing. , 2011, 32(15)：4407-4429.

[21] QI J, CHEHBOUNI A, HUETE A R, et al. A modified soil adjusted vegetation index[J]. Remote Sensing of Environment, 1994, 48(2)：119-126.

[22] CHION C, LANDRY J A, COSTA L D. A genetic-programming-based method for hyperspectral data information extraction：agricultural applications[J]. IEEE Transactions on Geoscience and

Remote Sensing, 2008, 46(8): 2446 – 2457.

[23] DAUGHTRY C S T. Discriminating crop residues from soil by shortwave infrared reflectance[J]. Agronomy Journal, 2001, 93(1): 125 – 131.

[24] WEBB A R, COPSEY K D. Statistical pattern recognition[M]. New York: Wiley, 2011.

[25] THEODORIDIS S, KOUTROUMBAS K. Pattern recognition[M]. 3rd. New York: Academic, 2006.

[26] CRAWFORD M M, KIM W. Manifold learning for multi-classifier systems via ensembles[C]. Proceedings of International Workshop Multiple Classifier Systems, Reykjavik, Iceland, 2009: 519 – 528.

[27] JIA X P, KUO B C, CRAWFORD M M. Feature mining for hyperspectral image classification[J]. Proceedings of the IEEE, 2013, 101(3): 676 – 697.

[28] KUMAR S, GHOSH J, CRAWFORD M M. Best-bases feature extraction algorithms for classification of hyperspectral data[J]. IEEE Transactions on Geoscience and Remote Sensing, 2001, 39(7): 1368 – 1379.

[29] DE BACKER S, KEMPENEERS P, DEBRUYN W, et al. A band selection technique for spectral classification[J]. IEEE Geoscience and Remote Sensing Letters, 2005, 2(3): 319 – 323.

[30] KAILATH T. The divergence and Bhattacharyya distance measures in signal selection[J]. IEEE Transactions on Communication Technology, 1967, CT-15(1): 52 – 60.

[31] RICHARDS J A, JIA X. Remote sensing digital image analysis[M]. Berlin: Springer, 2012.

[32] FUKUNAGA K. Introduction to statistical pattern recognition[M]. 2nd. Boston, MA: Academic Press, 1990.

[33] KUO B C, LANDGREBE D A. Nonparametric Weighted Feature Extraction for Classification[J]. IEEE Transactions on Geoscience and Remote Sensing, 2004, 42(5): 1096 – 1105.

[34] YANG J M, YU P T, KUO B C. A nonparametric feature extraction and its application to nearest neighbor classification for hyperspectral image data[J]. IEEE Transactions on Geoscience and Remote Sensing, 2010, 48(3): 1279 – 1293.

[35] KUO B C, CHANG K Y. Feature extractions for small sample size classification problem[J]. IEEE Transactions on Geoscience and Remote Sensing, 2007, 45(3): 756 – 764.

[36] RAUDYS S J, JAIN A K. Small sample size e_ects in statistical pattern recognition: recommendations for practitioners[J]. IEEE Transactions on Pattern Analysis and Machine Intelligence, 1991, 13(3): 252 – 264.

[37] JIA X P. Classification techniques for hyperspectral remote sensing image data[D]. School of Electrical Engineering, Univ. New South Wales, Sydney, NSW, Australia, 1996.

[38] LANDGREBE D A. Signal theory methods in multispectral remote sensing[M]. JohnWiley & Sons, 2003.

[39] BANDOS T V, BRUZZONE L, CAMPS-VALLS G. Classification of hyperspectral images with regularized linear discriminant analysis[J]. IEEE Transactions on Geoscience and Remote Sensing, 2009, 47(3): 862 – 873.

[40] FUKUNAGA K, MANTOCK J. Nonparametric discriminant analysis[J]. IEEE Transactions on Pattern Analysis and Machine Intelligence, 1983, PAMI-5(6): 671 – 678.

[41] HUANG H Y, KUO B C. Double nearest proportion feature extraction for hyperspectral-image classification[J]. IEEE Transactions on Geoscience and Remote Sensing, 2010, 48(11): 4034 – 4046.

[42] BAUDAT G, ANOUAR F. Generalized discriminant analysis using a kernel approach[J]. Neural Computation, 2000, 12(10): 2385 – 2404.

[43] LI W, PRASAD S, FOWLER J E, et al. Locality-preserving discriminant analysis in kernel induced feature spaces for hyperspectral image classification[J]. IEEE Geoscience and Remote Sensing Letters, 2011, 8(5): 895 – 898.

[44] KUO B C, LI C H, YANG J M. Kernel nonparametric weighted feature extraction for hyperspectral image classification[J]. IEEE Transactions on Geoscience and Remote Sensing, 2009, 47(4): 1139 – 1155.

[45] MARTÍNEZ-USÓ A, PLA F, SOTOCA J M, et al. Clustering-based hyperspectral band selection using information measures[J]. IEEE Transactions on Geoscience and Remote Sensing, 2007, 45 (12): 4158 – 4171.

[46] CARIOU C, CHEHDI K, MOAN S L. BandClust: an unsupervised band reduction method for hyperspectral remote sensing[J]. IEEE Geoscience and Remote Sensing Letters, 2011, 8(3): 565 – 569.

[47] LEE C, LANDGREBE D A. Analyzing high-dimensional multispectral data[J]. IEEE Transactions on Geoscience and Remote Sensing, 1993, 31(4): 792 – 800.

[48] JOLLIFFE I T. Principal component analysis[M]. New York: Springer-Verlag, 1986.

[49] ZUBKO V, KAUFMAN Y J, BURG R I, et al. Principal component analysis of remote sensing of aerosols over oceans[J]. IEEE Transactions on Geoscience and Remote Sensing, 2007, 45(3): 730 – 745.

[50] MARK W, MAYKUT G A, GRENFELL T C, et al. Passive microwave remote sensing of thin sea ice using principal component analysis[J]. Journal of Geophysical Research, 1993, 98: 12453 – 12468.

[51] HYVRINEN A, KARHUNEN J, OJA E. Independent component analysis[M]. New York: Wiley, 2001.

[52] MARCHESI S, BRUZZONE L. ICA and kernel ICA for change detection in multispectral remote sensing images[C]. Proceedings of IEEE Conference on Geoscience and Remote Sensing Symposium, IGARSS, 2009: 980 – 983.

[53] MOHAN A, SAPIRO G, BOSCH E. Spatially coherent nonlinear dimensionality reduction and segmentation of hyperspectral images[J]. IEEE Geoscience and Remote Sensing Letters, 2007, 4(2): 206 – 210.

[54] ROWEIS S T, SAUL L K. Nonlinear dimensionality reduction by locally linear embedding[J]. Science, 2000, 290: 2323 – 2326.

人工智能、类脑计算与图像解译前沿

[55] IFARRAGUERRI A, CHANG C I. Unsupervised hyperspectral image analysis with projection pursuit[J]. IEEE Transactions on Geoscience and Remote Sensing, 2000, 38(6): 2529 – 2538.

[56] CHIANG S S, CHANG C I, GINSBERG I W. Unsupervised target detection in hyperspectral images using projection pursuit[J]. IEEE Transactions on Geoscience and Remote Sensing, 2001, 39(7): 1380 – 1391.

[57] TENENBAUM J B, DE S V, LANGFORD J C. A global geometric framework for nonlinear dimensionality reduction[J]. Science, 2000, 290(5500): 2319 – 2323.

[58] ZHANG Z Y, ZHA H Y. Principal manifolds and nonlinear dimensionality reduction via tangent space alignment[J]. Siam Journal on Scientific Computing, 2004, 26: 313 – 338.

[59] BRAND M. Charting a manifold[M]. Advances in Neural Information Processing Systems 15. Cambridge, MA: MIT Press, 2011: 961 – 968.

[60] PRASAD S, BRUCE L M, CHANUSSOT J. Optical remote sensing: advances in signal processing and exploitation techniques[M]. Berlin Heidelberg: Springer-Verlag, 2011.

[61] BACHMANN C M, AINSWORTH T L, FUSINA R A. Exploiting manifold geometry in hyperspectral imagery[J]. IEEE Transactions on Geoscience and Remote Sensing, 2005, 43(3): 441 – 454.

[62] BACHMANN C M, AINSWORTH T L, FUSINA R A. Improved manifold coordinate representations of large-scale hyperspectral scenes[J]. IEEE Transactions on Geoscience and Remote Sensing, 2006, 44(10): 2786 – 2803.

[63] BACHMANN C M, AINSWORTH T L, FUSINA R A, et al. Bathymetric retrieval from hyperspectral imagery using manifold coordinate representations[J]. IEEE Transactions on Geoscience and Remote Sensing, 2009, 47(3): 884 – 897.

[64] CHEN Y, CRAWFORD M M, GHOSH J. Improved nonlinear manifold learning for land cover classification via intelligent landmark selection[C]. Proceedings of IEEE International Conference on Geoscience and Remote Sensing Symposium, IGARSS, 2006: 545 – 548.

[65] MA L, CRAWFORD M M, TIAN J. Local manifold learning-based k-nearest-neighbor for hyperspectral image classification[J]. IEEE Transactions on Geoscience and Remote Sensing, 2010, 48(11): 4099 – 4109.

[66] BUADES A, COLL B, MOREL J M. A review of image denoising algorithms, with a new one[J]. Siam Journal on Multiscale Modeling and Simulation, 2005, 4(2): 490 – 530.

[67] EFROS A A, LEUNG T K. Texture synthesis by non-parametric sampling[C]. IEEE International Conference on Computer Vision, 1999: 1033 – 1038.

[68] MAHMOUDI M, SAPIRO G. Fast image and video denoising via nonlocal means of similar neighborhoods [J]. IEEE Signal Processing Letters, 2005, 12(12): 839 – 842.

[69] CHEN X, FANG T, HUO H, et al. Graph-based feature selection for object-oriented classification in VHR airborne imagery[J]. IEEE Transactions on Geoscience and Remote Sensing, 2011, 49(1): 353 – 365.

[70] SCHÖLKOPF B, SMOLA A J, MÜULLER K R. Nonlinear component analysis as a kernel

eigenvalue problem[J]. Neural Computation, 1998, 10(5): 1299 – 1319.

[71] BACH F R, JORDAN M I. Kernel independent component analysis[J]. Journal of Machine Learning Research, 2002, 3: 1 – 48.

[72] BRUCE L M, H. KOGER C, LI J. Dimensionality reduction of hyperspectral data using discrete wavelet transform feature extraction[J]. IEEE Transactions on Geoscience and Remote Sensing, 2002, 40(10): 2331 – 2338.

[73] YIN J, GAO C, JIA X. Using Hurst and Lyapunov exponent for hyperspectral image feature extraction [J]. IEEE Geoscience and Remote Sensing Letters, 2012, 9(4): 705 – 709.

[74] DONOHO D L. Compressed sensing[J]. IEEE Transactions on Information Theory, 2006, 52(4): 1289 – 1306.

[75] CANDÈS E J, ROMBERG J, TAO T. Robust uncertainty principles: exact signal reconstruction from highly incomplete frequency information[J]. IEEE Transactions on Information Theory, 2006, 52(2): 489 – 509.

[76] 石光明, 刘丹华, 高大化, 等. 压缩感知理论及其研究进展[J]. 电子学报, 2009, 37(5): 1070 – 1081.

[77] 戴琼海, 付长军, 季向阳. 压缩感知研究[J]. 计算机学报, 2011, 34(3): 425 – 434.

[78] 焦李成, 杨淑媛, 刘芳, 等. 压缩感知回顾与展望[J]. 电子学报, 2011, 39(7): 1651 – 1662.

[79] ELAD M, AHARON M. Image denoising via sparse and redundant representations over learned dictionaries[J]. IEEE Transactions on Image Processing, 2006, 15(12): 3736 – 45.

[80] TIBSHIRANI R. Regression shrinkage and selection via the LASSO[J]. Journal of the Royal Statistical Society: Series B (Methodological), 1994, 58(1): 267 – 288.

[81] MAIRAL J, ELAD M, SAPIRO G. Sparse representation for color image restoration[J]. IEEE Transactions on Image Processing, 2008, 17(1): 53 – 69.

[82] WRIGHT J, YANG A Y, GANESH A, et al. Robust face recognition via sparse representation[J]. IEEE Transactions on Pattern Analysis and Machine Intelligence, 2009, 31(2): 210 – 227.

[83] CASTRODAD A, XING Z, GREER J B, et al. Learning discriminative sparse representations for modeling, source separation, and mapping of hyperspectral imagery[J]. IEEE Transactions on Geoscience and Remote Sensing, 2011, 49(11): 4263 – 4281.

[84] FANG L Y, LI S Y, KANG X D, et al. Spectral-spatial hyperspectral image classification via multiscale adaptive sparse representation [J]. IEEE Transactions on Geoscience and Remote Sensing, 2014, 52(12): 7738 – 7749.

[85] SUN X X, QU Q, NASRABADI N M, et al. Structured Priors for Sparse-Represen tation-Based Hyperspectral Image Classification[J]. IEEE Geoscience and Remote Sensing Letters, 2014, 11(7): 1235 – 1239.

[86] HAQ Q S U, SHI L, TAO L, et al. Hyperspectral data classification via sparse representation in homotopy [C]. Proceedings of IEEE International Conference on Information Science and Engineering, 2010: 3748 – 3752.

[87] ZHANG L, YANG M, FENG X C. Sparse representation or collaborative representation: Which helps face recognition? [C]. Proceedings of IEEE International Conference on Computer Vision (ICCV), 2011: 471 - 478.

[88] JIA S, SHEN L L, LI Q Q. Gabor feature-based collaborative representation for hyperspectral imagery classification[J]. IEEE Transactions on Geoscience and Remote Sensing, 2015, 53(2): 1118 - 1129.

[89] LI J Y, ZHANG H Y, ZHANG L P, et al. Joint collaborative representation with multitask learning for hyperspectral image classification[J]. IEEE Transactions on Geoscience and Remote Sensing, 2014, 52(9): 5923 - 5936.

[90] TROPP J A, GILBERT A C. Signal recovery from random measurements via orthogonal matching pursuit[J]. IEEE Transactions on Information Theory, 2007, 53(12): 4655 - 4666.

[91] SCHÖLKOPF B, SMOLA A. Learning with kernels: support vector machines, regularization, optimization, and beyond[M]. Cambridge: MIT Press, 2001: 781 - 781.

[92] KRUSE F A, LEFKOFF A B, BOARDMAN J W, et al. The spectral image processing system (SIPS)-interactive visualization and analysis of imaging spectrometer data[J]. Remote Sensing of Environment, 1993, 283(2 - 3): 145 - 163.

[93] HECKER C, VAN D M M, VAN D W H, et al. Assessing the influence of reference spectra on synthetic SAM classification results[J]. IEEE Transactions on Geoscience and Remote Sensing, 2008, 46(12): 4162 - 4172.

[94] CHANG C I. An information-theoretic approach to spectral variability, similarity, and discrimination for hyperspectral image analysis[J]. IEEE Transactions on Information Theory, 2000, 46(5): 1927 - 1932.

[95] JIA X P, RICHARDS J A. Segmented principal components transformation for efficient hyperspectral remote-sensing image display and classification[J]. IEEE Transactions on Geoscience and Remote Sensing, 1999, 37(1): 538 - 542.

[96] YAO H B, TIAN L. A genetic-algorithm-based selective principal component analysis (ga-spca) method for high-dimensional data feature extraction[J]. IEEE Transactions on Geoscience and Remote Sensing, 2003, 41(6): 1469 - 1478.

[97] VAPNIK V N. The nature of statistical learning theory[J]. IEEE Transactions on Neural Networks, 1997, 8(6): 1564 - 1575.

[98] MERCIER G, LENNON M. Support vector machines for hyperspectral image classification with spectral-based kernels [C]. Proceedings of IEEE International Geoscience and Remote Sensing Symposium, IGARSS, 2003: 288 - 290.

[99] MELGANI F, BRUZZONE L. Classification of hyperspectral remote sensing images with support vector machines[J]. IEEE Transactions on Geoscience and Remote Sensing, 2004, 42(8): 1778 - 1790.

[100] POGGI G, SCARPA G, ZERUBIA J B. Supervised segmentation of remote sensing images based

on a tree-structured MRF model[J]. IEEE Transactions on Geoscience and Remote Sensing, 2005, 43(8): 1901 – 1911.

[101] JACKSON Q, LANDGREBE D A. Adaptive Bayesian contextual classification based on Markov random fields[J]. IEEE Transactions on Geoscience and Remote Sensing, 2002, 40(11): 2454 – 2463.

[102] CAMPS-VALLS G, GOMEZ-CHOVA L, MUNOZ-MARI J, et al. Composite kernels for hyperspectral image classification[J]. IEEE Geoscience and Remote Sensing Letters, 2006, 3(1): 93 – 97.

[103] SWAIN P H, DAVIS S M. Remote sensing: the quantitative approach[M]. New York: McGraw-Hill, 1978: 386 – 387.

[104] HUGHES G F. On the mean accuracy of statistical pattern recognizers[J]. IEEE Transactions on Information Theory, 1968, IT-14(1): 55 – 63.

[105] MASSON P, PIECZYNSKI W. SEM algorithm and unsupervised statistical segmentation of satellite images[J]. IEEE Transactions on Geoscience and Remote Sensing, 1993, 31(3): 618 – 633.

[106] HÉGARAT-MASCLE S L, BLOCH I, VIDAL-MADJAR D. Application of Dempster-Shafer evidence theory to unsupervised classification in multisource remote sensing[J]. IEEE Transactions on Geoscience and Remote Sensing, 1997, 35(4): 1018 – 1031.

[107] ZHONG Y F, ZHANG L P, HUANG B, et al. An unsupervised artificial immune classifier for multi /hyperspectral remote sensing imagery[J]. IEEE Transactions on Geoscience and Remote Sensing, 2006, 44(2): 420 – 431.

[108] KRISHNAPURAM B, WILLIAMS D, XUE Y, et al. On semi-supervised classification[J]. Advances in Neural Information Processing Systems, 2004: 721 – 728.

[109] CHAPELLE O, CHI M, ZIEN A. A continuation method for semi-supervised SVMs[C]. International Conference on Machine Learning, 2006.

[110] ZHU X J. Semi-supervised learning literature survey[J]. Computer Science, 2008, 37(1): 63 – 77.

[111] CAMPS-VALLS G, MARSHEVA T V B, ZHOU D. Semi-supervised graph-based hyperspectral image classification[J]. IEEE Transactions on Geoscience and Remote Sensing, 2007, 45(10): 3044 – 3054.

[112] BRUCKSTEIN A M, DONOHO D L, ELAD M. From sparse solutions of systems of equations to sparse modeling of signals and images[J]. Siam Review, 2009, 51(1): 34 – 81.

[113] WRIGHT J, MA Y, MAIRAL J, et al. Sparse representation for computer vision and pattern recognition[J]. Proceedings of the IEEE, 2010, 98(6): 1031 – 1044.

[114] ELHAMIFAR E, VIDAL R. Sparse subspace clustering: algorithm, theory, and applications[J]. IEEE Transactions on Pattern Analysis and Machine Intelligence, 2013, 35(11): 2765 – 81.

[115] WRIGHT J, YANG A Y, GANESH A, et al. Robust face recognition via sparse representation [J]. IEEE Transactions on Pattern Analysis and Machine Intelligence, 2009, 31(2): 210 – 227.

[116] CHEN Y, NASRABADI N M, TRAN T D. Sparse representation for target detection in hyperspectral

imagery[J]. IEEE Journal of Selected Topics in Signal Processing, 2011, 5(2): 629 – 640.

[117] CHEN Y, NASRABADI N M, TRAN T D. Hyperspectral image classification using dictionary-based sparse representation[J]. IEEE Transactions on Geoscience and Remote Sensing, 2011, 49 (10): 3973 – 3985.

[118] CHEN Y, NASRABADI N M, TRAN T D. Classification for hyperspectral imagery based on sparse representation[C]. Proceedings of IEEE Workshop on Hyperspectral Image and Signal Processing: Evolution in Remote Sensing (WHISPERS), 2010, 2: 1 – 4.

[119] ZHANG L, YANG M, FENG X C, et al. Collaborative representation based classification for face recognition[R]. Computer Vision and Pattern Recognition, 2012.

[120] LI W, DU Q. Joint within-class collaborative representation for hyperspectral image classification [J]. IEEE Journal of Selected Topics in Applied Earth Observations And Remote Sensing, 2014, 7(6): 2200 – 2208.

[121] LI W, DU Q. Gabor-filtering-based nearest regularized subspace for hyperspectral image classification[J]. IEEE Journal of Selected Topics in Applied Earth Observations And Remote Sensing, 2014, 7(4): 1012 – 1022.

[122] KANG X D, LI S T, BENEDIKTSSON J A. Spectral-spatial hyperspectral image classification with edge-preserving filtering[J]. IEEE Transactions on Geoscience and Remote Sensing, 2014, 52(5): 2666 – 2677.

[123] ZHANG H Y, LI J Y, HUANG Y C, et al. A nonlocal weighted joint sparse representation classification method for hyperspectral imagery[J]. IEEE Journal of Selected Topics in Applied Earth Observations And Remote Sensing, 2014, 7(6): 2057 – 2066.

[124] LI J Y, ZHANG H Y, HUANG Y, et al. Hyperspectral image classification by nonlocal joint collaborative representation with a locally adaptive dictionary[J]. IEEE Transactions on Geoscience and Remote Sensing, 2014, 52(6): 3707 – 3719.

[125] FAUVEL M, TARABALKA Y, BENEDIKTSSON J A, et al. Advances in spectral-spatial classification of hyperspectral images[J]. Proceedings of the IEEE, 2013, 101(3): 652 – 675.

[126] HE L, LI J, LIU C Y, et al. Recent advances on spectral-spatial hyperspectral image classification _an overview and new guidelines[J]. IEEE Transactions on Geoscience and Remote Sensing, 2018, 52(3): 1579 – 1597.

[127] CHEN Y, NASRABADI N M, TRAN T D. Hyperspectral image classification via kernel sparse representation[J]. IEEE Transactions on Geoscience and Remote Sensing, 2013, 52(1): 217 – 231.

[128] CHEN Y, NASRABADI N M, TRAN T D. Hyperspectral image classification using dictionary based sparse representation[J]. IEEE Transactions on Geoscience and Remote Sensing, 2011, 49(10): 3973 – 3985.

[129] WANG J N, JIAO L C, LIU H Y, et al. Hyperspectral image classification by spatial-spectral derivative-aided kernel joint sparse representation[J]. IEEE Journal of Selected Topics in Applied Earth Observations And Remote Sensing, 2015, 8(8): 2485 – 2500.

[130] GUO X, HUANG X, ZHANG L F, et al. Support tensor machines for classification of hyperspectral remote sensing imagery[J]. IEEE Transactions on Geoscience and Remote Sensing, 2016, 54(6): 3248 – 3264.

[131] QUESADA-BARRIUSO P, ARGÜELLO F, HERAS D B. Spectral-spatial classification of hyperspectral images using wavelets and extended morphological profiles[J]. IEEE Journal of Selected Topics in Applied Earth Observations And Remote Sensing, 2014, 7(4): 1177 – 1185.

[132] SHEN L L, JIA S. Three-dimensional gabor wavelets for pixel-based hyperspectral imagery classification [J]. IEEE Transactions on Geoscience and Remote Sensing, 2011, 49(12): 5039 – 5046.

[133] PESAPESI M, ARNASON K. Classification and feature extraction for remote sensing images from urban areas based on morphological transformations[J]. IEEE Transactions on Geoscience and Remote Sensing, 2003, 41(9): 1940 – 1949.

[134] BENEDIKTSSON J A, PALMASON A, SVEINSSON J R. Classification of hyperspectral data from urban areas based on extended morphological profiles[J]. IEEE Transactions on Geoscience and Remote Sensing, 2005, 43(3): 480 – 491.

[135] FAUVEL M, BENEDIKTSSON J A, CHANUSSOT J, et al. Spectral and spatial classification of hyperspectral data using SVMs and morphological profiles[J]. IEEE Transactions on Geoscience and Remote Sensing, 2008, 46(11): 3804 – 3814.

[136] TARABALKA Y, FAUVEL M, CHANUSSOT J, et al. SVM-and MRF-based method for accurate classification of hyperspectral images[J]. IEEE Geoscience and Remote Sensing Letters, 2010, 7(4): 736 – 740.

[137] LI J, HUANG X, GAMBA P, et al. Multiple feature learning for hyperspectral image classification [J]. IEEE Transactions on Geoscience and Remote Sensing, 2015, 53(3): 1592 – 1606.

[138] LI J Y, ZHANG H Y, ZHANG L P, et al. Joint collaborative representation with multitask learning for hyperspectral image classification[J]. IEEE Transactions on Geoscience and Remote Sensing, 2014, 52(9): 5923 – 5936.

[139] ZHANG L F, ZHANG L P, TAO D C, et al. On combining multiple features for hyperspectral remote sensing image classification[J]. IEEE Transactions on Geoscience and Remote Sensing, 2012, 50(3): 879 – 893.

[140] PENG J T, ZHOU Y C, PHILIP CHEN C L. Region-kernel-based support vector machines for hyperspectral image classification[J]. IEEE Transactions on Geoscience and Remote Sensing, 2015, 53(9): 4810 – 4824.

[141] ZHANG G Y, JIA X P, HU J K. Superpixel-based graphical model for remote sensing image mapping[J]. IEEE Transactions on Geoscience and Remote Sensing, 2015, 53(11): 5861 – 5871.

[142] FANG L Y, LI S T, KANG X D, et al. Spectral – spatial classification of hyperspectral images with a superpixel-based discriminative sparse model[J]. IEEE Transactions on Geoscience and Remote Sensing, 2015, 53(8): 4186 – 4201.

[143] ROSCHER R, WASKE B. Shapelet-based sparse representation for landcover classification of

hyperspectral images[J]. IEEE Transactions on Geoscience and Remote Sensing, 2016, 54(3): 1623 - 1634.

[144] WANG J N, JIAO L C, WANG S, et al. Adaptive nonlocal spatial-spectral kernel for hyperspectral imagery classification[J]. IEEE Journal of Selected Topics in Applied Earth Observation and Remote Sensing, 2016, 9(9): 4086 - 4101.

[145] WANG J N, JIAO L C. Application of a homogenous patch mean kernel with within-class collaborative representation for hyperspectral imagery classification[J]. Remote Sensing Letters, 2017, 8(1): 11 - 20.

[146] LECUN Y, BENGIO Y, HINTON G. Deep learning[J]. Nature, 2015, 521(7553): 436.

[147] 焦李成，赵进，杨淑媛，等. 深度学习、优化与识别[M]. 北京：清华大学出版社，2017.

[148] GIRSHICK R, DONAHUE J, DARRELL T. Rich feature hierarchies for accurate object detection and semantic segmentation[C]. IEEE Conference on Computer Vision and Pattern Recognition (CVPR), 2014: 580 - 587.

[149] SIMONYAN K, ZISSERMAN A. Very deep convolutional networks for large-scale image recognition[J]. Computer Vision and Pattern Recognition, 2014.

[150] HE K M, ZHANG X Y, REN S Q, et al. Deep residual learning for image recognition[C]. IEEE Conference on Computer Vision and Pattern Recognition(CVPR), 2016: 770 - 778.

[151] SUTSKEVER I, VINYALS O, LE Q V. Sequence to sequence learning with neural networks[J]. arXiv: 1409.3215V3, 2014.

[152] BAHDANAU D, CHO K, BENGIO Y. Neural machine translation by jointly learning to align and translate[J]. Computer Science, 2014.

[153] GRAVES A, MOHAMED A R, HINTON G. Speech recognition with deep recurrent neural networks [C]. IEEE International Conference on Acoustics, Speech and Signal Processing, 2013, 38(2003): 6645 - 6649.

[154] HINTON G, DENG L, YU D, et al. Deep neural networks for acoustic modeling in speech recognition: the shared views of four research groups[J]. IEEE Signal Processing Magazine, 2012, 29(6): 82 - 97.

[155] CHEN Y S, LIN Z H, ZHAO X, et al. Deep learning-based classification of hyperspectral data[J]. IEEE Journal of Selected Topics in Applied Earth Observations and Remote Sensing, 2014, 7(6): 2094 - 2107.

[156] CHEN Y S, ZHAO X, JIA X P. Spectral-spatial classification of hyperspectral data based on deep belief network[J]. IEEE Journal of Selected Topics in Applied Earth Observations and Remote Sensing, 2015, 8(6): 2381 - 2392.

[157] MA X R, WANG H Y, GENG J. Spectral-spatial classification of hyperspectral image based on deep auto-encoder[J]. IEEE Journal of Selected Topics in Applied Earth Observations and Remote Sensing, 2016, 9(9): 4073 - 4085.

[158] HU W, HUANG Y Y, WEI L, et al. Deep convolutional neural networks for hyperspectral image classification[J]. IEEE Sensors Journal, 2015(2): 1 - 12.

[159] LI W, WU G D, ZHANG F, et al. Hyperspectral image classification using deep pixel-pair features [J]. IEEE Transactions on Geoscience and Remote Sensing, 2017, 55(2): 844 – 853.

[160] WU H, PRASAD S. Semi-supervised deep learning using pseudo labels for hyperspectral image classification[J]. IEEE Transactions on Image Processing, 2018, 27(3): 1259 – 1270.

[161] JIAO L C, LIANG M M, CHEN H, et al. Deep fully convolutional network-based spatial distribution prediction for hyperspectral image classification[J]. IEEE Transactions on Geoscience and Remote Sensing, 2017, 55(10): 5585 – 5599.

[162] PAN B, SHI Z W, XU X. R-VCANet: A new deep-learning-based hyperspectral image classification method[J]. IEEE Journal of Selected Topics in Applied Earth Observations and Remote Sensing, 2017, 10(5): 1975 – 1986.

[163] PAN B, SHI Z W, XU X. MugNet: Deep learning for hyperspectral image classification using limited samples[J]. ISPRS Journal of Photogrammetry and Remote Sensing, 2018, 145(A): 108 – 119.

[164] ZHANG L P, ZHANG L F, DU B. Deep learning for remote sensing data: A technical tutorial on the state of the art[J]. IEEE Geoscience and Remote Sensing Magazine, 2016, 4(2): 22 – 40.

第**11**章 | 空谱稀疏结构学习下的
高光谱数据降维与分类

## 11.1 高光谱遥感信息处理前沿与挑战

遥感信息技术是从远距离获取目标区域相关信息的科学，是人类探索自然和认知世界的重要途径和媒介，并在极大程度上支撑着人类社会和科学技术的发展与进步[1-3]。遥感信息技术，特别是高分辨遥感信息技术，已经深入人类生产生活的方方面面，并正在深入地改变着经济与社会的运行模式[4-5]。高光谱遥感技术，作为高分辨遥感信息技术的前沿研究领域，在过去30年里取得了显著的发展。目前机载和星载平台上的传感器覆盖了地球表面的大部分区域，其光谱、空间和时间分辨率都得到了前所未有的提升。这些特性使得工程应用中可能对所感兴趣的场景进行解译，对目标的精细分类进行识别，对目标的物理参数进行评估和分析。

着眼于海量高时效性遥感信息解译与应用的重大战略价值，我国政府于2006年将高分辨率对地观测系统重大专项(简称高分专项)列入《国家中长期科学与技术发展规划纲要(2006—2020年)》[6]。2010年高分专项全面启动实施。其主要使命是加快我国空间信息与应用技术发展，提升我国自主获取高分辨率观测数据以及数据处理和利用的创新能力，加快空间信息应用体系的建设，推动卫星及其应用技术的发展和落地服务能力，有力保障现代精细农业、资源环境调查与勘查、地质灾害检测和国家安全的重大战略需求，支撑国土调查与利用、地理测绘与制图、水利和林业资源监测、城市和交通精细化管理、地球系统科学研究、灾害预警与评估等重大领域应用需求，加快推动空间遥感信息产业的自动化、智能化发展，对于实现国家崛起和民族复兴具有不可估量的重要价值和意义[7-8]。

成像光谱仪也称高光谱成像光谱仪，其用途是对一个给定的场景(或特定物体)在一个短、中或远距离通过机载或卫星传感器对光谱进行测量、分析和解释[9-10]。成像光谱仪的概念起源于20世纪80年代，当时美国国家航空航天局(NASA)喷气推进实验室开始的一场远程传感革命，开始了遥感设备的新纪元，如机载成像光谱仪(Aero Imaging Spectrometer-1,

AIS-1)，后来被称为机载可见光红外成像光谱仪（Airborne Visible Infra-Red Imaging Spectrometer，AVIRIS[11]）。该系统通过 200 多个光谱通道覆盖波长范围 0.4～2.5 $\mu$m（其中包括可见光谱 0.4～0.7 $\mu$m，短红外频段 2.4 $\mu$m），其光谱分辨率为 10 nm，它的出现极大地推动了光谱成像技术及其应用的发展。为了更精确地了解高光谱成像仪的参数，表 11.1 列出了 8 种常见的高光谱成像仪的参数。目前主要流行的两个高光谱成像仪空间分别是 224 波段的 AVIRIS 和 210 波段的 HYDICE（HYperspectral Digital Imagery Collection Experiment）。可以看到，自 20 世纪 80 年代以来，高光谱成像仪的发展是显著的。与此同时，在可预知的未来，随着视频遥感卫星技术的发展，高时间、空间、光谱分辨率的高光谱遥感视频将给遥感信息技术带来新的变革。因此，面对日益增长的数据质量，探究海量高分辨高光谱信息的智能化处理方法，切实进一步提升高光谱遥感技术的服务能力，具有重大的现实需求和实用价值及意义。

表 11.1　8 种常见的高光谱成像仪的参数

| 参数<br>名称 | 轨道高度<br>/km | 空间分辨率<br>/m | 光谱分辨率<br>/nm | 波段范围<br>/$\mu$m | 波段<br>数量 | 数据立方体大小<br>/(像素×像素×像素) |
|---|---|---|---|---|---|---|
| HYDICE | 1.6 | 0375 | 7～14 | 0.4～2.5 | 210 | 210×320×210 |
| AVIRIS | 20 | 20 | 10 | 0.4～2.5 | 224 | 512×614×224 |
| HYPERION | 705 | 20 | 10 | 0.4～2.5 | 220 | 660×256×220 |
| EnMAP | 653 | 30 | 6.5～10 | 0.4～2.5 | 228 | 1000×1000×228 |
| PRISMA | 614 | 5～30 | 10 | 0.4～2.5 | 238 | 400×880×238 |
| CHRIS | 556 | 36 | 1.3～12 | 0.4～1.0 | 63 | 748×748×63 |
| HyspIRI | 626 | 60 | 4～12 | 0.38～2.5 | 217 | 620×512×210 |
| IASI | 817 | | | 3.62～15.5 | 8461 | 765×120×8461 |

在高光谱成像技术中，高光谱分辨率成像光谱仪从给定场景的每个像元中获得一个具有成百上千个元素的光谱矢量，其结果就是所谓的高光谱图像（HyperSpectral Image，HSI）。需要注意的是，HSI 在光谱维度和空间维度上是光滑的，即相邻位置上的波长值/响应值是高度相关的[12]。可以通过广义自相关函数和非对角协方差矩阵来观察，如图 11.1 所示。这种分段平滑性在空间-光谱维度上亦能保持。这些特征与自然图像特征相似，因此，可以借鉴处理自然图像的一些技术来对 HSI 进行分析和解译。

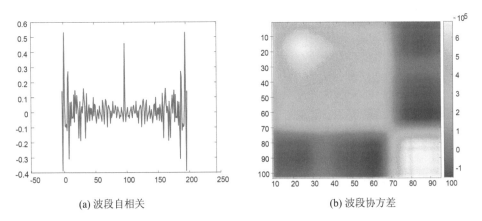

(a) 波段自相关　　　　　　　　　　　　　　(b) 波段协方差

图 11.1　光谱自相关以及协方差图示（Pavia University 数据集为例）

　　张量是一种与参考系无关而客观存在的数据表现形式，可以通过一个给定的坐标系的分量来表示[13-15]。在遥感科学领域，遥感数据大多以张量形式存在，相对于矢量表示形式，张量表示形式在一定程度上保证了数据的潜在空谱结构信息，其相关理论与方法可以为空谱数据的表示与处理提供一种新的技术途径[16-19]。三维的 HSI 可以看作一个 3 阶张量，如图 11.2 所示。图 11.2(b) 展示了 Pavia University HSI 数据集的三维效果，其中 $n_1$、$n_2$ 分别为空间的维度，$d$ 为光谱维度，即为波段数目。与自然图像（或多光谱图像）相比，HSI 的较大的光谱维数大大增加了数据的细微信息，但同时对传统的图像分析技术提出了新的挑战。

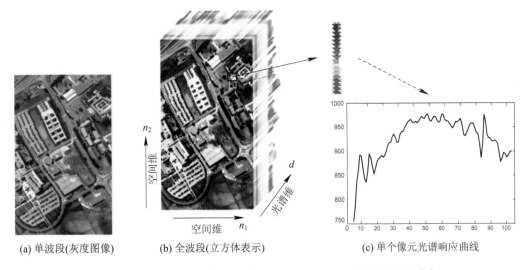

(a) 单波段(灰度图像)　　　　　(b) 全波段(立方体表示)　　　　　(c) 单个像元光谱响应曲线

图 11.2　高光谱立方体数据图示（Pavia University 数据集为例）[20]

此外，在 HSI 测量获取过程中，由于受大气、气候、光照等外在因素以及成像光谱仪的系统误差等的影响，获得的 HSI 一般都含有一定的噪声，大大降低了 HSI 的质量。这些因素使 HSI 的分析和处理成为一项具有挑战性的任务。以分类为例（分类是 HSI 处理领域最受关注的应用之一），文献[21]中指出，当训练样本的数量保持不变时，在光谱特征增加到一定数量之后，分类准确性反而随着特征数量的增加而降低，即维数灾难现象，特别是在标记样本情况较少的情况下。其原因主要在于：① 少量的标签样本可能会导致样本协方差矩阵具有奇异性，从而导致一些分类方法不合理；② 数据的高维性导致在参数模型中需要估计的自由参数量增加，容易导致过拟合问题，从而降低了分类器的泛化能力；③ 气候、光照、不规则形状及阴影、自然光谱变化、传感器自身误差等引起的光谱扰动，使得部分高光谱数据类内具有较高的方差，而类间方差很小；④ 远程传感器从相邻像元获取大量能量，并且一般情况下，图像场景中的匀质结构区域通常大于像素的大小，这导致在空间维相邻像元具有高度的相关性。上述问题给 HSI 处理带来了新的挑战。其解决途径可以简要概述为以下两个方面：

（1）维数（特征）约减。高光谱数据日益增长的光谱分辨率有利于高精度的模式识别与分类，但同时给数据存储和传统的信号处理技术带来了新的挑战。存储和处理数据的复杂性带来了极高的计算资源。此外，如前所述，当光谱波段与训练样本数量之间的比率较高时，高维高光谱数据遭受维度灾难。再者，诸多文献已经证实，高维数据是稀疏的，往往嵌入在一个低维子空间中，在低维子空间中，不仅保持了数据的本征特征，而且便于学习，这个途径即为维数约减，也就是通过某种数学变换将原始高维数据映射到一个低维子空间中。常见的维数约减包括特征选择和特征变换。

（2）鲁棒分类器设计。得益于丰富的光谱信息以及一些新的机器学习技术（如半监督学习），可以设计出小样本下的高精度分类模型。此外，除了 HSI 提供的详细的光谱信息外，其相邻像元的光谱响应之间的空间相关性可能很高，因此，还可以利用图像的空间信息（特别是高空间分辨率 HSI）来进一步提升最终的分类精度。

因此，面对快速增长的 HSI 遥感数据获取手段和处理技术，针对实际任务中存在的技术瓶颈，探索海量 HSI 遥感数据高效处理方法，切实提升高光谱技术的服务能力，具有重大的实际工程意义与迫切的现实需求。

## 11.2　高 光 谱 降 维

高光谱成像具有高光谱分辨率的特点，可以在广泛的应用中捕捉所感兴趣的目标细微的光谱特性。高光谱分辨率带来了巨大的存储消耗，特别是高分辨遥感视频时代的到来，更是加剧了数据存储的消耗。此外，如前面所述，当数据维数比标记样本数目多时，其分类精度将受到维数灾难的影响。已有文献证明了所获取的原始光谱特征信息存在冗余[22-23]。特别地，相邻的波段之间有较高的相关性，而原始光谱特征的数量可能太高，致使在某些状况下无法直接分类。另外，原始的光谱特征可能不是最有效的区分感兴趣对象的表征特征。这些研究促进了特征提取的发展，以便在分类之前有一组高判别性的特征。用较少的表征性波段来表示源数据的大部分信息[24]，使得 HSI 的维数约减在存储、数据传输、分类、解混[25-27]、目标探测[28-29]、可视化[24, 30]等方面表现出了优异的性能。

HSI 的维数约减同传统维数约减一样，可以从特征提取和特征选择两个方面展开研究。所谓特征提取，即根据某一准则，将原始高光谱数据映射到新的低维子空间中，通常可以表达为 $y = f(x)$，其中 $f(\cdot)$ 看作某种映射函数 $f: \mathbf{R}^d \rightarrow \mathbf{R}^m (m < d)$，可以是线性的，也可以是非线性的；而特征选择，则是通过某种准则或测度，从原始波段中选择部分表征性波段组成新的低维的特征表示来使面向某种任务的性能最大化。特征选择最大的优势在于保留了原波段的物理意义。维数约减方法根据参与学习的样本多少以及标记信息又可分为监督的和弱监督的。所谓弱监督，是指在学习过程中不仅用到了标记样本，同时借助大量的无标记样本来提升学习性能。遥感影像维数约减的综述可以参考文献[24]和[31]。图 11.3 简要概述了 HSI 维数约减的分类。

图 11.3　HSI 维数约减的分类

无监督维数约减在没有标记样本的情况下，通过某种规则或约束来寻找低维空间的一种表示。由于没有标记样本作参考，因此无监督维数约减的目标函数一般不直接优化分类精度。最为经典的无监督维数约减是主成分分析（Principal Component Analysis，PCA），它假设数据之间是线性的，通过最大化总体协方差，在新的低维空间中继续保持原始高维数据的协方差。

最近，基于融合的方法和流形学习方法已被广泛研究用于 HSI 无监督特征提取中。基于图论的方法将数据融合和特征提取整合在一个统一的分类框架中[32]。Borhani 和 Ghassemian 提出了一种基于核函数的方法，将光谱和空间信息同时用于高光谱数据的特征提取和分类[33]，而 Zhang 等人代表了低维特征空间中的多个特征，可联合流形学习和图正则来学习利用特征的互补信息[34]。在文献[35]中，流形学习用于提取 HSI 的特征和表征波段选择。

基于监督信息的特征提取方法依据标记样本来推断类别的可分性。最为广泛使用的监督特征提取方法是线性判别分析（Linear Discriminant Analysis，LDA)[36]、非参数加权特征提取（Nonparametric Weighted Feature Extraction，NWFE)[37] 以及最大间距准则（Maximum Margin Criterion，MMC)[38-39]。在上述方法的基础上，许多改进的方法被提出，并具有较好的性能，如 Fisher LDA[40]、正则化 LDA[41]、基于互信息的最小冗余/最大相关[42-43]以及三元互信息[44]。

文献[40]采用局部 Fisher LDA 来降低数据的维数，同时保留相应的多模态结构。在文献[45]中，综合利用空谱信息，构建了光谱正则的局部保持以及空间正则的像元近邻关系保持，为高光谱数据的高判别特征提取提供了一种新的方法。文献[46]通过将 HSI 的局部空间平滑度引入基于封装的方法，提出了一种有效的波段选择方法。文献[47]提出了一种稀疏判别嵌入（Sparse Discriminant Embedding，SDE）的高光谱数据判别特征提取方法。SDE 利用流形间的结构以及稀疏性的优点，不仅通过 $l_1$ 图保留了稀疏重构的关系，而且增强了数据流形间的可分性，并且 SDE 的判别性能优于稀疏保持投影（Sparsity Perserving Projections，SPP）。文献[48]提出了一种基于稀疏图嵌入（Sparse Graph Embedding，SGE）的探索高光谱数据的稀疏结构。文献[49]提出了一种基于块稀疏图的判别分析（Sparse Graph-based Discriminant Analysis，SGDA）模型，用于高光谱图像分类。该模型通过强制投影沿着同类样本聚集的方向进行聚类，以增强判别能力。与传统线性判别分析相比，该方法对标记样本数目没有要求，且可以通过简单的广义特征值问题来求解。空间结构的不规则性以及光谱的多模性，给包括 SGE 在内的很多特征提取方法带来了很大的挑战。对此，文献[50]提出了一种基于空间和光谱正则的局部判别特征提取方法，通过集成自适应近邻同步稀疏表示（SSR）模型来考虑光谱特征的空间可变性。文献[51]提出了一个加权稀疏图来克服 SGE 稀疏编码的缺点，即训练像素空间的局部性和稀疏性都被整合。

然而在实际任务中，标记数据的获取一般需要较高的代价或无法获取，但同时都会有大量的无标记数据。对于这种情况，半监督维数约减[52-53]同时利用标记样本和大量无标记样本来提升学习性能，在机器学习领域颇受欢迎。半监督维数约减通常通过增加一个正则化项来保持数据的某些潜在属性。例如，半监督的判别分析（Semi-supervised Discriminant Analysis，SDA)[54]将一个流形正则项加入到 LDA 的目标函数中，通过利用有限数量的标签样本来最大限度地提高判别性能，同时使用标签和无标签的样本来保持数据的局部流形结构。文献[55]、[56]提出了一种基于成对约束的半监督维数约减模型，并采用稀疏表示（Sparse Representation，SR）系数构造图正则项。其他半监督特征提取方法将监督方法（$J_D$ 判别项）与无监督方法（$J_R$ 正则项）相结合，通过引入折中参数 $\beta$ 来建立总的目标函数：

$$J = J_D + \beta \cdot J_R \tag{11-1}$$

半监督局部 Fisher 判别分析（SEmi-supervised Local Fisher analysis，SELF）[57] 是在 LDA 的基础上结合无监督方法 NPE[58] 提出的。该方法发现最优的投影矩阵不仅可以保持局部近邻关系，还可最大化标记样本间的类别可判别性。基于图嵌入（Graph Embedding，GE）的方法是在高光谱分类中提取判别特征的一种较为有效的方法[59]。然而，其存在的最大问题是如何合理选择近邻大小以及权值，这是一个很大的挑战。文献[59]提出了一种基于流形稀疏表示（Manifold-based Sparse Representation，MSR）和图嵌入的半监督高光谱特征学习方法，称为半监督稀疏流形判别分析（Semi-Supervised Sparse Manifold Discriminative Analysis，S³MDA）的高光谱数据特征提取方法。该方法通过 MSR 获取所有样本的稀疏表示来构造稀疏图，同时还构造了标记样本的类内图和类间图，最后综合这些图来获得低维的映射以实现特征的提取。在图的构造中，S³MDA 实现了自适应的图的构建，有效克服了图构造过程中自由参数难以选取的困难。

上述半监督特征提取方法试图建立一个相似的目标函数，例如式（11-1）即最大化类间判别性（判别项 $J_D$），同时保留数据的固有的潜在几何结构（正则项 $J_R$）。

成像传感器技术以及信息技术的快速发展，使得高光谱在实际工程中的应用越来越广泛。此外，全球对地观测任务（如 NASA 的 AVIRIS、欧洲空间局的 PROBA 系列以及中国的高分系列等）使数据的获取变得容易很多。此外，低空下飞机和无人机亦可获得相关数据。另外，图像处理技术允许我们从这些大型高光谱数据中提取多级特征。特别是深度学习的出现，使得基于深度学习的维数约减方法也层出不穷，并且在遥感分类领域显示出了巨大的潜力。深度学习可以自动学习得到高级空间特征，而不依赖于手工设计的空间特征，并且在图像分类中显示出很强的鲁棒性和有效性。在遥感领域，文献[60]提出了一种基于堆叠自动编码器（Stacked AutoEncoders，SAE）的特征学习方法，通过将输入光谱/空间信息直接分类到框架来对 HSI 进行特征学习以及分类。虽然 SAE 也可以从分层体系结构中提取深层特征，但训练样本（图像斑块）应该被修正为一维以满足 SAE 的输入要求。因此，被修改的训练样本忽略了原始图像可能包含的空间信息。

文献[61]提出了一个基于光谱空间特征的卷积神经网络（Convolutional Neural Network，CNN）分类框架，分别联合使用降维和深度学习技术进行光谱和空间特征提取。在此框架下，提出了一种平衡局部判别式嵌入算法，用于对 HSI 数据的光谱特征降维。同时，利用卷积神经网络自动学习层次化的空间相关特征。最后，联合光谱和空间特征，最终实现对高光谱数据的高精度分类。

但高光谱特征提取中仍面临着两个主要挑战：① 特征学习过程与任务相分离，难以确保得到的特征是对任务最有效的特征；② 如何在降低维数或冗余度的同时，挖掘出互补特征[20]。

# 11.3 高光谱分类

高光谱图像分类（Hyperspectral Image Classification，HIC）是近年来高光谱遥感技术研究的一个极其活跃的领域，其目的是：对于给定的一组观测数据（高光谱图像中的像元向量），通过某种方法，自动地为每个像元向量确定唯一的类别标签[62-65]。然而，由于高光谱遥感图像的高维特性，波段间的高度相关性，使得高光谱遥感图像分类面临着巨大的挑战。除此之外，对于 HIC，高空间分辨率对于精确分类是相当重要的，其原因在于地物较复杂的结构难以保证规则像元内仅包含同一种地物信息（即像元代表的是单一的主要光谱特征）。在相反的情况下（如数据大多包含混合像元），其最优方法是通过解混技术来进行分析。然而，即使在空间分辨率较高的情况下，其传感器端接收的信息亦无法确定来自于单一像元。因此，在 HIC 分类任务中，混合像元的影像是无法避免的。参照图 11.2，高光谱分类可以大致分为：基于光谱特征的分类和基于空谱特征的分类。前者仅仅考虑单一像元向量，后者则在分类过程中考虑空间近邻像元之间的某种关系。图 11.4 给出了高光谱图像数据分类的一般框架。

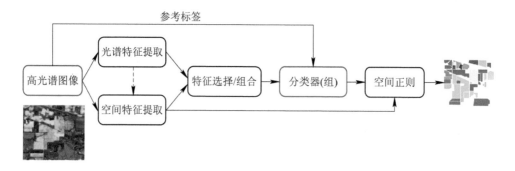

图 11.4　传统高光谱图像分类框架[66]

常见的 HIC 根据是否使用标签信息（即是否使用被标记的训练样本），分为监督分类、无监督分类和半监督分类。

## 1. 无监督分类方法

无监督分类方法不依赖于标记信息，仅仅依靠像元样本间的相似性实现模式的分类，易于实现，已广泛应用在高光谱数据分类中[67-69]。该分类方法的分类依据是：若两样本属于同一类，则通常情况下二者具有相同或相似的光谱向量以及几何空间特征，从而更容易分到同一光谱空间区域内；而属于不同种类的地物，由于其光谱向量不同，因此具有不同的特性，也就被分到不同的光谱空间区域中，如 $K$-Means 算法、迭代自组织数据分析 ISODATA 算法[70]。此外，无监督分类方法也可以使用神经网络和随机场的算法来实现，如自组织模糊多层神经网络分类器以及泛化马尔科夫随机场等。此类方法对相似度的依赖较为严重，一旦有噪声或者光谱扭曲等，都会导致相似性计算不准确。再者，由于类别间的不均衡，往往会导致统计分布估计不准确，使得分类方法无法取得较高的精度[71-73]。此外，由于无监督分类方法预先不知道有关类别的情况，因此不需要标记样本作为先验信息，自动依据像元的聚群特性生成聚群标签，有可能会生成额外标签，为后续其他任务的执行带来不必要的困扰。

### 2. 监督分类方法

监督分类方法首先利用标签等信息训练分类器，以得到分类器的相关参数，进而利用训练好的分类器对测试样本进行分类，得到最终的标签信息。支持向量机（Support Vector Machine，SVM）作为经典的基于结构风险最小化准则的分类方法，被广泛应用于高光谱数据分类问题中[74-78]。其基本原理为在线性分类器的基础上，引入结构风险最小化准则，通过最大化支撑向量之间的最小边界来提升分类器的鲁棒性，提高分类精度。SVM 通过引入核技巧（Kernel Trick）能够很好地解决非线性分类问题，然而在解决大样本问题时，计算复杂度高，耗时严重，对此相应地也提出了一些新的策略，如并行支持向量机（Parallel SVM，PSVM），在解决大规模分类问题时被广泛采纳[79-80]。此外，与 SVM 组合以提高分类性能的核方法被广泛应用于高光谱影像分类中。例如，组合核 SVM（CKSVM）[81-82]在针对高维数据小样本分类问题时有很好的鲁棒性。此外，文献[83]提出了空谱核 SVM，有效地在分类过程中加入了空间信息，提高了分类结果的空间一致性。然而由于较大的数据量，以及较高的维度特征，导致其具有较高的数据量，而核的计算量很大，这就导致核方法在用于高光谱分类任务时计算量非常庞大。此外，基于惰性学习的 KNN 算法就是先选取未标记样本的各标记样本近邻，比较这 $k$ 个近邻中哪类标记样本的数目最多，最后将该未标记样本划分到对应的标记样本所在的类别中。KNN 算法简单有效，重新训练的代价低，计算时间和空间复杂度线性正比于训练样本的数目。因为 KNN 算法只依靠邻域内的标记样本，而不需要判别性方法的辅助，因此该算法适用于样本交叉或重叠多且噪声小的情况。但是，KNN 算法相比于积极学习的算法而言，效率低。另外，当样本不平衡时，由于 $k$-近邻中始终是大容量样本占主导地位，因而易导致大量的错分现象。

基于稀疏表示的高光谱分类受到了广泛关注和研究[84-89]。文献[90]提出了基于稀疏表示的高光谱数据分类方法，并采用同时正交匹配追踪算法实现快速求解，其在高光谱数据分类中取得了很好的结果。该方法利用训练样本学习稀疏表示字典，将测试样本在学习到的字典下进行稀疏表示，根据残差来确定类别信息。在此基础上，文献[86]改进了表示空间，提出了基于核稀疏表示学习的高光谱分类算法。在上述研究的基础上，为充分利用空间信息以提高分类的鲁棒性，文献[91]提出了一种基于非局部加权的联合稀疏表示模型，用于高光谱图像分类，得到了较好的分类结果。文献[84]提出了一种基于多任务稀疏表示的高光谱分类方法。大量公测数据的实验结果表明，基于稀疏表示的分类大多数情况下优于支持向量机的方法。

上述监督分类方法被广泛应用于高光谱数据分类中，相对于非监督分类方法，借助标签信息大幅提升了分类的精度。由于从遥感数据中获取标记信息是极其困难的，而监督学习的分类又需要大量的标记样本来训练分类器，因此该法在工程实践中应用困难。

**3. 半监督分类方法**

目前相关专家将研究重点倾向于半监督分类，企图借助大量无标记样本，提升少量标记样本下的分类性能。在半监督学习中，其主旨是利用未标记样本所传递的信息，对可用的标签样本进行扩充，并具有一定程度的置信度。通过整合空间和光谱信息，可以充分利用两种信息来源的互补优势来提升少量标记样本的分类性能[10]。因此，相当多的半监督高光谱分类方法被提出[92-98]。文献[95]提出了一种空谱图拉普拉斯正则的半监督 SVM 高光谱分类框架，通过图正则来约束分类结果的局部一致性。文献[96]提出了一种基于图理论的半监督高光谱方法，通过核方法，构建了无标记样本的空谱信息组合核，通过构造图的拉普拉斯矩阵来利用大量无标记样本信息。在半监督学习中，其主旨都是利用未标记样本所传递的信息，对可用的标签样本进行补充，在大多数情况下，有必要整合空间和光谱信息，以充分利用两种信息来源的互补优势。

作为半监督机器学习的一个特例，不少专家也致力于基于主动学习的高光谱分类问题研究。主动学习是一个迭代过程，使用一个小而不理想的初始训练集，然后选择一些额外的来自大量未标记样本的样本来提升学习器的性能。主动学习考虑当前模型的结果，按照允许选择最有信息的样本来改进模型的标准对未标记样本进行排序，从而尽可能地减少训练样本的数量，同时尽可能地保留分辨能力[99-101]。

主动学习和半监督学习有着类似的概念背景，因为这两种学习都试图解决有限标记样本的问题。这两种方法都从少量标记样本和大量未标记数据开始。主动学习通常需要劳动密集型标签处理，而半监督式学习虽然避免通过将伪标记分配给未标记数据来进行手动标记，但可能引入不正确的伪标记，从而降低分类性能[100]。虽然主动学习和半监督学习遵循不同的工作流程，但它们都旨在充分利用未标记的数据，同时减少人工标记工作[99]。因此，通常使用这两种策略来充分利用这两种 HSI 分类模式。在文献[100]中，主动学习和半监督学习被协作整合，形成了一种被称为协作主动和半监督学习的方法，该方法提高了伪标记的准确性，从而有助于半监督学习。该方法基于光谱信息。在文献[99]中，主动学习和分层分割相结合，用于 HSI 的光谱空间分类。

目前，基于深度学习的高光谱分类在 HSI 解译中颇为活跃[102-104]。HSI 受各种大气散射条件、复杂的光散射机制、类间相似性和类内差异的影响，使高光谱成像过程具有非线性特性[105]。与所谓的"浅层模型"相比，深度学习方法有望获得更高层次、更抽象的特征表示，这些特性在处理高光谱数据的非线性问题时更加鲁棒。

HSI 数据一般存放在一个"地理学流形结构"中，即空间相邻的像素携带较为相关的信息，并且在空间域中是平滑或局部平滑的。在这个意义上，HSI 数据减少了分类标记图的椒盐噪声，揭示了像素所属结构的大小和形状，允许对同一材料的结构进行区分，但属于不同地物使用类型。目前空间正则化已被广泛应用于改进分类性能。

一种简单而有效的方法就是约束空间的平滑性，即通过综合空间近邻像元的特征来强化输入空间。通常是通过滑动固定窗口或自适应滤波来完成的[106-110]。经过滤波后的图像作为新的图像特征来学习分类器。固定窗空间信息提取预先定义的空间窗，在局部空间窗内提取光谱及上下特征。而自适应滤波可以自适应特征窗口大小及形状。与单纯的仅光谱信息分类方法相比，固定窗可取得相对较好的效果，但同时存在以下几个问题：① 固定窗近邻难以保证包含足够的样本，可能会导致分类器性能下降；② 在局部窗内有边界或噪声明显存在的情况下，可能会导致分类器性能下降。对此，基于图像分割技术的自适应窗口选择技术得到了较为广泛的应用[111-114]。

HSI 分类面临的主要挑战与具体的方法论没有特别的关系。其最关键的是目前缺乏新的（高空间、高光谱分辨率）公测的数据集[20]。作为高光谱领域最为热门的研究领域，高光谱分类方法大多在公测的几个数据集（Indian Pine、Salinas、Pavia 等）上取得了非常好的分类结果，使得在新的研究中难以找到合适有效的对比算法。换句话说，现有的数据集在分类精度方面已经饱和。目前面临的新的问题是能提出新的公开的测试数据集以及更为复杂的数据，如大场景中较多类带来的高度非线性的数据集。此外，亦需要明确确定训练和测试样本，从而进行合理公平的对比。

# 11.4 稀疏结构学习

稀疏性和低秩性质是近年来图像理解解译、图像分割分类领域中的研究热点，它符合人类感知系统视觉编解码过程中的稀疏响应与显著注意机制，视觉稀疏响应机制在一定程度上能够捕捉数据的内在结构特性，因此得到了众多研究者的关注。

人类大脑是一个较为复杂的感知系统，面对外界复杂的刺激时，神经系统的中神经元细胞呈现出稀疏响应特性。给定外部刺激，大多数神经元细胞处于抑制状态，而仅有少数神经元细胞处于激活状态。从响应信号来看，大部分响应强度较弱，只有少部分响应强度较高。视皮层的神经元细胞对于来自外部环境的刺激，其响应往往是稀疏的，如图 11.5 所示。

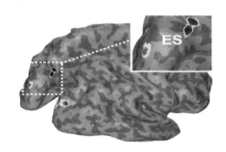

图 11.5　神经元细胞稀疏响应机制示意图

**1. 基于不同范数约束的稀疏表示问题**

基于不同范数约束的稀疏表示问题简要阐述了不同范数约束下的稀疏表示问题。稀疏表示的一般框架是利用一些样本或"原子"的线性组合来表示观测样本，即通过计算样本或"原子"的表示形式，利用表示系数来重构观测样本。然而，在稀疏表示和稀疏求解过程中，稀疏表示在很大程度上取决于系数的正则[115-117]。根据正则约束的不同，稀疏表示方法大致可以分为五大类：基于 $l_0$ 范数的稀疏表示[115-116]、基于 $l_p$（$0<p<1$）范数的稀疏表示[118-119]、基于 $l_1$ 范数的稀疏表示[120-121]、基于 $l_2$ 范数的稀疏表示[122-123]以及基于 $l_{2,1}$ 范数的稀疏表示[124-125]。

（1）基于 $l_0$ 范数的稀疏表示。设 $\boldsymbol{X}=[x_1, x_2, \cdots, x_n]\in \mathbf{R}^{d\times n}$ 是由 $n$ 个已知样本构成的矩阵，其中每列表示一个样本，且

$$\hat{\boldsymbol{\alpha}} = \arg\min \| \boldsymbol{\alpha} \|_0, \quad \text{s.t.} \quad \boldsymbol{y} = \boldsymbol{X\alpha} \tag{11-2}$$

其中，$\| \cdot \|_0$ 为 0 范数，其表示非零元素的个数，同时也被看作观测向量 $\boldsymbol{y}$ 的稀疏度。

（2）基于 $l_1$ 范数的稀疏表示。$l_1$ 范数来源于 Lasso 问题[121]，并广泛应用在模式识别、机器学习等领域。其表示为

$$\hat{\boldsymbol{\alpha}} = \arg\min \| \boldsymbol{\alpha} \|_1, \quad \text{s.t.} \quad \boldsymbol{y} = \boldsymbol{X\alpha} \tag{11-3}$$

$$\hat{\boldsymbol{\alpha}} = \arg\min \| \boldsymbol{\alpha} \|_1, \quad \text{s.t.} \quad \| \boldsymbol{y} - \boldsymbol{X\alpha} \|_2^2 \leqslant \varepsilon \tag{11-4}$$

$$\hat{\boldsymbol{\alpha}} = L(\boldsymbol{\alpha}, \lambda) = \arg\min_{\boldsymbol{\alpha}} \| \boldsymbol{y} - \boldsymbol{X\alpha} \|_2^2 + \lambda \| \boldsymbol{\alpha} \|_1 \tag{11-5}$$

（3）基于 $l_p$ 范数的稀疏表示：

$$\hat{\boldsymbol{\alpha}} = \arg\min \| \boldsymbol{\alpha} \|_p^p, \quad \text{s.t.} \quad \| \boldsymbol{y} - \boldsymbol{X\alpha} \|_2^2 \leqslant \varepsilon \tag{11-6}$$

$$\hat{\boldsymbol{\alpha}} = L(\boldsymbol{\alpha}, \lambda) = \arg\min_{\boldsymbol{\alpha}} \| \boldsymbol{y} - \boldsymbol{X\alpha} \|_2^2 + \lambda \| \boldsymbol{\alpha} \|_p^p \tag{11-7}$$

（4）基于 $l_{2,1}$ 范数的稀疏表示：

$$\arg\min_{A} \ \parallel \boldsymbol{Y} - \boldsymbol{XA} \parallel_2^2 + \lambda \parallel \boldsymbol{A} \parallel_{2,1} \tag{11-8}$$

其中，$\boldsymbol{Y}=[y_1, y_2, \cdots, y_n]$ 为系数矩阵，$\boldsymbol{A}=[\alpha_1, \alpha_2, \cdots, \alpha_N]$。

**2. 低秩表示问题**

矩阵的低秩可以看作向量稀疏性的拓展。常见的矩阵低秩问题的基本形式可以表述为

$$\min \ \mathrm{rank}(\boldsymbol{X}), \quad \text{s.t.} \quad \mathscr{F}(\boldsymbol{X}) = b \tag{11-9}$$

其中，$\mathscr{F}$ 为一个线性映射，$\mathrm{rank}(\cdot)$ 为矩阵的秩。Candes 提出的矩阵低秩稀疏分解模型，通过矩阵的低秩与稀疏性约束，能够从稀疏的显著误差中恢复出低秩的矩阵，有效地解决了主成分分析对显著误差、异常点不够鲁棒的问题。随后发展了低秩表示（Low Rank Representation，LRR）理论[126-128]。低秩表示理论是由子空间分割问题而提出的。线性子空间模型作为数据科学分析中简单有效的描述数据参数模型，是目前最普遍的选择，亦是研究的热点。一般来说，收集到的数据集或多或少存在噪声，于是被噪声污染的数据被分为两部分，即

$$\min_{A, E} \mathrm{rank}(\boldsymbol{A}), \quad \text{s.t.} \quad \boldsymbol{X} = \boldsymbol{XA} + \boldsymbol{E} \tag{11-10}$$

由于矩阵的秩不是连续的，式（11-10）很难求解，因此由式（11-11）代替：

$$\min_{D, E} \ \parallel \boldsymbol{A} \parallel_*, \quad \text{s.t.} \quad \boldsymbol{X} = \boldsymbol{XA} + \boldsymbol{E} \tag{11-11}$$

其中，$\parallel \cdot \parallel_*$ 表示矩阵的核范数，也就是奇异值之和。其求解可以借助不精确增广拉格朗日乘子法（the Inexact Augmented Lagrange Multiplier Method，IALMM）[129] 等方法求解。

相对于稀疏表示是对单个样本分别获取其稀疏表示，低秩表示则是同时联合获取所有样本的低秩表示，往往类内比较聚集，同时类间关联为零，因而更能准确描述数据的全局结构，更适合于子空间聚类、分割等问题。对于含噪数据，低秩表示比稀疏表示更具有鲁棒性，更能刻画数据的潜在结构信息[126]。

# 11.5 高光谱解译研究难点及未来研究方向

如前所述，高光谱遥感数据解译面临着两个主要问题：① 光谱混合（线性和非线性），以及测量过程中的扰动（如大气、光照、系统误差）；② 由于高光谱仪器所提供的空间、光谱和时间分辨率高，数据的维度和尺寸非常大，因此在带来丰富信息的同时，获取标记样本仍是工程应用中的困难。针对以上两个问题，本章从以下三个方面展开了研究：

（1）强判别力特征的提取。

（2）有限的标记样本的高精度分类。

（3）空谱分类器的设计。

综上所述，本章面向海量高光谱数据解译的重大需求，针对精细光谱间的强相关性、冗余性以及混合像元影响带来的目标信息表达与提取的难度，将稀疏结构学习、半监督学习技术引入海量高光谱数据的处理中，从数据基础、算法模型两个层面，构建了基于稀疏结构学习的高光谱数据处理技术框架。

（本章作者：冯志玺，杨淑媛，焦李成）

# 本章参考文献

[1] FUKUNAGA K. Introduction to statistical pattern recognition[M]. Amsterdam：Elsevier，2013.

[2] HE L，LI J，LIU C，et al. Recent Advances on Spectral-Spatial Hyperspectral Image Classification：An Overview and New Guidelines[J]. IEEE Transactions on Geoscience and Remote Sensing，2018，56(3)：1579-1597.

[3] GIBSON P J. Introductory Remote Sensing：Principles and Concepts[J]. Routledge，2000.

[4] 童庆禧，张兵，张立福. 中国高光谱遥感的前沿进展[J]. 遥感学报，2016(5)：689-707.

[5] 张达，郑玉权. 高光谱遥感的发展与应用[J]. 光学与光电技术，2013(3)：67-73.

[6] 高分辨率对地观测系统重大专项[EB/OL]. http：//www. cheos. org. cn/.

[7] 顾行发，余涛，田国良，等. 40年的跨越—中国航天遥感蓬勃发展中的"三大战役"[J]. 遥感学报，2016，20(5)：781-793.

[8] 路京选，宋文龙，曲伟，等. 跨时空观测下的遥感应用新视野[J]. 遥感学报，2015，19(6)：873-881.

[9] GOETZ A F，VANE G，SOLOMON J E，et al. Imaging spectrometry for Earth remote sensing[J]. Science，1985，228(4704)：1147.

[10] PLAZA A，BENEDIKTSSON J A，BOARDMAN J W，et al. Recent advances in techniques for hyperspectral image processing[J]. Remote Sensing of Environment，2009，113：S110-S122.

[11] GREEN R O，EASTWOOD M L，SARTURE C M，et al. Imaging spectroscopy and the airborne visible/infrared imaging spectrometer (AVIRIS)[J]. Remote Sensing of Environment，1998，65(3)：227-248.

[12] CAMPS-VALLS G，TUIA D，GOMEZ-CHOVA L，et al. Remote Sensing Image Processing[J]. Philosophical Transactions of the Royal Society B Biological Sciences，2012，309(309)：192.

[13] DE LATHAUWER L. Signal Processing Based on Multilinear Algebra[J]. Leuven：Katholieke Universiteit Leuven，1997.

[14] VEGAS-SÁNCHEZ-FERRERO G，TRISTÁN-VEGA A，CORDERO-GRANDE L，et al. Tensors in image processing and computer vision[J]. Springer Science&Business Media，2009，9(2)：547-677.

[15] ITSKOV M. Tensor algebra and tensor analysis for engineers[M]. Berlin：Springer，2007.

[16] 张乐飞，张良培，陶大程. 张量分类算法的遥感影像目标探测[J]. 遥感学报，2010，(3)：519-533.

[17] 张乐飞. 遥感影像的张量表达与流形学习方法研究[J]. 测绘学报，2013，42(5)：790-790.

[18] ZHANG L，ZHANG L，TAO D，et al. Tensor discriminative locality alignment for hyperspectral image spectral-spatial feature extraction[J]. IEEE Transactions on Geoscience and Remote Sensing，2013，51(1)：242 – 256.

[19] SIGNORETTO M，VAN DE PLAS R，DE MOOR B，et al. Tensor versus matrix completion：a comparison with application to spectral data[J]. IEEE Signal Processing Letters，2011，18(7)：403 – 406.

[20] GHAMISI P，YOKOYA N，LI J，et al. Advances in hyperspectral image and signal processing：a comprehensive overview of the state of the art[J]. IEEE Geoscience and Remote Sensing Magazine，2018，5(4)：37 – 78.

[21] LANDGREBE D A. Signal theory methods in multispectral remote sensing[J]. John Wiley and Sons，2005

[22] WANG J，CHANG C I. Independent component analysis-based dimensionality reduction with applications in hyperspectral image analysis[J]. IEEE Transactions on Geoscience and Remote Sensing，2006，44(6)：1586 – 1600.

[23] MOJARADI B，ABRISHAMI-MOGHADDAM H，ZOEJ M J V，et al. Dimensionality reduction of hyperspectral data via spectral feature extraction[J]. IEEE Transactions on Geoscience and Remote Sensing，2009，47(7)：2091 – 2105.

[24] JIA X，KUO B C，CRAWFORD M M. Feature Mining for Hyperspectral Image Classification[J]. Proceedings of the IEEE，2013，101(3)：676 – 697.

[25] LI J. Wavelet-based feature extraction for improved endmember abundance estimation in linear unmixing of hyperspectral signals[J]. IEEE Transactions on Geoscience and Remote Sensing，2004，42(3)：644 – 649.

[26] DOPIDO I，VILLA A，PLAZA A，et al. A quantitative and comparative assessment of unmixing-based feature extraction techniques for hyperspectral image classification[J]. IEEE Journal of Selected Topics in Applied Earth Observations and Remote Sensing，2012，5(2)：421 – 435.

[27] PLAZA A，MARTINEZ P，PEREZ R，et al. A quantitative and comparative analysis of endmember extraction algorithms from hyperspectral data[J]. IEEE Transactions on Geoscience and Remote Sensing，2004，42(3)：650 – 663.

[28] KUYBEDA O，MALAH D，BARZOHAR M. Rank estimation and redundancy reduction of high-dimensional noisy signals with preservation of rare vectors[J]. IEEE Transactions on Signal Processing，2007，55(12)：5579 – 5592.

[29] MIAO X，GONG P，SWOPE S，et al. Detection of yellow starthistle through band selection and feature extraction from hyperspectral imagery[J]. Photogrammetric Engineering and Remote Sensing，2007，73(73)：1005 – 1015.

[30] REN J，ZABALZA J，MARSHALL S，et al. Effective feature extraction and data reduction in remote sensing using hyperspectral imaging [Applications Corner][J]. IEEE Signal Processing

Magazine, 2014, 31(4): 149-154.

[31] RICHARDS J A. Remote Sensing Digital Image Analysis[J]. Springer, 2013.

[32] DEBES C, MERENTITIS A, HEREMANS R, et al. Hyperspectral and LiDAR data fusion: Outcome of the 2013 GRSS data fusion contest [J]. IEEE Journal of Selected Topics in Applied Earth Observations and Remote Sensing, 2014, 7(6): 2405-2418.

[33] BORHANI M, GHASSEMIAN H. Kernel multivariate spectral-spatial analysis of hyperspectral data [J]. IEEE Journal of Selected Topics in Applied Earth Observations and Remote Sensing, 2015, 8(6): 2418-2426.

[34] ZHANG L, ZHANG Q, DU B, et al. Simultaneous spectral-spatial feature selection and extraction for hyperspectral images[J]. IEEE Transactions on Cybernetics, 2016.

[35] WANG Q, LIN J, YUAN Y. Salient band selection for hyperspectral image classification via manifold ranking[J]. IEEE Transactions on Neural Networks and Learning Systems, 2016, 27(6): 1279-1289.

[36] CHANG C I, REN H. An experiment-based quantitative and comparative analysis of target detection and image classification algorithms for hyperspectral imagery[J]. IEEE Transactions on Geoscience and Remote Sensing, 2000, 38(2): 1044-1063.

[37] KUO B C, LANDGREBE D A. Nonparametric weighted feature extraction for classification[J]. IEEE Transactions on Geoscience and Remote Sensing, 2004, 42(5): 1096-1105.

[38] LI H, JIANG T, ZHANG K. Efficient and robust feature extraction by maximum margin criterion [C]. Advances in Neural Information Processing Systems, 2004.

[39] LU G F, LIN Z, JIN Z. Face recognition using discriminant locality preserving projections based on maximum margin criterion[J]. Pattern Recognition, 2010, 43(10): 3572-3579.

[40] DU Q. Modified Fisher's linear discriminant analysis for hyperspectral imagery[J]. IEEE Geoscience and Remote Sensing Letters, 2007, 4(4): 503-507.

[41] BANDOS T V, BRUZZONE L, CAMPS-VALLS G. Classification of hyperspectral images with regularized linear discriminant analysis[J]. IEEE Transactions on Geoscience and Remote Sensing, 2009, 47(3): 862-873.

[42] PENG H, LONG F, DING C. Feature selection based on mutual information criteria of max-dependency, max-relevance, and min-redundancy[J]. IEEE Transactions on Pattern Analysis And Machine Intelligence, 2005, 27(8): 1226-1238.

[43] FENG J, JIAO L, LIU F, et al. Mutual-information-based semi-supervised hyperspectral band selection with high discrimination, high information, and low redundancy[J]. IEEE Transactions on Geoscience and Remote Sensing, 2015, 53(5): 2956-2969.

[44] FENG J, JIAO L, ZHANG X, et al. Hyperspectral band selection based on trivariate mutual information and clonal selection[J]. IEEE Transactions on Geoscience and Remote Sensing, 2014, 52(7): 4092-4105.

[45] ZHOU Y, PENG J, CHEN C P. Dimension reduction using spatial and spectral regularized local

discriminant embedding for hyperspectral image classification[J]. IEEE Transactions on Geoscience and Remote Sensing, 2015, 53(2): 1082 – 1095.

[46] CAO X, XIONG T, JIAO L. Supervised band selection using local spatial information for hyperspectral image[J]. IEEE Geoscience and Remote Sensing Letters, 2016, 13(3): 329 – 333.

[47] HUANG H, YANG M. Dimensionality reduction of hyperspectral images with sparse discriminant embedding[J]. IEEE Transactions on Geoscience and Remote Sensing, 2015, 53(9): 5160 – 5169.

[48] FENG F, LI W, DU Q, et al. Sparse graph embedding dimension reduction for hyperspectral image with a new spectral similarity metric[C]. Geoscience and Remote Sensing Symposium (IGARSS), 2017 IEEE International, 2017.

[49] LY N H, DU Q, FOWLER J E. Sparse graph-based discriminant analysis for hyperspectral imagery [J]. IEEE Transactions on Geoscience and Remote Sensing, 2014, 52(7): 3872 – 3884.

[50] XUE Z, DU P, LI J, et al. Simultaneous sparse graph embedding for hyperspectral image classification[J]. IEEE Transactions on Geoscience and Remote Sensing, 2015, 53(11): 6114 – 6133.

[51] HE W, ZHANG H, ZHANG L, et al. Weighted sparse graph based dimensionality reduction for hyperspectral images[J]. IEEE Geoscience and Remote Sensing Letters, 2016, 13(5): 686 – 690.

[52] LUO F, HUANG H, MA Z, et al. Semisupervised sparse manifold discriminative analysis for feature extraction of hyperspectral images [J]. IEEE Transactions on Geoscience and Remote Sensing, 2016, 54(10): 6197 – 6211.

[53] LIAO W, PIZURICA A, SCHEUNDERS P, et al. Semisupervised local discriminant analysis for feature extraction in hyperspectral images [J]. IEEE Transactions on Geoscience and Remote Sensing, 2012, 51(1): 184 – 198.

[54] LIAO W, PIZURICA A, SCHEUNDERS P, et al. Semisupervised local discriminant analysis for feature extraction in hyperspectral images [J]. IEEE Transactions on Geoscience and Remote Sensing, 2013, 51(1): 184 – 198.

[55] CHEN S, ZHANG D. Semisupervised dimensionality reduction with pairwise constraints for hyperspectral image classification[J]. IEEE Geoscience and Remote Sensing Letters, 2011, 8(2): 369 – 373.

[56] BAI J, XIANG S, SHI L, et al. Semisupervised pair-wise band selection for hyperspectral images [J]. IEEE Journal of Selected Topics in Applied Earth Observations and Remote Sensing, 2015, 8 (6): 2798 – 2813.

[57] SUGIYAMA M, IDÉ T, NAKAJIMA S, et al. Semi-supervised local Fisher discriminant analysis for dimensionality reduction[J]. Machine learning, 2010, 78(1 – 2): 35.

[58] HE X, CAI D, YAN S, et al. Neighborhood preserving embedding[C]. Computer Vision, 2005. ICCV 2005. Tenth IEEE International Conference on, 2005.

[59] LUO F, HUANG H, MA Z, et al. Semisupervised sparse manifold discriminative analysis for feature extraction of hyperspectral images [J]. IEEE Transactions on Geoscience and Remote Sensing, 2016, 54(10): 6197 – 6211.

[60] CHEN Y, LIN Z, ZHAO X, et al. Deep learning-based classification of hyperspectral data[J]. IEEE

Journal of Selected topics in Applied Earth Observations and Remote Sensing, 2014, 7(6): 2094 – 2107.

[61] ZHAO W, DU S. Spectral-spatial feature extraction for hyperspectral image classification: A dimension reduction and deep learning approach[J]. IEEE Transactions on Geoscience and Remote Sensing, 2016, 54(8): 4544 – 4554.

[62] HARSANYI J C, CHANG C. Hyperspectral image classification and dimensionality reduction: an orthogonal subspace projection approach[J]. IEEE Transactions on Geoscience and Remote Sensing, 1994, 32(4): 779 – 785.

[63] MELGANI F, BRUZZONE L. Classification of hyperspectral remote sensing images with support vector machines[J]. IEEE Transactions on Geoscience and Remote Sensing, 2004, 42(8): 1778 – 1790.

[64] PLAZA A, BENEDIKTSSON J A, BOARDMAN J W, et al. Recent advances in techniques for hyperspectral image processing[J]. Remote Sensing of Environment, 2009, 113(1): S110 – S122.

[65] LU D, WENG Q. A survey of image classification methods and techniques for improving classification performance[J]. International Journal of Remote Sensing, 2007, 28(5): 823 – 870.

[66] FAUVEL M, TARABALKA Y, BENEDIKTSSON J A, et al. Advances in spectral-spatial classification of hyperspectral images[J]. Proceedings of the IEEE, 2013, 101(3): 652 – 675.

[67] DU Q, YANG H. Similarity-based unsupervised band selection for hyperspectral image analysis[J]. IEEE Geoscience and Remote Sensing Letters, 2008, 5(4): 564 – 568.

[68] ZHONG Y, ZHANG L, HUANG B, et al. An unsupervised artificial immune classifier for multi/hyperspectral remote sensing imagery[J]. IEEE Transactions on Geoscience and Remote Sensing, 2006, 44(2): 420 – 431.

[69] IFARRAGUERRI A, CHANG C I. Unsupervised hyperspectral image analysis with projection pursuit[J]. IEEE Transactions on Geoscience and Remote Sensing, 2000, 38(6): 2529 – 2538.

[70] BALL G H, HALL D J. ISODATA, a novel method of data analysis and pattern classification[R]. Menlo Park, CA: Standford Research Institute, 1965.

[71] SUN T, JIAO L, FENG J, et al. Imbalanced hyperspectral image classification based on maximum margin[J]. IEEE Geoscience and Remote Sensing Letters, 2015, 12(3): 522 – 526.

[72] KRAWCZYK B. Learning from imbalanced data: open challenges and future directions[J]. Progress in Artificial Intelligence, 2016, 5(4): 221 – 232.

[73] 马晓瑞. 基于深度学习的高光谱影像分类方法研究[D]. 大连：大连理工大学, 2017.

[74] BAZI Y, MELGANI F. Toward an optimal SVM classification system for hyperspectral remote sensing images[J]. IEEE Transactions on Geoscience and Remote Sensing, 2006, 44(11): 3374 – 3385.

[75] TARABALKA Y, FAUVEL M, CHANUSSOT J, et al. SVM-and MRF-based method for accurate classification of hyperspectral images[J]. IEEE Geoscience and Remote Sensing Letters, 2010, 7(4): 736 – 740.

[76] FAUVEL M, BENEDIKTSSON J A, CHANUSSOT J, et al. Spectral and spatial classification of

hyperspectral data using SVMs and morphological profiles[J]. IEEE Transactions on Geoscience and Remote Sensing, 2008, 46(11): 3804 – 3814.

[77] GUO B, GUNN S R, DAMPER R I, et al. Customizing kernel functions for SVM-based hyperspectral image classification[J]. IEEE Transactions on Image Processing, 2008, 17(4): 622 – 629.

[78] MELGANI F, BRUZZONE L. Classification of hyperspectral remote sensing images with support vector machines[J]. IEEE Transactions on Geoscience and Remote Sensing, 2004, 42(8): 1778 – 1790.

[79] CARUANA G, LI M, QI M. A MapReduce based parallel SVM for large scale spam filtering[C]. Fuzzy Systems and Knowledge Discovery (FSKD), 2011 Eighth International Conference on, 2011.

[80] PENG P, MA Q L, HONG L M. The research of the parallel SMO algorithm for solving SVM[C]. Machine Learning and Cybernetics, 2009 International Conference on, 2009.

[81] MOUNTRAKIS G, IM J, OGOLE C. Support vector machines in remote sensing: A review[J]. ISPRS Journal of Photogrammetry and Remote Sensing, 2011, 66(3): 247 – 259.

[82] CAMPS-VALLS G, GOMEZ-CHOVA L, MUÑOZ-MARÍJ, et al. Composite kernels for hyperspectral image classification[J]. IEEE Geoscience and Remote Sensing Letters, 2006, 3(1): 93 – 97.

[83] YANG L, YANG S, LI S, et al. Coupled compressed sensing inspired sparse spatial-spectral LSSVM for hyperspectral image classification[J]. Knowledge-Based Systems, 2015, 79(C): 80 – 89.

[84] LI J, ZHANG H, ZHANG L. Efficient superpixel-level multitask joint sparse representation for hyperspectral image classification[J]. IEEE Transactions on Geoscience and Remote Sensing, 2015, 53(10): 5338 – 5351.

[85] TANG Y Y, YUAN H. Manifold-based sparse representation for hyperspectral image classification[J]. In Handbook of Pattern Recognition and Computer Vision, 2016: 331 – 350.

[86] CHEN Y, NASRABADI N M, TRAN T D. Hyperspectral image classification via kernel sparse representation[J]. IEEE Transactions on Geoscience and Remote sensing, 2013, 51(1): 217 – 231.

[87] SUN X, QU Q, NASRABADI N M, et al. Structured priors for sparse-representation-based hyperspectral image classification[J]. IEEE Geoscience and Remote Sensing Letters, 2014, 11(7): 1235 – 1239.

[88] LIU J, WU Z, WEI Z, et al. Spatial-spectral kernel sparse representation for hyperspectral image classification[J]. IEEE Journal of Selected Topics in Applied Earth Observations and Remote Sensing, 2013, 6(6): 2462 – 2471.

[89] CHEN Y, NASRABADI N M, TRAN T D. Hyperspectral image classification using dictionary-based sparse representation[J]. IEEE Transactions on Geoscience and Remote Sensing, 2011, 49(10): 3973 – 3985.

[90] CHEN Y, NASRABADI N M, TRAN T D. Hyperspectral image classification using dictionary-based sparse representation[J]. IEEE Transactions on Geoscience and Remote Sensing, 2011, 49(10): 3973 – 3985.

[91] ZHANG H, LI J, HUANG Y, et al. A nonlocal weighted joint sparse representation classification method for hyperspectral imagery[J]. IEEE Journal of Selected Topics in Applied Earth Observations and Remote Sensing, 2014, 7(6): 2056 – 2065.

[92] WANG L, HAO S, WANG Q, et al. Semi-supervised classification for hyperspectral imagery based on spatial-spectral label propagation[J]. ISPRS Journal of Photogrammetry and Remote Sensing, 2014, 97: 123 – 137.

[93] TAN K, LI E, DU Q, et al. An efficient semi-supervised classification approach for hyperspectral imagery[J]. ISPRS Journal of Photogrammetry and Remote Sensing, 2014, 97: 36 – 45.

[94] DOBIGEON N, TOURNERET J Y, CHANG C I. Semi-supervised linear spectral unmixing using a hierarchical Bayesian model for hyperspectral imagery[J]. IEEE Transactions on Signal Processing, 2008, 56(7): 2684 – 2695.

[95] YANG L, YANG S, JIN P, et al. Semi-supervised hyperspectral image classification using spatio-spectral Laplacian support vector machine[J]. IEEE Geoscience and Remote Sensing Letters, 2014, 11(3): 651 – 655.

[96] CAMPS-VALLS G, MARSHEVA T V B, ZHOU D. Semi-supervised graph-based hyperspectral image classification[J]. IEEE Transactions on Geoscience and Remote Sensing, 2007, 45(10): 3044 – 3054.

[97] TAN K, HU J, LI J, et al. A novel semi-supervised hyperspectral image classification approach based on spatial neighborhood information and classifier combination [J]. ISPRS Journal of Photogrammetry and Remote Sensing, 2015, 105: 19 – 29.

[98] RATLE F, CAMPS-VALLS G, WESTON J. Semisupervised neural networks for efficient hyperspectral image classification[J]. IEEE Transactions on Geoscience and Remote Sensing, 2010, 48(5): 2271 – 2282.

[99] ZHANG Z, PASOLLI E, CRAWFORD M M, et al. An active learning framework for hyperspectral image classification using hierarchical segmentation[J]. IEEE Journal of Selected Topics in Applied Earth Observations and Remote Sensing, 2016, 9(2): 640 – 654.

[100] WAN L, TANG K, LI M, et al. Collaborative active and semisupervised learning for hyperspectral remote sensing image classification[J]. IEEE Transactions on Geoscience and Remote Sensing, 2015, 53(5): 2384 – 2396.

[101] TUIA D, VOLPI M, COPA L, et al. A survey of active learning algorithms for supervised remote sensing image classification[J]. IEEE Journal of Selected Topics in Signal Processing, 2011, 5(3): 606 – 617.

[102] RIFAI S, VINCENT P, MULLER X, et al. Contractive auto-encoders: explicit invariance during feature extraction[C]. ICML, 2011.

[103] HU W, HUANG Y, WEI L, et al. Deep convolutional neural networks for hyperspectral image classification[J]. Journal of Sensors, 2015(2): 1 – 12.

[104] CHEN Y, LIN Z, ZHAO X, et al. Deep learning-based classification of hyperspectral data[J].

IEEE Journal of Selected Topics in Applied Earth Observations and Remote Sensing, 2017, 7(6): 2094 - 2107.

[105] GHAMISI P, CHEN Y, ZHU X X. A self-improving convolution neural network for the classification of hyperspectral data[J]. IEEE Geoscience and Remote Sensing Letters, 2016, 13(10): 1537 - 1541.

[106] RAJADELL O, GARCÍA-SEVILLA P, PLA F. Spectral-spatial pixel characterization using Gabor filters for hyperspectral image classification[J]. IEEE Geoscience and Remote Sensing Letters, 2013, 10(4): 860 - 864.

[107] KANG X, LI S, BENEDIKTSSON J A. Spectral-spatial hyperspectral image classification with edge-preserving filtering[J]. IEEE Transactions on Geoscience and Remote Sensing, 2014, 52(5): 2666 - 2677.

[108] CHANG C I. Information-Processed Matched Filters for Hyperspectral Target Detection and Classification[J]. Hyperspectral data exploitation: theory and applications, 2007: 47 - 74.

[109] BAU T C, SARKAR S, HEALEY G. Hyperspectral region classification using a three-dimensional Gabor filterbank[J]. IEEE Transactions on Geoscience and Remote Sensing, 2010, 48(9): 3457 - 3464.

[110] YUAN Q, ZHANG L, SHEN H. Hyperspectral image denoising employing a spectral-spatial adaptive total variation model[J]. IEEE Transactions on Geoscience and Remote Sensing, 2012, 50(10): 3660 - 3677.

[111] FANG L, LI S, KANG X, et al. BENEDIKTSSON. Spectral-spatial classification of hyperspectral images with a superpixel-based discriminative sparse model[J]. IEEE Transactions on Geoscience and Remote Sensing, 2015, 53(8): 4186 - 4201.

[112] FANG L Y, LI S T, DUAN W H, et al. Classification of hyperspectral images by exploiting spectral-spatial information of superpixel via multiple kernels[J]. IEEE Transactions on Geoscience and Remote Sensing, 2015, 53(12): 6663 - 6674.

[113] PRIYA T, PRASAD S, WU H. Superpixels for spatially reinforced Bayesian classification of hyperspectral images[J]. IEEE Geoscience and Remote Sensing Letters, 2015, 12(5): 1071 - 1075.

[114] LI S, LU T, FANG L, et al. BENEDIKTSSON. Probabilistic fusion of pixel-level and superpixel-level hyperspectral image classification[J]. IEEE Transactions on Geoscience and Remote Sensing, 2016, 54(12): 7416 - 7430.

[115] NEEDELL D, VERSHYNIN R. Uniform uncertainty principle and signal recovery via regularized orthogonal matching pursuit[J]. Foundations of Computational Mathematics, 2007, 9(3): 317 - 334.

[116] TROPP J A, GILBERT A C. Signal recovery from random measurements via orthogonal matching pursuit[J]. IEEE Transactions on Information Theory, 2007, 53(12): 4655 - 4666.

[117] YANG J, ZHANG L, XU Y, et al. Beyond sparsity: The role of L1-optimizer in pattern classification [J]. Pattern Recognition, 2012, 45(3): 1104 - 1118.

[118] XU Z. Data Modeling: Visual Psychology Approach and L1/2 Regularization Theory [C]. Proceedings of the International Congress of Mathernaticians 2010(ICM 2010), 2010: 3151 – 3184.

[119] SAAB R, CHARTRAND , YILMAZ O. Stable sparse approximations via nonconvex optimization [C]. IEEE International Conference on Acoustics, Speech and Signal Processing, 2008.

[120] SCHMIDT M, FUNG G, ROSALES R. Fast optimization methods for L1 regularization: A Comparative Study and Two New Approaches[J]. LNAI, 2007, 4701: 286 – 297.

[121] TIBSHIRANI R. Regression Shrinkage and Selection via the Lasso[J]. Journal of the Royal Statistical Society, 2011, 73(3): 273 – 282.

[122] NASEEM I, TOGNERI R, BENNAMOUN M. Linear regression for face recognition[J]. IEEE Transactions on Pattern Analysis and Machine Intelligence, 2010, 32(11): 2106 – 2112.

[123] ZHANG L, YANG M. Sparse representation or collaborative representation: Which helps face recognition[C]. IEEE International Conference on Computer Vision, 2012.

[124] HOU C, NIE F, LI X, et al. Joint embedding learning and sparse regression: a framework for unsupervised feature selection[J]. IEEE Transactions on Cybernetics, 2017, 44(6): 793 – 804.

[125] NIE F, HUANG H, CAI X, et al. Efficient and robust feature selection via joint $l$ 2, 1 -norms minimization[C]. International Conference on Neural Information Processing Systems, 2010.

[126] LIU G, LIN Z, YU Y. Robust subspace segmentation by low-rank representation[C]. Proceedings of the 27th International Conference on Machine Learning (ICML – 10), 2010.

[127] LIU G, LIN Z, YAN S, et al. Robust recovery of subspace structures by low-rank representation [J]. IEEE Transactions on Pattern Analysis and Machine Intelligence, 2013, 35(1): 171 – 184.

[128] WRIGHT J, GANESH A, RAO S, et al. Robust principal component analysis: Exact recovery of corrupted low-rank matrices via convex optimization[C]. Advances in Neural Information Processing Systems, 2009.

[129] LIN Z, CHEN M, MA Y. The augmented lagrange multiplier method for exact recovery of corrupted low-rank matrices[J]. arXiv preprint arXiv: 1009. 5055, 2010.

人工智能、类脑计算与图像解译前沿

# 第三篇

## 计算智能与多目标优化

## 第12章 多目标进化优化

### 12.1 多目标优化问题

相比于只考虑一个目标的单目标优化问题，多目标优化问题（Multi-objective Optimization Problem，MOP）同时优化多个目标，更加接近于实际问题，因此具有实际应用意义[1]。

对于一个具有 $m$ 个目标的最小化多目标优化问题，其数学表达式为

$$\min \; \boldsymbol{y} = \boldsymbol{F}(\boldsymbol{x}) = (f_1(\boldsymbol{x}), \cdots, f_m(\boldsymbol{x})), \quad \text{s.t.} \;\; \boldsymbol{x} \in \Omega \qquad (12-1)$$

其中，$\boldsymbol{x}$ 是决策空间 $\Omega$ 里的 $n$ 维决策变量，经函数 $\boldsymbol{F}$ 映射成 $m$ 维目标向量 $\boldsymbol{y}$[2]。

若 $\boldsymbol{x}^1$，$\boldsymbol{x}^2 \in \Omega$，且 $f_i(\boldsymbol{x}^1) \leqslant f_i(\boldsymbol{x}^2)$，$\boldsymbol{F}(\boldsymbol{x}^1) \neq \boldsymbol{F}(\boldsymbol{x}^2)$，$i \in 1, 2, \cdots, m$，则称 $\boldsymbol{x}^1$ 支配 $\boldsymbol{x}^2$，记作 $\boldsymbol{x}^1 \prec \boldsymbol{x}^2$。对于 $\boldsymbol{x}^* \in \Omega$，在 $\Omega$ 中没有任何一个 $\boldsymbol{x}$ 可以支配 $\boldsymbol{x}^*$，则称 $\boldsymbol{x}^*$ 是 Pareto 最优解（或称非支配解）。由于多个目标间的关系复杂，使得所有目标很难同时达到各自的最优值，往往一个目标的提高会导致另外一个目标的损失，所以 Pareto 最优解不止一个。所有 Pareto 最优解组成的集合称为 Pareto 最优解集（Pareto Set，PS），将 PS 按照函数 $\boldsymbol{F}$ 映射到目标空间所得集合称为 Pareto 前端（Pareto Front，PF）[2]。

### 12.2 多目标进化算法简介

古典求解多目标优化问题的算法有加权法和约束法两种。前者分配不同权重于各个目标，通过加权和将多目标优化问题转化成单目标优化问题；后者选取一个目标作为优化目标，其他目标作为约束条件求解约束单目标优化问题。两者的缺点是单次运算不能获得整个 Pareto 最优解集，并且权重和约束参数难以设定和调节[3]。

进化算法（Evolutionary Algorithm，EA）是一种基于种群的模拟自然进化的随机搜索算法[4]。进化算法在没有任何先验知识的情况下，通过迭代循环搜索黑盒问题的解或解集。进化算法的一般范式如下：随机初始化种群，在每一次迭代的过程中以父代种群生成子代

种群,再通过适应度函数筛选优秀个体作为下一代父代种群,直至满足终止条件。进化算法以其搜索的全局性逐步成为解决多目标优化问题的有效工具[5]。多目标进化算法(Multi-Objective Evolutionary Algorithm,MOEA)以其"单次运算可获得整个解集"的优良特性得到了广泛应用[6-17]。

经过近30年的发展,多目标进化算法蓬勃发展,优秀算法不断涌现。多目标进化算法的目标是获得具有良好收敛性和多样性的解集[18]。目前,已存在的多目标进化算法可分为三类[19]:基于Pareto的多目标进化算法、基于指标的多目标进化算法和基于分解的多目标进化算法。

## 12.2.1 基于Pareto的多目标进化算法

基于Pareto的多目标进化算法是最直接、最主流的方法,以Pareto占优筛选个体是其核心思想,并结合了不同类型的进化算法。除了狭义的进化算法以外,不乏基于Pareto的多目标进化算法,它们以其他广义进化算法为基础,比如人工免疫系统(Artificial Immune System)(MISA[20]、I-PAES[21]、VAIS[22]、NNIA[23]和NNIA2[24])、粒子群优化(Particle Swarm Optimization,PSO)(MOPSO[25])、协同进化算法(Co-evolutionary Algorithm)(CCEA[26]、COEA[27]、SPEA2-CE-KR[28]和NSCCGA[29])及密母算法(Memetic Algorithm,MA)[30-34]。

由于多目标优化问题的特殊性,经常存在两个解相互不支配的情况,因此基于Pareto的多目标进化算法一般通过以下两种方式筛选个体:Pareto占优和多样性维持策略。

通过Pareto占优关系,基于Pareto的多目标进化算法可得到种群间的支配关系,从而对种群进行筛选,淘汰在Pareto占优意义下差的个体,这样所得解集的收敛性可得到保证。MOGA[35]、NPGA[36]和NSGA[37]都是早期著名的基于Pareto的多目标进化算法。文献[38]最早提出了使用非支配排序来筛选个体,即将种群分层排序,同层个体互不支配,非支配解排在最优先层,优先级高层内个体支配优先级低层内个体。基于非支配排序的多目标进化算法中最著名的算法是NSGA-Ⅱ[39](第二代NSGA[37])。NSGA-Ⅱ中的快速非支配排序(Fast Non-Dominated Sort)将原本$O(mN^3)$复杂度的非支配排序降为$O(mN^2)$,其中$m$为目标个数,$N$为种群大小,因而NSGA-Ⅱ在实际问题中被广泛应用[1,34,40]。然而快速非支配排序并非目前最快的排序方法,很多关于降低其复杂度的研究也相继被提出,如非支配等级排序(Non-Dominated Rank Sort)[41]和演绎排序(Deductive Sort)[42]。此外,SPEA2[43](改进的SPEA[44])也是一种著名的基于Pareto的多目标进化算法。不同于以上所述算法应用非支配排序,SPEA2应用一种表示被支配次数的Pareto强度作为适应度来筛选个体。

多样性和收敛性在多目标优化问题中同样重要[45-46],一方面多样性好的解集能够提供给决策者更丰富的信息，另一方面也在进化搜索中促进种群收敛[47]。多样性维持策略的主旨是尽可能保存不相似个体。NPGA 中的小生境技术（Niched Technology）[36]利用分享函数（Sharing Function）描述种群分布情况，从而维持多样性，但其分享函数含有敏感参数，会影响维持效果。SPEA[44]利用聚类方法将种群划分成若干类并从每类中筛选个体来保持多样性，但其复杂度过高。而 SPEA2 应用复杂度高达 $O(mN^3)$ 的环境选择（Environment Selection）删除多余个体。NNIA2[24]每次迭代只删除具有最小 $k$-近邻距离乘积的个体，直至多余个体删除完毕。NSGA-Ⅱ[39]的拥挤距离（Crowding Distance）用于计算种群中邻居间的距离后，一次性删除多余的相似个体，其复杂度仅有 $O(mN\log N)$。在目标空间采用划分超格（Hyper Gird）的方法在 PESA-Ⅱ[48]中作为其多样性维持策略，可是超格尺寸会影响多样性的保持效果。TDEA[49]中自适应地划分领地区域的方法在一定程度上弥补了超格方法不灵活的缺点。此外，$\varepsilon$-支配[50]以牺牲严格意义上的 Pareto 支配关系来获取更好的多样性。

## 12.2.2　基于指标的多目标进化算法

基于指标的多目标进化算法将单个指标作为算法的适应度函数进行求解。最早的该类多目标进化算法源于 IBEA[51]，这里提出两种指标 $I_{\varepsilon+}$ 和 $I_H$，前者是收敛性指标，后者是超体积（Hypervolume[44]）指标。基于 $I_{\varepsilon+}$ 的 IBEA 过于强调收敛性，因此其在 PF 上的多样性并不好[52]。超体积同时关注收敛性和多样性，目前多数基于指标的多目标进化算法都基于超体积指标[53-54]，比如 HypE[55]、HypE*[56]和 SMS-EMOA[57-58]。此外，基于 R2[59]指标的 R2-IBEA[60]是最新的基于指标的多目标进化算法。

## 12.2.3　基于分解的多目标进化算法

MOEA/D[61-62]是最早的基于分解的多目标进化算法。其核心是将多目标优化问题通过一组权重向量转化为多个单目标子优化问题，利用子问题间的合作一次性输出整个解集。预先在目标空间分配的均匀分布的权重向量使得 MOEA/D 具有比 NSGA-Ⅱ优良的多样性[63]。此外，MOEA/D 在解决含复杂 PS 的多目标优化问题时具有很好的收敛性和多样性，获得了 2009 年 IEEE CEC 会议竞赛冠军[64]。

基于分解的多目标进化算法开辟了古典算法同进化算法结合的先河。迄今为止，对于分解的多目标进化算法的研究逐渐得到了发展。聚合函数[65]（Aggregation Function）将多目标优化问题转化为多个单目标子优化问题，因此如何选择合适的聚合函数也是基于分解的多目标进化算法的一个重要问题，相关研究有 NBI-Tchebycheff 方法[66]、自适应聚合函数方法[67]、广义分解方法[68]和 T-MOEA/D[69]。权向量的分配决定了解集的多样性，对于不同形态的 PF，权向量的动态调整尤为重要，因此不同的权向量调整方法相继被提出[70-73]。此外，在子问题和个体间的配对选择[74-75]、相似子问题邻居关系[76-77]、引入差分进化算子(Differential Evolution，DE)[78]以及转化为多个多目标优化问题[79]等方面均有研究。

## 12.3　多目标进化算法的评价测度

评价多目标进化算法的优劣主要从以下三个方面衡量[44-80]：

(1) 收敛性：所得解集距离真实 PF 尽可能近。

(2) 多样性：所得解集在 PF 上分布尽可能广，尽可能表达 PF。

(3) 均匀性：所得解集在 PF 上分布尽可能均匀。

鉴于以上方面，相应的评价测度应运而生，但单个测度均有各自的优点和不足，因此，在评价算法优劣时应使用多个测度多角度进行客观分析[81]。

### 12.3.1　收敛性

评价收敛性的测度主要分为三类：基于比率的收敛性测度、基于距离的收敛性测度和多元比较收敛性测度。

基于比率的收敛性测度表达所得解集 $P_{\text{obtained}}$ 在参考集的比例。ER(Error Ratio)[82]是所得非支配解集 $\text{PF}_{\text{obtained}}$ 中非真实 PF 集 $\overline{\text{PF}_{\text{true}}}$ 的比率：

$$\text{ER} = \frac{|\text{PF}_{\text{obtained}} \cap \overline{\text{PF}_{\text{true}}}|}{|\text{PF}_{\text{obtained}}|} \tag{12-2}$$

ER 的大小体现了与真实 PF 的接近程度。对于具有连续 PF 的问题，$\text{PF}_{\text{true}}$ 通过采样得到，不能完全表示真实 PF，那么 $\text{PF}_{\text{obtained}}$ 中一些在真实 PF 上的解却被错判成不在 $\text{PF}_{\text{true}}$ 内，此时 ER 不能给出准确的评价。RNI(Ratio of Nondominated Individuals)[83]是所得解集中非支配解集的比例：

$$\text{RNI} = \frac{|\text{PF}_{\text{obtained}}|}{|P_{\text{obtained}}|} \tag{12-3}$$

基于距离的收敛性测度通过所得非支配解集 $\text{PF}_{\text{obtained}}$ 与真实 PF 的距离来评价收敛性。GD(Generational Distance)[82]是所得非支配解集 $\text{PF}_{\text{obtained}}$ 到真实 PF 集 $\text{PF}_{\text{true}}$ 的平均距离：

$$\text{GD} = \frac{\sqrt{\sum\limits_{i \in \text{PF}_{\text{obtained}}} \min(\text{dis}(i, \text{PF}_{\text{true}}))}}{|\text{PF}_{\text{obtained}}|} \tag{12-4}$$

MPFE(Maximum Pareto Front Error)[82]是所得非支配解集 $\text{PF}_{\text{obtained}}$ 到真实 PF 集 $\text{PF}_{\text{true}}$ 的最大距离：

$$\mathrm{MPFE} = \max_{i \in \mathrm{PF}_{\mathrm{obtained}}} (\min(\mathrm{dis}(i, \mathrm{PF}_{\mathrm{true}}))) \tag{12-5}$$

多元比较收敛性测度通常应用于比较多组解集的收敛性。$I_\varepsilon$ 测度[84]是最小的 $\varepsilon$，使得解集 $A$ 至少有一个解不被解集 $B$ 中任何一个解支配，其计算式为

$$I_\varepsilon(A, B) = \max_{y^2 \in B} \min_{y^1 \in A} \max_{1 \leqslant i \leqslant m} \frac{y_i^1}{y_i^2} \tag{12-6}$$

$C(A, B)$ 测度[18]是评价解集 $B$ 中至少被解集 $A$ 中一个解支配的比例，其计算式为

$$C(A, B) = \frac{|\{y^2 \in B \mid \exists\, y^1 \in A: y^1 \prec y^2\}|}{|B|} \tag{12-7}$$

纯度（Purity）[81]用于比较多个集合 $\{A_1, \cdots, A_l\}$ 的收敛性。$A^*$ 是 $\{A_1 \bigcup \cdots \bigcup A_n\}$ 的非支配集合，那么 $A_i$ 的纯度为

$$\mathrm{Purity}_i = \frac{|A_i \bigcap A^*|}{|A_i|} \tag{12-8}$$

## 12.3.2　多样性

到目前为止，多样性测度尚不丰富。MS（Maximum Spread）[18]是测量所得非支配解集 $\mathrm{PF}_{\mathrm{obtained}}$ 的最大展度，其计算式为

$$\mathrm{MS} = \sqrt{\frac{1}{m} \sum_{i=1}^{m} \left( \frac{\min(\mathrm{PF}_{\mathrm{obtained}, i}^{\max}, \mathrm{PF}_{\mathrm{true}, i}^{\max}) - \max(\mathrm{PF}_{\mathrm{obtained}, i}^{\min}, \mathrm{PF}_{\mathrm{true}, i}^{\min})}{\mathrm{PF}_{\mathrm{true}, i}^{\max} - \mathrm{PF}_{\mathrm{true}, i}^{\min}} \right)^2} \tag{12-9}$$

但 MS 过度强调 PF 边界，并不能表征整个 PF 的多样性。

NDC（Number of Distinct Choices）[85]将整个目标空间等分成 $b^m$ 个格子并统计有解落入的格子的数目，但 $b$ 的大小直接影响精度。NDC 的计算式为

$$\mathrm{NDC} = \sum_{i=1}^{b^m} \mathrm{grid} - \mathrm{non} - \mathrm{empty}(i) \tag{12-10}$$

SDM（Sigma Diversity Metric）[86]是根据所得解集 $\mathrm{PF}_{\mathrm{obtained}}$ 与预设参考线的关系来测量多样性的，但由于其具有高复杂性，因此并不适用。PD（Pure Diversity）[87]是一种受生物多样性启发的测度，其计算公式为

$$\begin{cases} \mathrm{PD}(X) = \max_{s_i \in X}(\mathrm{PD}(X - s_i) + d(s_i, X - s_i)) \\ d(s, X) = \min_{s_i \in X}(\mathrm{dissimilarity}(s, s_i)) \end{cases} \tag{12-11}$$

此外，基于信息熵的多样性测度[88]同样也由于需要设置参数而不常被使用。

## 12.3.3　均匀性

均匀性测度表征所得非支配解集 $\mathrm{PF}_{\mathrm{obtained}}$ 分布的均匀程度。UD（Uniform Distribution）[83]

是一种基于小生境技术[36]的均匀性测度，其计算方法为

$$\text{UD} = \cfrac{1}{1 + \sqrt{\cfrac{\displaystyle\sum_{i \in \text{PF}_{\text{obtained}}} (\text{nc}(i) - \overline{\text{nc}(\text{PF}_{\text{obtained}})})^2}{|\text{PF}_{\text{obtained}}|}}} \quad (12-12)$$

$$\text{nc}(i) = \sum_{j=1,\, j \neq i}^{|\text{PF}_{\text{obtained}}|} f(i,j), \ f(i,j) = \begin{cases} 1, & \text{dis}(i,j) < \sigma_{\text{share}} \\ 0, & \text{其他} \end{cases} \quad (12-13)$$

$$\text{SP} = \sqrt{\cfrac{\displaystyle\sum_{i \in \text{PF}_{\text{obtained}}} (d_i - \overline{d})^2}{|\text{PF}_{\text{obtained}}|}} \quad (12-14)$$

SP(Spacing)[82]则是与最近邻距离 $d$ 的方差。SP 的缺点显而易见，若所得解集集中于 PF 的几个小区域，那么其均匀性并不好，但是 SP 仍输出较好的数值。鉴于此，Minimal SP[81]是改进的 SP。计算 Minimal SP 时应避免重复使用同一段距离。以解 $i$ 和 $j$ 为例，两者互为最近邻，那么 $d_i$ 为两者之间的距离，而 $d_j$ 为 $j$ 到次近邻的距离。

### 12.3.4 混合型

混合型测度的值表征所得解集的多个方面。超体积(Hypervolume)[44]是所得非支配解集 $\text{PF}_{\text{obtained}}$ 覆盖参考点的体积，其值描述收敛性和多样性。但超体积指标的缺点是具有较高的计算复杂度[89-91]。IGD(Inverted Generational Distance)[92]是真实 PF 集 $\text{PF}_{\text{true}}$ 到所得非支配解集 $\text{PF}_{\text{obtained}}$ 的平均距离，其计算式为

$$\text{IGD} = \cfrac{\sqrt{\displaystyle\sum_{i \in \text{PF}_{\text{true}}} \min(\text{dis}(i, \text{PF}_{\text{obtained}}))}}{|\text{PF}_{\text{true}}|} \quad (12-15)$$

其值描述收敛性和多样性，同时表示收敛性和多样性的 $R_2$[59]指标通过 Tchebycheff 聚合函数来评价所得非支配解集 $\text{PF}_{\text{obtained}}$ 与参考集间的质量。

## 12.4 研究难点及现状

尽管多目标优化算法蓬勃发展，但仍有很多瓶颈问题尚未解决。多目标优化问题的复杂性源于三个方面：决策和目标空间的复杂性与高运算代价的函数评价。

### 12.4.1 决策空间复杂的多目标优化问题

对于一个多目标优化问题，其决策变量间的关联会增加问题的难度[93-94]，但是目前主

流的多目标测试问题都忽略了这点，例如 ZDT[18] 和 DTLZ[95] 问题的决策变量是相互独立的。2008 年，两组考虑决策变量间关联的测试问题(LZ08[78] 和 UF[92] 问题)被提出。LZ08 和 UF 问题均具有复杂的 PS，主流多目标进化算法都无法有效解决，只有 MOEA/D 能获得可接受的结果[64]。

从此以后，决策空间复杂的多目标优化问题才被关注。通常，只有目标空间的情况作为评价标准，为了兼顾目标空间和决策空间，MMEA[96] 利用分布式估计算法(Estimation of Distribution Algorithm，EDA)平衡两个空间的关系。由于 EDA 可以学习到决策变量之间的关系，因此另一种基于 EDA 的算法 RM - MEDA[97] 也致力于解决决策空间复杂的多目标优化问题。此外，不断有学者分析决策变量与目标函数的关系，以期将问题简化[98-99]。但是，目前仍然鲜少相关研究，且相关成果尚未从根本上解决该类复杂问题。

## 12.4.2　目标空间复杂的多目标优化问题

对于多目标优化问题，其目标空间的复杂性主要来自于目标函数的数量。通常情况下，具有三个以上目标的多目标优化问题被称为高维多目标优化问题(Many-objective Optimization Problem，ManyOP)[100-102]。

可是，目前基于 Pareto 的多目标进化算法均不能解决高维多目标优化问题，见文献 [19]的实验结果。如图 12.1 所示，随着目标数量的增加，种群中的个体几乎均互不支配[103-104]，甚至当目标数量增加到 12 个时，种群全是非支配解[105]。对于以 Pareto 占优来筛

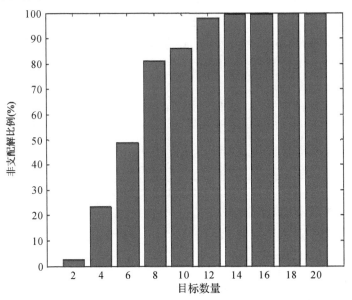

图 12.1　目标数量与非支配解在随机种群中的比例关系

选个体的算法,其选择机制失效,这正是基于 Pareto 的多目标进化算法不能解决高维多目标优化问题的原因。尽管很多不同类型的支配方式(如 $\varepsilon$-支配[50, 106-107]、控制支配区域[108]、$\varepsilon$ 等级[109]、模糊 Pareto 支配[110-111] 以及数据结构表示[112-113])致力于定义一种对高维多目标优化问题有效的支配关系,但是仍然不能得到满意的结果。

目标数量的增加除了给结果可视化带来困难(平行坐标[14]、自组织映射图[114] 及热度图[115] 均不能良好地表达高维多目标优化问题的 PF)之外,也增加了非支配排序的复杂度。快速非支配排序[39]、非支配等级排序[41]、演绎排序[42]、角排序[116] 和高效排序[117] 在高维多目标优化问题上均需要较多的比较次数[118]。

对于高维多目标优化问题,其目标函数之间的关系往往是复杂的。其中,有一种具有冗余目标的特殊高维多目标优化问题,忽略那些冗余目标后并不改变原问题的 PF[119]。通过目标约减后,基于 Pareto 的多目标进化算法便可求解这类问题[120-122]。目前主要的目标约减方法分为三类:基于支配结构保持的方法[123]、Pareto 角搜索[124] 和基于特征选择的方法[125-127]。

然而,上述含有冗余目标的问题太特殊,求解一般的高维多目标优化问题仍然具有相当重要的意义。既然基于 Pareto 的多目标进化算法不能解决,那么基于非 Pareto 的多目标进化算法(基于指标和分解的多目标进化算法)并不应用 Parteo 支配关系筛选个体,因此理论上基于非 Pareto 的多目标进化算法可以应用于高维多目标优化问题,但实际情况难以令人满意。例如,基于指标 $I_{\varepsilon+}$ 的 IBEA[51] 过于强调收敛性,并不能得到具有较好多样性的解集[52];基于超体积指标的多目标进化算法(HypE[55]、HypE$^*$[56] 和 SMS-EMOA[57-58])由于超体积指标的高计算复杂度而不能应用于高维多目标优化问题;MOEA/D[61] 需要在目标空间分配权重向量,但是随着目标空间维数变大,其分配难度也增大,改进的广义分解方法[68] 不能彻底解决上述问题[128-129]。综上所述,令求解高维多目标优化问题的算法同时具有优秀的收敛性、良好的多样性以及能够接受的复杂度是具有挑战性的。

此外,为了更好地加速高维多目标进化算法收敛,一些额外的选择通常被应用,比如基于参考点的 NSGA-Ⅲ[130] 利用 Pareto 支配关系和距离参考点的垂直距离筛选个体,对高维多目标优化问题在上述三方面上可得到满意的结果,但是 NSGA-Ⅲ 需要预先输入在目标空间均匀分布的参考点集。又如,利用拐点加速收敛的 KNEA 算法[131] 也有较好的性能。再如,多种选择机制混合的 Two_Arch2[132]、DDP[133] 等都有较好的性能。

决策者在一定情况下并不需要完整的 PF[134],多目标进化算法可以只关注决策者的偏好区域[135]。目前这方面的研究[136] 分为交互式偏好多目标算法[137-139] 和非交互式偏好多目标算法[49, 140-141]。

此外,在实际应用中,目标函数值往往通过观测而得到,那么存在一定的观测噪声,会降低算法性能。目前解决含噪多目标优化问题的方法有三种:多次观测一个解的目标值取平均值来去噪[142]，针对含噪问题设计相应的排序方法[143-145]以及采用建模去噪方法[146-147]。

### 12.4.3 运算代价昂贵的多目标优化问题

大部分实际的工程优化问题的函数评价往往是基于运算代价高的仿真实验，即可以建模成小数据驱动的优化问题[148]。然而，为了发挥进化计算求解黑盒问题的优势并同时兼顾有限的运算资源，代理模型[149]作为逼近真实目标函数的一种辅助手段经常应用于工业优化中。常见的代理模型有高斯回归过程[150]、径向基函数网络[151]、多项式回归[152]、人工神经网络[153]等。代理模型辅助的进化算法已经成功地应用于运算代价昂贵的单目标优化问题[154]，但是在多目标优化问题上的困难还是十分明显的[155]，主要体现在多个代理模型的逼近误差的叠加导致搜索被误导[156]，因此设计有效的代理模型辅助的进化算法是未来需要攻克的方向之一。

（本章作者：王晗丁，焦李成）

## 本章参考文献


[1] MARLER R T, ARORA J S. Survey of multi-objective optimization methods for engineering[J]. Structural and Multidisciplinary Optimization, 2004, 26(6): 369 - 395.

[2] MIETTINEN K. Nonlinear multiobjective optimization[M]. Springer, 1999.

[3] RUNARSSON T P, YAO X. Stochastic ranking for constrained evolutionary optimization[J]. Evolutionary Computation, IEEE Transactions on, 2000, 4(3): 284 - 294.

[4] MEZURA-MONTES E, COELLO C A C, LANDA-BECERRA R. Engineering optimization using simple evolutionary algorithm[C]. Tools with Artificial Intelligence, 2003. Proceedings. 15th IEEE International Conference on: IEEE, 2003: 149 - 156.

[5] SCHAFFER J D. Multiple objective optimization with vector evaluated genetic algorithms[C]. Proceedings of the 1st international Conference on Genetic Algorithms: L. Erlbaum Associates Inc., 1985: 93 - 100.

[6] DEB K. Scope of stationary multi-objective evolutionary optimization: a case study on a hydro-thermal power dispatch problem[J]. Journal of Global Optimization, 2008, 41(4): 479 - 515.

[7] ZUO X, MO H, WU J. A robust scheduling method based on a multi-objective immune algorithm[J]. Information Sciences, 2009, 179(19): 3359 - 3369.

[8] WANG J, PENG H, SHI P. An optimal image watermarking approach based on a multi-objective genetic algorithm[J]. Information Sciences, 2011, 181(24): 5501 - 5514.

[9] SAHA S, BANDYOPADHYAY S. A new multiobjective simulated annealing based clustering technique using stability and symmetry[C]. Pattern Recognition, 2008. ICPR 2008. 19th International Conference on: IEEE, 2008: 1 - 4.

[10] ZHAO S Z, IRUTHAYARAJAN M W, BASKAR S, et al. Multi-objective robust PID controller tuning using two lbests multi-objective particle swarm optimization[J]. Information Sciences, 2011, 181(16): 3323 – 3335.

[11] SEN S, TANG G, NEHORAI A. Multiobjective optimization of OFDM radar waveform for target detection[J]. Signal Processing, IEEE Transactions on, 2011, 59(2): 639 – 652.

[12] ISHIBUCHI H, MURATA T. A multi-objective genetic local search algorithm and its application to flowshop scheduling[J]. Systems, Man, and Cybernetics, Part C: Applications and Reviews, IEEE Transactions on, 1998, 28(3): 392 – 403.

[13] FACELI K, DE SOUTO M C, DE ARAÚJO D S, et al. Multi-objective clustering ensemble for gene expression data analysis[J]. Neurocomputing, 2009, 72(13): 2763 – 2774.

[14] FLEMING P J, PURSHOUSE R C, LYGOE R J. Many-objective optimization: An engineering design perspective[C]. Evolutionary Multi-Criterion Optimization: Springer, 2005: 14 – 32.

[15] HOROBA C. Exploring the Runtime of an Evolutionary Algorithm for the Multi-Objective Shortest Path Problem[J]. Evolutionary Computation, 2010, 18(3): 357 – 381.

[16] YANG D, JIAO L, GONG M, et al. Artificial immune multi-objective SAR image segmentation with fused complementary features[J]. Information Sciences, 2011, 181(13): 2797 – 2812.

[17] NERI F, TOIVANEN J, CASCELLA G L, et al. An adaptive multimeme algorithm for designing HIV multidrug therapies[J]. IEEE/ACM Transactions on Computational Biology and Bioinformatics (TCBB), 2007, 4(2): 264 – 278.

[18] ZITZLER E, DEB K, THIELE L. Comparison of multiobjective evolutionary algorithms: Empirical results[J]. Evolutionary Computation, 2000, 8(2): 173 – 195.

[19] WAGNER T, BEUME N, NAUJOKS B. Pareto-, aggregation-, and indicator-based methods in many-objective optimization[C]. Evolutionary Multi-Criterion Optimization: Springer, 2007: 742 – 756.

[20] COELLO C A C, CORTÉS N C. An approach to solve multiobjective optimization problems based on an artificial immune system[C]. Proceedings of 1st International Conference on Artificial Immune Systems (ICARIS), University of Kent at Canterbury, UK, 2002: 212 – 221.

[21] CUTELLO V, NARZISI G, NICOSIA G. A class of Pareto archived evolution strategy algorithms using immune inspired operators for ab-initio protein structure prediction[M]. Springer, 2005: 54 – 63.

[22] LANARIDIS A, STAFYLOPATIS A. An artificial immune network for multi-objective optimization [M]. Springer, 2010: 531 – 536.

[23] GONG M, JIAO L, DU H, et al. Multiobjective immune algorithm with nondominated neighbor-based selection[J]. Evolutionary Computation, 2008, 16(2): 225 – 255.

[24] YANG D, JIAO L, GONG M, et al. ADAPTIVE RANKS CLONE AND k-NEAREST NEIGHBOR LIST-BASED IMMUNE MULTI-OBJECTIVE OPTIMIZATION[J]. Computational Intelligence, 2010, 26(4): 359 – 385.

[25] COELLO C C A, LECHUGA M S. MOPSO: A proposal for multiple objective particle swarm optimization[C]. Evolutionary Computation (CEC), 2002 IEEE Congress on: IEEE, 2002: 1051 – 1056.

[26] TAN K C, YANG Y, GOH C K. A distributed cooperative coevolutionary algorithm for multiobjective optimization[J]. Evolutionary Computation, IEEE Transactions on, 2006, 10(5): 527 – 549.

[27] GOH C K, CHEN TAN K. A competitive-cooperative coevolutionary paradigm for dynamic multiobjective optimization[J]. Evolutionary Computation, IEEE Transactions on, 2009, 13(1): 103 – 127.

[28] TAN T G, TEO J, LAU H K. Augmenting SPEA2 with K-Random competitive coevolution for enhanced evolutionary multi-objective optimization[C]. Information Technology, 2008. ITSim 2008. International Symposium on: IEEE, 2008: 1 – 6.

[29] IORIO A W, LI X. A cooperative coevolutionary multiobjective algorithm using non-dominated sorting[C]. Genetic and Evolutionary Computation – GECCO 2004: ACM, 2004: 537 – 548.

[30] TANG K, TAN K C, ISHIBUCHI H. Guest editorial: Memetic algorithms for evolutionary multi-objective optimization[J]. Memetic Computing, 2010, 2(1): 1 – 1.

[31] SCHUETZE O, SANCHEZ G, COELLO C A C. A new memetic strategy for the numerical treatment of multi-objective optimization problems[C]. Genetic and Evolutionary Computation – GECCO 2008: ACM, 2008: 705 – 712.

[32] LARA A, SANCHEZ G, COELLO C A C, et al. HCS: a new local search strategy for memetic multiobjective evolutionary algorithms[J]. Evolutionary Computation, IEEE Transactions on, 2010, 14(1): 112 – 132.

[33] KNOWLES J D, CORNE D W. M-PAES: A memetic algorithm for multiobjective optimization[C]. Evolutionary Computation (CEC), 2000 IEEE Congress on: IEEE, 2000: 325 – 332.

[34] PRAVEENKUMAR K, SHARATH S, D'SOUZA G R, et al. Memetic NSGA-a multi-objective genetic algorithm for classification of microarray data[C]. Advanced Computing and Communications, 2007. ADCOM 2007. International Conference on: IEEE, 2007: 75 – 80.

[35] FONSECA C M, FLEMING P J. Genetic Algorithms for Multiobjective Optimization: Formulation Discussion and Generalization[C]. ICGA, 1993: 416 – 423.

[36] HORN J, NAFPLIOTIS N, GOLDBERG D E. A niched Pareto genetic algorithm for multiobjective optimization[C]. Evolutionary Computation (CEC), 1994 IEEE Congress on: IEEE, 1994: 82 – 87.

[37] SRINIVAS N, DEB K. Muiltiobjective optimization using nondominated sorting in genetic algorithms [J]. Evolutionary Computation, 1994, 2(3): 221 – 248.

[38] AGRAWAL R B, DEB K, AGRAWAL R B. Simulated binary crossover for continuous search space [R]. Complex Systems, 1995, 9: 115 – 148.

[39] DEB K, PRATAP A, AGARWAL S, et al. A fast and elitist multiobjective genetic algorithm: NSGA-II[J]. Evolutionary Computation, IEEE Transactions on, 2002, 6(2): 182 – 197.

[40] ARIAS-MONTANO A, COELLO C A C, MEZURA MONTES E. Multiobjective evolutionary algorithms in aeronautical and aerospace engineering [J]. Evolutionary Computation, IEEE

第12章 多目标进化优化

Transactions on, 2012, 16(5): 662 – 694.

[41] DEB K, TIWARI S. Omni-optimizer: a procedure for single and multi-objective optimization [C]. Evolutionary Multi-Criterion Optimization: Springer, 2005: 47 – 61.

[42] MCCLYMONT K, KEEDWELL E. Deductive sort and climbing sort: New methods for non-dominated sorting[J]. Evolutionary Computation, 2012, 20(1): 1 – 26.

[43] ZITZLER E, LAUMANNS M, THIELE L, et al. SPEA2: Improving the strength Pareto evolutionary algorithm[C]. Proceedings of EUROGEN Evolut. Methods Des., Optim. Control Appl. Industrial Problems: Eidgenössische Technische Hochschule Zürich (ETH), Institut für Technische Informatik und Kommunikationsnetze (TIK), 2001: 1 – 21.

[44] ZITZLER E, THIELE L. Multiobjective evolutionary algorithms: a comparative case study and the strength Pareto approach[J]. Evolutionary Computation, IEEE Transactions on, 1999, 3(4): 257 – 271.

[45] SANGKAWELERT N, CHAIYARATANA N. Diversity control in a multi-objective genetic algorithm [C]. Evolutionary Computation (CEC), 2003 IEEE Congress on: IEEE, 2003: 2704 – 2711.

[46] BOSMAN P A, THIERENS D. The balance between proximity and diversity in multiobjective evolutionary algorithms[J]. Evolutionary Computation, IEEE Transactions on, 2003, 7(2): 174 – 188.

[47] KONAK A, COIT D W, SMITH A E. Multi-objective optimization using genetic algorithms: A tutorial[J]. Reliability Engineering & System Safety, 2006, 91(9): 992 – 1007.

[48] CORNE D W, JERRAM N R, KNOWLES J D, et al. PESA-II: Region-based selection in evolutionary multiobjective optimization[C]. Genetic and Evolutionary Computation-GECCO 2001: ACM, 2001: 283 – 290.

[49] KARAHAN I, KOKSALAN M. A territory defining multiobjective evolutionary algorithms and preference incorporation[J]. Evolutionary Computation, IEEE Transactions on, 2010, 14(4): 636 – 664.

[50] DEB K, MOHAN M, MISHRA S. Evaluating the $\epsilon$-domination based multi-objective evolutionary algorithm for a quick computation of Pareto-optimal solutions[J]. Evolutionary Computation, 2005, 13(4): 501 – 525.

[51] ZITZLER E, KÜNZLI S. Indicator-based selection in multiobjective search[C]. Parallel Problem Solving from Nature-PPSN VIII: Springer, 2004: 832 – 842.

[52] HADKA D, REED P. Diagnostic assessment of search controls and failure modes in many-objective evolutionary optimization[J]. Evolutionary Computation, 2012, 20(3): 423 – 452.

[53] BROCKHOFF D, FRIEDRICH T, NEUMANN F. Analyzing hypervolume indicator based algorithms [M]. Springer, 2008: 651 – 660.

[54] BADER J, ZITZLER. Robustness in hypervolume-based multiobjective search[R]. Tech. Rep. TIK 317, Computer Engineering and Networks Laboratory, ETH Zurich, 2010.

[55] BADER J, ZITZLER E. HypE: An algorithm for fast hypervolume-based many-objective optimization[J].

Evolutionary Computation, 2011, 19(1): 45 - 76.

[56] BADER J, ZITZLER E. A hypervolume-based optimizer for high-dimensional objective spaces[M]. Berlin: Springer, 2010: 35 - 54.

[57] EMMERICH M, BEUME N, NAUJOKS B. An EMO algorithm using the hypervolume measure as selection criterion[C]. Evolutionary Multi-Criterion Optimization: Springer, 2005: 62 - 76.

[58] NAUJOKS B, BEUME N, EMMERICH M. Multi-objective optimisation using S-metric selection: Application to three-dimensional solution spaces[C]. Evolutionary Computation (CEC), 2005 IEEE Congress on: IEEE, 2005: 1282 - 1289.

[59] BROCKHOFF D, WAGNER T, TRAUTMANN H. On the Properties of the R2 Indicator[C]. Genetic and Evolutionary Computation-GECCO 2012: ACM, 2012: 465 - 472.

[60] PHAN D H, SUZUKI J. R2-IBEA: R2 indicator based evolutionary algorithm for multiobjective optimization[C]. Evolutionary Computation (CEC), 2013 IEEE Congress on: IEEE, 2013: 1836 - 1845.

[61] ZHANG Q, LI H. MOEA/D: A multiobjective evolutionary algorithm based on decomposition[J]. Evolutionary Computation, IEEE Transactions on, 2007, 11(6): 712 - 731.

[62] TRIVEDI A, SRINIVASAN D, SANYAL K, et al. A survey of multiobjective evolutionary algorithms based on decomposition[J]. IEEE Transactions on Evolutionary Computation, 2017, 21(3): 440 - 462.

[63] ISHIBUCHI H, SAKANE Y, TSUKAMOTO N, et al. Evolutionary many-objective optimization by NSGA-II and MOEA/D with large populations[C]. Systems, Man and Cybernetics, 2009. SMC 2009. IEEE International Conference on: IEEE, 2009: 1758 - 1763.

[64] ZHANG Q, LIU W, LI H. The performance of a new version of MOEA/D on CEC09 unconstrained MOP test instances[C]. Evolutionary Computation (CEC), 2009 IEEE Congress on: IEEE, 2009: 203 - 208.

[65] ISHIBUCHI H, SAKANE Y, TSUKAMOTO N, et al. Simultaneous use of different scalarizing functions in MOEA/D[C]. Genetic and Evolutionary Computation-GECCO 2010: ACM, 2010: 519 - 526.

[66] ZHANG Q, LI H, MARINGER D, et al. MOEA/D with NBI-style Tchebycheff approach for portfolio management[C]. Evolutionary Computation (CEC), 2010 IEEE Congress on: IEEE, 2010: 1 - 8.

[67] ISHIBUCHI H, SAKANE Y, TSUKAMOTO N, et al. Adaptation of scalarizing functions in MOEA/D: An adaptive scalarizing function-based multiobjective evolutionary algorithm [C]. Evolutionary Multi-Criterion Optimization: Springer, 2009: 438 - 452.

[68] GIAGKIOZIS I, PURSHOUSE R C, FLEMING P J. Generalized decomposition and cross entropy methods for many-objective optimization[R]. University of Sheffield, 2012.

[69] LIU H L, GU F, CHEUNG Y M. T-MOEA/D: MOEA/D with objective transform in multi-objective problems [C]. Information Science and Management Engineering (ISME), 2010 International Conference of: IEEE, 2010: 282 - 285.

[70] QI Y, MA X, LIU F, et al. MOEA/D with adaptive weight adjustment[J]. Evolutionary Computation, 2014, 22(2): 231 – 264.

[71] LI H, LANDA-SILVA D. An adaptive evolutionary multi-objective approach based on simulated annealing[J]. Evolutionary Computation, 2011, 19(4): 561 – 595.

[72] GU F Q, LIU H L. A novel weight design in multi-objective evolutionary algorithm[C]. Computational Intelligence and Security (CIS), 2010 International Conference on: IEEE, 2010: 137 – 141.

[73] JIANG S, CAI Z, ZHANG J, et al. Multiobjective optimization by decomposition with pareto-adaptive weight vectors[C]. Natural Computation (ICNC), 2011 International Conference on: IEEE, 2011: 1260 – 1264.

[74] LI K, ZHANG Q, KWONG S, et al. Stable Matching Based Selection in Evolutionary Multiobjective Optimization[J]. Evolutionary Computation, IEEE Transactions on, 2014, 99(1): 1 – 1.

[75] LI K, KWONG S, ZHANG Q, et al. Interrelationship-Based Selection for Decomposition Multiobjective Optimization[J]. Cybernetics, IEEE Transactions on, 2014, 99(1): 1 – 1.

[76] ZHAO S Z, SUGANTHAN P N, ZHANG Q. Decomposition-based multiobjective evolutionary algorithm with an ensemble of neighborhood sizes [J]. Evolutionary Computation, IEEE Transactions on, 2012, 16(3): 442 – 446.

[77] LU H, ZHU Z, WANG X, et al. A Variable Neighborhood MOEA/D for Multiobjective Test Task Scheduling Problem[J]. Mathematical Problems in Engineering, 2014, 2014: 1 – 25.

[78] LI H, ZHANG Q. Multiobjective optimization problems with complicated Pareto sets, MOEA/D and NSGA-II[J]. Evolutionary Computation, IEEE Transactions on, 2009, 13(2): 284 – 302.

[79] LIU H L, GU F, ZHANG Q. Decomposition of a Multiobjective Optimization Problem into a Number of Simple Multiobjective Subproblems[J]. Evolutionary Computation, IEEE Transactions on, 2013, 18(3): 450 – 455.

[80] YEN G G, ZHENAN H. Performance Metric Ensemble for Multiobjective Evolutionary Algorithms [J]. Evolutionary Computation, IEEE Transactions on, 2014, 18(1): 131 – 144.

[81] BANDYOPADHYAY S, PAL S K, ARUNA B. Multiobjective GAs, quantitative indices, and pattern classification[J]. Systems, Man, and Cybernetics, Part B: Cybernetics, IEEE Transactions on, 2004, 34(5): 2088 – 2099.

[82] VAN VELDHUIZEN D A. Multiobjective evolutionary algorithms: classifications, analyses, and new innovations[R]. DTIC Document, 1999.

[83] TAN K C, LEE T H, KHOR E F. Evolutionary algorithms for multi-objective optimization: performance assessments and comparisons[J]. Artificial Intelligence Review, 2002, 17(4): 251 – 290.

[84] ZITZLER E, THIELE L, LAUMANNS M, et al. Performance assessment of multiobjective optimizers: An analysis and review[J]. Evolutionary Computation, IEEE Transactions on, 2003, 7(2): 117 – 132.

[85] WU J, AZARM S. Metrics for quality assessment of a multiobjective design optimization solution set [J]. Journal of Mechanical Design, 2001, 123(1): 18 – 25.

[86] MOSTAGHIM S, TEICH J. A new approach on many objective diversity measurement[C]. Proceedings of DSP, 2005: 254 – 254.

[87] WANG H, JIN Y, YAO X. Diversity assessment in many-objective optimization [J]. IEEE transactions on cybernetics, 2017, 47(6): 1510 – 1522.

[88] FARHANG-MEHR A, AZARM S. Diversity assessment of Pareto optimal solution sets: an entropy approach[C]. Computational Intelligence, Proceedings of the World on Congress on: IEEE, 2002: 723 – 728.

[89] BRINGMANN K. Bringing order to special cases of Klee's measure problem[M]. Springer, 2013: 207-218.

[90] WHILE L, BRADSTREETL, BARONE L. A fast way of calculating exact hypervolumes [J]. Evolutionary Computation, IEEE Transactions on, 2012, 16(1): 86 – 95.

[91] BEUME N, FONSECA C M, LÓPEZ-IBÁŃEZ M, et al. On the complexity of computing the hypervolume indicator[J]. Evolutionary Computation, IEEE Transactions on, 2009, 13(5): 1075 – 1082.

[92] ZHANG Q, ZHOU A, ZHAO S, et al. Multiobjective optimization test instances for the CEC 2009 special session and competition [R]: University of Essex, Colchester, UK and Nanyang Technological University, Singapore, Special Session on Performance Assessment of Multi-Objective Optimization Algorithms, 2008.

[93] DEB K, SINHA A, KUKKONEN S. Multi-objective test problems, linkages, and evolutionary methodologies[C]. Genetic and Evolutionary Computation-GECCO 2006: ACM, 2006: 1141 – 1148.

[94] CHENG R, JIN Y, OLHOFER M. Test problems for large-scale multiobjective and many-objective optimization[J]. IEEE transactions on cybernetics, 2017, 47(12): 4108 – 4121.

[95] DEB K, THIELE L, LAUMANNS M, et al. Scalable multi-objective optimization test problems [C]. Evolutionary Computation (CEC), 2002 IEEE Congress on: IEEE, 2002: 825 – 830.

[96] ZHOU A, ZHANG Q, JIN Y. Approximating the set of Pareto-optimal solutions in both the decision and objective spaces by an estimation of distribution algorithm [J]. Evolutionary Computation, IEEE Transactions on, 2009, 13(5): 1167 – 1189.

[97] ZHANG Q, ZHOU A, JIN Y. RM-MEDA: A regularity model-based multiobjective estimation of distribution algorithm[J]. Evolutionary Computation, IEEE Transactions on, 2008, 12(1): 41 – 63.

[98] WANG H, JIAO L, SHANG R, et al. A memetic optimization strategy based on dimension reduction in decision space[J]. Evolutionary computation, 2015, 23(1): 69 – 100.

[99] MA X, LIU F, QI Y, et al. A Multiobjective Evolutionary Algorithm Based on Decision Variable Analyses for Multiobjective Optimization Problems With Large-Scale Variables[J]. IEEE Trans. Evolutionary Computation, 2016, 20(2): 275 – 298.

[100] KHARE V, YAO X, DEB K. Performance scaling of multi-objective evolutionary algorithms[C]. Evolutionary Multi-Criterion Optimization: Springer, 2003: 376 – 390.

[101] PRADITWONGK, YAO X. How well do multi-objective evolutionary algorithms scale to large

problems[C]. Evolutionary Computation (CEC), 2007 IEEE Congress on: IEEE, 2007: 3959 – 3966.

[102] LI B, LI J, TANG K, et al. Many-objective evolutionary algorithms: A survey [J]. ACM Computing Surveys (CSUR), 2015, 48(1): 13.

[103] ISHIBUCHI H, TSUKAMOTO N, HITOTSUYANAGI Y, et al. Effectiveness of scalability improvement attempts on the performance of NSGA-II for many-objective problems[C]. Genetic and Evolutionary Computation-GECCO 2008: ACM, 2008: 649 – 656.

[104] PURSHOUSE R C, FLEMING P J. On the evolutionary optimization of many conflicting objectives [J]. Evolutionary Computation, IEEE Transactions on, 2007, 11(6): 770 – 784.

[105] ISHIBUCHI H, TSUKAMOTO N, NOJIMA Y. Evolutionary many-objective optimization: A short review[C]. Evolutionary Computation (CEC), 2008 IEEE Congress on: IEEE, 2008: 2419 – 2426.

[106] BRINGMANN K, FRIEDRICH T, NEUMANN F, et al. Approximation-guided evolutionary multi-objective optimization [C]. IJCAI Proceedings-International Joint Conference on Artificial Intelligence, 2011: 1198 – 1203.

[107] WAGNER M, NEUMANN F. A fast approximation-guided evolutionary multi-objective algorithm [C]. Genetic and Evolutionary Computation-GECCO 2013: ACM, 2013: 687 – 694.

[108] SATO H, AGUIRRE H E, TANAKA K. Controlling dominance area of solutions and its impact on the performance of MOEAs[C]. Evolutionary Multi-Criterion Optimization: Springer, 2007: 5 – 20.

[109] AGUIRRE H, TANAKA K. Space partitioning with adaptive ε-ranking and substitute distance assignments: a comparative study on many-objective mnk-landscapes[C]. Genetic and Evolutionary Computation-GECCO 2009: ACM, 2009: 547 – 554.

[110] KÖPPEN M, VICENTE-GARCIA R, NICKOLAY B. Fuzzy-pareto-dominance and its application in evolutionary multi-objective optimization [C]. Evolutionary Multi-Criterion Optimization: Springer, 2005: 399 – 412.

[111] KÖPPEN M, VEENHUIS C. Multi-objective particle swarm optimization by fuzzy-pareto-dominance meta-heuristic[J]. International Journal of Hybrid Intelligent Systems, 2006, 3(4): 179 – 186.

[112] SCHÜTZE O. A new data structure for the nondominance problem in multi-objective optimization [C]. Evolutionary Multi-Criterion Optimization: Springer, 2003: 509 – 518.

[113] LUKASIEWYCZ M, GLAß M, HAUBELT C, et al. Symbolic archive representation for a fast nondominance test[C]. Evolutionary Multi-Criterion Optimization: Springer, 2007: 111 – 125.

[114] OBAYASHI S, SASAKI D. Visualization and data mining of Pareto solutions using self-organizing map[C]. Evolutionary Multi-Criterion Optimization: Springer, 2003: 796 – 809.

[115] PRYKE A, MOSTAGHIM S, NAZEMI A. Heatmap visualization of population based multi objective algorithms[C]. Evolutionary Multi-Criterion Optimization: Springer, 2007: 361 – 375.

[116] WANG H, YAO X. Corner sort for Pareto-based many-objective optimization[J]. IEEE transactions on cybernetics, 2014, 44(1): 92 – 102.

[117] ZHANG X, TIAN Y, CHENG R, et al. An efficient approach to nondominated sorting for evolutionary multiobjective optimization [J]. IEEE Transactions on Evolutionary Computation, 2015, 19(2): 201 – 213.

[118] TIAN Y, WANG H, ZHANG X, et al. Effectiveness and efficiency of non-dominated sorting for evolutionary multi-and many-objective optimization [J]. Complex & Intelligent Systems, 2017, 3(4): 247 – 263.

[119] GAL T, HANNE T. Consequences of dropping nonessential objectives for the application of MCDM methods[J]. European Journal of Operational Research, 1999, 119(2): 373 – 378.

[120] DEB K. Multi-objective optimization using evolutionary algorithms[M]. Hoboken: John Wiley & Sons, 2001.

[121] FONSECA C M, FLEMING P J. An overview of evolutionary algorithms in multiobjective optimization [J]. Evolutionary Computation, 1995, 3(1): 1 – 16.

[122] COELLO C A C. Recent trends in evolutionary multiobjective optimization[M]. Berlin: Springer, 2005: 7-32.

[123] BROCKHOFF D, ZITZLER E. Are all objectives necessary? On dimensionality reduction in evolutionary multiobjective optimization[M]. Berlin: Springer, 2006: 533-542.

[124] SINGH H K, ISAACS A, RAY T. A Pareto corner search evolutionary algorithm and dimensionality reduction in many-objective optimization problems[J]. Evolutionary Computation, IEEE Transactions on, 2011, 15(4): 539 – 556.

[125] LÓPEZ JAIMES A, COELLO C A C, CHAKRABORTY D. Objective reduction using a feature selection technique[C]. Genetic and Evolutionary Computation-GECCO 2008: ACM, 2008: 673 – 680.

[126] SAXENA D K, DEB K. Non-linear dimensionality reduction procedures for certain large-dimensional multi-objective optimization problems: Employing correntropy and a novel maximum variance unfolding [C]. Evolutionary Multi-Criterion Optimization: Springer, 2007: 772 – 787.

[127] DEB K, SAXENA D K. On finding pareto-optimal solutions through dimensionality reduction for certain large-dimensional multi-objective optimization problems[R]. Kangal Report, 2005.

[128] ISHIBUCHI H, AKEDO N, OHYANAGI H, et al. Behavior of EMO algorithms on many-objective optimization problems with correlated objectives[C]. Evolutionary Computation (CEC), 2011 IEEE Congress on: IEEE, 2011: 1465 – 1472.

[129] ISHIBUCHI H, HITOTSUYANAGI Y, OHYANAGI H, et al. Effects of the Existence of Highly Correlated Objectives on the Behavior of MOEA/D[C]. Evolutionary Multi-Criterion Optimization: Springer, 2011: 166 – 181.

[130] DEB K, JAIN H. An evolutionary many-objective optimization algorithm using reference-point based non-dominated sorting approach, part I: Solving problems with box constraints [J].

Evolutionary Computation, IEEE Transactions on, 2014, 18(4): 577 – 601.

[131] ZHANG X, TIAN Y, JIN Y. A knee point-driven evolutionary algorithm for many-objective optimization[J]. IEEE Transactions on Evolutionary Computation, 2015, 19(6): 761 – 776.

[132] WANG H, JIAO L, YAO X. Two_Arch2: An improved two-archive algorithm for many-objective optimization[J]. IEEE Transactions on Evolutionary Computation, 2015, 19(4): 524 – 541.

[133] LI K, KWONG S, DEB K. A dual-population paradigm for evolutionary multiobjective optimization [J]. Information Sciences, 2015, 309: 50 – 72.

[134] THIELE L, MIETTINEN K, KORHONEN P J, et al. A preference-based evolutionary algorithm for multi-objective optimization[J]. Evolutionary Computation, 2009, 17(3): 411 – 436.

[135] CVETKOVIC D, PARMEE I C. Preferences and their application in evolutionary multiobjective optimization[J]. Evolutionary Computation, IEEE Transactions on, 2002, 6(1): 42 – 57.

[136] WANG H, OLHOFER M, JIN Y. A mini-review on preference modeling and articulation in multi-objective optimization: current status and challenges[J]. Complex & Intelligent Systems, 2017, 3(4): 233 – 245.

[137] SINDHYA K, RUIZ A B, MIETTINEN K. A preference based interactive evolutionary algorithm for multi-objective optimization: PIE[C]. Evolutionary Multi-Criterion Optimization: Springer, 2011: 212 – 225.

[138] BEN SAID L, BECHIKH S, GHÉDIRA K. The r-dominance: a new dominance relation for interactive evolutionary multicriteria decision making[J]. Evolutionary Computation, IEEE Transactions on, 2010, 14(5): 801 – 818.

[139] KOKSALAN M, KARAHAN I. An interactive territory defining evolutionary algorithm: iTDEA [J]. Evolutionary Computation, IEEE Transactions on, 2010, 14(5): 702 – 722.

[140] WANG R, PURSHOUSE R C, FLEMING P J. Preference-Inspired Coevolutionary Algorithms for Many-Objective Optimization[J]. Evolutionary Computation, IEEE Transactions on, 2013, 17(4): 474 – 494.

[141] KIM J H, HAN J H, KIM Y H, et al. Preference-based solution selection algorithm for evolutionary multiobjective optimization[J]. Evolutionary Computation, IEEE Transactions on, 2012, 16(1): 20 – 34.

[142] BUCHE D, STOLL P, DORNBERGER R, et al. Multiobjective evolutionary algorithm for the optimization of noisy combustion processes [J]. Systems, Man, and Cybernetics, Part C: Applications and Reviews, IEEE Transactions on, 2002, 32(4): 460 – 473.

[143] ESKANDARI H, GEIGER C D. Evolutionary multiobjective optimization in noisy problem environments [J]. Journal of Heuristics, 2009, 15(6): 559 – 595.

[144] BABBAR M, LAKSHMIKANTHA A, GOLDBERG D E. A modified NSGA-II to solve noisy multiobjective problems[C]. Genetic and Evolutionary Computation-GECCO 2003, 2003: 21 – 27.

[145] BASSEUR M, ZITZLER E. A preliminary study on handling uncertainty in indicator-based multiobjective optimization[M]. Berlin: Springer, 2006: 727 – 739.

[146] TANG H, SHIM V A, TAN K C, et al. Restricted Boltzmann machine based algorithm for multi-

objective optimization[C]. Evolutionary Computation (CEC), 2010 IEEE Congress on, 2010: 1 – 8.

[147] SHIM V A, TAN K C, CHIA J Y, et al. Multi-objective optimization with estimation of distribution algorithm in a noisy environment[J]. Evolutionary Computation, 2013, 21(1): 149 – 177.

[148] JIN Y, WANG H, CHUGH T, et al. Data-Driven Evolutionary Optimization: An Overview and Case Studies[J]. IEEE Transactions on Evolutionary Computation, 2018.

[149] JIN Y. Surrogate-assisted evolutionary computation: Recent advances and future challenges[J]. Swarm and Evolutionary Computation, 2011, 1(2): 61 – 70.

[150] CHUGH T, JIN Y, MIETTINEN K, et al. A surrogate-assisted reference vector guided evolutionary algorithm for computationally expensive many-objective optimization [J]. IEEE Transactions on Evolutionary Computation, 2018, 22(1): 129 – 142.

[151] SUN C, JIN Y, CHENG R, et al. Surrogate-assisted cooperative swarm optimization of high-dimensional expensive problems [J]. IEEE Transactions on Evolutionary Computation, 2017, 21(4): 644 – 660.

[152] ZHOU Z, ONG Y S, NGUYEN M H, et al. A study on polynomial regression and Gaussian process global surrogate model in hierarchical surrogate-assisted evolutionary algorithm [C]. Evolutionary Computation, 2005. The 2005 IEEE Congress on: IEEE, 2005: 2832 – 2839.

[153] JIN Y, OLHOFER M, SENDHOFF B. A framework for evolutionary optimization with approximate fitness functions[J]. IEEE Transactions on evolutionary computation, 2002, 6(5): 481 – 494.

[154] WANG H, JIN Y, DOHERTY J. Committee-based active learning for surrogate-assisted particle swarm optimization of expensive problems[J]. IEEE transactions on cybernetics, 2017, 47(9): 2664 – 2677.

[155] CHUGH T, SINDHYA K, HAKANEN J, et al. A survey on handling computationally expensive multiobjective optimization problems with evolutionary algorithms [J]. Soft Computing, 2017: 1 – 30.

[156] WANG H, JIN Y, JANSEN J O. Data-Driven Surrogate-Assisted Multiobjective Evolutionary Optimization of a Trauma System[J]. IEEE Trans. Evolutionary Computation, 2016, 20 (6): 939 – 952.

第12章

多目标进化优化

# 高维多目标粒子群优化算法综述

## 13.1 引　言

多目标优化问题是一类复杂的最优化问题，它主要来源于工业制造、城市运输、资本预算、能量分配、城市布局等生产实践，几乎每个重要决策都存在多目标优化问题。

不失一般性，多目标优化问题（Multi-objective Optimization Problem，MOP）的数学形式[1-3]可描述为

$$
\begin{cases}
\min \boldsymbol{y} = f(\boldsymbol{x}) = (f_1(\boldsymbol{x}),\ f_2(\boldsymbol{x}),\ \cdots,\ f_m(\boldsymbol{x})) \\
\boldsymbol{x} = (x_1,\ x_2,\ \cdots,\ x_n) \in X \subset R \\
\boldsymbol{y} = (y_1,\ y_2,\ \cdots,\ y_m) \in Y \subset R
\end{cases}
\tag{13-1}
$$

其中，$\boldsymbol{x}$ 为决策变量，$X$ 为 $n$ 维决策空间，$\boldsymbol{y}$ 表示目标函数，$Y$ 表示 $m$ 维目标空间。

与单目标优化问题相比，多目标优化问题的复杂程度大大增加，主要体现在需要同时优化多个目标，而这些目标往往是不可比较的，甚至是相互冲突的，一个目标的改善有可能引起另一个目标性能的降低。另外，多目标优化问题的解不唯一，而是存在一个最优解集，根据最优解集的分布情况进行多目标决策。

对多目标优化问题的研究主要有以下几种算法：

（1）古典的多目标优化算法[4-6]。常见的古典方法有线性加权和法、约束法、目标规划法和极大极小法等。

（2）基于进化算法的多目标优化算法[7-18]。这是一类模拟自然进化过程的随机优化算法。

（3）基于协同进化的多目标优化算法[19-20]。这是在协同进化论的基础上提出的一类新的进化算法，考虑了种群与环境之间、种群与种群之间在进化过程中的协调。

（4）基于人工免疫系统的多目标优化算法[21-23]。这是模仿自然免疫系统功能的一种智能方法。

（5）基于分布估计的多目标优化算法[24-25]。分布式估计算法是进化计算领域的一类新

兴的随机优化算法，它是遗传算法和统计学习的结合。该算法用统计学习的手段构建解空间内个体分布的概率模型，然后运用进化的思想进化该模型。该算法没有传统的交叉、变异操作，是一种全新的进化模式。

（6）基于粒子群（Particle Swarm Optimization，PSO）的多目标优化算法[26-32]。与其他算法相比，粒子群算法具有收敛速度快、算法参数较少等优良特性，但该算法在多目标优化问题方面的应用研究还有待深入。近年来，基于粒子群优化的多目标优化算法已成为一个新的研究热点。

尽管国内外在多目标优化方面的研究取得了丰硕的成果，但作为比较年轻的学科领域，多目标优化的研究还存在以下亟待解决的问题。

（1）新型占优机制的研究[33-38]。对经典 Pareto 占优机制的改进是当前进化多目标优化的研究热点之一。

（2）动态多目标优化的研究[39-40]。在现实世界中，许多优化问题都有多个目标，而且是与时间因素相关的。面对这些复杂、动态变化的系统，静态优化方法具有明显的局限性。把这些具有多个目标且与时间因素相关的问题抽象成数学模型就是动态多目标优化问题（Dynamic Multi-objective Optimization，DMO）。如何有效求解 DMO 问题，也是当今进化多目标优化领域所面临的难题之一。

（3）多目标优化测试问题研究[41-43]。由于多目标优化算法很难从理论上分析出其性能参数，目前研究者只能通过仿真实验来验证算法的性能，因此，多目标优化结果的有效评测与分析是多目标优化领域的另一个研究热点。

（4）高维多目标优化算法的研究[44-46]。如何有效求解高维多目标优化问题，研究更优的高维多目标优化算法是目前进化多目标优化领域所面临的难题之一。

常规多目标优化算法能够有效解决两个或三个目标的多目标优化问题，但对求解高维多目标优化问题（$n \geqslant 4$）的效果不理想，其主要原因可归纳为以下几点：

① 基于 Pareto 支配关系的选择机制在求解高维多目标优化问题时会失效。随着问题目标维数的增加，采用 Pareto 支配关系将有可能导致算法对非支配解的选择压力不足，使得非支配解难以有效逼近真实的 Pareto 前沿（Pareto Front，PF）。

② 高维多目标优化算法在收敛过程中计算复杂度急剧增加，收敛速度大幅下降。这主要由于高维多目标优化问题的 Pareto 最优前沿为超曲面，导致 Pareto 最优解集及对应可行解搜索空间的规模呈指数级增长，从而使算法收敛速度大幅下降。

③ 常规的性能评价指标不能有效拓展到高维空间的多目标优化问题。比如，基于欧式距离的多样性度量指标（如拥挤距离[7]）不适合评价候选解分布的多样性；直接使用超体积指标[47]作为高维多目标优化问题的度量指标，会造成算法的时间复杂度极高的情况（其主

要原因有两点：计算超体积的过程很复杂，尤其在高维空间；高维空间数据分布具有稀疏性）。

探索有效求解高维多目标优化问题的算法，成为近年来优化领域的前沿热点之一。

目前，针对高维多目标优化算法的研究主要包括以下几个方面：

① 基于 Pareto 支配关系的高维多目标优化算法，如在搜索过程中结合偏好信息以缩小 Pareto 前沿区域[48-49]，通过宽松的 Pareto 支配关系来增强算法选择压力，如格支配[34]、$k$-支配[35]、$\varepsilon$-支配[36]、$\alpha$-支配[37]、模糊支配[38]等。

② 基于分解策略的高维多目标优化算法[50-52]，主要有基于聚合的方法，即设计一组权重系数将高维多目标优化问题转化为单目标优化问题，利用分治的思想来降低求解多目标优化问题的难度。

③ 基于性能评价指标的高维多目标优化算法，如 IBEA[53]、HypE[54]、$\Delta_p$指标[55]、$R_2$指标[56-57]等。

④ 基于参考点的方法是通过一系列参考点来评价解的质量，从而辅助控制种群在目标空间中的分布，如 NSGA-Ⅲ[48]、RVEA[49]。

⑤ 基于目标数量缩减的方法，即通过降低目标维度来提升传统算法对高维目标的优化能力[58-60]。

## 13.2　高维多目标粒子群优化算法进展

粒子群优化[61]是由 Kenndy 和 Eberhart 于 1995 年率先提出的，源于对鸟群或鱼群捕食过程的模拟。粒子群算法是一种基于种群的优化算法，根据粒子自身和全局最优位置（即粒子本身所经历的最优解和整个粒子群到目前为止所找到的最优解）来决定搜索方向和移动速度并产生新的粒子群。粒子不但具有记忆性，而且具有通信能力、响应能力、协作能力和自学习能力，具有较强的局部和全局搜索功能。与其他算法相比，粒子群优化算法具有收敛速度较快、算法参数较少等优良特性。

由于粒子群优化算法的优良特性，已有学者将其用于多目标优化问题求解，取得了一些有价值的研究成果[26-31]，但还有很多值得进一步研究的课题，如求解难度大、算法复杂度较高的高维多目标优化问题。另外，高维多目标优化问题的研究大都限于进化算法，粒子群优化算法用于高维多目标优化问题的研究还不多见，与高维多目标优化问题的理论和方法相关的研究成果还很少。表 13.1 罗列了近年来关于高维多目标粒子群优化算法的研究成果。

表 13.1　近年来关于高维多目标粒子群优化算法的研究成果

| 时间 | 算法名称 | 论 文 题 目 |
|---|---|---|
| 2012 | CDAS-SMPSO[45] | Measuring the Convergence and Diversity of CDAS Multi-Objective Particle Swarm Optimization Algorithms：A study of many-objective problems |
| 2012 | CDAS-SigmaMOPSO[45] | Measuring the Convergence and Diversity of CDAS Multi-Objective Particle Swarm Optimization Algorithms：A study of many-objective problems |
| 2014 | S-MOPSO[62] | Sets Evolution-Based Particle Swarm Optimization for Many-objective Problems |
| 2016 | UMOPSO-D[46] | A Decomposition-Based Unified Evolutionary Algorithm for Many-Objective Problems Using Particle Swarm Optimization |
| 2016 | S-MOPSO[63] | Indicator-Based Set Evolution Particle Swarm Optimization for Many-Objective Problems |
| 2016 | MaOPSO[64] | Many-Objective Particle Swarm Optimization |
| 2016 | NMPSO[65] | Particle Swarm Optimization With a Balanceable Fitness Estimation for Many-Objective Optimization Problems |
| 2016 | $R_2$-MOPSO[66] | $R_2$-Based Multi/Many-Objective Particle Swarm Optimization |
| 2017 | MaOPSO/2s-pccs[67] | Many-Objective Particle Swarm Optimization Using Two-Stage Strategy and Parallel Cell Coordinate System |
| 2018 | IR2-MAPSO-PRE[68] | Many-Objective Particle Swarm Optimization Algorithm Based on Preference |

　　从表 13.1 中可以看出，相对于高维多目标进化优化算法的研究，高维多目标粒子群优化算法的研究还较少。下面分别从支配关系、分解方法、性能指标、参考点引导、偏好、维数约减等方面对高维多目标粒子群优化算法的研究进行综述。

## 13.2.1　基于支配关系的高维多目标粒子群优化算法

　　Pareto 支配关系可分为经典的 Pareto 支配关系与宽松支配关系。基于 Pareto 支配关系的多目标优化算法在应用中存在两个关键问题：一是如何使种群搜索尽快接近 Pareto 前沿，这关系到种群的收敛性；二是如何获得与种群多样性相关的均匀分布的非支配解。采用经典的 Pareto 支配关系的多目标优化算法可保证算法的收敛性，同时需要设计与 Pareto 支配选择机制相匹配的多样性保持机制。例如，Ray 等将 Pareto 支配的概念以及进化计算的思想引入粒子群算法，用于求解多目标优化问题，用拥挤度来维持个体的多样性[69]，并分别在两个测试函数和三个工程设计优化问题上对该算法进行了测试，得到了较满意的结果，初步探索了采用粒子群优化算法求解多目标优化问题的可行性。C. Coello 和 M. Salazar 利用 Pareto 支配的概念与全局档案来引导粒子的飞行方向，提出了一种基于扩展启发式方法的粒子群多目标优化算法[70]（MOPSO），且实验结果和运行效率都优于对比算法。C. R. Raquel 等利用拥挤距离机制和变异算子来共同维持外部档案中非支配解的多样性，提出了一种处理多目标优化问题的粒子群方法[71]（MOPSO-CD），并与算法 MOPSO[70] 进行了对比，在解的多样性上以较弱的优势好于对比算法，但算法运行时间不如对比算法，这主要是因为需要计算拥挤距离。V. L. Huang 等提出了一种将 Pareto 支配关系和外部存档技术集成的多目标粒子群优化算法[72]（MOCLPSO），并与另外两个经典的多目标优化算法进行了对比试验，说明了算法具有较好的收敛性与多样性。C. Coello 等提出了 MOPSO[73]，该算法采用了自适应网格的机制来保存外部种群，外部更新策略与多数精英保留策略类似，不仅对种群的个体进行变异，而且对粒子的取值范围进行变异，变异的程度与种群进化的代数成比例。X. Zhang 等提出了一种基于 Pareto 支配关系的竞争机制多目标粒子群优化算法[74]（CMOPSO），通过粒子间的角度大小来选择非支配粒子。通过对比验证，CMOPSO 在绝大部分测试问题上具有较好的收敛性和多样性，但在高维多目标测试问题上，收敛性和多样性表现不能令人满意，且计算量大，导致运行时间较长。peMOPSO[75] 采用平行格坐标系统的新目标空间中的分布熵及差熵评估种群的多样性及进化状态，并以此为反馈信息来设计进化策略，使得算法能够兼顾近似 Pareto 前端的收敛性和多样性，同时，引入格占优和格距离密度的概念来评估 Pareto 最优解的个体环境适应度，以建立外部档案更新方法和全局最优解选择机制。从 IGD 指标上可以看出，该算法具有显著的性能优势。

虽然上述算法都能求解 2 维和 3 维的多目标优化问题，但是不能有效地求解高维多目标优化问题。这也说明了单纯地采用 Pareto 支配结合普通的多样性选择机制（如欧式距离）在处理高维多目标问题时效果不理想，而仅有少数基于角度、变异策略、网格等方法可用于高维环境下种群的多样性保持机制。因此，针对具体问题如何设计合理、有效的多样性保持机制成为研究多目标优化问题的难点之一。

Benedetti 等[76]指出，基于 Pareto 支配关系的定义在高维多目标优化问题中有失合理性，原因有三个：第一，改善目标的数目没有考虑；第二，目标改善的相关性没有考虑；第三，目标之间的偏好没有考虑。因此，由于传统 Pareto 支配关系自身的缺陷，造成了常规多目标优化算法在高维多目标空间中的应用效果不理想。如图 13.1(a)所示，个体 $x$、$y$、$z$ 为 Pareto 支配关系，彼此之间没有支配关系，而图(b)为扩展后的支配关系，$y$、$z$ 之间存在支配关系。A. B. D. Carvalho 等研究了控制解的支配区域技术对 MOPSO 算法收敛性和多样性的影响[45]。结果表明，将控制解的支配区域技术应用于高维多目标情境时，该算法具有更好的收敛性，并产生了良好分布的近似集。所以通过放宽比较标准，将原来无法比较优劣的候选解变得可比较，增大了算法在求解高维多目标优化问题时的选择压力，进而提高了算法的收敛性。例如，Sierra 等提出了基于拥挤距离和 $\varepsilon$-支配机制的多目标粒子群优化算法[77]（OMOPSO），采用拥挤距离对主导个体进行再次筛选，并用 $\varepsilon$-支配来确定外部档案包含非支配解的大小，结果表明采用拥挤距离和 $\varepsilon$-支配机制的多目标粒子群优化算法优势比较明显。文献[78]提出了一种基于 $\varepsilon$-模糊支配的 PSO-Nelder-Mead 单纯形混合多目标优化算法。该算法在迭代中对每个粒子进行位置和速度更新，并用 $k$-均值算法将粒子群划分为较小的簇，Nelder-Mead 单纯形算法在每个集群中进行局部搜索，通过对比实验说明了算法优于其他对比算法。国内在该方向也有不少研究成果，如基于自适应模糊支配的高维多目标粒子群算法（MAPSOAF）[44]，以步长为幅度，自适应地调整模糊隶属度支配阈值，从而对种群选择压力进行控制，在粒子速度更新公式中新增扰动项，以避免种群早熟收敛并改善其分布性，并采用简化的 Harmonic 归一化距离评估个体的密度，改善种群分布性的同时降低算法的计算压力。与多种有代表性的 MOEA 算法进行对比验证，结果表明 MAPSOAF 算法具有较显著的性能优势。IFHDPSO 算法[79]采用直觉模糊支配刻画了最优解间的关系，为了防止算法陷入早熟，采用模拟退火的 Meta-Lamarckian 局部学习策略、递减扰动策略引导粒子跳出局部最优，使用同构因子函数增强种群多样性与算法的全局搜索能力。实验结果表明，IFHDPSO 算法能够快速、有效地收敛到真实 Pareto 前沿，且在解集分布均匀性和宽广性方面有明显优势，但该算法并没有被推广到高维环境中。KS-MODE 算法[76]使用改进的 $k$-支配排序来定义非支配解之间的关系，有效增强了算法的选择压力，设计了新的全局密度估计方法、精英选择策略和适应度值评价函数，通过采用 CAO 操作加快了收敛速度。对比实验表明，该算法能在保证解集分布性的基础上大幅提升收敛精度及稳定性，取得更逼近 Pareto 前沿的最优解集。

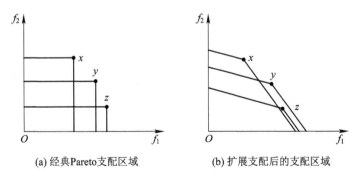

(a) 经典Pareto支配区域　　　　(b) 扩展支配后的支配区域

图 13.1　Pareto 支配区域与扩展支配后的支配区域比较

模糊支配定义了隶属度和非隶属度；直觉模糊支配除了有隶属度和非隶属度定义外，还引入了犹豫度；$k$-支配与直觉模糊支配在定义上类似，但具体形式有所不同。这三者都使得个体间的支配关系不再受目标函数量纲和数值差异大小的影响，并使支配关系的复杂程度不受目标数的影响，但仅考虑了多目标优化中目标函数的数目，而没有考虑各目标函数的具体目标值，可能导致种群中的个体陷入循环支配。$\varepsilon$-支配为 Pareto 支配的一种松弛形式。在这种关系下，一个点不仅支配那些在各个目标上适应度值比它低的点，也支配那些和它接近的点，接近程度取决于 $\varepsilon$ 值的大小。$\varepsilon$-支配采用松散 Pareto 支配的排序方法能够放宽 Pareto 支配关系，在一定程度上增强了算法的选择压力，但同时也降低了其排序结果的合理性与可信性，并且随着目标个数的持续增加，该方法仍然面临着选择能力退化的压力，不能从根本上解决问题。$r$-支配关系的本质是将 Pareto 支配关系与参考点方法相结合，在保留 Pareto 支配关系产生的排序的同时选择更加靠近参考点的解。宽松 Pareto 支配方法能够在一定程度上增大种群个体之间支配关系形成的概率，提升个体收敛精度的区分度，减少种群中非支配个体的数量。因此，宽松 Pareto 支配能够提升算法在高维环境下对精英个体的选择压力，提升算法的收敛精度。

但宽松 Pareto 支配方法也存在一些不足之处，主要体现在：

（1）基于函数值的宽松 Pareto 支配可能改变个体的真实目标函数值，导致算法无法收敛到真实的 Pareto 最优前沿，降低算法的可信度。

（2）基于函数数目的宽松 Pareto 支配仅通过统计目标函数的数目来确定个体之间的支配关系，没有考虑目标函数值的大小（即个体优劣程度），容易导致产生循环支配的情况。

（3）宽松 Pareto 支配方法对于精英个体选择压力的提升作用有限，随着目标维数的持续增加，仍面临精英个体选择压力降低的问题。

宽松 Pareto 支配的不足会导致在求解高维多目标优化问题时存在局限性，而在算法收敛精度要求较苛刻的高维多目标优化问题中，基于非 Pareto 支配[80-82]的排序方法为此类问题提供了新思路，该方法的主要优势在于放弃了 Pareto 支配方法中较为严格的个体优劣衡量标准，通过新的比较准则或整体适应度函数对个体收敛性能的优劣进行比较与排序，以实现非支配个体之间的性能比较，因此大大提升了精英个体选择压力，提高了算法的收敛精度。另外，精英个体选择压力的提升不受目标维数增加的影响，从根本上解决了目标维数增多时精英个体选择压力降低的问题。新的比较准则及适应度函数中可以根据实际需要加入决策者偏好，使选择出的精英个体能够体现决策者意愿，引导算法向决策者偏好的区域搜索。

因此，提出新的支配形式，设计与精英个体选择机制相匹配的多样性保持机制，并将其应用于求解高维多目标优化问题是当前的研究热点方向之一。

### 13.2.2　基于分解方法的高维多目标粒子群优化算法

张青富等在 2007 年提出了基于分解的多目标优化算法[83]（MOEA/D）。该算法受到了研究者的广泛关注，其核心思想是将一个多目标优化问题通过聚合函数分解为多个单目标子问题，并行优化这些子问题，可以有效求解复杂特性的多目标优化问题。多目标优化分解策略如图 13.2 所示。

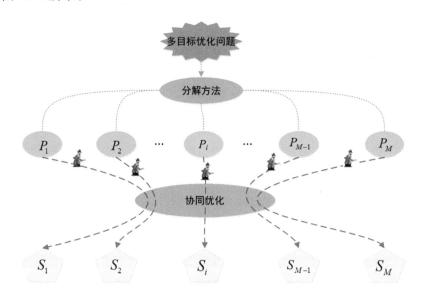

图 13.2　多目标优化分解策略

常用的分解方法有加权和方法、切比雪夫方法和罚函数边界方法[83]。其数学形式表示如下：

（1）加权和方法：

$$\min g^{\mathrm{ws}}(\boldsymbol{x}|\lambda_i) = \sum_{j=1}^{m} \lambda_i^j f_j(\boldsymbol{x}) \qquad (13-2)$$

其中，$\lambda_i$ 为权重向量，$\boldsymbol{x}$ 为决策向量，ws 为加权和方法的英文缩写。

（2）切比雪夫方法：

$$\min g^{\mathrm{te}}(\boldsymbol{x}|\lambda_i, \boldsymbol{z}^*) = \max_{1 \leqslant j \leqslant m} \{\lambda_i^j | f_j(\boldsymbol{x}) - \boldsymbol{z}^*\} \qquad (13-3)$$

其中，$\boldsymbol{z}^* = (z_1^*, z_2^*, \cdots, z_m^*)^{\mathrm{T}}$ 为理想点，$z_j^* < \min\{f_j(\boldsymbol{x})|\boldsymbol{x}\in\Omega\}$，$j=1, 2, \cdots, m$；te 为切比雪夫方法的英文缩写。

（3）罚函数边界方法：

$$\min g^{\mathrm{pbi}}(\boldsymbol{x}|\lambda_i, \boldsymbol{z}^*) = d_1 + \theta d_2 \qquad (13-4)$$

其中，$d_1 = \dfrac{\|(F(\boldsymbol{x})-\boldsymbol{z}^*)^{\mathrm{T}}\lambda_i\|}{\|\lambda_i\|}$，$d_2 = \left\| F(\boldsymbol{x}) - \left(\boldsymbol{z}^* - d_1\dfrac{\lambda_i}{\|\lambda_i\|}\right) \right\|$，$\boldsymbol{z}^*$ 为理想点，$\theta$ 为罚参数，pbi 为罚函数边界方法的英文缩写。

加权和方法可以很好地处理凸 Pareto 前沿问题，但难以解决非凸问题。对于高维多目标优化问题，选取相同的均匀分布的方向向量，罚函数边界方法比加权和方法与切比雪夫方法得到的解集分布性更好。适当选择参数，罚函数边界方法在求解不同的高维多目标优化问题时要好于加权和方法和切比雪夫方法。

W. Peng 等（MOPSO/D[84]）使用 PSO 代替 MOEA/D 中的进化算法，通过分解方法更新粒子的向导粒子，仿真实验说明了在大多数选择的测试实例上，MOPSO/D 比对比算法具有更好的性能，但是 MOPSO/D 没有引入非支配的概念，这可能导致算法过早收敛。N. A. Moubayed 等提出了 SDMOPSO[85] 算法，将 MOP 分解为标量聚合问题，并用粒子群算法同时求解子问题，提出的信息交换方法不需要遗传算子，可避免算法落入局部最优，另外使用了外部档案来保持解的多样性，对比测试结果说明了 SDMOPSO 算法具有很强的竞争力。S. Zapotecas-Martínez 等提出了 dMOPSO[26] 算法，用于求解连续和无约束多目标优化问题，通过 PBI 分解的方法更新外部存档和向导粒子，维持解的多样性，采用高斯分布对经过迭代后没有更新的最优个体重新初始化，协助其跳出局部最优。实验对比结果显示，dMOPSO 算法优于其他对比算法，但该算法在高维环境下表现欠佳。N. A. Moubayed 等提出了 D²MOPSO[29] 算法，将 Pareto 支配与 PBI 分解相结合来处理多目标优化问题，通过将多目标问题分解为一组聚合问题以简化多目标问题，用于更新个体信息和选择全局最优个体，提出了一种有助于在目标空间和解空间实现更好的多样性和覆盖范围的新的归档技术，通过实验的比较与分析，表明了该算法在处理多目标优化问题时具有较强的竞争性、高效性。C. Dai 等提出了 MPSO/D[31] 算法，将多目标问题的目标空间分解为一组基于方向向量的子区域，使每个子区域都对应一个解，使用拥挤距离来选择算子以保留解的适应度值，并利用相邻粒子确定全局最优历史位置，实验对比验证了 MPSO/D 算法的收敛性与多样性比其他对比算法更好。Q. Z. Lin 等提出了 MMOPSO[32] 算法，利用分解方法将 MOPs 转化为一组聚集问题，对每个粒子分配并进行优化，设计了两种搜索策略加速算法的收敛速度并保持种群的多样性，对比实验表明了算法的优越性。为了更好地权衡多目标粒子群优化算法解集的收敛性和多样性，dMOPSO-DE 算法[86] 通过引入方向角的概念产生一组均匀分布的方向向量，进而提高种群的分布性，引入隐式精英保持策略和差分进化修正机制选择全局最优粒子，采用粒子重置策略来保证群体的多样性，实验证明了所提出算法具有良好的收敛性和多样性。A. Q. Pan 等提出的 UMOPSO-D 算法[46] 采用离散解耦策略对目标进行分解和重构，并将子过程集成到统一的协同进化策略中，该算法由内外进化过程组成，结合自适应因子 $\mu$，以保持算法的收敛性和多样性，实验对比结果表明该算法在高维多目标优化问题中具有优越的性能。

基于分解方法的多目标优化算法在低目标空间中表现出较好的收敛性，但由于受 Pareto 最优前沿面形状及复杂程度的限制，在高维复杂情况下，解集的分布性不理想，其原因在于：首先，每个单目标子优化问题在目标空间中的运动轨迹和搜索方向受到权重向量的影响，获得均匀分布的 Pareto 最优解，需要为每个子优化问题设置均匀分布的权重向量，但高维复杂多目标优化问题中的 Pareto 最优前沿面较为复杂，难以保证解集的均匀性，因此设置合理的权重向量有一定难度；其次，对于分解后得到的单目标优化问题，仅根据单一的聚合函数适应度值进行精英个体选择，无法保证高维空间中聚合函数适应度值较优个体与其预先设定的权重向量距离较近。所以，对于复杂的 Pareto 前沿，若仅单纯地依靠分解策略，则很难将解准确均匀地覆盖完整的 Pareto 前沿。基于分解方法的多目标粒子群优化算法在求解高维多目标优化问题方面的成果相对也较少，未来会有一定的研究空间。

### 13.2.3 基于性能指标的高维多目标粒子群优化算法

性能评价指标用于测量算法所得解集的收敛性和分布性能。基于性能评价指标的多目标优化算法可权衡算法的收敛性和多样性，通过计算每个候选解对性能评价指标贡献值的大小来选择候选解，可避免常规多目标优化算法复杂的选择过程。

目前，典型的性能评价指标如下：

（1）世代距离[87]（Generation Distance，GD）。GD 用于评价算法的收敛性能。某算法所得解集的 GD 值越小，那么该算法的收敛性能越好。特别地，当 GD=0 时，该算法得到的所有最优解都在真实 Pareto 前沿上。

（2）增量式 ε 指标[88]。该指标用于对比两种算法所得解集之间的收敛性能，$I_\varepsilon(A, B)$ 表示解集 A 相对于解集 B 的增量式 ε 指标值，$I_\varepsilon(A, B) < I_\varepsilon(B, A)$ 表示解集 A 的收敛性能好于解集 B，反之亦然。

（3）空间评价指标[87]（SPacing，SP）。SP 用于反映算法所得解集分布的均匀性，SP 值越小，解集的分布越均匀。

（4）最大传播距离[89]（Maximum Spread，MS）。MS 用于衡量算法所得解集分布的延展性能，MS 值越大，该解集的延展性能越好。特别地，当 MS 为 1 时，该解集完全覆盖整个真实 Pareto 前沿。

（5）反世代距离[90]（Inverted Generation Distance，IGD）。IGD 作为一个综合性指标，能够同时评价解集的收敛和分布性能，计算 IGD 时，需要给定一组在真实 Pareto 前沿上均匀分布的参考点集，IGD 值越小，表示该解集对 Pareto 前沿的拟合度越高。

（6）超体积[91]（HyperVolume，HV）。HV 与 IGD 类似，能够综合评价解集性能，HV 值越大，说明该解集的综合性能越好。与 IGD 相比，HV 的主要优点在于不需要真实 Pareto 前沿上的参考点集。因此，IGD 适用于 Pareto 前沿未知的任意优化问题，但 HV 在较大维度的多目标优化问题中，计算复杂度较高，并且较大的 HV 值并不代表解集对 Pareto 前沿有较高的拟合度。

(7) $R_2$ 指标[56,92]。$R_2$ 指标是 Hansen 和 Brockhoff 等人提出的全新的性能评价指标。该指标不仅可以定性评价两个集合的优劣，也能给出其定量差别。基于 $R_2$ 指标的高维多目标优化算法，通过给定一组均匀分布的权值向量和效用函数，快速计算每个候选解的 $R_2$ 贡献值，选择收敛性和多样性都较好的候选解。文献[93]给出了 $R_2$ 指标的定义，研究了基于 $R_2$ 指标的高维多目标优化算法，分析了其本质，并按照 $R_2$ 指标的四个关键组成部分进行了综述。

IBEA[53]作为最早的基于性能指标的多目标进化算法，可根据二元性能指标 $I_{\varepsilon+}$ 和 $I_H$ 定义优化目标，前者为收敛性指标，后者为超体积指标。IBEA 可以适应用户的偏好，而且不需要任何额外的多样性保存机制，在大多数连续和离散的基准问题上得到了显著的效果，但基于 $I_{\varepsilon+}$ 的 IBEA 过于强调收敛性，在 Pareto 前沿上的多样性欠佳[94]。MOPSOhv 算法[28]利用粒子的超体积贡献来选择局部和全局最优个体，使用外部档案来保存迭代进化过程中选择的最优全局个体，以对存储档案进行更新，并且为了降低计算成本，提高粒子在进化过程中的多样性，采用蒙特卡罗方法来近似计算，使用突变算子，实验结果表明该算法可以有效地求解高维多目标优化问题。HypE 算法[54]基于超体积指标来求解高维多目标优化问题，随着目标个数的增加，算法的计算复杂度呈指数级增加，结合基于勒贝格测度的适应度分配方案，通过蒙特卡罗抽样可以精确地计算和估计该测度，以折中准确性和可用的计算资源之间的平衡，实验结果说明 HypE 求解高维多目标优化问题非常有效。$R_2$-MOPSO 算法[30]利用 $R_2$ 指标选择全局最优个体，使用分解的方法来选择局部最优个体，采用精英学习策略和高斯学习策略增加个体的多样性，实验结果表明该算法可以有效地求解低维和高维多目标优化问题。IR$_2$-MOPSO 算法[95]（$R_2$-Based Multi/Many-Objective Particle Swarm Optimization）是在 $R_2$-MOPSO 算法[30]的基础上提出的，通过精心设计的交互过程，采用元启发式算法，通过 $R_2$ 指标对其进行性能度量，与其他算法在基准的高维多目标优化问题作对比，验证了 $R_2$-MOPSO 算法具有一定的竞争性。$R_2$-MOEA 算法[96]将 $R_2$ 指标整合到 Goldberg 的非支配改进版本中，以便对多目标进化算法中涉及的个体进行排序，实验结果表明 $R_2$-MOEA 算法的性能优于其他对比算法。

基于性能指标评价的多目标优化算法是比较新的研究方向，并且取得了一定的研究成果，但针对高维多目标优化问题并结合粒子群优化算法还需进一步深入研究。

### 13.2.4　基于参考点引导的高维多目标粒子群优化算法

基于参考点引导的高维多目标优化算法也是基于分解方法的一种，作为一类最近出现的求解高维多目标优化问题的有效方法，已引起了相关学者们的关注。

广义上讲，参考点是目标空间中用来引导种群进化的点。参考点的类型可分为理想点和底点。其中，理想点的所有目标函数值都不劣于给定解；反之，底点的所有目标函数值都不优于给定解。显然，距离理想点越近且离底点越远，则个体的收敛性能越好。

通常将目标空间中所有可行解在各目标上的最小值构成的向量称为理想目标向量，也称为理想点，记为 $z^* = (z_1^*, \cdots, z_m^*)^{\mathrm{T}}$，即

$$z_j^* = \min_{x \in \Omega} f_j(x), \, j = 1, 2, \cdots, m \tag{13-5}$$

显然，由理想点的定义易知，理想点是 Pareto 前沿的下界。若一个点的目标函数值不劣于部分已知解，则称该点为局部理想点；同理，若一个点的目标函数值不劣于所有已知解，则称该点为全局理想点。局部理想点与全局理想点如图 13.3 所示。

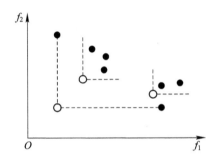

图 13.3  局部理想点与全局理想点

如果仅采用一个参考点引导种群，将很难引导种群获得整个 Pareto 前沿；如果采用一系列参考点，则可以相对容易地获得整个 Pareto 前沿。如果采用自适应生成参考点的方式，引导种群求解任意的高维多目标优化问题，则利用计算个体与参考点的距离以评价个体性能的方法，在高维目标空间中也能明显区分个体性能。

文献[97]通过估计 Pareto 前沿的范围生成参考点，并基于每个参考点并行搜索最优解。但是，该算法只应用于两目标优化问题，而且在进化早期，这些参考点可能并不适用。RPMOPSO 算法[98]在目标空间中引入的参考点能够有效筛选出多样性和收敛性较好的解，作为粒子的全局引导，增大选择压力，使得算法的搜索能力不受目标个数增加的影响，同时所提出的基于参考点的档案维护策略也有效避免了解集多样性的丢失，维护了最终解集的多样性，实验结果表明 RPMOPSO 算法在求解高维多目标问题时具有较好的收敛性和多样性的优势。A. Britto 等研究了 I-MOPSO 算法和 I-SIGMA 算法[27]，其中 REF-I-MOPSO 算法作为 I-MOPSO 算法的一般推广，基于参考点来引导个体收敛，并在 Pareto 前沿的不同区域搜索最优个体，将最优个体保存在外部档案中，以保持种群的多样性，实验结果表明，该算法优于其他对比算法。NSGA-Ⅲ算法[48]是 NSGA-Ⅱ算法[99]的推广，它们的框架基本相同，都是利用快速非支配排序将种群个体分类到不同的非支配前沿，最主要的不同在于环境选择，NSGA-Ⅱ算法利用拥挤比较操作来选择个体，从而保持种群的多样性，而NSGA-Ⅲ算法通过基于参考点的小生境技术进行环境选择以保持种群的多样性，NSGA-Ⅲ

算法的性能不但优于 NSGA-Ⅱ算法，而且能够有效处理高维多目标优化问题。Y. P. Liu 提出了一种根据当前种群自适应生成一组具有良好收敛和分布性能的参考点以引导种群进化的 RPEA 算法[100]，通过计算目标空间中参考点和个体之间的距离来选择优秀个体进行进化，自适应参考点不仅可以增强算法的选择压力，也可以保持解的多样性和均匀性，通过仿真实验验证了 RPEA 算法在不规则或退化的帕累托前沿问题上具有良好的适应性。MaOPSO 算法[64]在适应度分配中采用一组均匀分布的参考点，通过增加选择压力使算法尽可能收敛到真实的 Pareto 前沿，并保持解的多样性，与其他典型算法进行实验对比，MaOPSO 算法具有更好的性能。

然而，一般情况下，参考点的位置都是预先给定的，而优化问题的 Pareto 前沿形状往往是未知的。如果参考点与 Pareto 前沿不一致性，将导致算法搜索性能降低。如果能够在进化过程中根据当前种群信息自适应地生成参考点，将有可能提高所得解集的性能，但是不同的自适应方式将产生不同的效果，如 RVEA 算法[49]与 RPEA 算法[100]虽然都是自适应的参考点，但方式不同，RVEA 算法采用一种参考点再生策略，而 RPEA 算法采用了另外一种参考点生成方式，在 3 个目标的测试问题 DTLZ5 和 DTLZ6 上，这两种算法所得到结果的区别还是比较大的。所以，不同的自适应生成参考点策略，也是一个值得研究的方向。

### 13.2.5　基于偏好的高维多目标粒子群优化算法

在高维环境下，随着目标个数的增加，种群中的非支配个体的数量呈指数级增长，大大减小了算法的选择压力，缓减了算法的搜索进程，获得的大量的非支配解可能会导致决策困难。同时，而且由于计算资源的限制，获取规模庞大的解集以覆盖整个高维目标空间中的 Pareto 最优前沿也是极其困难的。在实际应用中，决策者并不需要全部 Pareto 最优解集，而只关心最优解集中的一部分，所以，可结合特定的偏好缩小搜索范围。

偏好是决策者面对几个选项或者备择方案时，选择其中某一选项或者备择方案的倾向。目前已有许多将偏好用于多目标优化算法研究的成果[101-102]，在一定条件下决策者并不需要完整的 PF，而关注决策者的偏好区域。根据是否交互，可将基于偏好的高维多目标粒子群优化算法分为交互式偏好多目标算法[103-104]和非交互式偏好多目标算法[105-106]。文献[107]指出，偏好信息按照插入的时机不同，可分先验式、后验式和交互式三类。先验式方法需要用户提前提供偏好信息，用来合成或者替换原先的选择机制，但对于用户来说，在无任何背景知识和不清楚解空间结构的前提下，要准确地表达偏好是非常困难的。在后验式方法中，用户需要从多样性和收敛性所得到的目标空间近似的解集中选出他所感兴趣的方案，但计算代价很高，不能高效地分析数据，也很难处理高维多目标问题。交互式方法在搜索过程中不断地引入偏好信息，指导个体的选择，直到得到决策者满意的结果。利用偏好信息作为搜索指导，可以有效降低计算代价，且在搜索的过程中能够根据结果不断完善偏好信息，适合于高维多目标的优化。如图 13.4 所示，根据决策者偏好信息选择 Pareto 最优解，可以缩小最优解的选择范围，提高效率。

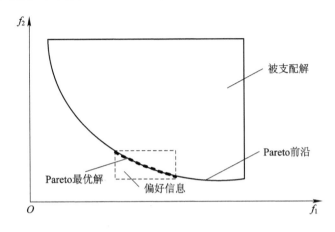

图 13.4　根据决策者偏好信息选择 Pareto 最优解

　　一般情况下，利用决策者的偏好信息，如参考点、参考向量等来增加选择压力，使得算法易搜到决策者偏好区域。参考点和参考向量能很好地将决策者的偏好信息加入多目标优化算法中，既包含了位置信息，同时也具有对不同目标的偏好程度，因此基于参考点，参考向量位置关系的多目标进化算法被大量应用在偏好多目标进化算法中，使得算法易搜到决策者偏好区域。R. Wang 等研究了将一系列决策者偏好与候选解协同进化的方法，设计了偏好启发的协同进化算法 PICEA-g[108]，对比实验证明了该算法具有良好而稳定的性能。Wickramasinghe[109] 等利用与参考点的距离测度进行粒子的选择和更新，引导算法向偏好区域搜索，然而这种方法可能造成解的多样性丢失，导致算法的早熟收敛，同时无法保证搜索到的最优解是非支配解。Carvalho[110] 等将控制支配区域方法与粒子群优化算法相结合，在一定程度上增强了算法的选择能力，但随着目标个数的持续增加，该方法仍面临选择压力退化的问题。Molina 等[111] 提出的 $g$-支配关系运用支配关系约束偏好区域，以参考点为偏好信息媒介，使 Pareto 支配关系较为宽松，增加了个体的支配区域，促进了算法的收敛压力。$g$-支配虽然增加了偏好区域内的解占优非偏好区域的支配关系，但同属于偏好区域内的解仍是非支配的，随着目标维数的增加，$g$-支配对偏好区域内非支配解的选择压力不足，算法性能下降。而当参考点靠近 Pareto 前沿，尤其是位于 Pareto 前沿上时，算法性能表现不稳定，甚至算法不收敛。L. B. Said 等[103] 提出的 $r$-支配关系将 Pareto 非支配集转化为一组严格的偏序集，当参考点落在非可行区域和真实 Pareto 面上时，可引导算法快速搜索到决策者的偏好区域，但是算法对参考点的位置信息比较敏感，当参考点落在可行区域时将严重影响算法的收敛性能，进而影响最终决策。$r$-MOPSO[112] 算法将决策者偏好融入 $r$-支配关系中，结合粒子群优化算法收敛速度快的优势，增加了对非支配解的选择压力,该算法在目标个数增加时仍保持较强的搜索能力,多个基准测试函数的仿真测试结果表明,所得解集在收敛性、多样性以及围绕参考点的分布性上均优于其他两种算法。

当前基于偏好信息,以及其他方法与偏好信息相结合的粒子群优化算法还鲜有报道,尤其在高维环境下的研究。因此,基于决策者偏好信息的高维多目标粒子群优化算法的研究有待进一步探索。

### 13.2.6 基于维数约减的高维多目标粒子群优化算法

当前,维数约减已被广泛应用于数据挖掘和统计分析中,其核心是以保持问题的重要特征和剔除冗余特征来最大程度地逼近原问题,降低问题的处理难度。维数约减就是将大的特征空间向小的特征空间简化,特征提取和特征选择是常用的方法。当多个目标函数具有较强的相关性时,利用聚类、目标相似性等约减目标函数的个数,再采用多目标进化优化方法求解,是处理高维多目标优化问题的一个可行途径,但前提条件是假设待处理的高维多目标优化问题含有冗余的目标。

关于高维多目标优化问题维数约减方面的研究主要集中在目标空间[58-60, 113-117]和决策空间[118]。对于具有冗余目标的特殊高维多目标优化问题,忽略那些冗余目标后并不改变原问题的 PF[119]。从采用不同约减方法角度,基于维数约减的高维多目标粒子群优化算法可分为基于支配结构保持的方法[120]、Pareto 角搜索[121]和基于机器学习的方法[122-123];从基于不同关系的角度来分,可以分为基于目标之间相互关系的目标约减方法和基于保持个体间 Pareto 支配关系的目标约减方法。另外,根据维数约减的使用时机,又可以分为离线型方法[122-123]和在线型方法[124-125]。其中,离线型方法主要是在获得了一组非支配解之后使用维数约减的方法,该方法又分为基于相关性的方法、基于支配结构的方法和基于特征选择的方法;在线型方法主要是通过迭代式地获得解集合、调用维数来约减模块,目标的个数随着搜索的进行而逐渐减少。目标约减后,便可以利用常规的多目标进化算法求解[126]。

Deb[127]等学者认为,在某些高维多目标优化问题中,并不是所有的目标之间都存在冲突,即存在冗余目标。也就是说,目标空间的维数要大于真正的 Pareto 最优前沿面的维数。他们提出了基于主成分分析法的高维多目标的目标缩减算法(PCA-NSGAII)。该算法将进化算法 NSGAII 和删除冗余目标的过程相结合,目标间的相关性是通过分析非支配集的相关系数来得到的,并由此生成目标集合中两两目标间的相互关系矩阵,通过分析相互关系矩阵的特征值和特征向量来提取互不相关的冲突目标,以表示原始目标集合,从而达到目标缩减的目的。PCSEA 算法[122]采用 Pareto 角搜索来获得个体,从而解释目标间的相关关系,利用启发式技术通过非支配解的变化量来迭代地删除目标,可以有效地处理含有冗余目标的高维多目标问题。文献[60]研究了利用进化多目标方法来进行目标维数约减,将目标维数约减看作多目标搜索问题,并保持给定样本集的占优结构或相关结构,建立了三个多目标公式。其中，前两个公式基于保持占优结构，第三个公式基于目标之间的相关性。针对每一个多目标公式，利用 NSGA-Ⅱ[99] 生成非支配目标子集的 Pareto 前沿，为决策者提供决策支持。实验结果表明提出的算法其有效性和优越性在相关领域超过了现有的先进方法。α-DEMO 算法[115] 基于差分进化多目标优化的元启发式进化算法，根据目标的冲突状态周期性地对目标进行重新排序，选择冲突目标的子集进行约减。该算法还提出了一种新的精英主义形式，以限制在更新后的种群中，选择排名更高的个体的数量。与现有算法相比，α-DEMO 所需的目标计算量更少，且具有更好的收敛性。A. Sinha 等提出了一种维数约减和求解多目标优化问题的框架[128]，主要集成了基于机器学习的目标维数约减算法（NL-MVU-PCA）和基于决策者交互求解过程（PI-EMO-VF）。该框架首先对给定问题进行识别，约减冗余目标，交互式地让决策者对约减后的多目标优化问题进行求解。经过实验验证，该框架可以有效处理含有冗余目标的多目标优化问题。

目标约减算法研究一直都是热点问题，将维数约减的方法与粒子群优化算法相结合处理高维多目标优化问题的研究成果很少有报道，而且还有诸多问题没有有效解决，如冗余目标如何产生，冗余目标集如何划分，是否应该根据决策者的需求消除冗余目标，如何判断得到的冗余目标集是极大的，目标约减后所获得的解集对于原问题是否有效，会不会对测试问题集的本质属性产生影响，等等。另外，某些测试函数其本身不存在冗余目标，决策者在没有任何先验知识的情况下定义冗余目标，是否会造成某些重要信息的丢失，进而影响到支配关系？这种影响能否反馈给决策者？在冗余目标是极大的情况下，各个冗余目标之间的相互影响有多大？在高维多目标优化的可视化十分困难的情况下，如何评价反映目标约减算法的优劣（即目标约减的评价问题）？上述问题都是目前在目标约减算法中亟待解决的问题。

## 13.3　总结与展望

本章主要从六个方面综述了高维多目标粒子群优化算法，分别基于支配关系、分解方法、性能指标、参考点引导、偏好以及维数约减等不同研究方向综述了近年来应用粒子群优化算法处理高维多目标优化问题的研究动向，但基于粒子群优化的高维多目标优化研究成果还不够丰富，还需进一步深入研究。

关于高维多目标优化还有许多亟待解决的问题与挑战，未来的探索和研究工作有可能在以下几个方面开展。

### 1. 非 Pareto 支配关系研究

目前，在高维多目标优化算法中主要采用了 Pareto 支配关系，包括经典的 Pareto 支配关系和宽松的 Pareto 支配关系。经典的 Pareto 支配关系存在一定的局限，宽松的 Pareto 支配关系也存在一些不足，而研究高维多目标优化对算法收敛精度要求较高，改变支配方式能够对此问题提供很好的帮助。其中，已有研究中非 Pareto 支配方式体现了明显的优势，基于非 Pareto 支配的排序方法为高维多目标优化算法中的精英选择提供了新思路。目前，这方面的研究较少且处于快速发展阶段，研究具有一般性的非 Pareto 评价指标并给出理论依据将具有重要意义。

### 2. 基于参考点、参考向量的引导策略研究

由于高维空间具有复杂性，因此要求求解高维多目标优化问题的算法不但有良好的收敛性和多样性，而且有可接受的算法复杂度，这些都具有一定的挑战性。目前大多数基于参考点的算法，如算法 NSGA-Ⅲ算法，利用 Pareto 支配关系，结合每个个体与参考点的距离或角度，对种群中的精英个体进行选择，可以有效处理 Pareto 前沿形状比较规则的问题，但是这类算法需要预先设定均匀分布的参考点，在求解如不连续的、退化的、反向的等前沿形状非规则的问题时，往往不能获得较好的解集，且在高维复杂环境下，算法的收敛精度也受到一定的制约。所以，针对高维多目标复杂问题，研究自适应参考点的算法具有重要的意义。

### 3. 基于性能评价指标选择策略的研究

一方面，性能评价指标用于测量算法所得解集的收敛性和分布状况；另一方面，性能评价指标可权衡算法的收敛性和多样性，计算每个候选解对性能评价指标贡献值的大小以选择候选解，可避免常规多目标优化算法复杂的选择过程，降低算法的计算复杂度。比如，基于 $R_2$ 指标的高维多目标优化算法，通过给定一组均匀分布的权值向量和效用函数，计算每个候选解的 $R_2$ 贡献值，选择收敛性和多样性都较好的候选解，避免了复杂的排序计算过程，解决了在高维多目标问题下 Pareto 支配关系失效的困境。但是通过深入研究发现，单纯采用 $R_2$ 指标并不能有效解决高维多目标优化问题中收敛性与多样性难以权衡的问题，因此，如何改进现有指标的性能，提出更有效的性能评估函数都有重要的研究意义。

### 4. 算法收敛性研究

关于高维目标进化算法在有限时间内收敛性的研究极少，因此加强高维多目标问题的理论研究是非常有必要的。对算法收敛性的研究，常用的分析方法有马尔科夫模型、等价关系模型等[129-131]。对算法收敛速度和时间复杂度进行分析的常用理论工具有漂移模型分析、首达时间分析、期望首达时间与收敛率关系分析等[132-134]。不断研究开发新的数学分析模型，对问题本身进行有效的抽象建模，可实现对高维多目标问题更有效的优化，而算法在有限时间内的收敛性是更具实际意义的研究课题。

### 5. 多模态多目标优化算法研究

多模态多目标问题一般都是高维多目标优化问题，其最优解集的数目从有限到无限广泛存在，且各最优解之间在空间中分布不均匀。而我们现实生活中存在大量多模态优化问

题。针对多模态多目标优化问题，现有研究还较少，尚没有成熟的数学模型以及进化求解方法。开展多模态多目标优化算法研究是一个新的研究方向。

（本章作者：杨五四，陈莉）

# 本章参考文献

[1] COELLO C A C, PULIDO G T. A micro-genetic algorithm for multiobjective optimization[C]. Proceedings of the Genetic and Evolutionary Computation Conference. San Francisco: Morgan Kaufmann Publishers, 2001: 274 - 282.

[2] 肖婧，许小可，张永建，等. 差分进化算法及其高维多目标优化应用[M]. 北京：人民邮电出版社，2018.

[3] 焦李成，尚荣华，刘芳，等. 认知计算与多目标优化[M]. 北京：科学出版社，2017.

[4] STEUER R E. Multiple Criteria Optimization: Theory, Computation, and Application[M]. New York: Wiley, 1986.

[5] RUNARSSON T P, YAO X. Stochastic Ranking for Constrained Evolutionary Optimization[J]. Evolutionary Computation IEEE Transactions on, 2000, 4(3): 284 - 294.

[6] ZHENG D W, GEN M, CHENG R W. Multi-objective optimization using genetic algorithms[J]. Engineering Valuation and Cost Analysis, 1999, 2: 303 - 310.

[7] DEB K, PRATAP A, AGARWAL S, et al. A fast and elitist multiobjective genetic algorithm: NSGA-II[J]. IEEE transactions on evolutionary computation, 2002, 6(2): 182 - 197.

[8] SCHAFFER J D. Multiple objective optimization with vector evaluated genetic algorithms[C]. Proceedings of 1st International Conference on Genetic Algorithms and Their Applications. Hillsdale: Lawrence Erlbaum Associates, Inc., 1985: 93 - 100.

[9] GOLDBERG D E. Genetic Algorithms in Search, Optimization, and Machine learning[M]. Boston: Addison Wesley Longman Publishing Co. Inc., 1989.

[10] FONSECA C M, FLEMING P J. Genetic algorithm for multiobjective optimization: Formulation, discussion and generation[C]. Proceedings of 5th International Conference on Genetic Algorithms. San Mateo: Morgan Kauffman Publishers, 1993: 416 - 423.

[11] SRINIVAS N, DEB K. Multiobjective optimization using non-dominated sorting in genetic algorithms [J]. Evolutionary Computation, 1994, 2(3): 221 - 248.

[12] ZITZLER E, THIELE L. Multi-objective evolutionary algorithms: A comparative case study and the strength Pareto approach[J]. IEEE Transactions on Evolutionary Computation, 1999, 3(4): 257 - 271.

[13] ZITZLER E, LAUMANNS M, THIELE L. SPEA2: Improving the strength Pareto evolutionary algorithm[C]. Proceedings of International Conference on Evolutionary Methods for Design, Optimization and Control with Applications to Industrial Problems. Berlin: Springer, 2002: 95 -

100.

[14] KNOWLES J D, CORNE D W. Approximating the non-dominated front using the Pareto archived evolution strategy[J]. Evolutionary Computation, 2000, 8(2): 149 - 172.

[15] CORNE D W, KNOWLES J D, OATES M J, The Pareto-envelope based selection algorithm for multi-objective optimization[C]. Proceedings of 6th International Conference on Parallel Problem Solving from Nature. Berlin: Springer, 2000: 869 - 878.

[16] CORNE D W, JERRAM N R, KNOWLES J D, et al. PESA-II: Region-based selection in evolutionary multi-objective optimization [C]. Proceedings of the Genetic and Evolutionary Computation Conference. San Francisco: Morgan Kaufmann Publishers, 2001: 283 - 290.

[17] ERICHSON M, MAYER A, HORN J. The niched Pareto genetic algorithm 2 applied to the design of groundwater remediation system[C]. Proceedings of 1st International Conference on Evolutionary Multi-criterion Optimization. Berlin: Springer, 2001: 681 - 695.

[18] HORN J, NAFPLIOTIS N, GOLDBERG D E. A niched Pareto genetic algorithm for multiobjective optimization[C]. Proceedings of 1st IEEE Congress on Evolutionary Computation. Piscataway: IEEE Press, 1994: 82 - 87.

[19] 刘静. 协同进化算法及其应用研究[D]. 西安: 西安电子科技大学, 2004.

[20] TAN K C, YANG Y J, GOH C K. A distributed Cooperative coevolutionary algorithm for multiobjective optimization[J]. IEEE Transactions on Evolutionary Computation, 2006, 10(5): 527 - 549.

[21] QI Y, LIU F, LIU M, et al. Multi-objective immune algorithm with Baldwinian learning[J]. Applied Soft Computing, 2012, 12 (8): 2654 - 2674.

[22] COELLO C A C, CORTES N C. An Approach to Solve Multiobjective Optimization Problems Based on an Artificial Immune System[C]. International Conference on Artificial Immune Systems, 2002.

[23] 尚荣华, 焦李成, 公茂果, 等. 免疫克隆算法求解动态多目标优化问题[J]. 软件学报, 2007, 18(11): 2700 - 2711.

[24] KHAN N, GOLDBERG D E, PELIKAN M. Multiple-objective Bayesian Optimization Algorithm [C]. Genetic & Evolutionary Computation Conference. Morgan Kaufmann Publishers Inc., 2002.

[25] LAUMANNS M, OCENASEK J. Bayesian Optimization Algorithms for Multi-objective Optimization [C]. International Conference on Parallel Problem Solving from Nature. Springer-Verlag, 2002.

[26] ZAPOTECAS-MARTÍNEZ S, COELLO C A C, A Multi-objective Particle Swarm Optimizer Based on Decomposition[C]. Conference on Genetic & Evolutionary Computation, 2011, 162 (1): 69 - 76.

[27] BRITTO A, POZO A. Using reference points to update the archive of MOPSO algorithms in Many-Objective Optimization[J]. Neurocomputing, 2014, 127: 78 - 87.

[28] GARCIA I C, COELLO C A C, ARIAS-MONTANO A. MOPSOhv: A New Hypervolume-based Multi-Objective Particle Swarm Optimizer[C]. Evolutionary Computation IEEE, 2014: 266 - 273.

[29] MOUBAYED N A, PETROVSKI A, MCCALL J. D(2)MOPSO: MOPSO based on Decomposition and Dominance with Archiving using Crowding Distance in Objective and Solution Spaces [J]. Evolutionary Computation, 2014, 22(1): 47 - 77.

[30] LI F, LIU J, TAN S, et al. R2-MOPSO: A multi-objective particle swarm optimizer based on $R_2$-indicator and decomposition[J]. Evolutionary Computation, 2015: 3148 – 3155.

[31] DAI C, WANG Y P, YE M. A new multi-objective particle swarm optimization algorithm based on decomposition[J]. Information Sciences, 2015: 325, 541 – 557.

[32] LIN Q Z, LI J Q, DU Z H, et al, A novel multi-objective particle swarm optimization with multiple search strategies[J]. European Journal of Operational Research, 2015, 247 (3): 732 – 744.

[33] SU D W, ZHOU C M, WANG Y. Particle Swarm Algorithm for Multi-objective Optimization Based on Intuitionistic Fuzzy Entropy[J]. Computer Science, 2016, 43(8): 253 – 258.

[34] YANG S, LI M, LIU X, et al. A grid-based evolutionary algorithm for many-objective optimization [J]. IEEE Trans. on Evolutionary Computation, 2013, 17(5): 721 – 736.

[35] FARINA M, AMATO P. A fuzzy definition of "optimality" for many-criteria optimization problems [J]. IEEE Trans. on Systems, Man, and Cybernetics, 2004, 34(3): 315 – 326.

[36] HERNANDEZ-DIAZ A G, SANTANA-QUINTERO L V, COELLO C A C, et al. Pareto-Adaptive $\varepsilon$-dominance[J]. Evolutionary Computation, 2007, 15(4): 493 – 517.

[37] IKEDA K, KITA H, KOBAYASHI S. Failure of Pareto-based MOEAs: Does non-dominated really mean near to optimal[C]. Proc of 2001 IEEE Congress on Evolutionary Computation. Seoul: IEEE Service Center, 2001: 957 – 962.

[38] HE Z N, YEN G G, ZHANG J. Fuzzy-Based Pareto Optimality for Many-Objective Evolutionary Algorithms[J]. IEEE Transactions on Evolutionary Computation, 2014, 18 (2) : 269 – 285.

[39] FARINA M, DEB K, AMATO P. Dynamic multiobjective optimization problems[J]. IEEE Transactions on Evolutionary Computation, 2004, 8(5): 425 – 442.

[40] HELBIG M. Solving dynamic multi-objective optimisation problems using vector evaluated particle swarm optimization[D]. Management of Boundary Constraint Violations, 2012.

[41] COELLO C A C, LAMONT G B, VELDHUIZEN D A V. Evolutionary Algorithms for Solving Multi-Objective Problems [M]. 2nd. New York: Springer, 2002.

[42] LI H, ZHANG Q F. A Multiobjective Differential Evolution Based on Decomposition for Multiobjective Optimization with Variable Linkages [C]. Parallel Problem Solving from Nature-PPSN IX, 9th International Conference, Reykjavik, Iceland, September 9-13, 2006.

[43] LI H, ZHANG Q F. Multiobjective Optimization Problems With Complicated Pareto Sets, MOEA/D and NSGA-Ⅱ[J]. IEEE Transactions on Evolutionary Computation, 2009, 13(2): 284-302.

[44] 余伟伟, 谢承旺, 闭应洲, 等. 一种基于自适应模糊支配的高维多目标粒子群算法[J]. 自动化学报, 2018, 44 (12): 2278 – 2289.

[45] CARVALHO A B D, POZO A. Measuring the Convergence and Diversity of CDAS Multi-Objective Particle Swarm Optimization Algorithms: A study of many-objective problems[J]. Neurocomputing, 2012, 75 (1): 43 – 51.

[46] PAN A Q, TIAN H J, WANG L, et al. A Decomposition-Based Unified Evolutionary Algorithm for Many-Objective Problems Using Particle Swarm Optimization [J]. Mathematical Problems in

Engineering, 2016, 12: 1-15.

[47] EMMERICH M, BEUME N, NAUJOKS B. An EMO Algorithm Using the Hypervolume Measure as Selection Criterion[J]. Lecture Notes in Computer Science, 2005, 3410: 62 – 76.

[48] DEB K, JAIN H. An evolutionary many-objective optimization algorithm using reference-point based non-dominated sorting approach, part I: Solving problems with box constraints[J]. Evolutionary Computation, IEEE Transactions on, 2014, 18(4): 577 – 601.

[49] CHENG R, JIN Y C, OLHOFER M, et al. A Reference Vector Guided Evolutionary Algorithm for Many-Objective Optimization[J]. IEEE Transactions on Evolutionary Computation, 2016, 20(5): 773 – 791.

[50] LI K, ZHANG Q F, KWONG S, et al. An Evolutionary Many-Objective Optimization Algorithm Based on Dominance and Decomposition[J]. IEEE Transactions on Evolutionary Computation, 2015, 19(5): 694 – 716.

[51] LI Z, LIN K, NOUIOUA M, et al. A Decomposition Based Evolutionary Algorithm with Angle Penalty Selection Strategy for Many-Objective Optimization[C]. ICSI 2018, LNCS 10941, 2018: 561 – 571.

[52] LIU H L, GU F, ZHANG Q F. Decomposition of a multiobjective optimization problem into a number of simple multiobjective subproblems[J]. IEEE Transactions on Evolutionary Computation, 2014, 18(3): 450 – 455.

[53] ZITZLER E, KJNZLI S. Indicator-based selection in multiobjective search [C]. International Conference on Parallel Problem Solving from Nature. Springer, Berlin, Heidelberg, 2004: 832 – 842.

[54] BADER J, ZITZLER E. HypE: An algorithm for fast hypervolume-based many objective optimization[J]. Evolutionary computation, 2011, 19(1): 45 – 76.

[55] SCHUTZE O, ESQUIVEL X, LARA A, et al. Using the averaged Hausdorff distance as a performance measure in evolutionary multiobjective optimization [J]. IEEE Transactions on Evolutionary Computation, 2012, 16(4): 504 – 522.

[56] BROCKHOFF D, WAGNER T, TRAUTMANN H. R2 indicator-based multiobjective search[J]. Evolutionary Computation, 2015, 23(3): 369 – 395.

[57] LI F, CHENG R, LIU J, et al. A Two-Stage R2 Indicator Based Evolutionary Algorithm for Many-Objective Optimization[J]. Applied Soft Computing, 2018, 67: 245 – 260.

[58] SAXENA D K, DURO J A, TIWARI A, et al. Objective reduction in many-objective optimization: Linear and nonlinear algorithms[J]. IEEE Trans on Evolutionary Computation, 2013, 17(1): 77 – 99.

[59] GUO X, WANG Y, WANG X. An objective reduction algorithm using representative Pareto solution search for many-objective optimization problems[J]. Soft Computing, 2016, 20(12): 4881 – 4895.

[60] YUAN Y, ONG Y S, GUPTA A. Objective Reduction in Many-Objective Optimization: Evolutionary Multiobjective Approaches and Comprehensive Analysis [J]. IEEE Transactions on Evolutionary

Computation，2018，22(2)：189－210.

［61］ KENNDY J，EBERHART R C. Particle swarm optimization［C］. Proceedings of IEEE International Conference on Neural Networks. Piscataway：IEEE Service Center，1995，Ⅳ：1942－1948.

［62］ SUN X，CHEN Y，LIU Y，et al. Sets Evolution-Based Particle Swarm Optimization for Many-Objective Problems［C］. IEEE International Conference on Information & Automation，IEEE，2014.

［63］ SUN X，CHEN Y，LIU Y，et al. Indicator-Based Set Evolution Particle Swarm Optimization for Many-Objective Problems［J］. Soft Computing，2016，20(6)：2219－2232.

［64］ FIGUEIREDO E M N，LUDERMIR T B，BASTOS-FILHO C J A. Many-Objective Particle Swarm Optimization［J］. Information Sciences，2016，374：115－134.

［65］ LIN Q Z，LIU S B，ZHU Q L，et al. Particle Swarm Optimization With a Balanceable Fitness Estimation for Many-Objective Optimization Problems［J］. IEEE Transactions on Evolutionary Computation，2018，22(1)：32－46.

［66］ DÍAZ-MANRÍQUEZ A，TOSCANO G，BARRON-ZAMBRANO J H，et al. $R_2$-Based Multi/Many-Objective Particle Swarm Optimization［J］. Computational Intelligence and Neuroscience，2016，2016：1－10.

［67］ HU W，YEN G G，LUO G C. Many-Objective Particle Swarm Optimization Using Two-Stage Strategy and Parallel Cell Coordinate System［J］. IEEE Transactions on Cybernetics，2016，47(6)：1446－1459.

［68］ ZHAO Y J，LIU J C，YU X，et al. Many-Objective Particle Swarm Optimization Algorithm Based on Preference［C］. 第 37 届中国控制会议论文集，2018.

［69］ RAY T，LIEW K M. A swarm metaphor for multiobjective design optimization［J］. Engineering Optimization，2002，34(2)：141－153.

［70］ COELLO C，SALAZAR M. MOPSO：a proposal for multiple objective particle swarm optimization ［C］. in：Proceedings of the IEEE Congress of Evolutionary Computation，2002(2)：1051－1056.

［71］ RAQUEL C R，NAVAL P C. An Effective Use of Crowding Distance in Multiobjective Particle Swarm optimization［C］. Genetic & Evolutionary Computation Conference，2005：257－264.

［72］ HUANG V L，SUGANTHAN P N，LIANG J J. Comprehensive learning particle swarm optimizer for solving multiobjective optimization problems［J］. International Journal of Intelligent Systems，2010，21 (2)：209－226.

［73］ COELLO C A C，PULIDO G T，LECHUGA M S. Handing Multiple objectives with particle swarm optimization［J］. IEEE Transactions on Evolutionary Computation，2004，8(3)：256－279.

［74］ ZHANG X Y，ZHENG X T，CHENG R，et al. A Competitive Mechanism Based Multi-objective Particle Swarm Optimizer with Fast Convergence［J］. Information Sciences，2018，427：63－76.

［75］ 胡旺，YEN G G，张鑫，等. 基于 Pareto 熵的多目标粒子群优化算法［J］. 软件学报，2014，25(5)：1025－1050.

［76］ 肖婧，王科俊，毕晓君. 基于改进 K 支配排序的高维多目标进化算法［J］. 控制与决策，2014，29(12)：2165－2170.

[77] SIERRA M R, COELLO COELLO C A. Improving PSO-based multi-objective optimization using crowding, mutation and ε-dominance [C]. Proceedings of 3rd International Conference on Evolutionary Multi-criterion Optimization. Berlin: Springer, 2005: 505－519.

[78] KORUDU P, DAS S, WELCH S M. Multi-objective hybrid PSO using ε-fuzzy dominance[C]. Proceedings of the Genetic and Evolutionary Computation Conference. New York: ACM Press, 2007: 853－860.

[79] 梅海涛, 华继学, 王毅, 等. 基于直觉模糊支配的混合多目标粒子群算法[J]. 计算机科学, 2017, 44(1): 253－258.

[80] ABBASS H A, SARKER R. The Pareto differential evolution algorithm[J]. International Journal on Artificial Intelligence Tools, 2008, 11(04), 531－552.

[81] XUE F, SANDERSON A C, GRAVES R J. Pareto-based Multi-Objective Differential Evolution [C]. Congress on Evolutionary Computation, IEEE, 2003.

[82] ROBIC T, FILIPIC B. DEMO: Differential Evolution for Multiobjective Optimization[C]. Third International Conference, EMO 2005, Guanajuato, Mexico, 2005.

[83] ZHANG Q F, LI H. MOEA/D: A multiobjective evolutionary algorithm based on decomposition [J]. IEEE Trans on Evolutionary Computation, 2007, 11(6): 712－731.

[84] PENG W, ZHANG Q F. A Decomposition-based Multi-objective Particle Swarm Optimization Algorithm for Continuous Optimization Problems[J]. IEEE International Conference on Granular Computing, 2008, 15(3): 534－537.

[85] MOUBAYED N A, PETROVSKI A, MCCALL J. A Novel Smart Multi-Objective Particle Swarm Optimisation Using Decomposition[C]. International Conference on Parallel Problem Solving from nature, 2010 , 6239 (5): 1－10.

[86] 李飞, 刘建昌, 石怀涛, 等. 基于分解和差分进化的多目标粒子群优化算法[J]. 控制与决策, 2017, 32(3): 403－410.

[87] VAN VELDHUIZEN D A, LAMONT G B. On measuring multiobjective evolutionary algorithm performance[C]. Proceedings of the IEEE Congress on Evolutionary Computation, IEEE, 2000, 1: 204－211.

[88] ZITZLER E, THIELE L, LAUMANNS M, et al. Performance assessment of multiobjective optimizers: An analysis and review[J]. IEEE Transactions on Evolutionary Computation, 2003, 7(2): 117－132.

[89] ZITZLER E, DEB K, THIELE L. Comparison of multiobjective evolutionary algorithms: Empirical results[J]. Evolutionary Computation, 2000, 8(2): 173－195.

[90] ZHANG Q F, ZHOU A M, ZHAO S Z, et al. Multiobjective optimization test instances for the CEC 2009 special session and competition [R]. University of Essex, Colchester, UK and Nanyang technological University, Singapore, special session on performance assessment of multi-objective optimization algorithms, technical report, 2008.

[91] ZITZLER E, THIELE L. Multiobjective evolutionary algorithms: a comparative case study and the strength Pareto approach[J]. IEEE Transactions on Evolutionary Computation, 1999, 3(4): 257－

271.

[92] HANSEN M P, JASZKIEWICZ A. Evaluating the quality of approximations to the non-dominated set [J]. Journal Für Die Reine Und Angewandte Mathematik, 1998, 405(2): 352 – 354.

[93] 刘建昌, 李飞, 王洪海, 等. 进化高维多目标优化算法研究综述[J]. 控制与决策, 2018, 33(05): 114 – 122.

[94] HADKA D, REED P. Diagnostic Assessment of Search Controls and Failure Modes in Many-Objective Evolutionary Optimization[J]. Evolutionary Computation, 2012, 20(3): 423 – 452.

[95] DÍAZ-MANRÍQUEZ A, TOSCANO G, BARRON-ZAMBRANO J H, et al. R2-Based Multi/Many-Objective Particle Swarm Optimization [J]. Computational Intelligence and Neuroscience, 2016, 2016: 1 – 10.

[96] DIAZ-MANRIQUEZ A, TOSCANO-PULIDO G, COELLO C A C, et al. A ranking method based on the $R_2$ indicator for many-objective optimization[C]. Evolutionary Computation (CEC), 2013 IEEE Congress on. IEEE, 2013: 1523 – 1530.

[97] FIGUEIRA J R, LIEFOOGHE A, TALBI E G, et al. A parallel multiple reference point approach for multi-objective optimization[J]. European Journal of Operational Research, 2010, 205(2): 390 – 400.

[98] 韩敏, 何泳, 郑丹晨. 基于参考点的高维多目标粒子群算法[J]. 控制与决策, 2017, 32(4): 607 – 612.

[99] DEB K, AGRAWAL S, PRATAP A, et al. A fast elitist non-dominated sorting genetic algorithm for multi-objective optimization: NSGA-II [M]. Parallel Problem Solving from Nature PPSN VI, 2000.

[100] LIU Y P, GONG D W, SUN X Y, et al. Many-objective Evolutionary Optimization Based on Reference Points[J]. Applied Soft Computing, 2017, 50(1): 344 – 355.

[101] THIELE L, MIETTINEN K, KORHONEN P J, et al. A Preference-Based Evolutionary Algorithm for Multi-Objective Optimization[J]. Evolutionary Computation, 2009, 17(3): 411 – 436.

[102] PARMEE I C, CVETKOVIC D. Preferences and their Application in Evolutionary Multiobjective Optimisation[J]. Evolutionary Computation IEEE Transactions on, 2002, 6(1): 42 – 57.

[103] SAID L B, BECHIKH S, GHEDIRA K. The r-Dominance: A New Dominance Relation for Interactive Evolutionary Multicriteria Decision Making[J]. IEEE Transactions on Evolutionary Computation, 2010, 14(5): 801 – 818.

[104] KOÉKSALAN M, KARAHAN I. An Interactive Territory Defining Evolutionary Algorithm: Itdea [J]. IEEE Transactions on Evolutionary Computation, 2010, 14(5): 702 – 722.

[105] KIM J H, HAN J H, KIM Y H, et al. Preference-Based Solution Selection Algorithm for Evolutionary Multiobjective Optimization [J]. IEEE Transactions on Evolutionary Computation, 2012, 16(1): 20 – 34.

[106] WANG R, PURSHOUSE R C, FLEMING P J. Preference-Inspired Coevolutionary Algorithms for Many-Objective Optimization[J]. IEEE Transactions on Evolutionary Computation, 2013, 17(4):

474 – 494.

[107] HORN J. Multicriterion decision making [C]. Handbook of Evolutionary Computation. IOP Publishing Ltd. and Oxford University Press, 1997: 1 – 15.

[108] WANG R, PURSHOUSE R C, FLEMING P J. Preference-inspired coevolutionary algorithms for many-objective optimization[J]. IEEE Transactions on Evolutionary Computation, 2013, 17(4): 474 – 494.

[109] WICKRAMASINGHE U K, LI X. Using a distance metric to guide PSO algorithms for many-objective optimization[C]. Conference on Genetic & Evolutionary Computation, ACM, 2009.

[110] CARVALHO A B D, POZO A. Measuring the convergence and diversity of CDAS Multi-Objective Particle Swarm Optimization Algorithms: A study of many-objective problems [J]. Neurocomputing, 2012, 75(1): 43 – 51.

[111] MOLINA J, SANTANA L V, COELLO C A C, et al. G-Dominance: Reference Point Based Dominance for Multi-objective Metaheuristics[J]. European Journal of Operational Research, 2009, 197(2): 685 – 692.

[112] 章恩泽，陈庆伟. 改进的 $r$ 支配高维多目标粒子群优化算法[J]. 控制理论与应用，2015，32(5)：623 – 630.

[113] JAIMES A L, COELLO C A C, AGUIRRE H, et al. Objective space partitioning using conflict information for solving many-objective problems[J]. Information Sciences, 2014, 268: 305 – 327.

[114] WANG H D, YAO X. Objective reduction based on nonlinear correlation information entropy[J]. Soft Computing, 2015, 20: 2393 – 2407.

[115] BANDYOPADHYAY S, MUKHERJEE A. An algorithm for many-objective optimization with reduced objective computations: a study in differential evolution [J]. IEEE Transactions on Evolutionary Computation, 2015, 19(3): 400 – 413.

[116] ISHIBUCHI H, AKEDO N, OHYANAGI H, et al. Behavior of EMO algorithms on many-objective optimization problems with correlated objectives[C]. Evolutionary Computation, IEEE, 2011: 1 465 – 1472.

[117] HE Z N, YEN G. Many-objective evolutionary algorithm: objective space reduction and diversity improvement[J]. IEEE Transactions on Evolutionary Computation, 2015, 20(1): 145 – 160.

[118] WANG H D, JIAO L C, SHANG R, et al. A Memetic Optimization Strategy Based on Dimension Reduction in Decision Space[J]. Evolutionary Computation, 2015, 23(1): 69 – 100.

[119] GAL T, HANNE T. Consequencesof dropping nonessential objectives for the application of MCDM methods[J]. European Journal of Operational Research, 1999, 119(2): 373 – 378.

[120] COELLO C A C. Recent Trends in Evolutionary Multi-objective Optimization[M]. Evolutionary Multi-objective Optimization. London: Springer, 2005: 7 – 32.

[121] SINGH H K, ISAACS A, RAY T. A Pareto Corner Search Evolutionary Algorithm and Dimensionality Reduction in Many-Objective Optimization Problems [J]. IEEE Transactions on Evolutionary Computation, 2011, 15(4): 539 – 556.

[122] BROCKHOFFD, ZITZLER E. Are All Objectives Necessary? On Dimensionality Reduction in Evolutionary Multiobjective Optimization[C]. International Conference on Parallel Problem Solving from Nature. Springer-Verlag, 2006.

[123] JAIMES A L, COELLO C C A, CHAKRABORTY D, et al. Objective reduction using a feature selection technique[C]. Proceedings of the 10th Annual Conference on Genetic and Evolutionary Computation. ACM, 2008: 673 – 680.

[124] GUO X F, WANG X F, WANG M Z, et al. A New Objective Reduction Algorithm for Many-Objective Problems: Employing Mutual Information and Clustering Algorithm[C]. Computational Intelligence and Security (CIS), 2012 Eighth International Conference on. IEEE, 2012.

[125] JAIMES A L, COELLO C A C, JES S E. Online Objective Reduction to Deal with Many-Objective Problems[C]. Evolutionary Multi-Criterion Optimization, 5th International Conference. Berlin: Springer-Verlag, 2009.

[126] DEB K. Multi-objective optimization using evolutionary algorithms[M]. Hoboken: John Wiley & Sons, Inc. , 2001.

[127] DEB K, SEXENA D K. On finding Pareto-optimal solutions through dimensionality reduction for certain large-dimensional multi-objective optimization problems[R]. Kanpur: Indian Institute of Technology, 2005.

[128] SINHA A , SAXENA D K , DEB K , et al. Using objective reduction and interactive procedure to handle many-objective optimization problems[J]. Applied Soft Computing, 2013, 13(1): 415 – 427.

[129] GAO H, XU W B. A new particle swarm algorithm and its globally convergent modifications[J]. IEEE Transactions on Systems, Man, and Cybernetics, Part B (Cybernetics), 2011, 41(5): 1334 – 1351.

[130] ZHANG Q F, MUHLENBEIN H. On the convergence of a class of estimation of distribution algorithms[J]. IEEE Transactions on Evolutionary Computation, 2004, 8(2): 127 – 136.

[131] 黄翰, 林智勇, 郝志峰, 等. 基于关系模型的进化算法收敛性分析与对比[J]. 计算机学报, 2011, 34(5): 801 – 811.

[132] QIAN C, YU Y, ZHOU Z H. Analyzing Evolutionary Optimization in Noisy Environments[J]. Evolutionary Computation, 2013, 26(1): 1 – 41.

[133] 张宇山, 郝志峰, 黄翰, 等. 进化算法首达时间分析的停时理论模型[J]. 计算机学报, 2015, 38 (8): 1582 – 1591.

[134] YU Y, ZHOU Z H. A new approach to estimating the expected first hitting time of evolutionary algorithms[J]. Artificial Intelligence, 2008, 172(15): 1809 – 1832.

[135] Benedetti A, Farina M, Gobbi M. Evolutionary multiobjective industrial design: the case of a racing car tire-suspension system[J]. IEEE Transactions on Evolutionary Computation, 2006, 10(3): 230 – 244.

## 第14章  进化多目标模糊聚类图像分割

# 14.1  图 像 分 割

## 14.1.1  研究背景及意义

在当今科技快速发展的大背景下，图像因其形象、直观以及易于理解的特点，逐渐成为一种广泛存在的信息形式。人们根据不同的应用需求，采取相应技术对图像进行加工处理，以获取有效的、深层次的信息。图像工程是针对图像领域的研究与应用而衍生出的一个新型学科，其研究内容主要包括图像理解、图像处理与图像分析。在图像工程中，图像处理的层级较低，其通过对像素操作，实现图像的变换，进而改善图像质量。作为图像工程的中层，图像分析着重强调检测和测量图像中感兴趣的目标，并根据这些目标的客观信息进一步描述图像。图像理解作为图像工程中的高层操作，其建立在图像分析的基础上，通过对图像描述中抽取出来的数据符号进行运算处理，实现对图像的解译。对于图像的研究和应用，通常只需要对图像中的某些区域进行深层次的处理与研究，因此提出了图像分割的概念。图像分割的目的就是将人们感兴趣的这些区域分离提取出来，并通过相应的目标表达与特征提取等方式将原始图像转化为更紧凑抽象的形式，以实现后续更高层的图像处理与理解[1]。因此，图像分割作为图像工程中的基本操作，一直是计算机视觉与图像理解领域中的研究热点之一。

在人们的生产实践与日常生活中，图像分割技术被广泛应用于医学、农业、工业以及军事等领域。例如，在安防领域，通过对交通监控视频中的图像进行分割，获取车辆的信息并进行车牌识别；在医学领域，针对核磁共振图像与CT图像等的分割，将医学图像中的不同组织分割成不同区域，以辅助医生分析诊断病情；在军事领域有针对合成孔径雷达图像[2]与红外图像等的分割；在工农业领域有针对遥感图像的变化检测[3]，包括森林火灾检测与海洋溢油检测；等等。综上所述，图像分割技术具有重要的实际应用价值和理论研究意义。

## 14.1.2  传统图像分割方法

图像分割是指将图像中相关性强的区域划分成一类，将图像属性差异较大的部分分割成不同区域的图像处理技术。该技术需要在保留图像重要特征的同时，尽可能使图像中目标的轮廓连续、区域完整。常见的图像分割方法大体可分为以下几类：基于边缘检测的分割方法，基于区域划分的分割方法，基于聚类的分割方法，以及基于特定理论的分割方法等。

### 1. 基于边缘检测的分割方法

图像的边缘存在于目标、区域和背景之间，它是由图像中不同区域的边界线上连续的像素点组成的集合。边缘能够反映出图像局部特征的不连续性。因此，边缘检测通过提取图像不连续部分的特征，根据闭合的边缘以区分不同的区域。根据图像像素的灰度值，边缘可被分为阶跃状与屋顶状两种。其中，阶跃状边缘两边的像素灰度值存在明显差异，而屋顶状边缘大多位于像素灰度值下降或者上升的转折处。根据上述两种边缘的特性，边缘检测能够通过计算一阶导数的极值点与二阶导数的零点来实现，其具体实现方式是基于边缘检测模板的卷积对图像进行操作。常见的边缘检测模板有 Laplacian 算子、Canny 算子、Roberts 算子、Sobel 算子等。

### 2. 基于区域划分的分割方法

区域划分是指将图像按照相似性准则分成不同区域，即把图像划分成特征相同的区域，而不同区域之间的边界就是边缘。基于区域划分的分割方法主要包括阈值法[4]、分裂合并法、种子区域生长法与分水岭法[5]等。

阈值法即阈值处理法，因其实现过程简单、直观，是目前最常用的一种图像分割方法。阈值处理主要包括全局阈值处理和局部阈值处理两种方法，适于分割目标与背景具有不同灰度级范围的图像。虽然阈值处理具有简单快速的分割优势，但是其忽略了图像中的空间信息、纹理信息等，这使得基于阈值处理的分割方法对图像中的噪声敏感，并且对区域灰度差异不明显的图像分割效果较差。

分裂合并法和种子区域生长法属于两种常见的串行区域分割技术。分裂合并法主要用于分割纹理图像与灰度图像，其基本思路是将图像任意划分为若干互不相连的区域，并根据相关规则分裂或合并这些区域。而种子区域生长法则正相反，其基本思想是按照预先设置的生长准则将子区域合并成较大的区域。种子区域生长法需要预先设定一些代表不同区域的"种子"像素，再根据生长准则合并"种子"像素邻域中的其他像素作为新"种子"像素，并根据生长准则继续合并新"种子"像素的邻域像素，直至不再出现符合生长准则的新像素。可以看出，初始"种子"像素的选取与生长准则的设置直接影响着区域生长法的分割效果。

分水岭法的主要思路是根据基于拓扑理论的数学形态学，将图像看作大地测量学中的拓扑地貌。具体来说，图像中每个像素的灰度值表示该点的海拔高度，每一个局部极小值及其影响区域即为集水盆，而集水盆的边界是分水岭。假设整幅图像被洪水淹没，则图像的最低点率先被淹没。若水位继续上涨，则洪水会填满整个集水盆，甚至溢出集水盆。因此，如果想要获取一系列能够区分各个集水盆的分水岭，只需在图像中所有集水盆的边界建立堤坝即可。可以看出，该方法能够对微弱的边缘取得良好的效果，这有助于获得封闭连续的分割边缘。然而，对于受噪声严重干扰的图像，分水岭法容易产生过分割现象。

### 3. 基于聚类的分割方法

聚类（Clustering）是指根据预先设定的规则将具有一定相似程度的元素分配到同一个集合的过程。针对一组数据进行聚类操作，可以得到多个簇（Cluster）或者类，其中每个簇都由相似的数据组成。这些簇中的数据都具有一定的相似性，同时属于不同簇的数据具有一定的差异性。聚类分析既可以体现出数据之间的逻辑关系，也可以表现出数据的内在关联规则及变化形式。因此，聚类分析是一种重要的机器学习（Machine Learning）方法[6]，为数据挖掘与知识发现提供了重要的理论依据。

在机器学习中，聚类分析是一个搜索簇的无监督学习（Unsupervised Learning）过程。不同于分类等有监督学习（Supervised Learning）方法，聚类分析在不依赖任何有关簇的先验知识以及带类标的训练样本的情况下，依然能够发现数据内在的分布规律。而图像分割是将相似像素划分到同一区域的操作，也是一个无监督的数据处理过程。因此，研究者们将聚类分析引入图像分割领域，提出了一系列基于聚类的分割方法。这些方法大致可以划分成硬聚类和软聚类两种方式。在硬聚类中，每个数据只隶属于一类；而在软聚类中，每个数据以某个概率隶属于每一类。可以看出，相比于软聚类，硬聚类忽略了数据类属与形态的中介性。因此，对于复杂的实际问题，软聚类通常能够取得更好的聚类效果。在软聚类算法中，模糊聚类被广泛应用于图像分割问题。模糊聚类是一种结合了模糊数学语言的聚类方法，该方法采用模糊数学方法来定量地度量数据之间的关系，进而准确地对数据进行聚类。其主要实现方式是针对数据的属性构造模糊矩阵，并根据隶属度来确定聚类关系。模糊聚类一直遵从"类间相似性最小化"与"类内相似性最大化"原则，使得异类数据之间的差别尽可能大，而同类数据之间的差别最小。作为一种最常见的模糊聚类算法，模糊 $C$ 均值聚类（Fuzzy C-Means，FCM）[7-8]被广泛应用于医学图像[9]与遥感图像[10]等领域的分割。

除了上述基于聚类的分割方法外，为了进一步提高图像分割的效果，近几年研究者们还引入许多其他理论和模型去求解基于聚类的图像分割问题[11]。但无论哪种图像分割方法，其本质都是对数据的分类。

### 4. 基于特定理论的分割方法

图像分割是计算机视觉领域中的经典难题之一，随着其他相关学科、领域的发展，人们尝试将许多新颖的数学工具和方法与图像分割相结合，并提出了一系列图像分割的新思路和新方法[12]，如基于信息论的分割方法，基于小波分析与变化的分割方法，基于神经网络的分割方法等。

虽然图像分割于 20 世纪 70 年代就已出现，并且在很多应用领域都取得了相应的发展，但是直到目前为止，仍然不存在一个可应用于任何种类图像的分割方法。此外，在实际工作与生活中，图像分割的性能需要适应图像质量的变化，而图像质量受到环境条件、成像设备与时间变化的影响。因此，探索普适、有效的图像分割方法，并将其高质量的分割结果应用于图像的识别与理解，依然具有挑战性。

## 14.2　基于模糊 $C$-均值聚类的图像分割

对于现实生活中的图像分割问题，待分割图像往往包含大量图像信息，并且受到一定的噪声干扰。因此，如何在最大化利用图像所包含信息的同时，尽可能免受噪声的干扰，是获得高质量分割图像的关键。针对这一问题，国内外研究者们提出了一系列基于模糊聚类的图像分割方法。其中，结合图像信息的 FCM 分割法是一种使用非常广泛且效果优良的方法。传统的 FCM 是一种基于划分的模糊聚类算法，其主要思想是通过优化能量函数获得每个数据对所有聚类中心的隶属度，并根据隶属度确定数据的类属，从而实现自动对数据进行分类的效果。假设 $\{x_i\}_{i=1}^{N}$ 是待分割图像，$N$ 是像素数目，$C$ 是聚类数目，则其标准 FCM 目标函数为

$$J_m = \sum_{i=1}^{N} \sum_{p=1}^{C} u_{ip}^m \parallel x_i - z_p \parallel^2 \tag{14-1}$$

其中，$\parallel x_i - z_p \parallel$ 表示第 $i$ 个像素 $x_i$ 到第 $p$ 个聚类中心 $z_p$ 的欧式距离，$u_{ip}$ 表示样本数据 $x_i$ 在聚类中心 $z_p$ 的模糊隶属度，$m$ 为模糊隶属度的权重指数。待分割图像 $\{x_i\}_{i=1}^{N}$ 的模糊隶属度矩阵 $U$ 需满足约束条件：

$$U \in \left\{ u_{ip} \in [0,1] \,\Big|\, \sum_{p=1}^{C} u_{ip} = 1, \forall p; \ 0 < \sum_{i=1}^{N} u_{ip} < N, \forall i \right\} \tag{14-2}$$

标准 FCM 的聚类过程就是通过不断更新隶属度矩阵和聚类中心来实现能量函数 $J_m$ 的最小化。具体的模糊隶属度和聚类中心更新公式如下：

$$u_{ip} = \frac{\parallel x_i - z_p \parallel^{\frac{-1}{m-1}}}{\sum\limits_{q=1}^{C} \parallel x_i - z_q \parallel^{\frac{-1}{m-1}}} \tag{14-3}$$

$$z_p = \frac{\sum\limits_{i=1}^{N} u_{ip}^m \cdot x_i}{\sum\limits_{i=1}^{N} u_{ip}^m} \tag{14-4}$$

虽然 FCM 能够取得不错的图像分割效果，但是它忽略了图像内部的空间信息，这使得 FCM 对图像中的噪声比较敏感。因此对于受噪声干扰的图像，FCM 的分割效果较差。针对这一问题，Ahmed 等人[9] 于 2002 年提出了 FCM_S 算法，将图像的空间信息作为一个约束

项融入模糊聚类的过程中，并定义了新的目标函数：

$$J_m = \sum_{i=1}^{N} \sum_{p=1}^{C} u_{ip}^m \cdot \parallel x_i - z_p \parallel^2 + \frac{\alpha}{N_R} \cdot \sum_{i=1}^{N} \sum_{p=1}^{C} u_{ip}^m \cdot \sum_{j \in N_i} \parallel x_j - z_p \parallel^2 \qquad (14-5)$$

其中，$\{x_i\}_{i=1}^N$ 是待分割图像，$N$ 是像素数目；$C$ 是聚类数目；$x_i$ 和 $x_j$ 分别是第 $i$ 个像素和第 $j$ 个像素的灰度值；$\parallel x_i - z_p \parallel$ 表示第 $i$ 个像素 $x_i$ 到第 $p$ 个聚类中心 $z_p$ 的欧式距离；$u_{ip}$ 表示像素 $x_i$ 在聚类中心 $z_p$ 的模糊隶属度；$m$ 为模糊隶属度的权重指数，并且一般取值为 2。上述内容均与标准 FCM 的目标函数一致。不同的是，$N_i$ 表示像素 $x_i$ 的邻域像素集合，$N_R$ 是邻域像素集合包含像素的个数，像素 $x_j$ 就是 $N_i$ 中的一个邻域像素。这些邻域像素均落在以像素 $x_i$ 为中心的窗中。此外，$\alpha$ 用来控制空间信息约束项的影响，通常取值为多次重复实验得到的经验值。

FCM_S 算法的模糊隶属度和聚类中心公式可写为

$$u_{ip} = \frac{\left( \parallel x_i - z_p \parallel^2 + \dfrac{\alpha}{N_R} \cdot \displaystyle\sum_{j \in N_i} \parallel x_j - z_p \parallel^2 \right)^{\frac{-1}{m-1}}}{\displaystyle\sum_{q=1}^{C} \left( \parallel x_i - z_q \parallel^2 + \dfrac{\alpha}{N_R} \cdot \displaystyle\sum_{j \in N_i} \parallel x_j - z_q \parallel^2 \right)^{\frac{-1}{m-1}}} \qquad (14-6)$$

$$z_p = \frac{\displaystyle\sum_{p=1}^{C} u_{ip}^m \cdot \left( x_i + \dfrac{\alpha}{N_R} \cdot \displaystyle\sum_{j \in N_i} x_j \right)}{(1+\alpha) \displaystyle\sum_{p=1}^{C} u_{ip}^m} \qquad (14-7)$$

在 FCM_S 算法的基础上，Chen 等人[13]提出了 FCM_S1 和 FCM_S2，他们将 FCM_S 目标函数中的空间信息约束项分别换成待分割图像的均值滤波图像和中值滤波图像，其目标函数的定义如下：

$$J_m = \sum_{i=1}^{N} \sum_{p=1}^{C} u_{ip}^m \cdot \parallel x_i - z_p \parallel^2 + \alpha \cdot \sum_{i=1}^{N} \sum_{p=1}^{C} u_{ip}^m \cdot \parallel \overline{x_i} - z_p \parallel^2 \qquad (14-8)$$

其中，$\overline{x_i}$ 是 $N_i$ 中邻域像素的均值或中值。FCM_S1 和 FCM_S2 作为 FCM_S 的改进方法，在模糊聚类的过程中减少了计算空间信息约束项的时间，加快了模糊聚类图像分割的速度。FCM_S1 和 FCM_S2 的模糊隶属度、聚类中心更新公式可分别写为

$$u_{ip} = \frac{(\parallel x_i - z_p \parallel^2 + \alpha \cdot \parallel \overline{x_i} - z_p \parallel^2)^{\frac{-1}{m-1}}}{\displaystyle\sum_{q=1}^{C} (\parallel x_i - z_q \parallel^2 + \alpha \cdot \parallel \overline{x_i} - z_q \parallel^2)^{\frac{-1}{m-1}}} \qquad (14-9)$$

$$z_p = \frac{\displaystyle\sum_{p=1}^{C} u_{ip}^m \cdot (x_i + \alpha \cdot \overline{x_i})}{(1+\alpha) \displaystyle\sum_{p=1}^{C} u_{ip}^m} \qquad (14-10)$$

为了进一步加快分割速度，Szilágyi 等人[14] 于 2004 年提出了 EnFCM 算法。该算法的主要思想是将基于像素点计算的模糊聚类转化为基于灰度的计算方式，进而对待分割图像与均值滤波图像进行线性加权，并根据得到的线性加权图进行基于灰度的模糊聚类。EnFCM 算法的目标函数可写为

$$J_m = \sum_{i=1}^{L} \sum_{p=1}^{C} \gamma_i \cdot u_{ip}^m \cdot (\xi_i - z_p)^2 \tag{14-11}$$

$$\xi_i = \frac{1}{1+\alpha} \cdot \left( x_i + \frac{\alpha}{N_R} \cdot \sum_{j \in N_i} x_j \right) \tag{14-12}$$

其中，$\xi_i$ 表示线性加权求和图 $\xi$ 中第 $i$ 个像素的灰度值；$L$ 是图像 $\xi$ 的灰度等级个数；$\gamma_i$ 是灰度值为 $\xi_i$ 的像素数目，且 $\sum\limits_{i=1}^{L} \gamma_i = N$，$N$ 是图像中包含的像素数目。EnFCM 的模糊隶属度和聚类中心更新公式可写为

$$u_{ip} = \frac{(\xi_i - z_p)^{\frac{-2}{m-1}}}{\sum\limits_{q=1}^{C} (\xi_i - z_q)^{\frac{-2}{m-1}}} \tag{14-13}$$

$$z_p = \frac{\sum\limits_{i=1}^{L} \gamma_i \cdot u_{ip}^m \cdot \xi_i}{\sum\limits_{i=1}^{L} \gamma_i \cdot u_{ip}^m} \tag{14-14}$$

2007 年，Cai 等人[15] 提出了 FGFCM 算法。与 EnFCM 相似，该算法也是在待分割图像的基础上生成求和图像，并在求和图的像素灰度值的基础上进行模糊聚类。不同的是，FGFCM 算法的求和图像是一个非线性加权求和图像，邻域的局部空间信息和局部灰度信息均被引入求和图，其具体计算方式如下：

$$\xi_i = \frac{\sum\limits_{j \in N_i} S_{ij} \cdot x_j}{\sum\limits_{j \in N_i} S_{ij}} \tag{14-15}$$

$$S_{ij} = \begin{cases} e^{-\max(|p_i-p_j|,|q_i-q_j|)/\lambda_s - \|x_i-x_j\|^2/(\lambda_g \sigma_i^2)}, & i \neq j \\ 0, & i = j \end{cases} \tag{14-16}$$

其中，$\|x_i-x_j\|^2/(\lambda_g \sigma_i^2)$ 考虑了邻域的局部灰度关系；$\max(|p_i-p_j|,|q_i-q_j|)/\lambda_s$ 则考虑了邻域的局部空间关系；$\lambda_s$ 和 $\lambda_g$ 分别是空间信息和灰度信息的尺度参数；$(p_i,q_i)$ 和 $(p_j,q_j)$ 分别是像素 $x_i$ 和 $x_j$ 在图像中的位置坐标；$\sigma_i$ 的计算过程可写为 $\sigma_i = \sqrt{\sum\limits_{j \in N_i} \|x_i-x_j\|^2/N_R}$。

在上述四种结合图像局部信息的 FCM 改进算法中，图像局部信息约束项在模糊聚类中的影响均由参数（如 $\alpha$、$\lambda_s$ 和 $\lambda_g$）控制。如果该参数取值过大，则局部信息约束项的影响被

放大，噪声可能会被过分抑制，这可能导致分割图像中的细节不能被很好地保持；反之，若 $\alpha$ 取值太小，则局部信息约束项的影响太小，会使得图像分割结果受到噪声干扰。此外，在通常情况下，该参数的取值由多次重复实验得到的经验值确定，一般设置为常数。但是，若要确定一个普适性较强、适合大部分图像的参数是比较困难的。针对上述问题，一些能够自适应调节局部信息约束项的 FCM 改进算法被相继提出。2010 年，Krinidis 等人[16] 提出了 FLICM 算法，并设计出基于图像局部空间信息和局部灰度信息的自适应模糊因子。FLICM 算法的目标函数可写为

$$J_m = \sum_{i=1}^{N} \sum_{p=1}^{C} [u_{ip}^m \cdot \| x_i - z_p \|^2 + G_{ip}] = \sum_{i=1}^{N} \sum_{p=1}^{C} u_{ip}^m \cdot \| x_i - z_p \|^2 + \sum_{i=1}^{N} \sum_{p=1}^{C} G_{ip}$$

(14 − 17)

$$G_{ip} = \sum_{\substack{j \in N_i \\ j \neq i}} \frac{1}{d_{ij} + 1} (1 - u_{jp})^m \| x_j - z_p \|^2$$

(14 − 18)

其中，$G_{ip}$ 是模糊因子，$d_{ij}$ 是第 $i$ 个像素和第 $j$ 个像素之间的空间欧式距离，$u_{jp}$ 是第 $j$ 个像素在第 $p$ 个聚类中心的隶属度。通过最小化式 (14 − 17)，FLICM 算法的模糊隶属度和聚类中心更新公式可被定义为

$$u_{ip} = \frac{(\| x_i - z_p \|^2 + G_{ip})^{\frac{-1}{m-1}}}{\sum_{q=1}^{C} (\| x_i - z_q \|^2 + G_{iq})^{\frac{-1}{m-1}}}$$

(14 − 19)

$$z_p = \frac{\sum_{i=1}^{N} u_{ip}^m x_i}{\sum_{i=1}^{N} u_{ip}^m}$$

(14 − 20)

近几年，针对不同类型图像的分割问题，不同的 FLICM 改进算法也被相继提出[17]。虽然 FLICM 算法能对受噪声影响的图像取得不错的分割效果，但其仍存在一些问题。Celik 等人[18] 指出，若根据式 (14 − 19) 和式 (14 − 20) 进行迭代，则 FLICM 的目标函数 (式 (14 − 17)) 在优化过程中是抖动的。Szilágyi[19] 指出，FLICM 算法的模糊隶属度和聚类中心的更新公式并不能将其目标函数最小化。如果将拉格朗日乘子引入 FLICM 的目标函数中，则真正能够最小化该目标函数的模糊隶属度和聚类中心的更新公式为

$$u_{ip} = \frac{\mathrm{con}}{1 + \mathrm{con}} + \left(1 - \frac{C \cdot \mathrm{con}}{1 + \mathrm{con}}\right) \frac{\| x_i - z_p \|^{-2}}{\sum_{q=1}^{C} \| x_i - z_q \|^{-2}}$$

(14 − 21)

$$z_p = \frac{\sum_{i=1}^{N} [u_{ip}^m + (1 - u_{ip})^m \mathrm{con}] x_i}{\sum_{i=1}^{N} [u_{ip}^m + (1 - u_{ip})^m \mathrm{con}]}$$

(14 − 22)

其中，$\mathrm{con} = \sum\limits_{\substack{j \subset N_i \\ j \neq i}} \dfrac{1}{d_{ij}+1}$。根据式（14-21）和式（14-22）进行迭代优化，并不能得到有效抑

制噪声的图像分割结果。假设 $\mathrm{JS}_m = \sum\limits_{i=1}^{N} \sum\limits_{p=1}^{C} u_{ip}^m \parallel x_i - z_p \parallel^2$，$\mathrm{JC}_m = \sum\limits_{i=1}^{N} \sum\limits_{p=1}^{C} G_{ip}$，则 FLICM
的目标函数可以写成 $\mathrm{JS}_m$ 和 $\mathrm{JC}_m$ 的和。其中，$\mathrm{JS}_m$ 是用来保持图像细节的标准 FCM 目标函数，$\mathrm{JC}_m$ 是用来抑制噪声的图像局部信息约束项。可以看出，$\mathrm{JS}_m$ 是关于 $u_{ip}^m$ 的增函数，而 $\mathrm{JC}_m$ 是关于 $u_{ip}^m$ 的减函数。这将会导致 $\mathrm{JS}_m$ 的最小化与 $\mathrm{JC}_m$ 的最小化相冲突。此外，如果 $\mathrm{JS}_m$ 和 $\mathrm{JC}_m$ 之间的取值相差较大，则较小项在模糊聚类中的影响将会被较大项淹没[18-19]。这一问题不仅存在于 FLICM 算法中，也存在于其他 FCM 改进算法中。因此，如何在模糊聚类中有效地、自适应地控制图像局部信息约束项，仍然是一个难题。

## 14.3  多目标进化算法

### 14.3.1  进化计算简述

进化计算（Evolutionary Computation，EC）作为一种通过模拟生物进化过程及其机制来求解问题的人工智能技术，其核心思想来源于生物种群从简单到复杂、从低级到高级的进化过程。而生物的进化是通过遗传变异和"优胜劣汰"的方式来达到适应环境的目的的，是一个稳健的、自然的、并行的优化过程。EC 的实现方式是将待求解问题视为环境，通过模拟生物进化的遗传变异操作和"优胜劣汰"机制，寻找最优解。进化算法（Evolutionary Algorithm，EA）是一类基于群体搜索和基因操作的随机搜索技术，其优化过程是模拟由个体组成的种群的学习过程，其流程描述见图 14.1。在种群中，每个个体代表待求解问题的搜索空间中的一点，并通过一定的编码方式表示。进化算法从选定的初始种群出发，通过不断迭代的进化过程来优化种群，直至搜索到最优解或满意解为止。从一个群体（即搜索空间中的多个点）开始搜索的方式使进化算法能够以较大的概率寻找到待求解问题的最优解。在进化过程中，基因操作给种群中每个个体提供了优化的机会，并通过基于适应度值的更新方式来模拟优胜劣汰机制，以保证种群进化的趋势。常见的基因操作有交叉（Crossover）、变异（Mutation）和选择（Selection）等。这些操作均是模拟自然界中生物繁衍进化的方式。其中，交叉是对染色体交换的模拟，变异是对遗传变异的模拟，而选择是对优胜劣汰的模拟[20]。

进化算法的研究起源于 20 世纪 60 年代。美国密西根大学的 Holland 教授针对机器学习问题提出了遗传算法（Genetic Algorithm）；Fogel 等人针对有限状态机的演化提出了进化规划（Evolutionary Programming），用以求解预测问题；德国的 Rechenberg 和 Sehwefel

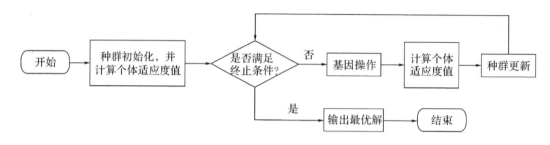

图 14.1　进化算法流程描述

针对数值优化问题提出了进化策略（Evolutionary Strategy）。以上三种算法虽彼此独立发展，但它们都是借助生物进化机制来求解实际问题的。在具体流程上，遗传算法着重染色体的操作，进化规划重视种群的行为变化，进化策略则看重个体的行为变化。随着各算法之间的深入交流和彼此渗透，它们的区分也渐渐淡化。1992 年，Koza 提出了遗传编程（Genetic Programming），将遗传算法应用于计算机程序的优化设计与自动生成，并成功地将该方法应用于机器学习及人工智能等领域。纵观进化计算的发展过程可以发现，进化计算是多学科相互结合、相互渗透的产物[21]，目前已经发展成为一种自适应、自组织的综合性技术，在计算机科学、工程计算和管理科学等领域得到了广泛应用。此外，进化算法亦被广泛应用于图像处理领域的多个方面[22]，如图像分割和模式识别等。

### 14.3.2　多目标优化问题

在日常工作和生活中，人们经常需要考虑多个因素或条件再做出一些决策。例如，采购员在购物时需要同时考虑商品的品质和价格这两个因素，试图以合适的价格购买到适合的物品；工厂在生产加工零件时，则需要规划成本投入和效益产出，在确保产品质量的同时，达到可观的收益。这些现实生活中经常出现的现象都属于多目标优化问题（Multi-objective Optimization Problem，MOP），即问题的目标数等于或者多于两个。若以最小化问题为例，则其可被定义为[23-24]：

$$\min \quad \boldsymbol{F}(\boldsymbol{x}) = (f_1(\boldsymbol{x}), f_2(\boldsymbol{x}), \cdots, f_k(\boldsymbol{x}))^{\mathrm{T}},$$
$$\text{s.t.} \quad \boldsymbol{x} = (x_1, x_2, \cdots, x_n)^{\mathrm{T}} \in \Omega \tag{14-23}$$

其中，目标函数 $\boldsymbol{F}(\boldsymbol{x})$ 是 $k$ 维向量，其包含了 $k$ 个由决策空间映射到目标空间的函数；$x \in \Omega$ 是决策变量；$n$ 是决策变量 $\boldsymbol{x}$ 的维度。$\Omega$ 表示由所有可行解构成的解空间。当且仅当条件

$$\begin{cases} \forall i = 1, 2, \cdots, k, f_i(\boldsymbol{x}_A) \leqslant f_i(\boldsymbol{x}_B) \\ \wedge \exists j = 1, 2, \cdots, k, f_j(\boldsymbol{x}_A) < f_j(\boldsymbol{x}_B) \end{cases} \tag{14-24}$$

满足时，称决策变量 $x_A \in \Omega$ 支配 $x_B \in \Omega$，并记为 $x_A \succ x_B$。对于 $x^* \in \Omega$，若不存在一个向量 $x \in \Omega$ 可以满足 $x \succ x^*$，则称 $x^* \in \Omega$ 是一个 Pareto 最优解或非支配解。而所有 Pareto 解组

成的集合被称为 Pareto 集(Pareto Set，PS)。相对地，所有 Pareto 解按照目标函数 $\boldsymbol{F}(\boldsymbol{x})$ 映射到目标空间构成 Pareto 前端(Pareto Front，PF)，也就是 PS 在目标空间的解集，其具体定义为

$$\mathrm{PF}^* = \{\boldsymbol{F}(\boldsymbol{x}^*) = (f_1(\boldsymbol{x}^*), f_2(\boldsymbol{x}^*), \cdots, f_k(\boldsymbol{x}^*))^{\mathrm{T}} \mid \boldsymbol{x}^* \in \mathrm{PS}^*\} \quad (14-25)$$

根据 PS 和 PF 的定义，多目标优化问题的可行解是能够在 PS 中搜索到的。因此，多目标优化问题可以被转化为搜索一组接近真实 PF 的 Pareto 解。

### 14.3.3 多目标进化算法简介

求解多目标优化问题的传统数学方法[25]主要分为两种：加权法和约束法。加权法的主要思路是先给目标函数 $\boldsymbol{F}(\boldsymbol{x})$ 中的各目标分配不同的权重，将多目标优化问题转化为单目标优化问题，再通过数学规划的方法进行求解；而约束法则是先从目标函数 $\boldsymbol{F}(\boldsymbol{x})$ 中选取一个目标作为待优化目标，再将其余的目标转化为约束条件，从而通过求解约束单目标优化问题来获得原多目标优化问题的解。以上两种优化方法单次运行并不能得到整个 Pareto 解集。对于非线性、不连续或不可导的目标函数，传统的数学规划方法往往搜索效率较低，并且它们对权重值或目标函数的次序较为敏感[26]。

相比于传统算法，进化算法具有自组织、自学习和自适应等智能性，并具有内在的和内含的并行性。进化算法作为优化算法对目标函数的数学形式没有要求。同时，进化算法拥有基于种群的搜索方式，一次运行就能够获得一组可行解。这些优势使进化算法逐渐成为求解 MOP 的主流算法之一，而基于进化算法求解多目标优化问题的算法则被统称为多目标进化算法(Multi-Objective Evolutionary Algorithm，MOEA)，并且可被大致划分为三类：基于 Pareto 占优的多目标进化算法、基于分解的多目标进化算法与基于指标的多目标进化算法。

基于 Pareto 占优的多目标进化算法的核心思想是根据 Pareto 占优选择机制，淘汰 Pareto 占优机制下差的个体，保留种群中的占优个体，以此来保证种群的收敛性。该类算法早期第一代有 MOGA[27]、NPGA20[28]与 NSGA[29]，第二代有 SPEA[30]、SPEA2[31]、PESA[32]、PESA-Ⅱ[33]与 NSGA-Ⅱ[34]。其中最著名的就是 NSGA-Ⅱ，即第二代 NSGA。NSGA-Ⅱ采用基于分级的快速非支配排序(Fast Non-dominated Sort)方法，将种群中所有个体按照支配关系进行分级排序，非支配解排在最优先级，这样既保证了算法的收敛性，又降低了计算复杂度。由于同级个体之间不相互支配，因此 NSGA-Ⅱ提出了拥挤距离(Crowding Distance)的概念，在同级体中优先保留拥挤距离大的个体，使得当前 Pareto 前端的个体尽可能均匀地扩展到整个 Pareto 前端，最终保证种群的多样性。为了进一步提高种群的质量，保持优良的个体，NSGA-Ⅱ引入了精英保留机制，使参加繁殖的个体及其子代共同竞争来产生下一代种群。由于 NSGA-Ⅱ的高效性，其被广泛应用于解决实际问题[35-36]。

基于分解的多目标进化算法是古典算法与进化算法的结合，其主要思想是通过聚合函

数将多目标优化问题转化为多个单目标子优化问题，并通过子问题之间的竞争与合作来获得多目标优化问题的整个解集。作为该类算法中最经典的算法，MOEA/D[37-38]预先在目标空间生成均匀分布权重向量，从而使其具有比 NSGA-Ⅱ更优良的多样性。在基于分解的多目标进化算法中，聚合函数是将多目标优化问题转化为多个单目标子问题的重要方式，权重向量的分配则决定了解集的多样性。因此，如何选择聚合函数与如何动态调整权重向量是该类算法需要解决的主要问题[39]，而近几年研究者们针对以上问题提出了不同的解决方法[40]。

基于指标的多目标进化算法则是根据问题需求，将单个指标作为适应度函数进行求解。该类算法最早源于 IBEA[41]，其提出了关注解多样性和收敛性的超体积指标[42]。目前基于指标的多目标进化算法大多基于超体积指标，如 SMS-EMOA[43]与 HypE[44]等。相比于前两类算法，该类算法更适于解决高维多目标优化问题，并且具有较高的计算复杂度。

除了上述多目标进化算法，近几年有许多高效的多目标进化算法被提出[45-48]。研究者们也引入了各种新型智能优化算法，如粒子群优化(Particle Swarm Optimization)、人工免疫系统(Artificial Immune System)、文化基因算法(Memetic Algorithm)[49]与协同进化(Co-evolutionary Algorithm)等来求解多目标优化问题，并发展出了多目标粒子群优化算法、非支配近邻免疫算法[50]等广义多目标进化算法[51]，以获取具有良好均匀性、多样性、收敛性的多目标优化问题解集。

## 14.4　基于多目标进化算法与模糊聚类的图像分割

由于基于 FCM 的模糊聚类方法对初始设定比较敏感且容易陷入局部最优[52]，因此研究学者们试图采用全局优化方法去优化模糊聚类图像分割问题。同时，进化算法作为一种搜索能力较强的全局优化方法，近几年有许多基于进化算法的模糊聚类图像分割方法被相继提出[53-54]。这类方法[55-56]大多是将单个聚类指标作为目标函数，再采用进化算法进行求解。但是对于现实生活中的复杂问题与多样数据，以单个聚类指标作为模糊聚类的目标函数往往不能达到足够好的分割效果。因此，为了进一步提升图像分割的性能，研究者们尝试将多个模糊聚类指标同时作为目标函数进行优化，并采用多目标进化算法来求解模糊聚类图像分割问题[57-58]。例如，文献[3]、[22]、[59]针对遥感图像的分割，将标准 FCM 目标函数和 Xie-Beni 指标[60]同时作为目标函数进行优化；文献[61]针对医学图像分割，将模糊全局紧凑性与模糊分离性作为目标函数，并同时优化。通过讨论上述基于多目标进化算法的模糊聚类图像分割方法[62-64]可以发现，多目标进化模糊聚类存在几个研究难点：

### 1. 问题建模及个体编码方式

目前多目标进化模糊聚类算法大多是将聚类指标作为目标函数进行优化。多目标进化算法作为一种高效的求解方法，如何根据实际需求建模设计出适合的目标函数是多目标进化学习中的关键问题。相应地，个体作为多目标优化问题的解，其编码与表示直接影响模糊聚类的最终结果。因此，根据问题属性及实际需求，设计出适合的个体编码方式是十分必要的。在基于多目标进化学习的模糊聚类算法中，传统的编码方式有基于类标的编码方式、基于聚类中心的编码方式和基于图的编码方式。由于图像中包含大量像素点，因此目前大多数多目标进化模糊聚类图像分割方法采用基于聚类中心的编码方式。

**2. 进化算子的设计**

虽然常用的随机搜索算子在优化实际问题时均是可行的，但不一定是适合的、高效的。由于现实生活中的图像包含大量信息，并很可能受到噪声的影响，因此针对图像分割构建的多目标优化问题通常比较复杂。而不适合的进化算子则会影响整个算法的收敛速度、寻优速度。因此，针对模糊聚类问题，设计出适合待分割图像的搜索算子，有助于提高多目标进化模糊聚类的性能。

**3. 最终解的选择**

多目标进化算法会搜索到一组 Pareto 解，这些解彼此之间是非支配的，如何从这些解中选取出适合的解一直是该领域关注的问题之一。因此，如何针对实际问题及决策者需求，选择出适合待分割图像的 Pareto 解是十分重要的。在基于多目标进化学习的模糊聚类算法中，传统的选解方法主要分为两种：单一解和集成解。而单一解的选取又划分为基于聚类指标的选取、基于拐点的选取以及基于决策者偏好的选取三种方式。目前大多数多目标进化模糊聚类图像分割方法选取单一 Pareto 解作为最终解，其中最常见的是基于聚类指标的选取方式。

除了上述基于聚类指标的多目标进化模糊聚类图像分割方法外，近几年研究者们提出了基于图像空间信息的多目标进化模糊聚类图像分割——基于分解策略和多目标进化模糊聚类的图像分割（Multi-Objective Evolutionary Fuzzy Clustering，MOEFC）。该方法将结合图像局部信息的模糊聚类问题转化成多目标优化问题，将图像细节的保持和噪声的抑制分别作为多目标模糊聚类的两个目标函数。MOEFC 采用基于加权和的分解策略将多目标模糊聚类分解为多个单目标子问题。每个子问题由一组不同的权值向量来控制图像细节保持和噪声抑制之间的平衡。通过 MOEA 同时优化这些子问题，并最终得到关于待分割图像细节保持和噪声抑制的权衡解。

假设待分割图像是 $\boldsymbol{X} = \{x_1, x_2, \cdots, x_N\}$，$N$ 是待分割图像的像素数目，$x_i$ 是图像的第 $i$ 个像素，取值为该像素的灰度值，MAX 和 MIN 分别表示图像 $\boldsymbol{X}$ 中像素的最大和最小灰度值。若 $C$ 表示模糊聚类的数目，个体 $\boldsymbol{z} = (z_1, z_2, \cdots, z_c)^T$ 表示一组候选聚类中心，则 MOEFC 的多目标模糊聚类问题可被定义为

$$\min \boldsymbol{F}(\boldsymbol{z}) = [f_1(\boldsymbol{z}), f_2(\boldsymbol{z})]^T, \boldsymbol{z} = (z_1, z_2, \cdots, z_C)^T \tag{14-26}$$

$$f_1(z) = \sum_{i=1}^{N} \sum_{p=1}^{C} u_{ip}^m D(x_i, z_p) \tag{14-27}$$

$$f_2(z) = \sum_{i=1}^{N} \sum_{p=1}^{C} u_{ip}^m \sum_{\substack{j \in N_i \\ j \neq i}} w_{ij}^p D(x_j, z_p) \tag{14-28}$$

其中，$x_i \in X$，$i = 1, 2, \cdots, N$；$f_1$ 与标准 FCM 目标函数一致，用于保持图像细节；为了抑制噪声对图像分割的影响，图像的局部信息被引入 $f_2$ 中；$u_{ip}$ 是像素 $x_i$ 在第 $p$ 个聚类中心 $z_p$ 的模糊隶属度；$m$ 是模糊隶属度的权重参数，在这里取值为 2；$N_i$ 是以像素 $x_i$ 为中心的 $3 \times 3$ 矩形窗；像素 $x_j$ 是像素 $x_i$ 落入 $N_i$ 中的一个邻域像素；$w_{ij}^p$ 表示一个自适应权重模糊因子，它是邻域像素 $x_j$ 对中心像素 $x_i$ 的自适应惩罚；$D(x_i, z_p)$ 是像素 $x_i$ 和聚类中心 $z_p$ 的相似性测度。考虑到欧式距离对含有噪声的图像比较敏感，MOEFC 采用了一种被广泛使用的核函数——高斯径向基函数（Gaussian Radial Basis Function，GRBF），作为多目标模糊聚类的相似性测度。

针对式（14-26）、式（14-27）、式（14-28）定义的多目标模糊聚类问题，MOEFC 采用基于加权和的分解策略将其分解为多个单目标子问题：

$$\min g^{ws}(z | \lambda) = \lambda f_1(z) + (1 - \lambda) f_2(z) \tag{14-29}$$

其中，$g^{ws}$ 表示一个子问题，权重向量 $\lambda = (\lambda, 1-\lambda)^T$ 用于控制图像细节保持和噪声抑制两个目标函数在模糊聚类中的影响。在不同的子问题中，其权重向量 $\lambda$ 是不同的。所有子问题的权重向量在种群初始化时被均匀生成不同的常数向量。可以看出，每个子问题就是一个单目标模糊聚类问题，不同子问题对图像细节保持和噪声抑制这两个目标函数也各有侧重。通过同时优化这些子问题，能够得到这些子问题的解。而在这些解中，总有一个适合的待分割图像，既能保持图像细节又能去除噪声的分割结果。将拉格朗日乘子引入子问题 $g^{ws}$ 中，则模糊隶属度的计算公式可写为

$$u_{ip} = \frac{\left(\lambda D(x_i, z_p) + (1 - \lambda) \sum_{\substack{j \in N_i \\ j \neq i}} w_{ij}^p D(x_j, z_p)\right)^{-1}}{\sum_{q=1}^{C} \left(\lambda D(x_i, z_q) + (1 - \lambda) \sum_{\substack{j \in N_i \\ j \neq i}} w_{ij}^q D(x_j, z_q)\right)^{-1}} \tag{14-30}$$

在 MOEA/D 中，多目标优化问题被分解策略分解为多个单目标子问题，这些子问题之间由不同的权重向量控制适应度函数的影响。当两组权重向量足够相似时，它们对应的子问题也是相似的，并且这两个子问题对应的解也是相似的。如果某个子问题搜索到较为优良的解，则与该子问题相似的其他子问题借鉴这个优良解就很有可能搜索到自己的优良解，这有助于加快算法的收敛速度。所以，在优化这些子问题的过程中，如何使子问题之间建立良好的合作关系，一直是 MOEA/D 及其改进算法关注的问题之一。

MOEFC 借鉴了 MOEA/D 中分解与子问题合作的思想。在 MOEFC 的初始化操作中，权重向量和子问题邻域根据文献中的方法生成。MOEFC 的基因操作包括交叉和变异，其中交叉操作采用了差分进化(Differential Evolution，DE)策略，变异操作则采用了高斯变异算子。为了加快算法的收敛速度，OBL 被引入多目标模糊聚类的求解过程中。OBL 是由 Tizhoosh 提出的一种机器学习方法，其主要思路是对当前解生成反解，以更好地覆盖问题的搜索空间。假设当前解是 $x$，则 $x$ 的反解 $\breve{x}$ 被定义为

$$\breve{x} = a + b - x \tag{14-31}$$

其中，$a$ 和 $b$ 分别表示解的上、下限。由图 14.2 所示的反对学习例子可以看出，在当前解与反解之间总有一个更接近最优解。因此，反对学习能够加快算法的收敛速度。在 MOEFC 框架中，OBL 操作用于种群初始化和个体更新步骤。在优化过程中，当前解与最优解之间的距离会直接影响算法搜索最优解耗费的时间。根据 OBL 的思想，在当前个体与其反解中，距离最优解最近的解将作为种群中的个体。在算法陷入局部最优时，OBL 算子也有助于算法跳出该局部最优。因此，OBL 操作的引入能够加快算法的收敛速度。

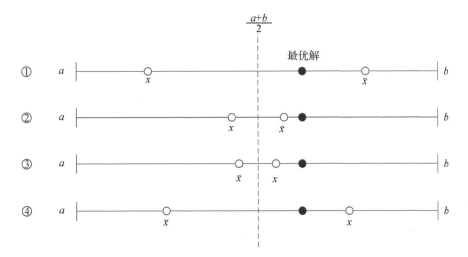

图 14.2　四种反对学习例子

综上，MOEFC 将结合图像局部信息的模糊聚类转化为多目标优化问题。其中，保持图像细节的标准 FCM 目标函数和用于抑制噪声的图像局部信息约束项同时作为目标函数。在优化过程中，加权和分解策略将多目标模糊聚类问题分解为多个单目标子问题进行同时优化，每个子问题由均匀生成的权重向量来控制图像细节，以保持与噪声抑制之间的影响。因此，对于当前分割图像，在所有子问题的解中总会有一个解，既能保持当前图像细节，又能去除图像中的噪声。为了进一步提高搜索能力，算法中引入了 OBL，以加快算法的收敛速度。

## 14.5 总 结 与 展 望

随着科技的发展和社会的进步，图像作为一种信息传递的媒介，在人们的日常生活和科学研究中扮演着越来越重要的角色。图像分割作为图像分析中最基本、最底层的操作，其结果直接影响着对后续图像的识别与理解。此外，由于实际问题的复杂性与数据的多样性，对于包含丰富信息的图像，将其分割问题建模成单一目标优化问题进行求解，有时已不能获得足够优秀的分割性能。结合本章研究内容及存在问题，下面给出未来需要进一步深入与完善的工作方向。

（1）对于多目标优化问题，进化算法虽然是一种性能优秀的求解方法，但是其复杂度较高。针对实际应用问题，在获取一定先验、知识的基础上，再通过进化算法去求解、优化，这不仅有助于提高算法性能，也有利于降低优化成本。因此，对于复杂图像的分割或其他应用问题，根据实际需求，设计出基于知识与多目标进化算法的解决方案，是今后研究的方向之一。

（2）通过进化算法求解多目标问题，能够获得一组相互不能支配的 Pareto 解。如何从这些 Pareto 解中获取适合的解一直被该领域的研究者们所关注。常见的选解方式以单一解选取为主，包括基于聚类指标的选取和基于拐点的选取两种。如何根据实际问题与客观需求，从一系列 Pareto 解中获取适合问题的优质解，是今后探索的方向之一。

（3）除了图像分割，其他实际问题的优化过程有时也需要考虑诸多因素。多目标进化算法作为一种同时优化多个适应度函数的全局优化方法，能够求解单目标优化方法搜索不到满意解的复杂问题。但是，多目标进化算法的复杂度和优化成本较高。因此，需要尝试将多目标进化算法与适用于该问题的方法或模型相结合，利用多目标进化算法去优化传统方法不能取得良好效果的部分。这意味着需要根据具体问题，找到多目标进化算法与其他方法、模型的结合点。未来研究也将围绕这一方向展开。

（本章作者：张梦璇，焦李成，刘芳）

## 本章参考文献

[1] 章毓晋. 图像分割[M]. 北京：科学出版社，2001.

[2] YANG D D, JIAO L C, GONG M G, et al. Artificial immune multi-objective SAR image segmentation with fused complementary features[J]. Information Science，2011，181：2797-2812.

[3] GONG M G, ZHOU Z Q, MA J J. Change detection in synthetic aperture radar images based on image fusion and fuzzy clustering[J]. IEEE Transaction on Image Process，2012，21：2141-2151.

[4] GONZALEZ R C, WOODS E R, EDDINS S L. Digital image processing using matlab[M]. 北京：电

子工业出版社，2005.

[5] VINCENT L，SOILLE P. Watersheds in digital space：An efficient algorithms based on immersion simulation[J]. IEEE Transaction on Pattern Analysis and Machine Intelligence，1991，13：583－598.

[6] 周志华. 机器学习[M]. 北京：清华大学出版社，2016.

[7] DUNN J C. A fuzzy relative of the ISODATA process and its use in detecting compact well-separated clusters[J]. Journal of Cybernetics，1973，3：32－57.

[8] BEZDEK J C. Pattern recognition with fuzzy objective function algorithms[M]. Hoboken：Wiley，2007.

[9] AHMED M N，YAMANY S M，MOHAMED N，et al. A modified fuzzy c-means algorithm for bias field estimation and segmentation of MRI data[J]. IEEE Transactions on Medical Imaging，2002，21：193－199.

[10] FENG J，JIAO L C，ZHANG X R，et al. Robust non-local fuzzy c-means algorithm with edge preservation for SAR image segmentation[J]. Signal Processing，2013，93：487－499.

[11] SHANG R H，TIAN P P，JIAO L C，et al. A spatial fuzzy clustering algorithm with kernel metric based on immune clone for SAR image segmentation[J]. IEEE Journal of Selected Topics in Applied Earth Observations and Remote Sensing，2016，9：1640－1652.

[12] 焦李成，赵进，杨淑媛，等. 深度学习、优化与识别[M]. 北京：清华大学出版社，2017.

[13] CHEN S C，ZHANG D Q. Robust image segmentation using FCM with spatial constraints based on new kernel-induced distance measure[J]. IEEE Transactions on System，Man，and Cybernetics，Part B：Cybernetics，2004，34：1907－1916.

[14] SZILÁGYI L，BENYOV Z，SZILÁGYI S M，et al. Mr brain image segmentation using an enhanced fuzzy c-means algorithm[C]. Proceedings of the 25th Annual International Conference of the IEEE Engineering in Medicine and Biology Society. Cancun，Mexico：IEEE，2004：724－726.

[15] CAI W L，CHEN S C，ZHANG D Q. Fast and robust fuzzy c-means clustering algorithms incorporating local information for image segmentation[J]. Pattern Recognition，2007，40：825－838.

[16] KRINIDIS S，CHATZIS V. A robust fuzzy local information c-means clustering algorithm[J]. IEEE Transactions on Image Processing，2010，19：1328－1337.

[17] GONG M G，LIANG Y，SHI J，et al. Fuzzy c-means clustering with local information and kernel metric for image segmentation[J]. IEEE Transactions on Image Processing，2013，22：573－584.

[18] CELIK T，LEE K. Comments on a robust fuzzy local information c-means clustering algorithm[J]. IEEE Transactions on Image Processing，2013，22(3)：1258－1261.

[19] SZILÁGYI L. Lessons to learn from a mistaken optimization[J]. Pattern Recognition Letters，2014，36(15)：29－35.

[20] 焦李成，杜海峰，刘芳，等. 免疫优化计算、学习与识别[M]. 北京：科学出版社，2006.

[21] ZHANG J，ZHAN Z，LIN Y，et al. Evolutionary computation meets machine learning：a survey[J]. IEEE Computational Intelligence Magazine，2011，6(4)：68－75.

[22] ZHONG Y F, ZHANG S, ZHANG L P. Automatic fuzzy clustering based on adaptive multi-objective differential evolution for remote sensing imagery[J]. IEEE Journal of Selected Topics in Applied Earth Observations and Remote Sensing, 2013, 6(5): 2290 - 2301.

[23] DEB K, KALYANMOY D. Multi-objective optimization using evolutionary algorithms [M]. Chichester: Wiley, 2001.

[24] COELLO C A C, LAMONT G B, VAN VELDHUIZEN D A. Evolutionary algorithms for solving multi-objective problems[M]. New York: Kluwer Academic Publishers, 2002.

[25] CHEN H H, YAO X. Multiobjective neural network ensembles based on regularized negative correlation learning[J]. IEEE Transactions on Knowledge and Data Engineering, 2010, 22(12): 1738 - 1751.

[26] 焦李成,公茂果,王爽,等. 自然计算、机器学习与图像理解前沿[M]. 西安:西安电子科技大学出版社, 2008.

[27] FONSECA C M, FLEMING P J. Genetic algorithms for multiobjective optimization: formulation, discussion and generalization[C]. Proceedings of the Fifth International Conference on Genetic Algorithms, 1993: 416 - 423.

[28] HORN J, NAFPLIOTIS N, GOLDBERG D E. A niched pareto genetic algorithm for multiobjective optimization[C]. Proceedings of the First IEEE Conference on Evolutionary Computation. IEEE World Congress on Computational Intelligence. Orlando, FL, USA: IEEE, 1994: 416 - 423.

[29] SRINIVAS N, DEB K. Multi-objective optimization using nondominated sorting in genetic algorithms [J]. Evolutionary Computation, 1994, 2(3): 221 - 248.

[30] ZITZLER E, THIELE L. Multiobjective evolutionary algorithms: a comparative case study and the strength Pareto approach[J]. IEEE Transactions on Evolutionary Computation, 1999, 3(4): 257 - 271.

[31] ZITZLER E, LAUMANNS M, THIELE L. SPEA2: Improving the strength pareto evolutionary algorithm[J]. Evolutionary Methods for Design, Optimisation and Control, 2002, 3242: 95 - 100.

[32] CORNE D W, KNOWLES J D, OATES M J. The Pareto Envelope-Based Selection Algorithm for Multiobjective Optimization[C]. International Conference on Parallel Problem Solving from Nature, 2000: 839 - 848.

[33] CORNE D W, JERRAM N R, KNOWLES J D, et al. PESA-II: region-based selection in evolutionary multiobjective optimization[C]. Proceedings of the 3rd Annual Conference on Genetic and Evolutionary Computation. San Francisco, California: Morgan Kaufmann, 2001: 283 - 290.

[34] DEB K, PRATAP A, AGARWAL S, et al. A fast and elitist multi-objective genetic algorithm: NSGA-II[J]. IEEE Transactions on Evolutionary Computation, 2002, 6(2): 182 - 197.

[35] MUKHOPADHYAY A, MAULIK U, BANDYOPADHYAY S, et al. A survey of multiobjective evolutionary algorithms for data mining: Part I [J]. IEEE Transactions on Evolutionary Computation, 2014, 18(1): 4 - 19.

[36] MUKHOPADHYAY A, MAULIK U, BANDYOPADHYAY S, et al. A survey of multiobjective

evolutionary algorithms for data mining: Part Ⅱ [J]. IEEE Transactions on Evolutionary Computation, 2014, 18(1): 20 - 35.

[37] ZHANG Q F, LI H. MOEA/d: a multi-objective evolutionary algorithm based on decomposition [J]. IEEE Transactions on Evolutionary Computation, 2007, 11(6): 712 - 731.

[38] LI H, ZHANG Q F. Multiobjective optimization problems with complicated pareto sets, MOEA/D and NSGA-Ⅱ[J]. IEEE Transactions on Evolutionary Computation, 2009, 13(2): 284 - 302.

[39] ZHANG Q F, LI H, MARINGER D, et al. MOEA/D with NBI-style Tchebycheff approach for portfolio management[C]. IEEE Congress on Evolutionary Computation. Barcelona, Spain: IEEE, 2010: 1 - 8.

[40] QI Y T, MA X L, LIU F, et al. MOEA/D with adaptive weight adjustment[J]. Evolutionary Computation, 2014, 22(2): 231 - 264.

[41] ZITZLER E, KÜNZLI S. Indicator-Based Selection in Multiobjective Search[C]. SPRINGER. International Conference on Parallel Problem Solving from Nature. 2004: 832 - 842.

[42] BADER J, ZITZLER E. Robustness in hypervolume-based multiobjective search[J]. Technical Report 317, Computer Engineering and Networks Laboratory (TIK), 2010.

[43] BEUME N, NAUJOKS B, EMMERICH M. SMS-EMOA: Multiobjective selection based on dominated hypervolume[J]. European Journal of Operational Research, 2007, 181(3): 1653 - 1669.

[44] BADER J, ZITZLER E. HypE: An algorithm for fast hypervolume-based many-objective optimization[J]. Evolutionary Computation, 2011, 19(1): 45 - 76.

[45] DEB K, JAIN H. An evolutionary many-objective optimization algorithm using reference-point based nondominated sorting approach, part I: solving problems with box constraints [J]. IEEE Transactions on Evolutionary Computation, 2014, 18(4): 577 - 601.

[46] KE L J, ZHANG Q F, BATTITI R. MOEA/D-ACO: A multiobjective evolutionary algorithm using decomposition and ant colony[J]. IEEE Transactions on Cybernetics, 2013, 43(6) :1845 - 1859.

[47] ZHOU A M, JIN Y C, ZHANG Q F. A population prediction strategy for evolutionary dynamic multiobjective optimization[J]. IEEE Transactions on Cybernetics, 2014, 44(1): 40 - 53.

[48] SHANG R H, JIAO L C, LIU F, et al. A novel immune clonal algorithm for MO problems[J]. IEEE Transactions on Evolutionary Computation, 2012, 16(1): 35 - 50.

[49] TANG K, TAN K C, ISHIBUCHI H. Guest editorial: memetic algorithms for evolutionary multiobjective optimization[J]. Memetic Computing, 2010, 2(1): 1 - 1.

[50] YANG D D, JIAO L C, GONG M G, et al. Adaptive ranks clone and k-nearest neighbor list - based immune multi-objective optimization[J]. Computational Intelligence, 2010, 26(4): 359 - 385.

[51] LUO J J, JIAO L C, LOZANO J A. A sparse spectral clustering framework via multi-objective evolutionary algorithm[J]. IEEE Transactions on Evolutionary Computation, 2016, 20(3): 418 - 433.

[52] GROLL L, JAKEL J. A new convergence proof of fuzzy c-means[J]. IEEE Transactions on Fuzzy System, 2005, 13(5): 717 - 720.

［53］ MAULIK U, SAHA I. Automatic fuzzy clustering using modified differential evolution for image classification[J]. IEEE Transactions on Geoscience and Remote Sensing, 2010, 48: 3503 – 3510.

［54］ ZHONG Y F, MA A L, ZHANG L P. An adaptive memetic fuzzy clustering algorithm with spatial information for remote sensing imagery[J]. IEEE Journal of Selected Topics in Applied Earth Observations and Remote Sensing, 2014, 7: 1235 – 1248.

［55］ DAS S, KONAR A. Automatic image pixel clustering with an improved differential evolution[J]. Applied Soft Computing, 2009, 9: 226 – 236.

［56］ DAS S, SIL S. Kernel-induced fuzzy clustering of image pixels with an improved differential evolution algorithm[J]. Information Sciences, 2010, 180: 1237 – 1256.

［57］ JOSÉ-GARCIÁ A, GÓMEZ-FLORES W. Automatic clustering using nature-inspired metaheuristics: A survey[J]. Applied Soft Computing, 2016, 41: 192 – 213.

［58］ BONG C W, RAJESWARI M. Multi-objective nature-inspired clustering and classification techniques for image segmentation[J]. Applied Soft Computing, 2011, 11(4): 3271 – 3282.

［59］ BANDYOPADHYAY S, MAULIK U, MUKHOPADHYAY A. Multiobjective Genetic Clustering for Pixel Classification in Remote Sensing Imagery[J]. IEEE Transactions on Geoscience and Remote Sensing, 2007, 45(5): 1506 – 1511.

［60］ XIE X L, BENI G. A validity measure for fuzzy clustering[J]. IEEE Transactions on Pattern Analysis Machine Intelligence, 1991, 13(8): 841 – 847.

［61］ MUKHOPADHYAY A, MAULIK U, BANDYOPADHYAY S. An Interactive Approach to Multiobjective Clustering of Gene Expression Patterns [J]. IEEE Transactions on Biomedical Engineering, 2012, 60(1): 35 – 41.

［62］ MUKHOPADHYAY A, MAULIK U. Unsupervised pixel classification in satellite imagery using multiobjective fuzzy clustering combined with SVM classifier[J]. IEEE Transactions on Geoscience and Remote Sensing, 2009, 47: 1132 – 1138.

［63］ HRUSCHKA E R, CAMPELLO R G B, FREITAS A A, et al. A survey of evolutionary algorithms for clustering[J]. IEEE Transactions on System, Man, and Cybernetics, Part C: applications and reviews, 2009, 39(2): 133 – 155.

［64］ ZHAO F, LIU H Q, FAN J L. A multiobjective spatial fuzzy clustering algorithm for image segmentation[J]. Applied Soft Computing, 2015, 30: 48 – 57.

# 第15章 协同进化计算与多智能体系统

## 15.1 从进化论到进化计算

在大约 34 亿年前，地球上出现了生命。原始的生命并不具有细胞结构，后来才出现了少数单细胞的原始类型。这类生物在适当的条件下不断分化、发展，一些进化到植物，另一些进化到动物直至人类[1]。

任何生物都与其生活的环境相联系。草丛中的昆虫大多是绿色的，沙漠中的动物大多是沙黄色的，北极的动物大多是白色的；绿色植物的叶能够进行光合作用；脊椎动物的眼的结构使其能很好地了解周围的情况；某些温泉里的藻类可忍耐 80℃ 的高温；沙漠中的节节木根系长达 4 至 5 米。这些都是奇妙的适应现象。生物的进化必然与环境相适应，否则就会被淘汰，因为各种生物要生存下去就必须进行生存竞争。生存能力较强的生物容易生存下来，并有较多的机会产生后代；生存能力较弱的生物则被淘汰，或者产生后代的机会越来越少，直至消亡。

生物进化论认为，地球上最早的生命物质是由非生命物质转化而来的，现存的各种生物有着共同的祖先。在进化过程中，生物的种类由少到多，生物的结构和功能由简单到复杂，由低级到高级。把生物进化作为一门科学进行探讨，并首次提出系统进化学说的是法国博物学家拉马克[2]。1859 年，英国博物学家达尔文为之奠定了科学的基础[3]，同时标志着科学的生物进化论的诞生。此后，进化论又被奥地利学者孟德尔开创的遗传学所补充和发展[4]，终于发展成为现代的科学形态。

### 15.1.1 现代进化论

现代进化论的理论来源至少包括三方面的内容：拉马克进化学说、达尔文进化论和孟德尔遗传学，其主干是达尔文进化论。

**1. 拉马克进化学说**

1809 年，拉马克完成了《动物哲学》一书。此书首次提出并系统阐述了生物进化学说。拉马克认为：

（1）一切物种都是由其他物种演变和进化而来的，生物的演变和进化是一个缓慢而连续的过程。

（2）环境的变化能够引起生物的变异，环境的变化迫使生物发生适应性的进化。生物对环境的适应是发生变异的结果：环境变了，生物会发生相应的变异，以适应新的环境。对于植物和无神经系统的低等动物来说，环境引起变异的过程是：环境→机能→形态构造。对于有神经系统的动物来说，环境引起变异的过程是：环境→需要→习性→机能→形态构造。

（3）有神经系统的动物发生变异，其原因除了环境变化和杂交外，更重要的是用进废退和获得性状遗传。

（4）生物进化的方向是从简单到复杂，从低等到高等。

（5）最原始的生物起源于自然发生。各类生物并不起源于共同祖先。植物、动物各有不同的起源。

拉马克建立了比较完整的生物体系，但他提出的关于获得性状遗传的法则始终得不到现代科学的支持。

**2．达尔文进化论**

1831 年，达尔文开始了为期 5 年的环球科学旅行。沿途他仔细考察了各地的生物类型、地理分布、古生物化石和现存生物的相互关系、地质层次序。返英后他研究了人工育种的经验，总结了生物学和人类学的最新成果，于 1859 年完成了《物种起源》[3]一书。与此同时，Wallace 发表了题为《论变种无限地离开其原始模式的倾向》的论文。他们提出的观点被统称为达尔文进化学说，其基本要点是：

（1）生物不是静止的，而是进化的。物种不断变异，旧物种消失，新物种产生。

（2）生物进化是逐渐和连续的，不会发生突变。

（3）生物之间都有一定的亲缘关系，它们有共同的祖先。这点与拉马克的多元论不同。

（4）自然选择是变异的最重要的途径。生物过渡繁殖，但是它们的生存空间和食物都是有限的，因而必须面对生存竞争。生存竞争包括种内竞争、种间竞争、生物与自然环境竞争三个方面。同种群的不同个体之间具有不同变异，有些变异对生存有利，有些变异对生存不利。优胜劣汰，适者生存。

达尔文进化论的提出不但是生物学思想的革命，而且是人类哲学思想的一次革命。达尔文的观点和拉马克的观点有许多相似之处。但达尔文摒弃了拉马克获得性状遗传法则，认为获得性状对于进化并不重要，只有遗传的变异才具有明显的进化价值，变异在群体内遗传，产生了进化效应。

**3．孟德尔遗传学**

几乎在达尔文提出进化论的同时，孟德尔正在默默地进行着豌豆杂交实验，他把实验结果总结为以下两条定律。德国植物学家 Correns 将这些定律概括为孟德尔定律。

（1）分离定律：纯质亲本杂交时，子一代所有个体都表现出显性性状，在子二代表现出分离现象，显性性状与隐性性状之比为 3:1。

（2）自由组合定律（又称独立分配定律）：两对性状分离后，又随机组合，在子二代中出现自由组合现象，出现的全显性、一隐一显、一显一隐、全隐性之比为 9:3:3:1。

孟德尔的分离定律和自由组合定律表明，有深层次的遗传因子在控制着遗传过程。胚胎学家 Weismann 用实验——22 代连续切割小鼠尾巴而第 23 代小鼠尾巴仍然不变短，明确地否定了获得性状遗传的观点。细胞遗传学家 Morgan 以果蝇为实验材料，研究了遗传性状的变化与染色体之间的关系，得到了比孟德尔实验更全面、更深刻的结果，于 1933 年创立了基因理论。按照孟德尔和 Morgan 的遗传学理论，遗传物质作为一种指令密码封装在每个细胞中，并以基因的形式排列在染色体上，每个基因有特殊的位置并控制生物的某些特征。不同的基因组合产生的个体对环境的适应性不一样，通过基因杂交和突变可以产生对环境适应性强的后代。经过优胜劣汰的自然选择，适应值高的基因结构就得以保存下来，从而逐渐形成了经典的遗传学染色体理论，揭示了遗传和变异的基本定律。

遗传物质是细胞核中染色体上的有效基因，其中包括了大量的遗传信息。染色体上携带着关于生物性状的物质元素，生物体所表现出来的外在特征是对染色体构成的一种体现。生物的进化本质体现在染色体的改变和改进上，生物体自身形态的变换是染色体结构变化的表现形式。基因组合的特异性决定了生物体的多样性，基因结构的稳定性保证了生物物种的稳定性，而基因的杂交和变异使生物进化成为可能。生物的遗传是通过父代向子代传递基因来实现的，而这种遗传信息的改变决定了生物体的变异。

## 15.1.2  生物进化与优化[5-7]

现代进化论所揭示的进化机制在本质上是一种鲁棒的搜索和优化过程。进化出的动植物种群在细胞、器官、个体和群体等多个不同层次上都表现出优化的复杂行为。生物物种在进化过程中所解决的各种问题具有混沌、偶然、暂态和非线性相互作用等特点，具有这些特点的问题正是传统优化方法所难以解决的。

现代进化论认为，只用种群上和物种内的少量统计过程就可以充分地解释大多数生命历史。这些过程就是繁殖、变异、竞争和选择，即生物进化的四个要素。

（1）繁殖。生命的持续是通过繁殖作用实现的。最初出现的是无性繁殖，但在无性繁殖中上代和下代之间只有信息的复制，而没有不同信息的交流，无法促使进化。生物界更为普遍存在的繁殖方式是有性繁殖，尤其在动物界更为普遍。有性繁殖中发生 DNA 的分割和交换，从而进行了基因信息交换。有性繁殖对于物种进化的显著优点是：与无性的孤雌繁殖相比，明显增加了对于基因/表现空间的探测速率，特别是在变化的环境下。

（2）变异。变异指的是同种生物世代之间或同代不同个体之间的差异。这里我们感兴趣的是能遗传的变异，因为只有遗传变异才能作为进化的材料。生物体的遗传变异，在细胞核分子水平上主要表现为突变。突变可分为三类：基因突变，指在核酸上仅有一个核苷酸改变的突变；染色体突变，指染色体数目、大小和结构的改变；基因重组，是通过有性过程实现的，包括连锁互换、自由组合和转座因子。

（3）竞争。竞争即生存竞争，是指生物与环境所发生的关系。生存竞争包括：种内竞争、种间竞争、生物与自然环境竞争三个方面。产生生存竞争的重要原因在于生物的高度生殖力。一切生物都有高速率增长的倾向，而地球上的食物和空间都有限，这必然引起生存竞争。生存竞争在同种个体之间最为激烈。由于它们对食物和空间等生物条件的要求最为相似，而生活环境的资源又有限，因此同种个体之间竞争的剧烈程度会明显超过异种个体之间竞争。生存竞争的结果是适者生存，不适者淘汰，适者不仅获得生存的机会，而且所繁殖的后代将提高其种群的品质。

（4）选择。自然选择学说是达尔文进化论的核心。自然选择是指适合环境的生物被保留下来，而不适合的则被淘汰的现象。自然选择是在生存竞争中实现的，它通过对微小的有利变异的积累而促进生物进化。选择的作用集中表现为对群体中基因频率的影响，但是自然选择并不直接作用在基因型上，而是直接作用在表现型上。选择压力是指在两个基因频率之间一个比另一个更能生存下来的优势。在选择压力增大的情况下，环境发生剧烈的变化，生存竞争不断加剧，严重冲击着生物的正常生活，导致物种大量死亡，同时出现少量新的突变类型，它们成为进化出来的新物种。

总而言之，繁殖是所有生命的共同特征；变异保证了任何生命系统能在正熵世界中连续繁殖自己；对于限制在有限区域中的不断膨胀的种群来说，竞争和选择是不可避免的。因此，进化就是这四个相互作用的随机过程一代一代地作用在种群上的结果。

个体和物种一般被认为是分别对应于它们的遗传编码和遗传编码所表现出来的行为特性。个体的遗传编码通常被称为基因型（genotype），而表现出来的行为被称为表现型（phenotype）。基因型为进化过程中所获信息的存储提供了一种机制。由于多效性（pleiotropy）和多基因性（polygeny）这两种机制的存在和广泛应用，遗传上的变化所导致的结果一般来说是不可预料的。所谓多效性，指的是一个单一基因可以同时对多个表现型特征产生作用；而多基因性指的是单一的表现型特征可能由多个基因共同的相互作用所确定。在自然进化系统中，极少存在一个基因与一个行为特征之间一一对应的关系。表现型的变化实际上是基本遗传结构和现有的环境条件之间相互作用的一个复杂的非线性函数。就像不同的计算机程序可以实现相同的功能一样，不同的遗传结构可以对应于相同的行为特征。进化过程的选择机制直接作用于个体和物种的表现型上，而不是直接作用于基因型上。

根据上述观点，生物进化显然是一种求解优化问题的过程。给定了初始条件和环境约束，通过选择可以得到与最优解尽可能接近的表现型。但是环境又持续不断地变化着，物种跟在环境变化的后面，不断地向一个新的最优解进化。这就是进化计算这类模拟自然进化的计算方法的思想源泉。以生物进化过程为基础，计算科学学者提出了各种模拟形式的计算方法。

## 15.2 进 化 计 算

进化计算（Evolutionary Computation，EC）是一类模拟生物进化过程与机制来求解问题的自适应人工智能技术。它的核心思想源于这样的基本认识：从简单到复杂、从低级到高级的生物进化过程本身是一个自然的、并行发生的、稳健的优化过程，这一过程的目标是实现对环境的适应性，即生物种群通过"优胜劣汰"及遗传变异来达到进化的目的。

进化算法（Evolutionary Algorithm，EA）是基于上述思想发展起来的一类随机搜索技术。它们模拟由个体组成的群体的学习过程，其中每个个体表示给定问题搜索空间的一点。进化算法从选定的初始解出发，通过不断迭代的进化过程逐步改进当前解，直至最后搜索到最优解或满意解为止。在进化过程中，算法在一组解上，采用类似于自然选择和有性繁殖的方式，在继承原有优良基因的基础上，生成具有更好性能指标的下一代解的群体。

采用进化算法求解优化问题的一般步骤如下：

（1）随机给定一组初始解。

（2）评价当前这组解的性能。

（3）若当前解满足要求或进化过程达到一定代数，则计算结束。

（4）根据（2）的评价结果，从当前解中选择一定数量的解作为基因操作对象。

（5）对所选择的解进行基因操作（如交叉、变异等），得到一组新解，转到（2）。

目前搜索方法可以分成三类：枚举法、解析法和随机法。枚举法是指枚举出可行解集合内的所有可行解，以求精确最优解。对于连续函数，需对其进行离散化处理。但许多实际问题所对应的搜索空间很大，因此该方法的求解效率非常低。解析法在求解过程中主要使用目标函数的性质，如一阶导数、二阶导数等。这一方法又可以分为直接法与间接法。直接法根据目标函数的梯度来确定下一步搜索方向，难以找到整体最优解；而间接法则从极值的必要条件出发导出一组方程，然后求解方程组。但是导出的方程组一般是非线性的，其求解非常困难。随机法在搜索过程中对搜索方向引入随机的变化，使得算法在搜索过程中以较大的概率跳出局部极值点。随机法又可分为盲目随机法和导向随机法。前者在可行解空间中随机地选择不同的点进行检测，后者以一定的概率改变当前的搜索方向，在其他方向上进行搜索。

进化算法属于一种随机搜索方法，它在初始解生成以及选择、交叉与变异等遗传操作过程中均采用了随机处理方法。与传统搜索算法相比，进化算法具有以下不同点：

（1）进化算法不直接作用在解空间上，而是利用解的某种编码表示。

（2）进化算法从一个群体即多个点而不是一个点开始搜索，这是它能以较大概率找到整体最优解的主要原因之一。

（3）进化算法只使用解的适应性信息（即目标函数值），并在增加收益和减少开销之间进行权衡，而传统搜索算法一般要使用导数等其他辅助信息。

（4）进化算法使用的是随机转移规则，而不是确定性的转移规则。

进化算法和传统算法相比最主要的特点体现在以下两个方面：

（1）智能性。进化算法的智能性包括自组织、自适应和自学习等。应用进化算法求解问题时，在确定了编码方案、适应值函数和遗传算子后，算法将利用进化过程中获得的信息自行组织搜索。进化算法的这种智能性特征同时赋予了它具有根据环境的变化自动发现环境的特性和规律的能力。

（2）本质并行性。进化算法的本质并行性表现在两个方面：一是进化算法是内在并行的，即进化算法本身非常适合大规模并行；二是进化算法具有内含并行性，由于进化算法采用种群的方式组织搜索，因而它可以搜索解空间内的多个区域，并相互交流信息。

### 15.2.1　进化计算的主要分支

目前研究的进化算法主要有四种[8-18]：遗传算法（Genetic Algorithm，GA）、进化规划（Evolutionary Programming，EP）、进化策略（Evolution Strategy，ES）和遗传编程（Genetic Programming，GP）。前三种算法是彼此独立发展起来的，最后一种是在遗传算法的基础上发展起来的一个分支。虽然这几个分支在算法的实现方面具有一些细微差别，但它们具有一个共同的特点，即都借助生物进化的思想和原理来解决实际问题。

#### 1. 遗传算法

遗传算法的创始人是美国密西根大学的 Holland 教授。Holland 在 20 世纪 50 年代末开始研究自然界的自适应现象，并希望能够将自然界的进化方法用于实现求解复杂问题的自动程序设计。Holland 认为：可以用一组二进制串来模拟一组计算机程序，并且定义了一个衡量每个"程序"正确性的度量——适应值。Holland 模拟自然选择机制对这组"程序"进行"进化"，直到最终得到一个正确的"程序"。1967 年，Bagley 发表了关于遗传算法应用的论文[9]，他在论文中首次使用了"遗传算法"来命名 Holland 所提出的"进化"方法。20 世纪 70 年代初，Holland 提出了遗传算法的基本定理——模式定理，从而奠定了遗传算法的理论基础。模式定理揭示出了群体中的优良个体的样本数呈指数级增长的规律。1975 年，Holland 总结了自己的研究成果，发表了在遗传算法领域具有里程碑意义的著作——《自然系统和人工系统的适应性》。在这本书中，Holland 为所有的适应系统建立了一种通用理论框架，并展示了如何将自然界的进化过程应用到人工系统中。Holland 认为，所有的适应问题都可以表示为"遗传"问题，并用"进化"方法来解决。20 世纪 80 年代，Holland 实现了第一个基于遗传算法的机器学习系统——分类器系统，开创了遗传算法机器学习的新概念[10]。

1975 年，De Jong 在其博士论文中结合模式定理进行了大量纯数值函数优化计算实验，建立了遗传算法的工作框架，得到了一些重要且具有指导意义的结论。他还构造了五个著名的 De Jong 测试函数[11]。1989 年，Goldberg 出版了专著《搜索、优化和机器学习中的遗传算法》[12]。该书系统总结了遗传算法的主要研究成果，全面完整地论述了遗传算法的基本原理及应用，奠定了现代遗传算法的科学基础。1991 年，Davis 完成了《遗传算法手册》一书[13]。书中包括了遗传算法科学计算、工程技术和社会经济中的大量应用实例，它为推广和普及遗传算法起到了重要的作用。

标准遗传算法具有如下主要特点：

（1）遗传算法必须通过适当的方法对问题的可行解进行编码。解空间中的可行解是个体的表现型，它在遗传算法的搜索空间中对应的编码形式是个体的基因型。

（2）遗传算法基于个体的适应度来进行概率选择操作。

（3）在遗传算法中，个体的重组使用交叉算子。交叉算子是遗传算法所强调的关键技术，它是遗传算法中产生新个体的主要方法，也是遗传算法区别于其他进化算法的一个主要特点。

（4）在遗传算法中，变异操作使用随机变异技术。

（5）遗传算法擅长对离散空间进行搜索，它较多地应用于组合优化问题。

遗传算法除了上述基本形式外，还有各种各样其他变形，如溶入退火机制[19-21]、结合已有的局部寻优技巧[22-24]、并行进化机制[25-30]、协同进化机制[31-33]等。典型的遗传算法有退火型遗传算法、Forking 遗传算法、自适应遗传算法、抽样型遗传算法、协作型遗传算法、混合遗传算法、实数编码遗传算法、动态参数编码遗传算法等[34-44]。

**2. 进化规划**

20 世纪 60 年代中期，Fogel 等人为有限状态机的演化提出了利用进化规划来求解预测问题[15]，这些机器的状态变化表示通过在对应的离散、有界集上进行一致随机变异来修改。进化规划根据被正确预测的符号数来度量适应度。通过变异，父代群体中的每个机器产生一个子代，父代和子代中最好的那一半被选择生存下来。20 世纪 90 年代，Fogel 又将进化规划的思想拓展到实数空间[16]，使其能够用来求解实数空间中的优化计算问题，并在其变异运算中引入正态分布技术，这样进化规划就演变成一种优化搜索算法，并在很多实际领域得到了应用[45-51]。

进化规划主要具有如下特点：

（1）进化规划不使用个体重组方面的操作算子，如不使用交叉算子。

（2）进化规划中的选择运算着重于群体中个体间的竞争选择。

（3）进化规划直接以问题的可行解作为个体的表现形式，无需对个体进行编码，也无需考虑随机扰动因素对个体的影响，便于应用。

（4）进化规划以 $n$ 维实数空间上的优化问题为主要处理对象。

### 3. 进化策略

进化策略是 20 世纪 60 年代由德国的 Rechenberg 首先提出的一种优化算法[17]。当初主要用于处理流体动力学问题，如弯管流体动力学优化。进化策略主要用于求解多峰非线性函数的优化问题。随后，人们根据算法的不同选择操作机制提出了多种进化策略，例如 $(1+1)-\mathrm{ES}$、$(1+\mu)-\mathrm{ES}$、$(\mu+\lambda)-\mathrm{ES}$、$(\mu,\lambda)-\mathrm{ES}$ 等[52-58]。

进化策略主要具有如下特点：

（1）进化策略以 $n$ 维实数空间上的优化问题为主要处理对象。

（2）进化策略的个体中含有随机扰动因素。

（3）进化策略中个体的适应度直接取为它所对应的目标函数值。

（4）个体的变异运算是进化策略中所采用的主要搜索技术，而个体间的交叉运算只是进化策略中所采用的辅助搜索技术。

（5）进化策略中的选择运算是按照确定的方式进行的，每次都是从群体中选取最好的几个个体，将它们保留在下一代群体中。

### 4. 遗传编程

1992 年，Koza 将遗传算法应用于计算机程序的优化设计及自动生成，提出了遗传编程的概念[18]，并成功地将遗传编程方法应用于人工智能、机器学习、符号处理等方面。遗传程序设计采用遗传算法的基本思想，但使用一种更为灵活的表示方式——分层结构来表示解空间。这些分层结构的叶节点是问题的原始变量，中间节点则是组合这些原始变量的函数。遗传程序设计就是使用一些遗传操作动态地改变这些结构以获得解决问题的可行的计算机程序。

由于遗传程序设计采用一种更自然的方式，因此其应用领域非常广泛，不仅可以演化计算机程序，而且可以演化任何复杂的系统[59-63]。

## 15.2.2 进化计算的数学基础

自从模拟生物进化过程进行问题求解取得成功以来，人们就试图对其进行理论分析以解释它为什么有效。Holland[8] 和 Goldberg[12] 为解释进化算法的功效而建立了基于模式分析的模式定理、隐含并行性定理以及积木块假设。下面我们以遗传算法为例，阐述上述定理和假设。

### 1. 模式定理

**定义 15.1** 设遗传算法中的个体 $p\in\{0,1\}^l$，则记集合 $s=\{0,1,*\}^l$ 为一个模式（schemata），其中 $*$ 为通配符。

**定义 15.2** 若一个个体 $p$ 的每一位与模式 $s$ 相匹配，则称 $p$ 是 $s$ 的一个表示。

**定义 15.3** 一个模式 $s$ 的阶就是出现在模式中的"0"和"1"的数目，记为 $O(s)$。

**定义 15.4** 一个模式 $s$ 的长度就是模式中第一个确定位置和最后一个确定位置间的距离，记为 $\delta(s)$。

假定在给定的时间步 $t$ 中，一个特定的模式 $s$ 在种群 $P(t)$ 中包含 $m$ 个代表串，记为 $m = m(s, t)$。经过交叉、变异和选择操作后，则在种群 $P(t+1)$ 中，模式 $s$ 的代表串的数量的期望值为

$$E[m(s, t+1)] = m(s, t) \frac{\overline{f}(s)}{\overline{f}} \left[ 1 - p_c \frac{\delta(s)}{l-1} - O(s) p_m \right] \tag{15-1}$$

其中，$\overline{f}(s)$ 表示模式 $s$ 在 $t$ 时刻的所有代表串的适应值的均值，称为模式 $s$ 的适应值；$\overline{f}$ 表示种群 $P(t)$ 中所有个体的适应值的平均值；$p_c$ 和 $p_m$ 分别表示交叉概率和变异概率。

由式(15-1)可得如下定理：

**定理 15.1(模式定理)** 适应值在种群平均适应值之上的、长度较短的、低阶的模式在遗传算法的迭代过程中将按指数增长率被采样。

模式定理告诉我们，遗传算法根据模式的适应值、长度和阶次来为模式分配搜索次数。为那些适应值较高、长度较短、阶次较低的模式分配的搜索次数按照指数率增长；而为那些适应值较低、长度较长、阶次较高的模式分配的搜索次数按照指数率衰减。

**2. 隐含并行性定理**

长度为 $l$、规模为 $n$ 的群体中包含 $2^l$ 到 $n \times 2^l$ 个不同的模式。所以每进行一次迭代所处理的模式数目往往远远大于个体数目。Holland 将遗传算法的这个特性称为隐含并行性。Goldberg 证明了如下定理：

**定理 15.2(隐含并行性定理)** 设 $\varepsilon \in (0, 1)$ 是一个很小的数，$l_s < \lceil (l-1) \cdot \varepsilon \rceil + 1$，群体规模为 $N = 2^{l_s/2}$，则遗传算法在一次迭代中所处理的"存活率"大于 $1-\varepsilon$ 的模式数约为 $O(N^3)$。其中符号"$\lceil \rceil$"表示上取整。

隐含并行性定理反映出遗传算法对空间的搜索效率是非常高的，它对种群进行一次处理就处理了 $O(N^3)$ 个模式。同时，隐含并行性定理反映出遗传算法存储空间信息的能力也是很强的，每个种群中存储了 $O(N^3)$ 个模式的信息。

**3. 积木块假设**

**定义 15.5** 具有高适应值、长度短、低阶的模式称为积木块(Building Block)。

正如搭积木块一样，这些"好"的模式在遗传操作下相互拼搭、结合，产生适应值较高的串，从而找到更优的可行解，这正是积木块假设所揭示的内容。

**假设 15.1(积木块假设)** 高于平均适应值、长度短、低阶的模式(积木块)在遗传算子的作用下，相互结合，能生成高于平均适应值、长的、高阶的模式，可最终生成全局最

优解。

模式定理保证了较优的模式的样本数呈指数级增长，从而满足了寻找最优解的必要条件，即遗传算法存在找到全局最优解的可能性。而积木块假设则指出，遗传算法具有找到全局最优解的能力，即积木块假设在遗传算子的作用下，能生成高于平均适应值、长的、高阶的模式，最终生成全局最优解。

### 15.2.3　进化算法的收敛理论

到目前为止，还没有一套完整的理论可以准确、全面地阐明一般进化算法的收敛性，从而对其在大量应用中所表现出的全局优化能力作出理论解释。本节将简单介绍已有的进化算法收敛理论。

**定义 15.6**　设 $Z_t$ 为 $t$ 时刻种群中所包含个体的适应值的最大值，$f^*$ 为适应值函数 $f(x)$ 在所有可能的个体所组成的集合 $X$ 中所取得的最大值，若 $Z_t$ 满足：

$$\lim_{t \to \infty} P\{Z_t = f^*\} = 1 \tag{15-2}$$

则称算法收敛到最优解。

**1. 基于压缩映射原理的收敛性分析[14]**

**定义 15.7**　设 $X$ 是一个非空集合。若 $d$ 是一个 $X \times X$ 到 $\mathbf{R}$ 的映射，且对于 $\forall x, y, z \in X$，满足：

(1) $d(x, y) \geqslant 0$，并且 $d(x, y) = 0$ 当且仅当 $x = y$；

(2) $d(x, y) = d(y, x)$；

(3) $d(x, y) \leqslant d(x, z) + d(z, y)$，

则称 $d$ 为 $X$ 上的度量(或称为距离函数)，称 $(X, d)$ 为度量空间。

**定理 15.3**　在度量空间 $(X, d)$ 中：

(1) 对于 $\forall x, y, z \in X$，有 $|d(x, z) - d(y, z)| \leqslant d(x, y)$；

(2) 对于 $\forall x, y, x_1, y_1 \in X$，有 $|d(x, y) - d(x_1, y_1)| \leqslant d(x, x_1) + d(y, y_1)$。

**定义 15.8**　设 $(X, d)$ 为度量空间，$\{x_n\}$ 是 $(X, d)$ 中的序列。若存在正整数 $N$，使得对一切 $n > N$，有 $d(x_n, x) < \varepsilon$，则称序列 $\{x_n\}$ 在 $(X, d)$ 中收敛于 $x$，$x$ 称为 $\{x_n\}$ 的极限，记为 $x_n \to x$。

**定义 15.9**　设 $(X, d)$ 为度量空间，$\{x_n\}$ 是 $(X, d)$ 中的序列。若对于 $\forall \varepsilon > 0$，存在正整数 $N$，使得对一切 $m, n > N$，有 $d(x_m, x_n) < \varepsilon$，则称序列 $\{x_n\}$ 是 $(X, d)$ 中的 Cauchy 序列。若 $(X, d)$ 中的每一个 Cauchy 序列都收敛，则称 $(X, d)$ 为完备度量空间。

**定义 15.10**　设 $(X, d)$ 为度量空间，对于映射 $f: X \to X$，$\exists \varepsilon \in [0, 1)$，使得对于 $\forall x, y \in X$ 满足：

$$d(f(x), f(y)) \leqslant \varepsilon \cdot d(x, y) \tag{15-3}$$

则称 $f$ 为压缩映射。

**定理 15.4（Banach 压缩映射定理）** 设 $(X, d)$ 为完备度量空间，$f: X \to X$ 为一压缩映射，则 $f$ 有且仅有一个不动点 $x^*$，并且对于 $\forall x_0 \in X$，满足：

$$x^* = \lim_{k \to \infty} f^k(x_0) \tag{15-4}$$

其中，$f^0(x_0)$，$f^{k+1}(x_0) = f(f^k(x_0))$。

我们知道，进化算法是一个迭代过程。若用 $X$ 表示所有可能出现的种群的集合，记 $t$ 时刻的种群为 $x_t$，将进化操作设为映射 $f: X \to X$，则进化算法过程可表示为 $x_{k+1} = f(x_k)$。若存在一个点 $x^* \in X$，使得 $x^* = f(x^*)$，则进化算法收敛于 $x^*$。

**2. 基于有限 Markov 链的收敛性分析[64]**

**定义 15.11** 设 $\{x_t: t = 0, 1, 2, \cdots\}$ 是值域为可列状态空间 $S$ 的随机变量，若 $x_{k+1} = s_{ik+1}$，$s_{ik+1} \in S$ 的概率只与 $x_k$ 有关，而与 $x_{k-1}$，$x_{k-2}$，$\cdots$，$x_0$ 无关，即

$$P\{x_{k+1} = s_{ik+1} \mid x_0 = s_{i0}, x_1 = s_{i1}, \cdots, x_k = s_{ik}\} = P\{x_{k+1} = s_{ik+1} \mid x_k = s_{ik}\}$$

$$\tag{15-5}$$

则称 $\{x_t: t = 0, 1, 2, \cdots\}$ 为一个 Markov 链。记 $p_{ij} = P\{x_{k+1} = s_{ik+1} \mid x_k = s_{ik}\}$ 为从状态 $s_{ik}$ 到状态 $s_{ik+1}$ 的一步转移概率，简称转移概率，称 $p_{ij}^m = P\{x_{k+m} = j \mid x_k = i\}$ $(i, j \in S)$ 为 $m$ 步转移概率。

**定义 15.12** 若 $\{x_t: t = 0, 1, 2, \cdots\}$ 为 Markov 链，其状态空间为有限集合 $S = \{s_1, s_2, \cdots, s_n\}$，则称 $\{x_t: t = 0, 1, 2, \cdots\}$ 为有限 Markov 链。

**定义 15.13** 若对于 Markov 链 $\{x_t: t = 0, 1, 2, \cdots\}$，满足 $P\{x_{k+1} = j \mid x_k = i\} = p_{ij}$，即状态 $i$ 转变到状态 $j$ 的概率与时间 $t$ 无关，则称 $\{x_t: t = 0, 1, 2, \cdots\}$ 为齐次 Markov 链。齐次 Markov 链的转移概率可以记为矩阵 $\boldsymbol{P}$，其元素 $p_{ij}$ 为由状态 $i$ 到状态 $j$ 的转移概率。

**定义 15.14** 对于一个 $n \times n$ 的方阵 $\boldsymbol{A}$：

（1）若 $a_{ij} \geq 0$，$\forall i, j \in \{1, 2, \cdots, n\}$，则称 $\boldsymbol{A}$ 是非负矩阵，记为 $\boldsymbol{A} \geq \boldsymbol{0}$；

（2）若 $a_{ij} > 0$，$\forall i, j \in \{1, 2, \cdots, n\}$，则称 $\boldsymbol{A}$ 是正矩阵，记为 $\boldsymbol{A} > \boldsymbol{0}$；

（3）若 $\boldsymbol{A} \geq \boldsymbol{0}$，存在一个 $k \in \mathbf{N}$，使得 $\boldsymbol{A}^k > \boldsymbol{0}$，则称 $\boldsymbol{A}$ 是基本矩阵；

（4）若方阵 $\boldsymbol{A}$ 可记为 $\begin{pmatrix} \boldsymbol{C} & \boldsymbol{0} \\ \boldsymbol{R} & \boldsymbol{T} \end{pmatrix}$，其中 $\boldsymbol{C}$ 和 $\boldsymbol{T}$ 为方阵，则称 $\boldsymbol{A}$ 为可约化矩阵。

**定义 15.15** 对于一个非负的 $n \times n$ 方阵 $\boldsymbol{A}$，若 $\sum_{j=1}^{n} a_{ij} = 1$，$\forall i \in \{1, 2, \cdots, n\}$，则称 $\boldsymbol{A}$ 为随机矩阵；对于一个随机矩阵 $\boldsymbol{A}$，若它的各行相同，则称其为稳态矩阵；若它的每一列都至少有一个元素大于 0，则称其为列可容矩阵。

**定理 15.5** 设有随机矩阵 $\boldsymbol{C}$、$\boldsymbol{M}$ 和 $\boldsymbol{S}$，其中 $\boldsymbol{M}$ 是正矩阵，$\boldsymbol{S}$ 是列可容矩阵，则乘积 $\boldsymbol{CMS}$ 是正矩阵。

**定理 15.6**　设任一有限 Markov 链，若存在一个正整数 $m$，使得 $p_{ij}^m > 0$，$\forall i,j \in S$，则极限 $\lim\limits_{n \to \infty} \boldsymbol{P}^n = \boldsymbol{\pi}$，其中，$\boldsymbol{\pi}$ 为一随机矩阵。

**定理 15.7**　设 $\boldsymbol{P}$ 为随机正矩阵，则 $\lim\limits_{k \to \infty} \boldsymbol{P}^k = \boldsymbol{P}^\infty$，$\boldsymbol{P}^\infty$ 是一个稳态正矩阵。

**定理 15.8**　设 $\boldsymbol{P}$ 是可约化随机矩阵，其中 $\boldsymbol{C}$ 是 $m \times m$ 随机正矩阵，且 $\boldsymbol{R}$，$\boldsymbol{T} \neq \boldsymbol{0}$，则

$$\boldsymbol{P}^\infty = \lim_{k \to \infty} \boldsymbol{P}^k = \lim_{k \to \infty} \begin{bmatrix} \boldsymbol{C}^k & \boldsymbol{0} \\ \sum\limits_{i=0}^{k-1} \boldsymbol{T}^i \boldsymbol{R} \boldsymbol{C}^{k-i} & \boldsymbol{T}^k \end{bmatrix} \tag{15-6}$$

是一个稳态随机矩阵。

若将某一时刻的种群看作一个状态变量，则整个状态空间只包含有限个不同的状态。若个体的长度为 $l$，种群规模为 $n$，则整个状态空间中包含 $N_s = 2^{l \times n}$ 个不同的状态。进化算法就是通过各种进化算子的作用使得状态变量（种群）以一定的概率在该有限状态空间中演化。在这个意义上，可以将 EA 过程看作一个有限状态 Markov 链。Goldberg 等人[65]用 Markov 链方法对一种只有变异和复制的遗传算法的收敛性进行了分析。Davis 等人[66]将关于模拟退火算法的 Markov 链分析方法推广应用到了遗传算法，并由此证明了遗传算法所生成的 Markov 链是各态历经的。Eiben 等人[67]则提出了一种将遗传算法和模拟退火算法统一起来的抽象遗传算法，并且证明了这种算法的全局收敛性。Fogel[68]则证明了当不使用变异算子时，遗传算法所生成的 Markov 链将存在吸收态，在这些吸收态中整个种群都是某个个体的复制，待时间足够长后，Markov 链必将达到一个吸收态，此后状态不再发生改变。

**3. 公理化模型**

徐宗本[69-70]提出了一个既可用于分析时齐遗传算法又可用于分析非时齐遗传算法的公理化模型。这一模型的核心思想是：公理化描述遗传算法的选择算子与重组算子，并利用所引进的参量分析遗传算法的收敛性。

设 $\Omega$ 表示个体空间，因而 $\Omega^N$ 是种群空间。适应值函数 $f$ 被假定在测度空间 $(\Omega, \Psi, u)$ 上考虑，一个集合 $B \in \Psi$ 称为 $f$ 的满意集，如果 $f(a) > f(b)$ 对任何 $a \in B$，则 $b \in \Omega \backslash B$ 成立。

**公理 15.1**　一个随机映射 $S: \Omega^N \to \Omega^N$ 是一个（抽象）选择算子，如果

(1) 对任何 $X \in \Omega^N$，$S(X) \subset X$；

(2) 存在正数 $\beta$，使得 $P[\,|S(X)_M| \geqslant \beta + |X_M|\,] > 0$。

这里 $P$ 表示概率，$|D|$ 表示集合 $D$ 的基数，$M = \max\{f(x): x \in X\}$，且 $X_M = \{x \in X: f(x) = M\}$。

**公理 15.2**　随机映射 $E: \Omega^N \to \Omega^N$ 是一个（抽象）演化算子，如果对 $\forall X \in \Omega^N$，有

(1) $P[X = E(X)] > 0$；

(2) 对于任何 $B \in \Psi$，如果 $X \cap B = \varnothing$，则 $P[E(X) \cap B \neq \varnothing] > 0$；

(3) 对于任何 $B \in \Psi$，如果 $X \cap B = \varnothing$，则 $P[E(X) \cap B = \varnothing] = 0$。

借助以上公理刻画的选择与演化算子，定义随机过程：

$$X^{(t)} = E(t)S(t)X^{(t-1)}, \ t = 0, 1, 2, \cdots \tag{15-7}$$

为一抽象模拟演化算法（Abstract Evolutionary Algorithm，AEA），其中$\{E(t)\}$和$\{S(t)\}$为一系列演化与选择算子。

**定义 15.16**　设 $S$ 为一抽象选择算子，则

(1) 满足使 $P[\,|\,S(X)_M\,|\geqslant\beta+|\,X_M\,|\,]>0$ 成立的最大整数 $\beta$ 称为 $S$ 的选择压，记为 $S_p$。

(2) 由式(15-8)定义的常数 $S_I$，称为选择算子 $S$ 的选择强度。

$$S_I = \inf\{P(|\,S(x)_M\,|) \geqslant S_p + |\,X_M\,| = 1, X \in \Omega^N\} \tag{15-8}$$

**定义 15.17**　设 $E$ 为一抽象演化算子，$\Psi$ 为由所有满意集所组成的集族，则

(1) $E$ 的保存率 $E_I$ 定义为 $E_I = \inf\{P(E(X)=X)：X \in \Omega^N\}$；

(2) $E$ 的迁入率 $E_e$ 定义为 $E_e = \inf\{P(E(X)\bigcap B\neq\varnothing)|X\in\Omega^N, B\in\Psi, X\bigcap B\neq\varnothing\}$；

(3) $E$ 的迁出率 $E_o^r$ 定义为 $E_o^r = \sup\{P(E(X)\bigcap B=\varnothing)|X\in\Omega^N, |X\bigcap B|=r>0\}$。

利用所引进的参数族，可直接建立起抽象演化算法 AEA 的收敛性。

**定义 15.18**　AEA 称为是次收敛的，如果对任意满意集 $B$，$\mu(B) \neq 0$，$\lim\limits_{t\to\infty}P(X^{(t)}\bigcap B\neq\varnothing)=1$；AEA 称为是强收敛的，如果对任意非零测度满意集 $B$，$\lim\limits_{t\to\infty}P(X^{(t)}\subset B)=1$。

**定理 15.9**　在下述条件下，任何抽象演化算法 AEA 次收敛：

(1) $S_p(t) \geqslant m > 0$；

(2) $\lim\limits_{t\to\infty}[1-(1-E_o^m(t))S_I(t)]/E_e(t)=0$；

(3) $\sum\limits_{t=1}^{\infty}E_e(t) = \infty$（即 $E_e(t) \notin l_1$）。

进而如果还有 $\lim\limits_{t\to\infty}S_I(t) = \lim\limits_{t\to\infty}E_I(t) = 1$，则 AEA 强收敛。

以上所述的公理化模型也可用于其他进化算法（如进化策略）的收敛性分析。

**4. Vose-Liepins 模型**

Vose-Liepins 模型基于 Vose 和 Liepins 的工作[71-74]，其核心思想是：用两个矩阵算子分别刻画比例选择与组合算子（即杂交算子与变异算子的复合），通过研究这两个算子不动点的存在性与稳定性来刻画遗传算法的渐近行为。

设 $L$ 为遗传算法（二进制）编码长度，则所有可能个体的总数为 $r = 2^L$，将它们分别表示为 $\{0, 1, \cdots, r-1\}$，用 $m_{i,j}(k)$ 表示由个体 $i$，$j$ 通过组合算子的作用获得个体 $k$ 的概率，定义 $r$ 阶矩阵 $\boldsymbol{M} = (m_{i,j}(0))$。引进向量 $\boldsymbol{\Phi}^t \in \mathbf{R}^r$，其第 $i$ 个分量表示个体 $i$ 在第 $t$ 代种群中所占的比例；向量 $\boldsymbol{S}^t \in \mathbf{R}^r$，其第 $i$ 个分量表示在第 $t$ 代种群中选择个体 $i$ 进行组合的概率。用 $\otimes$ 和 $\oplus$ 分别表示逻辑与和异或运算。

对种群规模无限的二进制编码遗传算法，Vose 和 Liepins 证明：个体 $k$ 在下一代种群中的期望比例为

$$E\Phi_k^{t+1} = \sum_{i,j} S_i^t S_j^t m_{i,j}(k) \tag{15-9}$$

这里 $E$ 为数学期望，进而 $m_{i,j}(k \oplus l) = m_{i+k, j+k}(l)$。因此只需计算 $m_{i,j}(0)$，即可得到 $m_{i,j}(k)$ 对任一 $k$ 的值。

设 $f$ 为待优化的正值适应值函数，定义线性算子 $\boldsymbol{F}$ 为第 $(i, i)$ 项取值为 $f(i)$ 的 $r$ 阶对角矩阵，并定义 $\mathbf{R}^r$ 上的置换算子 $\sigma_j$ 为

$$\sigma_j \langle x_0, x_1, \cdots, x_{r-1} \rangle^{\mathrm{T}} = \langle x_{j \oplus 0}, x_{j \oplus 1}, \cdots, x_{j \oplus (r-1)} \rangle^{\mathrm{T}} \tag{15-10}$$

引进算子 $\boldsymbol{\varphi}: \mathbf{R}^r \rightarrow \mathbf{R}^r$ 使满足：

$$\boldsymbol{\varphi}(x) = \langle (\sigma_0 \boldsymbol{x})^{\mathrm{T}} M(\sigma_0 \boldsymbol{x}), (\sigma_1 \boldsymbol{x})^{\mathrm{T}} M(\sigma_1 \boldsymbol{x}), \cdots, (\sigma_{r-1} \boldsymbol{x})^{\mathrm{T}} M(\sigma_{r-1} \boldsymbol{x}) \rangle^{\mathrm{T}} \tag{15-11}$$

借助这些算子，Vose 和 Liepins 证明下一代种群中各个个体出现的概率为

$$\boldsymbol{S}^{t+1} = \frac{\boldsymbol{F}\boldsymbol{\varphi}(\boldsymbol{S}^t)}{\| \boldsymbol{F}\boldsymbol{\varphi}(\boldsymbol{S}^t) \|_1} \tag{15-12}$$

或等价地，记 $\bar{\boldsymbol{F}}\boldsymbol{u} = \boldsymbol{F}\boldsymbol{u} / \| \boldsymbol{F}\boldsymbol{u} \|_1$，则 $\boldsymbol{S}^{t+1} = \bar{\boldsymbol{F}}\boldsymbol{\varphi}(\boldsymbol{S}^t)$。

显然，利用 Vose-Liepins 模型研究遗传算法收敛性的核心在于刻画非线性算子 $\bar{\boldsymbol{F}}\boldsymbol{\varphi}$ 的不动点集的结构与稳定性，但目前对此尚无一般的结果。

**5. 连续（积分算子）模型**

大量数值实验表明，为了有效求解高维连续问题和解决遗传算法实现中的效率与稳健性问题，直接使用原问题的浮点表示而不进行编码转换常常有许多优点，Peck、Dhawan、Qi 和 Palmieri 提出了对于这类连续变量遗传算法收敛性分析的方法[75-77]。他们将遗传算法看作可行解空间上某些抽样分布的构造与演化，当种群规模趋于无穷时，给出了种群的概率分布所对应的密度函数应满足的递归公式，还给出了保证种群平均适应值单调递增的充分条件。但是这个结果只是在种群规模趋于无穷时迭代序列分布的估计，只能看作对遗传算法渐近行为的大样本近似。不能直接应用这些结果去研究一般遗传算法的收敛性。

假设定义于 $D \subset \mathbf{R}^m$ 上的适应值函数 $f(\boldsymbol{x})$ 满足 $0 \leqslant f_{\min} \leqslant f(\boldsymbol{x}) \leqslant f_{\max}$ 且 $f$ 仅有有限个全局极大值和不连续点，则在同时使用比例选择及变异算子的情形下，有：

**定理 15.10** 设变异算子以相同的条件概率密度函数 $g_{w_k}(\bullet \mid \bullet)$ $(\sup\limits_{\boldsymbol{x}, \boldsymbol{z} \in D} g_{w_k}(\boldsymbol{x} \mid \boldsymbol{z}) \leqslant M \leqslant \infty)$ 独立地作用于第 $k$ 代种群的每个个体，则当种群规模 $N$ 趋于无穷时，遗传算法的演化过程由具有下述递归密度函数的随机向量序列 $\{x_k\}_{k=0}^{\infty}$ $(x_k \in D)$ 来刻画：

$$g_{x_{k+1}}(\boldsymbol{x}) = \frac{\int_D g_{x_k}(\boldsymbol{y}) f(\boldsymbol{y}) g_{w_k}(\boldsymbol{x} \mid \boldsymbol{y}) \mathrm{d}\boldsymbol{y}}{\int_D g_{x_k}(\boldsymbol{y}) f(\boldsymbol{y}) \mathrm{d}\boldsymbol{y}} \tag{15-13}$$

考虑满足下述条件的可加变异干扰：

$$x_{k+1}^i = x_k^{1i} + w_k^i, \ i = 1, 2, \cdots, N \tag{15-14}$$

这里 $x_k^i = (x_k^{i1}, x_k^{i2}, \cdots, x_k^{iN})$ 为选择算子作用于 $x_k$ 后所产生的中间种群状态。若 $w_k^i$ ($1 \leqslant i \leqslant N$) 是均值为 0 的独立同分布 $m$ 维随机向量，且其共同密度函数为 $g_{w_k}(\cdot)$，则此时可用 $g_{w_k}(x-y)$ 代替式 (15-13) 中的 $g_{w_k}(x|y)$。对于这种情形，有如下保证种群平均适应值单调递增的充分条件。

**定理 15.11** 设目标函数 $f(x)$ 满足 Lipschitz 条件：
$$|f(x) - f(y)| \leqslant L \| x-y \|, \ \forall x, y \in D \tag{15-15}$$
变异密度函数 $g_{w_k}$ 球对称，且其平均半径定义为
$$\bar{r}(k, x) = \int_D \| y-x \| g_{w_k}(y-x) \mathrm{d}y \tag{15-16}$$
则使种群平均适应值单调递增($E[f_{k+1}] \geqslant E[f_k]$，这里 $f_k = f(x_k)$)的充分条件是
$$\int_D f(x) \bar{r}(k, x) g_{w_k}(x) \mathrm{d}x \leqslant \frac{1}{L} \mathrm{var}(f_k) \tag{15-17}$$

可用于分析连续遗传算法的框架与方法均不完善，存在各种限制与不足。目前还没有一个好的方法可用于准确描述连续遗传算法的动态行为，并在不强加任何严格的或人为的条件下给出相应的收敛结果。

### 15.2.4　进化计算的应用[6,78-80]

进化计算是多学科结合与渗透的产物，它已发展成一种自组织、自适应的综合技术，广泛地用在计算机科学、工程技术、管理科学和社会科学等领域。目前，进化计算的研究工作主要集中在以下几个方面：

（1）基础理论。基础理论包括进一步发展进化算法的数学基础，从理论和实验方面研究它们的计算复杂性。在进化算法中，群体规模和遗传算子的选取是非常困难的，同时又是必不可少的实验参数，这方面已有一些具有指导性的实验结果。遗传算法还存在一个过早收敛问题，怎样阻止过早收敛也是人们感兴趣的问题之一。

（2）函数优化。函数优化是进化算法的经典应用领域，也是对进化算法进行评价的常用领域。

（3）组合优化。随着规模的增大，组合优化的搜索空间也急剧扩大。对这类复杂问题，人们往往寻求其满意解，而进化算法是寻求这种满意解的最佳工具之一。实践证明，进化算法对于组合优化中的 NP 完全问题非常有效。

（4）分类系统。分类系统属于基于进化算法的机器学习中的一类，它包括简单的基于串规则的并行生成子系统、规则评价子系统和进化算法子系统。当前，分类系统正被人们越来越多地应用在科学、工程和经济等领域中。例如，规则集的进化能预估公司的利润，能对字母序列进行预测。目前，分类系统是进化算法研究中一个非常活跃的领域。

（5）并行进化算法。进化算法在操作上具有高度的并行性，许多研究人员正在探索在

并行计算机上高效执行进化算法的策略。通过保持多个群体和恰当地控制群体间的相互作用来模拟并行执行过程，即使不使用并行计算机，我们也能提高算法的执行效率。

（6）图像处理。在图像处理（如扫描、特征提取、图像分割等）过程中，不可避免地存在一些误差。这些误差会影响图像处理的效果，如何使这些误差最小是使计算机视觉达到实用化的重要要求。目前进化算法已在模式识别、图像恢复、图像边缘特征提取、图像分割等方面得到了应用。

（7）进化神经网络。进化神经网络包括连接权、网络结构和学习规则的进化。进化算法与神经网络相结合正成功地用于通过时间序列分析来进行财政预算。在这些系统中，训练信号是模糊的，数据是有噪声的，一般很难正确地给出每个执行的定量评价。如果采用进化算法来学习，就能克服这个困难，显著地提高系统的性能。Muhlenbein分析了多层感知器网络的局限性，并猜想下一代神经网络将会是遗传神经网络。

（8）人工生命。自组织能力和自学习能力是人工生命的两大主要特征。基于遗传算法的进化模型是研究人工生命现象的重要理论基础。虽然人工生命的研究处于启蒙阶段，但遗传算法已在其进化模型、学习模型、行为模型、自组织模型等方面显示出了初步的应用能力，并且必将得到更为深入的应用和发展。

# 15.3　协同进化计算

进化作为从生命现象中抽取的重要的自适应机制已被人们所普遍认识和广泛应用，然而现有的进化模型存在一个共同的不足，即未能很好反映出这样一个普遍存在的事实：在大多数情况下，整个系统复杂的自适应进化过程，事实上是构成系统本身的多子系统局部相互作用的协同进化过程，也就是说它是大规模协同动力学系统。这一事实在已有的进化模型中被忽略，且大都基于如下事实：① 适应于环境的适应度函数是事先定义好的，且具有全局性，而真正的适应性应该是局部的，是个体在与环境作斗争的过程中自然形成的，而且随环境的变化而变化；② 已有进化计算模型只考虑到生物之间的竞争，而没有考虑到生物之间协作的可能性，真实的情况是竞争与协作并存，这就是协同进化。已有的生物学证据表明：协同进化能大大加快生物进化的历程。当前人们在这方面的研究工作还相对较少。因此正确反映进化的多样性、协同进化性、自适应性和自组织过程将有助于我们进一步了解进化计算的机理。

## 15.3.1　协同进化的生物学基础

生命自从在地球上诞生以来，就开始了漫长的生物进化历程，低级、简单的生物类型逐渐发展为高级、复杂的生物类型。这一过程已由古生物学、胚胎学和比较解剖学等方面的研究工作所证实。生物进化的原因自古至今有着各种不同的解释，其中被人们广泛接受的是达尔文进化论。达尔文进化论是人类对生物界认识的巨大成就，基本确定和证实了生物的进化过程，使生物学建立在科学的基础上，有力地推动了近代生物学的发展，把人类对自然界的认识引向一个新的时代。

**1. 达尔文进化论及其局限性**

在达尔文进化论的体系中，最主要的是自然选择学说。自然选择学说认为，生物要生存下去，就必须进行生存竞争。在生存竞争中，具有有利变异的个体容易存活下来，并且有更多的机会将有利变异传给后代；具有不利变异的个体容易被淘汰，产生后代的机会也少得多。因此，凡是在生存竞争中获胜的个体都是对环境适应性比较强的。达尔文把这种在生存竞争中适者生存、优胜劣汰的过程称为自然选择。

达尔文进化论是一个伟大的学说，是 19 世纪的三大科学发现之一。它首次勾画出了生命由简单到复杂、由低级向高级发展的图式。然而，伟大学者及其显赫的理论大都会受到历史的局限，达尔文及其进化论也是这样。诚如恩格斯所指出："进化论本身还很年轻，所以，毫无疑问，进一步的探讨将会大大修正现在的包括严格的达尔文主义关于物种进化过程的观念。"由于科学的发展，特别是古生物学、生态学、遗传学和基因工程的飞跃发展，达尔文进化论受到了越来越多的挑战。许多学者对生物进化理论作了进一步探索，从分子水平到群体水平进行研究，把生物进化理论提高到了新的阶段[81]。

1）渐进与跃进

达尔文进化论认为，世界上存在各式各样的生物，都是由共同祖先进化而来的，因而表现出它们的一致性，这就是生物共同起源的理论。达尔文进化论主张，生物个体在长时间的演化中，经过自然选择，其微小的变异积累为显著的变异，于是形成新的物种或新的亚种。达尔文进化论是渐进的理论，一再强调"自然界没有飞跃"。

事实上，30 多亿年的生命演化史上爆发性发展的现象屡见不鲜，自然界和生物界的飞跃也是一个接一个。例如，被美国《纽约时报》列为 20 世纪最惊人的科学发现之一的我国云南澄江动物群，既是世界上目前发现的最古老的、保存最完整的带壳后生动物群，亦是世界上公认的爆发性跃进的进化动物群典型。类似于澄江动物群代表的寒武大爆发那样的跃进的进化现象，在生命演化史上至少还有埃迪亚卡拉大爆发、三叠大爆发、早第三纪大爆发等。

鉴于大量事实，美国科学家埃尔德雷奇和古尔德于 1972 年提出了一个全新的生物进化理论——间断平衡论。该理论指出，生物的进化不像达尔文所强调的那样——连续渐进的进化过程、线性进化模式和缓慢变异积累的新物种形成作用，而是渐进与跃进交替的进化过程、间断平衡的进化模式。该理论较合理地解释了生命演化史上的很多记录，最为重要的一点是指出了生物界的进化不但有渐进，而且有跃进。

2）渐灭与突灭

生物经历了萌生、发展、壮大等过程之后，其最后的归宿是灭亡。生物的灭亡有两种：

一种是达尔文主张的，渐变形成的新种取代了老种，称为常规灭亡；另一种是突变论者主张的，在较短时间内生物整体灭亡。例如，恐龙类动物在白垩纪末期整体突然灭亡，也就是集群性灭绝，有人称之为"生命史上的灾难性事件""进化时钟的逆转"等。

在漫长的生命演化历史上，生物整体性的突然灭亡（简称突灭）时有发生。自距今 5.7 亿年的寒武纪初以来，公认的生物突灭事件有奥陶大灭绝、泥盆大灭绝、二叠大灭绝、白垩大灭绝。例如，在二叠大灭绝事件中，当时仅海洋动物就灭绝了 200 多个科，海洋无脊椎动物约有 700 个属灭绝。

达尔文只承认渐灭，不承认突灭。他在《物种起源》中说："确信通常的世代演替没有一次中断过，没有任何激变曾使整个世界变成荒芜。"20 世纪 50 年代，德国学者兴德沃夫最先提出了"新灾变论"。他认为：在宇宙和地球演化史中，包括生命演化史中，出现过一系列突变和灾变事件，引起突灭；突灭具有突发性、短暂性等特点，且以外因为主，如超新星爆发，小行星或彗星撞击地球，太阳耀斑爆发等。灾变现象普遍存在于事物发展的整个过程中，是宇宙和地球演化、生命演化的一种基本现象，对新事物诞生和旧事物死亡起着主要作用。1972 年，法国数学家托姆总结了从数学上研究生物突灭等现象的成果，提出了著名的突变论。突变论运用拓扑数学对突变现象作了精确描述，从数学上论证了突变形态的发生方式，提出突变是自然界和生物界进化的内在动力之一。由此可见，自然界不单存在着达尔文所主张的渐灭，还存在着达尔文所不承认的突灭。

3）微进化与宏进化

20 世纪 40 年代，美国遗传学家戈德施米提出了宏进化观念。他认为，达尔文主张的通过自然选择积累的微小变异只能在物种范围内进行，即为微进化；对生命演化史而言，有决定性意义的不是微进化，而是宏进化，即通过系统的突变而产生新种、新属，甚至新科。以后的学者多把研究种以下层次的进化称为微进化，把研究种以上层次的进化称为宏进化。

宏进化的模式告诉我们，生物进化不但有达尔文的线性进化方式，还有多种相关线系构成的谱系进化以及非线性进化，即生物不仅有直线性进化，而且有分支性进化，增加了生物种类的歧异度，形成了新属、新科、新目等；不但有前进性进化，而且有非前进性甚至倒退性演化，包括既非前进性亦非倒退性的停滞性演化；不但有达尔文强调的渐变、匀速的进化模式，还有间断的进化模式，认为进化是由快速的跳跃性进化与长期的非匀速的渐进性进化交替构成的；不但有辐射性进化，还有超同性进化、平行性进化；不但有达尔文所看到的种的进化，还有达尔文当时没有认识到的种群进化、群落进化、生态系进化等。

4）生存竞争与协同发展

达尔文在阅读了英国经济学家马尔萨斯 1789 年发表的名著《人口论》后，从中得到了深刻的启示，他认为：自然界的物种是按几何级数进行增殖的，具有巨大的繁殖力，但存活下来的仅占极少数，表明动、植物界存在着十分激烈的生存竞争；在这种竞争下，适者生存，不适者被淘汰。

在自然界，无论是物种内部各个个体之间，还是各个不同物种之间，以及物种与环境之间，确实存在着生存竞争问题。但是，生态学研究不断深入，20世纪60年代以来生态系统的成果告诉人们：在自然界，任何物种、个体、种群、群落都处于一定的生态系统之中，既不存在脱离于生态系统的孤立物种、个体、种群、群落，也不存在脱离于生物物种、个体、种群、群落的生态系统。生态系统内生物个体、物种、种群、群落的内部，以及它们之间，它们与环境的关系，是既有竞争又有协同的。

1976年，德国学者哈肯创立了协同论。协同论描述了系统进化过程中内部要素及其相互之间的协同行为，并指出这种协同行为是系统进化的必要条件。协同论的核心是中国古代的"相生相克"理论，即一些生物个体、物种、种群、群落的进化与另一些生物个体、物种、种群、群落的进化相互之间是相生相克的关系，既相互竞争、制约，又相互协同、受益。它们之间通过生存竞争，各自夺取所需资源，求得自身的生存和发展，又通过协同，相互利用、共同生存、节约资源，求得生态系统的生存平衡和持续发展。

**2. 协同进化论**

达尔文进化论过分强调生存竞争（主要是繁殖过剩所引起的种内竞争），而忽略了生物其他方面的种种联系，显然具有片面性。达尔文把繁殖过剩所引起的生存竞争当作生物进化的主要动力。在他看来，没有这类竞争，生物就不可能实现性状分支并最终出现新物种。显然，这是不恰当的。其实，没有繁殖过剩，物种也会变异，变异的原因是多种多样的。大量事实说明，变异与遗传的交互作用才能决定生物进化的全过程。此外，达尔文把关于获得性状遗传（拉马克提出）和泛生说的假说作为一个普遍规律，这一直得不到现代科学的支持[82]。

近40年来，生物学上兴起了另一个重要理论，就是生物多样性协同进化论。该理论已成为生态学的基础理论，并引用到人类社会而成为持续发展概念的基础。应用生物多样性协同进化论研究生物进化和环境保护，以及指导人类的社会行为，要比达尔文以生存竞争为中心的进化论进步且积极得多。

1）定义

协同进化（coevolution）一词最早是由 Ehrlich 和 Raven 在讨论植物和植食昆虫（蝴蝶）相互之间的进化影响时提出来的[83]，但他们未给协同进化下定义。后来，Jazen 给协同进化下了一个严格的定义[84]：协同进化是一个物种的性状作为对另一个物种性状的反应而进化，而后一物种的这一性状本身又作为对前一物种性状的反应而进化。这一定义要求：特定性——每一个性状的进化都是由于另一个性状；相互性——两个性状都必须进化。更严格的定义还要求同时性，即两个性状必须同时进化。但在协同进化是扩散型时，就不具备同时性的标准，在这种情况下，协同进化只表明了物种对生物环境特征的适应。协同进化在最广义上可等价于进化。

2）内容

协同进化的研究内容极为广泛[84-85]，主要包括：

（1）竞争物种间的协同进化。

（2）捕食者与猎物系统间的协同进化。

（3）寄生物与寄主系统间的协同进化。

（4）拟态的协同进化。

（5）互利作用的协同进化。

竞争物种间的协同进化指的是生活在同一地区的两个物种，由于利用相同的资源，导致每一个物种的数量下降，即两种群彼此发生有害影响。捕食者与猎物系统间的协同进化指的是一个物种的成员以另一物种成员为食，被捕食者常常被杀死。寄生物与寄主系统间的协同进化指的是生活在另一种动物体表或体内并以它为食的动物是寄生物，被寄生的是寄主。拟态的协同进化指的是某些动物在形状、色泽、斑纹等外表特性上与其他生物或非生物相似的现象。

从广义的概念来理解，协同进化指生物与生物、生物与环境之间在进化过程中的某种依存关系，因此可以从分子水平、细胞水平、个体水平、种群水平和生态系统水平上对协同进化进行研究。在自然生态系统中，种群关系上的协同进化现象非常普遍。在长期进化过程中，相互作用的种群间从单方的依赖性发展为双方的依赖关系，种群间互为不可缺少的生存条件，在长期进化过程中相互依赖、相互调节并协同进化。

3）生物多样性

承认生物多样性是认识协同进化论的前提和出发点。生物多样性（biodiversity）是一个地区或整个地球所有生物物种和它们拥有的遗传基因及它们所构成的生态系统的丰富度的总称。简而言之，生物多样性是一定范围内物种及其基因和生态系统的总和。生物多样性通常包括遗传（基因）多样性、物种多样性和生态系统多样性 3 个层次，这 3 个层次描述了生命系统迥然不同的 3 个方面。

（1）遗传多样性是指种内基因的变化。

（2）物种多样性是指一地区内物种的变化。

（3）生态系统多样性是指系统组分、结构和功能的多样性。

协同进化论与达尔文进化论不同，认为某些生物种属的进化与另一些生物种属的进化相互关联、相互受益，既表现为不同物种、不同个体之间的相互受益，也表现为不同物种、不同个体之间的相互制约。协同进化基于生物多样性的相互依赖、相互制约、相互得益、相互协调。

## 15.3.2 协同进化的动力学描述

由生态学研究可知，进化的基本单位是个体或种群[86-88]。种群是指在特定时间内，由分布到同一区域的许多同种生物个体自然组成的生物系统。种群具有共同的基因库(gene pool)，彼此之间能够进行交配并产生有生殖能力的后代。因此种群是种族生存的前提，是系统发展的结果。协同进化动力学系统是在种群的基础上讨论的。

**1. 种间竞争的协同进化动力学**

在一定生态环境中的种群，其进化不仅受到自身适应度的影响，还受到环境和其他种群相互竞争的影响。如果不考虑种群间的相互作用，则可以用下面的 Logistic 方程来描述种群增长与环境间的动力学特征：

$$\frac{\mathrm{d}N}{\mathrm{d}t} = rN\left(1 - \frac{N}{K}\right) \tag{15-18}$$

其中，$K$ 表示环境负荷量，$r$ 表示种群个体增长率，$N$ 是种群的大小。这是一个单一种群的增长情况，它只考虑了种内竞争，即种群内部每增加一个个体，对种群本身增长的抑制作用为 $1/K$。

以 Logistic 方程为基础，进一步考虑种群间竞争的协同进化关系。假设有两个相互竞争的种群 $P_1$ 和 $P_2$，它们都利用同一资源。式(15-18)可以改成如下方程来表示每个种群的增长：

$$\begin{cases} \dfrac{\mathrm{d}N_1}{\mathrm{d}t} = r_1 N_1\left(1 - \dfrac{N_1}{K_1} - \dfrac{\alpha_{21} N_2}{K_1}\right) \\[2mm] \dfrac{\mathrm{d}N_2}{\mathrm{d}t} = r_2 N_2\left(1 - \dfrac{N_2}{K_2} - \dfrac{\alpha_{12} N_1}{K_2}\right) \end{cases} \tag{15-19}$$

其中，$K_1$ 和 $K_2$ 分别表示在没有竞争的情况下种群 $P_1$ 和 $P_2$ 的环境负荷量；$r_1$ 和 $r_2$ 分别表示种群 $P_1$ 和 $P_2$ 个体的最大瞬时增长率；$N_1$ 和 $N_2$ 分别表示种群 $P_1$ 和 $P_2$ 的大小；$\alpha_{12}$ 和 $\alpha_{21}$ 是竞争系数，$\alpha_{ij}$ 表示种群 $P_i$ 的每个个体对种群 $P_j$ 的竞争抑制作用。

由式(15-19)可知，种间竞争的结果主要取决于双方的竞争抑制系数 $\alpha_{12}$ 和 $\alpha_{21}$ 的大小及 $K$ 值的相对大小。表 15.1 给出了两种群之间竞争可能产生的四种结果。

**表 15.1 两种群之间竞争的四种结果与 $\alpha_{12}$、$\alpha_{21}$、$K$ 的关系**

| 种群 $P_1$ | 种群 $P_2$ | 竞 争 结 果 |
|---|---|---|
| $K_1 > K_2/\alpha_{12}$ | $K_2 < K_1/\alpha_{21}$ | $P_1$ 胜，$P_2$ 灭亡 |
| $K_1 < K_2/\alpha_{12}$ | $K_2 > K_1/\alpha_{21}$ | $P_2$ 胜，$P_1$ 灭亡 |
| $K_1 < K_2/\alpha_{12}$ | $K_2 < K_1/\alpha_{21}$ | 稳定平衡，$P_1$ 和 $P_2$ 共存 |
| $K_1 > K_2/\alpha_{12}$ | $K_2 > K_1/\alpha_{21}$ | 不稳定平衡，各有获胜可能 |

对于一个由 $n$ 个不同种群组成的群落，式(15-19)可改写成如下形式：

$$\frac{\mathrm{d}N_i}{\mathrm{d}t} = r_i N_i\left(1 - \frac{N_i}{K_i} - \sum_{j=1,\, j \neq i}^{n} \frac{\alpha_{ji} N_j}{K_i}\right) \tag{15-20}$$

### 2. 捕食者与猎物系统间的协同进化动力学

目前，已经有许多数学模型用来描述捕食者和猎物系统的动力学行为，其中著名的 Lotka-Volterra 模型是一个较简单且具有价值的模型。它有两个主要变量，即捕食者的种群大小 $P$ 和猎物的种群大小 $N$。假设对于猎物，在没有捕食者的情况下，猎物的种群呈指数增长：

$$\frac{\mathrm{d}N}{\mathrm{d}t} = r_1 N \tag{15-21}$$

另一方面，当捕食者找不到猎物时，它将面临饥饿甚至死亡。假设这种饥饿过程将导致捕食者种群呈指数下降：

$$\frac{\mathrm{d}P}{\mathrm{d}t} = -r_2 P \tag{15-22}$$

如果捕食者和猎物共存于一个有限的空间，那么猎物的种群增长率就会随着捕食者的增长而降低。根据这个原理，式(15-21)可以改写为

$$\frac{\mathrm{d}N}{\mathrm{d}t} = (r_1 - \varepsilon P) N \tag{15-23}$$

其中，$\varepsilon$ 是猎物所受到的被食的压力常数，$\varepsilon$ 越大，表示猎物所受的压力越大，$\varepsilon = 0$ 表示猎物完全不受捕食者的影响。

同样，捕食者种群的增长率也受到猎物种群密度的影响：

$$\frac{\mathrm{d}P}{\mathrm{d}t} = (-r_2 + \theta N) P \tag{15-24}$$

其中，$\theta$ 是捕食者捕杀猎物的效率常数，$\theta$ 越大，捕食效率就越大，捕食者种群的增长也就越快。

## 15.3.3　协同进化算法的发展现状

虽然进化算法较传统的方法具有巨大的优越性，但也存在着一些不足之处：首先，适应度函数是预先定义好的，而真正的适应性应该是局部的，是个体在与环境作生存竞争时自然形成的且随着环境的变化而变化；其次，进化算法只考虑了生物之间的竞争，而没有考虑生物之间协作的可能性，真实情况是竞争与协作并存，即协同进化。

协同进化算法是近十几年来在协同进化论的基础上提出的一类新的进化算法。该算法与进化算法的区别在于：协同进化算法在进化算法的基础上，考虑了种群与环境之间、种群与种群之间在进化过程中的协调。虽然在这方面的研究起步较晚，但由于协同进化算法的优越性，越来越多的学者对此进行了研究。目前协同进化算法已成为当前进化计算的一个热点问题。

根据算法采用的生物模型不同，协同进化算法可分为以下几类：

### 1. 基于种群间竞争机制的协同进化算法

这类算法把种群分成几个子种群，这几个子种群处于竞争关系，同时又存在合作行为。种群间通过个体的迁移来达到信息交换的目的。

并行遗传（进化）算法是一种最简单的协同进化算法，它包括三种模型：踏脚石模型[25,89-91]、粗粒度模型[92-93]和细粒度模型[94-97]。这三种模型都是通过种群间个体的迁移等来达到信息交换的目的的，从而实现各种群的协同进化。但这种协同进化并没有考虑种群间的差异，即每个种群的竞争系数都为1，定期或不定期进行信息交换。

Tahk 和 Sun 提出采用协同进化增广 Lagrangian 方法来求解约束优化问题[98]。这种方法首先把约束优化问题转化为一个 Lagrangian 问题，因而优化问题的最优值问题变成寻找 Lagrangian 问题的鞍点。同时采用协同进化算法求解这个 Lagrangian 问题。采用的协同进化思想是：基于博弈的观点，用两个同时进化的种群表示相互对立的目标函数和约束，这两个对立种群就是静态二人零和博弈的两个局中人。每个种群有各自的进化过程，并且都会最优化各自的报酬；种群中的每个个体表示局中人的一个策略；两个种群中的所有个体定义了一个有限维的近似零和矩阵博弈。进化过程使得每个种群在鞍点附近的个体密度逐渐增加，对每个种群适应度的评估是依据均衡策略进行的。如果原问题有解，则总可以构造出增广 Lagrangian 函数，使之至少存在一个局部鞍点。当仅有一个局部鞍点时，它就是全局鞍点。如果存在多个局部鞍点，则协同进化会收敛到其中一个局部鞍点。关志华等人将上述算法用于求解多目标优化问题[99]，这种算法首先采用 $\varepsilon$-约束方法对多目标优化问题进行处理，使其转化为一个单目标带约束的优化问题，然后采用协同进化方法对约束优化问题进行求解。

曹先彬、郑浩然等人[87,100-102]提出了基于生态竞争模型的协同进化算法。该算法把种群分成若干子种群，在每次迭代中依次进行进化和协同过程，其中进化过程采用遗传算法的操作方法，协同过程通过种群竞争方程计算种群密度，并根据计算出的种群密度调整各个子群的规模，从而实现根据适应度的情况动态地调整各个模式在种群中比例的目的。

### 2. 基于捕食-猎物机制的协同进化算法

捕食-猎物机制是遭受选择压力时个体间的一种反馈机制，这种反馈机制为系统走向复杂提供了有力的驱动。猎物为了尽可能不被猎食，通过发展某些手段（如跑得更快，伪装得更好等）更好地保护自己，但同时导致捕食者发展更好的袭击策略。这种协同进化过程导致捕食者和猎物之间的复杂性逐步增加。

Hillis 第一个把基于捕食-猎物机制的协同进化算法作为计算模型进行研究，并把这一类算法称为协同进化遗传算法（Coevolutionary Genetic Algorithm，CGA）[103]。文献[104]和[105]在上述方法的基础上给出了两个应用：神经网络分类问题和约束满足问题。这两个例子都利用捕食-猎物机制增强智能搜索的能力，并与传统遗传算法进行了性能比较。

Paredis 提出了一个采用生命期限适应度评价(Life-Time Fitness Evaluation)的协同进化遗传算法[33]，用于一类"test-solution"问题(包括归纳学习、约束满足问题)。这种算法有两个种群：候选解种群和测试种群。前者是问题的解，后者是事例或约束条件。候选解种群的个体适应度等于最近 20 个事例中它满足的个数，而测试种群的个体适应度等于最近 20 个个体中个体不满足它的个数。因此候选解种群内个体与测试种群内个体具有相反的适应度，它们之间构成了一个捕食-猎物系统。协同进化遗传算法作用在这两个具有相互作用的种群上。一般情况下，可以对候选解种群进行进化，也可以对两个种群都进行进化。

**3. 基于共生机制的协同进化算法**

这类算法把问题分解为几个子问题，每个子问题对应一个种群，并且每一个种群用一个进化算法来进化。面对一个待解问题，每一个进化个体只对应问题的部分解，由不同种群个体构成的一个共生体对应问题的一个完整解。不同算法的区别在于个体适应度的计算方法不同。

Potter 和 De Jong 提出了用于函数优化问题的协同进化遗传算法(Cooperative Coevolutionary Genetic Algorithm, CCGA)[31-32, 106-107]。考虑一个具有 $N$ 个变量的待优化函数，CCGA 对每个变量维持一个种群，并用传统遗传算法对每个种群进行优化。由于各个种群的单个个体只是部分解，因此进行个体适应度的计算时需要从各个种群中选出个体构成问题的一个完整解来赋值。在 CCGA 中，初始化时个体适应度等于这个个体与从其他种群中随机抽出一个个体构成问题的一个完整解的适应度；在进化过程中，个体的适应度等于这个个体与其他种群内最优的个体构成问题的一个完整解的适应度。这种方法比较简单，其缺点是只能获得一个贪婪解。

郑浩然等提出了多模式共生进化算法(Multi-pattern Symbiotic Evolutionary Algorithm, MSEA)[108]。该算法与 CCGA 的不同之处在于：① MSEA 把优化函数变量分成几组，称为模式，各个模式采用不同的进化方式；② 个体适应度的计算方法不同，对于某个种群内的个体 $a$，MSEA 首先从各个种群随机选取 $n$ 个个体与 $a$ 组成 $n$ 个完整解，然后计算这 $n$ 个完整解的适应度，把这些解的适应度的平均值作为个体 $a$ 的适应度。该算法虽然能够克服 CCGA 的缺点，但计算个体适应度的工作量较大。

Seredynski 针对 $N$ 人博弈问题提出了协同进化多智能体系统模型[109-110]。由于采用非合作策略不能使系统到达 Nash 平衡点时同时获得最大报酬，因此 Seredynski 提出了局部合作算子，个体的适应度等于其邻域内所有个体适应度的平均。同时证明了这种局部合作算子能够把最大化收益点转变成 Nash 平衡点。在这个模型的基础上，Seredynski 又提出了松散连接遗传算法[111-112]。该算法把问题分成几个子问题，每个子问题维持一个种群，个体的适应度等于相邻个体适应度和的平均值。同时将局部合作算子用于信用度分配机制，提出了松散连接分类系统。

Kim 等人提出了一个网格上的共生进化算法[113]。这种算法有三个种群：Pop-A、Pop-B 和 Pop-AB。Pop-A 和 Pop-B 中的个体各自包含问题的一部分解，而 Pop-AB 的个体是问题的一个完整解。Pop-AB 中的个体与 Pop-A、Pop-B 中的个体是竞争关系，同时 Pop-AB 可以独自进化。该算法把种群 Pop-A 和 Pop-B 的局部优化和 Pop-AB 的全局优化结合起来以提高算法的搜索效率。

**4. 其他类型的协同进化算法**

根据病毒进化理论，病毒具有一种特有的感染功能，它能获得一个个体的染色体基因，并且感染给另一个个体，使得该个体的部分染色体基因发生相应的变化，从而改变该个体的遗传信息。Kubota 等提出了基于病毒协同进化理论的遗传算法（Virus co-Evolution Genetic Algorithm，VEGA）[114-117]，并成功地用于求解旅行商问题、背包问题等。VEGA 在进化计算过程中会产生两个群体：主群体和病毒群体。主群体对应问题的解空间，进行遗传操作，实施解空间的全局搜索。病毒群体进行病毒感染操作，在同代个体之间横向传递进化基因，实施解空间的局部搜索。VEGA 将主群体的全局进化和病毒群体的局部进化进行动态结合，从而快速得到问题的全局近似最优解。胡仕成等人针对次序约束和资源约束的多模式项目调度问题提出了一种病毒协同进化遗传算法[118]，并提出了解的编码、选择、交叉、变异和病毒感染等操作。

# 15.4 复杂适应系统

## 15.4.1 复杂适应系统

目前，系统科学的研究正处于从无生命系统研究到有生命系统研究转变，从工程技术领域到社会科学、生命科学领域转变的时期。300 多年以来，近现代科学的研究主要致力于理解系统的物质结构，这使得物理学成为科学的主宰，同时也取得了巨大的成就。而在 21 世纪，人们倾向于认为科学的最基本的改变将是信息代替物质，也就是从关注系统的物质组成转变到关注系统的信息或功能特征，即从研究"它们是什么"的问题转变到关注"它们做什么"的问题。现在复杂性科学正做着这种开拓性的研究[119-120]。

复杂性科学是 20 世纪 80 年代兴起的一个研究领域，是主要研究复杂系统和复杂性的科学。复杂性往往指一些特殊系统所具有的现象，这些系统由很多相互作用的部分（即子系统）组成，这些子系统间通过某种目前尚不清楚的自组织过程而变得比处于某个环境中的热力学平衡态的系统更加有序，更有信息量；整个系统具有完全不同于子系统的也不能通过子系统的性质来预测的突现（emergent）特性。认识复杂性有两个关键点：一是复杂性是从属于某个系统的内禀性质或特征；二是这个性质是突现的，是自组织过程的结果。因此复杂性离不开系统，而且不是在任何一个系统中都可以讨论复杂性的。我国学者提炼出的开放的复杂巨系统所描述的系统就具有这样一些性质。开放的复杂巨系统主要包括具有相互依存关系的社会、地理和生态环境系统，错综复杂的社会系统、人体系统、人脑系统等。

复杂系统及其复杂性的研究引起了一大批科学家的广泛兴趣。虽然各个学科领域的研究者都对这个领域进行了大量的研究，并取得了很大进展，但尚未形成一个统一的理论体系，没有提出一个明确的研究框架[8, 121-124]。在复杂性产生机理的研究方面，Santa Fe Institute（简称 SFI）的 Holland 做出了重大贡献。他在复杂系统的研究中发现了一大类系统都是由并行的、相互作用的智能体（agent）组成的网络，并把这类系统叫作复杂适应系统（Complex Adaptive System，CAS）[8]。这类系统包括人脑、免疫系统、生态系统、细胞、蚂蚁群以及人类社会中的政党、组织等。

复杂适应系统的基本思想是：系统中的个体（元素）被称为智能体，即具有自身目的性与主动性，有活力（active）和适应性的个体，智能体可以在持续不断地与环境以及其他智能体的交互作用中学习和积累经验，并且根据学到的经验改变自身的结构和行为方式。正是这种主动性和智能体与环境及其他智能体的相互作用不断改变着它们自身，改变着环境，也成为系统发展和进化的基本动力。整个系统的演变或进化，包括新层次的产生、分化，多样性的出现，新的聚合而成的更大的智能体的出现等，都是在这个基础上派生出来的。复杂适应系统理论的基本思想认为，复杂适应系统的复杂性就起源于其中智能体的适应性。

Holland 从可操作的、进化的、自适应的角度研究了复杂自适应系统后，总结出了它的 7 个基本特征：

（1）聚集（aggregation）：指系统有把相似的物体聚集成范畴，把它们当成一个整体进行处理的功能，也指由不太复杂的智能体间的聚集相互作用呈现出的复杂大尺度行为。

（2）标识（tagging）：指在智能体间用标签的方法实现有选择性的相互作用以实现聚集的机制。

（3）非线性（nonlinearity）：指智能体间相互作用的非线性特征及其所引起的更加复杂的行为。

（4）流（flows）：指通过相互作用形成的网络之间的各种流动。流有两个重要性质：一个是多重效应，指的是从某个节点输入的资源通过在网络中的传输可以产生一系列变化；另一个性质是再循环效应，指的是资源在网络中循环形成的效应。

（5）多样性（diversity）：指智能体的多样性以及它们与环境之间的相依性。

（6）内部模型（internal models）：指智能体的预估能力来源于它们运用自己内部模型的能力。

（7）积木块（building blocks）：指智能体用以组成内部模型的一些具有进化特性的可以重复使用的部件。

Holland 就是利用这些基本特征从不同角度揭示了复杂系统的各种信息特征和功能特征，并由此开发了一个计算机模拟系统 ECHO 来讨论这样一种特殊的复杂适应系统。

## 15.4.2 复杂适应系统的适应性与生物进化过程[7-8]

复杂适应系统是一类具有代表性的复杂系统，其最重要的特征就是适应性。按照 Holland 的定义，系统的适应性就是在环境的作用下系统结构不断改变的过程。系统的结构构成了发生适应行为和完成适应过程的基础，而系统结构的改变是通过适应计划或者适应策略进行的。在系统适应过程的不同阶段，适应策略往往需要采用合适的方法或者手段进行调整。比如，在生物遗传过程中，生物细胞核中的染色体是系统的结构，染色体的变异和重组就是适应计划。不同的适应方法导致了不一样的系统结构变化序列，因此构成了不同的适应过程。

在特定的环境 $E$ 下，不同结构的系统 $A$ 表现出不同的适应性（或强或弱），一般采用适应性测度函数 $\mu_E(A)$ 表示。同时，相同结构的系统在不同适应计划 $\tau$ 的作用下，也会表现出不同的适应性。对于不同的物理系统，系统对环境的适应性也具有不同的含义。比如，生物体系统的适应性表现为生物体在特定环境下的生存能力。随着环境的改变和系统结构的变化，适应性测度函数 $\mu_E(A)$ 也需要进行改进，这称为适应性测度的适应性。若适应性测度函数的整体为 $Y$，则特定环境下结构测度 $\mu_E(A)$ 是 $Y$ 的一个具体形式，即 $\mu_E(A) \in Y$。由于在系统的适应过程中，我们并不知道最佳的结构，并且存在着环境信息的不完备性，因此需要测试多个系统结构。所以系统的适应过程往往采用一种结构群体，称为个体（特定结构的系统，individual）群体（population）。若可以测试的整体结构为 $\mathscr{A}$，则特定结构 $A$ 是 $\mathscr{A}$ 的一个具体形式，即 $A \in \mathscr{A}$。

对于开放的复杂系统，环境也在不断变化。在系统整个适应过程中，特定时间阶段 $t$ 的环境 $E(t)$ 是整体环境 $\mathscr{E}$ 中的一个特定形式或状态，即 $E(t) \in \mathscr{E}$。在 $E(t)$ 下适应性好的系统结构，在 $E(t+1)$ 下可能变得很差，或者其他系统结构会产生很好的适应性。

同样，适应计划在系统的整个适应过程中也需要随着环境的变化不断改变，即适应计划的适应性。在环境 $E$ 下，当某种系统结构 $A$ 表现出良好的适应性时，适应计划 $\tau$ 应当在原来的基础上加强该结构，以便进一步提高其适应性。当某种系统结构 $A'$ 表现出较差的适应性时，适应计划 $\tau'$ 应当对该结构进行较大的调整，或者选择其他适应性更好的结构。从另一个角度来讲，在环境 $E$ 下有效的适应计划，在环境 $E'$ 下未必仍然有效，需要重新确定或调整适应计划。因此，适应计划的适应性需要综合考虑系统环境、系统结构、适应性测度、适应过程的历史信息等因素。在整体环境 $\mathscr{E}$ 中，在整体结构 $\mathscr{A}$ 上，在适应性测度函数整体 $Y$ 下，可以采用的适应计划整体表示为 $\theta$，则在特定环境 $E$ 中，对于某种系统结构 $A$，采用适应性测度函数 $\mu_E(A)$，相应的具体适应计划 $\tau \in \theta$。

在不断变化的环境中，采用适应计划逐步改变系统结构，形成了在整个结构空间上的一条适应过程轨迹。显然，不同的环境变化将导致不同的系统结构适应过程轨迹。同时，适应计划的适应性也影响着该轨迹的变化。那么从系统适应过程来讲，系统结构能否很好地完成特定环境变化下的适应过程，与系统结构的表示形式、适应性测度函数和适应计划等有着直接的关系。在某种情形下，可能出现适应过程的困难局面。比如，整体结构 $\mathscr{A}$ 的空间为无穷大或者非常大，测试全部结构或有意义的结构将花费太多计算时间；系统结构 $A$ 非常复杂，难以确定其中哪些子结构或组成部分对系统的适应性有重要影响；适应性测度函数 $\mu_E(A)$ 是包含大量参数的复杂函数，具有高维、非线性、非可加性、多模态、非连续等性质，并含有随机噪声；适应计划难以适应环境的变化，或者难以确定不同环境下合理的适应计划；对于环境变化提供的信息（包括历史信息），含有误导信息，需要进行必要的识别和过滤处理。由于适应计划是实现系统结构适应性改变的唯一措施，因此设计适应计划是克服适应困难的主要方式。

生物体系统是一个典型的复杂适应系统。为了清晰地描述复杂适应系统的适应性，我们以生物体的进化过程为例进行具体分析。按照遗传学的基本理论，生物体的物理特性由包含在细胞核中的染色体（chromosomes）上的基因确定。每位基因有多种状态（也称为等位基因（alleles）），不同基因组合的可能性构成了生物体的多样性。用染色体表示系统结构 $A$，则系统整体结构 $\mathscr{A}$ 的空间将非常大。比如假定染色体长度为 10 000，每个基因具有两个等位基因，则结构空间 $\mathscr{A}$ 将包含 $2^{10\,000}$ 种潜在的结构形式。即使采用 $10^{10}$ 个生物个体构成的群体进行适应性测试也只能完成 $\mathscr{A}$ 中很微小的一部分。

某一物种存在的大量的遗传结构（称为基因型，genotypes）表明了该物种对环境适应过程的复杂性。最基本的复杂性来自于染色体上基因的交互关系。一组基因的等位基因对生物体性状（称为表现型，phenotypes）的影响是一种非可加性的关系。如果生物体的物理性状取决于某些基因的等位基因的特定组合，我们就称这种现象为基因关联效应（epistasis）。由于基因关联效应的存在，我们不能测量单个基因的形态对生物体适应性的影响程度。所以我们不可能独立地选择和确定单个基因的等位基因，而不考虑其他基因的等位基因。因此，在关于生物体进化过程的系统适应性分析中，当系统结构的改变呈现为基因关联时，适应计划单纯地改变系统结构的单个基因将不会产生良好的适应行为。实际上，适应计划需要测试不同的等位基因构成的系统结构的适应性，探索构成特定关联关系的等位基因模式，即包含特定元素的系统结构，才能完成系统的适应过程。所以，制订合适的适应计划将是一件非常复杂的事情，系统欲实现对环境的良好适应性将面临巨大的困难。Holland 关于基因关联的描述采用了"模式"（schema）的概念。

在生物体进化过程（系统的适应过程）中，不同的局部生态环境也决定了生物体的多样性。特定基因组合的生成表现为对环境特征的依赖。当环境具有不同的特征时，生物体的基因组合也不一样。这种情形称为局部环境或环境小生境（Environmental Niches），即具有某种特征的子环境，其中生物体表现出特定的物理性状。另外，相同的局部环境也可以产生具有同样良好适应性的不同的基因组合。由于局部环境或小生境的差异性，生物体的物理性状或者基因的表现型也不一样，不同局部环境或小生境下的适应性最好的系统结构也不相同。因此对于各种局部环境或者小生境，需要不同的适应计划来完成相应的系统结构的改变。

自然界生物体的进化过程往往是以生物体群体的形式进行的，单一个体不具备进化行为。适当规模的生物体群体是进化的基础，可以视为生物染色体进行杂交和变异的环境的一部分，适应计划作用于群体，即多个系统结构。同时，生物群体包含的多个个体必须存在差异，否则进化过程也不可能发生。因此，系统的适应过程一般建立在群体之上，一方面克服环境信息的不完备性，另一方面也可以保留适应过程的历史信息。

因此可以说，复杂适应系统的适应过程在本质上是一个优化过程。

### 15.4.3　生物进化过程的数学模型[7-8]

生物体适应环境过程(进化过程)在本质上是一个优化过程。这里试图按照前面的复杂适应系统的适应性的分析内容，建立一套规范的描述适应过程的模型体系。在复杂系统的研究中，一般采用离散时间过程。为了处理方便，不妨设生物进化过程的时间阶段 $t=1$，$2$，$\cdots$，$T$。按照遗传学理论，生物进化过程研究中的时间阶段称为代。借鉴生物体细胞核中染色体的组成，我们将系统结构表示为基因模式——系统结构就是一个长度为 $L$ 的染色体 $A=\langle A_1, A_2, \cdots, A_L\rangle$，第 $i$ 个基因上存在一系列等位基因($A_i=\{a_{i1}, a_{i2}, \cdots, a_{ik_i}\}$，$k_i$ 表示为第 $i$ 位等位基因的数量，$i=1, 2, \cdots, L$)，那么所有等位基因的组合构成了整体结构或者结构空间：

$$\mathscr{A} = A_1 \times A_2 \times \cdots \times A_L = \prod_{i=1}^{L} A_i \tag{15-25}$$

式(15-25)定义的 $\mathscr{A}$ 是可能存在的结构的最大空间，现实中存在的生物染色体或者系统结构一般仅为 $\mathscr{A}$ 的一个真子集。对处于阶段 $t$ 的系统结构 $A(t)$，其环境 $E(t)$ 提供的信息为 $I(t)$，在适应计划 $\tau_t$ 作用下生成新的系统结构：

$$\tau_t: A(t) \times I(t) \rightarrow A(t+1) \tag{15-26}$$

生物体的进化过程不可能隔断历史，生物体的进化和历史过程有着间接的关系，所以在生成新的系统结构时，不仅要考虑现在的环境信息，还要考虑环境变化的历史信息，或者历史上环境提供的信息 $M_E(t)=\langle I(1), I(2), \cdots, I(t-1)\rangle$。因此，式(15-26)可以改写成：

$$\tau_t: A(t) \times I(t) \times M_E(t) \rightarrow A(t+1) \tag{15-27}$$

同时，适应计划应当提供环境历史信息的继承与扬弃的合理处理方式：

$$M_E(t+1) = \tau_t(M_E(t), I(t)) \tag{15-28}$$

适应计划对系统结构的改变可以视为一个随机过程。若对于有限的结构空间，$\mathscr{A}=$

$\{a_1, a_2, \cdots, a_j, a_{j+1}, \cdots, a_N\}$，$N=|\mathcal{A}|$，则当 $A(t)=a_j(j=1, 2, \cdots, N)$时，在适应计划 $\tau_t$ 作用下变为 $A(t+1)=\{a_q \mid q=1, 2, \cdots, N\}$ 的概率为 $P(t) = \{p_{i,q}(t) \mid \sum\limits_{q=1}^{N} p_{i,q} = 1\}$。当 $q=j$ 时表示未发生改变。式(15-27)可以写为

$$\tau_t: A(t) \times I(t) \times M_E(t) \to P(t+1) \tag{15-29}$$

关于系统结构 $A(t)$ 对环境 $E(t)$ 的适应性测度，一般采用大于等于0的实数表示，称为支付或者报酬，则

$$\mu_{E,t}: A(t) \times E(t) \to \mathbf{R}^+ \tag{15-30}$$

以式(15-30)为基础，在 $t$ 阶段环境信息可表示为

$$I(t) = \mu_{E,t}(A(t)) \tag{15-31}$$

当环境和系统结构变化时，适应计划也需要进行适应性调整，使得系统结构具有最好的适应性。适应计划的适应性调整应当考虑当前系统结构 $A(t)$、环境 $E(t)$、环境信息 $I(t)$ 和 $M_E(t)$、历史选择 $M_\tau(t)=\langle\tau(1), \tau(2), \cdots, \tau(t-1), \tau(t)\rangle$ 等，一般表示如下：

$$\omega: A(t) \times I(t) \times M_E(t) \to \tau(t+1) \tag{15-32}$$

其中，$\tau(t+1)$ 仍然是适应计划空间 $\theta$ 中的一个具体形式，即 $\tau(t+1) \in \theta$。

$\mu_{E,t}$ 表示阶段 $t$ 系统结构 $A(t)$ 对环境 $E(t)$ 的适应性，也反映了该阶段适应计划的有效性。随着系统结构和环境的变化，适应性测度函数也需要进行调整：

$$\tau_t: \mu_{E,t} \times A(t) \times I(t) \to \mu_{E,t+1} \tag{15-33}$$

其中，$\mu_{E,t+1}$ 仍然是测度函数整体 $Y$ 中的一个具体形式，即 $\mu_{E,t+1} \in Y$。

在整个适应过程中，系统结构的适应性测度表示为

$$U(T) = \sum_{t=1}^{T} \mu_{E,t} \tag{15-34}$$

显然，系统的适应过程与适应计划序列 $M_\tau(T)$ 紧密相关。在适应计划 $M_{\tau_1} = \langle\tau_1(1), \tau_1(2), \cdots, \tau_1(T)\rangle$ 下，整个适应过程的适应性测度表示为

$$U(T, M_{\tau_1}(T)) = \sum_{t=1}^{T} \mu_{E,t}(\tau_1(t)) \tag{15-35}$$

以式(15-29)为基础，考虑到适应过程的随机性，$M_\tau(T)$ 下整个适应性过程的适应性测度为

$$U(T) = \sum_{t=1}^{T} \sum_{j=1}^{N} \mu_{E,t}(a_j) \times p_j(t) = \sum_{t=1}^{T} \bar{\mu}_{E,t} \tag{15-36}$$

其中，$\bar{\mu}_{E,t} = \sum\limits_{j=1}^{N} \mu_{E,t}(a_j) \times p_j(t)$。

不妨设实现适应过程获得最大累计支付的适应计划是最佳的：

$$U^*(T) = \max_{\tau_i \in \theta}\{U(M_{\tau_i}(T))\} \tag{15-37}$$

那么，参考控制理论的有关概念，任何复杂系统的适应计划在 $U(M_{\tau_i}(T))=\langle \tau_i(1), \tau_i(2),$ $\cdots, \tau_i(T)\rangle$ 满足：

$$\lim_{T\to\infty} \frac{U(M_{\tau_i}(T))}{U^*(T)} = 1 \tag{15-38}$$

时，就称为满意适应计划。

对于给定的环境变化 $E_T=\langle E(1), E(2), \cdots, E(T)\rangle$，$E(t)\in\mathscr{E}$，$E_T\in\mathscr{E}$，若

$$\frac{U(M_{\tau_i}(T))}{U^*(T)} \geqslant 1-\alpha \tag{15-39}$$

其中，$\alpha\in[0,1)$ 是一个很小的实数，则称 $U(M_{\tau_i}(T))$ 是一个满意的适应计划。

将上述描述加以汇总，可以得到生物进化过程的数学模型。

给定环境变化的时间阶段 $t=1, 2, \cdots, T$ 和序列 $E_T=\langle E(1), E(2), \cdots, E(T)\rangle$，$E(t)\in\mathscr{E}$，$E_T\in\mathscr{E}$，则系统的适应过程模型为

$$\begin{cases} A(t+1) = \tau_t(A(t), I(t), M_E(t)) \\ M_E(t+1) = \tau_t(M_E(t), I(t)) \\ \mu_E(A(t)) = \mu_{E,t}(A(t), E(t)) \\ I(t) = \mu_{E,t}(A(t)) \\ \mu_{E,t+1} = \tau_t(\mu_{E,t}, A(t), I(t)) \\ \tau(t+1) = \omega(A(t), I(t), M_E(t), M_\tau(t)) \\ U(T) = \sum_{t=1}^{T} \mu_{E,t} \end{cases} \tag{15-40}$$

其中，$A(t)\in\mathscr{A}$，$\tau_t, \tau(t)\in\theta$，$\mu_{E,t}\in Y$，$M_E(t)=\langle I(1), I(2), \cdots, I(t-1)\rangle$，$M_\tau(t)=\langle \tau(1), \tau(2), \cdots, \tau(t)\rangle$。

以上内容是以 Holland 关于复杂适应系统的建模为基础，给出的生物进化过程的一个比较完整的规范描述和数学模型，是遗传算法等进化算法的理论基础和框架。现在所使用的遗传算法的构成和流程仅仅是上述框架的一种形式，目前关于遗传算法的各种改进也可纳入该模型之中。按照生物学上的概念，遗传算法中将适应过程称为进化过程，将适应计划称为进化策略或遗传策略。

需要说明的是，将遗传算法用于传统上的参数优化问题，在缺乏关于问题先验信息的情况下，系统在不同阶段所处的环境 $E(t)$ 不再是一种独立的存在，而与系统结构和适应计划密切相关，即

$$E(t+1) = \tau_t(A(t), I(t), M_E(t)) \tag{15-41}$$

因此，进化过程的搜索能力以及是否能搜索到优化问题的全局最优解，不仅与问题的染色体结构表示方式和整体环境 $\mathscr{E}$（适应值函数曲面）有关，也取决于进化策略的设计与选择。

# 15.5　多智能体系统

迄今为止，在计算的发展历史中有如下五个重要的相联系的发展趋势[125]：

（1）普适。普适是指随着计算所需代价的不断下降，我们可把计算处理能力引入现在看来不经济甚至不可想象的地方或者设备。这种趋势不可避免地会继续下去，使处理能力以及由此而来的某种程度的智能无所不在。

（2）互联。早期的计算机系统是孤立的整体，只能与操作者发生通信，而今天的计算机系统通常是互联的，它们通过网络连接成更大的分布式系统。在未来，分布式系统和并发系统将是商业和工业计算中的标准形式。

（3）智能。智能是指实现更加智能化的系统。这就是说，可以由计算机自动完成和委派完成的任务的复杂性也在不断增加，更好地理解如何建造这样的计算机系统方面也在取得进展，这在不久以前还是难以想象的。

（4）代理。这种趋势是增加计算机代理完成任务的能力。例如，定期让计算机系统代理完成一些有严格安全要求的任务，如驾驶飞机。事实上，在有限控制飞行的飞机中，计算机程序的判断经常依赖于有经验的飞行员，代理则意味着把控制权交给计算机系统。

（5）人性化。人性化是指不断地远离面向机器的程序设计的观点，而向更能反映人类理解世界的方式和概念发展，这一趋势在我们与计算机交互的每个方面都表现得很明显。

这些趋势是对软件开发者的重要挑战。对于普适和互联的问题，尚不清楚什么样的技术可以用来建立具有普适的处理能力的系统。现在的软件开发模型已被证明不适合处理多台处理器的问题，即使台数不多。那么当涉及 $10^{10}$ 个处理器系统的时候，需要什么样的技术呢？代理和智能增加的趋势意味着可以建造更有效地为人类工作的计算机系统。这隐含着两种能力：一是系统的独立操作能力，不需要人的干预；二是当要求与人和其他系统交互时，计算机系统能按照用户利益最大的方式工作。

所有这些发展趋势导致了一个新的领域的出现，这就是多智能体系统（Multi-Agent System，MAS）。

## 15.5.1　智能体的基本概念

智能体（agent）的概念最早是由美国的 Minsky 在 *Society of Mind* 一书中提出的。它用来描述一个具有自适应、自治能力的硬件、软件或其他实体，其目标是认识与模拟人类智能行为。作为促进人工智能发展的新概念，Hewitt 认为定义 Agent 与定义什么是智能一样困难。大多数研究者普遍认可和接受这样一种说法，将智能体看成作用于某一特定环境的具有一定生命周期的计算实体。它具备自身的特性，能够感知周围的环境，自治地运行，并能够影响和改变环境。1987 年，Bratman 提出了一种描述智能体基本特性的 BDI 模型。

他认为，一个智能体包含三种基本状态，即信念（belief）、期望（desire）和意图（intention），分别代表其拥有的知识、能力和要达到的目标。所有智能体的自主行为，都是基于它的三个基本状态而通过与环境之间以及智能体相互之间的交互来完成的。

对于 Agent 的中文名称，早期有人根据英文直译过来称为"代理"，显然过于牵强，不能反映原研究者的意图和 Agent 作为智能个体的思想。目前常用的比较恰当的描述是将 Agent 称为"智能体"，这一名称被广大国内研究者接受。另外，少数人称之为"自治体"或"自主体"，强调了 Agent 的自治特性。

**1. 智能体**

**定义 15.19** 智能体是一个物理的或抽象的实体，它能作用于自身和环境，并能对环境作出反应[126]。

一般来说，智能体具有知识、目标和能力。知识指的是智能体关于它所处的世界或它所要求解的问题的描述；目标是指智能体所采取的一切行为都是面向目标的；能力是指智能体具有推理、决策、规划和控制能力。

智能体的学科范畴包括计算机科学与技术、人工生命、人工智能。在问题求解这个目标上，由于人工生命也是对具有 NP 特性的对象进行操作，该问题也是人工智能一直讨论的问题，因此从工程应用角度来看，它也属于智能信号处理的一种手段。就目前的机器建造水平来看，实现人工生命的方式基本上仍为计算机系统，包括硬件和软件，这样其技术仍属于计算机科学与技术的范畴。

图 15.1 给出了一个智能体的抽象视图。从这个框图中可以看到，智能体为了影响其环境会产生动作输出。在复杂性适度的环境中，智能体不能完全控制自己的环境，最多只能部分控制，即对环境产生影响。从智能体的视图角度来说，这意味着在相同的环境中同一个动作执行两次可能会产生完全不同的效果。

图 15.1 环境中的智能体（智能体接受从环境中感知的输入，产生输出动作并作用于环境。这种交互通常是一个连续不断的过程）

智能体作为独立的智能实体，必须具有广泛的智能品质，其行为显著地反映了其智能特性。处在特定环境下的智能体应该具备如下特性：

（1）自主性：一个智能体应具有独立的仅限于自身的知识和知识处理方法，在自身的有限计算资源和行为控制机制下，能够在没有人类和其他智能体的直接干涉和指导的情况下持续运行，以特定的方式响应环境的要求和变化，并能根据其内部状态和感知到的环境信息自主决定和控制自身的状态和行为。自主性是智能体区别于其他抽象概念（如过程、对象等）的一个重要特征。

（2）反应性：智能体在感知环境、响应环境的同时，并不只是简单被动地对环境的变化作出反应，它可以表现出受目标驱动的自发行为。智能体的行为是为了实现自身内在的目标。在某些情况下，智能体能够采取主动行为，对周围的环境进行改变，以达到自身目标的实现。

（3）社会性：智能体往往不是独立存在的，如同现实世界中的生物群体一样，在环境中经常有很多智能体同时生存，形成一个社会性的群体。智能体不光能够自主运行，同时具有与外部环境中其他智能体相互协作的能力，而且在遇到冲突时能够通过协调进行冲突消解。

（4）进化性：智能体应具有开放的性质，能够在交互过程中逐步适应环境，自主学习，自主进化，能够随着环境的变化不断扩充自身的知识和能力，提高整个系统的智能化和可靠性。

### 2. 环境

Russell 和 Norvig 根据环境特性对环境进行如下分类[126]：

（1）可观察的与不可观察的。在可观察的环境中，智能体可以获得全部的、准确的、最新的环境状态信息。从这点来说，多数真实世界环境不是可观察的。

（2）确定性的与非确定性的。在确定性的环境中，任何动作都有一个确定的效果，当执行了一个动作以后不会出现状态的不确定性。

（3）静态与动态。静态环境是假定没有智能体执行动作，环境不会发生改变；相反，动态环境是指有其他过程发生作用，因此，会在智能体的控制之外发生变化。物理世界是一个高度动态环境，Internet 就是这样的。

（4）离散的与连续的。如果存在确定的、有限数量的动作并且可在环境中被感知，则环境是离散的。

不难看出，最复杂、最一般的环境类型是不可观察的、不确定性的、动态的和连续的。具有这些特性的环境通常称为开放环境[127]。

### 3. 多智能体系统

定义 15. 20　多智能体系统是由多个可计算的智能体组成的集合。

与单个智能体相比，多智能体系统具有如下特点：

（1）每个智能体仅拥有不完全的信息和问题求解能力。

（2）不存在全局控制。

（3）数据是分散存储和处理的，没有系统级的数据集中处理结构。

（4）计算过程是异步、并发或并行的。

正如人类群体协作的能力要远远大于个体能力一样，多智能体系统具有比单个智能体更高的智能性和更强的问题求解能力。当前智能体领域的研究大都集中在多智能体系统上。多智能体系统中多个智能体可以是模型结构和功能完全相同的智能体，这种多智能体系统称为同构的多智能体系统；多智能体系统也可以由性质和功能完全不同的智能体构成，每个智能体可以有不同的子目标，系统的整体目标在各个子目标的实现过程中被实现，这样的系统称为异构的多智能体系统，现实中的大部分应用系统都是异构的多智能体系统。

## 15.5.2 智能体形式化描述[128]

目前对于 Agent 在各种不同环境下的行为研究一般建立在 Agent 是一个意识系统的基础之上，把 Agent 看作一个统一的整体，不依赖于具体的物理实现就可以得到 Agent 行为的规则和模式[129]。从结构上看，Agent 或包括 Agent 的系统都属于非线性系统。Kiss[130] 利用动力学系统范形为 Agent 的目标、喜好等基本概念给出了一个理论模型，为形式化描述 Agent 提供了理论基础。对于 Agent 内部构造问题，人们尚未充分认识。为了将 Agent 的行为与其内部属性和状态联系起来，在 Agent 逻辑结构的基础上，提出了形式化描述模型，这为进一步研究 Agent 的结构和复杂行为及其内部状态演变过程打下基础。

**1. Agent 的简单形式化模型**

在已有的 Agent 形式化描述中，一般把 Agent 作为一个整体元组，见下面的定义：$\mathrm{Agent}::=\{S_m, A_i\}$，其中 $S_m$ 表示 Agent 的内在精神状态，$A_i$ 表示 Agent 的外部交互行为；$S_m$ 和 $A_i$ 可以进行进一步分解，内在精神状态包括认知、意向、推理、协调、规划和决策等，因此可以定义为 $S_m::=\{C_g, I_t, I_f, C_d, P_i, D_s\}$。同样地，$A_i$ 可以定义为 $A_i::=\{S_p, S_g, S_t, A_s, S_e, E_x, E_f\}$，其中 $S_p$ 表示相空间，$S_g$ 表示 Agent 的外部状态集合，$S_t$ 表示当前知识状态空间。$S_g: S_p \rightarrow S_g$ 表示相空间到状态空间的映射；$S_e: S_g \rightarrow S_t$ 是外部状态到内部知识的感知函数，Agent 由 $S_e$ 通过人机交互和相互通信识别外部状态；$E_x: S_t \rightarrow A_s$ 是动作执行函数，表示 Agent 在当前识别状态下欲采取的行动；$E_f: A_s \times S_g \rightarrow S_g$ 是效用函数，表示 Agent 当前活动的执行所产生的结果状态。

上述模型为形式化描述 Agent 的行为提供了基本方法，但由于模型中没有细化 Agent 的内部结构，因此并不能很好地把 Agent 行为与其内部状态的变化过程联系起来，特别是

模型中的 $S_g$ 和 $A_i$ 没有体现出形式关联性，因而无法确切地体现 Agent 的外部交互行为应与其内在意识、精神状态密切相关这一基本思想。

**2. 慎思型 Agent 的抽象结构**

慎思型 Agent 作为 Agent 的一种模型结构，强调 Agent 针对目标的规划、推理、思考，以体现某种智能特征。慎思型 Agent 的抽象结构从较高层次上对 Agent 的整体结构进行描述，它反映了不同的慎思型 Agent 所具有的共性，是探讨慎思型 Agent 具体实现结构的模型基础。为了表述方便，首先将 Agent 所处的外部环境抽象为 Agent 的外部状态集，用 $S$ 表示。其中 $s(s \in S)$ 表示某时刻 Agent 所处外部环境的状态。这样，慎思型 Agent 的结构可抽象为以下的七元组，Agent$:: = \{A_{id}, P, I, A, see, next, action\}$。其中，$A_{id}$ 为某一具体 Agent 的唯一标识，用于区分不同的 Agent 实体；$P$ 表示 Agent 视觉状态集，$p(p \in P)$ 表示某个外部状态 $s$ 经过 Agent 感知后在 Agent 内部的视觉映像；$I$ 表示 Agent 的内部状态集，$i(i \in I)$ 表示某时刻 Agent 的内部状态，它是 Agent 的某个视觉状态或某段历史的视觉状态在 Agent 内部的综合反应；$A$ 表示 Agent 的行为集，$a(a \in A)$ 表示 Agent 作用于环境的某个具体行为；see、next 和 action 用于刻画 Agent 内部的观察过程、思维过程和行为决策过程，具体表示为下面的三个映射，see：$S \rightarrow P$；next：$I \times P \rightarrow I$；action：$I \times A$。

这样，整个 Agent 的运作流程可以描述为：该 Agent 具有某个初始内部状态 $i_0(i_0 \in I)$，在某时刻，Agent 通过观察外部环境得到视觉状态 $see(s_1)(s_1 \in S)$，将该视觉状态结合此时的内部状态 $i_0$ 进行思考和推理，从而修正内部状态得到 $next(i_0, see(s_1))$，然后根据该修正后的内部状态决定其对环境的行为 $action(next(i_0, see(s_1)))$。

**3. 基于符号逻辑的 Agent 结构**

符号主义是建造人工智能系统的经典思想[131]，具体内容是：以经典逻辑公式表述 Agent 的状态和行为，以一定推理规则下的演绎推理表述 Agent 的思维决策过程，以推理求得的结果公式作为输出动作[132]。定义基于经典符号逻辑的 Agent 结构为如下的八元组：

$$\text{Agent}:: = \{A_{id}, P, I, A, R, see, next, action\} \tag{15-42}$$

其中，$P$、$I$ 和 $A$ 在本结构下通过逻辑公式的方式来实现。令 $L$ 为 Agent 的所有经典符号逻辑的公式集合，记其幂集为 $\gamma(L)$，则有 $P \subseteq \gamma(L)$，$I \subseteq \gamma(L)$ 且 $A \subseteq \gamma(L)$；$R$ 为推理规则序列集，若 $\Re$ 为 Agent 可采用的所有推理规则集，记 $\Re$ 的元素序列集为 $R$，有 $r(r \in R)$ 为某一具体的推理规则序列。同慎思型 Agent 一样，内部行为也由映射 see、next 和 action 来描述。映射 see 的实现方式与系统结构无关，只与 Agent 本身的感觉机制相关。next 的实现方式在本结构下可用如下函数表示：

$$next(i, p) = (i - old(i)) \bigcup new(i, p), \quad i \in I, p \in P \tag{15-43}$$

其中，$old(i)$ 表示求取公式集 $i$ 中的旧公式集；$new(i, p)$ 表示根据公式集 $p$ 求取公式集 $i$ 中的新公式集；$next(i, p)$ 表示从反映 Agent 内部状态的逻辑公式集 $i$ 中删除旧公式集，同时加上新公式集后得到的反映 Agent 新的内部状态的逻辑公式集。

action 是借助于逻辑演绎的推理方式实现的。若某一公式集 $i$ 在某一推理规则序列 $r$ 的作用下有公式 $a(a \in A)$ 成立，记为 $i \xrightarrow{r} a$，则 action 的实现可以表述为：对于 $\forall i \in I$，若 $\exists r \in R$，使 $i \xrightarrow{r} a$，则记 action$(i, r) = a$。

采用纯符号逻辑的 Agent 结构继承了经典逻辑严密的语法和简洁的语义，对 Agent 的描述严谨而且具有体系性。但由于经典逻辑本身的局限性，使得当问题复杂度增加时，描述和推理过程的计算复杂度随之呈指数上升。同时，经典逻辑的表达能力也是有限的，很难对一些复杂的环境状态或信念、意愿等概念建立相应的逻辑表达式，因而在实际中的应用范围有限。

### 4. 基于决策的 Agent 结构

在现实世界中大量实际问题的求解过程实质上是求解方案的搜索、比较与确定的过程，即不断决策的过程[133]。基于决策理论的 Agent 结构正是基于此提出的。

定义基于决策理论的 Agent 结构为如下的十一元组：
$$\text{Agent}_: := \{A_{id}, P, A, R, D_{va}, D_{ar}, \text{Rule}, \text{see}, \text{next}, \text{estimate}, \text{action}\} \tag{15-44}$$

其中，$A_{id}$ 为 Agent 的唯一标识；$P$ 为视觉状态集；$A$ 具体表示为 Agent 所有可能的行动方案构成的集合，则有 $\forall A_{cn} \in \gamma(A)$，$A_{cn}$ 表示某个确定的方案集；$R$ 表示 Agent 所有可能的行动方案对应的所有可能的结果状态所构成的集合，则 $\forall \text{Res} \in \gamma(R)$，Res 表示某个确定的结果状态集；Rule 为具体的决策法则构成的集合；$D_{va}$ 表示视觉状态与方案集的对应规则集，定义为
$$D_{va}_: := \{(c, A_{cn}) \mid c \subseteq P, A_{cn} \in \gamma(A)\} \tag{15-45}$$
式中，$(c, A_{cn})$ 为一有序对，表示某个视觉状态集与某个方案集之间的对应关系；$D_{ar}$ 表示方案集与结果状态集之间的对应关系，定义为
$$D_{ar}_: := \{(A_{cn}, \text{Res}) \mid A_{cn} \subseteq \gamma(A), \text{Res} \subseteq \gamma(R)\} \tag{15-46}$$
其中，$(A_{cn}, \text{Res})$ 为一有序对，表示某个方案集与某个结果状态集之间的对应关系。

Agent 的内部行为表示为下列映射：
$$\begin{cases} \text{see}: & S \rightarrow P \\ \text{next}: & P \rightarrow \gamma(A) \\ \text{estimate}: & \gamma(A) \rightarrow \gamma(R) \\ \text{action}: & \gamma(A) \times \gamma(R) \rightarrow A \end{cases} \tag{15-47}$$

其中，see 定义了 Agent 的感知过程；next 表示根据新视觉状态，结合视觉状态与方案集对应的规则库，确定当前对应的方案集的过程，其实现过程描述为——对给定 $p(p \in P)$，若

$\exists(c, A_{cn}) \in D_{va}$，其中 $p \in c$，则 $A_{cn}$ 为对应方案集；estimate 表示对选定方案集，根据方案与结果状态集的对应规则库，确定可能的结果状态的过程，其实现过程可描述如下——对给定状态 $A_{cn}(A_{cn} \in \gamma(A))$，若对 $\forall a \in A_{cn}$，有 $\exists(A_{cn0}, Res_0) \in D_{ar}$，其中 $a \in A_{cn0}$，则 $\bigcup_a Res_0(a \in A_{cn})$ 为对应结果状态集；action 表示根据某个方案集对应的结果状态集，采用不同的决策法则，从待选方案集中选择一个特定方案的过程。

基于决策理论的 Agent 结构较好地反映了人们求解问题的实际过程，能够在决策理论的指导下综合运用数学、逻辑、人工智能等多种技术加以具体实现。同时，基于决策的结构与反应式 Agent 结构框架有较好的相容性。如果用对于方案结果的估计来表示"信念"，用各个可能结果状态的效用来反映"愿望"，则结合"承诺""意图"等概念可以较好地实现反应式 Agent 的逻辑描述。

### 5. 基于 BDI 框架的 Agent 结构

BDI 框架结构是最早出现的慎思型 Agent 基本结构的重要代表，是将 Agent 作为意识系统的具体体现。BDI 框架产生的根基在于实用推理理论的哲学基础，它模仿了人们为了实现一定的目标而采取一系列行动的过程[134]。简单地说，它是由信念、愿望和意图三个基本概念构成的。其中信念反映了 Agent 的认知特性，愿望反映了 Agent 的感情偏好，Agent 作出承诺的目标形成意图。定义基于 BDI 框架的 Agent 结构为如下的十一元组：

$$\text{Agent} ::= \{A_{id}, P, B, D, I, A, \text{see}, \text{bmp}, \text{opt}, \text{filter}, \text{exe}\} \qquad (15-48)$$

定义 Bel 为 Agent 所有可能的信念构成的集合，则有 $B \in \gamma(\text{Bel})$ 表示某个确定的信念集；定义 Des 为 Agent 所有可能的愿望构成的集合，则有 $D \in \gamma(\text{Des})$ 表示某个确定的愿望集；定义 Int 为 Agent 所有可能的意图构成的集合，则有 $I \in \gamma(\text{Int})$ 表示某个确定的意图集。根据以上定义，元组中 Agent 的内部行为可表示为如下映射：

$$\begin{cases} \text{see：} & S \rightarrow P \\ \text{bmp：} & \gamma(\text{Bel}) \times P \rightarrow \gamma(\text{Bel}) \\ \text{opt：} & \gamma(\text{Bel}) \times \gamma(\text{Int}) \rightarrow \gamma(\text{Des}) \\ \text{filter：} & \gamma(\text{Bel}) \times \gamma(\text{Des}) \times \gamma(\text{Int}) \rightarrow \gamma(\text{Int}) \\ \text{exe：} & \gamma(\text{Int}) \rightarrow A \end{cases} \qquad (15-49)$$

由于 BDI 理论建立在实用推理理论的基础之上，具有深刻的认知心理学和哲学基础，因此据此建立实现 Agent 的结构符合人工智能当前的发展趋势。同时，如何构造 Agent 表达信念、愿望、意图等反映思维状态的概念并合理完成相应的推理转化还有很大的困难。要真正实现基于 BDI 框架的成熟的 Agent 模型，就必须在完善 BDI 形式化研究的同时，结合实际应用背景和应用目的，综合逻辑推理、决策理论以及其他理论研究成果，在 Agent 内部知识、推理过程、Agent 与环境交互等方面选用适当的方法，加以准确描述。

### 15.5.3 多智能体系统的主要研究内容[128]

#### 1. 内部智能体结构体系

多智能体系统是由多个智能体及其所处环境构成的。单个智能体的模型和结构对多智能体系统的影响很大。为了满足对智能体个体智能性和群体交互的要求，需要对智能体的内部状态及交互能力做出描述。根据基本 BDI 模型，智能体包含信念、期望和意图等精神因素。无论采取哪种体系，都要构造自主、协作的智能体对人类智能行为进行模拟。在系统结构上，按照人类思维的层次模型，可以将智能体内部体系分为以下三类：

（1）认知智能体。认知智能体的结构沿袭了传统的符号表示和符号推理的人工智能体系，将人工智能领域的感知、学习、规则和方法等认知功能封装在一起构成自治智能体，实现了功能模块化。Wooldridge 和 Jennings 将认知智能体定义为："包含世界显示表示的、符号的模型，并且其决策是通过逻辑推理、基于模式的匹配和符号操作来实现的"[135]。从工程应用角度看，功能模块化降低了系统的复杂性，使系统设计更易于实现。

（2）反应智能体。与认知智能体相反，反应智能体不包括符号系统，没有世界模型和规划。智能体的内部不具备逻辑和符号推理功能，仅仅由简单的行为模式构成，这些行为模式以刺激-应答的方式对环境的变化作出反应。智能体行为的复杂性是环境复杂变化的反应。反应智能体的设计思想是通过内部简单设计来实现复杂系统行为。反应智能体体现了行为主义的思想。

（3）复合智能体。研究发现，无论是纯粹的认知结构，还是纯粹的反应结构，都有其不可克服的缺陷。认知结构复杂的逻辑推理体系使智能体的设计难以实现，而反应式结构虽然简单，却因缺乏必要的领域指导，故当前只能完成较简单的任务。为了发扬两种方式的优点，弥补各自的不足，研究者将两种方式结合起来，提出了复合智能体的体系结构，试图将传统和现代人工智能融合起来，形成具有推理机制和反应性的混合结构，这种混合结构称为复合智能体结构。

#### 2. 多智能体之间的通信

智能体之间的通信是实现智能体间相互作用和相互协作的基础。智能体间的通信涉及物理方式以及通信语言的理解和生成等。如果智能体是异质的，则如何将不同的知识转换成统一的相互理解的通信语言也是一个重要的问题。当前有两种常用的通信语言设计方法：过程方法和声明方法[136]。过程方法的思想是：通信能由过程指令的交换来模拟，设计过程需要接受者的信息，并且通信过程是单向的，而智能体的许多信息交换应该是双向的，因此过程方法在智能体之间的通信不适用。声明方法是通过定义、假设等声明语句的交换来实现通信的，代表性的通信语言是 Neches 定义的智能体通信语言（Agent Communication Language，ACL）。ACL 由三部分组成：词汇、内部交换格式（Knowledge

Interchange Format，KIF）和外部语言（Knowledge Query and Manipulation Language，KQML）。

### 3. 多智能体的协调与协作

多智能体协调是指具有不同目标的多个智能体对其目标、资源等进行合理安排，以协调各自的行为，最大限度地实现各自的目标。多智能体协作是指多个智能体通过协调各自的行为，合作完成共同的目标。多智能体系统可看作开放的分布式环境，其中一个智能体有时需要和其他智能体合作以构造复杂的规划，或完成它本身不能单独完成的任务。

对于具有共同目标的多智能体系统，现有的协商方法主要是合同网协议法（Contract Net Protocol）[137]。智能体被动态分配为管理者和合作者两种角色。一个智能体接受一个新任务，从而成为管理者，负责任务的分配。其他智能体是合作者，对当前任务进行投标，表达对于该任务的能力和意图。管理者根据所有投标者的承诺，将任务分配给最适合的投标者。基于 BDI 模型，研究者提出了联合意图、社会承诺、合理性行为等描述或约束智能体协作行为的形式化定义[134, 138-139]。

在多智能体系统的协作过程中，往往贯穿着决策和学习的思想。以对策论为框架的多智能体交互和协作具有完备的理论体系和推导公理，应用对策过程的形式化实现智能体的自动推理过程[140]。Markov 对策以 Nash 平衡点作为协作的目标，从而将智能体协作过程的收敛性和稳定性引入到智能体协作研究中。对策论中的许多理论都可以用在多智能体协作的框架中。例如，元对策有着浓厚的心理学背景，与智能体的心智状态、推理能力可以结合起来[141]。

总之，在多智能体协作环境中，智能体的行为策略不仅要考虑自己的行为，而且必须将自身的行为策略看作对其他智能体联合行为策略的最优反应。因此，将要研究的智能体不仅具有个体理性，而且具有集体理性。由这种智能体组成的多智能体系统可以达到一种平衡的协作状态，从而使整个系统达到动态稳定和优化。

### 4. 多智能体的学习

要达到多智能体系统的适应性，智能体的自学习能力是不可缺少的。开放分布式多智能体系统的结构和功能都是非常复杂的，对于大部分应用而言，要想在设计阶段准确定义系统行为以使其适应各种需求是非常困难的，这就要求多智能体系统具有学习和自适应能力。具备学习能力已经成为智能系统的重要特征之一。

在多智能体系统中，有两种类型的学习方式：一种是集中的独立式学习，如单个智能体创建新的知识结构或通过环境交互进行学习；另一种是分布式的汇集式学习，如一组智能体通过交换知识或观察其他智能体行为的学习。前者归于单个智能体的学习中，对于单智能体的模型构建具有重要作用。多智能体系统的学习一般研究的是后者，在系统层面上对多智能体的整体学习机制进行探讨。

现有的智能学习方法，如监督学习、无监督学习和分层学习等机器学习方法在多智能体系统中都有应用。目前，在多智能体学习领域中，强化式学习（Reinforcement Learning）和协商过程中引入学习机制引起了研究者越来越多的兴趣[142]。强化学习结合了监督学习和动态编程两种技术，具有较强的机器学习能力，对于解决大规模复杂问题具有巨大的潜力。

**5. 多智能体冲突消解**

多智能体系统中每个智能体具有自治性，在问题求解过程中会按照自身的知识、能力和目标进行活动。一些共享资源常会发生共享冲突或死锁，而智能体之间的目标有时候也不一致。特别对于多智能体系统来说，我们不太可能在设计或实现一个智能体时就把它构建成与其他潜在智能体的目标相一致。由于智能体高度的自主性和灵活性，导致它们对于环境的理解不同，对于全局知识的获取往往不全面。所以，对于多智能体系统而言，动态的冲突管理是必然的要求。

目前，多智能体系统中解决冲突的主要方法是协商。协商技术包括重构、限制、调解和仲裁等。协商技术通常基于对策论，假定智能体具有完备的全局知识，根据最大化效用的原则选择自己应采取的行为，且智能体的效用矩阵是共享的知识。但是智能体的知识往往不是完备的，其效用并不是共享的而是私有的，为了模拟现实世界中的问题，通常通过建立社会规则来避免冲突的设想。但是社会规则和标准会妨碍多智能体系统的灵活性和适应性。如果说智能体个体模拟的是人类智能，那么多智能体系统则模拟的是人类社会。人类社会的冲突通过群体共同遵守的社会规则来解决，相应地，多智能体系统的设计中也包含社会规则的内容。某一时期制订的规则也许会因为系统的动态变化而失去适用性，同时规则的完善也是个不断发展的过程。

## 15.5.4 面向问题解决的多智能体系统研究现状

多智能体系统是分布式人工智能研究的一个重要分支。由于多智能体系统具有自主性、分布性、协调性并具有自组织能力、学习能力和推理能力，因此它在解决实际问题时具有很强的健壮性、可靠性，并具有较高的求解效率。当前，多智能体系统已在许多领域得到了成功的应用。多智能体系统主要应用在以下五个方面：问题解决、合作式机器人、多智能体模拟、虚拟现实和程序设计。

问题解决（problem solving）是多智能体系统应用的一个主要方面，它包括：求问题的分布式解、解分布式问题和用分布式技术解决问题[143]。

**1. 求问题的分布式解**

Jennings[144]提出了将两个孤立的专家系统转变为一个多智能体系统的具体方法，建立了一个基于规则的多智能体系统环境 GRATE，通过采用多智能体的协调技术，将两个专家系统 BEDES 与 CODEAS 有机地结合起来，并建立了二者的协调协议，从而实现了多种诊断方法的集成，提高了故障诊断的效率。

Polat[145]探讨了采用多智能体技术解决协调专家系统的冲突问题，并以办公室设计为例，建立了 4 种智能体，即顾客要求智能体、功能智能体、电器智能体和成本智能体。每种智能体代表一个专家系统，4 种智能体构成一个多智能体系统，它们相互协调，并且每种智能体分别采用不同的冲突解决策略，从而解决了设计过程的冲突问题。

### 2. 解分布式问题

智能体具有意图的性质，利用多智能体的联合意图机制可实现联合行动，从而实现分布式预测与监控。Jennings 和 Draa 等分别利用智能体的联合意图实现了联合监控机制[146-147]。

Hartvigsen[148]将多智能体技术应用于暴风雨气象观测，将各区域观测站分别作为一个智能体，各智能体对观测数据进行处理，作出局部预测，然后进行协调，构成一个多智能体系统，通过网络对整个地域进行分布式问题求解，最终形成一个可靠的一致解，即实现全局预测。

Russell[149]利用智能体技术建立了用于复杂问题实时诊断的分布式系统 MARVEC，该系统将复杂的诊断问题划分成多个子区域，各子区域间不重叠，以避免冗余推理。单个智能体尽可能负责某个子区域，以便分别承担诊断任务，减少通信量，提高实时性。智能体通过元知识寻找超出其领域的合作，系统中的多个智能体协调解决涉及多个领域的诊断问题。

Wang 等[150]介绍了原子能发电厂故障分析和监控系统 APACS。该系统采用多智能体技术，由分布在不同位置的计算机上的智能体构成多智能体系统，从而完成分布式协调监控与诊断任务。各个智能体采用不同的表达方式和推理机制，以完成各自的任务。

Lane 等[151]设计了单个机器人的多智能体系统，采用实时黑板智能体作为框架的核心，实现了分布式黑板结构，并采用分布式问题求解方法、实时知识库及实时推理技术，以提高机器人的实时响应速度。该机器人已成功地应用于自主式水下车辆的声呐信号解释。在多机器人系统中，当多个机器人同时从事同一项或多项工作时，很容易出现冲突。利用多智能体技术，将每个机器人作为一个智能体，建立多智能体机器人协调系统，可实现多个机器人的相互协调与合作，完成复杂的并行作业任务。

### 3. 用分布式技术解决问题

多智能体技术可表示制造系统，并为解决动态问题的复杂性和不确定性提供新的思路。例如，在制造系统中，各加工单元可看作智能体，从而使加工过程构成一个半自治的多智能体制造系统，完成单元内加工任务的监督和控制。多智能体技术可用于制造系统的调度。Ramos[152]建立了制造系统的动态调度协议，采用两类智能体分别完成任务安排和资源管理，通过智能体间的交互来解决生产任务的调度，采用合同网协议来处理调度过程中时间上的约束，根据资源情况动态安排任务，使系统能处理诸如设备故障等不确定性引起的实时调度问题。多智能体技术可用于制造过程中的分布式控制。例如，用于离散制造环境的分布式控制系统 YAMS[153] 是为实现柔性制造而建立的工厂控制系统。该系统为递阶结构，分为两层：上层为加工车间，下层为加工站。加工车间的智能体在上层做出调度计划，下层各个不同加工站的智能体执行调度计划。该系统包括多种调度策略，分为两类：一类是静态的，在系统运行前从全局上进行智能体的任务分配，称为全局调度器；另一类是动态的，在系统运行中对各智能体做出局部决策，称为局部调度器。这样的结构及控制策略能使系统进行柔性控制。

复杂制造系统的集成属于大型而复杂的分布式系统。Jeff[154] 提出采用多智能体技术建立制造企业集成的计算机基础结构，将复杂的企业活动划分成多组元任务，每组元任务由一个智能体执行；将人的行为看作一类智能体，采用多媒体界面，通过大量智能体的交互，实现企业中地域分散的各生产部门知识的共享与协调；利用人-机、机-机的交互式协调进行复杂问题的求解，完成企业中各项功能的集成。Sprumont[155] 介绍了用于装配生产线设计的多智能体系统。该系统由两个交互的多智能体系统构成，一个多智能体系统用于生产线装配次序的设计；另一个多智能体系统用于生产线各部分的设计，生产线设计结果通过智能体间相互协商和智能体自组织来完成。

Liu 等[156-157] 利用多个智能体在图像的环境中感受图像灰度的刺激以达到提取图像特征的目的，而这些智能体能够在与一个数字图像环境进行交互的过程中复制、扩散或消失。在抽取特征时，整个图像平面被放置多个智能体，而且每个智能体能够感知其相邻的环境并做出反应。在进化过程中，每个智能体根据外部激励展现上述几种行为，作为智能体交互的结果，某些模式将会突现出来，而这些模式反过来又刻画了数字图像环境的特征。

韩靖等[158-159] 利用分布式技术解决约束满足问题，研究了一个具有简单性、局部性、全局性、内聚力、动态性的复杂自适应系统，设计了一种包含智能体、环境、交互规则的多智能体模型 AER，并解决了高达 7000 个皇后的问题和大规模的图染色问题，显示了多智能体解决 NP 难题的巨大潜力。朱孟潇等[160] 通过引入模拟退火算法赋予智能体更高效的动态策略选择能力，克服了 AER 模型中智能体只能采用静态选择策略的缺点，提高了 AER 模型的求解性能。

### 15.5.5　多智能体系统与分布式人工智能

随着计算机技术和人工智能技术的发展，以及 Internet 的兴起和普及，在科学、工程等方面计算机和人工智能技术都发挥着不可替代的作用，所解决的问题也越来越复杂。人们感到传统的单个独立的问题求解系统很难用于处理具有分布性、开放性，且信息量大、复杂程度高的问题。因此出现了分布式人工智能(Distributed Artificial Intelligent，DAI)的开发与应用[126, 161-163]。其研究的目标是建立一个由多个子系统构成的协作系统，各个子系统间协同工作从而对特定问题进行求解。在分布式系统中，把待解决的问题分解为一些子任务，并为每个子任务设计一个问题求解的任务执行子系统。通过交互作用策略，把系统设计成为一个统一的整体。每个子系统不能在环境中单独存在，而要与其他子系统在同一环境中协同工作，协同的手段是相互通信。

分布式人工智能已成为计算机科学的一个崭新的分支。自1979年在美国麻省理工学院的一次讨论会上分布式人工智能的研究者们进行第一次有组织的聚会以来，分布式人工智能在理论研究、系统实现以及应用探索等方面已经取得了许多研究成果。

分布式人工智能具有以下6大特点：

**1. 分布性**

整个系统的信息，包括数据、知识和控制等，无论在逻辑上或者物理上都是分布的，不存在全局控制和全局数据存储。系统中各个路径和节点能够并行地求解问题，从而提高子系统的效率。

**2. 连接性**

在问题求解过程中，各个子系统和求解机构通过计算机网络相互连接，降低了求解问题的通信代价和求解代价。

**3. 协作性**

各子系统协调工作，能够求解单个机构难以解决或者无法解决的困难问题。多领域专家可以协作求解单领域或单个专家无法解决的问题，提高求解能力，扩大应用领域。分布式人工智能的这一特点需要具有社会性的多个子系统来协作完成。

**4. 开放性**

通过网络互联和系统的分布，扩充系统规模，使系统具有比单个系统大得多的开发性和灵活性。

**5. 容错性**

系统具有较多冗余处理节点、通信路径，能够使系统在出现故障时保持正常工作，提高工作可靠性。

**6. 独立性**

系统把求解任务归约为几个相对独立的子任务，从而降低了各个处理节点和子系统问题求解的复杂性，也降低了软件设计开发的复杂性。

分布式人工智能一般分为分布式问题求解（Distributed Problem Solving，DPS）和多智能体系统。分布式问题求解考虑怎样将一个特殊的问题求解工作在多个合作的、知识共享的模块或节点间划分。多智能体系统主要研究一组自治的智能体间智能行为的协调。分布式人工智能的两个领域都要研究如何对知识、资源、控制等进行划分，不同之处在于：在分布式问题求解中，常常有一个全局的概念模型、全局的问题和全局的成功标准；而在多智能体系统中，有多个局部的概念模型、问题和成功标准。在概念、模型、控制等方面这两种方法的视角是不一样的。分布式问题求解的目标是要创建大粒度的协作群体，它们共同工作以对某一问题进行求解。在一个纯粹的分布式问题求解系统中，问题被分解成任务，并且为求解这些任务，需要仅为该问题设计一些专用的任务执行系统。所有的交互策略都被集成为系统设计的整体部分。这是一种自顶向下的系统，因为处理系统是为满足在顶部所给定的需求而设计的。而多智能体系统可看作采用由底向上的设计方法设计的系统。因为在原理上，分散自主的智能体首先被定义，然后研究怎样完成一个或几个实体的任务求解。主体之间可能是协作关系，也可能存在着竞争甚至敌对的关系。

由于智能体对传统人工智能的突破正好符合分布式人工智能的特性，因此使智能体在分布式人工智能中担当重要角色顺理成章，并推动了分布式人工智能的发展，同时分布式人工智能的研究和网络化分布环境的普及也推动了智能体理论技术特别是多智能体理论技术的发展。分布式人工智能系统能够克服单个智能系统在资源、时空分布和功能上的局限性，具备并行、分布、开放和容错等优点，因而获得了很快的发展，得到了越来越广泛的应用。近 10 年来，智能体和多智能体系统的研究成为分布式人工智能的一个热点。

## 15.5.6 多智能体系统与人工生命

从目前的研究趋势来看，关于智能体的理论和模型大约有两个大的发展方向：其一是围绕分布式人工智能展开的各种理论和技术；其二是以人工生命等为理论基础的基于智能体的建模（Agent-Based Modeling，ABM）和模拟[164]。

人工生命（Artificial Life）的概念是 1987 年由美国 SFI 的 Langton 首先提出来的。Langton 认为人工生命是具有自然界中生命系统的行为特性的人造系统。像许多新兴学科一样，人工生命到目前尚无统一定义，不同的学者有不同的看法。现在有两种比较典型的定义：一是研究具有自然生命系统行为的人造系统；二是研究怎样通过抽取生物现象中的基本动力规则来理解生命，并且在物理媒体如计算机上重建这些现象，使它们成为一种新的实验方式和受操纵者。人工生命是对传统生物学与生态学研究方法的重要补充，人工生命的研究有助于揭示构成生命所需的最本质特征以及生命演化的最基本规律[6, 165-169]。

人工生命的信条是：生命现象是由物质构成的组织的性质，而不是物质本身的性质；复杂行为可以通过一些存在的简单行为的交互而产生。因此生命系统的实现形式有多种，除了我们已知的碳水化合物的形式外，还可以是物理的、符号的、化学的以及程序的形式，既可以生存于真实的物理环境，也可以生存于真实的软件环境或某种模拟环境。人工生命研究的对象是行为，行为通常是行为学、生态学（就动物而言）、心理学与社会学（就人而言）的研究对象。人工生命的研究重点不在于行为的物理特性，而主要研究行为是如何变成智能行为的，行为是如何有自适应性的，以及复杂的行为是如何突现的。

根据 Langton 的定义，人工生命是用计算机、精密机械等人工媒体所构造出的能生成自然生物系统特有行为的模拟系统。这里特有行为主要指：

(1) 自组织行为：指不是通过全局的整体控制，而是通过大量的非生命分子(也就是行为的各个构成成分)的相互作用而形成某种有序的行为。

(2) 学习行为：指从生物进化过程的自适应现象中所发现的自学习及其传播行为。

这两个特有行为又可以概括为自治生成行为。所谓自治(autonomy)，含有自治、自我约束之意，自治系统能够在复杂的外部环境中自动调整系统行为，甚至改变系统的结构。在调整和改变过程中，学习到新的知识，使系统本身得到优化。如果是人工生命系统，则意味着系统得到进化。所以自治生成行为以自组织化和学习为基本特征。

人工生命的本质就是在人工系统上实现与生物一样的行为。这里的系统由来自自治的个体集团构成，而个体之间的局部相互作用由简单规则的集合来控制。在这样的系统中，不存在全局范围的集团行为规则。人们观察到的复杂的高维动力学现象及其结构具有突现性质。因为系统设计者虽然可以设定决定系统中各个个体行为的局部规则，但不能预先设定决定个体集团全体行为的全面行为规则。这种突现性质是由于低维的个体之间局部相互作用，随着时间的发展而表现出来的。这种性质的产生过程表明，高维结构的局部层次是通过低维个体的支撑并且相互竞争而发展起来的。这其中的突现结构，即低维个体行为的组织化完成了极重要的任务，这种任务是通过不断地设定唤起低维个体的局部规则而完成的，因此突现结构随时间而进化。

不难看出，人工生命具有如下明显特征：

(1) 人工生命是由单个个体的集团构成的，集团中每个个体都只具有简单过程的行为。

(2) 人工生命系统既不存在全局控制过程，也不存在决定整体行为的规则。

(3) 个体的每个过程都包含与其他个体的交叉，反映了它对局部状态的影响。

(4) 系统能超越各过程范围产生比较高级的行为，并且有突现结构和性质。

人工生命的上述特征是所有生物共同具有的特征，这些特征隐含在自然生命现象之中。自然生命十分复杂，但概括起来，可以发现它具有以下特征：

(1) 自增殖是生命的最基本特征，也是区别于非生命现象的主要特征之一。

(2) 新陈代谢是生命现象最重要的、最基本的活动，它维持生命的存在。

(3) 生命的各个部分相互依赖，有机地组成生命的存在。

(4) 与环境相互作用，适应、改造环境，使生命得以生存与发展。

(5) 进化是生命存在与发展的具体过程。该过程使生命自身由低级到高级，由简单到复杂，不断地演化，不断地完善。

如前所述，人工生命是用人工媒体产生自然生物的特有行为的系统。由于自然生命现象的多样性和复杂性，使得人工智能的研究内容也十分广泛。人工生命的主要内容有以下几个方面[170]：

（1）生命自组织和自复制：研究天体生物学、宇宙生物学、自催化系统、分子自装配系统等。

（2）发育和变异：研究多细胞发育、基因调节网络、自然和人工的形态形成理论。目前人们采用细胞自动机、L-系统等进行研究。

（3）系统复杂性：对于生命，从系统角度来看，在物理上可以将其定义为非线性、非平衡的开放系统。生命体是混沌和有序的复合。非线性是复杂性的根源，这不仅表现在事物形态结构的无规律分布上，也表现在事物发展过程中近乎随机的变化上。然而，通过混沌理论，我们可以洞察到这些复杂现象背后的简单性。非线性把表象的复杂性与本质的简单性联系了起来。

（4）进化和适应动力学：研究进化的模式和方式、人工仿生学、进化博弈、分子进化、免疫系统进化和学习等。在自然界，通过物种选择实现进化。遗传算法和进化计算是目前极为活跃的研究领域。

（5）自治智能体：是具有自治性、智能性、反应性、预动性和社会性的计算实体，研究理性智能体的形式化模型、通信方式、协作策略，还研究涌现集体行为、通信和协作的群体智能进化、社会语言系统。

（6）自治系统：研究具有自我管理能力的系统。自我管理具体体现在以下四个方面：自我配置——系统必须能够随着环境的改变自动地、动态地进行系统配置；自我优化——系统不断地监视各个部分的运行状况，对性能进行优化；自我恢复——系统必须能够发现问题或潜在的问题，然后找到替代的方式或重新调整系统使系统正常运行；自我保护——系统必须能够察觉、识别风险以使自己免受各种各样的攻击，维护系统的安全性和完整性。

（7）机器人和人工脑：研究有生物感悟的机器人、自治和自适应机器人、进化机器人、人工脑。

## 15.5.7　多智能体系统与进化计算

尽管进化算法较传统的方法有巨大的优越性，但是现有的进化算法仍存在着一些共同的不足：

（1）适应度函数是预先定义好的，而真正的适应性应该是局部的，是个体与环境作生存竞争自然形成的。现有的进化算法的选择机制，从适应环境的局部化角度而言，充其量只是一个人工选择，而非自然选择。

（2）遗传算法等进化算法只考虑到生物之间的竞争，而没有考虑到生物之间协作的可能性。真实情况是竞争与协作并存，这就是所谓的协同进化。生物学证据表明协同进化能大大加快生物进化的历程，这一点在现有的进化算法中很少得到体现。

（3）生物进化过程是一个在环境生态系统中学习法则的过程，其中不仅包括先天的遗传学习或遗传复制，还包括后天的个体学习。但是"生成＋检测"的进化算法显然没有充分利用父代进化经验，而且忽视了个体的学习能力。研究结果表明，利用 Lamark 遗传和 Baldwin 效应能够提高进化算法的搜索效率。

对于现实中复杂的、大规模的问题，只靠单个智能体往往无法描述和解决。多智能体系统通过多个具备自身问题求解能力和行为目标的智能体相互协作来达到求解复杂、大规模问题的目的。由于资源有限，因此构成多智能体系统的智能体的结构和功能都比较简单，同时其行为也比较简单。当然，智能体只能感知有限的环境，称为邻域，但它可以通过扩散过程实现对全局环境的感知。

达尔文进化论过分强调生存竞争（主要是繁殖过剩所引起的种内竞争），而忽略了生物其他方面的种种联系，显然具有片面性。现有的进化模型存在一个共同的不足是未能很好地反映出这样一个普遍存在的事实：在大多数情况下，整个系统复杂的自适应进化过程事实上是一个构成系统本身的多子系统局部相互作用的协同进化过程，也就是说它是大规模协同动力学系统。在多智能体系统中，每个智能体可能具有不同的子目标，系统的整体目标在各个子目标的实现过程中被实现，这样具有不同目标的多个智能体需要对其目标、资源等进行合理安排，以协调各自的行为，最大限度地实现各自的目标。借助多智能体系统中的协调协作机制以实现进化算法中个体的竞争和协作无疑将加快算法的收敛，增强算法的优化能力。

要达到多智能体系统的适应性，智能体的自学习能力是不可缺少的。开放分布式多智能体系统的结构和功能都是非常复杂的，对于大部分应用而言，要想在设计阶段准确定义系统行为以使其适应各种需求是非常困难的，这就要求多智能体系统具有学习和自适应能力。通过和环境交互经验，智能体能够把环境的某些方面综合到其内部状态之中，从而形成自身对具体行为应用的认识。具备学习能力已经成为智能系统的重要特征之一。智能体学习可分为两类[171]：一类是基于信念的学习，这种方法主要是智能体通过相互作用来了解并理解外部世界，它包括主动式学习、反应式学习；另一类是基于性能的学习，前面关注的是对外部环境的理解，但这种学习不考虑优化某种性能的动作。基于性能的学习方法有：基于结果的学习、危机触发的学习、竞争驱动的学习、资源驱动的学习、基于补偿的学习、合作式学习以及环境切换驱动学习等。

智能体所具有的局部感知、竞争协作以及自学习能力是求解复杂、大规模问题的关键。智能体的局部感知特性可以降低系统硬件的要求，竞争协作能力可以协调多个智能体的行为，从而合作完成整体任务，自学习能力可以增强智能体的适应能力，以适应复杂、动态的环境。

遗传算法（进化算法）是 Holland 在复杂适应系统建模（生物体系统也是一个复杂适应系统）的基础上提出的。实际上，复杂适应系统中的个体就是一个智能体，具有目的性、主动性、适应性以及学习能力等。但在遗传算法中只保留了目的性、适应性。显然，已有的进化算法模型只是生物进化的一个简单模型，迫切需要建立更逼近真实生物进化的模型。我们从智能体系统的角度出发，把进化算法中的个体作为一个具有局部感知、竞争协作和自学习能力的智能体，通过智能体与环境以及智能体间的相互作用达到全局优化的目的。这就是多智能体进化的思想，我们称这类引入智能体特性的进化算法为多智能体进化算法（Multiagent Evolutionary Algorithms）。

（本章作者：焦李成，刘静，钟伟才）

# 本章参考文献

[1]　李难. 进化论教程[M]. 北京：高等教育出版社，1990.

[2]　拉马克. 动物哲学[M]. 北京：商务印书馆，1936.

[3]　达尔文. 物种起源[M]. 北京：商务印书馆，1859.

[4]　孟德尔. 植物杂交的实验[M]. 北京：科学出版社，1957.

[5]　王正志，薄涛. 进化计算[M]. 长沙：国防科技大学出版社，2000.

[6]　陈国良，王煦法，庄镇泉，等. 遗传算法及其应用[M]. 北京：人民邮电出版社，1995.

[7]　李敏强，寇纪淞，林丹，等. 遗传算法的基本理论与应用[M]. 北京：科学出版社，2002.

[8]　HOLLAND J H. Adaptation in Natural and Artificial Systems：An Introductory Analysis with Application to Biology，Control，and Artificial Intelligence[M]. 2nd. Cambridge，MA：MIT Press，1992.

[9]　BAGLEY J D. The behavior of adaptive system which employ genetic and correlation algorithm[D]. University the Michigan，1967，68－7556.

[10]　BOOKER L B，GOLDBERG D E. Classifier systems and genetic algorithm [J]. Artificial Intelligence，1989，40：235－282.

[11]　DE JONG K A. An analysis of behavior of a class of genetic adaptive systems[D]. University of Michigan，1975，76－9381.

[12]　GOLDBERG D E. Genetic Algorithm in Search，Optimization and Machine Learning[M]. Reading，MA：Addison-Wesley Publish Company，1989.

[13]　DAVIS L. Handbook of Genetic Algorithms[M]. New York：van Nostrand Reinhold，1991.

[14]　MCHELEWICZ Z. Genetic Algorithms ＋ Data Structure ＝ Evolutionary Programming [J]. Springer-Verlag，1996.

[15]　FOGEL L J，et al. Artificial Intelligence through Simulation Evolution[M]. Chichester：John Wiley，1966.

[16]　FOGEL D B. Evolutionary Computation：Toward a New Philosophy of Machine Intelligence[M]. NewYork：IEEE Press，1995.

[17]　RECHENBERG I. Cybernetic solution path of an experimental problem [M]. Royal Aircraft Establishment，Library Translation 1122，1965.

[18]　KOZA J R. Genetic Programming：On the Programming of Computers by Means of Natural Selection

[M]. Cambridge, MA: MIT Press, 1992.

[19] JIAO L C, WANG L. A novel genetic algorithm based on immune[J]. IEEE Trans. Syst., Man, Cybern. A. 2000, 30(9): 1-10.

[20] 邢文训,谢金星. 现代优化计算方法[M]. 北京:清华大学出版社,1999.

[21] COHN H, FIELDING M. Simulated annealing: searching for optimal temperature schedule[J]. SIAM Journal Optimization, 1999, 9: 779-802.

[22] KAZARLIS S A, PAPADAKIS S E, THEOCHARIS J B, et al. Microgenetic algorithms as generalized hill-climbing operators for GA optimization[J]. IEEE Trans. Evolutionary Computation, 2001, 5(3): 204-217.

[23] SALOMON R. Evolutionary algorithms and gradient search: similarities and differences[J]. IEEE Trans. Evolutionary Computation, 1998, 2(2): 45-55.

[24] BARAGLIA R, HIDALGO J I, PEREGO R. A hybrid heuristic for the traveling salesman problem [J]. IEEE Trans. Evolutionary Computation, 2001, 5(6): 613-622.

[25] TANESE R. Parallel genetic algorithm for a hypercube[C]. the Proceedings of the Second International Conference on Genetic Algorithms, 1987: 177-183.

[26] COHOON J P, MARTIN W N, RICHARDS D S. A multi-population genetic algorithm for solving the K-partition problem on hyper-cubes[C]. the Proceedings of the Fourth International Conference on Genetic Algorithm, 1991: 244-248.

[27] PRAHLADA B B, HANSDAH R C. Extended distributed genetic algorithm for channel routing[J]. IEEE Trans. Neural Networks, 1993: 726-733.

[28] SANNIER A V, GOODMAN E D. Genetic learning procedures in distributed environments[C]. the Proceedings of the Second International Conference on Genetic Algorithms, 1987: 162-169.

[29] MANDERICK B, SPIESSENS P. Fine-grained parallel genetic algorithms[C]. the Proceedings of the Third International Conference on Genetic Algorithms, 1989: 428-433.

[30] CANTU-PAZ E. Markov chain models of parallel genetic algorithms[J]. IEEE Trans. Evolutionary Computation, 2000, 4(3): 216-225.

[31] POTTER M A, DE JONG K A. A cooperative coevolutionary approach to function optimization[C]. The Parallel Problem Solving From Nature. Jerusalem, Israel, Springer-Verlag, 1994: 249-257.

[32] POTTER M A, DE JONG K A. Cooperative coevolution: an architecture for evolving coadapted subcomponents[J]. Evolutionary Computation, 2000, 8(1): 1-29.

[33] PAREDIS J. Coevolutionary computation[J]. Artificial Life, 1995, 2(4): 355-375.

[34] DEB K, BEYER H G. Self-adaptive genetic algorithms with simulated binary crossover[J]. Evolutionary Computation, 2001, 9(2): 137-221.

[35] TSUTSUI S, FUJIMOTO Y, GHOSH A. Forking genetic algorithms: GAs with search space division schemes[J]. Evolutionary Computation, 1997, 5(1): 61-80.

[36] TSUTSUI S, HAYASHI I, FUJIMOTO Y. Extended forking genetic algorithm for order representation[C]. International conference on evolutionary computation, 1994: 639-644.

人工智能、类脑计算与图像解译前沿

[37] CHENG S, HWANG C. Optimal approximation of linear systems by a differential evolution algorithm[J]. IEEE Trans. Syst. , Man, Cybern. A, 2001, 31(6): 698 - 707.

[38] FOLINO G, PIZZUTI C, SPEZZANO G. Parallel hybrid method for SAT that couples genetic algorithms and local search[J]. IEEE Trans. Evolutionary Computation, 2001, 5(4): 323 - 334.

[39] WHITLEY D, MATHIAS K, FITZHORN P. Delta coding: an iterative search strategy for genetic algorithms[C]. the Proceedings of the 4th International Conference on Genetic Algorithms. Morgan Kaufmann, 1991: 77 - 84.

[40] SCHRAUDOLPH N, BELEW R. Dynamic parameter encoding for genetic algorithms [R]. University of San Diego, La Jolla, 1990.

[41] GOLDBERG D E. Real-coded genetic algorithms, virtual alphabets and blocking[R]. University of Illinois at Urbana-Champaign, 1990.

[42] ESHLEMAN L J, SCHAFFER J D. Real-coded genetic algorithms and interval-schemata[J]. Foundations of Genetic Algorithms, 1993, 2: 187 - 202.

[43] DEB K, BEYER H G. Self-adaptation in real-Parameter genetic algorithms with simulated binary crossover[C]. the Proceedings of Genetic and Evolutionary Computation Conference, 1999: 172 - 179.

[44] JONIKOW C Z, MICHALEWICZ Z. An experimental comparison of binary and floating point representations in genetic algorithms[C]. the Proceedings of the 4th International Conference on Genetic Algorithms, 1991: 31 - 36.

[45] FOGEL G B, CHELLAPILLA K, FOGEL D B. Reconstruction of DNA sequence information from a simulated DNA chip using evolutionary programming [C]. the Proceedings of the 7th Annual Conference on Evolutionary Programming. Springer, Berlin, 1998: 429 - 436.

[46] FOGEL D B. Using evolutionary programming for modeling: an ocean acoustic example[J]. IEEE Journal of Oceanic Engineering, 1992, 17(4): 333 - 340.

[47] FOGEL D B. Using evolutionary programming to create neural networks that are capable of playing tic-tac-toe[C]. the Proceedings of the American Power Conference. IEEE Computer Society Press, Los Alamitos , CA. , 1993: 875 - 879.

[48] FOGEL D B. A parallel processing approach to a multiple travelling salesman problem using evolutionary programming [C]. the Proceedings of the Fourth Annual Symposium on Parallel Processing. IEEE Computer Society Press, Los Alamitos , CA, 1990: 318 - 326.

[49] FOGEL D B. Applying evolutionary programming to selected traveling salesman problems[J]. Cybernetics and Systems, 1993, 24(1): 27 - 36.

[50] YAO X, LIU Y, LIN G. Evolutionary programming made faster[J]. IEEE Trans. Evolutionary Computation, 1999, 3(2): 82 - 102.

[51] KIM J H, MYUNG H. Evolutionary programming techniques for constrained optimization problems [J]. IEEE Trans. Evolutionary Computation, 1997, 1(2): 129 - 140.

[52] SCHWEFEL H P. Numerical Optimization for Computer Models[M]. Chichester: John Wiley,

1981.

[53] SCHWEFEL H P, RUDOLPH G. Contemporary evolution strategies[C]. Advances in Artificial Life: Proceedings of 3rd Europe Conference on Artificial Life. vol. 929 of LNAI, Springer-Verlag, 1995: 893 - 907.

[54] SCHWEFEL H P. Evolution and Optimum Seeking[M]. New York: John Wiley & Sons, 1995.

[55] BACK T. Evolutionary Algorithm in Theory and Practice[M]. Oxford: Oxford University Press, 1996.

[56] YAO X, LIU Y. Fast evolution strategies[J]. Control and Cybernetics, 1997, 26(3): 467 - 496.

[57] OHKURA K, MATSUMURA Y, UEDA K. Robust evolution strategies[J]. Applied Intelligence, 2001, 15: 153 - 169.

[58] BACK T, SCHWEFEL H P. An overview of evolutionary algorithms for parameter optimization[J]. Evolutionary Computation, 1993, 1(1): 1 - 23.

[59] KOZA J R. Genetic Programming II: Automatic Discovery of Reusable Programs[M]. Cambridge, MA: MIT Press, 1994.

[60] KOZA J R. Genetic Programming III: Darwain Invention and Problem Solving [J]. Morgan Kaufmann, 1999.

[61] KOZA J R. Genetic programming[M]// Encyclopedia of Computer Science and Technology, volume 39. New York: Marcel-Dekker, 1998: 29 - 43.

[62] ZHANG B T, MUHLENBEIN H. Balancing accuracy and parsimony in genetic programming[J]. Evolutionary Computation, 1995, 3(1): 17 - 38.

[63] IBA H, GARIS H, SATO T. Genetic programming using a minimum description length principle [M]//Advances in Genetic Programming. Cambridge: MIT Press, 1994: 265 - 284.

[64] RUDOLPH G. Convergence analysis of canonical genetic algorithms[J]. IEEE Trans. Neural Networks, 1994, 5(1): 96 - 101.

[65] GOLDBERG D E, SEGREST P. Finite markov chain analysis of genetic algorithm[C]. the Proceedings of the 2nd International Conference on Genetic Algorithms. Lawrence Erlbaum Associates, Hillsdale, NJ, USA, 1987.

[66] DAVIS T E, PRINCIPE J C. A simulated annealing like convergence theory for the simple genetic algorithm[C]. the Proceedings of the 4th International Conference on Genetic Algorithms. Morgan Kaufmann Publishers, Los Altos, CA, 1991.

[67] EIBEN A E, et al. Global convergence of genetic algorithms: on infinite Markov chain analysis[C]. the Proceedings of the 1st International Conference on Parallel Problem Solving from Nature. Springer-Verlag, Lecture Notes in Computer Science, 1991, 496.

[68] FOGEL D B. Asymptotic convergency properties of genetic algorithms and evolutionary programming: an analysis and experiments[J]. Cybernetic and Systems: An International Journal, 1994, 25(3): 389 - 407.

[69] 徐宗本，等. 遗传算法基础理论研究的新近发展[J]. 数学进展, 2000, 29(2): 94 - 114.

[70] 徐宗本，张讲社，郑亚林. 计算智能中的仿生学：理论与算法[M]. 北京：科学出版社，2003.

[71] VOSE M D, LIEPINS G E. Punctuated equilibria in genetic search[J]. Complex Systems, 1991, 5: 31－44.

[72] KOEHLER G J. A proof of the Vose-Liepins conjecture[J]. Annals of Mathematics and Artificial Intelligence, 1994, 10: 409－422.

[73] NIX A E, VOSE M D. Modeling genetic algorithms with Markov chains[J]. Annals of Mathematics and Artificial Intelligence, 1992, 5: 79－88.

[74] VOSE M D. Modeling simple genetic algorithms[J]. Evolutionary Computation, 1996, 3: 453－472.

[75] PECK C C, DHAWAN A P. Genetic algorithms as global random search methods: an alternative perspective[J]. Evolutionary Computation, 1995, 3: 39－80.

[76] QI X, PALMIERI F. Theoretical analysis of evolutionary algorithms with an infinite population size in continuous space part I: basic properties of selection and mutation[J]. IEEE Trans. Neural Networks, 1994, 5: 102－119.

[77] QI X, PALMIERI F. Theoretical analysis of evolutionary algorithms with an infinite population size in continuous space part II: analysis of the diversification role of crossover[J]. IEEE Trans. Neural Networks, 1994, 5: 120－129.

[78] 姚新，陈国良，等. 进化算法研究进展[J]. 计算机学报，1995，18(9)：694－706.

[79] 周明，孙树栋. 遗传算法原理及应用[M]. 北京：国防工业出版社，1999.

[80] 潘正君，康立山，陈毓屏. 演化计算[M]. 北京：清华大学出版社，1998.

[81] 孙关龙. 达尔文进化论的局限性[J]. 科学新闻周刊，1999，(28).

[82] 蓝盛芳. 试论达尔文进化论与协同进化论[J]. 生态科学，1995，2：167－170.

[83] EHRLICH P R, RAVEN P H. Butterflies and plants: a study in coevolution[J]. Evolution, 1965, 18: 586－608.

[84] JAZEN D H. When is it coevolution[J]. Evolution, 1980, 34: 611－612.

[85] 李振基，等. 生态学[M]. 北京：科学出版社，2000：89－193.

[86] 张大勇，等. 理论生态学研究[M]. 北京：高等教育出版社，2000：151－228.

[87] 郑浩然，基于生态特征的进化与协同研究[D]. 合肥：中国科学技术大学，2000.

[88] 尚玉昌，蔡晓明. 普通生态学[M]. 北京：北京大学出版社，1992.

[89] TANESE R. Distributed genetic algorithm[C]. the Proceeding of 3rd International on Genetic Algorithms. Morgan Kaufmann, 1989: 434－439.

[90] MUHLENBEIN H, SCHOMISCH M, BORN J. The parallel genetic algorithm as function optimizer [C]. the Proceedings of 4th Conference on Genetic Algorithms. Morgan Kaufmann, 1991: 271－278.

[91] STARKWEATHER T, WHITLEY D, MATHIAS K. Optimization using distributed genetic algorithm[M]//Parallel Problem Solving from Nature, Lecture Notes in Computer Science. Berlin: Springer-Verlag, 1991: 176－184.

[92]　PETTY C C, LEUZE M R. A theoretical investigation of a parallel genetic algorithm[C]. the Proceeding of 3rd International on Genetic Algorithms. Morgan Kaufmann, 1989: 398 - 405.

[93]　KROGER B, SCHWENDERLING P, VORNBERGER O. Parallel genetic packing of rectangles [M]// Parallel Problem Solving from Nature, Lecture Notes in Computer Science. Berlin: Springer-Verlag, 1991: 496, 160 - 164.

[94]　MURAYAMA T, HIROSE T, KONAGAYA A. A fine-gained parallel genetic algorithm for distributed parallel system[C]. the Proceedings of the 6th International Conference on Genetic Algorithms. Morgan Kaufmann, 1993: 184 - 190.

[95]　SCHLEUTER M G. ASPARAGOS: An asynchronous parallel genetic optimization strategy[C]. the Proceeding of 3rd International Conference on Genetic Algorithms. Morgan Kaufmann, 1989: 422 - 427.

[96]　TAMAKI H, NISHIKAWA Y. A parallel genetic algorithm based on neighborhood model and its application to the Jobshop scheduling [M]//Parallel Problem Solving from nature II, Elsevier Science, 1992: 573 - 582.

[97]　BALUJA S. Structure and performance of fine-grain parallelism in genetic search[C]. the Proceedings of the International Conference on Genetic Algorithms. Morgan Kaufmann, 1993: 155 - 162.

[98]　TAHK M J, SUN B C. Coevolutionary augmented Lagrangian methods for constrained optimization [J]. IEEE Trans. Evolutionary Computation, 2000, 4(2): 114 - 124.

[99]　关志华，寇纪淞，李敏强. 基于 e-约束方法的增广 Lagrangian 多目标协同进化算法[J]. 系统工程与电子技术, 2002, 24(9): 33 - 37.

[100]　CAO X B, LI J L, WANG X F. Research on coevolutionary optimization based on ecological cooperation[J]. Journal of software, 2001, 12(4): 521 - 528.

[101]　曹先彬，王煦法. 基于生态竞争模型的遗传强化学习[J]. 软件学报, 1996, 10(6): 658 - 662.

[102]　曹先彬，罗文坚，王煦法. 基于生态种群竞争模型的协同进化[J]. 软件学报, 2001, 12(4): 556 - 562.

[103]　HILLIS W D. Coevolving parasites improve simulated evolution as an optimization procedure[M]// Artificial Life II. Redwood City, CA: Addison-Wesley, 1992: 313 - 324.

[104]　PAREDIS J. Steps towards coevolutionary classification neural networks[C]. the Proceedings of the Fourth International Workshop on the Synthesis and Simulation of Living Systems. Cambridge, Mass: MIT Press, 1994: 102 - 108.

[105]　PAREDIS J. Coevolutionary constraint satisfaction[C]. the Proceedings of the Third Conference on Parallel Problem Solving from Nature 2, Lecture Notes in Computer Science, vol. 866, Berlin Heidelberg: Springer Verlag, 1994: 46 - 55.

[106]　POTTER M A, DE JONG K A. Evolving neural networks with collaborative species[C]. the Proceedings of the 1995 Summer Computer Simulation Conference. The Society for Computer Simulation, 1995: 340 - 345.

[107]　POTTER M A, DE JONG K A, GREFENSTETTE J J. A coevolutionary approach to learning sequential decision rules[C]. the Proceedings of the Sixth International Conference on Genetic

Algorithms. Morgan Kaufmann，1995：366 – 372.

[108]　郑浩然，唐爱军，何劲松. 共生进化在参数学习中的应用[J]. 计算机工程与应用，2002，38(15)：11 – 12，17.

[109]　SEREDYNSKI F，ZOMAYA A F. Coevolution and evolving parallel cellular automata – based scheduling algorithms [C]. Artificial Evolution：5th International Conference on Evolution Artificielle，Springer-Verlag Heidelberg，2001：362 – 374.

[110]　SEREDYNSKI F. Coevolutionary Game-Theoretic Multi-Agent Systems：the Application to Mapping and Scheduling Problems [R]. International Computer Science Institute，Berkeley，California，1998.

[111]　SEREDYNSKI F. Loosely Coupled Distributed Genetic Algorithms[M]//Parallel Problem Solving from Nature – PPSN III，1994：514 – 523.

[112]　BOUVRY P，ARBAB F，SEREDYNSKI F. Distributed Evolutionary Optimization[J]//Manifold：Rosenbrock's Function Case Study. Information Sciences，2000，122(2 – 4)：141 – 159.

[113]　KIM J Y，KIM Y，KIM Y K. An endosymbiotic evolutionary algorithm for optimization [J]. Applied Intelligent，2001，15：117 – 130.

[114]　NAOYUKI K，KOJI S，FUKUDA T. The role of virus infection in virus-evolutionary genetic algorithm[C]. the Proceedings of the IEEE International Conference on Evolutionary Computation. Nagoya：IEEE，1996：182 – 187.

[115]　KUBOTA N，ARAKAWA T，FUKUDA T，et al. Fuzzy manufacturing scheduling by virus-evolutionary genetic algorithm in self-organizing manufacturing system[C]. the Proceedings of the 6th IEEE International Conference on Fuzzy Systems. Barcelona：IEEE，1997：1283 – 1288.

[116]　KUBOTA N，ARAKAWA T，FUKUDA T，et al. Trajectory generation for redundant manipulator using virus evolutionary genetic algorithm [C]. the Proceedings of 1997 IEEE International Conference on Robotics and Automation. Albuquerque：IEEE，1997：205 – 210.

[117]　KUBOTA N，FUKUDA T. Schema representation in virus-evolutionary genetic algorithm for knapsack problem [C]. the Proceedings of 1998 IEEE World Congress on Computational Intelligence. Anchorage：IEEE，1998. 834 – 839.

[118]　胡仕成，徐晓飞，李向阳. 项目优化调度的病毒协同进化遗传算法[J]. 软件学报，2004，15(1)：49 – 57.

[119]　李夏，戴汝为. 突现(emergence)—系统研究的新观念[J]. 控制与决策，1999，14(2)：97 – 102.

[120]　CASTI J L. Would be worlds：toward a theory of complex system[J]. Artificial Life and Robotics，1997，1(1)：11 – 13.

[121]　钱学森，于景元，戴汝为. 一个科学新领域：开放复杂巨系统及其方法论[J]. 自然杂志，1990，13(1)：3 – 10.

[122]　LEWIN R. Complexity：Life at the Edge of Chaos[M]. New York：Macmillan，1992.

[123]　WALDROP M. 复杂：诞生于秩序与混沌边缘的科学[M]. 北京：北京三联书店，1997.

[124]　COWAN G A，PINES D，MELTZER D. Complexity：Metaphors，Models and Reality. Boston：

Addison-Wesley, 1994.

[125] WOOLDRIDGE M. 多 Agent 系统引论[M]. 石纯一，等译. 北京：北京电子工业出版社. 2003.

[126] RUSSELL S J, NORVIG P. Artificial Intelligence: A modern approach[M]. Englewood Cliffs: Prentice-Hall, 1995.

[127] HEWITT C E. Offices are open systems[J]. ACM Trans. Office Information Systems, 1986, 4(3): 271 – 287.

[128] 于江涛. 多智能体模型、学习和协作研究与应用[D]. 杭州：浙江大学，2003.

[129] SINGH M P. Multi-agent systems: A theoretical framework for intention, know-how, and communication[M]. Berlin: Springer-Verlag, 1994.

[130] KISS G, REICHGELT H. Towards an semantics of desires. In: Proceedings of the Third European Workshop on modeling[J]. Autonomous Agents in a Multi-Agent World, 1992: 115 – 127.

[131] NILSON J N. Logic and artificial intelligence[J]. Artificial Intelligence, 1991, 47(1): 31 – 56.

[132] WOOLDRIDGE M. Intelligent Agent[M]. Massachusetts: The MIT Press, 1999: 27 – 71.

[133] DUNIN-KEPLICZ B, BERBRUGGE R. Collective Commitments[C]. The Second International Conference on Multiagent Systems, Mento Park, California: AAAI Press, 1996: 56 – 63.

[134] BRATMAN M E, ISRAEL D J, POLLACK M E. Plans and resource bounded practical reasoning [J]. Computational Intelligence, 1988, 4: 349 – 355.

[135] WOOLDRIDGE M, JENNINGS N R. Intelligent agents: theory and practice[J]. The Knowledge Engineering Review. 1995, 10(2): 115 – 152.

[136] WOOLDRIDGE M. Time, Knowledge and Choice[M]//Intelligence Agent II: Agent Theories, Architectures, and Languages. Berlin: Springer-Verlag, 1995: 79 – 96.

[137] DAVIS R, SMITH R. Negotiation as a metaphor for distributed problem solving[J]. Artificial Intelligence, 1983, 20(1): 63 – 109.

[138] JENNINGS N R. Joint Intentions as a Model of Multiagent Cooperation [D]. dissertation, University of London, 1992.

[139] HADDADI A. Reasoning about Cooperation in Agent Systems: A Pragmatic Theory[J]. University of Manchester Institute of Science and Technology, 1995.

[140] CRISTINA B, EITHAN E, et al. Games Servers Play: A procedural Approach[M]//Intelligence Agent II: Agent Theories, Architectures, and Languages. Berlin: Springer-Verlag, 1995: 127 – 142.

[141] 高阳，周志华，等. 基于 Markov 的多 Agent 强化学习模型及算法研究[J]. 计算机研究与发展，2000，37(3): 257 – 263.

[142] MADDOX G P. A Framework for Distributed Reinforcement Learning [M]//Adaptation and Learning in Multiagent Systems. Berlin: Springer-Verlag, 1996: 97 – 102.

[143] FERBER J. Multi-agent systems: an introduction to distributed artificial intelligence[M]. New York: Addison-Wesley, 1999.

[144] JENNINGS N R, VARGA L Z, AARNTS R P, et al. Transforming standalone expert systems into a community of cooperating agents[J]. Engineering Application Artificial Intelligence, 1993, 6(4):

317 - 331.

[145] POLAT F, SHEKHAR S, GUVENIR H A. Distributed conflict resolution among cooperating expert systems[J]. Expert Systems, 1993, 10(4): 227 - 236.

[146] JENNINGS N R. Controlling cooperative problem solving in industrial multiagent systems using joint intentions[J]. Artificial Intelligence, 1995, 75(2): 195 - 240.

[147] DRAA B C, MILLOT P. A framework for cooperative work: An approach based on the intentionality[J]. Artificial Intelligence in Engineering, 1990, 5(4): 199 - 205.

[148] HARTVIGSEN G, JOHANSEN D. Cooperation in a distributed artificial intelligence environment-The stormcast application[J]. Engineering Application of Artificial Intelligence, 1990, 3(3): 229 - 237.

[149] RUSSELL S J. Provably bounded optimal agents[C]. Proceedings of the 13th International Joint Conference on Artificial Intelligence. USA, 1993: 40 - 48.

[150] WANG H, WANG C. APACS: A multi-agent system with respository support[J]. Knowledge-based Systems, 1996, 9(3): 329 - 337.

[151] LANE D M, MCFADZEAN A G. Distributed problem solving and real-time mechanisms in robot architectures[J]. Engineering Application Intelligence, 1994, 7(2): 105 - 117.

[152] RAMOS C. Architecture and a negotiation protocol for the dynamic scheduling of manufacturing systems[C]. IEEE International Conference on Robotics and Automation, USA, 1994: 3161 - 3166.

[153] PARUNAK H V D. Distributed AI and manufacturing control: Some issues and insights[C]. Proceeding 1st European Workshop on Modeling an Autonomous Agent in a Multiagent World, UK, 1989: 30 - 37.

[154] JEFF Y C P, TENENBAUM J M. An intelligent agent framework for enterprise integration[J]. IEEE Trans. Systems, Man and Cybernetics, 1991, 21(6): 1391 - 1408.

[155] SPRUMONT F, MULLER J P. AMACOIA: A multiagent system for designing flexible assembly lines[J]. Applied Artificial Intelligence, 1997: 11(6): 573 - 589.

[156] LIU J M. Autonomous Agents and Multi-Agent Systems: Explorations in Learning, Self - Organization, and Adaptive Computation[M]. Singapore: World Scientific, 2001.

[157] LIU J M, TANG Y Y, CAO Y C. An evolutionary autonomous agents approach to image feature extraction[J]. IEEE Trans. Evolutionary Computation, 1997, 1(2): 141 - 158.

[158] 韩靖, 蔡庆生. AER 模型中的智能涌现[J]. 模式识别与人工智能, 2002, 15(2): 134 - 142.

[159] LIU J, HAN J, TANG Y Y. Multi-agent oriented constraint satisfaction[J]. Artificial Intelligence, 2002, 136(1): 101 - 144.

[160] 朱孟潇, 宋志伟, 蔡庆生. 一个基于模拟退火的多主体模型及其应用[J]. 软件学报, 2004, 15(4): 537 - 544.

[161] 史忠植. 高级人工智能[M]. 北京: 科学出版社, 1998.

[162] BODE A H, GASSER L. Readings of Distributed Artificial Intelligence [M]. San Francisco: Morgan Kaufmann, 1998.

[163] 蔡自兴, 艾真体. 分布式人工智能研究的新课题[J]. 计算机科学, 2002, 29(12): 123 - 126.

［164］ 薛领，杨开忠，沈体雁. 基于 agent 的建模—地理计算的新发展［J］. 地球科学进展，2004，19(2)：305－311.

［165］ LANGTON C G. Artificial Life［M］//Artificial Life，SFI Studies of Complexity：Vol. Ⅵ. London：Addison-Wesley，1989.

［166］ LANGTON C G. Preface［M］//Artificial Life，SFI Studies of Complexity：Vol. Ⅹ. London：Addison-Wesley，1992.

［167］ 史忠植，莫纯欢. 人工生命. 计算机研究与发展［J］，1995，32(12)：1－9.

［168］ 陈泓娟，等. 人工生命的概念、内容和方法［J］. 北京科技大学学报，2002，24(3)：353－355.

［169］ 周登勇，戴汝为. 人工生命［J］. 模式识别与人工智能，1998，4(3)：412－418.

［170］ http://www. intsci. ac. cn/research/alife. html.

［171］ LIU J，等. 多智能体模型与实验［M］. 北京：清华大学出版社，2003.

# 第16章 量子计算智能前沿与进展

## 16.1 量 子 计 算

### 16.1.1 量子算法

随着现代微电子加工技术水平的不断提高，电子线路的尺寸越来越小。当不同线路之间的距离达到原子尺度时，电子在不同线路之间的隧穿将不可忽略，经典电子线路模型将不再适用。要研究电子在这种线路中的性质，需要使用量子力学。此外，随着电子线路集成度的不断提高，散热成为一个关键问题。根据 Landauer 擦除定理，在不可逆过程中，热量与不可逆操作的规模密切相关：集成度越高，单位面积上产生的热量越多。在集成度很高时，如何散热成为电子线路的巨大挑战，处理不好就会将电路烧坏。基于量子力学基本原理的量子计算机，由于其计算的可逆特性，不会因非可逆操作带来热量。量子计算机不仅能解决经典计算机所面临的一些瓶颈问题，更重要的是，它原理上就不同于经典计算机，在解决某些困难问题时，相比经典计算机具有压倒性优势。

将量子力学和计算问题相结合的思想[1]是由费曼（Feynman）于 1982 年提出的，按照其设想，可以用标准量子系统（容易操控的系统）实现对复杂量子系统的模拟，进而解决经典计算机无法解决的量子问题，特别是量子多体物理问题（多体系统的希尔伯特空间随着系统尺寸的增大以指数增长，经典计算机无法有效处理）。虽然当时人们并不知道如何去实现这样一台量子模拟器，但费曼的这一思想直接影响了后来量子计算的发展。1985 年，Deutsch[2] 提出了量子图灵机的概念，它类似于经典图灵机在经典计算机中的角色。量子图灵机在理论上告诉人们存在普适的基于量子力学的模型来实现计算。简单来讲，经典计算机能够实现的计算功能也可以在量子模型下实现。1992 年，Deutsch 和 Jozsa[3] 给出了第一个量子算法（即 Deutsch-Jozsa 算法）。在他们提出的这个问题中，量子计算相对于经典计算具有指数级的加速。随后 1997 年 Bernstein 和 Vazirani[4] 以及 Simon[5] 均提出了以他们名字命名的量子算法。这些算法都表明在解决某些特定问题时量子计算机相对于经典计算机具有优势。然而这些特定问题都是人为设计出来的，不对应现实问题，其影响力还仅仅局限于学术圈内。

1994 年和 1999 年，Shor 在文献[6]和[7]中提出了著名的大数因子算法。这个算法表明量子计算机可以有效地求解大数因式分解问题。更为重要的是，大数因式分解问题的复杂性是目前广泛使用的 RSA 密钥系统的理论基础，Shor 算法不仅证明了量子算法的优越性，更动摇了现行的 RSA 密码系统的安全性基础。另一个非常重要的量子算法是 Grover[8] 在 1997 年提出的对无序数据库的搜索算法。这一算法的复杂度为 $\frac{\pi}{4}\sqrt{N}$，而经典计算机的搜索复杂度是 $N$（$N$ 为数据库的规模）。由于搜索算法本身具有广泛性，因此 Grover 算法充分表明了量子计算的优越性。这些量子算法，特别是 Shor 和 Grover 算法的提出体现了量子计算的强大计算能力，在国家安全和商业价值方面都具有极大的潜力。

同时，量子算法对算法设计领域产生着深刻影响，如何将量子计算强大的存储和计算优势引入现有的算法体系中，成为一个被广泛关注的焦点。而智能算法向来是算法研究领域的一个热点，量子智能计算将量子理论原理与智能计算相结合，利用量子并行计算特性很好地弥补了智能算法中的某些不足之处，如加快了算法的收敛速度，避免了早熟现象等。

已有的量子智能算法包括但不限于如下算法：量子退火算法、量子进化算法、量子神经网络、量子贝叶斯网络、量子小波变换、量子聚类算法等。这些算法的共同点是应用了量子计算的机制或受到了量子机制的启发，按照某种符合量子力学行为特点的方式进行算法设计，有鲜明的量子计算的特点，或多或少延续了量子计算的优势。这些算法通过模拟量子计算的过程，在与传统的智能算法的比较中，广泛地展现出了较强的竞争力。但是，由于量子计算设备的发展相对滞后，目前来看，这些算法并未在真正的量子计算机上运行检验。

从算法功用的角度，可将智能算法分为两大类：一类以优化为目的，称为智能优化算法；另一类以学习为目的，称为智能学习算法。本章以此为基础，将量子退火算法、量子进化算法等算法统一为量子优化算法，将量子神经网络、量子贝叶斯网络、量子小波变换、量子聚类算法等算法统一为量子学习算法，并将在 16.2 节和 16.3 节围绕这两类算法进行简单介绍。

### 16.1.2 量子系统中的叠加、相干与坍缩

在经典数字计算机中，信息被编码为位（bit）链，1 比特信息就是两种可能情况中的一种，即 0 或 1，假或真，对或错。例如，电容器的板极间的电压可以代表 1 比特信息：带电的电容表示 1，而放电的电容表示 0。不同于经典计算模式，在量子世界中，微观粒子的状态是不可确定的，系统以不同的概率处于不同状态的叠加之中。

量子系统中，态的叠加定义为：已知系统的两个个态 $|A\rangle$ 和 $|B\rangle$，如果存在这样一种系统态 $|R\rangle$，使得在其上面的测量有一定概率获得 $|A\rangle$，一定概率获得 $|B\rangle$，除此之外没有其他结果，那么 $|R\rangle$ 称为 $|A\rangle$ 与 $|B\rangle$ 的叠加，即

$$|R\rangle = c_1|A\rangle + c_2|B\rangle \tag{16-1}$$

其中，$c_1^2$ 和 $c_2^2$ 分别为取得状态 $|A\rangle$ 和 $|B\rangle$ 的概率，$c_1$ 和 $c_2$ 被称为概率幅，并且 $c_1^2 + c_2^2 = 1$。

由定义可得：

**推论 1** 一个态与自己叠加的结果仍是原来的态。

**推论 2** 若 $|R\rangle$ 上还有其他测量结果，则 $|R\rangle$ 无法只由 $|A\rangle$ 和 $|B\rangle$ 叠加而成。

态 $|A\rangle$ 和 $|B\rangle$ 的加和与数乘满足如下运算规则：

乘法结合律：$c_1(c_2|A\rangle) = (c_1 c_2)|A\rangle = c_1 c_2|A\rangle$。

乘法分配律：$(c_1 + c_2)|A\rangle = c_1|A\rangle + c_2|A\rangle$。

加法交换律：$|A\rangle + |B\rangle = |B\rangle + |A\rangle$。

加法结合律：$|A\rangle + (|B\rangle + |C\rangle) = (|A\rangle + |B\rangle) + |C\rangle$。

加法分配律：$c(|A\rangle + |B\rangle) = c|A\rangle + c|B\rangle$。

对于量子寄存器，每一个量子位是一个双态系统，例如半自旋或两能级原子，自旋向上表示 $|0\rangle$，向下表示 $|1\rangle$，以 $|\phi_i\rangle$ 表示一个量子位的状态，则 $|\phi_i\rangle$ 可以由状态 $|0\rangle$ 和 $|1\rangle$ 叠加表示为

$$|\phi_i\rangle = c_0^i|0\rangle + c_1^i|1\rangle \tag{16-2}$$

其中，$c_0^i$ 和 $c_1^i$ 分别为状态 $|\phi_i\rangle$ 处于基态 $|0\rangle$ 和 $|1\rangle$ 的概率幅，即该量子位以概率 $(c_0^i)^2$ 和 $(c_1^i)^2$ 处于状态 $|0\rangle$ 和 $|1\rangle$，并且 $(c_0^i)^2 + (c_1^i)^2 = 1$。

更进一步，设 $n$ 位量子比特的系统所处的状态为 $|\phi\rangle$，则 $|\phi\rangle$ 可以表示为

$$|\phi\rangle = |\phi_0\rangle \otimes |\phi_1\rangle \otimes \cdots \otimes |\phi_{n-1}\rangle \tag{16-3}$$

其中，$\otimes$ 表示各个状态的张量积。将式(16-2)代入式(16-3)，可得

$$
\begin{aligned}
|\phi\rangle &= (c_0^0|0\rangle + c_1^0|1\rangle) \otimes (c_0^1|0\rangle + c_1^1|1\rangle) \otimes \cdots \otimes (c_0^{n-1}|0\rangle + c_1^{n-1}|1\rangle) \\
&= (c_0^0 c_0^1 \cdots c_0^{n-1})|00\cdots0\rangle + (c_0^0 c_0^1 \cdots c_1^{n-1})|00\cdots1\rangle + \cdots + (c_1^0 c_1^1 \cdots c_1^{n-1})|11\cdots1\rangle \\
&= \sum_{i=0}^{2^n-1} c_i|\phi_i\rangle
\end{aligned} \tag{16-4}
$$

由式(16-4)可知，$n$ 位量子比特系统所处的状态 $|\phi\rangle$ 由 $2^n$ 个基态叠加组成，且处于每一个基态的概率为 $c_i^2$，易得 $\sum_{i=0}^{2^n-1} c_i^2 = 1$。

相干与坍缩是与态的叠加紧密相关的概念，一个量子系统如果处于其基态的线性叠加中，那么此量子系统是相干的。当一个相干的系统和它周围的环境发生相互作用(测量)时，线性叠加就会消失，由此所引起的相干损失就叫作坍缩。式(16-4)中，系统坍塌到某个基态 $|\phi_i\rangle$ 的概率由 $|c_i|^2$ 决定。

## 16.1.3 量子态的干涉

干涉是一种常见的现象，它是由相位关系而产生的波的幅度增强或减弱的现象[9]。量

子计算的一个主要原理就是：使构成叠加态的各个基态通过量子门的作用发生干涉，从而改变它们之间的相对相位。

以叠加态：

$$|\phi\rangle = \frac{2}{\sqrt{5}}|0\rangle + \frac{1}{\sqrt{5}}|1\rangle = \frac{1}{\sqrt{5}}\binom{2}{1} \tag{16-5}$$

为例，将 Handamard 门算子 $\hat{H}$：

$$\hat{H} = \frac{1}{\sqrt{2}}\begin{pmatrix} 1 & 1 \\ 1 & -1 \end{pmatrix} \tag{16-6}$$

作用其上，可得

$$|\phi'\rangle = \hat{H}|\phi\rangle = \frac{1}{\sqrt{2}}\begin{pmatrix} 1 & 1 \\ 1 & -1 \end{pmatrix}\frac{1}{\sqrt{5}}\binom{2}{1} = \begin{pmatrix} \dfrac{3}{\sqrt{10}} \\ \dfrac{1}{\sqrt{10}} \end{pmatrix} = \frac{3}{\sqrt{10}}|0\rangle + \frac{1}{\sqrt{10}}|1\rangle \tag{16-7}$$

可以看到，基态 $|0\rangle$ 的概率幅增大，而 $|1\rangle$ 的概率幅减小。

对于单个量子位的变换，除了上述的 Handamard 门算子外，还有一些常用的变换算子：

$$\hat{I} = \begin{pmatrix} 1 & 0 \\ 0 & 1 \end{pmatrix} \tag{16-8}$$

$$\hat{X} = \begin{pmatrix} 0 & 1 \\ 1 & 0 \end{pmatrix} \tag{16-9}$$

$$\hat{Z} = \begin{pmatrix} 1 & 0 \\ 0 & -1 \end{pmatrix} \tag{16-10}$$

其中，$\hat{I}$ 实现了恒等变换，即 $|0\rangle \rightarrow |0\rangle$，$|1\rangle \rightarrow |1\rangle$；$\hat{X}$ 实现了求非变换，即 $|0\rangle \rightarrow |1\rangle$，$|1\rangle \rightarrow |0\rangle$；$\hat{Z}$ 实现了相位移动，即 $|0\rangle \rightarrow |0\rangle$，$|1\rangle \rightarrow -|1\rangle$。

在量子状态空间上，任何幺正变换都是合法的变换；反之，任何量子门 $\hat{U}$ 必须满足幺正限制，即 $\hat{U}^{+}\hat{U} = I$，其中，$\hat{U}^{+}$ 为 $\hat{U}$ 的共轭转置矩阵，$I$ 为单位阵。容易验证，以上提及的各个量子门均满足幺正限制。

### 16.1.4　量子态的纠缠

从计算的角度来看，所谓纠缠态，是指发生相互作用的两个子系统中所存在的一些态，它们不能表示为两个子系统态的张量积，而是表现为子系统中态的某种纠缠形式[9]。在数学上，纠缠可以使用密度矩阵来表示。量子状态 $|\phi\rangle$ 的密度矩阵 $\boldsymbol{\rho}_{\phi}$ 定义为

$$\boldsymbol{\rho}_{\phi} = |\phi\rangle\langle\phi| \tag{16-11}$$

以三个量子态为例：

(1) $|\phi_1\rangle = \dfrac{1}{\sqrt{2}}|00\rangle + \dfrac{1}{\sqrt{2}}|01\rangle = \dfrac{1}{\sqrt{2}}\begin{pmatrix} 1 \\ 1 \\ 0 \\ 0 \end{pmatrix}$，相应的密度矩阵为

$$\boldsymbol{\rho}_1 = |\phi_1\rangle\langle\phi_1| = \frac{1}{2}\begin{pmatrix} 1 & 1 & 0 & 0 \\ 1 & 1 & 0 & 0 \\ 0 & 0 & 0 & 0 \\ 0 & 0 & 0 & 0 \end{pmatrix} = \frac{1}{2}\left(\begin{pmatrix} 1 & 0 \\ 0 & 0 \end{pmatrix} \otimes \begin{pmatrix} 1 & 1 \\ 1 & 1 \end{pmatrix}\right) \qquad (16-12)$$

(2) $|\phi_2\rangle = \dfrac{1}{\sqrt{2}}|00\rangle + \dfrac{1}{\sqrt{2}}|11\rangle = \dfrac{1}{\sqrt{2}}\begin{pmatrix} 1 \\ 0 \\ 0 \\ 1 \end{pmatrix}$，相应的密度矩阵为

$$\boldsymbol{\rho}_2 = |\phi_2\rangle\langle\phi_2| = \frac{1}{2}\begin{pmatrix} 1 & 0 & 0 & 1 \\ 0 & 0 & 0 & 0 \\ 0 & 0 & 0 & 0 \\ 1 & 0 & 0 & 1 \end{pmatrix} \qquad (16-13)$$

(3) $|\phi_3\rangle = \dfrac{1}{\sqrt{3}}|00\rangle + \dfrac{1}{3}|01\rangle + \dfrac{1}{3}|11\rangle$，相应的密度矩阵为

$$\boldsymbol{\rho}_3 = |\phi_3\rangle\langle\phi_3| = \frac{1}{3}\begin{pmatrix} 1 & 1 & 0 & 1 \\ 1 & 1 & 0 & 1 \\ 0 & 0 & 0 & 0 \\ 1 & 1 & 0 & 1 \end{pmatrix}$$

$$= \frac{1}{\sqrt{3}}\left(\begin{pmatrix} 1 & 1 \\ 1 & 1 \end{pmatrix} \otimes \begin{pmatrix} 0 & 0 \\ 0 & 1 \end{pmatrix} \oplus \begin{pmatrix} 1 & 1 & 0 & 1 \\ 1 & 0 & 0 & 0 \\ 0 & 0 & 0 & 0 \\ 1 & 0 & 0 & 0 \end{pmatrix}\right) \qquad (16-14)$$

如上所述，$|\phi_1\rangle$ 可以分解为两个子系统的态的张量积，因此 $|\phi_1\rangle$ 不处于纠缠态；而 $|\phi_2\rangle$ 和 $|\phi_3\rangle$ 都无法分解为子系统态的张量积，因此它们处于纠缠态。其中，$|\phi_2\rangle$ 因为无法分解，所以其纠缠程度最高；$|\phi_3\rangle$ 处于部分纠缠状态。

## 16.1.5　量子计算的并行性

在经典计算机中，信息的处理是通过逻辑门进行的。量子寄存器中的量子态则是通过量子门的作用进行演化的。量子门的作用与逻辑电路门类似，在指定基态的条件下，量子

门可以由作用于希尔伯特空间中向量的矩阵 $\hat{U}_f$ 描述。由于量子门的线性约束，量子门对希尔伯特空间中量子状态的作用将同时作用于所有基态上，对应到 $n$ 位量子计算机模型中，相当于同时对 $2^n$ 个数进行运算，这就是量子并行性。量子并行性是量子计算的一个基本特性，可以简单理解为，量子的并行计算可以同时计算一个函数 $f(x)$ 的很多个不同 $x$ 处的函数值。例如：

$$|\phi\rangle = \frac{1}{\sqrt{2^n}}(|00\cdots0\rangle + |00\cdots1\rangle + \cdots + |11\cdots1\rangle) = \frac{1}{\sqrt{2^n}}\sum_{x=0}^{2^n-1}x \qquad (16-15)$$

该叠加态可以看作在 $0\sim2^n-1$ 的所有整数的一个叠加态，由 $\hat{U}_f$ 的线性性质可得

$$\hat{U}_f\left(\frac{1}{\sqrt{2^n}}\sum_{x=0}^{2^n-1}|x,\ 0\rangle\right) = \frac{1}{\sqrt{2^n}}\sum_{x=0}^{2^n-1}\hat{U}_f|x,\ 0\rangle$$

$$= \frac{1}{\sqrt{2^n}}\sum_{x=0}^{2^n-1}|x,\ f(x)\oplus0\rangle$$

$$= \frac{1}{\sqrt{2^n}}\sum_{x=0}^{2^n-1}|x,\ f(x)\rangle \qquad (16-16)$$

其中，$f(x)$ 就是我们所要计算的函数。由于 $n$ 个量子位允许同时对 $2^n$ 个状态进行处理，因此量子门的一次操作即可计算 $2^n$ 个位置的函数值。

## 16.2　量子搜索与优化

### 16.2.1　Grover 搜索算法

1996 年美国科学家 Grover 提出了一种无序数据库的量子搜索算法并将其命名为 Grover 算法。考虑从 $N$ 个数据中搜索某一个特定数据的问题，经典计算机上实现的时间复杂度为 $O(N)$，而在量子计算机上，Grover 算法将该问题的时间复杂度降低到 $O(\sqrt{N})$，起到了对经典搜索算法的二次加速作用，显著提高了搜索效率。

Grover 提出的量子搜索算法主要是：首先，通过变换量子基态的概率幅，使求解结果对应的量子基态的概率幅达到最大，同时，不满足条件的基态的概率幅不断减小；然后，对量子态进行观测时就会以较大概率获得所要搜索的基态，即搜索成功。具体过程如下：

（1）制备等概率幅叠加态 $|s\rangle$：

$$|s\rangle = \frac{1}{\sqrt{2^n}}\sum_{x=0}^{2^n-1}|x\rangle \qquad (16-17)$$

其中，$n$ 代表所用量子系统中量子位的个数。该叠加态可以由 $H^{(n)} = H \otimes H \otimes \cdots \otimes H$ 对 $n$ 位初始态 $|00\cdots0\rangle$ 作用得到，$H$ 为 Handamard 门算子。

（2）利用黑箱算子 $O$ 检验每个元素是否为搜索问题的解，该算子可以使目标态 $|a\rangle$ 的相位反转，任何与目标态正交的态的符号保持不变，即 $O|a\rangle = -|a\rangle$，如果 $\langle a|\nu\rangle = 0$，则 $O|\nu\rangle = |\nu\rangle$。

（3）构造幺正变换 $U_s$ 如下：

$$U_s = 2|s\rangle\langle s| - I \qquad (16-18)$$

设 $c_x$ 是当下基态 $|x\rangle$ 的概率幅，对于叠加态 $|x\rangle = \sum_{x=0}^{2^n-1} c_x |x\rangle$，用 $U_s$ 对其进行变换，可得

$$U_s |\phi\rangle = 2|s\rangle\langle s|\phi\rangle - |\phi\rangle = 2|s\rangle\sqrt{N}\langle c_x\rangle - |\phi\rangle$$

$$= \sum_{x=0}^{2^n-1} (2\langle c_x\rangle - c_x)|x\rangle \qquad (16-19)$$

其中，$\langle c_x\rangle = \dfrac{1}{2^n} \sum_{x=0}^{2^n-1} |x\rangle$。由式(16-19)可得，$U_s$ 将各态的概率幅相对于平均概率幅进行了反转，概率幅由原来的 $c_x$ 变为 $2\langle c_x\rangle - c_x$。

（4）迭代第（2）步和第（3）步，经过大约 $\dfrac{\pi}{4}\sqrt{N}$ 次迭代，对最后结果进行量子测量就能以大于 $50\%$ 的概率搜索到目标 $|a\rangle$。

Grover 量子搜索算法是量子计算最重要的进展之一。对于在无序数据库中搜索一个特定目标态，Grover 算法实现了对经典搜索算法的二次加速作用。目前，Grover 算法已广泛引起人们的关注，并已经成为一个富有挑战性的研究领域。

## 16.2.2　量子遗传算法

量子遗传算法是结合量子计算机制的一种新的进化算法。1996 年，Narayanan 等[10] 首次将量子理论与遗传算法相结合，提出了量子遗传算法的概念，开创了量子计算与进化计算融合的研究方向。相较于传统的进化算法，量子遗传算法具有种群分散性好，全局搜索能力强，搜索速度快，易于与其他算法结合等优点，在之后的 20 多年间，量子进化算法吸引了广泛的关注，并产生了大量研究成果。2000 年，Han 等[11] 提出了一种遗传量子算法，然后又扩展为量子进化算法，实现了组合优化问题的求解。2005 年，Khorsand 等[12] 提出了一种多目标量子遗传算法，该方法对很多优化问题具有很好的适应性。目前，量子计算与进化算法的融合点主要集中在种群编码方式和进化策略的构造上。在量子遗传算法中，个体用量子位的概率幅编码，用基于量子门的量子比特相位旋转实现个体进化，用量子非门实现个体变异以增加种群的多样性。

基于量子旋转门的量子遗传算法以 Han 等人提出的 QEA 为代表。该算法以量子比特

对种群中的每一个个体进行编码。例如，以 $Q(t)=\{\boldsymbol{q}_1^t,\boldsymbol{q}_2^t,\cdots,\boldsymbol{q}_n^t\}$ 表示一个量子种群，其中 $t$ 表示当前的迭代代数，$n$ 表示种群规模，则第 $t$ 代第 $j$ 个个体的编码可以表示为

$$\boldsymbol{q}_j^t = \begin{pmatrix} \alpha_{j1}^t & \alpha_{j2}^t & \cdots & \alpha_{jm}^t \\ \beta_{j1}^t & \beta_{j2}^t & \cdots & \beta_{jm}^t \end{pmatrix} \tag{16-20}$$

式中，对于任意一列 $\alpha$ 和 $\beta$，满足 $\alpha^2+\beta^2=1$。其中，$\alpha$ 表示该位取 0 的概率幅，$\beta$ 表示该位取 1 的概率幅。这种编码方式使一条量子染色体可以表示 $2^m$ 个基态的概率幅，扩展了进化算法中染色体的信息容量。当 $\alpha$ 或者 $\beta$ 趋近于 0 或者 1 时，量子染色体以大概率坍缩到一个确定的解。

QEA 的工作流程可以描述为下列步骤：

（1）初始种群 $Q(t)$，$t=0$。将初始量子种群 $Q(t)$ 中的每一个量子染色体的每一个量子位的 $\alpha$ 和 $\beta$ 都初始化为 $1/\sqrt{2}$。

（2）测量每一条量子染色体。对每一条量子染色体 $q_j^t$ 进行测量，得到一个状态 $x_j^t$，$x_j^t$ 为一条 $m$ 位的串，每一位或者为 0，或者为 1。测量过程为：对 $q_j^t$ 的每一位，在 $[0,1]$ 之间产生一个随机数 $r$，如果 $r$ 大于该位对应的 $\alpha^2$，则 $x_j^t$ 中该位设置为 1，否则，$x_j^t$ 中该位设置为 0。

（3）用测试函数 $f$ 评测步骤（2）中产生的 $n$ 个状态，并将其中最好的状态 $b_j^t$ 与当前最好的状态 $b$ 进行对比。如果 $b_j^t$ 的函数值优于 $b$ 的函数值，则将 $b_j^t$ 赋给 $b$。

（4）利用量子门 $U(\Delta\theta)$ 更新 $Q(t)$ 中每一个量子染色体的每一个量子比特位，从而得到 $Q(t+1)$，其中 $U(\Delta\theta)$ 表示如下：

$$U(\Delta\theta) = \begin{pmatrix} \cos\Delta\theta & -\sin\Delta\theta \\ \sin\Delta\theta & \cos\Delta\theta \end{pmatrix} \tag{16-21}$$

式中，$\Delta\theta$ 根据具体问题设定，通常由 $x_j^t$ 及其对应的函数值与 $b$ 及其对应的函数值的相对关系设计。

（5）如果停机条件满足，则输出状态 $b$ 及其对应的函数值，否则 $t=t+1$，跳转至第（2）步。

基于量子门的量子进化算法采用量子编码，在原有最优状态的基础上，通过量子门更新，以较大概率产生性能更优的下一代种群。因为采用了容量更大的量子染色体作为种群的构造单元，所以基于旋转门的量子进化算法具有如下优势：

（1）易于并行处理，因为量子染色体之间交流较少，算法本身并行程度较高，所以具有处理大规模数据的潜力。

（2）寻优性能鲁棒。因为算法中存在多个量子染色体同时进行搜索，而且每一个量子染色体相对独立，所以对搜索空间的覆盖较完整，能够有效降低局部最优的影响，提高鲁棒性。

### 16.2.3 量子粒子群智能算法

群体智能算法是一门新兴的优化计算方法，自 20 世纪 80 年代出现以来，引起了众多研究人员的关注，已经成为优化技术领域的一个研究热点，是人工智能以及经济、社会、生物等交叉学科的热点和前沿领域。群体智能算法是基于群体行为为给定的目标进行寻优的启发式搜索算法，其寻优过程体现了随机、并行和分布式等特点。Sun 等[13] 提出了具有量子行为的粒子群优化算法（QPSO），利用量子测不准原理来描述例子的运动状态，将量子机制与群智能结合。Wang 等[14] 将基于量子粒子群的进化算法推广到了多目标优化领域。本节将简单介绍 QPSO 的基本原理和流程。

按照经典力学，一个粒子在确定了位置 $x$ 和速度向量 $v$ 之后，将沿着一个确定的轨道运动。因此，经典的粒子群优化可以用如下过程描述：

（1）随机初始化粒子的当前位置集合 $P$，并初始化局部最优解集 $L=P$，全局最优解为 $b$。

（2）$L$ 中适应度最好的解如果比 $b$ 的适应度值好，则用 $L$ 中最好的解更新 $b$。

（3）更新速度 $v$，再通过速度 $v$ 与 $P$ 中解的组合产生新解，并更新 $P$ 中对应的解。

（4）若产生的新解比相应的 $L$ 中的解具有更好的适应度值，则将 $L$ 中相应的解用新解更新。

（5）若停机条件满足，则输出 $b$，否则转到第（2）步继续运行算法。

在第（4）步中，更新速度 $v$ 的常用算式为

$$v(t+1) = wv(t) + w_1(l-p) + w_2(b-p) \tag{16-22}$$

式中，$w$、$w_1$、$w_2$ 为常数，$t$ 表示迭代代数，$l$ 是 $L$ 中的元素，$p$ 是相应的 $P$ 中的元素。新解为

$$x(t+1) = x(t) + v(t+1) \tag{16-23}$$

如上所示，采用传统的粒子群优化算法，在经典力学空间中，粒子的移动状态由速度和当前状态决定。但是在量子力学中，粒子的运动是不确定的，没有运动轨道的概念，我们用波函数 $\psi(x, t)$ 来描述粒子的状态。在一个 3 维空间中，波函数可以表示为

$$|\psi|^2 dxdydz = Qdxdydz \tag{16-24}$$

其中，$Qdxdydz$ 表示粒子在时刻 $t$ 出现在位置 $(x, y, z)$ 的概率；$|\psi|^2$ 是概率密度函数，并且满足如下条件：

$$\int_{-\infty}^{\infty} |\psi|^2 dxdydz = \int_{-\infty}^{\infty} Qdxdydz = 1 \tag{16-25}$$

$\psi(x, t)$ 与时间的关联函数可以由下面的薛定谔方程给出：

$$ih \frac{\partial}{\partial t} \psi(x, t) = H\psi(x, t) \tag{16-26}$$

其中，$H$ 是汉密尔顿算子，$h$ 为普朗克常量。对于一个质量为 $m$ 的处于势场 $V(x)$ 的单个粒子，汉密尔顿算子可以表示如下：

$$H = -\frac{h^2}{2m}\nabla^2 + V(x) \tag{16-27}$$

对于量子粒子群系统，我们假设粒子处于 $\delta$ 势阱中，势阱的中心为 $p$。为简单起见，以一维空间的粒子为例，势能函数可以表示为

$$V(x) = -\gamma\delta(x-p) = -\gamma\delta(y) \tag{16-28}$$

其中，$y = x - p$，那么汉密尔顿算子可以表示为

$$H = -\frac{h^2}{2m}\frac{\mathrm{d}^2\psi}{\mathrm{d}y^2} - \gamma\delta(y) \tag{16-29}$$

则针对此模型的薛定谔方程可以变换为

$$\frac{\mathrm{d}^2\psi}{\mathrm{d}y^2} + \frac{2m}{h^2}[E + \gamma\delta(y)]\psi = 0 \tag{16-30}$$

通过 $\displaystyle\int_{-\varepsilon}^{\varepsilon}\mathrm{d}x$，$\varepsilon \to 0^+$，可得

$$\psi'(0^+) - \psi'(0^-) = -\frac{2m\gamma}{h^2}\psi(0) \tag{16-31}$$

对于 $y \neq 0$，式(16-30)可以表示为

$$\begin{cases} \dfrac{\mathrm{d}^2\psi}{\mathrm{d}y^2} - \beta^2\psi = 0 \\[2mm] \beta = \sqrt{-\dfrac{2mE}{h}}, \ E < 0 \end{cases} \tag{16-32}$$

在满足约束条件的情况下，有

$$|y| \to \infty, \ \psi \to 0 \tag{16-33}$$

式(16-32)的解可以表示为

$$\psi(y) \approx \mathrm{e}^{-\beta|y|} \tag{16-34}$$

我们考虑如下解的形式：

$$\psi(y) = \begin{cases} C\mathrm{e}^{-\beta y}, & y > 0 \\ C\mathrm{e}^{\beta y}, & y < 0 \end{cases} \tag{16-35}$$

式中，$C$ 为一个常量。根据式(16-31)，可得

$$-2C\beta = -\frac{2m\gamma}{h^2}C \tag{16-36}$$

则

$$\beta = \frac{m\gamma}{h^2} \tag{16-37}$$

并且

$$E = E_0 = -\frac{h^2\beta^2}{2m} = -\frac{m\gamma^2}{2h^2} \tag{16-38}$$

由于波函数需要满足归一条件，则下式成立：

$$\int_{-\infty}^{+\infty} |\psi(y)|^2 \mathrm{d}y = \frac{|C|^2}{\beta} = 1 \tag{16-39}$$

可得 $|C| = \sqrt{\beta}$。另 $L = \frac{1}{\beta} = \frac{h^2}{m\gamma}$，$L$ 叫作势阱的特征长度，则归一化的波函数可以表示如下：

$$\psi(y) = \frac{1}{\sqrt{L}}\mathrm{e}^{-|y|/L} \tag{16-40}$$

相应的概率密度函数 $Q(y)$ 可以表示为

$$Q(y) = |\psi(y)|^2 = \frac{1}{L}\mathrm{e}^{-2|y|/L} \tag{16-41}$$

式(16-41)给出了粒子在量子空间中态的波函数，我们用蒙特卡罗法模拟量子态的坍缩过程，即由量子态得到经典力学空间中粒子的位置。另 $s$ 为 $[0, 1/L]$ 之间均匀分布的随机数，则

$$\begin{cases} s = \dfrac{1}{L}\mathrm{rand}(0, 1) = \dfrac{1}{L}u \\ u = \mathrm{rand}(0, 1) \end{cases} \tag{16-42}$$

用 $s$ 代替式(16-41)中的 $\psi(y)$，可得

$$s = \frac{1}{\sqrt{L}}\mathrm{e}^{-|y|/L} \tag{16-43}$$

进而可得

$$y = \pm\frac{L}{2}\ln\left(\frac{1}{u}\right) \tag{16-44}$$

因为 $y = x - p$，所以

$$x = p \pm \frac{L}{2}\ln\left(\frac{1}{u}\right) \tag{16-45}$$

式中，$u$ 为 0 到 1 之间均匀分布的随机数。式(16-45)可实现对量子空间中粒子准确位置的测量。它是量子粒子群算法的核心迭代公式，通过不断更新吸引子 $p$ 和特征长度 $L$，实现了粒子按照量子力学的运动形式在整个决策空间的高效搜索。

近十年来，量子粒子群算法获得了长足的发展。PSO 算法的创始人 Kennedy 称之为最具有发展潜力的 PSO 改进算法[15]，越来越多学者对 QPSO 算法进行研究，提出了各种基于 QPSO 算法的改进算法及应用。针对 QPSO 算法中控制参数的选择，文献[16]指出了 QPSO 算法的控制参数（即收缩-扩张因子）的值小于 1.78 时能够保证算法收敛，并提出了两种参数控制方法，即线性递减和自适应调整；文献[17]提出了另一种基于种群多样性的

CE 参数选择方法；文献[18]使用高斯概率分布产生随机数代替原算法中的不同参数，能够有效改进粒子的早熟问题；文献[19]对 QPSO 算法的全局收敛性进行了分析证明，并给出三种不同取值策略，用于控制参数对算法性能的影响。当前 QPSO 算法的应用已经渗透到自然科学的各个领域，包括生物信息、组合优化、自动控制、分类聚类、模糊系统、图形图像、参数辨识、神经网络、生产调度、机器学习等[20-22]。

### 16.2.4　量子退火算法

量子退火算法是一类新的量子优化算法。不同于经典模拟退火算法利用热波动来搜寻问题的最优解，量子退火算法利用量子波动产生的量子隧穿效应来使算法摆脱局部最优。

1982 年，Kirkpatrick 等人将退火思想引入优化领域，提出了模拟退火算法。Kadowaki[23]利用量子退火研究了最优化问题，并把这种思想应用于横向伊辛(Ising)模型和旅行商问题，综合讨论了量子退火相对于模拟退火的优越性及其原因；Trugenberger[24]利用量子退火对组合优化问题进行了研究；Martonak 等[25]提出了关于对称旅行商问题的路径积分蒙特卡罗量子退火，并和标准的热力学模拟退火进行比较。综合来看，与模拟退火方法相比较，量子退火在退火收敛速度和避免陷入局部极小方面有一定优势，这主要是因为量子的隧道效应使得粒子能够穿过比其自身能量高的势垒直接达到低能量状态。

量子退火主要利用量子涨落的机制(即量子跃迁的隧道效应)来完成最优化过程。设无外力作用时体系的 Hamilton 量为 $H_0$，$H'(t)$ 表示外力作用的结果，则体系的 Hamilton 量可表示为

$$H = H_0 + H'(t) \tag{16-46}$$

在具体的应用中，最优化问题被编码为 $H_0$，$H'(t)$ 为外加场，通常被设定为横向场 $\tau(t)\sum_i \delta_i^{x[26]}$，则体系的 Hamilton 量可表示为

$$H = H_0 + \tau(t)\sum_i \delta_i^x \tag{16-47}$$

通过路径积分蒙特卡罗方法，可以将经典的势能转换为量子势能的形式[24]：

$$\varphi_P = \left(\frac{Pm}{2\beta^2 E^2}\right)\sum_{i=1}^{N}\sum_{t=1}^{P}|r_{i,t} - r_{i,t+1}|^2 + \frac{1}{P}\sum_{t=1}^{P}V(\{r;t\}) \tag{16-48}$$

式中，$r_{i,t}$ 表示三维向量中(由上面的过程很容易拓展到 $N$ 维空间)第 $i$ 个粒子在第 $t$ 个时间片上的坐标；$E$ 是一个类似于模拟退火中 $T$ 的可调参数，由一个初值逐渐减小到零，从而控制动能项逐渐减小到零；$\beta = 1/(kT)$，是反转温度。基于上述过程，路径积分蒙特卡罗量子退火的工作流程如下：

(1) 选定一个 Trotter 数 $P$ 并设定初始的算法执行次数和初始的动能值。

(2) 根据式(16-48)将经典系统的势能(即优化目标)量子化，得到量子化的势能如下：

$$H = H_q + H_{kim}(t) \tag{16-49}$$

（3）对式(16-49)运用蒙特卡罗方法进行采样，寻找最优解（产生新解的移动策略可以是局部移动、全局移动等）。

（4）按照某一策略衰减 $E$，如果未达到算法的执行次数或者 $E$ 的下限，则返回步骤(3)。

（5）得到量子化的能量最优解。

（6）将步骤(5)得到的最优解转化为经典能量的形式，就得到了搜索到的目标最优解。

该算法在一些应用问题上取得了较好的效果，如经典的 LJ 团簇问题的基态结构求解[27]，随机 Ising 模型[28]、随机场 Ising 模型的基态问题[29]，TSP 问题[25]等。

## 16.2.5 量子免疫克隆算法

与进化算法一样，人工免疫系统借鉴脊椎动物免疫系统的作用机理，特别是高级脊椎动物（主要是人）免疫系统的信息处理模式，以免疫学术语和基本原理构造新的智能算法，为问题的求解提供了新颖的方法。但是我们发现，免疫克隆选择算法是以在局部增加种群规模来换取局部寻优能力强的智能算法，当我们的问题规模增加或是实时要求较高时，此算法将无法满足需求，那么如何利用历史信息指导进化，使得算法在提高局部搜索能力的同时还能兼顾到全局的收敛速度呢？

16.2.2 节中将量子理论应用到进化计算中加速了算法的收敛，增加了种群的多样性，提高了算法的性能。2008 年，焦李成、李阳阳等人提出了量子免疫克隆全局优化算法[30]。本节利用量子进化计算中的量子染色体，继承免疫克隆选择算法中的克隆算子并将二者相结合，介绍一种新的理论框架——量子克隆进化理论及其学习算法（Quantum Cloning Algorithm，QCA）。量子比特编码染色体这种概率幅表示可以使一个量子染色体同时表征多个状态的信息，带来丰富的种群，而且利用克隆算子使得当前最优个体的信息能够很容易地扩大到下一代来引导变异，使得种群以大概率向着优良模式进化，加快收敛。另外，对于克隆算子的特殊结构，我们结合混沌算子提出了一种自适应的混沌变异算子。它能够避免种群陷于局部最优解，有效防止早熟。

如前所述，进化算法在解决优化问题时虽具有简单、通用、鲁棒性等特点，但在搜索后期由于其算法的盲目性和随机性，就会出现退化早熟现象。为了防止这类现象的发生，就要增大优良个体的比例，减少坏个体的不良影响，即利用有用信息来指导进化。这里我们给出了另外一种具有上述特点的智能算法——克隆选择算法。该算法包括三个步骤：克隆、克隆变异和克隆选择。其抗体群的状态转移情况可以表示成如下的随机过程[30]：

$$C_s : A(k) \xrightarrow{\text{clone}} A'(k) \xrightarrow{\text{mutation}} A''(k) \xrightarrow{\text{selection}} A(k+1)$$

值得说明的是，抗原、抗体、抗原和抗体之间的亲和度分别对应优化问题的目标函数和各种约束条件、优化解、解与目标函数的匹配程度。克隆算子就是依据抗体与抗原的亲和度函数 $f(*)$，将解空间中的一个点 $a_i(k) \in A(k)$ 分裂成了 $q_i$ 个相同的点 $a_i'(k) \in A''(k)$，经过克隆变异和克隆选择后获得新的抗体。其实质是在一代进化中，在候选解的附近，根据亲和度的大小，产生一个变异解的群体，从而扩大搜索范围。表 16.1 所示为生物学与算法中相关概念的对应关系。

表 16.1　生物学与算法中相关概念的对应关系

| 生物抗体克隆选择学说中的概念 | 克隆算子中的作用 |
| :---: | :---: |
| 克隆（无性繁殖） | 克隆（复制） |
| 抗体 | 解 |
| 抗原 | 问题的优化目标及其约束条件 |
| 抗体-抗体亲和度 | 两个解之间的距离 |
| 抗体-抗原亲和度 | 解所对应的目标函数值 |

显然，在克隆算子中，为了保持解的多样性而扩大空间搜索范围，采取对父代进行克隆复制的策略，其解空间变大是以计算时间增长为代价的。由于采用量子编码具有量子并行运算的特点，因此将二者相结合，不失为一种行之有效的快速方法。

QCA 是一种与 EA 类似的概率算法。第 $t$ 代的染色体种群 $\boldsymbol{Q}(t) = \{\boldsymbol{q}_1^t, \boldsymbol{q}_2^t, \cdots, \boldsymbol{q}_n^t\}$。其中 $n$ 为种群大小，$t$ 为进化代数，$\boldsymbol{q}_j^t$ 定义为如下的染色体：

$$\boldsymbol{q}_j^t = \begin{bmatrix} \alpha_1^t & \alpha_2^t & \cdots & \alpha_m^t \\ \beta_1^t & \beta_2^t & \cdots & \beta_m^t \end{bmatrix}, j = 1, 2, \cdots, n \, (m \text{ 为量子染色体长度}) \quad (16-50)$$

图 16.1 给出了量子克隆进化算法流程。

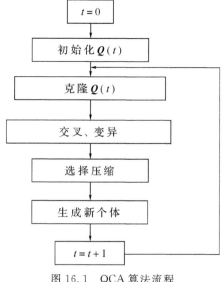

图 16.1　QCA 算法流程

在"初始化 $\boldsymbol{Q}(t)$"中，若 $\boldsymbol{Q}(t)$ 中 $\alpha_i^t$、$\beta_i^t(i=1, 2, \cdots, m)$ 和所有的 $q_j^t$ 都被初始化为 $1/\sqrt{2}$，则意味着所有可能的线性叠加态以相同的概率出现；在"克隆 $\boldsymbol{Q}(t)$"这一步中，克隆算子直接操作在量子染色体上。在"交叉、变异"这一步中，既可使用传统意义上的交叉、变异，也可根据量子的叠加特性和量子变迁的理论，运用一些合适的量子门变换来产生 $\boldsymbol{Q}''(t)$。需要指出的是，由于概率归一化条件的要求，量子门变换矩阵必须是可逆的酉正矩阵，需要满足 $\boldsymbol{U}^*\boldsymbol{U}=\boldsymbol{U}\boldsymbol{U}^*$（$\boldsymbol{U}^*$ 为 $\boldsymbol{U}$ 的共轭转置）。常用的量子变换矩阵有异或门、受控的异或门、旋转门和 Hadamard 门等。在"选择压缩"这一步中，通过观察 $\boldsymbol{Q}''(t)$ 的状态，产生一组普通解 $\boldsymbol{P}(t)$。在第 $t$ 代中 $\boldsymbol{P}(t)=\{x_1^t, x_2^t, \cdots, x_n^t\}$，每个 $x_j^t(j=1, 2, \cdots, n)$ 是长度为 $m$ 的串 $(x_1, x_2, \cdots, x_m)$，它是由量子比特幅度 $|\alpha_i^t|^2$ 或 $|\beta_i^t|^2(i=1, 2, \cdots, m)$ 得到的，如在二进制情况下的过程是：首先随机产生一个 $[0, 1]$ 数，若它大于 $|\alpha_i^t|^2$，则取 1，否则取 0；然后由普通解来选择压缩到与克隆前相同的规模，从而生成新的个体。

### 16.2.6 量子免疫克隆多目标优化算法

最优化处理的是在一堆可能的选择中搜索对于某些目标来说是最优解的问题。如果仅考虑一个目标，则称为单目标优化问题，这种问题在过去 50 年中已经得到了深入的研究。如果存在的目标超过一个并需要同时处理，就成为多目标优化问题。多目标优化问题起源于许多实际复杂系统的设计、建模和规划问题。这些系统所在的领域包括工业制造、城市运输、资本预算、森林管理、水库管理、新城市的布局和美化、能量分配等。几乎每个重要的现实生活中的决策问题都存在多目标优化问题[31-32]。

与单目标优化问题相比，多目标优化问题更加复杂，它需要同时优化多个目标。这些目标往往是不可比较的，甚至是相互冲突的，一个目标的改善有可能引起另一个目标性能的降低。与单目标优化问题的本质区别在于，多目标优化问题的解不是唯一的，而是存在一个最优解集合，集合中的元素称为 Pareto 最优解或非支配解（non-dominated）。所谓Pareto 最优解，就是不存在比其中至少一个目标好而其他目标不劣的更好的解，也就是不可能优化其中部分目标而其他目标不至劣化。Pareto 最优解集中的元素就所有目标而言是彼此不可比较的。

量子免疫克隆多目标优化算法（Quantum-inspired Immune Clonal Multiobjective Optimization Algorithm，QICMOA）结合免疫系统的免疫优势概念和抗体克隆选择学说，仍然采用量子位对优势种群抗体进行编码，针对这种编码方式，设计了量子重组算子和量子非门更新算子，对拥挤密度较小的优势抗体，即拥挤距离较大者，进行克隆、重组和更新。算法只对优势抗体进行演化，采用拥挤距离作为该优势抗体的亲和度。理论分析和数值仿真表明，QICMOA 算法能够很好地解决多目标优化问题，具有较强的工程应用价值。

下面介绍量子免疫克隆多目标优化算法的整体步骤。设有三个种群，分别是免疫优势

种群 $D_t$、优势克隆种群 $A_t$ 和克隆后的种群 $C_t$，其大小分别为 $N_D$、$N_A$ 和 $N_C$。

（1）$t=0$，初始化大小为 $N_D$ 的种群 $B_0$，设定参数。

（2）计算 $B_t$ 种群的目标函数值。

（3）根据 Pareto 最优解的概念获得免疫优势种群 $D_t$，如果 $|D_t|>N_D$，那么根据拥挤距离进行降序排列，从中选出前 $N_D$ 个抗体，构成免疫优势种群 $D_{t+1}$。

（4）如果停止准则满足，输入 $D_{t+1}$，停止；否则 $t=t+1$。

（5）从 $D_t$ 中获得优势克隆种群 $A_t$，如果 $|D_t| \leqslant N_A$，直接令 $D_t=A_t$；否则根据拥挤距离进行降序排列，从中选择前 $N_A$ 个抗体，构成优势克隆种群 $A_t$。

（6）克隆操作种群 $A_t$，生成种群 $C_t$。

（7）重组和变异操作，生成种群 $C_t'$。

（8）合并两个抗体群 $D_t$ 和 $C_t'$，生成 $B_{t+1}$，转步骤（2）。

从上述算法描述中可以看出，QICMOA 算法主要具有以下三个特点：

（1）局部搜索与全局搜索的同步进行。由亲和度的定义可以看出，我们虽然只考虑非支配解的适应性度量，并按拥挤距离选择优势克隆抗体群，但作用于其上的量子重组和量子非门更新操作实现了全局搜索和局部搜索的同步进行。

（2）抗体群的持续进化。各抗体群大小的相对稳定保证了抗体进化的持续性。算法通过在代与代之间维持由潜在解组成的抗体群来实现多方向的全局和局部搜索。算法并没有采用遗传算法的适应度值的概念，而是定义了亲和度这一概念，通过这一适应性度量对不同抗体进行的不同操作。

（3）免疫优势抗体群的多样性保持。在免疫优势群体的编码上引入量子位编码，量子位编码具有的不确定性增加了种群的多样性。在多目标优化问题中，在目标空间不存在任何局部极值的概念，Pareto 前沿面上的所有点都是同等优秀的。因此对免疫优势抗体群并没有采用排序方法，以防止搜索唯一地集中于全局最优解上，而是在目标值域的优势抗体上实现共享（即表现型共享），期望能够实现在全局折中表面上非支配解的均匀分布。

# 16.3　量子学习

## 16.3.1　量子聚类

聚类分析在数据挖掘领域中扮演着非常重要的角色，是数据分析与知识发现的重要工具。聚类分析的目的是将抽象出来的对象或数据集合分成若干具有特殊意义的团或者类，而这种划分的依据就是样本对象之间的相似程度，相似度高的样本归为一类，而相似度低的样本则分别属于不同类。聚类分析揭示了数据间的差异与联系，用于发现样本的分布情况。在海量的数据面前，这尤为重要。一般情况下，聚类并不需要使用训练数据进行学习，是一种无监督学习，它可以作为独立的工具来使用，也可以作为一种前期预处理步骤，为进一步的科学研究做准备。

作为一类新兴的聚类算法，量子聚类吸引着越来越多研究者投身于相关研究。这些研究产生了一批优秀的理论成果并在很多领域中取得了广泛的成功。Li[33] 等提出了一种改进的量子聚类方法（对核宽度调节参数进行估计）以及基于度量距离改变的量子聚类[34]（以克服量子聚类的缺陷，获得更好的聚类效果）。Gou 等[35] 将量子聚类与多精英免疫算法相结合，避免了算法陷入局部最优。文献[36]和[37]分别将量子聚类应用于 SAR 图像分割和医学图像的分割。Niu[38] 等提出了基于量子机制的复杂网络社团检测方法。Sun 等[39] 将量子聚类应用于模糊神经网络模型。

根据算法设计思想的不同，量子机制的聚类算法大体可以分为基于优化的量子聚类算法和基于量子力学启发的量子聚类算法。

（1）在基于优化的量子聚类算法中，需要预先设定寻优目标函数，利用量子搜索机制搜索目标函数的极值点。这种搜索机制与传统的基于优化的聚类方法截然不同，它能够增强解空间的遍历性、种群的多样性，并能够将最优解在搜索空间中的多种表述形式用量子位的概率幅表述，进一步增加获得全局最优解的概率。这类算法将聚类作为一个优化问题，利用量子优化算法来得到最优解。

（2）在基于量子力学启发的量子聚类算法中，基本思想是：聚类研究的是样本在尺度空间中的分布，而量子力学研究的是粒子在量子空间的分布，可以以量子力学的方式研究聚类问题。基本思路为：已知波函数，用薛定谔方程求解势能函数，从势能能量点的角度来确定聚类中心。相较于传统的聚类算法，文献[40]中总结了量子力学启发的聚类算法的如下优势：① 算法的重点放在聚类中心的选取而不是聚类边界的查找上；② 聚类的中心并非简单的几何中心或随机确定，而是完全取决于数据自身的潜在信息；③ 样本分布模型和聚类类别数等都不需要预先假定。

## 16.3.2  量子神经网络

20 世纪 50 年代以来，随着心理学、神经科学、计算机信息科学、人工智能和神经影像学技术的发展，用自然科学方法探索人类意识的条件趋于成熟。世界各国不少学者开始投身神经计算的研究，并取得了不少有价值的研究成果。1943 年，芝加哥大学的生理学家 McCulloch[41] 使用阈值逻辑单元模拟生物神经元，提出了著名的 MP 神经元模型，拉开了神经网络研究的序幕。为了模拟起连接作用的突触的可塑性，神经生物学家 Hebb[42] 于 1949 年提出了连接权值强化的 Hebb 法则。这一法则告诉人们，神经元之间突触的联系强度是可变的，为构造有学习功能的神经网络模型奠定了基础。1958 年，Rosenblatt[43] 在原有 MP 模型的基础上增加了学习机制。他提出的感知器模型首次把神经网络理论付诸工程实现。之后，Minsky 等对以感知器为代表的网络系统的功能及局限性从数学上做了深入研究，指出简单的线性感知器的功能是有限的，但无法解决线性不可分的两类样本的分类问题。1982 年，Hopfield 的模型[44]对人工神经网络信息存储和提取功能进行了非线性数学概括，提出了动力方程和学习方程，还对网络算法提供了重要公式和参数，使人工神经网络的构造和学习有了理论指导。经过近半个世纪多的发展，人工神经网络在众多领域取得了广泛成功，如模式识别、自动控制、信号处理、辅助决策、人工智能等[45]。

1995 年，美国 Louisiana 州立大学的 Kak[46]首次提出了量子神经计算（Quantum Neural Computation）的概念，明确提出将神经计算与量子计算结合起来形成新的计算范式，开创了该领域的先河，并且他还提到了这可能对研究人类的意识有很大的帮助。1998 年，Mcnneer[47]从多宇宙的观点出发第一次比较深入、全面地探讨了量子人工神经网络，比较了各种量子神经网络的性能并与传统的神经网络作了比较，认为量子神经网络的性能要优于传统的神经网络。之后，又有大量量子神经网络模型被提出。Ventura 等[48]提出了基于 Grover 量子搜索算法的量子联想记忆（Quantum Associative Memory）模型。Li 提出了纠缠神经网络（Entangled Neural Networks）模型。Li 和 Zheng[49]介绍了量子神经网络的基本概念，描述了量子神经元的模型，讨论了量子神经元的机制和训练算法，探讨了量子神经网络的一些计算能力，并证明了单个量子神经元能够执行单个经典神经元无法实现的异或函数。Kouda 等[50]利用量子相位提出了量子比特神经网络。

### 16.3.3　量子贝叶斯网络

贝叶斯网络（Bayesian Networks，BN）是表示变量间概率分布及关系的有向无环图。其中，节点表示随机变量，包括了对事件、状态、属性等实体的描述；弧则表示变量之间的相互依赖关系。贝叶斯网络用图形模式描述变量集合间的条件独立性，而且允许将变量间依赖关系的先验知识和观察数据相结合，为属性子集上的一组条件独立性假设提供了更强的表达能力。

20 世纪 80 年代以来，贝叶斯网络的研究已经引起了人们相当大的兴趣。80 年代早期，贝叶斯网络成功地应用于专家系统中对不确定性知识进行了表达；80 年代后期，贝叶斯推理得到了迅速发展；进入 90 年代，面对信息爆炸的局面，研究人员已经开始尝试直接从数据中学习并生成贝叶斯网，在医学诊断、自然语言理解、故障诊断、启发式搜索、目标识别以及不确定推理和预测等方面产生了很多成功的应用。贝叶斯网络提供了一种把联合概率分布分解为局部分布的方法，即用它的图形结构编码变量间的概率依赖关系，这样就具有了清晰的语义特征。

设一组有限集合 $\{Y_1, Y_2, \cdots, Y_n\}$ 表示一组离散随机变量，它们分别取值 $\{y_1, y_2, \cdots, y_n\}$ 的联合概率如下：

$$P(y_1, y_2, \cdots, y_n) = \prod_{i=1}^{n} P(y_i \mid \mathrm{Pa}(Y_i)) \qquad (16-51)$$

式中，$\mathrm{Pa}(Y_i)$ 是节点 $Y_i$ 的父母节点组。构建贝叶斯网络的主要任务就是学习它的结构和参数。

贝叶斯量子网是贝叶斯网引入量子机制后在量子学习中的一种推广，目的是根据给出的普通的贝叶斯网，构造出适用于量子机制的贝叶斯量子网。图 16.2 所示的 Asia 网络（也称 Chest-clinic 网）是一个小型的用在医疗诊断的贝叶斯网络，共有 8 个节点，8 条弧。

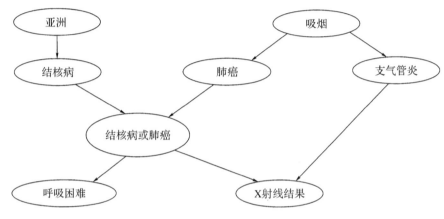

图 16.2　Asia 网络

对于上述网络，依次按从左到右、从上到下的顺序对每个节点编号为 1 到 8，也可以用一个矩阵 $\boldsymbol{A}$ 来表示上面的网络

$$\boldsymbol{A} = \begin{pmatrix} 0 & 0 & 1 & 0 & 0 & 0 & 0 & 0 \\ 0 & 0 & 0 & 1 & 1 & 0 & 0 & 0 \\ 0 & 0 & 0 & 0 & 0 & 1 & 0 & 0 \\ 0 & 0 & 0 & 0 & 0 & 1 & 0 & 0 \\ 0 & 0 & 0 & 0 & 0 & 0 & 0 & 1 \\ 0 & 0 & 0 & 0 & 0 & 0 & 1 & 1 \\ 0 & 0 & 0 & 0 & 0 & 0 & 0 & 0 \\ 0 & 0 & 0 & 0 & 0 & 0 & 0 & 0 \end{pmatrix} \qquad (16-52)$$

如果用量子形式来表示 $\boldsymbol{A}$，则可得如下形式：

$$a_{ij} = \alpha_{ij}|0\rangle + \beta_{ij}|1\rangle \qquad (16-53)$$

式中，$a_{ij}$ 为 $\boldsymbol{A}$ 中的元素，$\alpha_{ij}^2 + \beta_{ij}^2 = 1$。可用量子叠加态来表示贝叶斯网络，利用量子态概率幅的变化来学习整个网络结构。

构造出适用于量子机制的贝叶斯量子网（BQ-net）以后，可以通过 BQ-net 中每个节点所依附的概率幅矩阵来计算网络的条件概率。采用机器学习的方法对量子态进行一系列酉算子操作，就可以实现量子学习过程。特别值得注意的是，各个量子态之间所产生的影响和变化就如微小粒子与液体分子之间的碰撞所引起的布朗运动一样，是在一个随机的过程中完成的。量子学习的最终结果，也是在随机的学习过程中各中间量子态的相互叠加、相互纠缠、相互干涉的总和，因此，设计相应的随机学习算法，也是实现量子学习的一个不可忽视的手段。一个通用的量子贝叶斯网络工作流程如图 16.3 所示[51]。

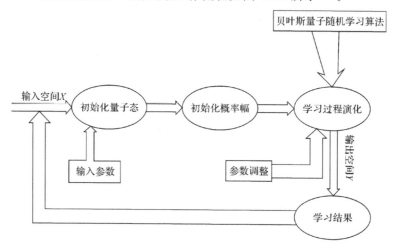

图 16.3　贝叶斯量子学习模型

### 16.3.4　量子小波变换

小波变换分析方法是当前数学物理中一个迅速发展的新领域，它同时具有理论深刻和物理运用广泛的特点。小波变换是一个时间和频率的局域变换，因而能有效地从信号中提取信息，通过伸缩和平移等运算对函数或信号进行多尺度细化分析。

数学上，具有实参数 $x$ 的小波 $\psi(x)$ 必须满足：

$$\int_{-\infty}^{\infty} \psi(x)\mathrm{d}x = 0 \tag{16-54}$$

小波变换就是将信号用一系列双参数的函数基展开，同时得到信号在时域和频域上的信息。具体而言，就是从某一个母小波函数 $\psi(x)$ 出发，通过膨胀和平移变换，构建一组子小波 $\psi_{\mu, s}(x)$：

$$\psi_{\mu, s}(x) = \frac{1}{\sqrt{\mu}}\psi\left(\frac{x-s}{\mu}\right) \tag{16-55}$$

式中，$\mu>0$，为膨胀系数；$s$ 为平移参量。利用子小波 $\psi_{\mu, s}(x)$ 可以对信号函数 $f(x)$ 进行如下小波积分变换：

$$W_{\psi}f(\mu, s) = \frac{1}{\sqrt{\mu}}\int_{-\infty}^{\infty} f(x)\psi\left(\frac{x-s}{\mu}\right)\mathrm{d}x \tag{16-56}$$

相应地，量子力学态矢的小波变换可以定义为如下形式：

$$W_\psi f(\mu, s) = \frac{1}{\sqrt{\mu}} \int_{-\infty}^{\infty} \left\langle \psi \left| \frac{x-s}{\mu} \right\rangle \langle x | f \rangle \mathrm{d}x = \langle \psi | U(\mu, s) | f \rangle \right. \tag{16-57}$$

式中，$\langle \psi |$ 是母小波态矢；$|f\rangle$ 是需要做变换的量子力学态矢；$|x\rangle$ 是坐标本征矢；$U(\mu, s)$ 是压缩平移算符，并可表示如下：

$$U(\mu, s) = \frac{1}{\sqrt{\mu}} \int_{-\infty}^{\infty} \left| \frac{x-s}{\mu} \right\rangle \langle x | \mathrm{d}x \tag{16-58}$$

由式(16-57)易得，已知母小波态矢 $\langle \psi |$，对于任意态矢 $|f\rangle$ 求得的矩阵元 $\langle \psi | U(\mu, s) | f \rangle$ 就对应于信号的小波变换。

在文献[52]中，通过数值计算，得到对相干态、Fock 态和二项式态的量子态小波变换谱，即 $W_\psi f(\mu, s)$ 随 $(\mu, s)$ 的变化结果，从中可以得出，量子态的小波变换谱均呈现出峰值狭窄、局域分布的小波变换的共同特征，且这些峰值的位置和形状都随各量子态参数的变化而变化。

更进一步，将一维小波变换推广到二维情况，即构造对二维信号 $f(\eta)$ 的复小波变换：

$$W_\psi f(\mu, \delta) = \frac{1}{\mu} \int \frac{\mathrm{d}^2 \eta}{\pi} f(\eta) \psi\left(\frac{\eta - \delta}{\mu}\right)$$

$$\eta = \eta_1 + \mathrm{i}\eta_2, \ \mathrm{d}^2 \eta = \mathrm{d}\eta_1 \eta_2 \tag{16-59}$$

式中，$\mu > 0$，为膨胀系数；$\delta$ 是复数，表示二维平移参量。对应一维局域波条件，二维母小波 $\psi(\eta)$ 应该满足如下条件：

$$\int \frac{\mathrm{d}^2 \eta}{2\pi} \psi(\eta) = 0 \tag{16-60}$$

需要注意的是，母小波 $\psi(\eta)$ 不是两个单模母函数的简单直积。

相应地，对于量子力学复小波变换，利用纠缠态表象 $\langle \eta |$，可将式(16-59)重写为

$$W_\psi f(\mu, \delta) = \frac{1}{\mu} \int \frac{\mathrm{d}^2 \eta}{\pi} \left\langle \psi \left| \frac{\eta - \delta}{\mu} \right\rangle \langle \eta | f \rangle = \langle \psi | U_2(\mu, \delta) | f \rangle \right. \tag{16-61}$$

式中，$\langle \psi |$ 对应于给定的母小波态矢，$|f\rangle$ 是需要做变换的量子力学态矢，$U_2(\mu, s)$ 是双模压缩平移算符，可表示如下：

$$U_2(\mu, \delta) = \frac{1}{\mu} \int \frac{\mathrm{d}^2 \eta}{\pi} \left| \frac{\eta - \delta}{\mu} \right\rangle \langle \eta | \tag{16-62}$$

矩阵元 $\langle \psi | U_2(\mu, \delta) | f \rangle$ 就是量子力学态矢的复小波变换。

## 16.3.5 基于量子智能优化的数据聚类

为了实现量子力学在聚类分析中的应用，David Horn 和 Assaf Gottlieb 提出了量子聚类的概念。他们将聚类问题看作一个物理系统，构建粒子波函数来表征原始数据集中样本点的分布，通过求解薛定谔方程式来获得粒子势能的分布情况，而势能最小的位置可以确

定为聚类的中心点。

随着现代科技的迅猛发展，聚类所面对的数据的规模也越来越大，结构也越来越复杂。此时，量子聚类也面临着不小的挑战。设计更加精确且高效地实现数据的聚类的算法依然是科研工作者的重要任务。下面介绍两个基于量子智能优化的数据聚类算法：基于核熵成分分析的量子聚类算法和基于量子粒子群的软子空间聚类算法。

**1. 基于核熵成分分析的量子聚类算法**

一个纯粹的量子聚类方法不是在所有的实例中都是很有效的，尤其是当数据集的维数较高时。究其原因，一是数据之间存在着一定量的冗余信息，这极有可能过度强化某一属性的信息，而忽略某些有用的特征，阻碍了寻找数据间真实的潜在结构；二是随着数据量或者维度增加，直接对原始数据集进行处理会给算法运行带来很高的计算代价。为了解决上述问题，David Horn 和 Inon Axel 等人认为在执行量子聚类之前，应该首先对原始数据集进行数据预处理。

假设待聚类数据集是一个系统，聚类算法实际上就是将这个系统从无序（各模式随机放置）调整到有序（各模式按相似性聚集在一起）的方法。而熵可以作为系统有序性的度量。从信息论的角度，Jenssen 等人将熵与核方法数据映射结合起来，提出了核熵主成分分析法（KECA）[53]。在计算熵的时候用到带有高斯核函数的 Parzen 窗作为概率分布模型，很自然地将熵的计算化为核矩阵的计算，构造为一个核空间里的优化问题。

Li 等[54]结合量子聚类算法（Quantum Clustering，QC），提出了一种新的量子聚类方法——利用核熵成分分析的量子聚类（KECA-QC）。该方法是一个两阶段过程。首先，在数据预处理阶段，结合核熵主成分分析替代简单的特征提取方式将原始数据映射至高维特征空间，并用熵值作为筛选主成分的评价标准，提取核熵主成分。其次，在聚类阶段，结合量子聚类方法和 $k$-近邻策略，通过梯度下降方法不断迭代以获得最终聚类结果。在 KECA-QC 中，有如下参数需要事先设置：核参数 $\sigma_{keca}$（预处理 KECA 中）和 $\sigma_{qc}$（聚类 QC 中）、主成分个数 $l$、梯度下降迭代次数 Steps 以及近邻个数 $k$。

KECA-QC 的算法流程如图 16.4 所示，具体算法流程如下：

1) 预处理阶段

(1) 输入一个数据集 $\boldsymbol{X} = \{x_1, x_2, \cdots, x_N\}$，建立高斯核矩阵 $\boldsymbol{G}$。

(2) 通过非线性数据映射，在特征空间计算 $\boldsymbol{G}$ 的特征值和特征向量，并根据熵值 $r$ 的大小重新排列所对应的特征值和特征向量。

(3) 设置主成分个数选择参数 $l$，得到核熵主成分矩阵 $\boldsymbol{\Phi}_{keca} \in \mathbf{R}^{N \times l}$，其每一行都可看作量子聚类中的一个粒子，并与原始数据中的数据点相对应。

2) 聚类阶段

(1) 计算波函数 $\psi$、势能函数 $V$ 及其梯度下降方向 $\nabla V$，同时统计每个粒子 $p$ 的 $k$ 个最近的邻居，即 $\Gamma_k(p)$。

（2）利用梯度下降方法不断迭代寻找量子势能的最小值，直到达到设定的最大迭代次数。最终特征空间中的每个点都会聚缩在其所在的聚类中心的位置附近。

根据每个粒子距离聚类中心的远近划分其至不同的类中，完成聚类过程。

从广义上说，任何涉及聚类特征分解的算法都可以被称为谱聚类（Spectral Clustering，SC）[55]。从这个角度来看，KECA-QC 也属于广义上的谱聚类算法。由此可见，KECA-QC 具有谱聚类算法的一般优势，或者说 KECA-QC 在算法性能上和 SC 相当。

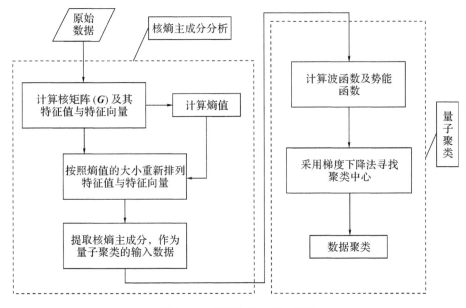

图 16.4 KECA-QC 算法流程

**2. 基于量子粒子群的软子空间聚类算法**

鉴于现有的一些聚类方法的时间复杂度较高，而且权值矩阵是随机初始化的，导致对初始值比较敏感，算法性能不够稳定，于是，学者们继续努力寻找并设计更好的优化算法，且针对初始值敏感的问题展开了研究。经过大量探索和思考，在自然计算的众多算法中，基于量子行为的粒子群优化算法可以帮助子空间聚类改善以上情况。

受自然界鸟群的群体觅食行为的影响，J. Kennedy 等人于 1995 年首次提出了粒子群优化算法（Particle Swarm Optimization，PSO）来模拟生物的这一本能活动。种群中的每个个体均代表一只鸟，鸟有位置和速度，其他鸟的位置将会影响此鸟的飞行方向和下一个位置。既然是模拟，那么 PSO 中的每个粒子同样具有位置和速度。所有的粒子都会根据群体中位置最好的那个粒子来决定下一位置，所有粒子合作搜索最终完成优化，找到最优解。

量子行为粒子群优化算法（Quantum-behaved Particle Swarm Optimization，QPSO）[56]

由 Sun 等人于 2004 年提出。之所以称为 QPSO，是因为它是以 PSO 为原型，引入了量子的概念，使粒子具有量子属性的群体智能优化算法的经典之一。鉴于物理学中粒子具有动量和能量，QPSO 算法引入这一思想，用波动函数代表粒子的运动轨迹[57]，从而取代了 PSO 中粒子在牛顿空间采用速度和位置表达的方法。由于 QPSO 在 PSO 的基础之上结合了量子思想，因此 QPSO 具有随机、并行、分布式等特点。由于这些优良的特点，QPSO 一直被关注和研究，并得到了广泛的应用。其中，基于量子粒子群优化的软子空间聚类算法（QPSOSC）便是通过引入 QPSO 来克服现有方法的不足的。实验结果证明，该算法稳定性较好，但是由于算法中含有进化过程，因此时间复杂度稍高。

### 16.3.6 基于量子智能优化的数据分类

作为经典的分类算法之一——$k$-近邻分类是最受欢迎、应用最广泛的分类分析方法之一，是分类方法中一种有监督的算法，能通过训练和测试根据投票结果对给定的数据进行分类。该方法是一种基于统计的分类方法，把所要分类的数据依据某种测度，划归到距离对应的类别中。该法具有简单、易行的优点，但是它需要计算待分类的数据到所有训练数据的距离，计算复杂度较高。最近邻分类应用到规模较小的数据分类中，具有直观、简单、快速的特点。但是对于规模较大、特性稍复杂的数据，最近邻的分类效果就不太理想。

一个好的分类算法会使得产生的分类规则更准确地描述训练数据集的特点，且更容易被应用到对未知数据的预测中，得到更精确的结果。随着数据分类在人工智能、机器学习和模式识别等领域的广泛应用，许多分类算法相继产生，其中应用比较广泛、效果较好的几种分类算法有决策树分类、贝叶斯分类、神经网络分类、支撑矢量机等。

解决数据分类的一般步骤如下：

（1）将现有的已知类别的数据划分为训练数据和测试数据两部分。

（2）通过构造分类算法对训练数据进行学习，最终得到一个符合学习要求的分类模型。它可以通过分类规则、决策树或者数学公式等形式给出。

（3）使用分类模型对测试数据进行检验，如果符合要求，则进行第（4）步，否则转到第（2）步。

（4）应用得到的分类模型对未知类别的新数据进行分类。

近年来，随着智能算法的研究，粒子群算法逐渐被引入到数据分类的解决中。由于算法本身的潜力，使得它在解决数据分类时相对于传统的分类算法表现出更好的性能。但是，粒子群算法在数据分类中的应用还处在起步阶段，算法在很多方面还有待于进一步完善。下面简要介绍两种基于粒子群算法的数据分类方法：基于量子粒子群的最近邻原型数据分类算法和基于多次塌陷-正交交叉量子粒子群的最近邻原型算法的数据分类算法。

1）基于量子粒子群的最近邻原型数据分类算法

传统的 KNN 分类算法是一种简单易行的"懒惰"学习法，因为它对训练数据不做任何处理。分类过程分为学习和测试两个阶段。在测试阶段，每一个测试数据都需要计算其与训练样本库中所有样本的相似度欧氏距离，才能得到与待分样本最相邻的邻居，这样算法的时间复杂度和空间复杂度都将很高，尤其当实验数据集规模较大并且是高维样本时，其时间复杂度将更大。

基于上述问题，基于量子粒子群的最近邻原型数据分类算法采用基于原型的最近邻分类算法。它采用有效的原型集合来表示粒子，通过训练学习出分类模型，选出有效原型，这样在分类时只需计算待分类数据到原型的距离即可，而不是原始的训练数据。这样意味着分类速度将会大大提升，因为原型的数量要比训练数据的个数少得多。除了减小算法的复杂度(由原型的数量决定)之外，它还能改善基本最近邻算法的分类正确率。而这些有效的原型的选取则需要根据一定的规则优化选择得到。

该算法流程如下：

(1) 输入待处理的数据。

(2) 初始化粒子群，注意每个粒子的维数等于类别数 $K$、每类的原型数 $N$、数据的属性个数 $D$ 的乘积。

(3) 给粒子分派类别标签，每类对应 $N$ 个原型。

(4) 采用十倍交叉选择训练和测试数据，并归一化数据集。

(5) 对训练数据进行学习，得到每个粒子的适应度值。

(6) 采用 QPSO 算法进行迭代优化，选出最好的粒子和其中有效的原型，为接下来对测试数据分类做准备。

(7) 计算测试数据到原型的距离，并对测试数据进行分类。

(8) 继续步骤(5)，直到满足终止条件。

(9) 统计种群的分类正确率，并输出最终结果。

实验结果表明，无论是流形数据还是弥漫型数据，该算法可以对大部分数据实现正确分类，尤其是对于流形数据，使用欧氏距离的测度也依然能正确分类，且基于 QPSO 的分类方法收敛速度较快。

2) 基于多次塌陷-正交交叉量子粒子群的最近邻原型数据分类算法

最近邻原型分类是一种基于原型的分类方法，用基于原型的编码代替传统的原始训练数据，通过一定的优化迭代，寻找最有效的原型，计算待测试数据到原型的距离，再根据固定的分类标准进行分类。但是一般的方法在寻找有效原型时往往不能有效提高分类的正确率。

由于粒子群算法本身的潜力，且粒子群算法在解决数据分类问题时相较于传统分类方法有着较好的性能，因此该算法吸引了越来越多学者们的关注。基于量子粒子群算法和最近邻算法，吕金霖提出了基于多次塌陷-正交交叉量子粒子群的最近邻原型数据分类算法[58]。算法流程如下：

（1）输入待处理的数据。

（2）初始化粒子群，注意每个粒子的维数等于类别数 $K$、每类的原型数 $N$、数据的属性个数 $D$ 的乘积。

（3）给粒子分派类别标签，每类对应 $N$ 个原型。

（4）十倍交叉选择训练和测试数据，并归一化数据集。

（5）对训练数据进行学习，得到每个粒子的适应度值。

（6）采用多次塌陷-正交交叉量子粒子群算法进行迭代优化，选出最好的粒子和其中有效的原型，为接下来对测试数据分类做准备。

（7）计算测试数据到选出原型的距离，对测试数据进行分类。

（8）继续步骤（5），直到满足终止条件。

（9）统计种群的分类正确率，并输出最终结果。

实验结果表明，无论是流形数据还是弥漫型数据，该算法可以对大部分数据进行正确分类，且该算法的性能优于现有的一些改进的量子粒子群算法和传统的最近邻算法。

### 16.3.7 基于量子智能优化的网络学习

下面介绍一些基于量子智能优化的网络学习方法。

#### 1. 基于量子进化算法的超参数优化

超参数优化是一个在最近几年才逐渐受到关注的研究课题，其根本原因是在海量数据的驱动下，深度神经网络异军突起。由于神经网络的性能与超参数的设置密切相关，深度神经网络的超参数数量巨大且缺乏理论指导，因此，超参数优化成为了神经网络设计中最难解决的问题。而深度神经网络的参数难以设定决定了学者们需要设计一套自动化流程来进行超参数的选择。现有的一些超参数优化方法有基于目标函数可求导的优化方法（梯度法、牛顿法、共轭梯度法等）、基于进化算法的方法等。

下面介绍一种基于单个体量子进化算法的超参数优化框架——基于量子进化算法的超参数优化[59]，算法的具体步骤如下：

（1）初始化量子染色体种群 $Q(t)$，令 $t=0$，设置集合 $B=\varnothing$。量子染色体的总长度由需要优化的超参数的选择区间来确定。

（2）对 $Q(t)$ 中的每个量子染色体进行观察操作，使得其坍塌为一个具体的状态，从而形成二进制串种群 $P(t)$。

（3）评价 $P(t)$ 的每个个体。对于 $P(t)$ 中的每个二进制串，对其解码，获得一组特定的超参数。用该组超参数去配置机器学习算法 $A$，然后在训练集上训练，测试集上测试得到一个泛化误差，该泛化误差就是该个体的适应度值。

（4）将种群中最好的个体存入 $B$ 中。

　　while（未达到终止条件）

　　｛

　　　　$t=t+1$，重复步骤（2）。

　　　　重复步骤（3）。

　　　　使用量子旋转门更新 $Q(t)$。

　　　　重复步骤（4）。

　　｝

　　实验结果表明，基于单个体量子遗传算法的超参数优化算法性能稳定，能够有效克服基于种群的进化算法的效率低下问题，而且在一个简单的神经网络上的测试结果表明，该方法比随机搜索方法更稳定[60]。

**2. 基于量子多目标的稀疏受限玻尔兹曼机学习算法**

　　神经科学的研究成果[61]解释了哺乳动物的大脑中信息处理的基本原理，为设计深层结构[62]以进行信息表示带来了新的视角。DNN 的出现使得人类可以从原始数据中学习多层抽象数据特征，且 DNN 在许多应用中有着优良的表现[63]。DBN 的出现使得利用深度神经网络可以进行快速学习，并且随着数据量和计算机计算能力的提高，深度神经网络终于有了用武之地，在图像识别及文本处理问题中性能和精度都得到了很大的提高。当前以 RBM 为基本模型的 DBN 是深度学习的主要框架。RBM 提取到的特征表示为分布式的、非稀疏的，这就导致如果只是单纯利用 RBM 提取特征会产生特征冗余，从而出现过拟合的现象。许多学者在 RBM 的训练过程中会增加一些限制条件或者规则项，从而将先验知识加入模型训练过程中以获得具有优良特性的特征，比如稀疏、低秩、平滑等。但是在传统的稀疏 RBM 中，必须选择权重参数的值以控制两个目标函数在训练中所占的比重。稀疏惩罚项在模型训练中所占的权重系数不同，得到的结果也不同。权重系数的值只能通过重复的试验去调整，这是非常低效的，而且往往还不能得到最优值，因为权重系数的值的搜索空间是非常大的且存在很多局部最优值。针对权重参数敏感问题，白小玉提出将多目标优化方法引入稀疏 RBM 的训练中，通过建立多目标优化模型来解决权重参数选择问题，实现了模型学习稀疏特征[64]。

　　基于量子多目标的稀疏受限玻尔兹曼机学习算法的具体步骤如下：

　　（1）初始化：

　　① 初始化权重向量 $\boldsymbol{\lambda}^1$，$\boldsymbol{\lambda}^2$，$\cdots$，$\boldsymbol{\lambda}^N$。

　　② 初始化邻域 $B$。计算任意两个权重之间的欧氏距离，选择每个权重向量最近的 $T$ 个权重向量 $\boldsymbol{B}(i)=\{i_1,\ i_2,\ \cdots,\ i_T\}$，其中 $\boldsymbol{\lambda}^{i_1}$，$\boldsymbol{\lambda}^{i_2}$，$\cdots$，$\boldsymbol{\lambda}^{i_T}$ 是 $\boldsymbol{\lambda}^i$ 最近的 $T$ 个向量，$i=1,\ 2,\ \cdots,\ N$。

　　③ 初始化种群。从 $\Omega_Q$ 随机采样生成量子染色体 $\boldsymbol{\theta}^1$，$\boldsymbol{\theta}^2$，$\cdots$，$\boldsymbol{\theta}^N$，对量子染色体进行空间变换，观测得到 $\boldsymbol{x}^1$，$\boldsymbol{x}^2$，$\cdots$，$\boldsymbol{x}^N \in \Omega$，令 $\mathrm{FV}^i=F(\boldsymbol{x}^i)$，$i=1,\ 2,\ \cdots,\ N$。

　　④ 初始化参考点，根据最小化适应度值得到 $\boldsymbol{z}=(z_1,\ z_2,\ \cdots,\ z_m)$。

（2）当没有达到进化终止条件时，进行如下步骤：

对于种群中第 $i$ 个体，$i<N$（种群规模）：

① 从 $B(i)$ 中挑选出互不相同的三个元素，然后选中对应的量子染色体，对其进行差分进化、量子交叉及选择操作，观测得到新的解 $y'$。

② 对 $y'$ 进行量子与非门变异操作，得到新的量子染色体；对新的量子染色体进行空间映射及观测，生成新的解 $y$。

③ 如果 $y$ 的值超出 $\Omega$ 的边界，则将 $y$ 的值重新设定为 $\Omega$ 内的随机数。

④ 如果 $z_j>f_j(y)$，则更新 $z_j=f_j(y)$，$j=1,2,\cdots,m$。

⑤ 对每一个邻域下标 $j$，如果 $g^{te}(y|\lambda^j,z)\leqslant g^{te}(x^j|\lambda^j,z)$，则令 $x^j=y$，$FV^j=F(y)$。

⑥ 如果 EP 中存在被 $F(y)$ 支配的解，则移除被支配的解，将 $F(y)$ 加入 EP。

（3）如果进化达到终止条件，则停止进化，输出 EP，否则继续执行步骤（2）。

实验结果证明：将该训练算法应用于稀疏 RBM 中，算法性能稳定，可以学习稀疏特征，且不用人为选择权重参数，实现了一定程度上的自动学习。

**3. 基于量子蚁群优化算法的复杂网络社区检测**

近年来，复杂网络社区结构[65]作为复杂网络的一个关键结构特征，备受学术界和各个领域的关注。分析社区结构能够有效地探索各个社区之间的相互关系，进而理解、分析和预测复杂网络的行为特性。随着互联网时代的快速发展，Web 2.0、社会网络、生物网络、邮件系统、电力网系统等每日产生数据的速度惊人，因而怎样快速有效地对大规模数据进行网络社区检测成为目前急需解决的关键问题。

复杂网络社区检测问题可以看作是一个 NP 难问题。模块度 $Q$[66]是衡量一个网络结构划分的测量指标，其物理意义是计算一个给定的网络社区中边的连接数量和大小相同的随机图中期望边的数量差值。测量的模块度值 $Q$ 越大，则网络划分结果越好。模块度优化算法主要用于无向图和无权重网络。迄今为止，众多学者提出了许多经典的模块度优化的复杂网络社区检测方法。其中，单目标的社区检测方法有遗传算法[67]（GA-Net）、密母算法[68]（Memetic-Net）、谱方法[69]、模拟退火算法[70]、极值最优化[68]、层次策略方法[71]、贪婪算法[72]、群体智能算法[73]等。目前上述算法已成功地应用于中小规模网络的社区结构检测。

不同于上述中小规模网络社区检测算法，基于量子计算机制和传统智能优化算法的混合算法是目前优化领域解决大规模问题的重要研究方向之一。针对较大规模的复杂网络，有学者提出了量子蚁群优化算法（QACO-Net）。该算法有效地将蚁群算法与量子计算结合起来。蚁群优化[74]在解决小规模离散 NP 难问题上取得了一些成功，但在迭代过程中存在空间寻优性能偏弱的问题。相比之下，量子计算的优势在于高效和具有全球搜索的能力，被称为解决当前物理系统计算能力的瓶颈问题的有效策略之一。量子蚁群优化算法第一次应用于复杂网络社区检测问题。相比于非量子算法，量子旋转门作为一个变化算子经过角度旋转来更新信息素，促使个体趋于更好的解决方案。与此同时，量子概率振幅的不确定性使得输出不会落入局部最优值。量子并行优化有助于快速地找到最优解。更重要的是，量子蚁群优化是一种离散算法，适合于社区检测这个离散问题。

在 QACO-Net 中，一定数量的蚂蚁随机分配在复杂网络节点上，蚂蚁根据启发式信息和信息素的强度从一个节点移动到另一个节点。最初种群是根据启发式信息设定的。经过一段时间后，蚂蚁会在一些固定的节点上移动，也就是所谓的小团体。然后，我们会根据最大化的模块性和社区划分来将小团体合并到社区中，这样社区数目就可以自动确定下来。与此同时，为了增强算法的全局搜索能力，量子旋转机制正在努力改变信息素的强度。此外，量子变异操作可以增加解的多样性。通过计算解的适应度，可以找到全局解。当找到最好解或者满足最大迭代次数时，这个过程就会终止。因此，QACO-Net 的整体框架如下：

（1）初始化所有蚂蚁的位置、量子信息素矩阵 $t$ 及启发式信息 $t$ 取 0 到小于最大迭代次数。

（2）通过式（16-63）至式（16-66）计算量子比特信息素和启发式信息，并指导蚂蚁移动（生成解）。

$$\eta(i, j) = \frac{1}{1 + e^{-C(i, j)}} \tag{16-63}$$

式中，$i$ 和 $j$ 表示节点；$\eta$ 表示启发式信息；$C(i, j)$ 是皮尔逊相关矩阵，定义为

$$\begin{cases} C(i, j) = \dfrac{\sum\limits_{V_k \in V} (A_{ik} - \mu_i)(A_{jk} - \mu_j)}{n \sigma_i \sigma_j} \\ \mu_i = \sum\limits_{k} \dfrac{A_{ik}}{n} \\ \sigma_i = \sqrt{\sum\limits_{k} (A_{ik} - \mu_i)} \end{cases} \tag{16-64}$$

式中，$n$ 是节点个数，$A_{ik}$ 表示邻接矩阵 $A$ 中第 $i$ 行第 $k$ 个元素，$\mu_i$ 表示节点 $i$ 对应的平均值，$\sigma_i$ 是节点 $i$ 对应的标准差。

$$\begin{bmatrix} \tau'_{j\alpha} \\ \tau'_{j\beta} \end{bmatrix} = \begin{bmatrix} \cos(\Delta\theta_i) & -\sin(\Delta\theta_i) \\ \sin(\Delta\theta_i) & \cos(\Delta\theta_i) \end{bmatrix} \begin{bmatrix} \tau_{j\alpha} \\ \tau_{j\beta} \end{bmatrix} \tag{16-65}$$

式中，$\Delta\theta_i(i=1, 2, \cdots, m)$ 表示每个量子位的量子旋转角度，是一个根据迭代次数进行调整的自适应的参数。在初始阶段，$\Delta\theta_i$ 值比较大，可以全局搜索最优空间，在后期阶段，$\Delta\theta_i$ 值较小，可以确保进行局部搜索。

$$\tau_{ij} = \begin{cases} 1, & \tau_{j\beta} > \tau_{j\alpha} \\ 0, & \tau_{j\beta} \leqslant \tau_{j\alpha} \end{cases} \tag{16-66}$$

式中，$\tau_{ij}$ 表示边 $(i, j)$ 的信息素踪迹。

（3）若满足算法终止准则，则结束，否则继续步骤（4）。

（4）分别用式(16-65)和式(16-67)，采用量子旋转机制和量子变异 $X$ 门多元素变异策略更新信息素强度。

$$\Delta\theta_i = 0.1\pi - \frac{0.1\pi - 0.05\pi}{\text{maxgen}} \times t \qquad (16-67)$$

式中，$\Delta\theta_i$ 的取值范围为 $[0.05\pi, 0.1\pi]$，maxgen 表示总的迭代次数，$t$ 是当前的迭代次数。

（5）利用式(16-68)计算解的适应度值，迭代次数加 1。

$$f = \omega \times Q + (1-\omega) \times \text{NMI} \qquad (16-68)$$

式中，$\omega$ 是常数，当网络无真实划分时 $\omega=1$，其余情况下 $\omega$ 值经过实验获取；$Q$ 表示模块度；NMI 表示归一化互信息。

（6）判断是否满足终止条件，若不满足，则返回步骤（2），若满足则输出蚂蚁对应的最好解。

实验结果表明，ACO 算法相对于 GA 算法更适合于社区检测问题。与此同时，随着量子计算的加入，社区划分更加精确，QACO-Net 算法的收敛性好并具有很强的鲁棒性。

# 16.4　基于量子智能优化的应用

## 16.4.1　量子进化聚类图像分割

在对图像的应用和研究过程中，人们往往对图像中的某些部分感兴趣，这些部分一般对应图像中特定的、具有独特性质的区域，因此需要把这些区域分离提取出来。图像分割[75]就是指把图像分成各具特性的区域并提取出感兴趣目标的技术。图像分割是图像理解和分析的一项基本内容。图像中的区域是指一个互相连通的具有一致的有意义属性的像元集合。所谓的有意义属性，依赖于待分析图像的具体情况，如图像的颜色和灰度、像元的邻域的统计特性或纹理特性等。一致性要求每个区域具有相同或相近的特征属性。

很长时间以来，图像分割问题都是研究的热点和难点。研究人员在图像分割问题上花费了相当大的努力，提出了各种不同的分割方法。但是，直到今天为止，图像分割依然是一个未被完全解决的问题。其原因：一是图像的种类繁多，每种图像都有其特征，即使是对同一类图像，其成像条件的差别也很大；二是图像的应用领域不同，对分割结果的要求也不同。研究人员现在逐渐注重于研究用于解决某一类图像分割问题的方法。总体来讲，比较常用的图像分割方法一般有以下几种：基于区域的图像分割方法、基于边缘的图像分割方法、区域和边缘相结合的分割方法、基于其他先进技术的图像分割方法[76-78]。当然，科技在快速发展，人们的需求也在急剧增长，现有的图像分割方法仍然不能满足生产生活的需求，如何利用新的技术来分割图像依然是科研工作者的重要任务。下面将介绍两个将量子进化应用到图像分割的算法：基于分水岭的量子进化聚类算法的图像分割算法[79]和基于量子多目标进化聚类算法的图像分割算法[80]。

**1. 基于分水岭的量子进化聚类算法的图像分割算法**

分水岭变换是一种常用的图像分割算法，它具有简单、快速，分割边缘连续闭合等优点。但是分水岭变换极易导致过分割。所以，为了达到满意的分割结果，需要对图像做一些必需的预处理或者后处理。对图像的过分割结果做后处理的目的是降低过分割，也就是将不必要的细节部分去掉，保留重要的分割结果[77]。这些不必要的"细节"可以是边缘，也可以是区域。有些学者通过合并区域来达到降低过分割的目的，而有些学者则设法去除那些冗余的边缘[81]。事实上，降低过分割的过程可以被看作一个优化的过程，优化的目标可以是区域内的一致性与区域间的差异性等准则。数据聚类本质上就是一个优化的过程，所以降低过分割的问题可以被转化为一个聚类问题。

基于分水岭的量子进化聚类算法的图像分割，是指基于量子进化聚类算法，将纹理图像分割问题看作组合优化问题，使用分水岭算法将图像实行分块处理，采用量子进化算法进行计算搜索，使适应度函数最大化的序列组合作为聚类结果，进而得到最终分割结果。具体实现步骤如下：

（1）输入待分割图像，按照分水岭算法对图像进行分块处理。

（2）对原始图像的每个像素提取离散小波能量特征，进而求得区域块特征。

（3）设定一个较小正整数，随机产生初始种群 $Q(t)$，其中 $\alpha_j^i$，$\beta_j^i (i=1, 2, \cdots, m)$ 和所有的 $q_j^i$ 都以等概率 $1/\sqrt{2}$ 初始化。

（4）将量子染色体 $Q(t)$ 观测成为二进制染色体 $p(t)$。

（5）对纹理图像中的样本点进行隶属度划分，计算个体适应度函数 $f_k$，保留当前群体中的个体。

（6）更新 $Q(t)$，即采用变异操作得到 $Q_m(t)$。

（7）将量子染色体 $Q_m(t)$ 观测成为二进制染色体 $p_m(t)$。

（8）更新 $p_m(t)$，即进行量子交叉操作，并且计算每个个体的适应度，保留所有种群中的最优个体。

（9）选择操作，得到 $p(t+1)$。

（10）判断停机条件是否满足，如果满足该条件就将种群中适应度最高的个体对应的图像类属划分为输出结果，否则返回步骤(4)，循环执行步骤(4)至步骤(10)，直到满足停止条件。

该算法结合了图像的纹理特征提取，对其特征进行了综合利用，将分水岭算法作为图像分割的前处理，将量子进化聚类算法作为图像分割的后处理。通过实验验证，该方法得到的分割结果具有实际意义，而且其分割区域较为准确，具有连续的边界。

**2. 基于量子多目标进化聚类算法的图像分割算法**

基于量子多目标进化聚类算法的图像分割算法在对输入的图像进行特征提取和分水岭分割获得聚类数据后，利用量子编码来生成代表聚类中心的初始种群，使得算法在搜索最优聚类中心时具有高效的并行性。为防止盲目的搜索，利用当前非支配个体的信息来控制更新方向，使种群以大概率向着优良模式进化以加速收敛。考虑到图像数据的大规模性，引入分水岭算法对图像进行预处理，得到过分割的图像块，用块的平均特征作为聚类数据，大大降低了时间复杂度。其具体流程如下：

（1）输入待分割图像，提取图像的纹理特征。

（2）对待分割图像进行中值滤波简化处理，并用分水岭算法对图像过分割，得到不同的图像块。

（3）产生聚类数据，将图像块中所有像素特征的均值作为该不规则块的特征，获得代表初始聚类数据的每一块的特征向量。

（4）随机产生初始量子种群 $Q(t)$，完成初始化。

（5）将量子个体 $Q(t)$ 观测成为二进制个体 $p(t)$。

（6）计算个体适应度值。

（7）选择非支配排序。

（8）用量子旋转门方法进化种群 $Q(t)$。

（9）判断是否满足停止条件，如果满足，则执行步骤(10)，否则执行步骤(5)。

（10）分配类别标号。

（11）产生最优个体。

（12）输出分割图像。

实验结果表明，与传统的多目标进化聚类算法 MOCK、单目标聚类算法 $k$-均值和遗传算法的聚类结果相比，通过采用量子计算与多目标优化相结合的聚类方法来实现纹理图像和遥感图像分割，可以解决现有的基于聚类的图像分割技术中评价指标单一、计算复杂度高、细节保持性能不好等缺点，提高了图像分割的精度。

### 16.4.2　量子免疫克隆聚类 SAR 图像分割与变化检测

聚类是一种重要的无监督分类方法，它把在某方面具有相同属性的一组模型聚成一类。在现有的聚类方法中 $k$-均值聚类是最常见、最方便的一种聚类方法。但是，众所周知，由于对初始点比较敏感，因此 $k$-均值往往得到的是局部最优解。当前基于遗传算法的聚类方法已经被应用到众多聚类问题中，并且已经被证实遗传算法在应用于数据集聚类中明显具有比 $k$-均值更优越的性能。但是传统遗传聚类算法的缺点是时间复杂度过高，而且易陷入局部最优。量子免疫克隆聚类算法（QICA）可以解决上面的问题，且该算法已经被证实具有全局寻优性。下面将介绍三种基于量子免疫克隆聚类的图像分割及变化检测算法。

**1. 基于分水岭-量子免疫克隆聚类算法的 SAR 图像分割算法**

该算法基于分水岭-量子免疫克隆聚类算法，充分利用量子免疫克隆聚类算法和分水岭算法的优势，将 QICA 应用到 SAR 图像分割问题中，将 SAR 图像进行离散小波变换

（DWT）后作为聚类数据集，DWT 在时间和空间上都被看作最有效的信号的频率分析技术。考虑到 SAR 图像的复杂性，首先用分水岭算法对图像进行初分割，这样不但可以加快分割速度，而且作为区域增长方法，可以保留图像的边缘信息。QICW 的具体算法流程如下：

（1）输入待分割 SAR 图像，提取 SAR 图像的非下采样小波特征，作为聚类数据集。

（2）对待分割 SAR 图像进行中值滤波简化处理，并用分水岭算法对图像进行过分割。

（3）计算块特征，首先提取过分割所得到的每一块所对应的块特征，然后计算该块特征的平均值来取代块中原有的特征值。

（4）设定一个较小的正整数，随机产生初始种群，种群中的所有个体都以等概率初始化。

（5）将量子个体 $Q(t)$ 观测成为二进制个体。

（6）根据观测结果计算个体亲和度函数，将当前群体中的最优个体，作为精英个体保留下来。

（7）判断是否满足终止条件，如果满足，则输出分割结果，否则继续步骤（8）。

（8）更新 $Q(t)$，即对 $Q(t)$ 进行克隆算子操作、量子散布变异操作、量子全干扰交叉重组操作。

（9）继续步骤（5）。

经实验表明，该算法可以有效地搜索到全局聚类最优点，精确地定位 SAR 图像的边缘信息，改变 SAR 图像的分割性能。

### 2. 基于先验知识-分水岭量子免疫克隆聚类的 SAR 图像分割算法

$k$-均值聚类应用到图像分割中，具有直观、快速、易于实现等优点，是一种极为有效的方法。现基于免疫克隆算法的全局寻优性，以及量子聚类和分水岭算法，用 $k$-均值聚类得到的结果为初始种群提供先验知识，提出了一种新的用于解决复杂遥感图像——SAR 图像的量子免疫克隆聚类算法。该算法首先考虑到 SAR 图像的复杂性，引入分水岭算法对图像进行预处理，得到图像的过分割结果，在图像的边缘保持上有明显的改进；然后利用 $k$-均值聚类对过分割结果进行初始聚类，用得到的聚类结果采用量子编码来生成代表聚类中心的初始种群，使得算法在搜索最优聚类中心时具有高效的并行性。其具体流程如下：

（1）输入待分割 SAR 图像，提取 SAR 图像的非下采样小波特征，作为聚类数据集。

（2）对待分割 SAR 图像进行中值滤波简化处理，并用分水岭算法对图像进行过分割。

（3）计算块特征，即提取过分割所得到的每一块所对应的块特征，计算该块特征的平均值来取代块中原有的特征值。

（4）用 $k$-均值对待分割图像进行聚类，并把得到的聚类结果转化为初始种群 $Q(t)$。

（5）将量子个体 $Q(t)$ 观测成为二进制个体 $p(t)$。

（6）根据观测结果 $p(t)$ 计算个体亲和度函数 $f_k$，将当前群体中的最优个体作为精英个体保留下来。

（7）判断是否满足终止条件，若是，输出分割结果；否则，继续步骤（8）。

（8）更新 $Q(t)$，即对 $Q(t)$ 进行克隆算子操作、量子旋转门变异操作、量子全干扰交叉重组操作。

（9）继续步骤（5）。

实验结果表明，与传统的 $k$-均值和遗传算法的聚类结果相比，该算法无论在区域一致性和边缘保持性方面还是在算法的鲁棒性方面，都优于其他聚类算法。

### 3. 基于量子免疫克隆聚类的 SAR 图像变化检测算法

图像的变化检测问题也可以视为组合优化问题，因此可以用划分聚类方法来处理图像的变化检测问题。现针对已有的优化方法存在耗时长、易陷入局部最优、对复杂图像的变化检测存在边缘定位不够准确等不足，提出了一种基于量子免疫克隆聚类的 SAR 图像变化检测算法。该法用聚类来实现变化检测，把变化区域的检测问题看作组合优化问题，并且用量子免疫克隆聚类算法进行计算搜索，使亲和度函数最大化的序列组合作为变化检测结果，进而得到最优结果，从而使获得的差异图像聚类分为变化和未变化两类。其具体流程如下：

（1）输入待检测的两时相图像。用窗口大小为 $3 \times 3$ 的中值滤波器对输入的图像进行滤波处理，得到滤波后的图像 $\boldsymbol{I}_1$ 和 $\boldsymbol{I}_2$。

（2）对滤波后的图像 $\boldsymbol{I}_1$ 和 $\boldsymbol{I}_2$，求对数比差异影像 $\boldsymbol{I}_3$，并将得到的 $\boldsymbol{I}_3$ 的灰度值作为聚类数据集。

（3）设置初始化参数，利用 $k$-均值聚类生成初始量子抗体种群。

（4）将初始量子抗体 $\boldsymbol{Q}(t)$ 观测成为二进制抗体 $\boldsymbol{p}(t)$。

（5）计算每个观测后的二进制抗体 $\boldsymbol{p}(t)$ 与聚类数据集的亲和度函数 $f_k$。

（6）将种群进行克隆算子操作，并将克隆后的量子抗体 $\boldsymbol{Q}(t)$ 进行量子旋转门变异操作，得到新的量子种群 $\boldsymbol{Q}_m(t)$。

（7）将新的量子种群 $\boldsymbol{Q}_m(t)$ 进行量子全干扰交叉重组操作，得到 $\boldsymbol{Q}_c(t)$，并将其作为新的聚类中心。

（8）将新的量子种群 $\boldsymbol{Q}_c(t)$ 观测成为二进制抗体 $\boldsymbol{p}_c(t)$，计算每个抗体与聚类数据集的亲和度函数值 $f_c$。

（9）对 $\boldsymbol{p}_c(t)$ 进行选择操作，得到子代抗体 $\boldsymbol{p}(t+1)$。

（10）若迭代次数 $n$ 不大于设定的阈值，则将该抗体中亲和度最高的抗体对应的图像类属划分为输出结果；否则，循环执行步骤（4）～（10），直到满足输出类属划分结果的终止条件为止。

实验结果表明：该算法在图像数据聚类过程中能够快速且有效地搜索到最优聚类中心，防止在进化过程中陷入局部最优解，变化检测精度高。

### 16.4.3　量子粒子群医学图像分割

　　医学图像是医生对疾病诊断的重要依据，到现在为止，医学图像成像和处理技术已经经历了一个多世纪的发展，医学图像的清晰度、分辨率和诊断技术有了明显的改进和提高，CT、MRI、超声等医学图像成像和照影技术相继问世。这些技术是利用人体内不同器官和组织对 X 射线、超声波和光线的散射、透射、反射和吸收的不同特性而发展起来的一类医学图像技术，为对人体骨骼、内脏器官的疾病和损伤进行诊断、定位提供了有效的手段[82]。若要更加有效地分析图像，就必须准确有效地处理图像，以便分析出更加有效的信息来帮助诊断疾病。医学图像与其他图像有相同点，也有不同点，因此要找到合适的分割医学图像的图像分割方法。目前较为新颖的医学图像分割算法有：基于协同量子粒子群优化的医学图像分割算法、基于多背景变量协同量子粒子群优化的医学图像分割算法、动态变异与背景协同的 QPSO 算法、基于多级阈值的分区协同量子行为粒子群优化算法[83]和基于多级阈值的动态情境协同量子行为粒子群优化算法[84]。下面主要详细介绍前三个算法。

**1. 基于协同量子粒子群优化的医学图像分割算法**

　　图像分割是指将图像中具有特殊意义或者人们特别感兴趣的区域分出来，这些区域是不交叉的，每一个区域都有共同的特性并同其他区域有很明显的区别特性。本算法的目的是根据图像的灰度特征，将医学图像分为三类，使得器官边缘更容易识别。其具体流程如下：

　　(1) 读入医学图像，得到矩阵 $I$，并从矩阵中求得最小灰度值 $l$ 和最大灰度值 $L$。

　　(2) 初始化种群。

　　(3) 获得个体最优和全局最优。

　　(4) 产生新的个体。

　　(5) 产生新的个体最优和全局最优。

　　(6) 判断是否满足停止条件，如满足则得到最终结果，否则返回步骤(4)。此处的停止条件为达到最大迭代次数。最大迭代次数为 500。

　　(7) 对读入的图像进行分割，最终得到分割后的图像。

　　实验结果显示，本算法能够有效地将器官分割清楚。与其他算法相比，本算法对边缘处的分割效果更好，更准确。

**2. 基于多背景变量协同量子粒子群优化的医学图像分割算法**

　　在孙军等人提出的协同量子粒子群算法（CQPSO）[16]和其他的改进协同量子粒子群算法（CQPSO）中都提到了一个变量——背景变量。这是在协作过程中为了公平地评价一个粒子的每一维分量的好坏而设置的一个变量。在 CQPSO 中，将每一代的全局最优值作为背景变量；在已有的改进协同量子粒子群算法（ICQPSO）中，将多次测量得到的多个个体最优的个体作为背景变量。背景变量的选取原则是：首先选择对进化有贡献的个体作为背景变量，其次用需要评价的分量替换背景变量相应的分量，最后通过适应度函数来评价被替换分量的背景变量是否变好。这样就可以确定这一维分量是不是更接近全局最优，从而决定是否保留这一维分量。

为进一步改善此类算法，将背景变量随着进化而改变，即可达到进一步改善算法性能的目的。背景变量必须实时更新为最优的个体，才能保证收敛速度。基于此，本章提出了多背景变量协同量子粒子群优化算法（Context Cooperative Quantum-behaved Particle Swarm Optimization，CCQPSO），其具体流程如下：

```
初始化种群：Xi
    Pbest＝Xi
    Gbest＝best Pbest
    if   t＜Gmax
        for each particle
根据 QPSO 更新公式产生 5 个例子
令 Xi＝XL
        Xc＝Xlj
        for each particle Xk
        f＝f(Xc)
            for each dimension j
                if f(Xc(j，Xkj))＜f
                    Xij＝ Xkj
                endif
                Xc＝ XL
            end
        Xc＝ Xi
        end
        if f(Xi)＜f(pbesti)
            pbesti＝Xi
        endif
        if f(pbesti)＜f(gbest)
            gbest＝pbesti
        endif
    end
```

大量实验结果显示，将多背景变量协同量子粒子群优化算法（CCQPSO）与 OTSU 方法结合，其图像分割效果更好，并且可以应用于医学图像分割。

### 3. 基于动态变异与背景协同的 QPSO 算法

文献[82]中提出了基于背景协同的 QPSO 算法,即 CCQPSO 算法。当该算法作用在基准函数优化时,大部分函数可以接近全局最优;当该算法作用在医学图像分割上时,单从分割数据上看,分割效果佳,但是从分割效果图看,分割效果不是很明显。所以为了克服这一不足,在 CCQPSO 算法中加入柯西变异和动态选择收缩因子等策略,提出了 MCQPSO 算法。该算法可应用于图像分割。其算法框架如下:

---

**算法 16.1　MCQPSO 算法**

---

开始:

初始化种群:粒子的位置信息及参数设置

计算适应度值,获得 pbest 和 gbest

　　　　while 终止条件不满足 do

计算平均最优位置 $c_n$

计算 $\alpha$

生成一个取值位于 0~1 之间的分布 rand(1)

if $P_m <$ rand(1)

Do 对 mbest 进行变异策略

End if

　　　　for 每一个粒子 $i$

for 每一维信息 $j$

进行多次协同观测

更新每一个微粒的位置信息,得出 pbest 和 gbest

计算 $\alpha$

生成一个取值位于 0~1 之间的分布 rand(1)

if $P_m <$ rand(1)

Do 对 gbest 进行柯西变异策略

end if

　　　end for

end for

end while

---

将本算法的实验结果与 SunCQPSO、WQPSO 算法进行对比,不难看出,MCQPSO 算法的收敛及查找性能更好,并且分割精度更高。

### 16.4.4  量子聚类社区检测

在现实世界中，许多复杂的系统都可以抽象表示为复杂网络。社交网络、协作网络、生物网络等都是典型的复杂网络。可以说，人们正生活在一个充斥着各种各样复杂网络的海洋里。网络中的节点均代表一个对象，连接两个节点的边则代表着这些对象之间的某种特定关系。在对复杂网络物理意义和数学性质的研究中发现，许多真实的网络都具有一个共同特性——社团结构性，即网络是由若干个社团构成的，社团内部节点间的连接紧密，社团间节点的连接相对稀疏。复杂网络的社团结构的发现有利于更好地理解网络结构和分析网络特性。本节提出了两个新的基于量子聚类的社团检测（QCCD）算法。

**1. 基于量子聚类的社团检测算法**

本算法将邻接信息的量子聚类应用于复杂网络的社团检测（QCCD）。与谱聚类方法框架相似，首先提取原始网络的特征信息，将复杂网络中社团检测的问题转化为一个数据空间的聚类问题。数据空间的每行向量与网络中的节点一一对应。本算法结合量子聚类方法，对具有特殊分布结构的数据进行聚类，同时引入每个节点的邻接信息，此操作不仅能够提高聚类的正确率，即社团检测的准确度，还能够降低算法的时间复杂度。QCCD算法的流程如图 16.5 所示。

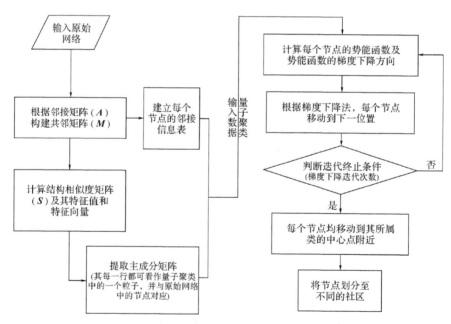

图 16.5  QCCD 算法流程

经过大量实验证明，QCCD算法在各种网络上均能获得正确的划分结果，并且与真实的社团划分基本一致，仅有个别节点的类别标签出现错误。

**2. 基于量子聚类的大规模社团检测算法**

随着科技的飞速发展，现代社会网络的规模也随之不断扩大，一个网络中的节点个数有可能达到几十万甚至几百万，连接边数可能达到千万或者上亿甚至更多。一些传统社团检测算法显然不再适合如此大规模的网络。本算法提出了几点改进策略，以适应算法在大规模网络中进行社团检测：一是基于网络层次划分的方法，将原始大规模网络划分成若干个较小的网络，在子网络中进行社团检测，进一步降低其时间复杂度；二是用 Nyström 方法逼近结构相似度矩阵的特征向量。其具体算法流程如下：

（1）提取网络中的核节点，并根据阈值划分方式将大规模网络划分成若干个子网络，同时构建子网络的结构相似度矩阵 $\boldsymbol{S}^{(1)}$，$\boldsymbol{S}^{(2)}$，$\cdots$，$\boldsymbol{S}^{(t)}$。

（2）对 $\boldsymbol{S}^{(1)}$，$\boldsymbol{S}^{(2)}$，$\cdots$，$\boldsymbol{S}^{(t)}$ 依次进行如下步骤（3）至步骤（7）的操作：

（3）对于规模大于 3000 节点的子网络，利用 Nyström 方法逼近 $\boldsymbol{S}^{(i)}$ 的前 $l$ 个特征向量，计算其主成分矩阵 $\boldsymbol{\Phi}^{(i)} \in \mathbf{R}^{N \times l}$，其每一行都可看作量子聚类中的一个粒子，并与原始网络中的节点相对应。

（4）将 $\boldsymbol{\Phi}^{(i)}$ 作为量子聚类的输入数据，计算波函数 $\psi$、势能函数 $V$ 及其梯度下降方向 $\nabla V$，同时提取每个粒子 $p$ 的邻接信息。

（5）利用梯度下降方法不断迭代寻找量子势能的最小值，直到达到设定的最大迭代次数。最终特征空间中的每个点都会聚缩在其所在的聚类中心的位置附近。

（6）根据每个粒子点距离聚类中心的远近划分不同的社团标号。

（7）整合子网络 $\boldsymbol{S}^{(1)}$，$\boldsymbol{S}^{(2)}$，$\cdots$，$\boldsymbol{S}^{(t)}$ 检测到的社团，最终完成整个网络的社团检测任务。

实验表明，该算法的策略大大增强了算法的处理能力，能够处理的网络规模更大了，且运行时间在可以接受的范围之内。

## 16.4.5 基于 CMOQPSO 的环境/经济调度优化

解决经济调度（Economic Dispatch，ED）问题的目的是通过对电力系统进行操作从而使得总的燃料耗费最小化。从数学角度来看，ED 问题也可以表示成为一个具有一些等式和不等式约束的单目标非线性问题。然而，电力系统中发电机的发电过程总是伴随着很多有害气体的排放。近年来，空气污染越来越受到人们的关注，有害气体的排放也成为人们在设计电力系统时需要考虑的重要因素之一。所以 ED 问题就转化成为环境/经济调度（Environmental/Economic Dispatch，EED）问题[85]。EED 问题同时优化燃料耗费和有害气体排放两个目标，可以看作一个具有约束的两目标优化问题。CMOQPSO 算法并不能直接应用于解决 EED 问题。因为 EED 问题是一个带有约束的多目标优化问题，需要将 CMOQPSO 算法与约束处理算子结合才可以对 EED 问题进行优化，并且在处理 EED 问题的过程中，在种群初始化和更新时都需要采用约束处理算子对位于可行域之外的个体进行修复。

　　现利用 Cultural MOQPSO 算法的基本框架并结合实际应用背景，提出了一种改进的 Cultural MOQPSO 算法[86]（记作 CMOQPSO），用于解决 EED 问题。图 16.6 为 CMOQPSO 算法在优化 EED 时的算法流程图。

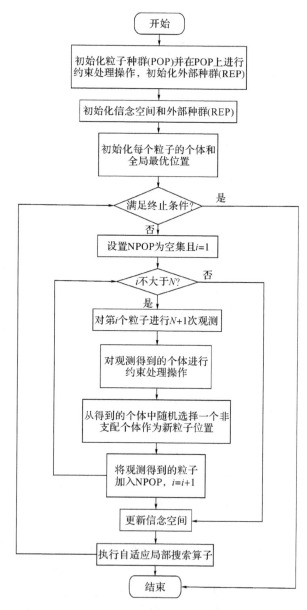

图 16.6　CMOQPSO 优化 EED 问题的算法流程

该算法对 6 发电机组的 EED 系统具有最佳的平均分配结果，其收敛速度与其他算法不相上下；对 40 发电机组的 EED 系统能得到平均最优的燃料耗费函数，并且获得的非支配集也要明显优于其他算法。但是，采用的多次观测策略和自适应变异算子在提高算法搜索能力的同时也相应地降低了算法的收敛速度。

（本章作者：李阳阳，焦李成，李玲玲，刘天宇，彭程，刘光远，刘睿娇）

# 本章参考文献

[1] FEYNMAN R P. Simulating physics with computers[J]. International journal of theoretical physics，1982，21. (6-7)：467－488.

[2] DEUTSCH D. Quantum theory，the Church-Turing principle and the universal quantum computer[C]. Proceedings of the Royal Society of London（A. Mathematical and Physical Sciences），1985，400(1818)：97－117.

[3] DEUTSCH D，JOZSA R. Rapid solution of problems by quantum computation 439 Proceedings of the Royal Society of London[C]. Proceedings of the Royal Society of London. Series A：Mathematical and Physical Sciences，1992，439(1907).

[4] BERNSTEIN E，VAZIRANI U. Quantum complexity theory[J]. SIAM Journal on computing，1997，26(5)：1411－1473.

[5] SIMON D R. On the power of quantum computation[J]. SIAM journal on computing，1997，26(5)：1474－1483.

[6] SHOR P W. Algorithms for quantum computation：Discrete logarithms and factoring[C]. Foundations of Computer Science，1994 Proceedings.，35th Annual Symposium on. Ieee，1994.

[7] SHOR P W. Polynomial-time algorithms for prime factorization and discrete logarithms on a quantum computer[J]. SIAM review，1999，41(2)：303－332.

[8] GROVER L K. Quantum mechanics helps in searching for a needle in a haystack[J]. Physical review letters，1997，79(2)：325.

[9] 周日贵. 量子信息处理技术及算法设计[M]. 北京：科学出版社，2013.

[10] NARAYANAN A，MOORE M. Quantum-inspired genetic algorithms. Evolutionary Computation[C]. Proceedings of IEEE International Conference on，1996.

[11] HAN K H，KIM J H. Genetic quantum algorithm and its application to combinatorial optimization problem[C]. Evolutionary Computation，Proceedings of the 2000 Congress on，2000.

[12] KHORSAND A R，AKBARZADEH-T M R. Quantum gate optimization in a meta-level genetic quantum algorithm[C]. Systems，Man and Cybernetics，2005 IEEE International Conference on，2005.

[13] SUN J，FENG B，XU W B. Particle swarm optimization with particles having quantum behavior[C]. Evolutionary Computation，CEC2004，Congress on，2004.

[14] WANG Y, LI Y Y, JIAO L C. Quantum-inspired multi-objective optimization evolutionary algorithm based on decomposition[J]. Soft Computing, 2016, 20(8): 3257 – 3272.

[15] KENNEDY J. Some issues and practices for particle swarms. Swarm Intelligence Symposium[C], SIS 2007, 2007.

[16] SUN J, XU W B, LIU J. Parameter selection of quantum-behaved particle swarm optimization[C]. International Conference on Natural Computation. Springer, Berlin, Heidelberg, 2005.

[17] SUN J, XU W B, FENG B. Adaptive parameter control for quantum-behaved particle swarm optimization on individual level[C]. Systems, Man and Cybernetics, 2005 IEEE International Conference on, 2005.

[18] COELHO L S. Novel Gaussian quantum-behaved particle swarm optimiser applied to electromagnetic design[J]. IET Science, Measurement & Technology, 2007, 1(5): 290 – 294.

[19] 方伟, 孙俊, 谢振平, 等. 量子粒子群优化算法的收敛性分析及控制参数研究[J]. 物理学报, 2010, 59(6): 3686 – 3694.

[20] 李玲玲. 量子进化优化与深度复神经网络学习算法及其应用[D]. 西安: 西安电子科技大学, 2017.

[21] LI L L, JIAO L C, ZHAO J Q, et al. Quantum-behaved discrete multi-objective particle swarm optimization for complex network clustering[J]. Pattern Recognition, 2017, 63: 1 – 14.

[22] 赵晶. 量子行为粒子群优化算法及其应用中的若干问题研究[D]. 无锡: 江南大学, 2013.

[23] KADOWAKI T. Study of optimization problems by quantum annealing[J]. arXiv preprint quant-ph/0205020, 2002.

[24] TRUGENBERGER C A. Quantum optimization for combinatorial searches[J]. New Journal of Physics, 2002, 4(1): 26.

[25] MARTOŇÁK R, SANTORO G E, TOSATTI E. Quantum annealing of the traveling-salesman problem[J]. Physical Review E, 2004, 70(5): 057701.

[26] 杜卫林, 李斌, 田宇. 量子退火算法研究进展[J]. 计算机研究与发展, 2008, 45(9): 1501 – 1508.

[27] LIU P, BERNE B J. Quantum path minimization: An efficient method for global optimization[J]. The Journal of Chemical Physics 2003, 118(7): 2999 – 3005.

[28] SANTORO G E, et al. Theory of quantum annealing of an Ising spin glass[J]. Science, 2002, 295 (5564): 2427 – 2430.

[29] SARJALA M, PETÄJÄ V, ALAVA M. Optimization in random field Ising models by quantum annealing[J]. Journal of Statistical Mechanics(Theory and Experiment), 2006. 01 (2006): P01008.

[30] LI Y Y, JIAO L C. Quantum-inspired immune clonal algorithm for global optimization. IEEE Transactions on Systems, Man, and Cybernetics, Part B (Cybernetics), 2008, 38(5): 1234 – 1253.

[31] ZITZLER E, THIELE L. Multiobjective evolutionary algorithms: a comparative case study and the strength Pareto approach[J]. IEEE Transactions on Evolutionary Computation, 1999, 3(4): 257 – 271.

[32] 谢涛, 陈火旺, 康立山. 多目标优化的演化算法[J]. 计算机学报, 2003, 26(8): 997 – 1003.

[33] LI Z H, WANG S T. Improved Algorithm of Quantum Clustering[J]. Computer Engineering, 2007, 33(23): 189 – 189.

[34] LI Z H, WANG S T. Parameter-Estimated Quantum Clustering Algorithm[J]. Journal of Data Acquisition & Processing, 2008, 23(2): 211 - 214.

[35] GOU S P, ZHUANG X, JIAO L C. SAR image segmentation using quantum clonal selection clustering [C]. Synthetic Aperture Radar, 2009. Apsar 2009. Asian-Pacific Conference on, 2009: 257 - 282.

[36] NASIOS N, BORS A G. Kernel-based classification using quantum mechanics[J]. Pattern Recognition, 2007, 40(3): 875 - 889.

[37] GOU S P, ZHUANG X, LI Y Y, et al. Multi-elitist immune clonal quantum clustering algorithm [J]. Neurocomputing, 2013, 101(3): 275 - 289.

[38] NIU Y Q, HU B Q, ZHANGW, et al. Detecting the community structure in complex networks based on quantum mechanics[J]. Physica A Statistical Mechanics & Its Applications, 2008, 387 (24): 6215 - 6224.

[39] SUN J, HAO S N. Research of Fuzzy Neural Network Model Based on Quantum Clustering[C]. International Workshop on Knowledge Discovery and Data Mining, 2009: 133 - 136.

[40] 王玉瑛. 量子聚类及其在社团检测中的应用[D]. 西安: 西安电子科技大学, 2014.

[41] MCCULLOCH W S, PITTS W. A Logical Calculus of the Ideas Imminent in Nervous Activity[J]. Bulletin of Mathematical Biophysics, 1943, (4): 115 - 133.

[42] HEBB D O. The organization of behavior[J]. Journal of Applied Behavior Analysis, 1949, 25(3): 575 - 577.

[43] ROSENBLATT F. The perceptron: a probabilistic model for information storage and organization in the brain[J]. Psychological Review, 1958, 65(6): 386 - 408.

[44] HOPFIELD J J. Neural networks and physical systems with emergent collective computational abilities[J]. Proceedings of the National Academy of Sciences, 1982, 79(8): 2554 - 2558.

[45] 朱大奇. 人工神经网络研究现状及其展望[J]. 江南大学学报(自然科学版), 2004, 3(1): 103 - 110.

[46] KAK S. On quantum neural computing[J]. Information Sciences: intelligent Systems An International Journal, 1995, 83(3-4): 143 - 160.

[47] MENNEER, IA T S. Quantum artificial neural networks[C]. Proceedings of the European Computing Conference, 1999: 39 - 43.

[48] VENTURA D, MARTINEZ T. Quantum associative memory[J]. Information Sciences, 2000, 124(1): 273 - 296.

[49] LI F, ZHENG B Y. A study of quantum neural networks[C]. International Conference on Neural Networks & Signal Processing, 2003: 539 - 542.

[50] KOUDA N, MATSUI N, NISHIMURA H, et al. Qubit neural network and its learning efficiency [J]. Neural Computing & Applications, 2005, 14(2): 114 - 121.

[51] 茅伟强. 贝叶斯量子随机学习算法及应用研究[D]. 苏州: 苏州大学, 2007.

[52] 宋军. 量子态小波变换和若干表象变换[D]. 合肥: 中国科学技术大学, 2012.

[53] JENSSEN R, HILD K E, ERDOGMUS D, et al. Clustering using Renyi's entropy[C]. Proceedings

of International Joint Conference on Neural Networks. 2003，1：523－528.

[54] LI Y Y, WANG Y, WANG Y Y,et al. Quantum clustering using kernel entropy component analysis [J]. Neurocomputing, 2016，202：36－48.

[55] DHILLON I S, GUAN Y Q, KULIS B. Kernel k-means：spectral clustering and normalized cuts [C]. Proceedings of the tenth ACM SIGKDD international conference on Knowledge discovery and data mining，2004：551－556.

[56] SUN J, FENG B, XU W. Particle swarm optimization with particles having quantum behavior[C]. Proceedings of the 2004 Congress on Evolutionary Computation，2004.

[57] 孙俊. 量子行为粒子群优化：原理及应用[M]. 北京：清华大学出版社，2011.

[58] 吕金霖. 量子粒子群算法研究及其数据分类[D].西安：西安电子科技大学，2011.

[59] LI Y Y，et al. Quantum inspired high dimensional hyperparameter optimization of machine learning model[C]. Smart Cities Conference (ISC2)，2017 International，2017.

[60] 陆高.基于智能计算的超参数优化及其应用研究[D].西安：西安电子科技大学，2018.

[61] FELLEMAN D J, ESSEN D C V. Distributed Hierarchical Processing in the Primate Cerebral Cortex [J]. Cerebral Cortex, 1991, 1(1)：1.

[62] KRUGER N, JANSSEN P, KALKAN S, et al. Deep Hierarchies in the Primate Visual Cortex：What Can We Learn for Computer Vision? [J]. IEEE Transactions on Pattern Analysis & Machine Intelligence, 2013, 35(8)：1847.

[63] HOU W, GAO X, TAO D, et al. Blind image quality assessment via deep learning[J]. IEEE Transactions on Neural Networks & Learning Systems, 2015，26(6)：1275.

[64] 白小玉.并行稀疏深度信念网络及应用的研究[D].西安：西安电子科技大学，2018.

[65] LYZINSKI V, TANG M, ATHREYA A, et al. Community Detection and Classification in Hierarchical Stochastic Blockmodels[J]. IEEE Transactions on Network Science & Engineering, 2017，4(1)：13－26.

[66] CHEN G, WANG Y. Community detection in complex networks using extremal optimization modularity density[J]. Journal of Huazhong University of Science & Technology, 2011，39(4)：82－85.

[67] ZHAO Y, CHEN F, KANG B, et al. Optimum design of dry-type air-core reactor based on the additional constraints balance and hybrid genetic algorithm[J]. International Journal of Applied Electromagnetics & Mechanics, 2010，33(China)：279－284.

[68] MU C H, XIE J, LIU Y, et al. Memetic algorithm with simulated annealing strategy and tightness greedy optimization for community detection in networks[J]. Applied Soft Computing, 2015，34(C)：485－501.

[69] MIRKIN B, NASCIMENTOC S. Additive spectral method for fuzzy cluster analysis of similarity data including community structure and affinity matrices[J]. Information Sciences, 2012，183(1)：16－34.

[70] KIRKPATRICK S, JR G C, VECCHI M P. Optimization by Simulated Annealing[J]. Science, 1983，220(4598)：671.

[71] YANG B，DI J，LIU J，et al. Hierarchical community detection with applications to real-world network analysis[J]. Data&Knowledge Engineering，2013，83(90)：20－38.

[72] CAI Q，GONG M，MA L，et al. Greedy discrete particle swarm optimization for large-scale social network clustering[J]. Information Sciences，2015，316(C)：503－516.

[73] ROSSET V，PAULO M A，CESPEDES J G，et al. Enhancing the reliability on data delivery and energy efficiency by combining swarm intelligence and community detection in large-scale WSNs[J]. Expert Systems with Applications，2017，78：89－102.

[74] HE D X，JIE L，LIU D Y，et al. Ant colony optimization for community detection in large-scale complex networks[J]. 2011，2：1151－1155.

[75] GONZALES R C，WOODS R E，EDDINS S L. 数字图像处理[M]. 北京：电子工业出版社，2005.

[76] 王爱民，沈兰荪. 图像分割研究综述[J]. 测控技术，2000，19(5)：1－6.

[77] 邓世伟，袁保宗. 基于数学形态学的深度图像分割[J]. 电子学报，1995(4)：6－9.

[78] 林瑶，田捷. 医学图像分割方法综述[J]. 模式识别与人工智能，2002，15(2)：192－204.

[79] 曾歆懿，章云，季秀霞，等. 基于分水岭变换的PCB图像分割[J]. 电子质量，2007(1)：38－40.

[80] HO S Y，LEE K Z. An efficient evolutionary image segmentation algorithm[C]. Evolutionary Computation，2001. Proceedings of the 2001 Congress on. IEEE，2001，2：1327－1334.

[81] LI Y Y，SHI H Z，JIAO L C，et al. Quantum Evolutionary Clustering Algorithm Based on Watershed Applied to SAR Image Segmentation[J]. Neurocomputing，2012，87：90－98.

[82] LI Y Y，JIAO L C，SHANG R H，et al. Dynamic-context cooperative quantum-behaved particle swarm optimization based on multilevel thresholding applied to medical image segmentation[J]. Information Sciences，2015，294：408－422.

[83] 计玉芳. 医学图像分割算法的研究与应用[D]. 无锡：江南大学，2009.

[84] LI Y Y，BAI X Y，JIAO L C. Partitioned-cooperative quantum-behaved particle swarm optimization based on multilevel thresholding applied to medical image segmentation[J]. Applied Soft Computing，2017，56：345－356.

[85] TALAG J H，EI-HAWARY F，EI-HAWARY M E. A summary of environmental/economic dispatch algorithms. IEEE Transactions on Power Systems，1994，9(3)：1508－1509.

[86] 刘天宇. 基于协作学习和文化进化机制的量子粒子群算法及应用研究[D]. 西安：西安电子科技大学，2017.

# 第17章　人工免疫系统

人工免疫系统（Artificial Immune Systems，AIS）是受免疫学启发，模拟免疫学功能、原理和模型来解决复杂问题的自适应系统[1]。早在 20 世纪 80 年代中期，Farmer 等人[2]率先基于免疫网络学说给出了免疫系统的动态模型，并探讨了免疫系统与人工智能方法的联系，开始了人工免疫系统的研究。但是，这之后的研究成果比较少见。直到 1996 年 12 月，在日本举行了基于免疫系统的国际专题讨论会，首次提出了"人工免疫系统"的概念。随后，人工免疫系统的相关研究迅速展开，有关论文和研究成果逐年增加。1997 年和 1998 年 IEEE Systems Man and Cybernetics Conference 组织了相关专题讨论，并成立了人工免疫系统及其应用分会。随后，一些人工智能领域著名的国际会议，如 International Joint Conference on Artificial Intelligence（IJCAI）、International Joint Conference on Neural Networks（IJCNN）、IEEE Congress on Evolutionary Computation（CEC）、Genetic and Evolutionary Computation Conference（GECCO）等也相继开辟了人工免疫系统专题。从 2002 年开始，在英国、意大利、加拿大、巴西等地连续召开了六届人工免疫系统国际会议。经过十几年的发展，有关人工免疫系统的算法研究主要集中在负选择算法[3]、克隆选择算法[4]和免疫网络算法[2]上，其研究成果主要涉及异常检测、计算机安全、数据挖掘、优化等领域[5]。

从 1997 年开始，人工免疫系统作为一个新兴领域，引起了国内很多研究团队的兴趣。其中，王煦法团队在国内较早开展了免疫算法方面的研究[6-8]；焦李成团队在国际上较早提出了新颖的免疫遗传算法[9]，并提出了具有较完备理论基础的免疫克隆选择算法及一系列改进[5, 10-14]；李涛团队在计算机免疫系统方面进行了深入的研究[15]；丁永生团队在免疫控制方面开展了有效的工作[16]；黄席樾和张著洪团队提出了比较系统的免疫算法理论[17]；莫宏伟团队在免疫计算数据挖掘应用方面开展了深入的研究，并编辑出版了国内第一本人工免疫系统著作[18]；肖人彬团队提出了工程免疫计算的概念，并对其在识别、优化、学习等典型工程问题中的应用进行了深入研究[19]。

## 17.1　从免疫系统到人工免疫系统

生物体是一个复杂的大系统，其信息处理功能是由时间和空间尺寸相异的三个子系统完成的，即脑神经系统、免疫系统和内分泌系统[20]。免疫系统是生物，特别是脊椎动物（包括人类）所必备的防御机制，它由具有免疫功能的器官、组织、细胞、免疫效应分子和有关的基因等组成，可以保护机体抵御病原体、有害的异物以及癌细胞等致病因子的侵害[2,21]。免疫功能主要包括免疫防御、免疫稳定和免疫监视。从工程应用和信息处理角度来看，生物免疫系统为人工智能提供了许多信息处理机制。

（1）生物免疫系统的各种组成细胞和分子广泛地分布于整个生物体，是一种没有中央控制的分布式自治系统，同时也是一类能有效地处理问题的非线性自适应网络系统。比如，生物免疫系统有多种多样的 B 细胞，这些 B 细胞之间的相互反应能在动态变化的环境中维持个体的平衡。

（2）生物免疫系统类似于工程应用中的自组织存储器，而且可以动态地维持其系统的状态。它具有内容记忆和能遗忘很少使用的信息等进化学习机理以及学习外界物质的自然防御机理，是一个自然发生的事件反应系统，能很快地适应变化的外界环境。

（3）生物免疫系统抗体多样性的遗传机理可用于搜索优化算法。在具体的进化过程中，通过生成不同抗原的抗体来达到全局优化的目的。目前对抗体多样性的解释分为种系学说和体细胞突变学说两种，不过一般认为抗体多样性可能由基因片断多样性的连接和重链以及轻链配对时的复杂机制所致。

（4）各种免疫网络学说，如独特型免疫网络、互联耦合免疫网络、免疫反应网络和对称网络等，可用于建立人工免疫网络模型。

（5）基于对异物的快速反应和很快地稳定免疫系统的免疫反馈机理来建立有效的反馈控制系统，如基于 T 细胞的免疫反馈规律设计自调节免疫反馈控制器等。

（6）生物免疫系统的免疫耐受现象及其维持机理允许抗原被相同的抗体识别，因此能容忍抗原噪声，其机理可用于建立新的故障诊断方法。

（7）抗体网络的振荡、混沌和稳态等免疫系统的非线性特征可为非线性科学研究开拓新的领域。

（8）生物免疫系统的其他机理，如免疫系统中抗体的初次和再次免疫应答、克隆选择学说等，都可用于建立仿生智能系统。

正是充分认识到生物免疫系统中蕴含丰富的信息处理机制，Farmer 等人率先基于免疫网络学说给出了免疫系统的动态模型，并探讨了免疫系统与其他人工智能方法的联系，开始了人工免疫系统的研究[22]。随后，人工免疫系统进入了兴盛发展期，Dasgupta 和丁永生等认为人工免疫系统已经成为人工智能领域的理论和应用研究热点，相关论文和研究成果正在逐年增加[22-23]。

人工免疫系统是模仿自然免疫系统功能的一种智能方法，它是一种受生物免疫系统启发，学习外界物质的自然防御机理的学习技术，它提供噪声忍耐、无教师学习、自组织、记忆等进化学习机理，结合了分类器、神经网络和机器推理等系统的一些优点，因此具有提供新颖的解决问题方法的潜力[22]。其研究成果涉及控制、数据处理、优化学习和故障诊断等许多领域，已经成为继神经网络、模糊逻辑和进化计算后人工智能的又一研究热点。虽然人工免疫系统已经被广大研究者逐渐重视，然而与已有的比较成熟的利用人工神经网络的方法和模型相比，不论是对免疫机理的认识，或是免疫算法的构造，还是工程应用，人工免疫系统的相应研究都处在一个比较低的水平。

## 17.2 人工免疫系统的研究领域

Dasgupta 系统分析了人工神经网络和人工免疫系统的异同，认为二者在组成单元及数目、交互作用、模式识别、任务执行、记忆学习、系统鲁棒性等方面是相似的，而在系统分布、组成单元间的通信、系统控制等方面是不同的[24]，并指出自然免疫系统是人工智能方法灵感的重要源泉[23]。Dote 拓展了软计算的概念，认为应该包括免疫网络和混沌理论[25]。Gasper 等认为多样性是自适应动态的基本特征，而 AIS 是比 GA 更好地维护这种多样性的优化方法[26]。免疫系统所表现出的"学习"行为丰富了模式识别方法。

人工免疫系统的研究主要集中在以下几个方面。

### 17.2.1 人工免疫系统模型的研究

由于免疫系统本身比较复杂，因此人工免疫系统模型的研究相对较少。文献[27]介绍了免疫算法的数学模型和基本步骤，阐述了它不同于其他优化算法的优点，并将免疫算法、遗传算法和进化策略同时应用于求解 sinc 函数的最优值，以进行比较研究，指出免疫算法在求解某些特定优化问题方面优于其他优化算法，有广阔的应用前景。基于抗原-抗体相互结合的特征，Tarakanov 等建立了一个比较系统的人工免疫系统模型，并指出该模型经过改进可用于评价加里宁格勒（Kaliningrad）生态学地图集的复杂计算[28]。Timmis 等提出了一种资源限制的人工免疫系统方法。该算法基于自然免疫系统的种群控制机制，控制种群的增长和算法终止的条件，并成功用于解决 Fisher 花瓣问题[29]。Nohara 等不是基于免疫系统，而是基于抗体单元的功能提出了一种非网络的人工免疫系统模型[30]。

为了适应环境的复杂性和异敌的多样性，生物免疫系统采用了单纯冗余策略。这是一个具有高稳定性和高可靠性的方法。免疫系统是由 107 个免疫子网络构成的一个大规模网络，机理很复杂，尤其是其所具有的信息处理与机体防御功能，为工程应用提供了新的概念、理论和方法。下面对这些可借鉴的相关机理进行阐述。

#### 1. 记忆学习

免疫系统的记忆作用是众所周知的，如患了一次麻疹后，第二次即使感染了同样的病毒也不致发病。这种记忆作用是由记忆 T 细胞和记忆 B 细胞所承担的。这是因为在一次免疫响应后，如果同类抗原再刺激，则在短时间内免疫系统会产生比上一次多得多的抗体，同时与该抗原的亲和力也提高了。免疫系统具有识别各种抗原并将特定抗原排斥掉的学习记忆机制，这是与神经网络不同的记忆机制。

**2. 反馈机制**

图 17.1 反映了细胞免疫和体液免疫之间的关系以及抗原（Ag）、抗体（Ab）、B 细胞（B）、辅助 T 细胞（$T_H$）和抑制 T 细胞（$T_S$）之间的反应，体现了免疫反馈机理。

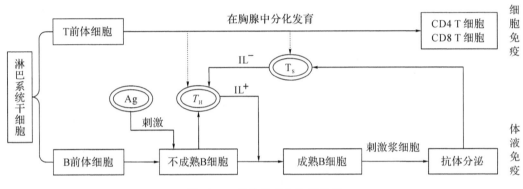

图 17.1　细胞免疫和体液免疫

图 17.1 中，$IL^+$ 表示 $T_H$ 细胞分泌白细胞介素，$IL^-$ 表示 $T_S$ 细胞分泌白细胞介素。由图 17.1 可见，当抗原进入机体并经周围细胞消化后，将信息传递给 T 细胞，即传递给 $T_H$ 细胞和 $T_S$ 细胞，$T_S$ 细胞用于抑制 $T_H$ 细胞的产生。然后共同刺激 B 细胞，经过一段时间后，B 细胞产生抗体以清除抗原。当抗原较多时，机体内的 $T_H$ 细胞也较多，而 $T_S$ 细胞较少，从而产生的 B 细胞会多一些。随着抗原的减少，体内 $T_S$ 细胞增多，它抑制了 $T_H$ 细胞的产生，则 B 细胞也随之减少。经过一段时间后，免疫反馈系统便趋于平衡。利用这一机理可提高进化算法的局部搜索能力，突生出具有特异行为的网络，从而提高个体适应环境的能力。

对上述反馈机理进行简化，定义在第 $k$ 代的抗原数量为 $\varepsilon(k)$，由抗原刺激的 $T_H$ 细胞的输出为 $T_H(k)$，$T_S$ 细胞对 B 细胞的影响为 $T_S(k)$，则 B 细胞接收的总刺激为[31]

$$S(k) = T_H(k) - T_S(k) \qquad (17-1)$$

式中：$T_H(k) = k_1\varepsilon(k)$，$T_S(k) = k_2 f\left[\Delta S(k)\right]\varepsilon(k)$，$f\left[\cdot\right]$ 是一个选定的非线性函数。特别地，对于控制系统，若将抗原的数量 $\varepsilon(k)$ 作为偏差，B 细胞接收的总刺激 $S(k)$ 作为控制器输出 $u(k)$，则有以下反馈控制规律：

$$u(k) = \{k_1 - k_2 f\left[\Delta u(k)\right]\}\varepsilon(k) \qquad (17-2)$$

从而构成了一个参数可变的比例调节器。

### 3. 多样性遗传机理

在免疫系统中，抗体的种类要远大于已知抗原的种类。解释抗体的多样性有种系学说和体细胞突变学说。其主要原因可能是受基因片段多样性的连接以及重链和轻链配对的复杂机制所控制。该机理可以用于搜索的优化，它不尝试全局优化，而是进化地处理不同抗原的抗体，从而提高全局搜索能力，避免陷入局部最优。

### 4. 克隆选择机理

由于遗传和免疫细胞在增殖中的基因突变，形成了免疫细胞的多样性，这些细胞的不断增殖形成了无性繁殖系。细胞的无性繁殖称为克隆。有机体内免疫细胞的多样性能达到这种程度，以至于当每一种抗原侵入机体时，都能在机体内选择出可识别和消灭相应抗原的免疫细胞克隆，使之激活、分化和增殖，进行免疫应答，从而最终清除抗原，这就是克隆选择。但是，克隆（无性繁殖）中父代与子代间只有信息的简单复制，没有不同信息的交流，无法促使进化。因此，需要对克隆后的子代进行进一步处理。对于这一机理及其应用，本书还将详细阐述。

### 5. 其他机理

免疫系统所具有的无中心控制的分布自治机理、自组织存储机理、免疫耐受诱导和维持机理以及非线性机理均可用于建立人工免疫系统。

## 17.2.2 人工免疫系统算法的研究

正是因为对免疫机理的认识还不十分系统深入，所以，有关于人工免疫系统算法（以下简称免疫算法）的研究成果并不多。本节将对目前人工免疫系统领域中几类比较有代表性的算法进行总结。

### 1. 基于免疫特异性的否定选择算法

计算机的安全问题与生物免疫系统所遇到的问题有惊人的相似性，两者都要在不断变化的环境中维持系统的稳定性[31]。免疫系统分布的、灵活的、自适应的和鲁棒的解决方式，正是计算机安全领域所期望得到的[32]。Forrest、Dasgupta 等根据免疫系统的自己/非己的区别原则，研究了一种检测变化的否定选择算法[24]。该算法与 T 细胞成熟过程中经历的否定选择过程有着相似的原理：随机产生检测器，删除测到自己的检测器，以使测到非己的检测器保留下来。典型的否定选择算法如图 17.2 所示，算法简述如下：

（1）定义自己长度为 $L$ 的有限个字母串的类集 $S$ 是一个需要保护监视的集合。例如，$S$ 可以是程序、数据文件（任何软件）。

（2）产生检测器的集合 $R$，每一个检测器都不能与 $S$ 集合中的任一个相匹配，采用部分匹配的原则，而不是精确或完美匹配，即 2 个串至少在 $r$ 个位置上能区别出来。这里 $r$ 是可选择的参数。

（3）不断地将检测器 $R$ 与受监视集合 $S$ 进行匹配，一旦发生匹配，就表示已发生一个变化，检测器是按照不能与 $S$ 中的任一串相匹配来设计的。

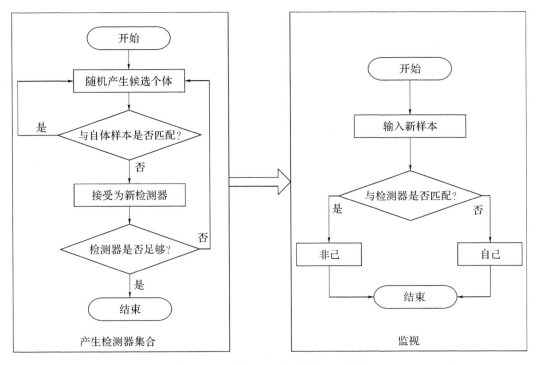

图 17.2　典型的否定选择算法流程图

否定选择算法为免疫在计算机网络安全领域的应用奠定了理论基础。近年来，随着计算机网络的飞速发展，安全问题也从简单的计算机病毒检测，扩展到基于主机的入侵检测和网络安全，这些都可以从免疫系统的信息处理机制中获得启示。

**2. 克隆选择学说与克隆选择算法**

目前，免疫优化计算的研究成果大多基于 Burnet 提出的克隆选择学说[32-33]。它认为抗体的生成可分为两个阶段，在未受抗原刺激之前，机体内包含由海量的多样性抗体组成的细胞群体，其所包含的信息是由亿万年机体进化形成的。当受到抗原刺激后，具有较高亲和度抗体的细胞群体进行选择性增殖，细胞在增殖过程中发生高频率基因突变，不断地增殖形成克隆。其中，一些克隆细胞分化为血浆细胞，产生大量抗体，用于消灭抗原；另一些形成记忆细胞以参加之后的二次免疫反应。克隆选择学说描述了抗体接受抗原刺激，自适应免疫响应的基本特性。上述克隆选择过程可以用图 17.3 所示的 Burnet 克隆选择学说模式图形象地说明。

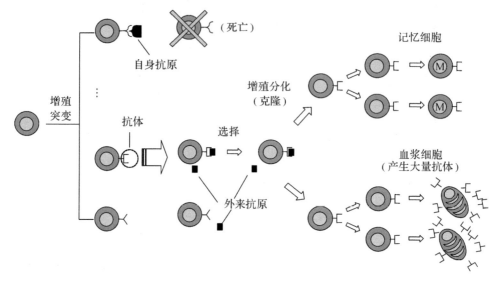

图 17.3　Burnt 克隆选择学说模式图

　　通常在免疫系统的生命周期内，免疫组织会不断地遇到相同抗原细胞的刺激。免疫系统对抗原的初始免疫响应通常是由很少一部分 B 细胞完成的，每个生成的抗体都具有不同的亲和度。通常在初次响应中具有高亲和度的抗体，将被保存形成克隆子种群来处理相同抗原的再次入侵，从而形成二次响应，加速了免疫响应的效率。因此，这种机制保证了免疫系统在每次抗原入侵后，免疫响应的速度和准确性将会越来越强。

　　克隆选择机理是免疫优化计算中最常用的基础理论之一。De Castro 等人提出的克隆选择算法 CLONALG[4] 是经典的免疫算法，在此之前 Weinland[34]、Forrest[35]、Fukuda[36] 等人也分别从不同角度模拟了克隆选择机理，并将其用于优化或模式识别等问题，但是由于其过于复杂并未引起研究人员的广泛关注。Timmis 等人在文献[37]中同样基于克隆选择机理提出了 B-Cell 算法。Cutello 等人基于 CLONALG 设计了不同的高频变异操作，提出了用于优化的免疫算法 opt-IA[38]。在国内，焦李成等人将 CLONALG 中的进化选择方式替换为精英选择，提出了新的克隆选择算法，并从免疫记忆、混沌、免疫优势等角度提出了一系列改进的克隆选择算法[10-14]。这些算法以优化候选解集的形式构造了一种基于种群的可进化(克隆、变异和选择操作)的智能计算算法。它们大都具有与抗原细胞(需要优化的目标函数)匹配的 B 细胞(候选解集)组成的抗体种群。这些 B 细胞经过克隆和亲和度成熟(即抗体在克隆选择的作用下)，经历增殖和超变异操作后，其亲和度逐渐提高。因此，克隆选择过程本质上是一个微观世界的达尔文进化过程。图 17.4 给出了典型的克隆选择算法流程图。

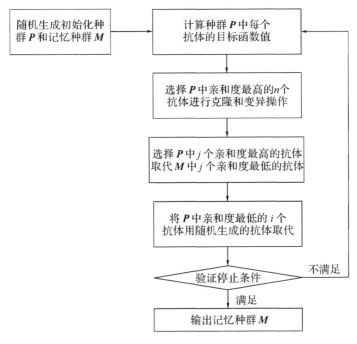

图 17.4 典型的克隆选择算法流程图

### 3. 免疫网络学说与人工免疫网络模型

免疫系统最早被定义为一个庞大的复杂的能识别抗原决定基与对位关系的系统。在免疫系统中，相关的事件不仅是分子本身，也包括分子之间。免疫细胞可以对所识别的信号产生正的或负的反应。正的反应结果会使细胞增生，分泌抗体，负反应将导致容噪或抑制。诺贝尔奖获得者 Jerne 等人于 1974 年提出了独特型网络理论[39]。该理论很好地刻画了免疫网络的基本性质。通过对免疫细胞的数学建模，免疫网络理论能很方便地用于描述免疫系统的学习和记忆等属性。Jerne 独特型网络理论指出，免疫系统由于 B 细胞互助地增强网络性能而能够完成免疫记忆。这些 B 细胞不仅相互刺激，而且相互抑制刺激，这种抑制功能是一种控制 B 细胞刺激过度的机制，以使系统保持稳定的免疫记忆。

基于免疫网络的人工免疫系统模型有很多类型，其中，最早的是 Farmer 等人于 1986年提出来的 FPP(Farmer-Packard-Perelson)模型[2]，它反映了 Jerne 的独特型网络的本质特征，并具有记忆机制。Fukuda 等于 1993 年在 FPP 网络的基础上进行了改进，构造了新的人工免疫网络[40]。除此之外，还有许多其他人工免疫网络模型，如 Ishiguro 等提出了一种互联耦合免疫网络模型[41]；Tang 等提出了一种与免疫系统中 B 细胞和 T 细胞之间相互反应相类似的多值免疫网络模型[42]；Herzenberg 等提出了一种更适合分布式问题的松耦合网络结构[43]。目前，两个比较有影响的人工免疫网络模型是 Timmis 等人提出的资源受限人工免疫系统(Resource Limited Artificial Immune System，RLAIS)[44]和 De Castro 等人提出的 aiNet[45]。资源受限人工免疫系统是 Timmis 在 Cook 和 Hunt 研究的基础上提出的，它还给出了人工识别球(Artificial Recognition Ball，ARB)的概念。Timmis 认为 ARB 的作用与 B 细胞的功能是类似的，人工免疫系统是由固定数量的 ARB 组成的。进一步地，类比自然免疫系统，认为 ARB 受到的刺激包括抗原的主要刺激、邻近抗体的刺激以及邻近抗体的抑制，而且抗体的克隆水平由 ARB 受到的刺激确定。De Castro 的 aiNet 算法模拟了免疫网络对抗原刺激的反应过程，主要包括抗体-抗原识别、免疫克隆增殖、亲和度成熟以及网络抑制。图 17.5 给出了典型免疫网络算法的流程图。

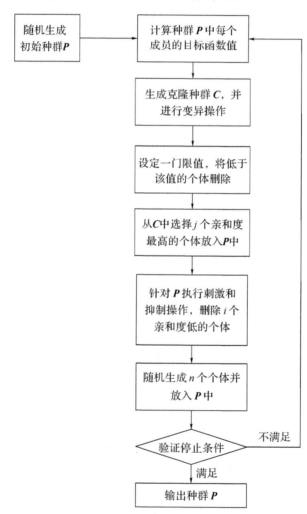

图 17.5　典型的免疫网络算法流程图

目前的人工免疫网络模型普遍存在自适应能力比较差，参数比较多，过分依赖对网络节点的增减来保持网络动态，缺乏对免疫网络非线性信息处理能力的模拟等缺陷，限制了算法的成功应用。

**4. 基于免疫机理的混合智能优化算法**

进化计算作为一种有向随机搜索的优化方法得到了广泛应用。然而在实际应用中也存在一些需改进之处，如个体多样性差导致不成熟收敛，收敛速度慢等。将进化与免疫结合起来考虑，能得到更有效的优化算法。在进化算法的大框架下，引入免疫系统的诸多特性，发展起了很多免疫进化算法，如引入疫苗接种理论的免疫遗传算法[9,46]、引入浓度调节机制的免疫进化算法[35]、借鉴独特型网络调节的进化算法[7-8]、基于免疫记忆的蚁群算法[47]、基于免疫克隆的粒子群算法[48]等。其中，焦李成、王磊等人于2000年提出了基于疫苗的免疫遗传算法[9]，该法是国际上较早提出的一种免疫遗传算法。该算法在遗传算法的基础上引入了接种疫苗和免疫选择两个免疫操作。在操作的过程中，首先针对所求解的问题(视为抗原)进行具体分析，从中提取出基本的特征信息(视为疫苗)；然后，对此特征信息进行处理，将其转化为求解问题的一种方案(根据该方案得到的各种解的集合统称为基于上述疫苗所产生的抗体)；最后，将此方案采用适当的形式参与搜索以实施具体操作。这种免疫学机理的思想主要是在合理提取疫苗的基础上，通过接种疫苗和免疫选择两个操作来完成。该算法较好地抑制了遗传算法中出现的早熟现象，且使收敛速度有显著提高。同样基于疫苗的免疫进化算法还有王磊等人之后提出来的基于免疫策略的进化算法[49]、免疫规划算法[50]等，其核心均是构造一个包含免疫选择和接种疫苗两个步骤的免疫算子。

文献表明，很多免疫机理可以在不同程度上改进进化算法的一些不足，免疫机理的有效利用对于改进其他智能优化算法的性能具有不可忽视的作用。

## 17.2.3 人工免疫系统方法的应用研究

人工免疫系统的主要应用领域如表 17.1 所示。

**表 17.1 人工免疫系统的主要应用领域**

| 应用领域 | 示　例 |
| --- | --- |
| 控制 | 电压调节器的控制，复杂动力学系统的自适应控制 |
| 规划 | 电网规划 |
| 设计 | 设计人工神经网络 |
| 组合优化 | TSP 问题，CDMA 多用户检测 |

| 应用领域 | 示　例 |
|---|---|
| 图像处理 | 图像分割，立体匹配 |
| 数据处理 | 多组分混合色谱信号的解析 |
| 知识发掘 | 数据库知识发现 |
| 机器人 | 多智能体决策系统、分布式自动机器人系统等 |
| 故障监测和诊断 | 加工工具破损监测，旋转机械在线故障诊断 |
| 网络安全与入侵检测 | 病毒防护与入侵检测 |

### 1. 控制

Kumar 等将免疫神经控制（INC）用于复杂动力学系统的模型自适应控制，效果良好[51]。Sasaki 等提出了一种基于免疫系统反馈机理的自适应学习的神经网络控制器，避免了神经网络学习在最小值附近摆动，提高了收敛速度[52]。丁永生等针对低阶或高阶对象，提出了一种新颖的基于生物免疫系统反馈机理的通用控制器结构[53]。该控制器包括一个基本的 P 型免疫反馈控制器和一个增量模块。P 型免疫反馈规律由模糊控制器自动调整，控制增量模块可以由常规控制或神经网络来实现。激光热疗法中由组织温度来控制的计算机仿真结果表明，该控制器的控制性能优于常规控制器[53]。李海峰等提出了以电力系统电压调节为应用目的的免疫系统的基本模型，演示了应用于 STATCOM 的细胞免疫电压调节器的控制作用[54]。

### 2. 规划

高洁将一种新的随机优化方法——免疫算法应用于电网规划，利用 IEEE - 6 节点系统作为样本网络进行分析计算，并将该方法与基于遗传算法的电网规划方法进行比较，结果表明免疫算法在全局寻优的性能方面要优于遗传算法[55]。

### 3. 设计

张军等利用共生进化原理设计人工神经网络，创造性地融入了免疫调节原理中的浓度抑制调节机制以保持个体的多样性，提出了基于免疫调节的共生进化网络设计方法[56]。周伟良等结合遗传算法的随机全局搜索能力和生物免疫中抗体通过浓度来实现相互作用的机制，构造了免疫遗传算法，并利用实验验证了其在设计神经网络时的有效性[57]。

### 4. 组合优化

曹先彬等用一种免疫遗传算法有效解决了装箱问题的求解[58]。王煦法、刘克胜等提出的免疫遗传算法（Immune Genetic Algorithm，IGA）成功实现了 TSP 优化[59-60]。牛志强等用免疫算法解决了 CDMA 中的多用户检测问题[61]。曹先彬等构造的免疫进化策略在求解二次布局问题时取得了完美的结果[62]。

**5. 图像处理**

McCoy 等将人工免疫系统用于图像分割[63]。王肇捷等为了得到最佳视差图，将免疫算法用于解决计算机视觉中的立体匹配，与基于像素灰度的匹配相比，免疫算法的匹配效果好，与模拟退火匹配相比，虽然都能得到全局最优的视差图，但免疫算法的匹配速度快[64]。

**6. 数据处理**

邵学广等将免疫机理用于信号拟合，实现了多组分混合色谱信号的解析[65-66]；利用免疫-遗传算法实现了二维色谱数据的快速解析；通过模拟免疫系统中抗体对外来抗原的识别、消除等过程，建立了一种新型的免疫算法模型，为利用数据库解析混合物或生物大分子等物质的复杂 NMR 谱图开辟了一条全新的途径[67]。杜海峰等基于智能互补融合观点，提出了一种新的数据浓缩方法 ART -人工免疫网络，并用于 $R_2$ 空间分类和 Fisher 花瓣问题的实验[68]。

**7. 知识发掘**

Timmis 等将人工免疫系统用于数据库知识发现，与单一连接聚类分析和 Kononen 网络作了比较，认为人工免疫系统作为数据分析工具是适合的[29]。

**8. 机器人**

Dasgupta 基于人工免疫系统建立了多智能体决策系统[69]。Meshref 等探讨了自然免疫系统的行为，并利用其对外部环境变化敏感的特性改进了 DNA 算法，用于解决狗-羊问题。结果表明，改进的 DNA 算法适用于解决分布式自动机器人系统问题[70]。Jun 等的人工免疫系统在分布式自动机器人系统中实现了协作和群行为[71]。King 等提出了一个用于智能体的人工免疫系统模型，并总结了人类免疫系统可用于人工免疫系统智能体的主要作用[72]。刘克胜等基于免疫学的细胞克隆学说和网络调节理论，提出了能有效增强自律移动机器人在动态环境中自适应能力的新算法[73]。

**9. 故障监测和诊断**

Dasgupta 等将人工免疫系统用于工业中，进行加工工具破损监测[24]。刘树林等受生物免疫系统自己-非己识别过程的启发，提出了反面选择算法，在故障诊断应用领域中改进了反面选择算法，提出了对旋转机械在线故障诊断的新方法[74]。杜海峰等还将 ART -人工免疫网络用于解决多级往复式压缩机故障诊断，效果良好[75]。

**10. 网络安全与入侵检测**

由于网络安全系统与免疫系统的功能具有等价性，因此，网络安全与入侵检测是人工免疫系统研究和应用最为成功和活跃的领域。Dasgupta、Forrest 等先后对这一领域进行了有益的探索，而著名的负选择算法就是 Forrest 针对这一领域的应用提出的[35]。这一研究领域同样在国内引起了许多研究者的注意。例如，如杨晓宇等对 AIS 与网络安全相结合的基因计算机进行了全面的描述，并认为智能模拟在网络安全方面的应用前景广阔[76]；中国科技大学计算机系王煦法等研制的"基于人工免疫的入侵预警系统"可以提前对未知病毒亮出红灯，提前预警，防止类似互联网瘫痪事件的再次发生。另外，国家自然科学基金、国家 863 应急项目等基金加大了对相关研究的资助力度。

**11. 其他**

人工免疫系统的理论和方法还广泛应用于通信等领域。

# 17.3　人工免疫系统与其他方法的比较

## 17.3.1　人工免疫系统与进化计算

免疫算法和进化计算都是群体搜索策略，并且强调群体中个体间的信息交换，因此有许多相似之处。首先，在算法结构上，都要经过"初始种群产生→评价标准计算→种群间个体信息交互→新种群产生"这一循环过程，最终以较大概率获得问题的最优解；其次，在功能上，二者本质上都具有并行性，在搜索中不易陷入极小值，都有与其他智能策略结合的固有优势；再次，在主要算子上，多数免疫算法都采用了进化计算方法的主要算子；最后，也正是因为二者存在共性，有关二者集成的智能策略——免疫-进化算法——成为免疫算法研究和应用中最成功的领域之一。

但是，它们之间也存在区别：① 免疫算法在记忆单元的基础上运行，确保了快速收敛于全局最优解；而进化算法则是基于父代群体，标准遗传算法不能保证概率收敛；② 免疫算法的评价标准是计算亲和度（Affinity），包括抗体-抗原的亲和度以及抗体-抗体的亲和度，反映了真实的免疫系统的多样性（Diversity），而进化算法则是简单计算个体的适应度；③ 免疫算法通过促进或抑制抗体的产生，体现了免疫反应的自我调节功能，保证了个体的多样性，而进化算法只是根据适应度选择父代个体，并没有对个体多样性进行调节，这也是免疫策略用于改进进化算法的切入点；④ 虽然交叉变异等固有的遗传操作在免疫算法中广泛应用，但是免疫算法新抗体的产生还可以借助克隆选择、免疫记忆、疫苗接种等传统进化算法中没有的机理。

## 17.3.2　人工免疫系统与人工神经网络

本章基于 Dasgupta 关于人工免疫系统与人工神经网络的异同系统分析[23]，从算法侧面作进一步分析。人工神经网络与人工免疫系统在结构、学习、知识等方面的特点如表 17.2 所示。

**表 17.2 人工神经网络与人工免疫系统的比较**

| 比较项目 | 神 经 网 络 | 免 疫 系 统 |
|---|---|---|
| 基本单元 | $10^{10}$ 个神经元 | 参与免疫的淋巴细胞在 $10^{12}$ 以上，系统比神经网络更加庞大 |
| 单元间相互作用 | 刺激和抑制连接 | 激活和抑制相互作用 |
| 学习 | 通过改变神经元间的连接权值实现学习 | 通过改变网络单元间的浓度和亲和度来实现学习 |
| 知识 | 识别是通过与存储在连接权中的知识相匹配来完成的 | 识别由单元的接收器完成，知识存储在抗体与抗原的相互作用中 |
| 结构 | 结构固定，神经元的位置是固定的，由大脑控制 | 结构松散，免疫系统可以在身体的任意位置，无控制机构 |

神经网络和人工免疫网络都是由大量高性能单元组成的，具有容噪、泛化能力和记忆能力，以及通过竞争实现的并行分布处理能力。但是神经网络要获得所识别对象内部镜像图是通过归纳来实现的，即不断压缩原始图像，而人工免疫网络先构造一充分反映所识别对象性态的随机图，通过对该图像不断扩展与压缩来反映所识别对象，因此人工免疫网络的计算量很大，而且主要集中在算法的初始阶段。

图 17.6 比较了人工免疫系统与神经网络算法(主要是竞争)的主要步骤。

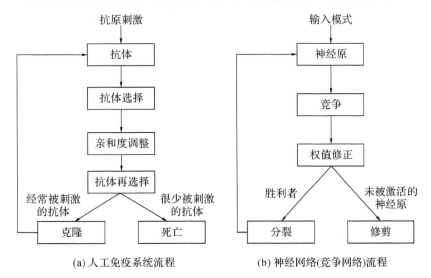

(a) 人工免疫系统流程　　　　(b) 神经网络(竞争网络)流程

图 17.6 人工免疫系统与神经网络算法的主要步骤

图 17.6 中，人工免疫系统中亲和度调整和神经网络权值修正是相当的，都是为了增加系统对输入模式的识别质量。

人工免疫系统、人工神经网络和进化算法的综合对比如表 17.3 所示。

表 17.3　人工免疫系统、人工神经网络与进化算法的综合比较

| 比较项目 | 人工免疫系统 | 人工神经网络 | 进化算法 |
|---|---|---|---|
| 组成元素 | 特征字符串 | 人工神经元 | 代表染色体的字符串 |
| 组成元素在系统中的位置 | 动态的 | 预先定义的/动态的(确定性的) | 动态的 |
| 结构 | 分布式的或网状的 | 神经元网络 | 分布式的 |
| 知识存储 | 特征字符串/网络连接 | 连接权值 | 染色体字符串 |
| 动态性能 | 学习/进化 | 学习 | 进化 |
| 动态过程 | 去除/补充新的组分 | 建构/修剪算法 | 去除/补充新个体 |
| 元素间的相互作用 | 通过识别特征字符串/网络连接 | 通过网络连接 | 通过结合算子/亲和度函数 |
| 和环境的相互作用 | 识别输入模式或进化目标函数 | 输入单元接受外界刺激 | 进化目标函数 |
| 阈值 | 影响元素的亲和度 | 影响神经元的活性 | 影响基因的变化 |
| 鲁棒性 | 种群/网络的个体 | 网络的个体 | 种群的个体 |
| 状态 | 浓度和亲和度 | 输出神经元的激活水平 | 染色体中的基因信息 |
| 控制 | 免疫原理、理论和过程 | 输入单元接受外界刺激(权值调整) | 进化运算法则 |
| 泛化能力 | 交叉-反作用 | 网络外推 | 对共同结构的探测 |
| 非线性 | 结合活化函数 | 神经元激活函数 | 不清楚 |
| 表征 | 进化和(或)连接 | 通过学习算法 | 进化 |

### 17.3.3　人工免疫系统与一般的确定性优化算法

与一般的确定性优化算法相比，多数人工免疫算法有以下显著特点：① 同时搜索解空间中的一系列点，而不只是一个点；② 处理的对象是待求解的参数的编码数字串，而不是参数本身；③ 使用的是目标函数本身，而不是其导数或其他附加信息；④ 变化规则是随机的，不是确定的。

# 17.4　免疫优化计算研究的新进展

纵观国内外人工免疫系统的研究成果[77]，以解决优化问题为目的的免疫优化计算引起了很多研究人员的关注。代表性的研究成果包括 De Castro 等人提出的克隆选择算法[4]、Timmis 等人提出的 B-cell 算法[37]、De Castro 等人提出的免疫网络算法 opt-aiNet[45]、焦李成等人提出的基于疫苗的免疫算法[9]及一系列高级克隆选择算法[5]、Cutello 等人提出的免疫优化算法 opt-IA[38]等。这些研究引起了国内外学者的极大兴趣，相继提出了一系列改进算法，并对算法的应用展开了广泛的研究。

## 17.4.1　免疫优化算法研究的主要进展

最优化问题是工程实践和科学研究中主要的问题形式之一。其中，仅有一个目标函数的最优化问题被称为单目标优化问题，目标函数超过一个并且需要同时处理的最优化问题被称为多目标优化问题。本节从求解问题的不同类型出发，对近几年免疫优化计算的主要进展分别进行探讨。

### 1. 单目标优化

1）问题描述

不失一般性，单目标优化问题可表述为

$$\min_{x \in \Omega} f(x) \tag{17-3}$$

其中，$f$ 是目标函数，$x=(x_1, x_2, \cdots, x_n)$ 是 $n$ 维决策矢量，$\Omega$ 为可行域。如果对于所有 $x \in \Omega$ 都有 $f(x) \geqslant f(x^*)$，则点 $x^*$ 称作 $f$ 在 $\Omega$ 上的全局最优解。如果 $\Omega$ 是 $n$ 维连续空间 $\mathbf{R}^n$ 的子集，则该问题为数值优化（Numerical Optimization）问题；如果 $\Omega$ 为离散空间上有限个点组成的集合，则该问题为组合优化（Combinatorial Optimization）问题。数值优化问题一般可以表示为连续空间或分段连续空间上的函数优化问题。组合优化问题包括背包问题、旅行商问题（TSP 问题）、集覆盖问题、二次分配、车间调度、分配问题等。

2）主要进展

人工免疫系统为单目标优化问题提供了一种新的求解思路。De Castro 依据克隆选择机理提出的 CLONALG[4]，对多峰函数优化问题和 TSP 问题的测试结果验证了算法的有效性。Garrett 通过分析 CLONALG 参数输入，提出了一种参数自适应克隆选择算法（ACS)[78]。仿真实验表明，ACS 相对于 CLONALG 和进化策略具有更好的特性。Cutello 等人基于 CLONALG 设计了不同的高频变异操作，提出了用于数值优化和组合优化的免疫算法 opt-IA[38]。在国内，焦李成等人从免疫记忆、混沌、免疫优势等角度提出了一系列改进的克隆选择算法，并成功用于优化问题[5]。王煦法等提出的免疫遗传算法成功解决了

TSP 优化问题[6]和频率分配问题[8]。罗印升等结合自然免疫系统中体液免疫响应机制提出了一种函数优化算法，很好地求解了一些函数优化问题[79]。黄席樾等结合免疫响应和小生境共享方法，提出了一种用于多峰值和非连续函数优化的免疫算法，具有很好的整体和局部搜索能力[80]。李涛等基于抗体浓度调节机制并引入能量函数，构造免疫遗传算法，成功解决了 TSP 问题[81]。

最近，焦李成、公茂果等学者构造了模拟免疫响应整体过程的计算模型——基于四元组描述的人工免疫动力学模型[82]，并成功应用于全局优化[14]、约束优化[83]、组合优化[84-85]、线性系统逼近[12]、聚类分析[86]等问题。该模型将生物免疫响应过程抽象为一个四元组 $(G, I, R, A)$。其中 $G$ 为引发免疫响应的外界刺激，即抗原；$I$ 为所有可能抗体的集合；$R$ 为抗体间相互作用的动力学规则集合；$A$ 为支配抗体反应、指导抗体进化的动态算法。

（1）抗原 $G$。在免疫学中，抗原是一类能够诱导机体免疫响应并能与相应抗体或 T 细胞受体发生特异反应的物质。在人工免疫动力学模型中，抗原一般指问题及其约束。针对式（17-3）所示的单目标优化问题，抗原 $G(x) = g(f(x))$。与免疫学中抗原的作用类似，它是诱导人工免疫响应的始动因子。

（2）抗体空间 $I$。集合 $I = \{b_1, b_2, b_3, \cdots, b_n\}$ 称作抗体空间，是针对抗原 $G$ 所有可能出现的抗体的集合，其中 $n$ 可以为无穷大的整数。针对不同的抗原 $G$，抗体 $b$ 的表现形式不同，如可以是二进制码串、实数序列、抽象的符号序列、特征序列等。抗体是人工免疫响应的基础，其表现形式对抗体间相互作用的规则集合 $R$ 的设计起着决定作用。以字符串 $b = b_1 b_2 \cdots b_l$ 为例，采用生物学术语，抗体 $b$ 中，$b_i$ 被称为等位基因，其可能取值与编码方式有关。例如，抗体结构为八位二进制数，则位串 0-1-1-1-0-1-0-0 代表一个抗体。抗体群 $B = \{b_1, b_2, b_3, \cdots, b_m\}$ 为抗体 $b$ 的 $m$ 元组，是抗体空间 $I$ 的一个子集，正整数 $m$ 称为抗体群规模。

（3）规则集合 $R$。抗体间相互作用的规则集合 $R = \{R_1, R_2, R_3, \cdots, R_l\}$ 描述了抗体空间 $I$ 中所有抗体之间可能存在的作用形式。一个动力学规则 $R_i \in R$ 可以从生物免疫系统中抗原与抗体间、抗体与抗体间的相互作用中启发得到。对抗体群 $B = \{b_1, b_2, b_3, \cdots, b_n\}$，一个动力学规则 $R_i \in R$ 可以简略地表示为

$$B \rightarrow B' = R_i(B) \tag{17-4}$$

其中，$B' = \{b_1', b_2', \cdots, b_m'\}$，$n$、$m$ 为正整数，$m$ 的大小由动力学规则 $R_i$ 决定。式（17-4）表示 $n$ 个抗体经过规则 $R_i$ 的作用，演变成 $m$ 个抗体。为了细致地模拟生物免疫响应过程，应该尽量详尽地设计足够多的动力学规则，从而实现对免疫响应过程的模拟。

（4）动态算法 $A$。动态算法 $A$ 是模拟免疫系统中抗体进化过程以及支配人工免疫响应过程中抗体相互作用的算法，包括规则集合 $R$ 作用在抗体空间 $I$ 中某一抗体群 $B$ 上的具体方式、抗体-抗原亲和度与抗体-抗体亲和度的计算法则以及人工免疫响应终止条件的判断等。

人工免疫动力学模型是基于种群的人工免疫系统的统一框架，很多免疫现象，如克隆选择、负选择、正选择、免疫优势、免疫记忆、遗忘、非达尔文学习等，都可以抽象为相应的动力学规则并添加到模型中，最终实现能模拟免疫系统整体功能的自适应的动力学系统。但是，目前该模型离真正的自适应还很远，其中亟待完善的工作包括动力学规则的提取和模型自适应策略的设计。

3）公共测试问题

文献[5]对目前比较常用的单目标优化的公共测试问题进行了搜集整理，包括 14 个低维基准函数优化问题、12 个维数可扩展的基准函数优化问题、30 个 TSP 问题以及 57 个 0 - 1 背包问题。这些基准测试问题可从 http://see. xidian. edu. cn/iiip/mggong/Data/book1. htm 下载。由于已有的基准函数的局部极值点大多平行于坐标轴，且全局最优点中很多维的坐标值都相同，或最优点位于坐标原点位置，因此，已有的基准函数往往不能很好地检验算法在未知空间的寻优能力，而实际工程问题往往是未知形态的问题。Suganthan 等人通过对一组已有的基准测试函数进行平移、旋转、组合等操作构造了一组复合测试函数[87]。这些复合函数形态复杂，局部极值点极多，而且位置不固定，最优值位置随机分布于决策空间中，常规算法难以很好地解决这类复杂问题。这些函数的构造方法、表达形式及具体特性可从 http://www. ntu. edu. sg/home/EPNSugan/下载。

## 2. 多目标优化

1）问题描述

不失一般性，一个具有 $n$ 个决策变量、$m$ 个目标变量的多目标优化问题[92-93]可表述为

$$\min_{x \in \Omega} \boldsymbol{y} = F(\boldsymbol{x}) = (f_1(\boldsymbol{x}), f_2(\boldsymbol{x}), \cdots, f_m(\boldsymbol{x}))^{\mathrm{T}} \tag{17-5}$$

其中，$\boldsymbol{x} = (x_1, \cdots, x_n) \in \Omega$ 为 $n$ 维决策矢量，$\Omega$ 为可行域，$\boldsymbol{y} = (y_1, \cdots, y_m)$ 为 $m$ 维目标矢量。目标函数 $F(\boldsymbol{x})$ 定义了 $m$ 个由决策空间向目标空间的映射函数。与单目标优化问题明确的最优解定义不同，对于多目标优化问题，一个解可能对于某个目标来说是较好的，而对于其他目标来讲可能是较差的，因此，存在一个折中解的集合。假设 $\boldsymbol{x}_A, \boldsymbol{x}_B \in \Omega$ 是式(17-5)所示多目标优化问题的两个可行解，称与 $\boldsymbol{x}_B$ 相比，$\boldsymbol{x}_A$ 是 Pareto 占优的，当且仅当

$$\forall i = 1, 2, \cdots, m, f_i(\boldsymbol{x}_A) \leqslant f_i(\boldsymbol{x}_B) \wedge \exists j = 1, 2, \cdots, m, f_j(\boldsymbol{x}_A) < f_j(\boldsymbol{x}_B) \tag{17-6}$$

记作 $\boldsymbol{x}_A \succ \boldsymbol{x}_B$，也叫作 $\boldsymbol{x}_A$ 支配 $\boldsymbol{x}_B$。一个解 $\boldsymbol{x}^* \in \Omega$ 被称为 Pareto 最优解（或非支配解），当且仅当 $\neg \exists \boldsymbol{x} \in \Omega: \boldsymbol{x} \succ \boldsymbol{x}^*$。所有 Pareto 最优解的集合称为 Pareto 最优解集 $P^*$，即

$$P^* \operatorname{def} \{ \boldsymbol{x}^* \mid \neg \exists \boldsymbol{x} \in \Omega: \boldsymbol{x} \succ \boldsymbol{x}^* \} \tag{17-7}$$

Pareto 最优解集 $P^*$ 中的所有 Pareto 最优解对应的目标矢量组成的曲面称为 Pareto 前沿面 $\mathrm{PF}^*$，其表达式为

$$\mathrm{PF}^* \operatorname{def} \{ F(\boldsymbol{x}^*) = (f_1(\boldsymbol{x}^*), f_2(\boldsymbol{x}^*), \cdots, f_k(\boldsymbol{x}^*))^{\mathrm{T}} \mid \boldsymbol{x}^* \in P^* \} \tag{17-8}$$

2）主要进展

起初，多目标优化问题往往通过加权等方式转化为单目标优化问题，然后用数学规划的方法来求解，每次只能得到一种权值情况下的最优解。同时，由于多目标优化问题的目标函数和约束函数可能是非线性、不可微或不连续的，因此传统的数学规划方法往往效率较低，且它们对于权值或目标给定的次序较敏感。进化算法通过在代与代之间维持由潜在解组成的种群来实现全局搜索，这种从种群到种群的方法对于搜索多目标优化问题的Pareto 最优解集是很有用的。早在 1985 年，Schaffer[88] 提出了矢量评价遗传算法（Vector-Evaluated Genetic Algorithms，VEGA），被看作进化算法求解多目标优化的开创性工作。20 世纪 90 年代以后，各国学者相继提出了不同的进化多目标优化算法。1993 年，Fonseca 和 Fleming 提出了 MOGA[89]。1994 年，Srinivas 和 Deb 提出了 NSGA[90]，Horn 和 Nafpliotis 提出了 NPGA[91]。1999 年，Zitzler 和 Thiele 提出了 SPEA[92]。三年之后，他们提出了改进的版本 SPAE2[93]。2000 年，Knowles 和 Corne 提出了 PAES[94]，很快他们也提出了改进的版本 PESA[95] 和 PESA-Ⅱ[96]。2001 年，Erichson、Mayer 和 Horn 提出了 NPGA2[97]，Coello 和 Pulido 提出了 Micro-GA[98]。2002 年，Deb 等学者提出了非常经典的算法 NSGA-Ⅱ[99]。

2003 年以来，进化多目标优化前沿领域的研究呈现出新的特点，很多新的进化范例被引进多目标优化领域。其中，将人工免疫系统应用于求解多目标优化问题的研究引起了很多学者的兴趣。早在 1999 年，Yoo 等人就试图将免疫网络的思想用到多目标优化领域中[100]。Coello 等人于 2002 年基于克隆选择理论提出了一种多目标免疫系统算法 MISA[101]。Luh 等人基于克隆选择理论等生物学模型思想提出了 MOIA[102]。黄席樾、张著洪等基于免疫响应原理和小生境概念，提出了多目标免疫算法并取得了比 SPEA 更加优秀的解[103]。焦李成、公茂果等人对基于人工免疫系统的多目标优化展开了深入的研究，取得了很好的效果[104-109]。

2007 年，焦李成、公茂果等学者模拟了免疫响应过程中多样性抗体共生、少数抗体激活的现象，通过在人工免疫系统中引入了一种新的非支配邻域选择策略，在进化计算的顶级期刊 *Evolutionary Computation* 上成功提出了一种求解多目标优化的免疫算法——非支配邻域免疫算法（NNIA）[109]。NNIA 利用基于非支配邻域的个体选择方法，只选择少数相对孤立的非支配个体作为活性抗体，根据活性抗体的拥挤程度进行比例克隆复制，对克隆后的抗体群进行亲和度成熟操作，以加强对当前 Pareto 前沿面中较稀疏区域的搜索。若 $t$ 时刻的优势抗体群、活性抗体群、克隆抗体群分别用时变矩阵 $\boldsymbol{D}_t$、$\boldsymbol{A}_t$、$\boldsymbol{C}_t$ 表示，则非支配邻域免疫算法可描述如下：

（1）初始化：随机产生初始抗体种群 $\boldsymbol{B}_0$，令 $\boldsymbol{D}_0 = \varnothing$，$\boldsymbol{A}_0 = \varnothing$，$\boldsymbol{C}_0 = \varnothing$，$t = 0$。

（2）更新优势抗体群。在 $\boldsymbol{B}_t$ 中识别优势抗体，组成优势抗体群 $\boldsymbol{D}_{t+1}$。

（3）终止判断。如果满足算法终止条件，则输出 $\boldsymbol{D}_{t+1}$ 作为算法求解结果，算法结束；否则，$t=t+1$。

（4）非支配邻域选择。选择少数拥挤距离大的优势抗体组成活性抗体群 $A_t$。

（5）克隆。对 $A_t$ 执行克隆操作，得到克隆抗体群 $C_t$。

（6）搜索。对 $C_t$ 执行重组和超变异操作，产生 $C'_t$。

（7）合并 $C'_t$ 和 $D_t$ 得到抗体种群 $B_t$，转到第（2）步。

NNIA 中优势抗体的拥挤距离是由当前 Pareto 前沿面上与其邻近的非支配个体决定的分布密度的估计值，因此算法中的选择操作被叫作非支配邻域选择。仅有部分具有较大拥挤距离值的非支配个体（远远少于当前找到的非支配个体）被选中作为活性抗体。克隆、重组、变异仅适用于被选择的活性抗体。NNIA 在 $t$ 时刻的群体进化如图 17.7 所示。

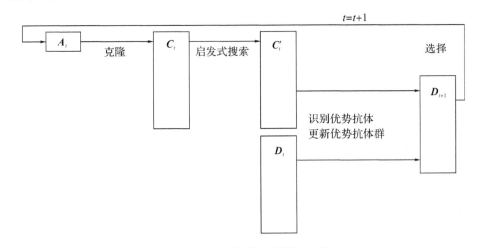

图 17.7　非支配邻域免疫算法的流程

与 NSGA-Ⅱ、SPEA2、PESA-Ⅱ三种代表多目标优化发展水平的算法及 Coello 等提出的 MISA 的实验比较表明，NNIA 是一种非常有效的多目标优化算法。值得一提的是，当目标个数达到 9 时，对于较困难的 DTLZ 问题，NNIA 仍能得到较满意的性能，NSGA-Ⅱ、SPEA2、PESA-Ⅱ等却无能为力，显示了免疫算法在求解高维多目标优化问题时具有很大的优势。

3）公共测试问题

文献［88］对目前常用的多目标函数优化问题进行了搜集整理，主要包括 2000 年以前比较常用的低维多目标优化问题、Zitzler 等人提出的 ZDT 问题[110]、Deb 等人提出的维数可扩展的 DTLZ 问题[111]等，并给出了 Pareto 最优解集和理想 Pareto 前沿面。这些测试问题可以从 http://www.cs.cinvestav.mx/~emoobook/下载。另外，Zitzler 等人整理了 12 个多目标背包问题及常用的多目标函数优化问题，并给出了它们的理想 Pareto 前沿面。这些测试问题可以从 http://www.tik.ee.ethz.ch/sop/download/supplementary/testProblemSuite/下载。

### 3. 工程优化

免疫优化计算作为人工免疫系统研究的重要内容之一，并不仅仅局限于对以上公共测试问题的良好特性上，在实际的工程优化问题，特别是在 NP 难问题中的应用研究也引起了很多研究者的兴趣。目前，免疫优化计算在神经网络结构优化、机器人控制与路径规划、信号拟合、频率分配、信道均衡、CDMA 多用户检测、智能调度、网络组播路由、电力系统规划、机械优化设计、系统辨识、参数估计、聚类分析、特征选择、模式识别、蛋白质结构预测、电子商务等领域都得到了一定应用。然而，当冷静分析这些应用时，可以发现：与神经网络等相对成熟的人工智能方法的应用相比，免疫优化计算的应用多数还停留在实验室，并没有进入工程实践。因此，我们认为，有关免疫优化计算的应用研究不但要进一步扩大应用领域，而且要在已有的应用领域中加快产业化进程，使之体现出更大的经济效益和社会效益。

## 17.4.2 免疫优化计算理论分析的主要进展

理论分析一直是进化算法、免疫算法等仿生智能计算研究的难点。当前有关人工免疫系统理论分析方面的工作是非常有限的，据我们了解，目前仅有很少关于人工免疫系统算法形式上的证明。焦李成等人给出了基于 Markov 链的克隆选择算法的理论收敛性证明[5]，Coello 等人基于 Markov 链给出了多目标克隆选择算法的收敛性证明[112]，Stepney 等人对 B-cell 算法采用 Markov 链理论进行了收敛性证明[113]。这些工作大都是对算法收敛性的公理化证明。除此之外，基于非线性动力学的分析模型也是一个可行之道。

### 1. 基于 Markov 链的收敛性分析

全局收敛性是优化问题最重要的特性之一。目前，许多免疫优化算法的性能都是通过测试各种优化问题用经验分析来验证的。实际上，大部分免疫优化算法并没有考虑种群间不同抗体的相互影响。它们在给定 $t$ 时刻种群状态的情况下，经过亲和度成熟和选择操作后，$t+1$ 时刻的种群状态仍是一个随机变量。因此，种群随时间 $t$ 的变化可以通过 Markov 链[114]来描述。针对图 17.2 所示的典型的克隆选择算法，基于 Markov 链的收敛性分析过程如下：

**定义 17.1** 定义问题的全局最优解集为

$$\Omega^* \overset{\text{def}}{=\!=} \{x^* \in \Omega : f(x^*) = \min(f(x) \mid x \in \Omega)\} \tag{17-9}$$

对于抗体种群 $M$，令 $\theta(M) \overset{\text{def}}{=\!=} |M \cap \Omega^*|$ 表示抗体种群 $M$ 中包含最优解的个数。

**定义 17.2** 如果对于任意的初始状态 $M_0$，均有

$$\lim_{t \to \infty} P\{\theta(M(t)) \geqslant 1 \mid M(0) = M_0\} = 1 \tag{17-10}$$

则称算法以概率 1 收敛到全局最优解。

**定理 17.1**  克隆选择算法以概率 1 收敛到全局最优解。

**证明**  记 $P_0(t) = P\{\theta(M(t)) = 0\}$，由贝叶斯条件概率公式有

$$P_0(t+1) = P\{\theta(M(t+1)) = 0\}$$
$$= P\{\theta(M(t+1)) = 0 | \theta(M(t)) \neq 0\} \times P\{\theta(M(t)) \neq 0\}$$
$$+ P\{\theta(M(t+1)) = 0 | \theta(M(t)) = 0\} \times P\{\theta(M(t)) = 0\} \quad (17-11)$$

由于记忆种群 $M(t)$ 中的最优解不会变差，因此 $P\{\theta(M(t+1)) = 0 | \theta(M(t)) \neq 0\} = 0$，所以

$$P_0(t+1) = P\{\theta(M(t+1)) = 0 | \theta(M(t)) = 0\} \times P_0(t) \quad (17-12)$$

又由亲和度成熟操作的性质可知：

$$P\{\theta(M(t+1)) > 0 | \theta(M(t)) = 0\}_{\min} > 0 \quad (17-13)$$

记 $\zeta = \min_t P\{\theta(M(t+1)) = 1 | \theta(M(t)) = 0\}_{\min}$，$t = 0, 1, 2, \cdots$，则

$$P\{\theta(M(t+1)) = 1 | \theta(M(t)) = 0\} \geqslant \zeta > 0 \quad (17-14)$$

所以

$$P\{\theta(M(t+1)) = 0 | \theta(M(t)) = 0\}$$
$$= 1 - P\{\theta(M(t+1)) \neq 0 | \theta(M(t)) = 0\}$$
$$= 1 - P\{\theta(M(t+1)) \geqslant 1 | \theta(M(t)) = 0\}$$
$$\leqslant 1 - P\{\theta(M(t+1)) = 1 | \theta(M(t)) = 0\} \leqslant 1 - \zeta < 1 \quad (17-15)$$

因此

$$0 \leqslant P_0(t+1) \leqslant (1-\zeta) \times P_0(t) \leqslant (1-\zeta)^2 \times P_0(t-1) \leqslant \cdots \leqslant (1-\zeta)^{t+1} \times P_0(0) \quad (17-16)$$

因为 $\lim\limits_{t \to \infty}(1-\zeta)^{t+1} = 0$，$1 \geqslant P_0(0) \geqslant 0$，所以

$$0 \leqslant \lim_{t \to \infty} P_0(t) \leqslant \lim_{t \to \infty}(1-\zeta)^{t+1} P_0(0) = 0 \quad (17-17)$$

故 $\lim\limits_{t \to \infty} P_0(t) = 0$。因此

$$\lim_{t \to \infty} P\{\theta(M(t)) \geqslant 1 | M(0) = M_0\} = 1 - \lim_{t \to \infty} P_0(t) = 1$$

于是定理 17.1 得证。

以上给出了克隆选择算法的 Markov 链收敛性证明，这种基于 Markov 链的收敛性分析同样适合对其他免疫优化算法的收敛性分析。实际上，这种分析方法同样适用于其他仿生智能优化算法。然而在实际应用中，由于计算复杂度的限制，$t \to \infty$ 是不可能的，因此，上述收敛性分析只是形式上的公理化证明，对工程应用的指导作用甚微，进一步深入分析免疫优化算法的收敛性是十分有必要的。

**2. 非线性动力学模型**

免疫系统中细胞种群的动力学特性可以采用如下微分方程的形式来表示[115-116]：

$$\frac{\mathrm{d}z}{\mathrm{d}t} = f(z) \qquad\qquad (17-18)$$

其中，向量 $z$ 表示时刻 $t$ 的状态变量。在离散情况下，上述微分方程可以表示为

$$z_t \rightarrow z_{t+1} = g(z_t) \qquad\qquad (17-19)$$

式(17-18)和式(17-19)中，$f$ 和 $g$ 均为输入变量 $z$ 的非线性函数。因此，状态变量 $z$ 满足一个确定性的进化过程，$t$ 时刻的状态是由 $t=0$ 时刻的状态唯一确定的。

通常，假定系统满足式(17-19)，我们希望了解状态变量空间随时间的进化过程，通常设定初始状态 $z_0$，通过不断地迭代计算 $z_1$，$z_2$，$z_3$，…可以获得最终的状态。这种分析方法与基于 Markov 链的分析模型最大的不同在于，在初始状态确定之后，非线性动力学模型的进化过程的每一步状态都是确定的，而 Markov 链模型的每一步状态都是随机的。

由于免疫系统本身是一个非线性随机动力学系统，因此要想全面了解受免疫系统启发的免疫优化算法的特性，对算法的非线性动力学分析是一个很重要的方面。然而，目前基于非线性动力学的分析模型仍停留在确定性的规则上。实际上，即使最简单的免疫优化算法，本质上仍然是随机的。因此，要完整地分析免疫优化算法，就需要借助非线性随机动力学的知识。而由于非线性随机微分方程很少能够精确求解，因此，对于免疫优化算法的非线性随机分析必将是未来研究的巨大挑战之一。

## 17.5 问题与挑战

人工免疫系统经过十余年的发展已经逐渐受到广大研究者的重视，近两年 Dasgupta、Timmis 等主流研究人员陆续从不同角度对目前人工免疫系统的研究现状进行了总结[117-119]，体现了对当前人工免疫系统研究现状的反思。作为一门新兴学科，人工免疫系统不论在新模型构造还是在已有模型的分析上都存在一定问题。

### 1. 模型的构造与完善

人工免疫系统是基于生物免疫学与计算机科学的交叉而发展起来的。早期的人工免疫系统成果比较注重对免疫学机理的细致刻画，如文献[2]中 Farmer 等人最初关注免疫网络模型的构造。然而，最近几年，人工免疫系统的研究过于关注模型的工程应用，逐渐偏离了对生物免疫机理的模拟。例如，直观来看，克隆选择算法是一种很不错的算法，但是它缺少了对 B 细胞、T 细胞、MHC 分子及淋巴细胞之间相互作用关系的模拟。当前的人工免疫系统模型只是对免疫系统的一种或几种机理的简单模拟并将其直接应用，因此，在今后相当长的一段时间内，人工免疫系统研究者们仍然需要更加深刻地了解免疫系统的本质，并建立新的、更全面的、更统一的免疫计算模型。

### 2. 模型的理论分析方法研究

即使已有的人工免疫系统模型依然缺少理论的支撑，但对人工免疫系统理论分析的研

究迫在眉睫。当前有关人工免疫系统的理论方面的工作是非常有限的，然而完善的理论分析是模型工程应用的可靠保障，通过理论分析研究，我们往往可以获得更多有用的知识，将对免疫算法的设计有重要的指导作用。因此，对于免疫算法的理论分析必将是未来研究的巨大挑战之一。

### 3. 混合智能集成系统研究

免疫系统并不是独立工作的，我们不能只关注从免疫系统获得启发，还要考虑免疫系统与其他系统的关系，尤其是神经网络和内分泌系统。免疫系统、神经系统和内分泌系统都具有各自的受体结构。已有研究表明，神经系统、免疫系统和内分泌系统之间存在双向的交互作用，如大脑的某些部位可以影响免疫响应，内分泌系统也可以影响免疫响应，免疫系统也可以影响内分泌系统和神经系统。神经、内分泌及免疫这三大调节系统相互联系、相互配合、相互制约的机理为基于人工免疫系统的智能综合集成提供了生物学基础。

（本章作者：焦李成，尚荣华，马文萍，公茂果）

# 本章参考文献

[1]  DE CASTRO L N, TIMMIS J. Artificial Immune Systems: A New Computational Intelligence Approach [M]. Berlin: Speringer-Verlag, 2002.

[2]  FARMER J D, PACKARD N H, PERELSON A S. The immune system, adaptation, and machine learning[J]. Physica D, 1986: 187 - 204.

[3]  FORREST S, PERELSON A S, ALLEN L, et al. Self-Nonself Discrimination in a Computer[C]. In Proceedings of the 1994 IEEE Symposium on Research in Security and Privacy, Los Alamitos, CA: IEEE Computer Society Press, 1994.

[4]  DE CASTRO L N, VON ZUBEN F J. Learning and Optimization Using the Clonal Selection Principle[J]. IEEE Transactions on Evolutionary Computation, 2002, 6(3): 239 - 251.

[5]  焦李成，杜海峰，刘芳，等. 免疫优化计算、学习与识别[M]. 北京：科学出版社，2006.

[6]  王煦法，张显俊，曹先彬，等. 一种基于免疫原理的遗传算法[J]. 小型微型计算机系统，1999，20(2): 117 - 120.

[7]  罗文坚，曹先彬，王煦法. 免疫网络调节算法及其在固定频率分配问题中的应用[J]. 自然科学进展，2002, 12(8): 890 - 893.

[8]  罗文坚，曹先彬，王煦法. 用一种免疫遗传算法求解频率分配问题[J]. 电子学报，2003, 31(6): 915 - 917.

[9]  JIAO L C, WANG L. A novel genetic algorithm based on immune[J]. IEEE Trans. on System, Man, and Cybernetics-Part A, 2000, 30: 1 - 10.

[10]  DU H F, GONG M G, JIAO L C, et al. A novel artificial immune system algorithm for high-dimensional function numerical optimization[J]. Progress in natural science. Taylor & Francis Ltd press. 2005, 15(5):

463 - 471.

[11] DU H F, GONG M G, LIU R C, et al. Adaptive chaos clonal evolutionary programming algorithm[J]. Science in China Series F-Information Sciences, 2005, 48(5): 579 - 595.

[12] GONG M G, DU H F, JIAO L C. Optimal approximation of linear systems by artificial immune response[J]. Science in China: Series F Information Sciences, 2006, 49(1): 63 - 79.

[13] LIU R C, JIAO L C, DU H F. Clonal strategy algorithm based on the immune memory[J]. Joural of Computer Science and Technology, 2005, 20(5): 728 - 734.

[14] GONG M G, JIAO L C. A Population-based Artificial Immune System for Numerical Optimization [J]. Neurocomputing, 2007.

[15] 李涛. 计算机免疫学[M]. 北京：电子工业出版社，2004.

[16] 丁永生. 计算智能：理论、技术与应用[M]. 北京：科学出版社，2004.

[17] 黄席樾，张著洪，何传江，等. 现代智能算法理论及应用[M]. 北京：科学出版社，2005.

[18] 莫宏伟. 人工免疫系统原理及应用[M]. 哈尔滨：哈尔滨工业大学出版社，2003.

[19] 肖人彬，曹鹏彬，刘勇. 工程免疫计算[M]. 北京：科学出版社，2007.

[20] 靳蕃. 神经计算智能基础[M]. 成都：西南交通大学出版社，2000.

[21] 刘俊达. 科学广播 免疫知识漫谈[M]. 北京：科学普及出版社，1980.

[22] 丁永生，任立红. 人工免疫系统：理论与应用[M]. 模式识别与人工智能，2000, 13(1): 52 - 59.

[23] DASGUPTA D. Artificial neural networks and artificial immune systems: similarities and differences[C]. 1997 IEEE International Conference on Computational Cybernetics and Simulation. Institute of Electrical and Electronics Engineers, Incorporated, 1997: 873 - 878.

[24] DASGUPTA D, FORREST S. Artificial immune systems in industrial applications[C]. IPMM'99. Proceedings of the Second International Conference on Intelligent Processing and Manufacturing of Materials. IEEE press, 1999: 257-267.

[25] DOTE Y. Soft computing (immune networks) in artificial intelligence[C]. 1998 IEEE International Conference on Computational Cybernetics and Simulation. Institute of Electrical and Electronics Engineers, Incorporated, 1998: 1382 - 1387.

[26] GASPER A, COLLARD P. From GAs to artificial immune systems: improving adaptation in time dependent optimization[C]. Proceedings of the Congress on Evolutionary Computation (CEC 99). IEEE press, 1999: 1859 - 1866.

[27] 胡朝阳. 摘译免疫算法与其他模拟进化优化算法的比较研究[J]. 电力情报. 1998, 1: 61-63.

[28] TARAKANOV A, DASGUPTA D. A formal model of an artificial immune system[J]. BioSystems, 2000, 5(5): 151-158.

[29] TIMMIS J, NEAL M, HUNT J. Data analysis using artificial immune systems, cluster analysis and Kohonen networks: some comparisons [C]. IEEE SMC'99 Conference Proceedings. 1999 IEEE International Conference on Systems, Man, and Cybernetics[J]. Institute of Electrical and Electronics Engineers, Incorporated, 1999: 922 - 927.

[30] NOHARA B T, TAKAHASHI H. Evolutionary computation in engineering artificially immune

（EAI）system［C］. IECON 2000. 26th Annual Conference of the IEEE Industrial Electronics Society. IEEE press，2000：2501-2506.

［31］ 丁永生，任立红. 一种新颖的模糊自调整免疫反馈控制系统［J］. 控制与决策. 2000，15(4)：443－446.

［32］ 肖人彬，王磊. 人工免疫系统：原理、模型、分析及展望［J］. 计算机学报. 2002，25(12)：1281－1293.

［33］ BURNET F M. The Clonal Selection Theory of Acquired Immunity［M］. Cambridge：Cambridge University Press，1959.

［34］ WEINAND R G. Somatic mutation，affinity maturation and antibody repertoire：A computer model［J］. J. of Theor. Biol. ，1990，143：343－382.

［35］ FORREST S，JAVORNIK B，SMITH R E，et al. Using genetic algorithms to explore pattern recognition in the immune system［J］. Evolutionary Computation，1993，1(3)：191－211.

［36］ FUKUDA T，MORI K，TSUKIYAMA M. Parallel search for multi-modal function optimization with diversity and learning of immune algorithm［M］//DASGUPTA D. Artificial Immune Systems and their Applications. Berlin：Springer-Verlag，1998.

［37］ KELSEY J，TIMMIS J. Immune inspired somatic contiguous hypermutation for function optimisation［C］. GECCO 2003，volume 2723 of LNCS，2003：207－218.

［38］ CUTELLO V，NARZISI G，NICOSIA G，etal. Exploring the Capability of Immune Algorithms：A Characterization of Hypermutation Operators［C］. ICARIS 2004，2004：263－276.

［39］ JERNE N K. Towards a network theory of the immune system［J］. Ann. Immunol. （Inst. Pasteur），1974，125C：373－389.

［40］ FUKUDA T，MORI K，TSUKIYAMA M. Immune networks using genetic algorithm for adaptive production scheduling［C］. 15th IFAC World Congress，1993，3：57－60.

［41］ ISHIGURO A，SHIRAI Y，KONDO T，et al. An architecture for behavior arbitration based on the immune networks［C］. Proc IEEE/RSJ International Conference on Intelligent Robots and Systems，Osaka，Japan，1996：1730－1738.

［42］ TANG Z，YAMAGUCHI T，TASHIMA K，et al. Multiple-valued immune network model and its simulations［C］. Proc 27th International Symposium on Multiple-Valued Logic，Antigonish，Nova，Scotia，Canada，1997：519－524.

［43］ HERZENBERG L A，BLACK S J. Regulatory circuits and antibody response［J］. European Journal of Immune，1980，10：1－11.

［44］ TIMMIS J，NEAL M. A resource limited artificial immune system for data analysis［J］. Knowledge Based Systems，2001，14(3－4)：121－130.

［45］ DE CASTRO L N，VON ZUBEN F J. Ainet：An artificial immune network for data analysis［M］// ABBASS H A，SARKER R A，NEWTON C S，eds. Data Mining：A Heuristic Approach. USA：Idea Group Publishing，2001.

［46］ 王磊，潘进，焦李成. 免疫算法［J］. 电子学报，2000，28(7)：74－78.

[47] 苏淼，钱海，王煦法. 基于免疫记忆的蚁群算法[J]. 计算机仿真，2007，24(10)：165-168.

[48] 刘丽钰，蔡自兴，唐琎. 采用粒群优化的免疫克隆选择算法[J]. 计算机应用，2006，26(4)：886-887，954.

[49] 王磊，潘进，焦李成. 基于免疫策略的进化算法[J]. 自然科学进展，2000，10(5)：451-455.

[50] 王磊，潘进，焦李成. 免疫规划[J]. 计算机学报，2000，23(8)：806-812.

[51] KUMAR K K, NEIDHOEFER J. Immunized adaptive critics for level 2 intelligent control[C]. 1997 IEEE International Conference on Computational Cybernetics and Simulation. Institute of Electrical and Electronics Engineers, Incorporated , 1997：856-861.

[52] SASAKI M, KAWAFUKU M, TAKAHASHI K. An immune feedback mechanism based adaptive learning of neural network controller[C]. ICONIP'99. 6th International Conference on Neural Information Processing. IEEE Computer Society Press, 1999：502-507.

[53] 丁永生，唐明浩. 一种智能调节的免疫反馈控制系统[J]. 自动化仪表，2001，22(10)：5-7.

[54] 李海峰，王海风，陈珩. 免疫系统建模及其在电力系统电压调节中的应用[J]. 电力系统自动化，2001(12)：17-23.

[55] 高洁. 应用免疫算法进行电网规划研究[J]. 系统工程理论与实践. 2001(5)：119-123.

[56] 张军，刘克胜，王煦法. 一种基于免疫调节和共生进化的神经网络优化设计方法[J]. 计算机研究与发展，2000，37(8)：924-930.

[57] 周伟良，何鲲，曹先彬，等. 基于一种免疫遗传算法的 BP 网络设计[J]. 安徽大学学报（自然科学版），1999，23(1)：63-66.

[58] 曹先彬，刘克胜，王煦法. 基于免疫遗传算法的装箱问题求解[J]. 小型微型计算机系统，2000，21(4)：361-363.

[59] 王煦法，张显俊，曹先彬，等. 一种基于免疫原理的遗传算法[J]. 小型微型计算机系统，1999，20(2)：117-120.

[60] 刘克胜，曹先彬，郑浩然，等. 基于免疫算法的 TSP 问题求解[J]. 计算机工程，2000，26(1)：1-2.

[61] 牛志强，刘峥嵘，吴新余. 基于免疫算法的智能多用户检测技术在 CDMA 中的应用[J]. 江苏通信技术，2001，17(2)：6-9.

[62] 曹先彬，郑振，刘克胜，王煦法. 免疫进化策略及其在二次布局求解中的应用[J]. 计算机工程，2000，26(3)：1-2.

[63] MCCOY D F, DEVARAJAN V. Artificial immune systems and aerial image segmentation[C]. 1997 IEEE International Conference on Systems, Man, and Cybernetics. Institute of Electrical and Electronics Engineers, Incorporated , 1997：867-872.

[64] 王肇捷，黄文剑. 立体匹配的免疫算法[J]. 电脑与信息技术，2001(4)：4-6.

[65] 邵学广，陈宗海，林祥钦. 一种新型的信号拟合方法：免疫算法[J]. 分析化学研究报告，2000，28(2)：152-155.

[66] 邵学广，孙莉. 免疫算法用于多组分二维色谱数据的解析[J]. 分析化学研究报告，2001，29(7)：768-770.

[67] 邵学广，孙莉. 免疫-遗传算法用于混合物重叠核磁共振信号解析[J]. 高等学校化学学报，2001，

22(4)：552-555.

[68] 杜海峰，王孙安. 基于 ART—人工免疫网络的数据浓缩方法研究[J]. 模式识别与人工智能，2001，14(4)：401-405.

[69] DASGUPTA D. An artificial immune system as a multi-agent decision support system[C]. 1998 IEEE International Conference on Systems，Man，and Cybernetics. Institute of Electrical and Electronics Engineers，Incorporated，1998：3816-3820.

[70] MESHREF H，VAN LANDINGHAM H. Artificial immune systems：application to autonomous agents [C]. 2000 IEEE International Conference on Systems，Man，and Cybernetics. Institute of Electrical and Electronics Engineers，Incorporated，2000：61-66.

[71] JUN J H，LEE D W，SIM K B. Realization of cooperative strategies and swarm behavior in distributed autonomous robotic systems using artificial immune system[C]. IEEE SMC'99 Conference Proceedings. Institute of Electrical and Electronics Engineers，Incorporated，1999：614-619.

[72] KING R L，RUSS S H，LAMBERT A B，et al. Artificial immune system model for intelligent agents. MSU/NSF Engineering Research Cent for Computational Field Simulation Source：Future Generation Computer Systems[M]. London：Elsevier Science Publishers，2001：335-343.

[73] 刘克胜，张军，曹先彬，等. 一种基于免疫原理的自律机器人行为控制算法[J]. 计算机工程与应用，2000(5)：30-32.

[74] 刘树林，张嘉钟，王日新，等. 基于免疫系统的旋转机械在线故障诊断[J]. 大庆石油学院学报，2001，25(4)：96-100.

[75] 杜海峰，王孙安. 基于 ART：人工免疫网络的多级压缩机故障诊断[J]. 机械工程学报，2002，38(4)：88-90.

[76] 杨晓宇，周佩玲，傅忠谦. 人工免疫与网络安全[J]. 计算机仿真，2001，1 8(6)：38-40.

[77] 杜海峰，王孙安. 基于 ART—人工免疫网络的多级压缩机故障诊断[J]. 机械工程学报，2002，38(4)：88-90.

[78] GARRETT S. A paratope is not an epitope：Implications for immune network models and clonal selection[C]. International Conference on Artificial Immune Systems. Berlin：Springer，2003：217-228.

[79] 罗印升，李人厚，张雷，等. 人工免疫算法在函数优化中的应用[J]. 西安交通大学学报，2003，37(8)：840-843.

[80] 张著洪，黄席樾. 一种新的免疫算法及其在多模态函数优化中的应用[J]. 控制理论与应用，2004，21(1)：17-21.

[81] 黄雪梅，李涛，徐春林，等. 一种基于免疫遗传的 TSP 求解方法[J]. 四川大学学报（工程科学版），2006，38(1)：86-91.

[82] GONG M G，JIAO L C，LIU F，et al. The Quaternion Model of Artificial Immune Response[C]. Proceedings of the fourth international conference on Artificial Immune Systems，ICARIS 2005，Springer-Verlag，Lecture Notes in Computer Science，2005，3627：207-219.

[83] 公茂果，焦李成，杜海峰，等. 用于约束优化的人工免疫响应进化策略[J]. 计算机学报，2007，

30(1): 37 - 47.

[84] GONG M G, JIAO L C, ZHANG L N. Solving Traveling Salesman Problems by Artificial Immune Response[C]. Proceedings of the 6th international conference on simulated evolution and learning, SEAL06, Springer-Verlag, Lecture Notes in Computer Science, 2006, 4247: 64 - 71.

[85] GONG M G, JIAO L C, MA W P, et al. Solving Multidimensional Knapsack Problems by an Immune-inspired Algorithm [C]. Proceedings of the 2007 IEEE Congress on Evolutionary Computation, 2007.

[86] 公茂果，焦李成，马文萍，等. 基于流形距离的人工免疫无监督分类与识别算法[J]. 自动化学报，2008, 34(3).

[87] LIANG J J, SUGANTHAN P N, DEB K. Novel Composition Test Functions for Numerical Global Optimization[C]. proceedings of the 2005 IEEE Swarm Intelligence Symposium, 2005: 68 - 75.

[88] SCHAFFER J D. Multi-objective optimization with vector evaluated genetic algorithms[C]. Proceedings of the International Conference on Genetic Algorithms and their Applications, 1985: 93 - 100.

[89] FONSECA C M, FLEMING P J. Genetic algorithm for multi-objective optimization: formulation, discussion and generation[C]. Proceedings of the Fifth International Conference on Genetic Algorithms, San Mateo: Morgan Kauffman Publishers, 1993: 416 - 423.

[90] SRINIVAS N, DEB K. Multi-objective optimization using non-dominated sorting in genetic algorithms[J]. Evolutionary Computation, 1994, 2(3): 221 - 248.

[91] HORN J, NAFPLIOTIS N, GOLDBERG D E. A niched Pareto genetic algorithm for multi-objective optimization[C]. Proceeding of the First IEEE Congress on Evolutionary Computation, 1994: 82 - 87.

[92] ZITZLER E, THIELE L. Multi-objective evolutionary algorithms: a comparative case study and the strength Pareto approach[J]. IEEE Trans on Evolutionary Computation, 1999, 3(4): 257 - 271.

[93] ZITZLER E, LAUMANNS M, THIELE L. SPEA2: Improving the strength Pareto evolutionary algorithm[C]. Evolutionary Methods for Design, Optimization and Control with Applications to Industrial Problems, Athens, Greece, 2002: 95 - 100.

[94] KNOWLES J D, CORNE D W. Approximating the non-dominated front using the Pareto archived evolution strategy[J]. Evolutionary Computation, 2000, 8(2): 149 - 172.

[95] CORNE D W, KNOWLES J D, OATES M J. The Pareto-envelope based selection algorithm for multi-objective optimization[C]. Parallel Problem Solving from Nature, PPSN VI, Springer Lecture Notes in Computer Science, 2000: 869 - 878.

[96] CORNE D W, JERRAM N R, KNOWLES J D, et al. PESA-II: Region-based selection in evolutionary multi-objective optimization[C]. Proceedings of the Genetic and Evolutionary Computation Conference, GECCO-2001, Morgan Kaufmann Publishers, San Francisco, California, 2001: 283 - 290.

[97] ERICKSON M, MAYER A, HORN J. The niched Pareto genetic algorithm 2 applied to the design of groundwater remediation system [C]. Proceedings of the First International Conference on Evolutionary Multi-Criterion Optimization, EMO 2001, Springer-Verlag, 2001: 681 - 695.

[98] COELLO C A C, PULIDO G T. Multi-objective optimization using a micro-genetic algorithm[C].

Proceedings of Genetic and Evolutionary Computation Conference, GECCO 2001, Morgan Kaufmann Publishers, San Francisco, California, 2001: 274 - 282.

[99] DEB K, PRATAP A, AGARWAL S, et al. A fast and elitist multi-objective genetic algorithm: NSGA- II [J]. IEEE Transactions on Evolutionary Computation, 2002, 6(2): 182 - 197.

[100] YOO J, HAJELA P. Immune network simulations in multicriterion design[J]. Structural Optimization, 1999, 18: 85 - 94.

[101] COELLO C A C, CRUZ-CORT'ES N, An approach to solve multiobjective optimization problems based on an artificial immune system [C]. 1st International Conference on Artificial Immune Systems, University of Kent at Canterbury, England, September, 2002: 212 - 221.

[102] LUH, G C, CHUEH C H, LIU W W. MOIA: multi-objective immune algorithm[J]. Engineering Optimization, 2003, 35 (2) : 143 - 164.

[103] 黄席樾, 张著洪. 基于免疫响应原理的多目标优化免疫算法及其应用[J]. 信息与控制, 2003, 32(3): 210 - 218.

[104] JIAO L C, GONG M G, SHANG R H, et al. Clonal Selection with Immune Dominance and Anergy Based Multiobjective Optimization [C]. Proceedings of the Third International Conference on Evolutionary Multi-Criterion Optimization, EMO 2005, Guanajuato, Mexico, Springer-Verlag, Lecture Notes in Computer Science, 2005, 3410: 474 - 489.

[105] LU B, JIAO L C, DU H F, et al. IFMOA: Immune Forgetting Multiobjective Optimization Algorithm [C]. Advances in Natural Computation: Proceedings of the First International Conference on natural computation, ICNC 2005, Changsha, China, Springer-Verlag, Lecture Notes in Computer Science, 2005, 3611: 399 - 408.

[106] MA W P, JIAO L C, GONG M G, et al. An Novel Artificial Immune Systems Multi-objective Optimization Algorithm for 0/1 Knapsack Problems [C]. Proceedings of the International Conference on Computational Intelligence and Security, CIS 2005, Lecture Notes in Computer Science, 2005, 3801: 793 - 798.

[107] 荣华, 焦李成, 公茂果, 等. 免疫克隆算法求解动态多目标优化问题[J]. 软件学报, 2007, 18(11): 2700 - 2711.

[108] GONG M G, JIAO L C, MA W P, et al. Multiobjective Optimization Using an Immunodominance and Clonal Selection Inspired Algorithm[J]. Science in China: Series F Information Sciences, 2007.

[109] GONG M G, JIAO L C, DU H F, et al. Multi-objective immune algorithm with nondominated neighbor-based selection[J]. Evolutionary Computation, 2007.

[110] ZITZLER E, DEB K, THIELE L. Comparison of multiobjective evolutionary algorithms: Empirical results[J]. Evolutionary Computation, 2000, 8(2): 173 - 195.

[111] DEB K, THIELE L, LAUMANNS M, et al. Scalable Multi-Objective Optimization Test Problems [R]. Computer Engineering and Networks Laboratory (TIK), Swiss Federal Institute of Technology (ETH), Zurich, Switzerland, 2001.

[112] VILLALOBOS-ARIAS M, COELLO C A C, Hernández-Lerma O. Convergence analysis of a multiobjective

artificial immune system algorithm[C]. International Conference on Artificial Immune Systems. ICARIS 2004: Artificial Immune Systems, 2004, 46, 226 – 235.

[113] STEPNEY S, SMITH R, TIMMIS J, et al. Conceptual frameworks for artificial immune systems [J]. Int. J. Unconvent. Comput. , 2005, 1(3): 315 – 338.

[114] COX D R, MILLER H D. The Theory of Stochastic Processes[M]. London: Chapman and Hall, 1965

[115] PERELSON A S, WEISBUCH G. Immunology for physicists[J]. Rev. Mod. Phys, 1997, 69: 1219 – 1267.

[116] NOWAK M A, MAY R A. Virus dynamics[M]. Oxford: Oxford University Press, 2000.

[117] GARRETT S. How do we evaluate artificial immune systems[J]. Evolutionary Computation, 2005, 13(2): 145 – 177.

[118] JI Z, DASGUPTA D. Revisiting Negative Selection Algorithms[J]. Evolutionary Computation Journal, 2007, 15(2): 223 – 251.

[119] FREITAS A A, TIMMIS J. Revisiting the Foundations of Artificial Immune Systems for Data Mining[J]. IEEE Transactions on Evolutionary Computation, 2007, 30(5): 551 – 540.

# 第18章 基于深度学习的个性化推荐系统研究综述

## 18.1 引 言

随着互联网技术特别是移动互联网技术的不断发展，我国上网用户逐年增长，截至2018年12月，我国上网用户规模达到8.17亿。在网络用户不断增长的同时，网络资源也在不断扩张。京东、淘宝、当当等电商平台的商品总量数以亿计，且每天仍有琳琅满目的新商品上架，各类资讯类媒体、短视频也在生产着大量信息。作为用户，在时间、精力有限的情况下，需要从海量的资源中找到自己感兴趣的内容；作为资源提供者，需要让自己的资源最大化地吸引用户。因此需要一种机制来解决这种矛盾。

个性化推荐就是在这种需求的刺激下应运而生的。所谓个性化推荐系统，旨在根据用户的喜好、习惯、个性化需求以及产品或服务的特性来预测用户对产品或服务的喜好，进而为用户推荐合适的产品或服务，帮助用户快速地做出决策，提高用户满意度[1-2]。

传统的个性化推荐算法包括协同过滤推荐、基于内容的推荐、混合推荐等。这些推荐算法虽然在当时实现了理想的推荐效果，但当用户数量以及项目数量飞速增长时所需要的计算、存储等资源呈爆炸式增长，这些算法在推荐效果以及性能上不再显现曾经的优势。

面对海量数据的处理，深度学习算法已在图像处理、人脸识别、自然语言处理等领域显现了卓越的效果。因此，将深度学习应用于个性化推荐领域将是必然趋势。

## 18.2 传统的个性化推荐系统概述

个性化推荐系统的主要任务就是设计精准高效的推荐算法。推荐算法需要充分利用已有的用户信息、物品信息并构建模型，将用户和物品精准地联系在一起。假设 $U$ 代表所有用户(user)的集合，$I$ 代表所有物品(item)的集合，推荐算法就是寻找最准确、泛化能力最强的一个函数 $s$，从而计算系统中任意一个物品 $i$ 对用户 $u$ 的推荐度。

目前应用较广的推荐算法包括三种[3]：基于内容的推荐[4]、协同过滤推荐[5]和混合推荐[6]。

### 18.2.1　基于内容的推荐

基于内容的推荐需要统计用户所喜欢的物品，并对这些物品进行特征学习，从中抽取到用户的偏好，进而得到用户画像（user profile），通过计算用户画像特征与物品内容特征的匹配度，根据匹配度给用户推荐可能感兴趣的物品。

如图 18.1 所示，系统首先分析各个电影的描述信息并对其进行定义，然后判断它们之间的相似性。可以发现，A 用户和 C 用户描述相似。由于 A 用户看过电影 A 而未看电影 C，因此将电影 C 推荐给用户 A。

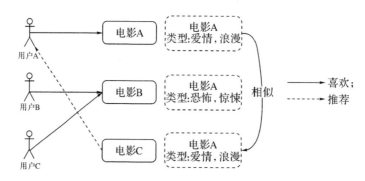

图 18.1　基于内容的推荐原理

基于内容的推荐系统主要有如下 3 个步骤：

**1. 项目表示**

项目表示是指为每个项目抽取一些特征来表示该项目。真实应用中的项目（item）往往有一些描述属性。这些属性通常可以分为两种：结构化（structured）属性与非结构化（unstructured）属性。所谓结构化属性，就是这个属性的意义比较明确，其取值限定在某个范围；而非结构化属性往往意义不太明确，取值也没什么限制，不好直接使用。比如，在交友网站上，item 就是人，一个 item 会有结构化属性（如身高、学历、籍贯等），也会有非结构化属性（如 item 自己写的交友宣言、博客内容等）。对于结构化数据，可以直接使用；但对于非结构化数据（如文章），往往要先把它转化为结构化数据后，才能在模型里加以使用。

**2. 特征学习**

特征学习是指利用一个用户对该项目的特征数据来学习出此用户的喜好特征。

**3. 推荐列表生成**

推荐列表生成是指通过构建用户感兴趣的项目，把与用户属性最相关的 $n$ 个 item 作为推荐结果返回给用户。其中，用户属性与 item 属性的相关性可以使用 cosine 等相似度来度量。

基于内容的推荐系统目前在音乐推荐等相关领域有着非常广泛的应用。比如，Kuo[7]等利用基于内容的推荐开展个性化音乐推荐系统的研究，通过分析用户所喜欢歌曲的节奏和旋律以获取用户的偏好，将候选歌曲通过旋律偏好分类，然后将有相似节奏旋律的歌曲推荐给用户，从而实现音乐的个性化推荐。Shao[8]等基于音乐的内容特征和用户访问模式，利用音乐的标签进行歌曲的推荐。国外的潘多拉（Pandora）电台通过音乐基因组项目（Music Genome Project），给歌曲库内的每首歌标注了旋律、节奏、地区、歌手等 400 多种基因，然后跟踪用户偏好，按基因匹配后依据歌曲内容给出了精准推荐[9]。

### 18.2.2 协同过滤推荐

协同过滤推荐是指根据用户对商品的偏好，计算出用户之间的相似性或者商品之间的相似性并依此进行推荐。协同过滤推荐包括基于用户的协同过滤推荐[10]和基于物品的协同过滤推荐[11-12]两种基本类型。

基于用户的协同过滤推荐的基本原理是：在海量的用户中找到与目标用户爱好相近的其他用户，然后将这些用户所喜欢的物品推荐给目标用户。基于物品的协同过滤推荐是指计算系统中所有物品之间的相似度，根据当前用户喜欢的物品寻找相似的物品进行推荐。

Li 等基于高斯分布拟合用户评价信息，利用概率模型对歌曲进行分组，实现了协同过滤推荐[13]。国外的 Last.fm 音乐社区主要应用协同过滤算法，基于社区中各用户群不同的群体智慧向用户推荐个性化音乐，它可以根据用户的听歌行为记录找到相似的其他用户，组建音乐圈分享歌曲，也可以自动帮助用户添加歌曲元数据并根据元数据去匹配相似歌曲[14]。

#### 1. 基于用户的协同过滤推荐

基于用户的协同过滤推荐建立在"喜欢类似物品的用户可能有相同的偏好"这一假设之上。

如图 18.2 所示，用户 A 和用户 C 有着比较高的偏好相似度。根据用户 C 的行为，可以将他喜欢的物品 D 推荐给他的相似用户 A。

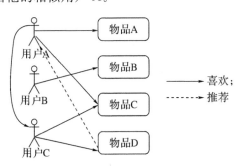

图 18.2　基于用户的协同过滤推荐机制

基于用户的协同过滤推荐一般包括以下步骤：

1）建立用户模型

协同过滤算法的输入数据通常表示为一个 $m \times n$ 的用户–评分矩阵 $\boldsymbol{R}$：

$$\boldsymbol{R} = \begin{bmatrix} R_{11} & R_{12} & \cdots & R_{1n} \\ R_{21} & R_{22} & \cdots & R_{2n} \\ \vdots & \vdots & & \vdots \\ R_{i1} & R_{i2} & \cdots & R_{in} \\ \vdots & \vdots & & \vdots \\ R_{m1} & R_{m2} & \cdots & R_{mn} \end{bmatrix}$$

其中，$m$ 是用户数，$n$ 是项目数，$R_{ij}$ 表示第 $i$ 个用户对第 $j$ 个项目的评分值。

这里的评分值可以是用户的浏览次数、购买次数等隐式评分，还可以采用显式评分，如用户对商品的直接评分。

2）寻找最近邻居

在这一阶段主要完成对目标用户最近邻居的查找。通过计算目标用户与其他用户之间的相似度来获得目标用户最相似的最近邻居集，即对目标用户 $i$ 产生一个以相似度 $\mathrm{sim}(i, j)$ 递减排列的邻居集合。该过程分两步完成：

（1）计算用户之间的相似度，可采用皮尔森（Pearson）相关系数、余弦相似性和修正的余弦相似性等度量方法。

（2）可根据不同方法选择最近邻居。常用的方法之一是选择相似度大于设定阈值的用户，或选择相似度最大的前 $k$ 个用户，即选择相似度大于预定阈值的 $k$ 个用户。

设用户 $i$ 和用户 $j$ 共同评分过的项目集合用 $I_{ij}$ 表示，$I_{ij} = I_i \cap I_j$，则用户 $i$ 和用户 $j$ 之间的相似性 $\mathrm{sim}(i, j)$ 通过皮尔森相关系数度量：

$$\mathrm{sim}(i, j) = \frac{\sum\limits_{d \in I_{ij}} (R_{i, d} - \overline{R_i})(R_{j, d} - \overline{R_j})}{\sqrt{\sum\limits_{d \in I_{ij}} (R_{i, d} - \overline{R_i})^2} \sqrt{\sum\limits_{d \in I_{ij}} (R_{j, d} - \overline{R_j})^2}} \tag{18-1}$$

其中，$R_{i, d}$ 表示用户 $i$ 对项目 $d$ 的评分，$\overline{R_i}$、$\overline{R_j}$ 分别表示用户 $i$ 和用户 $j$ 对所打分项目的平均评分。

在余弦相似性度量方法中，没有考虑不同用户的评分尺度问题。修正的余弦相似性度量方法通过减去用户对项目的平均评分来改善这一缺陷。设用户 $i$ 和用户 $j$ 共同评分过的项目集合用 $I_{ij}$ 表示，$I_{ij} = I_i \cap I_j$，$I_i$ 和 $I_j$ 分别表示用户 $i$ 和用户 $j$ 评分过的项目集合，则用户 $i$ 和用户 $j$ 之间的相似性 $\mathrm{sim}(i, j)$ 为

$$\text{sim}(i, j) = \frac{\sum\limits_{d \in I_{ij}} (R_{i,d} - \overline{R_i})(R_{j,d} - \overline{R_j})}{\sqrt{\sum\limits_{d \in I_i} (R_{i,d} - \overline{R_i})^2} \ \sqrt{\sum\limits_{d \in I_j} (R_{j,d} - \overline{R_j})^2}} \quad (18-2)$$

其中，$R_{i,d}$ 表示用户 $i$ 对项目 $d$ 的评分，$\overline{R_i}$、$\overline{R_j}$ 分别表示用户 $i$ 和用户 $j$ 对项目的平均评分。

3）生成推荐列表

根据用户最近邻集合和预测评分公式，预测出用户对项目的评分，将评分进行偏向，选择并推荐预测评分最高的若干个物品。预测评分公式为

$$r_{ui} = \sum_{v \in N(u)} \text{sim}(u, v) r_{vi} \quad (18-3)$$

其中，$r_{ui}$ 表示用户 $u$ 对物品 $i$ 的预测评分，$N(u)$ 表示用户 $u$ 的最近邻用户集合，$\text{sim}(u, v)$ 表示用户 $u$ 和用户 $v$ 之间的相似度，$r_{vi}$ 表示用户 $v$ 对物品 $i$ 的实际评分。

基于用户的协同过滤不需要考虑所有物品的具体内容信息，提高了推荐的便捷性，同时提高了推荐结果的多样性，但是随着用户人数的快速增加，用户相似度之间的计算复杂度较大。

**2. 基于物品的协同过滤推荐**

基于物品的协同过滤推荐是通过计算商品之间的相似度进行推荐的一种方式。如图 18.3 所示，通过计算可以发现，喜欢物品 A 的也喜欢物品 C，可以将物品 C 推荐给喜欢物品 A 的所有用户。

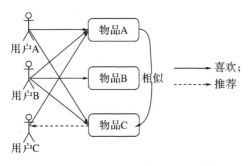

图 18.3　基于物品的协同过滤推荐

该算法的详细过程如下：

1）寻找物品的最近邻集合

首先选择一种计算物品相似度的方式，比如 Jaccard 相似度，然后根据计算出的相似度大小进行排序，筛选出与目标物品相似的物品集合。

2）生成推荐列表

根据计算的物品-物品相似度矩阵和公式：

$$r_{ui} = \sum_{j \in I(i)} \text{sim}(i, j) r_{uj} \qquad (18-4)$$

预测出用户 $u$ 对物品 $i$ 的评分 $r_{ui}$，将评分进行排序，选择并推荐预测评分最高的若干个物品给目标用户。式(18-4)中，$r_{ui}$ 表示用户 $u$ 对物品 $i$ 的预测评分，$I(i)$ 表示与物品 $i$ 相似的物品集合，$\text{sim}(i, j)$ 表示物品 $i$ 和物品 $j$ 之间的相似度，$r_{uj}$ 表示用户 $u$ 对物品 $j$ 的实际评分。

无论是基于用户的协同过滤还是基于物品的协同过滤都是建立在偏好理论的假设之上的。表 18.1 列出了两者的比较结果。

表 18.1　基于用户的协同过滤与基于物品的协同过滤比较

| 比较项目 | 基于用户的协同过滤 | 基于物品的协同过滤 |
|---|---|---|
| 性能 | 适用于用户较少的场合，如果用户很多，则计算用户相似度矩阵的代价很大 | 适用于物品数明显小于用户数的场合，如果物品很多(网页)，则计算物品相似度矩阵的代价很大 |
| 领域 | 时效性较强、用户个性化兴趣不太明显的领域 | 长尾物品丰富、用户个性化需求强烈的领域 |
| 实时性 | 用户有新行为，不一定造成推荐结果的立即变化 | 用户有新行为，一定会导致推荐结果的实时变化 |
| 冷启动 | 在新用户对很少的物品产生行为后，不能立即对他进行个性化推荐，因为用户相似度表是每隔一段时间离线计算的。新物品上线后一段时间，一旦有用户对物品产生行为，就可以将新物品推荐给对它产生行为的与该用户兴趣相似的其他用户 | 新用户只要对一个物品产生行为，就可以给他推荐与该物品相关的其他物品，但没有办法在不离线更新物品相似度表的情况下将新物品推荐给用户 |
| 推荐理由 | 很难提供令用户信服的推荐解释 | 利用用户的历史行为给用户做推荐解释，可以令用户比较信服 |

### 18.2.3　混合推荐

无论是基于内容的推荐还是协同过滤推荐，尽管在一定程度上解决了数据稀疏、冷启动等问题，获得了较好的推荐效果，但是任何一种单一方法都无法全面利用所有的用户以及项目的一些数据。因此，近年来在个性化推荐领域出现了一种新的研究热点，那就是构建一种混合推荐机制，既能结合不同算法和模型的优点，又能克服各种单一推荐算法的缺陷和所存在的问题，从而有更好的推荐性能。

混合推荐方式包括：加权的混合——用线性公式将几种不同的推荐方式按权重组合起来以达到更好的推荐效果；切换的混合——在不同的情况下，选择最为合适的推荐机制来进行推荐；分层的混合——依据几种不同的推荐算法按顺序进行组合混合，可以将某个算法的输出结果作为另外一个算法的输入部分，从而达到更准确的推荐；融入其他因素的混合——随着社交网络的发展，用户的地理位置、天气信息、情境信息可以通过网络链条进行发掘，混合其他因素进行推荐可以得到更精准的效果。

Lu[15]等提出了混合基于内容、基于协同过滤和基于情感的推荐算法；Kaminskas 等混合了用户的地理位置信息进行推荐[16]；Hopfield 等结合基于内容和协同过滤的推荐进行混合推荐[17]。单一的推荐系统在推荐任务上无法满足所有的需求；而混合推荐算法通过结合多种源数据和推荐技术来寻求各算法优势上的互补，以计算能力换取更优的推荐效能。当前国内外著名的音乐软件如 QQ 音乐、网易云音乐、酷狗音乐、spotify 等都是基于用户各类信息进行复杂的混合推荐，从而为上亿用户推荐精准的个性化歌曲。

近年来，随着学术界和工业界的持续关注，各种推荐方法和技术得到了深入研究，并取得了一定的效果。然而，由于推荐系统固有的数据稀疏性、冷启动、多样性需求等瓶颈问题，推荐算法的改进在短期内不会停止，对于推荐系统及其相关技术的研究将是一个长期的课题。一方面，传统的推荐算法有待完善和改进；另一方面，在大数据背景下，随着深度学习等技术的成熟，需要对推荐模式和推荐算法进行重新思考。因此，对推荐算法展开深入研究具有重要的理论和现实意义。

## 18.3 基于深度学习的个性化推荐

近年来，深度学习在图像处理、自然语言理解和语音识别等领域取得了突破性进展，已经成为人工智能的新热潮，也为推荐系统的研究带来了新的机遇。一方面，深度学习可通过学习一种深层次非线性网络结构，表征用户和项目相关的海量数据，具有强大的从样本中学习数据集本质特征的能力，可获取用户和项目的深层次特征表示。另一方面，深度学习通过从多源异构数据中进行自动特征学习，将不同数据映射到一个相同的隐空间，能够获得数据的统一表征[7]。在此基础上融合传统推荐方法进行推荐，能够有效利用多源异构数据，缓解传统推荐系统中的数据稀疏和冷启动问题。近年来，基于深度学习的推荐系统研究开始受到国际学术界和工业界越来越多的关注，ACM 推荐系统年会在 2016 年专门召开了第一届基于深度学习的推荐系统研究专题研讨会（DLRS'16）。研讨会指出，深度学习将是推荐系统的下一个重要方向。计算机领域数据挖掘和机器学习顶级会议（SIDKGG、NIPS、SIGIR、WWW）中，关于基于深度学习的推荐系统研究的文章逐年增加，国内外许多大学和研究机构也对基于深度学习的推荐系统开展了广泛研究，深度学习已成为推荐系统领域的研究热点之一。

基于深度学习的推荐系统通常将各类用户和与项目相关的数据作为输入，利用深度学习模型学习用户和项目的隐表示，并基于隐表示为用户产生项目推荐。

一个基本的深度学习的推荐系统架构如图18.4所示。该架构包含输入层、模型层和输出层。输入层的数据主要包括：用户的显式（评分、喜欢/不喜欢）或隐式反馈数据（浏览、点击等行为数据）、用户画像（性别、年龄、喜好等）和项目内容（文本、图像等描述或内容）数据、用户生成内容（社会化关系、标签、评论等辅助数据）。在基于深度学习的个性化推荐模型层，使用的深度学习模型比较广泛，包括多层感知器、自编码器、受限玻尔兹曼机、卷积神经网络、循环神经网络等。在输出层，利用学习到的用户隐表示和项目隐表示，通过内积、softmax、相似度计算等方法产生项目的推荐列表。

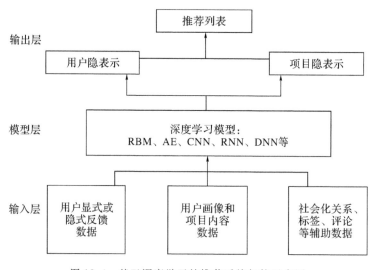

图 18.4　基于深度学习的推荐系统架构示意图

### 18.3.1　基于多层感知器的个性化推荐

多层感知器（MultiLayer Perceptron，MLP）是由输入层、隐含层、输出层所构成的神经网络模型。每一层都有多个神经元，相邻的层之间进行全连接。每个神经元都可以看作这些巨大网络中的一个细胞，它决定了输入信号的流动和转换。前一层的信号通过连接权值被推送给下一层神经元。每个人工神经元通过将信号与权值相乘并加上偏值来计算所有输入的加权和。然后，加权和被送入一个称为激活函数的函数来决定该神经元是否被触发，这将产生输出信号以便用于下一层。多层感知器可以解决单层感知器不能解决的线性不可分问题。图18.5是含有2个隐含层的多层感知器。

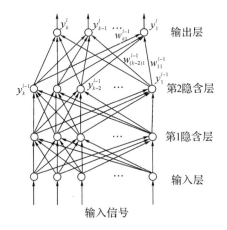

図 18.5　多层感知器结构图

　　许多现有的推荐模型基本上是线性方法，MLP 可用于向现有推荐方法添加非线性变换，对其进行神经扩展。大多数情况下，个性化推荐可以看作用户偏好与项目特征之间的双向互动。例如，矩阵分解可将评分矩阵分解为低维用户/项目潜在因素，通过构建双神经网络就可以更好地模拟用户与项目之间的双向交互。Dzingaite 等[18] 提出的神经网络矩阵分解模型（Neural Network Matrix Factorization，NNMF）以及 HIDASI[19]等提出的神经协同过滤模（Neural Collaborative Filtering，NCF）都是为了实现这一目的。

　　Elkahky 等人考虑到传统的基于内容的推荐系统中用户特征难以获取，通过分析用户的浏览记录和搜索记录提取用户的特征，从而丰富用户的特征表示[20]。作者将深度结构化语义模型[21]（Deep Structured Semantic Models）进行扩展，提出了一种多视角深度神经网络模型（Multi-View Deep Neural Network，Multi-View DNN）。该模型通过用户和项目两种信息实体的语义匹配来实现用户的项目推荐，是一种实用性强的基于内容的推荐方法。其基本思想是：设置两类映射通路，分别通过深度学习模型将两类信息实体映射到同一个隐空间，在这个隐空间中通过余弦相似度计算两个实体的匹配度，并根据匹配度产生推荐。

　　图 18.6 展示了 Multi-View DNN 模型结构。在用户视角上，将用户的搜索、浏览、下载、视频观看等历史记录作为输入 $X_u$，通过深度学习模型学习用户的隐表示 $Y_u$；在项目视角上，将项目的标题、类别、描述等信息作为输入 $X_i$，通过深度学习模型学习项目的隐表示 $Y_i$。模型共包括一个用户视角和 N 个项目视角，其中 N 为所有项目的数量。用户视角的深度神经网络模型为 $f_u(X_u, W_u)$，第 i 个项目视角的深度神经网络模型为 $f_i(X_i, W_i)$。

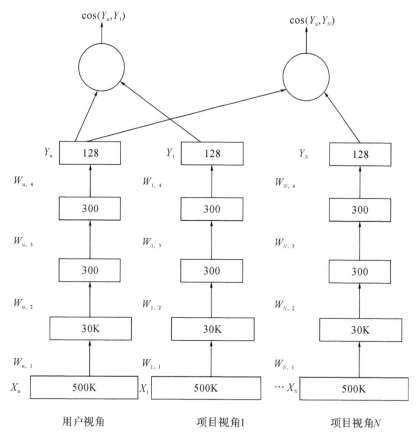

图 18.6　Multi-View DNN 模型结构

    Lei 采用与 DSSM 相似的结构，提出了一种深度协作神经网络模型[22]（Deep Cooperative Neural Network，DeepCoNN），将评论信息融入推荐系统中以缓解推荐系统的数据稀疏问题，提高了推荐系统的质量。其主要思路是：将两个并行的神经网络耦合在最后一层，其中一个网络重点关注用户评论，从而学习用户行为，另一个网络重点关注项目评论信息，从而学习项目的属性信息。Xu 等人基于 DSSM 模型研究了标签感知的个性化推荐问题[23]，分别利用用户的所有标签和项目的所有标签定义用户和项目的输入特征，从而学习用户和项目的隐表示，通过计算用户的隐表示和项目的隐表示的相似度来产生推荐。Chen 等人利用用户特征、位置信息等多源异构数据，提出了一种 LP-DSA 模型[24]。该模型用于新闻推荐，使用面向推荐的深度神经网络为位置、用户和新闻提取密集、抽象、低维度和有效的特征表示，从而在效率方面提高新闻的推荐性能。

## 18.3.2　基于自编码器的个性化推荐

自编码器是 Rumelhart 于 1986 年提出来的，是一个典型的三层神经网络（包含一个输入层、一个隐含层和一个输出层），其网络结构示意图如图 18.7 所示。图中，$x_i$ 表示输入节点，$x_i'$ 表示输出节点，"+1"表示偏置项，$h_{w,b}(\boldsymbol{x})$ 表示经过三层网结构后对输入数据的近似输出。

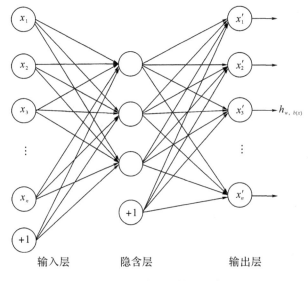

图 18.7　自编码器结构示意图

自编码器是一种无监督的神经网络模型，它可以学习到输入数据的隐含特征，这称为编码（coding），同时用学习到的新特征可以重构出原始输入数据，这称为解码（decoding）。从直观上来看，自编码器可以用于特征降维，类似于主成分分析（Principal Component Analysis，PCA），但比 PCA 的性能更强，这是由于神经网络模型可以提取更有效的新特征。除了进行特征降维外，自编码器学习到的新特征可以输入到有监督学习模型中，所以，自编码器可以作为特征提取器。作为无监督学习模型，自编码器还可以用于生成与训练样本不同的新数据，这种变分自编码器（Variational AutoEncoders）就是生成式模型。

自编码器在评分预测、图像推荐、文本推荐等情景中均有应用。在推荐系统中，自编码器主要用来对用户和项目的隐含特征表示[25-26]进行学习，通过对用户和项目的相关信息进行重构，从而对用户和项目的隐层表达进行学习，然后通过这种表达来对用户的行为偏好进行预测。

Sedhain[27]提出了一种 AutoRec 模型。该模型是一种基于自编码器的新型协同过滤模型。假设有 $m$ 个用户，$n$ 件商品，一个部分数据不为零的用户-商品打分矩阵 $\boldsymbol{R} \in \mathbf{R}^{m \times n}$，在用户数据集中的每一个用户可以用一个部分数据不为零的向量 $r^{(u)}=(R_{u1}, \cdots, R_{un}) \in \mathbf{R}^n$ 来表示，同样地，在商品集中的每一个商品也可以用一个部分数据不为零的向量 $r^{(i)}=(R_{i1}, R_{i2}, \cdots, R_{im}) \in \mathbf{R}^m$ 来表示。在这项工作中，我们的目标是设计一个将上述部分数据不为零的向量 $r^{(i)}(r^{(u)})$ 作为输入数据的基于商品的（或是基于用户的）自动编码器模型，将这个输入的向量映射到一个低维的隐特征向量空间，然后在输出的向量空间中对这个输入向量进行重构，以此来预测输入向量中原本等于零的值，这样就可以达到个性化推荐的效果。算法的具体步骤为：给定一个 $r \in \mathbf{R}^d$ 的向量集 $S$ 和某些正整数 $k$，训练一个自动编码器需要解决的问题是找到自动编码器的对应参数使得

$$\min \sum_{r \in S} \| r - h(r; \theta) \|_2^2 \qquad (18-5)$$

其中，$h(r; \theta)$ 是对输入向量 $r \in \mathbf{R}^d$ 的重构函数，具体表达式如下：

$$h(r; \theta) = f(\boldsymbol{W} * g(\boldsymbol{V} + \boldsymbol{\mu}) + \boldsymbol{b}) \qquad (18-6)$$

式中，$f(\cdot)$ 和 $g(\cdot)$ 均为神经网络的激活函数。构成自编码器模型的参数 $\theta = \{\boldsymbol{W}, \boldsymbol{V}, \boldsymbol{\mu}, \boldsymbol{b}\}$，其中 $\boldsymbol{W} \in \mathbf{R}^{d \times k}$，$\boldsymbol{V} \in \mathbf{R}^{k \times d}$ 是变换矩阵，$\boldsymbol{\mu} \in \mathbf{R}^k$ 和 $\boldsymbol{b} \in \mathbf{R}^d$ 分别是偏差向量。训练这些参数的目的是构建一个具有单个 $k$ 维隐含层的自相关神经网络，并通过反向传播的方法学习到参数 $\theta$。

### 18.3.3　基于卷积神经网络的个性化推荐

1980 年，Fukushima 第一次提出了 Neocognitron 模型[28]。Neocognitron 是一个自组织的多层神经网络模型，每一层的响应都由上一层的局部感受野激发得到，对于模式的识别不受位置、较小形状变化以及尺度大小的影响。Neocognitron 采用的无监督学习也是卷积神经网络早期研究中占据主导地位的学习方式。1998 年，Lecun[29] 等提出的 LeNet-5 采用了基于梯度的反向传播算法对网络进行有监督的训练。经过训练的网络通过交替连接的卷积层和下采样层将原始图像转换成一系列特征图，最后通过全连接的神经网络针对图像的特征表达进行分类。卷积层的卷积核完成了感受野的功能，可以将低层的局部区域信息通过卷积核激发到更高的层次。LeNet-5 在手写字符识别领域的成功应用引起了学术界对于卷积神经网络的关注。2012 年，Krizhevsky[30] 等提出的 AlexNet 在大型图像数据库 ImageNet 的图像分类竞赛中夺得了冠军，使得卷积神经网络成为了学术界的焦点。卷积神经网络是一种可以用来处理网格化结构数据的多层感知机网络模型。它与普通的多层感知机最大的不同在于卷积神经网络可以通过池化层操作对其模型中的神经元数量进行削减。另外，卷积神经网络的权值是可以共享的，可在很大程度上减少参数，降低了网络的复杂度，网络的泛化能力有所提升。同时，它还具有平移不变性，可以直接对图片进行操作，而不需要进行数据预处理以及特征提取等复杂操作，这与传统的图像处理方法是不同的。图 18.8 所示为一个典型的卷积神经网络，主要由输入层、卷积层、池化层（下采样层）、全连接层和输出层等五部分组成。

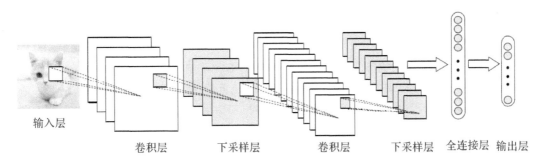

输入层　　卷积层　　下采样层　　卷积层　　下采样层　全连接层 输出层

图 18.8　一个典型的卷积神经网络

在推荐系统中，卷积神经网络主要应用在图像推荐、文本推荐以及音乐推荐等领域，它的主要作用是提取文本、图像、音频等的隐特征，通过卷积神经网络获得其低维向量表示，并与用户的隐特征相结合，为用户进行信息推荐。

Gong 等人提出了一种基于注意力的卷积神经网络（CNN）来进行微博中的 Hashtag 推荐[31]，作者将 Hashtag 推荐作为一个多标记分类问题，CNN 被作为一种特征提取手段来获取微博的特征。提出的模型包括一个全局通道和一个局部注意力通道。全局通道由一个卷积层和一个 Pooling 层组成。局部注意力通道由一个注意力层和一个 Pooling 层组成。模型架构如图 18.9 所示。

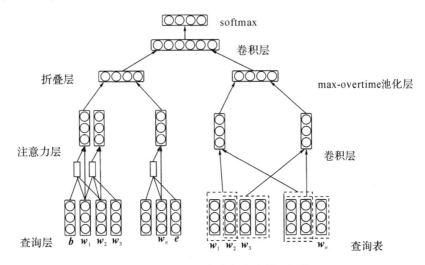

图 18.9　基于注意力的卷积神经网络

Lei 等人基于深度学习方法研究了图像推荐的问题[32]。该研究指出，图像推荐最重要的是需要在图像的语义理解与用户对图像的偏好或意图之间建立桥梁，因此学习到的图像表示不仅仅需要具有高的表达性和可分类性，更重要的是需要反映用户对图像的偏好。针对这个问题，作者提出了一种比较深度学习方法（Comparative Deep Learning，CDL），其主要思路是利用 MLP 和 CNN 分别从用户的多源异构数据（包括用户画像、标签信息等）和图像的视觉信息中学习用户和图像的隐表示，并将用户和图像映射到同一隐空间中。模型的训练过程中，利用了比较学习的思想，即同时利用正反馈图像和负反馈图像，比较它们与用户之间的距离（即正反馈图像与用户的距离应该比负反馈图像与用户的距离小），并采用交叉熵损失函数进行参数学习。最后通过计算用户和图像之间的距离来产生图像推荐。

Aaron 等人研究了如何利用深度学习模型来解决音乐推荐系统中的冷启动问题[33]。在音乐推荐中，协同过滤通常面临冷启动问题，即对于一些没有用户数据的音乐，往往不能被推荐给用户。作者首先通过深度卷积神经网络提取歌曲音频中的特征作为歌曲的特征，然后采用WMF（Weighted Matrix Factorization）模型进行评分预测。事实上，对于新的歌曲，通过训练好的卷积神经网络从自身的音频信号中提取出歌曲的隐表示，从而在共享隐空间中通过计算用户与新音乐之间的相似性来为用户推荐音乐，帮助解决新项目的冷启动问题。

### 18.3.4　基于循环神经网络的个性化推荐

传统的神经网络每一层神经单元的输出信号只能向下一层传播，样本的处理在各个时刻是独立进行的，这样的设计存在的一个潜在问题就是无法对具有时间关系的数据进行建模，然而对于某些任务，如自然语言处理、语音识别等，数据的输入顺序十分重要，因此为了适应这种需求，Elman 于 1990 年提出了循环神经网络[34]（Recurrent Neural Network，RNN）。目前，循环神经网络已广泛用于机器翻译[35]、语音识别等领域中。

与传统神经网络相比，循环神经网络最大的特点在于在隐含层中每个神经元节点间也是有连接的。这时，前一时刻隐含层的输出可作为这一刻的输入进行计算，即 RNN 有信息记忆的能力。在实际应用中，为降低模型的复杂度，往往假设当前状态仅与前一时间段的历史状态有关。

如图 18.10 所示，RNN 的结构图包含输入层、隐含层和输出层。

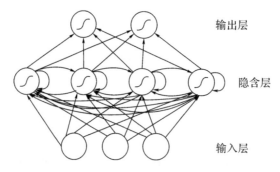

输出层

隐含层

输入层

图 18.10　循环神经网络结构示意图

最近几年，通过增加更加广泛的记忆模块，一些新的循环神经网络被提出，如记忆网络（Memory Network，MN）、可微分神经计算机（Difference Neural Computer，DNC）[36]和栈式增强循环网络（Stack-augmented Recurrent Net）[37]等，这些新的网络带动了循环神经网络的发展。循环神经网络在为用户行为的序列模式进行建模及获取用户和项目的隐式表达等方面得到了较多的应用。对用户和项目相关的文本信息中的词语序列的影响建模，有助于提高用户和项目隐式表达的有效性。

目前，循环神经网络已成功用于图像推荐、文本推荐、基于位置的社交网络以及兴趣点推荐等方面。

Wang 等人提出了一种基于注意力的 LSTM 来实现微博中的 Hashtag 推荐[38]。注意力机制与 RNN 结合的优势是能够抓住文本的序列特征，同时能够从微博中识别最具有信息量的词。模型首先利用 LSTM 来学习微博的隐状态 $(h_1,h_2,\cdots,h_N)$，同时采用主题模型来学习微博的主题分布。隐状态的注意力权值 $a_j$ 通过微博第 $j$ 个位置附近的词和微博的主题分布来计算。注意力层的输出 $\mathrm{vec}=\sum_{j=1}^{N}a_jh_j$。模型的架构如图 18.11 所示。

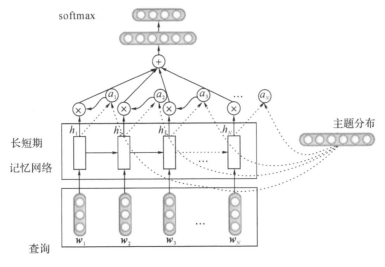

图 18.11　基于注意力的 RNN 模型架构

Tang 等人还提出了一个基于注意力的记忆网络来进行微博的提示推荐[39]。考虑到微博语句长度通常很短，存在单词稀疏和单词同义问题，仅仅依靠语言模型（如词嵌入模型）获得的推荐性能往往非常有限，作者通过将用户的历史微博作为外部记忆单元来建模用户的兴趣，提升了提示推荐的准确性。具体地，作者利用两个记忆网络分别从作者的历史微博和目标用户的历史微博中发现作者和目标用户的兴趣，最后联合微博的内容、作者的兴趣和目标用户的兴趣实现微博用户的提示推荐。Okura 等人采用深度学习方法研究了新闻推荐问题[40]。为了抓住文章的语义信息，采用降噪自编码器(DAE)从新闻中提取文章的隐表示；为了学习用户的偏好，采用 RNN 从用户的历史行为列表中学习用户的隐表示；为了利用用户与新闻之间的关联，基于新闻和用户的隐表示采用点乘的方式为用户产生新闻推荐列表。

Yang 等人通过融入时间信息并在多种粒度上建模用户的兴趣偏好，提出了一种多等级时间深度语义结构化模型[41](Multi-Rate TDSSM)。Liu 等人考虑到推荐系统中的用户行为往往存在多种类型，采用循环神经网络模型和 Log 双线性模型(Log-BiLinear, LBL)分别建模用户行为之间的长程依赖关系和短时情境信息，从而提出了一种循环 Log 双线性模型[42]( Recurrent Log-BiLinear, RLBL)，实现了对用户在下一时刻的行为类型预测。Wu 等人将循环神经网络用于建模用户的时间序列行为。该研究区分了不同类型的显式反馈数据和隐式反馈数据，并组合一个循环部分和一个非循环部分来对用户进行推荐[43]。循环部分是一个 RNN 结构，其通过区分不同的行为类型抓住所有历史反馈来对当前用户行为的影响。非循环部分是一个全连接神经网络结构，其主要建模了用户基本的偏好。

以上研究实际上仅仅利用了用户的序列行为建模用户偏好的演化，同时假设项目的特征保持不变。但是在实际的推荐系统中，项目的特征可能发生变化，例如一部电影的受欢迎程度或者受众群体会随着时间发生改变。Zheng 等人通过利用循环神经网络建模用户偏好和项目特征的演化，提出了一种循环推荐网络[44](Recurrent Recommender Network, RRN)，能够预测用户未来的行为轨迹。具体地，RRN 首先利用低维矩阵因子分解学习用户和项目的静态隐表示，同时将用户的历史评分数据作为输入，采用 LSTM 学习用户和项目在每一时刻的动态隐表示，最后通过聚合两类隐表示的内积实现单一时刻的评分预测。

基于循环神经网络的协同过滤方法具有如下特点：能够有效建模用户行为中的序列模式，通过改变循环神经网络的输入和定义不同的权值矩阵能够融入时间等情境信息，各种类型的辅助数据能提升推荐的质量，具有高的适用性。这些特点使得该协同过滤方法在当前的推荐系统中得到了广泛应用。

### 18.3.5　混合推荐

#### 1. 卷积神经网络与自编码器相结合进行混合推荐

基于知识的协同嵌入(Collaborative Knowledge based Embedding, CKE)[45] 将卷积神经网络(Convolutional Neural Networks, CNN)与自编码器结合起来进行图像的特征提取，它可以看作是对 CDL(Collaborative Deeping Learning, CDL)作了进一步操作。CDL 只考虑项目文本信息(例如文章摘要和电影情节)，而 CKE 采用不同的嵌入技术，同时利用了结构、文本和视觉内容。结构信息包括项目的属性以及项目和用户间的关系，CKE 采用一种异构网络嵌入方法 transR[46](一种异构网络嵌入方法)来解释结构信息。同样地，CKE 使用

SDAE 来学习文本信息的特征表示。对于视觉信息，CKE 利用堆栈卷积自编码器（Stacked Convolutional AutoEncoders，SCAE）进行处理。SCAE 将堆栈去噪自编码器（Stacked Denoised AutoEncoder，SDAE）的全连接层用卷积层替换，从而充分利用卷积层。推荐过程以类似 CDL 的概率形式完成。

**2. 卷积神经网络和循环神经网络相结合进行混合推荐**

Lee 等人[47]针对报价推荐提出了结合 RNN 和 CNN 的深度混合模型。报价推荐是指对给定的查询文本或对话框（每个对话包含一系列的推文）生成报价排名列表。它应用 CNN 从推文中学习本地语义并把它们映射到一个分布向量上，这些分布向量由 LSTM 进一步处理以计算目标报价与所给推文对话的相关性。

Zhang 等人[48]针对推文话题推荐提出了基于 CNN 和 RNN 的混合模型。对于一个有配图的推文，该学者利用 CNN 从图像中提取特征，利用长短期记忆网络（Long Short-Term Memory，LSTM）从推文中学习文本特征。同时，他们提出了一种合作机制来模拟相关性，平衡文本和图像对推荐的贡献性。

Ebesu 等人[49]提出了一种将 CNN 和 RNN 集成在编码器-解码器框架中的神经引用网络来进行引文推荐。在这个模型中，CNN 充当编码器，根据引文上下文捕获长期依赖项；RNN 则作为一个解码器，它在一个引文标题中所有前边的单词已经被 CNN 表示的情况下获得每个单词的概率。

Chen 等人[50]针对视频的个性化关键帧推荐提出了集成 CNN 和 RNN 的框架。在此框架中，CNN 从关键帧图像中学习特征表示，RNN 则处理文本特征。

**3. RNN 和自编码器相结合进行混合推荐**

前文提到的协同深度学习模型缺乏鲁棒性，并且无法对文本信息序列进行建模。Wang 等人[51]进一步整合 RNN，对自编码器降噪来解决这一问题。他们首先设计了 RNN 的泛化模型，命名为鲁棒循环网络。在鲁棒循环网络的基础上，提出了层级贝叶斯推荐模型，称为 CRAE。CRAE 包括编码和解码部分，但它用 RNN 代替了前馈层，从而使 CRAE 能够捕获项目内容的序列信息。此外，他们还设计了一种通配符去噪和 beta 池技术，以防止模型过拟合。

**4. RNN 和深度强化学习相结合进行混合推荐**

Wang 等人[52]针对医疗推荐提出了将监督式深层强化学习与 RNN 相结合的模型。此框架可以从指标信号和评价信号中学习处方策略。实验表明，该系统能自动推断和发现最佳治疗方案，从而为患者带来福音，有助于患者在更短时间内得到康复。

## 18.4 基于深度学习的个性化推荐系统研究与展望

随着大数据时代的不断深入，深度学习在推荐系统中的应用已经受到学术界和工业界越来越多的重视，基于深度学习的推荐系统研究已经成为当前的研究热点。然而，目前深度学习在推荐系统中的应用研究仍处于起步阶段，未来的研究方向可能聚焦在以下几个方面。

### 18.4.1　深度学习与传统推荐方法相结合的个性化推荐

传统的推荐方法包括基于内容的方法和协同过滤方法，都采用浅层模型进行预测，依赖于人工特征提取，很难有效学习到深层次的用户和项目隐表示。通过利用深度学习模型融合广泛的多源异构数据，包括社会化关系、用户或项目属性以及用户的评论和标签信息等，能够学习到更加抽象、更加稠密的用户和项目的深层次表示，同时采用深层神经网络结构构建预测模型也能够更好地抓住用户和项目之间交互的非线性结构特征。但传统的推荐方法具有简单、可解释性强等优势。因此，将深度学习与现有推荐方法结合，能够融合两种方法的优势，尽管目前已有相关研究出现，但这个方向仍值得更多的研究者加以关注。

### 18.4.2　基于深度学习的跨领域信息融合的推荐

随着数据获取能力的不断提升，用户在不同领域的历史记录或项目在不同领域的信息能够被获取。例如，一个用户可能在多个社交媒体平台上注册账号，融合用户在不同平台上的数据能够进行跨领域信息融合的推荐，帮助克服单一领域信息的不足，从而有效缓解传统推荐系统中的数据稀疏和冷启动问题，同时利用多个领域数据能够更好地发现用户的个性化偏好。跨领域推荐中最受关注的主题之一是迁移学习，旨在通过使用从其他领域迁移的学习知识来完成目标领域的学习任务。而深度学习非常适合迁移学习，因为它学习了高级抽象，可以解决不同领域的变异。现有的一些研究表明，深度学习能够捕捉不同领域的概括和差异，从而产生更好的推荐结果。这也是未来研究的重点方向。

### 18.4.3　基于深度学习的个性化推荐的新架构

新的深度学习推荐系统架构对于推荐系统来说，涉及不同的推荐对象和推荐场景，如电影推荐、音乐推荐、图像推荐、商品推荐、地理位置推荐等。一方面，针对所有任务构建统一的深度学习推荐模型几乎是不可能的，需要根据不同的推荐场景并考虑不同的数据来构建新的深度学习框架从而产生推荐，包括推荐项目的具体内容信息，推荐系统中涉及的辅助数据(评论、标签、用户画像信息、用户的社会化关系等)，以及推荐情景信息(时间、位置等)等，因此，面对新的推荐场景需要设计新的深度学习推荐系统架构。另一方面，当前的推荐系统需要建模的要素众多，不仅仅包括用户与项目之间的交互数据，还涉及用户行为的时空序列模式、社会化关系影响、用户偏好的动态演化和项目特征的动态变化等，建模更多的要素能够提升推荐系统的性能。因此，研究能够表达和融合多种要素的、新的深度学习架构也是未来的研究方向之一。

### 18.4.4  基于深度学习的推荐系统的可解释性

推荐系统除了直接展示推荐结果之外,往往还要展示恰当的推荐理由来告诉用户为什么系统认为这样的推荐是合理的。提升推荐系统的可解释性可以提高用户对推荐结果的接受度,同时也可以提高用户在系统透明度、可信度、可辨性、有效性和满意度等方面的体验。已有的推荐方法使用主题模型学习到的话题以及显式的物品特征来加强可解释性。但是,基于深度学习推荐系统采用端到端的模型直接将多源异构数据作为输入预测用户对项目的偏好,模型训练的结果是给出深度神经网络的结构和神经元之间的连接权重,很难对推荐结果直接给出合理的解释。因此,有必要从数据、模型和经济意义等层面上进行研究,提升基于深度学习的推荐系统的可解释性。

在互联网迅猛发展的今天,随着互联网用户对信息需求的日益膨胀,信息过载问题逐年升温,推荐系统在各个领域的数字化进程中扮演着越来越重要的角色。因此,将深度学习技术融入推荐系统中,开展基于深度学习的推荐系统研究,从海量数据中学习用户和项目的隐表示,然后构建推荐模型,最终向用户产生有效的推荐列表。与传统的推荐系统相比,基于深度学习的推荐系统能够利用深度学习技术通过融合各种类型的多源异构数据,自动学习用户和项目抽象的隐特征,建模用户行为中的序列模式,这样能够更有效地反映用户的不同偏好,提高推荐的准确性。本章在分析传统推荐算法所存在问题的基础上,介绍和分析了基于深度学习的推荐系统的研究现状和进展,并讨论了今后的发展方向,希望能对相关领域的研究人员和工程技术人员提供有益的帮助。

(本章作者:韩立锋,陈莉)

# 本章参考文献

[1]  EPPLER M J, MENGIS J. The concept of information overload: A review of literature from organization science, accounting, marketing, MIS, and related disciplines[J]. The Information Society, 2004, 20(5): 325 - 344.

[2]  RESNICK P, VARIAN H R. Recommender systems[J]. Communications of the ACM, 1997, 40(3): 56 - 58.

[3]  VERBERT K, MANOUSELIS N, OCHOA X, et al. Context-aware recommender systems for learning: a survey and future challenges[J]. IEEE Transactions on Learning Technologies, 2012, 5(4): 318 - 335.

[4]  PAZZANI M J, BILLSUS D. Content-based recommendation systems[M]. Berlin: Springer-Verlag, 2007: 325 - 341.

[5]  BREESE J S, HECKERMAN D, KADIE C. Empirical analysis of predictive algorithms for collaborative filtering[C]. Proceedings of the Fourteenth conference on Uncertainty inartificial intelligence. San Francisco: Morgan Kaufmann Publishers Inc., 1998: 43 - 52.

[6]　KLAŠNJA-MILIĆEVIĆ A, VESIN B, IVANOVIĆ M, et al. E-Learning personalization based on hybrid recommendation strategy and learning style identification[J]. Computers & Education, 2011, 56(3): 885 - 899.

[7]　KUO F F, SHAN M K. A personalized music filtering system based on melody style classification [C]. Proceedings of the 2002 IEEE International Conference on Data Mining. Washington: IEEE, 2002: 649 - 652.

[8]　SHAO B, WANG D, LI T, et al. Music recommendation based on acoustic features and user access patterns[J]. IEEE Transactions on Audio, Speech, and Language Processing, 2009, 17(8): 1602 - 1611.

[9]　JOHN J. Pandora and the music genome project[J]. Scientific Computing, 2006, 23(10): 40 - 41.

[10]　ZHAO Z D, SHANG M S. User-based collaborative-filtering recommendation algorithms on Hadoop [C]. Proceedings of the 2010 Third International Conference on Knowledge Discovery and Data Mining. Washington: IEEE, 2010: 478 - 481.

[11]　SARWAR B, KARYPIS G, KONSTAN J, et al. Item-based collaborative filtering recommendation algorithms[C]. Proceedings of the 10th international conference on World Wide Web. New York: ACM, 2001: 285 - 295.

[12]　HOFMANN T. Latent semantic models for collaborative filtering[J]. ACM Transactions on Information Systems, 2004, 22(1): 89 - 115.

[13]　LI Q, MYAENG S H, KIM B M. A probabilistic music recommender considering user opinions and audio features[J]. Information Processing & Management, 2007, 43(2): 473 - 487.

[14]　HENNING V, REICHELT J. Mendeley-A Last. fm for research? [C]. Proceedings of the 2008 Fourth IEEE International Conference on eScience. Washington: IEEE, 2008: 327 - 328.

[15]　LU C C, TSENG V S. A novel method for personalized music recommendation[J]. Expert Systems with Applications, 2009, 36(6): 10035 - 10044.

[16]　KAMINSKAS M, RICCI F. Location-adapted music recommendation using tags[C]. Proceedings of the 19th international conference on User modeling, adaption, and personalization. Berlin: Springer-Verlag, 2011: 183 - 194.

[17]　HOPFIELD J J. Neural networks and physical systems with emergent collective computational abilities[J]. Proceedings of the National Academy of Sciences of the United States of America, 1982, 79(8): 2554 - 2558.

[18]　DZIUGAITE G K, ROY D M. Neural network matrix factorization[J]. arXiv: 1511.06443, 2015.

[19]　HIDASI B, QUADRANA M, KARATZOGLOU A, et al. Parallel recurrent neural network architectures for feature-rich session-based recommendations[J]. In Recsys. , 2016: 241 - 248.

[20]　ELKAHKY A M, SONG Y, HE X. A Multi-View Deep Learning Approach for Cross Domain User Modeling in Recommendation Systems[C]. the 24th International Conference. International World Wide Web Conferences Steering Committee, 2015.

[21]　HUANG P S, HE X, GAO J, et al. Learning deep structured semantic models for web search using click through data[C]. Acm International Conference on Conference on Information & Knowledge

Management，2013.

[22] LEI Z，NOROOZI V，YU P S. Joint Deep Modeling of Users and Items Using Reviews for Recommendation[C]. Tenth Acm International Conference on Web Search &. Data Mining，2017.

[23] XU Z，CHEN C，LUKASIEWICZ T，et al. Tag-Aware Personalized Recommendation Using a Deep-Semantic Similarity Model with Negative Sampling[C]. Proceedings of the 25th ACM International on Conference on Information and Knowledge Management，2016.

[24] CHEN C，MENG X W，XU Z H，et al. Location-aware Personalized News Recommendation with Deep Semantic Analysis[J]. IEEE Access，2017：1624－1638.

[25] ZHANG F，YUAN N J，LIAN D，et al. Collaborative Knowledge Base Embedding for Recommender Systems[C]. ACM SIGKDD International Conference on Knowledge Discovery and Data Mining. ACM，2016：353－362.

[26] KAWALE J，LI S，FU Y. Deep Collaborative Filtering via Marginalized Denoising Auto-encoder[C]. ACM International on Conference on Information and Knowledge Management. ACM，2015：811－820.

[27] SEDHAIN S，MENON A K，SANNER S，et al. AutoRec：Autoencoders Meet Collaborative Filtering [C]. International Conference on World Wide Web. ACM，2015.

[28] FUKUSHIMA K. Neocognitron：A self-organizing neural network model for a mechanism of pattern recognition unaffected by shift in position[J]. Biological Cybernetics，1980，36(4)：193－202.

[29] LECUN Y L，BOTTOU L，BENGIO Y，et al. Gradient-Based Learning Applied to Document Recognition [J]. Proceedings of the IEEE，1998，86(11)：2278－2324.

[30] KRIZHEVSKY A，SUTSKEVER I，HINTON G E. Image Net classification with deep convolutional neural networks[C]. NIPS. Curran Associates Inc. ，2012.

[31] GONG Y，ZHANG Q. Hashtag Recommendation Using Attention-Based Convolutional Neural Network[C]. International Joint Conference on Artificial Intelligence. AAAI Press，2016.

[32] LEI C，DONG L，LI W，et al. Comparative Deep Learning of Hybrid Representations for Image Recommendations[C]. Computer Vision &. Pattern Recognition，2016.

[33] OORD A V D，DIELEMAN S，SCHRAUWEN B. Deep content-based music recommendation[J]. Advances in Neural Information Processing Systems，2013，26：2643－2651.

[34] ELMAN J L. Finding Structure in Time[J]. Cognitive Science，1990，14(2)：179－211.

[35] GRAVES A，JAITLY N. Towards end-to-end speech recognition with recurrent neural networks[C]. International Conference on Machine Learning，2014：1764－1772.

[36] GRAVES A，WAYNE G，REYNOLDS M，et al. Hybrid computing using a neural network with dynamic external memory[J]. Nature，2016，538(7626)：471－476.

[37] JOULIN A，MIKOLOV T. Inferring Algorithmic Patterns with Stack-Augmented Recurrent Nets[J] . NIPS，2015.

[38] WANG Y，QU J，LIU J，et al. What to Tag Your Microblog：Hashtag Recommendation Based on Topic Analysis and Collaborative Filtering[C]. Asia-Pacific Web Conference，2014.

第18章 基于深度学习的个性化推荐系统研究综述

[39] TANG L, NI Z, XIONG H, et al. Locating targets through mention in Twitter[J]. World Wide Web-internet &. Web Information Systems, 2015, 18(4): 1019 – 1049.

[40] OKURA S, TAGAMI Y, ONO S, et al. Embedding-based News Recommendation for Millions of Users [C]. Acm Sigkdd International Conference on Knowledge Discovery &. Data Mining, 2017.

[41] YANG S, ELKAHKY A M, HE X. Multi-Rate Deep Learning for Temporal Recommendation[C]. International Acm Sigir Conference on Research &. Development in Information Retrieval, 2016.

[42] LIU Q, WU S, WANG L. Multi-behavioral Sequential Prediction with Recurrent Log-bilinear Model[J]. IEEE Transactions on Knowledge and Data Engineering, 2017: 1254 – 1267.

[43] WU C, WANG J, LIU J, et al. Recurrent neural network based recommendation for time heterogeneous feedback[J]. Knowledge-Based Systems, 2016: S095070511630199X.

[44] ZHENG L, NOROOZI V, YU P S. Joint deep modeling of users and items using reviews for recommendation[C]. Proceedings of the Tenth ACM International Conference on Web Search and Data Mining. ACM, 2017: 425 – 434.

[45] ZHANG F, YUAN N J, LIAN D, et al. Collaborative Knowledge Base Embedding for Recommender Systems[C]. the 22nd ACM SIGKDD International Conference. ACM, 2016.

[46] LIN Y, LIU Z, SUN M, et al. Learning entity and relation embeddings for knowledge graph completion[C]. Twenty-ninth Aaai Conference on Artificial Intelligence, 2015.

[47] LEE Hanbit, AHN Y, LEE Haejun, et al. Quote Recommendation in Dialogue using Deep Neural Network. In SIGIR, 2016: 957 – 960.

[48] ZHANG Q, WANG J, HUANG H, et al. Hashtag Recommendation for Multimodal Microblog Using Co-Attention Network [C]. Twenty-Sixth International Joint Conference on Artificial Intelligence, 2017.

[49] EBESU T, FANG Y. Neural Citation Network for Context-Aware Citation Recommendation[C]. the 40th International ACM SIGIR Conference. ACM, 2017.

[50] CHEN X, ZHANG Y, AI Q, et al. [ACM Press the 40th International ACM SIGIR Conference-Shinjuku, Tokyo, Japan (2017. 08. 07-2017. 08. 11)] Proceedings of the 40th International ACM SIGIR Conference on Research and Development in Information Retrieval, -SIGIR \"17-Personalized Key Frame Recommendation[C]. International Acm Sigir Conference on Research &. Development in Information Retrieval. ACM, 2017: 315 – 324.

[51] WANG H, SHI X, YEUNG D Y. Collaborative Recurrent Autoencoder: Recommend while Learning to Fill in the Blanks[J]. In NIPS, 2016.

[52] WANG L, ZHANG W, HE X, et al. Supervised Reinforcement Learning with Recurrent Neural Network for Dynamic Treatment Recommendation [C]. the 24th ACM SIGKDD International Conference, 2018.

# 第19章  复杂网络的链路预测算法及其应用研究

## 19.1  概　　述

现阶段，复杂网络科学已渗透进大多数学科领域中，比如社会学、经济学、生物学等。网络已不仅仅是一个简单的连接图，它还可以表示复杂的社会系统、生物系统以及信息系统。这些复杂系统中的个体可以对应到网络中的节点，个体之间的关系或者相互作用可以对应成网络中的链接。例如，生命系统中，基因之间的相互影响可以形成基因调控网络；人体大脑中神经元之间的连接和信息传递可以形成复杂的神经网络；人类社会中的社交行为也可以形成一个社交网络；互联网更是一个遍布全球的泛在网络。所以宇宙中大到天体行星，小到粒子能量，存在的基本形式就是网络。不同类别的网络除了自身独有的特性之外，还会有一些共性的特征[1-5]。节点之间的相互影响会通过网络结构决定系统的动态行为。如何通过分析网络的拓扑结构及动力学行为推测出系统的状态信息，从而得到人类想要的知识和结果，已成为多行业的需求。如何挖掘复杂网络的结构特性和演变规则[6-8]，是现如今复杂网络研究的重点。

从研究角度来说，复杂网络科学的研究可以分成两方面。一方面是从宏观层面分析网络的结构特性。目前已发现的复杂网络所遵循的规律有无标度现象[9]、小世界现象[10]、社团结构[11-13]等，这类宏观指标在统计学方面很有意义。另一方面是从微观层面深入分析网络的结构特性[14]，比如网络的节点[15]以及链接[16]等信息，这类微观指标很好地克服了宏观指标难以精细描述网络特性的缺陷。

本章主要从微观层面研究分析复杂网络的链路信息，根据先验知识来推测网络可能存在的链接情况以及随着时间的推移网络中链接的变化情况。也就是说，试图通过分析网络结构的生成原因来更好地理解网络所对应的复杂系统的结构生成和演化规律。

本章的主要工作在于：

（1）对主流的链路预测算法进行详细的分析。本章不是简单地罗列已有的链路预测算法，而是给出了算法背后的分析和见解，这种分析可以解释算法的适用性和解决问题的思路，并为之后的研究起到指引作用。

（2）从计算效率、问题复杂性以及应用等角度给出了未来可行的研究方向。

本章的结构如下：首先，介绍链路预测问题的相关概念，方便后续算法的理解；其次，详细介绍几类主流的链路预测算法；再次，详细介绍几类主流的社区划分算法；最后，展望未来可行的研究方向。

## 19.2　问 题 描 述

### 19.2.1　链路预测问题描述

网络是由不同的个体以及它们之间的动态或静态关系所组成的。这种关系可以是人与人之间的友情，在线社会网络之间的链接，也可以是蛋白质或基因分子之间的物理作用，等等。链路预测是链路挖掘领域中一个重要的任务[17-18]，即从所观察到的网络结构中去预测丢失的部分链接或重构未来某一时刻网络的结构。换句话说，就是在静态网络中，需要根据已知的网络信息来预测缺失的链接[19]，或者在动态网络中，根据现有的观测结果预测未来某一时刻网络潜在的链接[20]，这也是网络链路预测问题的目的所在。

链路预测用于预测一对节点之间存在连接边的概率大小。给定一个无向网络$G(V,E)$，其中，$V$ 表示节点集合，$E$ 表示边集合，多边和自循环边不被允许出现。链路预测算法要求预测两个节点 $x$ 和 $y(x,y \in V)$ 之间的边的存在概率，其概率表示为分数 $S_{xy}$ 的形式。所有不存在的链接按它们的分数大小降序排序，处于顶部的就是最有可能存在的链接。

通常来讲，我们并不知道哪条链接是缺失的，哪条链接是将来会出现的，否则也就不需要预测了。因此，为了测试算法的准确性，随机地把观测到的链接 $E$ 分为两个部分，即训练集 $E^{T}$ 和测试集 $E^{P}$，然后根据作为已知信息的训练集 $E^{T}$ 来预测缺失的链接，并用测试集 $E^{P}$ 来检测算法的准确性。很显然，观测到的网络链接集合 $E = E^{T} \bigcup E^{P}$ 并且 $E^{T} \bigcap E^{P} = \varnothing$，也就是说训练集和测试集不发生重合。

为了统一标准，本章采用 AUC(the Area Under the Receiver Operating Characteristic Curve)指标从整体上衡量算法的精确度[21-22]。AUC 是当前衡量一个分类器正分和错分的重要性能指标[23]。它的数学表达式为

$$\mathrm{AUC} = \frac{n' + 0.5\, n''}{n} \tag{19-1}$$

其中：$n$ 表示独立的比较次数；$n'$ 表示在 $n$ 次比较中，随机地从 $E^{P}$ 中所选取的连边计算得到的分数值大于不存在的连边的分数值的次数；$n''$ 表示在 $n$ 次比较中，随机地从 $E^{P}$ 中所选取的连边计算得到的分数值等于不存在的连边的分数值的次数。AUC 可以理解为随机地从 $E^{P}$ 中所选取的连边的分数值比随机选择的不存在的连边的分数值高的概率。显然，如果随机地产生分数，则 AUC=0.5。所以，当 AUC>0.5 时，便证明所设计的算法比随机选择的方法要精确。

### 19.2.2　社团划分问题描述

复杂网络的研究是近年来科学研究的一个活跃领域。通常情况下，许多当下研究人员感兴趣的学科都可以被表示成网络[24-25]。社区结构是网络的主要结构特征之一，揭示了网络的内部组织和基本单元的相似性。它普遍出现在许多现实世界的网络中[26-27]，如社会网络、信息网络、生物网络、代谢和调节网络等。寻找社区结构是了解这些网络系统的基础[28]。例如，发现社区结构可以帮助我们分析代谢网络中的生化途径[29]。另一个例子是，在一个社会网络中寻找社区结构是分析人与人之间关系的关键[30]。尽管在目前的文献中对社区还没有一个标准的定义，但是人们普遍承认的是，社区是大量的子图，这些子图内部的连接是密集的，与此相反的是，彼此之间的连接是相当稀疏的。因此，社区检测方法专注于最大限度地提高社区内的联系，同时最大限度地减少社区之间的联系。

考虑一个无向无加权网络 $G(V, E)$，其中 $V = \{v_1, v_2, \cdots, v_n\}$ 表示图中的顶点集合，$E = \{(v_i, v_j) \mid v_i \in V, v_j \in V\}$ 表示边的集合。在这里，$G$ 被定义为一个 $n \times n$ 邻接矩阵 $\boldsymbol{A} = (A_{ij})$，用来描述节点 $i$ 和 $j$ 之间的连接。一般来说，如果节点 $i$ 和 $j$ 之间有边相连，则 $A_{ij} = 1$；否则 $A_{ij} = 0$。对于一个无向网络，$G$ 是对称的。社区检测问题通常被描述成找到一个划分 $C = \{c_1, c_2, \cdots, c_m\}$，$c_1 = (V_1, E_1)$，$\cdots$，$c_m = (V_m, E_m)$。其中，子图的内度要大于子图的外度，即内部链接（$k_{c_i}^{\mathrm{in}} = \sum\limits_{i \in c_i, j \in c_i} A_{ij} = |E_i|$）要大于子图的外度，也就是子图和网络其他分区的链接（$k_{c_i}^{\mathrm{out}} = \sum\limits_{i \in c_i, j \notin c_i} A_{ij}$）[31]。在这里，$|V_i|$ 是子图 $G_i$ 中节点的数量，$|E_i|$ 是子图 $G_i$ 中的边数。节点集合 $V_1, \cdots, V_m$ 通常是不相交的。换句话说，$V_1 \bigcup V_2 \bigcup \cdots \bigcup V_m = V$ 并且 $V_i \bigcap V_j = \varnothing (i, j \in 1, 2, \cdots, m)$。

现如今已经提出了许多评估网络划分好坏的标准。大体来说，由 Girvan 和 Newman 提出的模块度 $Q$ 是目前为止最具代表性的用于评估不同方法获得的网络分区质量的标准[11]。更精确地说，模块度是社区内部的总边数和网络中总边数的比例减去一个期望值，该期望值是将网络设定为随机网络时同样的社区分配所形成的社区内部的总边数和网络中总边数的比例。假设一个网络有 $m$ 条边和 $k$ 个社区，则模块度定义为

$$Q = \sum_{i=1}^{k} \left[ \frac{l_i}{m} - \left( \frac{\sum\limits_{v \in c_i} k_v}{2m} \right)^2 \right] \tag{19-2}$$

其中，$l_i$ 是社区 $c_i$ 中的链接总数，$k_v$ 是社区 $c_i$ 中节点 $v$ 的度，$Q$ 的值域范围为 $-1 \sim 1$。当 $Q < 0$ 时，用于反映网络社团结构的社区划分是无用的。如果网络社区内部边的比例和我们期望的随机网络社区内部边的比例没有不同，那么我们可以得到 $Q = 0$。一般来说，对于一个给定的网络，如果划分具有较高的模块度值，则该网络划分对应一个更好的社区划分方法。

归一化互信息（NMI）度量可以用来估计网络的真实划分和实际划分之间的相似性[32]。

假设 $A$ 是 $N$ 个节点的网络的真正划分，$B$ 是实际划分，那么归一化互信息（NMI）为

$$I(A, B) = \frac{-2 \sum_{i=1}^{C_A} \sum_{j=1}^{C_B} C_{ij} \log(C_{ij} N / C_i. C_{.j})}{\sum_{i=1}^{C_A} C_i. \log(C_i. /N) + \sum_{j=1}^{C_B} C_{.j} \log(C_{.j}/N)} \qquad (19-3)$$

其中，$C$ 是混淆矩阵，用来描述 $A$ 划分和 $B$ 划分的相似度；$C_{ij}$ 表示在 $A$ 划分中社区 $i$ 中的节点也出现在 $B$ 划分的社区 $j$ 中的数目；$C_A(C_B)$ 表示对应 $A(B)$ 划分的社区总数；$C_i. (C_{.j})$ 是矩阵 $C$ 的行元素（列元素）之和。$I(A, B)$ 的取值范围是 $0 \sim 1$。如果 $A = B$，那么 $I(A, B) = 1$；相反，如果 $A$ 和 $B$ 完全不同，那么 $I(A, B) = 0$。$I(A, B)$ 的值越高，表明实际检测到的网络划分更接近于真实的网络划分情况。

## 19.3  发 展 现 状

### 19.3.1  链路预测发展现状

根据利用的网络信息不同，链路预测算法可以被分成三类[33]：基于网络拓扑信息的链路预测算法，基于节点属性信息的链路预测算法，基于混合信息的链路预测算法。第一类预测方法仅仅考虑网络的邻接矩阵，根据已观测的部分邻接矩阵，利用矩阵分解等方法来预测未知的部分[34]。第二类预测算法利用的是节点的信息，如节点的特征向量或者节点之间的相似性取值等信息[35]。第三类链路预测算法不只考虑网络的拓扑信息，还考虑节点的特征向量，是综合两种信息来进行预测的[36]。

根据研究网络的类别不同，又可以把链路预测算法分为研究无向网络的链路预测算法[37]，研究定向网络的链路预测算法[38]，研究加权网络的链路预测算法[39]，研究多层网络的链路预测算法等[40]。

根据采用技术的不同，可以将链路预测算法分为三类：第一类算法是定义一个相似性标准来衡量网络中两个节点之间的联系，认为两个节点的相似性越高，则它们之间存在链接的概率越大[41-42]；另一类是基于最大似然估计的算法[43-44]；第三类算法是基于机器学习技术的算法[45-46]。

本章从技术层面对链路预测算法进行总结和说明。

#### 1. 基于相似性的链路预测算法

根据定义相似性指标所用的网络信息不同，可以把基于相似性指标的链路预测算法分成两类：一类是基于节点属性相似性的链路预测算法；另一类是基于网络结构相似性的链路预测算法。所谓基于节点属性相似性的链路预测算法，其本质上是一个物以类聚、人以

群分的客观反应。如果用社交网络来举例，那么每个节点都代表一个网站用户，用户身上会存在很多标签，比如性别、年龄、职业、教育背景、兴趣爱好和出生地等，这些标签其实就是一个个节点的属性，不同的用户属性不完全相同，但是可以刻画其相似程度，那么根据节点这些属性的相似程度就可以很好地预测用户之间可能存在的链接关系。比如，拥有相同兴趣爱好的用户之间更有可能发生链接关系，也就是成为好友，同时属性相似的用户之间可能会有更多的沟通交流，毕竟人们都爱和自己年龄相近、兴趣相投的人聊天并成为朋友。这类链路预测算法在社交网站上应用得非常频繁，也比较容易推广到其他类型网络的链路预测中，但是这类算法存在一定的弊端，那就是当网络上出现的虚假信息和不完整信息越来越多时，用户属性的可信性会下降，这会极大地影响算法的预测性能。针对用户的信息不完整这类问题，现如今有学者提出了利用局部网络结构来补充用户不完整标签的预测算法。

基于网络结构相似性的链路预测算法是目前最主流的一类预测算法，它的定义并不需要节点的属性信息，仅考虑网络的拓扑结构信息。这类算法假设在网络中，相似性越大的两个节点，它们之间产生链接的概率也越大。目前已提出很多基于网络结构的相似性指标。其中，一类指标是基于节点邻域的，它关注的是网络的局部信息，我们把这类算法称为基于局部相似性的链路预测算法[47-50]；另一类指标是基于网络所有路径的，它考虑的是网络的全局信息，我们把这类算法称为基于全局相似性的链路预测算法。常见的基于网络局部信息的相似性指标见表 19.1。

**表 19.1　基于网络局部信息的相似性指标**

| 相似性指标 | 分　值 |
|---|---|
| 共有邻居指标（CN） | $S_{xy}^{\mathrm{CN}} = \left\lvert \Gamma(x) \bigcap \Gamma(y) \right\rvert$ |
| 雅卡尔指标（JC） | $S_{xy}^{\mathrm{Jaccard}} = \dfrac{\left\lvert \Gamma(x) \bigcap \Gamma(y) \right\rvert}{\left\lvert \Gamma(x) \bigcup \Gamma(y) \right\rvert}$ |
| 余弦相似性指标（Salton） | $S_{xy}^{\mathrm{Salton}} = \dfrac{\left\lvert \Gamma(x) \bigcap \Gamma(y) \right\rvert}{\sqrt{k_x \times k_y}}$ |
| 优先连接指标（PA） | $S_{xy}^{\mathrm{PA}} = k_x \times k_y$ |
| AA 指标（AA） | $S_{xy}^{\mathrm{AA}} = \sum\limits_{z \in \Gamma(x) \bigcap \Gamma(y)} \dfrac{1}{\log k_z}$ |
| 资源分配指标（RA） | $S_{xy}^{\mathrm{RA}} = \sum\limits_{z \in \Gamma(x) \bigcap \Gamma(y)} \dfrac{1}{k_z}$ |

共有邻居指标（CN）、雅卡尔指标[48]（JC）和余弦相似性指标[48]（Salton）都是基于共有邻居的相似性指标，这些指标假设两个终端节点所共有的直接相连的节点越多，那么它们之间会存在链接的概率越大。也就是说，共有的邻居对两个节点之间的连接具有促进作用，而且所有的共同邻居节点对两个终端节点之间连接的影响是等同的。但是，AA 指标[49]

(AA)和资源分配指标[42](RA)认为,节点度大的共有邻居对节点对之间连接的影响要比节点度小的共有邻居对节点对之间连接的影响弱,所以,它们给不同的共有邻居赋予不同的权重,从而区分大度的共有邻居与小度的共有邻居的贡献强弱。

因为局部相似性指标所需要的网络信息量少,所以基于网络局部相似性指标的链路预测算法的时间复杂度较低。局部相似性指标一般考虑的是网络的二阶路径信息,如果我们在此基础上增加考虑的路径信息,比如三阶、四阶等路径信息,就会得到全局相似性指标[50-52]。常见的基于网络全局信息的相似性指标见表 19.2。

表 19.2 基于网络全局信息的相似性指标

| 相似性指标 | 分 值 |
|---|---|
| Katz 指标(katz) | $S_{xy}^{\text{katz}} = \sum_{l=1}^{\infty} \beta^l \cdot \mid \text{path } S_{xy}^{(l)} \mid$ |
| Leicht-Holme-Newman 指标(LHN2) | $S = \phi AS + \psi I$ |
| 本地路径索引指标(LP) | $S^{\text{LP}} = A^2 + \varepsilon A^3$ |
| 平均通勤时间(ACT) | $S_{xy}^{\text{ACT}} = \dfrac{1}{l_{xx}^+ + l_{yy}^+ - 2l_{xy}^+}$ |
| 随机游走(RWR) | $S_{xy}^{\text{RWR}} = q_{xy} + q_{yx}$ |

表 19.2 中,最典型的就是考虑全部路径信息的 Katz 指标[50]。但是,由于其考虑的路径信息增加,因此具有较高的时间复杂度。经过比较我们看到,基于局部相似性指标的链路预测算法的时间复杂度低,但是因为信息不足导致预测精度受限;基于全局相似性指标的链路预测算法精度较高,却具有较高的时间复杂度。

**2. 基于最大似然估计的链路预测算法**

最大似然算法的核心思想是:认为网络中缺失边的连接可以使整体网络的似然函数值变大。也就是说,我们可以根据似然函数值的变化来计算一对未连接节点产生链接的概率。目前,基于最大似然的链路预测算法主要有两种。其中一种是在 2008 年 Clauset、Moore 和 Newman 提出的考虑网络层次结构信息的最大似然法(HSM 算法)[43]。该方法把网络表示成一组有 $N$ 个叶子节点、$N-1$ 个内部节点的族谱树,如图 19.1 所示,通过对族谱树的调整得到网络的最大似然值以及对应的 $N-1$ 个内部节点的概率值,并认为一对节点的连接概率等于两个节点最近的共同祖先的概率值,最后将一组族谱树中两节点对应的共同祖先的概率求均值就得到了我们所需要的预测概率。此算法在网络具有明显的分层结构时性能良好。但是,该算法的缺点是在最坏的情况下运行时间会随着顶点个数的增加而呈现指数级增长。

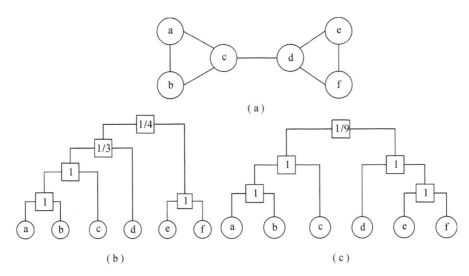

（a）

（b）                （c）

图 19.1　网络和其对应的两个族谱树

　　另一个代表性的方法是 2009 年 Guimera 提出的随机块模型方法（SBM 算法）[44]。在随机块模型中，节点被聚类到不同的集群，如图 19.2 所示，两个节点连接的概率主要依赖于它们所处的集群中。此方法的优点在于我们不仅可以识别出缺失的链接，还可以识别出虚假的链接。此外，我们还可以利用此模型对一个观测网络进行网络重构。但是，对具有 $N$ 个顶点的网络进行全划分，由于不同划分的数量增长速度比任何有限数的 $N$ 次幂增长都要快，因此该算法在运行时是非常耗时的，在最糟的情况下，该算法的运行时间会随网络顶点个数的增加呈指数级增长。

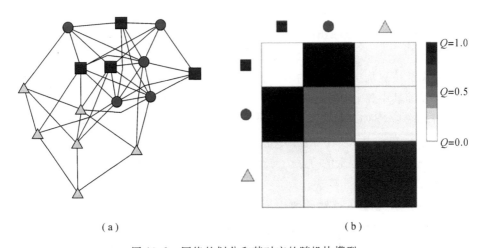

（a）                （b）

图 19.2　网络的划分和其对应的随机块模型

还有一种最大似然方法是闭路模型方法（LM 算法）[53]。其实网络中存在很多闭合环路，而封闭模型认为这些闭合环路代表一种网络局部性，通过网络中这种封闭环路的多少来定义网络的似然值，最后预测的缺失边的存在概率就等于连上此边后网络的似然值。

我们发现，在一般情况下，基于最大化网络似然函数的链路预测算法，其时间复杂度都很高，但是此类方法存在一些额外的优点，那就是不仅可以识别出缺失的链接，还可以挖掘出网络更深层次的特征。比如，HSM 算法得到了网络的层次结构，并可以量化分析；SBM 算法还可以识别出虚假的链接。此外，我们还可以利用模型对一个观测网络进行网络重构。

**3. 基于机器学习的链路预测算法**

网络的链路预测问题可以看成机器学习中一个典型的二分类问题，两个节点之间存在边则标记为 1，不存在则标记为 -1。解决这类问题的常用方法就是基于特征值的分类方法，可以使用朴素贝叶斯、支持向量机等流行方法[54-55]。特征分类方法的重点和难点在于特征的选取，即如何从种类众多的节点属性特征和网络拓扑结构特征中选择合适的特征来设计预测算法。这是现如今基于机器学习的链路预测算法的研究重点。

此外，利用概率关系模型方法来表达节点之间的连边概率也是现如今一类基于机器学习的链路预测方法。其中，最常用到的就是基于有向无环的贝叶斯网络的链路预测方法[56]和基于无向的马尔科夫网络的链路预测方法[57]。其他基于机器学习的链路预测算法都未能将节点和边的属性特征系统地结合起来，从而得到结构化的数据关系，但是基于概率关系模型的方法可以，所以此类方法的性能比没有考虑结合属性特征的算法要好。

链路预测问题也可以用矩阵分解的方法来解决[58]，这是因为链路预测问题可以看成一个矩阵填充的问题。相比较而言，此类方法比其他两类基于机器学习的链路预测算法学习的参数少，但时间复杂度更高。

**4. 基于图嵌入技术的链路预测算法**[59-65]

现如今提出了一类基于图嵌入技术的链路预测算法，这是一类新的基于图表示学习的预测算法。此类算法更加关注网络的节点特征，并试图用一个低维的向量来表示网络众多的节点属性特征。其中，比较著名的是基于图嵌入的节点邻接矩阵分解。例如，Hope 算法使用广义奇异值分解（SVD）来有效地获得网络的嵌入表示，这种方法主要用于对非关系数据结构的节点进行嵌入表示[61]。另一类基于图嵌入的深度学习算法又可以分成两个小类：随机游走的方法和非随机游走的方法。前者包括 Node2vec[62] 和 DeepWalk[63] 等算法，后者包括 SDNE[64] 和 DNGR[65] 等算法。

基于分解的方法通过在目标函数中对节点进行建模来显式地保持节点之间的距离。DeepWalk 和 Node2vec 算法通过生成多个随机游走路径隐式地保持节点之间的高阶邻近性。由于随机游走路径具有随机性，因而与目标节点保持多个不同的距离。SDNE 和 DNGR 算法利用深度自动编码器具有的对数据中的非线性结构建模的能力，生成一个嵌入模型，该模型可以捕获图中的非线性。然而，基于图嵌入的深度学习方法也有其自身的缺点，那就是模型中误差函数的累积会导致梯度爆炸或者梯度消失的现象出现。

**5. 基于社区结构信息的链路预测算法**

除了以上几类算法外，现如今有更多的学者研究复杂网络的其他特性对链路预测算法的影响，比如复杂网络的幂率分布特性、小世界效应等。作为复杂网络的一类重要特征，层次结构信息和社区结构信息对网络的链路预测是非常有意义的，但是目前存在的链路预测算法对这类网络的结构特征的利用几乎为零。之前所介绍的链路预测算法均未考虑网络的社区结构信息对链路预测算法的影响，直到 2012 年 Yan 在 PRE 中提出了一种链路预测算法[66]。该算法基于网络社区结构信息，证明了网络的社区结构信息对链路预测具有重要且积极促进的意义。

后来，Cannistraci 等人在 2013 年提出了一种基于链接社区策略的新算法[67]。该算法在基于邻居相似性指标的构想上引入了一个新的理念，即引入了一种基于 CAR 的变量。该变量的定义认为，如果网络两个节点的共有邻居节点是一个强内部链接队列的组成部分，则这两个节点具有更高的链接概率。

现如今，利用网络的社区结构信息设计的链路预测算法还很少，即使考虑到了网络的社区结构信息，也只是简单地认为社区内的链接存在概率大于社区间的链接存在概率，而且基本上是把社区结构信息和结构相似性算法简单地结合起来利用。此种算法有一个很大的弊端，就是如果不同社区中的两个终端节点利用相似性指标计算得到的相似性为零，则认为链接存在的可能性完全等同于节点间的相似性。但是，这和实际情况不符。

针对这一问题，Ding 等人利用挖掘的网络社区结构信息，建立了基于社区结构信息的链路预测理论，提出了两种有效的链路预测算法。例如，2015 年 Ding 等人提出了基于多分辨社区划分的链路预测算法[68]，首次利用网络的多分辨社区结构信息来解决复杂网络的链路预测问题。传统的基于社区结构的链路预测算法在划分网络的社区结构时是以得到高精度的划分结果为目标的，所以在运行时间上很难控制；而基于多分辨社区划分的链路预测算法在社区划分时只追求划分结果的多样性，并不追求划分结果的高精度，因此可以大大降低算法的时间复杂度，比传统的链路预测算法更有优势。2016 年 Ding 等人提出了基于社区相关性和规则推理的缺失链路的预测算法[69]，该工作提倡转变考虑问题的角度，即从节点到社区，特别是从节点相似性到社区相关性的转变，以一种新的理念来制订以社区信息为基础的衡量指标，而且重点研究不同社区之间的关系，以及这种关系对链路预测的影响。该算法中增加了社区相关性特征，以增加较低的时间复杂度为代价，克服了传统的基于节点相似性算法的弊端，即位于不同社区的节点之间链路存在的概率完全等同于它们之间的相似性。

## 19.3.2　社团划分发展现状

如果按照社区划分问题的解决思路来分，我们主要把检测算法分成两大类，分别是拓扑分析和流分析。拓扑分析主要是基于社区内部的链接密度比社区间的链接密度大这个假设来设计的，如图 19.3(a)所示，所以更适合无向无加权网络。流分析是根据网络中信息的流动来形成社区结构的，如图 19.3(b)所示，所以更适合在有向有加权网络中应用[70]。本节所提的社区检测算法属于拓扑分析类。

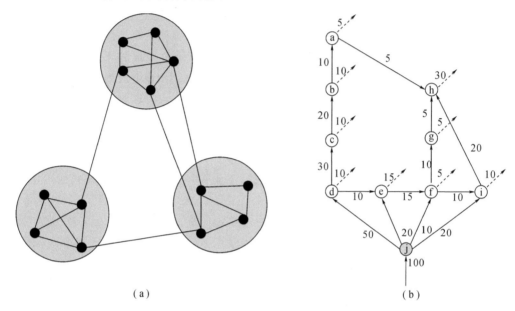

（a）　　　　　　　　　　　　　　　（b）

图 19.3　网络的拓扑分析示例和网络的流分析示例

如果根据技术划分，社区检测算法又可以被分为两大类：一类是优化一个指标，这个指标可以有效衡量提出的划分在所有可能的划分中的优势。已经提出的这类指标有比例削减、归一化削减、谱聚类和模块度等。这类方法对一些网络有效，如校园足球队网络，但是也对一些网络不适用，如存在对所有社区都没有强链接节点的高中朋友关系网。这时，社区划分方法会分裂弱链接节点，并把它们合并到连接更紧密的社区里。目前对于这类网络还没有太多的研究。

另一类社区检测算法是利用统计模型对网络进行划分估计，通常是直接最大化一些概率公式，或者采用吉布斯抽样。其中包括随机块模型[71]、混合模型[72]、单变量[73]和多变量[74]的隐变量模型、隐特征模型[75]、对统计的全面审查网络模型[76]。本章中我们所提出的方法属于第一类。

在过去的十几年里，有很多学者在分析复杂网络的社区结构方面做研究，与此同时，大量的算法也被提出来。我们在此列举几种已知的社区划分算法。例如，2004 年 Clauset 等学者提出了 CNM 算法[77]。他们提出了一个分层的聚类算法，用于检测网络的社区结构，利用一些快捷的方式并使用更复杂的数据结构来进行网络的社区划分，因为算法的计算成本低，所以适用于大型网络。此算法在规模为 $N$ 个顶点和 $m$ 条边的网络上的运行时间是

$O(mdlogN)$，其中 $d$ 用来描述社区结构图的深度。但是，该贪婪算法产生的模块度的值要比其他算法低，并且此算法还存在分辨率限制的问题。之后，Guimera 等学者于 2005 年在 *Nature* 上发表了一篇文章，提出了一种基于随机块模型（SBM）的社区划分方法[78]。随机块模型可以在复杂网络中找到基本模块，并根据模块内部和模块间的连接模式将节点划分为不同的角色。此方法是用模拟退火算法最大化模块度来进行模块识别的。模拟退火算法的优点是能保证搜索足够详尽，尽量避免寻找到局部最优的划分结果。值得注意的是，这种方法不需要事先指定模块的数量就可以可靠地识别网络中的模块。另外一个有代表性的基于模块度优化的工作由 Blondel 等人于 2008 年提出[79]。这是一种启发式的方法，可以在很短的时间内发现模块度很高的划分，并把网络展开成一个完整的层次社区结构，有助于得到不同分辨率下的社区检测结果。此外，该算法运行非常快，在大型 ad-hoc 模块化网络中，通过计算机模拟表明，对经典稀疏的数据来说，算法的复杂度是线性的。2011 年 Gong 等人提出了一种 Memetic 算法进行社区检测[80]。它是一种基于模块度密度优化的算法，其中包括一个可调节的参数，用来保证在不同的分辨率下划分网络。该算法在局部搜索过程中采用的是一种协同爬山策略的遗传算法，虽然可以很好地避免出现局部最优解，但是整个过程是非常耗时的。之后，2014 年 Ma 等人提出了一种快速的 Memetic 算法，此方法拥有多层学习机制，并通过模块度的优化来进行社区检测[81]。该方法采用遗传算法优化解的规模，并使用多层学习策略加速优化过程。多层学习机制是基于节点知识、网络社区结构和层次结构设计的，并分别作用在网络的节点、社区和划分层次上。2015 年 Wu 等人结合模块度优化算法和基于密度的指标，提出了一种基于密度优化的算法 ImDS[82]。此算法是 Den-Shrink 算法的改进。Den-Shrink 算法的主要过程是重复发现并合并微社区（广义）使其成为一个超级节点，直到不能合并为止。Wu 的算法表明，如果改变 Den-Shrink 算法的合并准则，由发现并合并微社区改为仅仅发现并合并密集对，则检测精度和运行时间都会有较明显的改善。此方法也可以有效地克服分辨率限制问题。IMDS 算法的计算复杂度为 $O(NlogN)$。2016 年，Li 等人把复杂网络的聚类建模成一个多目标优化问题，并且用量子机制的粒子群优化算法来解决这一问题，此算法是并行算法[83]。这是首次将量子机制的离散粒子群优化算法应用到网络聚类中。此外，非支配排序选择操作被用来进行个体更换。此方法的时间复杂度为 $O(max\ gen \cdot N \cdot (m+n+N^2))$。除此之外，也有一些关于重叠社区检测方面的研究[84]。

现如今大多社团检测方法是基于模块度优化的，但是模块度优化是一个 NP-hard 问题，在计算复杂度上也不具有优势，而且存在分辨率限制等问题，所以希望能设计出克服这些缺陷且社区划分性能好的算法。因为基于指标优化的社区划分算法具有表达直观、实现容易的优点，所以有研究人员提出了一种优化指标，即网络相似度增益指标。该指标包含社区内自相似性和社区间互相似性这两方面的信息，根据这一指标可衡量社区合并的可行性。此方法在运算方面收敛速度比较快，又因为是从小到大扩充社区，所以不会出现分辨率限制等问题。

各种算法的优缺点和时间复杂度如表 19.3 所示。

## 表 19.3　各种算法的优缺点与时间复杂度

| 算　　法 | 优　　　点 | 缺　　　点 | 时间复杂度 |
|---|---|---|---|
| CN/JC | 时间复杂度低 | (1) 共有邻居的影响一致；<br>(2) 预测精度一般 | $O(N^2)$ |
| AA/RA | (1) 共有邻居的影响不同；<br>(2) 时间复杂度低 | 预测精度一般 | $O(N^2)$ |
| CAR_CN/<br>JC/AA/RA | (1) 一致性，鲁棒性；<br>(2) 提出局部社区范式 | 限定网络结构 | $O(N^2) \sim O(N^4)$ |
| Yan 的算法 | 结合网络社区结构信息 | (1) 限定网络结构；<br>(2) 整个算法复杂性受社区划分方法影响很大 | 除去社区划分算法部分，单计算缺失链接概率的时间复杂度是 $O(N^2)$ |
| HSM | 揭示网络的分层组织结构 | (1) 限定网络结构；<br>(2) 时间复杂度高 | 最差情况下为指数级时间复杂度 |
| SBM | (1) 可识别网络错误链接；<br>(2) 可以网络重构；<br>(3) 鲁棒性；<br>(4) 灵活可移植 | 时间复杂度高 | 最差情况下为指数级时间复杂度① |
| SPM | (1) 鲁棒性；<br>(2) 一致性；<br>(3) 提出通用的结构一致性指标 | 时间复杂度高 | $O(N^3)$② |
| CP | (1) 结合网络多分辨社区结构信息；<br>(2) 揭示网络社区结构 | (1) 限定网络结构；<br>(2) 限定核心节点个数和聚类系数大小 | $O(kN^2)$ |
| CRCN/CRJC<br>/CRAA/CRRA | (1) 定义社区相关性特征；<br>(2) 揭示网络社区结构；<br>(3) 有效性；<br>(4) 实用性 | (1) 限定网络结构；<br>(2) 限定网络度分布 | $O(N^2)$ |

注：① 表示 $N$ 个元素的网络可能被划分的分区情况共有 $\sum\limits_{k=1}^{N} \dfrac{1}{k!} \sum\limits_{l=1}^{k} \binom{k}{l} (-1)^{k-l} l^N$ 种。

　　② 表示矩阵特征值的计算时间复杂度是 $O(N^3)$。

人工智能、类脑计算与图像解译前沿

# 19.4 展望未来

链路预测问题在很多领域中的应用都很广泛。在生态系统中,可以根据影响大气的活动因素来预测未来的天气情况;在社交活动中,可根据用户现有的社交网络来推荐它可能存在的用户关系;在生物网络中,可以根据已知的分子关系来预测最有可能出现的分子关系,如果算法足够合理准确,就可以避免或者缩减部分实验成本,并能有效地提高实验的成功率;在物理学上,可以基于链路预测的思想和方法,提出电力系统的恢复策略;还可以对航空网络进行重构。上述这些应用场景都是显而易见的,如图 19.4 所示。

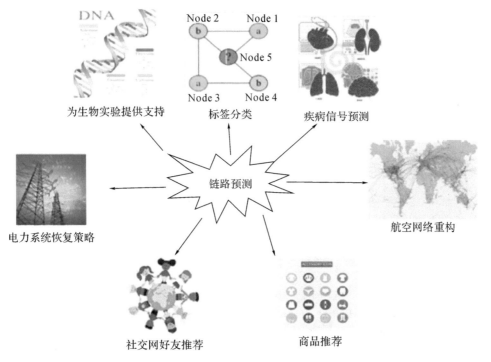

图 19.4　链路预测应用场景示意图

虽然链路预测研究已经有十几年的发展,也已经有了较为丰硕的成果,但是还有一些难点需要我们解决。首先,随着网络规模和数据量的指数级增长,现有的算法很难实现实时分析和预测,所以,为了实现在大规模实际系统中的应用,开展自适应性的快速算法是未来研究的一个主要挑战。其次,现有的链路预测算法大多是基于静态网络提出的,一般来说,基于静态图表示的链接预测算法不能处理在动态网络中重复出现的链接,也无法识别动态网络内的时间序列模式,而这两者是动态网络链接预测中所用到的主要信息。因此,有必要研究适用于预测动态网络链接的有效方法，这也是链路预测研究的另一重要挑战。此外，复杂网络的链路预测算法研究还不是很成熟，例如有向网络、含权网络、多部分网络、含异质边的网络等较复杂的情形，网络的拓扑关系会更复杂一些，这方面的研究还有待进一步的开展。最后，一些特殊的网络具有特定的网络属性，所以一般的预测算法并不适用，比如生物网络，针对这些特殊网络的链路预测算法研究还有待加强。

（本章作者：丁静怡，焦李成）

# 本章参考文献

[1] BARABÁSI A, CRANDALL R E. The New Science of Networks[J]. American Journal of Physics, 2003, 71(4): 243-270.

[2] BOCCALETTI S, LATORA V, MORENO Y, et al. Complex networks: Structure and dynamics[J]. Physics Reports, 2006, 424(4-5): 175-308.

[3] ALBERT R. Barabási: Statistical mechanics of complex networks[J]. Reviews of Modern Physics, 2002, 74(1): 2002.

[4] NEWMAN M E J. The structure and function of complex networks[J]. Siam Review, 2003, 45(2): 167-256.

[5] COHEN R, HAVLIN S. Complex Networks: Structure, Robustness and Function[J]. Complex Networks, 2010.

[6] DOROGOVTSEV S N, MENDES J F F. Evolution of networks[M]. Oxford: Oxford University Press, 2003: 1079-1187.

[7] BARABÁSI A. Evolution of Networks: From Biological Nets to the Internet and WWW[M]. Oxford: Oxford University Press, Inc., 2003: 81-82.

[8] HELLMANN T, STAUDIGL M. Evolution of social networks[J]. European Journal of Operational Research, 2014, 234(3): 583-596.

[9] ALBERT R, JEONG H. Diameter of the World Wide Web[J]. Nature International Weekly Journal of Science, 1999, 401(6): 130-131.

[10] 杜海峰, 李树茁, MARCUS W, 等. 小世界网络与无标度网络的社区结构研究[J]. 物理学报, 2007, 56(12): 6886-6893.

[11] NEWMAN M E J, GIRVAN M. Finding and evaluating community structure in networks[J]. Physical Review E Statistical Nonlinear and Soft Matter Physics, 2004, 69(2): 026113.

[12] STEINHAEUSER K, CHAWLA N V. Identifying and evaluating community structure in complex networks[J]. Pattern Recognition Letters, 2010, 31(5): 413-421.

[13] GUSTAFSSON M, HÓRNQUIST M, LOMBARDI A. Comparison and validation of community structures in complex networks[J]. Physica A Statistical Mechanics and Its Applications, 2006, 367(367): 559-576.

[14] 吕琳媛，陆君安，张子柯，等. 复杂网络观察[J]. 复杂系统与复杂性科学，2010，07(Z1)：173-186.

[15] ZHONG L, GAO C, ZHANG Z L, et al. Identifying Influential Nodes in Complex Networks: A Multiple Attributes Fusion Method[M]. Springer International Publishing, 2014: 11-22.

[16] GRADY D, THIEMANN C, BROCKMANN D. Robust classification of salient links in complex networks[J]. Nature Communications, 2012, 3(3): 199-202.

[17] LYU L Y, ZHOU T. Link prediction in complex networks: A survey[J]. Physica A Statistical Mechanics and Its Applications, 2010, 390(6): 1150-1170.

[18] GETOOR L, DIEHL C P. Link mining: a survey[J]. Acm Sigkdd Explorations Newsletter, 2005, 7(2): 3-12.

[19] WANG P, XU B W, WU Y R, et al. Link prediction in social networks: the state-of-the-art[J]. Science China Information Sciences, 2015, 58(1): 1-38.

[20] ZHANG J, FANG Z P, CHEN W, et al. Diffusion of "Following" Links in Microblogging Networks[J]. IEEE Transactions on Knowledge and Data Engineering, 2015, 27(8): 2093-2106.

[21] HANLEY J A, MCNEIL B J. The meaning and use of the area under a receiver operating characteristic (ROC) curve [J]. Radiology, 1982, 143(1): 29-36.

[22] 朱郁筱，吕琳媛. 推荐系统评价指标综述[J]. 电子科技大学学报，2012，41(2)：163-175.

[23] FAWCETT T. An introduction to ROC analysis[J]. Pattern Recognition Letters, 2006, 27(8): 861-874.

[24] STROGATZ S H. Exploring Complex Networks[J]. Nature, 2001, 410(6825): 268-276.

[25] ALBERT R, BARABÁSI A. Statistical mechanics of complex networks[J]. Review of Modern Physics, 2002, 74(1): xii.

[26] JIA G B, CAI Z X, MUSOLESI M, et al. Community Detection in Social and Biological Networks using Differential Evolution[J]. Lecture Notes in Computer Science, 2012: 71-85.

[27] LEE J M, GIANCHANDANI E P, EDDY J A, et al. Dynamic analysis of integrated signaling, metabolic, and regulatory networks[J]. Plos Computational Biology, 2008, 4(5): e1000086.

[28] LEICHT E A, NEWMAN M E J. Community structure in directed networks [J]. Physical Review Letters, 2008, 100(11): 118703.

[29] HOLME P, HUSS M, JEONG H. Subnetwork hierarchies of biochemical pathways[J]. Bioinfor-matics, 2003, 19(4): 532.

[30] GREGORY S. Ordered community structure in networks[J]. Physica A Statistical Mechanics and Its Applications, 2012, 391(8): 2752-2763.

[31] RADICCHI F, CASTELLANO C, CECCONI F, et al. Defining and identifying communities in networks [J]. Proceedings of the National Academy of Sciences of the United States of America, 2004, 101(9): 2658-2663.

[32] FRED A L N, JAIN A K. Robust Data Clustering[C]. Computer Vision and Pattern Recognition, 2003. Proceedings. 2003 IEEE Computer Society Conference on, 2003, 2(Ⅱ-133).

[33] 邢登华. 复杂网络上链路预测的研究[D]. 保定：华北电力大学，2012.

[34] LEE D D, SEUNG H S. Algorithms for Non-negative Matrix Factorization[C]. NIPS, 2000: 556-562.

[35] JIN Y, MATSUO Y, ISHIZUKA M. Extracting Social Networks Among Various Entities on the Web[C]. The Semantic Web: Research and Applications, European Semantic Web Conference, ESWC, 2007, Innsbruck, Austria, June 3-7, 2007, Proceedings, 2007: 251 – 266.

[36] 黄立威, 李德毅. 社交媒体中的信息推荐[J]. 智能系统学报, 2012, 07(1): 1 – 8.

[37] LEI C, RUAN J. A novel link prediction algorithm for reconstructing protein-protein interaction networks by topological similarity[J]. Bioinformatics, 2013, 29(3): 355 – 364.

[38] YU H, CHOO S, PARK J, et al. Prediction of drugs having opposite effects on disease genes in a directed network[J]. BMC Systems Biology, 2016, 10 Suppl 1(1): 2.

[39] KUNEGIS J, FLIEGE J. Predicting Directed Links Using Nondiagonal Matrix Decompositions[C]. IEEE International Conference on Data Mining, 2012: 948 – 953.

[40] BACCO C D, POWER E A, LARREMORE D B, et al. Community detection, link prediction and layer interdependence in multilayer networks[J]. Phys Rev E., 2017.

[41] LIN D. An Information-Theoretic Definition of Similarity[C]. Fifteenth International Conference on Machine Learning, 1998: 296 – 304.

[42] ZHOU T, LYU L, ZHANG Y C. Predicting missing links via local information[J]. The European Physical Journal B, 2009, 71(4): 623 – 630.

[43] CLAUSET A, MOORE C, NEWMAN M E J. Hierarchical structure and the prediction of missing links in networks [J]. Nature, 2008, 453(7191): 98 – 101.

[44] GUIMERA R, SALESPARDO M. Missing and spurious interactions and the reconstruction of complex networks[J]. Proc. Nati. Acad. Sci. U S A, 2009, 106(52): 22073 – 22078.

[45] HASAN M A. Link Prediction using Supervised Learning[J]. Proc. of Sdm Work-shop on Link Analysis Counterterrorism and Security, 2005, 30(9): 798 – 805.

[46] SUBBIAN K, MELVILLE P. Supervised Rank Aggregation for Predicting Influence in Networks[J]. Computer Science, 2011.

[47] NEWMAN M E J. Clustering and preferential attachment in growing networks [J]. Physical Review E Statistical Nonlinear and Soft Matter Physics, 2001, 64(2): 025102.

[48] SALTON G, MCGILL M J. Introduction to Modern Information Retrieval [J]. McGraw-Hill, 1983, 55(3): 239 – 240.

[49] ADAMIC L A, ADAR E. Friends and neighbors on the Web[J]. Social Networks, 2003, 25(3): 211 – 230.

[50] KATZ L. A new status index derived from sociometric analysis[J]. Psychometrika, 1953, 18(1): 39 – 43.

[51] LEICHT E A, HOLME P, NEWMAN M E J. Vertex similarity in networks[J]. Physical Review E Statistical Nonlinear and Soft Matter Physics, 2006, 73(2 Pt 2): 026120.

[52] LYU L Y, JIN C H, ZHOU T. Similarity index based on local paths for link prediction of complex networks[J]. Physical Review E, 2009, 80(2): 046122.

[53] 吕琳媛, 周涛. 网络链路预测: 概念与前沿[J]. 中国计算机学会通讯, 2016, 12(4): 12 – 21.

[54] YOU Z H, YU J Z, ZHU L, et al. A MapReduce based parallel SVM for large-scale predicting

protein-protein interactions[J]. Neurocomputing, 2014, 145(18): 37 – 43.

[55]　YOU Z H, LI J, GAO X, et al. Detecting protein-protein interactions with a novel matrix-based protein sequence representation and support vector machines [J]. Biomed Research International, 2015, 2015(2): 1 – 9.

[56]　PABLO F, PAOLA B, RAMÓN G. prediction in health domain using bayesian networks optimization based on induction learning techniques[J]. International Journal of Modern Physics C, 2006, 17(03): 447 – 455.

[57]　MIN K K, PARK H S, PARK S H. Prediction of Plasma Membrane Spanning Region and Topology Using Hidden Markov Model and Neural Network[C]. International Conference on Knowledge-Based Intelligent Information, 2004: 270 – 277.

[58]　LIAO Y, WEI D, GEURTS P, et al. DMFSGD: A Decentralized Matrix Factorization Algorithm for Network Distance Prediction[J]. IEEE/ACM Transactions on Networking, 2012, 21(5): 1511 – 1524.

[59]　LICHTENWALTER R, LUSSIER J, CHAWLA N. New perspectives and methods in link prediction[C]. Proc. 16th ACM SIGKDD Int. Conf. Knowl. Discovery Data Mining, 2010: 243 – 252.

[60]　DUAN L, AGGARWAL C , MA S, et al. An Ensemble Approach to Link Prediction [J]. IEEE Transactions on Knowledge & Data Engineering, 2017, 29(11): 2402 – 2416.

[61]　OU M D, CUI P, PEI J, et al. Asymmetric transitivity preserving graph embedding[C]. KDD, 2016: 1105 – 1114.

[62]　GROVER A, LESKOVEC J. Node2vec: Scalable feature learning for networks[C]. KDD, 2016: 855 – 864.

[63]　PEROZZI B, AL-RFOU R, SKIENA S. Deepwalk: Online learning of social representations[C]. KDD, 2014: 701 – 710.

[64]　WANG D X, CUI P, ZHU W W. Structural deep network embedding[C]. KDD, 2016: 1225 – 1234.

[65]　CAO S S, LU W, XU Q K. Deep neural networks for learning graph representations[C]. AAAI, 2016: 1145 – 1152.

[66]　YAN B, GREGORY S. Finding missing edges in networks based on their community structure[J]. Physical Review E Statistical Physics Plasmas Fluids and Related Interdisciplinary Topics, 2012, 85(5): 4001 – 4014.

[67]　CANNISTRACI C V, ALANISLOBATO G, RAVASI T. From link-prediction in brain connectomes and protein interactomes to the local-community-paradigm in complex networks [J]. Scientific Reports, 2013, 3(4): 1613.

[68]　DING J Y, JIAO L C, WU J S, et al. Prediction of missing links based on multi-resolution community division[J]. Physica A Statistical Mechanics and Its Applications, 2015, 417: 76 – 85.

[69]　DING J Y, JIAO L C, WU J S, et al. Prediction of missing links based on community relevance and ruler inference[J]. Knowledge-Based Systems, 2016, 98: 200 – 215.

[70]　ROSVALL M, ESQUIVEL A V, LANCICHINETTI A, et al. Memory in network flows and its

effects on spreading dynamics and community detection[J]. Nature Communications, 2014, 5: 4630.

[71] HOLLAND P W, LASKEY K B. Stochastic blockmodels: First steps[J]. Social Networks, 1983, 5(2): 109-137.

[72] HAN X F, ZHANG X P. The application of Gaussian mixture model to detecting community structure of networks[C]. International Conference on Electrical and Control Engineering. 2011: 3212-3215.

[73] HOFF P D, RAFTERY A E, HANDCOCK M S. Latent Space Approaches to Social Network Analysis[J]. Journal of the American Statistical Association, 2002, 97(460): 1090-1098.

[74] HANDCOCK M S, RAFTERY A E, TANTRUM J M. Model-based clustering for social networks[J]. Journal of the Royal Statistical Society: Series A (Statistics in Society), 2007, 170(2): 301-354.

[75] HOFF P D. Modeling homophily and stochastic equivalence in symmetric relational data[J]. Advances in Neural Information Processing Systems, 2007, 20: 657-664.

[76] GOLDENBERG A, ZHENG A X, FIENBERG S E, et al. A Survey of Statistical Network Models [J]. Foundations and Trends in Machine Learning, 2009, 2(2): 129-233.

[77] CLAUSET A, NEWMAN M E J, MOORE C. Finding community structure in very large networks [J]. Physical Review E Statistical Nonlinear and Soft Matter Physics, 2004, 70(2): 066111.

[78] GUIMERA R, NUNES AMARAL L A. Functional cartography of complex metabolic networks [J]. Nature, 2005, 433(7028): 895-900.

[79] BLONDEL V D, GUILLAUME J L, LAMBIOTTE R, et al. Fast unfolding of communities in large networks[J]. Journal of Statistical Mechanics Theory and Experiment, 2008(10): 155-168.

[80] GONG M, FU B, JIAO L C, et al. Memetic algorithm for community detection in networks [J]. Physical Review E, 2011, 84(5 Pt 2): 056101.

[81] MA L J, GONG M G, LIU J, et al. Multi-level learning based memetic algorithm for community detection[J]. Applied Soft Computing, 2014, 19(2): 121-133.

[82] WU J S, HOU Y T, JIAO Y, et al. Density shrinking algorithm for community detection with path based similarity[J]. Physica A Statistical Mechanics and Its Applications, 2015, 433: 218-228.

[83] LI L L, JIAO L C, ZHAO J Q, et al. Quantum-behaved discrete multi-objective particle swarm optimization for complex network clustering[J]. Pattern Recognition, 2016, 63: 1-14.

[84] YANG J, LESKOVEC J. Overlapping community detection at scale: a nonnegative matrix factorization approach[C]. ACM International Conference on Web Search and Data Mining, 2013: 587-596.

# 第20章 心理学与人工智能

## 20.1 概　　述

自 2010 年以来，人工智能的发展进入了一个新的阶段，并已提升到国家技术力量的战略高度。如今，只要访问科技网站，很容易看到与人工智能有关的文章，似乎人工智能即将改变人们生活的方方面面。特别是，深度学习可以在感知领域做很多事情，例如改善语音识别和提高视觉对象的识别率，但这并不等同于智能。智能是一个多维变量，包括感知、语言、推理、类比、计划和常识等问题。现阶段，深度学习只是帮助感知和语言等一小部分。

有的心理学家（如美国教授 G. Marcus）认为，单纯依靠更多数据可能无法在视觉和语言理解等领域取得实质性进展，更不用说实现强人工智能（通用人工智能）了。他们主张在人工智能领域更多地了解心理学。最新部署的《人工智能发展纲要》中明确提出了包含心理学在内的其他学科与人工智能的融合与交互，这在以前很少见，表明心理学研究在各个层面的影响已经凸显出来。为什么人工智能必须得到心理学的支持呢？简单来说，人工智能是一种更高水平的人机交互，允许具有类似人脑的计算机芯片处理传感器感知的数据，从而使机器人/类机器人具有接近人脑的判断模式。在处理这种复杂信息时，信息处理的输入端和人工智能处理这些信息的输出端通常依靠人。因此，心理学起着重要作用，人类具有的心理特征与信息处理方式就需要进一步研究。

人工智能就是机器展现的智能。人工智能学者致力于设计更先进的机器和算法，以模拟甚至扩展人类大脑的智能。从某种角度来看，人工智能是在研究机器智能，而心理学是在研究人类智能，因此这两个学科之间存在着密切的关系。例如，多伦多大学的 G. E. Hinton 教授是深度神经网络的积极推动者，但是他本科的专业是实验心理学。人工智能与心理学之间的联系可以通过两种方式来理解。一方面，认知心理学等学科的深入研究可以进一步了解人类行为和人脑的机制，从而推动人工智能研究的进展。另一方面，人工智能及相关技术的发展改变了传统的心理学研究范式。因此，如何结合心理学和人工智能的最新研究成果，更好地解决这两个领域的科学问题，已逐渐成为近年来的研究热点。

### 20.1.1　心理学对人工智能的影响

从历史上看，人工智能的方法学有三种代表性的学派：符号主义、行为主义和连接主义。符号主义侧重于建立完整的公理系统，对应的是心理学中的逻辑推理心智研究。行为主义侧重从实验来验证理论猜想，对应的是心理学中的行为主义研究。连接主义的代表是以神经网络模型为代表的神经计算。实际上三种学派都代表了最基本的心理学理论。此外，人工智能领域的强化学习理论也大多来源于心理学。

目前，无论是大数据智能、视觉感知、图形识别、语音识别还是混合增强智能，都离不开心理学的基础研究，这一切已成为人工智能的基本理论体系。要构建人工智能通用系统，重点是具备跨学科整合的能力，其中包括无人智能技术、虚拟现实技术和语言处理技术等，它们都需要心理学作为支持学科，使得整个系统对人更加友好。因此，心理学将变得与数学、物理和化学等基础学科同等重要，它是支持新一代人工智能发展规划的基本理论之一。

### 20.1.2　人工智能对心理学发展的影响

人工智能强调的是一种对人类智能行为的模拟，通过现有的硬件和软件技术来模拟人类的智能行为，包括机器学习、形象思维、语言理解、视觉听觉感知、记忆、推理等一系列智能行为，如由脑启发的卷积神经网络，由人类学习启发的生成对抗算法等。人工智能的概念也在不断地范化，模拟自然界生物群体的智能性，如进化算法、蚂蚁算法等都受到大自然智能现象的启发。因此人工智能发展的是一种技术和工具，从中产生的一些成果可以应用到心理学研究中。比如，一些仿真算法和理论的建立，可以为心理学提供一个试验环境和分析工具；机器学习算法可帮助研究者大规模地分析人类行为数据，得出人类行为规律；人工智能也已应用于脑科学，利用脑成像多体素模式分析解码认知的神经表征。

因此，人工智能和心理学是相互影响和相互促进的。本章将分别介绍心理学对人工智能的影响和人工智能对心理学发展的影响。下面首先简单介绍一下心理学的产生和认知心理学。

## 20.2　心理学简介

心理学是研究心理现象发生、发展和活动规律的科学。最早人类心理活动的研究基本上采用的是思辨和总结个人经验的方法，如古人的谚语、中国四字成语等。这些经验在概率上有一定的正确性，但都缺乏科学系统的实证。

直到 19 世纪中叶，科学家在研究心理现象过程中引进了实验方法，才使心理学逐渐成为一门独立的实证科学[1]。德国生理学家 E. H. Weber 于 1840 年发现了关于差别感觉阈限的韦伯定律；德国心理学家 G. T. Fechner 于 1860 年发现了费希纳定律；德国心理学家

H. V. Helmholtz测定了神经传导速度，研究了视觉、听觉和空间知觉；德国心理学家 H. Ebbinghaus对记忆进行了实验研究；德国心理学家 W. Wundt 于 1879 年在莱比锡大学建立了世界上第一个心理学实验室，因此 W. Wundt 被认为是现代心理学的创始人。科学心理学的一个核心指标是可重复性，即所提出的方法及其结果是可以被重复的。

一般来讲，心理学可分为基础心理学和应用心理学。

基础心理学通过总结心理活动的一般规律，建立了一个基本的理论体系。其包含了以下领域：从心理现象的产生和发展的角度出发，形成了动物心理学和比较心理学；从人类个体心理学的发生和发展的角度来看，心理学的发展包括儿童发展心理学、老年心理学等；从社会约束和对心理发展的影响角度来看，社会心理学已经形成；研究心理现象的神经现象，形成生理心理学；通过总结心理学研究方法等形成的心理学研究方法和实验心理学。

应用心理学主要运用心理学的研究成果来解决人类实践活动中存在的问题，提高人们的工作水平和生活质量。应用心理学也有大量的分支，如服务于教育的教育心理学，人力资源管理心理学，为人类的心理健康服务的临床心理学（包括心理健康、心理咨询/治疗和异常心理学）。另外，还有环境心理学、工程心理学、犯罪心理学和心理测验等。

### 20.2.1　心理学的基本内容

基础心理学的内容可以分为四个方面：认知，情绪、情感和意志，需要和动机，能力和人格[1]。

认知是指人们理解外来事物的过程，或者是对作用于人体感觉器官的外部事物进行信息处理的过程。它包括感觉、知觉、记忆、思维等心理现象。

情绪和情感是伴随认知和意志过程的对外在事物的态度和经验。这种态度和经验基于人们的需求。意志是人们在行动中看到并思考决策的心理过程，表现出对行为的心理控制。

需要是人的心理活动的内部推动力量，以欲望、要求的形式表现，它反映的是人体内部的不平衡状态。当人们意识到某种需要的时候，这种需要就转化成了推动人从事某种活动，并朝向一定目标前进的内部动力，即动机。

能力是顺利、有效地完成某种活动所必须具备的心理条件。人格则是由气质和性格组成的。气质是心理活动动力特征的总和，即表现在心理活动速度、强度和稳定性方面的人格特征；性格是表现人对事物的态度，以及与这种态度相适应的行为方式的人格特征。

当外界事物作用于感觉器官的时候，人们总要认识它。在认识它的同时，人们又会产生对它的态度，引起人们的情绪，激发人们的行动。这就是人的认识、情绪和情感、意志活动，它们是结合成为一体的。一般我们把这三类心理现象称为心理过程，因为它们都是以过程的形式存在的，它们都要经历发生、发展和结束的不同阶段。

每个人的心理过程都会表现出他个人的特点，构成他独特的心理面貌。组成一个人心理面貌的就是他的心理特性。需要和动机反映了他心理活动的动力，能力说明了他对某种活动的适宜性，气质和性格表现了他的人格特性[2]。

在人工智能领域，我们发现，现在的人工智能在很多情况下是人教给它需要和动机，每个人工智能所适合解决的只是一类问题，所以从这个角度看，这不是真正的智能。虽然目前已有通过图灵测试的超级计算机，但还不能说明它实现了人类级别的智能，它只是一种高级的机器智能。只有能够产生本源性的需要和动机的机器智能，才可以称为真正的人工智能，它需要脱离人类控制，产生自身的需要和动机，之后需要解决的是它们能力的问题。真正的人工智能可以在实践中提升自己的能力，具有积极改造自己、适应环境的能力。

## 20.2.2　心理活动的产生

人的心理活动是人的神经系统运行的结果，是对现实世界的反应。现代心理学认为，心理是脑的机能，脑是从事心理活动的器官，心理现象是脑活动的结果。从更广义的角度来说，神经系统是心理现象产生的物质基础。从这点出发，我们可以推论当计算机的软、硬件发展到一定程度之后，就会产生相应的心理现象。

生物学中有一个著名的检验小鼠记忆能力的实验，叫作小鼠跳台实验。将小鼠放在实验箱中，它可以往任意方向爬，在箱子一头刷上绿色标识，插上电极，只要小鼠爬到绿色标识侧就会碰到电极并受到电击而往后退。经过多次训练后，不管把绿色标识放在哪里，小鼠一定不再往标识方向爬。通过这个实验，我们会发现，小鼠把外界标识当成和自己生命攸关的信号。这里存在一个反应链，即小鼠—标识—电极，真正对小鼠有害的是电极，但是中间多了一个标识，小鼠是根据标识这个信号来躲避电击的。因此，小鼠的智能发生了一个升级，那就是记忆，这种记忆不是简单的单步化学反应所产生的规避行为，而是复杂的多细胞间的化学反应所产生的对外界事物进行整理后形成的可修改的记忆。

我们认为因为生物拥有神经系统，才开始具有心理现象，如恐惧。所以说，心理是大脑所具有的功能，即反映的功能。客观世界的各种事物，通过人的感觉器官，将各种信号传递给人的神经系统，人的神经系统将这些信号转化为大脑中的映像，从而产生了人的心理。

## 20.2.3　认知心理学

认知心理学(Cognitive Psychology)是 20 世纪 50 年代开始发展的一个心理学派别。认知心理学家们使用信息加工的观点解释认知过程，这也是为什么有人称认知心理学为信息加工心理学。认知心理学家并不否认行为的研究，但是更关注无法观察到的内部机制和过程，如记忆的加工、处理和提取。认知心理学将人视为信息处理系统，并认为认知是信息处理的过程，包括感知输入、编码、传输、存储和提取的整个过程。根据这种观点，认知可以分解为一系列阶段，每个阶段是对输入信息执行某些操作的单元。而反应则是这一系列阶段和操作的产物。信息处理系统的各种组件以某种方式互连。认知心理学家关注的是作为人类行为基础的心理机制，其核心是输入和输出之间发生的内部心理过程。但是人们不能直接观察内部的心理过程，只能通过观察输入和输出进行推测。因此，认知心理学家使用的方法是推测从可观察现象中观察不到的心理过程。认知心理学的研究方法主要包括实验法、观察方法和计算机模拟。其中，前两种方法使用受试者的行为或其他可被检测的外部数据推测心理过程。计算机模拟主要是用人工智能模型模拟人脑，得到某种符合认知理论的模型。因此，计算机模拟可以用于测试理论，发现其缺陷并加以改进。

认知心理学对人工智能的发展具有非常重要的指导意义。计算机接收符号输入，对其进行编码，对编码输入做出决定，存储它，并给出符号输出，这类似于人们接收信息，编码和记忆，做出决策，转换内部认知状态，将这种状态编译成行为输出。计算机和认知过程之间的这种类比是描述计算机程序层面的内部心理过程，它主要类比人与计算机之间的信息处理，并在性能方面作一比较。另外，当前的人工智能算法的设计中，大量参考人的认知模型。比如，注意、编码、记忆等方面就对应着最近广泛研究的注意力机制（Attention）、自编码机（AutoEncoder）和 LSTM 循环神经网络（Recurrent Neural Network）等。

# 20.3 人工智能对心理学的影响和应用

人工智能和心理学一直是两个密切相关的学科。自提出人工智能的概念以来，心理学家一直深入参与人工智能研究。例如，人工智能的早期开拓者 H. A. Simon 就是一位著名的跨学科研究者。他既是计算机科学家，又是心理学家，并在这两个领域均取得了优异的成绩。一般来说，人工智能在心理学中的应用和发展主要分为以下三个方面：

（1）类比人类智能并使得认知心理学得到启蒙和发展，使其逐渐成为心理学研究的主要流派。

（2）心理测量是为了得到和分析描述人类潜在心理特征的数据。由于人工智能在数据挖掘和目标预测方面具有优势，因此心理学家常常使用人工智能模型代替统计方法来挖掘更深层次的心理信息。

（3）大规模的数据逐渐影响心理学研究范式，催生了一些新的分支，如计算社会科学和心理信息学。

本节我们将从以上三个方面讨论人工智能在心理学中的应用和发展，并在最后列举一些最新的研究案例。

## 20.3.1 人工智能和认知心理学

### 1. 人工智能与人类智能的类比

2016 年 3 月 13 日，世界顶级棋手李世石和谷歌 AlphaGo 进行了第四轮"人机大战"。当李世石下出了精妙的第 78 手后，AlphaGo 自乱阵脚，频频下出没有章法的招数，就像一个自以为是的高手，一下子被人击中要害，急火攻心，失去理智。那一刻，AlphaGo 是否真的被某种"情绪化"的东西控制呢？对此，我们认为，当时的 AlphaGo 只是陷入了一种程序缺陷。人工智能现在还是冷冰冰的机器，不懂赢棋的快乐和输棋的烦恼，所以无法理解人的喜怒哀乐、信任与尊重。尽管最近有研究者训练能够"理解"幽默感的系统，机器人可以对被测试的问题发出与人类似的回应，但并不是说它能够理解幽默，特别是幽默所带来的幸福心理过程。这些心路历程暂时只存在于人类智能，而研究人类心路历程的学科叫心理学。

事实上，计算机和人工智能的发展对推动心理学研究起到了很好的作用。例如，美国心理学家和计算机科学家 A. Newell 和美国科学家、人工智能开创者之一的 H. A. Simon 认为人工智能是一个类似于计算机的信息加工系统。首先，环境将信息输入传感系统，由传感器转换信息；在进入长期记忆之前，转换后的信息要经过控制系统进行符号重构、辨别和比较，记忆系统存储着可供提取的符号结构；最后，反应器对外界作出反应。这也是认知心理学有时候也狭义地被定义为信息加工心理学的原因。

认知心理学是当今西方心理学的一个主要研究方向。认知心理学强调，人类心灵中已有的知识和知识结构在人类行为和当前的认知活动中起着决定性的作用。认知理论认为，感知决定了面对刺激时人们获得某种感受的过程。完整的认知过程是一系列循环过程，如由定向到提取特征，再到与记忆中的知识进行比较等。认知心理学的研究还借鉴了计算机科学或人工智能的理论建构，以及人工智能与人类心理学之间的类比来证实人类认知甚至人类心理。

英国数学家、逻辑学家图灵（A. Turing）是人工智能发展的先驱，他被誉为"人工智能之父"。1950 年 10 月，他发表了一篇题为"Computing machinery and intelligence"[3] 的论文，提出了一项测试，以检查计算机或其他系统是否具有与人类相同的认知能力。这就是著名的图灵测试。该测试主要是看一个专家能否区别机器与人从事的活动的结果，如果不能区别，那么机器就拥有与人一样的认知能力。

人工智能在与人类心理学作类比时，主要分为两大类，分别是强人工智能和弱人工智能（J. Searle）[4]。弱人工智能认为，计算机或人工智能为研究思维提供了一个非常有利的工具，使研究人员能够相应地测试心理学的解释。强人工智能（也称为通用人工智能）则认为，计算机或人工智能不仅仅是研究思维的工具，如果能使用正确编程的计算机，加上正确的输入和输出，就可以拥有与人类意义相当的认知能力。

但是，J. Searle 并不认同强人工智能的观点。1980 年，他设计了一个思想实验"中文房间"（Chinese Room）[4] 来反驳强大的人工智能思想。实验过程如下：一个对中文一无所知并且只说英语的人在只有一个空位的封闭房间里。房间里有一本用英文写的手册，说明如何处理收到的中文信息以及如何用中文回复。房间外的人不断向房间内递交用中文写的问题。房间里的人将按照手册中的说明查找相应的解释，将相应的中文字符组合成问题的答案，并将答案传递出房间。J. Searle 认为，虽然房间外的人认为房间里面的人真的说中文，但他其实不懂中文。在上面的实验中，房间里的人相当于一台电脑，手册相当于一个计算机程序：每当局外人给出输入时，房间里的人根据手册给出答复（输出）。正如房间里的人无法通过手册理解中文一样，计算机无法通过程序理解语义。计算机程序纯粹是语法，根据程序计算，根据符号的特征规则操作表单，但是句法规则本身不足以进行语义理解。因此，拥有了正确的程序，并不等于拥有了心智。

然而，对于认知心理学的研究人员来说，问题不在于人工智能是否可以与人类具有相同的心智，而在于人类心理学是否可以具有与计算机相同的信息处理属性。从信息处理视角研究人类认知活动和过程是认知心理学家采用的基本研究方法和策略。

**2. 人工智能在认知心理学中的应用**

人工智能之所以有今天的成就，深度神经网络技术可以说居功至伟。谷歌（Google）最杰出的工程师 J. Dean 说[5]："我认为在过去五年，最重大的突破应该是对深度神经网络技术的使用。这项技术目前已经成功应用到许许多多场景中，从语音识别到语言理解。而且有意思的是，目前我们还没有看到有什么是深度神经网络做不了的。"深度神经网络发展自人工神经网络，其历史和人工智能一样长。人工神经网络自出现以来就与心理学密不可分。通过网络结构和变化模型的学习规则，研究人员从不同角度探讨了人工神经网络的认知能力，为其在心理学研究中的应用奠定了坚实的基础。

早在 20 世纪 70 年代，T. W. Anderson 提出的线性存储器为模拟神经网络提供了条件。线性存储器可以通过将权重矩阵和目标向量的行向量设置为相等来实现输入向量和目标向量的关联，即网络需要利用已知目标输出执行监督学习。而心理学家 J. McClelland 和 D. Rumelhart[6] 提出的 Autoassociator 模型可达到记忆甚至抽象的目的，可以"自己编程序"。这一模型很好地解释了 M. I Posner 和 S. W. Keele（1968）的一个著名实验——原型和测试（Prototypical and Test）。在该实验中，研究人员首先向参与者展示了一系列从原型中改变的刺激实例（不包括原型本身）。然后，在测试阶段，要求受试者在样本、不熟练的示例和原型的项目中重新识别。结果发现，受试者识别原型的概率甚至高于已经研究的例子。自动关联模型反映了神经网络强大的抽象功能，为神经网络在无意识认知过程中的应用开辟了新的思路，如内隐学习和内隐记忆。1980 年，J. Searle 提出了使用计算机模拟数据的心理模拟来测试心理理论。这种弱的人工智能趋势促进了人工神经网络模型在心理学中的应用。

近年来，深度学习也被用于探索人类的视觉机制。2017 年，P. Wu 和 G. W. Cottrell[7] 对人类周边视觉和中心视觉进行了探索。首先，作者设计了一个基于卷积神经网络的神经计算模型。测试发现中心视觉具有效率优势，该模型解释了心理学研究的结果。实验还发现外围视觉的优势继承自外围特征的固有用途，这一结果与 M. Thibaut 等在

2014 年提供的数据一致。该模型不仅证明了深度神经网络模型可以复制人类的外围视觉在场景识别方面的优势，也说明了中心识别更有效率。作者还用统计分析和可视化中间学习过程中产生的特征，在一定程度上解释了外围视觉和中心视觉优劣的产生机制。

社会认知也与神经网络有着类似的信息加工过程，即人们对按照某种规则所经历的事件进行组织，从而影响他们在类似环境下对待相似对象的印象和态度。因此，许多研究者开始针对印象的形成、归因、认知矛盾和群体印象等建立不同的神经网络模型。并且，通过模型的建立可以解决心理学中的矛盾或问题。比如，人类对面孔的吸引力的认知有两个基本特点：平均性和性别二态性。平均性是指平均的人脸具有较高的吸引力，而且人脸的平均性越强，该人脸的吸引力也越高。性别二态性是指不同的性别具有阳刚和柔美不同的特征，阳刚可以增加男性面孔的吸引力，柔美可以增加女性面孔的吸引力。但是这两个基本特征有个矛盾之处就是越平均的人脸其性别二态性就越弱。这也是认知心理学家对面孔吸引力认知的焦点。为了解释这一矛盾，2011 年，C. P. Said 和 A. Todorov[8] 设计了一个统计模型来预测面孔的吸引力。该模型发现，平均人脸可以得到受试者较高的评分，但不是最高的。在不同的性别中，得到最高评分的人脸都具有明显的性别二态特征。同时，该模型还发现，男性的阳刚气质对面孔吸引力的影响相对女性的柔美对面孔吸引力的影响偏弱。2017 年，京都大学 X. Liang 教授团队通过深度神经网络对人脸的美与丑建模[9]，采用可视化网络中响应较强的神经元来分析神经网络对人脸美和丑的认知，其结果显示形状特性是人脸吸引力的重要因素之一。这也验证了之前心理学关于这一问题的假设之一，即黄金比例对人脸的审美起着确定性的作用。

## 20.3.2　人工智能在心理测量方面的应用

心理测量得到的是人们用来描述一个人潜在心理特征（如智力、人格等）的一个或一组数据。这些数据主要是通过心理学家精心设计的智力和人格问卷、比较先进的测量仪器（如磁共振成像（fMRI）、眼动仪等）得到的。其中，心理特征是主导变量，受试者的作答、行为表现或大脑反应是辅助变量。心理测量专家提出的心理模型是辅助变量和主导变量之间的关系模型。由于从心理测量中获得的数据通常是不完整和不确定的，因此人们通常使用统计方法来处理这些数据[6]。由于人工智能在数据挖掘、目标检测等方面的优势可以帮助研究人员从测量数据中挖掘或预测相关规则并获取更多信息，因此，随着人工智能技术的进步，其在心理测量领域的应用范围正在逐步扩大。

心理测量学的核心是建立模型。其中，最常见的是线性回归模型。线性回归的本质是在工作点附近的函数关系的一阶泰勒展开，它忽略了高阶项，并且当对象的非线性特征显著时会产生比较大的误差。虽然采用非线性回归的概率模型会使测量精度有所提高，但它是一个强约束模型，会受到多种条件的约束。随着机器学习（包括神经网络等方法）引入心理测量学，这些问题在一定程度上得到了解决。

对于大多数心理学实验，从系统操作的角度进行分析，主导变量的变化导致辅助变量发生变化。然而，从模型构建的角度来看，主导变量的值被辅助变量的信息反转。因此，建立的模型实际上是解决一个"反问题"。当参与者回答测试时，主体的潜在特征与项目参数相互作用，从而产生了作答矩阵，这是根据心理测量的机理所做出的分析。但是心理学家的工作则是希望从作答矩阵这个辅助变量出发，估计被试特质和项目参数这些主导变量，因此这是一个典型的"反问题"。对于"反问题"，处理的关键是进行参数反演（也称为参数估计）。例如，统计参数图（Statistical Parametric Mapping，SPM）分析就是对 fMRI 进行参数估计、统计分析的软件。

对于参数估计，人们已经采用了多种统计方法，但依然存在尚未解决的问题，如估计精度、小样本受试者的参数估计等。因此，一些研究人员试图通过使用神经网络或支持向量机等方法来解决这些问题。例如，人们还提出基于机器学习的多变量模式分析（Multi-Variate Pattern Analysis，MVPA）工具箱 CoSMoMVPA。近两年，该工具已经被广泛运用到 fMRI 的分析中。

人工智能算法对心理测量分析的改变逐渐影响了心理学测量的效度、评估方法以及测试编制等诸多方面。心理测量的预测效度一直是人们关心的问题，以前都是采用多元回归的方法，现有的研究发现，神经网络可以被更好地运用于效度研究。例如，深度神经网络可用于提高语言情感的识别准确性。此外，传统的综合评价方法采用线性加权求和。但是当数据间关系为非线性的、数据本身是模糊的、难以确定权重时，线性加权求和的方法就无能为力了。因此，需要计算模型进行这类数据的评估。例如，使用深度神经网络等算法用于教师课堂教学的评估。最后，测试编制的数学本质是解一个有约束的优化问题，即在满足测验内容、项目难度、区分度、曝光率、题量、试题形式等多种约束条件下，寻找最佳测试质量的优化问题。现在智能计算模型常常用于这类优化。

心理学研究中的差异显著性检验，本质上是一种带有不确定性的分类识别。由于人工智能在特征提取和目标识别的优势，智能计算模型也被广泛应用于认知诊断。此外，人工智能的计算模型对模糊数据具有更好的分类效果，这种方法称为模糊模式识别。在某些事物类别之间没有明确的分界线时，可以使用模糊模式识别方法。该方法的原理是：采用最大隶属度原则和邻近原则，通过计算隶属函数或接近度来完成识别任务。在一个小样本案例中，支持向量机是一种更好的智能识别方法。近年来，深度神经网络算法大大提高了认知诊断的准确性，比如皮肤疾病的诊断[10]。

### 20.3.3 人工智能对心理实验范式的影响

当代人工智能最重要的特点除了深度神经网络算法外，另一个显著的特点就是互联网中的大数据。目前的深度神经网络模型大都建立在大数据的基础上，即对大数据进行训练，从中归纳出可以被计算机运用到类似数据上的知识或规律。因此，大数据通常被称为人工智能的基石。有学者指出，大数据技术对心理学的多维度的研究不仅可以提高效率，而且可以拓展心理学研究领域。因此，大数据和互联网逐渐成为心理学研究的重要组成部分，为心理学研究提供了更广泛的方法。它催生了心理学的一些新的分支学科，如计算社会心理学、心理信息学等。

大数据是指使用传统数据管理工具在可容忍的时间范围内无法收集、分析、管理和处理的数据集。它具有数据量大、数据类型多、维度高（即多样性）、密度低、处理速度快、复杂性高等特点。由于心理现象和大脑功能系统的超级复杂性，大数据思想被用来发挥互联网的大数据科研功能，时空相对性的发展与主观和客观契合的研究范式可以帮助研究人员更多地揭示人类心理活动的基本规律[11]。互联网平台和应用程序记录了大规模的人群行为、思想和感受，为挖掘人类心理规律提供了广泛的客观数据资源。同时，机器学习和数据挖掘等数据分析技术提供了坚实的技术支持。因此，大数据为心理学家提供了更广阔的平台和机会，可以深入挖掘个人层面的心理和行为机制。同时，它也提供了深入挖掘群体心理行为规则的可能性。

著名数据科学家 M. S. Viktor 在《大数据时代》[12]中指出："大数据时代将给人们的生活、工作和思考带来巨大变化。"因为大数据提供了一种思考整体样本的方式，这是接受不准确性和发现相关性的新方法。早在 2007 年，计算机科学家 J. Gray 博士就提出了"数据密集型科研范式"，这种新的实验范式也被称为科学的"第四范式"[13]。"第四范式"是基于信息的科学研究范式，基于数据挖掘、理论、实验和模拟。它主要使用相关性分析的概念，并使用各种非线性分析工具来探索"是什么"而不是"为什么"。基于大数据的"第四范式"与基于经验、理论和计算机模拟的前三种研究范式不同。"第四范式"是一个完整的数据驱动，而不是理论假设或实验驱动。与此同时，"规律"一词更多地指的是现象或数据之间的复杂关系，而不是先前研究范式所强调的因果关系。此外，"第四范式"的主要研究模型是大数据挖掘模型，而不是科学实验模型、数学模型或计算机模拟模型。可以看出，基于数据密集型科学的"第四范式"理论体现了方法论和认识论的整合与实践。它是以前仅限于方法论的三种范式的综合和超越。

大数据对心理学的重要性在于让心理学家能够找到新的研究方法和数据来源。更重要的是，它使我们重新思考心理学的研究对象、目的和理论体系。大数据将削弱心理学研究的简单强因果假设，并关注多变量之间的复杂关联。人工智能和大数据思维的重要特征是并行性和概率规则，而不是串联或简单的线性关系[11]。

在过去的心理学研究中，心理学基本上采用了自然科学对客观现象中因果关系研究的实证主义范式。为了探索变量 $z$ 对变量 $y$ 的影响，将其他相关的变量作为没有关系的变量加以控制。这在自然科学研究领域是完全可行的。但对于心理学研究来说，这种条件控制的方法实际上是基于一个不那么合理的"强假设"。例如，心理学研究很难实现真正的控制或消除所谓的没有关系的变量；心理行为通常是内部和外部多变量相结合的结果，具有系统性、整体相关性和时间变化性；心理学与行为之间，心理学和环境之间的关系往往是多种因素和多种结果之间的关系。人工智能的出现为以上问题提供了解决的可能，因为人工智能使心理学家使用诸如因特网和移动终端之类的现代信息技术以更低的成本和更高的效率收集足够且相对完整的数据样本，并且可以进行快速而复杂的非线性分析处理[11]。

近年来，随着大数据和信息技术的发展，心理学界出现了一些新的学科，如计算社会心理学（Computational Social Psychology）与心理信息学（Psycho-Informatics）。计算社会心理学是社会心理学家 A. Nowak[14]等人在 1998 年提出的。它主要使用计算机社交模拟技术来模拟社会群体的心理和行为。如今，随着研究的不断进步和分析技术的不断发展，计算社会心理学的内涵也在不断发展。计算社会心理学不仅限于最初的社会模拟，还侧重于使用信息科学技术作为存储和计算的工具。在现代网络生活中，我们获取、存储和分析了大量人的各种行为和交互数据，揭示了人类心理特征和社会认知的形成机制和发展规律。计算社会科学近年来的发展趋势包括公众情绪分析及其规律发现，网络大数据层面的经典心理学假设，以及大量信息中的新社会心理学规则和模式。

心理信息学是心理学家积极尝试使用计算机和信息科学技术来获取、组织和分析心理学数据的研究学科。该学科旨在利用计算机和信息技术进行网络调查与实验，开发和利用移动设备，建立数据库和分类系统，使用各种数据提取软件和数据挖掘技术来获取、组织和分析心理学研究数据。心理信息学作为一个新的学科，虽然和计算社会心理学有一定的重叠，但是它们的目的和内容都有所不同。其中，最主要的区别在于计算社会心理学立足的是社会科学理论，探讨个体或群体的心理模式；心理信息学则基于心理学的整体特征，探索心理生产和发展的机制。可以说，心理信息学的覆盖范围更广、更重要。比如，2010 年 Biswal 等人[15]提出了建立公共数据库"千人功能连接组脑项目"。这一计划包含来自 35 个地区的一千多名参与者的脑功能扫描数据，为研究人员提供有价值的大规模人类静息状态数据。该数据库的建立将有助于研究人员进一步探索大脑功能。此外，2016 年，日本京都大学的 T. Kumada 教授创立了心理学和信息科学实验室，并且在 2017 年 4 月与本田研究所（Honda Research Institute）合作创办了"协调的智能"（Cooperative Intelligence）研究室，主要探索人工智能如何理解，如何与人类产生情感共鸣，如何与人类协调发展。

### 20.3.4 研究前沿

#### 1. 众包（Crowdsourcing）

18 世纪，一个匈牙利商人曾经游历欧洲。他随身携带着一个神奇的宝贝——土耳其机器人（Turk），那是一台可以说话和下棋的机器人。然而，在 18 世纪，计算机并未发明，更别说人工智能机器了。那么，这个神奇的匈牙利商人怎么能制造出能够说话和下棋的机器人呢？原来，这是一个骗局。它不是一个完全自动化的设备，而是一个真实的人。这个人操纵机器，让观众认为这台机器会下棋和说话。虽然这个骗局最终被揭穿，但它激发了科学家们思考如何构建一个真正智能的机器。

2005 年，当人工智能迅速发展时，亚马逊建立了亚马逊土耳其机器人市场（Amazon Mechanical Turk Market）。该市场招募了一堆"人类机器人"[16]，形成了一个众包和人工计算的平台，它是一个对用户完全透明的通用平台。用户只需要提交任务，接下来土耳其机器人市场将自动找到"工人"（称为 Turkers）来实现这一任务，然后完成工作并将结果提交给用户，整个过程对于用户来说全部是自动化的。因此，这个平台上的用户就像机器人，但这些机器人不是机器，而是真人。在这个市场上所做的工作是多种多样的，有微观任务，如图像标注、翻译、校对文章和图像排序，以及许多心理实验。以前的心理实验是在特定实验室进行的，线下实验具有各种限制，例如人员、成本和场地，实验设计和数据收集存在许多问题。但随着网络的发展，这种众包形式的在线实验已成为一种重要的心理学实验方法。

**2. 社交网站预测人类认知**

每天都有大量用户活跃在社交网站上，拥有 7 亿月活用户的 Instagram 就给各大研究机构提供了重要的样本。2017 年，哈佛大学 A. G. Reece 和 C. M. Danforth[17] 发现患有抑郁症的人更有可能在社交平台上分享更多照片，使用更少的滤镜，并且他们分享的照片更加灰暗。

该研究使用了 166 位 Instagram 用户作为研究样本来分析他们在平台上共享的四万多张照片。他们使用机器学习工具成功识别抑郁症的迹象，并使用了颜色分析、元数据组件和人脸检测算法从 1000 张左右的 Instagram 照片中提取统计特征，其中每张照片使用的色调、亮度和滤镜都是重要的分析维度。研究结果显示，患有抑郁症的患者往往会释放更多照片，颜色大多为蓝色、灰色和深色。另外，他们使用的过滤器（滤镜）也更少，即使他们使用过滤器，也倾向于选择"黑白"效果（相反，心理健康的用户更喜欢颜色鲜亮的过滤器）。此外，有抑郁倾向的用户更喜欢发布面部特写照片，但他们分享的照片少于健康用户。这可能表明患有抑郁症的人更喜欢在小型社交环境中与人交往。同时，结果还表明，在使用机器学习方法学习这些照片之后获得的模型其表现优于医生在抑郁症诊断中的平均成功率。

另外，京都大学 X. Liang 教授[18]团队同样透过社交网站 Tripadvisor 上用户分享的照片，通过计算机视觉分析，成功预测了用户满意度。作者还发现，对于满意度较高的景点用户趋向于拍摄远景照片，而对于满意度较低的景点用户拍摄的近景照片偏多。这一发现与积极心理学家 B. Fredrickson 提出的著名的情绪扩张理论一致。

**3. 神经解码**

日本科学家 Y. Kamitani 教授的团队[19]提出，梦中经历的视觉体验与醒来时的视觉感受非常相似。2017 年，该课题组利用深度神经网络模型和神经数据成功地将梦境中的想象转化为视觉图像。该研究设计了两组睡眠和清醒条件下的实验，并收集了三名日本男性受试者的数据。睡眠实验在下午进行，受试者在睡眠期间同时进行 fMRI 扫描和睡眠生理记录（包括 EEG、眼球运动、肌电和心电图）。当 EEG 信号指示非快速眼动睡眠的第一阶段（睡眠者通常在此阶段具有丰富的视觉体验）时，他们将被唤醒并要求口头报告睡眠体验，包括他们是否在做梦，如果做梦了那么梦境中出现的物体或场景是什么。报告完毕，受试者可继续入睡。通过这种方式，每个参与者最终在一个持续约一周的实验中重复至少 200 个"梦醒"过程。在清醒实验中，相同的受试者观察到一系列视觉图像并接受 MRI 扫描。研究人员用它来获取正常视觉感知的 fMRI 数据。

在接下来的分析和建模阶段，研究人员使用与视觉图像对应的脑成像数据作为模型的学习内容，通过机器学习算法，使训练的模型能够准确地分类、检测以及识别给定的梦境中 fMRI 数据对应的视觉内容。这一模型就是本研究中的神经解码模型。最后，当使用该模型来"解码"梦中的大脑反应时，解码的内容与受试者的口头报告非常相似。这表明人们在梦中看到的东西与他们清醒时所看到的相似。这一发现的重要意义在于它使人类能够通过脑成像数据准确地揭示梦的内容，为研究梦的功能和大脑的自主神经活动开辟了道路。

# 20.4　总　结

从历史发展的角度来看，人工智能与心理学一直是两个密切相关的学科。心理学研究的深入可以帮助我们进一步理解人脑的机制、人类的行为和社会关系，从而为人工智能提供理论依据，推动人工智能研究的进展。另外，人工智能以及相关技术的发展，不断为心理学研究提供强有力的工具和大量的可观察数据，正在改变传统的心理学研究范式，使得研究者有可能探索更复杂和深层的人类心理状态和活动。如今，国内外都认为心理学是人工智能发展不可或缺的基础学科之一。预计以后将会有更多优秀学者致力于这方面的研究，为人工智能的开发和应用提供良好的心理学基础。

（本章作者：梁雪峰，童松）

# 本章参考文献

[1]　叶浩生. 西方心理学的历史与体系[M]. 北京：人民教育出版社，2014.

[2]　TITCHENER E B. An outline of psychology[M]. Macmillan，1907.

[3]　TURING A M. Computing machinery and intelligence[M]. Springer，2009：23 - 65.

[4]　SEARLE J R. Minds，brains，and programs[J]. Behavioral and brain sciences，1980，3(3)：417 - 424.

[5]　MCCLELLAND J L，RUMELHART D E. Distributed memory and the representation of general and

specific information[J]. Journal of Experimental Psychology：General，1985，114(2)：159-188.

[6] 余嘉元，田金亭，朱强忠. 计算智能在心理学中的应用[J]. 山东大学学报(工学版)，2009，39(1)：1-5.

[7] WANG P，COTTRELL G W. Central and peripheral vision for scene recognition[J]：a neurocomputational modeling exploration[J]. Journal of Vision，2017，17(4)：1-22.

[8] SAID C P，TODOROV A. A statistical model of facial attractiveness[J]. Psychological Science，2011，22 (9)：1183-1992.

[9] TONG S，LIANG X，KUMADA T，et al. Learning the Cultural Consistent Facial Aesthetics by Convolutional Neural Network[C]. in International Conference on Culture and Computing，Japan，Kyoto，2017.

[10] ESTEVA A，KUPREL B，NOVOA R A，et al. Dermatologist-level classification of skin cancer with deep neural networks[J]. Nature，2017，542(7639)：115-118.

[11] 余嘉元，肖前国. 论"大数据""云计算"时代背景下的心理学研究变革[J]. 广西师范大学学报(哲学社会科学版)，2017，53(1)：88-94.

[12] 维克托·迈尔-舍恩伯格，肯尼斯·库克耶，周涛. 大数据时代：生活，工作与思维的大变革[M]. 杭州：浙江人民出版社，2013.

[13] HEY T，TANSLEY S，TOLLE K M，et al. The fourth paradigm：data-intensive scientific discovery[J]. WA：Microsoft research Redmond，2009.

[14] NOWAK A，VALLACHER R R. Dynamical social psychology[M]. Guilford Press，1998.

[15] BISWAL B B，MENNES M，ZUO X N，et al. Toward discovery science of human brain function [J]. Proceedings of the National Academy of Sciences，2010，107(10)：4734-4739.

[16] 集智俱乐部. 走近2050：注意力、互联网与人工智能[M]. 北京：人民邮电出版社，2016.

[17] REECE A G，DANFORTH C M. Instagram photos reveal predictive markers of depression[J]. EPJ Data Science，2017，6(1)：1-12.

[18] LIANG X，FAN L，LOH Y P，et al. Happy Travelers Take Big Pictures：A Psychological Study with Machine Learning and Big Data[J]. arXiv Prepr，arXiv1709. 07584，2017.

[19] HorikAWA T，TAMAKI M，MIYAWAKI Y，et al. Neural decoding of visual imagery during sleep [J]. Science，2013，340(6132)：639-642.

# 第四篇

# 稀疏认知与神经网络

# 第21章 多尺度几何逼近与分析

十多年前，当数学家们正担心风起云涌的小波浪潮只是昙花一现时，小波分析却以惊人的速度完成了理论构建过程，其应用领域也迅速从数学、信号处理拓展到物理、天文、地理、生物、化学等学科。小波分析，犹如一场革命，因其超越傅里叶分析的众多优点，多年来依然并且无疑将继续在各科学领域中发挥非常重要的作用，其已成为继傅里叶分析之后又一有力的分析工具。

今天，喧嚣的小波已尘埃落定，又一次新的浪潮正在悄然酝酿。如果小波的兴起能用革命二字来比拟，那么，这次新的浪潮无疑又将掀起另一场革命，而引导这场新革命的，正是那一批推动小波分析发展的先驱者们，他们的名字是：Ingrid Daubechies、Stéphane Mallat、Albert Cohen、David Donoho、Martin Vetterli、Jean-Luc Starck 等。与小波分析相比，这场新的革命同样也将深刻地影响各科学领域，其深度、广度甚至将超过小波分析。这场革命的名字就是多尺度几何分析（Multiscale Geometric Analysis，MGA）。

## 21.1 概念的产生

过去几年中，在数学分析、计算机视觉、模式识别、统计分析等不同学科中，分别独立地发展着一种彼此极其相似的理论，人们称之为多尺度几何分析（MGA）。

发展 MGA 的目的是检测、表示、处理某些高维空间数据。这些空间的主要特点是：其中数据的某些重要特征集中体现于其低维子集中（如曲线、面等）。比如，对于二维图像而言，其主要特征可以由边沿所刻画；而在 3D 图像中，其重要特征又体现为丝状物（filaments）和管状物（tubes）。

多尺度几何分析所涉及的范围极广，包括 $k$ 维平面对二进超立方上的数据逼近（如旅行商问题（Jones' traveling salesman theorem））、多尺度的 Radon 变换（如 Beamlet 分析[1]）、特殊的空间-频率域剖分分析方法（如 Curvelet 分析[2]）等。

本章将讨论范围限于二维函数（静止图像），事实上，更高维的多尺度几何分析方法是二维多尺度几何分析方法的直接推广，而且各种多尺度几何分析方法都是以二维函数作为其讨论的重点或者以分析二维函数为其主要目的的。

目前，人们所提出的多尺度几何分析方法主要有：E. J. Candès. 提出的脊波变换

（Ridgelet Transform）[3]、单尺度脊波变换[4]（Monoscale Ridgelet Transform）和 Curvelet Transform[2]，E. L. Pennec 和 S. Mallat 提出的 Bandelet Transform[5]，以及 M. N. Do 和 M. Vetterli 提出的 Contourlets Transform[6]，等等。这些新的变换方法的提出无不基于这样一个事实：在高维情况下，小波分析并不能充分利用数据本身所特有的几何特征。也就是说，小波变换在高维情况下并不是最优的或者说"最稀疏"的函数表示方法。多尺度几何发展的目的和动力正是要致力于发展一种新的函数表示方法，在高维情况下，这种方法能充分利用函数本身的信息使特定的函数类达到最优逼近。

## 21.2 从傅里叶分析到小波分析

傅里叶分析是分析学中的一个重要分支，起源于 18 世纪初期。1822 年，法国数学家 J. Fourier 系统地运用了三角级数和三角积分来处理热传导问题，奠定了以 Fourier 命名的级数理论的基础，这一理论是研究周期现象不可缺少的工具。

傅里叶变换揭示了时间函数与频谱函数之间内在的联系，反映了信号在"整个"时间范围内的"全部"频谱成分。虽然有很强的频域局域化能力，但傅里叶变换不具有时间局域化能力，而这一点对于很多信号处理工作而言，特别是对于涉及非平稳信号处理的任务而言，是至关重要的。

小波分析理论和方法是从傅里叶分析演变而来的。小波变换以牺牲部分频域定位性能来取得时频局部性的折中，其不仅能提供较精确的时域定位，也能提供较精确的频域定位。我们所面对的真实物理信号更多地表现出非平稳的特性，小波变换为我们提供了一个处理非平稳信号的有力工具。

小波分析的起源可以归结到 1909 年 Haar 所提出的小波和正交基的概念，不过真正推动小波分析快速发展的应当归功于 1986 年以后几年中 Y. Meyer、S. Mallat 和 Ingrid Daubechies 等人的工作。小波分析的理论与信号处理领域的发展息息相关，正是小波理论为计算机视觉和图像处理中的多分辨率技术、语音和图像压缩中的子带编码技术和数字通信中的正交镜像滤波器组技术等建立了一个统一的理论框架。

小波理论的兴起得益于其对信号的时频局域分析能力及其对范围广泛的函数类的最优逼近性能，同时也得益于 S. Mallat 和 Y. Meyer 等人将多分辨分析的概念引入，以及 Mallat 提出的快速小波变换的实现方法。

本节将从函数逼近的角度概略地比较小波变换与傅里叶变换的优劣，并给出一些基本的事实，从而引出多尺度几何。

设 $B = \{g_m\}_{m \in \mathbf{N}}$ 是 Hilbert 空间 $H$ 的一组标准正交基，则 $\forall f \in H$ 可分解为

$$f = \sum_{m=0}^{+\infty} \langle f, g_m \rangle g_m \qquad (21-1)$$

称 $f_M = \sum\limits_{m \in I_M} \langle f, g_m \rangle g_m$ 为 $f$ 的非线性逼近。其中，$I_M$ 为对应于具有最大内积幅值 $|\langle f, g_m \rangle|$ 的 $M$ 个向量，非线性逼近误差为

$$\varepsilon_n[M] = \| f - f_M \|^2 = \sum_{m \notin I_M} |\langle f, g_m \rangle|^2 \tag{21-2}$$

逼近误差的大小表征了式(21-1)的稀疏性，实际上表征了函数 $\forall f \in H$ 在基 $B = \{g_m\}_{m \in \mathbb{N}}$ 下的分解系数的能量集中程度。

下面考虑一维有界变差函数的情况。有界变差函数是信号的一类重要例子，涵盖了连续可导的光滑信号和具有有限不连续点的不连续信号。定义全变差范数为

$$\| f \|_V = \int_0^1 | f'(t) | \, dt \tag{21-3}$$

如果 $\| f \|_V \leqslant +\infty$，则称 $f$ 是有界变差的，记为 $f \in BV[0,1]$。

（1）非线性傅里叶逼近。

$\{e^{i2\pi mt}\}_{m \in \mathbb{Z}}$ 组成 $L^2[0,1]$ 的一组标准正交基，$\forall f \in L^2[0,1]$ 可以分解为傅里叶级数：

$$f(t) = \sum_{m=-\infty}^{+\infty} \langle f(u), e^{i\pi mu} \rangle e^{i\pi mt} \tag{21-4}$$

若函数 $f$ 是有界变差的，则用傅里叶基对函数 $f$ 的非线性逼近误差为 $\varepsilon_n^F[M] = O(M^{-1})^{[7]}$，即 $\varepsilon_n^F[M]$ 有 $M^{-1}$ 级的衰减速度。

（2）非线性小波逼近。

下面考虑支集含于 $(0,1)$ 的函数 $f$ 在周期正交小波基下的分解。

$L^2[0,1]$ 的标准正交小波基可表示为

$$[\, \phi_{J,n} \,_{0 \leqslant n < 2^{-J}}, \, \{\psi_{j,n}\}_{-\infty < j \leqslant J, 0 \leqslant n < 2^{-J}}\,] \tag{21-5}$$

其中，最大尺度 $2^{-J} < 1$。假设小波 $\psi_{j,n}$ 属于 $C^q$ 且有 $q$ 阶消失矩，则

$$[\, \{\phi_{J,n}\}_{0 \leqslant n < 2^{-J}}, \, \{\psi_{j,n}\}_{l < j \leqslant J, 0 \leqslant n < 2^{-J}}\,] \tag{21-6}$$

定义了逼近空间 $V_l$ 的一组规范正交基。

记 $\phi_{J,n} = \psi_{J+1,n}$，用 $M$ 个小波对 $f \in L^2[0,1]$ 所作的非线性逼近为 $f_M = \sum\limits_{(j,n) \in I_M} \langle f, \psi_{j,n} \rangle \psi_{j,n}$。

逼近误差：

$$\varepsilon_n^W[M] = \| f - f_M \|^2 = \sum_{(j,n) \notin I_M} |\langle f, \psi_{j,n} \rangle|^2 \tag{21-7}$$

若 $f$ 是点态正则的，则当 $M$ 增大时 $\varepsilon_n^W[M]$ 将快速衰减，孤立的不连续点只影响少数几个小波系数，然而这样的小波系数并不多，误差衰减依赖于这些不连续点之间的均匀正则性。我们有如下定理[8]：

**定理 21.1** 设 $f$ 在 $[0,1]$ 上具有有限个不连续点，且在这些不连续点之间是一致 Lipschitz $\alpha < q$ 的，则

$$\varepsilon_n^{\mathrm{W}}[M] \leqslant O(M^{-2\alpha}) \qquad (21-8)$$

有界变差信号不连续点的存在意味着傅里叶非线性逼近的误差 $\varepsilon_n^{\mathrm{F}}[M]$ 有 $M^{-1}$ 的衰减级，而小波非线性逼近误差 $\varepsilon_n^{\mathrm{W}}[M]$ 有 $M^{-2\alpha}$ 的衰减级。$f$ 在不连续点之间的正则性越高，小波非线性逼近相对于傅里叶非线性逼近的改进就越大。

图 21.1 给出了一个分别用傅里叶基和小波基对有界变差信号进行非线性逼近的例子。其中，最上面的是长度为 1024 的原信号 $f$，分段光滑；中间为取最大的 161 个傅里叶变换系数对其所作的非线性逼近 $f_M$，归一化逼近误差为 $\dfrac{\|f-f_M\|}{\|f\|}=8.63\times10^{-2}$；最下面为用最大的 160 个周期正交小波变换系数对原信号所作的非线性逼近，采用 Daubechies8 小波，分解 4 层，归一化逼近误差为 $\dfrac{\|f-f_M\|}{\|f\|}=5.1\times10^{-3}$。

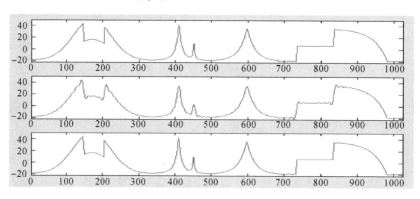

图 21.1 傅里叶变换与小波变换对有界变差信号进行非线性逼近的比较

对于小波非线性逼近，我们还有如下定理[8]：

**定理 21.2** 存在常数 $C$ 使得对所有的 $f \in \mathrm{BV}[0,1]$ 有

$$\varepsilon_n^{\mathrm{W}}[M] \leqslant C \|f\|_{\mathrm{V}}^2 M^{-2} \qquad (21-9)$$

对所有有界变差函数，用小波所得到的误差衰减速率 $M^{-2}$ 是不能通过最佳样条逼近或者标准正交基下的任何非线性逼近来改进的[9]。在这种意义下，小波对于有界变差函数的逼近是最优的。

对于一维分段光滑信号而言，小波分析无疑是一个极好的分析工具，因为小波分析在稀疏逼近的意义下相对于傅里叶等其他变换而言是最优的；小波变换的快速算法及其树型结构也是小波分析在众多学科领域中取得巨大成功的关键之所在。

## 21.3 小波图像逼近

遗憾的是，小波分析在一维时所具有的优异特性不能简单地推广到二维或更高维。在

高维情况下，因为其有限的方向性，由一维小波张成的可分离小波(Separable Wavelet)并不能"最优逼近"具有线或者面奇异的函数。而具有线或者面奇异的函数在高维空间中非常普遍。例如，自然物体光滑边界使得自然图像的不连续性往往体现为光滑的曲线上的奇异，而并不只是点奇异。

对高维空间 $L^2[0,1]^d$ 中的函数的非线性逼近可以用可分离小波来计算。

下面考虑二维(静止图像)时的情况。

设 $L^2[0,1]$ 中的小波是 $C^q$ 的，且具有 $q$ 阶消失矩，则

$$B=(\{\phi^2_{j,n}\}_{2^j n \in [0,1)^2} \bigcup \{\psi^l_{j,n}\}_{j \leqslant J, 2^j n \in [0,1)^2, 1 \leqslant l \leqslant 3}) \tag{21-10}$$

构成了 $L^2[0,1]^2$ 中的一组标准正交基，其中 $\psi^1_{j,n}=\phi_{j,n}(x_1)\psi_{j,n}(x_2)$，$\psi^2_{j,n}=\psi_{j,n}(x_1)\phi_{j,n}(x_2)$，$\psi^3_{j,n}=\psi_{j,n}(x_1)\psi_{j,n}(x_2)$。

如果函数 $f(x_1,x_2) \in L^2[0,1]^2$ 一致正则，即 $f \in C^\alpha$，小波 $\psi$ 的消失矩 $p > \alpha$，则可以证明[9]：

$$\varepsilon^W_n[M] = \| f-f_M \|^2 \leqslant CM^{-\alpha} \tag{21-11}$$

这种非线性逼近是最优的，因为不存在任何基使得 $\varepsilon_n[M] = \| f-f_M \|^2 \leqslant CM^{-\beta}$，其中 $\beta > \alpha$。

若 $f$ 除了在有限长度的曲线上不连续，其余都 $\alpha$ 阶连续可微，那么奇异曲线的存在使得在小尺度上出现很多大幅值的小波系数。与一维情形不同，在考虑小波的逼近性能时，这些小波系数是不能被忽略的。曲线奇异的存在将大大降低小波基的逼近效率。

考虑一个简单的图像模型：

$$F_\Gamma(\alpha,A) = \bigcup_{\gamma \in \Gamma(s,C)} F_\gamma(\alpha,A) \tag{21-12}$$

其中：

$$F_\gamma(\alpha,A) = \{f \in [0,1]^2 \backslash \gamma[0,1], \| f \|_{C^\alpha} \leqslant A\} \tag{21-13}$$

$$\Gamma(s,C) = \{\gamma: [0,1] \to \left[\frac{1}{10}, \frac{9}{10}\right]^2, \| \gamma \|_{C^s} \leqslant C\} \tag{21-14}$$

设有一类具有曲线奇异(包括直线)的二维函数，这种函数除了在二维平面中的曲线 $\Gamma(s,C)$ 外，都是 $C^\alpha$ 光滑的，而且奇异曲线 $\Gamma(s,C)$ 本身也是 $C^s$ 光滑的。如图 21.2 所示，区域 $A$、$B$ 是 $C^\alpha$ 光滑的，奇异曲线为 $\Gamma$，$C^s$ 阶光滑。式(21-12)给出的模型在自然图像中非常普遍，实际上，大多数自然物体都是光滑的，且具有光滑的边缘。

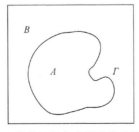

图 21.2　简单的具有光滑边缘的图像模型

对于此类模型，我们有如下定理[8]：

**定理 21.3** 设 $f = C1_\Omega$ 是一个边界 $\partial\Omega$ 具有有限长度的集合 $\Omega$ 的特征函数，则其非线性小波逼近误差 $\varepsilon_n^W[M] \sim \|f\|_V^2 M^{-1}$。

有界变差图像的全变差 $\|f\|_V = \int_0^1 \int_0^1 |\nabla f(x_1, x_2)| \mathrm{d}x_1 \mathrm{d}x_2$。

定理 21.3 可以推广到沿长度为 $L > 0$ 的轮廓 $\partial\Omega$ 且幅值大于 $C > 0$ 的不连续的分片正则图像。

一般地，有界变差图像和分片正则图像的非线性逼近的误差 $\varepsilon_n[M]$ 在本质上有相同的衰减。实际上，我们有以下定理：

**定理 21.4** 若 $\|f\|_V < +\infty$，则存在常数 $C$ 使得非线性小波逼近误差 $\varepsilon_n^W[M] \leqslant C\|f\|_V^2 \|f\|_\infty M^{-1}$。

实现函数的稀疏表示是信号处理、计算机视觉等领域中一个非常核心的问题，具体包括压缩、估计和反问题等。然而，对于二维图像，由定理 21.3 和定理 21.4 可以看出，小波变换的对于有界变差函数和分片正则函数的逼近误差只能达到 $M^{-1}$ 的衰减级，并不是最优的[10]。之所以如此，是因为高维可分离小波基并不能充分利用图像中存在的几何正则性。结合图像本身的几何特性，无疑将提高变换对图像的逼近性能。

图 21.3 表示了用二维可分离小波来逼近图像中曲线奇异的过程。由一维小波张成的二维小波具有正方形的支撑区间，不同的分辨率对应着不同尺寸大小的正方形。二维小波逼近奇异曲线的过程最终表现为用"点"来逼近线的过程。在尺度 $j$，小波支撑区间的边长近似为 $2^{-j}$，幅值超过 $2^{-j}$ 的小波系数的个数至少为 $O(2^j)$ 阶[11]。当尺度变细时，非零小波系数的个数以指数形式增长，出现了大量不可忽略的系数，表现为不能稀疏表示原信号。图 21.4 所示为某种我们所希望的能充分利用原函数几何正则性的变换形式，其基的支撑区间应该表现为长条形，以实现用最少的系数来逼近奇异曲线，这种变换就是多尺度几何分析。

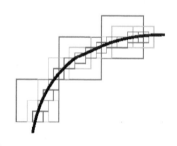

图 21.3　用张量小波逼近奇异曲线

图 21.4　所希望的变换逼近奇异曲线

# 21.4　人类视觉模型

神经生理学家的研究结果表明[12]，哺乳动物的视皮层的接收场具有局部、方向性、带通等特性。1996 年，B. A. Olshausen 和 D. J. Field 研究了人类视皮层细胞的反应特性，并根据其与自然图像统计结构的编码方式之间的关系，希望能找到一种数学方法或者编码方式模拟人类的视觉效应[13]。其实验结果表明，人类的视觉系统是用最少的视觉神经元捕获自然场景中的关键信息的，这种效应对应的是对自然场景的最稀疏表示方式（或变换），这种表示方式的直接结果是对自然场景的最稀疏编码。

根据生理学家对人类视觉系统的研究结果和自然图像统计模型，一种最优的图像表示方法应该具有如下特征[14]：

（1）多分辨：能够对图像从粗分辨率到细分辨率进行连续逼近，对应于人类视觉系统的带通特性。

（2）局域性：无论在空间域或在频域，这种表示方法的基或者元应该是局部的。

（3）方向性：这种表示方法的基或者元应该具有各种方向，而不仅局限于可分离小波的 3 个方向，即水平、垂直、对角。

（4）各向异性（anisotropy）：为了捕获自然图像中的线，理想方法的基应该具有长条形的支撑区，而不是二维可分离小波基所具有的正方形。

（5）临界采样：对某些应用而言，如图像压缩，非冗余性是非常重要的，所希望的图像表示方法应该构成一组正交基或者构成具有小冗余度的框架。

然而，目前人们常用的各种变换，如余弦变换、小波变换等，都只是部分地满足人类视觉效应的要求。小波变换具有时频局域性能，并且是多分辨的，和人类的视觉特性部分符合，它对于部分函数类的最优表示使得其在很多性能上优于傅里叶变换，在很多领域包括数据压缩领域取得了极大的成功。然而，从神经生理学的角度来看，方向性的缺乏使小波变换注定不是最优的事物表示方法，它对某些事物的表征注定不是最稀疏的，这一点和数学分析所得结果是一致的。寻求能最稀疏表示事物的变换方式，是从事数学、计算机视觉、数据压缩的专家学者们致力研究的目标，因此，需要寻找一种比小波分析更适合的高维空间函数表示方法。

# 21.5　图像的多尺度几何分析

图像的多尺度几何分析方法分为自适应的方法和非自适应的方法两类。

自适应的方法一般先进行边缘检测，再自适应地利用边缘信息对原函数进行最优表示。

实际上，在多尺度几何分析的概念诞生以前，人们就发展了多种自适应方法，希望对图像进行稀疏表示。1988 年，S. Carlsson 提出了一种基于边沿的图像表示方法[15]。这种方法先检测图像边沿，之后利用边沿信息通过计算边沿与边沿间的图像灰度值来逼近原图像。基于类似的思想，人们提出了许多其他方法[16-17]，他们使用不同的边沿检测算法，利用阶跃模型沿着边沿去逼近原图形。在这些模型的基础上，人们又提出了基于小波模极大值的多尺度边沿表示方法[18]和边沿自适应方法[19]。同时，人们还发展了一些基于非完备正交基的表示方法，如 Foveal Wavelet 和 Wavelet Footprint[20]，用来逼近图像中的主要边沿。为了使边沿检测算法稳定，文献[21]、[22]、[23]中使用了各种全局优化的边沿检测算法，然后在 4 叉树结构的基础上，利用动态规划来自适应地确定对图像进行适当的二进剖分。

自适应的方法还包括 Bandelet Representation[24]、the Edge Adapted Multiscale Transform[25]、Wedgelets[21-22]、Edge Prints[20]、Quadtree Coding[23]等。

与自适应方法不同，非自适应的图像多尺度几何表示方法并不需要先验地知道图像本身的几何特征，其代表为 Curvelet 变换和 Contourlet 变换。

### 21.5.1 自适应几何逼近

许多图像的水平集或者边缘通常是具有正则几何形状的曲线，如何利用图像本身的这种先验知识呢？

通过构造支集形状随图像轮廓的正则性而变化的三角形基函数，文献[26]给出了一种有效的分片正则图像的非线性逼近方法：

设 $f(x_1, x_2) = C1_\Omega$，其边界 $\partial\Omega$ 为一长度有限且曲率有界的分段 $C^2$ 可微曲线，$f(x_1, x_2)$ 在边界 $\partial\Omega$ 上是不连续的。

将图 21.5 剖分成 $M$ 个三角形，如图 21.6 所示，再用定义在每个三角形上的线性函数 $f_M$ 对 $f(x_1, x_2)$ 作逼近，使 $\|f - f_M\|$ 达到最小。在 $\Omega$ 内部及外部的三角形上，由于 $f$ 是

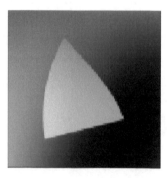

图 21.5 长度有限且曲率有界的分段可微函数

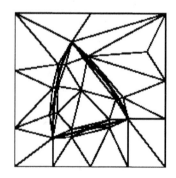

图 21.6 可微曲线三角形部分示意图

常数，因此这些三角形可以有较大的支集。另外，与 $\partial\Omega$ 相交的三角形必须很窄小，以保证沿着 $f$ 不连续的方向逼近误差为极小。可使用 $M/2$ 个内部三角形和 $M/2$ 个外部三角形，因为 $\partial\Omega$ 具有有限长度，所以边界可以被沿着 $\partial\Omega$ 的切线方向 $\tau$、长度为 $M^{-1}$ 阶的 $M/2$ 个三角形所覆盖，并且沿着垂直于 $\tau$ 的方向，这些三角形的宽度为 $M^{-2}$ 阶，因此这些边界三角形非常窄。容易证明，存在函数 $f_M$，它在这些剖分三角形上是线性的，且满足 $\|f-f_M\|^2 \sim M^{-2}$，即逼近误差比非线性小波逼近误差 $\varepsilon_n^W[M] \sim M^{-1}$ 衰减得更快。由于这种自适应三角剖分利用了图像轮廓的几何正则性，因此误差更小。

然而，对于稍复杂的自然图像，自适应的三角几何剖分是相当困难的，事实上，这一方法并没有应用于实际的图像处理工作。

## 21.5.2　Bandelet 变换

2001 年，E. L. Pennec 和 S. Mallat 在文献[27]中提出了 Bandelet 变换。Bandelet 变换是一种基于边沿的自适应图像表示方法，能跟踪图像的几何正则方向。E. L. Pennec 和 S. Mallat 认为：在图像处理任务中，若能够预先知道图像的几何正则性，并充分予以利用，无疑会提高图像变换方法的逼近性能。

为了充分利用图像中的局部正则性，E. L. Pennec 和 S. Mallat 定义了一种能表征图像局部方向正则性的几何矢量线（Geometric Flow of Vectors），对图像进行二进剖分，并使得每个剖分子区间中的几何流矢量是平行的，再对剖分图像进行处理，即进行 Bandelet 变换。所谓 Bandelet 变换，实际上是一种局部弯小波变换（Warped Wavelet Transform）。Bandelet 变换引进了一类新的基，称为 Bandelet 基。Bandelet 基能利用矢量线方向上的图像局部正则性。

### 1. Bandelet 基的构造

给定图像 $f(x_1, x_2)$，在区域 $\Omega$（$\Omega$ 为 $f(x_1, x_2)$ 的某一局部剖分子区域）中，定义矢量场 $\tau(x_1, x_2)$。矢量场 $\tau(x_1, x_2)$ 中矢量方向由最小化流能量来确定：

$$\varepsilon(\tau) = \int_\Omega \left| \frac{\partial(f * \theta(x_1, x_2))}{\partial \tau(x_1, x_2)} \right|^2 \mathrm{d}x_1 \mathrm{d}x_2 \tag{21-15}$$

其中，$\theta(x_1, x_2)$ 是某个磨光滤波器。矢量场 $\tau(x_1, x_2)$ 称为几何流（Geometric Flow），其表示了 $(x_1, x_2) \in \Omega$ 的领域内函数 $f$ 具有正则性的方向。

设图像的支撑区间为 $S$，剖分 $S = \bigcup_i \Omega_i$ 使得在任意子支撑区间 $\Omega_i$ 上，几何流的方向一致。若在 $\Omega_i$ 上，函数 $f(x_1, x_2)$ 是一致正则的，则确定几何流的方向没有意义，此时，不定义此区间 $\Omega_i$ 上的几何流，如图 21.7(a)、(b)所示。

图 21.7(a)首先对 $S$ 进行二进正方形剖分，当剖分足够细时，每一个剖分区间 $\Omega_i$ 中最多只包含图像的一条轮廓线（边缘）。在所有不包含轮廓线的局部区域 $\Omega_i$，图像灰度值的变

化是一致正则的，因此，在这些区域内不定义几何流的方向。而对于包含轮廓线的局部区域，几何正则的方向就是轮廓的切线方向（见图 21.7(b)）。根据局部几何正则方向，在全局最优的约束下，计算区域 $\Omega_i$ 上矢量场 $\tau(x_1, x_2)$ 的矢量线[1]。再根据矢量线，将定义在 $\Omega_i$ 上的区间小波进行 Bandelet 化（Bandeletization），实际上是在此区间上沿着矢量线进行小波变换，即所谓的弯小波变换，以充分利用图像本身的局部几何正则性。

（a） （b）

图 21.7 图像支撑区间 $S$ 的剖分及几何流方向的确定

若在某些区域 $\Omega_i$ 上不存在几何流，则表示此区域上图像的正则性是各向同性的（isotropic regularity），可在这些区域上直接用普通的可分离小波基逼近；而对于图像正则性不是各向同性的区域，即定义了几何流方向的区域，可根据正则方向对区间可分离小波进行改造（生成 Bandelet 基）以使其适应此方向上的图像正则性。

Bandelet 的构造基于几何流的方向。设区域 $\Omega_i$ 中矢量场 $\tau(x_1, x_2)$ 的矢量是垂直方向上平行的，即 $\tau(x_1, x_2) = \tau(x_1)$，规范化矢量使 $\tau(x_1) = (1, C'(x_1))$。设 $x_{\min} = \inf_{x_1} \{(x_1, x_2) \subset \Omega_i\}$，则矢量线上的点可以表示为点集 $\{x_1, x_2 : (x_1, x_2 + c(x_1)) \in \Omega_i\}$。其中：

$$c(x) = \int_{x_{\min}}^{x} C'(u) \mathrm{d}u \qquad (21-16)$$

沿着矢量线的方向，图像的灰度值是正则变化的。为了利用矢量线方向上图像的局部正则性，对图像区域 $\Omega_i$ 做如下处理：

$$Wf(x_1, x_2) = f(x_1, x_2 + c(x_1)) \qquad (21-17)$$

则 $x_2$ 固定时，$Wf(x_1, x_2)$ 沿着水平方向是正则的。

在变换区域 $\Omega_i' = W\Omega_i = \{(x_1, x_2) : (x_1, x_2 + c(x_1)) \in \Omega_i\}$ 上定义 $L^2(\Omega_i')$ 的可分离正交小波基：

---

[1] E. L. Pennec 和 S. Mallat 在相关文献中称为流线（Flow Line），国内关于场论的书籍一般称其为矢量线。

$$\left\{ \phi_{j,m_1}(x_1)\psi_{j,m_2}(x_2), \quad \psi_{j,m_1}(x_1)\phi_{j,m_2}(x_2), \atop \psi_{j,m_1}(x_1)\psi_{j,m_2}(x_2) \right\}_{(j,m_1,m_2)\in I_{\Omega_i'}} \tag{21-18}$$

因为算子 $W$ 是正交算子，所以应用其逆算子(式(21-18))可得 $L^2(\Omega_i)$ 上的正交基：

$$\left\{ \phi_{j,m_1}(x_1)\psi_{j,m_2}(x_2-c(x_1)), \quad \psi_{j,m_1}(x_1)\phi_{j,m_2}(x_2-c(x_1)), \atop \psi_{j,m_1}(x_1)\psi_{j,m_2}(x_2-c(x_1)) \right\}_{(j,m_1,m_2)\in I_{\Omega_i}} \tag{21-19}$$

式(21-19)称为弯小波基(Warped Wavelet Basis)。弯小波基沿着变量 $x_1$ 和变量 $x_2'=x_2+c(x_1)$ 是可分的，且图像局部区域上的几何正则方向就是沿着变量 $x_2'$ 的方向。设在局部剖分区域 $\Omega_i$ 上函数 $f(x_1,x_2+c(x_1))$ 是 $C^\alpha$ 的，选择小波 $\psi(t)$ 有 $p>\alpha$ 阶消失矩，能证明[28]：

$$|\langle f(x_1,x_2), \psi_{j,m_1}(x_1)\phi_{j,m_2}(x_2-c(x_1))\rangle| = O(2^{j(\alpha+1)}) \tag{21-20}$$

$$|\langle f(x_1,x_2), \psi_{j,m_1}(x_1)\psi_{j,m_2}(x_2-c(x_1))\rangle| = O(2^{j(\alpha+1)}) \tag{21-21}$$

然而，因为尺度函数 $\phi$ 没有消失矩，不能充分利用沿着矢量线上函数 $f$ 的正则性，所以第 3 类小波基的衰减速度只能达到：

$$|\langle f(x_1,x_2), \psi_{j,m_1}(x_1)\psi_{j,m_2}(x_2-c(x_1))\rangle| = O(2^j) \tag{21-22}$$

注意到，span $\{\phi_{j,m_1}(x_1)\psi_{j,m_2}(x_2')\}_{j,m_1,m_2}$ = span $\{\psi_{l,m_1}(x_1)\psi_{j,m_2}(x_2')\}_{j,l>j,m_1,m_2}$，于是式(21-19)变为

$$\left\{ \phi_{l,m_1}(x_1)\psi_{j,m_2}(x_2-c(x_1)), \quad \psi_{j,m_1}(x_1)\phi_{j,m_2}(x_2-c(x_1)), \atop \psi_{j,m_1}(x_1)\psi_{j,m_2}(x_2-c(x_1)) \right\}_{(j,l>j,m_1,m_2)\in I_{\Omega_i}}$$

$$\tag{21-23}$$

称 $\psi_{l,m_1}(x_1)\psi_{j,m_2}(x_2')$ 为 Bandelet。此时，若在 $\Omega_i$ 上函数 $f(x_1,x_2+c(x_1))$ 是 $C^\alpha$ 的，则有：

$$|\langle f(x_1,x_2), \phi_{l,m_1}(x_1)\psi_{j,m_2}(x_2-c(x_1))\rangle| = O(\min(2^j, 2^{l(\alpha+1)})) \tag{21-24}$$

如果区域 $\Omega_i$ 中矢量场 $\boldsymbol{\tau}(x_1,x_2)$ 的矢量是水平方向上平行的，则 $\boldsymbol{\tau}(x_1,x_2)=\boldsymbol{\tau}(x_2)=(c'(x_2),1)$。

类似地，我们能得到 $L^2(\Omega_i)$ 上的 Bandelet 正交小波基：

$$\left\{ \phi_{j,m_1}(x_1-c(x_2))\psi_{l,m_2}(x_2), \quad \psi_{j,m_1}(x_1-c(x_2))\phi_{l,m_2}(x_2-c(x_1)), \atop \psi_{j,m_1}(x_1-c(x_2))\psi_{j,m_2}(x_2-c(x_1)) \right\}_{(j,l>j,m_1,m_2)\in I_{\Omega_i}}$$

$$\tag{21-25}$$

对于图像支撑区间的一种剖分 $S=\bigcup_i\Omega_i$，每个剖分局域 $\Omega_i$ 上的 Bandelet 的集合构成了一组 $L^2(S)$ 上的正交基[29]。

### 2. 几何剖分及矢量流的最优化

Bandelet 变换的中心问题是如何确定图像的几何特性，即如何剖分图像以及如何在每个剖分区域确定函数的正则方向。在全局最优的约束下，E. L. Pennec 和 S. Mallat 利用 4 叉树结构对图像进行了最优二进剖分。在每一剖分子区域，判断是否有几何流存在(即是不

是一致正则的），若存在几何流，几何流的方向应被最优化以保证沿着此方向图像是几何正则的。

考虑式(21-12)给出的模型，$f \in F_{\Gamma}(s, A)$有$C^s$的轮廓线，除了轮廓线外，函数$f$是$C^s$的，则非线性 Bandelet 逼近具有最优的逼近性能[29]：

$$\varepsilon_n^B(M) = \| f - f_M \|^2 \leqslant CM^{-s} \tag{21-26}$$

构造 Bandelet 的中心思想是定义图像中的几何特征为矢量场，而不是看成普通的边缘的集合。矢量场表示了图像空间结构的灰度值变换的局部正则方向。Bandelet 基并不是预先确定的，而是优化最终的应用结果来自适地选择具体的基而组成的。E. L. Pennec 和 S. Mallat 给出了 Bandelet 变换的最优基快速寻找算法。初步实验结果表明，与普通的小波变换相比，Bandelet 在去噪和压缩方面体现出了一定的优势。

### 21.5.3 脊波及单尺度脊波变换

脊波(Ridgelet)理论由 E. J. Candès 在 1998 年提出，这是一种非自适应的高维函数表示方法。E. J. Candès 在其博士论文(见文献[3])及文献[30]中给出了脊波变换的基本理论框架。同年，Donoho 给出了一种正交脊波的构造方法[11]。脊波变换对于具有直线奇异的多变量函数具有良好的逼近性能。但是，对于含曲线奇异的多变量函数，其逼近性能只相当于小波变换，不具有最优的非线性逼近误差衰减阶。1999 年，在文献[4]、[31]中，E. J. Candès 又提出了单尺度脊波变换(Monoscale Ridgelet)，并给出了其构建方法。单尺度脊波的提出是为了解决含有曲线奇异的多变量函数的稀疏逼近问题。

下面考虑多变量函数$f \in L^1 \bigcap L^2(\mathbf{R}^n)$。

**定义 21.1** 若函数$\psi: \mathbf{R} \to \mathbf{R}$满足容许条件：

$$K_{\psi} = \int \frac{|\hat{\psi}(\xi)|^2}{|\xi|^n} \mathrm{d}\xi < \infty \tag{21-27}$$

则称$\psi$是容许神经激励函数，并称$\psi_{\gamma}(x) = a^{-\frac{1}{2}} \psi\left(\frac{\langle u, x \rangle - b}{a}\right)$为脊波。

定义连续脊波变换为

$$R(f)(\gamma) = \langle f, \psi_{\gamma} \rangle \tag{21-28}$$

并且，有

$$f = c_{\psi} \int \langle f, \psi_{\gamma} \rangle \psi_{\gamma} \mu(\mathrm{d}\gamma) \tag{21-29}$$

其中：$c_{\psi}$为只与$\psi$有关的常量；$\gamma$为三元组$(a, u, b)$；$\mu(\mathrm{d}\gamma) \propto \dfrac{\mathrm{d}a}{a^{n+1}} \mathrm{d}u\mathrm{d}b$是参数空间$\Gamma$上的一致测度，参数空间$\Gamma = \{(a, u, b): a, b \in \mathbf{R}, a > 0, u \in s^{n-1}\}$，$s^{n-1}$为空间$\mathbf{R}^n$中的单位球。

在$\mathbf{R}^2$中，脊波沿着脊线$x_1\cos\theta + x_2\sin\theta = \mathrm{const}$(常数)，在垂直于脊线的方向上是小

波。在频率域，脊波的支撑区间是一个沿方向 $\theta$ 且有 $|\omega|\in[2^s,2^{s+1}]$ 的二进冠。

脊波变换提供了一种对具有直线奇异的分片光滑函数（对应于具有直线边缘的光滑物体）的最优表示方法。考虑模型的特例：

$$f(x_1,x_2)=H(x_1\cos\theta+x_2\sin\theta-t_0)g(x_1,x_2) \qquad (21-30)$$

其中，$g(x_1,x_2)\in C^\alpha$，$H$ 为 Heaviside 函数。对于函数 $f(x_1,x_2)$，脊波非线性逼近的误差：

$$\|f-f_M^R\|^2\leqslant CM^{-\alpha} \qquad (21-31)$$

反观小波变换，其非线性逼近误差只能达到 $M^{-1}$ 的衰减级。

单尺度脊波变换的构造是利用剖分的方法，用直线来逼近曲线。

设曲线 $f$ 定义在区间 $[0,1]^2$ 上且符合模型，用二进方体 $Q=[k_1/2^s,(k_1+1)/2^s]\times[k_2/2^s,(k_2+1)/2^s]$ 剖分此区间，其中，剖分尺度 $s>0$，$k_1$、$k_2$ 为整数，如图 21.8 所示。

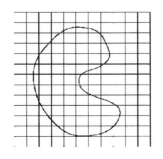

图 21.8　二进方体示意图

用 $\Omega_s$ 表示剖分尺度为 $s$ 时的全体二进方体集合，在每个剖分块上选取适当的窗函数 $w_Q$，使得 $\displaystyle\sum_{Q\in\Omega_s}w_Q^2=1$。

**定义 21.2**　集合 $(w_Q\psi_{Q,a})_{Q\in\Omega_s,a\in\Gamma}$ 在 $L_2(\mathbf{R}^2)$ 上组成一个框架，称此集合为尺度为 $s$ 的单尺度脊波框架。

**定理 21.5**　如果 $(\psi_a)_{a\in\Gamma}$ 是紧的，则 $(w_Q\psi_{Q,a})_{Q\in\Omega_s,a\in\Gamma}$ 也是紧的。

因此，单尺度脊波可表示为 $\{\psi_\mu\equiv w_Q\psi_{Q,a},Q\in\Omega_s,\alpha\in\Gamma\}$。

对于模型中的含曲线奇异的函数 $f$，单尺度脊波变换的非线性逼近误差的衰减速度为

$$\|f-f_M^R\|^2\leqslant C\max(m^{-s},m^{-\frac{3}{2}}) \qquad (21-32)$$

其中，$s$ 表示函数 $f$ 中奇异曲线 $s$ 可微，即当 $1\leqslant r\leqslant 3/2$ 时其逼近误差的衰减速度为 $O(m^{-r})$ 阶，当 $3/2\leqslant r\leqslant 2$ 时其逼近阶为 $O(m^{-3/2})$。注意：此时小波变换对于含曲线奇异的函数 $f$ 的非线性逼近误差只能达到 $M^{-1}$ 的衰减级，因此单尺度脊波对于具有曲线奇异的多变量函数的逼近性能无疑比小波有明显的提高。

### 21.5.4 Curvelet 变换

Curvelet 变换(Curvelet Transform)由 E. J. Candès 和 Donoho 在 1999 年提出[2]，它实质上是由脊波理论衍生而来的。单尺度脊波变换的基本尺度 $s$ 是固定的，而 Curvelet 变换则不然，其在所有可能的尺度 $s \geqslant 0$ 上进行分解，实际上 Curvelet 变换是由一种特殊的滤波过程和多尺度脊波变换(Multiscale Ridgelet Transform)组合而成的[32-33]。多尺度脊波字典(Multiscale Ridgelet Dictionary)是所有可能的尺度 $s \geqslant 0$ 的单尺度脊波字典的集合：

$$\{\psi_\mu := \psi_{Q, a}, s \geqslant 0, Q \in \Omega_s, \alpha \in \Gamma\} \tag{21-33}$$

完成 Curvelet 变换需要使用一系列滤波器 $\Phi_0$、$\Psi_{2s}(s=0, 1, 2, \cdots)$，这些滤波器满足：

(1) $\Phi_0$ 是一个低通滤波器，并且其通带为 $|\xi| \leqslant 2$。

(2) $\Psi_{2s}$ 是带通滤波器，通带范围为 $|\xi| \in [2^{2s-1}, 2^{2s+3}]$。

(3) 所有滤波器满足 $|\hat{\Phi}_0(\xi)|^2 + \sum_{s \geqslant 0} |\hat{\Psi}_{2s}(\xi)|^2 = 1$。

滤波器组将函数 $f$ 映射为

$$f \mapsto (P_0 f = \Phi_0 * f, \Delta_0 f = \Psi_0 * f, \cdots, \Delta_s f = \Psi_{2s} * f, \cdots) \tag{21-34}$$

满足 $\| f \|_2^2 = \| P_0 f \|_2^2 + \sum_{s \geqslant 0} \| \Delta_s * f \|_2^2$，于是可以定义 Curvelet 变换系数为

$$\alpha_\mu = \langle \Delta_s f, \psi_{Q, a} \rangle, Q \in \Omega_s, \alpha \in \Gamma \tag{21-35}$$

**定义 21.3** Curvelet 变换是将任意均方可积函数 $f$ 映射为系数序列 $\alpha_\mu (\mu \in M)$ 的变换。其中，$M$ 表示 $\alpha_\mu$ 的参数集，称元素 $\sigma_\mu = \Delta_s \psi_{Q, a}, Q \in \Omega_s, \alpha \in \Gamma$ 为 Curvelet。Curvelet 的集合构成 $L_2(\mathbf{R}^2)$ 上的一个紧框架 $\| f \|_2^2 = \sum_{\mu \in M} |\langle f, \sigma_\mu \rangle|^2$，并且有分解：

$$f = \sum_{\mu \in M} \langle f, \sigma_\mu \rangle \sigma_\mu \tag{21-36}$$

Curvelet 变换的实现过程如图 21.9 所示。

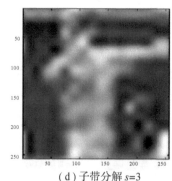

(a) 原图　　　　　　　　　　　　　(d) 子带分解 $s=3$

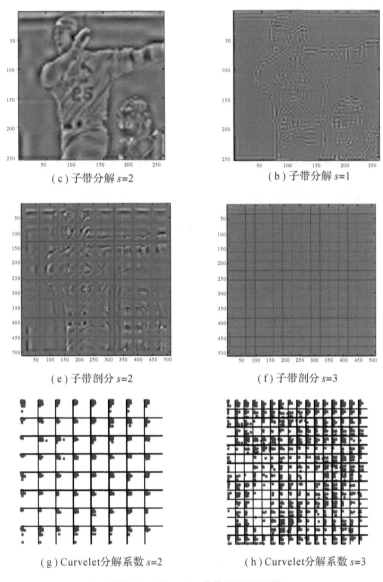

（c）子带分解 s=2          （b）子带分解 s=1

（e）子带剖分 s=2          （f）子带剖分 s=3

（g）Curvelet 分解系数 s=2          （h）Curvelet 分解系数 s=3

图 21.9   Curvelet 变换的实现步骤

    首先用滤波器组对原图（见图 21.9(a)）进行子带分解，图 21.9(b)、(c)、(d)为对应子带 $s=1$、$s=2$、$s=3$；其次对 $s=2$ 的子带和 $s=3$ 的子带进行平滑剖分；最后对所有剖分块分别进行脊波变换（此即为单尺度脊波变换），就得到 Curvelet 分解系数（见图 21.9(g)、(h)）。

    Curvelet 变换的一个最核心的关系是 Curvelet 基的支撑区间：

$$\text{width} \propto \sim \text{length}^2 \qquad (21-37)$$

我们称这个关系为各向异性尺度关系（Anisotropy Scaling Relation）。这一关系符合图 21.9 中我们所希望的基所具有的支撑区间的形状，这也是 Curvelet 变换具有方向性的原因。

对于 Curvelet 变换，设 $s$ 是 Sobolev 指数，我们有如下定理：

**定理 21.6** 设 $g \in W^s(IR^2)$，且 $f(\boldsymbol{x}) = g(\boldsymbol{x}) 1_{\{x_2 \leqslant \Gamma(x_1)\}}$，其中曲线 $\Gamma$ 二阶可导，则 Curvelet 变换对于函数 $f$ 的非线性逼近误差为

$$\varepsilon_n^C[M] = \| f - f_M \|^2 \leqslant CM^{-2} (\log M)^{\frac{1}{2}} \qquad (21-38)$$

值得注意的是，此时非线性小波变换逼近误差的衰减速度依然是 $M^{-1}$ 阶的。

### 21.5.5 Contourlet 变换

2002 年，在文献[6]中，M. N. Do 和 M. Vetterli 提出了一种真正的两维图像表示方法——Contourlet 变换（见图 21.10），也称为塔形方向滤波器组，这是另一种多分辨的、局域的、方向的图像表示方法。

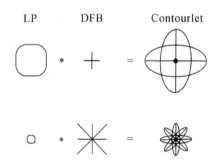

图 21.10 Contourlet 变换

Contourlet 变换继承了 Curvelet 变换的各向异性尺度关系，因此，在一定意义上可以认为是 Curvelet 变换的另外一种实现方式。Contourlet 基的支撑区具有随着尺度而长宽比变化的长条形结构。Contourlet 变换实际上将多尺度分析和方向分析分拆进行，首先由 LP（Laplacian Pyramid）变换对图像进行多尺度分解以捕获点奇异，接着由方向滤波器组（Directional Filter Bank，DFB）将分布在同方向上的点奇异合成为一个系数。Contourlet 变换的最终结果是用类似于线段（Contour Segment）的基结构来逼近原图像，这也是称其为 Contourlet 变换的原因。

#### 1. 多尺度分解

Contourlet 变换首先对图像进行多尺度分解。

在文献[34]中，M. N. Do 用框架理论和过采样滤波器组研究了 LP 分解[35]。结果表明，用正交滤波器组来实现的 LP 分解算法是一个框架界为 1 的紧框架。在 Contourlet 变换中，

M. N. Do 使用与前向分解算子对称的对偶框架算子来实现最优线性重构。

**2. 方向分解**

完全重构的 DFB 由 R. H. Bamberger 和 M. J. T. Smith 在文献[36]中提出。DFB 对图像进行 $L$-层的树状结构分解,在每一层将频域分解成 $2^l$ 个子带,每个子带呈楔形(wedge-shape)。图 21.11 所示为 DFB 在频域将第三层($l=3$)树状结构剖分成 $2^l=8$ 个楔形区域。

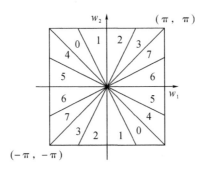

图 21.11　DFB 的频域分解

在文献[37]、[38]中,作者提出了一种新的方向滤波器组的实现方法,这种方法使用扇形结构的共轭镜像滤波器组(QFB)以避免对输入信号的调制,同时,将 $l$ 层树状结构的方向滤波器变换成 $2^l$ 个并行通道的结构。整个采样矩阵(Oversampling Matrices)具有对角矩阵的结构:

$$S_l^{(l)} = \begin{cases} \text{diag}(2^{l-1},\ 2),\ 0 \leqslant k < 2^{l-1} \\ \text{diag}(2,\ 2^{l-1}),\ 2^{l-1} \leqslant k < 2 \end{cases} \qquad (21-39)$$

于是,族

$$\{g_k^{(l)}[n-S_k^{(l)}m]\}_{0 \leqslant k < 2^l,\ m \in \mathbf{z}^2} \qquad (21-40)$$

构成了 $l^2(\mathbf{Z}^2)$ 的一组基,这组基既有方向性,也有局域性。图 21.12 所示为对应于方向滤波器组的一些滤波器的冲击响应,其在时域呈线状支撑且遍布所有的方向。

图 21.12　DFB($l=6$)的等效滤波器的冲击响应(蓝色和黄色分别表示 +1 和 −1)

### 3. 多尺度和方向分解

方向滤波器本身并不适于处理图像的低频部分，因此在应用方向滤波器前应将图像的低频部分移除。

图像的 LP 分解连续地对其带通图像进行子带分解，当对这些带通子带应用方向滤波器组时，便能有效地捕获方向信息。重复这一步骤得到的结果是一种双迭代滤波器结构，称为塔形方向滤波器组（Pyramidal Directional Filter Bank，PDFB），其将不同尺度的图像分解成方向子带。分解过程如图 21.13 所示，即对图像进行多尺度分解，对低通沟道进行下采样，对高通沟道应用方向滤波器，如此反复即得 Contourlet 变换，其在不同尺度上有不同方向数目的分解。

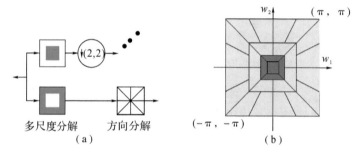

图 21.13　塔形滤波器组及其频域剖分

LP 分解和 DFB 都具有完全重构特性，显然，由其组合而成的 PDFB 也能实现完全重构，并且 PDFB 与 LP 分解有相同的冗余度 1.33。

具有多尺度和方向性的图像表示方法还包括 2 - D Garbor 小波[39-40]、Cortex 变换[41]、Steerable Pyramid[42]、2 - D 方向小波[43]、Brushlet[44] 和复值小波[45] 等。不过，这些变换只具有有限的方向性。与其他多尺度方向分解不同的是，PDFB 在不同的尺度水平上有不同数目的方向分解，并且几乎是临界采样的。在图像 PDFB 分解塔形结构中，在每一更细尺度上，方向数目是前一尺度的两倍。

除了提供灵活的方向分析外，PDFB 还有一个更重要的特点：其满足 Curvelet 变换的关键特性，即各向异性的尺度关系。事实上，图像的 LP 分解在每一个尺度上对所有方向都进行下 2 采样，提供了图像的倍频程子带分解，在塔形结构的第 $j$ 层，第 $j$ 个子带图像 $b_j$ 具有冠状支撑区间 $[\pi 2^{-j}, \pi 2^{-j+1}]$，其中 $j=1, 2, \cdots, J$。对 $b_j$ 进行方向滤波器分解，就能获得类似于 Curvelet 的频域剖分。从基函数的角度来看，子带 $b_j$ 中的系数对应于边长约为 $2^j$ 的正方形支撑区间，对其进行迭代水平为 $\left\lfloor n_0 - \dfrac{j}{2} \right\rfloor$ 的 DFB 分解，结果具有长约 $2^{n_0 - j/2}$、宽约 1 的矩形支撑区间。因此，在塔形结构的第 $j$ 层，图像的 PDFB 分解总的效果相当于基函数具有如下支撑区间：

$$
\begin{cases}
\text{width} \approx 2^j \\
\text{length} \approx 2^j \cdot 2^{n_0 - \frac{j}{2}} = 2^{n_0} 2^{\frac{j}{2}}
\end{cases} \tag{21-41}
$$

即支撑区间具有类似于 Curvelet 变换的各向异性尺度关系。

对于定理 21.6 中的函数 $f(\boldsymbol{x}) = g(\boldsymbol{x}) 1_{\{x_2 \leqslant \Gamma(x_1)\}}$（其中曲线 $\Gamma$ 二阶可导），Contourlet 变换的非线性逼近误差为

$$
\varepsilon_n^{\text{Contourlet}}[M] = \| f - f_M \|^2 \leqslant CM^{-2} (\log M)^3 \tag{21-42}
$$

相对于 Curvelet 变换的高冗余性，Contourlet 变换只具有 1.33 的冗余度。2003 年 8 月，在文献[46]中，Y. Lu 和 M. N. Do 又提出了一种非冗余、多尺度、多方向的图像表示方法——CRISP-contourlet 变换（Critically sampled contourlet transform）。CRISP-contourlet 变换由 Contourlet 变换发展而来，前者利用合成的非可分迭代滤波器组来完成 Contourlet 变换中多尺度分析和方向分析两个分开的过程，两者有相似的频率域剖分形式，非冗余的特点使前者具有更好的应用前景。

# 21.6  问题与展望

多尺度几何分析(MGA)是一个非常前沿的领域，其理论和算法都还处于发展初期，很多方面需要完善，很多问题需要解决。比如，到目前为止，尚无真正适用于 Lena 等复杂图像的多尺度几何分析方法，以用于实际工程应用。无疑，这个问题的解决将对图像压缩和去噪等带来好处；同时，对于二维函数的最优逼近的实现，将给各领域的、高维的多尺度几何分析带来突破的契机。本章认为，目前阶段多尺度几何分析还存在如下亟待解决的问题：

**1. 自适应和非自适应方法**

近年来，在计算调和分析领域（Computational Harmonic Analysis，CHA），对于式 (21-12) 给出的模型的逼近问题，人们普遍有这样一种认识：若某种基能达到最优逼近，则这种基应该是自适应的。也就是说，相对于非自适应方法，自适应的方法应该具有更好的逼近性能。出于这样的认识，人们提出了各种各向的自适应分析方法[47-51]。

直观来看，当逼近沿光滑曲线不连续的光滑函数时，能跟踪奇异曲线形状的自适应方法当然具有更好的性能。事实上，某些自适应方法对于某些函数类确实能达到最优逼近，如 Wedgelet、Bandelet 等。

然而，人们基于直觉的认识是正确的吗？最好的表示式(21-12)给出的模型中函数类的方法一定是非自适应的吗？若干年以后，当另外一种高维数据的压缩标准确立时，其表示方法一定是非自适应的吗？

回想一维情况，一维小波变换对于含点奇异函数（在高维时相当于分片正则函数）的表

示是最优的。值得注意的是，一维小波变换并不需要先验地知道点奇异的具体位置，小波基的构建并没有自适应于函数本身，小波变换是一种非自适应的方法。

回到高维，Curvelet 变换作为一种非自适应方法，是一种沿光滑曲线不连续的光滑函数的稳定、有效、近似最优的表示方法。通过简单的门限方法，Curvelet 变换所获得的非线性逼近性能并不比复杂的自适应方法差。尽管有种种不足，但也许 Curvelet 变换的意义正在于：Curvelet 变换表明，存在非自适应的方法能够构造图像的最优表示，存在非自适应的方法，其与含线性奇异的光滑函数的关系同小波变换与含点奇异的光滑函数的关系类似。

那么，多尺度几何最终将以一种什么方式发展呢？结果会怎样？最终为人们所广泛采用的方法是自适应的还是非自适应的？

**2. 非自适应方法存在的问题**

Bandelet 等自适应的多尺度几何表示方法，实际上是边缘检测和图像表示方法的结合。比如，Bandelet 变换实际上是一种自适应的局部弯小波变换（Warped Wavelet Transform），其将局部区域中的曲线奇异改造成垂直或者水平方向上的直线奇异，再用普通的二维张量小波处理，而二维张量小波基恰恰能有效地处理水平、垂直方向上的奇异。于是，问题的关键归结为如何对图像本身进行分析，即如何提取图像本身的先验信息，怎样剖分图像，局部区域中如何跟踪奇异方向，等等。在对图像进行所谓的最优剖分以后，根据剖分结果确定特定的基，并用这些基对剖分图像进行分解，自适应方法的引入、步骤的增多、基的不确定，无疑使得这种基于边缘的自适应多尺度几何分析方法的通用性、实用性降低。相对来说，Curvelet 和 Contourlet 等基于固定变换（fixed transform）在图像处理的实际应用，应该具有相对广泛的应用前景。基的固定使得每次图像处理任务的实现更加容易，实现过程更加简单，就如现在的小波变换。同时，相对而言，非自适应的多尺度几何方法，如 Contourlet 变换能更充分利用已经发展得较成熟的变换编码理论。

从目前的发展情况来看，自适应的图像表示方法对于简单图形（式（21－12））给出的模型（如卡通图像等）能达到最优表示。然而，在自然图像中，灰度值的突变并不总是对应着物体的边沿，一方面，衍射效应使得图像中物体的边沿可能并不明显地表现出灰度的突变；另一方面，许多时候图像的灰度值剧烈变化，并不是由物体的边沿而是由纹理的变化而产生的。事实上，上述基于边沿的自适应算法在实际使用中当图像出现较复杂的几何特征（如Lena 图像）时，在逼近误差的意义下，性能并不能超过可分离的正交小波分解[5]。所有基于边沿的自适应方法需要解决的一个共同的问题，是如何确定图像中灰度值剧烈变换的区域对应的是物体边沿还是纹理变化，然而这是一个困难的问题，也是每一种自适应方法必须面对的问题。

**3. Curvelet 变换存在的问题**

Ridgelet 变换和 Curvelet 变换的提出极具开创性，尽管其目前还存在一些问题，但它们具有非常深远而重要的意义。

作为一种新的理论和算法，Curvelet 还存在如下需要解决的问题。这些问题主要与 Curvelet 的数字实现有关。

Ridgelet 变换和 Curvelet 变换提出的初衷是为了找到一种对于高维空间中含有奇异曲线或者曲面的函数进行稀疏表示的方法。而实际上，目前 Curvelet 变换的数字实现算法的冗余度高达 $16J+1$[52]，其中，$J$ 是尺度分解数目。实际构造的算法似乎与提出 Ridgelet 变换和 Curvelet 变换时的初衷产生了背离。D. Donoho 在文献[53]中也说道："We are hardly satisfied with the performance of our existing DCvT① scheme. On the one hand, working with the raw transform is clumsy because of the factor 16 expansivity. In fact, each subband has more coefficients than the original image has samples. On the other hand, while the transform makes rapid progress towards reconstructing the object as the first few coefficients 'paint in' the geometric structure like so many well-chosen brushstrokes, after a few thousand coefficients have been added, the progress towards the ultimate reconstruction slows down substantially."

Curvelet 变换最初在连续域中提出[54]，后来 E. J. Candès 又提出了直接基于频率域剖分的第二代 Curvelet 变换[55]。第二代小波变换不需要利用脊波变换，但是，无论第一代还是第二代 Curvelet 的构造都需要一种旋转运算，这种运算在数字域中实现起来非常困难，并使得第一代和第二代 Curvelet 变换具有非常大的冗余。其冗余性主要由以下几个方面产生：Curvelet 变换是一种基于块剖分的变换，为了避免重构图像出现块边界效应，在数字实现时必须对各剖分块进行叠加处理，这样不仅增加了运算量，而且增加了变换系数的冗余度；Curvelet 变换基于脊波变换，而脊波变换中的 Radon 变换是一种基于极坐标的变换，使 Curvelet 对由笛卡儿坐标表示的图像进行处理非常困难。为了解决此问题，人们提出了不同的插值方法[56-57]，然而，各种解决方法都是以增加冗余性来保证变换的精度的。

另外，Curvelet 在 Fourier 域定义，其在空间域中的采样特性并不是显而易见的。实际上，在文献[55]中，E. J. Candès 说道："Is there a spatial domain scheme for element which, at each generation doubles the spatial resolution as well as the angular resolution?"

同时，Curvelet 变换是一种非自适应性的变换。其相对于过程复杂的自适应变换的简洁性是以部分性能的损失为代价的：当图像中的边沿不是严格 $C^2$ 时，Curvelet 变换将丧失其近似最优的逼近性能。特别地，当边沿是非正则的（有界变差函数）时，其逼近性能甚至不如小波逼近[5]。另外，当曲线边沿是 $C^\alpha$ 正则的，$\alpha>2$ 时，Curvelet 变换的逼近速率保持为 2，而不是最优的 $\alpha$。

目前 Curvelet 变换的实际应用还不多见[57-58]。从我们的仿真情况来看，与小波变换具有近似的去相关的特性不同，Radon 变换的存在使得各 Curvelet 变换系数间具有天生的相关性。Ridgelet 或者 Curvelet 变换所具有的局域性指的是线的局域性而不是点的局域性。也就是说，Ridgelet 或者 Curvelet 域中一个系数值的改变将引起原域中一条直线上所有值的改变。难道 Curvelet 变换的冗余性是必然的吗？不存在非冗余的 Curvelet 变换的数字实现方法吗？这些问题都引人深思。

虽然 Curvelet 变换的数字实现不尽如人意，但是本章依然坚持这样的观点：我们应该清楚地认识到，Ridgelet 或者 Curvelet 变换目前存在的问题丝毫不能掩盖蕴含于其中的先进思想，这种思想代表的是稀疏逼近或者计算调和分析的发展方向。

Contourlet 变换是一种近似的 Curvelet 变换的数字实现方式，走的却是一条与 Curvelet 变换截然相反的技术路线。Contourlet 变换首先直接在数字域中定义，然后将数字域和连续域联系起来，在连续域中讨论 Contourlet 变换的逼近性能。Contourlet 变换具有比 Curvelet 变换少得多的冗余度，然而，对于 Contourlet 变换，其数学理论的进一步完善是其不得不走的一步。

**4. 关于图像模型**

值得注意的是，式(21-12)只是一个自然图像的简化模型，目前的几何多尺度方法都以此模型为分析对象。然而，真正的自然图像远比式(21-12)复杂，已提出的方法对于更复杂的模型(如除了式(21-12)，还包含纹理的图像模型)表现如何？对于这样更复杂的图像模型，我们还需要建立什么新的多尺度几何表示方法呢？对这些问题的回答无疑极具意义。

（本章作者：侯彪，杨淑媛，王爽，张向荣，刘芳，焦李成，白静）

# 本章参考文献

[1] DONOHO D, HUO X M. Beamlet pyramids：A new form of multiresolution analysis, suited for extracting lines, curves, and objects from very noisy image data[C]. In Proceedings of SPIE, 2000：4119.

[2] CANDES E J, DONOHO D L. Curvelets[R]. Department of Statistics, Stanford University, 1999.

[3] CANDÈS E J. Ridgelets：Theory and Applications[D]. Department of Statistics, Stanford University, 1998.

[4] CANDÈS E J. Monoscale Ridgelets for the Representation of Images with Edges[R]. Department of Statistics, Stanford University, 1999.

[5] PENNEC E L, MALLAT S. Non linear image approximation with bandelets[R]. CMAP Ecole Polytechnique, 2003.

[6]  DO M N, VETTERLI M. Contourlets Beyond Wavelets[M]. STOECKLER J, WELLAND G V, eds. Cambridge: Academic Press, 2002.

[7]  VETTERLI M. Wavelets, approximation and compression[J]. IEEE Signal Processing Magazine, 2001, 18(5): 59 – 73.

[8]  MALLAT S. 信号处理的小波导引[M]. 杨力华, 等译. 北京: 机械工业出版社, 2003.

[9]  DEVORE R A. Nonlinear approximation[J]. Acta Numerica, 1998.

[10]  DONOHO D L. Sparse component analysis and optimal atomic decomposition[J]. Constructive Approximation, 1998, 17: 353 – 382.

[11]  DONOHO D L. Orthonormal ridgelets and linear singularities[R]. Department of Statistics, Stanford University, 1998.

[12]  HUBEL D H, WIESEL T N. Receptive fields, binocular interaction and functional architecture in the cat's visual cortex[J]. Journal of Physiology, 1962(60): 106 – 154.

[13]  OLSHAUSEN B A, FIELD D J. Emergence of simple-cell receptive field properties by learning a sparse code for natural images[J]. Nature, 1996: 607 – 609.

[14]  Donoho D L, Flesia A G. Can Recent Innovations in Harmonic Analysis 'Explain' Key Findings in Natural Image Statistics? [J]. Network Computation in Neural Systems, 2001, 12(3): 371 – 393.

[15]  CARLSSON S. Sketch based coding of grey level images[J]. IEEE Trans. Image Processing, 1988, 15(1): 57 – 83.

[16]  ELDER J. Are edges incomplete? [J]. International Journal of Computer Vision, 1999, 34(2/3): 97 – 122.

[17]  XUE X, WU X. Image representation based on multi-scale edge compensation[C]. IEEE Internat. Conf. on Image Processing, 1999.

[18]  MALLAT S, ZHONG S S. Wavelet transform maxima and multiscale edges[M]. Wavelets and their Applications. RUSKAI B R, et al, ed. Boston: Jones and Bartlett, 1992.

[19]  COHEN A, MATEI B. Nonlinear subdivisions schemes: Applications to image processing. Tutorial on multiresolution in geometric modeling[J]. ISKE A, QUACK E, FLOATER M, eds. Berlin: Springer, 2002.

[20]  DRAGOTTI P L, Vetterli M. Footprints and edgeprints for image denoising and compression[C]. in Proc. IEEE Int. Conf. on Image Proc., Thessaloniki, Greece, 2001.

[21]  DONOHO D L. Wedgelets: nearly-minimax estimation of edges[J]. Ann. Statist., 1999, 27: 859 – 897.

[22]  WAKIN M B, ROMBERG J K, CHOI H, et al. Rate-distortion optimized image compression using wedgelets[C]. Proc. IEEE Int. Conf. on Image Proc., Rochester, New York, 2002.

[23]  SHUKLA R, DRAGOTTI P L, DO M N, et al. Rate-distortion optimized tree structured compression algorithms for piecewise smooth images[J]. IEEE Trans. Image Proc., 2002.

[24]  PENNEC E L, MALLAT S. Image compression with geometric wavelets[C]. Proc. IEEE Int. Conf. on Image Proc., Vancouver, Canada, 2000.

[25]　COHEN A, MATEI B. Compact representation of images by edge adapted multiscale transforms [C]. Proc. IEEE Int. Conf. on Image Proc. , Special Session on Image Processing and Non-Linear Approximation, Thessaloniki, Greece, 2001.

[26]　DYN N, RIPPA S. Data-dependent triangulations for scattered data interpolation and finite element approximation[J]. Applied Num. Math. 1993, 12: 89 – 105.

[27]　PENNEC E L, MALLAT S. Image compression with geometrical wavelets[C]. IEEE Int. Conf. on Image Proc. ICIP'01, Thessaloniki, Greece, 2001.

[28]　PENNECE L, Mallat S. Non linear image approximation with bandelets[R]. CMAP Ecole Polytechnique, 2003.

[29]　PENNEC E L, MALLAT S. Sparse Geometric Image Representation with Bandelets[J]. submitted to IEEE Trans. on Image Processing, 2003.

[30]　CANDÈS E J. Harmonic analysis of neural networks[J]. Appl. Comput. Harmon. Anal.,1999, 6: 197 – 218. Harmonic Analysis, 2001, 10: 234 – 253.

[31]　CANDÈS E J. On the Representation of Mutilated Sobolev Functions[J]. SIAM J. Math. Anal. 1999, 33: 2495 – 2509.

[32]　CANDÈS E J, DONOHO D L. Curvelets: a surprisingly effective nonadaptive representation for objects with edges[M]. Curves and Surfaces, SCHUMAKER L L, et al, ed. Nashville: Vanderbilt University Press, 1999.

[33]　DONOHO D L, DUNCAN M R. Digital curvelet transform: strategy, implementation and experiments [C]. Proc. Aerosense 2000, Wavelet Ap-plications VII, 2000, 4056: 12 – 29.

[34]　DO M N, VETTERLI M. Framing pyramids. IEEE Trans. Signal Proc., 2002.

[35]　BURT P J, ADELSON E H. The Laplacian pyramid as a compact image code[J]. IEEE Trans. Commun., 1983, 31(4): 532 – 540.

[36]　BAMBERGER R H, SMITH M J T. A filter bank for the directional decomposition of images: Theory and design[J]. IEEE Trans. Signal Proc., 1992, 40(4): 882 – 893.

[37]　DO M N. Directional Multiresolution Image Representations [D]. Swiss Federal Institute of Technology, Lausanne, Switzerland, 2001.

[38]　DO M N, VETTERLI M. Pyramidal directional filter banks and curvelets[C]. Proc. IEEE Int. Conf. on Image Proc., Thessaloniki, Greece, 2001.

[39]　DAUGMAN J. Two-dimensional spectral analysis of cortical receptive field profile[J]. Vision Research,1980, 20: 847 – 856.

[40]　PORAT M, ZEEVI Y Y. The generalized Gabor scheme of image representation in biological and machine vision[J]. IEEE Trans. Patt. Recog. and Mach. Intell.,1988, 10(4): 452 – 468.

[41]　WATSON A B. The cortex transform: Rapid computation of simulated neural images[J]. Computer Vision, Graphics, and Image Processing, 1987, 39(3): 311 – 327.

[42]　SIMONCELLI E P, FREEMAN W T, ADELSON E H, et al. Shiftable multiscale transforms[J]. IEEE Transactions on Information Theory. Special Issue on Wavelet Transforms and Multiresolution

Signal Analysis，1992，38(2)：587－607.

[43] ANTOINE J P，CARRETTE P，MURENZI R，et al. Image analysis with two-dimensional continuous wavelet transform[J]. Signal Processing，1993，31：241－272.

[44] MEYER F G，COIFMAN R R. Brushlets：a tool for directional image analysis and image compression[J]. Journal of Appl. and Comput. Harmonic Analysis，1997，5：147－187.

[45] KINGSBURY N. Complex wavelets for shift invariant analysis and filtering of signals[J]. Journal of Appl. and Comput，2001.

[46] LU Y，DO M N. CRISP-contourlet：a critically sampled directional multiresolution image representation [C]. Proc. SPIE Conf. on Wavelets X，San Diego，2003.

[47] COIFMAN R R，WICKERHAUSER M V. Entropy-based algorithms for best basis selection[J]. IEEE Trans. Inform. Theory，1992，38：1713－1716.

[48] DONOHO D L，JOHNSTONE I M. Empirical Atomic Decomposition[J]. Manuscript，1995.

[49] DONOHO D L. Wedgelets：nearly minimax estimation of edges[J]. Ann. Statist，1999，27：859－897.

[50] DENG B，JAWERTH B，PETERS G，et al. Wavelet Probing for Compression-based segmentation [C]. Proc. SPIE Symp. Math. Imaging：Wavelet Applications in Signal and Image Processing，1993.

[51] DONOHO D L. Minimum Entropy Segmentation. Wavelets：Theory，Algorithms and Applications [M]. CHUI C K，MONTEFUSCO L，PUCCIO L，eds. San Diego Academic Press：1994：233－270.

[52] STARCK J L，CANDÈS E J，DONOHO D L. The curvelet transform for image denoising[J]. IEEE Trans. Image Proc.，2002，11：670－684.

[53] DONOHO D，DUNCAN M. Digital Curvelet Transform：Strategy，Implementation and Experiments[R]. Stanford University，1999.

[54] CANDÈS E J，DONOHO D L. Curvelets-a suprisingly effective nonadaptive representation for objects with edges [M]. COHEN A，RABUT C，SCHUMAKER L L，eds. Saint-Malo：Vanderbilt University Press，1999.

[55] CANDÈS E J，DONOHO D L. New tight frames of curvelets and optimal representations of objects with smooth singularities[R]. Department of Statistics，Stanford University，2002.

[56] AVERBUCH A，COIFMAN R R，DONOHO D L，et al. Fast slant stack：A notion of Radon transform for data in a Cartesian grid which is rapidly computable，algebraically exact，geometrically faithful and invertible[R]. SIAM：Scientifitc Computing，2001.

[57] CANDÈS E J，DONOHO D L. Recovering edges in ill-posed inverse problems：Optimality of curvelet frames[R]. Department of Statistics，Stanford University，2000.

[58] 侯彪，刘芳，焦李成. 基于脊波变换的直线特征检测[J]. 中国科学－E，2003，33(1)：65－73.

## 第22章 神经网络70年：从MP神经元到深度学习

## 22.1 引　言

实现人工智能是人类长期以来一直追求的梦想。虽然计算机技术在过去几十年里取得了长足的发展，但是实现真正意义上的机器智能至今仍然困难重重。伴随着神经解剖学的发展，观测大脑微观结构的技术手段日益丰富，人类对大脑组织的形态、结构与活动的认识越来越深入，人脑信息处理的奥秘也正在被逐步揭示。如何借助神经科学、脑科学与认知科学的研究成果，研究大脑信息表征、转换机理和学习规则，建立模拟大脑信息处理过程的智能计算模型，最终使机器掌握人类的认知规律，是类脑智能的研究目标。当前类脑智能已成为世界各国研究和角逐的热点。继美国及欧盟各国之后，我国经过两三年筹备的"中国脑科学计划"在2015年浮出水面，科技部正在规划"脑科学与类脑研究"重大专项，北京大学、清华大学、复旦大学等高校和中国科学院等研究机构也发力推动神经与类脑计算的相关研究，大规模类脑智能的研究正蓄势待发。

类脑智能是涉及计算科学、认知科学、神经科学与脑科学的交叉前沿方向。类脑智能的实现离不开大脑神经系统的研究。众所周知，人脑是由几十亿个高度互联的神经元组成的复杂生物网络，也是人类分析、联想、记忆和逻辑推理等能力的来源。神经元之间通过突触连接来相互传递信息，连接的方式和强度随着学习发生改变，从而将学习到的知识进行存储。模拟人脑中信息存储和处理的基本单元——神经元而组成的人工神经网络模型具有自学习与自组织等智能行为，能够使机器具有一定程度的智能水平。神经网络的计算结构和学习规则遵照生物神经网络设计，在数字计算机中，神经细胞接收周围细胞的刺激并产生相应输出信号的过程可以用线性加权和及函数映射的方式来模拟，而网络结构和权值调整的过程用优化学习算法实现。按照该方式建立的这种仿生智能计算模型虽然不能和生物神经网络完全等价和媲美，但已经在某些方面取得了优越的性能。

从20世纪40年代的M-P神经元和Hebb学习规则，到20世纪50年代的Hodykin-Huxley方程、感知器模型与自适应滤波器，再到20世纪60年代的自组织映射网络、神经认知机、自适应共振网络，许多神经计算模型都发展成为信号处理、计算机视觉、自然语言处理与优化计算等领域的经典方法，为该领域带来了里程碑式的影响。目前神经网络已经发展了上百种模型，在诸如手写体识别[1-2]、图像标注[3]、语义理解[4-6]和语音识别[7-9]等技术领域取得了非常成功的应用。

从数据容量和处理速度来看，目前大多数神经网络是生物网络的简化形式，在应对海量数据和处理复杂任务时显得力不从心。例如，人脑被证明可以在没有导师监督的情况下主动地完成学习任务，仅凭借传统的浅层神经网络是无法实现这一点的。最近发展起来的深层神经网络就是一种类脑智能软件系统，它使得人工智能的研究进入一个新阶段。深层神经网络通过增加网络的层数来模拟人脑复杂的层次化认知规律，以使机器获得抽象概念的能力，在无监督特征学习方面具有更强的能力。然而，受到计算平台和学习算法的限制，对深层神经网络的研究曾一度沉寂。2006 年，Hinton 在 *Science* 上提出了一种面向复杂的通用学习任务的深层神经网络，指出具有大量隐含层的网络具有优异的特征学习能力，而网络的训练可以采用逐层初始化与反向微调技术解决。人类借助神经网络找到了处理抽象概念的方法，神经网络的研究又进入了一个崭新的时代[10-12]，深度学习的概念开始被提出。

深度学习兴起的背景是计算能力的提高与大数据时代的来临，其核心理念是通过增加网络的层数来让机器自动地从数据中进行学习。深层神经网络能够获得巨大成功与其对应在训练算法上所取得的突破性进展是密不可分的。传统的反向传播算法（Back Propagation）随着传递层数的增加，残差会越来越小，出现梯度扩散（Gradient Diffusion）现象，故而不适于深层网络的训练。深度学习模型中的受限玻尔兹曼机（Restricted Boltzmann Machines）和自编码器（AutoEncoder）采用了"自下而上的无监督学习"和"自顶向下的监督学习"策略来实现对网络的预训练和微调，可使学习算法收敛到较为理想的解上，而当前使用更为广泛的卷积神经网络（Convolutional Neural Network）则采用局部感受野、权值共享和时空亚采样的思想，显著地减少了网络中自由参数的个数，并且使得采用反向传播来进行网络的并行学习成为可能。除了以上优势外，深度学习最具吸引力的地方还在于能凭借无标签的数据来进行学习，而不需要依赖于监督信息的支撑[13]。现实世界的很多问题中，对数据的标记通常是耗时耗力甚至是不可行的，无监督学习可以自动抽取出抽象的高层属性和特征，是解决样本标记难这一问题的一个重大突破。深度学习的成功引起了包括产业界和学术界在内的诸多人士的关注，其影响力甚至上升到了国家战略层面。

2012 年 6 月，《纽约时报》披露了 Google Brain 项目。该项目是由斯坦福大学机器学习教授 A. Ng 和大规模计算机系统方面的专家 J. Dean 共同主导的。该项目计划用包含 16 000 个 CPU 核的并行计算平台训练一种称为深度神经网络的机器学习模型。2012 年 11 月，微软在中国天津的一次活动上公开演示了一个全自动的同声传译系统，演讲者用英文演讲，后台的机器可以一气呵成地完成语音识别、英中机器翻译和中文语音合成，效果非常流畅。据报道，其关键支撑技术也是深度学习。2013 年 1 月，百度年会上，创始人兼CEO 李彦宏高调宣布要成立百度研究院，其中第一个要成立的就是深度学习研究所。在2015 年 3 月 9 日的两会期间，李彦宏又提议设立"中国大脑计划"的提案，与 2013 年 1 月和

2013 年 4 月的"欧盟大脑计划"和"美国大脑计划"相呼应。2015 年 3 月 16 日，在德国汉诺威 IT 博览会上，阿里巴巴创始人马云举起手机，通过支付宝刷脸支付，购买了一枚 1948 年汉诺威纪念邮票。这是我国人脸识别技术用于商业领域的首个产品雏形，人脸识别便是神经网络技术，其网络训练使用的正是深度学习算法。

在学术界，以 Hinton、LeCun、Bengio 和 A. Ng 等为代表的神经网络大师们不断将深度学习的研究推向新的高峰，为包括计算机视觉、自然语言处理和机器学习在内的诸多领域带来了深远的影响[14]。自 2006 年深度学习出现以来，关于深度学习理论和应用方面的研究文献在国际知名期刊和会议上不断涌现，如 *Nature*、*Science*、*PAMI*、*NIPS*、*CVPR*、*ICML* 等。同时，由 Y. Bengio 等人编写的第一本关于深度学习的专著 *Deep Learning* 也即将由 MIT 出版社出版。包括斯坦福大学、卡内基梅隆大学、纽约大学、多伦多大学等在内的机构都提供了深度学习的公开课程，并公开了实验数据和源代码，为深度学习的进一步发展做出了贡献。在国内，深度学习也受到了学术界的广泛关注，但目前主要是以深度学习的应用研究为主，在理论方面的工作相对较少。以北京大学、浙江大学、上海交通大学、哈尔滨工业大学和西安电子科技大学等为代表的研究人员将深度学习算法应用到遥感图像分类[15]、多媒体检索[16]、交通流预测[17]和盲图像质量评价[18]等领域，取得了较传统方法更优的效果。

本章将以神经网络的理论和应用为主线，回顾神经网络在过去 70 多年的发展历程及主要成就，重点对新近发展起来的深度学习进行阐述和讨论，并对未来的研究方向做出展望。

## 22.2　神经网络发展回顾

19 世纪末，西班牙解剖学家 Cajal 创立了神经元学说，其后神经元的主要特征及其电学性质被不断发现。1943 年，美国的心理学家 W. S. McCulloch 和数学家 W. Pitts 在论文《神经活动中所蕴含思想的逻辑活动》中提出了神经元的 M-P 模型，如图 22.1 所示[19]。

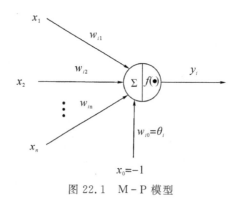

图 22.1　M-P 模型

图 22.1 中 $x_i(i=1, 2, \cdots, n)$ 是从其他神经元传来的输入信号；$w_{ij}$ 表示从神经元 $j$ 到神经元 $i$ 的连接权值；$\theta_i$ 为神经元的偏置；$f$ 称作激活函数或转移函数。神经元的输出 $y_i$ 可以表示为

$$y_i = f\left(\sum_{j=1}^{n} w_{ij} x_j - \theta_i\right) \qquad (22-1)$$

该模型将神经元当作一个功能逻辑器件来对待，开创了神经网络模型的理论研究先河。M-P 模型是对生物神经元信息处理模式的数学简化，后续的神经网络研究工作都是以它为基础的。1949 年，心理学家 D. O. Hebb. 写了一本名为《行为的组织》的著作，在这本书中他研究了神经元之间连接强度的变化规则，并提出了著名的 Hebb 学习规则[20]。受巴甫洛夫条件反射实验的启发，Hebb 认为，在同一时间被激发的神经元间的联系会被强化。Hebb 学习规则可表示为

$$w_{ij}(t+1) = w_{ij}(t) + \alpha y_j(t) y_i(t) \qquad (22-2)$$

其中，$w_{ij}(t+1)$ 和 $w_{ij}(t)$ 为神经元 $j$ 到神经元 $i$ 在 $t+1$ 和 $t$ 时刻的连接权值，$y_i$ 和 $y_j$ 为两个神经元的输出。

Hebb 规则属于无监督学习算法，其构造的核心思想是：当两个神经元同时处于激发状态时两者间的连接会被加强；否则被减弱。继 Hebb 学习规则之后，神经元的有监督 Delta 学习规则被提出，用以解决在输入、输出已知的情况下神经元权值的学习问题。该算法根据神经元的实际输出和期望输出的差别来调整连接权，其数学表达式如下[21]：

$$w_{ij}(t+1) = w_{ij}(t) + \alpha(d_i - y_i) x_j(t) \qquad (22-3)$$

其中，$\alpha$ 是学习速率；$d_i$ 和 $y_i$ 分别为神经元 $i$ 的期望输出和实际输出；$x_j(t)$ 表示神经元 $j$ 在 $t$ 时刻的状态（激活或抑制）。

从直观上来说，当神经元 $i$ 的实际输出比期望输出大时，减小与已激活神经元的连接权值，同时增加与已抑制神经元的连接权值；当神经元 $i$ 的实际输出比期望输出小时，增加与已激活神经元的连接权值，同时减小与已抑制神经元的连接权值。通过这样的调节过程，神经元会将输入和输出之间的正确映射关系存储在权值中，从而具备了对数据的表示能力。Hebb 学习规则和 Delta 学习规则都是针对单个神经元而提出的，在神经元组成的网络中参数的学习规则将会在后续述及。以上先驱者的工作激发了许多学者从事这一领域的研究，从而为神经计算的出现打下了坚实的基础。

1958 年，F. Rosenblatt 等人研制出了历史上第一个具有学习型神经网络特点的模式识别装置，即代号为 Mark I 的感知机（Perceptron），标志着神经网路进入了新的发展阶段[22]。感知机是二分类的线性判别模型，旨在通过最小化误分类损失函数来优化分类超平面，从而对新的实例实现准确预测。假设输入特征向量空间为 $x \in \mathbf{R}^n$，输出类标空间为 $y = \{-1, +1\}$，则感知机模型如下：

$$y = f(x) = \mathrm{sign}(w \cdot x + b) \qquad (22-4)$$

其中，$w$ 和 $b$ 分别为神经元的权值向量和偏置；$w \cdot x$ 表示 $w$ 和 $x$ 的内积；sign 为符号函数：

$$\text{sign}(x) = \begin{cases} +1, & x \geqslant 0 \\ -1, & x < 0 \end{cases} \tag{22-5}$$

感知机模型的假设空间是定义在特征空间中的所有线性分类器，所得的超平面把特征空间划分为两部分，位于两侧的点分别为正负两类。感知机参数的学习是基于经验损失函数最小化的，旨在最小化误分类点到决策平面的距离。给定一组数据集 $T = \{(x_1, y_1), (x_2, y_2), \cdots, (x_n, y_n)\}$，假设超平面 $S$ 下误分类点的集合为 $M$，则感知机学习的损失函数定义为

$$L(w, b) = -\sum_{x_i \in M} y_i(w \cdot x_i + b) \tag{22-6}$$

感知机学习算法通过最小化经验风险来优化参数 $w$ 和 $b$：

$$\min_{w, b} L(w, b) = -\sum_{x_i \in M} y_i(w \cdot x_i + b) \tag{22-7}$$

优化过程采用随机梯度下降法，每次随机选取一个误分类点使其梯度下降。首先分别求出损失函数对 $w$ 和 $b$ 的偏导数：

$$\nabla_w L(w, b) = -\sum_{x_i \in M} x_i \cdot y_i \tag{22-8}$$

$$\nabla_b L(w, b) = -\sum_{x_i \in M} y_i \tag{22-9}$$

然后，随机选取一个误分类点 $(x_i, y_i)$ 对 $w$ 和 $b$ 进行更新：

$$w^{\text{new}} = w^{\text{old}} + \eta y_i x_i \tag{22-10}$$

$$b^{\text{new}} = b^{\text{old}} + \eta y_i \tag{22-11}$$

其中，$0 < \eta \leqslant 1$，是学习步长。以上为感知机学习的原始形式，与之相对应的另一种结构是感知机学习的对偶形式。其基本思想是：将 $w$ 和 $b$ 表示为所有实例点的线性组合形式，通过求解系数来得到 $w$ 和 $b$。不失一般性，首先将 $w$ 和 $b$ 的初始值设为 0，对于误分类点按照式(22-10)和式(22-11)的规则来对 $w$ 和 $b$ 的值进行更新。假设总共进行了 $n$ 次更新，则最终学习到的 $w$ 和 $b$ 可分别表示为

$$w = \sum_{i=1}^{n} a_i y_i x_i \tag{22-12}$$

$$b = \sum_{i=1}^{n} a_i y_i \tag{22-13}$$

其中，$a_i = n_i \eta$（$n_i$ 为第 $i$ 次时的累积更新次数）。继 Rosenblatt 之后，B. Widrow 等人设计出了一种不同类型的会学习的神经网络处理单元，即自适应线性元件 Adaline[23]，K. Steinbuch 设计出了一种被称为学习矩阵的二进制联想网络并用硬件实现[24]。

随着对感知机研究的逐渐深入，1969 年 M. Minsky 和 S. Papert 对单层神经网络进行

了分析，并从数学的角度证明了这种网络功能有限，甚至连异或这样的简单逻辑问题也不能解决[25]。同时，他们发现许多复杂的函数关系是无法通过对单层网络训练得到的，至于多层网络是否可行还值得怀疑。他们所著的《感知机》一书出版后给当时神经网络感知机方向的研究泼了一盆冷水，因而美国和苏联在此后很长一段时间内未资助过神经网络方面的研究工作。虽然感知机具备了基本的神经计算单元和网络结构，也拥有一套有效的参数学习算法，但是其特定的结构使得其在很多问题上都不能奏效。此后很长一段时间内神经网络的研究处在低迷期，直到 1982 年美国加州理工学院的 J. J. Hopfield 提出了连续和离散的 Hopfield 神经网络模型，并采用全互联型神经网络尝试求解了计算复杂度为 NP 完全型的旅行商问题(Travelling Salesman Problem，TSP)，神经网络的研究才再次进入了蓬勃发展的时期[26]。

  Hopfield 强调工程实践的重要性，他利用电阻、电容和运算放大器等元件组成的模拟电路实现了对网络神经元的描述，把最优化问题的目标函数转换成 Hopfield 神经网络的能量函数，通过网络能量函数最小化来寻找对应问题的最优解。Hopfield 网络是一种循环神经网络，从输出到输入有反馈连接。典型的 Hopfield 神经网络模型如图 22.2 所示。图中，每组运算放大器及其相关的电阻、电容组成的网络代表一个神经元。每个神经元有两组输入：一组是恒定的外部电流，另一组是来自其他运算放大器输出的正向或反向的反馈连接。假设第 $i$ 个神经元的内部膜电位为 $U_i(i=1,2,\cdots,n)$，细胞膜的输入电容和传递电阻分别为 $C_i$ 和 $R_i$，神经元的输出电位为 $V_i$，外部输入电流为 $I_i$，并用电阻 $R_{ij}(i,j=1,2,\cdots,n)$ 来模拟第 $i$ 个和第 $j$ 个神经元之间的突触特性。

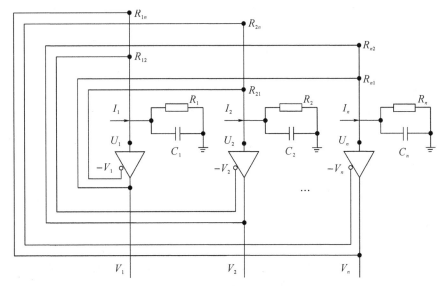

图 22.2 典型的 Hopfield 网络模型

由基尔霍夫电流定律(Kirchhoff's Current Law,KCL)可知,放大器输入节点处的流入电流和流出电流保持平衡,即有下式成立:

$$\sum_{j=1}^{n}\frac{V_j(t)}{R_{ij}}+I_i=C_i\frac{\mathrm{d}U_i(t)}{\mathrm{d}t}+\frac{U_i(t)}{R_i},\ i=1,2,\cdots,n \tag{22-14}$$

同时,每一个运算放大器模拟了神经元输入和输出之间的非线性特性,即有

$$V_i(t)=f_i(U_i(t)),\ i=1,2,\cdots,n \tag{22-15}$$

其中,$f_i$ 代表了第 $i$ 个神经元的传递函数,并定义 $\boldsymbol{W}=R_{ij}^{-1}(i,j=1,2,\cdots,n)$ 为网络的权系数矩阵。为证明连续型网络的稳定性,Hopfield 定义了如下的能量函数:

$$E(t)=-\frac{1}{2}\sum_{i=1}^{n}\sum_{j=1}^{n}\frac{V_i(t)V_j(t)}{R_{ij}}-\sum_{i=1}^{n}V_i(t)I_i+\sum_{i=1}^{n}\frac{1}{R_i}\int_0^{V_i(t)}f^{-1}(V)\mathrm{d}V$$

$$\tag{22-16}$$

其中,$f^{-1}$ 为神经元传递函数的反函数。通过一定的推导和证明后可得出如下结论:一是当网络中神经元的传递函数单调递增且网络权系数矩阵对称时,网络的能量会随着时间下降或保持不变;二是当且仅当神经元的输出不随时间变化而变化时,网络的能量才会不变。在将网络用于求解诸如旅行商的组合优化问题时,Hopfield 将优化的目标函数转化为网络的能量函数,把待求解问题的变量对应到网络中神经元的状态。这样当网络的能量衰减并趋于稳定值时,问题的最优解也随之求出。

Hopfield 网络一个重要的特点是它可以实现联想记忆功能,即作为联想存储器。当网络的权系数通过学习训练确定之后,即便输入不完整或者部分不正确的数据,网络仍旧可以通过联想记忆来给出完整的数据输出结果。Hopfield 模型提出后,许多研究者力图扩展该模型,使之更接近人脑的功能特性。

1983 年,T. J. Sejnowski 和 G. E. Hinton 提出了"隐单元"的概念,并提出了玻尔兹曼机(Boltzmann Machine,BM),其结构如图 22.3 所示[27-28]。玻尔兹曼机是一种由随机神经元全连接组成的反馈神经网络,其包含一个可见层和一个隐含层。网络中神经元的输出只有两种状态(未激活和激活,分别用二进制 0 和 1 表示),其取值根据概率统计规则决定。玻尔兹曼机具有强大的无监督学习能力,能够学习数据中复杂的规则,但代价是训练和学习时间很长。此外,玻尔兹曼机不仅难以准确计算 BM 所表示的分布,而且很难得到服从 BM 所表示分布的随机样本。基于以上原因,K. Swersky 对玻尔兹曼机进行了改进,引入了限制玻尔兹曼机(Restricted Boltzmann Machine,RBM)[29]。相比于玻尔兹曼机,RBM 的网络结构中层内神经元之间没有连接,尽管 RBM 所表示的分布仍然无法有效计算,但可以通过 Gibbs 采样得到服从 RBM 所表示分布的随机样本。Hinton 于 2002 年提出了一个 RBM 学习的快速算法(对比散度),采用该算法,只要隐含层单元的数目足够多,RBM 就能拟合任意离散分布[30]。后来,RBM 被用于解决不同的机器学习问题,比如分类、回归、

降维、高维时间序列建模、语音图像特征提取和协同过滤等方面[31-33]。同时，作为目前深度学习主要框架之一的深度信念网也是以 RBM 为基本组成单元的。这一阶段的神经网络已经从起初的单层结构扩展到了双层，隐含层的出现使得网络具有更强的数据表示能力。

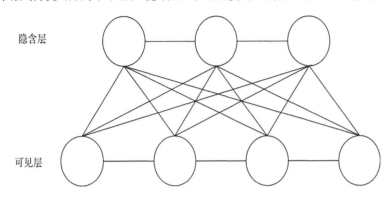

图 22.3　玻尔兹曼机结构示意图

虽然增加层数可以为网络提供更大的灵活性，但是参数的训练算法一直是制约多层神经网络发展的一个重要瓶颈。Werbos 在他的博士论文里提出了用于神经网络学习的 BP (Back Propagation)算法，为多层神经网络的学习训练与实现提供了一种切实可行的解决途径，同时以 Rumelhart 和 Williams 为首的科学家小组对多层网络的误差反向传播算法进行了详尽的分析，进一步推动了 BP 算法的发展[34-37]。BP 网络的拓扑结构包括输入层、隐含层和输出层，它能学习和存储大量的输入、输出模式映射关系，而无需事先揭示描述这种映射关系的数学方程。它的学习算法采用最速下降思想，通过反向传播来不断调整网络的权值和阈值，使网络的误差平方和最小。常见的三层 BP 网络模型如图 22.4 所示。

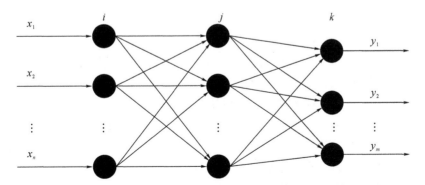

图 22.4　三层 BP 网络示意图

图 22.4 中，各节点的传递函数 $f$ 必须满足处处可导的条件，最常用的为 Sigmoid 函数，第 $i$ 个神经元的净输入为 $\mathrm{net}_i$，输出为 $O_i$。如果网络输出层第 $k$ 个神经元的期望输出为

$y_k^*$，则网络的平方型误差函数为

$$E=\frac{1}{2}\sum_{k=1}^{m}e_k^2=\frac{1}{2}\sum_{k=1}^{m}(y_k-y_k^*)^2 \qquad (22-17)$$

由于 BP 算法按照误差函数 $E$ 的负梯度修改权值，因此权值的更新公式可表示为

$$w^{t+1}=w^t+\Delta w^t=w^t-\eta g^t \qquad (22-18)$$

其中，$t$ 表示迭代次数，$g^t=\dfrac{\partial E}{\partial w}\Big|_{w=w^t}$。对于输出层神经元，权值的更新公式为

$$
\begin{aligned}
w_{kj}^{t+1}&=w_{kj}^t-\eta\frac{\partial E}{\partial w}\Big|_{w=w^t}\\
&=w_{kj}^t-\eta\frac{\partial E}{\partial e_k}\frac{\partial e_k}{\partial y_k^*}\frac{\partial y_k^*}{\partial \mathrm{net}_k}\frac{\partial \mathrm{net}_k}{\partial w_{kj}}\Big|_{w=w^t}\\
&=w_{kj}^t-\eta e_k(-1)f'(\mathrm{net}_k)O_j\\
&=w_{kj}^t+\eta e_k f'(\mathrm{net}_k)O_j\\
&=w_{kj}^t+\eta\delta_k O_j
\end{aligned}
\qquad (22-19)
$$

其中，$\delta_k$ 称作输出层第 $k$ 个神经元的学习误差。对隐含层神经元，权值的更新公式为

$$
\begin{aligned}
w_{ji}^{t+1}&=w_{ji}^t-\eta\frac{\partial E}{\partial O_j}\frac{\partial O_j}{\partial w_{ji}}\Big|_{w=w^t}\\
&=w_{ji}^t-\eta\Big(\sum_{k=1}^{m}\frac{\partial E}{\partial e_k}\frac{\partial e_k}{y_k^*}\frac{\partial y_k^*}{\partial \mathrm{net}_k}\frac{\partial \mathrm{net}_k}{\partial O_j}\Big)\frac{\partial O_j}{\partial w_{ji}}\Big|_{w=w_{ji}^t}\\
&=w_{ji}^t-\eta\sum_{k=1}^{m}[e_k\times(-1)\times f'(\mathrm{net}_k)w_{kj}]\times f'(\mathrm{net}_j)O_i\\
&=w_{ji}^t+\eta\sum_{k=1}^{m}\delta_k w_{kj}f'(\mathrm{net}_j)O_i\\
&=w_{ji}^t+\eta\delta_j O_i
\end{aligned}
\qquad (22-20)
$$

其中，$\delta_j$ 称作隐含层第 $j$ 个神经元的学习误差。BP 的误差反向传播思想可以概括为：利用输出后的误差来估计输出层的直接前导层的误差，再利用这个误差来估计更前一层的误差，如此逐层反向传播下去就获得了所有其他各层的误差估计。BP 算法的提出在一定程度上解决了多层网络参数训练难的问题，但是其自身也存在如下问题。首先，误差在反向传播过程中会逐渐衰减，经过多层传递后将会变得很小，这使得 BP 在深层网络中并不可行。其次，BP 采用最速梯度下降的优化思想，而实际问题的误差函数通常不是凸的，存在众多局部极小值点，算法很难得到最优解。再次，在训练过程中，若权值调节得过大，则可能使所有的或大部分神经元的加权总和偏大，这使得传递函数输入工作在 S 型函数的饱和区，导致其导数非常小，从而使权值的调整过程几乎停顿下来。最后，对于一些复杂的问题，BP 算法可能需要几个小时或者更长时间的训练，这主要是由于学习速率过小造成的。在1989 年，Cybenko、Funahashi、Hornik 等人相继对 BP 神经网络的非线性函数逼近性能进

行了分析，并证明了对于具有单隐含层、传递函数为 Sigmoid 的连续型前馈神经网络可以以任意精度逼近任何复杂的连续映射[38-40]。根据研究结果，只要隐含层神经元的个数足够多，BP 神经网络就能够保证对复杂连续映射关系的刻画能力，因此 BP 神经网络具有重要的理论和现实指导意义。

继 BP 之后，1988 年 Broomhead 和 Lowe 根据生物神经元具有局部响应这一特点，将径向基函数引入神经网络设计之中，产生了 RBF 神经网络[41]。1989 年和 1991 年，Jackson 和 Park 先后论证了 RBF 神经网络对非线性连续函数的一致逼近性能[42-43]。RBF 是一种三层的前向网络，其基本思想是：用 RBF 作为隐单元的"基"构成隐含层空间，隐含层对输入矢量进行变换，将低维的模式输入数据变换到高维空间内，使得在低维空间内线性不可分的问题在高维空间中线性可分。RBF 神经网络示意图如图 22.5 所示。

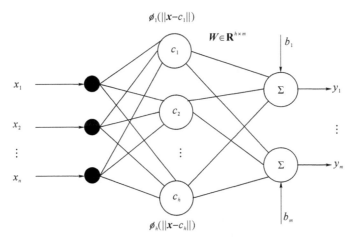

图 22.5　RBF 神经网络示意图

RBF 神经网络中，输入层仅仅起传输信号的作用，输入层和隐含层之间可以看作权值为 1 的连接，隐含层完成特征的非线性映射，而输出层则负责线性加权求和。网络中所要求解的参数有三个：基函数的中心、方差以及隐含层到输出层的权值。输出层对线性加权进行调整，采用的是线性优化策略，学习速度较快；而隐含层对激活函数的参数进行调整，采用的是非线性优化策略，因而学习速度比较慢。根据径向基函数中心选取方法的不同，RBF 网络有多种参数学习方法，如随机选取中心法、自组织选取法、有监督选取中心法和正交最小二乘法等。以自组织选取法为例，该方法由两个阶段组成：一是自组织学习阶段，此阶段为无导师学习过程，求解隐含层基函数的中心和方差；二是有导师学习阶段，此阶段求解隐含层到输出层之间的权值。RBF 网络有很快的学习收敛速度，一个很重要的原因在于其属于局部逼近网络，不需要学习隐含层的权值，避免了误差在网络中耗时的逐层传递过程。RBF 网络也是神经网络真正走向实用化的一个重要标志，已被成功应用于非线性函数逼近、时间序列分析、数据分类、模式识别、图像处理、系统建模以及控制和故障诊断等领域[44-46]。

应当指出的是，蔡少棠等人提出了细胞神经网络(Cellular Neural Network)[47-48]，斯华玲、张清华等人提出了小波神经网络[49]，焦李成等人提出了多小波神经网络[50]，杨淑媛等人提出了脊波神经网络[51]，这些模型在非平稳、非线性、非高斯信号与图像处理中表现出了良好的应用潜力和价值。此后，神经网络与机器学习和模式识别的融合呈现出前所未有的局面，SVM、PCA、ICA、LDA等模型得到了广泛关注和研究，表现出了良好的性能，有力促进了这一领域的进展。其中，薄列峰等人提出的大规模SVM[52-54]是这方面的典型代表。

进入21世纪以来，国内外在神经网络的理论和应用研究上也取得了若干突破性成果。特别应当指出的是，香港中文大学的徐雷提出了Bayes学习机和Y-Y机，并证明了EM算法的收敛性[55-56]，清华大学张钹提出了PLN神经网络模型[57]，中科院半导体研究所王守觉对神经网络的硬件实现及其在模式识别领域的应用进行了广泛而深入的研究[58-59]，等等。复旦大学陈天平在多层和径向基神经网络的逼近性能以及Cohen-Grossberg和具有时延的Hopfield神经网络的稳定性方面开展了相关研究，并得出了一些具有指导意义的结论[60-63]。在生物神经网络模型与机理方面，张香桐、郭爱克、汪云九、陈琳、汪德亮、刘德荣等人做了先驱性的工作，赢得了国际同行的赞誉。伯明翰大学的姚新将进化计算的搜索机制引入到人工神经网络中，提出了"进化人工神经网络"的概念，并且对进化神经网络进行了集成以提高网络性能[64-65]。萨里大学的金耀初利用多目标遗传算法进行神经网络的正则化和集成，并且将网络用于复杂系统的建模和控制当中[66-67]。中国科学技术大学陈国良提出了主从通用神经网络模型，并且开发出了通用并行神经网络模拟系统，为神经网络提供了高级描述语言，以及编辑和可执行环境[68-69]。上海交通大学戚飞虎提出了基于遗传算法的协同神经网络中参数的优化方法[70-71]。清华大学吴佑寿等人，中科院自动化研究所戴汝为、刘迎建等人在汉字图像识别上取得了较Hopfield网络更优的性能。华中科技大学廖晓昕和四川大学章毅在神经网络的稳定性和收敛性方面进行了深入研究。东南大学曹进德对具有时延的CNN网络、回归神经网络、Cohen-Grossberg网络和联想记忆网络等的稳定性和周期性进行了深入的研究[72-75]。南京大学周志华等人于2001年和2002年提出了用遗传算法来进行多个神经网络的选择性集成的模型GASEN[76-77]，证明集成部分网络比使用单个网络或者集成所有网络有更强的泛化能力，并于2003年提出了用于解释集成神经网络功能的方法REFNE[78](此方法可以提取出具有高保真度或强泛化能力的规则，从而提高集成的可理解性)以及可用于医疗诊断的模型C4.5 Rule-PANE[79](此模型结合了集成神经网络的强泛化能力和C4.5规则推理的高度可理解性)，于2004年提出了一种全新的决策树算法NeC4.5[80]，在UCI Machine Learning Repository上取得了较传统C4.5方法更优的分类性能，于2006年提出了通过训练代价敏感的神经网络来解决样本不平衡问题的新方法[81]。西南大学廖晓峰等人在带时滞神经网络的鲁棒性和稳定性方面做出了突出贡献，研究成果在模式识别和自动控制领域得到了广泛应用[82-84]。南京航空航天大学陈松灿领导的 PARNEC 团队相继提出了 ICBP（Improved Circular Back Propagation）、DLS（Discounted Least Squares）-ICBP、Chained DLS-ICBP 和 Plane-Gaussian 等神经网络模型，用以提升神经网络的泛化和适应能力，并更好地解决了局部极小值问题[85-88]。香港中文大学王军对递归神经网络及其在线性规划、最短路径寻优、降秩矩阵伪逆求解等问题的应用上进行了深入的研究，推动了神经网络在工程领域的应用[89-91]。西安交通大学郑南宁使用确定性退火方法训练径向基神经网络，取得了较传统 BP 算法更好的学习精度和泛化能力，同时缩短了学习所需的时间[92]。

此外，国内外一些学者和专家也出版了关于神经网络方面的系统论著。

在国内，主要包括西安电子科技大学焦李成所编著的《神经网络系统理论》[93]、《神经网络的应用与实现》[94]和《神经网络计算》[95]，北京邮电大学钟义信等人合编的《智能理论与技术——人工智能与神经网络》[96]，四川大学章毅编写的 Convergence Analysis of Recurrent Neural Networks[97]，中科院计算所史忠植编写的《神经网络》[98]，西南交通大学靳蕃编著的《神经网络与神经计算机原理、应用》[99]，南京大学周志华编著的《神经网络及其应用》[100]，复旦大学张立明编著的《人工神经网络的模型及其应用》[101]，中国科学院自动化研究所黄秉宪编著的《脑的高级功能与神经网络》[102]，北京工商大学韩力群编著的《人工神经网络教程》[103]和《人工神经网络理论、设计及应用》[104]，清华大学袁曾任编写的《人工神经元网络及其应用》[105]，北京理工大学陈祥光和裴旭东编著的《人工神经网络技术及应用》[106]，北京交通大学罗四维编著的《人工神经网络建造》[107]，浙江大学杨建刚编著的《人工神经网络实用教程》[108]，合肥工业大学高隽编著的《人工神经网络原理及仿真实例》[109]，上海海事大学朱大奇和史慧编著的《人工神经网络原理及应用》[110]。

在国外，主要包括美国俄克拉荷马州立大学的 Hagan 编写的 Neural Network Design[111]，加拿大麦克马斯特大学 S. O. Haykin 编写的 Neural Networks and Learning Machines[112] 和 Neural Networks：A Comprehensive Foundation[113]，美国路易斯维尔大学的 Zurada 编写的 Introduction to Artificial Neural Systems[114]，美国卡内基梅隆大学的 T. M. Mitchell 编写的 Machine Learning[115]，美国休斯敦大学的 Freeman 和 Skapura 合著的 Neural Networks：Algorithms, Applications, and Programming Techniques[116]，美国佐治亚南方大学的 Fausett 编写的 Fundamentals of Neural Networks：Architectures, Algorithms and Applications[117]，澳大利亚莫纳什大学的 Veelenturf 编写的 Analysis and Applications of Artificial Neural Networks[118]，荷兰阿姆斯特丹大学的 Krose 等编写的 An Introduction to Neural Networks[119]，英国佩斯利大学的 Fyfe 编写的 Artificial Neural Networks[120]，美国麻省理工学院的 Kasabov 编写的 Foundations of Neural Networks, Fuzzy Systems, and Knowledge Engineering[121] 和 The Handbook of Brain

*Theory and Neural Networks*[122]，加拿大萨斯喀彻温大学的 Gupta 等人编著的 *Static and Dynamic Neural Networks：from Fundamentals to Advanced Theory*[123]，由 Taylor 编写的 *Methods and Procedures for the Verification and Validation of Artificial Neural Networks*[124]，西班牙拉科鲁尼亚大学的 Rabuñal 和 Dorado 合著的 *Artificial Neural Networks in Real-life Applications*[125]，俄罗斯莫斯科物理技术学院的 Galushkin 编写的 *Neural Networks Theory*[126]。

以上著作从基本原理、网络设计优化以及网络的应用等角度对神经网络做了系统的梳理和阐释，是学习和研究神经网络的重要参考书籍。同时，神经网络也为一些学科的发展奠定了坚实的基础，形成了新的理论体系和方法论。其中，西安电子科技大学焦李成等人编著的《自适应多尺度网络理论与应用》[127]和《智能目标识别与分类》[128]，清华大学杨行峻编著的《人工神经网络与盲信号处理》[129]，清华大学阎平凡和张长水编著的《人工神经网络与模拟进化计算》[130]，中国科学技术大学丛爽编著的《神经网络、模糊控制及其在运动控制中的应用》[131]，东北大学虞和济编著的《基于神经网络的智能诊断》[132]，哈尔滨工业大学权太范编著的《信息融合神经网络——模糊推理理论与应用》[133]，华中科技大学廖晓昕编著的 *Stability of dynamical systems*[134]和《动力系统的稳定性理论和应用》[135]，中国科学院大学的刘德荣等人编著的 *Qualitative Analysis and Synthesis of Recurrent Neural Networks*[136]，国防科学技术大学的胡德文等人编著的《神经网络自适应控制》[137]，中科院自动化所戴汝为院士编著的《人工智能》[138]，清华大学罗发龙和李衍达院士合著的《神经网络信号处理》[139]，清华大学阎平凡等人编著的《神经网络与模糊控制》[140]和《人工神经网络与模拟进化计算》[141]，东北大学张化光编著的《递归时滞神经网络的综合分析与动态特性研究》[142]，中科院合肥智能所黄德双编著的《神经网络模式识别系统理论》[143]是这方面的典型代表。

## 22.3　深度学习研究进展

神经网络曾是机器学习领域一个特别火的研究方向，但由于其容易过拟合且参数训练速度慢，后来慢慢淡出了人们的视线。与传统的人工神经网络相比，生物神经网络是一个浅层的结构，这也是人工神经网络不能像人脑一样智能的原因之一。随着计算机处理速度和存储能力的提高，深层神经网络的设计和实现已逐渐成为可能。2006 年，加拿大多伦多大学的教授、机器学习界的泰斗 G. E. Hinton 和他的学生 R. R. Salakhutdinov 在《科学》上发表了一篇文章，开启了深度学习在学术界和工业界的浪潮[12]。这篇文章有两个主要的观点：一是多隐含层的神经网络具有优异的特征学习能力，学习到的特征对于数据有本质的刻画，从而有利于可视化或分类；二是深度神经网络在训练上的难度可以通过"逐层初始化"来有效克服，而逐层初始化可以通过无监督学习实现。正如之前提到的，神经网络的训练算法一直是制约其发展的一个瓶颈，网络层数的增加对参数学习算法提出了更严峻的挑战。传统的 BP 算法实际上对于仅含几层的网络训练效果已经很不理想，更不可能完成对深层网络的学习任务。基于此，Hinton 等人提出了基于"逐层预训练"和"精调"的两阶段策略，解决了深度学习中网络参数训练的难题[144-146]。继 Hinton 之后，纽约大学的 Y. LeCun、蒙特利尔大学的 Y. Bengio 和斯坦福大学的 A. Ng 等人在深度学习领域展开了研究，并提出了自编码器[147-151]、深度置信网[152-156]、卷积神经网络等深度模型[157-161]，这些模型在多个领域得到了应用。2015 年 CVPR 收录的论文中与深度学习有关的就有接近百篇，应用遍及计算机视觉的各个方向。以下将对深度学习在过去十年内的发展进行一定的梳理，并对一些典型的深度学习模型进行回顾和分析。

自编码器（AutoEncoder）是一种无监督的特征学习网络，它利用反向传播算法，让目标输出值等于输入值，其结构如图 22.6 所示。对于一个输入 $x \in \mathbf{R}^n$，首先将其通过一个特征映射得到对应的隐含层表示 $h \in \mathbf{R}^m$，隐含层表示接着被投影到输出层 $y \in \mathbf{R}^n$，并且希望输出与原始输入尽可能相等。自编码器试图学习一个恒等函数，当隐含层的数目小于输入层的数目时可以实现对信号的压缩表示，获得对输入数据有意义的特征表示。通常隐含层权值矩阵和输出层权值矩阵互为转置，这就大大减少了网络的参数个数。

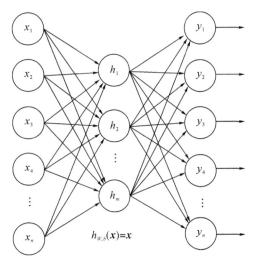

图 22.6    自编码器示意图

当输入数据中包含噪声时，自编码器的性能将会受到影响。为了使自编码器更加鲁棒，2008 年 Y. Bengio 等人提出了去噪自编码器（Denoising Autoencoder）的概念，在输入数据进行映射之前先对其添加随机噪声，然后将加噪后的数据进行编码和解码操作，并希望解码出来的输出信号能够逼近原来的干净输入信号[162]。去噪自编码器的原理图如图 22.7 所示。

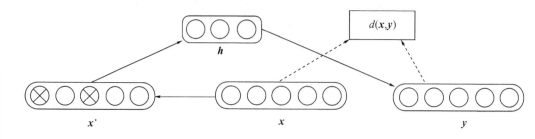

图 22.7　去噪自编码器的原理图

图 22.7 中，$x$ 是原始信号；$x^*$ 是加噪后的信号；$h$ 是编码后的信号；$y$ 是解码后的信号；$d(x, y)$ 是原始信号和解码后信号的差异，通常希望其越小越好。通过在原始信号中加入一定量的随机噪声来模拟真实数据中存在的干扰，可以更加鲁棒地从数据中学习到有意义的特征。如果将稀疏性引入到自编码器中，则还可以得到另一种被称为稀疏自编码器（Sparse AutoEncoder）的网络，这种网络限制每次获得的编码尽量稀疏，从而模拟人脑中神经元刺激和抑制的规律。稀疏自编码器的优化模型如下：

$$\min_{W} L(x, W) = \| Wh - x \|_2^2 + \lambda \sum_j | h_j | \tag{22-21}$$

其中，$h = W^T x$ 为编码后的信号。通过式（22-21）中的第二项可以约束编码信号足够稀疏，从而获得对原始信号更加紧凑简洁的表示。同时，将若干个自编码器堆叠在一起可以形成栈式自编码器，这种深层网络能学习到输入信号的层次化表示，更有利于提取数据中所蕴含的抽象特征[163]。一个简单的栈式自编码器的结构如图 22.8 所示。首先，将原始数据 $x$ 输入到栈式自编码器中，通过第一层的编码得到原始数据的一阶特征 $h^1$，然后将此一阶特征作

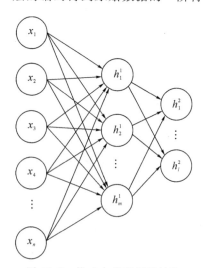

图 22.8　栈式自编码器的结构

为下一个自编码器的输入，对其进行进一步的编码，从而得到二阶特征 $h^2$，如此重复进行直到编码完毕。编码后的各阶特征便构成了对原始数据的层次化描述，可以用于后续的分类和识别任务中。在训练阶段，首先从第一层开始，按照单个自编码器的训练方式逐层训练网络参数，接着将最后一层的输出和期望输出的误差进行逐层反向传播，微调网络各层的参数。

深度信念网(Deep Belief Network，DBN)是由 G. Hinton 在 2006 年提出的，它是一种生成模型，通过训练神经元之间的权值，可以让整个神经网络按照最大概率来生成训练数据，其结构如图 22.9 所示[12]。DBN 是由多层 RBM 堆叠而成的，神经元可以分为显性神经元和隐性神经元，显性神经元用于接收输入，隐性神经元用以提取特征，最顶上的两层连接是无向的，用以组成联想记忆单元。

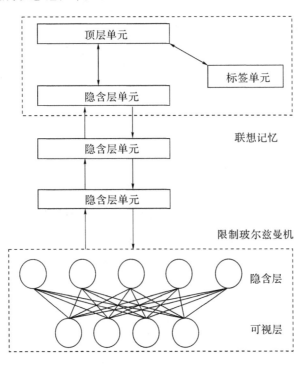

图 22.9　DBN 结构示意图

DBN 的参数学习过程分为无监督贪婪逐层训练和 Contrastive Wake-Sleep 调优两个阶段。在第一阶段，首先充分训练第一个 RBM，接着固定第一个 RBM 的权值和偏置，将其隐含层神经元的状态作为第二个 RBM 的输入向量，再对第二个 RBM 进行训练，如此依次进行。如果顶层的 RBM 除了有显性神经元外，还包括代表分类标签的神经元，则需要将其一起进行训练。第二个阶段是参数的调优过程，分为 Wake(认知过程)和 Sleep(生成过程)

两个子阶段。在 Wake 阶段，通过外界的特征和向上的权值产生每一层的抽象表示，并使用梯度下降修改每一层的下行权值；在 Sleep 阶段通过顶层表示和向下权值生成底层的状态，同时修改向上的权值。DBN 在特征提取过程中，先将输入信号拉成向量再投入到网络中，忽略了数据中存在的空间结构，在处理图像和视频这样的二维或高维信号时会存在一定问题。同时，当输入信号的维数过高且网络的深度过深时，网络中需要训练的参数会很多，这给存储和计算提出了很高的要求。目前，在处理手写体识别等图像识别任务中更常用的是一种被称为卷积神经网络(Convolutional Neural Network，CNN)的深层网络，且 CNN 是第一个真正成功训练的多层网络结构的学习算法。

卷积神经网络采用了局部感受野、权值共享以及时间或空间亚采样的结构思想，使得网络中自由参数的个数大大减少，降低了网络参数选择的复杂度，其主要用于识别位移、缩放及其他形式扭曲不变性的二维图形，一个最典型的应用例子便是用于美国大多数银行支票上手写数字识别的 LeNet-5[164-165]。卷积神经网络的基本原理图如图 22.10 所示。CNN 是一个多层的神经网络，每层由多个二维平面组成，每个平面由多个独立神经元组成。以图 22.10 为例，输入图像通过与三个可训练的滤波器和可加偏置进行卷积，卷积后在 C1 层产生三个特征映射图，然后将特征映射图中每组的四个像素进行求和，再加权值和偏置，最后通过一个 Sigmoid 函数得到三个 S2 层的特征映射图。这些特征映射图再经过滤波器得到 C3 层，这个层级结构采用与 S2 一样的方式产生 S4。最后这些像素被光栅化并作为一个向量输入到传统的神经网络中，得到最终的输出。CNN 的一个很重要的特点就是通过局部感受野、权值共享以及时间或空间亚采样三种思想减少了网络中自由参数的个数，获得了某种程度的位移、尺度、形变不变性。CNN 的训练算法仍然采用传统的误差反向传播思想，通常具有较快的收敛速度。2014 年，V. Mnih 等人针对图像分类任务提出了基于视觉注意的递归神经网络，进一步降低了卷积神经网络在处理图像时的计算开销[166]。通过视觉注意机制有选择地从图像中提取有利于分类的特征，可以更准确地对待识别物体进行描述，同时避免了冗余的全局处理。

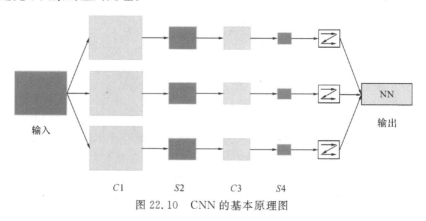

图 22.10　CNN 的基本原理图

深度学习思想的提出是对传统特征选择与提取框架的突破，正在对包括计算机视觉、自然语言处理（Natural Language Processing，NLP）、生物医学分析、遥感影像解译在内的诸多领域产生越来越重要的影响。A. Krizhevsky 等人训练了一个包含 65 万个神经元的深层卷积网络来对包括 1000 类的 120 万幅图像进行分类，并取得了比经典方法更优的分类性能[167-168]。C. Farabet 等人提出了用多尺度卷积神经网络来捕捉区域的纹理、形状和文本特征，并用以场景标注，避免了手工特征的设计和组合所存在的问题[3]。D. Ciresan 等人提出了基于 GPU 并行加速的卷积神经网络，用以自动学习交通标识符的特征，在德国交通标识符数据库中取得了比人工判读更高的识别率[169]。Y. C. Tang 等人提出了鲁棒玻尔兹曼机（Robust Boltzmann Machine，RoBM），使得玻尔兹曼机对干扰更加鲁棒，其在人脸数据集上的去噪和修补任务中取得了更好的效果[33]。A. Mohamed 等人提出了用深度信念网来进行语音建模，克服了传统的隐马尔科夫模型在建模时所施加的条件独立假设，能提取出深层的表示特征用以识别任务[7]。R. Socher 等人提出了基于递归自编码器（Recursive AutoEncoder，RAE）的自然语言释义检测（Paraphrase Detection），借助无监督的 RAE 来学习句子的特征向量，并将学习到的特征用以度量两个句子中词和短语的相似性，在MSRP 释义语料库中取得了较经典方法更优的性能[149]。X. Glorot 等人基于堆栈去噪自编码器从评论数据中无监督地学习特征用于情感分类，在亚马逊等工业数据集上取得了较经典方法更优的分类精度[170]。R. Zhao 等人将 2015 年 ImageNet 竞赛上获胜的卷积网络用于显著检测建模，通过全局和局部文本的联合学习在多个测试数据集上取得了较传统方法更优的检测性能[171]。D. L. Wang 等人使用深度神经网络估计语音的非负激活矩阵，用以从噪声中提取干净语音信息，获得了比 Masking 和 NMF 方法更好的提取效果[172]。徐宗本等人提出用卷积神经网络来预测图像块运动模糊的概率分布，在单幅图像的非均匀运动去模糊问题上取得了较为理想的结果[173]。W. L. Ouyang 等人将行人检测问题中的特征提取、变形和遮挡处理以及分类四个模块统一于深度学习框架之下，通过各部分之间的协同来达到整体性能的提升，在最大的行人检测数据库 Caltech 中以 9% 的优势超越了之前最好的方法[174]，在姿态估计问题上将视觉表象得分、表象混合类型和变形三类信息结合起来，统一于多源深度模型之中，在三组基准数据集上较现有方法性能提高了 8.6%[175]。N. Y. Wang 等人通过离线的方式从自然图像中训练了用于描述待跟踪物体特征的堆栈去噪自编码器，在复杂场景中可以提取出更加通用的特征用于分类，并在一些具有挑战性的视频序列上获得了比经典方法更准确的跟踪精度和更低的时间开销[176]。Y. Sun 等人将卷积神经网络和受限玻尔兹曼机结合起来，组成了混合的深度神经网络用于人脸验证，在LFW 数据集上获得了更优的验证性能[177]。J. Wan 等人提出了用深度学习模型来尝试解决"语义鸿沟"问题，并在基于内容的图像检索问题上验证了所提思路的有效性[178]。C. Dong 等人提出利用卷积神经网络来直接学习从低分辨到高分辨图像的映射关系，并且将传统基于稀疏表示的方法统一于此框架之下，通过联合优化的方式得到了更好的超分辨重建效果[179]。在通用结构的设计上，Y. Q. Jia 等人开发了深度卷积网络模型 Caffe，可用于大规模工业应用领域，并且已被用作多个问题的求解方案[180]。Eitel 等人提出了基于双层 CNN 的 RGB－D 物体识别网络结构，并在含有噪声的 RGB－D 物体数据库中取得了最优的识别结果[181]。H. Palangi 等人将深度学习的概念和序列建模的方法结合起来，用于提升多观测向量下的压缩感知问题的求解性能[182]。为避免无参考图像质量评价过程中繁琐的手工特征设计，L. Kang 等人提出将特征学习和回归过程统一到 CNN 的优化框架下，并在 LIVE 数据集上取得了最优性能，且该方法可用于图像局部质量的评估[183]。L. Chen 等人提出通过学习的方式来让 CNN 选择最优的局部接收场，并用于汉字手写体识别，极大地提升了传统 CNN 的性能[184]。D. Maturana 等人将体积占用图和 3D CNN 进行耦合，设计出了可用于检测植被覆盖地区潜在的被遮挡障碍物的系统，并将其应用到激光雷达点云下的自主飞行器安全降落区域的检测中，取得了较为理想的效果[185]。Tomczak 将分类受限玻尔兹曼机（Classification Restricted Boltzmann Machine）作为独立的非线性分类器用于五类不同的医学问题领域，并通过在模型中添加正则项来获得稀疏解[186]。J. Zhang 等人提出了 Coarse-to-fine 的自编码网络 CFAN 用于人脸对准，首先用第一组堆栈自编码网络（Stacked Autoencoder Network，SAN）来快速预测脸部的特征点，之后用第二组堆栈自编码网络来对其修正，在三组数据集上 CFAN 都取得了实时且最优的性能[187]。G. Y. Mi 等人将堆栈自编码器用于垃圾邮件检测任务，取得了较朴素贝叶斯、支撑向量机、决策树、集成、随机森林和传统神经网络更优的性能[188]。在遥感领域，J. Yue 等人将卷积神经网络用于高光谱图像分类[189]；W. X. Zhou 等人将自编码器用于高分辨遥感影像的检索任务[190]，并获得了较为满意的分类和检索结果。目前，深度网络的自动特征提取能力正受到自然、生物医学和遥感等多个领域的广泛关注，并且基于深度网络的方法在多个任务中都显示出了优越的性能，在未来将会有更加广阔的应用前景[191-192]。

近年来，深度学习的研究方兴未艾，这方面的书籍也不断涌现。其中具有代表性的著作有加拿大蒙特利尔大学的 Y. Bengio 编写的 *Learning Deep Architectures for AI*[193]、美国伊利诺伊大学的 S. Ohlsson 编著的 *Deep Learning：How the Mind Overrides Experience*[194]、美国麻省理工学院的 N. Buduma 编著的 *Fundamentals of Deep Learning*[195]、微软公司的 L. Deng 和 D. Yu 合著的 *Deep Learning：Methods and Applications*[196] 和 *Automatic Speech Recognition：A Deep Learning Approach*[197]、美国伊利诺伊大学的 V. Nath 和 S. E. Levinson 合著的 *Autonomous Robotics and Deep Learning*[198] 等。

## 22.4　总结和展望

作为连接主义智能实现的典范，人工神经网络采用广泛互联的结构与有效的学习机制来模拟人脑智能信息处理的过程，是人工智能发展历程中的重要方法，也是类脑智能研究中的有效工具。在神经网络70多年的发展历程中，曾几遭冷遇又几度繁荣。本章回顾了神经网络在过去70多年的发展历程，介绍了神经网络在各个发展阶段所取得的成果和面临的挑战。未来基于神经网络的类脑智能的研究还有许多亟待解决的问题与挑战。

**1. 认知神经网络**

尽管深度神经网络在语音识别和图像/视频识别等任务中显示出了很大的成功，但现有的人工神经网络结构还远远不及生物神经网络结构复杂，仍然是对生物神经系统信息处理的初级模拟，这是制约神经网络智能化水平的一个重要瓶颈。目前深层神经网络仅能完成一些简单的语音与视觉理解任务，在理论上还存在很多局限，训练网络的学习算法也十分有限。

另一方面，神经认知计算科学对视觉注意力、推理、抉择、学习等认知功能的研究方兴未艾。如果能从脑科学和神经认知科学寻找借鉴，从理论上发展出功能更加强大的类脑计算模型（如认知神经网络）来解决人工智能面临的局限，将有望实现更高层次的类脑智能。

**2. 主动神经网络**

生物个体在与环境接触的过程中，智能水平会得到提高。人脑可以在没有监督信息时主动地从周围环境中学习，实现对客观世界中物体的区分。因此，如果要实现更高级的智能行为，现有神经网络的发展需要突破利用神经元与网络结构的结构模拟思路，从结构模拟向功能模拟乃至行为模拟转换，借鉴人与环境之间的交互过程，主动且自动地完成增强学习，以摆脱对监督信息的依赖，在更严苛的环境下完成学习任务，这也是实现高级类脑智能的可能途径。

**3. 感知-理解-决策神经网络**

类脑智能行为可以大概归结为感知、理解与决策三个方面。目前神经网络模型的功能大都局限在对数据的理解层面，而事实上一个高级的智能机器应该具有环境感知与推理决策的功能。发展具有环境感知、数据理解以及推理决策能力的网络模型，也是实现高级类脑智能的必然要求。

**4. 复杂神经网络实现**

机器计算能力的提高曾经将神经网络重新拉回大众关注的视野。对于许多互联网公司来说，如何实现对海量大数据的快速高效训练是深层神经网络走向实用化的重要标志。现有的 Hadoop 平台不适合迭代运算，SGD 又不能以并行方式工作，而 GPU 在训练 DNN 时仍然显得比较吃力。同时，平台的能耗问题也成为制约其进一步发展的主要因素。为迎接未来深度学习在产业化过程中的挑战，开发高性能并行加速计算平台是当务之急。

另一方面，生物神经元之间的连接带有随机性和动态性，而不是像人工神经网络那样确定和一成不变，用计算机硬件或者算法来模拟这一过程虽极具挑战但意义重大。

### 5. 深度神经网络

深层神经网络一个最主要的特点在于其具有大量可调的自由参数，这使得其构建起的模型具有较高的灵活性。但另一方面却缺乏有力的理论指导和支撑，大多数情况下仍过分依赖于经验，带有一定程度的随机性。如此复杂的模型很容易在特定数据集上得到近乎理想的拟合效果，然而在推广泛化性能上却往往很难得到保障。为防止过拟合带来的问题，今后应当在数据的规模、网络的结构以及模型的正则化等方面开展工作，使深度神经网络更好地发挥其功能。

### 6. 大数据深度学习

深度学习的兴起很大程度上归功于海量可用的数据。当前，实验神经科学与各个工程应用领域给我们带来了呈指数增长的海量复杂数据，这些数据通过各种不同的形态被呈现出来（如文本、图像、音频、视频、基因数据、复杂网络等），且具有不同的分布，使得神经网络所面临的数据特性发生了本质变化。这给统计学习意义下的神经网络模型的结构设计、参数选取、训练算法以及时效性等都提出了新的挑战。因此，如何针对大数据设计有效的深度神经网络模型与学习理论，从指数增长的数据中获得指数增长的知识，是深度学习深化研究中面临的挑战。

（本章作者：焦李成，杨淑媛，刘芳，王士刚，冯志玺）

# 本章参考文献

[1] CIRESAN D C, MEIER U, GAMBARDELLA L M, et al. Deep, big, simple neural nets for handwritten digit recognition[J]. Neural Computation, 2010, 22(12): 3207 - 3220.

[2] GRAVES A, LIWICKI M, FERNANDEZ S, et al. A novel connectionist system for unconstrained handwriting recognition[J]. IEEE Transactions on Pattern Analysis and Machine Intelligence, 2009, 31(5): 855 - 868.

[3] FARABET C, COUPRIE C, NAJMAN L, et al. Learning hierarchical features for scene labeling[J]. IEEE Transactions on Pattern Analysis and Machine Intelligence, 2013, 35(8): 1915 - 1929.

[4] WANG L J, LU H C, RUAN X, et al. Deep networks for saliency detection via local estimation and global search[C]. Proceedings of the IEEE Conference on Computer Vision and Pattern Recognition. Boston, USA, 2015: 3183 - 3192.

[5] LI G B, YU Y Z. Visual saliency based on multiscale deep features[C]. Proceedings of the IEEE Conference on Computer Vision and Pattern Recognition. Boston, USA, 2015: 5455 - 5463.

[6] ZHAO R, OUYANG W L, LI H S, et al. Saliency detection by multi-context deep learning[C]. Proceedings of the IEEE Conference on Computer Vision and Pattern Recognition. Boston, USA, 2015: 1265 - 1274.

[7] MOHAMED A R, DAHL G, HINTON G E. Acoustic modeling using deep belief networks[J].

IEEE Transactions on Audio, Speech, and Language Processing, 2012, 20(1): 14 - 22.

[8]　MOHAMED A R, DAHL G, HINTON G E. Deep belief networks for phone recognition[C]. Proceedings of the IEEE International Conference on Acoustics, Speech and Signal Processing. Prague, Czech Republic, 2011, 5060 - 5063.

[9]　DAHL G E, YU D, DENG L, et al. Context-dependent pre-trained deep neural networks for large vocabulary speech recognition[J]. IEEE Transactions on Audio, Speech, and Language Processing, 2012, 20(1): 33 - 42.

[10]　AREL I, ROSE D C, KARNOWSKI T P. Deep machine learning: A new frontier in artificial intelligence research[J]. IEEE Computational Intelligence Magazine, 2010, 5(4): 13 - 18.

[11]　BENGIO Y. Learning deep architectures for AI[J]. Foundations and Trends in Machine Learning, 2009, 2(1): 1 - 127.

[12]　HINTON G E, SALAKHUTDINOV R R. Reducing the dimensionality of data with neural networks [J]. Science, 2006, 313(5786): 504 - 507.

[13]　ERHAN D, BENGIO Y, COURVILLE A, et al. Why does unsupervised pre-training help deep learning[J]. Journal of Machine Learning Research, 2010, 11: 625 - 660.

[14]　LECUN Y, BENGIO Y, HINTON G E. Deep learning[J]. Nature, 2015, 521: 436 - 444.

[15]　CHEN Y S, LIN Z H, ZHAO X, et al. Deep learning-based classification of hyperspectral data[J]. IEEE Journal of Selected Topics in Applied Earth Observations and Remote Sensing, 2014, 7(6): 2094 - 2107.

[16]　ZHAO X Y, LI X, ZHANG Z F. Multimedia retrieval via deep learning to rank[J]. IEEE Signal Processing Letters, 2015, 22(9): 1487 - 1491.

[17]　HUANG W H, SONG G J, HONG H K, et al. Deep architecture for traffic flow prediction: deep belief networks with multitask learning [J]. IEEE Transactions on Intelligent Transportation Systems, 2014, 15(5): 2191 - 2201.

[18]　HOU W L, GAO X B, TAO D C, et al. Blind image quality assessment via deep learning[J]. IEEE Transactions on Neural Networks and Learning Systems, 2015, 26(6): 1275 - 1286.

[19]　MCCULLOCH W S, PITTS W. A logical calculus of the ideas immanent in nervous activity[J]. The Bulletin of Mathematical Biophysics, 1943, 5(4): 115 - 133.

[20]　HEBB D O. The organization of behavior[M]. New York: Wiley, 1949.

[21]　MCCLELLAND J L, RUMELHART D E. Parallel distributed processing[M]. Cambridge, MA: The MIT Press, 1987.

[22]　ROSENBLATT F. The perceptron: a probabilistic model for information storage and organization in the brain[J]. Psychological Review, 1958, 65(6): 386.

[23]　WIDROW B, LEHR M. 30 years of adaptive neural networks: perceptron, madaline, and backpropagation [J]. Proceedings of the IEEE, 1990, 78(9): 1415 - 1442.

[24]　STEINBUCH K, PISKE U A W. Learning matrices and their applications[J]. IEEE Transactions on Electronic Computers, 1963, 6: 846 - 862.

[25]  MINSKY M, PAPERT S. Perceptrons[M]. Oxford: M I T Press, 1969.

[26]  HOPFIELD J J. Neural networks and physical systems with emergent collective computational abilities[J]. Proceedings of the National Academy of Sciences, 1982, 79(8): 2554 - 2558.

[27]  ACKLEY D H, HINTON G E, SEJNOWSKI T J. A learning algorithm for boltzmann machines[J]. Cognitive Science, 1985, 9(1): 147 - 169.

[28]  SEJNOWSKI T J. Learning and relearning in boltzmann machines [J]. Graphical Models: Foundations of Neural Computation, 2001, 282 - 317.

[29]  SWERSKY K. Inductive principles for learning restricted boltzmann machines[C]. Vancouver: University of British Columbia, Vancouver, Canada, 2010.

[30]  HINTON G E. Training products of experts by minimizing contrastive divergence[J]. Neural Computation, 2002, 14(8): 1771 - 1800.

[31]  DAHL G E, RANZATO M, MOHAMED A, et al. Phone recognition with the mean-covariance restricted boltzmann machine[C]. Proceedings of the Neural Information and Processing Systems. Whistler, Canada, 2010: 469 - 477.

[32]  LAROCHELLE H, BENGIO Y. Classification using discriminative restricted boltzmann machines [C]. Proceedings of the International Conference on Machine Learning. Helsinki, Finland, 2008: 536 - 543.

[33]  TANG Y C, SALAKHUTDINOV R, HINTON G E. Robust boltzmann machines for recognition and denoising [C]. Proceedings of the IEEE Conference on Computer Vision and Pattern Recognition. Providence, USA, 2012: 2264 - 2271.

[34]  WERBOS P J. The roots of backpropagation: from ordered derivatives to neural networks and political forecasting[M]. New York: John Wiley, 1994.

[35]  WERBOS P J. Backpropagation through time: what it does and how to do it[J]. Proceedings of the IEEE, 1990, 78(10): 1550 - 1560.

[36]  RUMELHART D E, HINTON G E, WILLIAMS R J. Learning internal representations by error propagation[R]. San Diego: California University, ICS - 8506, 1985.

[37]  RUMELHART D E, HINTON G E, WILLIAMS R J. Learning representations by back - propagating errors[J]. Nature, 1986, 323: 533 - 536.

[38]  CYBENKO G. Approximation by superpositions of a sigmoidal function[J]. Mathematics of Control, Signals and Systems, 1989, 2(4): 303 - 314.

[39]  FUNAHASHI K I. On the approximate realization of continuous mappings by neural networks[J]. Neural Networks, 1989, 2(3): 183 - 192.

[40]  HORNIK K, STINCHCOMBE M, WHITE H. Multilayer feedforward networks are universal approximators[J]. Neural Networks, 1989, 2(5): 359 - 366.

[41]  BROOMHEAD D S, LOWE D. Radial basis functions, multi-variable functional interpolation and adaptive networks[R]. Great Malvern, UK: Royal Signals and Radar Establishment, 1988.

[42]  JACKSON I R H. An order of convergence for some radial basis functions[J]. IMA Journal of

Numerical Analysis, 1989, 9(4): 567 – 587.

[43] PARK J, SANDBERG I W. Universal approximation using radial-basis-function networks[J]. Neural Computation, 1991, 3(2): 246 – 257.

[44] ER M J, WU S Q, LU J W, et al. Face recognition with radial basis function (RBF) neural networks[J]. IEEE Transactions on Neural Networks, 2002, 13(3): 697 – 710.

[45] PARK J, SANDBERG I W. Universal approximation using radial-basis-function networks[J]. Neural Computation, 1991, 3(2): 246 – 257.

[46] CARR J C, FRIGHT W R, BEATSON R K. Surface interpolation with radial basis functions for medical imaging[J]. IEEE Transactions on Medical Imaging, 1997, 16(1): 96 – 107.

[47] CHUA L O, YANG L. Cellular neural networks: applications[J]. IEEE Transactions on Circuits and Systems, 1988, 35(10): 1273 – 1290.

[48] CHUA L O, YANG L. Cellular neural networks: theory[J]. IEEE Transactions on Circuits and Systems, 1988, 35(10): 1257 – 1272.

[49] ZHANG Q H, BENVENISTE A. Wavelet networks[J]. IEEE Transactions on Neural Networks, 1992, 3(6): 889 – 898.

[50] JIAO L C, PAN J, FANG Y W. Multiwavelet neural network and its approximation properties[J]. IEEE Transactions on Neural Networks, 2001, 12(5): 1060 – 1066.

[51] YANG S Y, WANG M, JIAO L C. A new adaptive ridgelet neural network[J]. Advances in neural networks, 2005, 385 – 390.

[52] BO L F, JIAO L C, WANG L. Working set selection using functional gain for LS – SVM[J]. IEEE Transactions on Neural Networks, 2007, 18(5): 1541 – 1544.

[53] BO L F, WANG L, JIAO L C. Recursive finite newton algorithm for support vector regression in the primal[J]. Neural Computation, 2007, 19(4): 1082 – 1096.

[54] JIAO L C, BO L F, WANG L. Fast Sparse Approximation for Least Square Support Vector Machine[J]. IEEE Transactions on Neural Networks, 2007, 18(3): 685 – 697.

[55] XU L. Bayesian-kullback YING-YANG machine[C]. Proceedings of the Neural Information and Processing Systems. Denver, USA, 1996: 444 – 450.

[56] XU L. Bayesian Ying-Yang machine, clustering and number of clusters[J]. Pattern Recognition Letters, 1997, 18(11): 1167 – 1178.

[57] ZHANG B, ZHANG L, ZHANG H. A quantitative analysis of the behaviors of the PLN network [J]. Neural Networks, 1992, 5(4): 639 – 644.

[58] WANG S J, CAO W M. Hardware realization of semiconductor neurocomputer and its application to continuous speech recognition[J]. Acta Electronica Sinica, 2006, 34(2): 267 – 271.

[59] WANG S J. Bionic (topological) pattern recognition-a new model of pattern recognition theory and its applications[J]. Acta Electronica Sinica, 2002, 30(10): 1417 – 1420.

[60] CHEN T P, CHEN H, LIU R W. Approximation capability in C (Rn) by multilayer feedforward networks and related problems[J]. IEEE Transactions on Neural Networks, 1995, 6(1): 25 – 30.

[61] CHEN T P, CHEN H. Approximation capability to functions of several variables, nonlinear functionals, and operators by radial basis function neural networks[J]. IEEE Transactions on Neural Networks, 1995, 6(4): 904 – 910.

[62] CHEN T P. Global exponential stability of delayed Hopfield neural networks[J]. Neural Networks, 2001, 14(8): 977 – 980.

[63] CHEN T P, RONG L B. Delay-independent stability analysis of Cohen-Grossberg neural networks [J]. Physics Letters A, 2003, 317(5): 436 – 449.

[64] YAO X. A review of evolutionary artificial neural networks[J]. International Journal of Intelligent Systems, 1993, 8(4): 539 – 567.

[65] YAO X, LIU Y. Ensemble structure of evolutionary artificial neural networks[C]. Proceedings of IEEE International Conference on Evolutionary Computation. Nagoya, Japan, 1996: 659 – 664.

[66] JIN Y C, JIANG J P, ZHU J. Neural network based fuzzy identification and its application to modeling and control of complex systems[J]. IEEE Transactions on Systems, Man and Cybernetics, 1995, 25(6): 990 – 997.

[67] JIN Y C, OKABE T, SENDHOFF B. Neural network regularization and ensembling using multi-objective evolutionary algorithms [C]. Proceedings of the IEEE Congress on Evolutionary Computation. Portland, USA, 2004: 1 – 8.

[68] CHEN G L, SONG S C, QIN X O. General purpose master-slave neural network[J]. Acta Electronica Sinica, 1992, 20(10): 26 – 32.

[69] CHEN G L, XIONG Y, FANG X. General purpose parallel neural network simulation system[J]. Mini – micro Systems, 1992, 13(12): 16 – 32.

[70] ZHAO T, QI F H, FENG J. Analysis of the recognition performance of synergetic neural network [J]. Acta Electronica Sinica, 2000, 28(1): 74 – 77.

[71] WANG H L, QI F H, REN Q S. Parameters optimization of synergetic neural network[J]. Journal of Infrared and Millimeter Waves, 2001, 20(3): 215 – 218.

[72] CAO J D. Periodic oscillation and exponential stability of delayed CNNs[J]. Physics Letters A, 2000, 270(3): 157 – 163.

[73] CAO J D, WANG J. Global asymptotic stability of a general class of recurrent neural networks with time-varying delays[J]. IEEE Transactions on Circuits and Systems, 2003, 50(1): 34 – 44.

[74] CAO J D, DONG M F. Exponential stability of delayed bi-directional associative memory networks [J]. Applied Mathematics and Computation, 2003, 135(1): 105 – 112.

[75] CAO J D, LI X L. Stability in delayed Cohen-Grossberg neural networks: LMI optimization approach [D]. Nonlinear Phenomena, 2005, 212(1): 54 – 65.

[76] ZHOU Z H, WU J X, JIANG Y, et al. Genetic algorithm based selective neural network ensemble [C]. Proceedings of the 17th International Joint Conference on Artificial Intelligence. Seattle, USA, 2001: 797 – 802.

[77] ZHOU Z H, WU J, TANG W. Ensembling neural networks: many could be better than all[J].

Artificial Intelligence，2002，137(1－2)：239－263.

[78] ZHOU Z H，JIANG Y，CHEN S F. Extracting symbolic rules from trained neural network ensembles[J]. AI Communications，2003，16(1)：3－15.

[79] ZHOU Z H，JIANG Y. Medical diagnosis with C4. 5 rule preceded by artificial neural network ensemble [J]. IEEE Transactions on Information Technology in Biomedicine，2003，7(1)：37－42.

[80] ZHOU Z H，JIANG Y. NeC4.5：neural ensemble based C4.5[J]. IEEE Transactions on Knowledge and Data Engineering，2004，16(6)：770－773.

[81] ZHOU Z H，LIU X Y. Training cost-sensitive neural networks with methods addressing the class imbalance problem[J]. IEEE Transactions on Knowledge and Data Engineering，2006，18(1)：63－77.

[82] LIAO X F，WONG K W，WU Z F，et al. Novel robust stability criteria for interval-delayed Hopfield neural networks[J]. IEEE Transactions on Circuits and Systems，2001，48(11)：1355－1359.

[83] LIAO X F，CHEN G R，SANCHEZ E N. LMI-based approach for asymptotically stability analysis of delayed neural networks [J]. IEEE Transactions on Circuits and Systems，2002，49(7)：1033－1039.

[84] LIAO X F，WONG K W，YU J B. Novel stability conditions for cellular neural networks with time delay[J]. International Journal of Bifurcation and Chaos，2001，11(07)：1853－1864.

[85] DAI Q，CHEN S C，ZHANG B Z. Improved CBP neural network model with applications in time series prediction[J]. Neural Processing Letters，2003，18(3)：217－231.

[86] CHEN S C，DAI Q. DLS-ICBP neural networks with applications in time series prediction[J]. Neural Computing & Application，2005，14：250－255.

[87] DAI Q，CHEN S C. Chained DLS-ICBP neural networks with multiple steps time series prediction [J]. Neural processing letters，2005，21(2)：95－107.

[88] YANG X B，CHEN S C，CHEN B. Plane－Gaussian artifiial neural network[J]. Neural Computing and Applications，2012，21(2)：305－317.

[89] WANG J. Analysis and design of a recurrent neural network for linear programming[J]. IEEE Transactions on Circuits and Systems，1993，40(9)：613－618.

[90] WANG J. A recurrent neural network for solving the shortest path problem[J]. IEEE Transactions on Circuits and Systems，1996，43(6)：482－486.

[91] WANG J. Recurrent neural networks for computing pseudoinverses of rank-deficient matrices[J]. SIAM Journal on Scientific Computing，1997，18(5)：1479－1493.

[92] ZHENG N N，ZHANG Z H，ZHENG H B，et al. Deterministic annealing learning of the radial basis function nets for improving the regression ability of RBF networks[C]. Proceedings of the IEEE International Joint Conference on Neural Networks，Como，Italy，2000：601－607.

[93] 焦李成. 神经网络系统理论[M]. 西安：西安电子科技大学出版社，1990.

[94] 焦李成. 神经网络的应用与实现[M]. 西安：西安电子科技大学出版社，1990.

[95] 焦李成. 神经网络计算[M]. 西安：西安电子科技大学出版社，1990.

[96] 钟义信，潘新安，杨义先. 智能理论与技术：人工智能与神经网络[M]. 北京：人民邮电出版社，

1992.

[97]　ZHANG Y. Convergence analysis of recurrent neural networks，Springer，2003.

[98]　史忠植. 神经网络[M]. 北京：高等教育出版社，2009.

[99]　靳蕃，范俊波，谭永东. 神经网络与神经计算机原理、应用[M]. 成都：西南交通大学出版社，1991.

[100]　周志华. 神经网络及其应用[M]. 北京：清华大学出版社，2004.

[101]　张立明. 人工神经网络的模型及其应用[M]. 上海：复旦大学出版社，1993.

[102]　黄秉宪. 脑的高级功能与神经网络[M]. 北京：科学出版社，2000.

[103]　韩力群. 人工神经网络教程[M]. 北京：北京邮电大学出版社，2006.

[104]　韩力群. 人工神经网络理论、设计及应用[M]. 2 版. 北京：化学工业出版社，2007.

[105]　袁曾任. 人工神经元网络及其应用[M]. 北京：清华大学出版社，1999.

[106]　陈祥光，裴旭东. 人工神经网络技术及应用[M]. 北京：中国电力出版社，2003.

[107]　罗四维. 人工神经网络建造[M]. 北京：中国铁道出版社，1998.

[108]　杨建刚. 人工神经网络实用教程[M]. 杭州：浙江大学出版社，2001.

[109]　高隽. 人工神经网络原理及仿真实例[M]. 北京：机械工业出版社，2003

[110]　朱大奇，史慧. 人工神经网络原理及应用[M]. 北京：科学出版社，2006.

[111]　HAGAN M T, DEMUTH H B, BEALE M H. Neural Network Design[M]. Boston, MA, USA：PWS Publishing Corporation，1995.

[112]　HAYKIN S O. Neural Networks and Learning Machines[M]. Upper Saddle River, New Jersey：Prentice Hall，2008.

[113]　HAYKIN S O. Neural Networks：a Comprehensive Foundation[M]. Second edition. Upper Saddle River, New Jersey：Prentice Hall，1999.

[114]　ZURADA J M. Introduction to Artificial Neural Systems[M]. St. Paul, MN：West Publishing Company，1992.

[115]　MITCHELL T M. Machine Learning[M]. New York：McGraw Hill Higher Education，1997.

[116]　FREEMAN J A, SKAPURA D M. Neural Networks：Algorithms, Applications, and Programming Techniques[M]. Boston, MA：Addison Wesley Publishing Company，1991.

[117]　FAUSETT L V. Fundamentals of Neural Networks：Architectures, Algorithms and Applications [M]. Upper Saddle River, New Jersey：Prentice Hall，1993.

[118]　VEELENTURF L P J. Analysis and Applications of Artificial Neural Networks[M]. Hertfordshire：Prentice Hall International (UK) Limited，1995.

[119]　KROSE B, SMAGT P V D. An Introduction to Neural Networks[M]. Eighth Edition. Amsterdam：The University of Amsterdam，1996.

[120]　FYFE C. Artificial Neural Networks[M]. Paisley：The University of Paisley，1996.

[121]　KASABOV N K. Foundations of Neural Networks, Fuzzy Systems, and Knowledge Engineering [M]. Cambridge, MA：The MIT Press，1996.

[122]　ARBIB M A. The Handbook of Brain Theory and Neural Networks[M]. 2nd. Cambridge, MA：

The MIT Press，2002.

[123]  GUPTA M M，JIN L，HOMMA N. Static and Dynamic Neural Networks：from Fundamentals to Advanced Theory[M]. Hoboken，New Jersey：John Wiley & Sons，2003.

[124]  TAYLOR B J. Methods and Procedures for the Verification and Validation of Artificial Neural Networks [M]. Fairmont WV：Springer，2006.

[125]  RABUÑAL J R，DORADO J. Artificial Neural Networks in Real-life Applications[M]. Hershey PA：Idea Group Publishing，2006.

[126]  GALUSHKIN A I. Neural Networks Theory[M]. Berlin：Springer，2007.

[127]  焦李成，杨淑媛. 自适应多尺度网络理论与应用[M]. 北京：科学出版社，2008.

[128]  焦李成，周伟达，张莉. 智能目标识别与分类[M]. 北京：科学出版社，2010.

[129]  杨行峻. 人工神经网络与盲信号处理[M]. 北京：清华大学出版社，2003.

[130]  阎平凡，张长水. 人工神经网络与模拟进化计算[M]. 2版. 北京：清华大学出版社，2005.

[131]  丛爽. 神经网络、模糊控制及其在运动控制中的应用[M]. 合肥：中国科学技术大学出版社，2001.

[132]  虞和济. 基于神经网络的智能诊断[M]. 北京：国防工业出版社，2002.

[133]  权太范. 信息融合神经网络：模糊推理理论与应用[M]. 北京：国防工业出版社，2002.

[134]  LIAOX X，WANG L Q，YU P. Stability of dynamical systems[M]. Oxford：Elsevier Science Ltd.，2007

[135]  廖晓昕. 动力系统的稳定性理论和应用[M]. 北京：国防工业出版社，2001.

[136]  Michel A N，LIU D R. Qualitative analysis and synthesis of recurrent neural network[M]. New York：Marcel Dekker，2002.

[137]  胡德文，王正志，王耀南. 神经网络自适应控制[M]. 长沙：国防科技大学出版社，2006.

[138]  戴汝为. 人工智能[M]. 北京. 北京化工大学出版社，2002.

[139]  罗发龙，李衍达. 神经网络信号处理[M]. 北京：电子工业出版社，1993.

[140]  张乃尧，阎平凡. 神经网络与模糊控制[M]. 北京：清华大学出版社，1998.

[141]  阎平凡，张长水. 人工神经网络与模拟进化计算[M]. 北京：清华大学出版社，2001.

[142]  张化光. 递归时滞神经网络的综合分析与动态特性研究[M]. 北京：科学出版社，2008.

[143]  黄德双. 神经网络模式识别系统理论[M]. 北京：电子工业出版社，1996.

[144]  HINTON G E，OSINDERO S，TEH Y W. A fast learning algorithm for deep belief net[J]. Neural Computation，2006，18(7)：1527 – 1554.

[145]  HINTON G E. Learning multiple layers of representation[J]. Trends in Cognitive Sciences，2007，11(10)：428 – 434.

[146]  HINTON G E. A practical guide to training restricted boltzmann machines[R]. Toronto：University of Toronto，2010，9(1)：926 – 947.

[147]  RIFAI S，VINCENT P，MULLER X，et al. Contractive auto-encoders：explicit invariance during feature extraction[C]. Proceedings of the International Conference on Machine Learning. Bellevue，USA，2011：833 – 840.

[148] HINTON G E, KRIZHEVSKY A, WANG S. Transforming auto-encoders. Proceedings of the International Conference on Artificial Neural Networks. Espoo, Finland, 2011: 44 – 51.

[149] SOCHER R, HUANG E H, PENNINGTON J, et al. Dynamic pooling and unfolding recursive autoencoders for paraphrase detection[C]. Proceedings of the Neural Information and Processing Systems. Granada, Spain, 2011: 801 – 809.

[150] HINTON G E, ZEMEL R S. Autoencoders, minimum description length, and helmholtz free energy[C]. Proceedings of the Neural Information and Processing Systems. Denver, USA, 1993: 1 – 9.

[151] CHEN M, XU Z, WINBERGER K Q, et al. Marginalized denoising autoencoders for domain adaptation[C]. Proceedings of the International Conference on Machine Learning. Edinburgh, UK, 2012.

[152] LEE H, GROSSE R, RANGANATH R, et al. Convolutional deep belief networks for scalable unsupervised learning of hierarchical representations [C]. Proceedings of the International Conference on Machine Learning. Montreal, Canada, 2009: 609 – 616.

[153] KRIZHEVSKY A. Convolutional deep belief networks on CIFAR – 10[R]. Toronto: University of Toronto, 2010.

[154] LEE H, EKANADHAM C, NG A Y. Sparse deep belief net model for visual area V2[C]. Proceedings of the Neural Information and Processing Systems. Vancouver, Canada, 2007: 873 – 880.

[155] LEE H, PHAM P, LARGMAN Y, et al. Unsupervised feature learning for audio classification using convolutional deep belief networks[C]. Proceedings of the Neural Information and Processing Systems. Vancouver, Canada, 2009: 1096 – 1104.

[156] RANZATO M, BOUREAU Y, LECUN Y. Sparse feature learning for deep belief networks[C]. Proceedings of the Neural Information and Processing Systems. Vancouver, Canada, 2007: 1185 – 1192.

[157] JAIN V, SEUNG S H. Natural image denoising with convolutional networks[C]. Proceedings of the Neural Information and Processing Systems. Vancouver, Canada, 2008: 769 – 776.

[158] LE Q, NGIAM J, CHEN Z H, et al. Tiled convolutional neural networks[C]. Proceedings of the Neural Information and Processing Systems. Vancouver, Canada, 2010: 1279 – 1287.

[159] TAYLOR G, FERGUS R, LECUN Y, et al. Convolutional learning of spatio-temporal features [C]. Proceedings of the European Conference on Computer Vision, Heraklion, Greece, 2010: 140 – 153.

[160] DESJARDINS G, BENGIO Y. Empirical evaluation of convolutional RBMs for vision [R]. Montreal: University of Montreal, 2008.

[161] KAVUKCUOGLU K, SERMANET P, BOUREAU Y L. Learning convolutional feature hierarchies for visual recognition[C]. Proceedings of the Neural Information and Processing Systems. Granada, Spain, 2010: 1090 – 1098.

[162] VINCENT P, LAROCHELLE H, BENGIO Y, et al. Extracting and composing robust features with denoising autoencoders[C]. Proceedings of the International Conference on Machine Learning. Helsinki,

Finland, 2008: 1096 - 1103.

[163] VINCENT P, LAROCHELLE H, LAJOIE I, et al. Stacked denoising autoencoders: Learning useful representations in a deep network with a local denoising criterion[J]. Journal of Machine Learning Research, 2010, 11: 3371 - 3408.

[164] LECUN Y, JACKEL L, BOTTOU L, et al. Comparison of learning algorithms for handwritten digit recognition[C]. Proceedings of the International Conference on Artificial Neural Networks. Paris, France, 1995: 53 - 60.

[165] LECUN Y, JACKEL L D, BOTTOU L, et al. Learning algorithms for classification: a comparison on handwritten digit recognition[J]. Neural Networks: the Statistical Mechanics Perspective, 1995: 261 - 276.

[166] MNIH V, HEESS N, GRAVES A, et al. Recurrent models of visual attention[C]. Proceedings of the Neural Information Processing Systems. Montreal, Canada, 2014: 2204 - 2212.

[167] KRIZHEVSKY A, SUTSKEVER I, HINTON G E. ImageNet classification with deep convolutional neural networks[C]. Proceedings of the Neural Information Processing Systems. Lake Tahoe, USA, 2012: 1097 - 1105.

[168] KRIZHEVSKY A, HINTON G E. Learning multiple layers of features from tiny images[R]. Toronto: University of Toronto, 2009.

[169] CIRESAN D, MEIER U, MASCI J, et al. A committee of neural networks for traffic sign classification [C]. Proceedings of the International Joint Conference on Neural Networks. San Jose, USA, 2011: 1918 - 1921.

[170] GLOROT X, BORDES A, BENGIO Y. Domain adaptation for large-scale sentiment classification: a deep learning approach[C]. Proceedings of the International Conference on Machine Learning. Bellevue, USA, 2011: 513 - 520.

[171] ZHAO R, OUYANG W L, LI H S, et al. Saliency detection by multi-context deep learning[C]. Proceedings of the IEEE Conference on Computer Vision and Pattern Recognition. Boston, USA, 2015: 1265 - 1274.

[172] WILLIAMSON D S, WANG Y X, WANG D L. Estimating nonnegative matrix model activations with deep neural networks to increase perceptual speech quality[J]. Journal of the Acoustical Society of America, 2015, 138(3): 1399 - 1407.

[173] SUN J, CAO W F, XU Z B, et al. Learning a convolutional neural network for non-uniform motion blur removal[J]. arXiv preprint, arXiv: 1503. 00593, 2015.

[174] OUYANG W L, WANG X G. Joint deep learning for pedestrian detection[C]. Proceedings of the IEEE International Conference on Computer Vision. Sydney, Australia, 2013: 2056 - 2063.

[175] OUYANG W L, CHU X, WANG X G. Multi-source deep learning for human pose estimation[C]. Proceedings of the IEEE International Conference on Computer Vision and Pattern Recognition. Columbus, OH, USA, 2014: 2337 - 2344.

[176] WANG N Y, YEUNG D Y. Learning a deep compact image representation for visual tracking[C].

Proceedings of the Neural Information and Processing Systems. Lake Tahoe, Nevada, USA, 2013: 809 - 817.

[177] SUN Y, WANG X G, TANG X O. Hybrid deep learning for face verification[C]. Proceedings of the IEEE International Conference on Computer Vision. Sydney, Australia, 2013: 1489 - 1496.

[178] WAN J, WANG D Y, HOI S C H, et al. Deep learning for content-based image retrieval: a comprehensive study[C]. Proceedings of the ACM International Conference on Multimedia. Orlando, FL, USA, 2014: 157 - 166.

[179] DONG C, LOY C C, HE K M, et al. Learning a deep convolutional network for image super-resolution[C]. Proceedings of the European Conference on Computer Vision, Zurich, Switzerland, 2014: 184 - 199.

[180] JIA Y Q, SHELHAMER E, DONAHUE J, et al. Caffe: convolutional architecture for fast feature embedding[C]. Proceedings of the ACM International Conference on Multimedia. Orlando, FL, USA, 2014: 675 - 678.

[181] EITEL A, SPRINGENBERG J T, SPINELLO L, et al. Multimodal deep learning for robust RGB-D object recognition[J]. arXiv preprint, arXiv: 1507. 06821, 2015.

[182] PALANGI H, WARD R, DENG L. Distributed compressive sensing: a deep learning approach[J]. arXiv preprint, arXiv: 1508. 04924, 2015.

[183] KANG L, YE P, LI Y, et al. Convolutional neural networks for no-reference image quality assessment [C]. Proceedings of the IEEE International Conference on Computer Vision and Pattern Recognition. Columbus, OH, USA, 2014: 1733 - 1740.

[184] CHEN L, WU C P, FAN W, et al. Adaptive local receptive field convolutional neural networks for handwritten chinese character recognition[J]. Pattern Recognition, 2014: 455 - 463.

[185] MATURANA D, SCHERER S. 3D convolutional neural networks for landing zone detection from LiDAR[C]. Proceedings of the IEEE International Conference on Robotics and Automation. Seattle, WA, USA, 2015.

[186] TOMCZAK J M. Application of classification restricted boltzmann machine to medical domains. World Applied Sciences Journal, 2014, 31: 69 - 75.

[187] ZHANG J, SHAN S G, KAN M N, et al. Coarse-to-fine auto-encoder networks (CFAN) for real-time face alignment[C]. Proceedings of the European Conference on Computer Vision, Zurich, Switzerland, 2014: 1 - 16.

[188] MI G Y, GAO Y, TAN Y. Apply stacked auto-encoder to spam detection[J]. Advances in Swarm and Computational Intelligence, 2015: 3 - 15.

[189] YUE J, ZHAO W Z, MAO S J, et al. Spectral-spatial classification of hyperspectral images using deep convolutional neural networks[J]. Remote Sensing Letters, 2015, 6(6): 468 - 477.

[190] ZHOU W X, SHAO Z F, DIAO C Y, et al. High-resolution remote-sensing imagery retrieval using sparse features by auto-encoder[J]. Remote Sensing Letters, 2015, 6(10): 775 - 783.

[191] JI S W, XU W, YANG M, et al. 3D convolutional neural networks for human action recognition

[J]. IEEE Transactions on Pattern Analysis and Machine Intelligence, 2013, 35(1): 221-231.

[192] LIN Y Q, ZHANG T, ZHU S H, et al. Deep coding networks[C]. Proceedings of the Neural Information and Processing Systems. Vancouver, Canada, 2010: 1405-1413.

[193] BENGIO Y. Learning Deep Architectures for AI[M]. Hanover, MA: Now Publishers Inc., 2009.

[194] OHLSSON S. Deep Learning: How the Mind Overrides Experience[M]. Cambridge: Cambridge University Press, 2011.

[195] BUDUMA N. Fundamentals of Deep Learning[M]. USA: O'Reilly Media Inc., 2015.

[196] DENG L, YU D. Deep Learning: Methods and Applications[M]. Hanover, MA: Now Publishers Inc., 2014.

[197] YU D, DENG L. Automatic Speech Recognition: A Deep Learning Approach[M]. Berlin: Springer, 2014.

[198] NATH V, LEVINSON S E. Autonomous Robotics and Deep Learning[M]. Berlin: Springer, 2014.

第22章 神经网络70年：从MP神经元到深度学习

# 第23章 稀疏认知学习、计算与识别

## 23.1 引　言

智能信息处理是当前信息科学理论和应用研究中的一个热点领域。由于计算机网络及传感技术的发展，社交网络、遥感、医学等领域都面临着急剧增长的大数据。面对数据的不断增长，对数据处理工具的要求也越来越高，人们希望在合理的时间内有效地从这种具有价值密度低且结构复杂的数据中获取潜在的知识。特别是近20年间，为设计出有效的数据处理算法，科学家们将目光聚焦到了智能的大脑系统建模上，特别是作为该研究方向之一的生物视觉认知机理的建模，受到了人工智能和模式识别领域的广泛重视。

众所周知，信号表示是信号与信息处理领域的一个核心问题。稀疏表示是继小波分析、多尺度几何分析之后，被提出的又一类新的信号表示方法，它通过基或字典中很少量的原子的线性组合来表示信号。然而有关稀疏表示最初的思想却来源于生物视觉认知领域，具体体现在稀疏的概念上，它是1959年Hubel和Wiesel在研究猫的视觉条纹皮层上的细胞的感受野时首次提出的，结论为"初级视皮层（即V1区）上的细胞的感受野能够对视觉感知信息产生一种稀疏的响应，即大部分神经元处于静息状态，只有少数神经元处于刺激状态"[1]。另外，关于稀疏表示，可以追溯到1993年法国数学家Mallat基于小波分析提出的信号可以用一个过完备的字典来表示[2]这一提法。这一提法开启了稀疏表示的先河。由于稀疏表示的思想新颖，方法独特，因此它成为了一种重要的智能信息处理技术。在实际信号处理任务中，已发现许多自然信号在适当的变换下呈现稀疏性（即大多数变换系数为零或接近于零，仅有少数变换系数不为零）。因此，为了有效利用稀疏性来实现数据的加工处理，十余年来，基于生物视觉稀疏认知机理的数学建模成为了一个热门的研究方向，主要是因为这种处理方式不但可以节省存储空间和降低时间复杂度，而且可以快速地提取信号中的本质信息。

另外，研究生物视皮层如何实现对外界刺激的稀疏响应与目标识别一直是视觉神经科学领域的一个关键问题。在过去的几十年里，已有一些科学家利用视觉神经生理研究中所获得的实验数据建立了计算模型，这些模型在对这一关键问题的探索研究中取得了较好的成果。例如，1969年Willshaw和Buneman等人提出了基于Hebbian局部学习规则的稀疏表示模型，其中的稀疏表示可以使得记忆能力最大化，进而有利于网络结构中联想机制的建立[3]。又如，1972 年 Barlow 等人给出了"稀疏性和自然环境的统计特性之间存在着某种相关性联系"的推论[4]。利用该推论，1996 年 Olshausen 和 Field 提出了稀疏编码，验证了自然图像经过稀疏编码后，学习得到的基函数可以近似描述 V1 区上简单细胞的感受野的响应特性[5]。进一步，随着生物视皮层中关于稀疏性研究的不断深入，各种研究，如从 V1 区上简单细胞的感受野特性逐渐发展到 V1 区上复杂细胞的感受野特性，再到近年来依据自然场景的不同特征（如空间位置、形状、颜色、运动等）将视皮层分成不同的视觉通路实现并行处理的研究，都已经取得了较好的研究成果。对应着生物视觉稀疏认知机理方面所取得的研究进展，稀疏认知计算模型也从稀疏编码[5]发展到了结构化稀疏模型[6-8]和判别性稀疏模型[9]等，再到近两年来人们关注的层次化稀疏模型[10-12]。由于迄今为止生物视觉的稀疏认知机理还没有完全清楚，仍需要不断地完善和发展，再加上该机理涉及计算机科学、神经认知科学和应用数学等领域学科的交叉结合，因此基于生物视觉稀疏认知机理的建模任务仍任重道远。

本章论述的稀疏认知学习、计算与识别范式可以理解为：借鉴生物视觉的稀疏认知机理，学习并完成该机理的数学建模，进而通过得到的稀疏认知计算模型实现目标（如自然图像等）的识别。这一范式主要包含了生物视觉的稀疏认知机理，基于生物视觉稀疏认知机理的学习及数学建模，基于稀疏认知计算模型的目标识别这三个方面。围绕这三个方面，本章将对稀疏认知学习、计算与识别范式的研究进展进行综述。

## 23.2　生物视觉稀疏认知机理的研究进展

### 23.2.1　生物视觉稀疏认知机理的生理实验依据

众所周知，生物视皮层中的 V1 区在视觉信息处理中具有极其重要的作用，但是从 20 世纪 50 年代 Hubel 和 Wiesel 开创性的研究工作到 90 年代 Olshausen 和 Field 提出的 V1 区上简单细胞的稀疏编码理论，这 30 余年从整体上对生物视皮层信息处理机理的了解还是比较少的。为了探讨 V1 区对外界刺激是否采用了神经稀疏编码策略，同时又为了避免计算模型设定的过多假设，2008 年国内学者赵松年、姚力等人对该区进行了初步的功能性核磁共振实验（给定两类视觉刺激图像，每一类都具有大尺度特征和不同的细节）。实验结论为：具有相同的轮廓与形状但细节不同的视觉刺激，所引起 V1 区的活性模式是相似的，即具有近似不变性。本质上，这是生物视皮层整合整体特征的体现，即 V1 区对图像整体特征的同步化响应以及高级皮层区形状感知对 V1 区反馈的协同作用，同时也是神经稀疏编码的体现[13]。另外，这一结论与神经生物学家 Houweling 和 Brecht 等人 2008 年在 *Nature* 上发表的文章[14]类似，都从生物视觉神经生理实验的角度有效支撑了神经稀疏编码的假说。进一步的研究已证实，神经稀疏编码策略贯穿于生物视皮层处理信息的多个阶段，不只是在 V1 区。

同时，神经生理科学家通过对生物视皮层进行解剖、电生理、功能性核磁共振等，将大脑皮层按功能分成了很多个区，其中与视皮层有关的区有 20 多个。目前，从神经生理的角度来看，研究较清楚的有初级视皮层(V1 区)、次级视皮层(V2 区)、高级视皮层(V4 区)和前\后下颞叶皮层(PIT\AIT 区)等，另一些还不是很清楚[15]，如颞中回(MT)和前额皮层(PFC)。另外，神经生理实验已表明，生物视觉系统会根据自然场景中的不同特征将视皮层分成不同的通路进行并行处理，其中每一条通路为串行的等级结构。最重要的两条通路是背侧视觉通路和腹侧视觉通路，前者完成"在哪儿"的功能，后者完成"是什么"的功能。其中模式识别领域的学者最为关心的是腹侧视觉通路，该通路采用 V1↔V2↔V4↔PIT/AIT↔PFC 的串行等级结构来进行信息处理(见图 23.1)。

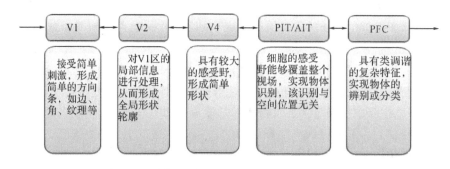

图 23.1　腹侧视觉通路的层次结构及其处理特点

该通路通过分析外界场景中目标的形状、颜色和尺寸等静态特征后实现目标识别，注意该层次结构中层与层之间存在着前馈连接、反馈调节和水平侧向抑制的交互作用。另外，对生物视皮层感知机理的研究已表明，视皮层不同区上的神经细胞的感受野具有不同的特性。例如，V1 区上简单细胞的感受野具有带通、方向和局部化特性；而该区上的复杂细胞除了具有带通和方向特性外，其感受野还具有一定的平移不变性。下面依据文献[16]简要地给出该通路上各视皮层不同区的细胞的三种特性，见表 23.1。

表 23.1　腹侧视觉通路各皮层神经细胞的特性

| 视皮层分区 | 感受野大小 | 刺激特征 | 尺度不变性 |
| --- | --- | --- | --- |
| V1 区 | $1°\sim1.5°$ | 边缘、线条 | 小 |
| V2 区 | $3.2°$ | 边缘、线条、角 | 小 |
| V4 区 | $8°$ | 中等复杂特征 | 较大 |
| PIT 区 | $20°$ | 中等复杂特征 | 较大 |
| AIT 区 | $50°$ | 视调谐复杂特征 | 约 2 倍缩放 |
| PFC 区 | 很大 | 类调谐复杂特征 | 约 2 倍缩放 |

从表 23.1 中可以看出,各视皮层不同区上的神经细胞对特定形状的视觉图案有最佳的响应或偏好刺激,这个可用感受野的术语来描述,层次越高,则感受野越大,即信息处理是从局部到更大的区域来进行的。有兴趣了解感受野的研究与进展的读者,请参考文献[17]。有关腹侧视觉通路各皮层细胞的其他特性(如方向和位置的不变特性等)及建立在该通路上的视觉计算模型的研究进展,请参考文献[16]。

### 23.2.2 生物视觉稀疏认知机理的研究目的

从将神经稀疏编码[18]定义为模拟生物视觉系统细胞感受野的一种人工神经网络[19-21]的方法可以看出,生物视皮层的生理研究是非常重要和基础的。因为利用生物视觉生理研究所获得的实验数据及合理的视皮层稀疏性假设,可以建立相应的计算模型并借助计算机来验证科学家们对生物视觉稀疏认知机理的理解是否正确,这也正是生物视觉稀疏认知机理研究的主要目的。但这些模型[16](如 Visnet 模型、Neocognitron 模型、层次目标识别模型等)只是对视皮层信息处理机理的一种简化,与真正的生物视觉系统的功能仍有很大的差距,所以研究人员期望建立一种具备预测性能的计算模型,使得对生物视觉稀疏认知机理的研究可进行反馈与指导,以便寻求建立更为合理的计算模型。总之,生物视觉稀疏认知机理的研究与视觉计算模型相结合是理解生物视觉稀疏认知机理的一种有效方法。

### 23.2.3 生物视觉稀疏认知机理的研究进展

随着神经生理技术水平的不断提高,对生物视皮层的研究也有了突飞猛进的进展。1959 年 Hubel 和 Wiesel 对猫的视皮层进行研究并得到了结论——"V1 区上细胞的感受野能够对视觉感知信息产生一种稀疏的响应"。因这方面的出色工作,他们获得了 1981 年的诺贝尔奖。与此同时,利用 V1 区的研究成果,对生物视皮层按功能特性分区的研究也格外引人注目[15]。1987 年 Field 等人提出 V1 区上的简单细胞可以产生自然图像的稀疏表示。基于这个结论,1988 年 Michison 明确提出了神经稀疏编码的概念[22]。之后牛津大学的 Rolls 等人于 1990 年正式引用了"神经稀疏编码"这一概念,通过对灵长类动物视皮层进行电生理实验,结果也进一步证实了视皮层对外界场景的刺激响应采用的是稀疏编码策略[23]。当 Hyvarinen 和 Hoyer 等人于 2001 年将这种刻画 V1 区上简单细胞的感受野特性延拓到该区的复杂细胞上时,构造了由简单和复杂单元共同形成的两层稀疏编码模型,经验证该模型能较好地反映 V1 区上复杂细胞的感受野特性[24]。

生物视皮层如何识别复杂场景下的目标一直是生物视觉神经科学领域的一个热点问题。针对该问题,科学家们结合生物视皮层生理研究的成果,建立了视觉计算模型来对这种识别机理进行模拟并给出了合理的解释。最具代表性的工作有:1999 年美国麻省理工学院人工智能实验室的 Riesenhuber 和 Poggio 提出了层次目标识别模型(HMAX),经验证该模型能够较为合理地解释哺乳动物腹侧视觉通路的信息处理机理[12]；随后 2007 年 Serre 等人扩展了 HMAX 模型，通过引入特征编码字典，使得改进后的模型可以定量地模拟灵长类动物视皮层腹侧通路的信息处理机理[10]；进一步地，2014 年清华大学胡晓林博士等人在 HMAX 模型的基础上，通过引入稀疏正则的约束，使得复杂场景下的目标识别任务在保证高性能的前提下，其处理的速度较之前的 HMAX 模型提升了许多[11]。有兴趣了解更多关于生物视皮层中神经稀疏编码的研究历史的读者，可参考文献[18]。

## 23.3  基于生物视觉稀疏认知机理的学习与建模

本节基于生物视觉的稀疏认知机理，依据从 V1 区简单细胞的感受野特性到该区复杂细胞的感受野特性，再到腹侧视觉通路的机理这样的研究脉络来学习生物视觉稀疏特性并完成对应的稀疏认知机理的建模（即 V1 区上简单细胞、V1 区上复杂细胞和腹侧视觉通路的建模）。

### 23.3.1  V1 区简单细胞的稀疏性学习与建模

根据神经稀疏编码假说，V1 区上的每个神经元对外界场景的刺激均采用了稀疏编码的形式来进行描述。进一步地，为了理解 V1 区简单细胞的感受野特性，1996 年 Olshausen 和 Field 沿着 Barlow 等人给出的"神经元的稀疏性和自然环境的统计特性之间存在着某种联系"的思路，通过假设自然图像与基函数之间存在着线性关系，建立了如下的数学模型：

$$I(x, y) = \sum_i a_i \phi_i(x, y) \tag{23-1}$$

并首次采用编码系数的稀疏正则化约束，得到如下的优化问题：

$$\min E = -[\text{Preserve Information}] - \lambda[\text{Sparseness of } a_i] \tag{23-2}$$

其中，信息保真项和稀疏约束项分别为

$$[\text{Preserve Information}] = -\sum_{x, y} \left[ I(x, y) - \sum_i a_i \phi_i(x, y) \right]^2 \tag{23-3}$$

$$[\text{Sparseness of } a_i] = -\sum_i S\left(\frac{a_i}{\sigma}\right) \tag{23-4}$$

其中，$I(x, y)$ 表示自然图像；$\phi_i(x, y)$ 为基函数；$a_i$ 为编码系数；$\sigma$ 为一个尺度常数；函数 $S(x)$ 可以选择 $-e^{-x^2}$、$\log(1+x^2)$ 和 $|x|$ 等形式，这些选择都可以促使得到的编码系数具有稀疏性，即使编码系数具有较少的非零系数项。

基于此优化问题，Olshausen 和 Field 等将自然图像 $I(x, y)$ 作为输入，学习了基函数和其编码系数。实验结果表明，得到的基函数能够近似地反映 V1 区上简单细胞的感受野特性，即带通、方向和局部化特性。其中，带通性指的是多分辨特性，即能够对自然图像从粗分辨率到细分辨率进行连续的逼近；方向性指的是基函数必须具有各向异性；局部化特性指的是基函数的时频局部化分析能力。1997 年他们又考虑了过完备基(又称为字典),提出了过完备基的稀疏编码算法[25]。

### 23.3.2　V1 区复杂细胞的稀疏性学习与建模

神经生理研究发现,V1 区上复杂细胞的感受野与该区简单细胞的感受野其特性大体上一致,都具有严格的方向和带通特性,不同的是复杂细胞的感受野具有局部的平移不变性。为了研究 V1 区上复杂细胞的感受野特性,2001 年芬兰学者 Hyvarinen 和 Hoyer 设计了一个两层的网络结构模型,如图 23.2 所示。该模型由简单细胞层和复杂细胞层组成,不仅要求简单细胞层对外界刺激的响应是稀疏的,而且要求复杂细胞层上的响应具有空间局部稀疏特性,即在任意给定的时间内,复杂细胞层的非零响应具有聚类特性或空间拓扑特性。下面给出模型的具体结构描述。

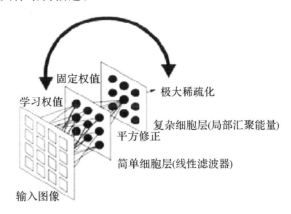

图 23.2　两层网络结构模型[24]

给出 $T$ 幅训练图像 $I_t(\boldsymbol{x}, \boldsymbol{y})(t=1, 2, \cdots, T)$ 并定义复杂细胞层上的输出响应为

$$c_{i, t} = \sum_{j=1}^{n} h(i, j) \langle w_j, I_t \rangle^2 \tag{23-5}$$

其中,$h(i, j)$ 为简单细胞层上第 $j$ 个细胞与复杂细胞层上第 $i$ 个细胞的连接或汇聚的权值,它是事先固定的,不需要通过训练数据来进行学习;$w_j$ 为输入层到简单细胞层上的连接权值,而且有

$$\langle w_j, I_t \rangle = \sum_{x, y} w_j(x, y) I_t(x, y) \tag{23-6}$$

对输出响应进行极大化似然优化,得到如下的优化问题:

$$\max \log L(I_1, I_2, \cdots, I_T; w_1, w_2, \cdots, w_T) = \sum_{t=1}^{T} \sum_{i=1}^{n} G(c_{i, t}) \tag{23-7}$$

其中,$G$ 为凸函数。

通过求解此优化问题，Hyvarinen 和 Hoyer 得到了输入层到简单细胞层上的连接权值。实验结果表明，极大化似然优化问题等价于极大化稀疏约束的优化问题，这点与 Olshausen 和 Field 等人的结论一致。另外，可以将求解的连接权值（可理解为滤波器）转化为对应的合成字典。经过分析可知，该字典具有空间拓扑特性或结构特性，即反映了复杂细胞层上响应具有的空间局部稀疏特性，其中复杂细胞层的稀疏响应特性通过下一高阶神经层（即 Contour Cell）来稀疏表示。有关连接权值转化字典的方法可参考文献[24]。

### 23.3.3 腹侧视觉通路的稀疏性学习与建模

基于生物视皮层腹侧通路的机理，1999 年 Riesenhuber 和 Poggio 等提出了 HMAX 模型，它是由对应于视皮层中简单细胞的 S 单元与复杂细胞的 C 单元交替组成的前馈等级结构，如 4 层等级结构 $S1 \rightarrow C1 \rightarrow S2 \rightarrow C2$，其中 S 单元主要用于增加目标的选择特性，C 单元通过局部最大汇聚操作来增加对目标变换不变性的刻画。该模型的优点是：与腹侧视觉通路的机理大体上是一致的。其缺点是：丢失了空间位置信息，所以对目标不能实现精准定位，并且完成信息处理的计算量偏大。

改进 HMAX 模型的方法有很多，下面具体给出法国学者 Theriault 等人于 2011 年提出的改进版 HMAX 模型[26]。该模型仍采用 4 层结构，学习流程见图 23.3。

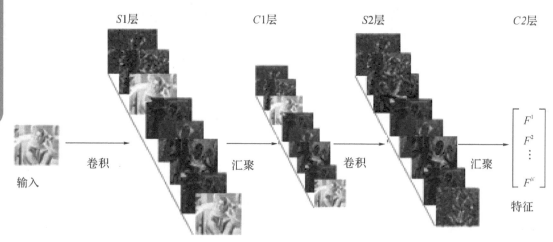

图 23.3　具有 4 层结构的 HMAX 模型的学习流程

下面根据图 23.3，具体描述每一层上神经细胞的特性和操作。

#### 1. S1 层

S1 层主要模拟视皮层 V1 区及 V2 区上简单细胞的感受野特性，即带通、方向和局部化特性。具体操作如下：

$$S1: \mathbf{R}^{m \times n} \rightarrow \mathbf{R}^{m \times n \times \Theta, K}$$

$$I(\boldsymbol{x}, \boldsymbol{y}) \rightarrow [S1_{1,1}, S1_{1,2}, \cdots, S1_{\Theta, K}]^{\mathrm{T}} \tag{23-8}$$

其中，$\Theta$、$K$ 分别为多方向、多尺度滤波器 $g_{\theta, \sigma}(\boldsymbol{x}, \boldsymbol{y})$ 的方向个数和尺度个数，即方向 $\theta_i \in (\theta_1, \theta_2, \cdots, \theta_\Theta)$ 和尺度 $\sigma_j \in (\sigma_1, \sigma_2, \cdots, \sigma_K)$。另外，有

$$S1_{i,j} = g_{\theta_i, \sigma_j}(\boldsymbol{x}, \boldsymbol{y}) * I(\boldsymbol{x}, \boldsymbol{y}) \tag{23-9}$$

其中，$i \in [1, 2, \cdots, \Theta]$ 和 $j \in [1, 2, \cdots, K]$。通常这里的滤波器选为 Gabor 滤波器。

**2. C1 层**

C1 层主要模拟视皮层 V1 区、V2 区上复杂细胞的感受野特性，即方向性、带通性和局部的平移不变性。具体操作如下：

$$C1: \mathbf{R}^{m \times n \times \Theta, K} \rightarrow \mathbf{R}^{o \times p \times \Theta, K}$$

$$\begin{bmatrix} S1_{1,1} \\ \vdots \\ S1_{\Theta, K} \end{bmatrix} \rightarrow \begin{bmatrix} C1_{1,1} \\ \vdots \\ C1_{\Theta, K} \end{bmatrix} \tag{23-10}$$

其中，$r \times o = m$，$r \times p = n$，$r$ 为汇聚半径或窗口大小。C1 层上的响应为

$$C1_{i,j} = \max_{r \times r} \{S1_{i,j}\} \tag{23-11}$$

即给定窗口 $r \times r$，对 S1 层上的响应，通过不重叠的滑窗处理，对于每一个窗口内的 $r^2$ 个元素取其最大元素，用此元素作为 C1 层上相应位置的响应，进而形成对输入图像的局部的平移不变性描述。

**3. S2 层**

S2 层主要模拟视皮层 V4 区上简单细胞的感受野特性，即带通性、平移不变性以及对角、色彩、纹理等中层复杂特征的偏好刺激等。具体操作是：先定义一簇新的滤波器，记为

$$f_j \in \mathbf{R}^{a \times b \times \Theta, k}, \quad j = 1, 2, \cdots, N \tag{23-12}$$

其中，$\Theta$ 为方向个数，与 S1 层的一致，$k$ 为尺度个数，$k$ 小于 S1 层的尺度个数 $K$。S2 层上的响应为

$$S2: \mathbf{R}^{o \times p \times \Theta, K} \rightarrow \mathbf{R}^{q \times r \times u}$$

$$\begin{bmatrix} C1_{1,1} \\ \vdots \\ C1_{\Theta, K} \end{bmatrix} \rightarrow \begin{bmatrix} S2_1^j \\ \vdots \\ S2_u^j \end{bmatrix} \tag{23-13}$$

注意 $o > a$ 和 $p > b$，并且有

$$S2_i^j = f_j * C1_{\theta, i \sim i+k-1} = \sum_\theta \sum_t f_{j, \theta, t} * C1_{\theta, t} \tag{23-14}$$

其中，$C1_{\theta, i \sim i+k-1} = [C1_{\theta, i}, C1_{\theta, i+1}, \cdots, C1_{\theta, i+k-1}]^{\mathrm{T}}$，$f_j = [f_{j, \theta, 1}, f_{j, \theta, 2}, \cdots, f_{j, \theta, k}]$ 且 $f_{j, \theta, i} \in \mathbf{R}^{a \times b}$。另外，$i = 1, 2, \cdots, u$ 且 $u = K - k$，$q = o - a$，$r = p - b$。

### 4. C2 层

C2 层主要模拟 V4 区上复杂细胞及 PIT/AIT 区上简单细胞的感受野特性，即方向性、较好的平移不变特性和尺度不变特性等。具体操作如下：

$$C2: \mathbf{R}^{q \times r \times u} \rightarrow \mathbf{R}$$

$$\begin{bmatrix} S2_1^j \\ \vdots \\ S2_u^j \end{bmatrix} \rightarrow \boldsymbol{F}^j = \max_{\sigma} \{S2_\sigma^j\} \qquad (23-15)$$

其中，$\sigma = 1, 2, \cdots, u$。由于 S2 层中滤波器的选取与变量 $j$ 相关且有 $j = 1, 2, \cdots, N$，因此最终 C2 层得到的特征为 $\boldsymbol{F} = [\boldsymbol{F}^1, \boldsymbol{F}^2, \cdots, \boldsymbol{F}^N]^{\mathrm{T}} \in \mathbf{R}^{N \times 1}$。

基于 HMAX 模型的结构，还有很多好的改进思路。除了 Theriault 的工作外，Serre 等人基于 HMAX 模型，在 S2 层上引入特征字典的学习过程，并进一步细化了每一层上的功能，使得改进后的模型针对各种复杂场景下的目标提取具有局部的平移和尺度不变性等特征。随着神经生理研究的发展，已经证实不仅在 V1 区上，几乎在整个腹侧视觉通路的每一视皮层上，神经元都具有稀疏响应特性[27-29]。为了将这种稀疏性作为约束条件嵌入到 HMAX 模型中，2014 年清华大学的胡晓林博士等人提出了层次化稀疏模型，即 Sparse-HMAX[11]。该模型仍采用 HMAX 模型的结构，但与其不同的是滤波器不再事先确定，而是通过稀疏编码或独立成分分析从给定的数据集中学习得到的。

## 23.4　稀疏认知计算模型的研究进展

基于生物视觉稀疏认知机理的研究脉络，本节将综述稀疏认知计算模型的研究进展，包括稀疏编码模型、结构化稀疏模型、层次化稀疏模型这三种模型的结构、求解算法和发展现状，并阐释这三种模型的区别与联系。

### 23.4.1　稀疏编码模型

从 1996 年 Olshausen 和 Field 提出了稀疏编码之后，关于稀疏编码的研究与应用开启了继小波分析之后信号与图像处理领域的又一次新浪潮。本节将从模型的结构、求解算法以及发展现状三个方面来介绍该模型。

#### 1. 模型的结构

基于 V1 区简单细胞的稀疏性学习与建模，通过 $l_0$ 范数（伪范数）来约束编码系数，便得到了稀疏编码模型所求解的优化问题：

$$P_0: \min_{\boldsymbol{\alpha}} \| \boldsymbol{x} - \boldsymbol{D}\boldsymbol{\alpha} \|_2 + \lambda \| \boldsymbol{\alpha} \|_0 \qquad (23-16)$$

其中，$\boldsymbol{x}$ 表示信号或者信号的特征；$\boldsymbol{D}$ 表示过完备的字典；$\boldsymbol{\alpha}$ 为编码系数；$\| \cdot \|_0$ 为向量

的 $l_0$ 范数，表示向量 $\boldsymbol{\alpha}$ 中非零元素的个数。

由于 $P_0$ 问题是一个非凸优化问题，并且求解是 NP-Hard 难的，因此斯坦福大学的 Jibshirani 和加州大学伯克利分校的 Breiman 几乎同时提出对编码系数施以 $l_1$ 范数的正则约束，利用最小绝对收缩和选择算子（即 Lasso），促使求解出来的编码系数尽可能稀疏，使得 $P_0$ 优化问题放松为下面的 $P_1$ 优化问题：

$$P_1: \min_{\boldsymbol{\alpha}} \parallel \boldsymbol{x} - \boldsymbol{D} \cdot \boldsymbol{\alpha} \parallel_2 + \lambda \parallel \boldsymbol{\alpha} \parallel_1 \qquad (23-17)$$

其中，$\parallel \boldsymbol{\alpha} \parallel_1 = \sum_k |\alpha_k|$，即向量 $\boldsymbol{\alpha}$ 中所有元素绝对值的和。

另外，2006 年 Tao 和 Candès 合作证明了在限制等距特性的条件下，$l_0$ 范数优化问题 $P_0$ 与 $l_1$ 范数优化问题 $P_1$ 具有相同的解[30]。之后，学者们研究了介于 $P_0$ 与 $P_1$ 问题之间的优化问题[31-33]：

$$P_p: \min_{\boldsymbol{\alpha}} \parallel \boldsymbol{x} - \boldsymbol{D} \cdot \boldsymbol{\alpha} \parallel_2 + \lambda \parallel \boldsymbol{\alpha} \parallel_p \qquad (23-18)$$

其中，$0 < p < 1$，$\parallel \boldsymbol{\alpha} \parallel_p = \left( \sum_k |\alpha_k|^p \right)^{1/p}$。

### 2. 模型的求解

针对 $P_0$ 问题，1993 年 Mallat 和 Zhang 等提出了一种贪婪算法，即匹配追踪算法。针对 $P_1$ 问题，1995 年 Chen、Donoho 及 Saunders 等提出了一种凸松弛算法，即基追踪算法。之后，随着对这两个问题形式的不断研究，形成了一系列有意义的贪婪算法和凸松弛算法。其中，代表性的贪婪算法有正交匹配追踪、弱匹配追踪和阈值算法等；代表性的松弛算法有基追踪、迭代收缩算法等。有关这些算法的详细描述及其稳定性讨论请参考文献[34]和[35]。对于 $P_p$ 问题，Gorodnitsky 和 Rao 等提出了 FOCUSS (FOCal Underdetermined System Solver) 算法来求解，所得到的解是对 $P_0$ 问题最优解的一种逼近。另外，当 $p$ 在开区间 $(0, 1)$ 上变化时，国内学者徐宗本等人验证了 $p = 0.5$ 时解的最优性[36]。

### 3. 模型的发展现状

随着稀疏编码模型被广泛地研究与使用，模型的优化问题已经演变为合成与分析两种形式。其中，合成形式指的是如 $P_0$、$P_1$ 等优化问题，求解得到的是稀疏表示系数。该形式的稀疏模型的理论研究（包括模型的求解算法及稳定性分析、字典学习理论等）已经比较完善。

相比于合成稀疏模型，分析稀疏模型的研究相对比较"年轻"，模型的结构可以写为

$$\min_{\boldsymbol{x}} \parallel \boldsymbol{y} - \boldsymbol{M} \cdot \boldsymbol{x} \parallel_2 + \lambda \parallel \boldsymbol{H} \cdot \boldsymbol{x} \parallel_0 \qquad (23-19)$$

其中，$\boldsymbol{y}$ 为观测信号；$\boldsymbol{M}$ 为观测矩阵；$\boldsymbol{x}$ 为待恢复的原始信号；$\boldsymbol{H}$ 为分析字典，它可以理解为合成稀疏模型中字典 $\boldsymbol{D}$ 的稀疏对偶[37]，$\boldsymbol{H} \cdot \boldsymbol{x}$ 为 $\boldsymbol{x}$ 经过 $\boldsymbol{H}$ 变换之后得到的表示系数。关于分析稀疏模型的求解，Nam 等人提出了贪婪分析匹配算法。有关模型的理论和应用，可以参考 2013 年 Nam、Davies、Elad 和 Gribonval 等人的工作[38]。

另外，为了研究这两种模型的异同，Elad 等人从理论上分析了这两种模型，得到了"没有明确地表示这两种模型哪一个更好"的结论[39]。但是 2012 年美国旧金山州立大学的李世东给出了这两种模型之间的联系，即在稀疏对偶的意义下任意一个合成稀疏模型都有一个等价的分析稀疏模型[37]。

### 23.4.2 结构化稀疏模型

#### 1. 模型的结构

基于 V1 区复杂细胞的稀疏性学习与建模，通过引入局部的拓扑结构特性，即稀疏表示系数的结构信息，便可实现更为合理的特征学习模型。将表示系数的结构信息融入到稀疏编码模型中，便得到了结构化稀疏模型，其结构为

$$\min_{\boldsymbol{\alpha}} \| \boldsymbol{x} - \boldsymbol{D} \cdot \boldsymbol{\alpha} \|_2 + \lambda \Phi_G(\boldsymbol{\alpha}) \tag{23-20}$$

其中，$\boldsymbol{x}$ 为信号；$\boldsymbol{D}$ 为字典，$G$ 为表示系数 $\boldsymbol{\alpha}$ 的结构特性，这里结构特性可以是先验结构，也可以是从样例集中学习出来的结构；$\Phi_G(\boldsymbol{\alpha})$ 为稀疏表示系数 $\boldsymbol{\alpha}$ 在结构特性 $G$（如群集）上的正则约束。下面给出一种较为简单的群稀疏描述：

$$\begin{cases} \boldsymbol{G} = \{G_1, G_2, \cdots, G_K\} \\ G_k = [\boldsymbol{\alpha}^k(1), \boldsymbol{\alpha}^k(2), \cdots, \boldsymbol{\alpha}^k(n_k)], k = 1, 2, \cdots, K \end{cases} \tag{23-21}$$

其中，群集 $\boldsymbol{G}$ 共有 $K$ 个群；$n_k$ 为群 $G_k$ 的个数；每一个 $\boldsymbol{\alpha}^k(i) \in \Lambda$，其中 $\Lambda = \{\boldsymbol{\alpha}(1), \boldsymbol{\alpha}(2), \cdots, \boldsymbol{\alpha}(m)\}$，$m$ 为 $\boldsymbol{\alpha}$ 的个数。$\Phi_G(\boldsymbol{\alpha})$ 的正则约束，如 $l_{1,2}$ 范数，可写为

$$\Phi_G(\boldsymbol{\alpha}) = \sum_{k=1}^{K} \| G_k \|_2 = \sum_{k=1}^{K} \left( \sum_{i=1}^{n_k} | \boldsymbol{\alpha}^k(i) |^2 \right)^{\frac{1}{2}} \tag{23-22}$$

更多有关数据的结构化学习可以参考文献[40]和[41]。

#### 2. 模型的求解

稀疏编码模型利用 $l_0$ 范数或 $l_1$ 范数作为正则约束，得到的系数是非零个数层次上的稀疏，而现在的结构化稀疏模型利用表示系数的某种结构特性作为正则约束（如群稀疏），使得表示系数上升到了拓扑结构层次上的稀疏。针对不同信号的结构特性所发展起来的结构化稀疏模型的求解算法也不尽相同，其中代表性的贪婪算法有结构正交匹配追踪算法、块稀疏正交匹配追踪等，代表性的松弛算法有块稀疏匹配追踪、群 Lasso 算法等。有关结构化稀疏模型求解算法的总结可以参考文献[42]和[43]。

#### 3. 模型的发展现状

随着结构化压缩感知理论的发展，结构化稀疏模型的研究与应用也引起了广泛的关注。其中，有关结构化稀疏模型的理论分析可参考 2011 年法国学者 Jenatton、Bach 和 Audibert 等人的工作[44-45]。同时，针对先验结构和后验结构这两种学习模式，结构化稀疏模型也分为基于先验正则的结构化稀疏模型和基于后验正则的结构化稀疏模型，有关这方

面工作的具体描述请参考文献[42]。

另外，美国罗格斯大学的 Huang 和 Zhang 等人于 2009 年基于信息论编码法则给出了不同特性数据在字典下的表示系数的 5 种结构形式，包括标准稀疏、群稀疏、层次稀疏、图稀疏和随机场稀疏，并推导出这 5 种结构形式的编码复杂度公式，结合实验分析得到：信号对应的表示系数的编码复杂度越小，则利用编码复杂度作为非凸正则约束求解得到的表示系数的重构性能越好，并且能够反映出表示系数的结构特性[46]。

为了有效地利用稀疏表示系数的结构信息，通常采用的是贝叶斯方法，因为该方法较容易嵌入结构特性。这一点可参考武汉大学孙洪等人给出的基于贝叶斯模型的从稀疏到结构化稀疏的论文[43]。关于结构化稀疏模型的更多最新研究进展，可以浏览 Jenatton 的个人主页，以及 Koray、Rob 等人基于结构化稀疏模型的不变量特征学习的工作[47]。

### 23.4.3 层次化稀疏模型

#### 1. 模型的结构

本节将基于腹侧视觉通路的稀疏性学习与建模，通过在 HMAX 模型的每一简单层上引入稀疏正则约束并利用训练数据结合稀疏编码来训练该层响应的字典。图 23.4 所示为层次化稀疏模型的训练结构简图。

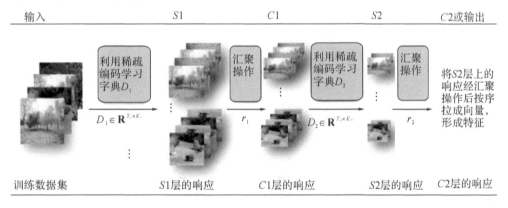

图 23.4　具有 4 层结构的层次化稀疏模型的训练结构

图 23.4 中，$S1$ 层与 $S2$ 层响应前的字典学习主要是为了刻画稀疏性的学习，而 $C1$ 层与 $C2$ 层响应前的汇聚操作是为了获取对目标的局部平移不变性的描述。其中，$r_1$ 和 $r_2$ 为汇聚半径(预先给定的参数)，$D_1$ 与 $D_2$ 为需要训练的字典。特别需要注意的是，层次化稀疏模型可以是多层的结构，不局限于 4 层。

当训练完成后，利用训练得到的模型参数，即简单层响应前的字典，便可以实现对于测试图的特征提取。

### 2. 模型的学习

下面结合图 23.4 给出层次化稀疏模型的具体学习方式。

**1) 训练部分**

(1) 训练数据：$(x_i, y_i)$，$1 \leqslant i \leqslant L$。其中，$x_i$ 为一幅图像，大小为 $N \times M$，$L$ 幅图像的大小相同；$y_i$ 为相应的输出(如类标等)。

(2) S1 层前的字典学习：$D_1 \in \mathbf{R}^{T_1 \times K_1}$。其中，$K_1$ 为字典中基原子的个数；$T_1$ 为每个原子的维数，$T_1 = p \times p$。利用训练数据，对每一幅图像 $x_i$，采样 $n$ 个图像块，每一块大小为 $p \times p$，将每一图像块拉成一 $T_1$ 维的向量，最后便可得到一新数据集 $\boldsymbol{X} \in \mathbf{R}^{T_1 \times L_1}$。其中，$L_1 = L \times n$。利用此数据集，基于下面的优化问题：

$$\min_{D_1, \boldsymbol{\Lambda}} \| \boldsymbol{X} - D_1 \cdot \boldsymbol{\Lambda} \|_{\mathrm{F}}^2 + \lambda \sum_{i=1}^{L_1} \| a_i \|_1 \qquad (23-23)$$

$$\text{s. t. } \| d_{1i} \|_2^2 \leqslant 1, \ i = 1, 2, \cdots, K_1$$

其中，$a_i$ 为 $\boldsymbol{\Lambda}$ 的第 $i$ 列，$d_{1i}$ 为 $D_1$ 的第 $i$ 列，$\lambda$ 为正则因子，$\| \cdot \|_{\mathrm{F}}$ 为 Frobenius 范数，求解该问题便可以学习字典 $D_1$。

(3) S1 层上的响应。利用得到的字典，通过取伪逆便可以得到相应的滤波器集，即 $H_1 = \mathrm{pinv}(D_1) \in \mathbf{R}^{K_1 \times T_1}$。其中 $H_1$ 的每一行为一滤波器，记为 $h_i^1$，上角标 1 和下角标 $i$ 表示来自于 $H_1$ 的第 $i$ 行，$i = 1, 2, \cdots, K_1$。对于一幅输入图像 $x_k$，利用滤波器集 $H_1$，做卷积便可得到 S1 层上的响应。也就是对每一滤波器，有

$$\bar{h}_i = \mathrm{reshape}(h_i^1, T_1, p, p) \in \mathbf{R}^{p \times p} \qquad (23-24)$$

这里的 reshape 为 MATLAB 中的函数，即将长度为 $T_1$ 的行向量 $h_i^1$ 变为 $p \times p$ 的矩阵 $\bar{h}_i$，然后与 $x_k$ 卷积得

$$y_{k, i} = x_k * \bar{h}_i \in \mathbf{R}^{(N-p+1) \times (M-p+1)} \qquad (23-25)$$

由于共有 $K_1$ 个滤波器，因此有

$$Y_k = \{ y_{k, i} \}_{i=1}^{K_1} \qquad (23-26)$$

注意这只是第 $k$ 幅输入图像的 S1 层上的响应，最终 $L$ 幅训练图像的 S1 层响应为

$$\boldsymbol{Y} = \{ Y_k \}_{k=1}^{L} \qquad (23-27)$$

(4) C1 层上的响应。利用 S1 层上响应 $\boldsymbol{Y}$，给定 C1 层响应前汇聚操作的半径为 $r_1$，即利用窗口大小 $r_1 \times r_1$ 无重叠地对 $\boldsymbol{Y}$ 中的每幅特征映射图(如 $y_{k, i}$)进行分割，用每一分割区域中的 $r_1 \times r_1$ 个元素的最大值来表示该区域，即最大汇聚操作，可以得到

$$\bar{y}_{k, i} \in \mathbf{R}^{\frac{(N-p+1)}{r_1} \times \frac{(M-p+1)}{r_1}} \qquad (23-28)$$

实验中 $r_1$ 尽可能地选取能被 $N-p+1$ 和 $M-p+1$ 都整除的数。最终得到 C1 层上的响应为

$$\bar{\boldsymbol{Y}} = \{ \bar{Y}_k \}_{k=1}^{L} = \{ \{ \bar{y}_{k, i} \}_{i=1}^{K_1} \}_{k=1}^{L} \qquad (23-29)$$

（5）S2 层前的字典学习：$D_2 \in \mathbf{R}^{T_2 \times K_2}$。其中，$K_2$ 为字典中基原子的个数；$T_2$ 为每个原子的维数，且 $T_2 = q \times q \times K_1$。根据 C1 层上的响应 $\bar{Y}$，对于 $\bar{Y}_k$ 而言，采样 $m$ 个图像"块"，每一"块"的大小为 $q \times q \times K_1$，简图如图 23.5 所示。

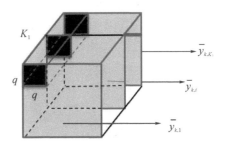

图 23.5  $\bar{Y}_k$ 中的图像"块"采样

图 23.5 中有 $K_1$ 个大小为 $q \times q$ 的小块，将每一图像"块"拉成一 $T_2$ 维向量。对于 $\bar{Y}_k$，共采样 $m$ 个图像"块"，因而有 $m$ 个 $T_2$ 维向量。最终对于 $\bar{Y}$ 而言，每一 $\bar{Y}_k$ 都采样 $m$ 个图像"块"，所以最终可以形成一新的数据集，$\bar{X} \in \mathbf{R}^{T_2 \times L_2}$。其中，$L_2 = L \times m$。利用此数据集，基于下面的优化问题：

$$\min_{D_2, \Omega} \| \bar{X} - D_2 \cdot \Omega \|_{\mathrm{F}}^2 + \gamma \sum_{i=1}^{L_2} \| w_i \|_1 \tag{23-30}$$
$$\mathrm{s.\,t.} \ \| d_{2i} \|_0 \leqslant 1, \ i = 1, 2, \cdots, K_2$$

其中，$\omega_i$ 为 $\Omega$ 的第 $i$ 列，$d_{2i}$ 为 $D_2$ 的第 $i$ 列，$\gamma$ 为正则因子，求解该问题便可以学习字典 $D_2$。

（6）S2 层上的响应。与 S1 层上的操作类似，先将字典取伪逆得到滤波器集，即 $H_2 = \mathrm{pinv}(D_2) \in \mathbf{R}^{K_2 \times T_2}$。对于 $H_2$ 的每一行，如第 $i$ 行 $h_i^2$，$i = 1, 2, \cdots, K_2$，为一滤波器。对于 C1 层上的响应而言，"每一幅" $\bar{Y}_k$ 作为 C1 层上的输出，与 $H_2$ 的每一行进行卷积便得到 S2 层上的响应。也就是对每一滤波器，有

$$\hat{h}_i = \mathrm{reshape}(h_i^2, T_2, q, q, K_1) \in \mathbf{R}^{p \times p \times K_1} \tag{23-31}$$

这里的 reshape 不再是 MATLAB 中的函数，但其含义类似，即将长度为 $T_2$ 的行向量 $h_i^2$ 变为 $K_1$ 个 $q \times q$ 大小的滤波器，然后与 $\bar{Y}_k$ 卷积得到

$$z_{k,i} = \bar{Y}_k * \hat{h}_i = \sum_{t=1}^{K_1} \bar{y}_{k,t} * \hat{h}_{i,t} \in \mathbf{R}^{\left(\frac{N-p+1}{r_1} - q + 1\right) \times \left(\frac{M-p+1}{r_1} - q + 1\right)} \tag{23-32}$$

其中，$\hat{h}_{i,t}$ 为 $\hat{h}_i$ 的第 $t$ 个 $q \times q$ 大小的滤波器，$t = 1, 2, \cdots, K_1$。随着 $i = 1, 2, \cdots, K_2$ 的变化，可以得到 $\bar{Y}_k$ 在 S2 层上的响应为

$$Z_k = \{z_{k,i}\}_{i=1}^{K_2} \qquad (23-33)$$

最终当 $k=1,2,\cdots,L$ 变化时，所有的训练图像得到的 $S2$ 层上的响应为

$$\boldsymbol{Z} = \{Z_k\}_{k=1}^{L} \qquad (23-34)$$

（7）$C2$ 层上的响应。利用 $S2$ 层上的响应 $\boldsymbol{Z}$，给定 $C2$ 层响应前汇聚操作的半径为 $r_2$，即将 $Z$ 中的每一幅图，如 $z_{k,i}$，通过利用窗口（大小为 $r_2 \times r_2$）无重叠地对 $z_{k,i}$ 进行分割，通过最大汇聚的操作得到

$$\bar{z}_{k,i} \in \mathbf{R}^{\left(\frac{(N-p+1)}{r_1} - q+1}{r_2}\right) \times \left(\frac{(M-p+1)}{r_1} - q+1}{r_2}\right)} \qquad (23-35)$$

得到 $C2$ 层上的响应为

$$\bar{\boldsymbol{Z}} = \{\bar{Z}_k\}_{k=1}^{L} = \{\{\bar{z}_{k,i}\}_{i=1}^{K_2}\}_{k=1}^{L} \qquad (23-36)$$

注意：这一步需要利用 $\bar{Z}$ 来形成特征。方法是将其按序拉成一列，即

$$\begin{cases} \text{Feature}(1) \left[z_{1,1}, z_{1,2}, \cdots, z_{1,K_2}\right]^{\mathrm{T}} \\ \text{Feature}(2) = \left[z_{2,1}, z_{2,2}, \cdots, z_{2,K_2}\right]^{\mathrm{T}} \\ \quad\vdots \\ \text{Feature}(L) = \left[z_{L,1}, z_{L,2}, \cdots, z_{L,K_2}\right]^{\mathrm{T}} \end{cases} \qquad (23-37)$$

其中，$z_{k,i}$ 为一个行向量，它是矩阵 $\bar{z}_{k,i}$ 按行排列级联而成的。$\text{Feature}(i)$ 表示得到的第 $i$ 幅训练图像的特征，并且有 $\text{Feature}(i) \in \mathbf{R}^{P \times 1}$，$i=1,2,\cdots,L$。其中：

$$P = \left[\frac{\frac{(N-p+1)}{r_1} - q+1}{r_2}\right] \times \left[\frac{\frac{(M-p+1)}{r_1} - q+1}{r_2}\right] \times K_2 \qquad (23-38)$$

2）测试部分

当训练过程中的字典 $D_1$ 与 $D_2$ 学习好之后，汇聚半径 $r_1$ 和 $r_2$ 已给定，那么对于一幅测试图像，依据上面的分析过程，便可以学习得到其特征。可以看出，该特征的学习是一种无监督的方式。进一步地，利用训练图像得到的特征和类标信息可以学习一个分类器，进而利用测试图像的特征对测试图像实现分类任务。

**3. 模型的发展现状**

基于腹侧视觉通路的稀疏性学习与建模的研究，层次化稀疏模型已成为稀疏认知计算模型的又一研究热点。从 1999 年 Riesenhuber 和 Poggio 等人提出 HMAX 模型到 Serre 等人将特征字典的学习引入到 HMAX 模型中，再到 2014 年胡晓林等将稀疏性作为约束条件嵌入到 HMAX 模型的近 15 年时间里，HMAX 的算法复杂度在不断改进，逐渐接近对生物视皮层腹侧通路机理的正确理解。

在这里需要强调的是，层次化稀疏模型与以往的深度神经网络有所不同，表 23.2 中简单地给出了层次化稀疏模型与深度卷积神经网络[48]的对比。

表 23.2　层次化稀疏模型与深度卷积网络的对比

| 比较项目 | 层次化稀硫模型 | 深度卷积网络 |
|---|---|---|
| 模型结构 | 输入→S1→C1→S2→C2→…→输出 | 输入→C1→S1→C2→S2→…输出 |
| $S$、$C$ 的含义 | $S$：简单细胞单元<br>$C$：复杂细胞单元 | $C$：卷积<br>$S$：次采样及汇聚操作 |
| 结构模块 | 稀疏字典学习层；<br>汇聚操作层 | 卷积层或滤波层；<br>次采样及汇聚操作 |
| 学习得到的字典<br>与滤波器特性 | 　稀硫字典学习层学习到的字典有带通、方向、局部化特性，最主要的是该层能够刻画输入刺激的稀疏特性；汇聚层主要是为了获取局部平移不变的特性 | 　卷积层或滤波层学习到的滤波器有两个特性，即局部化和权值共享特性；次采样与汇聚层主要是为了获取局部平移不变的特性 |
| 优化策略 | 　优化字典是在每一简单细胞单元层前通过 K-SVD 算法学习得到的，利用 K-SVD 算法便可得到<br>（局部单元层的优化问题） | 　优化滤波器及偏置通过在建立输入与输出的模型后，构建损失函数及准则或正则约束来建立优化目标函数，进而利用梯度下降法来求解（全部单元层的优化问题） |

## 23.4.4　三种模型之间的区别与联系

三种模型之间的区别与联系如下：

（1）从生物视觉的稀疏认知机理来看，稀疏编码模型、结构化稀疏模型和层次化稀疏模型分别是为了刻画 V1 区简单细胞感受野的特性、V1 区复杂细胞感受野的特性和视皮层腹侧通路的机理而提出的。

（2）从稀疏认知计算模型的结构来分析，结构化稀疏模型是在稀疏编码的基础上，通过将表示系数的结构信息融入到稀疏约束项中而得到的；层次化稀疏模型也是在稀疏编码的基础上，通过在每一简单层上利用稀疏编码来学习字典的，层次化稀疏模型中每一复杂单元层上的(局部最大)汇聚操作相当于聚类，目的是更好地描述简单单元层上响应(即稀疏表示系数)的结构特性。另外，从模型的结构来看，层次化稀疏模型可视为结构化稀疏模型通过逐层学习机制得到的，虽然它与结构化稀疏模型在获取结构的操作上有所不同，但都是通过加入表示系数的结构信息使得模型的最终响应具有局部的变换不变性。

（3）从应用的角度来看，通过稀疏编码或结构化稀疏模型求解得到的稀疏表示系数可以成功地应用在信号处理中的重构、压缩、修复与去噪等任务中，但将稀疏表示系数作为一种特征来实现目标分类却不那么合理奏效[49]，原因是过完备字典的条件数往往比较大，导致稀疏表示系数的微小变化并不能对应目标的微小变化；通过层次化稀疏模型求解得到的输出响应可以作为一种有效的特征来实现目标的分类，原因是该模型采用了稀疏编码与汇聚操作相结合的处理方式，使得模型得到的输出可以较好地刻画输入信号的特性。

# 23.5　基于稀疏认知计算模型的目标识别

## 23.5.1　稀疏认知学习、计算与识别范式的脉络结构

当"稀疏"一词被提出以后，各种与之有关的理论、模型和算法等如雨后春笋般地涌现，如稀疏表示理论[50]、稀疏贝叶斯学习理论[51]、稀疏编码模型、稀疏主成分分析[52]、稀疏优化算法[53-54]等。为了更好地理解本章提出的稀疏认知学习、计算与识别这一范式，下面将通过简图（见图 23.6）呈现这一范式的脉络结构。

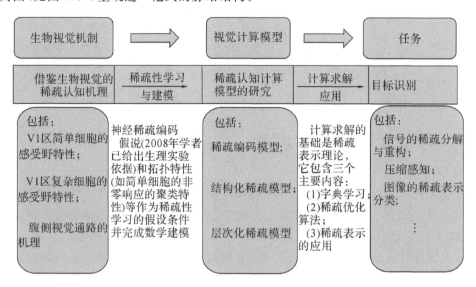

图 23.6　稀疏认知学习、计算与识别范式的脉络结构

注意，在 23.3.1 节 V1 区简单细胞的稀疏性学习与建模中，得到的优化问题由两部分构成，即信息保真项和稀疏约束项。关于稀疏约束项，我们采用 $l_0$ 或 $l_1$ 范数来描述，进而通过稀疏表示理论中的算法进行求解。需要强调的是，关于稀疏约束项还有不同的描述方式，如稀疏自编码器中利用的 KL 距离[55]。

另外需要注意的是稀疏表示与稀疏编码之间的关系。稀疏表示是指信号可以用一个过完备的字典进行线性表示，而该表示对应着欠定的线性方程组（即表示系数不唯一）；为使表示系数被唯一求解，约束表示系数是稀疏的（即仅有少数的表示系数为非零值）。根据神经稀疏编码假说（即神经生理发现），V1 区上的细胞大致有 5000 万个，而外侧膝状体上的细胞只有 100 万个左右，因而 V1 区细胞编码表达空间的维数大于输入空间（即外侧膝状体细胞编码表达空间）的维数。所以稀疏表示亦为一个欠定的线性方程组。为有效地描述神经元对外界刺激的响应特性，假设 V1 区上的神经元采取的是稀疏编码的原则（该假设已证实）。从得到的问题来看，稀疏表示与稀疏编码是一致的；从模型的结构来分析，它们都由两部分构成，即信息保真项和稀疏约束项。不同的是，二者刻画稀疏约束的方式不同，稀疏表示采用 $l_0$ 或 $l_1$ 范数，而稀疏编码采用 $-e^{-x^2}$、$|x|$ 和 $\log(1+x^2)$ 等形式。需要注意的是，本章所述的稀疏编码模型是以稀疏表示理论（即以 $l_0$ 或 $l_1$ 范数作为稀疏约束条件）为基础展开的。

## 23.5.2　稀疏认知计算模型的应用概述

### 1. 稀疏编码模型的应用

从稀疏认知计算模型的发展来看，有关稀疏编码模型的研究已经历了近 20 年，其相应的应用也遍及信号与图像处理的各种任务。例如，Donoho、Candès 和 Tao 等人基于稀疏编码模型提出的压缩感知理论，已成功应用在医学信号、自然信号等的压缩处理任务中[56-58]；有关压缩感知的综述可以参考文献[59]～[63]；Elad 等人将稀疏编码模型应用在自然图像的去模糊、降噪、压缩、分割、修复和超分辨等任务上，取得了较好的研究成果[64-72]。

另外，该模型结构下的一些代表性工作有：2009 年 Wright 等人提出了稀疏表示分类模型（SRC），该模型已成为人脸图像分类的经典算法；此后，对于 SRC 模型的研究与改进（如核化稀疏表示模型）也成为自然图像分类任务中的一个研究热点[73-76]；2010 年美国亚利桑那州立大学的 Zhang 和 Li 等人针对人脸图像分类的任务，提出了判别稀疏模型[9]，该模型仍基于稀疏编码模型，充分利用了训练样例集的类标信息，使得到的模型一方面具有稀疏表示能力，另一方面也具有判别分类的能力。

### 2. 结构化稀疏模型的应用

关于结构化稀疏模型的研究也发展了 10 余年，其应用性的代表工作有：2009 年 Huang 和 Zhang 等人提出了基于信息论编码法则约束的结构化稀疏模型[46]；2012 年 Han 和 Wu 等人提出了用于图像标注任务的结构化稀疏模型[77]；2012 年，Pontil、Mourao-Miranda 和 Baldassarre 等人利用大脑的功能性核磁共振成像数据来解码大脑的结构化稀疏模型，并对结构化稀疏模型进行了稳定性分析[78]。

另外，基于对 SRC 模型的分析，2012 年马毅等人又提出了具有鲁棒性的结构化稀疏表示分类器，他们认为之前利用测试图像与其逼近图像（通过字典与稀疏表示系数相乘得到的）之间的差图像，通过 $l_1$ 范数分别作用在表示系数和差图像上来实现稀疏性，其中作用在差图像上的方式是不合理的，因为差图像中的每一个像素不能被独立地对待，而应被看作具有连续和空域局部化的结构特性，所以引入了差图像上的结构作为稀疏正则后，便改善了 SRC 的分类性能[79]；2012 年 Zhang 和 Huang 等人将结构化稀疏模型应用在自然图像去模糊的任务上取得了较好的结果[80]；2014 年 Asaei 等人基于混响室中语音的结构特性进行假设并建模，将结构化稀疏模型应用到语音分离的任务中，取得了较好的分离结果[81]。

### 3. 层次化稀疏模型的应用

与稀疏编码模型和结构化稀疏模型相比，层次化稀疏模型的形成与发展的时间较晚，但是它能够获取输入图像的一些高层复杂特性或深层抽象特征，进而实现复杂场景下的目标识别。其代表性的工作为 2014 年胡晓林等人将该模型用于自然图像分类。由于层次化稀疏模型是对 HMAX 模型的改进，也是一种层次化目标识别模型，因而许多基于 HMAX 模型的应用，如图像的分类、分割、轮廓提取，人脸表情识别，语音识别等[82-86]，也可以利用层次化稀疏模型来解决。其中，基于 HMAX 模型的语音识别[82]，是 2014 年 Roos、Wolmetz 和 Chevillet 等人的工作。由于听觉神经科学的最新研究显示，听觉与视皮层具有相似的结构与功能组织，于是他们基于此相似性，将 HMAX 模型用到了语音识别中的词识别任务上，通过从 TIMIT 语音库中记录一些语音样本（训练样本），利用听觉外周的计算模型将语音样本转化为时频谱图，进一步将这些谱图分成 750 ms 的帧，并将这些帧输入到 HMAX 模型中得到相应的特征描述，利用这些特征训练 SVM 分类器（一对多方式）去辨识包含目标词的帧，而后对于一套测试句子，获取其时频谱图，采用滑帧的方法得到该句子中的每一帧，进而利用 HMAX 模型获取其特征描述，并利用训练好的 SVM 分类器来判断该测试句子中是否有目标词被提出。类似地，可以将 HMAX 模型利用层次化稀疏模型来替代，由此带来的好处是获取帧的特征更具稀疏性。

## 23.5.3 稀疏认知计算模型的目标识别示例

本节基于稀疏认知学习、计算和识别范式，简要地给出了该范式应用于目标识别的框架简图，如图 23.7 所示。

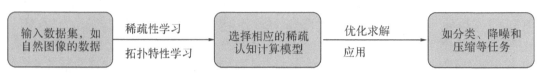

图 23.7 稀疏认知学习、计算与识别范式的目标识别框架

下面通过举例来说明利用此框架已获得的成果。

### 1. 基于稀疏表示的人脸识别

人脸识别是基于人的脸部特征信息进行身份识别的一种生物识别技术。2009 年 Wright 等人提出了稀疏表示分类(SRC)模型，并成功地应用在人脸识别上，取得了较好的分类结果。下面利用 Wright 等人的研究中的一个实验来详述基于稀疏表示的人脸识别。首先给出 SRC 的算法描述。

---

**算法 23.1　稀疏表示分类(SRC)**

输入：字典 $\boldsymbol{D}=[D_1, D_2, \cdots, D_K]\in \mathbf{R}^{m\times n}$，其中，$D_k$ 为第 $k$ 类子字典，即从第 $k$ 类的训练样例集中选取一定数量的样例，按列级联而成；一测试样例 $\boldsymbol{x}\in \mathbf{R}^m$。

输出：测试样例 $\boldsymbol{x}$ 的类标。

步骤：(1) 对 $\boldsymbol{D}$ 中的每一列进行 $l_2$ 范数归一化操作得 $\bar{\boldsymbol{D}}$。

(2) 求解优化问题：$\hat{\boldsymbol{\alpha}}=\arg\min_{\boldsymbol{\alpha}} \|\boldsymbol{\alpha}\|_1$，$\|\boldsymbol{x}-\bar{\boldsymbol{D}}\boldsymbol{\alpha}\|_2\leqslant \varepsilon$。

(3) 计算残差：$r_k(\boldsymbol{x})=\|\boldsymbol{x}-\bar{\boldsymbol{D}}_k\delta_k(\hat{\boldsymbol{\alpha}})\|_2$，$k=1, 2, \cdots, K$。其中，$\delta_k(\hat{\boldsymbol{\alpha}})$ 为向量 $\hat{\boldsymbol{\alpha}}\in \mathbf{R}^{n\times 1}$ 的第 $k$ 类所对应的表示系数。

(4) 识别类标，$\text{Label}(\boldsymbol{x})=\arg\min_{k}\{r_k(\boldsymbol{x})\}$。

---

其次，利用 Yale B 数据库，即包含 38 个类，共计 2414 幅图像，其中每一类由一个对象在各种光照条件获取的图像构成，每一幅图像的大小为 192×168。从每一类中随机选取一半图像构成训练样例集，即有 1207 幅图像，其余作为测试样例集。然后通过图像子采样对数据库中的每一幅图像进行处理得到大小为 12×10 的子图像，将该子图像按行拉成 120 维的向量，该向量视为原图像的"特征"，对应着原来的训练数据集和测试数据集，便可以得到训练数据特征集和测试数据特征集。

最后，利用全部训练数据特征集，级联形成字典 $\boldsymbol{D}\in \mathbf{R}^{120\times 1207}$。对于一个测试数据特征集，便可以利用 SRC 算法识别其类标。当 1207 个测试数据特征集完成类标预测后，统计结果得到 92.1% 的正确率。

### 2. 基于层次化稀疏模型的目标识别

基于层次化稀疏模型的学习方式，即可学习输入图像的深层特征，进而利用训练图像的深层特征来训练多类线性 SVM 分类器，最终实现测试图像的分类任务。下面利用胡晓林等人的研究中的一个实验来理解层次化稀疏模型的目标识别任务。

首先，有关 4 层的层次化稀疏模型的参数设置如下：S1 层前的 $D_1 \in \mathbf{R}^{64 \times 8}$，求解 $D_1$ 时的优化问题中，新数据集 $X \in \mathbf{R}^{64 \times 100\,000}$ 且 $\lambda = 0.15$；S2 层前的 $D_2 \in \mathbf{R}^{16 \times 1024}$，新数据集 $\bar{X} \in \mathbf{R}^{16 \times 200\,000}$ 且 $\gamma = 0.15$；C1 层前的汇聚半径 $r_1 = 6$；C2 层不再直接利用汇聚操作，而是先对 S2 层的响应进行网格分辨率为 1、2、4 的三级空域金字塔处理[87]，然后在每一个网格内进行最大汇聚操作。最终得到每一幅输入图像的深层特征的维数为 $1024 \times 21 = 21\,504$。

其次，利用 Caltech-101 数据库，即有 102 类，共计 9144 幅图像，每一类的图像个数为 31 到 800 不等，大部分图像是中等分辨率。从每一类中随机选取 15 幅图像构成训练样例，其余的作为测试样例。

最后，利用训练样例得到的深层特征训练 102 类的线性 SVM 分类器；对于测试样例中的每一幅图像，便可以根据 4 层的层次化稀疏模型提取特征，之后利用训练好的 SVM 分类器识别其类标。最终得到的准确率为 $66.45 \pm 0.52$。另外，若从每类中选取 30 幅图像构成训练样例，则得到的准确率为 $73.67 \pm 1.23$。

## 23.6 存在的问题及进一步研究的方向

目前，虽然关于稀疏认知学习、计算与识别范式的理论研究与应用很多，也取得了较好的研究成果，但在该范式的学习过程中仍有许多问题尚待解决和完善。下面基于该范式，利用假设、建模、求解和反馈调整这一数学建模的流程，给出该范式存在的一些问题，并指出可进一步研究的方向，即从生物视觉的神经稀疏编码假设出发（或信号处理中关于信号的稀疏性假设），建立描述该假设的视觉计算模型（或信号的稀疏表示模型），通过设计的优化算法求解，最后利用模型的结果来调整假设条件，修改模型直至假设条件能够合理地反映输入、输出之间的关系。

### 23.6.1 存在的问题

**1. 假设中的问题**

从假设的角度来分析，稀疏编码模型能够模仿生物视皮层中神经元细胞的稀疏特性，但从信号表示的角度来看，该模型是依据信号与字典的基原子之间呈线性关系的假设而建立的。若信号与字典的基原子之间是通过高度非线性关系来描述的，那么再使用基于线性假设的稀疏编码模型就有可能在具体的应用任务中失效。

**2. 建模中的问题**

从建模的角度来分析，稀疏认知计算模型，特别是稀疏编码模型和结构化稀疏模型，其实质可以通过图 23.8 所示的框架结构来理解。

图 23.8　稀疏认知计算模型的框架结构

图 23.8 中，$x$ 为输入信号；$\hat{x}$ 为输出信号，是 $x$ 的逼近；矩阵 $H$ 和 $D$ 分别为分析字典和合成字典；$m > n$；$\sigma(\cdot)$ 为非线性函数，如 $\sigma(t) = |t|$，$\sigma(t) = \max(0, t-\theta)$（其中 $\theta$ 为一阈值）等。根据输入与输出之间的关系，可得到

$$\hat{x} = D \cdot \sigma(H \cdot x) \tag{23-39}$$

进而定义损失函数：

$$L(x; H, D) = \| x - \hat{x} \|_2 = \| x - D \cdot \sigma(H \cdot x) \|_2 \tag{23-40}$$

（1）假设 $D$ 已知，$H$ 是未知的，那么可以不考虑 $H$ 的处理，直接得到损失函数：

$$L(x; \beta) = \| x - \hat{x} \|_2 = \| x - D \cdot \beta \|_2 \tag{23-41}$$

但是由于字典 $D$ 是过完备的，因此求解得到的 $\beta$ 是不唯一的，所以基于 $\beta$ 稀疏性正则（如 $\beta$ 的 $l_1$ 范数）的优化问题便是稀疏编码模型，即

$$\min_{\beta} \| x - D \cdot \beta \|_2 + \lambda \| \beta \|_1 \tag{23-42}$$

若 $\sigma(t) = |t|$，则得到非负稀疏编码模型，即

$$\min_{\beta} \| x - D \cdot \beta \|_2 + \lambda \| \beta \|_1, \ \beta \geqslant 0 \tag{23-43}$$

另外，基于 $\beta$ 的结构性稀疏约束，便可以得到结构化稀疏模型。

（2）假设 $H$ 已知，$D$ 是未知的，并且 $\sigma(t) = |t|$，则可以得到分析形式的稀疏编码模型：

$$\min_{\hat{x}} \| x - \hat{x} \|_2 + \lambda \| H \cdot \hat{x} \|_1 \tag{23-44}$$

**注意**：由于 $\sigma(t) = |t|$，因此之前 $\beta$ 的稀疏性可以等价于 $\alpha$ 的稀疏性，即 $\| \beta \|_1 = \| \alpha \|_1 = \| H \cdot x \|_1$。更为普遍的分析稀疏编码模型为

$$\min_{\hat{x}} \| y - M \cdot \hat{x} \|_2 + \lambda \| H \cdot \hat{x} \|_1 \tag{23-45}$$

其中，$y \in \mathbf{R}^r$ 为观测信号，$M \in \mathbf{R}^{r \times n}$ 为观测矩阵且 $r \leqslant n$，$\hat{x}$ 为待恢复的原始信号。

（3）假设 $H$ 与 $D$ 都是未知的，$\sigma(\cdot)$ 函数给定，则该框架结构可以认为是一种稀疏自编码器[88]，即通过训练样例学习得到 $H$ 与 $D$，进而对一测试信号 $x$，其编码过程为 $\beta = \sigma(H \cdot x)$，解码过程为 $\hat{x} = D \cdot \beta$。

结合上述分析，总结问题如下：一是能否通过该框架结构的逐层学习来学习信号的深层特征，即如何将稀疏编码模型推广至深度学习[89]的模式；二是 23.4 节曾提到通过求解稀疏编码模型得到的稀疏表示系数并不能作为一种特征来描述输入信号，但该框架结构中的非线性函数 $\sigma(\cdot)$ 能否改善这一点，从而在得到"特征"$\beta$ 后嵌入线性分类器来实现分类任务呢？

### 3. 反馈调整中的问题

从反馈调整的角度来分析，层次化稀疏模型能够大致地模拟腹侧视觉通路的机理，它也为计算机视觉的发展提供了一种新的思路，但与 HAMX 模型一样，它仍是一种由简单单元层与复杂单元层交替组成的前馈等级结构，并没有考虑视皮层间存在着反馈链接[90-91]。

## 23.6.2 进一步研究的方向

针对假设中的问题，一种可行性的策略便是引入核技巧（如线性核、多项式核、高斯核[92]等），可以将信号和字典映射到高维变换空间上，使其呈线性关系，再利用稀疏编码模型来进行求解。这种基于核的稀疏编码模型是一个值得进一步研究和完善的方向。

对于建模中的问题，利用逐层学习[93-94]的方式，将稀疏编码模型推广至深度学习的模式，是一个全新的值得研究的方向。另外，基于稀疏认知计算模型的框架结构，通过嵌入分类器（如线性分类器）来快速地实现分类任务将有着广泛的应用前景，如图 23.9 所示的结构是值得深入研究的一个方向。

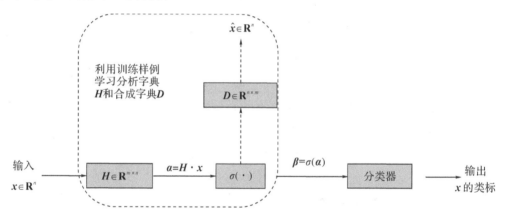

图 23.9　基于稀疏认知计算模型的分类结构

对于反馈调整中的问题，为了考虑皮层间的反馈链接，通过先验知识或上下文信息的帮助，将"自底向上（前馈）"与"自顶向上（反馈）"相结合来理解生物视皮层腹侧通路的机理，以实现复杂场景下目标的有效识别。因此，基于生物视皮层的研究，构建高效性、高性能的层次目标识别模型仍是今后值得探索的热点方向。

另外，针对稀疏认知计算模型中单一尺度上的基原子不能有效地表征具有奇异性的信号这个问题，可借鉴小波分析、多尺度几何分析等方法[95-98]，构造多尺度字典来刻画信号的奇异特性，这种多尺度字典的构造方法也是需要进一步研究的方向。

（本章作者：焦李成，赵进，杨淑媛，刘芳，谢雯）

# 本章参考文献

[1] HUBEL D H, WIESEL T N. Receptive fields of single neurones in the cat's striate cortex[J]. Journal of Physiology, 1959, 148(3): 574 – 591.

[2] MALLAT S, ZHANG Z. Matching pursuit with time-frequency dictionaries[J]. IEEE Transactions on Signal Processing, 1993, 41(2): 3397 – 3415.

[3] WILLSHAW D J, BUNEMAN O P, HIGGINS H C L. Non-holographic associative memory[J]. Nature, 1969, 222(5): 960 – 962.

[4] BARLOW H B. Single units and sensation: a neuron doctrine for perceptual psychology[J]. Perception, 1972, 1(4): 371 – 394.

[5] OLSHAUSEN B A, FIELD D J. Emergence of simple-cell receptive field properties by learning a sparse code for natural images[J]. Nature, 1996, 381(11): 607 – 609.

[6] RODOLPHE J, GUILLAUME O, BACH F. Structured sparse principal component analysis[J]. Journal of Machine Learning Research, 2010, 9(2): 366 – 373.

[7] RODOLPHE J, AUDIBERT J Y, BACH F. Structured variable selection with sparsity-inducing norms[J]. Journal of Machine Learning Research, 2011, 12(1): 2777 – 2824.

[8] DUARTE M F, ELDAR Y C. Structured compressed sensing: from theory to application[J]. IEEE Transaction on Signal Processing, 2011, 59(9): 4055 – 4085.

[9] ZHANG Q, LI B X. Discriminative K-SVD for dictionary learning in face recognition[C]. IEEE Conference on Computer Vision and Pattern Recognition (CVPR). San Francisco, America, 2010: 2691 – 2698.

[10] SERRE T, WOLF L, BILESCHI S, et al. Robust object recognition with cortex-like mechanisms[J]. IEEE Transactions on Pattern Analysis and Machine Intelligence, 2007, 29(3): 411 – 426.

[11] HU X L, ZHANG J W, LI J M, et al. Sparsity-regularized HMAX for visual recognition[J]. PLOS ONE, 2014, 9(1): 1 – 12.

[12] RIESENHUBER M, POGGIO T. Hierarchical models of object recognition in cortex[J]. Nature Neuroscience, 1999, 2(10): 1019 – 1025.

[13] ZHAO S N, YAO L, JIN Z, et al. The Whole Video features of sparse representation in the human primary visual cortex: Evidence of brain functional imaging[J]. Chinese Science Bulletin, 2008, 53 (11): 1296 – 1304.

[14] HOUWELING A R, BRECHT M. Behavioural report of single neuron stimulation in somatosensory cortex[J]. Nature, 2008, 451(7174): 65 – 68.

[15] ZHOU Y, WANG J. The functional organization of the visual cortex and progress from fMRI[J]. Progress in Modern Biomedicine, 2006, 6(9): 79 – 81.

[16] YAO X Z, LU T W, HU H P. Object recognition models based on primate visual cortices: a review [J]. Pattern Recognition and Artificial Intelligence, 2009, 3(4): 581 – 588.

第23章 稀疏认知学习、计算与识别

[17] LI Y P, ZHAO D D, MA L, et al. Research advances on receptive field[J]. WEST CHINA MEDICAL JOURNAL, 2008, 23(3): 640-641.

[18] SHANG L. A study of sparse coding algorithm and their application [D]. Hefei: University of Science of Technology of China, 2006.

[19] 焦李成. 神经网络计算[M]. 西安: 西安电子科技大学出版社, 1993.

[20] 焦李成. 神经网络应用与实现[M]. 西安: 西安电子科技大学出版社, 1992.

[21] 焦李成. 神经网络系统理论[M]. 西安: 西安电子科技大学出版社, 1990.

[22] MITCHISON G. The organization of sequential memory: sparse representations and the targeting problem[C]. Organization of Neural Networks: VCH Verlags-Gesellschaft. Weinheim, Germany, 1988: 347-367.

[23] ROLLS E, TREVES A. The relative advantages of sparse versus distributed encoding for associative neuronal networks in the brain[J]. Network, 1990, 1(4): 407-421.

[24] HYVARINEN A, HOYER P O. A two layer sparse coding model learns simple and complex cell receptive fields and topography from natural images[J]. Vision research, 2001, 41(18): 2413-2423.

[25] OLSHAUSEN B A, FIELD D J. Sparse coding with an over complete basis set: a strategy employed by V1[J]. Vision Research, 1997, 37(5): 3311-3325.

[26] THERIAULT C, THOME N, CORD M. HMAX-S: Deep scale representation for biologically inspired image categorization [C]. 2011 18th IEEE International Conference on Image Processing, Brussels, Belgium, 2011: 1261-1264.

[27] BADDELEY R, ABBOTT L F, BOOTH M C A, et al. Responses of neurons in primary and inferior temporal visual cortices to natural scenes[C]. Proceedings of the Royal Society B-Biological Sciences. London, Britain, 1997: 1775-1783.

[28] Carlson E T, Rasquinha R J, Zhang K, et al. A sparse object coding scheme in area V4[J]. Current Biology, 2011, 21(3): 288-293.

[29] QUIAN Q R, REDDY L, KREIMAN G, et al. Invariant visual representation by single neurons in the human brain[C]. Nature, 2005, 435(14): 1102-1107.

[30] CANDÈS E J, ROMBERG J, TAO T. Robust uncertainty principles: exact signal reconstruction from highly incomplete frequency information[J]. Ranaon on Mrowav Hory & Hnq, 2006, 52(2): 489-509.

[31] CHARTRAND R. Exact reconstruction of sparse signals via nonconvex minimization[J]. IEEE signal processing letters, 2007, 14(10): 707-710.

[32] CHARTRAND R, STANEVA V. Restricted isometry properties and nonconvex compressive sensing[J]. Inverse Problems, 2008, 24(3): 1-14.

[33] CANDÈS E J, WAKIN M, BOYD S. Enhancing sparsity by reweighted L1 minimization[J]. Journal of Fourier Analysis and Applications, 2008, 14(1): 877-905.

[34] ELAD M. Sparse and redundant representations: from theory to applications in signal and image

processing[M]. Berlin: Springer Verlag, 2010.

[35] XU H, CARAMANIS C, MANNOR S. Sparse algorithms are not stable: a no-free-lunch theorem [J]. IEEE Transactions on Pattern Analysis and Machine Intelligence, 2012, 34(1): 187 - 193.

[36] XU Z B, ZHANG H, WANG Y, et al. L (1/2) regularization[J]. Science China (Information Sciences), 2010, 53(6): 1159 - 1169.

[37] MI T B, LI S D, LIU Y L. The L1 analysis approach by sparse dual frames for sparse signal recovery represented by frames[J]. IEEE International Symposium on Information Theory, 2012, 6 (12): 2037 - 2041.

[38] NAM S, DAVIES M E, ELAD M, et al. The cosparse analysis model and algorithms[J]. Applied and Computational Harmonic Analysis, 2013, 34(1): 30 - 56.

[39] ELAD M, MILANFAR P, RUBINSTEIN R. Analysis versus synthesis in signal priors[J]. Inverse Problems, 2007, 23(3): 947 - 968.

[40] JOACHIMS T, HOFMANN T, YUE Y, et al. Predicting structured objects with support vector machines[J]. Communications of ACM, 2009, 52(11): 97 - 104.

[41] KULESZA A, PEREIRA F. Structured learning with approximate inference[J]. Advances in Neural Information Processing Systems, 2007, 11(1): 1 - 8.

[42] LIU F, WU J, YANG S Y, et al. Research advances on structured compressive sensing[J]. Acta Automatica Sinica, 2013, 12(39): 1980 - 1995.

[43] SUN H, ZHANG Z L, YU L. From sparsity to structured sparsity: Bayesian perspective[J]. Signal Processing, 2012, 6(5): 759 - 773.

[44] MAIRAL J, JENATTON R, OBOZINSKI G, et al. Convex and network flow optimization for structured sparsity[J]. Journal of Machine Learning Research, 2011, 12(9): 2681 - 2720.

[45] JENATTON R, AUDIBERT J Y, BACH F. Structured variable selection with sparsity-inducing norms[J]. Journal of Machine Learning Research, 2011, 12(10): 2777 - 2824.

[46] HUANG J, ZHANG T, METAXAS D. Learning with structured sparsity[J]. The Journal of Machine Learning Research, 2009, 12(1): 3371 - 3412.

[47] KORAY K, MARCAURELIO R, ROB F, et al. Learning invariant features through topographic filter maps [C]. Proceedings of the International Conference on Computer Vision and Pattern Recognition. Miami, Florida, USA, 2009: 1605 - 1612.

[48] KRIZHEVSKY A, SUTSKEVER I, HINTON G E. Imagenet classification with deep convolutional neural networks[J]. Advances in Neural Information Processing Systems, 2012, 12(1): 1 - 9.

[49] FAWZI A, DAVIES M, FROSSARD P. Dictionary Learning for Fast Classification Based on Soft-thresholding[J]. International Journal of Computer Vision, 2014, 21(2): 1 - 16.

[50] ELAD M. Sparse and Redundant Representation Modeling: What Next? [J]. IEEE Signal Processing Letters, 2012, 19(12): 922 - 928.

[51] FAUL A C, TIPPING M E. Analysis of Sparse Bayesian Learning[J]. Advances in Neural Information Processing Systems, 2001, 20(3): 383 - 389.

[52] ALLEN G I. Sparse and Functional Principal Components Analysis[J]. E print arXiv, 2013, 9(11): 1 - 21.

[53] Ma S Q. Algorithms for Sparse and Low-Rank Optimization: Convergence, Complexity and Applications [D]. New York: Columbia University, 2011.

[54] HUANG B. Convex Optimization Algorithms and Recovery Theories for Sparse Models in Machine Learning[D]. New York: Columbia University, 2014.

[55] LIU H, TANIGUCHI T. Feature Extraction and Pattern Recognition for Human Motion by a Deep Sparse Autoencoder [C]. 2014 IEEE International Conference on Computer and Information Technology, 2014: 173 - 181.

[56] DONOHO D L. Compressed sensing[J]. IEEE Transactions on Information Theory, 2006, 52 (4): 1289 - 1239.

[57] CANDÈS E J, ROMBERG J K, TAO T. Stable signal recovery from incomplete and inaccurate measurements[J]. Communications on Pure and Applied Mathematics, 2006, 59 (8): 1207 - 1222.

[58] CANDÈS E J, ROMBERG J K, TAO T. Robust uncertainty principles: exact signal reconstruction from highly incomplete fourier information[J]. IEEE Transactions on Information Theory, 2006, 52 (8): 489 - 509.

[59] JIAO L C, YANG S Y, LIU F, et al. Development and prospect of compressive sensing[J]. Acta Electronica Sinica, 2011, 7(39): 1651 - 1662.

[60] BARANIUK R. Compressive sensing[J]. IEEE Signal Processing Mag, 2007, 32(7): 118 - 120.

[61] LUSTIG M, DONOHO D L, SANTOS J M, et al. Compressed Sensing MRI[J]. IEEE Signal Processing Magazine, 2008, 25(2): 72 - 82.

[62] FAUVEL S, WARD R K. An energy efficient compressed sensing framework for the compression of electroencephalogram signals[J]. Sensors (Basel, Switzerland), 2014, 14(1): 1474 - 1496.

[63] FIGUEIREDO M A T, NOWAK R D, WRIGHT S J. Gradient Projection for Sparse Reconstruction: Application to Compressed Sensing and Other Inverse Problems[J]. IEEE Journal of Selected Topics in Signal Processing, 2007, 1(4): 586 - 597.

[64] STARCK J L, ELAD M, DONOHO D L. Redundant multiscale transforms and their application for morphological component analysis[J]. The Journal of Advances in Imaging and Electron Physics, 2004, 132(12): 287 - 348.

[65] FARSIU S, ROBINSON D, ELAD M, et al. Advanced and challenges in super-resolution[J]. The International Journal of Imaging Systems and Technology, 2004, 14(2): 47 - 57.

[66] STARCK J L, ELAD M, DONOHO D L. Image decomposition via the combination of sparse representations and a variational approach[J]. IEEE Transactions on Image Processing, 2005, 14 (10): 1570 - 1582.

[67] DONOHO D L, ELAD M, TEMLYAKOV V. Stable recovery of sparse overcomplete representations in the presence of noise[J]. IEEE Transactions on Information Theory, 2006, 52(1): 6 - 18.

[68] ELAD M, STARCK J L, QUERRE P, et al. Simultaneous cartoon and texture image inpainting

using morphological component analysis [J]. Journal on Applied and Computational Harmonic Analysis, 2005, 19(32): 340 – 358.

[69] BOBIN J, MOUDDEN Y, STARCK J L, et al. Morphological diversity and source separation[J]. IEEE Signal Processing Letters, 2006, 13(7): 409 – 412.

[70] ELAD M, GOLDENBERG R, KIMMEL R. Low bit-rate compression of facial images[J]. IEEE Transactions on Image Processing, 2007, 16(9): 2379 – 2383.

[71] FADILI J M, STARCK J L, ELAD M, et al. Reproducible research in signal and image decomposition and inpainting[J]. Computing in Science & Engineering, 2010, 12(1): 44 – 62.

[72] ADLER A, ELAD M, YACOV H. Sparse coding with anomaly detection[J]. Journal of Signal Processing Systems, 2015, 79(2): 179 – 188.

[73] WRIGHT J, YANG A Y, GANESH A, et al. Robust face recognition via sparse representation[J]. IEEE Transactions on Pattern Analysis and Machine Intelligence, 2009, 31(2): 210 – 227.

[74] GAO S, TSANG I W H, CHIA L T. Kernel sparse representation for image classification and face recognition[C]. Computer Vision – ECCV. Heidelberg, Berlin: Springer, 2010: 1 – 14.

[75] ZHANG L, YANG M, FENG X C. Sparse representation or collaborative representation: which helps face recognition[C]. IEEE International Conference on Computer Vision, Barcelona, Spain, 2011: 471 – 478.

[76] YANG M, ZHANG L, SHIU S C K, et al. Robust kernel representation with statistical local features for face recognition[J]. IEEE Transactions on Neural Networks and Learning Systems, 2013, 22(2): 900 – 912.

[77] HAN Y H, WU F, TIAN Q, et al. Image annotation by input-output structural grouping sparsity [J]. IEEE Transactions on Image Processing, 2012, 21(6): 3066 – 3079.

[78] PONTIL M, MOURAO – MIRANDA J, BALDASSARRE L. Structured Sparsity Models for Brain Decoding from fMRI Data [C]. IEEE Computer Society International Workshop on Pattern Recognition in Neuroimaging, London, UK, 2012: 5 – 8.

[79] JIA K, CHAN T H, MA Y. Robust and Practical Face Recognition via Structured Sparsity[M]// FITZGIBBON A, LAZEBNIK S, PERONA P, et al, eds. Computer Vision-ECCV. Berlin: Springer, 2012: 331 – 334.

[80] ZHANG H, ZHANG Y, HUANG T S. Exploiting Structured Sparsity for Image Deblurring[C]. IEEE International Conference on Multimedia and Expo, Melbourne, VIC Australia, 2012: 616 – 621.

[81] ASAEI A, GOLBABAEE M, BOURLARD H. Structured Sparsity Models for Reverberant Speech Separation[J]. IEEE/ACM Transactions on Audio, Speech, and Language Processing, Martigny, Switzerland, 2014, 22(3): 620 – 633.

[82] ROOS M J, WOLMETZ M, CHEVILLET M A. A hierarchical model of vision can also recognize speech[J]. BMC Neuroscience, 2014, 15 (1): 187.

[83] GU W, XIANG C, LIN H. Modified HMAX models for facial expression recognition[C]. IEEE

International Conference on Control and Automation，Christchurch，New Zealand，2009：1509 - 1514.

[84] ZHAO H W，CUI H H，DAI J B. Contour detection based on HMAX model and non-classical receptive field inhibition[J]. Journal of Jilin University，2012，42(1)：128 - 133 .

[85] HONG HANH P T，NGOC L Q. Multiple objects detection on street using Hmax features and color clue[C]. 2012 IEEE International Symposium on Signal Processing and Information Technology. Ho Chi Minh，Vietnam，2012：90 - 94.

[86] YAGHOUBI Z，FAEZ K，ELIASI M. Face recognition using HMAX method for feature extraction and support vector machine classifier [C]. 24th International Conference Image and Vision Computing，Wellington，New Zealand，2009：421 - 424.

[87] LAZEBNIK S，SCHMID C，PONCE J. Beyond bags of features：spatial pyramid matching for recognizing nature scene categories[C]. 2006 IEEE Computer Society Conference on Computer Vision and Pattern Recognition，New York，USA，2006：2169 - 2178.

[88] ROWEIS S，GHAHRAMANI Z. A unifying review of linear gaussian models[J]. Neural Computation，1999，11(2)：305 - 345.

[89] BENGIO Y. Learning Deep Architectures for AI[J]. Foundations & Trends in Machine Learning，2009，2(1)：1 - 127.

[90] ECKHORN R，BAUER R，JORDAN W，et al. Coherent oscillations：a mechanism of feature linking in the visual cortex，multiple electrode and correlation analyses in the cat[J]. Biological Cybernetics，1988，60(2)：121 - 130.

[91] GRILL - SPECTOR K，MALACH R . The human visual cortex[J]. Annual Review of Neuroscience，2004，27(1)：649 - 677.

[92] KIVINEN J，SMOLA A J，WILLIAMSON R C. Learning with Kernels[J]. IEEE Transactions on signal processing，2002，52(8)：2165 - 2176.

[93] ARNOLD L，OLIVIER Y. Layer - wise learning of deep generative models[J]. HAL - INRIA，2012，14(3)：1 - 43.

[94] RUBANOV N S. The layer - wise method and the backpropagation hybrid approach to learning a feedforward neural network[J]. IEEE Trans Neural Network，2000，11(2)：295 - 305.

[95] 焦李成，保铮. 子波理论与应用：进展与展望[J]. 电子学报，1993，7(21)：91 - 96.

[96] 焦李成，孙强. 多尺度变换域图像的感知与识别：进展和展望[J]. 计算机学报，2006，(29)：177 - 193

[97] 焦李成，谭山. 图像的多尺度几何分析：回顾与展望[J]. 电子学报，2003，31(12)：1975 - 1981.

[98] 焦李成，杨淑媛. 自适应多尺度网络理论与应用[M]. 北京：科学出版社，2008.

# 第24章 随机优化应用于大规模机器学习

目前，人工智能的浪潮正席卷着全球，诸多词汇，如人工智能（Artificial Intelligence，AI）、机器学习（Machine Learning，MI）和深度学习（Deep Learning，DL）等时常萦绕在我们的耳边。其中，机器学习是人工智能研究的核心问题之一，也是当前人工智能研究的一个主要热点方向，特别是深度学习。它们三者的关系如图 24.1 所示。

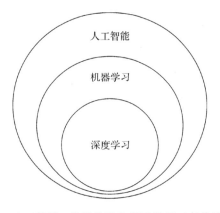

图 24.1 人工智能、机器学习和深度学习三者关系示意图

机器学习最基本的做法是使用算法来解析数据并从中学习，然后对真实世界中的事件做出决策或预测。根据学习方式的不同，机器学习可分为监督学习（如分类和回归）、无监督学习（如聚类）、半监督学习和强化学习等。上述很多机器学习问题（包括训练深度网络）都可表达为如下的复合优化问题：

$$\min_{x \in \mathbf{R}^d} F(\boldsymbol{x}) := f(\boldsymbol{x}) + g(\boldsymbol{x}) = \frac{1}{n} \sum_{i=1}^{n} f_i(\boldsymbol{x}) + g(\boldsymbol{x}) \tag{24-1}$$

其中，$f_i(\boldsymbol{x})$，$i=1, \cdots, n$ 为成分子函数；$g(\boldsymbol{x})$ 一般代表正则函数。常用的正则函数 $g(\boldsymbol{x})$ 主要有 $l_1$ 范数正则子（即 $\lambda \parallel \boldsymbol{x} \parallel_1$）、$l_2$ 范数正则子（即 $(\lambda/2) \cdot \parallel \boldsymbol{x} \parallel^2$）和弹性网（Elastic-Net）正则子（即 $(\lambda_1/2) \cdot \parallel \boldsymbol{x} \parallel^2 + \lambda_2 \parallel \boldsymbol{x} \parallel_1$）。其中，$\lambda, \lambda_1, \lambda_2 \geqslant 0$，是正则参数。代表性的机器学习问题是正则化的经验风险最小化（Empirical Risk Minimization，ERM）。根据各个函数的性质，本书考虑的复合优化问题（式(24-1)）主要有如下四种情况[1-2]：

（1）Case 1：每个凸子函数 $f_i(\boldsymbol{x})$ 是 $L$-smooth，而 $F(\boldsymbol{x})$ 是 $\mu$-强凸（$\mu$ Strongly Convex）

函数，如 Ridge Regression（称为脊回归或岭回归）、Logistic Regression（称为逻辑回归、对数几率回归或逻辑斯蒂回归）和弹性网正则的 Logistic 回归。

（2）Case 2：每个凸子函数 $f_i(x)$ 是 $L$-smooth，而 $F(x)$ 是非强（Non-Strongly Convex 或 General Convex）函数，如 Lasso 和 $l_1$ 范数正则的 Logistic 回归。

（3）Case 3：每个凸子函数 $f_i(x)$ 是非光滑的（Non-smooth）和利普希茨连续的（Lipschitz Continuous），而 $F(x)$ 是 $\mu$-强凸函数。其中，典型的代表是线性支持向量机（Support Vector Machine，SVM）。

（4）Case 4：每个凸子函数 $f_i(x)$ 是非光滑的和利普希茨连续的，而 $F(x)$ 是非强凸函数，如 $l_1$ 范数正则的 SVM。

$L$-smooth 和 $\mu$-强凸函数的具体定义如下所述。除上述几种情况的凸优化问题外，还有两类优化问题也是令人感兴趣的。其中，第一类问题（Case 5）是每个非凸子函数 $f_i(x)$ 是 $L$-smooth，而 $F(x)$ 是非凸函数，如 $l_2$ 范数（或 $l_1$ 范数）正则的 Sigmoid 损失函数[3]；而第二类问题（Case 6）是每个子函数 $f_i(x)$ 都是 $L$-smooth 和非凸函数，而 $F(x)$ 是凸函数，其中代表性的机器学习问题是 Shift-and-Invert 的特征向量计算[4]。除上面介绍的问题外，复合优化问题（见式(24-1)）还包括很多其他经典机器学习应用，如深度学习[5-7]、结构稀疏[8-9]、稀疏编码与字典学习[10-11]、矩阵补全[12-15]、非负矩阵分解[16]、张量分解[17-18]、聚类[19]、主成分分析(PCA)和奇异值分解(SVD)[4, 20]。

## 24.1　基本定义

为了便于理解本章的内容，下面给出了一些相关的数学定义。更多的相关知识请参考文献[21]、[22]。

**定义 24.1**　对于所有的 $x, y \in \mathbf{R}^d$，如果存在一个常量 $L > 0$ 使得如下的不等式成立，那么成分函数 $f_i(\cdot)$ 是 $L$-smooth。

$$\| \nabla f_i(x) - \nabla f_i(y) \| \leqslant L \| x - y \|$$

**定义 24.2**　对于所有的 $x, y \in \mathbf{R}^d$，如果存在一个常量 $\mu > 0$ 使得如下的不等式成立，那么函数 $h(\cdot)$ 是 $\mu$-强凸的。

$$h(y) \geqslant h(x) + \langle \nabla h(x), y - x \rangle + \frac{\mu}{2} \| x - y \|^2 \qquad (24-2)$$

其中，$\langle \cdot, \cdot \rangle$ 表示向量的内积，即对任意的向量 $a, b \in \mathbf{R}^d$，$\langle a, b \rangle = a^\mathrm{T} b$。当 $h(\cdot)$ 是非光滑函数的时候（如弹性网正则子，即 $\frac{\lambda_1}{2} \| x \|^2 + \lambda_2 \| x \|_1$），函数 $h(\cdot)$ 还是 $\mu$-强凸的，那么需要用一个次梯度 $\xi \in \partial h(\cdot)$ 替换 $\nabla h(\cdot)$，使得如下不等式成立：

$$h(y) \geqslant h(x) + \langle \xi, y - x \rangle + \frac{\mu}{2} \| x - y \|^2$$

其中，$\partial h(\boldsymbol{x})$ 是函数 $h(\cdot)$ 在 $x$ 点的次梯度。

**定义 24.3** 对于所有的 $\boldsymbol{x}, \boldsymbol{y} \in \mathbf{R}^d$，如果存在一个常量 $G > 0$ 使得如下不等式成立，那么成分函数 $f_i(\cdot)$ 是 $G$-利普希茨连续的（$G$-Lipschitz）。

$$|f_i(\boldsymbol{x}) - f_i(\boldsymbol{y})| \leqslant G \| \boldsymbol{x} - \boldsymbol{y} \|$$

## 24.2 应用于传统机器学习问题的随机优化

各种各样的机器学习问题通常要转化为一个优化目标函数去求解，数值优化算法是求解目标函数中参数的重要工具。常用的机器学习优化算法主要包括梯度下降（Gradient Descent）/近端梯度（Proximal Gradient）法、二阶优化法、交替方向乘子法（Alternating Direction Method of Multipliers，ADMM）等。其中，梯度下降法和二阶优化法适用于光滑的目标函数；近端梯度法适用于光滑函数与简单非光滑函数的混合问题（如 Lasso 和 $l_1$ 范数正则的 Logistic 回归）；次梯度（Subgradient）法（包括投影次梯度法）适用于各种非光滑的问题（如 SVM）；交替方向乘子法适用于等式约束的函数优化（如广义的 Lasso 问题[8-9]）。梯度下降法求解光滑问题（见式（24-1））的迭代公式如下：

$$x_{k+1} = x_k - \eta_k \left[ \frac{1}{n} \sum_{i=1}^{n} \nabla f_i(x_k) + \nabla g(x_k) \right] \tag{24-3}$$

其中，$x_0$ 为初始的迭代点，$\eta_k > 0$ 是学习率或步长，$\nabla f_i(\cdot)$ 表示函数 $f_i(\cdot)$ 的梯度。当函数 $g(\cdot)$ 是非光滑的（如 $l_1$ 范数正则子）时，上面的迭代公式可变为如下的形式（也就是近端梯度法的迭代公式）：

$$x_{k+1} = \arg \min_{\boldsymbol{x} \in \mathbf{R}^d} \left\{ \frac{1}{2 \eta_k} \| \boldsymbol{x} - x_k \|^2 + \boldsymbol{x}^{\mathrm{T}} \nabla f(x_k) + g(\boldsymbol{x}) \right\} \tag{24-4}$$

需要特别说明的是，理论上已证明了，上述两类方法（即梯度下降法和近端梯度法）在求解强凸的优化问题时可达到线性收敛。Nesterov[23] 在 1983 年首次提出了动量加速的梯度下降法（Accelerated Gradient Descent，AGD）。受动量加速技术的启发，加速的近端梯度法也被提出，如 Accelerated Proximal Gradient①（APG）[24]。理论上也已证明[23-25]，在求解非强凸优化问题时，加速的梯度下降法和近端梯度法都可获得最优的理论收敛率 $O(1/K^2)$，其中 $K$ 是算法的迭代次数。

所有这些确定性优化（Deterministic Optimization，也称批处理（Batch））方法每次迭代需要遍历所有的样本，而二阶优化方法（如牛顿法）还需要计算海森矩阵，因此具有非常高的复杂度，它们都不能满足快速高效求解的需要。特别是当样本的数目很大时，即使上述的一阶优化算法每次迭代的复杂度都为 $O(nd)$，也非常耗时。其中，$n$ 是样本的数目，而 $d$ 为样本的维数。

---

① 文献[24]中提出的 APG 算法被称为 FISTA，是一种非常有名的快速迭代收缩阈值算法。

### 24.2.1 随机梯度下降法(SGD)

为了解决数据规模日益增大的严峻挑战,研究人员采用随机优化方法来快速求解机器学习中的优化问题,即用每次迭代中仅需单个或少量样本的随机梯度下降(Stochastic Gradient Descent,SGD)法[26]来代替传统的批处理方法,每次迭代的计算复杂度减小到 $O(d)$。SGD 的迭代公式为

$$x_{k+1} = x_k - \eta_k [\nabla f_{i_k}(x_k) + \nabla g(x_k)] \qquad (24-5)$$

其中,$\eta_k \propto 1/\sqrt{k}$,$i_k$ 为随机抽取样本的序号,即 $i_k \in [n] := \{1, 2, \cdots, n\}$。

另外一类随机优化方法是随机坐标下降(Randomized Coordinate Descent)法[27]。该类方法的优点是简单且迭代速度快。但是只能适用于某些特定的凸优化问题,例如块可分离性(Block-Separable),其应用受到了相当大的限制。因此,本章将不涉及这方面的研究。由于具有迭代复杂度低的优势,以上介绍的两类随机优化方法已被成功应用于很多大规模的机器学习问题,如训练大规模深度神经网络模型。虽然随机梯度估计子 $\nabla f_{i_k}(x_k)$ 是全梯度 $\nabla f(x_k)$ 的无偏估计,也就是 $E[\nabla f_{i_k}(x_k)] = \nabla f(x_k)$,但是这样的噪声梯度近似[1]往往具有较大的方差[7],从而需要随机梯度下降法的步长或学习率随着迭代逐渐地衰减,导致收敛速度较慢。即使求解光滑的强凸问题时,传统的 SGD 仅获得 $O(1/K)$ 的次线性收敛率[30]。此外,我们通常采用 Mini-batch 的策略来减少随机梯度的方差,一般可获得更快的收敛速度。Mini-batch 的 SGD 算法见算法 24.1。

---

**算法 24.1**  Mini-batch 随机梯度下降法(SGD)

输入:迭代次数 $K$ 和学习率 $\eta_k$。

初始化:$x_0$ 和 Mini-batch 的大小为 $m$。

1: **for** $k = 1, 2, \cdots, K$ **do**

2:　　均匀随机地在训练集中选取一个 Mini-batch,$\mathscr{B}_k$;

3:　　$x_{k+1} = x_k - \eta_k \left[ \dfrac{1}{m} \sum_{i \in \mathscr{B}_k} \nabla f_i(x_k) + \nabla g(x_k) \right]$;

4: **end for**

输出:$x_{k+1}$。

---

① 随机梯度中的噪声是无法消除的。在很多实际应用中,随机优化方法都获得了非常好的性能,特别是训练深度的神经网络。反过来说,噪声梯度可在一定程度上帮助逃离非凸问题的鞍点[28]。最近关于加入噪声逃离鞍点的研究[29-30]已成为一个新的研究热点。

### 24.2.2 随机方差减少法

为了进一步提高传统 SGD 的收敛速度，近年来很多随机方差减少的算法被先后提出，如 Stochastic Average Gradient （SAG）[31]、Stochastic Variance Reduced Gradient（SVRG）[7]、Stochastic Dual Coordinate Ascent（SDCA）[32]、SAGA[33]、Stochastic Primal-Dual Coordinate（SPDC）[34]、Variance Reduced Stochastic Gradient Descent（VR-SGD）[22]以及它们的近端(Proximal)变体，如 Prox-SAG[35]、Prox-SVRG[36-37] 和 Prox-SDCA[38]。所有这些随机方差减少算法可分为如下三类：

（1）基于原问题(Primal Problem)的算法，如 SVRG、Proximal 变体、Prox-SVRG 和 VR-SGD。

（2）基于对偶问题(Dual Problem)的算法，如 SDCA 和 Prox-SDCA。

（3）基于原始-对偶问题(Primal-Dual Problem)的算法，如 SPDC。

在以上的三类算法中，基于原问题的算法是迄今为止被研究最多的，也是应用最为广泛的。所以，本章重点关注第一类算法的研究。事实上，本章讨论的很多研究成果(如加速随机方差减小算法)可应用到基于对偶问题的算法和基于原始-对偶问题的算法中，并进一步提高基于原问题的算法的性能。

随机平均梯度(SAG)法[31]应该是最早提出的一种随机方差减少算法。该算法利用随机平均梯度来减少随机梯度估计，表达式如下：

$$x_{k+1} = x_k - \frac{\eta}{n} \sum_{i=1}^{n} g_i^k \qquad (24-6)$$

其中，$\eta$ 是学习率或步长，$g_i^k (i=1, 2, \cdots, n)$ 是需要存储的成分函数梯度，即

$$g_i^k = \begin{cases} \nabla f_i(x_k), & i = i_k \\ g_i^{k-1}, & \text{其他} \end{cases}$$

不同于 SGD 算法需要逐步衰减的学习率，SAG 算法可用常量的学习率，因此它具有更快的收敛速度。由于 SAG 算法每次迭代需要计算随机平均梯度，因此当 $x_k$ 的维数很大而成分函数的数目也非常大时，随机平均梯度法需要很大的空间存储所有成分函数的梯度。不同于经典的 SVRG 算法及其近端变体 Prox-SVRG 算法都是两层的迭代算法，SAG 算法是单层的迭代算法，如算法 24.2 所示。文献[31]提出的算法可应用于求解没有正则项的光滑最小化问题（见式 24-1）。

---

**算法 24.2　随机平均梯度法(SAG)[31]**

---

输入：学习率 $\eta$。

初始化：$\boldsymbol{A}_g = 0$，$g_i = 0$ for $i = 1, 2, \cdots, n$。

1：**for** $k = 1, 2, \cdots, k$ **do**

2：　　均匀随机地抽取序号 $i_k \in [n]$；

3：　　$\boldsymbol{A}_g = \boldsymbol{A}_g - g_{i_k} + \nabla f_{i_k}(x_k)$；

4：　　$g_{i_k} = \nabla f_{i_k}(x_k)$；

5：　　$x_{k+1} = x_k - \dfrac{\eta}{n}\boldsymbol{A}_g$；

6：**end for**

输出：$x_{k+1}$。

---

　　受 SAG 算法[31] 和 SVRG 算法的启发，文献[33]提出了一种改进的随机平均梯度算法（SAGA）。其中，SAGA 式梯度估计子已被广泛地应用于很多随机优化算法[39-40]，其表达式如下：

$$\overline{\nabla} f_{i_k}(x_k) = \nabla f_{i_k}(x_k) - \nabla f_{i_k}(\phi_{i_k}^k) + \frac{1}{n}\sum_{j=1}^{n}\nabla f_j(\phi_j^k) \tag{24-7}$$

其中，$\phi_j^k (j = 1, 2, \cdots, n)$ 的定义如下：

$$\phi_j^k = \begin{cases} x_k, & j = i_k \\ \phi_j^{k-1}, & \text{其他} \end{cases}$$

　　除了上面介绍的 SAGA 式梯度估计子[33]外，被广泛应用的随机梯度估计子主要是 SVRG 式梯度估计子[7, 41]。与后者相比，SAGA 式梯度估计子通常需要保存全部的梯度，类似于 SAG[31]，所以这些算法通常无法应用于大规模的优化问题。相反地，基于 SVRG 式梯度估计子的算法（如 SVRG[7]、Prox-SVRG[36] 和 VR-SGD[22]）无需任何额外梯度的存储，因此该类算法具有明显的优势。SVRG 式梯度估计子已被广泛地应用于各种加速随机优化算法和实际的机器学习问题中[1, 2, 4, 10, 14, 20-21, 42-43]，其定义如下：

$$\widetilde{\nabla} f_{i_k}(x_k) = \nabla f_{i_k}(x_k) - \nabla f_{ik}(\widetilde{\boldsymbol{x}}^{s-1}) + \nabla f(\widetilde{\boldsymbol{x}}^{s-1}) \tag{24-8}$$

其中，$\widetilde{\boldsymbol{x}}^{s-1}$ 是 Snapshot 点，该点只在每次外部迭代时才更新一次，如算法 24.3 所示。文献[7]提出的算法（即算法 24.3）主要应用于求解没有正则项的光滑最小化问题（见式(24-1)）。不难验证，SVRG 式梯度估计子的方差（即 $E \| \widetilde{\nabla} f_{i_k}(x_k) - \nabla f(x_k) \|^2$）要远远小于 SGD 式梯度估计子的方差（即 $E \| \nabla f_{i_k}(x_k) - \nabla f(x_k) \|^2$）。对于光滑的复合最小化问题（式(24-1)），SVRG 的主要更新公式如下：

$$x_{k+1} = x_k - \eta[\widetilde{\nabla} f_{i_k}(x_k) + \nabla g(x_k)] \tag{24-9}$$

---

**算法 24.3　随机方差减少梯度法（SVRG）[7]**

---

输入：外部迭代次数 $S$，内部迭代次数 $m$，学习率 $\eta$。

初始化：$\tilde{x}_0$。

1：**for** $s=1, 2, \cdots, S$ **do**

2：　　$\tilde{\boldsymbol{\mu}}^{s-1} = \dfrac{1}{n} \sum\limits_{i=1}^{n} \nabla f_i(\tilde{\boldsymbol{x}}^{s-1})$；

3：　　$x_1^s = \tilde{\boldsymbol{x}}^{s-1}$

4：　　**for** $k=1, 2, \cdots, m$ **do**

5：　　　　均匀随机抽取序号 $i_k^s \in [n]$；

6：　　　　$\tilde{\nabla} f_{i_k^s}(x_k^s) = \nabla f_{i_k^s}(x_k^s) - \nabla f_{i_k^s}(\tilde{x}^{s-1}) + \boldsymbol{\mu}^{s-1}$；

7：　　　　$x_{k+1}^s = x_k^s - \eta \tilde{\nabla} f_{i_k^s}(x_k)$；

8：　　**end for**

9：　　$\tilde{\boldsymbol{x}}^s = x_{m+1}^s$；

10：**end for**

输出：$\tilde{\boldsymbol{x}}^S$。

---

　　在上述这些随机方差减小算法中，大部分用全梯度或平均梯度来逐步减小随机梯度估计的方差，从而可应用常数的学习率/步长来替代衰减的学习率，这也使得一阶随机优化方法产生了革命式的进步。如图 24.2 所示，随机方差减少算法比随机梯度下降法收敛速度显著加快，也比加速的传统梯度下降算法快很多。特别在求解强凸的机器学习问题时，这些随机方差减少算法可获得线性收敛（也称为指数收敛或几何收敛），即 $O(\rho^s)$，其中 $0<\rho<1$ 为收敛因子，$s$ 为迭代次数。准确地说，求取一个 $\varepsilon$ 精度的近似解，上述大部分随机方差减少算法的 Oracle 复杂度为 $O((n+\kappa)\log(1/\varepsilon))$，其中 $\kappa = \dfrac{L}{\mu}$ 为目标函数的条件数。相应地，加速的确定性优化算法（包括 AGD[23] 和 APG[24]）的 Oracle 复杂度为 $O(n\sqrt{\kappa}\log(1/\varepsilon))$。可容易地看出，在通常情况下（即当 $\kappa<n^2$ 时），随机方差减小算法比加速的确定性算法拥有更好的 Oracle 复杂度。图 24.2 的实验结果也进一步验证了上面的结论。但是在求解非强凸的优化问题时，随机方差减少算法的理论收敛率比加速的确定性算法要慢，即它们的收敛率分别为 $O(1/\kappa)$ 与 $O(1/\kappa^2)$。当然，比较这两类优化方法的实际性能其结果却未必如此，如图 24.2(b) 所示。

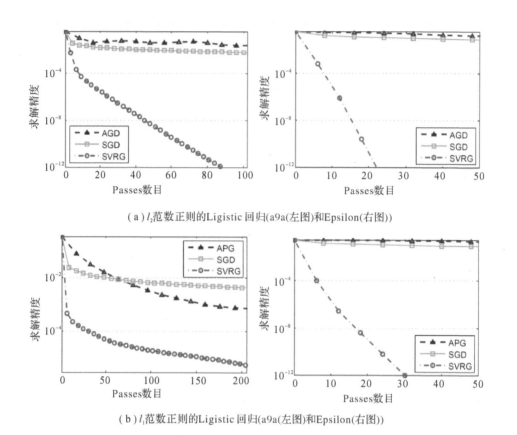

（a）$l_2$范数正则的Ligistic 回归(a9a(左图)和Epsilon(右图))

（b）$l_1$范数正则的Ligistic 回归(a9a(左图)和Epsilon(右图))

图 24.2　加速的确定性算法（包括 AGD 和 APG）、SGD 和 SVRG 的性能比较

图 24.2 比较了加速的确定性算法（即 AGD 和 APG）与随机优化算法的收敛速度（更多的实验结果可参考文献[22]）。这里求解的经验风险最小化问题包括强凸的 $l_2$ 范数正则的 Logistic 回归和非强凸的 $l_1$ 范数正则的 Logistic 回归问题。这两个问题的正则参数分别是 $10^{-5}$ 和 $10^{-4}$。该实验中用到的两个数据集①分别是较小的 a9a（$n=32\,562$ 和 $d=123$）和较大的 Epsilon（$n=400\,000$ 和 $d=2000$）。本章选择的随机优化算法包括经典的 SGD 和随机方差减少法的代表性算法 SVRG（该算法的具体细节见算法 24.3）。必须要说明的是，在求解非光滑的问题时，需要对原始的 SVRG 算法进行简单的修改，即原始的更新公式变为近端（Proximal）版本，类似于式（24-4）。这些实验结果表明，对于强凸和非强凸的优化问题，随机方差减少梯度法（如 SVRG）的收敛速度比加速的确定性算法和 SGD 都显著加快。这也进一步验证了随机方差减少法取得了革命性的进步。

---

① 这两个数据集可通过如下链接下载 https：//www.csie.ntu.edu.tw/cjlin/libsvmtools/datasets/binary.html。

Prox-SVRG 算法[36]是 SVRG 算法的 Proximal 变体。此外，两者的主要区别是前者用内部迭代的平均作为 Snapshot 点和下次迭代的初始点；而 SVRG 算法用每次内部的最后迭代结果作为 Snapshot 点和下次迭代的初始点。不同于这两种经典算法，文献[22]提出了一种方差减少随机梯度下降法（VR-SGD）。该算法应用内部迭代的平均作为 Snapshot 点，而用每次内部的最后迭代结果作为下次迭代的初始点。这种算法的优点是可以用更大的学习率或步长，使得算法具有更快的收敛速度，如图 24.3 所示。图 24.3 的实验结果也表明了方差减少随机梯度下降法（VR－SGD）对学习率的选择非常鲁棒。此外，文献[7]只分析了 SVRG 算法求解光滑强凸问题的收敛特性；文献[36]也只分析了 Prox-SVRG 算法求解

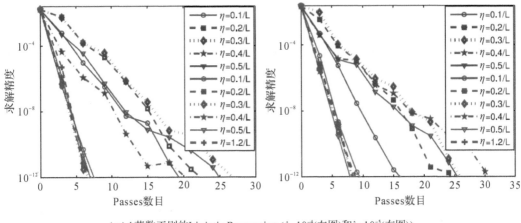

（a）$l_2$范数正则的 Ligistic Regression（$\lambda=10^{-4}$（左图）和$\lambda=10^{-5}$（右图））

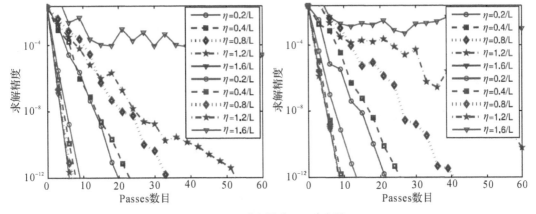

（b）Ridge Regression（$\lambda=10^{-4}$（左图）和$\lambda=10^{-5}$（右图））

图 24.3　SVRG 和 VR-SGD 算法在不同的学习率下求解 Logistic Regression 和 Ridge Regression 问题的比较[22]（蓝线代表的是 SVRG 算法的结果，红线代表的是 VR-SGD 算法的结果）

非光滑强凸问题的情况；而文献[22]不但理论分析了提出的 VR-SGD 算法求解光滑和非光滑的强凸问题的收敛特性，而且也提供了该算法求解光滑和非光滑的非强凸问题的收敛分析，如表 24.1 所示。

表 24.1　SVRG、Prox-SVRG 和 VR-SGD 算法收敛特性的比较

| 目标函数 | SVRG[7] | Prox-SVRG[36] | VR-SGD[22] |
|---|---|---|---|
| 强凸的和光滑的问题 | 线性收敛 | 未知 | 线性收敛 |
| 强凸的和非光滑的问题 | 未知 | 线性收敛 | 线性收敛 |
| 非强凸的和光滑的问题 | 未知 | 未知 | $O(1/T)$ |
| 非强凸的和非光滑的问题 | 未知 | 未知 | $O(1/T)$ |

在文献[7]和[36]中，内部随机迭代的次数一般设置为 $m=2n$。如何有效地选择随机方差减少算法的内部迭代次数也是一个比较重要的研究问题。通过存在的光滑化技术如 Nesterov 光滑化技术[44]、近端算子光滑化[45]和同伦光滑化技巧[46]等，非光滑的损失函数（如 Hinge 损失函数）可转化为光滑的优化问题，再运用上面介绍的随机优化算法进行求解。在这种情况下，需要进一步理论分析算法来求解这些优化问题的收敛特性。当然，文献[2]的实验结果表明了动量加速的随机次梯度下降（Stochastic Subgradient Descent）算法也获得非常好的性能，还需要更多的理论分析。此外，上述的随机方差减少算法还可应用于求解非凸的机器学习问题，如 Cases 5 和 Case 6 中的优化问题。而求解更复杂的非凸机器学习问题，特别是训练深度的神经网络时，或许可以借鉴很多逃离非凸问题鞍点的技术[29-30]。

## 24.2.3　加速的随机方差减少法

最近，研究人员提出了一些先进的技术去进一步加速上述的随机方差减少算法。这些技术主要包括 Nesterov 加速技术[1, 42,47-48]（也就是 Nesterov 动量加速技巧）、减少早期迭代中的梯度计算[2,43, 49]、随机充分下降技术及其他的动量加速技术[1, 2, 50-52]等。文献[47]给出了一种“Catalyst”加速算法框架，可用于加速很多随机方差减少的算法，如 SAG、SVRG 和 SAGA；当求解强凸的优化问题时①，它的 Oracle 复杂度为 $O((n+\sqrt{n\kappa})\log(\kappa/\varepsilon))$。对于非强凸的优化问题，Katyusha[1] 算法和 ASVRG[51-52] 算法的 Oracle 复杂度是 $O(n\log(1/\varepsilon)+\sqrt{nL/\varepsilon})$；而对于强凸的优化问题，Katyusha[1]、point-SAGA[53] 和

①　这里需要强调的是，该部分涉及问题的成分函数都为光滑的函数，也就是 Case 1 和 Case 2 中的优化问题。

ASVRG[51-52]可获得已知最好的 Oracle 复杂度[54]，即 $O((n+\sqrt{\kappa n})\log(1/\varepsilon))$[①]。图 24.4 比较了该已知最好的 Oracle 复杂度与经典随机方差减少算法(SVRG)的 Oracle 复杂度，其中 Katyusha 和 ASVRG 的 Oracle 复杂度分界线在 $n/\kappa$ 等于一个特定值的位置，而 SVRG 的分界线在 $n/\kappa=1$ 的位置。也就是说，当 $\kappa\ll n$ 时，SVRG 与 Katyusha 获得相同的 Oracle 复杂度 $O(n\log(1/\varepsilon))$。反过来，当 $\kappa\gg n$ 时，SVRG 和 Katyusha 的 Oracle 复杂度分别为 $O(\kappa\log(1/\varepsilon))$ 和 $O(\sqrt{\kappa n}\log(1/\varepsilon))$。显而易见，Katyusha 和 ASVRG 获得了更好的 Oracle 复杂度和收敛速度。

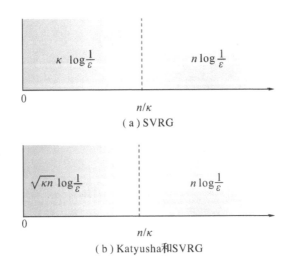

图 24.4　SVRG[7]、Katyusha[1] 和 ASVRG[51] 的 Oracle 复杂度比较

如果优化问题(式(24-1))中的成分函数 $f_i(x)$ 是非光滑的且 $G$-利普希茨连续的，如 SVM，那么通常采用光滑化的方式把非光滑的问题转化为光滑的优化问题。典型的光滑化方法主要有 Nesterov 光滑化技术[44]、近端算子光滑化[45]和同伦光滑化技巧[46]等。如文献[1]所述，应用 Katyusha 算法求解光滑化的优化问题，可获得最优的 Oracle 复杂度[54-55]。表 24.2 列出了采用各种代表性随机优化算法求解上面介绍的四类优化问题的 Oracle 复杂度，这些算法包括 SGD、SVRG[7]、SAGA[33]、Catalyst[47]、point-SAGA[53]、Katyusha[1] 和 ASVRG[51]。

迄今为止，求解强凸和非强凸的四类优化问题(也就是 Cases 1~4 中的优化问题)时，Katyusha 算法和 ASVRG 算法都分别获得了理论上最好的收敛率[54]，如表 24.2 所示。

---

① 求解强凸的优化问题(式(24-1))时，APCG[55] 和 SPDC[34] 也能获得这个最优的 Oracle 复杂度，但是由于这两种算法不是基于原始问题的方法，因此本章将不作过多讨论。

表 24.2  求解上面介绍的四类优化问题时，各种随机优化算法的 Oracle 复杂度比较

| | L-smooth | | G-Lipschitz | |
|---|---|---|---|---|
| | $\mu$-强凸 | 非强凸 | $\mu$-强凸 | 非强凸 |
| SGD | $O\left((\kappa\in/\varepsilon)\log\frac{c_2}{\varepsilon}\right)$ | 未知 | 未知 | 未知 |
| SVRG[7] | $O\left((n+\kappa)\log\frac{c_2}{\varepsilon}\right)$ | 未知 | 未知 | 未知 |
| SAGA[33] | $O\left((n+\kappa)\log\frac{c_2}{\varepsilon}\right)$ | $O(nc_2/\varepsilon+Lc_1^2/\varepsilon)$ | 未知 | 未知 |
| Catalyst[47] | $O\left((n+\sqrt{n\kappa})\log\frac{c_2\kappa}{\varepsilon}\right)$ | 未知 | 未知 | 未知 |
| point-SAGA[53] | $O\left((n+\sqrt{n\kappa})\log\frac{c_2}{\varepsilon}\right)$ | 未知 | 未知 | 未知 |
| Katyusha[1] | $O\left((n+\sqrt{n\kappa})\log\frac{c_2}{\varepsilon}\right)$ | $O\left((n\log\frac{c_2}{\varepsilon}+c_1\sqrt{nL/\varepsilon}\right)$ | $O\left((n\log\frac{c_2}{\varepsilon}+\frac{\sqrt{n}G}{\sqrt{\mu\varepsilon}}\right)$ | $O\left((n\log\frac{c_2}{\varepsilon}+\frac{\sqrt{n}c_1G}{\varepsilon}\right)$ |
| ASVEG[51] | $O\left((n+\sqrt{n\kappa})\log\frac{c_2}{\varepsilon}\right)$ | $O\left((n\log\frac{c_2}{\varepsilon}+c_1\sqrt{nL/\varepsilon}\right)$ | $O\left((n\log\frac{c_2}{\varepsilon}+\frac{\sqrt{n}G}{\sqrt{\mu\varepsilon}}\right)$ | $O\left((\log\frac{c_2}{\varepsilon}+\frac{\sqrt{n}c_1G}{\varepsilon}\right)$ |

注：$c_1=\parallel\widetilde{\boldsymbol{x}}^0-\boldsymbol{x}^*\parallel$，$c_2=F(\widetilde{\boldsymbol{x}}^0)-F(\boldsymbol{x}^*)$，$\widetilde{\boldsymbol{x}}^0$ 和 $\boldsymbol{x}^*$ 分别是算法的初始点和函数的最优解。

Katyusha 算法的主要迭代公式如下：

$$\begin{cases} x_{k+1}=y_k+w_1(z_k-y_k)+w_2(\widetilde{\boldsymbol{x}}-y_k) \\ y_{k+1}=\underset{y\in\mathbf{R}^d}{\arg\min}\left\{g(\boldsymbol{y})+\boldsymbol{y}^{\mathrm{T}}\widetilde{\nabla}f_{i_k}(x_{k+1})+\frac{3L}{2}\parallel\boldsymbol{y}-x_{k+1}\parallel^2\right\} \\ z_{k+1}=\underset{z\in\mathbf{R}^d}{\arg\min}\left\{g(\boldsymbol{z})+\boldsymbol{z}^{\mathrm{T}}\widetilde{\nabla}f_{i_k}(x_{k+1})+\frac{1}{2\eta}\parallel\boldsymbol{z}-z_k\parallel^2\right\} \end{cases} \quad (24-10)$$

其中，$w_1$ 和 $w_2$ 分别是两个动量项的参数。由式(24-10)可知，$w_1(z_k-y_k)$ 可看成 Nesterov 动量，而在文献[1]中，$w_2(\widetilde{\boldsymbol{x}}-y_k)$ 被称为 Katyusha 动量。为了减少调整动量参数的麻烦，文献[1]通常设置参数 $w_2$ 为一个常量，即 $w_2=0.5$。类似于 Katyusha 算法，最近提出的加速随机方差减少算法也至少有三个变量的迭代更新和两个动量加速项，见文献[50]、[56]。

如上所述，相比于非加速的随机方差减少法(如 SVRG)，最近提出的一些加速随机方差减少算法(如 Catalyst[47] 和 Katyusha[1])的收敛速度一般都能在理论上与实际上获得提

高。然而，文献[53]、[56]提出的算法都具有特定的限制。其中文献[53]中的算法主要适用于目标函数简单的问题，而文献[56]中的算法只适用于非强凸的优化问题。此外，Katyusha 算法具有如下特点：

（1）Katyusha 算法有三个变量（即 $x$、$y$ 和 $z$）的迭代更新，如式（24-10）式所示；

（2）Katyusha 算法需要两个动量加速项，即 Nesterov 动量和 Katyusha 动量。

（3）Katyusha 算法采用内部迭代的加权平均作为 Snapshot 点。

由于 Katyusha 算法具有以上三个特点，因此每次迭代都有较高的复杂度，特别是求解稀疏高维问题的时候，如图 24.5 所示。为了快速高效地求解稀疏高维的问题（如在 rcv1 数据集上的分类与回归问题），需要推导各种算法的 Lazy 更新策略。也就是说，如此的更新只需在少量的非零维度上操作，其迭代的复杂度也从 $O(d)$ 降低到了 $O(d')$，其中 $d'$ 是输入

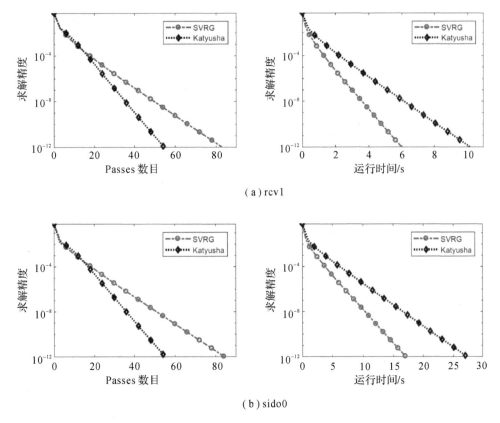

（a）rcv1

（b）sido0

图 24.5 $SVRG^{[7]}$ 和 $Katyusha^{[1]}$ 在高维稀疏数据集上的收敛速度比较

样本的稀疏度，$d'\leqslant d$。该部分的实验采用了两个常用的稀疏高维数据集 rcv1[①] 和 sido0[②]，而 logistic 回归问题的正则参数设置为 $\lambda=1/(5n)$。为了快速地求解稀疏高维的问题，Katyusha 和 SVRG 算法都需要采用 Lazy 更新策略[57-58]。这些实验的结果表明，虽然 Katyusha 算法拥有比非加速的随机方差减少法（如 SVRG）更快的理论收敛率（如图 24.5 左图所示），但是实际上 Katyusha 算法比 SVRG 算法收敛得更慢（如图 24.5 右图所示）。这也进一步验证了 Katyusha 算法的每次迭代具有更高的计算复杂度。

经典的 Nesterov 动量加速技术可表示如下：

$$\begin{cases} x_{k+1}=y_k-\eta(\nabla f(y_k)+\nabla g(y_k)) \\ y_{k+1}=x_{k+1}+w_k(x_{k+1}-x_k) \end{cases} \tag{24-11}$$

其中，$w_k$ 是动量的权值。由此可见，Nesterov 动量加速技术本质上就是最近两次迭代的线性外推（Linear Extrapolation）。不同于 Nesterov 动量和 Katyusha 动量（见式（24-8）），文献[51]提出了一种加速的随机方差缩减梯度方法（ASVRG），还设计了一种简单而高效的动量加速技巧，如下式所示：

$$\begin{cases} x_{k+1}=x_k-\eta(\widetilde{\nabla} f_{i_k}(y_k)+\nabla g(y_k)) \\ y_{k+1}=\widetilde{x}^{s-1}+w_s(x_{k+1}-\widetilde{x}^{s-1}) \end{cases} \tag{24-12}$$

其中，$w_s$ 也是动量的权值，$s$ 是外部迭代的序号。不同于 Nesterov 动量加速算法（仅单层迭代），ASVRG 算法与 SVRG 算法一样都包括外部迭代和内部迭代两层。也就是说，动量权值 $w_s$ 在任何一次外部迭代的所有内部迭代中都保持不变。文献[2]指出，当求解强凸的优化问题时，动量权值 $w_s$ 可设置为常量，即 $w_s=a(0\leqslant a\leqslant 1)$ 是一个常量；而当求解非强凸的问题时，$w_s$ 可设置为 $w_1=1-L\eta/(1-L\eta)$，当 $s\geqslant 2$ 时，有

$$w_s=\frac{(\sqrt{w_{s-1}^4+4w_{s-1}^2})-w_{s-1}^2}{2}$$

由式（24-12）可知，文献[51]提出的动量加速技术是最新的迭代 $x_{k+1}$ 与 Snapshot 点 $\widetilde{x}^{s-1}$ 的线性组合或线性插值（Linear Interpolation），即

$$\widetilde{x}^{s-1}+w_s(x_{k+1}-\widetilde{x}^{s-1})=w_sx_{k+1}+(1-w_s)\widetilde{x}^{s-1}$$

此外，文献[22]已证明了提出的加速随机方差减少梯度算法可达到最优的非强凸优化问题的最优收敛率（$O(1/K^2)$）和 Oracle 复杂度。理论分析的细节见文献[2]、[22]。当求解强凸的优化问题（式（24-1））时，ASVRG 算法的具体步骤见算法 24.4。由此可知，

---

① 该数据集可通过如下链接下载 https：//www.csie.ntu.edu.tw/cjlin/libsvmtools/datasets/binary.html。

② 该数据集可通过如下链接下载 https：//www.causality.inf.ethz.ch/data/SIDO.html。

ASVRG 算法每次迭代的复杂度主要是计算 $\nabla f_{i_k}(x_{k-1}^s)$[①]，这与 SVRG[7]、Prox-SVRG[36] 和 VR-SGD[22] 类似。显而易见，ASVRG 算法每次迭代的复杂度比以前加速的随机方差减少方法（如 Katyusha[1]）要低得多。

不同于大多数存在的加速随机方差减少方法（如 Katyusha），ASVRG 算法只有一个额外的变量和一个动量参数。因此，ASVRG 算法的迭代步骤比 Katyusha 更简单，并且具有更低的迭代复杂度。此外，文献[22]的理论证明了 ASVRG 对强凸和非强凸的目标函数都具有至今最好的 Oracle 复杂度，也就是跟 Katyusha 完全一样的 Oracle 复杂度。除此之外，文献[51]还把 ASVRG 算法推广应用到了小批量梯度和非光滑的情况（也就是 Case 3 和 Case 4 两种类型的优化问题）。大量的实验结果显示，ASVRG 算法的收敛速度比得上目前最先进的随机方法，有时候甚至更好。综上所述，ASVRG 算法具有重大的科学意义和广泛的应用前景。

---

**算法 24.4　加速的随机方差减小梯度法（ASVRG）**

输入：外部迭代次数 $S$，内部迭代次数 $m$，学习率 $\eta$。

初始化：$\widetilde{\boldsymbol{x}}^0 = x_0^0 = y_0^0$，$w$，$m_1$ 和 $\rho \geqslant 1$。

1：**for** $s = 1, 2, \cdots, S$ **do**

2：　$\widetilde{\boldsymbol{\mu}} = \dfrac{1}{n} \sum\limits_{i=1}^{n} \nabla f_i(\widetilde{\boldsymbol{x}}^{s-1})$

3：　　Option Ⅰ：$x_0^s = y_0^s = \widetilde{x}^{s-1}$；

4：　**for** $k = 1, 2, \cdots, m_s$ **do**

5：　　均匀随机抽取序号 $i_k \in [n]$；

6：　　　$\widetilde{\nabla} f_{i_k}(x_{k-1}^s) = \nabla f_{i_k}(x_k^{s-1}) - \nabla f_{i_k}(\widetilde{\boldsymbol{x}}^{s-1}) + \widetilde{\boldsymbol{\mu}}$；

7：　　　$y_k^s = \arg\min\limits_{\boldsymbol{y}} \left\{ \langle \widetilde{\nabla} f_{i_k}(x_{k-1}^s), \boldsymbol{y} - y_{k-1}^s \rangle + \dfrac{w}{2\eta} \| \boldsymbol{y} - y_{k-1}^s \|^2 + g(\boldsymbol{y}) \right\}$；

8：　　　$x_k^s = \widetilde{\boldsymbol{x}}^{s-1} + w(y_k^s - \widetilde{\boldsymbol{x}}^{s-1})$

9：　**end for**

10：　$\widetilde{\boldsymbol{x}}^s = \dfrac{1}{m_s} \sum\limits_{k=1}^{m_s} x_k^s$，$m_{s+1} = \min(\lfloor \rho m_s \rfloor, m)$；

11：　　Option Ⅱ：$x_0^{s+1} = (1-w)\widetilde{\boldsymbol{x}}^s + w y_{m_s}^s$，and $y_0^{s+1} = y_{m_s}^s$；

12：**end for**

输出：$\widetilde{\boldsymbol{x}}^S$。

---

① 在 ASVRG 算法求解全梯度 $\widetilde{\boldsymbol{\mu}}$ 时，可与 $SAG$ 算法一样保存每个成分函数的梯度，特别是对于简单线性问题，存储所有成分函数的梯度只需 O(n) 的空间复杂度。

### 24.2.4 并行/分布式随机优化

随着信息技术特别是网络技术的飞速发展，人们收集、存储、传输数据的能力不断提高，数据呈现出了爆炸性增长。随着数据量的不断激增，单线程优化已经不能适应大规模机器学习应用的需求。特别是随着高性能计算机的普及，基于多线程的并行优化计算已成为了当前的研究热点。由于单机多核的处理器拥有共享内存，因此并行随机算法具有显著的优势。并行随机算法主要有同步并行与异步并行两类，如图 24.6 所示。

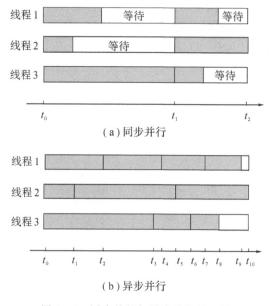

图 24.6  同步并行与异步并行的比较

由式(24-8)可知，SVRG 式梯度估计子由如下三项组成：$\nabla f_{i_k}(x_k)$、$\nabla f_{i_k}(\tilde{x}^{s-1})$ 和 $\nabla f(\tilde{x}^{s-1})$。若求解的优化问题是稀疏高维的(如基于数据集 rcv1 和 KDD2010 上的机器学习问题)，那么 SVRG 式梯度估计子的前两项都是极其稀疏的，而最后的全梯度项是稠密的。为了提高迭代更新的效率，文献[59]提出了一种 SVRG 的稀疏版本，其迭代公式变成如下的形式：

$$x_{k+1} = x_k - \eta[\nabla f_{i_k}(x_k) - \nabla f_{i_k}(\tilde{x}^{s-1}) + D_{i_k}\nabla f(\tilde{x}^{s-1})] \qquad (24-13)$$

其中，$D_{i_k} = P_{i_k}\boldsymbol{D}$，$P_{i_k}$ 是 $i_k$ 对应支撑集合的投影，$\boldsymbol{D}$ 是由向量 $[p_1^{-1}, \cdots, p_d^{-1}]$ 作为对角元素生成的 $d \times d$ 矩阵。具体细节请参看文献[59]。令稀疏化的 SVRG 式梯度估计子为 $v_{i_k} = \nabla f_{i_k}(x_k) - \nabla f_{i_k}(\tilde{x}^{s-1}) + D_{i_k}\nabla f(\tilde{x}^{s-1})$。不难验证，$E(v_{i_k}) = \nabla f(x_k)$。也就是说，与原始的 SVRG 式梯度估计子一样，稀疏化的 SVRG 式梯度估计子的期望还是对应的全梯度。受此启发，文献[52]提出了一种稀疏化的加速随机方差减少梯度算法，并给出了提出算法的理论分

析。不难想象，如此稀疏化得到的算法将在实际收敛速度上获得巨大的提高。

迄今为止，关于并行随机方差减少算法的研究还比较少，而存在的算法主要是一些SVRG和SAGA的并行变体。其中，SVRG的并行变体主要有Lock-free SVRG[60]、AsySVRG[61]和KroMagnon[59]；而SAGA的并行变体主要包括光滑的ASAGA算法[39]和非光滑的Prox-ASAGA算法[40]。换句话说，以上的并行随机方差减少算法主要是基于非加速的随机方差减少法。文献[52]提出了一种动量加速的异步并行随机方差减少梯度算法。随着线程数目的增加，提出的加速异步并行算法将获得接近线性的加速比。另外，由于提出的算法采用无锁异步扰动的稀疏近似更新，因此其收敛特性的理论分析也是一个重要的创新。

身处大数据时代，问题规模的爆炸式增长使得对高效算法的需求比先前任何时候都要突出，特别是大规模的分布式机器学习算法也变得更加重要[62]。在大数据环境下，海量数据为人工智能和机器学习的发展提供"燃料"。但是单机的存储数据量与计算能力都非常有限，所以各种不同的分布式随机优化算法逐渐涌现，如中心化（Centralized Topology）或去中心化（Decentralized Topology）的算法，如图24.7所示。常用的分布式机器学习系统有Spark[63]、GraphLab[64]和Parameter Server[62]等。在中心化和去中心化两种不同的集群环境下，整体同步并行（Bulk Synchornous Parallel，BSP）、异步并行（Asychronous Parallel，ASP）和延迟同步并行（Stale Synchronous Parallel，SSP）等计算模式（如图24.8所示）具有各自的优缺点。但是关于分布式随机方差减少算法的研究非常少，如文献[65]~[67]。这就要求我们投入更多的时间和精力从事这方面的研究。不同于传统的SGD算法，随机方差减少算法（也包括很多基于SVRG的算法）由于全梯度计算需求的限制，其分布式实现的效率比较低，如分布式随机方差减少算法DSVRG[66]。

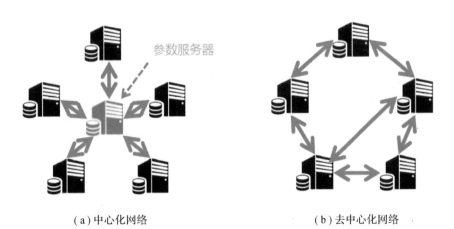

（a）中心化网络　　　　　　　　　　　（b）去中心化网络

图24.7　两种不同的网络拓扑结构图

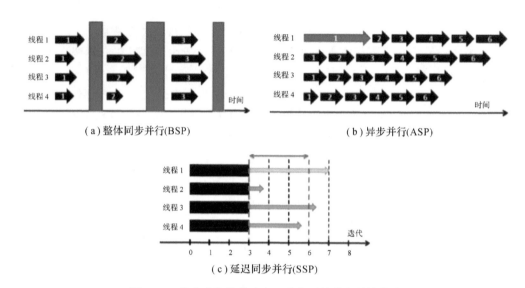

（a）整体同步并行(BSP)  （b）异步并行(ASP)

（c）延迟同步并行(SSP)

图 24.8　分布式优化算法中三种典型的并行计算模式

## 24.3　应用于深度学习问题的随机优化

　　绝大多数深度学习中的目标函数都很复杂。因此，很多优化问题并不存在显示解（解析解），而是需要使用基于数值方法的优化算法找到近似解，并且这类优化算法一般通过不断迭代更新解的数值来找到近似解。

　　常用的深度学习优化算法主要包括梯度下降法、动量法以及一些自适应计算参数学习率的方法，如 RMSprop[68]、AdaDelta[69] 和 Adam[70] 等。梯度下降法适用范围最广，但开销较小的随机梯度下降法存在噪声问题，从而影响目标函数的结果。动量法将物理中动量的思想引入优化算法，有效缓解了随机梯度算法中噪声的影响。自适应学习算法则通过给不同参数设置不同的学习率、将历史梯度与所要更新的梯度挂钩等机制来提高算法性能。最新的基于符号的深度学习算法为优化目标函数，尤其为解决并行分布式系统中目标函数的优化问题提供了新的思路。

### 24.3.1　随机梯度下降法

#### 1. 批量梯度下降算法

　　批量梯度下降算法[71]是 Cauchy 在 1847 年提出的一种一阶优化方法，其基本思想是将目标函数在当前状态下进行一阶泰勒展开，从而近似地优化目标函数本身。对于函数 $f$，设当前状态是 $x_t$，其泰勒展开式为

$$\min_x f(\boldsymbol{x}) \approx \min_x f(x_t) + \nabla f(x_t)^{\mathrm{T}} (\boldsymbol{x} - x_t) \tag{24-14}$$

可以发现，使得$\nabla f(x_t)^{\mathrm{T}} x$最小的方向和梯度$\nabla f(x_t)$的方向相反。由此可得批量梯度下降法的更新规则：

$$x_{t+1} = x_t - \eta \, \nabla f(x_t) \tag{24-15}$$

**算法 24.5　批量梯度下降法(BFGD)**[71]

输入：学习率$\eta_t$。

初始化：$x_0$。

1：**for** $t=0,1,2,\cdots,$ **do**

2：　计算梯度$\nabla f(x_t)$；

3：　更新参数$x_{t+1} = x_t - \eta_t \, \nabla f(x_t)$；

4：**end for**

输出：$x_{t+1}$。

对于凸的损失函数，批量梯度下降算法能够保证收敛到全局最小；对于非凸的函数，只能收敛到一个局部最小值。梯度下降算法每次迭代的复杂度为$O(nd)$。当遇到大规模及高维数据的问题时，该算法每次迭代非常费时。此外，它也不能在运行过程中增加新的样本，即不可在线更新模型。

**2. 随机梯度下降算法**

在每次更新时，批量梯度下降法需要在整个数据集上计算所有的梯度，因此其执行速度很慢；另外，批量梯度下降法也无法处理超出内存容量限制的数据集。为了解决该问题，1951 年 Robbins 提出了随机梯度下降算法（Stochastic Gradient Descent，SGD）[26]。该算法对训练数据做随机采样，减少每次迭代的计算开销，其更新公式为

$$x_{t+1} = x_t - \eta_t \nabla f_{i_t}(x_t) \tag{24-16}$$

其中，$i_t$为随机抽取样本的序号。

**算法 24.6　随机梯度下降法(SGD)**[26]

输入：学习率$\eta_t$。

初始化：$x_0$。

1：**for** $t=0,1,2,\cdots,$ **do**

2：　随机选取一个样本$i_t \in \{1,\cdots,n\}$；

3：　计算梯度$\nabla f_{i_t}(x_t)$；

4：　更新参数$x_{t+1} = x_t - \eta_t \, \nabla f_{i_t}(x_t)$；

5：**end for**

输出：$x_{t+1}$。

随机梯度下降算法每次迭代的开销从批量梯度下降算法的 $O(nd)$ 降低到 $O(d)$，并且随机梯度 $\nabla f_{i_t}(x_t)$ 是对全梯度 $\nabla f(x)$ 的无偏估计。

虽然梯度具有无偏估计，但该算法的随机性引入了很高的方差，使目标函数出现了较剧烈的波动。一方面，波动性能使该算法跳出当前局部最小而达到更好的局部最优；另一方面，波动性降低了收敛速度。当缓慢减小学习率时，随机梯度下降算法与批量梯度下降算法具有较为相近的收敛行为，即对于凸优化和非凸优化，可以分别收敛到全局最小值和局部最小值。

**3. 小批量随机梯度下降算法**

小批量随机梯度下降算法结合上述两种方法的优点，在每次更新速度与更新次数中间取得一个平衡。在每次更新时使用小批量样本进行训练，假设第 $t$ 次迭代时的批量大小为 $\mathcal{B}_t$，则更新公式为

$$x_{t+1} = x_t - \eta_t \frac{1}{|\mathcal{B}_t|} \sum_{i \in \mathcal{B}_t} \nabla f_i(x_t) \tag{24-17}$$

小批量随机梯度下降算法中每次迭代的计算开销为 $O(|\mathcal{B}|)$。当批量较小时，每次迭代时使用的样本数较少，这会导致并行处理和内存使用效率变低。因此，在计算同样数量样本的情况下，该算法比使用大批量数据计算时需要更大的时间开销。当批量较大时，每个小批量梯度里可能包含更多的冗余信息，并且在处理了相同样本数的情况下，它比批量较小的情况下对自变量的迭代次数要少。因此批量大小是一个用来权衡计算效率和靠近最优解的重要超参数。

相较于随机梯度下降算法，小批量随机梯度下降算法降低了收敛的波动性，即降低了近似导数的方差，使得更新更加稳定；相较于批量梯度下降法，该算法提高了每次迭代的速度。

---

**算法 24.7** 小批量梯度下降法（mini-SGD）

---

输入：学习率 $\eta_t$。

初始化：$x_0$。

1: **for** $t = 0, 1, 2, \cdots,$ **do**

2:　　均匀随机地在训练集中选取一个小批量 $\mathcal{B}_t$；

3:　　计算梯度 $\frac{1}{|\mathcal{B}_t|} \sum_{i \in \mathcal{B}_t} \nabla f_i(x_t)$；

4:　　更新参数 $x_{t+1} = x_t - \eta_t \frac{1}{|\mathcal{B}_t|} \sum_{i \in \mathcal{B}_t} \nabla f_i(x_t)$；

5: **end for**

输出：$x_{t+1}$。

---

#### 4. 动量法

SGD 存在的问题是每次迭代计算的梯度含有较大的噪音。在每次迭代中，梯度下降算法沿自变量当前所在位置的梯度方向更新自变量。因此梯度下降也叫作最陡下降（Steepest Descent）。但自变量的迭代方向仅仅取决于自变量的当前位置，导致采用梯度下降法时每次迭代所计算的梯度含有较大的噪音。为了缓解这一问题，科研人员提出了 Momentum 加速[72]算法，很好地加快了学习速度。Momentum 借用了物理中的动量概念，即前几次的梯度也会参与运算。为了表示动量，引入了一个新的变量 $v$（velocity），$v$ 是之前的梯度的累加和，但每次迭代都会有一定的衰减，衰减因子为 $\alpha$，其算法流程如下：

---

**算法 24.8** 动量法（Momentum）[72]

---

输入：学习率 $\eta$，动量衰减参数 $\alpha$。

初始化：$x_0$，$v_0$。

1：**for** $t=0,1,2,\cdots,$ **do**

2：　　均匀随机地在训练集中选取一个小批量 $\mathcal{B}_t$；

3：　　计算梯度 $\hat{g}=\dfrac{1}{|\mathcal{B}_t|}\sum\limits_{i\in\mathcal{B}_t}\nabla f_i(x_t)$；

4：　　更新速率 $v_t$：$v_t=\alpha v_{t-1}+(1-\alpha)\hat{g}$；

5：　　更新参数：$x_{t+1}=x_t-\eta_t v_t$；

6：**end for**

输出：$x_{t+1}$。

---

对动量法的速率变量做变形：$v_t=\alpha v_{t-1}+(1-\alpha)\left(\dfrac{\varepsilon}{1-\alpha}\hat{g}_t\right)$。由指数加权移动平均的形式可得，速度变量 $v_t$ 实际上是对序列 $\left\{\alpha\dfrac{g_{t-1}}{1-\alpha};i=0,\cdots,\dfrac{1}{1-\alpha}-1\right\}$ 做指数加权移动平均。相比于小批量随机梯度下降算法，动量法在每个时间步的自变量的更新量近似于将前者对应的最近 $1/(1-\alpha)$ 个时间步的更新量做指数加权移动平均后再除以 $1-\alpha$。因此在动量法中，自变量在各个方向上的移动幅度不仅取决于当前梯度，还取决于过去各个梯度在各个方向上是否一致。在模型参数的更新过程中，对那些当前梯度与上一次梯度方向相同的参数进行加强，使其在方向上下降更快；对那些当前梯度方向与上次梯度方向不同的参数进行削弱，使其在这些方向上下降减慢。一般 $\alpha$ 的取值有 0.5、0.9、0.99。

### 24.3.2 符号随机优化算法

#### 1. SIGNSGD 算法

不同于最常用的优化算法，在 SIGNSGD 算法[73]中，丢弃了梯度信息中 32 位浮点数的指数和尾数，只保存了梯度信息的符号，其更新方式如下：

$$x_{t+1} = x_t - \eta \, \mathbf{sign}(\nabla f_{i_t}(x_t)) \qquad (24-18)$$

---

**算法 24.9  符号随机梯度下降法(SIGNSGD)[73]**

---

输入：学习率 $\eta_t$。

初始化：$x_0$。

1：**for** $t = 0, 1, 2, \cdots,$ **do**

2：　　随机选取一个样本 $i_t \in \{1, \cdots, n\}$；

3：　　计算梯度 $\nabla f_{i_t}(x_t)$；

4：　　更新参数 $x_{t+1} = w_t - \eta_t \mathbf{sign}(\nabla f_{i_t}(x_t))$；

5：**end for**

输出：$x_{t+1}$。

---

相对于其他随机梯度下降算法，SIGNSGD 在分布式系统中更占优势。与参数服务器进行通信时只需要传输梯度的符号，而不用传输浮点的梯度数值。文献[73]的实验也验证了 SIGNSGD 的加速比与分布式 SGD 相比更具优势。

**2. SIGNUM 算法**

SIGNUM 算法[73]与 Momentum 加速算法类似，二者最大的不同在于 SIGNUM 算法只使用了梯度的符号来进行计算。

---

**算法 24.10  SIGNUM[73]**

---

输入：学习率 $\eta_t$，动量衰减参数 $\alpha$。

初始化：$x_0$，$v_0$。

1：**for** $t = 0, 1, 2, \cdots,$ **do**

2：　　均匀随机地在训练集中选取一个小批量 $\mathscr{B}_t$；

3：　　计算梯度 $\hat{g} = \dfrac{1}{|\mathscr{B}_t|} \sum\limits_{i \in \mathscr{B}_t} \nabla f_i(x_t)$；

4：　　更新参数 $v_t$：$v_t = \alpha v_{t-1} + (1-\alpha)\hat{g}$；

5：　　更新参数：$x_{t+1} = x_t - \eta_t \mathbf{sign}(v_t)$；

6：**end for**

输出：$x_{t+1}$。

---

### 24.3.3　自适应学习率的随机方法

#### 1. AdaGrad 算法

无论是使用梯度下降算法、(小批量)随机梯度下降算法还是动量法，目标函数自变量的每一个参数在相同时刻都以同一个学习率 $\eta_t$ 来进行自我迭代。由于每个参数在不同维度上有着不同的收敛速度，因此应根据不同参数的收敛情况分别设置学习率。

当不同维度的梯度值有很大差别时，应选择足够小的学习率使得参数在梯度值较大的维度上不发散，但这样会导致自变量在梯度值较小的维度上迭代过慢。AdaGrad 算法[74]根据自变量在每个维度上的梯度值的大小来调整各个维度上的学习速率，从而避免统一的学习率难以适应所有参数的问题。因此，AdaGrad 算法非常适合处理稀疏数据。

首先，在第一次迭代时，用统一的学习率 $\eta_t$ 来初始化每个参数 $x_i$ 的学习率。然后在每次迭代中，AdaGrad 算法对不同的参数 $x_i$ 使用不同的学习率。这里用 $g_{t,i}$ 表示目标函数在第 $t$ 次迭代中的第 $i$ 个参数所对应的梯度：

$$g_{t,i} = \nabla_x J(x_{t,i}) \tag{24-19}$$

使用 SGD 算法的更新规则给出在每一次迭代中对每个参数 $x_i$ 的更新：

$$x_{t+1,i} = x_{t,i} - \eta_t g_{t,i} \tag{24-20}$$

AdaGrad 算法修改了式(24-20)中在每一步更新时所用的学习率，通过借鉴 $l_2$ 正则化的思想，每次迭代时自适应地调整每个参数的学习率。首先，在第 $t$ 次迭代时，先计算每个参数梯度平方的累计值：

$$G_{t,i} = \sum_{\tau=1}^{t} g_{\tau,i} \odot g_{\tau,i} \tag{24-21}$$

其中，$\odot$ 为按元素乘积，$g_{\tau,i}$ 是第 $i$ 个参数在第 $\tau$ 次迭代时的梯度。然后，根据每一个参数 $x_i$ 的历史梯度平方和来自动调节学习率。换言之，AdaGrad 算法能够在训练中自动调整学习率，对出现频率较低的参数使用较大的学习率进行更新，对出现频率较高的参数则使用较小的学习率进行更新。AdaGrad 算法的迭代公式为

$$x_{t+1,i} = x_{t,i} - \frac{\eta_t}{\sqrt{G_{t,i} + \varepsilon}} g_{t,i} \tag{24-22}$$

式中，$\varepsilon$ 是为了保持数值稳定性(防止除零)而设置的非常小的常数，一般取 $e^{-10} \sim e^{-7}$，其算法的具体流程如算法 24.10 所示。

虽然 AdaGrad 算法解决了不同参数的学习率问题，但随着梯度的累加，自变量中每个元素的学习率在迭代过程中会不断降低或处于不变的状态，因此当学习率在迭代早期降得较快且当前解依然不佳时，学习率过小，AdaGrad 算法在迭代后期可能很难找到一个有用的解。

**算法 24.11** AdaGrad[74]

输入：学习率 $\eta_t$。

初始化：$x_0$，$G_0$。

1：**for** $t=0$，$1$，$2$，$\cdots$，**do**

2：　　均匀随机地在训练集中选取一个小批量 $\mathcal{B}_t$；

3：　　计算梯度 $g_t = \dfrac{1}{|\mathcal{B}_t|} \sum\limits_{i\in\mathcal{B}_t} \nabla f_i(x_t)$；

4：　　更新 $G_{t+1}$：$G_{t+1} = G_t + g_t \odot g_t$；

5：　　计算 $x$ 参数更新量：$\Delta x_t = \dfrac{\eta t}{\sqrt{G_{t+1}} + \varepsilon} \odot g_t$；

6：　　更新参数：$x_{t+1} = x_t - \Delta x_t$；

7：**end for**

输出：$x_{t+1}$。

### 2. RMSProp 算法

　　RMSProp 算法[68]是 Hinton 在 2012 年提出的一种自适应学习率的算法，可以在一些情况下避免 AdaGrad 算法中学习率不断单调下降以至于无法收敛到一个好的有用解的缺点。不同于 AdaGrad 算法中状态变量 $G_{t,i}$ 是每个参数第 $t$ 次迭代前所有梯度的按元素平方和，RMSProp 算法将历史迭代梯度按元素平方和做指数加权移动平均。

　　具体来说，给定超参数 $\gamma$ 且 $0 \leqslant \gamma < 1$，在第 $t$ 次迭代时，RMSProp 算法首先计算每个参数 $x_i$ 的梯度 $g_{t,i}$ 平方的指数衰减移动平均：

$$G_{t+1,i} = \gamma G_{t,i} - (1-\gamma) g_{t,i} \odot g_{t,i} \tag{24-23}$$

　　给式(24-23)中的 $\gamma$ 取值为 1 时，RMSProp 算法将等同于 AdaGrad 算法。使用指数加权移动平均来调整学习率，其效果近似于让 $G_{t,i}$ 等于最近 $\dfrac{1}{1-\gamma}$ 次迭代 $\left\{ g_{i-1} \odot g_{i-1}; i=0, \cdots, \dfrac{1}{1-\gamma} \right\}$ 的加权平均。特别地，当 $\gamma=0$ 时，宽口为 1，参数的更新量的绝对值均变成 $\eta_t$，$\gamma$ 越靠近 1，窗口越宽。

**算法 24.12** RMSProp[68]

输入：学习率 $\eta_t$，超参数 $\gamma$。

初始化：$x_0$，$G_0$。

1： **for** $t=0, 1, 2, \cdots,$ **do**

2： 均匀随机地在训练集中选取一个小批量 $\mathcal{B}_t$；

3： 计算梯度 $g_t = \dfrac{1}{|\mathcal{B}_t|} \sum\limits_{i \in \mathcal{B}_t} \nabla f_i(x_t)$；

4： 更新 $G_{t+1}$： $G_{t+1} = \gamma G_t + (1-\gamma) g_t \odot g_t$；

5： 计算 $x$ 参数更新量： $\Delta x_t = \dfrac{\eta t}{\sqrt{G_{t+1}+\varepsilon}} \odot g_t$；

6： 更新参数： $x_{t+1} = x_t - \Delta x_t$；

7： **end for**

输出： $x_{t+1}$。

---

### 3. AdaDelta 算法

AdaDelta 算法[69]也是 AdaGrad 算法的一个改进。与 AdaGrad 算法和 RMSProp 算法类似，AdaDelta 算法通过梯度平方的指数衰减移动平均来调整学习率。在第 $t$ 次迭代时，与 RMSProp 算法一样计算

$$G_{t+1,i} = \gamma G_{t,i} - (1-\gamma) g_{t,i} \odot g_{t,i} \tag{24-24}$$

此外，AdaDelta 算法还维护了一个额外的状态变量 $\Delta x_{t,i}$，该元素在初始时被初始化为 0。AdaDelta 算法使用 $\Delta x_{t-1,i}$ 来计算自变量的变化量：

$$g'_{t,i} = \sqrt{\frac{\Delta x_{t,i}+\varepsilon}{G_{t,i}+\varepsilon}} \odot g_{t,i} \tag{24-25}$$

其中，$\varepsilon$ 是为了保持数值稳定性（防止除零）而设置的非常小的常数，如 $e^{-5}$。之后接着更新自变量：

$$x_{t,i} = x_{t-1,i} - g'_{t,i} \tag{24-26}$$

最后使用 $\Delta x_{t,i}$ 来记录自变量变化量 $g'_{t,i}$ 平方的指数加权移动平均：

$$\Delta x_{t+1,i} = \gamma \Delta x_{t,i} - (1-\gamma) g_{t,i} \odot g_{t,i} \tag{24-27}$$

在不考虑 $\varepsilon$ 的情况下，AdaDelta 算法与 RMSProp 算法的不同之处在于 AdaDelta 算法使用 $\sqrt{\Delta x_{t-1,i}}$ 来代替学习率，这在一定程度上抑制了学习率的波动。AdaDelta 算法的具体流程见算法 24.13。

---

**算法 24.13** AdaDelta[69]

输入：梯度的指数加权和 $G_0$，超参数 $\gamma$。

初始化：$x_0$，$G_0$。

1: **for** $t=0$，1，2，$\cdots$，**do**

2:　　均匀随机地在训练集中选取一个小批量 $\mathcal{B}_t$；

3:　　计算梯度 $g_t = \dfrac{1}{|\mathcal{B}_t|}\sum\limits_{i\in\mathcal{B}_t}\nabla f_i(x_t)$；

4:　　更新 $G_{t+1}$：$G_{t+1}=\gamma G_t+(1-\gamma)g_t\odot g_t$；

5:　　计算自变量的变化量：$g_t'=\sqrt{\dfrac{\Delta x_t}{G_{t+1}+\varepsilon}}=\odot g_t$；

6:　　更新参数：$x_{t+1}=x_t-g_t'$；

7:　　更新 $\Delta x_{t+1}$：$\Delta x_{t+1}=\gamma\Delta x_t+(1-\gamma)g_t'\odot g_t'$；

8: **end for**

输出：$x_{t+1}$。

---

### 24.3.4　优化下降方向的随机方法

#### 1. Nesterov 加速梯度算法

Nesterov 加速梯度（Nesterov Accelerated Gradient，NAG）[75]算法也叫 Nesterov 动量（Nesterov Momentum）法，和标准动量法略有不同。该算法对凸目标函数具有更强的理论收敛保证，其实践中的性能也比标准动量法略胜一筹。

Nesterov 动量法的核心思想是：在当前参数向量 $x_{t-1}$ 动量方向移动 $\gamma v_{t-1}$（$\gamma$ 为动系数，常设置为 0.9），之后在移动后的参数向量 $x_{t-1}-\gamma v_{t-1}$ 处计算梯度 $\nabla_x J(x_{t-1}-\gamma v_{t-1})$，然后更新当前的动量项 $v_t$：

$$v_t=\gamma v_{t-1}+\eta_t\nabla_x J(x_{t-1}-\gamma v_{t-1}) \tag{24-28}$$

$$x_i=x_{t-1}-v_t \tag{24-29}$$

图 24.9 给出了标准动量法和 Nesterov 动量法的区别。

---

**算法 24.14**　Nesterov 加速梯度算法[75]

输入：学习率 $\eta$，动量衰减参数 $\gamma$。

初始化：$x_0$，$v_0$。

1: **for** $t=1$，2，$\cdots$，**do**

2:　　均匀随机地在训练集中选取一个小批量 $\mathcal{B}_t$；

3:　　计算梯度 $g_t=\dfrac{1}{|\mathcal{B}_t|}\sum\limits_{i\in\mathcal{B}_t}\nabla f_i(x_t-\gamma v_{t-1})$；

4:　　更新速率 $v_t$：$v_t=\gamma v_{t-1}+\eta g_t$；

5：　更新参数：$x_{t+1} = x_t - v_t$；

6：**end for**

输出：$x_{t+1}$。

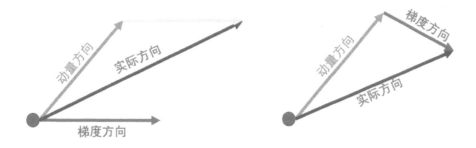

（a）标准动量法　　　　　　　　　（b）Nesterov 加速梯度算法

图 24.9　标准动量法和 Nesterov 加速梯度算法的对比

### 2. Adam 算法

自适应动量估计（Adaptive Moment Estimation，Adam）算法[70]是另一种自适应计算每个参数学习率的方法。除了像 AdaDelta 和 RMSProp 算法一样存储过去平方梯度的指数衰减平均值之外，Adam 算法还保持了过去梯度的指数衰减平均值。换言之，Adam 算法在 RMSProp 算法的基础上还对梯度作了指数加权移动平均并保存在额外的状态变量$v_{t,i}$里。Adam 算法的迭代公式为

$$v_{t,i} = \beta_1 v_{t-1,i} + (1-\beta_1) g_{t-1,i} \qquad (24-30)$$

$$s_{t,i} = \beta_2 s_{t-1,i} + (1-\beta_2) g_{t-1,i} \odot g_{t-1,i} \qquad (24-31)$$

其中，$\beta_1$ 和 $\beta_2$ 分别为两个移动平均的衰减率，通常取值为$\beta_1 = 0.9$，$\beta_2 = 0.9$。由于状态变量$v_{t,i}$和$s_{t,i}$被初始化为 0，以至于在迭代初期$v_{t,i}$和$s_{t,i}$的值会比真实的均值和方差小。$\beta_1$ 和 $\beta_2$ 越接近于 1，偏差会越严重。因此 Adam 算法的作者分别对状态变量$v_{t,i}$和$s_{t,i}$采取了偏差修正的方法：

$$v'_{t,i} = \frac{v_{t,i}}{1-\beta_1} \qquad (24-32)$$

$$s'_{t,i} = \frac{s_{t,i}}{1-\beta_2} \qquad (24-33)$$

最后，同 AdaDelta 和 RMSProp 算法的参数更新方式一样，对每个参数进行更新（其中，学习率 $\eta$ 常设置为 0.001）：

$$x_{t,i} = x_{t-1,i} - \frac{\eta}{\sqrt{s_{t,i}} + \varepsilon} \odot v'_{t,i} \qquad (24-34)$$

---

**算法 24. 15** Adam 算法[70]

输入：初始学习率 $\eta$，超参数 $\beta_1$，$\beta_2$。

初始化：参数 $x_0$，状态变量 $v_0$，$s_0$。

1: **for** $t=1$，$2$，$\cdots$，**do**

2:　　均匀随机地在训练集中选取一个 Mini-batch，$\mathcal{B}_t$；

3:　　计算梯度 $g_t = \dfrac{1}{|\mathcal{B}_t|} \sum_{i \in \mathcal{B}_t} \nabla f_i(x_{t-1})$；

4:　　计算动量 $v_t$：$v_t = \beta_1 v_{t-1} + (1-\beta_1) g_t$；

5:　　偏差修正：$v'_t = \dfrac{v_t}{1-\beta_1}$；

6:　　更新状态变量 $s_t$：$s_t = \beta_2 s_{t-1} + (1-\beta_2) g_t \odot g_t$；

7:　　偏差修正：$s'_t = \dfrac{s_t}{1-\beta_2}$；

8:　　更新参数：$x_t = x_{t-1} - \dfrac{\eta}{\sqrt{s'_t} + \varepsilon} \odot v'_t$；

9: **end for**

输出：$x_t$。

---

Adam 算法还有其拓展版本 AdaMax 算法等。AdaMax 算法在更新状态变量 $s_{t,i}$ 时，对每个参数的当前梯度 $g_{t,i}$ 以及 $\beta_2$ 使用了 $l_p$ 正则，即

$$s_{t,i} = \beta_2^p s_{t-1,i} + (1-\beta_2^p) \| g_{t-1,i} \|^p \qquad (24-35)$$

研究表明，通常使用 $l_\infty$ 正则能表现出稳定的行为，也正是因为这个原因，Adam 算法的作者提出了 AdaMax 算法。为了不与 Adam 算法混淆，这里使用 $u_{t,i}$ 表示带有 $l_\infty$ 正则的 $s_{t,i}$：

$$
\begin{aligned}
u_{t,i} &= \beta_2^\infty u_{t-1,i} + (1-\beta_2^\infty) \| g_{t-1,i} \|^\infty \\
&= \max(\beta_2 u_{t-1,i}, \ |g_{t-1,i}|)
\end{aligned}
\qquad (24-36)
$$

**3. 梯度截断**

在深层卷积神经网络和循环神经网络中，除了梯度消失外，梯度爆炸是影响学习效率的主要因素。在基于梯度下降的优化过程中，如果梯度突然增大，则用大的梯度更新参数，反而会导致其远离最优点。为了避免发生这种情况，当梯度的模大于一定阈值时，就对梯度进行截断，称为梯度截断[76]。梯度截断是一种比较简单的启发式方法，把梯度的模限定在一个区间。当梯度的模小于或大于这个区间时就进行截断。其方式主要分为按值截断和按模截断。

按值截断：在第 $t$ 次迭代时，梯度为 $g_t$，给定一个区间 $[a, b]$，如果一个参数的梯度小

于 $a$，就将其设为 $a$；如果小于 $b$ 时，就将其设为 $b$。可由如下公式表达：

$$g_t = \max(\min(g_t, b), a) \qquad (24-37)$$

按模截断：将梯度的模截断到一个给定的截断阈值 $b$。如果 $\parallel g_t \parallel^2 \leqslant b$，则保持 $g_t$ 不变；如果 $\parallel g_t \parallel^2 > b$，令

$$g_t = \frac{b}{\parallel g_t \parallel} g_t \qquad (24-38)$$

截断阈值 $b$ 是一个超参数，也可以根据一段时间内的平均梯度来自动调整。实验中发现，训练过程对阈值 $b$ 并不十分敏感，通常一个小的阈值就可以得到很好的结果[76]。

### 24.3.5　并行和分布式的优化算法

当面对的任务越来越复杂、数据和机器学习模型的规模变得日益庞大时，由于硬件能力的增长速度显然比不上机器学习所面对的数据的增长速度，因此，目前更主流的解决方案是分布式机器学习。分布式机器学习可以分为计算并行模式、数据并行模式和模型并行模式。数据分配方式和节点间的通信周期以及同步、异步方法的选取对于学习算法的收敛速度和精度都有很大的影响。目前已经有很多分布式优化方法可用于解决大规模机器学习问题，如 SSGD[77]、MA[78]、ASGD[79]、Hogwild![80]、EASGD[81]、DC-ASGD[82] 算法等，它们也都存在各自的优缺点。

#### 1. SSGD 算法

SSGD[77]（同步的随机梯度下降）算法将 SGD 算法套用到同步的 BSP 框架中，该算法本质上是当所有工作节点都在本地数据集上按一次梯度计算后，参数服务器[62, 83-84] 再将各个工作节点所得到的梯度叠加起来对模型进行更新。SSGD 算法的具体流程见算法 24.16 和算法 24.17。

---

**算法 24.16**　SSGD[77] //工作节点（Worker）

输入：工作节点个数 $K$，全局迭代次数 $T$，当前工作节点编号 $k$。

初始化：全局参数 $x_0$。

1: **for** $t = 0, 1, 2, \cdots, T-1$ **do**

2:　　读取当前参数服务器的模型 $x_t$；

3:　　从训练集中随机抽取或者在线获取一个小批量 $\mathscr{B}_t^k$；

4:　　计算这个样本上的随机梯度 $g_t^k = \dfrac{1}{|\mathscr{B}_t|} \sum\limits_{i \in \mathscr{B}_t^k} \nabla f_i(x_t)$；

5:　　将梯度 $g_t^k$ 发送到参数服务器；

6: **end for**

输出：$x_t$。

---

**算法 24.17**　SSGD[77] //参数服务器（Parameter Server）

输入：初始学习率 $\eta_t$，工作节点个数 $K$，全局迭代次数 $T$。

初始化：参数服务器中存储的全局参数 $x_0$。

1：**for** $t=0, 1, 2, \cdots, T-1$ **do**

2：　　同步通信获得所有工作节点上的梯度的和 $\sum\limits_{k=1}^{K} g_t^k$；

3：　　更新全局参数：$x_{t+1} = x_t - \dfrac{\eta_t}{K} \sum\limits_{k=1}^{K} g_t^k$；

4：　　发送最新的全局模型参数 $x_{t+1}$ 给所有工作节点；

5：**end for**

输出：$x_t$。

---

假设工作节点的个数为 $K$，则这个过程等价于一个批量大小增大 $K$ 倍的单机 SGD 算法。但 SSGD 算法在每一个小批量更新之后都存在一个同步过程，因此在模型规格很大且计算量不大的时候，它的通信频率较高，以至于多机并行运算无法得到理想的加速比。

**2. 模型平均算法**

SSGD 算法的通信频率较高，尤其在通信与计算时间的占比较大时，很难取得理想的加速效果。为了降低通信的频率，R. McDonald 等人提出了一种同步算法——模型平均（Model Average，MA）[78]算法。在 MA 算法中，每个工作节点会根据本地数据对本地模型进行多轮更新迭代，直到本地模型达到收敛或者本地的迭代次数达到预设的阈值，再进行一次全局的模型平均，并以此值作为下次训练的模型。MA 算法的具体流程见算法 24.18 和算法 24.19。

---

**算法 24.18**　MA[78] //工作节点（Worker）

输入：工作节点个数 $K$，全局迭代次数 $T$，当前工作节点编号 $k$，通信间隔 $M$，学习率 $\eta_m$。

初始化：局部模型参数 $x_0^k$。

1：**for** $t=0, 1, 2, \cdots, T-1$ **do**

2：　　读取当前参数服务器的模型 $x_t^k = x_t$；

3：　　**for** $m=0, 1, 2, \cdots, M-1$ **do**

4：　　　　从训练集中随机抽取或者在线获取一个小批量 $\mathscr{B}_m^k$；

5：　　　　计算这个样本上的随机梯度 $g_m^k = \dfrac{1}{|\mathscr{B}_m^k|} \sum\limits_{i \in \mathscr{B}_m^k} \nabla f_i(x_t^k)$；

6:     更新局部模型参数：$x_t^k = x_t^k - \eta_m g_m^k$；

7:   **end for**

8:   将当前节点上的模型参数 $x_t^k$ 发送到参数服务器；

9: **end for**

输出：$x_t$。

---

**算法 24.19**   MA[78]//参数服务器（Parameter Server）

---

输入：工作节点个数 $K$，全局迭代次数 $T$。

初始化：参数服务器中存储的全局参数 $x_0$。

1: **for** $t = 0, 1, 2, \cdots, T-1$ **do**

2:   同步通信获得所有工作节点上的模型参数的平均 $\dfrac{1}{K} \sum\limits_{k=1}^{K} x_t^k$；

3:   更新全局参数：$x_{t+1} = \dfrac{1}{K} \sum\limits_{k=1}^{K} x_t^k$；

4:   发送最新的全局模型参数 $x_{t+1}$ 给所有工作节点；

5: **end for**

输出：$x_t$。

---

MA 算法根据通信间隔的不同，可分为以下两种情况：

（1）在所有工作节点完成本地训练后，做一次模型平均。换言之，每个工作节点完全独立地并行计算，通信只发生在模型训练的最后一次。但这种方式只在强凸问题的收敛性上有保障，对神经网络这种非凸问题不一定适用，因为对不同局部凸子域的模型直接进行平均无法保证最终模型的性能。

（2）在本地完成一轮迭代后，就做一次模型平均，之后用这次模型平均的结果作为接下来训练的起点，继续进行迭代。相比于只在最后做一次模型平均，中间的多次平均操作控制了各个工作节点模型之间的差异，降低了它们落到不同的局部凸子域的可能性，从而保证了模型的最终精度。

一种对 MA 算法的改进算法是块模型更新过滤（Block-wise Model Update Filtering，BMUF）[85]，它利用了全局的冲量[86]，使参数服务器端的历史梯度信息对全局模型的更新有一定的延续性，从而达到加速模型优化进程的作用。BMUF 算法的具体流程见算法 24.20。

---

**算法 24.20** BMUF[85] // 参数服务器 (Parameter Server)

输入：工作节点个数 $K$，全局迭代次数 $T$。

初始化：参数服务器中存储的全局参数 $x_0$，中间变量 $\Delta_0$，冲量系数 $\mu_t$、$\xi_t$。

1: **for** $t = 0, 1, 2, \cdots, T-1$ **do**

2:　　同步通信获得所有工作节点上的模型参数的平均：$\bar{x}_{t+1} = \dfrac{1}{K} \sum\limits_{k=1}^{K} x_t^k$；

3:　　计算更新：$\Delta_{t+1} = \mu_t \Delta_t + \xi_t (\bar{x}_{t+1} - x_t)$；

4:　　更新全局模型参数：$x_{t+1} = x_t + \Delta_{t+1}$；

5:　　发送最新的全局模型参数 $x_{t+1}$ 给所有工作节点；

6: **end for**

输出：$x_t$。

---

### 3. ASGD 算法

不同于同步通信模式，异步通信模式的各个工作节点不再需要相互等待，因此该模式可显著减少通信时间。异步随机梯度下降算法（ASGD）[79] 是最基础的异步算法，其参数梯度的计算发生在工作节点上，而模型的更新发生在参数服务器端。当参数服务器收到来自某个工作节点基于其局部数据的参数梯度时，就直接在全局模型上进行更新，而无需等待其他工作节点的梯度信息。虽然 ASGD 算法避免了同步开销所带来的不必要的等待，但会给模型更新带来延迟。换言之，工作节点在计算梯度时是针对当时的全局模型进行的，但当这个梯度发送到参数服务器时，服务器端的模型参数可能已经被其他工作节点修改过了，因此会出现梯度和模型失配的问题：使用一个比较旧的参数计算了梯度，并将这个"延迟"的梯度更新到了最新的模型参数上。假设延迟为 $\tau$，那么 ASGD 算法的模型更新规则如下：

$$w_{t+\tau+1} = w_{t+\tau} + \eta_t g(w_t) \tag{24-39}$$

对比单机随机梯度下降法的参数更新规则（模型和梯度总是匹配的）：

$$w_{t+\tau+1} = w_{t+\tau} + \eta_t g(w_{t+\tau}) \tag{24-40}$$

可以得出，延迟使得 ASGD 与 SGD 两算法之间在参数更新规则上存在偏差，可能导致模型在某些特定的更新点上出现严重抖动，甚至在优化过程中出错，导致无法收敛。ASGD 算法的具体流程见算法 24.21。

---

**算法 24.21** ASGD[79] // 参数服务器 (Parameter Server)

输入：工作节点个数 $K$，全局迭代次数 $T$，学习率 $\eta_t$。

初始化：参数服务器中存储的全局参数 $x$。

1: **repeat**
2:   **repeat**
3:     等待；
4:   **Until** 接收到新的消息；
5:   **if** 收到更新梯度信处 $g_t^k$ **then**
6:     更新服务器端的全局模型参数：$x = x - \eta_t g_t^k$；
7:   **end if**
8:   **if** 收到参数获取请求 **then**
9:     发送最新的参数 $x$ 给对应的工作节点；
10:   **end if**
11: **until** 终止

输出：$x$。

### 4. Hogwild! 算法

异步并行算法既可以在多机集群上展开，又可以在多核系统下通过多线程展开。Becht 等人提出了被称为 Hogwild![80] 算法的并行随机梯度下降算法。该算法可以在多个 CPU 时间进行并行计算，每个处理器通过共享内存来访问模型参数，且不再需要分布式中的参数服务器，可用内存来代替参数服务器，行使其在服务器中的作用。该算法为每个核分配相互不重叠的一部分参数，每个核只更新其负责的参数，因此可采用不加锁的更新方式。该算法只适用于对数据特征较稀疏的数据进行处理，在这种情况下几乎能达到一个最优的收敛速度，因为每个核之间不会进行相同信息的重写与等待。Hogwild! 算法用无锁的全局模型访问的方式提高训练过程中的数据吞吐量，其算法流程见算法 24.22。

**算法 24.22**    Hogwild![80] //工作线程 $k$

输入：学习率 $\eta_t$。

初始化：全局参数 $x_0$。

1: **repeat**
2:   获取一组训练样本 $i_t^k$，用 $e$ 表示与这组样本相关的参数的小标集合；
3:   根据这组样本，完成参数的梯度计算并得到一组需要更新的参数的梯度：$g_j(x_t) = \nabla_j f_{i_t^k}(x_t)$，$j \in e$；
4:   对于 $j \in e$，使用梯度进行更新：$x_j = x_j - \eta_t g_j(x)$；
5: **until** 终止

输出：$x$。

### 5. 弹性平均 SGD 算法

前面介绍的同步算法，无论采用何种更新方式，都会使用聚合出来的全局模型来替换每个工作节点的本地模型。但由于各工作节点所使用的训练数据不同，导致各工作节点实际中是在不同的搜索空间里寻找局部最优解，因此简单的中心化聚合可能会抹杀各工作节点根据自身探索所得的有益信息。

为了更好地利用各工作节点局部模型的优点，Zhang 等人在 2015 年提出了一种非完全一致的分布式机器学习算法——弹性平均 SGD(简称 EASGD)[81] 算法。该算法不强求各个工作节点拥有相同的模型参数。这里定义 $w_k$ 为第 $k$ 个工作节点上的模型，$\overline{w}$ 为全局模型，则可以用如下式子来描述 EASGD 算法的优化：

$$\min_{w^1, w^2, \cdots, w^k} \sum_{k=1}^{K} \hat{l}^k(w^k) + \frac{\rho}{2} \parallel w^k - \overline{w} \parallel^2 \qquad (24-41)$$

弹性平均 SGD 算法主要有两大目标：一是使得各个工作节点本身的损失函数最小化，二是希望各个工作节点上的本地模型和全局模型之间的差距较小。

值得注意的是，在对全局模型进行更新时，不是直接将各个本地模型的平均值作为下一轮的全局模型，而是像动量法一样考虑了历史信息。弹性平均 SGD 算法既保持了工作节点各自的探索性，与此同时，又不会和全局模型相差太远。在实践中，EASGD 算法在精度和稳定性方面都有较好的表现。其算法流程见算法 24.23 和算法 24.24。

---

**算法 24.23**　弹性平均 SGD[81] //工作节点(Worker)

---

输入：工作节点个数 $K$，全局模型参数 $x_t$，全局迭代次数 $T$，学习率 $\eta_t$，约束系数 $\alpha$，当
　　　前工作节点编号 $k$。

初始化：本地模型参数 $x_0^k$。

1：**for** $t = 0, 1, 2, \cdots, T-1$ **do**

2：　　从训练集中随机抽取或者在线获取一个小批量 $\mathcal{B}_t^k$；

3：　　计算这批样本上的随机梯度 $g_t^k = \dfrac{1}{|\mathcal{B}_t^k|} \sum\limits_{i \in \mathcal{B}_t^k} \nabla f_i(x_t^k)$；

4：　　完成本地模型的更新，更新时考虑当前本地模型和全局模型的差异：$x_{t+1}^k = x_t^k - \eta_t g_t^k$
　　　$- \alpha(x_t^k - x_t)$

5：　　将本地模型 $x_{t+1}^k$ 发送到参数服务器；

6：**end for**

---

**算法 24.24**　弹性平均 SGD[81]//参数服务器（Parameter Server）

输入：工作节点个数 $K$，全局迭代次数 $T$。

初始化：全局模型参数 $x_0$。

1：**for** $t=0,1,2,\cdots,T-1$ **do**

2：　　同步通信获得所有工作节点上的局部参数之和 $\sum\limits_{k=1}^{K} x_t^k$；

3：　　更新全局参数：$x_{t+1}=(1-\beta)x_t-\beta\left(\dfrac{1}{K}\sum\limits_{k=1}^{K} x_t^k\right)$；

4：**end for**

输出：$x_t$。

### 6. 带有延迟补偿的异步 SGD 算法

异步的 SGD 算法在工作节点数 $K$ 很大时所带来的延迟会导致全局模型的收敛速率减慢。为了进一步解决异步延迟问题，2016 年，Zheng 等人提出了 DC-ASGD（Asynchronous Stochastic Gradient Descent with Delay Compensation)算法[82]，利用泰勒展开式中的高阶项来获得对真实梯度的近似，从而缓解异步更新时延迟带来的影响。

为了进一步阐释 DC-ASGD 算法的原理，与之前算法进行对比，再次给出 SGD 算法和 ASGD 算法的更新公式：

$$\begin{aligned} \text{SGD：} & w_{t+\tau+1}=w_{t+\tau}-\eta_t g(w_{t+\tau}) \\ \text{ASGD：} & w_{t+\tau+1}=w_{t+\tau}-\eta_t g(w_t) \end{aligned} \tag{24-42}$$

其中，$g(w_{t+\tau})$ 和 $g(w_t)$ 之间的差别是由于异步更新时延迟所导致的。DC-ASGD 算法的提出者对 $g(w_{t+\tau})$ 在 $w_t$ 点进行泰勒展开：

$$g(w_{t+\tau})=g(w_t)+\nabla g(w_t)(w_{t+\tau}-w_t)+\odot((w_{t+\tau}-w_t)^2)I_n \tag{24-43}$$

考虑到 ASGD 算法的更新公式，该算法使用了 $g(w_{t_\tau})$ 泰勒展开式中的 0 阶项 $g(w_t)$ 作为 $g(w_\tau)$ 的近似，而忽略掉了其余高阶项 $\nabla g(w_t)(w_{t+\tau}-w_t)+\odot((w_{t+\tau}-w_t)^2)I_n$，这才是延迟梯度会产生影响的原因。

由于高阶项的计算代价很高，因此在仅保留泰勒展开式中的一阶项 $\nabla g(w_t)(w_{t+\tau}-w_t)$ 的情况下，计算上也是相当困难的，因为一阶项中含有梯度的一阶导，即对应于损失函数的海森矩阵 $\boldsymbol{H}(w_t)$。而对于深度学习中的模型而言，上百万维的参数十分常见，它所对应的海森矩阵将会包含数万亿个元素，这在实践中会花费巨大的计算量以及存储空间。但是 DC-ASGD 算法利用梯度的外积作为海森矩阵的渐进无偏估计：

$$\begin{cases} G_{w_t} = (\frac{\partial}{\partial \boldsymbol{w}} f(\boldsymbol{x}, \boldsymbol{y}, w_t))(\frac{\partial}{\partial \boldsymbol{w}} f(\boldsymbol{x}, \boldsymbol{y}, w_t))^{\mathrm{T}} \\ \varepsilon_t \overset{\text{def}}{=} E_{(}\boldsymbol{y}|\boldsymbol{x}, \boldsymbol{w}^*) \parallel G(w_t - H(w_t)) \parallel \to 0, t \to \infty \end{cases} \tag{24-44}$$

避免了计算和存储上的困难。

为了进一步降低 $G(w_t)$ 的近似误差，可采用 $G(w_t)$ 和 $H(w_t)$ 的均方误差（MSE）作为衡量标准：

$$\text{mse}^t(G) = E_{\boldsymbol{y}|\boldsymbol{x}, \boldsymbol{w}^*} \parallel G(w_t - H(w_t)) \parallel^2 \tag{24-45}$$

此外，如果使用 $\lambda G(w_t) \overset{\text{def}}{=} [\lambda g_{i, j}^t]$ 来近似 $H(w_t)$，则在选取恰当的 $\lambda$ 时，能取得比 $G(w_t)$ 更小的估计均方误差。在实践中，为了节约存储空间，可使用对角化技术，仅存储和计算 $\lambda G(w_t)$ 的对角线元素 $\text{Diag}(\lambda G(w_t))$，并以此作为 $H(w_t)$ 的近似。需要注意的是，即使使用了这种延迟补偿的方法，在工作节点数量很大时，梯度所带来的影响依旧不可忽视。其算法流程见算法 24.25 和算法 24.26。

---

**算法 24.25** DC-ASGD[82] //工作节点（Worker）

---

输入：工作节点个数 $K$，全局模型 $x$，全局迭代次数 $T$，学习率 $\eta_t$，当前工作节点编号 $k$。

初始化：本地模型参数 $x_0^k$。

1: **for** $t = 0, 1, 2, \cdots, T-1$ **do**
2:     从参数服务器端获取当前模型 $x_t^k = x$；
3:     从训练集中随机抽取或者在线获取一个小批量 $\mathcal{B}_t^k$；
4:     计算这批样本上的随机梯度 $g_t^k = \frac{1}{|\mathcal{B}_t^k|} \sum_{i \in \mathcal{B}_t^k} \nabla f_i(x_t^k)$；
5:     将梯度 $g_t^k$ 发送到参数服务器；
6: **end for**

---

**算法 24.26** DC-ASGD[82] //参数服务器（Parameter Server）

---

输入：工作节点个数 $K$，学习率 $\eta_t$。

初始化：参数服务器中存储的全局参数 $x_0$，每个工作节点最近一次取走的参数的备份 $w^{\text{bak}_k}$，$k = 1, \cdots, K$。

1: **repeat**
2:     **repeat**
3:         等待；
4:     **until** 接收到新的消息；

5：　　**if** 收到更新梯度信息 $g_t^k$ **then**

6：　　　　更新服务器端的全局模型参数：$\boldsymbol{x} = \boldsymbol{x} - \eta_t (g_t^k + \lambda_t g_t^k \odot g_t^k \odot (\boldsymbol{x} - \boldsymbol{x}^{\text{bak}_k}))$；

7：　　**end if**

8：　　**if** 收到参数获取请求 **then**

9：　　　　发送最新的参数 $\boldsymbol{x}$ 给对应的工作节点；

10：　　　　更新节点 $k$ 在服务器端的备份模型 $\boldsymbol{x}^{\text{bak}_k} = \boldsymbol{x}$；

11：　　**end if**

12：**until** 终止

输出：$\boldsymbol{x}$。

## 24.3.6　优化 SGD 的技巧

### 1. 批量归一化

在深度网络中，为了获得更好的效果，通常会先对数据进行标准化预处理。在浅层神经网络中，当每层的参数更新时，靠近输出层的输出较难出现剧烈变化。但在深层神经网络中，即使输入数据已做了标准化，训练中靠近输出层的模型参数更新也会发生剧烈变化，这将很难训练出有效的深度模型。

批量归一化[87]的提出正是为了应对深度模型训练的挑战。在模型训练时，批量归一化利用小批量上的均值和标准差，不断调整神经网络中间的输出，从而使得整个神经网络在各层的中间输出的数值更稳定。

考虑一个由 $m$ 个样本组成的小批量，经过某一网络层的仿射变换输出为一个新的小批量 $\boldsymbol{B} = \{x^1, \cdots, x^m\}$。它们正是批量归一化层的输入，对于小批量 $\boldsymbol{B}$ 中任意样本 $x^i \in \mathbf{R}^d$，$1 \leqslant i \leqslant m$。首先对小批量 $B$ 求均值和方差：

$$\mu_B = \sum_{i=0}^{m} x^{(i)}$$
$$\sigma_B^2 = \frac{1}{m} (x^{(i)} - \mu_B)^2 \tag{24-46}$$

然后使用按元素开方和按元素除法对 $x^{(i)}$ 进行标准化：

$$\hat{x}^{(i)} = \frac{x^{(i)} - \mu_B}{\sqrt{\sigma_B + \varepsilon}} \tag{24-47}$$

这里 $\varepsilon > 0$ 是一个常数，防止除零。除此之外，批量归一化层还引入了两个可以学习的模型参数，即拉伸参数 $\gamma \in \mathbf{R}^d$ 和偏移参数 $\beta \in \mathbf{R}^d$，并与 $x^{(i)}$ 做按元素乘法和加法计算：

$$y^{(i)} = \gamma \odot \hat{x}^{(i)} + \beta \tag{24-48}$$

需要注意的是，可学习的拉伸参数和偏移参数保留了不对 $\hat{x}^{(i)}$ 做批量归一化的可能。换言之，当 $\gamma = \sqrt{\sigma_B + \varepsilon}$ 和 $\beta = \mu_B$ 时，拉伸参数和偏移参数并没有对 $\hat{x}^{(i)}$ 做批量归一化。在训练和预测时，批量归一化对输入的处理是不同的，因为预测时的输入可能只有一个而不是一批，所以在计算均值和方差时使用的是训练集上的均值和方差。

### 2. 不对偏置进行衰减

权值衰减通常应用于所有可学习的参数，包括权值和偏差。这相当于对所有参数使用 $l_2$ 正则化，使它们的值趋于 0。为了避免过拟合，Jia 等人[88]建议只对权值进行正则化处理，而不对偏置进行衰减。无偏差衰减启发式遵循了这个建议，它只对卷积和全连接层的权值进行衰减，而对其他参数，包括偏置和 BN 层中的 $\gamma$ 和偏移参数 $\beta$ 参数不进行衰减。

### 3. 学习率 warmup

在训练开始时，由于所有参数是随机初始化的，因此距离最优解比较远。前期如果使用过大的学习率，则可能导致数值不稳定。在 warmup 的启发式算法中，一开始使用一个较小的学习率，当训练过程稳定后再切换回初始学习率。Goyal 等人[89]在 2017 年提出了一种渐进的学习率策略，将学习率从 0 线性增加到初始学习率。换言之，假设初始化的学习率是 $\eta$，我们使用前 $s(1 \leqslant s)$ 个批次进行学习率预热，在第 $i$ 批次时学习率将会被设置成 $i\eta/s$。

### 4. 余弦衰减

在训练过程中，学习率自适应策略对训练过程十分重要。一般采用指数衰减学习率的策略。何凯明等人[90]在每遍历完训练集 30 次时将学习率降为之前的 0.1 倍，这种训练方法常称为阶跃衰减。Szegedy 等人[91]在每遍历完训练集 2 次时将学习率降为原来的 0.94 倍。

与往常的算法不同，Loshchilov 等人[92]提出了一种叫作余弦退火的策略。简单来说，通过余弦函数将学习率从初始值降低至零，假设批次总数为 $T$，初始学习率的区间为 $[\eta_{min}, \eta_{max}]$，在第 $t$ 次批量时，学习率可以表示成

$$\eta_t = \frac{1}{2}(\eta_{max} - \eta_{min})\left(1 + \cos\frac{t\pi}{T}\right) \tag{24-49}$$

余弦衰减在开始时会缓慢地降低学习速率，之后随着批次的增加变成近似线性的递减，在训练的最后又会减慢衰减速率。与阶跃衰减相比，余弦衰减从训练开始时就进行衰减，但一直保持较大的学习率，直到第一次阶跃衰减发生时，这可能有利于神经网络的训练。

### 5. 标签平滑

图像分类任务在深度学习中的应用非常广泛，它们常常在神经网络的最后一层添加一个与类别个数 $K$ 大小相同的全连接层，用来输出属于每一类别的分数。假设第 $i$ 类的分数是 $z_i$，使用 softmax 运算将其转换成对应类别的概率 $q_i$：

$$q_i = \frac{e^{z_i}}{\sum_{j=1}^{K} e^{z_j}} \tag{24-50}$$

这里 $q_i > 0$，$1 \leqslant i \leqslant K$，且 $\sum_{j=1}^{K} q_i = 1$。假设输入图片的真实类别是 $y$，即当 $i = y$ 时其真实概率 $p_i = 1$，否则 $p_i = 0$。在训练中，损失函数采取交叉熵损失函数：

$$l_{p,q} = -\sum_{j=1}^{K} q_i \log p_i \tag{24-51}$$

在训练中可通过不断降低损失函数的数值来使这两个分布尽可能相似。进一步化简损失函数得到：

$$l_{p,q} = -z_y + \log\left(\sum_{i=1}^{K} \mathrm{e}^{z_i}\right) \tag{24-52}$$

式中，如果想让损失函数的值降得很低，那么 $z_y$ 的值将会偏向于无穷大，与此同时，会使得其他输出变得足够小，这在一定程度上容易造成过拟合。

标签平滑[91]的思想是把之前真实类别的分布变成：

$$q_i = \begin{cases} 1-\varepsilon, & i=y \\ \dfrac{\varepsilon}{K-1}, & \text{其他} \end{cases} \tag{24-53}$$

这使得全连接层中的输出是有限的，并且可以使得其泛化能力更强。

（本章作者：尚凡华，焦李成）

# 本章参考文献

[1]　ALLEN-ZHU Z. Katyusha：The First Direct Acceleration of Stochastic Gradient Methods[J]. J. Mach. Learn. Res.，2018，18(221)：1-51.

[2]　SHANG F H，LIU Y Y，CHENG J，et al. Fast Stochastic Variance Reduced Gradient Method with Momentum Acceleration for Machine Learning[J]. arXiv：1703.07948，2017.

[3]　ALLEN-ZHU Z，HAZAN E. Variance Reduction for Faster Non-Convex Optimization[C]. Proc. Int. Conf. Mach. Learn.（ICML），2016：699-707.

[4]　GARBER D，HAZAN E，JIN C，et al. Faster Eigenvector Computation via Shift-and-Invert Preconditioning [C]. Proc. Int. Conf. Mach. Learn.（ICML），2016：2626-2634.

[5]　KRIZHEVSKY A，SUTSKEVER I，HINTON G E. ImageNet Classification with Deep Convolutional Neural Networks[C]. Adv. Neural Inf. Process. Syst.（NIPS），2012：1097-1105.

[6]　ZHANG S X，CHOROMANSKA A，LECUN Y. Deep learning with elastic averaging SGD[C]. Adv. Neural Inf. Process. Syst.（NIPS），2015：685-693.

[7]　JOHNSON R，ZHANG T. Accelerating Stochastic Gradient Descent Using Predictive Variance Reduction[C]. Adv. Neural Inf. Process. Syst.（NIPS），2013：315-323.

[8]　OUYANG H，HE N，TRAN L Q，et al. Stochastic Alternating Direction Method of Multipliers[C]. Proc. 30th Int. Conf. Mach. Learn.（ICML），2013：80-88.

[9] LIU Y Y, SHANG F H, CHENG J. Accelerated Variance Reduced Stochastic ADMM[C]. Proc. AAAI Conf. Artif. Intell. (AAAI), 2017: 2287 – 2293.

[10] LI X G, ARORA R, LIU H et al. Nonconvex Sparse Learning via Stochastic Optimization with Progressive Variance Reduction[C]. Proc. Int. Conf. Mach. Learn. (ICML), 2016: 917 – 925.

[11] ZHNAG W Z, ZHANG L J, HU Y, et al. Sparse Learning with Stochastic Composite Optimization [J]. IEEE Trans. Pattern Anal. Mach. Intell., 2017, 39(6): 1223 – 1236.

[12] SHANG F H, LIU Y Y, CHENG J. Scalable Algorithms for Tractable Schatten Quasi-Norm Minimization[C]. Proc. 30th AAAI Conf. Artif. Intell. (AAAI), 2016: 2016 – 2022.

[13] SHANG F H, LIU Y Y, CHENG J. Tractable and Scalable Schatten Quasi-Norm Approximations for Rank Minimization[C]. Proc. 19th Int. Conf. Artif. Intell. Statist. (AISTATS), 2016: 620 – 629.

[14] WANG L X, ZHANG X, GU Q Q. A Unified Variance Reduction-Based Framework for Nonconvex Low-Rank Matrix Recovery[C]. Proc. Int. Conf. Mach. Learn. (ICML), 2017: 3712 – 3721.

[15] SHANG F H, CHENG J, LIU Y Y, et al. Bilinear Factor Matrix Norm Minimization For Robust PCA: Algorithms and Applications[J]. IEEE Trans. Pattern Anal. Mach. Intell., 2018, 40(9): 2066 – 2080.

[16] KASAI H. Stochastic Variance Reduced Multiplicative Update for Nonnegative Matrix Factorization [J]. arXiv: 1710. 10781v1, 2017.

[17] SHANG F H, LIU Y Y, CHENG J. Generalized Higher-Order Tensor Decomposition via Parallel ADMM[C]. Proc. AAAI Conf. Artif. Intell. (AAAI), 2014: 1279 – 1285.

[18] YANG F, SHANG F H, HUANG Y Z, et al. LFTF: A Framework for Efficient Tensor Analytics at Scale[C]. Proc. Int. Conf. Very Large Data Bases (VLDB), 2017: 745 – 756.

[19] TANG C, MONTELEONI C. Convergence Rate of Stochastic k-means[C]. Proc. Int. Conf. Artif. Intell. Statist. (AISTATS), 2017: 1495 – 1503.

[20] SHAMIR O. A Stochastic PCA and SVD Algorithm with an Exponential Convergence Rate[C]. Proc. Int. Conf. Mach. Learn. (ICML), 2015: 144 – 152.

[21] SHANG F H, LIU Y Y, CHENG J, et al. Guaranteed Sufficient Decrease for Stochastic Variance Reduced Gradient Optimization[C]. Proc. Int. Conf. Artif. Intell. Statist. (AISTATS), 2018: 1027 – 1036.

[22] SHANG F H, ZHOU K W, LIU H Y, et al. VR-SGD: A Simple Stochastic Variance Reduction Method for Machine Learning[J]. IEEE Transactions on Knowledge and Data Engineering, 2018.

[23] NESTEROR Y. A Method of Solving A Convex Programming Problem with Convergence Rate O $(1/k^2)$[J]. Soviet Math. Doklady, 1983, 27: 372 – 376.

[24] BECK A, TEBOULLE M. A Fast Iterative Shrinkage-Thresholding Algorithm for Linear Inverse Problems[J]. SIAM J. Imaging Sci., 2009, 2(1): 183 – 202.

[25] SU W, BOYD S, CANDES E J. A Differential Equation for Modeling Nesterov's Accelerated Gradient Method: Theory and Insights[J]. J. Mach. Learn. Res., 2016, 17: 1 – 43.

[26] ROBBINS H, MONRO S. A Stochastic Approximation Method[J]. Ann. Math. Statist., 1951, 22(3): 400 – 407.

[27] NESTEROV Y. Efficiency of Coordinate Descent Methods on Huge-Scale Optimization Problems[J]. SIAM J. Optim., 2012, 22(2): 341 – 362.

[28] NEELAKANTAN A, VILNIS L, LE Q V, et al. Adding Gradient Noise Improves Learning for Very Deep Networks[J]. arXiv: 1511.06807, 2015.

[29] GE R, HUANG F R, JIN C, et al. Escaping From Saddle Points – Online Stochastic Gradient for Tensor Decomposition[C]. Proc. Conf. Learn. Theory (COLT), 2015: 797 – 842.

[30] RAKHLIN A, SHAMIR O, SRIDHARAN K. Making Gradient Descent Optimal for Strongly Convex Stochastic Optimization[C]. Proc. Int. Conf. Mach. Learn. (ICML), 2012: 449 – 456.

[31] ROUX N L, SCHMIDT M, BACH F. A Stochastic Gradient Method with an Exponential Convergence Rate for Finite Training Sets[C]. Adv. Neural Inf. Process. Syst. (NIPS), 2012: 2672 – 2680.

[32] SHALEV – SHWARTZ S, ZHANG T. Stochastic Dual Coordinate Ascent Methods for Regularized Loss Minimization[J]. J. Mach. Learn. Res., 2013, 14: 567 – 599.

[33] DEFAZIO A, BACH F, LACOSTE – JULIEN S. SAGA: A Fast Incremental Gradient Method with Support for Non-strongly Convex Composite Objectives[C]. Adv. Neural Inf. Process. Syst. (NIPS), 2014: 1646 – 1654.

[34] ZHANG Y C, XIAO L. Stochastic Primal-Dual Coordinate Method for Regularized Empirical Risk Minimization[C]. Proc. Int. Conf. Mach. Learn. (ICML), 2015: 353 – 361.

[35] SCHMIDT M, ROUX N L, BACH F. Minimizing Finite Sums with the Stochastic Average Gradient [J]. Math. Program., 2017, 162: 83 – 112.

[36] XIAO L, ZHANG T. A Proximal Stochastic Gradient Method with Progressive Variance Reduction [J]. SIAM J. Optim., 2014, 24(4): 2057 – 2075.

[37] KONEČNÝ J, LIU J, RICHTÁRIK P, et al. Mini-Batch Semi-Stochastic Gradient Descent in the Proximal Setting[J]. IEEE J. Sel. Top. Sign. Proces., 2016, 10(2): 242 – 255.

[38] SHALEV – SHWARTZ S, ZHANG T. Accelerated Proximal Stochastic Dual Coordinate Ascent for Regularized Loss Minimization[J]. Math. Program., 2016, 155: 105 – 145.

[39] LEBLOND R, PEDREGOSA F, LACOSTE – JULIEN S. ASAGA: Asynchronous Parallel SAGA [C]. Proc. Int. Conf. Artif. Intell. Statist. (AISTATS), 2017: 46 – 54.

[40] PEDREGOSA F, LEBLOND R, LACOSTE – JULIEN S. Breaking the Nonsmooth Barrier: A Scalable Parallel Method for Composite Optimization [C]. Adv. Neural Inf. Process. Syst. (NIPS), 2017: 55 – 64.

[41] ZHANG L J, MAHDAVI M, JIN R. Linear Convergence with Condition Number Independent Access of Full Gradients[C]. Adv. Neural Inf. Process. Syst. (NIPS), 2013: 980 – 988.

[42] NITANDA A. Stochastic Proximal Gradient Descent with Acceleration Techniques[C]. Adv. Neural Inf. Process. Syst. (NIPS), 2014: 1574 – 1582.

[43] ALLEN – ZHU Z, YUAN Y. Improved SVRG for Non-Strongly-Convex or Sum-of-Non-Convex Objectives[C]. Proc. Int. Conf. Mach. Learn. (ICML), 2016: 1080 – 1089.

[44] NESTEROV Y. Smooth Minimization of Non-smooth Functions[J]. Math. Program., 2005, 103: 127 – 152.

[45] ALLEN – ZHU Z, HAZAN E. Optimal Black-Box Reductions Between Optimization Objectives[C]. Adv. Neural Inf. Process. Syst. (NIPS). 2016: 1606 – 1614.

[46] XU Y, YAN Y, LIN Q H, et al. Homotopy Smoothing for Non-Smooth Problems with Lower Complexity than $O(1/\varepsilon)$[C]. Adv. Neural Inf. Process. Syst. (NIPS), 2016: 1208 – 1216.

[47] LIN H Z, MAIRAL J, HARCHAOUI Z. A Universal Catalyst for First-Order Optimization[C]. Adv. Neural Inf. Process. Syst. (NIPS), 2015: 3366 – 3374.

[48] LIU Y Y, SHANG F H, CHENG J, et al. Accelerated First-order Methods for Geodesically Convex Optimization on Riemannian Manifolds[C]. Adv. Neural Inf. Process. Syst. (NIPS), 2017: 4875 – 4884.

[49] BABANEZHAD R, AHMED M O, VIRANI A, et al. Stop Wasting My Gradients: Practical SVRG[C]. Adv. Neural Inf. Process. Syst. (NIPS), 2015: 2242 – 2250.

[50] MURATA T, SUZUKI T. Doubly Accelerated Stochastic Variance Reduced Dual Averaging Method for Regularized Empirical Risk Minimization[C]. Adv. Neural Inf. Process. Syst. (NIPS), 2017: 608 – 617.

[51] SHANG F H, LIU Y Y, JIAO L C, et al. ASVRG: Accelerated Proximal SVRG[C]. Proc. Mach. Learn. Res., 95: 815 – 830.

[52] ZHOU K W, SHANG F H, CHENG J. A Simple Stochastic Variance Reduced Algorithm with Fast Convergence Rates[C]. Proc. Int. Conf. Mach. Learn., 2018: 5975 – 5984.

[53] DEFAZIO A. A Simple Practical Accelerated Method for Finite Sums[C]. Adv. Neural Inf. Process. Syst. (NIPS), 2016: 676 – 684.

[54] WOODWORTH B, SREBRO N. Tight Complexity Bounds for Optimizing Composite Objectives[C]. Adv. Neural Inf. Process. Syst. (NIPS), 2016: 3639 – 3647.

[55] LIN Q H, LU Z S, XIAO L. An Accelerated Randomized Proximal Coordinate Gradient Method and its Application to Regularized Empirical Risk Minimization[J]. SIAM J. Optim., 2015, 25(4): 2244 – 2273.

[56] HIEN L, LU C Y, XU H, et al. Accelerated Stochastic Mirror Descent Algorithms For Composite Non-strongly Convex Optimization[J]. arXiv: 1605.06892v4, 2017.

[57] CARPENTER B. Lazy Sparse Stochastic Gradient Descent for Regularized Multinomial Logistic Regression [R]. Alias – i, Inc., Tech. Rep., 2008.

[58] LANGFORD J, LI L, ZHAGN T. Sparse Online Learning via Truncated Gradient[J]. J. Mach. Learn. Res., 2009, 10: 777 – 801.

[59] MANIA H, PAN X, PAPAILIOPOULOS D, et al. Perturbed Iterate Analysis for Asynchronous StochasticOptimization[J]. SIAM J. Optim., 2017, 27(4): 2202 – 2229.

人工智能、类脑计算与图像解译前沿

[60] REDDI S, HEFNY A, SRA S, et al. On Variance Reduction in Stochastic Gradient Descent and its Asynchronous Variants[C]. Adv. Neural Inf. Process. Syst. (NIPS), 2015: 2629 – 2637.

[61] ZHAO S Y, LI W J. Fast Asynchronous Parallel Stochastic Gradient Descent: A Lock-Free Approach with Convergence Guarantee[C]. Proc. AAAI Conf. Artif. Intell. (AAAI), 2016: 2379 – 2385.

[62] LI M, ANDERSEN D G, SMOLA A J, et al. Communication Efficient Distributed Machine Learning with the Parameter Server[C]. Adv. Neural Inf. Process. Syst. (NIPS), 2014: 19 – 27.

[63] ZAHARIA M, CHOWDHURY M, DAS T, et al. Fast and interactive analytics over Hadoop data with Spark[J]. login, 2012, 37(4): 45 – 51.

[64] LOW Y, GONZALEZ J E, KYROLA A, et al. GraphLab: A New Framework For Parallel Machine Learning[J]. CoRR abs/1408.2041, 2014.

[65] DE S, GOLDSTEIN T. Efficient Distributed SGD with Variance Reduction[C]. Proc. IEEE Int. Conf. Data Mining (ICDM), 2016: 111 – 120.

[66] LEE J D, LIN Q, MA T, et al. Distributed Stochastic Variance Reduced Gradient Methods by Sampling Extra Data with Replacement[J]. J. Mach. Learn. Res., 2017, 18: 1 – 43.

[67] ZHAO S Y, XIANG R, SHI Y H, et al. SCOPE: Scalable Composite Optimization for Learning on Spark[C]. Proc. AAAI Conf. Artif. Intell. (AAAI), 2017: 2928 – 2934.

[68] TIELEMAN T, HINTON G. Lecture 6.5-rmsprop: Divide the gradient by a running average of its recent magnitude[J]. COURSERA: Neural networks for machine learning, 2012, 4(2): 26 – 31.

[69] ZEILER M D. ADADELTA: an adaptive learning rate method[J]. arXiv: 1212.5701, 2012.

[70] KINGMA D P, BA J. Adam: A method for stochasticoptimization[J]. arXiv: 1412.6980, 2014.

[71] CAUCHY A. Méthode generale pour la resolution des systemes d'equations simultanees[J]. Comp. Rend. Sci. Paris, 1847, 25(1847): 536 – 538.

[72] SUTSKEVER I, MARTENS J, DAHl G, et al. On the importance of initialization and momentum in deep learning[C]. International conference on machine learning, 2013: 1139 – 1147.

[73] BERNSTEIN J, WANG Y X, AZIZZADENESHELI K, et al. signSGD: compressed optimisation for nonconvex problems[J]. arXiv: 1802.04434, 2018.

[74] DUCHI J, HAZAN E, SINGER Y. Adaptive subgradient methods for online learning and stochastic optimization[J]. Journal of Machine Learning Research, 2011, 12(Jul): 2121 – 2159.

[75] NESTEROV Y. Gradient methods for minimizing composite functions[J]. Mathematical Programming, 2013, 140(1): 125 – 161.

[76] PASCANU R, MIKOLOV T, BENGIO Y. On the difficulty of training recurrent neural networks [C]. International Conference on Machine Learning, 2013: 1310 – 1318.

[77] ZINKEVICH M, WEIMER M, LI L, et al. Parallelized stochastic gradient descent[C]. Advances in neural information processing systems, 2010: 2595 – 2603.

[78] MCDONALD R, HALL K, MANN G. Distributed training strategies for the structured perceptron [C]. Human Language Technologies: The 2010 Annual Conference of the North American Chapter of the Association for Computational Linguistics, 2010: 456 – 464.

[79] AGARWAL A, DUCHI J C. Distributed delayed stochastic optimization[C]. Advances in Neural Information Processing Systems, 2011: 873 – 881.

[80] RECHT B, RE C, WRIGHT S, et al. Hogwild: A lock-free approach to parallelizing stochastic gradient descent[C]. Advances in neural information processing systems, 2011: 693 – 701.

[81] ZHANG S X, CHOROMANSKA A E, LECUN Y. Deep learning with elastic averaging SGD[C]. Advances in Neural Information Processing Systems, 2015: 685 – 693.

[82] ZHENG S X, MENG Q, WANG T F, et al. Asynchronous stochastic gradient descent with delay compensation[J]. arXiv: 1609.08326, 2016.

[83] LI M, ZHOU L, YANG Z C, et al. Parameter server for distributed machine learning[C]. Big Learning NIPS Workshop, 2013, 6: 2.

[84] LI M, ANDERSEN D G, PARK J W, et al. Scaling Distributed Machine Learning with the Parameter Server[C]. OSDI. 2014,14: 583 – 598.

[85] CHEN K, HUO Q. Scalable training of deep learning machines by incremental block training with intra-block parallel optimization and blockwise model-update filtering[C]. Acoustics, Speech and Signal Processing (ICASSP), 2016 IEEE International Conference on, 2016: 5880 – 5884.

[86] SUTSKEVER I, MARTENS J, DAHI G, et al. On the importance of initialization and momentum in deep learning[C]. International conference on machine learning, 2013: 1139 – 1147.

[87] IOFFE S, SZEGEDY C. Batch normalization: Accelerating deep network training by reducing internal covariate shift[J]. arXiv: 1502.03167, 2015.

[88] JIA X Y, SONG S T, HE W, et al. Highly scalable deep learning training system with mixed-precision: Training imagenet in four minutes[J]. arXiv: 1807.11205, 2018.

[89] GOYAL P, DOLLÁR P, GIRSHICK R, et al. Accurate, large minibatch SGD: training imagenet in 1hour[J]. arXiv preprint arXiv: 1706.02677, 2017.

[90] HE K M, ZHANG X Y, REN S Q, et al. Deep residual learning for image recognition[C]. Proceedings of the IEEE conference on computer vision and pattern recognition, 2016: 770 – 778.

[91] SZEGEDY C, VANHOUCKE V, IOFFE S, et al. Rethinking the inception architecture for computer vision[C]. Proceedings of the IEEE conference on computer vision and pattern recognition, 2016: 2818 – 2826.

[92] LOSHCHILOV I, HUTTER F. Sgdr: Stochastic gradient descent with warm restarts[J]. arXiv: 1608.03983, 2016.

# 第25章 深度神经网络并行化研究综述

## 25.1 引 言

实现人工智能是人类长期以来一直追求的梦想，而神经网络是人工智能[1-2]研究领域的核心之一。神经网络的发展经历了两个重要阶段：浅层神经网络阶段和深度神经网络阶段。浅层模型只有一层隐含层或者没有隐含层节点，理论分析相对成熟，在许多应用中获得了成功，如网页搜索排序和各类推荐系统等。然而随着样本数量的增大以及特征维度的增加，浅层模型逐渐不能满足应用的需求。自2006年Hinton在 *Science* 杂志上发表的论文[3]解决了多层神经网络训练的难题后，学术界和工业界对深度神经网络的研究热情高涨，并取得了突破性进展。

近年来，深度神经网络由于优异的算法性能，已经广泛应用于图像分析、语音识别、目标检测、语义分割、人脸识别、自动驾驶等领域[4-9]。深度神经网络之所以能获得如此巨大的进步，其本质是模拟人脑的学习系统，通过增加网络的层数让机器从数据中学习高层特征。目前网络的深度有几百层甚至可达上千层，日趋复杂的网络模型为其应用的时效性带来了挑战。为减少深度神经网络的计算时间，基于各种高性能计算平台设计并行深度神经网络算法逐渐成为研究热点。

由于功耗墙的存在，用于计算的CPU硬件架构从单核变成多核，并行计算的方式也从指令级并行变成线程级并行。近年来，以GPU、MIC和FPGA为代表的异构计算平台具有高能效的优点，被广泛用于不同研究领域的加速。异构计算的理念也被用来制造超级计算机[10]，如我国研制的异构计算集群天河一号（采用GPU作为加速器）的计算能力在2010年11月排世界第一，天河二号（采用MIC作为协处理器）的计算能力在2013年6月排世界第一。采用国产异构多核CPU制造的神威太湖之光超级计算机在TOP500世界超算大会上夺得世界第一。由于并行计算设备的多样性，并行编程框架也日趋丰富，目前主要的编程框架有CUDA（Compute Unified Device Architecture，统一计算架构）、OpenCL（Open Computing Language，开放计算语言）、OpenMP（Open Multiple Processing，开放式多处理）、MPI（Message Passing Interface，消息传递接口）、Spark等[11]。硬件的快速发展为深度神经网络的并行化提供了物质基础，并行编程框架为其并行化架起了桥梁，因此如何结合深度神经网络的算法特点，利用并行编程框架来设计能充分发挥多核/众核平台计算能力的并行化方法显得十分迫切。

本章首先简要介绍深度神经网络发展的背景，然后介绍目前多核/众核计算平台和并行编程框架的发展概况，并对深度神经网络的模型并行、数据并行以及目前常用的开源深度学习软件系统中的并行化方法进行阐述，同时对当前深度神经网络的并行化研究工作进行归纳总结，最后在此基础上展望深度神经网络并行化可能的发展方向以及面临的挑战。

## 25.2　神经网络发展概况

神经元是人工神经网络的基本处理单元，一般是多输入单输出的单元，结构模型如图25.1所示。图中，$x_i$ 表示输入信号，$w_{ij}$ 表示神经元 $i$ 与神经元 $j$ 之间的连接权值，$b_j$ 为神经元的偏置，$y_j$ 表示神经元的输出。输入信号与输出值之间的对应关系如下：

$$y_j = f\left(b_j + \sum_{i=1}^{n}(x_i * w_{ij})\right) \qquad (25-1)$$

式中，$f(\cdot)$ 为激活函数，一般可用 Sigmoid 函数、ReLU 函数、$\tanh(x)$ 函数、径向基函数等。常用的神经网络有多层感知器（MultiLayer Perceptron，MLP）[12]、限制玻尔兹曼机（Restricted Boltzmann Machine，RBM）[13]、径向基神经网络 RBF[14] 等。

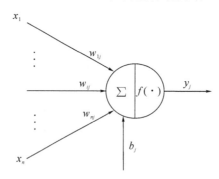

图 25.1　神经元结构模型图

MLP 是一种非线性分类器，是由输入层、隐含层（一层或多层）以及输出层构成的神经网络模型。图 25.2 给出了包含一个隐含层的多层感知器网络拓扑结构。图中，输入层神经元接收输入信号，层与层之间是全连接，每个连接都有一个连接权值，同层间的神经元互不相连。其中，$w_{ij}^k$ 表示第 $k$ 层神经元 $i$ 与第 $k+1$ 层神经元 $j$ 之间的连接权值，$y_m^l$ 表示第 $l$ 层神经元 $m$ 的输出。在 MLP 的训练过程中，将一个特征向量作为输入，将该向量传递到隐含层，然后通过权值和激活函数计算结果，并将结果传递到下一层，直到最后传递给输出层，可通过 BP(Back Propagation)算法[15]对网络权值进行微调。

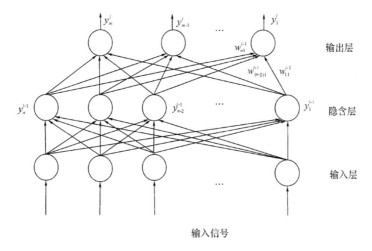

图 25.2　MLP 网络拓扑结构

RBM 是由 P. Smolensky 在 1986 年提出的一种随机的产生式人工神经网络模型，能够依据输入数据学习得到一种概率分布。标准型的 RBM 具有二值的隐藏单元和可视单元。图 25.3 所示的网络结构中包含 $i$ 个可视节点和 $j$ 个隐藏节点。其中，每个可视节点只和 $j$ 个隐藏节点相关，可视节点的状态只受 $j$ 个隐藏节点的影响，隐藏节点的状态只受 $i$ 个可视节点的影响。

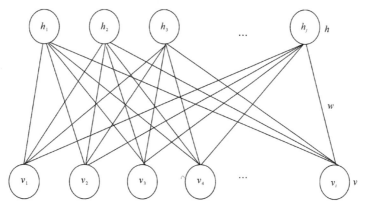

图 25.3　RBM 结构示意图

由于训练时数据数量少，再加上传统的神经网络是一个浅层的结构，网络简单，对输入的表达能力有限，因此容易过拟合。2006 年加拿大多伦多大学的 Hinton 教授提出了基于"逐层训练"和"精调"的两阶段策略，解决了深度神经网络中参数训练的难题[3]。之后纽约大学的 LeCun、蒙特利尔大学的 Bengio 和斯坦福大学的 Ng 等研究组对深度神经网络展开研究[16-18]，并提出了深度自编码器[19-20]（Deep AutoEncoder，DAE）、深度置信网（Deep Belief Network，DBN）[21]、卷积神经网络（Convolutional Neural Network，CNN)[22-25]等深度模型，且在多个领域得到了广泛应用。

自编码器（AutoEncoder，AE）是以输出值等于输入值为目标的一种无监督的人工神经网络模型，通常包括一个输入层、一个隐含层、一个输出层。当自编码器包含多个隐含层时即形成了 DAE，该网络的隐含层节点数通常明显少于输入节点数，构成了一个压缩式的网络结构。DAE 学习过程中容易出现过拟合问题，一种有效的解决方法是采用去噪自动编码器（Denoising AutoEncoder)[26]，即人为在训练样本上施加噪声作为网络输入，输出依然为无噪声的样木，由此学到的网络对噪声具有很好的鲁棒性。

DBN 是由多层无监督的 RBM 和一层有监督的 BP 网络组成的一种生成模型。其训练过程通常是贪婪式的逐层训练，在预训练阶段采用逐层训练的方式对各层中的 RBM 进行训练，不仅使得 DBN 的高效学习成为可能，而且可以避免网络收敛到局部最优。微调阶段采用有监督的学习方式，利用 BP 网络对 RBM 通过预训练得到的特征向量进行分类，在 BP 的前向传播过程中输入特征向量被逐层传播到输出层，得到预测的分类类别，将实际得到的分类结果与期望值比较得到误差，并将该误差逐层向后回传，进而对整个网络的权值进行微调。在具体的应用领域，微调阶段的目标函数可以是无监督的或有监督的方法。

CNN 是从生物学上视皮层的研究中获得启发而产生的，其重要特性是通过局部感受野、权值共享以及时间或空间亚采样等思想减少了网络中自由参数的个数，从而获得了某种程度的位移、尺度、形变不变性。图 25.4 所示为经典的 CNN 网络结构图，其包含 5 个卷积层和 3 个全连接层，每个卷积层包含了激活函数 ReLU 以及局部响应归一化处理，然后经过降采样（重叠池化处理）。该网络引入了新的非线性激活函数 ReLU 替代之前普遍采用

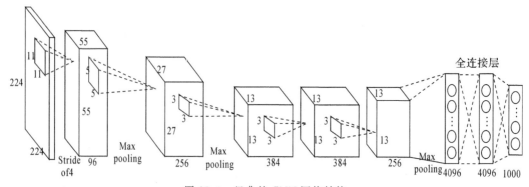

图 25.4　经典的 CNN 网络结构

的 Sigmoid 或 tanh 函数，有利于更快速地收敛，减少了训练时间，同时在最后两个全连接层引入防止过拟合的 Dropout 算子。在卷积层之后，高层逻辑推理通过全连接层完成，即全连接层的神经元与前一层的所有输出相连接。全连接层后还需要使用代价函数来度量深度神经网络训练输出值和真实值之间的差异，在不同的应用中使用不同的代价函数[27]。

神经网络常用的代价函数有二次代价函数、交叉熵和对数似然函数。二次代价函数和交叉熵代价函数分别定义为

$$C = \frac{1}{2n} \sum_x \| y(x) - a(x) \|^2 \qquad (25-2)$$

$$C = -\frac{1}{n} \sum_x [y \ln a - (1-y)\ln(1-a)] \qquad (25-3)$$

其中，$x$ 为样本，$n$ 为样本总数，$y$ 为期望输出值，$a$ 为输出值。

与二次函数相比，交叉熵函数具有收敛速度快、更容易获得全局最优等特点。使用 Softmax 作为激活函数时，常使用对数似然函数作为代价函数，定义为

$$C = -\sum_k y_k \log a_k \qquad (25-4)$$

其中，$a_k$ 为第 $k$ 个神经元的输出值；$y_k$ 为第 $k$ 个神经元对应的真实值，取值为 0 或 1。

在深度神经网络中，为了求解代价函数，需要使用优化算法。常用的算法有梯度下降法、共轭梯度法、LBGFS 等[28]。目前最常用的优化算法是梯度下降法。该算法的核心是最小化目标函数，在每次迭代中，对每个变量按照目标函数在该变量梯度的相反方向更新对应的参数值。其中，参数学习率决定了函数到达最小值的迭代次数。梯度下降法有三种不同的变体：批量梯度下降法（Batch Gradient Descent，BGD）、随机梯度下降法（Stochastic Gradient Descent，SGD）、小批量梯度下降法（Mini-Batch Gradient Descent，MBGD）。对于 BGD，能够保证收敛到凸函数的全局最优值或非凸函数的局部最优值，但每次更新需在整个数据集上求解，因此速度较慢，甚至对于较大的内存无法容纳的数据集，该方法无法被使用，同时不能以在线的形式更新模型。SGD 每次更新只对数据集中的一个样本求解梯度，运行速度大大加快，同时能够在线学习，但是相比于 BGD，SGD 易陷入局部极小值，收敛过程较为波动。MBGD 集合了上面两种算法的优势，在每次更新时，对 $n$ 个样本构成的一批数据求解，使得收敛过程更为稳定，通常是训练神经网络的首选算法。

近年来，各种深度神经网络模型如雨后春笋般涌现出来。例如，A. Krizhevsky 在 2012 年设计了包含 5 个卷积层和 3 个全连接层的 AlexNet[29]，并将卷积网络分为两部分，在双 GPU 上进行训练；2014 年 Google 研发团队设计了 22 层的 GoogLeNet[30]；2014 年牛津大学的 Simonyan 和 Zisserman 设计出了深度为 16~19 层的 VGG 网络[31]；2015 年微软亚洲研究院的何凯明提出了 152 层的深度残差网络 ResNet[32]，而最新改进后的 ResNet 网络深

度可达 1202 层；2016 年生成式对抗网络 GAN 获得了广泛关注[33]。随着网络模型种类的逐渐增多，网络深度也从开始的几层发展到现在的成百上千层，虽然大大提高了精确率，但也使得深度神经网络的训练时间越来越长，这成为深度神经网络模型快速发展和广泛应用的一大阻碍。

学术界和产业界对相关研究成果的开源加速了深度神经网络的快速发展。其中，代表性的开源平台有[34]：加州大学伯克利分校的贾扬清开发的 Caffe 具有速度快、能够支持不同硬件平台(GPU、CPU)的优点，但是由于遗留的架构问题，使得它不够灵活且对递归网络和语言建模支持很差。2017 年 4 月开源的 Caffe2，其新增加的特性包括采用了计算图来表示神经网络，支持 IOS 和 Android 系统，增加了自然语言处理、手写识别和时间序列预测的循环神经网络 RNN 和长短期记忆网络 LSTM，支持多节点多 GPU 并行。Facebook 开发的 Torch 实现并且优化了基本的计算单元，有较好的灵活性，缺点是接口为 lua 语言，需要花费时间进行学习。2017 年新版本 PyTorch 使用 Python 作为前端，可以方便地使用 Python 的相关机器学习库，且 PyTorch 支持动态构造计算图和自动求导等功能。李牧等开源的 MXNet 注重灵活性和效率，同时提高了内存的使用率，支持 Android 系统。蒙特利尔大学开发的 Theano 是第一个使用符号张量图描述模型的架构，派生出了大量深度学习 Python 软件包，非常灵活且对递归网络和语言建模有较好的支持。Google 开源的第二代深度学习框架 TensorFlow 使用了张量运算的计算图方法，支持异构分布式计算，具备很好的灵活性和可扩展性，目前已经成为最热门的深度学习开发平台。CNTK 是微软开源的深度学习工具包，将神经网络描述为有向图的结构，叶子节点代表输入或者网络参数，其他节点代表计算步骤，同时支持 GPU 和 CPU。

当前深度神经网络获得了学术界和工业界的广泛关注，在算法研究和应用方面不断取得进展。在学术研究方面，2015 年 *Nature* 刊出了由 LeCun、Bengio 和 Hinton 撰写的深度学习综述文章[35]，同年举办的知名学术会议 CVPR、NIPS、AAAI 和 ICLR 中深度神经网络的主题占主导地位。2017 年以深度神经网络为核心的 DeepStack 算法在德州扑克游戏中击败人类职业玩家[36]。在国内，相关高校和科研单位在深度神经网络的研究和应用方面也取得了丰硕的成果，清华大学、中国科学院、百度和西安电子科技大学给出了深度学习[16, 37-40]的研究综述，研究人员将深度学习算法成功应用到了遥感图像分类、多媒体检索、交通流预测和盲图像质量评价[41-44]等领域。

除了重要的学术研究意义外，深度神经网络在工业界的应用也成果丰硕，如 2016 年基于深度神经网络的 AlphaGo 在分布式框架中最多采用 1920 块 CPU 和 280 块 GPU，最终打败了围棋世界冠军李世石[45]，目前 Google、Facebook、Microsoft、IBM 等国际巨头以及国内的百度、阿里巴巴、腾讯、科大讯飞等互联网巨头争相布局深度学习，并且成功应用于多种产品之中,如谷歌 Now、微软 OneNote 手写识别、Cortana 语音助手、讯飞语音输入法等。

虽然深度神经网络由于优异的性能得到了广泛的使用,在许多应用领域取得了成功,但其日趋复杂的网络模型为其应用的时效性带来了挑战。为减少深度神经网络的训练和测试时间,针对各种应用场景,在不同架构的并行计算硬件平台上,利用合适的软件接口来设计并行深度学习计算系统并优化其性能成为研究热点。

## 25.3  软硬件发展概况

### 25.3.1  硬件架构

用于深度学习的硬件设备在计算性能、并行机理和应用开发周期等方面存在巨大差异,计算能力和带宽是决定硬件应用性能的主要因素。计算能力指标一般使用 FLOPS,即每秒执行的 32 位浮点(FP32)运算次数。CPU 计算性能一般采用的指标为每秒十亿次浮点运算(Giga FLoating point Operations Per Second,GFLOPS)和每秒万亿次浮点运算(Tera FLoating point Operations Per Second,TFLOPS)。但是 FPGA 用户可以自定义各种精度的数据类型,数据可能是 FP32、INT16、INT8 等多种格式,不一定是浮点计算能力,经常使用每秒十亿次运算(Giga Operations Per Second,GOPS)和每秒万亿次运算(Tera Operations Per Second,TOPS)指标。

**1. 多核 CPU**

随着频率墙、功耗墙、存储墙等问题越来越突出,单核 CPU 很难继续通过提高时钟频率来提升性能,因此具有多核结构的计算设备逐渐成为主流。多核结构指的是在同一个处理器上集成两个或两个以上计算内核,不同计算内核之间相互独立,可以并行地执行指令[46]。以 2017 年发布的 Intel Xeon E7-8894 v4 为例,其采用 14 nm 工艺,包含 24 个物理核,最高支持 48 线程,最大内存带宽为 85 GB/s,单精度浮点计算能力为 921.6 GFLOPS,支持 AVX 2.0 指令,可以实现 1 个时钟周期处理 8 个浮点数的乘加操作,实现单指令多数据流并行,有效提高程序的执行效率。

**2. GPU**

GPU 以前主要用于图形学处理,由于其强大的计算能力,现在已经被用作加速器来加速计算密集型应用。GPU 以大量轻量级硬件线程并行执行面向高吞吐量设计,具有高带宽、高并行性的特点,因此适用于大量数据的并行计算[47]。目前 GPU 厂商主要有 NVIDIA、AMD、Intel、高通、ARM 等公司,不同公司生产的 GPU 在硬件架构、功耗、性能以及应用场景等方面存在巨大的差异。比如,高通的 Adreno 和 ARM 的 Mali 架构的最新嵌入式 GPU 的功耗只有几瓦,计算能力大约为 500 GFLOPS,而 NVIDIA 公司最新的 Tesla 系列的 Volta 100 采用 12 nm FFN 工艺制造，有 5120 个流处理器，可提供 7.5 TFLOPS 的双精度计算能力和 15 TFLOPS 的单精度性能。针对深度学习，新增加了支持混合精度 FP16/FP32 计算的 640 个 Tensor Core，能够为训练、推理应用提供 120 Tensor TFLOPS 计算能力。GPU 设计了鲜明的层次式存储，使用好层次式存储是进行性能优化的关键。GPU 存储单元包括全局存储、纹理存储、常量存储、共享存储、局部存储、寄存器等，各存储单元的使用依赖于算法的访存模式和存储单元的特性。到目前为止，NVIDIA 通用计算的 GPU 产品经历了 G80、Fermi、Kepler、Maxwell、Pascal、Volta 等架构，架构的快速迭代和相应的硬件逻辑发生变化，为算法实施和性能优化带来了进一步的挑战。

**3. MIC**

Intel 公司 2012 年推出了第一代 MIC 架构的 Xeon Phi 融合处理器 KNC(KNights Corner)，它拥有 57 个以上的 CPU 物理核心，每个物理核心可以并行执行 4 个硬件线程，核心频率约为 1.1 GHz，并且包含一个 512 bit 线宽的矢量处理单元 VPU，可提供约 1 TFLOPS 双精度峰值计算能力。2016 年推出的第二代 MIC 架构的 Xeon Phi 融合处理器 KNL(KNights Landing)[48]，其核心频率约为 1.3 GHz，双精度浮点性能超过 3 TFLOPS，单个芯片最大支持 72 个 CPU 物理核心，每个物理核心支持 4 个硬件线程，并包含 2 个 512 bit 线宽的 VPU，能更有效率地提升整体性能，满足高度并行化的高性能计算应用，但是需要考虑硬件架构的特性以优化代码才能充分发挥硬件性能。

**4. FPGA**

FPGA 由成百上千个加法器、乘法器和数字信号处理器(DSP)等模块组成，可以同时进行大规模的并行运算，具有高性能、低功耗、可编程等特点。作为一种计算密集型加速部件，FPGA 通过将算法分解并映射到相应的硬件模块上进行加速。流水结构是 FPGA 作为加速器的一大优势，可以很好地和深度神经网络算法相匹配，充分利用算法网络结构内部的并行性，提高运算速度的同时减小功耗。Altera 公司的 Stratix 10 系列产品采用 14 nm 三栅极工艺开发，最高可配置 5760 个 DSP，11 520 个 18×19 规格的乘法器，单精度浮点性能达到 10 TFLOPS。Xilinx 的 UltraScale 系列产品[49]最高可配置 12 288 个 DSP，其支持的 INT8 低精度计算的能效比 INT16 得到了提升。

**5. 专用加速器**

为了最大化计算速度和最小化能量消耗，针对深度学习设计专用集成电路(Application-Specific Integrated Circuit，ASIC)并将其应用于大规模云计算数据中心和嵌入式计算设备成为热门研究方向。专用加速器具有高性能、低功耗、面积小等特点，而且量化生产时成本低，主要缺点是设计周期比较长。Intel 面向市场推出了深度神经网络加速器——神经计算棒(Neural Compute Stick，NCS)，其采用 28 nm 工艺生产，支持 FP16 精度和 Caffe 深度学习软件，计算能力为 100 GFLOPS，功耗为 1 W。

Intel 在 2018 年年底又推出了 16 nm 的 NCS2，它的深度神经网络推理性能达到了 1 TOPS，采用 USB 接口的封装形式，以便于边缘计算设备使用。

最早大规模使用深度神经网络芯片的是谷歌公司，在 2015 年该公司就在自己的数据中心部署了用于加速神经网络推理的第一代 ASIC 芯片——张量处理器（Tensor Processor Unit，TPU）。TPU V1 采用 28 nm 工艺生产，工作频率是 700 MHz，功耗为 75 W，使用的 DDR3 SDRAM 可提供 34 GB/s 的带宽，通过 PCIe Gen3x16 与主机相连。TPU V1 的核心包含 65 536 个 8 位矩阵乘法单元，它的峰值计算能力为 92 TOPS。谷歌在 MLP、CNN 和 LSTM 等神经网络应用上的测试表明，TPU 的计算速度平均为 CPU 或 GPU 的 15～30 倍，能效比指标是 CPU 或 GPU 的 30～80 倍。2017 年发布的 TPU V2（即云 TPU）使用了 16 GB 带宽为 600 GB/s 的 HBM 存储器，而且性能达到了 180 TOPS，支持浮点运算，既可以用于深度神经网络的推理，还可以用于训练。2018 年谷歌发布了存储和计算性能是 TPU V2 两倍的 TPU V3，随后又发布了用于边缘计算的 Edge TPU。目前，谷歌公司在神经网络的芯片研制和系统应用方面居于世界第一。

表 25.1 对以上硬件架构从功耗、计算能力、并行算法开发难度等角度进行了比较。

**表 25.1　硬件架构对比分析**

| 硬件 | 硬件型号 | 功耗/W | 计算能力 | 开源软件支持 | 并行算法开发难度 | 开发周期 |
|------|---------|--------|---------|------|------|------|
| CPU | Intel Xeon E7-8894 v4 | 165 | 921.6 GFLOPS | 好 | 容易 | 短 |
| GPU | Tesla Volta 100 | 300 | 15 TFLOPS | 好 | 中等 | 短 |
| MIC | Xeon Phi 7250 | 215 | 3 TFLOPS | 少 | 容易 | 中 |
| FPGA | Stratix 10 | 75 | 10 TFLOPS | 少 | 难 | 较长 |
| ASIC | TPU | 75 | 92 TOPS | 少 | 难 | 长 |

### 25.3.2　并行编程框架

CUDA 是 2007 年由 NVIDIA 公司推出的只能运行在本公司各种型号 GPU 上的并行编程语言[50]，使用扩展的 C 语言来进行 GPU 编程。自 2007 年 CUDA 1.0 版本诞生后，由于它大大降低了 GPU 通用编程的难度，因此大量研究人员尝试利用 GPU 加速各个领域的算法。此后 CUDA 版本快速迭代，通用计算能力越来越强。比如，2009 年的 CUDA 3.0 加入了对 C++编程语言的支持；2012 年的 CUDA 5.0 增加了动态并行的新特性；2013 年的

CUDA 6.0 支持统一寻址；而 2017 年发布的 CUDA 8.0.61 支持 GPU 直接同步，使得 GPU 可以在没有 CPU 辅助的情况下交换数据。CUDA 并行编程模型采用两级并行机制，即 Block 映射到流多处理器并行执行和同一个 Block 内的 Thread 映射到流多处理器的 CUDA 核上并行执行。

OpenCL 是 Khronos 组织制订的异构计算统一编程标准[51]，得到了 AMD、Apple、Intel、NVIDIA、TI 等公司的支持，因此可以运行在多核 CPU、GPU、DSP、FPGA 以及异构加速处理单元上。OpenCL 计算模型在具体硬件上执行时，由各个厂家的运行环境负责将代码在线编译成机器码并建立软硬件映射机制。当 OpenCL 执行的核心 Kernel 启动后会创建大量的线程同时执行，每个线程即工作单元（work-item）完成 Kernel 函数定义的操作。当映射到 OpenCL 硬件上执行时，采用两级并行机制，work-group 并行运行在异构计算设备的计算单元上，同一个 work-group 里的多个 work-item 相互独立并在处理单元上并行执行。

OpenMP 是基于共享内存和多线程的并行编程模型，在使用时需要程序员在程序可用于并行的部分添加并行编译的关键字，运行环境依据关键字将计算任务映射到多线程上并行执行。OpenMP 并行技术具有良好的可移植性，不需要对串行代码进行大量的修改，降低了并行编程的难度和复杂度，具有很强的灵活性，可以较容易地适应不同的并行系统配置。然而 OpenMP 程序是通过将 for 循环分解到多个线程上来并行的，可以通过调整线程数目和调度方式（静态调度、动态调度）等手段来优化性能。执行并行任务的线程调度由 OpenMP 运行环境控制，因此当线程数量很多时，并行程序的可扩展性经常表现一般[52]。在具体应用时要想提高并行效率，需要根据算法特点和硬件平台的特性，对代码进行一定的优化。

MPI 是一种基于消息传递的并行程序编程框架[53]。MPI 主要应用于集群计算环境，其支持的计算节点数可达上万个。作为一个跨语言的通信协议，MPI 支持点对点和广播两种通信方式。MPI 程序执行时，在集群的每个节点上启动多个进程，节点间的进程通过高速通信链路（如以太网或 InfiniBand）显式地交换消息，并行协同完成计算任务。MPI 广泛使用在高性能计算行业，但是基于 MPI 的并行程序通常在算法上有较大改动，编程难度较大，并且容错性不足，如果一个进程出现问题将导致整个应用需要重新进行计算。

Spark 是 UC Berkeley 大学 AMP 实验室在 2010 年开源的一种通用并行计算框架，最大可支持上千个节点的并行数据处理[54]。它扩展了广泛使用的 MapReduce 计算模型，并添加了交互式查询以及流处理功能，同时支持 Scala、Java 和 Python 语言，易于使用，能够与 Yarn、Mesos、Hive、HBase、HDFS 等多个框架进行很好的兼容。Spark 将各种类型的数据结构都统一抽象为 RDD 结构。它基于内存计算的特点使其与 Hadoop 相比，在迭代式算法上优势明显，高效的容错机制使其在面对故障问题时可及时恢复正常。目前 Spark 已被广泛应用于大数据处理领域。

表 25.2 对这几种并行编程框架从开放性、编程难度和开源深度学习软件支持等方面进行了分析比较。

**表 25.2　并行编程框架的比较**

| 编程框架 | 出现时间 | 开放性 | 主要支持语言 | 支持硬件 | 编程难度 | 开源深度学习软件支持 |
|---|---|---|---|---|---|---|
| CUDA | 2007 | 企业私有 | C、C++ | NVIDIA GPU | 容易 | Caffe、TensorFlow、MXNet、CNTK、Torch、Theano |
| OpenCL | 2008 | API 标准 | C、C++ | GPU、CPU FPGA、DSPMIC | 难 | Caffe、Theano |
| OpenMP | 1997 | API 标准 | C、C++、Fortran | CPU、MIC | 容易 | Theano |
| MPI | 1992 | API 标准 | C、C++、Fortran | CPU、MIC | 难 | CNTK、S-Caffe |
| Spark | 2010 | 开源软件 | Java、Scala、Python | CPU | 容易 | Intel BigDL、SparkNet |

## 25.4　深度神经网络的模型并行和数据并行

对深度神经网络的并行化，目前主要有两种方法，即模型并行和数据并行[55]，如图 25.5 所示。模型并行(见图 25.5(a))是指将网络模型分解到各个计算设备上，依靠设备间的共同协作完成训练。数据并行(见图 25.5(b))是指对训练数据做切分，同时采用多个模型实例，对多个分片的数据进行并行训练，由参数服务器[56-57]来完成参数交换。在训练过程中，多个训练过程相互独立，首先模型的变化量 $\Delta w$ 需要传输给参数服务器，由参数服务器负责更新为最新的模型 $w' = w - \eta \cdot \Delta w$，其中 $\eta$ 为学习率；然后将最新的模型 $w'$ 分发给训练程序。多数情况下，模型并行带来的通信开销和同步开销会超过数据并行，因此加速比也不及数据并行，但是对于单个计算设备内存无法容纳的大模型来说，模型并行是一个很好的选择。

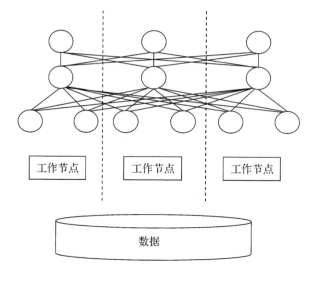

（a）模型并行

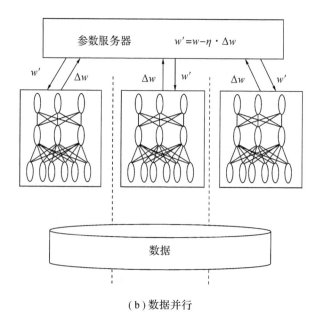

（b）数据并行

图 25.5　深度神经网络的模型并行和数据并行原理图

随机梯度下降算法（SGD）由于使用简单、收敛速度快、效果可靠等优点在深度神经网络算法中得到了普遍应用。在大数据背景下，深度神经网络的数据并行更多的是通过分布式随机梯度下降算法。对于该算法中参数更新方式的选择，目前主要有同步 SGD 和异步 SGD 两种机制。同步 SGD[58-59] 需要利用所有节点上的参数信息，而慢节点所带来的同步等待使得数据并行时的加速比并不理想。异步 SGD 虽然单次训练速度快，但是其固有的随机性使得网络在训练过程中达到相同收敛点耗费的时间更长，且在训练后期可能会出现振荡现象。E. P. Xing 等人针对机器学习中比较耗时的迭代算法，提出了一种新的协议 SSP 来缓解同步 BSP 中慢节点所带来的同步等待，通过引入一个参数来约束快节点和慢节点之间迭代步伐的差值[59-61]。相比于异步模式，同步等待开销一定程度上限制了网络训练速度。P. Goyal 等[62] 提出了一种提高参数批量大小值的分布式同步 SGD 训练方法，采用了线性缩放规则（Linear Scaling Rule）作为批量大小函数来调整学习率，在训练的开始阶段使用较小的学习率，在批量大小为 8192 时在 Caffe2 的系统上训练 ResNet - 50 网络，训练数据集使用 ImageNet。该训练在 256 块 Tesla P100 GPU（实验硬件平台为 Facebook 的 Big Basin 服务器，每个服务器安装有 8 块 GPU 卡，卡之间使用 NVLink 互联技术，服务器之间使用 50 GB 带宽的以太网连接）上花费一小时就能完成，识别精度与小批量相当。

深度神经网络的网络结构复杂，参数多，训练数据量大，这些都为并行化工作带来了挑战。近年流行的卷积神经网络有 AlexNet、VGG、GoogLeNet 和 ResNet 等，其网络结构信息如表 25.3 所示。其中，AlexNet 网络为 8 层，拥有超过 6000 万个参数，训练使用的 ImageNet 数据集有 120 万张图片。为了加快训练速度和将来能使用更大的网络，Krizhevsky 等人使用了两个 NVIDIA GeForce GTX580 GPU 对其进行了模型并行。VGG 网络结构在 AlexNet 上发展而来，VGG 网络使用多个小滤波器卷积层（滤波器大小为 3×3）与激活层交替的结构替代单个大滤波器卷积层，这样的结构能更好地提取出深层特征。VGG 网络有着比 AlexNet 更深的层数和更多的参数数量，如 VGG - 19 网络有 19 层和 1 亿 3800 万个参数，因此 VGG 网络提供了比 AlexNet 更高的精度。GoogLeNet 在卷积神经网络的基础上加入了 Inception 模块，Inception 模块将不同大小的滤波器和池化模块堆栈在一起，并使用较小尺寸的滤波器替代了大的滤波器。Inception 模块的使用使得 GoogLeNet 既能保留网络结构的稀疏性，又能利用稠密矩阵的高计算性能，还能通过不断调整自身结构以加深网络的深度。Inception V2 加入了 Batch Normalization 技术来减少内部数据分布变化，并使用了两个 3×3 的卷积核替代 5×5 的卷积核来减少参数数量[63]。Inception V3 的主要思想就是分解大尺寸卷积为多个小卷积乃至一维卷积。比如，将 7×7 的卷积核分解为一维的卷积（7×1，1×7），这种分解既减少了参数数量，又减少了算法的计算量[64]。Inception V4 版本中将 Inception 和 ResNet 结合，既加速了训练，又获得了性能提升[65]。ResNet 引入了残差网络结构解决了加深网络层数时梯度消失的问题，因此 ResNet 网络深度最高达到了 1202 层。

**表 25.3 经典卷积神经网络的结构参数**

| 神经网络 | 网络层数 | Top-5 错误 | 卷积层数 | 卷积核大小 | 全连接层数 | 全连接层大小 | 参数数量 |
|---|---|---|---|---|---|---|---|
| AlexNet | 8 | 16.4% | 5 | 11、5、3 | 3 | 409 640 961 000 | 60M |
| GoogLeNet | 22 | 6.7% | 21 | 7、1、3、5 | 1 | 1000 | 7M |
| ResNet-152 | 152 | 4.49% | 151 | 7、1、3、5 | 1 | 1000 | 2.4M |
| VGG-19 | 19 | 7.3% | 16 | 3 | 3 | 409 640 961 000 | 138M |

下面以 AlexNet 为例简要说明模型并行和数据并行的特点及实施要点。AlexNet 共有 8 层，包括 5 个卷积层和 3 个全连接层。表 25.4 列出了 AlexNet 的神经元数量、参数数量以及 Batchsize 为 128 时一次前向计算各层向下一层传输数据量的情况。卷积层神经元个数的计算公式为 $N_{cn} = T \times S_2$，其中，$T$ 为卷积核个数，$S_2$ 为卷积层池化操作前的特征图大小。卷积层参数个数的计算使用公式为 $N_{cw} = T \times K^2 \times D + T$（偏置参数个数）。其中，$K$ 为卷积核大小，$D$ 为卷积层输入特征图的个数。每个特征图上的卷积核偏置共享，因此偏置参数个数与卷积核个数相同。注意，计算第 2、4、5 层时，由于两个 GPU 不通信，因此参数数量要减半。全连接层与卷积层连接时，参数个数的计算公式为 $N_{fcw} = T \times S_p^2 \times d_{cn}^l + d_{cn}^l$（偏置参数个数），其中，$S_p$ 为卷积层池化操作后特征图的大小，$d_{cn}^l$ 为全连接层的神经元个数。全连接层与全连接层连接时参数个数的计算公式为 $N_{ffw} = d_{cn}^{l-1} \times d_{cn}^l + d_{cn}^l$（偏置参数个数），其中，$d_{cn}^l$ 为第 $l$ 层的神经元个数。卷积层输出数据个数的计算公式为 $N_{cd} = B \times T \times S_p^2$，其中，$B$ 为 Batchsize。全连接层输出数据个数的计算公式为 $N_{fcd} = B \times d_{cn}^l$。假设一个数据占用 4 个字节，则 $n$ 个数据的数据量为 $4n$ 字节。反向传播时第 $l$ 层向第 $l-1$ 层需要传递残差，其数据量等于前向传播时第 $l-1$ 层向第 $l$ 层传输的数据量除以 Batchsize。从表 25.4 中容易发现，前向传播时卷积层输出数据量大，全连接层虽然参数数量多，但是输出数据量小。模型并行是将网络结构均分到多个不同的设备上。以在 3 块 GPU 上进行 AlexNet 的模型并行为例，卷积层 1 的 96 个滤波器计算任务等分到 3 个 GPU 上，每个 GPU 计算完成 32 个滤波器的卷积。同理，3 个 GPU 承担卷积层 2 的 256 个滤波器卷积计算任务，即 GPU0、GPU1 和 GPU2 分别分配 86 个、85 个、85 个滤波器的卷积计算量，其他卷积层与全连接层的划分方法与此类似。Softmax 分类函数放置在 GPU0 上，如图 25.6 所示。

表 25.4　AlexNet 的神经元数量、参数数量和数据量

| 网络层次 | 卷积核大小 | 卷积核个数 | 神经元个数 | 特征图大小 | 参数个数/数据量 | 输出数据个数/数据量 |
|---|---|---|---|---|---|---|
| 卷积层 1 | 11×11 | 96 | 290 400 | 55×55 | 34.9K/0.13MB | 8 957 952/34.2MB |
| 卷积层 2 | 5×5 | 256 | 186 624 | 27×27 | 307K/1.1MB | 5 537 792/21.1MB |
| 卷积层 3 | 3×3 | 384 | 64 896 | 13×13 | 885K/3.4MB | 8 306 688/31.7MB |
| 卷积层 4 | 3×3 | 384 | 64 896 | 13×13 | 664K/2.5MB | 8 306 688/31.7MB |
| 卷积层 5 | 3×3 | 256 | 43 264 | 13×13 | 442K/1.7MB | 1 179 648/4.5MB |
| 全连接层 1 | — | — | 4096 | — | 37.8M/144MB | 524 288/2MB |
| 全连接层 2 | — | — | 4096 | — | 16.8M/64MB | 524 288/2MB |
| 全连接层 3 | — | — | 1000 | — | 4M/15.6MB | 128 000/0.05MB |
| 总计 | — | 1376 | 659 272 | | 61M/232MB | 33 465 344/127.2MB |

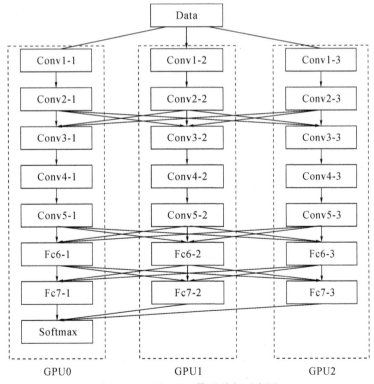

图 25.6　AlexNet 模型并行示意图

前向传播过程中，每个 GPU 需要将各自的卷积层第 2 层和第 5 层以及全连接层的输出结果发送到其他 GPU 上。在 Batchsize 为 128 时，第 2 层卷积层到第 3 层卷积层的通信量为 42.25 MB，第 5 层卷积层与第 1 层全连接层的通信量为 9 MB，第 1 层全连接层与第 2 层全连接层的通信量为 4 MB，第 2 层全连接层与第 3 层全连接层的通信量为 1.33 MB。在整个前向过程中，共需要进行 4 次通信，向下一层传输的数据为 56.58 MB，卷积层之间的通信量占总通信量的 74.67%，全连接层之间的通信量占总通信量的 9.42%，卷积层与全连接层之间的通信量为 9 MB，占总通信量的 15.91%。反向传播过程中，各层输出的数据量远小于前向传播过程，因此可忽略。在 40 Gb/s 的网络带宽下，一个 Batch 前向传播不考虑并行同步开销所需的通信时间约为十几毫秒，且通信时间随 GPU 数量的增加而线性增加。一个 Batch 前向、反向以及参数更新时所需的时间约为二三百毫秒。因此，通信时间与计算时间的比例还是比较高的，这使得模型并行的可扩展性受到了限制。

数据并行是指在不同计算设备上用不同数据训练同一个模型。以在 3 个计算节点上进行 AlexNet 数据并行为例，Batchsize 为 128，输入图像为 $227 \times 227 \times 3$。由于每一个参数对应一个梯度更新值，因此梯度个数与参数个数相同。所以，单个计算节点与参数服务器的通信量为 232 MB。参数服务器在接收到 3 个计算节点的梯度时，进行参数更新后，将新的参数发送给各个计算节点。参数服务器接收的数据量为 696 MB。AlexNet 进行一次参数更新时，共需要 1392 MB 的数据传输量。AlexNet 在 GPU 上计算时一个 Batch 前向、反向以及参数更新时所需的时间为二三百毫秒，而在 40 Gb/s 的带宽下进行一次 Batch 所需的通信时间约为 285 毫秒。同步参数更新机制时的通信时间与计算时间相比太高，限制了并行深度神经网络的可扩展性。因此，可采用半同步或异步的方式更新梯度以减少通信等待时间，还可以采用压缩权值的方法来减少通信量。

## 25.5　深度神经网络开源软件系统并行化方法

由于深度神经网络在各个领域广泛应用，因此工业界与学术界都推出了相关的开源软件系统，使研究者可以快速地将深度神经网络应用到自己的研究领域内。目前，深度神经网络开源的软件系统主要有 Caffe、TensorFlow、MXNet、CNTK、Torch、Theano 等，具体如表 25.5 所示。这些软件对深度神经网络并行时使用了一些相似的方法，在 CPU 上都使用了高性能多线程库来对网络进行训练，在 GPU 上都支持 cuDNN[66]库来对网络进行加速，在分布式并行深度神经网络的实现上使用了数据并行或模型并行。

Caffe[67]由加州大学伯克利视觉和学习中心开发，是一个清晰的、可修改的、快速的深度神经网络框架。Caffe 支持的硬件平台为 CPU 与 GPU，它使用 CPU 的高性能多线程库（Altas、OpenBLAS、Intel MKL）对网络进行训练。当使用 GPU 时，Caffe 使用 cuDNN 进行训练。在并行实现上，采用数据并行的方式对深度神经网络进行加速，实现了单节点多设备的数据并行,通过树形拓扑连接策略进行多个 GPU 间的参数交换,有效地减少了通信开销。

**表 25.5  深度神经网络开源软件系统比较**

| 开源软件 | 开源时间 | 支持硬件 | 并行接口 | 支持模型库 | 并行模式 | 多节点 |
|---|---|---|---|---|---|---|
| Caffe | 2013.12 | CPU、GPU | CUDA OpenCL | CNN、RNN、LSTM | 数据并行 | 支持 |
| TensorFlow | 2015.11 | CPU、GPU、MIC | CUDA | CNN、RNN、LSTM | 数据并行 模型并行 | 支持 |
| Torch | 2017 | CPU、GPU | CUDA | CNN、RNN、LSTM | 数据并行 | 不支持 |
| Theano | 2007 | CPU、GPU | CUDA、OpenCL | CNN、RNN、LSTM | 数据并行 | 不支持 |
| MXNet | 2015.9 | CPU、GPU | CUDA | CNN、RNN、LSTM | 数据并行 模型并行 | 支持 |
| CNTK | 2016.1 | CPU、GPU | CUDA | CNN、RNN、LSTM | 数据并行 | 支持 |

TensorFlow[68] 是 Google 基于 DistBelief 研发的第二代人工智能学习系统,其灵活的架构使得用户无需重写代码就可以将 TensorFlow 部署在不同的异构系统上。TensorFlow 使用计算图来表示机器学习算法。在并行实现上,用户首先需要创建一个抽象的 TensorFlow 集群对象,它用来分布式地执行计算图。TensorFlow 支持模型并行和数据并行两种方式。对于模型并行,首先定义计算图的结构、集群的配置以及模型的不同部分在不同计算设备上的映射。每个抽象集群包括多个 task,每个 task 代表深度神经网络的一个计算任务,用户将 task 映射在不同的设备上。对于数据并行,一个抽象集群可以划分为多个 job,一个 job 是一个特定的任务,job 一般分为 worker job 和 parameter job,一个 job 又包含多个 task。在 TensorFlow 中,worker job 负责在每个节点上独立地训练一个深度神经网络,parameter job 负责实现类似于参数服务器的参数交换和梯度更新等功能。

MXNet[69] 是一个高效灵活的多语言机器学习库,可被部署在从移动设备到分布式 GPU 集群的多种异构系统上。MXNet 通过 KVStore 实现参数更新与数据交换,通过引擎实现资源调度与任务管理。KVStore 是基于参数服务器的分布式的键值对的存储,用来在多个设备之间进行数据交换。引擎是一个资源管理与任务调度器,用来调度执行 KVStore 的操作和管理参数更新机制。MXNet 采用两层架构的数据并行策略,第一层是在一个工作节点内的多个设备之间采用参数服务器进行数据并行,第二层是不同工作节点之间的数据并行。深度神经网络训练时，首先将单个节点的多个设备上的参数进行汇总，随后单个节点将数据发送到参数服务器进行参数更新。由于单个节点内的通信带宽远大于节点间的通信带宽，因此两级并行策略可以有效地减少对带宽的需求。

微软开源的 CNTK[70] 是一个简单易用的深度学习工具包，在 CPU 和 GPU 上支持 Intel MKL 和 cuDNN 编程模型进行训练。CNTK 将神经网络通过有向图表示成一系列计算步骤，有向图的叶子节点表示输入值或网络参数，其他节点表示在其输入上的矩阵操作。CNTK 采用数据并行方法，实现了支持同步和异步参数更新机制的参数服务器。同时，CNTK 可以部署在多 GPU 或 CPU 的异构集群上用来进行深度神经网络的分布式训练。它支持 4 种类型的分布式 SGD 算法：DataParallelSGD、BlockMomentumSGD、ModelAveragingSGD、DataParallelASGD。同时可使用 1bitSGD 算法，该算法将梯度值进行量化，减少了传输的数据量。

Torch[71] 得益于 Facebook 开源的 fbcunn 深度学习模块，是使用 LuaJIT 开发的简单高效的科学计算框架，支持多 GPU 和 CPU 训练。在 CPU 上使用 OpenMP、Intel MKL 和 Pthread 进行多线程训练，在 GPU 上支持 cuDNN 和 OpenCL[72]。Torch 支持数据并行和模型并行两种策略。对于数据并行，在每个设备上独立地训练一个模型副本。在进行参数更新时，把每个设备上的梯度传输到参数设备上进行参数更新，支持使用 1bitSGD 算法来减少传输的数据量。模型并行是将训练数据复制到所有子模块，并在不同的设备上运行模型的不相交部分。

Theano[73] 是一个基于 Python 的机器学习库，首次采用符号图来描述机器学习算法，支持 CPU 和 GPU 进行网络训练，在 CPU 上使用 OpenMP 进行多线程训练，在 GPU 上使用 cuDNN，采用数据并行的方法，支持多 GPU 的同步参数更新机制。

目前深度学习开源软件技术更新快，支持的硬件架构和软件平台也越来越多，特别是对嵌入式平台和 Python 语言的支持已成为重点发展方向。

## 25.6　深度神经网络并行化研究现状

深度神经网络的应用分为训练过程和推理过程。对训练过程进行并行设计时，在单节点上，利用多核和众核技术(GPU、MIC)进行并行加速；而对于单节点无法完成的大规模深度神经网络的训练过程，一般结合 MPI 或 Spark 来完成节点间的数据通信，通过分布式系统完成对整个模型的训练。关于并行加速推理过程，目前的研究重点是通过专用加速器或 FPGA 进行加速，具有功耗低、速度快的优点。下面对近年来深度神经网络的并行化研究现状进行归纳总结。

### 1. GPU

使用 GPU 来加速深度神经网络算法的训练过程，一般是使用 CUDA 或 OpenCL 将算法移植在 GPU 上，通过数据并行或模型并行，或者采用两者相结合的方法并行加速。R. Raina 等[74]首次提出了利用 GPU 对 DBN 进行加速。腾讯的深度学习平台 Mariana[75]包括 DNN 的 GPU 数据并行框架、CNN 的 GPU 数据并行和模型并行框架，以及 DNN 的 CPU 集群框架，主要以 GPU 集群为主，每个节点配置 4 或 6 块 Tesla GPU，实现多 GPU 的并行加速。O. Yadan 等人[76]在单个服务器上使用 4 个 NVIDIA GeForce GTX Titan X GPU 实现了数据并行和模型并行两种方法的结合，最终在训练 ImageNet 的 1000 分类网络时相比于单个 GPU 达到了 2x 加速比。T. Li 等人[77]使用单块 Tesla K40c GPU 来加速 DBN，对于算法中的预训练阶段，将输入样本分批输入，将同一批次的样本分配到不同线程上进行并行计算，对于算法的微调过程，采用小批量的梯度下降算法，将同一批次的不同样本在不同线程上进行并行计算。相比于 Intel Core i7 - 4790K，在预训练过程中获得了 14x～22x 加速比，在微调过程中获得了 12x～33x 加速比，而且最终的性能优于 CPU 上的 OpenBLAS 库和 GPU 上的 CUBLAS 库。C. Li 等人[78]研究了训练数据在 GPU 内部使用 NCHW 和 CHWN 等不同存储结构时对计算性能的影响，并设计了高效的数据存储模式，特别分析了卷积神经网络中不同算子的计算和内存访问特性，发现在某些参数下卷积不仅仅是计算受限的，也是内存受限的算子，池化层和 Softmax 函数都是内存受限的算子。H. Cui 等人[79]针对 Caffe 中数据并行加速算法时的通信瓶颈问题，提出了 GeePS C++ 库，用于管理基于 GPU 的深度学习应用程序的参数数据和本地数据，重叠计算和通信时间，最终在使用 8 块 Tesla K20 GPU 的情况下相比于单 GPU，训练 AdamLike 网络获得了 6x 加速比，训练 GoogLeNet 获得了 5x 加速比。在视频分类应用上，在使用 8 块 Tesla K20 GPU 的情况下训练 RNN，相比于单 GPU 获得了 7x 加速比。J. Gu 等人[80]针对通过 OpenCL 扩展 Caffe 框架，使用多命令队列等方法进行性能优化，使用 AlexNet 在 AMD R9 Fury 上测试，测试结果表明与 NVIDIA GPU 相比，性能与成本相当。J. Bottleson 等人[81]针对 CNN 网络，也提出了 OpenCL 加速 Caffe 框架，通过在卷积层采用 GEMM、空域、频域三种不同的优化手段，使用 AlexNet 网络在 Intel 集成 GPU 上进行实验，相比于 Intel CPU，经过不同优化方法后获得了 2.5x～4.6x 的加速比。

### 2. MIC

使用 MIC 对深度神经网络训练过程并行加速时，一般使用 OpenMP 并行编程语言，将算法中的循环部分通过 OpenMP 和向量化指令做多线程和 SIMD 并行。MIC 常用的有两种编程模式：一种是卸载模式，即将一部分程序运行在 CPU 上，另一部分程序被卸载到 MIC 上并行执行，其中所需的数据也要通过 PCI - E 传递给 MIC；另一种是由 MIC 独立运行全部程序的原生模式。A. Viebke 等人[82]在 Intel Xeon Phi 7120P 上以原生模式训练 CNN，采用数据并行的方式，在 244 线程下相比于单线程达到了 103.5x 的加速比，相比于 Intel Xeon E5 - 2695v2 CPU 串行版本获得了 14.07x 的加速比。J. Liu 等人[83]在 Intel Xeon Phi

5110P 上以卸载模式运行 CNN，采用批量梯度下降法，将同一批次的图片分配给不同的线程进行训练，在 240 线程下相比于单线程达到了 131x 的加速比，相比于 Intel Xeon E5-2697 CPU 串行版本获得了 8.3x 的加速比。T. Olas 等人[84]在 Intel Xeon Phi 7120P 上以原生模式运行 DBN，将学习样本分组成包，并表示为矩阵，利用 Intel MKL 库中的矩阵乘法程序优化，最终在 240 线程下相比于 Intel Xeon E5 - 2695v2 CPU 串行版本获得了 13.6x 的加速比。A. Zlateski 等人[85]提出 3 维卷积算法，在 Intel CPU 上取得了近乎线性的加速比，在众核处理器 5110P 上取得了 90x 的加速比。

### 3. ASIC

设计专用加速器时，一般是通过分析算法特性，为其设计相应的硬件电路，充分利用算法中可并行的部分，为其中相应的操作分配具体的计算元件，从而获得更高的加速效果。例如，卷积层和全连接层中每个神经元的输出是由若干个权值和对应的输入值做的乘法累加操作，可以设计一定大小的处理单元阵列，每个处理单元负责运行乘法操作，通过将输入特征图与权值矩阵转换成数据流输入到每一个处理单元上完成各自的乘法操作便可以实现高度的并行化。因此专用加速器相比于 CPU、GPU 具有很高的加速比。例如，Chen 等人[86-87]针对 CNN 设计了专用加速器 DianNao，相比于 128 bit 2 GHz SIMD 处理器加速了约 117x。之后在 DianNao 的基础上，扩大芯片规模，设计了专用加速器 DaDianNao，相比于 NVIDIA K20M GPU 加速了 450.65x。此外，S. Han 等人[88-89]提出了深度压缩神经网络技术，将深度神经网络经过压缩，减少了权值存储所需的空间，降低了内存读取量，更加有利于加速器的加速和能耗的降低，并在此基础上设计出了可加速压缩神经网络模型的专用加速器 EIE，相比于 Intel Core i7 - 5930k CPU 加速了 189x，相比于 NVIDIA GeForce GTX Titan X GPU 加速了 13x。目前已经投入使用的 Google TPU[90]（Tensor Processing Unit，张量处理单元）第一代于 2016 年发布，其功耗最大为 40 W，用于谷歌街景和 AlphaGo 等应用场景。2017 年 5 月公开的第二代 CLOUD TPU 已经部署在 Google 云计算平台 Compute Engine 上，其提供了 65 536 个 8 位矩阵乘法单元，处理能力达 92 TOPS。

### 4. FPGA

开发 FPGA 时最常用的编程语言为硬件描述语言（HDL），如 Verilog 和 VHDL，但要使用这些语言编程需要有数字化设计和电路的专业知识，开发难度大，所以 FPGA 厂商开始支持更加抽象化的编程语言 OpenCL。程序员将算法中的可并行部分的任务进行划分，通过调用 OpenCL 的应用程序接口（API）将任务映射到 FPGA 的多个处理单元上，从而实现算法在 FPGA 上的并行加速。目前基于 OpenCL 实现的 FPGA 加速深度神经网络的工作有：N. Suda 等人[91]在 FPGA 上实现了 VGG 和 AlexNet 两种网络，卷积的权值采用 8 bit 精度，并且将卷积操作转为矩阵乘法，然后设计了基于 OpenCL 的并行算法。在 P395 - D8 平台上运行 VGG 网络的计算性能为 117.8 GFLOPS，运行 AlexNet 的计算性能为 72.4 GOPS，相比于 Intel i5 - 4590 3.3 GHz CPU 加速比分别为 5.5x 和 9.5x。J. Zhang[92]等人在 FPGA 上实现了 VGG 网络,最终在 Altera Arria 10 上运行整个 VGG 网络的计算性能达到了1.79 TOPS,相比于 Intel Xeon E5 - 1630v3 CPU 得到了 4.4x 的加速比。U. Aydonat 等人[93]在 FPGA 上实现了 AlexNet 网络,优化片外内存带宽要求,并引入 Winograd 转换方法,减少了卷积操作中的乘法累加运算次数,最终在 Arria 10 上运行 AlexNet 网络达到了1382 GFLOS 的峰值性能。使用 OpenCL 虽然提高了开发效率,但可能牺牲了更高的片上存储器利用率,因此执行效率依然存在很大的优化空间。

深度神经网络算法的网络层数和模型的复杂度逐年增加,因此设计高效的算法成为关键,使用低精度的神经网络权值和稀疏的网络连接成为趋势。只采用 1 和 -1 作为权值的二值神经网络算法由于减少了存储空间和内存带宽的要求迅速发展了起来。例如,M. Courbariaux 提出的 BinaryConnect 网络[94],在网络训练时系数是单精度,在推理时系数从单精度概率抽样变为二值,从而获得加速,算法在门牌号码数据集(SVHN)上的预测准确率与单精度网络相当。E. Nurvitadhi 等人[95]在 FPGA 上实施了只采用 1 和 -1 作为权值的二值神经网络算法,实验结果表明 FPGA 与 CPU 和 GPU 相比取得了更好的每瓦特性能,ASIC 在性能和能效上比 CPU、GPU 和 FPGA 都高。尽管二值网络计算效率很高,但是算法的精度损失也大,使用 16 位和 8 位数据类型可以在计算效率和计算复杂度之间达到很好的平衡。E. Nurvitadhi 等人在 GPU 和 FPGA 平台上对比分析了稠密矩阵和稀疏矩阵在不同数据精度下的计算性能和能效,实验结果表明 FPGA 在低精度的算法下性能和能效都好于 GPU[96]。

### 5. 多节点并行化

早期的深度神经网络多节点并行化主要在 CPU 集群上计算,经典的工作包括 Google 的 Dean 等人在 CPU 集群上开发了 Google 的深度学习软件框架 DistBelief。DistBelief 支持数据并行和模型并行策略,数据并行时设计了适合大规模分布式训练的异步随机梯度下降法——Downpour SGD,将训练集划分为若干子集,并对每个子集运行一个单独的模型副本,各模型副本之间通过参数服务器组交换梯度信息,参数服务器组维护了模型参数的当前状态。异步随机梯度下降法的异步性表现为:① 模型副本之间相互独立运行;② 参数服务器组各节点之间相互独立。作者将 Downpour SGD 和 Adagrad 自适应学习率结合在一起,实验结果表明这种结合具有很好的效果。若模型并行,则全连接网络使用 8 个计算节点时,获得 2.2 倍的加速,使用更多计算节点时,网络开销将导致加速比开始下降[55]。K. Song 等人在国产超级计算机太湖之光上利用数据并行策略训练 DBN 网络,在四个计算节点上训练 MNIST 数据集,取得的性能是 Intel Xeon - 2420v2 2.2G CPU 的 23 倍[97]。

R. Wu 等人[98]在拥有 36 个服务器节点的超级计算机 Minwa 上,通过 CUDA 和 MPI 使用 32 块 Tesla K40m GPU 对深度卷积神经网络加速,采用模型并行和数据并行混合的方式，重叠通信和计算时间，最终相比于单个 GPU 获得了 24.7x 的加速比。F. N. Iandola 等人[99]在拥有 128 个 Tesla K20s GPU 的集群上，采用数据并行的方式加速深度神经网络，通过使用规约树算法提高了参数交换的效率和可扩展性，进一步通过增大同一批次的样本数量来减少通信总量，最终在训练 Network-in-Network 网络时，相比于单 GPU 获得了 39x 的加速比，训练 GoogLeNet 相比于单 GPU 获得了 47x 的加速比。Awan 等人[100]利用协同设计的方法使用 12 个节点 80 个 Tesla K80 GPU 设计了分布式深度学习框架 S-Caffe，采用数据并行的方式，通过对原有 Caffe 框架中的工作流程进行修改，将其与 MVAPICH 2-GDR MPI 相结合，利用 CUDA 在 GPU 设备上加速计算任务，而 MPI 负责进程间通信，最大化重叠计算时间以及多级数据传输和梯度聚合的通信时间。实验结果表明，在多节点 80 个 K80 GPU 训练时，该框架相比于 OpenMPI 实现了 133x 的加速比，相比于 MVAPICH2 实现了 2.6x 的加速比，具有良好的可扩展性。

百度搭建的 Paddle 是一个基于 Spark 的异构分布式深度学习系统，支持数据并行和模型并行，将数据分布到不同节点的 GPU 上，通过参数服务器协调各机器进行训练[101]。当 Spark 与深度学习框架结合时，主要采用基于数据并行的方法，在 Spark 每个节点中运行单个深度学习框架引擎，通过节点内的模型副本维护以及节点间的全局模型更新来达到深度神经网络训练的有效性和快速性。Moritz 等人实现了 Spark 与 Caffe 的结合，并通过引入控制参数、减少同步次数改进了传统的同步 SGD 并行化机制[102]。雅虎分别实现了 Spark 与 Caffe、TensorFlow 的结合，并修改了 Spark 执行器之间的通信方式来提升性能。其中，TensorFlowOnSpark 框架支持模型并行和数据并行，可实现同步和异步的训练，同时对深度学习框架有的程序具有很好的兼容性。

尽管用于深度学习的硬件架构和产品种类繁多，但是由于 CUDA 具有良好的软件生态系统，特别是 NVIDIA 持续推出支持深度学习新特性的新架构 GPU 硬件和深度学习加速库 cuDNN，目前开源的深度学习软件都支持 cuDNN，这就使得目前深度学习应用大部分都运行在 NVIDIA GPU 上。随着深度学习应用的领域越来越多，在应用时除了 GPU 外，综合考虑运行深度学习的设备的功耗、体积、价格和开发周期等因素，基于 FPGA 和 ASIC 的深度学习研究逐渐成为新的热点。

## 25.7　实验测试

TensorFlow 由于 Google 公司的大力支持，开源后用户数量迅速扩大。本节以 TensorFlow 为开发平台，使用 MNIST 和 CIFAR10 数据集训练深度神经网络，在 CPU 和 GPU 计算平台上进行实验。根据实验结果分析不同计算设备下的计算效率。

MNIST 数据集由手写数字图像组成，共有十个类别，灰度图像大小为 $28 \times 28$，共有 60 000 个样例作为训练数据集，10 000 个样例作为测试集。CIFAR10 数据集共有十个类别，彩色图像大小为 $32 \times 32 \times 3$，共有 50 000 个样例作为训练数据集，10 000 个样例作为测试集。

本节对两种数据集分别采用两种深度的网络结构来训练，MNIST 数据集使用的网络深度为 4 层，包括 2 个卷积层和 2 个全连接层，在每个卷积层后面使用了局部响应归一化操作和 $2 \times 2$ 窗口大小的最大值池化。CIFAR10 数据集采用的网络深度为 5 层，包括 2 个卷积层和 3 个全连接层，在每个卷积层后面都使用了 $3 \times 3$ 窗口大小的最大值池化，并在第一个卷积层后面使用了 Dropout 操作。两种网络的具体参数分别如表 25.6 和表 25.7 所示。

本节实验在西安电子科技大学高性能计算中心完成，实验使用的计算设备配置如表 25.8 所示。本实验测试了两种数据集和对应的深度神经网络分别在 CPU 串行、CPU 多线程模型并行以及单 GPU 下完成单批数据的训练时间，用于比较 CPU 多线程模型并行以及单 GPU 带来的加速效果，实验结果如表 25.9 所示。实验中，CIFAR10 数据集使用小批量梯度下降算法，其中 Batchsize 参数赋值为 128，以 0.1 的标准差产生正态分布的随机数来初始化权值，并使用 3 个全连接层参数的 $l_2$ 范数作为正则项，权值衰减为 0.0005，学习率为固定值 0.1，迭代次数固定为 10 000 次。对于 MNIST 数据集，使用小批量梯度下降算法来训练网络，其中 Batchsize 的大小为 64，以 0.1 的标准差产生正态分布的随机数来初始化权值，使用 2 个全连接层参数的 $l_2$ 范数作为正则项，权值衰减为 0.0005，并使用动量法更新参数，动量大小为 0.9，使用指数衰减学习率，初始学习率为 0.01，每训练完 50 000 个样本衰减一次，衰减因子为 0.95，迭代次数固定为 5000 次。通过测得训练单批样本所需的时间来比较性能。CIFAR10 经过 10 000 次迭代，精确率达到 80%，MNIST 经过 5000 次迭代，精确率达到 99%。由表 25.9 所示的实验结果可以看出，MNIST 和 CIFAR10 数据集在 CPU 多线程模型并行下训练相比于 CPU 串行分别获得了 6.0 倍和 6.9 倍的加速比，可以得出 TensorFlow 在 24 核 CPU 多线程下模型并行的计算效率为 24.5% 和 28.7%，没有完全发挥出多核 CPU 的并行计算能力。TensorFlow 在 CPU 上的算子并行调度机制目前还没有公开，但实验表明可以进一步优化调度策略。在单 GPU 加速下，MNIST 和 CIFAR10 数据集的训练时间相比于 CPU 串行分别获得了 28.0 倍和 31.0 倍的加速比，证明了 GPU 具有良好的加速能力。

**表 25.6　MNIST 数据集网络参数**

| 层类型 | 特征图数 | 特征图大小 | 神经元个数 | 卷积核大小 | 参数个数 |
|---|---|---|---|---|---|
| 卷积 1 | 32 | $28 \times 28$ | 25 088 | $5 \times 5$ | 832 |
| 卷积 2 | 64 | $14 \times 14$ | 12 544 | $5 \times 5$ | 51 264 |
| 全连接 1 | — | 512 | 512 | — | 1 606 144 |
| 全连接 2 | — | 10 | 10 | — | 5130 |

表 25.7　CIFAR10 数据集网络参数

| 层类型 | 特征图数 | 特征图大小 | 神经元个数 | 卷积核大小 | 参数个数 |
|---|---|---|---|---|---|
| 卷积 1 | 64 | 24×24 | 36 864 | 5×5 | 4864 |
| 卷积 2 | 64 | 12×12 | 9216 | 5×5 | 102 464 |
| 全连接 1 | — | 384 | 384 | — | 885 120 |
| 全连接 2 | — | 192 | 192 | — | 73 920 |
| 全连接 3 | — | 10 | 10 | — | 1930 |

表 25.8　实验运行环境

| | |
|---|---|
| CPU | 2×12 - core Intel Xeon E5 - 2692 |
| 单 CPU 单精度计算能力 | 422.4 GFLOPS |
| GPU | 2×NVIDIA Tesla K20 |
| 单 GPU 单精度计算能力 | 3.52 TFLOPS |
| RAM | 64GB DDR3 1600 MHz ECC |
| 操作系统 | Red Hat Enterprise Linux Server 6.4 |
| 深度学习软件 | TensorFlow 1.1.0 - rc2 |
| CUDA 版本 | 8.0 |
| cuDNN 版本 | 5.1 |
| Python 版本 | 2.7.13 |

表 25.9　不同设备的单批数据训练时间　　　　　ms

| | CPU 串行 | CPU 多线程 | 单 GPU 加速 |
|---|---|---|---|
| MNIST | 496 | 83 | 16 |
| CIFAR10 | 867 | 126 | 31 |

　　在 CPU 多线程模型并行中，TensorFlow 程序默认占用所有可以使用的内存资源和 CPU 资源。在程序中可以通过设置函数 intra_op_parallelism_threads 中的 intra 参数来控

制运算符内部的并行。当运算符为单一运算符并且内部可以实现并行（如矩阵乘法、reduce_sum 之类的操作）时，可以通过设置 intra 参数来控制运算符内部并行计算的线程数，同时可以设置函数 inter_op_parallelism_threads 中的 inter 参数控制多个运算符之间的并行计算。当多个运算符之间无数据依赖、互相独立时，TensorFlow 会并行地计算它们，使用 inter 参数来控制并行的线程数。可以通过控制 intra 和 inter 这两个参数来控制每个操作符使用并行计算的线程个数，以满足不同的并行应用场景。系统默认设置两个参数都为 0，即占用最大 CPU 资源。

本节测试了 intra、inter 两个参数对 CPU 多线程训练两种数据集计算效率的影响，结果如表 25.10 所示。由表 25.10 可以看出，参数为默认值时，CPU 的运行效率最优。Inter 参数在设为 2 时相比于设为 1 时有明显的性能提升，但再增加该参数值，时间不会减少。Intra 参数从 1 到 24，运行时间有明显的下降，且下降幅度逐渐降低。随着这两个参数的增加，CPU 负载逐渐升高，当 inter 为 2、intra 为 24 时训练时间接近于默认情况，且负载也接近于默认情况下的负载。比较而言，intra 参数带来的影响大于 inter 参数，这是因为卷积神经网络中的多数运算符可在内部并行（如卷积以及全连接层的矩阵乘法操作），而不同运算符之间有数据依赖（如池化操作依赖于与其相邻的卷积操作），全连接层的矩阵乘法操作依赖于上一层的输出结果，所以不利于操作符之间的并行。总之，TensorFlow 在 CPU 上的模型并行效率还有很大的提升空间。

表 25.10　两种参数不同数值下的 CPU 多线程的性能

| inter | intra | CIFAR10 | | MNIST | |
|---|---|---|---|---|---|
| | | 单批次时间/ms | CPU 负载（%） | 单批次时间/ms | CPU 负载（%） |
| 0 | 0 | 126 | 1482 | 83 | 1 538 |
| 1 | 1 | 867 | 100 | 496 | 100 |
| 2 | 1 | 743 | 125 | 388 | 143 |
| 3 | 1 | 760 | 125 | 396 | 144 |
| 4 | 1 | 755 | 125 | 400 | 144 |
| 2 | 2 | 563 | 208 | 356 | 202 |
| 2 | 4 | 331 | 382 | 203 | 165 |
| 2 | 8 | 215 | 668 | 133 | 625 |
| 2 | 16 | 157 | 1137 | 96 | 1116 |
| 2 | 24 | 130 | 1458 | 81 | 1540 |

## 25.8 深度神经网络并行化的挑战和展望

深度神经网络带来了机器学习的一个新浪潮，受到了从学术界到工业界的广泛重视。然而由于深度神经网络算法流程复杂，迭代次数多，计算复杂度高，因此深度神经网络在并行化时存在一些挑战和瓶颈。下面我们对深度神经网络未来的并行化发展提出几个值得探索的方向。

**1. 基于 OpenCL 的并行深度神经网络算法的性能可移植性研究**

由于开发语言的多样性，使得针对一种异构计算硬件开发的并行深度神经网络算法在另外一种并行计算硬件上运行时必须投入大量人力资源进行代码重写和性能优化。目前的解决方法之一是采用跨平台的编程语言 OpenCL。虽然 OpenCL 能够运行在这些不同的异构硬件上，实现代码的移植，然而这些异构计算硬件内部结构差异巨大，使得 OpenCL 撰写的统一代码还不能实现性能的移植，在一些异构计算硬件上运行时算法的性能与硬件的理论计算峰值的差异比较大。因此，基于 OpenCL 的并行深度神经网络的性能的移植特别是异构并行计算程序的自调优技术急需研究者解决[103-104]。

**2. 深度神经网络模型并行中任务的自动划分**

已有的研究成果表明，深度神经网络模型并行化主要是针对已设计好的神经网络结构，采用手工划分网络将其映射到不同的计算设备上，由于手工划分网络对任务负载的运行时间估计得不够精准，因此容易导致计算节点上的负载不均衡[29, 65, 105]。要想实现网络模型的自动划分并且达到负载均衡，还面临着如何构建精准的深度神经网络算子性能模型以及设计任务调度算法的难题。

目前深度神经网络主要采用计算图[106-107]来表示。为了将计算图中的计算任务映射到多个并行计算的硬件系统上，首先需要对计算图中的深度神经网络算子构建性能模型，即考虑硬件体系结构对程序运行时间的影响，分析神经网络算子的执行过程，获得影响其程序性能的因素，最终构建深度神经网络中各个算子的性能模型。通过对性能模型求解，得出每个算子在并行计算设备上的执行时间。然后结合深度神经网络的结构特点，设计合理有效的任务调度算法，通过调度算法得到深度神经网络的模型划分策略。最后根据得到的模型划分策略将计算图中的计算任务映射到并行计算的硬件系统上。

**3. 深度神经网络数据并行面临的挑战**

对于深度神经网络数据并行的未来发展趋势，可从两个方向出发：第一是从算法角度，设计收敛速度快、通信代价低的分布式随机梯度下降算法；第二是解决集群中不同节点间的通信瓶颈问题。

1）多节点之间参数更新方式的选择

分布式随机梯度下降算法中参数更新的方式主要有同步和异步两种机制。同步 SGD 较慢，节点所带来的同步等待使得数据并行时的加速比并不理想；异步 SGD 收敛精度不够且在训练后期可能出现振荡现象。E. P. Xing 提出的针对机器学习领域迭代算法的 SSP[59-61] 虽然可以解决上述问题，但是对于参数规模越来越庞大的深度神经网络来说，仍无法满足要求，需进一步优化。因此，需要设计出一种新的参数更新机制，在保证算法精度和收敛速度的前提下，减少同步等待所带来的开销。

2）异构计算节点间的通信瓶颈

在处理海量数据和复杂模型时，可通过高速网络将多台异构计算机互联起来组成异构计算集群。目前互联的网络有千兆以太网、万兆以太网和 Infiniband 网络等。集群的网络带宽如 Infiniband 现在最高可达 100 Gb/s，但是与异构计算节点内部的内存交换速度相比，还是相差很大。现有的深度神经网络框架如 TensorFlow 等在解决节点间同步问题时通常使用基于参数服务器的通信方案。该方案中通信开销将随着系统中节点数的增加而增大，从而影响系统的并行计算性能。因此在设计基于异构集群的并行深度神经网络算法时必须考虑节点之间的网络带宽带来的性能影响。目前一种典型的优化方法就是发送节点先对梯度进行压缩，然后通过网络传输、接收节点对收到的梯度进行解压缩，最后利用梯度更新权值。由于无损压缩没有改变梯度值，因此不影响深度神经网络算法的收敛性。但是由于压缩比受限，因此其带来的并行计算性能的提升也相对有限。当前，有损压缩成为减少网络通信代价的热点方向，但是有损压缩改变了梯度值，其会影响算法的收敛性，因此减少通信代价和保证算法收敛性之间的平衡成为了关键[108-109]。

**4. 基于新形态计算机的深度神经网络的加速研究**

由于摩尔定律的放缓和应用的日趋复杂，传统的冯·诺伊曼体系结构在应用于深度神经网络等人工智能应用时存在很大的局限性，因此研究新型计算机越来越迫切[110-111]。基于新型材料的 ReRAM(Resistive Random Access Memory)被认为是今后替代当前 DRAM 的密度更大、功耗更小的下一代存储技术之一。P. Chi 等人充分利用了 ReRAM 既能作为存储器件又能进行模拟计算的特性，将其用于加速神经网络计算中的矩阵乘法。在卷积网络、多层感知器和 VGG-D 网络上的实验表明了其加速和节能的有效性，特别是由于其采用了内存处理(Processing-In-Memory，PIM)架构，因此其访问数据的时间可忽略不计[112]。

# 25.9 总　　结

深度神经网络给人工智能的发展带来了希望，但是随着训练数据集的增大和网络规模的日趋复杂，深度神经网络的计算时间越来越长。因此，深度神经网络的并行化是加速人工智能发展的重要基础。本章对当前深度神经网络并行化技术进行了归纳总结，对模型并行、数据并行原理进行了阐述，对常用开源软件系统中的并行化方法进行了分析，并在此基础上列出了深度神经网络并行化存在的挑战，还对未来的发展趋势进行了展望。可以预见，随着异构计算平台的快速发展以及并行化技术难题的不断解决，深度神经网络应用的时效性问题会得到不断的突破，并将成功应用到更多的领域。

（本章作者：朱虎明，李佩，焦李成，杨淑媛，侯彪）

## 本章参考文献

[1]  ZENG Y, LIU C L, TAN T N. Retrospect and outlook of brain-inspired intelligence research[J]. Journal of Computers, 2016, 39(1): 212 - 222.

[2]  HUANG T J, SHI L P, TANG H J, et al. Research on multimedia technology 2015 - advances and trend of brain-like computing[J]. Journal of Image and Graphics, 2016, 21(11): 1411 - 1424.

[3]  HINTON G E, SALAKHUTDINOV R R. Reducing the dimensionality of data with neural networks [J]. Science, 2006, 313(5786): 504 - 507.

[4]  KANG L, YE P, LI Y, et al. Convolutional neural networks for no-reference image quality assessment[J]. Proceedings of the IEEE International Conference on Computer Vision and Pattern Recognition. Columbus, USA, 2014: 1733 - 1740.

[5]  焦李成，赵进，杨淑媛，等. 深度学习优化与识别[M]. 北京：清华大学出版社，2017.

[6]  REN S Q, HE K M, GIRSHICK R, et al. Faster R-CNN: Towards real-time object detection with region proposal networks [J]. Proceedings of the Neural Information and Processing System. Montreal, QC, Canada, 2015: 91 - 99.

[7]  CHEN L C, PAPANDREOU G, KOKKINOS I, et al. Semantic image segmentation with deep convolutional nets and fully connected CRFs[J]. arXiv: 1412.7062, 2014.

[8]  SCHROFF F, KALENICHENKO D, PHILBIN J. FaceNet: A unified embedding for face recognition and clustering[C]. Proceedings of the IEEE Conference on Computer Vision and Pattern Recognition. Boston, MA, United states, 2015: 815 - 823.

[9]  CHEN X Z, KUNDU K, ZHANG Z, et al. Monocular 3D object detection for autonomous driving [C]. Proceedings of the 2016 IEEE Conference on Computer Vision and Pattern Recognition, Las Vegas, NV, United states, 2016: 2147 - 2156.

[10]  AMINI S M, SMITH J, MACIEJEWSKI A A. Stochastic-based robust dynamic resource allocation for independent tasks in a heterogeneous computing system[J]. Journal of Parallel and Distributed Computing, 2016, 97: 96 - 111.

[11]  VIÑAS M, FRAGUELA B B, ANDRADE D. High productivity multi-device exploitation with the heterogeneous programming Library[J]. Journal of Parallel and Distributed Computing, 2016, 101:

51 – 68.

[12] EMMERSON M D, DAMPER R I. Determining and improving the fault tolerance of multilayer perceptrons in a pattern-recognition application[J]. IEEE Transactions on Neural Networks, 1993, 4(5): 788 – 793.

[13] NAIR V, HINTON G E, Farabet C. Rectified linear units improve restricted boltzmann machines [C]. Proceedings of the 27th International Conference on Machine Learning, Haifa, Israel, 2010: 807 – 814.

[14] PARK J, SANDBERG I. Universal approximation using radial-basis-function networks[J]. Neural Computation, 1991, 3(2): 246 – 257.

[15] RUMELHART D E, HINTON G E, WILLIAMS R J. Learning representations by back-propagating errors[J]. Nature, 1986, 323: 533 – 536.

[16] RANZATO M, BOUREAU Y, LECUN Y. Sparse feature learning for deep belief networks[C]. Proceedings of the Neural Information and Processing System. Vancouver, Canada, 2007: 1185 – 1192.

[17] RIFAI S, VINCEBT P, MULLER X, et al. Contractive auto-encoders: Explicit invariance during feature extraction [C]. Proceedings of the Twenty-eight International Conference on Machine Learning. Bellevue, WA, United States, 2011: 833 – 840.

[18] LEE H, GROSSE R, RANGANATH R, et al. Convolutional deep belief networks for scalable unsupervised learning of hierarchical representations[C]. Proceedings of the International Conference on Machine Learning. Montreal, Canada, 2009: 609 – 616.

[19] HINTON G E, KRIZHEVSKY A, WANG S. Transforming auto-encoders[C]. Proceedings of the International Conference on Artificial Neural Networks. Espoo, Finland, 2011: 44 – 51.

[20] CHEN M, XU Z, WINBERGER K Q, et al. Marginalized denoising auto-encoders for domain adaptation [C]. Proceedings of the International Conference on Machine Learning. Edinburgh, UK, 2012: 767 – 774.

[21] LEE H, PHAM P, LARGMAN Y, et al. Unsupervised feature learning for audio classification using convolutional deep belief networks[C]. Proceedings of the Neural Information and Processing System. Vancouver, Canada, 2009: 1096 – 1104.

[22] JIAO L C, YANG S Y, LIU F, et al. Seventy years beyond neural networks: retrospect and prospect [J]. Journal of Computers, 2016, 39(8): 1697 – 1716.

[23] JAIN V, SEUNG S H. Natural image denoising with convolutional networks[C]. Proceedings of the Neural Information and Processing System. Vancouver, Canada, 2008: 769 – 776.

[24] LE Q, NGIAM J, CHEN Z H, et al. Tiled convolutional neural networks[C]. Proceedings of the Neural Information and Processing System. Vancouver, Canada, 2010: 1279 – 1287.

[25] TAYLOR G, FERGUS R, LECUN Y, et al. Convolutional learning of spatio-temporal features[C]. Proceedings of the European Conference on Computer Vision. Heraklion, Greece, 2010: 140 – 153.

[26] VINCENT P, LAROCHELLE H, LAJOIE I, et al. Stacked denoising autoencoders: Learning useful representations in a deep network with a local denoising criterion[J]. Journal of Machine

Learning Research, 2010, 11: 3371 – 3408.

[27] CHEN L J, QU H, ZHAO J H, et al. Efficient and robust deep learning with Correntropy-induced loss function[J]. Journal of Neural Computing and Applications, 2016, 27(4): 1019 – 1031.

[28] LE Q V, NGIAM J, COATES A, et al. On optimization methods for deep learning[C]. Proceedings of the 28th International Conference on Machine Learning, ICML 2011. Bellevue, WA, United States, 2011: 265 – 272.

[29] KRIZHEVSKY A, SUTSKEVER I, HINTON G E. ImageNet classification with deep convolutional neural networks[C]. Proceedings of the Neural Information and Processing Systems. Lake Tahoe, NV, United States, 2012: 1097 – 1105.

[30] SZEGEDY C, LIU W, JIA Y Q, et al. Going deeper with convolutions[C]. Proceedings of the IEEE Conference on Computer Vision and Pattern Recognition. Boston, MA, United States, 2015: 1 – 9.

[31] SIMONYAN K, ZISSERMAN A. Very deep convolutional networks for large-scale image recognition[C]. Proceedings of the International Conference on Learning Representations. San Diego, CA, arXiv: 1409.1556v6, 2014.

[32] HE K M, ZHANG X Y, REN S. Deep residual learning for image recognition[C]. Proceedings of the IEEE Conference on Computer and Pattern Recognition. Las Vegas, NV, United States, 2016: 770 – 778.

[33] GOODFELLOW I J, POUGET A, MIRZA M, et al. Generative adversarial nets[C]. Proceedings of the Neural Information and Processing System. Montreal, QC, Canada, 2014: 2672 – 2680.

[34] SHI S, WANG Q, XU P, et al. Benchmarking State-of-the-Art Deep Learning Software Tools[J]. arXiv: 1608.07249v7, 2016.

[35] LECUN Y, BENGIO Y, HINTON G. Deep learning[J]. Nature, 2015, 521(7553): 436 – 444.

[36] MATEJ M, MARTIN S, NEIL B. DeepStack: Expert-level artificial intelligence in heads-up no-limit poker[J]. Science, 2017, 356(6337): 508 – 513.

[37] ZHANG C S. Challenges for machine Learning[J]. Scientia Sinica, 2013, 43(12): 1612 – 1623.

[38] ZHOU F Y, JIN L P, DONG J. Review of convolutional neural network[J]. Journal of Computers, 2017, 40: 1 – 23.

[39] YU K, JIA L, CHEN Y Q. Deep Learning: Yesterday, Today and Tomorrow[J]. Journal of Computer Research and Development. 2013, 50(9): 1799 – 1804.

[40] JIAO L C, ZHAO J, YANG S Y, et al. Research advances on sparse cognitive learning computing and recognition[J]. Journal of Computers, 2016, 39(4): 835 – 852.

[41] CHEN Y S, LIN Z H, ZHAO X, et al. Deep learning-based classification of hyperspectral data[J]. IEEE Journal of Selected Topics in Applied Earth Observations and Remote Sensing, 2014, 7(6): 2094 – 2107.

[42] ZHAO X Y, LI X, ZHANG Z F. Multimedia retrieval via deep learning to rank[J]. IEEE Signal Processing Letters, 2015, 22(9): 1487 – 1491.

[43] HUANG W H, SONG G J, HONG H K, et al. Deep architecture for traffic flow prediction: Deep

belief networks with multitask learning[J]. IEEE Transactions on Intelligent Transportation Systems, 2014, 15(5): 2191-2201.

[44] HOU W L, GAO X B, TAO D C, ET al. Blind image quality assessment via deep learning[J]. IEEE Transactions on Neural Networks and Learning Systems, 2015, 26(6): 1275-1286.

[45] SILVER D, HUANG A, MADDISON C J. Mastering the game of Go with deep neural networks and tree search[J]. Nature, 2016, 529(7587): 484-489.

[46] HONG S, OGUNTEBI T, OLUKOTUN K. Efficient parallel graph exploration on Multi-core CPU and GPU[C]. Proceedings of the 2011 International Conference on Parallel Architectures and Compilation Techniques. Washington, DC, United States, 2011: 78-88.

[47] NICKOLLS J, DALLY W J. The GPU computing era[J]. IEEE Computer Society, 2010, 30(2): 56-69.

[48] SODANI A, GRAMUNT R, CORBAL J, et al. Knights Landing: second-generation Intel Xeon Phi product[J]. IEEE Micro, 2016, 36(2): 34-46.

[49] AHMAD S, BOPPANA V, GANUSOV I, et al. A 16-nm Multiprocessing System-on-Chip Field-Programming Gate Array Platform[J]. IEEE Micro, 2016, 36(2): 48-62.

[50] GARLAND M, GRAND S L, NICKOLLS J, et al. Parallel computing experiences with CUDA[J]. IEEE Micro, 2008, 28(4): 13-27.

[51] DIAZ J, MUNOZ-CARO C, NINO A. A survey of parallel programming models and tools in the multi and many-core era[J]. IEEE Transactions on Parallel and Distributed System, 2012, 23(8): 1369-1386.

[52] LWAINSKY C, SHUDLER S, CALOTOIU A, et al. How many threads will be too many? On the scalability of OpenMP implementations[C]. Proceedings of the 21st European Conference on Parallel Processing. Vienna, Austria, 2015: 451-463.

[53] DINAN J, BALAJI P, BUNTINAS D, et al. An implementation and evaluation of the MPI 3.0 one-sided communication interface[J]. Concurrency and Computation: Practice and Experience, 2016, 28(17): 4385-4404.

[54] ZAHARIA M, XIN R S, WENDELL P, et al. Apache Spark: a unified engine for big data processing[J]. Communications of the ACM, 2016, 59(11): 56-65.

[55] DEAN J, CORRADO G S, MONGA R, et al. Large scale distributed deep networks[J]. Proceedings of the Neural Information and Processing System. Lake Tahoe, NV, United States, 2012: 1223-1231.

[56] CUI H, CIPAR J, HO Q, et al. Exploiting bounded staleness to speed up big data analytics[J]. Proceedings of the Usenix Conference on Usenix Technical Conference, United States, 2014: 37-48.

[57] LI M, ANDERSEN D G, PARK J W. Scaling distributed machine learning with the parameter server [J]. Proceedings of the International Conference on Big Data Science and Computing, 2014: 583-598.

[58] KRIZHEVSKY A. One weird trick for parallelizing convolutional neural networks[J]. arXiv: 1404.

5997v2，2014．

[59] CIPAR J，HO Q，KIM J K，et al. Solving the straggler problem with bounded staleness[C]. Proceedings of the Usenix Conference on Hot Topics in Operating Systems. New Mexico，USA，2013：22 - 22．

[60] HO Q，CIPAR J，CUI H，et al. More effective distributed ML via a stale synchronous parallel parameter server[C]. Proceedings of the Neural Information and Processing System. Lake Tahoe，NV，United States，2013：1223 - 1231．

[61] XING E P，HO Q，XIE P. Strategies and principles of distributed machine learning on big data[M]. Engineering press，2016，2(2)：179 - 195．

[62] GOYAL P，PIOTR D，GIRSHICK R，et al. Accurate，Large Minibatch SGD：Training ImageNet in 1 Hour[J]. arXiv：1706.02677v1，2017．

[63] IOFFE E，SZEGEDY C. Batch normalization：Accelerating deep network training by reducing internal covariate shift[C]. 32nd International Conference on Machine Learning. Lille，France，2015：448 - 456．

[64] SZEGEDY H，VANHOUCKE V，IOFFE S. Rethinking the inception architecture for computer vision [C]. Proceedings of the IEEE Computer Society Conference on Computer Vision and Pattern Recognition. Nevada，USA，2016：2818 - 2826．

[65] SZEGEDY H，IOFFE S，VANHOUCKE V，et al. Inception-v4，Inception-ResNet and the impact of residual connections on learning[J]. arxiv：1602.07261，2016．

[66] CHETLUR S，WOOLLEY C，VANDERMERSCH P，et al. cuDNN：efficient primitives for deep learning[J]. arXiv：1410.0759v3，2014．

[67] JIA Y Q，SHELHAMER E，et al. Caffe：convolutional architecture for fast feature embedding[C]. Proceedings of the 22nd ACM International Conference on Multimedia. Orlando，Florida，USA，2014：675 - 678．

[68] ABADI M，AGARWAL A，BARHAM P，et al. TensorFlow：Large-scale machine learning on heterogeneous distributed systems[J]. arXiv：1603.04467v1，2016．

[69] CHEN T Q，LI M，LI Y，et al. MXNet：A flexible and efficient machine learning library for heterogeneous distributed systems[J]. arXiv：1512.01274v1，2015．

[70] SEIDE F，AGARWAL A. CNTK：Microsoft's open-source deep-learning toolkit[C]. Proceedings of the 22nd ACM SIGKDD International Conference on Knowledge Discovery and Data Mining，San Francisco，California，USA，2016：2135 - 2135．

[71] COLLOBERT R，BENGIO S，MARITHOZ J. Torch：A modular machine learning software library [J]. Swiss：Idiap Research Institute，Research Report：IDIAP-RR 02 - 46，2002．

[72] PERKINS H. cltorch：a hardware-agnostic backend for the Torch deep neural network library，based on OpenCL[J]. arXiv：1606.04884v1，2016．

[73] TEAM T，ALRFOU R，ALAIN G，et al. Theano：A Python framework for fast computation of mathematical expressions[J]. arXiv：1605.02688v1，2016．

[74] RAINA R，MADHAVAN A，NG A Y. Large-scale deep unsupervised learning using graphics processors[C]. Proceedings of the International Conference on Machine Learning，Montreal，

人工智能、类脑计算与图像解译前沿

Canada，2009：873 – 880.

[75] ZOU Y，JIN X，LI Y. Mariana：tencent deep learning platform and its applications[C]. Proceedings of the VLDB Endowment，2014，7(13)：1772 – 1777.

[76] YADAN O，ADAMS K，TAIGMAN Y. Multi-GPU Training of ConvNets[J]. arXiv：1312. 5853v4，2013.

[77] LI T，DOU Y，JIANG J，et al. Optimized deep belief networks on CUDA GPUs[C]. Proceedings of the International Joint Conference on Neural Networks. Killarney，Ireland，2015：1 – 8.

[78] LI C，YANG Y，FENG M，et al. Optimizing memory efficiency for deep convolutional neural networks on GPUs[C]. Proceedings of the 2016 International Conference for High Performance Computing，Networking，Storage and Analysis. Salt Lake City，UT，United States，2017：633 – 644.

[79] CUI H，ZHANG H，GANGER G R，et al. GeePS：scalable deep learning on distributed GPUs with a GPU-specialized parameter server[C]. Proceedings of the Eleventh European Conference on Computer Systems. London，United Kingdom，2016：1 – 16.

[80] GU J，LIU Y，GAO Y，et al. OpenCL caffe：Accelerating and enabling a cross platform machine learning framework[C]. Proceedings of the 4th International Workshop on OpenCL. Vienna，Austria，2016：1 – 5.

[81] BOTTLESON J，KIM S Y，ANDREWS J，et al. clCaffe：OpenCL accelerated Caffe for convolutional neural networks[C]. Proceedings of the 2016 IEEE 30th International Parallel and Distributed Processing Symposium Workshops. Chicago，IL，United States，2016：50 – 57.

[82] VIEBKE A，MEMETI S，PLLANA S，et al. CHAOS：A parallelization scheme for training convolutional neural networks on Intel Xeon Phi[J]. Journal of Supercomputing，2017，5：1 – 31.

[83] LIU J，WANG H，WANG D，et al. Parallelizing convolutional neural networks on Intel many integrated core architecture[C]. 28th International Conference on Architecture of Computing Systems，Porto，Portugal，2015：71 – 82.

[84] OLAS T，MLECZKO W K，NOWICKI R K，et al. Adaptation of deep belief networks to modern multicore architectures[C]. Proceedings of the 11th International Conference on Parallel Processing and Applied Mathematics. Krakow，Poland，2016：459 – 472.

[85] ZLATESKI A，LEE K，SEUNG H S. Scalable training of 3D convolutional networks on multi- and many-cores[J]. Journal of Parallel and Distributed Computing，2017，106：195 – 204.

[86] CHEN T，DU Z，SUN N，et al. DianNao：a small-footprint high-throughput accelerator for ubiquitous machine-learning[C]. Proceedings of the 19th International Conference on Architectural Support for Programming Languages and Operating Systems. Salt Lake City，UT，United States，2014：269 – 284.

[87] CHEN Y，LUO T，LIU S，et al. DaDianNao：A machine-learning supercomputer[C]. Proceedings of the 47th Annual IEEE/ACM International Symposium on Microarchitecture. Cambridge，UK，2015：609 – 622.

[88]  HAN S, MAO H, DALLY W J. Deep compression: compressing deep neural networks with pruning, trained quantization and huffman coding[J]. arXiv: 1510. 00149, 2016.

[89]  HAN S, LIU X, MAO H, et al. EIE: efficient inference engine on compressed deep neural network [C]. Proceedings of the ACM/IEEE International Symposium on Computer Architecture. Seoul, South Korea, 2016: 243 – 254.

[90]  JOUPPI N, YOUNG C, PATIL N, et al. In-datacenter performance analysis of a tensor processor [J]. arXiv: 1704. 04760v1, 2017.

[91]  SUDA N, CHANDRA V, DASIKA G, et al. Throughput-optimized OpenCL-based FPGA accelerator for large-scale convolutional neural networks [C]. Proceedings of the 2016 ACM/SIGDA International Symposium on Field-Programmable Gate Arrays. California, United States, 2016: 16 – 25.

[92]  ZHANG J, LI J. Improving the performance of OpenCL-based FPGA accelerator for convolutional neural network [C]. Proceedings of the 2017 ACM/SIGDA International Symposium on Field-Programmable Gate Arrays. California, United States, 2017: 25 – 34.

[93]  AYDONAT U, O'CONNELL S, CAPALIJA D, et al. An OpenCLTM Deep Learning Accelerator on Arria 10 [C]. Proceedings of the 2017 ACM/SIGDA International Symposium on Field-Programmable Gate Arrays. California, United States, 2017: 55 – 64.

[94]  COURBARIAUX M, BENGIO Y, DAVID J P. BinaryConnect: Training deep neural networks with binary weights during propagations [C]. Proceedings of the 29th Annual Conference on Neural Information and Processing System. Montreal, QC, Canada, 2015: 3123 – 3131.

[95]  NURVITADHI E, SHEFFIELD D, SIM J, et al. Accelerating binarized neural networks: comparison of FPGA, CPU, GPU, and ASIC[C]. Proceedings of the International Conference on Field-programmable Technology. Xi'an, China, 2016: 77 – 84.

[96]  NURVITADHI E, VENKATESH G, SIM J, et al. Can FPGAs beat GPUs in accelerating next-generation deep neural networks[C]. Proceedings of the 2017 ACM/SIGDA International Symposium on Field-Programmable Gate Arrays. Monterey, CA, United States, 2017: 5 – 14.

[97]  SONG K, LIU Y, WANG R, et al. Restricted boltzmann machines and deep belief networks on Sunway cluster[C]. Proceedings of the 18th IEEE International Conference on High Performance Computing and Communications. Sydney, NSW, Australia, 2016: 245 – 252.

[98]  WU R, YAN S, SHAN Y, et al. Deep Image: Scaling up Image Recognition[J]. arXiv: 1501. 02876v5, 2015.

[99]  IANDOLA F N, MOSKEWICZ M W, ASHRAF K, et al. FireCaffe: near-linear acceleration of deep neural network training on compute clusters[C]. Proceedings of the IEEE Conference on Computer Vision and Pattern Recognition. Las Vegas, Nevada, 2016, 37: 2592 – 2600.

[100]  AWAN A A, HAMIDOUCHE K, HASHMI J M, et al. S-Caffe: Co-designing MPI runtimes and Caffe for scalable deep learning on modern GPU clusters [C]. Proceedings of the 22nd ACM SIGPLAN Symposium on Principles and Practice of Parallel Programming. Austin, Texas, United States, 2017: 193 – 205.

人工智能、类脑计算与图像解译前沿

[101] YU K. Large-scale deep learning at Baidu. Proceedings of the 22nd ACM International Conference on Information and Knowledge Management[C]. San Francisco, California, United States, 2013: 2211 – 2212.

[102] MORITZ P, NISHIHARA R, STOICA I, et al. SparkNet: training deep networks in Spark[J]. arXiv: 1511.06051v4, 2015.

[103] FALCH T L, ELSTER A C. Machine learning-based auto-tuning for enhanced performance portability of OpenCL applications[J]. Concurrency & Computation Practice & Experience, 2017, 29(8): 1 – 20.

[104] TSAI Y M, LUSZCZEK P, KURZAK J, et al. Performance-Portable autotuning of OpenCL kernels for convolutional layers of deep neural networks[C]. Proceedings of the 2016 Machine Learning in HPC Environments. Salt Lake City, UT, United States, 2017: 9 – 18.

[105] MIRHOSEINI A, PHAM H, LE Q V, et al. Device placement optimization with reinforcement learning[C]. Proceedings of the International Conference on Machine Learning. Sydney, Australia. arXiv: 1706.04972v2, 2017.

[106] LOOKS M, HERRESHOFF M, et al. Deep learning with dynamic computation graphs[C]. Proceedings of the International Conference on Learning Representations. Palais des Congrès Neptune, Toulon, France. arXiv: 1702.02181v2, 2017.

[107] NEUBIG G, DYER C, GOLDBERG Y, et al. DyNet: the dynamic neural network toolkit[J]. arXiv: 1701.03980, 2017.

[108] ALISTARH D, GRUBIC D, LI J, et al. QSGD: communication-optimal stochastic gradient descent, with applications to training neural networks[J]. arXiv: 1610.02132, 2016.

[109] SEIDE F, FU H, DROPPO J, et al. 1-bit stochastic gradient descent and its application to data-parallel distributed training of speech DNNs[J]. Proceedings of 15th Annual Conference of the International Speech Communication Association. Singapore, 2014: 1058 – 1062.

[110] JIAO L C, LI Y Y, LIU F, et al. Quantum computation, Optimization and learning[M]. Beijing: Science Press, 2017 (in Chinese).

[111] POTOK T E, SCHUMAN C, YOUNG S R, et al. A study of complex deep learning networks on high performance, neuromorphic, and quantum computers[J]. arXiv: 1703.05364, 2017.

[112] CHI P, LI S, XU C, et al. PRIME: a novel processing-in-memory architecture for neural network computation in ReRAM-based main memory[C]. Proceedings of the 43rd International Symposium on Computer Architecture, Seoul, Republic of Korea, 2016: 27 – 39.

# 第26章 智能机器人

## 26.1 智能机器人

### 26.1.1 智能机器人的发展历程与现状

伴随着工业化与信息化时代的到来，智能机器人以及人工智能技术在物联网、智能制造、医疗卫生、智能交通以及智能服务等方面所起到的作用越来越显著。机器人技术、信息技术、通信技术、计算机智能以及自动控制技术的有机结合，将进一步引领人类社会的发展，使人类进入了一个崭新的人工智能时代[1]。

作为在新兴产业、科技创新以及社会未来发展过程中均具有重要意义的高新技术之一，机器人技术可以为智能制造与工业生产提供技术支持，能够带动包括自动控制、计算机、新材料、人工智能、电子与通信以及仿生技术等众多科技领域和学科技术的发展，同时能够进一步提高人民的生活水平和质量。

智能机器人行业为评估一个国家技术创新和高端制造水平设定了重要标准，同时其发展状况也引起了世界各国的关注。世界主要经济实体先后制订了机器人产业发展战略，并在机器人技术层面实现了一系列突破，目的在于抓住以智能机器人为代表的高科技领域的发展机遇，获得竞争优势。由于早期的部分研究与投入，美国、欧洲各国、日本以及韩国均已经形成了相对较为成熟的智能机器人技术。

智能机器人领域的研发、制造、应用是衡量一个国家科技创新和高端制造业水平的重要标志。在由中国工业和信息化部、国家发展和改革委员会以及财政部共同发布的机器人产业发展规划(2016—2020)中，智能机器人的开发和应用是一项重要的发展任务，它还设定了"实现新一代机器人技术突破，实现智能机器人创新应用，开发中高端工业机器人，将服务机器人应用于更多领域"的目标。而在《国家中长期科学和技术发展规划纲要(2006—2020 年)》中，也明确指出将机器人作为未来优先发展的战略高新技术，并提出"以机器人应用需求为重点，研究设计方法、制造工艺、智能控制和应用系统集成等共性基础技术"[2]。同样，"十二五"[3]和"十三五"[4]也都指出发展机器人的必要性和重要性。有报告指出，机器人革命有望成为第三次工业革命的一个切入点和重要增长点，将影响全球制造业格局，而我国也将有可能成为全球最大的机器人市场[1]。为了进一步占领高新技术以及相应市场的高地，以便在高新技术竞争中超越其他国家，抓住巨大的发展突破口，我国需要对智能机器人领域的技术变化以及最前沿技术发明时刻保持敏锐，整合现有技术资源以寻求突破。

自 20 世纪 50 年代以来，机器人技术不断发展，其相关应用逐步普及。一般将机器人的发展大致划分成三个阶段。在早期阶段，实质上针对机器人以及相应的技术并未形成一个准确的定义。譬如，对第一阶段的机器人的定义在各国、各地区或各组织中存在着一定的差别。欧美研究人员认为，第一代机器人是"由计算机控制的，通过逻辑编程具有可变更的多功能的自动化机械"；而在日本的研究领域，对第一阶段机器人做出的定义为"机器人是一种高级自动化机械"[5]。发展至今，国际上对机器人的定义已经逐渐统一，联合国标准化组织以 1979 年美国机器人协会（Robot Institute of America，RIA）所下的定义为准，认为第一代机器人是："一种可编程和多功能的用来搬运材料、零件、工具的操作机，或是为了执行不同任务而具有可改变和可编程动作的专门系统"[5]。

总体而言，机器人技术的发展与兴起主要分成如下三个阶段[6]。

第一代机器人：能够完成编程示教，为再现型机器人。该类型机器人最主要的特点是能够根据预先设定好的程序完成重复性任务，执行设定好的简单指令动作。

第二代机器人：能感知外界变化并能做出相应决策变更的自主型离线编程机器人。该类型机器人的最主要特点是能够通过传感器获取外界工作环境变化并根据实际情况改变任务的执行内容。虽然这类机器人具备一定的感知与决策能力，但仍然缺乏自主学习和优化的能力。

第三代机器人：指能够将搭载的众多传感器以及相应的反馈信息做整体优化和综合分析，理解环境条件变化，进而调整自身任务策略，改变自身决策过程，并且拥有强大的自主学习、优化以及自适应能力的智能机器人。自动控制技术、计算机、电力与电子技术以及人工智能技术的快速发展，逐渐引领机器人技术走向主流的智能化发展阶段，促进了现阶段智能机器人的进步和发展。

对于第三代机器人，即智能机器人，中国科研工作者将其定义为："是一种具备一些与人类有着相似的感知能力、动作能力、协同能力和规划能力的高度灵活的自动化机器系统"[7]。由我国科研工作者对智能机器人的定义可以知道，智能机器人是一个具有自身外部感知能力、综合分析与决策能力、执行单元操作能力以及自主学习能力的复杂系统。而如何构筑这样一个复杂的智能机器人系统则是一门复杂的系统工程。

## 26.1.2 智能机器人的形式与类别

智能机器人根据不同的分类准则，可以分成不同的类别。按照用途不同，智能机器人可以分成家用机器人[8]（见图 26.1(a)）、农业机器人、医疗机器人[9-10]（见图 26.1(b)）以及军用机器人等；按照应用场所不同，智能机器人可以分成管道、地面、水域以及空中机器人；按照形态不同，智能机器人可以分成手臂机器人[11]、轮式机器人[12]（见图 26.1(c)）以及人形机器人；按照机器人数目不同，智能机器人可以分成单体机器人、协作机器人以及群体机器人；依据设计外形不同，智能机器人可以分成类人机器人[13]（见图 26.1(d)），仿生机器人以及特殊外形机器人。一种较为常见的机器人分类方法是按照应用场景角度进行分类，即将智能机器人分为工业机器人、服务机器人和特种机器人。以下对这三种机器人做简要叙述。

（a）家用机器人[8]　　　　（b）医疗机器人[10]　　　　（c）轮式机器人[12]　　　　（d）类人机器人[13]

图 26.1　不同类型的智能机器人

### 1. 工业机器人

工业机器人指具有多自由度的多关节机械臂[11]或在工业生产领域中具有多自由度的机器人系统。工业机器人是一种具有自主控制系统的能够根据具体需求自动完成相应任务的电动机械设备。在接收到完成任务所需要的指令后，工业机器人将对具体指令进行解析，根据实际工况生成运动路径，然后运行预设程序，开始执行实际操作，包括喷涂、焊接、装配、收集、放置（如包装和堆叠）以及产品检测和测试等工作。

### 2. 服务机器人

国际机器人联合会（International Federation of Robotics，IFR）针对服务型机器人所下的定义为"为人类或设备执行除工业自动化应用之外的有用任务的机器人"[14]。典型的服务机器人包括家庭仆人机器人、伴侣机器人、助理机器人、教育机器人、安保机器人以及商用服务机器人等。这些机器人可以：利用自主导航以及路径规划等技术，作为人工助理，完成接待、引导与巡逻等指引性任务；利用数据库与人机交互技术[13]，作为教育或娱乐平台，实现咨询以及指导等交互性工作；利用语音与视觉技术[15]，作为人类情感伴侣，达成情感交互、照顾老人以及陪伴幼儿等精神领域互动。

### 3. 特种机器人

特种机器人指适用于特殊环境，可以协助人类完成恶劣或危险的工作或完成高精度任务的机器人。太空机器人、水下机器人、医疗机器人、军用机器人、救援机器人以及仿生机器人等均属于特种机器人。太空机器人、水下机器人和管道机器人能够较好地完成探索任务，服务于危险高危环境，保护人类在未知环境中的安全。医疗机器人[9-10]能够为手术治疗和康复提供先进的解决方案，降低手术治疗难度，缩短恢复时间，具体包括主从手术机器人、康复机器人、骨科机器人、智能假肢和护理机器人。包括侦察机器人、战场机器人、扫雷机器人、爆炸品处理机器人、消防机器人、生命探测和救援机器人和军用无人机在内的军用机器人，可以用于战场以及救援，为物资运输、搜索和探索、反恐救援和军事攻击做出重大贡献。此外，还有一些用于科学研究和尖端应用的机器人，包括纳米机器人、仿生机器人、群体机器人等。

### 26.1.3 智能机器人的系统组成框架

一个完整的智能机器人系统应当包括如下组成部分：传感设备、人机交互接口、智能核心单元、控制系统、驱动装置以及执行器等。为了更好地介绍智能机器人系统的组成框架，以下将对智能机器人的各组成部分做简要介绍。

**1. 传感设备**

为了感知外界信息（包括工作环境以及所需实现的任务情况）的变化，智能机器人需要配备相应的信息采集模块，即机器人传感设备。根据传感器所采集信息在智能机器人设计中的位置，传感设备可以分成内部传感器与外部传感器两大类。内部传感器采集与检测智能机器人系统内各组成部件的运行情况；外部传感器则主要采集与检测智能机器人系统所需完成的任务及外界环境变化所产生的信息。智能机器人系统会将传感设备采集到的内外部信息进行反馈，对传输到机器人控制系统以及智能核心单元中的信号进行分析处理，做进一步的决策和控制操作。传感器的性能很大程度上决定了智能机器人对内外环境的感知能力，高精度以及高传输速度的传感器将大大提高机器人本身对环境的信号采集效率。

**2. 人机交互接口**

为了自然地完成人与智能机器人之间的信息交流，智能机器人需要配备有一定感知与认知能力的人机交互接口，以完成和使用者之间的交互任务。而人机接口具有众多实现方式，包括以声、光、电为主要形式的自然语言处理、人机语音交互、文字或图像等多媒体交互信息以及基于生物电信号的肌电、眼电以及脑电人机接口[16-17]等。

**3. 智能核心单元**

为了使智能机器人完成与人类相似的智能行为，其需要配备智能核心单元，以完成智能决策与分析任务。智能核心单元会结合传感器反馈信号对机器人自身的运动和工作状况、任务的实现情况以及外部工作环境的变化进行分析处理。根据分析结果提取出重要信息元素，进一步传递给控制决策单元。智能机器人智能核心单元的主要特征是：处理对象不仅限定在特定的传感器反馈信息，还有相关知识[7]。具备智能核心单元的智能机器人（即第三代机器人)与第一代和第二代机器人之间最主要的区别是：第三代机器人具有获取感知信号、表达知识、处理信息、存储数据以及将数据可视化呈现的功能。智能核心单元实质为一个由信息语言表达工具、信息组织工具、信息知识库、检索查询与维护工具共同构成的知识处理系统，既能够实现对新获取信号的知识提取与分析，同时能够实现对原有知识库数据的调用。与传统求解方法相比，智能核心单元主要采用人工智能算法对相应的问题进行解析处理，而利用非确定启发式人工智能算法的方案则主要依赖知识库。具有与现实世界进行理解交互能力的智能核心单元将根据所获得的传感信息以及需要执行的任务，对知识与信息进行感知、检索、判断、推理、规划、决策以及学习，从而完成相应的智能任务。

**4. 控制系统**

经过传感器感知、人机接口指令输入以及智能核心单元分析规划后，需要将相应的信息结果传递到智能机器人的控制装置中以完成相应控制任务。传感器及人机接口获取到的传感信号反馈至智能核心单元后将转化为机器人运行状态和控制目标，进一步由控制系统对控制目标和状态信息进行分析比较，从而调整智能机器人各个执行器以完成指定运行动作。为了实现机器人控制任务，可以采用中央计算机对机器人所有执行器动作均统一进行控制的集中式控制方式，也可以采用主从结构的控制方案，通过分布在智能机器人不同部位的多台分布式计算机对机器人的各个部位进行分散式控制。针对不同的控制决策目标，控制系统有不同的控制方式，如连续式与离散式控制模式。而根据执行任务的方式，也可以分成连续轨迹控制、点位控制和力矩控制等。智能机器人的控制系统需要根据不同的目标采取不同的控制结构与控制方式。

**5. 驱动装置**

控制系统为了完成相应的控制目标，将控制指令输出至能够将控制指令转化为实际动力的驱动装置。进一步地，驱动装置将解读控制系统输出命令的要求，如实完成驱动任务。在智能机器人动力源的辅助下，驱动装置需要驱动执行器完成相应运动命令。而驱动装置主要由电力、气动、液压等形式驱动的装置所构成，如伺服电机、步进电机、气动装置、液压机等。

**6. 执行器**

作为智能机器人实现相应任务的主要实施机构，执行器被认为是智能机器人的结构本体。执行器作为控制装置输出指令的下位端，负责完成控制系统所期望实现的控制目标。智能机器人的执行器大部分由机械手臂构成，而机械手臂通常设计为空间链式连杆机构，关节由电机等可旋转部件构成，末端装配实现相应空间任务的机械爪，如抓取型机械手、旋转型机械手、吸盘型机械手等。

### 26.1.4 智能机器人的关键技术

在高新技术领域，根据技术的成熟度、普遍性和紧迫性，有关键技术和前沿领先技术之分。目前中国在智能机器人领域的关键技术方面已取得了一定的成果与突破，但总体在核心技术上仍落后于世界上一些主要国家。由于智能机器人是一个复杂系统，涉及众多学科领域，因此智能机器人领域包含许多关键技术，而这些关键技术也直接影响机器人的智能化程度。智能机器人的关键技术有多传感信息融合技术、多智能体系统技术、人机协作与人机接口技术、情感表达与识别技术、机器视觉技术、定位导航与路径规划技术及智能控制技术等。本节将主要介绍智能机器人领域的关键技术，而前沿领先技术将在 26.5 节进行介绍。

**1. 多传感信息融合技术**

多传感信息融合技术指从安装在智能机器人上的各种传感器（如摄像头、麦克风、GPS、超声波等）所采集到的信息中的真实成分，剔除不确定扰动成分，使智能机器人系统能够获得更加可靠、精确的反馈信息。融合后的多传感器融合信息往往具有以下信息特性：冗余性、互补性、实时性和低成本性[18]。

多传感信息融合技术涉及信号处理、概率统计理论、控制原理和人工智能技术。该项技术能够辅助智能机器人在各种复杂、动态、不确定和未知的环境中执行任务[19]，是智能机器人领域近年来比较热门的研究方向。目前多传感信息融合技术主要有贝叶斯估计、Dempster-Shafer 理论、卡尔曼滤波、神经网络、小波变换等[19]。

**2. 多智能体系统技术**

多智能体系统技术指利用群体（多个）智能体子系统，通过有序自组织的控制形式，合作实现趋同移动或者合作任务的群体智能控制技术。与传统的单体智能系统全局控制相比，多智能体机器人系统可以采用分布式智能控制策略实现合作行动，易于扩展和更新。而通过智能体间的信息交互，这种合作行动能够帮助整体系统完成某些单体系统无法完成的复杂、高精度任务，提高任务执行与协作效率，增强系统的冗余度，以实现系统的稳健性。这显示了集体"意图"或"目标"的明显倾向，具有一定程度的高级智能[20-21]。每个智能体均需要具备简单的执行能力，以及有限的信息收集、处理和通信能力[1]。

多智能体系统技术的研究主要集中在以下几个方面：加速协调控制的收敛和实现有限时间控制[22]；在时变系统中切换拓扑结构，以更合理的方式描述多智能体网络[23]；在全局非线性协同状态下设计估计程序，实现基于启发式算法的群机器人分布式协同控制[24]；等等。多智能体机器人系统在多传感器协同信息处理、多机器人协作、无人机组、多机械手操作控制等领域具有强大的实力[25-27]。

**3. 人机协作与人机接口技术**

人机协作与人机接口技术指通过视觉、听觉、触觉、自然语言处理等互动形式，实现人与智能机器人自然交流、信息传递以及共同协作的接口技术。在实现人机协作过程中，除了要求智能机器人有一个自然友好的、灵活方便的人机接口界面外，智能机器人也需要能够看懂人类文字，听懂人类指令，并通过人类能够理解的语言进行表达，甚至能够实现应对不同语言环境下的沟通与交流。

根据 ISO 在 2016 年颁布的协助智能型机器人的生产标准可知，为了保证智能机器人的安全性、适应性以及舒适性等，并且更好地实现人与智能机器人之间的和谐共存，人机协作与人机接口技术在智能机器人中占有举足轻重的地位[28]。这意味着在与人的交互过程中，智能机器人需要满足以下要求：需要保证人类不受伤害；能够让人类理解其工作行为；符合人类认知与习惯并且能够准确理解人类需求；适当调整人与智能机器人间相互合作以完成复杂任务[1]；等等。

人机协作与人机接口技术方面的关键技术包括刚柔耦合刚度-可变机构的设计[29-30]、面向人机协作的安全决策机制[31]、3D 全息环境建模[32]、高精确触觉和力传感器、图像分析算法[33]等。目前，该方面技术已经在自然语言处理、语音与图像识别、信号合成与处理等方面取得了显著成果并开始实用化[34]。除此之外，人机接口交互技术、监控技术、遥操作与通信技术等也是该方向的重要组成部分[35]。

**4. 情感表达与识别技术**

情感表达与识别技术指通过人工智能技术、计算机技术以及控制技术，使得智能机器人能够理解与识别人类情感，给智能机器人提供表达情感的窗口，实现模仿、理解、分析以及表达人类情感的能力。具有情感能力的智能机器人更接近人类所需要的智能范畴，可以建立一个自然和谐的人与智能机器人交互环境，使得智能机器人具备更高的人类智能[36]。

为了使智能机器人具有情感，主要需要如下三种技术：情感计算技术、情感建模技术以及情感识别技术。

（1）情感计算技术：利用人类表达情感过程中所包含的外在情感信息（如语音语调、姿态、行为以及表情等）以及内在情感信息（如心率、体温、肌肉张弛、脉搏以及呼吸）等信息要素，建立一套能够用于计算、感知与识别人类情感的智能系统[37]。其关键要素为如何实现将情感信息要素与人类的情感特征相互匹配以及如何确定不同要素在同一情感中所占据的比例因素[38]。

（2）情感建模技术：对于情感计算所得的结果，建立人类情感模型，用于进一步的情感分类中。该技术已经取得了初步进展，主要包括 OCC 情感模型[39]、智能代理模型[40]、EMA 模型、HMM 模型[41]等。其中，OCC 是一种代表性情感模型，它能够反映人类的情感认知，将情绪刺激划分为 22 类[39]；而 EMA 模型则主要通过引导智能机器人根据情感状态执行相应动作，建立类人情感响应机制；智能代理模型主要基于集成的环境数据；HMM模型则主要基于概率统计模型。

（3）情感识别技术：指用于分析情感过程中的识别与分类技术。该技术主要分为面部表情识别技术、自动语音识别和自然语言处理技术、生理情感识别技术。其中，面部表情识别技术主要是利用图像处理技术捕捉人体面部表情变化来分析人类的情感和情绪[42]。在建立丰富、高质量的情感语料库的条件下，自动语音识别和自然语言处理技术能够将情感与语言语音联系起来[43]。生理情感识别技术则主要研究如何及时获取人类情感表达过程中丰富稳定的内外生理情感信号，建立多模态的情感模型。

通过结合人机接口与人机协作、人工智能、自动控制等技术，情感表达与识别技术能够实现更广泛的应用，实现更加自然的人与智能机器人的交互交流。

### 5. 机器视觉技术

机器视觉技术指采用图像特征提取技术、图像分割技术、图像匹配技术以及图像识别技术，实现对图像信息的获取、分析处理等，并通过人机接口技术以及可视化技术实现对图像的展示与呈现。

机器视觉技术也称为计算机视觉技术，是利用摄像头以及计算机对人类所拥有的视觉系统进行模拟，进而实现与人相当的能够对外部环境信息进行理解与识别的一种技术。该技术也是智能机器人技术与人工智能领域中的一项独特而又富有重要意义的研究课题。当前大多数智能机器人都配备机器视觉系统，对图像信息进行分析处理、理解并定位相关任务与目标位置。机器视觉技术也被广泛应用在导航、娱乐、检测、监控、军事等领域中。

作为智能机器人的主要信息获取源以及重要组成部分，如何精确且有效地处理图像与机器人视觉信息是智能机器人视觉系统的关键问题。信息处理的主要步骤包括图像压缩与滤波、环境和物体识别与检测、深度和三维信息感知与处理等。其中，环境和物体识别与检测是图像信息处理中最重要的步骤。

机器视觉技术与模式识别技术可以说是衡量智能机器人智能化程度的重要标志之一，其应用与发展对智能机器人系统具有重要的意义。目前国内外对智能机器人的研究均投入了大量精力，并且已经形成了一系列智能产品投入生产与应用中[5]。

### 6. 定位导航与路径规划技术

定位导航与路径规划技术指通过传感器获取信息，对智能机器人以及外部环境中的物体（如障碍物）当前所在位置进行精确定位与判断，并且根据智能机器人所需移动的目的地，选取最佳移动路径，实现实时定位导航、避障以及全局最优路径规划的技术。在智能机器人自主运动过程中，定位和导航技术至关重要。其中，基于任务要求以及环境，根据路径优化准则和最优路径规划技术，智能机器人需要选择一条最佳、最合理、可避开障碍并且完成任务的最优路径。

作为被广泛应用在仓库物流机器人、大厅服务机器人、轮式探索机器人以及无人驾驶飞机和车辆中的关键技术，定位导航与路径规划技术成为各种智能机器人发展过程中的一个研究热点。为了在各种非结构化环境、动静态状况中实现精确高效安全的定位、避障与导航，需要采用低成本 SLAM 技术[44]、多传感器信息融合技术、非结构化环境中的图像理解技术[45]、智能交通控制技术等。

定位导航技术的基本任务包括基于环境理解的全局定位、目标识别和障碍物检测以及对人与智能机器人的安全保护[46]。考虑到安全保护及其技术应用问题，定位导航技术对传感、感知和决策均提出了更高要求。常见的用于定位导航的传感器包括：用于实现全球定位以及自我定位的 GPS/IMU 传感系统；用于绘制地图、辅助定位和避障的激光雷达；用于对物体进行检测、识别与跟踪的摄像头；用于确保避障与安全性的雷达和声呐系统；等等。为了对周围环境做精确的形状描述与定位，在三维立体测量的辅助下，可以利用粒子滤波将激光雷达生成的环境点云与当前地图和观测数据相结合。进一步地，可根据摄像头、超声波、雷达等传感器所反馈的图像信息、深度信息以及环境信息，透过深度学习技术，构建大型卷积神经网络并完成网络训练，最终用于识别、定位目标与障碍物。针对路径规划与决策，可以通过建立概率模型以及运用模式识别技术，用于预测外界动态物体的行为，进一步辅助路径决策。针对定位导航过程中的安全驾驶问题，可以构建基于整体环境的预测决策层以及基于在线传感数据的实时响应层的双重避障框架，分别用于整体路径规划校正和实时路径调整。

当前，在路径规划方面，大致可以分为传统路径规划方法和智能路径方法。传统路径规划方法主要有自由空间法、图搜索法、栅格解耦法、人工势场法[47]。上述方法在智能机器人全局路径规划中被广泛使用。其中，通过模拟势场模型进行路径规划决策的人工势场法是传统方法中较为成熟且高效的一种规划方法，然而该方法在大多数情况下并没有考虑选择最优的路径[47]。传统方法在路径搜索效率及路径优化方面有待于进一步改进。为了提高智能机器人路径规划过程的决策精度与正确性，加速规划决策速度，增强规划与避障效果，进一步满足实际任务要求，神经网络、遗传算法、深度学习、模糊逻辑等先进的智能方法被应用在智能路径规划中[48-49]。神经网络、遗传算法、模糊方法、深度学习及混合智能算法等是应用较多的方法，并且在复杂未知环境中均取得了相应的研究成果[50]。

### 7. 智能控制技术

智能控制技术指结合控制算法和优化算法，完成对智能机器人的高精度、高效运动控制的技术。为了应对无法获得精确的物理模型、信息不足导致病态过程等，同时也为了克服传统控制理论在智能机器人中的应用暴露出的不足与缺陷，智能控制系统及其相应技术在近年来被提出，并在应用与理论中均取得了较大进展。较为常见的智能控制方法包括神经网络控制[51-52]、模糊控制、混合智能控制（模糊变结构控制、神经变结构控制、模糊神经网络控制）、基于遗传算法的模糊控制以及基于深度学习的控制方法等。其中，在系统建模、机器人控制、移动机器人路径规划等前沿研究课题中，模糊控制理论以及模糊系统均得到了广泛的应用。J. J. Buckley 等人论证了模糊控制系统具有逼近特性，而 E. H. Mamdan 则将模糊理论成功应用于现实机器人控制中[53]。CMCA（Cere-bella Model

Controller Articulation)是智能机器人控制研究中的一种早期的神经网络控制算法，其特点在于实时性强，也适用于冗余度智能机器人。

然而，即便是模糊控制和神经网络控制等当前主流的智能控制方法，同样具有一定的局限性。模糊控制中规则库的大小会影响系统的控制计算时间以及控制精度。巨大的规则库会导致系统计算时间冗长，影响控制实时性和控制质量。而较简单的规则库则会影响控制精度。对于神经网络控制，除了面对局部极小值等问题外，如何合理选取单层神经元、神经网络隐含层层数以及神经网络拓扑结构等问题仍然处于探索过程中。除上述问题外，采用深度学习所带来的训练时间长、实时控制计算时间长等问题，均是在智能控制设计中需要解决的重要问题。

## 26.2　应用于智能机器人中的前馈神经网络算法

本节将从神经网络技术角度出发，讨论应用于智能机器人技术中的各种普遍的神经网络算法。人工神经网络(Artificial Neural Network)是 20 世纪 80 年代以来人工智能领域兴起的研究热点。它从信息处理角度对人脑神经元网络系统进行抽象，建立简单模型，并按不同的连接方式组成不同的网络，在工程与学术界也常直接称之为神经网络或类神经网络。

神经网络是一种运算模型，由大量的节点(或称神经元)之间相互连接构成[54]。每个节点(Node)代表一种特定的输出函数，称为激活函数(Activation Function)。每两个节点间的连接都代表该连接信号的加权值，称为权值(Weight)，这相当于人工神经网络的记忆(Memory)。网络的输出则依网络的连接方式、权值值和激活函数的不同而不同。网络自身通常都是对自然界某种算法或者函数的逼近，也是对一种逻辑策略的表达。

人工神经网络是一种受人类大脑内部工作机制的启发而形成的学习算法，用来模拟人类大脑神经元的学习过程。人工神经网络基本上有三层：输入层、隐含层和输出层。应用神经网络的目的是训练一组参数(权值)，这些参数(权值)可以反映从用户输入到发送给操作者的输入的映射。

在智能机器人领域，神经网络的训练方法主要有两种，即在线训练方法和离线训练方法。根据完成任务需求的不同以及方法的不同特性，这两种训练方法可以在特定的任务中逐步得以应用。离线训练方法相比在线训练方法简单，这是因为应用于实际智能机器人的离线训练方法的参数不需要在线进行调整[55]。离线训练方法中，网络会收到来自智能机器人的信号反馈，并将反馈信息与期望输出进行比较。神经网络最终将根据大量输入到系统中的样本信息，训练离线型神经网络的连接权值。当期望输入和实际信号之间的差距达到最小时，所对应的神经网络权值将被保留并应用于实际的智能机器人应用中。

然而，从实际的智能机器人或仿真模拟软件中所采集的训练样本可能并不能够完全地表达真实的智能机器人特性(如机械手运动力学[48,56]、视觉分类器等),这是因为实际外部环境或者智能机器人的内在参数等可能为不确定参数(如载荷或摩擦等约束),可能会对离线理想状况下所采集或者仿真的数据所训练出来的神经网络产生影响,导致神经网络不准确,不能够完全应对实际任务。因此,要实现真正的动态,需要连续地在线训练。而在在线训练中,神经网络不仅可以根据期望输出和实际输出的不同实时地调整其网络权值,而且可以对执行器进行操作。具有在线训练这一特点的智能机器人可以克服环境或者机器人自身参数不确定所带来的影响,如针对机械手臂系统,在线训练方法可以处理重力、摩擦力等影响机械手臂性能的意外因素[57]。

对于在线训练方法,需要有传感器负责测量智能机器人系统的真实输出,并将真实输出与任务目标的偏差传递给神经网络,进行在线参数修正。神经网络需要具备一个训练机制,即可以修改其参数,直到网络参数符合实际任务需求和真实样本情况。离线训练方法虽然不能完全达到实际操作中所需要的动态性,但配合在线训练方法调整参数,可以提高智能机器人的准确性和实用性。

下面我们将介绍目前在智能机器人控制问题中所采用的几种常用的前馈神经网络方法,并着重介绍这些方法的代表性研究。

前馈神经网络是指在神经网络内部没有循环或反馈信号的人工神经网络[58]。这类神经网络已被广泛应用于智能机器人的动力学和运动学问题中。

### 26.2.1　基于反向传播的前馈神经网络

基于反向传播的前馈神经网络通常使用 Sigmoid 函数作为其激活函数[59]。反向传播的主要思想是调整网络中神经元之间连接的权值等参数,使期望输出和实际输出之间的差异相关的损失函数最小化。采用梯度下降法对损失函数进行优化时,可对神经网络内部的参数进行微调[60]。虽然反向传播可能给出特定智能机器人的动力学或运动学问题的解,但由于梯度下降的性质,该解可能并不是全局最优的,计算得到的解可能是局部最小值[61]。同时,该方法的收敛速度相对较慢,如果需要相对准确的解,则学习率较低[62]。这种结果显示,采用梯度下降法时对问题求解的过程中收敛和学习速度之间的权衡也需要进行考虑。

在文献[63]中,利用带修正项的反向传播方法训练了一种基于神经网络的非线性参数观测器,其仿真结果也验证了该观测器的鲁棒性和稳定性。在文献[64]中,研究人员对平面机器人的设定值控制问题进行了研究,并采用一种类似于反向传播的学习算法来获得基于径向基函数的网络的权值。最终通过在二自由度的机械手臂上的实验验证了控制方法的有效性。

### 26.2.2　基于径向基函数的前馈神经网络

基于径向基函数的前馈神经网络与基于反向传播的前馈神经网络不同。基于反向传播的前馈神经网络可能有多个隐含层；基于径向基函数的前馈神经网络的基本结构中只有一个隐含层，即总共有三层[65-66]。隐含层采用的激活函数是径向基函数。径向基函数是一类单调函数，其参数 $l$ 通常为到某一固定点的欧氏距离。在参数 $c>0$ 的情况下，可以使用以下函数构造基于径向基函数的前馈神经网络：

(1) 多二次函数：$\varphi(l) = \sqrt{l^2 + c^2}$。

(2) 逆多二次函数：$\varphi(l) = \dfrac{1}{\sqrt{l^2 + c^2}}$。

(3) 高斯函数：$\varphi(l) = \exp\left(-\dfrac{l^2}{2\,c^2}\right)$。

基于径向基函数的前馈神经网络的主要设计思想是通过非线性变换将线性不可分的样本映射到高维空间，使其被线性函数分离。输出层的组件是由隐含层产生的值的线性组合。由于径向基函数受到特定点（中心）的欧氏距离的影响，因此相应权值的变化对靠近中心的点影响更大，称为局部属性。这也是梯度下降法等监督学习方法训练基于径向基函数的前馈神经网络的收敛速度快于典型基于反向传播的前馈神经网络的收敛速度的原因之一。除了梯度下降法训练外，基于径向基函数的前馈神经网络中的参数可以通过其他方法获取：通过 $K$-均值分类等聚类方法获取不同径向基函数的中心；通过计算矩阵的伪逆（或当样本个数等于隐含层神经元个数时的逆），可以得到隐含层与输出层之间的权值。

基于径向基函数的前馈神经网络同样也被证明可以用于解决智能机器人的动力学和运动学问题[67]。文献[68]中采用结合了鲁棒控制策略的基于径向基函数的前馈神经网络，对连续轨迹控制中的机器人执行器的非线性动力学进行补偿。这项工作也被进一步推广到双关节机械手的摆臂控制中，采用基于径向基函数的前馈神经网络消除摩擦的负面影响[69]。实验结果表明，基于径向基函数的前馈神经网络的模型得到了改进。此外，文献[70]中提出了一种基于动态区域设计的径向基函数的前馈神经网络控制机器人执行器，李雅普诺夫分析并验证了其稳定性，并观察到该方法的节能特性。在文献[71]中，作者结合执行器的动力学特性，将基于径向基函数的前馈神经网络的末端滑模控制应用于机器人机械手控制中，而其实验结果和李雅普诺夫理论均验证了该方法的有效性。

## 26.3 应用于智能机器人中的递归神经网络算法

不同于 26.2 所提到的前馈神经网络，递归神经网络具有双向的信息流，这意味着递归神经网络的内部信息可以从其中一个连续信息流节点流向之前的节点（或称为反馈）或在单个节点处形成一个闭合循环[72]。与前馈神经网络相同，递归神经网络在智能机器人中同样取得了成功。例如，在文献[73]中，智能机器人机械手与曲面之间的接触力和位置是通过递归神经网络控制的，该神经网络负责对机械手的动力学模型进行仿真。该文章对机器人的跟踪能力和跟踪位置进行了仿真，验证了利用递归神经网络对机械手进行控制的方法的有效性。此外，为了减少计算机运行神经网络算法的计算时间，文献[74]中设计了一种基于递归神经网络的预测控制器。该控制器能够快速改变输入，其有效性已通过机器人模型的运动学和动力学仿真得以验证。而针对时变问题，文献[75]中研究了一种称为零化递归神经网络的特殊递归神经网络。该网络通过计算机械臂雅可比矩阵的时变伪逆来解决冗余度求解问题。其中的理论分析和仿真结果说明了这种零化递归神经网络的有效性[76]。针对将多机器人系统中的非光滑优化问题转化为凸优化问题，文献[77]提出了一种递归神经网络方法，有效地解决了这些非光滑优化问题。文献[78]的作者开发了两种递归神经网络来解决由此产生的冗余度分辨率问题，该网络可以实现冗余度机器人手臂循环运动中的关节角和关节速度漂移问题。此外，直接计算时变雅可比矩阵的伪逆，在文献[79]中得到了机械手运动生成的各种连续模型和离散模型。由于递归神经网络具有反馈机制，因此大部分用于实时控制问题的神经网络都不需要离线训练[80]。

作为大多数智能机器人的执行机构，机器人手臂系统的研究是智能机器人控制中十分重要的一个研究领域。机器人手臂通常分为非冗余机器人手臂和冗余机器人手臂。因为有更多的自由度(DOF)，所以冗余机器人手臂在完成末端执行器的主要工作外还能完成额外的工作，如障碍躲避[81]、关节极限躲避[82]和奇异状态躲避[83]等，因此它在现实生活中应用广泛。冗余机器人手臂的运动和控制有着很高的要求，但是在求解机器人手臂特定的位置和姿态任务时，由于关节变量的数量多于机器人运动学方程的数量，因此有很多组解存在[84-85]。通常由已知的关节向量和已知的函数映射关系求末端执行器的运动轨迹称为正运动学问题；而由已知的末端执行器的运动轨迹反向求解关节向量的问题称为逆运动学问题。冗余机器人手臂的逆运动学问题也称为冗余度解析问题[84-86]。对于逆运动学问题，传统的求解方法是用伪逆方程[84-85]。但是由于传统的伪逆方法不能求解不等式问题，也不能获得在奇异情况下的可行解，并且计算复杂，因此本节主要介绍利用递归神经网络方法求解二次规划(QP)问题并最终实现机器人手臂系统冗余度解析[87-88]。

在当下的研究中，大部分 QP 问题可以用神经网络或者数值方法进行求解[88]。在文献[89]中，一个双层的原对偶神经网络被应用在在线最小化关节速度中。为了改善神经网络的结构和计算效率，一个早期的神经网络——梯度神经网络(GNN)在参考文献[90]中被提出和研究。这种 GNN 是基于非负标量能量方程的，并且当使用一个线性激活函数时它的稳态误差将会有上限[78]。不同于 GNN，在近几年内中山大学的张雨浓提出了零化神经网络[91]。这种神经网络是基于矢量或者矩阵的模糊误差方程，并且在一个线性激活函数下它的状态变量可以全局指数收敛到一个唯一的数组中。为了进一步提高网络收敛速率，华南理工大学的张智军提出了变参递归神经网络，该网络可以实现超指数收敛的效果，且具有良好的抗噪声性能[92]。为了解决这样的带关节约束的逆运动学问题，一种对偶神经网络

（Dual Neural Network，DNN）被提出并用来求解上述的二次规划（QP）问题[78]。对偶神经网络是分段线性的并且具有只有一个神经元的简单结构。根据参考文献[79]和[80]的理论，前面阐述的 QP 问题可以转化成线性变分不等式（Linear Variational Inequalities，LVI），并且可以进一步等效于分段线性投影方程（Piecewise Linear Projection Equations，PLPE）。基于参考文献[93]和[94]的理论，基于 LVI 的递归神经网络可以用于求解统一的 QP 问题。例如，一种基于 LVI 的原对偶神经网络（LVI - based Primal Dual Neural Network，LVI - PDNN）和它的简化版本（Simplified LVI - based Primal Dual Neural NetWork，S - LVI - PDNN）被设计并用于求解统一的 QP 和线性规划（Linear Programming，LP）问题[93-95]。不同于 DNN，LVI - PDNN 和简化网络（S - LVI - PDNN）不需要进行矩阵的逆求解。

通过坐标变换理论，建立机器人手臂模型，可以得到如下机器人手臂正运动学问题[52]：

$$r = f(\theta) \tag{26-1}$$

其中，$r \in \mathbf{R}^m$ 和 $\theta \in \mathbf{R}^n$ 分别是机器人手臂末端执行器的位置方向和关节空间矢量，$m$ 是末端执行器的笛卡尔空间维数，$n$ 是机器人手臂的关节数。如果使用六自由度的机械臂，则 $n = 6$，$m = 3$。由于式（26-1）具有非线性和冗余性，因此式（26-1）通常很难直接求解。需要在速度层上考虑，对等式两边同时求一阶导数：

$$J(\theta)\dot{\theta} = \dot{r} \tag{26-2}$$

其中，$\dot{r} \in \mathbf{R}^m$ 和 $\dot{\theta} \in \mathbf{R}^n$ 分别定义为末端执行器位置的速度和关节速度矢量。矩阵 $J(\theta)$ 定义为雅克比矩阵，$J(\theta) = \partial f(\theta)/\partial \theta \in \mathbf{R}^{m \times n}$。对于冗余机器人手臂，因为 $m < n$，所以式（26-1）和式（26-2）的解是不唯一的且有着无穷多组解。另外，由于机器人手臂有六个自由度，并且工作在三维空间，因此雅克比矩阵 $J(\theta) \in \mathbf{R}^{3 \times 6}$。为了求解冗余机械臂的多解问题，对于式（26-2），传统的基于伪逆的方法如下：

$$\dot{\theta} = J^+(\theta)\dot{r} + (I - J^+(\theta)J(\theta))\zeta \tag{26-3}$$

其中，$J^+(\theta) \in \mathbf{R}^{m \times n}$ 定义为雅克比矩阵 $J(\theta)$ 的伪逆，矢量 $\zeta \in \mathbf{R}^n$ 定义为一种优化的性能指标（如障碍物躲避、奇点躲避等）。传统伪逆的方法（式（26-3））不能保证当冗余机器人手臂末端执行器完成一个闭合路径时是重复运动的。换句话说，当末端执行器完成一个闭合路径时，各关节可能不会回到它们的初始位置（也叫关节角偏移现象）。这样的关节偏移不利于重复运动控制。为了解决这个问题，一些关于重复运动规划的性能指标在文献[96]和[97]中被提出。其主要思想是最小化机器人手臂当前状态和初始状态之间的关节位移[87]。这个最优化性能指标可以写成 $(\dot{\theta} + c)^{\mathrm{T}}(\dot{\theta} + c)/2$。其中，$c = \lambda(\theta(t) - \theta(0))$，上标 T 表示矩阵或矢量的转置，正数 $\lambda \in \mathbf{R}$ 是标定机器人手臂对关节位移 $\theta(t) - \theta(0)$ 的响应系数。由于几乎所有机器人手臂都有物理极限，因此考虑这样的物理极限有着十分实际的意义。

考虑到关节的物理极限，我们可以得到如下无偏移的运动规划的最小化公式：

$$\min(\dot{\boldsymbol{\theta}}+\boldsymbol{c})^{\mathrm{T}}\frac{(\dot{\boldsymbol{\theta}}+\boldsymbol{c})}{2} \qquad (26-4)$$

$$\text{s. t. } \boldsymbol{J}(\boldsymbol{\theta})\dot{\boldsymbol{\theta}}=\dot{\boldsymbol{r}} \qquad (26-5)$$

$$\boldsymbol{\theta}^{-}\leqslant\boldsymbol{\theta}\leqslant\boldsymbol{\theta}^{+} \qquad (26-6)$$

$$\dot{\boldsymbol{\theta}}^{-}\leqslant\dot{\boldsymbol{\theta}}\leqslant\dot{\boldsymbol{\theta}}^{+} \qquad (26-7)$$

其中，$\boldsymbol{c}=\lambda(\boldsymbol{\theta}(t)-\boldsymbol{\theta}(0))$，上标＋和－分别定义为关节矢量的上下物理极限。

因为在速度层上考虑冗余度机器人手臂的重复运动规划问题，所以上述的范围约束都需要转化成关节速度$\dot{\boldsymbol{\theta}}$的双端约束。根据设计经验[91]，通过使用一个强度系数$\nu>0$，我们可以开发出如下从$\boldsymbol{\theta}$到$\dot{\boldsymbol{\theta}}$的动态范围约束：

$$\nu(\boldsymbol{\theta}^{-}-\boldsymbol{\theta})\leqslant\dot{\boldsymbol{\theta}}\leqslant\nu(\boldsymbol{\theta}^{+}-\boldsymbol{\theta}) \qquad (26-8)$$

强度系数$\nu$用于表示$\dot{\boldsymbol{\theta}}$的可行域的大小。为了保证关节速度极限(见式(26-7))和上述的动态范围约束(式(26-8))在 QP 问题中起作用，系数$\nu$应该满足使式(26-8)产生的$\dot{\boldsymbol{\theta}}$的可行域大于等于式(26-7)产生的$\dot{\boldsymbol{\theta}}$的可行域。在数学上取$\nu\geqslant\max\limits_{1\leqslant i\leqslant n}\{(\dot{\theta}_i^{+}-\dot{\theta}_i^{-})/(\theta_i^{+}-\theta_i^{-})\}$。这种转化的物理意义在下面的结论 1 中进行阐述。

**结论 1** 动态范围约束(式 26-8))是根据当前的关节角的值$\boldsymbol{\theta}$和关节角的安全值(物理极限)$\boldsymbol{\theta}^{-}$和$\boldsymbol{\theta}^{+}$来约束关节速度$\dot{\boldsymbol{\theta}}$的。在执行工作任务时，当关节变量$\boldsymbol{\theta}$增加(或减少)并趋向于它的上极限$\boldsymbol{\theta}^{+}$(或它的下极限$\boldsymbol{\theta}^{-}$)时，式(26-8)的上约束(或下约束)会趋向于 0。也就是说，此时关节速度$\dot{\boldsymbol{\theta}}=0$，即机器人手臂将不再移动。当$\boldsymbol{\theta}$达到它的上极限$\boldsymbol{\theta}^{+}$(或者下极限$\boldsymbol{\theta}^{-}$)时，不等式约束会变成$\dot{\boldsymbol{\theta}}\leqslant 0$(或者$\dot{\boldsymbol{\theta}}\geqslant 0$)，这意味着关节变量将不能再增加(或者减少)了。因此关节变量$\boldsymbol{\theta}$将永远不会跑出安全范围。

为了使关节速度极限(式(26-7))和上面的转化后的关节速度动态范围约束(式(26-8))在执行实际任务中起作用，我们将式(26-7)和式(26-8)合并为一种新的统一约束$\boldsymbol{\zeta}^{-}\leqslant\dot{\boldsymbol{\theta}}\leqslant\boldsymbol{\zeta}^{+}$。在数学上，第$i$个约束$\zeta^{-}$和$\zeta^{+}$分别为

$$\zeta_i^{-}=\max\{\dot{\theta}_i^{-},\nu(\theta_i^{-}-\theta_i)\},\ \zeta_i^{+}=\min\{\dot{\theta}_i^{+},\nu(\theta_i^{+}-\theta_i)\}$$

冗余机器人手臂重复运动方案，通过关节物理极限转化，最终可以转化成如下二次规划：

$$\min \dot{\boldsymbol{\theta}}^{\mathrm{T}}\boldsymbol{W}\dot{\boldsymbol{\theta}}/2+\boldsymbol{c}^{\mathrm{T}}\dot{\boldsymbol{\theta}} \qquad (26-9)$$

$$\text{s. t. } \boldsymbol{J}(\boldsymbol{\theta})\dot{\boldsymbol{\theta}}=\boldsymbol{b} \qquad (26-10)$$

$$\boldsymbol{\zeta}^{-} \leqslant \dot{\boldsymbol{\theta}} \leqslant \boldsymbol{\zeta}^{+} \qquad (26-11)$$

其中，系数矩阵 $\boldsymbol{W} := \boldsymbol{I}$，$\boldsymbol{c} = \lambda(\boldsymbol{\theta}(t) - \boldsymbol{\theta}(0))$，$\boldsymbol{b} := \dot{\boldsymbol{r}}$，$\zeta_i^{-} = \max\{\dot{\theta}_i^{-}, \nu(\theta_i^{-} - \theta_i)\}$，$\zeta_i^{+} = \min\{\dot{\theta}_i^{+}, \nu(\theta_i^{+} - \theta_i)\}$。

### 26.3.1 零化递归神经网络

为了得到 QP 问题(式(26-9)~式(26-11))的最优解，需要将 QP 问题(式(26-9)~式(26-11))转化为对应的拉格朗日形式：

$$L(\boldsymbol{x}(t), \boldsymbol{\lambda}(t), t) = \frac{\boldsymbol{x}^{\mathrm{T}}(t)\boldsymbol{P}(t)\boldsymbol{x}(t)}{2} + \boldsymbol{Q}^{\mathrm{T}}(t)\boldsymbol{x}(t) + \boldsymbol{\lambda}^{\mathrm{T}}(t)(\boldsymbol{A}(t)\boldsymbol{x}(t) - \boldsymbol{b}(t)), t \in [0, +\infty)$$

其中，$\boldsymbol{\lambda}^{\mathrm{T}}(t) \in \mathbf{R}^m$ 为拉格朗日系数。根据拉格朗日乘子法可知，如果 $\partial L(\boldsymbol{x}(t), \boldsymbol{\lambda}(t), t)/\partial\boldsymbol{x}(t)$、$\partial L(\boldsymbol{x}(t), \boldsymbol{\lambda}(t), t)/\partial\boldsymbol{\lambda}(t)$ 存在且连续，则该优化问题可被描述为如下方程：

$$\frac{\partial L(\boldsymbol{x}(t), \boldsymbol{\lambda}(t), t)}{\partial\boldsymbol{x}(t)} = \boldsymbol{P}(t)\boldsymbol{x}(t) + \boldsymbol{Q}(t) + \boldsymbol{A}^{\mathrm{T}}(t)\boldsymbol{x}(t) = \boldsymbol{0} \qquad (26-12)$$

$$\frac{\partial L(\boldsymbol{x}(t), \boldsymbol{\lambda}(t), t)}{\partial\boldsymbol{\lambda}(t)} = \boldsymbol{A}(t)\boldsymbol{x}(t) - \boldsymbol{b}(t) = \boldsymbol{0} \qquad (26-13)$$

这样一个等式可以被写为如下所示的一种向量形式：

$$\boldsymbol{W}(t)\boldsymbol{y}(t) = \boldsymbol{g}(t) \qquad (26-14)$$

其中：

$$\boldsymbol{W}(t) := \begin{bmatrix} \boldsymbol{P}(t) & \boldsymbol{A}^{\mathrm{T}}(t) \\ \boldsymbol{A}(t) & \boldsymbol{0}_{m \times m} \end{bmatrix} \in \mathbf{R}^{(n+m) \times (n-m)}$$

$$\boldsymbol{y}(t) := \begin{bmatrix} \boldsymbol{x}(t) \\ \boldsymbol{\lambda}(t) \end{bmatrix} \in \mathbf{R}^{n+m}$$

$$\boldsymbol{g}(t) := \begin{bmatrix} -\boldsymbol{Q}(t) \\ \boldsymbol{b}(t) \end{bmatrix} \in \mathbf{R}^{n+m}$$

显然，因为系数矩阵 $\boldsymbol{P}(t)$、$\boldsymbol{A}(t)$ 与系数向量 $\boldsymbol{b}(t)$ 都为时变、连续且光滑的，所以 $\boldsymbol{W}(t)$ 与 $\boldsymbol{g}(t)$ 均为时变、光滑的系数矩阵。$\boldsymbol{y}(t) \in \mathbf{R}^{n+m}$ 为一个待解的未知且与时间 $t$ 有关的系数向量。

要求解时变二次规划问题(式(26-9)~(26-11))，即等价于求解系数矩阵方程式(26-14)。为了进一步理解和比较这种时变理论求解方法，最优解可写为如下形式：

$$\boldsymbol{y}^{*}(t) = [\boldsymbol{x}^{*\mathrm{T}}(t), \boldsymbol{\lambda}^{*\mathrm{T}}(t)]^{\mathrm{T}} = \boldsymbol{W}^{-1}(t)\boldsymbol{g}(t) \in \mathbf{R}^{n+m}$$

为了得到矩阵方程的最优解，可以定义一种向量形式的偏差函数，其形式为

$$\boldsymbol{\epsilon}(t) = \boldsymbol{W}(t)\boldsymbol{y}(t) - \boldsymbol{g}(t) \in \mathbf{R}^{n+m} \qquad (26-15)$$

根据神经动力学方法可知，为了使这样一个偏差函数 $\boldsymbol{\varepsilon}(t)$ 趋向于 $\boldsymbol{0}$，即使式(26-14)恒成立，则需要一个关于偏差函数 $\boldsymbol{\varepsilon}(t)$ 的负的时间导数，因此，零化神经动力学模型可以做

如下描述：

$$\frac{d\boldsymbol{\varepsilon}(t)}{dt} = -\gamma\boldsymbol{\varphi}(\boldsymbol{\varepsilon}(t)) \tag{26-16}$$

其中，$\gamma > 0$ 为用于提高方程收敛速率的常数。为了得到更快的收敛速度和更好的稳定性，常数 $\gamma$ 应该在硬件条件允许或合适的仿真目的的情况下被设计得尽可能大。$\boldsymbol{\varphi}(\cdot) \in \mathbf{R}^{n+m}$ 表示激活函数矩阵，其中包括线性激活函数、S 型激活函数、幂型激活函数、幂 S 型激活函数、双曲幂型激活函数、双曲正弦型激活函数等。一些广泛使用的激活函数如下[92,98]：

（1）线性激活函数：

$$f(u) = u$$

其中，标量参数 $u \in \mathbf{R}$。

（2）S 型激活函数：

$$f(u) = \frac{1 - \exp(-\xi)}{1 + \exp(-\xi)} \cdot \frac{1 - \exp(-\xi u)}{1 + \exp(-\xi u)}$$

其中，标量参数 $\xi \geqslant 1$ 并且 $u \in \mathbf{R}$。

（3）幂型激活函数：

$$f(u) = u^{\mu}$$

其中，奇数 $\mu \geqslant 3$ 并且 $u \in \mathbf{R}$。

（4）幂 S 型激活函数：

$$f(u) = \begin{cases} u^{\mu}, & |u| > 1 \\ \dfrac{1 - \exp(-\xi)}{1 + \exp(-\xi)} \cdot \dfrac{1 - \exp(-\xi e_{ij}(t))}{1 + \exp(-\xi e_{ij}(t))}, & \text{其他} \end{cases}$$

其中，标量参数 $\xi \geqslant 1$，奇数 $\mu \geqslant 3$ 并且 $u \in \mathbf{R}$。

（5）双曲正弦型激活函数：

$$f(u) = \frac{\exp(u - \exp(-u))}{2}$$

其中，$u \in \mathbf{R}$。

（6）Sign-bi-power 型激活函数：

$$f(u) = \frac{1}{2}\text{sig}^r(u) + \frac{1}{2}\text{sig}^{\frac{1}{r}}(u)$$

其中，$u \in \mathbf{R}$，标量参数 $r > 0$。$\text{sig}^r(u)$ 定义如下：

$$\text{sig}^r(u) = \begin{cases} |u|^r, & u > 0 \\ 0, & u = 0 \\ -|u|^r, & u < 0 \end{cases}$$

其中，$|u|$ 表示 $u$ 的绝对值，$u \in \mathbf{R}$。具有不同参数值 $r$ 的 Sign-bi-power 型激活函数如图 26.2所示。上述六种单调递增奇激活函数如图 26.3 所示。

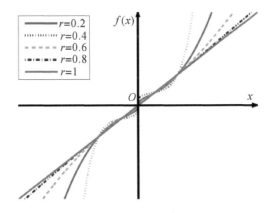

图 26.2 具有不同参数 $r$ 的 Sign-bi-power 型激活函数

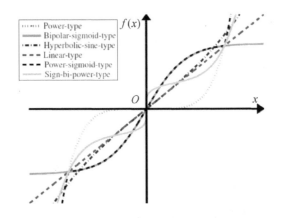

图 26.3 六种单调递增奇激活函数

为了得到式(26-16)的隐式动力学方程,我们可以将式(26-14)代入式(26-16),得到:

$$\dot{\boldsymbol{W}}(t)\boldsymbol{y}(t) = -\gamma\boldsymbol{\varphi}(\boldsymbol{W}(t)\boldsymbol{y}(t) - \boldsymbol{g}(t)) - \boldsymbol{W}(t)\dot{\boldsymbol{y}}(t) + \dot{\boldsymbol{g}}(t) \qquad (26-17)$$

其中, $\dot{\boldsymbol{W}}(t) = \dfrac{\mathrm{d}\boldsymbol{W}(t)}{\mathrm{d}t}$, $\dot{\boldsymbol{y}}(t) = \dfrac{\mathrm{d}\boldsymbol{y}(t)}{\mathrm{d}t}$, $\dot{\boldsymbol{g}}(t) = \dfrac{\mathrm{d}\boldsymbol{g}(t)}{\mathrm{d}t}$, 为时间导数。根据 $\boldsymbol{y}(t)$ 的定义可知:

$$\boldsymbol{y}(t) := \begin{bmatrix} \boldsymbol{x}(t) \\ \boldsymbol{\lambda}(t) \end{bmatrix} = [x_1(t), x_2(t), \cdots, x_n(t), \lambda_1(t), \lambda_2(t), \cdots, \lambda_m(t)]^{\mathrm{T}} \in \mathbf{R}^{n+m}$$

为与时间 $t$ 相关的待求未知解。

除此之外,我们定义 $\boldsymbol{y}(0) \in \mathbf{R}^{n \times m}$ 作为 $\boldsymbol{y}(t)$ 的初始值。值得一提的是,对方程 $\boldsymbol{W}(t)\boldsymbol{y}(t) = \boldsymbol{g}(t)$ 的求解可以进一步考虑为对更为一般化的 Sylvester 方程的求解:

$$A(t)x(t) - B(t)x(t) + C(t) = \mathbf{0} \qquad (26-18)$$

则对应求解上述 Sylvester 方程的零化神经网络偏差函数以及隐式动力学方程可以改写为

$$E(t) = A(t)X(t) - X(t)B(t) + C(t) \qquad (26-19)$$

$$A(t)\dot{X}(t) - \dot{X}(t)B(t) = -\dot{A}(t)X(t) + X(t)\dot{B}(t) - \dot{C}(t)$$
$$- \gamma F(A(t)X(t) - X(t)B(t) + C(t)) \qquad (26-20)$$

### 23.3.2 对偶递归神经网络

本节将介绍三种用于求解时变 QP 问题(式(26-9)~式(26-11))的对偶递归神经网络,如对偶神经网络(DNN)、基于线性变分不等式(LVI)的原对偶神经网络(LVI-PDNN)和简化的基于线性变分不等式的原对偶神经网络(S-LVI-PDNN)。

#### 1. 对偶神经网络

为了求解时变 QP 问题(式(26-9)~式(26-11)),可以设计对偶神经网络来处理有物理极限的机器人手臂的实时无偏移冗余度解析方案。首先定义 $E = [J; I] \in \mathbf{R}^{(n+m) \times n}$,其中 $I$ 是一个单位矩阵,于是 QP 问题(式(26-9)~式(26-11))可以重新写成[91]:

$$\min \dot{\boldsymbol{\theta}}^{\mathrm{T}} W \frac{\dot{\boldsymbol{\theta}}}{2} + c^{\mathrm{T}} \dot{\boldsymbol{\theta}} \qquad (26-21)$$

$$\text{s. t. } Y^{-} \leqslant \dot{\boldsymbol{\theta}} \leqslant \gamma^{+} \qquad (26-22)$$

其中, $\gamma^{-} := [\dot{r}^{\mathrm{T}}, (\zeta^{-})^{\mathrm{T}}]^{\mathrm{T}}$, $\gamma^{+} := [\dot{r}^{T}, (\zeta^{+})^{\mathrm{T}}]^{\mathrm{T}}$。在每个瞬时值 $t$ 中,QP 问题(式(26-9)~式(26-11))可以视为一个参数优化问题。根据昆卡特条件(Karush-Kuhn-Tucker condition)[99],存在一个 $u$ 满足当且仅当最优解 $\dot{\boldsymbol{\theta}}$ 满足 $\dot{\boldsymbol{\theta}} - E^{\mathrm{T}} u + c = \mathbf{0}(W = I = W^{-1})$ 和

$$\begin{cases} [E\dot{\boldsymbol{\theta}}]_i = \gamma_i^{-}, & u_i > 0 \\ \gamma_i^{-} \leqslant [E\dot{\boldsymbol{\theta}}]_i \leqslant \gamma_i^{+}, & u_i = 0 \\ [E\dot{\boldsymbol{\theta}}]_i = \gamma_i^{+}, & u_i < 0 \end{cases} \qquad (26-23)$$

根据参考文献[100],上述条件等价于分段线性方程:

$$E\dot{\boldsymbol{\theta}} = P_{\Omega}(E\dot{\boldsymbol{\theta}} - u) \qquad (26-24)$$

$P_{\Omega}(\cdot)$ 是从 $\mathbf{R}^{n+m}$ 到 $\Omega := \{u | u^{-} \leqslant u \leqslant u^{+}\} \in \mathbf{R}^{n+m}$ 的映射。第 $i$ 个 $P_{\Omega}(u)$ 的定义为

$$P_{\Omega_i}(u_i) = \begin{cases} \gamma_i^{-}, & u_i < \gamma_i^{-} \\ u_i, & \gamma_i^{-} \leqslant [E\dot{\boldsymbol{\theta}}]_i \leqslant \gamma_i^{+} \\ \gamma_i^{+}, & u_i > \gamma_i^{+} \end{cases}$$

方程 $\dot{\boldsymbol{\theta}}-\boldsymbol{E}^{\mathrm{T}}\boldsymbol{u}+\boldsymbol{c}=\boldsymbol{0}$ 可以重新写作：

$$\dot{\boldsymbol{\theta}}=\boldsymbol{E}^{\mathrm{T}}\boldsymbol{u}-\boldsymbol{c} \qquad (26-25)$$

将式(26-25)代入式(26-24)中消去 $\dot{\boldsymbol{\theta}}$ 可以得到方程 $P_{\Omega}(\boldsymbol{E}\boldsymbol{E}^{\mathrm{T}}\boldsymbol{u}-\boldsymbol{E}\boldsymbol{c}-\boldsymbol{u})=\boldsymbol{E}(\boldsymbol{E}^{\mathrm{T}}\boldsymbol{u}-\boldsymbol{c})$，进一步可以获得

$$\dot{\boldsymbol{u}}=\alpha(P_{\Omega}(\boldsymbol{E}\boldsymbol{E}^{\mathrm{T}}\boldsymbol{u}-\boldsymbol{E}\boldsymbol{c}-\boldsymbol{u})-\boldsymbol{E}(\boldsymbol{E}^{\mathrm{T}}\boldsymbol{u}-\boldsymbol{c})) \qquad (26-26)$$

$$\dot{\boldsymbol{\theta}}=\boldsymbol{E}^{\mathrm{T}}\boldsymbol{u}-\boldsymbol{c} \qquad (26-27)$$

其中，设计参数 $\alpha>0$，用来表示递归神经网络的收敛速度。此外，有如下关于对偶神经网络收敛性的引理[100]。

**引理 1**（**DNN 全局指数收敛性**）[52]　如果存在一个严格凸 QP 问题(式(26-9)～(式26-11)和式(26-21)～式(26-22))的最优解 $\dot{\boldsymbol{\theta}}^{*}$，则当初值 $\boldsymbol{u}(0)$ 给定时，式(26-26)～式(26-27)将会收敛到一个平衡点 $\boldsymbol{u}^{*}$。DNN 中 $\dot{\boldsymbol{\theta}}^{*}=\boldsymbol{E}^{\mathrm{T}}\boldsymbol{u}^{*}-\boldsymbol{c}$ 的输出 $\boldsymbol{u}^{*}$ 也是 QP 的一个最优解。另外，如果存在一个常数 $k>0$ 满足 $\|P_{\Omega}(\boldsymbol{E}\boldsymbol{E}^{\mathrm{T}}\boldsymbol{u}-\boldsymbol{E}\boldsymbol{c}-\boldsymbol{u})\|_{2}^{2}\geqslant k\|\boldsymbol{u}-\boldsymbol{u}^{*}\|_{2}^{2}$，那么神经网络指数收敛将一定成立，并且收敛速度和 $k\alpha$ 正相关。

**2. 基于线性变分不等式的原对偶神经网络**

基于线性变分不等式(LVI)的神经网络同样可以用来求解在线 QP 问题[92]。不同于对偶神经网络的设计步骤，基于 LVI 的神经网络会先将 QP 问题(式(26-9)～式(26-11))转化成一系列线性变分不等式(LVI)，进而将线性变分不等式转化成分段线性投影方程(PLPE)。

具体做法是：根据文献[52]的定理 2，QP 问题((式 26-9)～式(26-11))等价于寻找一个原对偶平衡矢量 $\boldsymbol{u}^{*}$，满足以下线性变分不等式 $(\boldsymbol{u}-\boldsymbol{u}^{*})^{\mathrm{T}}(\boldsymbol{M}\boldsymbol{u}^{*}+\boldsymbol{q})\geqslant\boldsymbol{0}$，$\forall\boldsymbol{u}\in\boldsymbol{\Omega}$。接着根据文献[52]的定理 3，LVI 问题等效于分段线性投影方程(PLPE)，即 $P_{\Omega}(\boldsymbol{u}-(\boldsymbol{M}\boldsymbol{u}+\boldsymbol{q}))-\boldsymbol{u}=\boldsymbol{0}$。各项系数定义如定理 2 和定理 3 所示，在此不再赘述。

参照神经网络动态设计经验[92,101]，为了求解 QP 问题(式(26-9)～式(26-11))，只需要采取如下的基于 LVI 原对偶神经网络(LVI-PDNN)来求解 PLPE 问题：

$$\dot{\boldsymbol{u}}=\beta(\boldsymbol{I}+\boldsymbol{M}^{\mathrm{T}})\{P_{\Omega}(\boldsymbol{u}-(\boldsymbol{M}\boldsymbol{u}+\boldsymbol{q}))-\boldsymbol{u}\} \qquad (26-28)$$

式中，$\beta>0$，用于约束神经网络的收敛速度，在硬件允许的条件下如果要求较高的在线处理性能，它可以取得尽可能大。此外，如下关于收敛性的引理 2 可以保证 LVI-PDNN 的收敛性[101]。

**引理 2**（**LVI-PDNN 全局指数收敛性**）[52]　如果存在一个严格凸 QP 问题(式(26-9)～式(26-11))的最优解 $\dot{\boldsymbol{\theta}}^{*}$，则当初值 $\boldsymbol{u}(0)$ 给定时，式(26-28)将会收敛到一个平衡点 $\boldsymbol{u}^{*}$，前 $n$ 个 $\boldsymbol{u}^{*}$ 组成 QP 的最优解。另外，如果存在一个常数 $g>0$ 满足 $\|\boldsymbol{u}-P_{\Omega}(\boldsymbol{u}-(\boldsymbol{M}\boldsymbol{u}+\boldsymbol{q}))\|_{2}^{2}\geqslant$

$g\parallel\boldsymbol{u}-\boldsymbol{u}^*\parallel_2^2$，那么神经网络指数收敛将一定成立，并且收敛速度和 $g\beta$ 正相关。

### 3. 简化的基于 LVI 的原对偶神经网络

通过移除 LVI - PDNN 的缩放比例因子 $(\boldsymbol{I}+\boldsymbol{M}^\mathrm{T})$，可以得到如下简化版的 LVI - PDNN(S - LVI - PDNN)[94]：

$$\dot{\boldsymbol{u}}=\beta\{P_\Omega(\boldsymbol{u}-(\boldsymbol{M}\boldsymbol{u}+\boldsymbol{q}))-\boldsymbol{u}\}\qquad(26-29)$$

其中，$\beta$ 的定义与 LVI - PDNN 一致。此外，关于 S - LVI - PDNN 的收敛性有如下引理[102]：

**引理 3** （S - LVI - PDNN **全局指数收敛性**）[52]　假定存在一个严格凸 QP 问题（式(26 - 9)～式(26 - 11)）的最优解 $\dot{\boldsymbol{\theta}}^*$，存在前 $n$ 个神经状态 $\boldsymbol{u}(t)$ 的元素，那么 S - LVI - PDNN(式(26 - 29))的输出 $\boldsymbol{x}$ 全局指数收敛到最优解 $\dot{\boldsymbol{\theta}}^*$。另外，收敛速度和 $\beta$ 正相关。

## 26.3.3　变参收敛递归神经网络

在 26.3.1 节中已经简单介绍了零化递归神经网络，零化递归神经网络假定式(26 - 16)中的参数 $\gamma$ 是时不变的，其设计显得合乎情理，然而，在实际系统中，硬件参数通常是时变的，这意味着式(26 - 16)中的参数 $\gamma$ 也同样是时变的。受到经典的零化递归神经网络设计思想的启发，并考虑到硬件系统的时变特性，一种新型的神经网络被探索研究并得以发展。不同于具有固定收敛参数的零化递归神经网络，决定新型神经网络收敛性能的设计参数是时变的，因此这种新型的递归神经网络被称为变参收敛递归神经网络（Varying-Parameter Convergent-Differential Neural-Network，VP-CDNN）。式(26 - 16)能够被重新公式化为

$$\dot{\boldsymbol{E}}(t)=-\gamma(t)\boldsymbol{F}(\boldsymbol{E}(t))\qquad(26-30)$$

其中，偏差函数为 $\boldsymbol{E}(t)=\boldsymbol{A}(t)\boldsymbol{X}(t)-\boldsymbol{X}(t)\boldsymbol{B}(t)+\boldsymbol{C}(t)$，设计参数方程 $\gamma(t)$，$t\in[0,+\infty)$ 为时变函数。变参收敛递归神经网络能够用如下隐式动力学方程表达：

$$\boldsymbol{A}(t)\dot{\boldsymbol{X}}(t)-\dot{\boldsymbol{X}}(t)\boldsymbol{B}(t)=-\dot{\boldsymbol{A}}(t)\boldsymbol{X}(t)+\boldsymbol{X}(t)\dot{\boldsymbol{B}}(t)-\dot{\boldsymbol{C}}(t)$$
$$-\gamma(t)\boldsymbol{F}(\boldsymbol{A}(t)\boldsymbol{X}(t)-\boldsymbol{X}(t)\boldsymbol{B}(t)+\boldsymbol{C}(t))\qquad(26-31)$$

其中，$\boldsymbol{X}(t)$ 具有初始值 $\boldsymbol{X}(0)=\boldsymbol{X}_0\in\mathbf{R}^{m\times n}$。更进一步地，基于文献[92]中的定理 1，变参收敛递归神经网络的隐式动力学方程(式(26 - 31))能够转化为如下的矢量形式：

$$\boldsymbol{M}(t)\dot{\boldsymbol{x}}(t)=-\gamma(t)\boldsymbol{F}(\boldsymbol{M}(t)\boldsymbol{x}(t)+\mathrm{vec}(\boldsymbol{C}(t)))$$
$$-\dot{\boldsymbol{M}}(t)\boldsymbol{x}(t)-\mathrm{vec}(\dot{\boldsymbol{C}}(t))\qquad(26-32)$$

其中，矩阵 $\boldsymbol{M}(t):=\boldsymbol{I}_n\otimes\boldsymbol{A}(t)-\boldsymbol{B}^\mathrm{T}(t)\otimes\boldsymbol{I}_m$，矢量 $\boldsymbol{x}(t):=\mathrm{vec}(\boldsymbol{X}(t))$；对比于式(26 - 16)中的激活函数，仅在维度上具有细微差别的激活函数阵列 $\boldsymbol{F}(\cdot)=\mathbf{R}^{mn\times 1}\rightarrow\mathbf{R}^{mn\times 1}$。根据隐式动力学方程(26 - 31)，变参收敛递归神经网络的框图实现如图 26.4 所示。

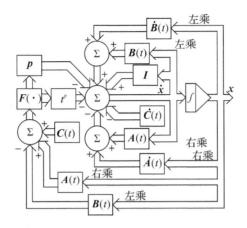

图 26.4　VP-CDNN 的框图设计

图 26.4 不仅仅是式(26-31)的展示,同时也是所提出的实数域 VP-CDNN 的实现。值得一提的是,VP-CDNN 能够通过使用电子元件实现,并且框图能够促进并指导神经网络的物理实现的设计过程。在图 26.4 中,$\sum$ 表示累加器;$\int$ 表示积分器;左乘和右乘代表着矩阵的两种不同乘法运算。在式(26-31)以及图 26.4 中,$\gamma(t) = t^p + p$(其中 $p > 0$)是变参方程。其中,不同参数 $p$ 对应的曲线如图 26.5 所示。值得一提的是,当 $t = 0$ 时,实数域 VP-CDNN 会退化为零化神经网络。

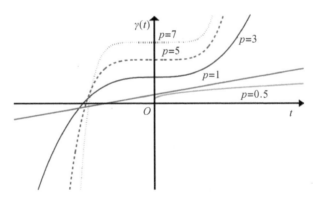

图 26.5　幂函数型变参方程

上述 VP-CDNN 具有如下性质:

**引理 4**　(**全局收敛性证明**[98])考虑时变 Sylvester 方程(式(26-18))的在线求解问题。给定时变矩阵,$A(t) \in \mathbf{R}^{m \times m}$,$B(t) \in \mathbf{R}^{n \times n}$ 以及 $C(t) \in \mathbf{R}^{m \times n}$ 满足式(26-18),如果正则条件[98]能够被满足并且使用单调递增的奇激活函数 $F(\cdot)$,那么起始于任意初始条件 $X_0 \in \mathbf{R}^{m \times n}$ 的 VP-CDNN 系统(式(26-31))的状态矩阵 $X(t) \in \mathbf{R}^{m \times n}$ 能够全局收敛到 Sylvester

方程(式(26－18))的时变理论解$X^*(t)$。

**引理 5 （不同激励函数下的收敛效果证明[98]）**给定时变矩阵 $A(t)\in \mathbf{R}^{m\times m}$，$R(t)\in \mathbf{R}^{n\times n}$ 以及 $C(t)\in \mathbf{R}^{m\times n}$ 满足式(26－18)，如果正则条件[98]能够被满足并且使用单调递增的奇激活函数 $F(\cdot)$，那么起始于任意初始条件$X_0$的实数域 VP－CDNN 系统(式(26－31))的状态矩阵 $X(t)$能够收敛到时变理论解$X^*(t)$。此外，具体的实数域 VP－CDNN 系统(式(26－31))的收敛率如下：

（1）当线性激活函数被使用时，具有比率为$\dfrac{t^p}{p+1}+p$ 的超指数收敛性能。

（2）当 S 型激活函数被使用时，在偏差域$e_{ij}(t)\in\left(\dfrac{\ln 2}{\xi},+\infty\right)$(其中 $\xi\geqslant 1$)上，具有收敛率为$\left(\dfrac{t^p}{p+1}+p\right)/2$ 的超指数收敛性能。

（3）当幂型激活函数被使用时，在偏差域$|e_{ij}(t)|>1$ 上，具有超指数收敛性能。

**引理 6（与零化神经网络上界对比[98]）** 给定矩阵 $A(t)\in \mathbf{R}^{m\times m}$，$B(t)\in \mathbf{R}^{n\times n}$ 以及 $C(t)\in \mathbf{R}^{m\times n}$满足式(26－18)，如果正则条件[98]能够被满足并且使用线性激活函数、S 型激活函数以及幂型激活函数，那么使用 VP－CDNN 的误差上界会小于使用零化神经网络的。

来源于计算结果的截断舍入误差或者电路元件的高阶残余误差的微分误差和模型实现误差会比参数矩阵扰动更经常出现在神经网络的具体实现上[103]。假设 $\boldsymbol{\Theta}(t)\in \mathbf{R}^{m\times m}$ 和 $\boldsymbol{\Psi}(t)\in \mathbf{R}^{n\times n}$分别是时间导数矩阵$\dot{A}(t)$和$\dot{B}(t)$的微分误差，$\boldsymbol{\Phi}(t)\in \mathbf{R}^{m\times n}$是模型实现误差。受到干扰的实数域 VP－CDNN 系统的隐式动力学方程能够被写成

$$A(t)\dot{X}(t)-\dot{X}(t)B(t)=-(\dot{A}(t)+\boldsymbol{\Theta}(t))X(t)+X(t)(\dot{B}(t)+\boldsymbol{\Psi}(t))+\boldsymbol{\Phi}(t)$$
$$-\dot{C}(t)-(t^p-p)F(A(t)X(t)-X(t)B(t)+C(t)) \qquad (26-33)$$

**引理 7** 考虑具有未知光滑微分误差 $\boldsymbol{\Theta}(t)$、$\boldsymbol{\Psi}(t)$和模型实现误差$\boldsymbol{\Phi}(t)$的 VP－CDNN 模型。如果 $\|\boldsymbol{\Theta}(t)\|_F\leqslant \varepsilon_1$，$\|\boldsymbol{\Psi}(t)\|_F\leqslant \varepsilon_2$，$\|\boldsymbol{\Phi}(t)\|_F\leqslant \varepsilon_3$，$\|M^{-1}(t)\|_F<\varphi_1$ 以及 $\|X^*(t)\|_F\leqslant \varphi_2$对任意的 $t\in[0,+\infty]$，那么计算误差 $\|X(t)-X^*(t)\|_F$将会被限定在界限$\dfrac{\varphi_1(mn+\sqrt{mn})\zeta_2}{2(xY(t)-\zeta_1\varphi_1))}$，其中 $\zeta_1=\sqrt{n}\varepsilon_1+\sqrt{m}\varepsilon_2$，$\zeta_2=\varepsilon_3+\zeta_1\varphi_2$，参数 $x>0$ 被定义在 $f(e_{ij}(0))/e_{ij}(0)$以及$f'(0)$之间。考虑到设计参数的要求，$\gamma(t)>(\sqrt{n}\varepsilon_1+\sqrt{m}\varepsilon_2)\varphi_1/x$ 需要被保证。此外，在使用指数型变参函数 $\gamma(t)=t^p+p$ 的情况下，当 $t\rightarrow+\infty$时，残余误差将收敛到零。

## 26.4 应用于智能机器人中的学习算法

随着各种人工智能学习算法的发展，人工智能技术已成为智能机器人发展过程中极其

重要的核心内容。目前人工智能技术中最具代表意义的深度学习技术几乎彻底改变了传统图像和语音识别技术，并在智能机器人中得到了广泛应用，提高了智能机器人的工作精度。由于算法与精度的提高，深度学习技术成为了目前十分有效的视听觉处理算法，能够更有利地辅助智能机器人实现地图重构，完成定位导航与路径规划任务。与其他应用领域不同，应用在机器人控制任务学习领域的强化学习，主要表现在高维连续状态与动作空间和较高的样本收集代价上。然而，由于其较好的学习效果，强化学习方法在机器人领域仍然受到了广泛的关注与研究，提高了机器人的智能水平。通过人工智能算法，如深度学习技术，人们期待智能机器人最终能够通过学习训练，获得人类思维、动作、交互、语言交流等行为。

### 26.4.1 深度学习

作为一种较为前沿的学习算法以及智能技术，深度学习的概念来源于人工神经网络技术。作为深度学习中最为典型的一种，深度神经网络（DNN）目前广泛应用于人工智能，包括计算机视觉、语音识别和智能机器人技术等。其本质是通过构建包含众多隐含层的神经网络框架，经过大量数据的训练，获得更准确、更能够代表事物本质的特征信息，从而实现精确的分类、拟合以及预测。

相较于传统的学习算法，深度神经网络学习过程所获得的数据信息特征，能够辅助解释文字、图像以及声音信号，实现了对样本数据的内在规律与层次的挖掘。人们期望通过在智能机器人上应用深度学习技术，使得机器人能够像人一样进行分析、思考、处理与执行任务。深度学习如今在语音识别[104]和图像识别[105]上已获得了突破性进展，这使得深度学习技术的应用实现了突破性增长，如自动驾驶[106]、检测癌症[107]，甚至是复杂的游戏决策[108]。在这些相关领域，深度神经网络的准确度不仅能够达到人类水平，某些方面甚至已经超过了人类所具有的智能。与早期专家系统或人工特征筛选不同的是，深度神经网络的优越性能在于，它能够通过对大量数据的统计学习，从原始的数据中提取高质量的事物本质特征，从而获得更为有效的网络表示。然而，尽管 DNN 在大部分人工智能任务上能够提供更准确的结果，但这样的结果是以极高的计算量、计算复杂性为代价的。如何做到在不牺牲运算精度以及不提高硬件成本的前提下，有效地设计深度学习算法以提高计算效率，对于智能机器人系统中深度学习的应用而言是至关重要的。尽管能够利用图形处理单元（GPU）等方式实现计算加速，但越来越多的研究人员投入到提供更专业的深度学习算法计算加速的研究中。由于深度学习当前的有效性和精确性，针对具有高复杂度和高性能的基于深度学习算法的智能机器人引起了各界的广泛关注。

经过研究人员长期的探索发现，智能机器人需要更多的自主学习能力，以进一步实现更为强大的认知和行为能力。因此 20 世纪 80 年代出现的基于反向传播的前馈神经网络可以说是深度神经网络的前身。得益于该时期浅层学习的积累，通过训练与学习得到统计规律，进一步完成对事物的分类或预测的学习框架成为了当今深度学习的主要思路。Hinton

等人于 2006 年在 *Science* 上发表的一篇论文中首次提出了深度学习的概念[109]。至今，深度学习模型已经被 Bengio 等人证明具有比浅层网络更优越的非线性逼近能力和泛化能力，能够适应更为复杂的模式识别场合。除了学术研究外，深度学习技术以及大规模深度网络也逐步投入商用，如基于卷积神经网络的手写字符识别系统[110]、谷歌图像搜索以及无人驾驶等。

在 2010 年代初，基于深度神经网络的应用程序蓬勃发展，其中最引人注目的是微软 2011 年的语音识别系统[104]和 2012 年的图像识别 AlexNet 系统[105]。这得益于如下三个因素的综合作用：训练网络的可用信息数量、可用的计算容量以及算法技术的发展。

深度学习的应用成功打开了算法开发的闸门并激发了不少（主要是开源的）深度学习算法框架的开发，使研究人员和实践者更容易掌握和使用深度神经网络。ImageNet 竞赛[111]是深度学习成功的一个很好的例子。2012 年，多伦多大学的一个研究小组结合 GPU 的高计算能力和深度神经网络方法 AlexNet，不仅将 ImageNet 竞赛中的错误率降低了约 10%，而且激发了大量具有深度学习风格的算法的涌现，带来了源源不断的改进，更进一步地推广了 GPU 的使用。

在语音识别方面，深度学习同样大幅度地提升了其识别率和准确率，这得益于基于深度学习的声学模型的研究。利用深度神经网络技术，微软研究院和谷歌的语音识别研究团队将语音识别的准确率提高到了 70% 到 80%，取得了该领域中突破性的成果。

2015 年，基于深度学习技术的智能机器人在国际机器人展上完成了物品分拣任务。该机器人利用深度学习技术，使用每一次分拣过程中获得的样本信息，改变或调整深度神经网络的结构或参数，进一步构建大型网络结构。同时，利用深度学习结合强化学习的方式，该机器人能够加强自身与任务、环境等因素的适应性。随着任务执行与自学习时间的推进，分拣过程中吸附工件的成功率从 60% 上升到了 90%[112]。此外，在 2016 年 3 月，以深度学习技术为核心的 AlphaGo 以 4∶1 的比分战胜了世界围棋冠军李世石[113]，这也表明了深度学习技术在智能机器人的发展中以及人工智能领域的研究中均占有重要地位。以下将对智能机器人中深度学习技术的应用做简要介绍。

**1. 基于深度学习的智能机器人抓取任务**

现阶段，智能机器人大多配备机械手臂系统。作为智能机器人的重要组成成分，机械手臂是大多数机器人的主要执行机构，承担了抓取、搬运等任务。而研究智能机器人抓取任务，将涉及机器视觉、手臂位姿判别、运动规划与决策、人工智能学习等相关内容。深度学习方法在采用视觉图像信息进行手臂位姿判别时起关键性作用。利用基于深度学习的多模态特征学习方法，智能机器人能够在给定任务环境场景下对抓取姿态进行优化，获得最优姿态决策。采用在线学习的形式，伴随着智能机器人的不断运行，机器人的抓取精度将不断提高。该方法的实现步骤包括：① 使用去噪自动编码方式构建深度神经网络；② 采用能够采集深度信息的视觉传感器获取目标 RGB 及深度等多模态视觉信息；③ 对原始图像信息进行目标分割和特征提取，并利用深度神经网络进行学习训练，获得基于多模态的特征深度提取以及表达，实现最优决策；④ 利用基于深度学习的多模态特征学习[114]的结果对实际的智能机器人进行操作或修正，完成针对不确定、不规则或不固定物体的定位以及方向判别和抓取。深度神经网络的应用提高了智能机器人抓取操作的鲁棒性和准确性。深度神经网络的学习过程中，首先将原始训练数据进行噪化，再采用去噪自动编码和稀疏约束条件等方式实现网络权值调整，最终实现学习过程。

**2. 基于深度学习的智能机器人场景识别**

为了使智能机器人更好地适应未知的环境以及工作任务，利用基于视觉图像的场景识别与理解技术完成智能机器人对陌生环境场景的识别，是进一步实现人工智能的关键课题。而在场景识别问题中，如何实现更好的特征提取是研究的关键步骤。

相较于传统的需要利用人工进行局部特征筛选的方案，在机器人场景识别[115]中利用卷积神经网络[116]的深度学习方法，可以在非人为作用下获得原始图像信息中的本质特征信息。所利用的卷积神经网络模型包括多个卷积层、池化层和全连接层。其中，卷积神经网络采用递减学习迭代率，最大池化等方法，并且在全连接层中应用 Dropout 技术。

在更加具体的实际应用（如语言文字的识别）中，通过使用深度神经网络的方法，利用重叠的文字边界区域图片对神经网络进行训练，可以解决文字重叠所产生的漏检或无法识别问题，并获得文字所在位置的信息。结合深度玻尔兹曼机以及超像素等先进技术，深度神经网络能够进一步应用在物体识别[117]、大尺寸场景图像处理中。该方法将经过卷积神经网络预处理后所得到的卷积特征或对图像信息进行表达的超像素作为深度玻尔兹曼机[118]的可视层输入节点，然后进行图像特征提取，最终利用 Softmax 分类器实现场景的分类[112]。这样的处理方式十分适合室外场景识别。

为了解决智能机器人室内环境三维地图重建问题，并关联与地图相对应的语义信息，可以使用分散模块化技术实现场景识别与地图重构[119-120]。其实现步骤如下：① 在原基于 RGB 和深度信息的三维重构技术上，先利用深度学习优化技术优化原始深度图像，再通过位姿估计方法实现环境地图重构；② 利用深度神经网络方法实现视觉物体识别，完成针对场景图片中物品的识别与定位；③ 利用分散式模块化技术提高系统的实时性和灵活性，完成对整体系统的改进；④ 通过采用增加同步标识的方法解决系统信息不同步的问题，最终将识别和重构两个独立进程统一到同一智能机器人系统框架中。

**3. 基于深度学习的多机器人系统**

利用深度学习算法，能够实现快速高效的多机器人系统的协同工作、自主避障以及编队控制，以完成单一机器人无法实现的复杂任务[121]。

该系统的设计步骤如下：① 利用前面基于深度学习的智能机器人场景识别技术获取任

务所需地图以及机器人定位，为进一步构建多机器人避障与编队算法提供基础；② 结合多机器人编队算法，采用基于深度学习的障碍躲避策略，实现多机器人决策；③ 根据所完成任务的不同，采用不同的编队方式、方法与策略，如采用较为常用的基于行为法[122]和领航跟随法[123]等；④ 采用不同编队方法与策略时，结合离线采样的样本进行有监督训练，最终获得合适的基于深度学习的多机器人整体系统控制决策方案。多机器人系统利用深度学习方法所训练出来的控制与决策网络，能够实时进行障碍物判别、躲避，并结合自身定位信息作出控制决策，最终实现编队任务。

**4. 深度学习在工业智能机器人中的应用**

由于智能机器人能够辅助人类完成重复性和危险性的工作，减少人员伤害，因此智能机器人在工业领域中被广泛应用，如应用在焊接、喷漆、拼装、分拣以及挖掘等方面。在设计工业智能机器人时，同样需要前面所提到的基于深度学习的智能机器人场景识别等相关技术，利用视觉传感器获取环境信息、定位情况等。对于焊接、喷漆以及挖掘等任务，需要考虑的是利用视觉识别系统，完成末端执行器的目标检测和跟踪。其主要步骤如下：① 依次使用灰度图像以及直方图均衡化方法、滤波算法、Canny 算子和 SUSAN 算子等技术实现图像预处理，增强特征信息，完成图像去噪，实现边缘与角点检测；② 采用深度神经网络以及自编码器对图像信息进行特征学习，利用 MNIST 数据集对系统进行网络训练，完成图像分类。由于自编码器具有提取边缘特征的功能，因此为进一步实现边缘分割提供了基础。在实现任务环境的分类与识别后，需要进一步完成末端执行器的定位以及任务目标的检测、识别与跟踪等工作。可以将三帧差法与混合高斯背景建模法相结合，实现末端执行器目标检测。可以通过使用 Kalman 滤波和 Mean-shift 算法，实现末端执行器目标跟踪。

此外，在分拣、搬运、抓取等工业领域中，可以利用深度学习技术识别工件位置、大小，从而实现快速、高精度的物体识别与定位，有效地解决相应的复杂任务。具体步骤是：经过灰度图、滤波算法、阈值分割等操作实现图像初期处理，利用训练好的深度卷积神经网络(CNN)完成任务目标识别，并实现基于视觉图像的分类与定位工作，再根据目标所在位置以及目标类别实现工件分类、抓取与搬运。

**5. 深度学习在家庭服务机器人中的应用**

在智能家居、物联网、生活娱乐等家庭服务方面，基于深度学习的智能机器人同样发挥着重要的作用[124]。而在设计这类家庭服务机器人时，主要考虑智能机器人对环境的识别与理解以及自然人机交互两个方面的内容。

与前面在工业中的应用相似，利用基于深度学习的智能机器人场景识别等相关技术，能够实现对居家生活环境的场景识别，完成环境理解工作，为自然人机交互打下基础。进一步地，根据实际环境情况，利用成像技术、图像界面接口以及自然语言处理技术(深度去噪自编码器[125])，将智能机器人对环境的理解转化为人类能够理解的交互方式。可采用基于统计学习的智能算法，实现对大规模语料库的学习，进一步完成智能机器人与人类的日常语音交互。根据机器人所处环境的不同，利用不同环境下的语言交互资料完成相应的训练。

在实现文本交互时，为了增加词性维度并实现统计量化，可以利用基于传统文本向量空间模型的文本表示模型，再利用深度去噪自编码器实现文本交互意图理解，输出包含文本信息的多维特征向量。经过离线训练和在线预测，可进一步得到文本指令的意图理解。

## 26.4.2 强化学习

通过试错方式实现与环境交互、累计奖赏的强化学习方案，能够帮助机器人实现最优操作技能的学习[126-127]。该基于强化学习的机器人学习方法分为三个阶段，分别为策略执行、样本收集及策略优化[128]。

（1）策略执行：处于状态$s_t$的机器人，根据当前所决定的决策执行当前动作$a_t$，并根据动作执行效果评价该动作奖赏$r_t(s_t, a_t)$。执行动作$a_t$的作用使得状态转移概率$p(s_{t+1}/s_t, a_t)$转移到新状态$s_{t+1}$。重复上述过程，直到任务执行完毕。

（2）样本收集：从策略执行阶段获得执行轨迹$s_0, a_0, s_1, a_1, \cdots, s_H$，其中$H$为执行策略的长度，而该执行轨迹对应的执行累计奖赏为

$$R(\tau) = \sum_{t=0}^{H} \gamma^t r_t(s_t, a_t), 0 < \gamma \leqslant 1$$

其中，$\gamma$为折扣因子。机器人在状态$s_t$后因执行策略$\pi$而获得的累计奖赏，即价值函数$V^\pi(s_t)$为

$$V^\pi(s_t) = E\Big[\sum_{k=t}^{H} \gamma^{k-t} r_t(s_t, a_t) | S = s_t; \pi\Big]$$

机器人在状态$s_t$后因执行动作$a_t$而得到的动作-状态值函数$Q^\pi(s_t, a_t)$为

$$Q^\pi(s_t, a_t) = E\Big[\sum_{k=t}^{H} \gamma^{k-t} r_t(s_t, a_t) | S = s_t, A = a_t; \pi\Big]$$

进一步地，根据贝尔曼方程[129]，动作-状态值函数$Q^\pi(s_t, a_t)$的迭代式为

$$Q^\pi(s_t, a_t) = E_{s+1}[r_{t+1} + \gamma Q^\pi(s_{t+1}, \pi(s_{t+1}))]$$

而在状态$s_t$所需要执行的最优动作$a_t^*$为

$$a_t^* = \arg \max_{a_t} Q^\pi(s_t, a_t)$$

（3）策略优化：对机器人的操作执行策略进行优化。根据是否采用价值函数$V^\pi(s_t)$或动作-状态值函数$Q^\pi(s_t, a_t)$，可将强化学习方法分为值函数强化学习和策略搜索强化学习。进一步地，可以将深度学习与强化学习相互结合，得到深度强化学习方法，对机器人进行智能决策与控制。以下将分别介绍值函数强化学习、策略搜索强化学习以及深度强化学习。

**1. 值函数强化学习**

值函数强化学习方法能够分成基于学习模型的值函数强化学习方法和基于无模型的值函数强化学习方法[128]。

1）基于学习模型的值函数强化学习方法

基于学习模型的值函数强化学习方法需要获得系统的状态转移模型，其中模型可以根据先验知识以及交互数据学习得到。利用决策树方法获得系统状态转移模型，Hester 等完成了人形机器人控制任务并实现了踢足球技能的学习[130]。采用局部线性系统估计的方法，Lioutikov 等得到了二连杆机械臂挥动乒乓球拍系统的状态转移概率模型，并完成了相应的系统控制[131]。利用基于卷积神经网络的预测模型，Schenck 等完成了 KUKA 机器人对豆状物体的挖取任务的学习[132]。

基于学习模型的值函数强化学习方法需要系统状态转移模型，并通过仿真测试，利用该模型实现最优策略优化，因此该方法在实际应用中所需样本少，但计算量较大。

2）基于无模型的值函数强化学习方法

基于无模型的值函数强化学习方法不需要相应的系统的状态转移模型，采用 Q-leaning[133]、蒙特卡洛[134]、SARSA[135] 或 TD($\lambda$)[136] 等估计算法对机器人的价值函数或动作-状态值函数进行估计，进一步得到近似模型，从而得到各状态最优任务执行动作。采用 Q-leaning 算法做模型估计，Asada 等人利用视觉传感器所获取的工作环境与任务目标所对应的尺寸以及位置，完成了机器人击球到指定位置的操作学习[137]。为了完成机器人抓取不同种类物体的任务，解决抓取任务中存在的不确定性，Kroemer 等人提出了一种基于强化学习和视觉反馈策略的混合控制器[138]。Konidaris 等人利用 CST 方法实现了机器人任务序列化，实现了机器人室内导航以及开门任务的学习[139-140]。基于无模型的值函数强化学习方法不需要系统的状态转移模型，计算量较小，但是价值函数或动作-状态值函数需要实时与环境交互并不断迭代估计得到。

**2. 策略搜索强化学习方法**

不同于间接得到最优策略的值函数强化学习方法，该方法直接采用如下策略评价函数在可行域中寻找最优控制策略：

$$\eta(\boldsymbol{\theta}) = E\left[\sum_{t=0}^{H} r_t(s_t, a_t) \mid \pi_\theta\right]$$

由于上式成立，因此所执行策略的优化过程能够进一步转化为对参数向量 $\boldsymbol{\theta}$ 的优化过程。而根据策略的优化搜索求解过程是否需要求导，可以将策略搜索强化学习方法分为免求导方法和策略梯度方法[128]。

1）免求导方法

常见免求导方法有交叉熵(CEM)方法[141]、协方差矩阵适应法(CMA)[142]等。

2）策略梯度方法

策略梯度方法是指对策略评价函数求关于参数向量 $\boldsymbol{\theta}$ 的导数，并得到关于参数 $\boldsymbol{\theta}$ 的策略梯度搜索方向：

$$\nabla_\theta \eta(\boldsymbol{\theta}) = \nabla_\theta \sum_\tau p(\tau; \boldsymbol{\theta}) R(\tau) = \sum_\tau p(\tau; \boldsymbol{\theta}) \nabla_\theta \log p(\tau; \boldsymbol{\theta}) R(\tau)$$

其中，$p(\tau; \boldsymbol{\theta})$ 为执行策略 $\pi$ 后得到轨迹 $\tau$ 的概率分布。进一步地，参数 $\boldsymbol{\theta}$ 的迭代更新方程为

$$\theta_{i+1} = \theta_i + \alpha \nabla_\theta \eta(\boldsymbol{\theta})$$

其中，$\alpha$ 为更新步长。

Endo 等人采用策略梯度方法完成了人形机器人行走任务学习[143]。Deisenroth 等人将带有深度信息的视觉传感器所获得的图像以及执行任务的空间约束加入强化学习过程中，完成了机器人搭积木的策略搜索强化学习过程[144]。

相较于值函数强化学习方法，策略搜索强化学习方法在机器人学习领域具有更好的效果，这是由于策略搜索强化学习方法能够更好地融入已有的专家知识，加速收敛过程。同时策略评价函数相比于价值函数，需要进行学习的参数更少，这使得该方法具有更高的学习效率[145]。

**3. 深度强化学习**

结合能够从原始数据中获取高质量且具备事物本质的特性信息的深度学习方法，近年来，许多研究人员着力于研究结合了深度神经学习方法的深度强化学习算法[146]，并成功应用在了众多娱乐[147]（包括棋类[148]）等领域。

1）值函数深度强化学习

在视频游戏上，Deep-Mind 所提出的 Deep Q-network 成功击败了人类游戏玩家[147]。此后，竞争网络[149]、深度递归网络[150]等相继被提出。通过构建虚拟训练环境并应用于深度强化学习中，Zhang 等人利用 Deep Q-network 方法实现了三自由度机器人抓取任务的决策训练[151]。随后，Google Brain 和 DeepMind 又联合提出了基于连续动作空间和学习模型的 Deep Q-network 改进算法，并在虚拟环境下完成了抓取、末端执行器移动等任务[152]。

2）策略搜索深度强化学习

Lillicrap 等人利用改进的确定性策略梯度方法，提出了一种能够解决机器人连续动作空间控制问题的深度确定性策略梯度方法，在仿真环境中完成了机器人抓取任务[153]。Schulman 等人设计了一种能够成功应用在虚拟环境中的置信域策略优化方法，进一步提高了决策优化过程的算法性能[154]。

由于结合了具有强特征表达能力、无需人工设计或筛选特征的深度学习方法，因此深度强化学习方法与传统的强化学习方法相比更适合于智能机器人任务实现和操作。因此，深度强化学习方法在机器人与人工智能领域中受到了广泛的关注和应用。

## 26.5 智能机器人领域未来发展方向以及前沿技术

为了抢占国际智能机器人领域的主导与领先地位，同时进一步加强我国智能机器人行业竞争水平，我国机器人行业需要抢占前沿技术领域，以实现更好、更高的突破。当前阶段，智能机器人领域的前沿技术包括：脑机接口技术、类脑型机器人控制与决策、迁移学习等高效智能学习算法、软体仿生结构智能机器人、分布式人工智能、群体机器人智能控制、基于云计算和大数据的智能机器人等[1]。除此之外，基于图像理解的低成本 SLAM 技术、多模态医学图像处理技术、可穿戴设备人机耦合化、沉浸式虚拟现实人机交互、新型刚柔耦合仿生柔顺机构、自然的人机协作情感识别和交互机制、人机耦合安全决策机制等研究方向已成为下一阶段提升智能机器人研究水平的重点课题。上述前沿技术的研究将为未来国家智能机器人新兴产业的形成与发展奠定基础。

### 26.5.1 脑机接口技术

脑机接口(Brain-Computer Interface，BCI)技术是一种通过收集、识别和转换人类大脑神经系统的神经元电活动信号，将来自人类大脑的命令信号直接传送到特定的机器人或智能终端的一种前沿技术，同时也是一项在自然人机交互领域具有重大创新意义和应用价值的信息技术。脑机接口技术有利于实现高效便捷的智能机器人控制和操作，可以被广泛地应用于疾病诊断、康复治疗、灾难救援、军事辅助和大众娱乐等领域。

脑机接口系统根据脑信号的获取方式不同可以分为非侵入式和侵入式两种。侵入式脑机接口需要将电极植入大脑灰质层或者放置于大脑皮层表面，属于有创脑机接口。非侵入式只需将电极置于头皮上，只要一个电极帽或其他外部采集设备即可。侵入式的优点是高信噪比和高信息传输率，缺点是手术有风险，可能对大脑造成损伤以及相应的心理和伦理问题。非侵入式的优点是简单、易行、无害，缺点是采集到的信号信噪比低，对信号后期处理要求高。目前国际、国内有多数研究组关注非侵入式脑机接口。

1964 年，Grey Walte 使用脑电信号控制投影的幻灯片，这常常被认为是世界上第一个脑机接口演示实验[155]。20 世纪 70 年代，Vidal 等使用脑电信号根据人眼的注视方向来移动计算机光标[156]。Vidal 的另一个重要贡献是创造了"Brain-Computer Interface"(BCI，脑机接口)这个名词。之后，伴随着神经科学和计算机技术的发展，自 20 世纪 90 年代初到现在，国际上关于脑机接口的研究越来越活跃，并取得了较大进展[9, 16-17, 157-159]。2006 年，*Nature* 上刊载了美国杜克大学实验室利用猴子大脑皮层电信号完成机器人手臂系统控制的相关报道[160-161]。该研究利用植入大脑皮层运动神经控制端的微型电极阵列，获取大脑皮层表面多通道 EEG 电信号，并进一步测量、分析与识别相应的人体电信号信息，构建脑电运动神经控制区的电信号状态模型，最终通过脑机接口技术实现了机器人控制的任务。

该研究也表明，通过建立脑机接口或采用神经接口技术，该项技术有潜力在一定程度上辅助瘫痪病人恢复运动能力，帮助病人重获独立生活能力。研究人员还证明，长期患有瘫痪或中枢神经系统损伤的人可以通过神经信号控制执行装置来恢复运动能力[162]。荷兰乌特勒支大学 Nick Ramsay 团队将嵌入式脑机接口装置植入患有晚期肌萎缩侧索硬化症（ALS）的患者的大脑中，使得患者获得通过计算机进行打字的能力，并且该方式成为患者与他人交流的重要手段[163]。2013 年俄亥俄州立大学的瘫痪恢复研究计划中运用了一种将瘫痪病人的大脑与众多神经元关联在一起的芯片，使得患者能够绕过脊柱直接将大脑命令传递给人体假肢并实现控制[164]。凯斯西储大学的 BoluAjiboye 团队则通过大脑皮层记录芯片以及36 个电机，利用机械手臂辅助病人完成包括抓取、移动在内的简单动作[165]。

目前非侵入式脑机接口的瓶颈主要是：不方便，不高速，有延迟，不稳定和少指令。由于前面四个方面主要是由非侵入式本身的固有缺陷造成的，也就是由颅骨对信号的衰减作用和对电磁波的分散模糊效应造成的，因此近几年的脑机接口工作主要集中在实验范式设计和应用拓展方面。其中，实验范式设计包括多模态范式[166]、多自由度范式[167]和视线不动范式[168]等；应用拓展则与游戏、机器人等相联系[169]。图 26.6 为布朗大学脑科学研究所的科学家展示的一个 58 岁的瘫痪女性依靠脑电信号控制机械臂辅助喝水的演示实验[170]。图 26.7 所示为奥地利格拉茨工业大学脑机接口实验室设计的脑电控制游戏。

图 26.6　脑电控制机械臂喝水

图 26.7　脑电控制游戏

在国家的大力支持和国内研究人员的努力下，国内也形成了一批有特色的研究团队，并取得了喜人的研究成果。清华大学的高上凯、高小榕团队提出了一种基于编码调制方法的高速脑机接口[171]。浙江大学的郑筱祥、陈卫东研究了侵入式脑机接口技术[172]。西安交通大学的郑南宁、龚怡红团队的研究多集中于人脑视觉认知方面[173]。中国科学院的王平安等研发了一种用于下肢瘫痪病人的外骨骼机器人[174]。电子科技大学的尧德中教授试图从脑信号中合成脑波音乐[175]。上海交通大学的张丽清教授研究了非侵入式脑机接口中的多路信号处理方式[176]。国防科技大学的胡德文教授研究了意识控制汽车和意识控制机器人[177]。华南理工大学的李远清和张智军等研究了面向意识障碍患者的脑机接口以及意识控制智能轮椅机器人[9, 16-17, 178]。

进一步地，如脑电辅助肌肉外骨骼系统，嵌入式人工视觉、听觉系统，脑电控制仿人假肢等利用生物电信号测量以及 BCI 技术的设备，在智能机器人系统中将会有广阔的应用前景。

## 26.5.2 类脑型机器人控制与决策

由于智能机器人需要在复杂多变，且存在众多干扰和不确定性的环境中完成具有高维度和非线性特点的任务，这远远超出了传统控制算法和优化计算的有效性，因此，更加智能的控制算法或更类似于人脑的人工智能决策与学习算法将是必需的。而为了辅助完成更为先进的智能控制与决策算法，智能机器人同样也需要更加丰富的传感器数据支持，以获取更为精确和实时的传感信息。为了处理大量的信息数据，更加快速的控制与决策算法以及人工智能学习算法同样也是研究的重点。在接下来的研究中，不能仅仅满足于利用机器人实现简单重复性运动，而应当进一步考虑如何赋予智能机器人更智能的学习能力。其中，学习算法可分为监督学习和无监督学习。

监督学习指通过基于人工标记的样本集，训练合适的学习算法模型参数，从而做出控制决策。监督学习主要侧重于机器人通过模仿和示范学习[179-180]。智能机器人通过学习算法，调整运动参数，适应不同的工作环境，并且模仿人类的一些行为举动，最终完成控制任务。Paraschos 等人[179]提出了"概率运动原语"（ProMP）的概念，旨在通过概率模型描述运动原语，使智能机器人能够适应变化的任务。在文献[181]和[182]中，研究人员通过运动原语所构建的紧凑表达的机器人控制律，能够帮助机器人实现碰撞、敲击和抓住等动作。

无监督学习指在没有先验知识的情况下，从未标记的样本集中训练最优控制决策算法[183]。大多数无监督学习方法主要集中在构建复杂大规模的神经网络模型或深度学习模型上。深度学习在一定程度上解决了传统人工神经网络中局部收敛和过度适应的问题。由Hinton 等人提出的深度学习模型主要利用深度神经网络的方式，模拟人脑的学习过程，以实现智能的学习算法。Levine 等人[184]通过建立大型深度神经网络实现了智能机器人的无监督学习。这种模仿人类大脑的多层抽象表达机制，利用深度学习所实现的无监督的特征学习方法实现了对特征的深度抽象表达，避免了传统特征提取算法中的人为设计干扰因素。

### 26.5.3 迁移学习等高效智能学习算法

迁移学习是可以将智能机器人已完成任务中通过学习算法学习到的能力，转移到其他任务或其他机器人上，用于提高智能机器人学习效率的一类学习方法。在机器人智能学习领域，迁移学习是从一个或多个资源域（Source Domain）提取已有经验、知识、参数等，并将这些已有信息实践于目标域（Target Domain）的学习算法。该方法可以被广泛应用在智能控制[185]、计算机视觉[186]、模式识别等相关领域。面对新的工作任务时，尽管智能机器人迁移学习算法可以提高机器人的学习效率，但一定程度的环境交互和训练仍然是必要的。也就是说，即使采用迁移学习方法，机器人仍然需要一定次数的示教以实现更好的任务实践。Ammar 等人提出了一种从不同工作任务中迁移已有知识从而实现智能机器人迁移学习的基于策略梯度的高效学习方法[187]。Gupta 等人采用构建智能机器人共有特性空间的方式，利用多任务学习模式，成功实现了在仿真环境下通过数据迁移的方式，借助 3 连杆机械臂的操作能力完成 4 连杆机械臂的操作任务[188]。

一种实现智能机器人迁移学习的方式是基于环境的方法，即通过在仿真环境中模拟智能机器人，利用仿真训练学习机器人技能并迁移到现实环境中。这样的一种仿真模拟训练方式具有较低的训练和学习成本，同时也可以避免在现实环境中训练所带来的危害性、不可重复性、不便性等因素。尽管具有这样的优势，但现实环境往往和仿真环境不尽相同，仿真模拟过程忽略了许多外界因素，因此容易导致在仿真下训练得到的操作能力在真实的机器人任务中实现不了最佳效果。因此，如何将在虚拟环境中学习到的策略较好地应用于真实环境是机器人操作技能学习中研究的关键问题之一[114]。

另一种迁移学习的方式则是基于任务的方法，主要是将已完成的任务所实现的机器人操作能力迁移到需要完成的任务上。这要求新旧任务内容、工作环境和所对应智能机器人等方面的差异不大。为此，如何在具有相对较大差异的任务间，在避免出现负迁移（Negative Transfer）现象的情况下，实现机器人迁移学习也同样是亟待解决的重要问题[114]。

### 26.5.4 软体仿生结构智能机器人

伴随着新型材料和 3D 打印技术的发展，为了克服传统机器人安全性差、结构复杂、柔韧性差以及环境适应能力弱等缺点，开发柔性材料结构以及相应柔性软体智能机器人[189-193]（见图 26.8）成为了新一代机器人研究的重要领域之一。Festo 和 BUAA 等人所开发的柔性机器人抓手（如图 26.9 所示）具有连续变形和无限自由度等相关特性，可以被应用在狭小空间作业、不规则物件抓取、柔性抓取等方面[189-191]。由于其具有软体效果，因此相较于传统的刚体机器人，它更适合用于实现自然人机交互上，以提高智能机器人交互的安全性和舒适性。

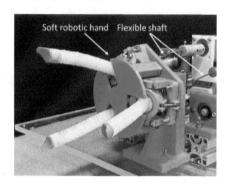

图 26.8　软体(连续体)机器人抓手

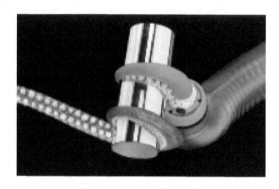

图 26.9　柔性机器人抓手

然而，软体机器人的研究面临着如下重要问题：① 如何实现复杂三维腔体结构的生产技术；② 如何在实现嵌入式高精度传感器的同时不影响软体结构本体的机械特性；③ 如何在实现软体材料的可变强度、可变刚度和刚柔耦合的同时，保证软体结构本身的变形能力。

当前主流的软体仿生结构的主要类型有：气动和电缆驱动结构，超弹性和高延性硅胶材料以及形状记忆合金。其中，Trunk 机器人[194]和 Festo 的气动驱动肌肉[195]等软体结构主要是基于传统气动和电缆驱动结构来实现的。利用 3D 打印技术以及超弹性和高延性硅胶材料所构建的新型气动结构则主要用在医疗、仿生等类型智能机器人中。形状记忆合金等(包括形状记忆聚合物和介电弹性体等)新型智能材料主要用于嵌入软体材料中，以改变外界物理结构，实现软体材料的变形，最终实现三维运动[196]。这种利用形状记忆合金材料的结构技术在麻省理工学院的 RUS 团队开发的仿生爬行机器人 Meshworm 以及由意大利仿生实验室所设计的机器抓手 octobot 上已经被验证。此外，基于流体的电压变化驱动模式同样具有广阔的应用前景[197]。如何在非结构化环境下减小器件尺寸，在流体控制下构建非线性系统模型是当前的研究热点之一[1]。尽管由于智能软体材料能够在物理场(如电场、磁场等)中实现形变以进一步实现集成软体机器人的驱动结构设计，然而如何构建安全、稳定、可控的物理场成为了实现软体结构有效控制的关键问题[1]。

### 26.5.5　分布式人工智能以及群体机器人智能控制

通过将人工智能技术以及分布式计算机技术相结合，分布式人工智能能够给予原本不相融、无法完成协作的独立机器人群体互操作能力和相互通信能力，获得快速适应变化环境和协同工作的能力。同时，分布式人工智能将智能系统分散在整体系统的各个独立载体上并通过相互协作共同完成任务。由于智能系统并非独立存在于单一载体上，因此它能分担计算任务而降低集中式系统所需要的计算需求。该技术的研究目的在于构建与社会系统、自然系统相似的能够更准确地实现群体协作的概念模型。因此，该项技术主要研究群体机器人中各个智能体之间的协作模式和信息传递机制，涉及群体智能系统和分布式计算等多个方面。群体智能系统主要研究系统内各个独立个体之间的协作行为，如相互运动、信息传递技术和规则等。分布式计算问题主要将整体问题划分为知识共享与协作模块。分布式人工智能在机器人领域最突出的应用便是群体机器人系统。

群体机器人系统的行为主要由系统中的机器人智能体所决定，而其协作策略也存在于相应的智能体之中。本质上，群体机器人系统由多个单智能体构成，并且与传统智能体系统在拓扑结构、组织框架、操作机制等方面均类似。因此，在分布式智能技术的支撑下，群体机器人系统的研究成为智能机器人领域的重要课题。另外，群体机器人系统的构成和任务执行需要机器人群体实现协作，同样也促进了分布式人工智能技术在智能机器人领域的研究和应用。

## 26.5.6　基于云计算和大数据的智能机器人

结合基于互联网计算模式的云计算技术和智能机器人于一体，"云机器人"的概念[198]在 2010 年 Humanoids 国际会议上首次被提出。云计算能够为互联的网络终端提供可共享的硬件与软件资源，实现信息的交流以及代为实现的高速计算。智能机器人作为云计算网络的终端，只需要通过网络接口连接到互联网中以获取信息，降低了智能机器人对数据存储和高速计算能力的需求。

由于结合了云计算能力，因此云机器人本身不需要具备特别强的计算能力，只要将需要的计算内容通过互联网上传到云端，结合大数据，通过高速的云服务器实现快速计算。相较于传统的机器人系统，云机器人能够做到更好的资源共享，具有更大的信息存储、更便捷的设计以及更快的计算与学习能力。同时由于简化了独立机器人的设计环节，开发人员可通过修改云端算法实现机器人控制，这也将节省较多的开发时间。

为了实现云机器人设计与开发，需要用到如下关键技术：无线电波和微波通信技术、Wi-Fi 和蓝牙技术、面向服务的架构（SOA）、互联网技术、物联网技术以及大型服务器计算机组等。至今已有各种云机器人服务平台被使用，如基于网络机器人的云平台（ROS[199] 和 RoboEarth 平台）、基于传感器网络的云平台（Sensorcloud[200] 和 X-sensor）、基于 RSNP 模型的云平台（Jeeves）[201]。

云计算和大数据的开发将促进智能机器人技术的发展，如 SLAM、对象掌握和情感理解等。新加坡 ASORO 实验室构建了一个帮助机器人实现更快三维地图构建的云计算架构[202]。来自加利福尼亚大学的 Kehoe 等人利用 Willow Garage 公司的 PR2 机器人和谷歌的目标识别引擎，通过基于云平台的机器人完成了抓取任务[203]。在云计算和大数据技术的支持下，云机器人技术将引发智能机器人领域的新变革。

（本章作者：张智军）

# 本章参考文献

[1] WANG T M，TAO Y，LIU H . Current Researches and Future Development Trend of Intelligent Robot：A Review[J]. International Journal of Automation and Computing，2018，15(5)：525－546.

[2] 中国国家科学技术部. 国家中长期科学和技术发展规划纲要(2006—2020 年). 中华人民共和国国务院公报，2006，2.

[3] 中华人民共和国国民经济和社会发展第十二个五年规划纲要.

[4] 中华人民共和国国民经济和社会发展第十三个五年规划纲要.

[5] 孟庆春，齐勇，张淑军，等. 智能机器人及其发展[J]. 中国海洋大学学报(自然科学版)，2004，34(5)：831－838.

[6] 陈逸飞. 逐渐靠近的人工智能：智能机器人的发展与现状[J]. 科技资讯，2015，13(33)：28－29.

[7] 金耀青，姜永权，谭炳元. 智能机器人现状及发展趋势[J]. 电脑与电信，2017(5).

[8] BOHREN J，RUSU R B，JOENES E G，et al. Towards autonomous robotic butlers：Lessons learned with the PR2[C]. 2011 IEEE International Conference on Robotics and Automation，2011.

[9] ZHANG Z J，HUANG Y Q，CHEN S Y，et al. An Intention-Driven Semi-autonomous Intelligent Robotic System for Drinking[J]. Frontiers in Neurorobotics，2017，11：1－14.

[10] BROEDERS I A M J，RUURDA J. Robotics revolutionizing surgery：The Intuitive Surgical "Da Vinci" system[J]. Industrial Robot，2001，28(5)：387－392.

[11] ZAHNG Z，CHEN S，LI S. Compatible Convex-Nonconvex Constrained QP-Based Dual Neural Networks for Motion Planning of Redundant Robot Manipulators[J]. IEEE Transactions on Control Systems Technology，2018 (99)：1－9.

[12] TSUI K M，NORTON A，BROOKS D J，et al. Design and development of two generations of semi-autonomous social telepresence robots[C]. 2013 IEEE International Conference on Technologies for Practical Robot Applications (TePRA)，2013：1－6.

[13] ZHANG Z，BECK A，MAGNEAT－THALMANN N. Human-Like Behavior Generation Based on Head-Arms Model for Robot Tracking External Targets and Body Parts[J]. IEEE Transactions on Cybernetics，2015，45(8)：1390－1400.

[14] International Federation of Robotics. Service Robots[N]. http：//www.ifr.org/service-robot/.

[15] XIAO Y，ZHANG Z，BECK A，et al. Human-Robot Interaction by Understanding Upper Body Gestures[J]. Presence：Teleoperators and Virtual Environments，2014，23(2)：133－154.

[16] ZHAO C，ZHANG Z，LI Y，et al. An EEG-based mind controlled virtual-human obstacle-avoidance platform in three dimensional virtual environment[C]. International IEEE/EMBS Conference on Neural Engineering，2017.

[17] Pan X，Zhang Z，Li Y，et al. Enjoy Driving from Thought in a Virtual City[C]. Proceedings of the 36th Chinese Control Conference，2017，11034－11040.

[18] 孙华，陈俊风，吴林. 多传感器信息融合技术及其在机器人中的应用[J]. 传感器技术，2003，

22(9): 1 - 4.

[19] LUO R C, LIN M H, SSHERP R S. Dynamic multi-sensor data fusion system for intelligent robots [J]. IEEE Journal on Robotics and Automation, 1988, 4(4): 386 - 396.

[20] OLFATI - SABER R, FAX J A, MURRAY R M. Consensus and Cooperation in Networked Multi-Agent Systems[J]. Proceedings of the IEEE, 2007, 95(1): 215 - 233.

[21] 薛宏涛, 叶媛媛, 沈林成, 等. 多智能体系统体系结构及协调机制研究综述[J]. 机器人, 2001, 23(1): 85 - 90.

[22] SHI G, JOHANSSON K H. Multi-agent robust consensus-Part I: Convergence analysis[C]. IEEE Conference on Decision & Control & European Control Conference, 2012, 5744 - 5749.

[23] SUN Y G, WANG L, XIE G. Average consensus in networks of dynamic agents with switching topologies and multiple time-varying delays[J]. Systems & Control Letters, 2008, 57(2): 175 - 183.

[24] BRAMBILLA M, FERRANTE E, BIRATTARI M, et al. Swarm robotics: a review from the swarm engineering perspective[J]. Swarm Intelligence, 2013, 7(1): 1 - 41.

[25] FLINT M, POLYCARPOU M, FERNANDEZGAUCHERAND E. Cooperative control for multiple autonomous UAV's searching for targets[C]. 41st IEEE Conference on Decision and Control, 2002, 3: 2823 - 2828.

[26] HAFEZ A T, MARASCO A J, GIVIGI S N, et al. Solving Multi-UAV Dynamic Encirclement via Model Predictive Control[J]. IEEE Transactions on Control Systems Technology, 2015, 23(6): 1 - 1.

[27] YANG A L, NAEEM W, FEI M R, et al. Multiple robots formation manoeuvring and collision avoidance strategy[J]. International Journal of Automation and Computing, 14(6): 696 - 705.

[28] Robots and Robotic Devices - Collaborative Robots, ISO/TS 15066, 2016.

[29] CHOI J, HONG S, LEE W, et al. A Robot Joint With Variable Stiffness Using Leaf Springs[J]. IEEE Transactions on Robotics, 2011, 27(2): 229 - 238.

[30] WOLF S, EIBERGER O, HIRZINGER G. The DLR FSJ: Energy based design of a variable stiffness joint[C]. IEEE International Conference on Robotics & Automation, 2011: 5082 - 5089.

[31] ZANCHETTIN A M, CERIANI N M, ROCCO P, et al. Safety in Human-Robot Collaborative Manufacturing Environments: Metrics and Control[J]. IEEE Transactions on Automation Science & Engineering, 2016, 13(2): 882 - 893.

[32] GUTMANN J S, FUKUCHI M, FUJITA M. 3D Perception and Environment Map Generation for Humanoid Robot Navigation[J]. International Journal of Robotics Research, 2008, 27(10): 1117 - 1134.

[33] SCHMITZ A, MAIOLINO P, MAGGIALI M, et al. Methods and Technologies for the Implementation of Large-Scale Robot Tactile Sensors[J]. IEEE Transactions on Robotics, 2011, 27(3): 389 - 400.

[34] LI T Y, HSU S W. An intelligent 3D user interface adapting to user control behaviors [C]. Proceedings of the 2004 International Conference on Intelligent User Interfaces, 2004, 184 - 190.

[35] MATSUHIRA N, BAMBA H, ASAKURA M. The development of a general master arm for

teleoperation considering its role as a man-machine interface[J]. Advanced Robotics, 1993, 8(4): 443 – 457.

[36] 张颖，罗森林. 情感建模与情感识别[J]. 计算机工程与应用，2003，39(33)：98 – 102.

[37] MERRAS M, EI HAZZAT S, SAAIDI A, et al. 3D face reconstruction using images from cameras with varying parameters[J]. International Journal of Automation and Computing, 2016, 14(6): 661 – 671.

[38] CAMBRIA E. Affective Computing and Sentiment Analysis[J]. IEEE Intelligent Systems, 2016, 31(2): 102 – 107.

[39] BARTELS A, ZEKI S. The neural correlates of maternal and romantic love[J]. Neuroimage, 2004, 21(3): 1155 – 1166.

[40] LIN J, YU H, MIAO C, et al. An Affective Agent for Studying Composite Emotions[C]. International Conference on Autonomous Agents & Multiagent Systems. International Foundation for Autonomous Agents and Multiagent Systems, 2015: 1947 – 1948.

[41] ZENG Z, TU J, PIANFETTI B M, et al. Audio-Visual Affective Expression Recognition Through Multistream Fused HMM[J]. IEEE Transactions on Multimedia, 2008, 10(4): 570 – 577.

[42] HAPPY S L, ROUTRAY A. Automatic facial expression recognition using features of salient facial patches[J]. IEEE Transactions on Affective Computing, 2015, 6(1): 1 – 12.

[43] ZENG Z, PANTIC M, ROISMAN G I, et al. A Survey of Affect Recognition Methods: Audio, Visual, and Spontaneous Expressions[J]. IEEE Transactions on Pattern Analysis and Machine Intelligence, 2009, 31(1): 39 – 58.

[44] DAVISON A J, REID I D, MOLTON N D, et al. MonoSLAM: Real-Time Single Camera SLAM [J]. IEEE Transactions on Pattern Analysis and Machine Intelligence, 2007, 29(6): 1052 – 1067.

[45] BLÖOSCH M, WEISS S, SCARAMUZZA D, et al. Vision based MAV navigation in unknown and unstructured environments[C]. IEEE International Conference on Robotics & Automation, 2010: 21 – 28.

[46] 陆新华，张桂林. 室内服务机器人导航方法研究[J]. 机器人，2003，25(1)：80 – 87.

[47] 庄晓东，孟庆春，高云，等. 复杂环境中基于人工势场优化算法的最优路径规划[J]. 机器人，2003，25(6)：531 – 535.

[48] ZHANG Z, LU Y, ZHENG L, et al. A New Varying-Parameter Convergent-Differential Neural-Network for Solving Time-Varying Convex QP Problem Constrained by Linear-Equality[J]. IEEE Transactions on Automatic Control, 2018, 63(12): 4110 – 4125.

[49] ZHANG Z, YAN Z, FU T. Varying-Parameter RNN Activated by Finite-Time Functions for Solving Joint-Drift Problems of Redundant Robot Manipulators[J]. IEEE Transactions on Industrial Informatics, 2018, 14(12): 5359 – 5367.

[50] CHIU C. Learning path planning using genetic algorithm approach[C]. Hci International. L. Erlbaum Associates Inc. 1999, 8: 71 – 75.

[51] ZHANG Z, ZHENG L, GUO Q. A Varying-Parameter Convergent Neural Dynamic Controller of

Multi-Rotor UAVs for Tracking Time-Varying Tasks [J]. IEEE Transactions on Vehicular Technology, 2018, 67(6): 4793 – 4805.

[52]  ZHANG Z, ZHENG L, YU J, et al. Three Recurrent Neural Networks and Three Numerical Methods for Solving Repetitive Motion Planning Scheme of Redundant Robot Manipulators[J]. IEEE/ASME Transactions on Mechatronics, 2017, 22(3): 1423 – 1434.

[53]  王灏, 毛宗源. 机器人的智能控制方法[M]. 北京: 国防工业出版社, 2002.

[54]  HAYKIN S. Neural Networks: A Comprehensive Foundation [J]. Neural Networks A Comprehensive Foundation, 1994: 71 – 80.

[55]  PSALTIS D, SIDERIS A, YAMAMURA A A. A multilayered neural network controller[J]. IEEE Control Systems Magazine, 1988, 8(2): 17 – 21.

[56]  ZHANG Z, LIN Y, LI S, et al. Tricriteria Optimization-Coordination Motion of Dual-Redundant-Robot Manipulators for Complex Path Planning [J]. IEEE Transactions on Control Systems Technology, 2017, 26(4): 1345 – 1357.

[57]  DEMERS D, KREUTZDELGADO K. Neural Systems for Robotics[M]. San Diego: Academic Press, 1997.

[58]  QIAO J, LI F, HAN H, et al. Constructive algorithm for fully connected cascade feedforward neural networks[J]. Neurocomputing, 2016, 182: 154 – 164.

[59]  ZHANG Y N, GUO D, LI Z. Common Nature of Learning Between Back-Propagation and Hopfield-Type Neural Networks for Generalized Matrix Inversion With Simplified Models [J]. IEEE Transactions on Neural Networks and Learning Systems, 2013, 24(4): 579 – 592.

[60]  OZAKI T, SUZUKI T, FURUHASHI T, et al. Trajectory control of robotic manipulators using neural networks[J]. IEEE Transactions on Industrial Electronics, 1991, 38(3): 195 – 202.

[61]  ZHANG Y N, YU X, GUO D, et al. Weights and structure determination of multiple-input feedforward neural network activated by Chebyshev polynomials of Class 2 via cross-validation[J]. Neural Computing & Applications, 2014, 25(7 – 8): 1761 – 1770.

[62]  RAJ D R, RAGLEND I J, ANAND M D. Inverse kinematics solution of a five joint robot using Feed forward and Elman network[C]. International Conference on Circuit, 2015: 1 – 5.

[63]  ABDOLLAHI F, TALEBI H A, PATEL R V. A Stable Neural Network-Based Observer With Application to Flexible-Joint Manipulators[J]. IEEE Transactions on Neural Networks, 2006, 17(1): 118 – 129.

[64]  GARRIDO R. Stable neurovisual servoing for robot manipulators[J]. IEEE Transactions on Neural Networks, 2006, 17(4): 953 – 965.

[65]  WU Q, WANG X, SHEN Q. Research on dynamic modeling and simulation of axial-flow pumping system based on RBF neural network[J]. Neurocomputing, 2016, 186: 200 – 206.

[66]  YANG R, ER P, WANG Z, et al. An RBF neural network approach towards precision motion system with selective sensor fusion[J]. Neurocomputing, 2016, 199: 31 – 39.

[67]  GE S S, HANG C C, WOON L C. Adaptive Neural Network Control of Robot Manipulators in Task

Space[J]. IEEE Transactions on Industrial Electronics, 2002, 44(6): 746 - 752.

[68] WANG L, CHAI T, YANG C. Neural-Network-Based Contouring Control for Robotic Manipulators in Operational Space[J]. IEEE Transactions on Control Systems Technology, 2012, 20(4): 1073 - 1080.

[69] XIA D, WANG L, CHAI T. Neural-Network-Friction Compensation-Based Energy Swing-Up Control of Pendubot[J]. IEEE Transactions on Industrial Electronics, 2014, 61(3): 1411 - 1423.

[70] LI X, CHEAH C C. Adaptive Neural Network Control of Robot Based on a Unified Objective Bound [J]. IEEE Transactions on Control Systems Technology, 2014, 22(3): 1032 - 1043.

[71] WANG L, CHAI T, ZHAI L. Neural-Network-Based Terminal Sliding-Mode Control of Robotic Manipulators Including Actuator Dynamics[J]. IEEE Transactions on Industrial Electronics, 2009, 56(9): 3296 - 3304.

[72] CHENG L, HOU Z G, LIN Y, et al. Recurrent Neural Network for Non-Smooth Convex Optimization Problems With Application to the Identification of Genetic Regulatory Networks[J]. IEEE Transactions on Neural Networks, 2011, 22(5): 714 - 726.

[73] TIAN L, WANG J, MAO Z. Constrained Motion Control of Flexible Robot Manipulators Based on Recurrent Neural Networks[J]. IEEE Trans. Syst. Man Cybern B Cybern, 2004, 34(3): 1541 - 1552.

[74] KöKER R. Design and performance of an intelligent predictive controller for a six-degree-of-freedom robot using the Elman network[J]. Information Sciences, 2006, 176(12): 1781 - 1799.

[75] GUO D, ZAHNG Y N. Li-function activated ZNN with finite-time convergence applied to redundant-manipulator kinematic control via time-varying Jacobian matrix pseudoinversion[J]. Applied Soft Computing, 2014, 24: 158 - 168.

[76] JIN L, LI S. Nonconvex function activated zeroing neural network models for dynamic quadratic programming subject to equality and inequality constraints[J]. Neurocomputing, 2017, 267: 107 - 113.

[77] WANG Y, CHENG L, HOU Z G, et al. Optimal Formation of Multirobot Systems Based on a Recurrent Neural Network[J]. IEEE Transactions on Neural Networks & Learning Systems, 2016, 27(2): 322 - 333.

[78] ZHANG Y N, ZHANG Z. Design and experimentation of acceleration-level drift-free scheme aided by two recurrent neural networks[J]. IET Control Theory & Applications, 2013, 7(1): 25 - 42.

[79] GUO D, ZHANG Y N. Zhang neural network, Getz - Marsden dynamic system, and discrete-time algorithms for time-varying matrix inversion with application to robots kinematic control [J]. Neurocomputing, 2012, 97: 22 - 32.

[80] WANG J, HU Q, JIANG D. A Lagrangian network for kinematic control of redundant robot manipulators [J]. IEEE Transactions on Neural Networks, 1999, 10(5): 1123 - 1132.

[81] CHYAN G S, PONNAMBALAM S G. Obstacle avoidance control of redundant robots using variants of particle swarm optimization[J]. Robotics and Computer-Integrated Manufacturing, 2012, 28(2):

147 – 153.

[82] SHIMIZU M, KAKUYA H, YOON W K, et al. Analytical Inverse Kinematic Computation for 7-DOF Redundant Manipulators With Joint Limits and Its Application to Redundancy Resolution[J]. IEEE Transactions on Robotics, 2008, 24(5): 1131 – 1142.

[83] MCCARTHY J M, BODDULURI R M. Avoiding singular configurations in finite position synthesis of spherical 4 R, linkages[J]. Mechanism & Machine Theory, 2000, 35(3): 451 – 462.

[84] KHATIB O, BOWLING A. Optimization of the Inertial and Acceleration Characteristics of Manipulators [C]. IEEE International Conference on Robotics and Automation, 1999, 4: 2883 – 2889.

[85] KLEIN C A, HUANG C H. Review of pseudoinverse control for use with kinematically redundant manipulators[J]. IEEE Transactions on Systems Man & Cybernetics, 1983, SMC – 13(2): 245 – 250.

[86] HUSSAIN R, QURESHI A, MUGHAL R A, et al. Inverse kinematics control of redundant planar manipulator with joint constraints using numerical method[C]. 2015 15th International Conference on Control, Automation and Systems (ICCAS), 2015: 806 – 810.

[87] ZHANG Z J, ZHANG Y N. Equivalence of Different-level Schemes for Repetitive Motion Planning of Redundant Robots[J]. Acta Automatica Sinica, 2013, 39(1): 88 – 91.

[88] ZHANG Y N, XIE L, ZHANG Z, et al. Real-time joystick control and experiments of redundant manipulators using cosine-based velocity mapping[C]. 2011 IEEE International Conference on Automation and Logistics (ICAL), 2011: 345 – 350.

[89] TANG W S, WANG J. A recurrent neural network for minimum infinity-norm kinematic control of redundant manipulators with an improved problem formulation and reduced architecture complexity [J]. IEEE Transactions on Cybernetics, 2001, 31(1): 98 – 105.

[90] XIA Y. A new neural network for solving linear programming problems and its application[J]. IEEE Transactions on Neural Networks, 1996, 7(2): 525 – 529.

[91] ZHANG Y N, TAN Z, YANG Z, et al. A dual neural network applied to drift-free resolution of five-link planar robot arm[C]. International Conference on Information and Automation, ICIA 2008, 2008: 1274 – 1279.

[92] ZHANG Z J, ZHENG L N, WENG J, et al. A New Varying-Parameter Recurrent Neural-Network for Online Solution of Time-Varying Sylvester Equation[J]. IEEE Transactions on Cybernetics, 2018, 48(11): 3135 – 3148.

[93] ZHANG Y N , LYU X, LI Z, et al. Repetitive motion planning of PA10 robot arm subject to joint physical limits and using LVI-based primal-dual neural network[J]. Mechatronics, 2008, 18(9): 475 – 485.

[94] ZHANG Y N, LI J, Mao M, et al. Complete theory for E47 and 94LVI algorithms solving inequality-and-bound constrained quadratic program efficiently[C]. Chinese Automation Congress, 2015.

[95] Zhang Y N, Zhu H, LYU X, et al. Joint angle drift problem of PUMA560 robot arm solved by a simplified LVI-based primal-dual neural network[C]. IEEE International Conference on Industrial

Technology, 2008: 1 – 6.

[96]  ZHANG Y N, ZHANG Z. Repetitive motion planning and control of redundant robot manipulators [M]. Berlin: Springer Berlin Heidelberg, 2013.

[97]  XIAO L, ZHANG Y N. Acceleration-Level Repetitive Motion Planning and Its Experimental Verification on a Six-Link Planar Robot Manipulator[J]. IEEE Transactions on Control Systems Technology, 2013, 21(3): 906 – 914.

[98]  ZHANG Z J, ZHENG L N. A Complex Varying-Parameter Convergent-Differential Neural-Network for Solving Online Time-Varying Complex Sylvester Equation [J]. IEEE Transactions on Cybernetics, 2018: 1 – 13.

[99]  YE J J, ZHANG J. Enhanced Karush-Kuhn-Tucker condition and weaker constraint qualifications [J]. Mathematical Programming, 2013, 139(1 – 2): 353 – 381.

[100]  ZHANG Y N, WANG J. A dual neural network for convex quadratic programming subject to linear equality and inequality constraints[J]. Physics Letters A, 2002, 298(4): 271 – 278.

[101]  ZHANG Y N, GE S S, LEE T H. A unified quadratic-programming-based dynamical system approach to joint torque optimization of physically constrained redundant manipulators[J]. IEEE Transactions on Cybernetics, 2004, 34(5): 2126 – 2132.

[102]  ZHANG Y N, LI Z, TAN H Z, et al. On the Simplified LVI-based Primal-Dual Neural Network for Solving LP and QP Problems[C]. IEEE International Conference on Control and Automation, 2007: 3129 – 3134.

[103]  MEAD C, ISMAIL M. Analog VLSI Implementation of Neural Systems[M]. Boston: Springer US, 1989.

[104]  DENG L, LI J, HUANG J T, et al. Recent advances in deep learning for speech research at Microsoft [C]. IEEE International Conference on Acoustics, 2013: 8604 – 8608.

[105]  KRIZHEVSKY A, SUTSKEVER, HINTON G. ImageNet Classification with Deep Convolutional Neural Networks[J]. Advances in neural information processing systems, 2012, 25(2): 1097 – 1105.

[106]  CHEN C, SEFF A, KORNHAUSER A, et al. DeepDriving: Learning Affordance for Direct Perception in Autonomous Driving[C]. IEEE International Conference on Computer Vision, 2015: 2722 – 2730.

[107]  ESTEVA A, KUPREL B, NOVOA R A, et al. Dermatologist – level classification of skin cancer with deep neural networks[J]. Nature, 2017, 542(7639): 115 – 118.

[108]  SILVER D, HUANG A, MADDISON C J, et al. Mastering the game of Go with deep neural networks and tree search[J]. Nature, 2016, 529(7587): 484 – 489.

[109]  HINTON G E, SALAKHUTDINOV R R. Reducing the dimensionality of data with neural networks[J]. Science, 2006, 313 (5786): 504 – 507.

[110]  LECUN Y , BOSER B , DENKER J S , et al. Backpropagation Applied to Handwritten Zip Code Recognition[J]. Neural Computation, 1989, 1(4): 541 – 551.

[111]  RUSSAKOVSKY O, DENG J, SU H, et al. ImageNet Large Scale Visual Recognition Challenge

[J]. International Journal of Computer Vision，2014，115(3)：211-252.

[112] 龙慧，朱定局，田娟. 深度学习在智能机器人中的应用研究综述[J]. 计算机科学，45(11A)：43-47.

[113] DONG T Y. A Simple Analysis of AlphaGo[J]. Acta Automatica Sinica，2016.

[114] NGIAM J，KHOSLA A，KIM M，et al. Multimodal deep learning[C]. Proceedings of the 28th International Conference on Machine Learning，2011：689-696.

[115] 喻祥尤. 基于深度学习的机器人场景识别研究[D]. 沈阳：沈阳工业大学，2017.

[116] BOTTOU L，CHAPELLE O，DECOSTE D，et al. Scaling Learning Algorithms toward AI[M]. Large-Scale Kernel Machines. MIT Press，2007.

[117] 高晶钰. 基于深度学习的场景识别方法研究[D]. 北京：北京工业大学，2015.

[118] HINTON G. A practical guide to training restricted boltzmann machines[J]. Momentum，2010，9(1)：926-947.

[119] 董政胤. 基于分散模块化技术的机器人同时场景识别与重建[D]. 北京：北京工业大学，2016.

[120] 钱夔，宋爱国，章华涛，等. 基于自主发育神经网络的机器人室内场景识别[J]. 机器人，2013，35(6)：703-708.

[121] 梁栋. 基于深度学习的目标识别研究及其多机器人编队应用[D]. 哈尔滨：哈尔滨工业大学，2015.

[122] LONG M，GAGE A，MURPHY R，et al. Application of the Distributed Field Robot Architecture to a Simulated Demining Task[C]. IEEE International Conference on Robotics & Automation，2005：3193-3200.

[123] KOWDIKI K H，BARAI R K，BHATTACHARYA S. Leader-follower formation control using artificial potential functions：A kinematic approach[C]. International Conference on Advances in Engineering，2012：500-505.

[124] 王田苗，雷静桃，魏洪兴，等. 机器人系列标准介绍：服务机器人模块化设计总则及国际标准研究进展[J]. 机器人技术与应用，2014，4(7)：1004-6437.

[125] 李瀚清，房宁，赵群飞，等. 利用深度去噪自编码器深度学习的指令意图理解方法[J]. 上海交通大学学报，2016，50(7)：1102-1107.

[126] WIERING M，OTTERLO M V. Reinforcement Learning：State-of-the-Art[M]. Berlin：Springer-Verlag，2015：79-100.

[127] SUTTON R S，BARTO A G. Reinforcement learning：An introduction[M]. Cambridge：MIT Press，1998.

[128] 刘乃军，鲁涛，蔡莹皓，等. 机器人操作技能学习方法综述[J]. 自动化学报，2018. DOI：10.16383/j.aas.c180076.

[129] BELLMAN R. On the theory of dynamic programming[C]. Proceedings of the National Academy of Sciences of the United States of America，1952，38(8)：716-719.

[130] HESTER T，QUINLAN M，STONE P. Generalized Model Learning for Reinforcement Learning on a Humanoid Robot[C]. IEEE International Conference on Robotics & Automation，2010：2369-2374.

[131]  LIOUTIKOV R，PARASCHOS A，PETERS J，et al. Sample-based information-theoretic stochastic optimal control[C]. IEEE International Conference on Robotics & Automation，2014：3896 – 3902.

[132]  SCHENCK C，TOMPSON J，FOX D，et al. Learning Robotic Manipulation of Granular Media [C]. 1st Conference on Robot Learning (CoRL)，Mountain View，United States，2017.

[133]  PARK K H，KIM Y J，KIM J H. Modular Q-learning based multi-agent cooperation for robot soccer[J]. Robotics and Autonomous Systems，2001，35(2)：109 – 122.

[134]  KOCSIS L. Bandit based monte-carlo planning[C]. Proceedings of European Conference on Machine Learning. Springer-Verlag，2006：282 – 293

[135]  RAMACHANDRAN D，GUPTA R. Smoothed sarsa：Reinforcement learning for robot delivery tasks[C]. Proceedings of 27th IEEE International Conference on Robotics and Automation(ICRA)，2009：2125 – 2132.

[136]  HASSELT H，MAHMOOD A R，SUTTON R S. Off-policy TD($\lambda$) with a true online equivalence [C]. Proceedings of the 30th Conference on Uncertainty in Artificial Intelligence，2014：1 – 10.

[137]  ASADA M，NODA S，TAWARATSUMIDA S，et al. Purposive behavior acquisition for a real robot by vision-based reinforcement learning[J]. Machine Learning，1996，23(2)：279 – 303.

[138]  KROEMER O B，DETRY R，PIATER J，et al. Combining active learning and reactive control for robot grasping[J]. Robotics and Autonomous Systems，2010，58(9)：1105 – 1116.

[139]  KONIDARIS G，KUINDERSMA S，BARTO A. Autonomous skill acquisition on a mobile manipulator [C]. Proceedings of 25th AAAI Conference on Artificial Intelligence(AAAI)，2011：1468 – 1473.

[140]  KONIDARIS G，KUINDERSMA S，BARTO A，et al. Constructing skill trees for reinforcement learning agents from demonstration trajectories [C]. Proceedings of 24th Advances in neural information processing systems (NIPS)，2010：1162 – 1170.

[141]  SAATY T L. Cross-entropy method[M]. Encyclopedia of Operations Research and Management Science. Boston，MA：Springer US，2013：326 – 333.

[142]  IRUTHAYARAJAN M W，BASKAR S. Covariance matrix adaptation evolution strategy based design of centralized PID controller[J]. Expert Systems with Applications，2010，37(8)：5775 – 5781.

[143]  ENDO G，MORIMOTO J，MATSUBARA T，et al. Learning CPG-based Biped Locomotion with a Policy Gradient Method：Application to a Humanoid Robot [J]. The International Journal of Robotics Research，2008，27(2)：213 – 228.

[144]  DEISENROTH M P，RASMUSSEN C E，FOX D. Learning to control a low-cost manipulator using data-efficient reinforcement learning[C]. Robotics：Science and Systems VII，2011：57 – 64.

[145]  DEISENROTH M P，NEUMANN G，PETERS J. A survey on policy search for robotics[J]. Foundations and Trends in Robotics，2013，2(2)：1 – 142.

[146]  赵冬斌，邵坤，朱圆恒，等. 深度强化学习综述：兼论计算机围棋的发展[J]. 控制理论与应用，2016，33(6)：701 – 717.

[147]  MNIH V，KAVUKCUOGLU K，SILVER D，et al. Human-level control through deep reinforcement

learning[J]. Nature, 2015, 518(7540): 529 - 533.

[148] SILVER D, SCHRITTWIESER J, SIMONYAN K, et al. Mastering the game of Go without human knowledge[J]. Nature, 2017, 550(7676): 354 - 359.

[149] WANG Z, SSHAUL T, HESSEL M, et al. Dueling Network Architectures for Deep Reinforcement Learning[C]. Proceedings of International Conference on Machine Learning. New York City, USA: JMLR Workshop and Conference Proceedings, 2016. 1995 - 2003.

[150] HAUSKNECHT M, STONE P. Deep Recurrent Q-Learning for Partially Observable MDPs[C]. Proceedings of 29th AAAI Conference on Artificial Intelligence. Texas, USA: AAAI Press, 2015.

[151] ZHANG F, LEITNER J, MILFORD M, et al. Modular deep Q networks for sim-to-real transfer of visuo-motor policies[J]. arXiv preprint: 1610.06781, 2016.

[152] GU S, LILLICRAP T, SUTSKEVER I, et al. Continuous deep q-learning with model-based acceleration [C]. Proceedings of 33th International Conference on Machine Learning (ICML), 2016: 2829 - 2838.

[153] SILVER D, LEVER G, HEESS N, et al. Deterministic Policy Gradient Algorithms[C]. International Conference on International Conference on Machine Learning, 2014: 387 - 395.

[154] SCHULMAN J, LEVINE S, MORITZ P, et al. Trust Region Policy Optimization[C]. Proceedings of 32th International Conference on Machine Learning (ICML). Lille, France: JMLR Workshop and Conference Proceedings, 2015: 1889 - 1897.

[155] HE B. Neural engineering[M]. Boston: Springer Science & Business Media, 2007.

[156] VIDAL J J. Toward direct brain-computer communication[J]. Annual Review of Biophysics and Bioengineering, 1973, 2(4): 157 - 180.

[157] YU T, XIAO J, WANG F, et al. Enhanced Motor Imagery Training Using a Hybrid BCI With Feedback[J]. IEEE Transactions on Biomedical Engineering, 2015, 62(7): 1706 - 1717.

[158] ZHANG R, LI Y, YAN Y, et al. Control of a Wheelchair in an Indoor Environment Based on a Brain-Computer Interface and Automated Navigation[J]. IEEE Transactions on Neural Systems & Rehabilitation Engineering, 2016, 24(1): 128.

[159] LI Y, YU T. EEG-based hybrid BCIs and their applications[C]. International Winter Conference on Brain-computer Interface, 2015.

[160] SANTHANAM G, RYU S I, YU B M, et al. A high-performance brain-computer interface[J]. Nature, 2006, 442(7099): 195 - 198.

[161] DOBSON J. Remote control of cellular behaviour with magnetic nanoparticles[J]. Nature Nanotechnology, 2008, 3(3): 139 - 143.

[162] HOCHBERG L R, BACHER D, JAROSIEWICZ B, et al. Reach and grasp by people with tetraplegia using a neurally controlled robotic arm[J]. Nature, 2012, 485(7398): 372 - 375.

[163] VANSTEENSEL M J, PELS E G M, BLEICHNER M G, et al. Fully implanted brain-Computer Interface in a Locked-In Patient with ALS[J]. New England Journal of Medicine, 2016, 375(21): 2060 - 2066.

[164] BOUTON C E, SHAIKHOUNI A, ANNETTA N V, et al. Restoring cortical control of functional

movement in a human with quadriplegia[J]. Nature, 2016, 533(7602): 247 – 250.

[165] AJIBOYE A B, WILLETT F R, YOUNG D R, et al. Restoration of reaching and grasping movements through brain-controlled muscle stimulation in a person with tetraplegia: a proof-of-concept demonstration [J]. The Lancet, 2017, 389(10081): 1821 – 1830.

[166] LONG J, LI Y, WANG H, et al. A Hybrid Brain Computer Interface to Control the Direction and Speed of a Simulated or Real Wheelchair [J]. IEEE Transactions on Neural Systems and Rehabilitation Engineering, 2012, 20(5): 720 – 729.

[167] DORNHEGE G, BLANKERTZ B. Boosting bit rates in noninvasive EEG single-trial classifications by feature combination and multiclass paradigms [J]. IEEE transactions on bio-medical engineering, 2004, 51(6): 993 – 1002.

[168] ACQUALAGNA L, BLANKERTZ B. Gaze-independent BCI-spelling using rapid serial visual presentation (RSVP)[J]. Clinical Neurophysiology, 2013, 124(5): 901 – 908.

[169] JACKSON A. Neuroscience: Brain-controlled robot grabs attention[J]. Nature, 2012, 485(7398): 317 – 318.

[170] WALSH F. Paralysed patients use thoughts to control robotic arm[N]. BBC News, 2012.

[171] BIN G Y, GAO X R, WANG Y J, et al. A high-speed BCI based on code modulation VEP[J]. Journal of Neural Engineering, 2011, 8(2): 587 – 589.

[172] SUN C, ZHENG N, ZHANG X, et al. Automatic Navigation for Rat-Robots with Modeling of the Human Guidance[J]. Journal of Bionic Engineering, 2013, 10(1): 46 – 56.

[173] ZHANG S, WANG J, LIANG Y, et al. Multi-cue Normalized Non-Negative Sparse Encoder for image classification[C]. IEEE International Conference on Multimedia and Expo, 2015, 1 – 6.

[174] ZHANG S, WANG C, WU X, et al. Real Time Gait Planning for a Mobile Medical Exoskeleton with Crutche[C]. 2015 IEEE International Conference on Information and Automation, 2015, 631 – 636.

[175] WU D, LI C, YIN Y, et al. Music Composition from the Brain Signal: Representing the Mental State by Music[J]. Computational Intelligence and Neuroscience, 2010: 1 – 6.

[176] CICHOCKI A, WASHIZAWA Y, RUTKOWSKI T, et al. Noninvasive BCIs: Multiway signal-processing array decompositions[J]. Computer, 2008, 41(10): 34 – 42.

[177] ZHANG N, JIANG J, TANGJ S, et al. A Novel Steady-State Visually Evoked Potential-Based Brain-Computer-Interface Paradigm to Steer a Humanoid Robot[C]. 2014 Fourth International Conference on Instrumentation and Measurement, Computer, Communication and Control. IEEE, 2014.

[178] PAN J, XIE Q, HE Y, et al. Detecting awareness in patients with disorders of consciousness using a hybrid brain-computer interface[J]. Journal of Neural Engineering, 2014, 11(5): 056007.

[179] ENGLERT P, PARASCHOS A, DEISENROTH M P, et al. Probabilistic model-based imitation learning[J]. Adaptive Behavior, 2013, 21(5): 388 – 403.

[180] ARGALL B D, CHERNOVA S, VELOSO M, et al. A survey of robot learning from demonstration[J]. Robotics and Autonomous Systems, 2009, 57(5): 469 – 483.

[181] KHANSARI – ZADEH S M, BILLARD A. Learning stable nonlinear dynamical systems with

Gaussian mixture models[J]. IEEE Transactions on Robotics, 2011, 27(5): 943 – 957.

[182] KOBER J, MüLLING K, KRöMER O, et al. Movement Templates for Learning of Hitting and Batting [C]. Proceedings of International Conference on Robotics and Automation, 2010: 853 – 858.

[183] ZHU X J, GOLDBERG A B, BRACHMAN R, et al. Introduction to semi-supervised learning[J]. Synthesis Lectures on Artificial Intelligence and Machine Learning, 2009, 3(1): 1 – 130.

[184] FINN C, LEVINE S. Deep visual foresight for planning robot motion[C]. Proceedings of International Conference on Robotics and Automation, 2017: 2786 – 2793.

[185] GUPTA A, DEVIN C, LIU Y, et al. Learning invariant featurespaces to transfer skills with reinforcement learning[C]. Proceedings of 5 th International conference on Learning Representations (ICLR), 2017.

[186] TZENG E, HOFFMAN J, ZHANG N, et al. Deep Domain Confusion: Maximizing for Domain Invariance[J]. Computer Science, 2014.

[187] AMMAR H B, EATON E, RUVOLO P, et al. Online multi-task learning for policy gradient methods[C]. Proceedings of 31th International Conference on International Conference on Machine Learning(ICML), 2014: 1206 – 1214.

[188] GUPTA A, DEVIN C, LIU Y X, et al. Learning invariant feature spaces to transfer skills with reinforcement learning[J]. arXiv preprint: 1703.02949, 2017.

[189] RANZANI T, GERBONI G, CIANCHETTI M, et al. A bioinspired soft manipulator for minimally invasive surgery[J]. Bioinspiration & Biomimetics, 2015, 10(3): 035008.

[190] LUO M, TAO W J, CHEN F C, et al. Design improvements and dynamic characterization on fluidic elastomer actuators for a soft robotic snake[C]. Proceedings of International Conference on Technologies for Practical Robot Applications, Woburn, USA, 2014.

[191] DEIMEL R, BROCK O. A novel type of compliant and underactuated robotic hand for dexterous grasping[J]. The International Journal of Robotics Research, 2016, 35(1 – 3): 161 – 185.

[192] TAN N, GU X Y, REN H L. Pose Characterization and Analysis of Soft Continuum Robots With Modeling Uncertainties Based on Interval Arithmetic[J]. IEEE Transactions on Automation Science and Engineering, 2018: 1 – 15.

[193] TAN N, GU X, GU X, et al. Simultaneous Robot-World, Sensor-Tip, and Kinematics Calibration of an Underactuated Robotic Hand with Soft Fingers[J]. IEEE Access, 2017, 6(1): 22705 – 22715.

[194] ROLF M, STEIL J J. Constant curvature continuum kinematics as fast approximate model for the Bionic Handling assistant[C]. Proceedings of IEEE/RSJ International Conference on Intelligent Robots and Systems, 2012: 3440 – 3446.

[195] LEI J, YU H, WANG T. Dynamic bending of bionic flexible body driven by pneumatic artificial muscles(PAMs) for spinning gait of quadruped robot [J]. Chinese Journal of Mechanical Engineering, 2016, 29(1): 11 – 20.

[196] LASCHI C, CIANCHETTI M, MAZZOLAI B, et al. Soft robot arm inspired by the octopus[J].

Advanced Robotics, 2012, 26(7): 709 - 727.

[197] AUKES D M, HEYNEMAN B, ULMEN J, et al. Design and testing of a selectively compliant underactuated hand[J]. The International Journal of Robotics Research, 2014, 33(5): 721 - 735.

[198] KUFFNER J J, LAVALLE S M. Space - filling trees: A new perspective on incremental search for motion planning[C]. Proceedings of IEEE/RSJ International Conference on Intelligent Robots and Systems, 2011: 2199 - 2206.

[199] QUIGLEY M, GERKEY B, CONLEY K, et al. ROS: An open-source robot operating system[J]. ICRA Workshop on Open Source Software, 2009, 3(3): 3 - 6.

[200] YURIYAMA M, KUSHIAD T. Sensor - Cloud Infrastructure-Physical Sensor Management with Virtualized Sensors on Cloud Computing [C]. International Conference on Network - based Information Systems, 2010: 1 - 8.

[201] NAKAGAWA S, IGARASHI N, TSUCHIYA Y, et al. An implementation of a distributed service framework for cloud-based robot services [C]. Conference of the IEEE Industrial Electronics Society, 2012: 4148 - 4153.

[202] TURNBULL L, SAMANTA B. Cloud robotics: Formation control of a multi robot system utilizing cloud infrastructure[C]. Proceedings of SoutheastCon IEEE, 2013: 1 - 4.

[203] KEHOE B, MATSUKAWA A, CANDIDO S, et al. Cloud-based robot grasping with the Google object recognition engine[C]. Proceedings of International Conference on Robotics and Automation, 2013: 4263 - 4270.